给水排水设计手册
第三版

第 2 册
建筑给水排水

中国核电工程有限公司　主编

中国建筑工业出版社

图书在版编目(CIP)数据

给水排水设计手册 第2册 建筑给水排水/中国核电工程有限公司主编. —3版. —北京：中国建筑工业出版社，2011.11 (2022.11重印)

ISBN 978-7-112-13680-3

Ⅰ.①给… Ⅱ.①中… Ⅲ.①建筑-给水工程-建筑设计-技术手册 ②建筑-排水工程-建筑设计-技术手册 Ⅳ.①TU82-62

中国版本图书馆 CIP 数据核字(2011)第207996号

本书为《给水排水设计手册》(第三版) 的第二分册，内容包括：建筑给水、建筑消防、热水及饮水供应、建筑排水、屋面雨水、建筑中水、特殊建筑给水排水、循环水冷却、给水局部处理、污水局部处理、湿陷性黄土区及地震区给水排水、居住小区给水排水、仪表及设备、管道。

* * *

责任编辑：于 莉 田启铭
责任设计：李志立
责任校对：姜小莲 赵 颖

给水排水设计手册
第三版
第2册
建筑给水排水
中国核电工程有限公司 主编

*

中国建筑工业出版社出版、发行(北京西郊百万庄)
各地新华书店、建筑书店经销
北京红光制版公司制版
天津翔远印刷有限公司印刷

*

开本：787×1092毫米 1/16 印张：65¾ 字数：1638千字
2012年12月第三版 2022年11月第二十六次印刷
定价：**209.00**元
ISBN 978-7-112-13680-3
(21251)

《给水排水设计手册》第三版编委会

《建筑给水排水》第三版编写组

主编单位： 中国核电工程有限公司

参编单位： 青岛三利中德美水设备有限公司

主　　编： 管永涛

成　　员：（按姓氏笔画排序）

王　莉　王学成　水浩然　白　玮　同浩强

苏新艳　李　京　李奇君　李海珠　李雪辉

肖　晔　张　氘　赵　宇　赵　荣　赵来利

侯燕鸿　钱　玉　徐志茹　常　亮　彭　超

蒋晓红

主　　审： 王东海　武红兵　左亚洲　水浩然

序

给水排水勘察设计是城市基础设施建设重要的前期性工作，广泛涉及到项目规划、技术经济论证、水源选择、给水处理技术、污水处理技术、管网及输配、防洪减灾、固废处理等诸多内容。广大工程设计工作者，肩负着保障人民群众身体健康和环境生存质量的重任，担当着将最新科研成果转化成实际工程应用技术的重要角色。

改革开放以来，特别是近10年来，我国给水排水等基础设施建设事业蓬勃发展，国外先进水处理技术和工艺的引进，大批面向工程应用的科研成果在实际中的推广，使得给水排水设计从设计内容到设计理念都已发生了重大变化；此间，大量的给水排水工程标准、规范进行了全面或局部的修订，在深度和广度方面拓展了给水排水设计规范的内容。同时，我国给水排水工程设计也面临着新的形势和要求，一方面，水源污染问题十分突出，而饮用水卫生标准又大幅度提升，给水处理技术作为饮用水安全的最后屏障，在相当长的时间内必须应对极其严峻的挑战；另一方面，公众对水环境质量不断提高的期望以及水环境保护及污水排放标准的日益严格，又对排水和污水处理技术提出了更高的要求。在这些背景下，原有的《给水排水设计手册》无论是设计方法还是设计内容，都需要一定程度的补充、调整与更新。为此，住房和城乡建设部与中国建筑工业出版社组织各主编单位进行了《给水排水设计手册》第三版的修订工作，以更好地满足广大工程设计者的需求。

《给水排水设计手册》第三版修订过程中，保持了整套手册原有的依据工程设计内容而划分的框架结构，重点更新书中的设计理念和设计内容，首次融入“水体污染控制与治理”科技重大专项研究成果，对已经在工程实践中有应用实例的新工艺、新技术在科学筛选的基础上，兼收并蓄，从而为今后给水排水工程设计提供先进适用和较为全面的设计资料和设计指导。相信新修订的《给水排水设计手册》，将在给水排水工程勘察、设计、施工、管理、教学、科研等各个方面发挥重要作用，成为行业内具权威性的大型工具书。

住房和城乡建设部副部长 仇保兴 博士

第三版前言

《给水排水设计手册》系由原城乡建设环境保护部设计局与中国建筑工业出版社共同策划并组织各大设计研究院编写。1986 年、2000 年分别出版了第一版和第二版，并曾于 1988 年获得全国科技图书一等奖。

《给水排水设计手册》自出版以来，深受广大读者欢迎，在给水排水工程勘察、设计、施工、管理、教学、科研等各个方面发挥了重要作用，成为行业内最具指导性和权威性的设计手册。

近年来我国给水排水行业技术发展很快，工程设计水平随之提升，作为设计人员必备的《给水排水设计手册》（第二版）已不能满足现今给水排水工程建设和设计工作的需要，设计内容和理念急需更新。为进一步促进我国建筑工程设计事业的发展，推动建筑行业的技术进步，提高给水排水工程的设计水平，应广大读者需求，中国建筑工业出版社组织相关设计研究院对原手册第二版进行修订。

第三版修订的基本原则是：整套手册仍为 12 分册，依据最新颁布的设计规范和标准，更新设计理念和设计内容，遴选收录了已在工程实践中有应用实例的新工艺、新技术，为工程设计提供权威的和全面的设计资料和设计指导。

为了《给水排水设计手册》第三版修订工作的顺利进行，在编委会领导下，各册由主编单位负责具体修编工作。各册的主编单位为：第 1 册《常用资料》为中国市政工程西南设计研究院；第 2 册《建筑给水排水》为中国核电工程有限公司；第 3 册《城镇给水》为上海市政工程设计研究总院（集团）有限公司；第 4 册《工业给水处理》为华东建筑设计研究院；第 5 册《城镇排水》、第 6 册《工业排水》为北京市市政工程设计研究总院；第 7 册《城镇防洪》为中国市政工程东北设计研究院；第 8 册《电气与自控》为中国市政工程中南设计研究院；第 9 册《专用机械》、第 10 册《技术经济》为上海市政工程设计研究总院（集团）有限公司；第 11 册《常用设备》为中国市政工程西北设计研究院；第 12 册《器材与装置》为中国市政工程华北设计研究总院和中国城镇供水排水协会设备材料工作委员会。在各主编单位的大力支持下，修订编写任务圆满完成。在修订过程中，还得到了国内有关科研、设计、大专院校和企业界的大力支持与协助，在此一并致以衷心感谢。

《给水排水设计手册》第三版编委会

编 者 的 话

本手册是2001年版本的修订版，本次修编的主要工作任务是力求全面反映近年来建筑给水排水领域新技术、新工艺、新设备和新材料的发展与应用，在国家标准《建筑给水排水设计规范》GB50015－2003（2009年版）、《无负压管网增压稳流给水设备》GB/T 26003－2010及已颁布的相关规范标准的基础上，对原手册进行了全面修订，主要调整和补充了住宅、公共建筑用水定额；补充完善居住小区设计流量计算；增加了生活饮用水管道连接防污染措施和新型管材应用技术；调整补充了建筑消防、无负压供水、管道直饮水、屋面雨水流态及设计参数，同层排水、太阳能和热泵热水供应等的有关内容。

中国建筑工业出版社主持、组织本次的修订工作。

本手册主编单位为中国核电工程有限公司（原核工业第二研究设计院）。由王东海、武红兵、左亚洲、水浩然主审，管永涛主编，第1、2、9、12、13章由管永涛、侯燕鸿、李京、水浩然、王莉、彭超编写；第3、4章由赵荣、苏新艳、徐志茹、常亮、肖晔、李奇君编写；第5、11章由同浩强、赵宇编写；第6、7、12章由钱玉、赵来利、李雪辉编写；第8、10、14章由李海珠、白玮、蒋晓红编写。在本手册的修编过程中，得到了有关领导、专家和同行的大力支持、帮助和指导，在此一并表示衷心感谢！

由于本分册内容多，涵盖面广，修订工作时间紧迫，编者掌握资料的局限性，难免存在缺点和不足之处，敬请广大读者给予批评指正。

目　录

1 建 筑 给 水

1.1 水 质 标 准

1.1.1 生活饮用水水质标准

生活饮用水系统的水质，应符合现行国家标准《生活饮用水卫生标准》GB 5749—2006 的要求，见表 1-1。饮用水中使用不同消毒剂常规指标及限值见表 1-2。在供水方式中，集中式供水指自水源集中取水，通过输配水管网送到用户或者公共取水点的供水方式，包括自建设施供水，为用户提供日常饮用水的供水站和为公共场所、居民社区提供的分质供水也属于集中式供水；分散式供水指分散居户直接从水源取水，无任何设施或仅有简易设施的供水方式。集中式供水和分散式供水相关水质指标及限值见表 1-3。

生活饮用水卫生标准（水质常规指标及限值） 表 1-1

项目		标准
感官性状和一般化学指标	色度（铂钴色度单位）	15
	浑浊度（散射浑浊度单位）（NTU）	1 水源及净水技术条件限制时为 3
	臭和味	无异臭、异味
	肉眼可见物	无
	pH	6.5～8.5
	铝	0.2mg/L
	铁	0.3mg/L
	锰	0.1mg/L
	铜	1.0mg/L
	锌	1.0mg/L
	氯化物	250mg/L
	硫酸盐	250mg/L
	溶解性总固体	1000mg/L
	总硬度（以碳酸钙计）	450mg/L
	耗氧量（COD_{Mn}法，以 O_2 计）	3mg/L 当水源限值，原水耗氧量大于 6mg/L 时为 5mg/L
	挥发酚类（以苯酚计）	0.002mg/L
	阴离子合成洗涤剂	0.3mg/L

续表

项目		标准
毒理学指标	砷	0.01mg/L
	镉	0.005mg/L
	铬	0.05mg/L
	铅	0.01mg/L
	汞	0.001mg/L
	硒	0.01mg/L
	氰化物	0.05mg/L
	氟化物	1.0mg/L
	硝酸盐（以N计）	10mg/L 地下水源限制时为20mg/L
	三氯甲烷	0.06mg/L
	四氯化碳	0.002mg/L
	溴酸盐（使用臭氧时）	0.01mg/L
	甲醛（使用臭氧时）	0.9mg/L
	亚氯酸盐（使用二氧化氯消毒时）	0.7mg/L
	氯酸盐（使用复合二氧化氯消毒时）	0.7mg/L
微生物指标①	总大肠菌群（MPN/100mL或CFU/100mL）	不得检出
	耐热大肠菌群（MPN/100mL或CFU/100mL）	不得检出
	大肠埃希氏菌（MPN/100mL或CFU/100mL）	不得检出
	菌落总数（CFU/mL）	100
放射性指标②	总α放射性	0.5Bq/L
	总β放射性	1.0Bq/L

① MPN表示最可能数；CFU表示菌落形成单位。当水样检出总大肠菌群时，应进一步检验大肠埃希氏菌或耐热大肠菌群；当水样未检出总大肠菌群，可不必检验大肠埃希氏菌或耐热大肠菌群。

② 放射性指标超过指导值，应进行核素分析和评价，以判定该水能否饮用。

生活饮用水水质控制指标主要分为四类：感官性状和一般化学指标、毒理学指标、微生物指标和放射性指标。

有些情况下，对生活饮用水某些指标提出更高要求，如有些宾馆、饭店、医院对其总硬度、浑浊度和微生物含量有更高的要求，这时应对生活饮用水进行进一步的处理。

饮用水中使用不同消毒剂常规指标及限值 **表1-2**

消毒剂名称	与水接触时间	出厂水中限值	出厂水中余量	管网末梢水中余量
氯气及游离氯制剂（游离氯）	≥30min	4mg/L	≥0.3mg/L	≥0.05mg/L
一氯胺（总氯）	≥120min	3mg/L	≥0.5mg/L	≥0.05mg/L
臭氧（O_3）	≥12min	0.3mg/L	—	0.02mg/L 如加氯，总氯≥0.05mg/L
二氧化氯（ClO_2）	≥30min	0.8mg/L	≥0.1mg/L	≥0.02mg/L

集中式供水和分散式供水相关水质指标及限值　　表 1-3

项目		标准
感官性状和一般化学指标	色度（铂钴色度单位）	20
	浑浊度（散射浑浊度单位）(NTU)	3 水源及净水技术条件限制时为 5
	臭和味	无异臭、异味
	肉眼可见物	无
	pH	6.5～9.5
	铁	0.5mg/L
	锰	0.3mg/L
	氯化物	300mg/L
	硫酸盐	300mg/L
	溶解性总固体	1500mg/L
	总硬度（以 $CaCO_3$ 计）	550mg/L
	耗氧量（COD_{Mn}法，以 O_2 计）	5mg/L
	挥发酚类（以苯酚计）	0.002mg/L
	阴离子合成洗涤剂	0.3mg/L
毒理学指标	砷	0.05mg/L
	氟化物	1.2mg/L
	硝酸盐（以 N 计）	20mg/L
微生物指标	菌落总数（CFU/mL）	500

1.1.2 建筑中水水质标准

中水是指各种排水经处理后，达到规定的水质标准，可在生活、市政、环境等范围内杂用的非饮用水。建筑中水是指建筑物中水和小区中水的总称。中水用作城市杂用水，其水质应符合国家标准《城市污水再生利用　城市杂用水水质》GB/T 18920—2002，见表 1-4。中水用于景观环境用水，其水质应符合国家标准《城市污水再生利用　景观环境用水水质》GB/T 18921—2002，中水用于冷却、洗涤、锅炉补给等工业用水，其水质应符合国家标准《城市污水再生利用　工业用水水质》GB/T 19923—2005，中水用于食用作物、蔬菜浇灌用水时，应符《农田灌溉水质标准》GB 5084—2005 的水质要求，当中水同时满足多种用途时，其水质应按最高水质标准确定。

城市杂用水水质标准　　表 1-4

项目		冲厕	道路清扫、消防	城市绿化	车辆冲洗	建筑施工
pH		6.0～9.0				
色（度）	≤	20				
臭		无不快感				
浊度（NTU）	≤	5	10	10	5	20

续表

项目		冲厕	道路清扫、消防	城市绿化	车辆冲洗	建筑施工
溶解性总固体（mg/L）	≤	1500	1500	1000	1000	—
五日生化需氧量 BOD_5（mg/L）	≤	10	15	20	10	15
氨氮（mg/L）	≤	10	10	20	10	20
阴离子表面活性剂（mg/L）	≤	1.0	1.0	1.0	0.5	1.0
铁（mg/L）	≤	0.3	—	—	0.3	—
锰（mg/L）	≤	0.1	—	—	0.1	—
溶解氧（mg/L）	≥	1.0				
总余氯（mg/L）		接触30min后≥1.0，管网末端≥0.2				
总大肠菌群（个/L）	≤	3				

注：混凝土拌合用水还应符合JGJ 63的有关规定。

1.1.3 管道直饮水水质标准

管道直饮水系统用户端的水质应满足现行标准《饮用净水水质标准》CJ 94—2005的要求，该标准适用于以满足生活饮用水水质标准的自来水或水源水为原水，经深度净化处理后可供给用户直接饮用的管道直饮水。

饮用净水水质标准　　**表1-5**

项目		限值
感官性状	色	5度
	浑浊度	0.5NTU
	臭和味	无异臭异味
	肉眼可见物	无
一般化学指标	pH	6.0～8.5
	总硬度（以 $CaCO_3$ 计）	300mg/L
	铁	0.20mg/L
	锰	0.05mg/L
	铜	1.0mg/L
	锌	1.0mg/L
	铝	0.20mg/L
	挥发酚类（以苯酚计）	0.002mg/L
	阴离子合成洗涤剂	0.20mg/L
	硫酸盐	100mg/L
	氯化物	100mg/L
	溶解性总固体	500mg/L
	耗氧量（COD_{Mn}，以 O_2 计）	2.0mg/L
毒理学指标	氟化物	1.0mg/L
	硝酸盐氮（以N计）	10mg/L
	砷	0.01mg/L
	硒	0.01mg/L
	汞	0.001mg/L

续表

项　目		标　准
毒理学指标	镉	0.003mg/L
	铬（六价）	0.05mg/L
	铅	0.01mg/L
	银（采用载银活性炭时测定）	0.05mg/L
	氯仿	0.03mg/L
	四氯化碳	0.002mg/L
	亚氯酸盐（采用 Cl_2 消毒时测定）	0.70mg/L
	氯酸盐（采用 Cl_2 消毒时测定）	0.70mg/L
	溴酸盐（采用 O_3 消毒时测定）	0.01mg/L
	甲醛（采用 O_3 消毒时测定）	0.9mg/L
细菌学指标	细菌总数	50cfu/mL
	总大肠菌群	每 100mL 水样中不得检出
	粪大肠菌群	每 100mL 水样中不得检出
	余氯	0.01mg/L（管网末梢水）*
	臭氧（采用 O_3 消毒时测定）	0.01mg/L（管网末梢水）*
	二氧化氯（采用 ClO_2 消毒时测定）	0.01mg/L（管网末梢水）* 或余氯 0.01mg/L（管网末梢水）*

注：表中带“*”的限制为该项目的检出限，实测浓度应不小于检出限。

1.1.4 工业用水水质标准

（1）生产用水水质标准：因生产过程、工艺设备、产品和水的用途不同，对工业用水的水质要求相差很大。有的生产要求水质很高，如纯水、除盐水；有的要求低于生活饮用水标准，如设备冷却水。因此，在工业工程设计时，应详细了解和分析生产过程对水质要求，对比水源水质考虑要否对生产用水进行处理。

（2）锅炉给水水质标准：为防止锅炉和水、汽系统结垢，保证热水或蒸汽的品质和锅炉的热效率，对不同工作压力、结构形式和不同用途的锅炉给水，应有不同的水质要求，并采取不同的措施进行水质处理。锅炉水质标准应符合《工业锅炉水质》GB/T 1576—2008 的要求。

燃用固体燃料的锅壳锅炉水质标准见表 1-6。

燃用固体燃料的锅壳锅炉水质标准　　表 1-6

项　目	给　水		锅　水	
	锅内加药处理	锅外化学处理	锅内加药处理	锅外化学处理
悬浮物（mg/L）	≤20	≤5		
总硬度（mmol/L）	≤1.75	≤0.015		
总硬度（mmol/L）			5～11	≤11
pH（25℃）	≥7	≥7	10～12	10～12
溶解固形物①（mg/L）			≤5000	≤5000
相对硬度$\left(\frac{\text{游离 NaOH}}{\text{溶解固形物}}\right)$			≤0.2	≤0.2

① 如测定溶解固形物有困难时，可采用测定氯化物（Cl^-）的方法来间接控制，但溶解固形物与氯化物（Cl^-）间的比值关系须根据试验确定，并应定期复试和修正此比值关系。

燃用固体燃料的水管锅炉、水火管组合锅炉及燃油、燃气锅炉的水质标准见表 1-7。

燃用固体燃料的水管锅炉、水火管组合锅炉及燃油、燃气锅炉的水质标准　　表 1-7

项目		给水			锅水		
工作压力	Pa	① $\leqslant 98\times10^4$	$>98\times10^4$ $\leqslant 156.8\times10^4$	$>156.8\times10^4$ $\leqslant 254\times10^4$	① $\leqslant 98\times10^4$	$>98\times10^4$ $\leqslant 156.8\times10^4$	$>156.8\times10^4$ $\leqslant 254\times10^4$
	kgf/cm^2	$\leqslant 10$	>10 $\leqslant 16$	>16 $\leqslant 25$	$\leqslant 10$	>10 $\leqslant 16$	>16 $\leqslant 25$
悬浮物（mg/L）		$\leqslant 5$	$\leqslant 5$	$\leqslant 5$			
总硬度（mmol/L）		$\leqslant 0.015$	$\leqslant 0.015$	$\leqslant 0.015$			
总硬度（mmol/L）	无过热器				$\leqslant 11$	$\leqslant 10$	$\leqslant 7$
	有过热器					$\leqslant 7$	$\leqslant 6$
pH（25℃）		$\geqslant 7$	$\geqslant 7$	$\geqslant 7$	10～12	10～12	10～12
含油量（mg/L）		$\leqslant 2$	$\leqslant 2$	$\leqslant 2$			
溶解氧②（mg/L）		$\leqslant 0.1$	$\leqslant 0.1$	$\leqslant 0.05$			
溶解固形物③（mg/L）	无过热器				<4000	<3500	<3000
	有过热器					<3000	<2500
SO_3^{2-}（mg/L）					10～40	10～40	10～40
PO_4^{3-}（mg/L）						④ 10～30	10～30
相对硬度$\left(\frac{\text{游离 NaOH}}{\text{溶解固形物}}\right)$					<0.2	<0.2	<0.2

① 当锅炉额定蒸发量不大于 2t/h，采用锅内加药处理时，其给水，锅水应符合表 1-6 规定，但锅水的溶解固形物应小于 4000mg/L；

② 当锅炉额定蒸发量大于 2t/h，均要除氧；额定蒸发量不大于 2t/h 的锅炉应尽量除氧和注意防腐。对于供汽轮机用汽的锅炉给水含氧量，均应不大于 0.05mg/L；若采用化学除氧时，则应监测锅水的亚硫酸根含量；

③ 同表 1-6 注；

④ 仅用于供汽轮机用汽的锅炉。

热水锅炉水质标准见表 1-8。

热水锅炉水质标准　　表 1-8

项目	供水温度			
	$\leqslant$95℃ 采用锅内加药处理		$>$95℃ 采用锅外化学处理	
	补给水	循环水	补给水	循环水
悬浮物（mg/L）	$\leqslant 20$		$\leqslant 5$	
总硬度（mmol/L）	$\leqslant 1.75$		$\leqslant 0.3$	
pH（25℃）	$\geqslant 7$	10～12	$\geqslant 7$	8.5～10
溶解氧（mg/L）			$\leqslant 0.1$	$\leqslant 0.1$
含油量（mg/L）			$\leqslant 2$	$\leqslant 2$

（3）采暖、空调制冷用水水质标准：空调制冷用水分为一次水、二次水。采暖用水只有一次水。因用户使用性质、生产过程、换热器和管路材质、水温要求不同，对水质也有不同要求。工程设计时，应根据具体使用情况和原水水质参照有关资料设定用水水质控制标准。

（4）直流冷却水水质标准：直流冷却水主要用于蒸汽冷凝、工业液体和气体冷却、工业设备和产品等的降温。冷却水水质主要为：

1）悬浮物含量：为减少设备磨损和堵塞，悬浮物含量一般为100～200mg/L，悬浮物颗粒粒径宜小于0.15mm；但对箱式冷凝器、板式换热器等，其悬浮物含量应为30～60mg/L。

2）碳酸盐硬度：当冷却水温度为20～50℃、游离CO_2为10～100mg/L时，应为2～7mg/L，即应使碳酸盐、重碳酸盐和二氧化碳在冷却过程中处于平衡状态。

（5）循环冷却水的水质标准

1）敞开式冷却水系统的水质标准

敞开式冷却水系统的水质标准应根据补充水水质及换热设备的结构形式、材质、工况条件、污垢热阻值、腐蚀速率并结合水处理药剂配方等因素综合考虑确定，并宜符合表1-9的规定。

敞开式循环冷却水水质标准 **表1-9**

项目	类别	要求和使用条件	允许值
浊度	NTU	根据生产工艺要求确定	≤20
		换热设备为板式、翅片管式、螺旋板式	≤10
pH值	—	—	6.8～9.5
钙硬度+甲基橙碱度（以$CaCO_3$计）	mg/L	碳酸钙稳定指数RSI≥3.3	≤1100
		传热面水侧壁温大于70℃	钙硬度小于200
总Fe	mg/L	—	≤1.0
Cu^{2+}	mg/L	—	≤0.1
Cl^-	mg/L	碳钢、不锈钢换热设备，水走管程	≤1100
		不锈钢换热设备，水走壳程 传热面水侧壁温不大于70℃ 冷却水出水温度小于45℃	≤700
$SO_4^{2-}+Cl^-$	mg/L	—	≤2500
硅酸（以SiO_2计）	mg/L	—	≤175
$Mg^{2+}\times SiO_2$（Mg^{2+}以$CaCO_3$计）	mg/L	pH≤8.5	≤50000
游离氯	mg/L	循环回水总管处	0.2～1.0
NH_3-N	mg/L	—	≤10
石油类	mg/L	非炼油企业	≤5
COD_{Cr}	mg/L	—	≤100
异养菌总数	个/mL	—	≤1×10^5
生物黏泥量	mL/m^3	—	≤3

2）密闭式系统冷却水的水质标准应根据换热设备产品标准的水质要求确定。

1.2 用水定额和水压

1.2.1 居住小区生活用水定额

小区给水设计用水量，应根据下列各条确定：

(1) 居住小区的居民生活用水量，应按居住小区人口和表 1-10 规定的住宅最高日生活用水定额及小时变化系数经计算确定；

(2) 居住小区内的公共建筑用水量，应按其使用性质、规模，采用表 1-11 中的集体宿舍、旅馆和公共建筑生活用水定额及小时变化系数经计算确定；

(3) 小区绿化浇灌用水定额可按浇灌面积 1.0～3.0L/(m² · d)计算，干旱地区可酌情增加；

(4) 公共游泳池、水上游乐池和水景用水量，应按游泳池、水上游乐池和水景章节的规定确定；

(5) 小区道路、广场浇洒用水定额可按浇洒面积 2.0～3.0L/(m² · d)计算；

(6) 居住小区内的公用设施用水量，应由该设施的管理部门提供用水量计算参数，当无重大公用设施时，不另计用水量；

(7) 小区管网漏失水量和未预见水量之和可按最高日用水量的 10%～15%计；

(8) 小区消防用水量和水压及火灾延续时间，应按现行的国家标准《建筑设计防火规范》GB 50016 及《高层民用建筑设计防火规范》GB 50045 确定。

注：消防用水量仅用于校核管网计算，不计入正常用水量。

住宅最高日生活用水定额及小时变化系数　　表 1-10

住宅类别		卫生器具设置标准	用水定额 [L/(人 · d)]	小时变化系数 K_h
普通住宅	Ⅰ	有大便器、洗涤盆	85～150	3.0～2.5
	Ⅱ	有大便器、洗脸盆、洗涤盆、洗衣机、热水器和沐浴设备	130～300	2.8～2.3
	Ⅲ	有大便器、洗脸盆、洗涤盆、洗衣机、集中热水供应(或家用热水机组)和沐浴设备	180～320	2.5～2.0
别墅		有大便器、洗脸盆、洗涤盆、洗衣机、洒水栓、家用热水机组和沐浴设备	200～350	2.3～1.8

注：1. 当地主管部门对住宅生活用水定额有具体规定时，应按当地规定执行；
2. 别墅用水定额中含庭院绿化用水和汽车洗车用水。

1.2.2 住宅生活用水定额

住宅的最高日生活用水定额及小时变化系数，可根据住宅类别、建筑标准、卫生器具设置标准按表 1-10 确定。

1.2.3 宿舍、旅馆和公共建筑生活用水定额及小时变化系数

宿舍、旅馆等公共建筑的生活用水定额及小时变化系数，根据卫生器具的完善程度和区域条件，可按表 1-11 确定。

宿舍、旅馆和公共建筑生活用水定额及小时变化系数　　表 1-11

序号	建筑物名称	单位	最高日生活用水定额（L）	使用时数（h）	小时变化系数 K_h
1	宿舍				
	Ⅰ类、Ⅱ类	每人每日	150～200	24	3.0～2.5
	Ⅲ类、Ⅳ类	每人每日	100～150	24	3.5～3.0
2	招待所、培训中心、普通旅馆			24	3.0～2.5
	设公用盥洗室	每人每日	50～100		
	设公用盥洗室、淋浴室	每人每日	80～130		
	设公用盥洗室、淋浴室、洗衣室	每人每日	100～150		
	设单独卫生间、公用洗衣室	每人每日	120～200		
3	酒店式公寓	每人每日	200～300	24	2.5～2.0
4	宾馆客房			24	2.5～2.0
	旅客	每床位每日	250～400		
	员工	每人每日	80～100		
5	医院住院部				
	设公用盥洗室	每床位每日	100～200	24	2.5～2.0
	设公用盥洗室、沐浴室	每床位每日	150～250	24	2.5～2.0
	设单独卫生间	每床位每日	250～400	24	2.5～2.0
	医务人员	每人每班	150～250	8	2.0～1.5
	门诊部、诊疗所	每病人每次	10～15	8～12	1.5～1.2
	疗养院、休养所住房部	每床位每日	200～300	24	2.0～1.5
6	养老院、托老所				
	全托	每人每日	100～150	24	2.5～2.0
	日托	每人每日	50～80	10	2.0
7	幼儿园、托儿所				
	有住宿	每儿童每日	50～100	24	3.0～2.5
	无住宿	每儿童每日	30～50	10	2.0

续表

序号	建筑物名称	单位	最高日生活用水定额(L)	使用时数(h)	小时变化系数 K_h
8	公共浴室 淋浴 浴盆、淋浴 桑拿浴（淋浴、按摩池）	 每顾客每次 每顾客每次 每顾客每次	 100 120～150 150～200	 12 12 12	2.0～1.5
9	理发师、美容院	每顾客每次	40～100	12	2.0～1.5
10	洗衣房	每1kg干衣	40～80	8	1.5～1.2
11	餐饮业 中餐酒楼 快餐店、职工及学生食堂 酒吧、咖啡馆、茶座、卡拉OK房	 每顾客每次 每顾客每次 每顾客每次	 40～60 20～25 5～15	 10～12 12～16 8～18	1.5～1.2
12	商场 员工及顾客	每$1m^2$营业厅面积每日	5～8	12	1.5～1.2
13	图书馆	每人每次	5～10	8～10	1.2～1.5
14	书店	每$1m^2$营业厅面积每日	3～6	8～12	1.5～1.2
15	办公楼	每人每班	30～50	8～10	1.5～1.2
16	教学、实验楼 中小学校 高等院校	 每学生每日 每学生每日	 20～40 40～50	 8～9 8～9	 1.5～1.2 1.5～1.2
17	电影院、剧院	每观众每场	3～5	3	1.5～1.2
18	会展中心（博物馆、展览馆）	每$1m^2$展厅面积每日	3～6	8～16	1.5～1.2
19	健身中心	每人每次	30～50	8～12	1.5～1.2
20	体育场（馆） 运动员淋浴 观众	 每人每次 每人每场	 30～40 3	 4 4	 3.0～2.0 1.2
21	会议厅	每座次每次	6～8	4	1.5～1.2
22	航站楼、客运站旅客	每人次	3～6	8～16	1.5～1.2
23	菜市场地面冲洗及保鲜用水	每$1m^2$每日	10～20	8～10	2.5～2.0
24	停车库地面冲洗水	每$1m^2$每次	2～3	6～8	1.0

在采用表1-11时，应注意以下问题：

(1) 宿舍的分类（Ⅰ类、Ⅱ类、Ⅲ类、Ⅳ类）见《建筑给水排水设计规范》GB 50015—2003（2009年版）3.1.10条文说明。

(2) 除养老院、托儿所、幼儿园的用水定额中含食堂用水，其他均不含食堂用水。

(3) 除注明外，均不含员工生活用水，员工用水定额为每人每班40～60L。

(4) 医疗建筑用水中已含医疗用水。

(5) 空调用水应另计。

1.2.4　工业企业建筑生活用水定额

（1）工业企业建筑，管理人员的生活用水定额可取 30～50L/(人·班)，车间工人的生活用水定额应根据车间性质确定，宜采用 30～50L/(人·班)；用水时间宜取 8h，小时变化系数宜取 2.5～1.5。

（2）生活用水量包括洗涤、饮用、便器冲洗等，其用水量与生产性质、劳动强度、环境条件有关。

（3）工业企业建筑淋浴用水定额，应根据国家标准《工业企业卫生设计标准》GBZ1-2010 中车间的卫生特征分级确定，可采用 40～60L/(人·次)，延续供水时间宜取 1h。可按表 1-12 选用。

工业企业建筑淋浴用水定额　　**表 1-12**

级　别	车间卫生特征			用水量 [L/(人·班)]
	有毒物质	粉　尘	其　他	
1 级	易经皮肤吸收引起中毒的剧毒物质(如有机磷、三硝基甲苯、四乙基铅等)		处理传染性材料，动物原料(如皮毛等)	60
2 级	易经皮肤吸收或有恶臭的物质，或高毒物质(如丙烯腈、吡啶、苯酚等)	严重污染全身或对皮肤有刺激性的粉尘(如炭黑、玻璃棉等)	高温作业、井下作业	60
3 级	其他毒物	一般粉尘(如棉尘)	体力劳动强度Ⅲ级或Ⅳ级	40
4 级	不接触有毒物质或粉尘，不污染或轻度污染身体(如仪表、机械加工、金属冷加工等)			40

注：虽易经皮肤吸收，但易挥发的有毒物质(如苯等)可按 3 级确定。

（4）每个淋浴器使用人数参见表 1-13。

每个淋浴器设计使用人数（上限值）　　**表 1-13**

车间卫生特征级别	1 级	2 级	3 级	4 级
每个淋浴器使用人数	3	6	9	12

注：需每天洗浴的炎热地区，每个淋浴器使用人数可适当减少。

（5）工业企业建筑卫生器具数量和使用人数参见表 1-14。

工业企业建筑卫生器具设置数量和使用人数　　**表 1-14**

车间卫生特征级别	每个卫生器具使用人数				
	淋浴器	盥洗水龙头	大便器蹲位	小便器	净身器
1 2 3 4	3 6 9 12	20～30 20～30 31～40 31～40	男厕所 100 人以下，每 25 人设一蹲位；100 人以上每增 50 人，增设一个蹲位。女厕所 100 人以下，每 20 人设一蹲位；100 人以上每增 35 人，增设一个蹲位	男厕所每一个大便器，同时设小便器一个（或 0.4m 长小便槽）	女工人数 100～200 人设一具，200 人以上每增 200 人增设一具

1.2.5 生产用水定额

工业企业生产用水定额、水压和水质，应按其工艺设计所需而定。

1.2.6 汽车冲洗用水定额

汽车冲洗用水定额，应根据冲洗方式以及车辆用途，道路路面等级和沾污程度等，可按表1-15确定。

汽车用水量定额[L/(辆·次)]　　表1-15

冲洗方式	高压水枪冲洗	循环用水冲洗补水	抹车、微水冲洗	蒸汽冲洗
轿车	40～60	20～30	10～15	3～5
公共汽车　载重汽车	80～120	40～60	15～30	—

注：1. 汽车冲洗设备用水量定额有特殊要求时，其值应按产品要求确定；
2. 每辆车冲洗时间可按10min考虑，同时冲洗汽车数应按洗车台数量确定。

1.2.7 消防用水定额

消防用水定额详见第2章。

1.2.8 浇洒道路和绿化用水定额

道路、广场的浇洒用水定额可按浇洒面积2.0～3.0L/(m^2·d)计算。

绿化浇灌用水定额应根据气候条件、植物种类、土壤理化性状、浇灌方式和管理制度等因素综合确定。当无相关资料时，绿化浇灌用水定额取1.0～3.0L/(m^2·d)，干旱地区可酌情增加。

1.2.9 卫生器具一次和一小时用水定额

卫生器具一次和一小时用水定额，应根据器具类型、设置场所、使用对象等来采用，见表1-16。

卫生器具的一次和1h用水定额　　表1-16

序号	卫生器具名称	一次用水量（L/次）	小时用水量（L/h）	
			住宅	公用和公共建筑
1	污水盆（池）	15～25		45～360
2	洗涤盆（池）		180	60～300
3	洗脸盆、盥洗槽、水嘴	3～5	30	50～150
4	洗水盆			15～25
5	浴盆 带淋浴器 无淋浴器	 150 125	 300 250	 300 250

续表

序号	卫生器具名称	一次用水量（L/次）	小时用水量（L/h）	
			住宅	公用和公共建筑
6	淋浴器	70～150	140～200	210～540
7	大便器			
	高水箱	9～14	27～42	27～168
	低水箱	9～16	27～48	27～256
	自闭式冲洗阀	6～12	18～36	18～144
8	大便槽（每蹲位）	9～12		
9	小便器			
	手动冲洗阀	2～6		20～120
	自闭式冲洗阀	2～6		20～120
	自动冲洗水箱	15～30		150～600
10	小便槽（每1m长）			
	多孔冲洗管	—		180
	自动冲洗水箱	3.8		180
11	化验盆			
	单联化验水嘴			40～60
	双联化验水嘴			60～80
	三联化验水嘴			80～120
12	净身器	10～15		120～180
13	洒水栓			
	*DN*15	60～720		60～720
	*DN*20	120～1440		120～1440
	*DN*25	210～2520		210～2520

1.2.10 卫生器具给水额定流量

卫生器具的给水额定流量、当量、连接管径和最低工作压力，应按表1-17确定。

卫生器具的给水额定流量、当量、连接管公称管径和最低工作压力　　表1-17

序号	给水配件名称	额定流量（L/s）	当量	连接管公称管径（mm）	最低工作压力（MPa）
1	洗涤盆、拖布盆、盥洗槽				
	单阀水嘴	0.15～0.20	0.75～1.00	15	
	单阀水嘴	0.30～0.40	1.5～2.00	20	0.050
	混合水嘴	0.15～0.20(0.14)	0.75～1.00(0.70)	15	

续表

序号	给水配件名称	额定流量(L/s)	当量	连接管公称管径(mm)	最低工作压力(MPa)
2	洗脸盆				
	单阀水嘴	0.15	0.75	15	0.050
	混合水嘴	0.15(0.10)	0.75(0.50)	15	
3	洗手盆				
	感应水嘴	0.10	0.50	15	0.050
	混合水嘴	0.15(0.10)	0.75(0.50)	15	
4	浴盆				
	单阀水嘴	0.20	1.00	15	0.050
	混合水嘴(含带淋浴转换器)	0.24(0.20)	1.20(1.00)	15	0.050～0.070
5	淋浴器				
	混合阀	0.15(0.10)	0.75(0.50)	15	0.050～0.100
6	大便器				
	冲洗水箱浮球阀	0.10	0.50	15	0.020
	延时自闭式冲洗阀	1.20	6.00	25	0.100～0.150
7	小便器				
	手动或自动自闭式冲洗阀	0.10	0.50	15	0.050
	自动冲洗水箱进水阀	0.10	0.50	15	0.020
8	小便槽穿孔冲洗管(每1m长)	0.05	0.25	15～20	0.015
9	净身盆冲洗水嘴	0.10(0.07)	0.50(0.35)	15	0.050
10	医院倒便器	0.20	1.00	15	0.050
11	实验室化验水嘴(鹅颈)				
	单联	0.07	0.35	15	0.020
	双联	0.15	0.75	15	0.020
	三联	0.20	1.00	15	0.020
12	饮水器喷嘴	0.05	0.25	15	0.050
13	洒水栓	0.40	2.00	20	0.050～0.100
		0.70	3.50	25	0.050～0.100
14	室内地面冲洗水嘴	0.20	1.00	15	0.050
15	家用洗衣机水嘴	0.20	1.00	15	0.050

注：1. 表中括弧内的数值系在有热水供应时，单独计算冷水或热水时使用；
2. 当浴盆上附设淋浴器时，或混合水嘴有淋浴器转换开关时，其额定流量和当量只计水嘴，不计淋浴器，但水压应按淋浴器计；
3. 家用燃气热水器，所需水压按产品要求和热水供应系统最不利配水点所需工作压力确定；
4. 绿地的自动喷灌应按产品要求设计；
5. 卫生器具给水配件配所需额定流量、最低工作压力和连接管管径有特殊要求时，其值应按产品要求确定；
6. 充气龙头的额定流量为表中同类配件额定流量的 0.7 倍。

1.3 防水质污染

1.3.1 防水质污染

生活饮用水（供生食品的洗涤、烹饪、盥洗、沐浴、衣物洗涤、家具擦洗、地面冲洗的用水）系统的水质应符合现行的国家标准《生活饮用水卫生标准》GB 5749—2006 的要求，生活饮用水应严格防止被污染。生活杂用水（用于便器冲洗、绿化浇水、室内车库地面冲洗和室外地面冲洗的水等）采用建筑中水时应符合国家标准《城市污水再生利用 城市杂用水水质》GB/T 18920—2002 的规定。生活给水系统在工程设计、建造施工和维护管理等方面应符合如下规定：

（1）城市给水管道严禁与自备水源的供水管道直接连接（不论自备水源的水质是否符合或优于《生活饮用水卫生标准》）。当将城市给水作为自备水源的备用水或补充水时，应将城市给水管道的水补入自备水源的贮水池（或调节池），并保证进水口最低点高出水池溢流液位的空气间隙应符合规范的要求。

（2）不同给水系统（生活饮用水、直饮水、生活杂用水、循环水、回用雨水、中水等）应各自独立自成系统。生活饮用水管网严禁与中水、回用雨水等非生活饮用水管道连接。也不准采用通过装倒流防止器连接，当需用生活饮用水作为中水、循环水等的补充水源时，应补入贮水池（或调节池），并保证进水口最低点与水池溢流液位之间具有有效的空气隔断。

（3）生活饮用水不得因管道内产生虹吸、背压回流而受污染。卫生器具和用水设备、构筑物等的生活饮用水管的配水件出水口应符合下列规定：

1）出水口不得被任何液体或杂质所淹没；

2）出水口高出承接用水容器溢流边缘的最小空气间隙不得小于出水口直径的 2.5 倍。(出水口按其最低处计，溢流水位按最高溢流液位计)。

（4）生活饮用水水池（箱）的进水管口的最低点高出溢流边缘的空气间隙应等于进水管管径，但最小不应小于 25mm，最大可不大于 150mm。当进水管从最高水位以上进入水池（箱），管口为淹没出流时，管顶应装设真空破坏器等防虹吸回流措施（不存在虹吸回流的低位生活饮用水贮水地，其进水管不受本条限制。但进水管仍宜从最高水面以上进入水池）。

（5）从生活饮用水管网向消防、中水和雨水回用水等其他用水的贮水池（箱）补水时，其进水管口最低点高出溢流边缘的空气间隙不应小于 150mm。

（6）从生活饮用水管道上直接接出下列用水管道时，应在这些用水管道的下列部位设置倒流防止器：

1）从城镇给水管网的不同管段接出两路及两路以上的引入管，且与城镇给水管形成环状管网的小区或建筑物的引入管上；

2）从城镇生活给水管网直接抽水的水泵的吸水管上；

3）利用城镇给水管网水压且小区引入管无防回流设施时，向商用的锅炉、热水机组、水加热器、气压水罐等有压容器或密闭容器注水的进水管上。

(7) 从小区或建筑物内生活饮用水管道系统上接至下列用水管道或设备时，应设置倒流防止器，且倒流防止器应经消防部门鉴定批准方可使用：

1) 单独接出消防用水管道时，在消防用水管道的起端；

注：不含室外给水管道上接出的室外消火栓。

2) 从生活饮用水贮水池抽水的消防水泵出水管上。

(8) 生活饮用水管道系统上接至下列含有对健康有危害物质等有害有毒场所或设备时应设置倒流防止设施：

1) 贮存池（罐）、装置、设备的连接管上；

2) 化工剂罐区、化工车间，实验楼（医药、病理、生化）等除按本条第 1 款设置外，还应在其引入管上设置空气间隙。

(9) 从小区或建筑物内生活饮用水管道上直接接出下列用水管道时，应在这些用水管道上设置真空破坏器：

1) 游泳池、水上游乐池、按摩池、水景池、循环冷却水集水池等的充水或补水管道出口与溢流水位之间的空气间隙小于出口管径的 2.5 倍时，在其充（补）水管上；

2) 不含有化学药剂的绿地等喷灌系统，当喷头为地下式或自动升降式时，在其管道起端；

3) 消防（软管）卷盘；

4) 出口接软管的冲洗水嘴与给水管道连接处。

注：当防倒流设备用于消防系统时，该设备应经消防部门鉴定批准方可使用。

(10) 空气间隙、倒流防止器和真空破坏器的选择，应根据回流性质、回流污染的危害程度及设防等级可按表 1-18 确定。

注：在给水管道防回流设施的设置点，不应重复设置。

(11) 严禁生活饮用水管道与大便器（槽）、小便斗（槽）采用非专用冲洗阀直接连接冲洗。

(12) 生活饮用水管道应避开毒物污染区，当条件限制不能避开时，应采取防护措施。生活饮用水管不得穿越大、小便槽和贮存各种液体的池体。

(13) 供单体建筑的生活饮用水池（箱）应与其他用水的水池（箱）分开设置。(无论建在楼内还是楼外)。其贮量不应超过 48h 的用水，并不允许其他用水如高位水箱的溢流水及消防管道试压水、泄压水等进入。

当小区的生活贮水量大于消防贮水量时，小区的生活用水贮水池与消防贮水池可合并设置，合并贮水池有效容积的贮水设计更新周期不得大于 48h，并应报请当地卫生主管部门批准。

(14) 埋地式生活饮用水贮水池周围 10m 以内，不得有化粪池、污水处理构筑物、渗水井、垃圾堆放点等污染源；周围 2m 以内不得有污水管和污染物。当达不到此要求时，应采取防污染的措施。

(15) 建筑物内的生活饮用水水池（箱）体，应采用独立结构形式，不得利用建筑物的本体结构作为水池（箱）的壁板、底板及顶盖。

生活饮用水水池（箱）与其他用水水池（箱）并列设置时，应有各自独立的分隔墙。

(16) 建筑物内的生活饮用水池（箱）宜设在专用房间内，其上（方）层的房间不应有厕所、浴室、盥洗室、厨房、污水处理间等。

(17) 生活饮用水水池（箱）的构造和配管，应符合下列规定：

1）人孔、通气管、溢流管应有防止生物进入水池（箱）的措施；

2）进水管宜在水池（箱）的溢流水位以上接入；

3）进出水管布置不得产生水流短路，必要时应设导流装置；

4）不得接纳消防管道试压水、泄压水等回流水或溢流水；

5）泄水管和溢流管的排水不得与污废水管道系统直接连接，应采取间接排水的方式；

6）水池（箱）的材质、衬砌材料和内壁涂料，不得影响水质。

(18) 当生活饮用水池（箱）内的贮水在 48h 内不能得到更新时，应设置水消毒处理装置，当小区或建筑物采用二次供水方式时（除水泵直接从外网抽水外），出水宜经消毒处理（如紫外线消毒器、次氯酸钠消毒器等）。若因故暂未设置时，则应留有装消毒器具的位置。

(19) 对于小区的生活、消防共贮的水池，或建筑内的消防水池，为了使消防水池的贮水避免变为不流动的死水，可将由市政自来水供给的空调循环水的补水、浇洒绿化等非饮用生活用水与消防用水合贮（该部分用水要单设系统），这两类水池（箱）的非消防用水出水管应深入消防水位以下（距池、箱底不小于 150mm），但该出水管在消防高水位处须开孔径不小于 25mm 的孔，见图 1-1。

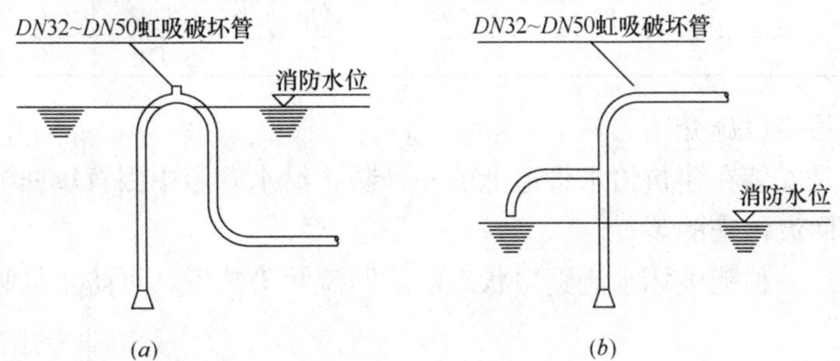

图 1-1 虹吸破坏管示意

(20) 在非饮用水管道上接出水嘴或取水短管时，应采取防止误饮误用的措施。如应有明显的“非饮用水”标示，并配有英文“No Drinking”。

1.3.2 防回流污染的设施

(1) 防回流污染设计注意事项

1）根据回流性质，回流危害等级的确定，选用空气隔断、倒流防止器等不同的防倒流措施，是可以防止回流污染的，也是符合《建筑给水排水设计规范》GB 50015 规定的；除特别要求外一般不重复设置；

2）选用防回流设施时，主要根据回流污染危害程度，不要只注重水头损失大小；

3）可按可能的最高危险等级选用相应的措施；

4）建议选用时注意产品的防倒流性能检测报告。

(2) 防回流污染设备选型

回流污染危险等级与危害程度有关，见表 1-18。而防回流设施的选用又与回流污染危险程度相关。各种情况下，生活饮用水与之连接场所、管道、设备的回流污染程度可查

《建筑给水排水设计规范》GB 50015 附录 A 确定。倒流防止器目前有三大类型：减压型、低阻力型和双止回阀型。真空破坏器也分为压力型、大气型、软管型。它们对不同回流危害程度的适用性见表 1-19。

回流污染危险等级　**表 1-18**

回流污染危险等级	危害程度	
高	有毒污染	可能危及生命或导致严重疾病
中	有害污染	可能损害人体或生物健康
低	轻度污染	可能导致恶心、厌烦或感官刺激

防回流措施的选择　**表 1-19**

防回流设施	回流危害程度					
	低		中		高	
	虹吸回流	背压回流	虹吸回流	背压回流	虹吸回流	背压回流
减压型倒流防止器	可用	可用	可用	可用	可用	可用
低阻力倒流防止器	可用	可用	可用	可用	不可用	不可用
双止回阀倒流防止器	不可用	可用	不可用	不可用	不可用	不可用
空气间隙	可用	不可用	可用	不可用	可用	不可用
压力型真空破坏器	可用	不可用	可用	不可用	可用	不可用
大气型真空破坏器	可用	不可用	可用	不可用	不可用	不可用
软管型真空破坏器	可用	不可用	可用	不可用	不可用	不可用

(3) 防回流污染设施介绍

倒流防止器是安装在建筑给水管道上的一种防止给水管道中因背压回流和虹吸回流而造成生活饮用水回流污染的装置。

真空破坏器是一种能破坏水流真空状态的防回流污染装置，可防止虹吸回流，不能防止背压回流。

1) 减压型倒流防止器

减压型倒流防止器特点如下：

① 适用于任何危险等级；

② 水头损失：按厂家数据，一般 0.07～0.10MPa（v=3m/s 时）；

③ 规格与管道相同；

④ DN≤50mm，螺纹连接；DN>50mm，法兰连接；

⑤ 当水温>80℃时，采用热水减压型；

⑥ 应安装在单向流动的水平管道上，排水口朝下；

⑦ 宜明装；

⑧ 室外安装宜设在地面上；

⑨ 应单组设置，当要求不停水检修时，或单组减压型倒流防止器阀组不能提供足够流量时，可并联设置，并联工作，其总通水能力不应小于管道通水能力；

⑩ 排水器出口不应被水淹没，一般宜高出地面 300mm，注意防冻。

2) 低阻力倒流防止器

低阻力倒流防止器特点如下：

① 水头损失 0.02～0.04MPa（v=2m/s 时）；

② 规格与管道相同；

③ 当水温>65℃时，采用热水型；

④ 室内安装宜明装，避免装在吊顶内；室外安装宜设在地面上，防撞防盗；如必须安装在室外地面下，安装在井内，需及时排除井内积水；严禁排水器出口被水淹没；井应防渗，井一般宜高出地面300mm；

⑤ 应安装在单向流动的水平管道上，宜配置漏水报警；

⑥ 排水器间接排水；

⑦ 宜单组设置；

⑧ DN≤50mm，螺纹连接；DN>50mm，法兰连接；

⑨ 注意防冻。

3）双止回阀倒流防止器

双止回阀倒流防止器分无泄水腔和有泄水腔两种，仅可用于低危害等级中的背压回流。

4）压力型真空破坏器

压力型真空破坏器外形构造见图1-2；压力型真空破坏器水头损失曲线见图1-3。

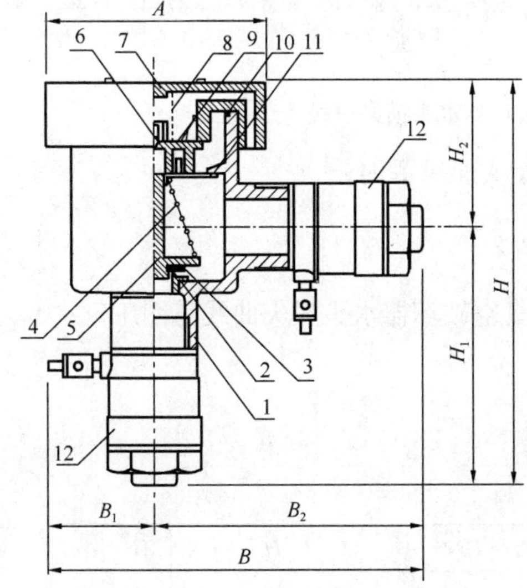

公称直径 DN	A	B	B_1	B_2	H	H_1	H_2
15	57	156	58	98	159	94	65
20	57	165	60	105	165	100	65
25	87	191	67	124	191	121	70
32	127	225	69	156	229	146	83
40	127	235	73	162	242	159	83
50	127	270	92	178	245	162	83

图1-2 800M4QT压力型真空破坏器外形构造

1—阀体；2—阀座；3—密封圈；4—弹簧；5—阀瓣；6—泄压球；7—阀罩；8—弹簧；9—气孔阀瓣；10—O型圈；11—导向板；12—球阀

压力型真空破坏器特点如下：

① 只可用于虹吸回流；

② 水温>80℃时，采用热水型；

③ 安装前应彻底冲洗管路、注意防冻；

④ 可用于连续流动液体的压力管道；

⑤ 应垂直安装于支管的最高点，其位置应高出最高用水点或最高溢流水位300mm；

⑥ 规格为DN20～DN50；其公称直径宜与上、下游管路相同；

⑦ 供水压力不小于0.05MPa；

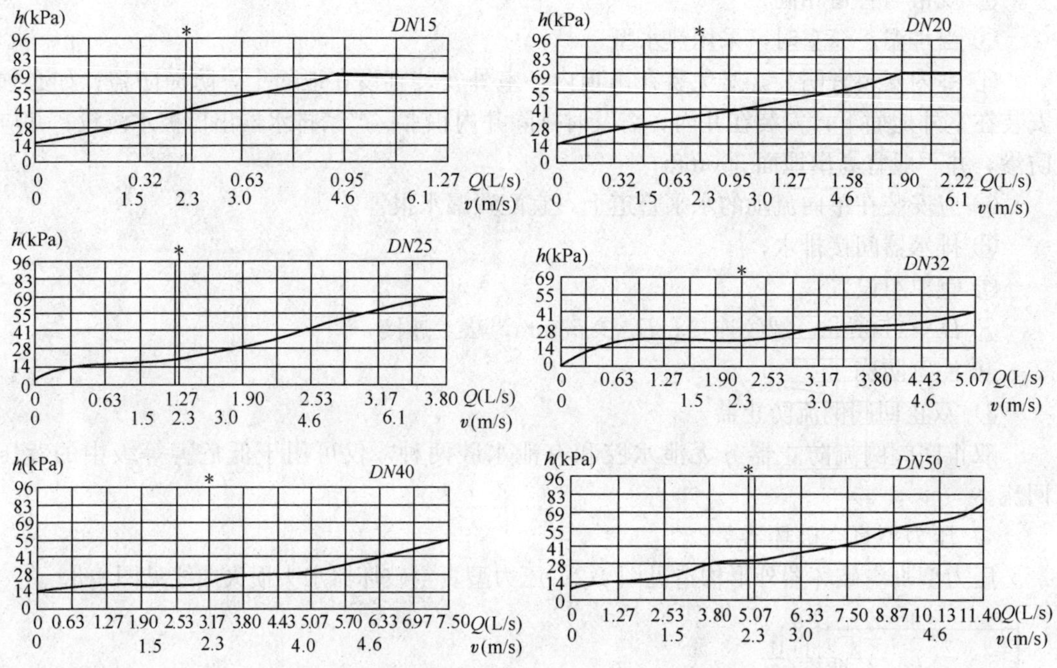

图 1-3　800M4QT 压力型真空破坏器水头损失曲线

⑧ 不得装在水表的后面；也不得安装在通风柜或通风罩内；

⑨ 应有排水和接纳水体。

5）大气型真空破坏器

大气型真空破坏器外形构造见图 1-4；大气型真空破坏器水头损失曲线见图 1-5。

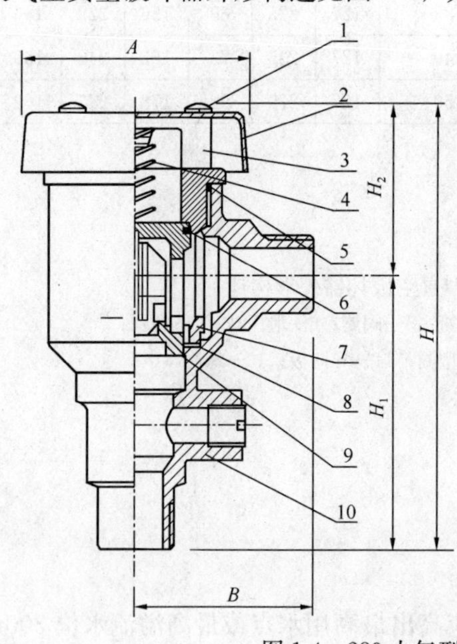

公称直径 DN	A	B	H	H_1	H_2
10	50	38	95	35	60
15	50	38	95	35	60
20	95	60	128	64	64
25	95	60	128	64	64

图 1-4　289 大气型真空破坏器外形构造

1—螺钉；2—防护罩；3—阀盖；4—进气阀弹簧；5—O 型圈；6—进气阀密封圈；
7—保持器；8—膜瓣；9—止回阀组件；10—阀体

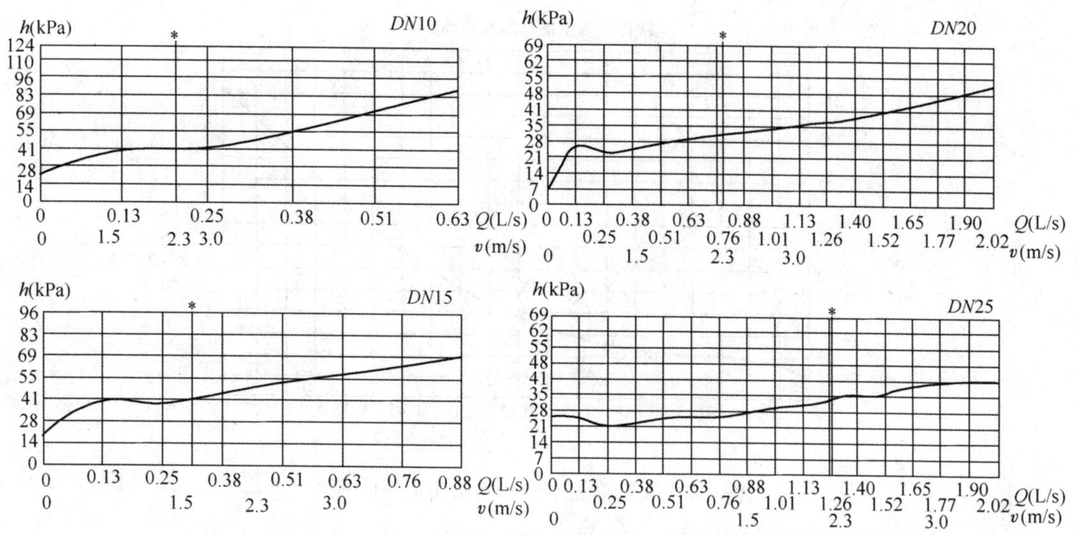

图 1-5 289 大气型真空破坏器水头损失曲线

大气型真空破坏器特点如下：

① 用于不长期充水或充水时间每天累计不大于 12h；

② 应安装在终端控制阀的下游，且应垂直安装在支管的最高点，并高出最高用水点，或高出下游最高溢流水位 150mm 以上；

③ 规格为 $DN10 \sim DN50$；其公称直径宜与上、下游管路相同；

④ 安装前应彻底冲洗管路、注意防冻；

⑤ 只可用于中、低度危害程度的虹吸回流。

6）软管型真空破坏器

软管型真空破坏器外形构造见图 1-6；软管型真空破坏器水头损失曲线见图 1-7。

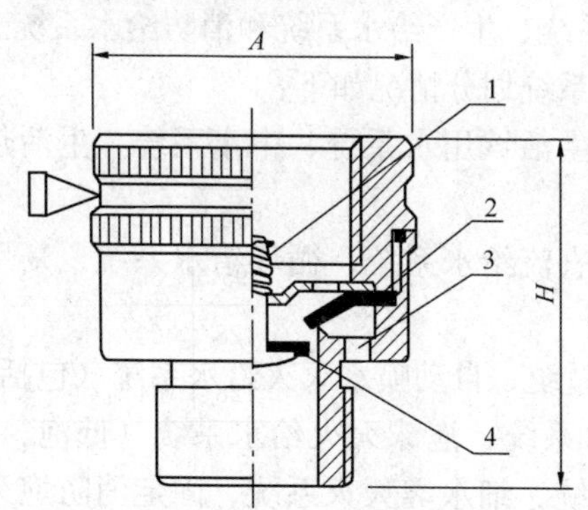

型号	公称直径 *DN*	*A*	*H*
8，8B，8C，8BC	20	35	38
8A，8AC	20	38	38
NF8，NF8C	20	38	51
8P	20	35	38
8FR	20	38	38

图 1-6 软管型真空破坏器外形构造

1—止回弹簧；2—空气进口膜片；3—空气进口；4—止回阀瓣

软管型真空破坏器特点如下：

① 可用于有可能被软管接驳的水嘴或洒水栓等终端控制阀件处，也可用于不长期充水或充水时间每天累计不超过 12h 的配水支管；

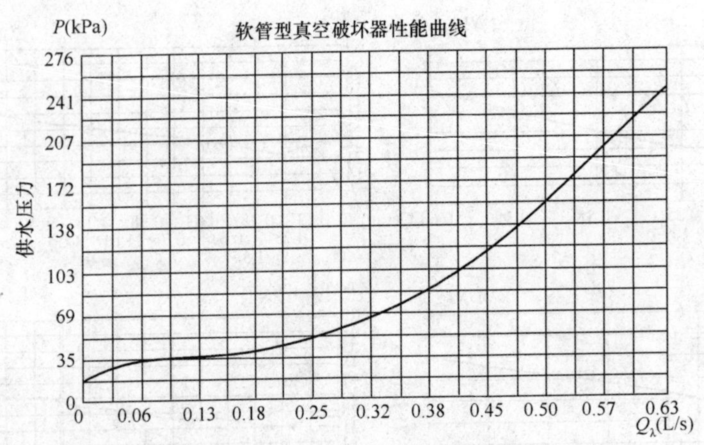

图 1-7　软管型真空破坏器水头损失曲线

② 应紧贴安装于终端控制阀件出口端，其位置应高出地面 150mm 以上；

③ 规格应为 $DN20$；

④ 安装前应彻底冲洗管路、注意防冻；

⑤ 只可用于中、低度危害程度的虹吸回流。

1.4　给水系统和给水图式

1.4.1　给水系统

（1）给水系统的划分：

1）给水系统应根据用户对水质、水压、水量和水温的要求，并结合外部给水系统的具体情况来划分。基本给水系统有：生活给水系统、生产给水系统和消防给水系统。

2）根据建筑物用水的不同要求，各种给水系统划分情况如下：

① 生活给水系统划分为：生活给水系统、生活饮用水系统、中水系统、生活热水系统、生活直饮水系统等。

② 生产给水系统划分为：生产给水系统、直流给水系统、循环给水系统、复用水给水系统、软化水给水系统，纯水给水系统等。

③ 消防给水系统划分为：消火栓灭火给水系统、自动喷水灭火给水系统（包括湿式、干式、预作用、水幕等系统）、水喷雾灭火给水系统、泡沫灭火给水系统（低泡、中泡、高泡灭火系统）、大空间智能型主动喷水灭火系统、细水雾灭火系统、固定消防炮灭火系统等。

3）根据具体情况，经过技术经济的综合比较，可采用合理的共用系统。如生活生产给水系统、生活消防给水系统、生产消防给水系统和生活、生产和消防给水系统。

（2）给水系统划分的原则：

1）建筑给水系统应尽量利用外部给水管网水压直接供水。在外部供水水压和（或）水量不能满足建筑物和居住小区水压要求时，则建筑物下层或地势较低的部分建筑物，应尽量利用外部水压供水，而上层或地势较高的部分建筑物则采取加压和流量调节装置供水。

2）建筑物内的生活给水系统应与消防系统分设。对于低层或多层建筑物，当室外给水管网满足消防水压及水量要求时，可合用一个系统，但必须采取有效措施防止污染生活用水。

3）建筑物内的给水系统在条件允许时应尽量采用分质供水，分质供水可根据技术经济条件组成不同的给水系统，如生活给水系统、直饮水系统、中水系统、软化水系统等。

注：1. 直饮水：为经深度处理后的优质饮用水，详见第3章；

2. 软化水：因地区水质偏硬，将自来水经软化处理后供给。一般用于涉外饭店或公寓中。

4）建筑物内不同使用性质或计费的给水系统，应在引入管后分成各自独立的给水管网，并分设水表。

5）小区的加压给水系统，应根据小区的规模、建筑物的高度和分布等因素确定加压泵站的数量、规模和水压。在确定加压供水方案时，应满足卫生、安全、经济、节能的要求，充分利用室外管网水压的基础上，确定加压供水范围。

6）小区的室外给水系统宜为生活用水和消防用水合用系统。当可利用其他水源作为消防水源时，应分设给水系统。

7）建筑物给水设计应根据不同要求综合利用各种水资源，应充分利用再生水、雨水等非传统水源，优先采用循环和重复利用水，并应利用其压力。

8）工业企业的室外给水系统宜为生产用水和消防用水合用系统。对消防要求较高的大型公共建筑、高层建筑和生产性建筑，可以单独设置消防给水系统。

9）在生产工艺不允许间断供水，且其他给水系统的水质、水压、水量能满足生产要求时，可将生活及其他给水系统作为生产给水的备用水源。但要解决生产给水对生活给水系统的污染及回流问题。

10）工业企业在无外部生活给水系统时，其生活给水可从未被污染的生产给水系统取水，并经处理后使其符合生活饮用水水质标准后使用。

11）生活、生产、消防给水系统中管道、配件和附件所承受的水压，均不得大于产品的允许工作压力。

建筑生活给水的竖向分区，应根据使用要求、设备材料性能、维护管理条件、建筑用途、层数和高度以及室外给水水压等因素合理确定。一般分区最低处卫生器具给水配件静水压宜控制在：

① 居住建筑配水点给水压力不应大于0.35MPa；

② 旅馆、饭店、公寓、医院等及其类似的建筑：0.3～0.35MPa；

③ 办公楼、教学楼、商业楼等：0.35～0.45MPa。

12）若静水压超过以上数据时，可采用分区供水或加设减压措施（节流孔板、减压阀、调节阀、节流塞、缩小管径、采用有减压功能的给水龙头等），使用水装置和卫生器具的流出水头，接近或等于额定流量时流出水头值。

13）生产给水的最大静水压力，应按工艺设备的要求确定。

14）消火栓给水系统在最低消火栓处静水压力不应大于1.0MPa，当大于此值时应采用分区供水；消火栓栓口出水压力大于0.5MPa时，消火栓处应设减压装置或采用减压型消火栓。

15）自动喷水灭火系统管网压力不应大于 1.2MPa。

16）建筑高度不超过 100m 的建筑的生活给水系统，宜采用垂直分区并联供水或分区减压的供水方式。建筑高度超过 100m 的建筑，宜采用垂直串联供水方式。

17）给水系统应尽量减少中间贮水设施。管网压力不足时，在条件许可的情况下，经市政供水部门批准，宜采用叠压供水设备（详见 1.11 节）直接从外网抽水。

1.4.2 给水图式

(1) 给水管网布置方式：给水系统按水平配水干管的敷设位置，可以布置成下行上给式、上行下给式和环状供水式三种管网方式。其主要优缺点见表 1-20。

管网布置方式 **表 1-20**

名 称	特征及使用范围	优 缺 点
下行上给式	1. 水平配水干管敷设在底层（明装、埋设或沟敷）或地下室顶棚下； 2. 居住建筑、公共建筑和工业建筑，在利用外网水压直接供水时多采用这种方式	图式简单，明装时便于安装维修，最高层配水的流出水头较低，埋地管道检修不便
上行下给式	1. 水平配水干管敷设在顶层顶棚下或吊顶内，对于非冰冻地区，也有敷设在屋顶上的，对于高层建筑也可设在技术夹层内； 2. 设有高位水箱的居住、公共建筑，机械设备或地下管线较多的工业厂房多采用这种方式	1. 最高层配水点流出水头较高； 2. 安装在吊顶内的配水干管可能因漏水，结露损坏吊顶和墙面，要求外网水压稍高一些，管材消耗稍多一些
环状式	1. 水平配水干管或配水立管互相连接成环，组成水平干管环状或立管环状，在有两个引入管时，也可将两个引入管通过配水立管和水平配水干管相连通，组成贯穿环状； 2. 高层建筑、大型公共建筑和工艺要求不间断供水的工业建筑常采用这种方式，消防管网有时也要求环状式	1. 任何管段发生事故时，可用阀门关断事故管段而不中断供水，水流通畅，水头损失小，水质不易因滞流变质； 2. 管网造价较高

(2) 给水图式：现列出的给水图式为基本图式，由于建筑物情况各异、条件不同，供水可采用一种方式，也可采用多种方式组合，应根据工程中具体因素和使用要求、依据规范而选择具体的供水方案，以达到经济、技术上合理的目的。给水图式见表 1-21。

常用给水图式 **表 1-21**

名 称	图 式	供水方式说明	优缺点	适用范围	备 注
直接供水方式		与外部给水管网直连，利用外网水压供水	1. 供水较可靠，系统简单，投资省，安装、维护简单，可充分利用外网水压，节省能源； 2. 内部无贮备水量，外网停水时内部立即断水	下列情况下的单层和多层建筑： 外网水压、水量能经常满足用水要求，室内给水无特殊要求	在外网压力超过允许值时，应设减压装置

续表

名称	图式	供水方式说明	优缺点	适用范围	备注
单设水箱供水方式	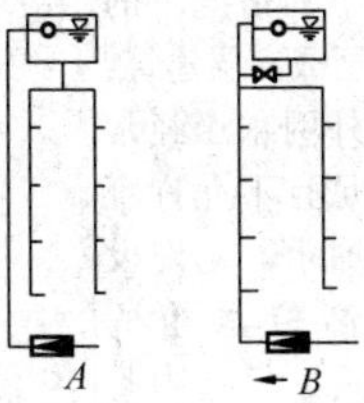 A B	与外网直连、利用外网压力供水，同时设高位水箱调节流量和压力	1. 供水较可靠，系统较简单，投资较省，安装、维护较简单，可充分利用外网水压，节省能源； 2. 需设高位水箱，增加结构荷载，若水箱容积不足，图式 A 可能造成上、下层同时停水	下列情况下的多层建筑： 外网水压周期性不足，室内要求水压稳定，允许设置高位水箱的建筑。图式 A 还可用于外网压力过高，需要减压时	图式 B 的引入管上应装止回阀。若外网水压有可能进一步减低时，宜在引入管上预留加压口
下层直接供水、上层设水箱供水方式	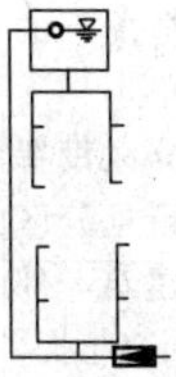	与外网直连，利用外网水压供水，上层设水箱调节水量和水压	1. 供水较可靠，系统较简单、投资较省，安装、维护简单，可充分利用外网水压，节省能源； 2. 需设高位水箱，增加结构荷载，顶层和底层都要设横干管	1. 外网水压周期性不足，允许设置高位水箱的多层建筑； 2. 高位水箱进水管上应尽量装设水位控制阀	水箱仅为上层服务，容积可较小一些
设水泵和水箱供水方式	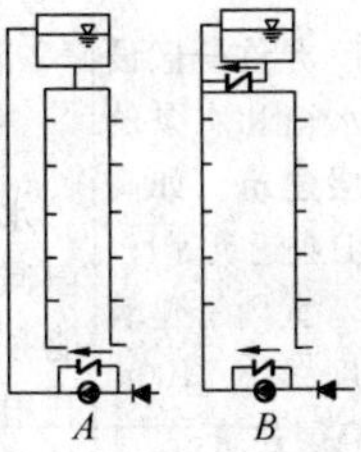 A B	水泵自外网直接抽水加压，利用高位水箱调节流量，在外网水压高时也可直接供水	1. 水箱贮备一定水量，停水停电时可延时供水，供水可靠，可充分利用外网水压，节省能源； 2. 安装、维护较麻烦，投资较大；有水泵振动和噪声干扰；需设高位水箱，增加结构荷载	下列情况下的多层建筑： 外网水压经常或间断不足，外网允许直接抽水，允许设置高位水箱的建筑。图式 A 用于室内要求水压稳定时	在外网水压有可能将水送至水箱时，水泵应设旁通管，旁通管上设止回阀； 外网不能是市政供水管网
设水池、水泵和水箱的供水方式	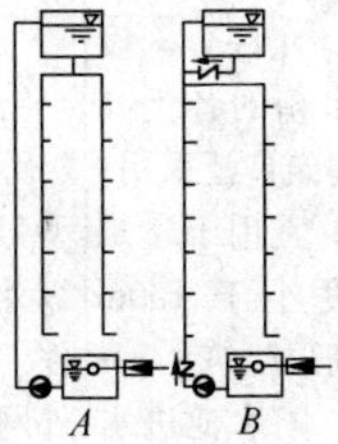 A B	外网供水至水池，利用水泵提升和水箱调节流量	1. 水池、水箱贮备一定水量、停水、停电时可延时供水，供水可靠，供水压力较稳定； 2. 不能利用外网水压，能源消耗较大，安装、维护较麻烦，投资较大。有水泵振动、噪声干扰	下列情况下的多层或高层建筑： 外网水压经常不足，且不允许直接抽水，允许设置高位水箱的建筑	图式 B 的水泵出口应设止回阀，以防水箱贮水倒流

续表

名称	图式	供水方式说明	优缺点	适用范围	备注
设水池、水泵和水箱部分加压供水方式	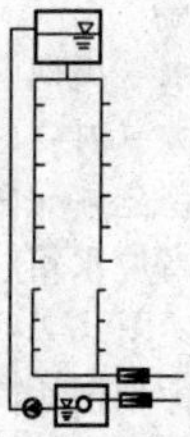	下层与外网直连，利用外网水压直接供水，上层利用水泵提升，水箱调节流量	1. 水池、水箱、贮备一定水量，停水、停电时上层可延时供水，供水可靠。可利用部分外网水压，能源消耗较省； 2. 安装维护较麻烦，投资较大，有水泵振动、噪声干扰	下列情况下的多层或高层建筑： 外网水压经常不足且不允许直接抽水，允许设置高位水箱的建筑	
分区并联单管供水方式	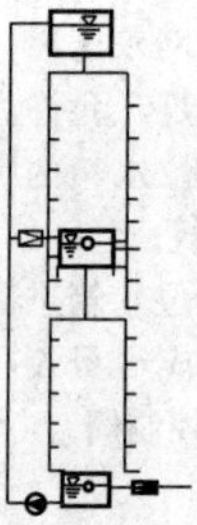	分区设置高位水箱，集中统一加压，单管输水至各区水箱，低区水箱进水管上装设减压阀	1. 供水可靠，管道、设备数量较少，投资较省，维护、管理较简单； 2. 未利用外网水压，低区压力损耗过大，能源消耗量大，水箱占用建筑上层使用面积	下列情况下的高层建筑： 允许分区设置高位水箱且分区不多的建筑，外网不允许直抽，电价较低的地区	低区水箱进水管上宜设减压阀，以防浮球阀损坏和减缓水锤作用。在可能条件下，下层应利用外网水压直接供水
分区串联供水方式	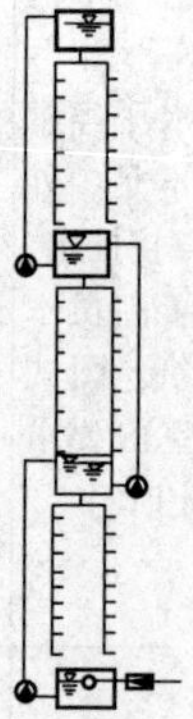	分区设置水箱和水泵，水泵分散布置，自下区水箱抽水供上区用水	1. 供水较可靠，设备、管道较简单，投资较省，能源消耗较小； 2. 水泵设在上层，振动、噪声干扰较大，占用建筑上层使用面积较大，设备分散，维护管理不便，上区供水受下区限制	1. 允许分区设置水箱和水泵的高层建筑（如高层工业建筑等）； 2. 宜用于建筑高度大于100m的高层建筑； 3. 贮水池进水管上应尽量装设水位控制阀	水泵设计应有消声减振措施，在可能条件下，下层应利用外网水压直接供水
分区并联供水方式	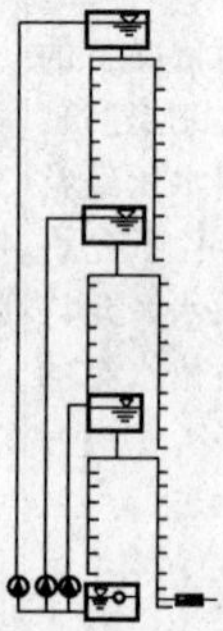	分区设置水箱和水泵，水泵集中布置（一般设在地下室内）	1. 各区独立运行互不干扰，供水可靠，水泵集中布置便于维护管理，能源消耗较小； 2. 管材耗用较多，水泵型号较多，投资较贵，水箱占用建筑上层使用面积	1. 允许分区设置水箱的各类高层建筑广泛采用； 2. 宜用于建筑高度小于100m的高层建筑； 3. 贮水池进水管上应尽量装设水位控制阀	水泵宜采用相同型号不同级数的多级水泵，在可能条件下，下层应利用外网水压直接供水

续表

名称	图式	供水方式说明	优缺点	适用范围	备注
分区水箱减压供水方式	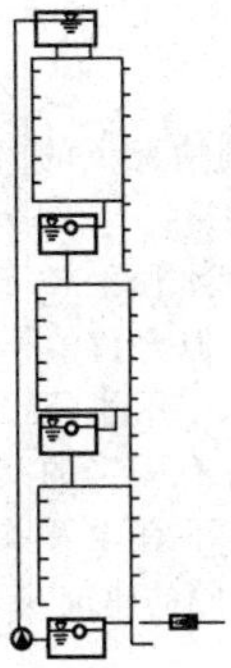	分区设置水箱，水泵统一加压，利用水箱减压，上区供下区用水	1. 供水较可靠，设备、管道较简单，投资较省，设备布置较集中，维护管理较方便； 2. 下区供水受上区的限制，能源消耗较大	允许分区设置水箱，电力供应充足，电价较低的各类高层建筑	在可能条件下，下层应利用外网水压直接供水，中间水箱进水管上最好安装减压阀，以防浮球阀损坏和减缓水锤作用
分区减压阀减压供水方式	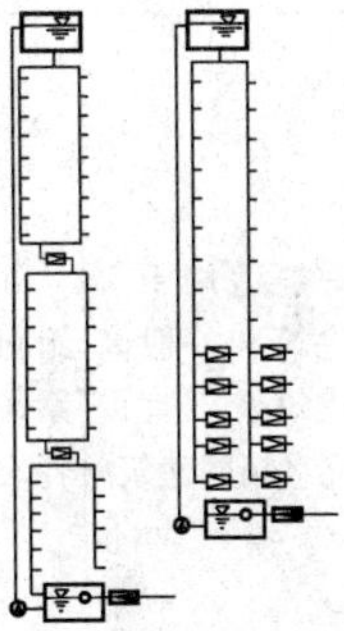	水泵统一加压，仅在顶层设置水箱，下区供水利用减压阀减压	1. 供水可靠，设备、管材较少，投资省，设备布置集中，便于维护管理，不占用建筑上层使用面积； 2. 下区供水压力损耗较大，能源消耗较大	电力供应充足，电价较低的各类高层建筑	根据建筑物形式，减压阀可有各种设置方式，如输水管减压、配水立管减压、配水干管减压、配水支管减压等
分区无水箱供水方式	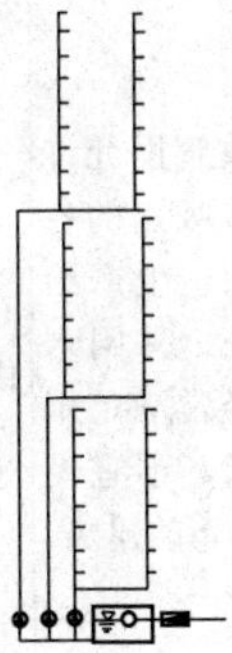	分区设置变速水泵或多台并联水泵，根据水泵出水量或水压，调节水泵转速或运行台数	1. 供水较可靠，设备布置集中，便于维护管理，不占用建筑上层使用面积，能源消耗较省； 2. 水泵型号、数最较多，投资较费，水泵控制调节较麻烦	各种类型的高层建筑	水泵宜用出水流量或压力控制和调节； 最好设置流量瞬间调节设施
设管道泵部分加压供水方式	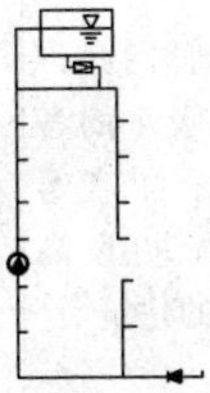	与外网直连，下层利用外网水压直接供水，上层用管道泵加压供水	1. 供水较可靠，可充分利用管网水压，节省能源，管道泵体型小，不需专用房间，维护管理简单； 2. 管道泵抽水时，引入管水压会有所降低，需设高位水箱，故增加结构荷载	外网水压经常不足，允许直接抽水，允许设置高位水箱的多层建筑	对用水较均匀的建筑，也可不设水箱

续表

名称	图式	供水方式说明	优缺点	适用范围	备注
气压罐低置气压给水装置供水方式		利用水泵自外网直接抽水加压，利用气压水罐调节流量和控制水泵运行	1. 供水可靠且卫生，不需设高位水箱，可利用外网水压； 2. 变压式气压给水水压波动较大，水泵平均效率较低，能源消耗量大； 3. 一般不宜用于供水规模大的系统	下列情况下的多层建筑： 外网水压经常不足，但允许直接抽水，用水压力允许有一定的波动，不宜设置高位水箱的建筑	1. 气压给水也可设计成恒压式 2. 采用变频调速泵组可克服压力波动大及能耗大的缺点
气压给水装置供水方式气压罐高置	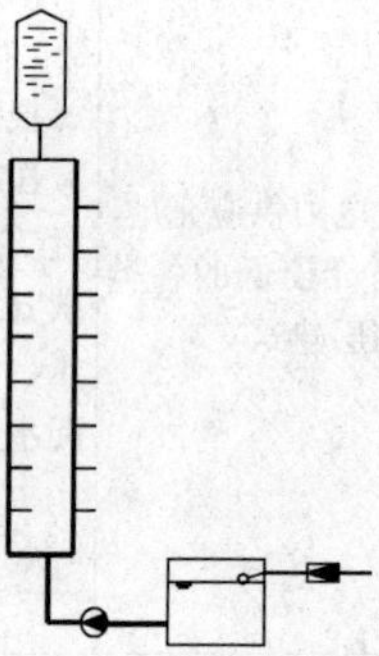	水泵通过调节水池（或吸水井）抽水加压供水，平时由气压水罐维持管网压力供用水点用水，并利用气压水罐的压力变化控制水泵启停	1. 供水可靠卫生，不需设高位水箱，高置比低置气压水罐利用容积系数大，内压力小； 2. 给水压力波动较大，能源消耗稍大	一般适用于多层建筑和一般高层建筑及不宜设高位水箱的建筑	采用变频调速泵组可克服气压给水系统压力波动大能耗大的缺点
管网叠压给水无高位水箱	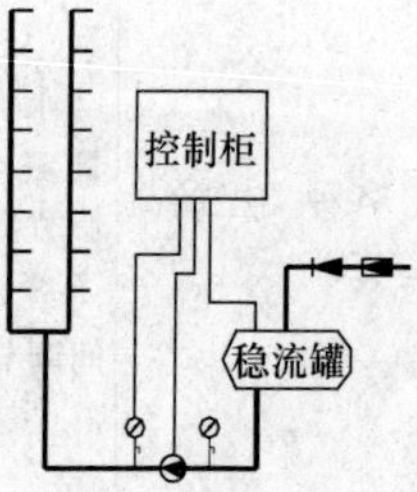 控制柜 稳流罐	从供水管网直接吸水叠压供水，不与外界空气连通，全封闭运行的给水方式	1. 供水较可靠，水质不被污染，可利用市政供水管网的水压，运行费用低，自动化程度高，安装、维护方便； 2. 无贮备水量	市政管网允许泵直接吸水的各类生活、生产给水系统，外网水量能经常满足用水要求，不宜设高位水箱的建筑	应采用变频泵组供水
管网叠压给水有高位水箱	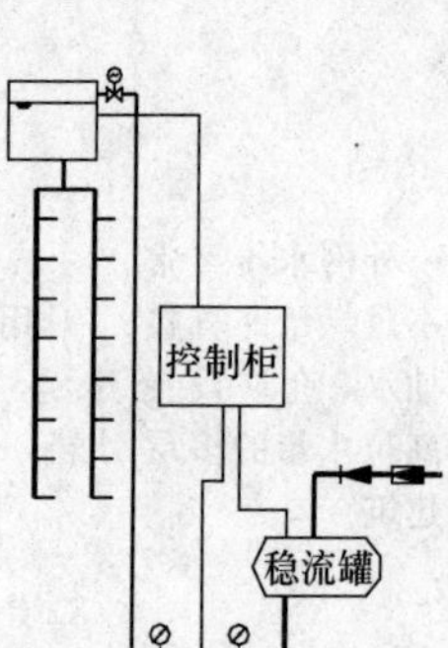 控制柜 稳流罐	从供水管网直接吸水叠压供水，高位水箱解决秒流量供水	1. 供水较可靠，水质不被污染，可利用市政供水管网的水压，运行费用低，自动化程度高，安装、维护方便； 2. 有一定贮备水量，增加结构荷载	市政管网允许泵直接吸水的各类生活、生产给水系统，可设高位水箱的建筑	用户只采用高位水箱供水，宜采用工频泵组

续表

名 称	图 式	供水方式说明	优缺点	适用范围	备 注
管网叠压给水有低位水箱	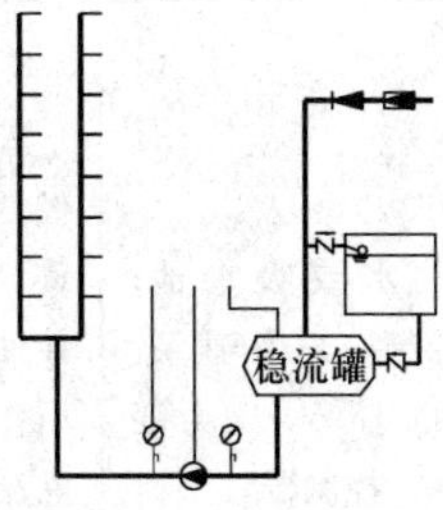 稳流罐	从供水管网直接吸水叠压供水，与稳流罐并联设一个水箱，解决短时间水量供水管网不足	1. 供水较可靠，水质不被污染，可利用市政供水管网的水压，运行费用低，自动化程度高，安装、维护方便； 2. 有一定贮备水量	市政管网允许泵直接吸水的各类生活、生产给水系统，不宜设高位水箱的建筑	应采用变频泵组供水
图例	 液位阀　泵及泵组　止回阀　减压阀　倒流防止器　水表　电动阀　压力传感装置				

1.4.3 给水系统加压及流量调节

在建筑物外部给水管网的水压或流量经常或间断不足，不能满足内部或建筑小区内用水要求时，应设置给水加压和流量调节装置。常用的加压和流量调节装置有：贮水池、吸水池（井）、水泵、水箱（低位和高位）、变频调速给水、管网叠压给水设备和气压给水设备。将在以后各节中详细叙述。常用的加压和流量调节装置见表1-22。

常用加压和流量调节装置 **表1-22**

名称		示意图	主要组成	适用范围和作用
1	2	3	4	5
单设高位水箱的装置	进出水管合用	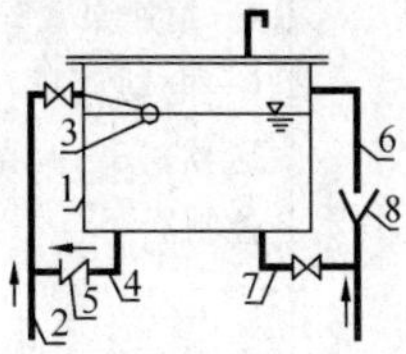 1 2 3 4 5 6 7 8	1-高位水箱或水塔；2—进水管；3—浮球阀；4—出水管；5—止回阀；6—溢流管；7—泄水管；8—受水器	外部管网水压或流量间断性不足时，起流量调节作用，受水器起空气隔断作用
	进出水管分开	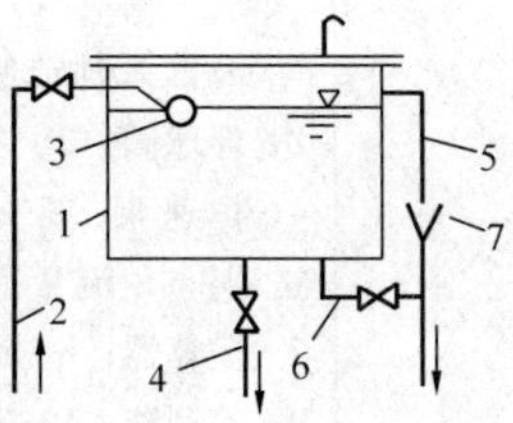 1 2 3 4 5 6 7	1—高位水箱或水塔；2—进水管；3—浮球阀；4—出水管；5—溢流管；6—泄水管；7—受水器	外部管网水压或流量间断性不足时，起流量调节作用。外部管网水压过高或压力波动过大时，起减、调压作用。可能造成回流污染时，起断流作用

续表

名称		示意图	主要组成	适用范围和作用
1	2	3	4	5
单设水泵的装置	恒速泵间接抽水	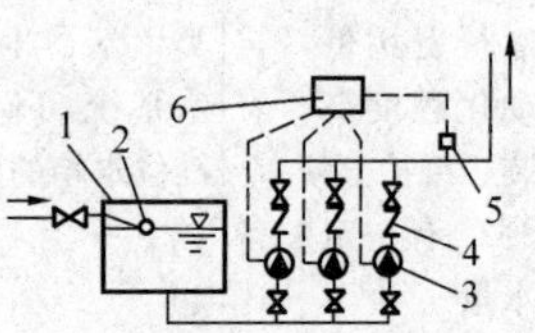	1—贮水或吸水池；2—浮球阀；3—恒速泵；4—止回阀；5—压力变送器；6—控制器	外部管网水压经常不足，不允许自外部管网直接抽水时，起加压作用。外部管网流量间断不足时，起流量调节和加压作用
	恒速泵与直供结合	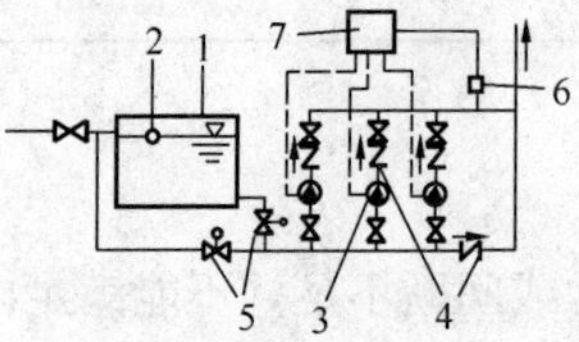	1—贮水或吸水池；2—浮球阀；3—恒速泵；4—止回阀；5—电动阀；6—压力变送器；7—控制器	外部管网水压间断不足，除消防外，不允许直接抽水时。在压力不足时用水泵加压，可满足要求时直接供水，消防时直接抽水
	变速泵出口压力控制	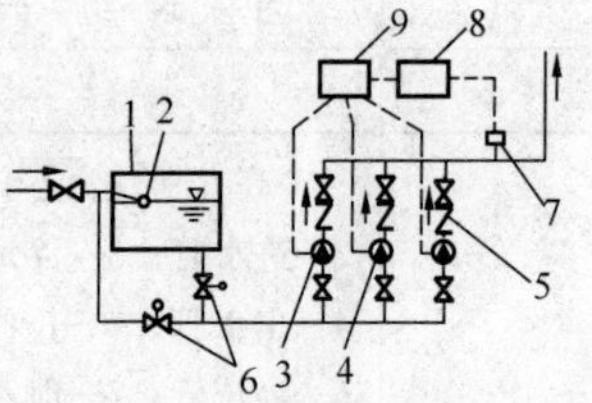	1—贮水池或吸水池；2—浮球阀；3—变速泵；4—恒速泵；5—止回阀；6—电动阀；7—压力变送器；8—调节器；9—控制器	外部管网水压经常不足时，起加压和流量调节作用。在内部管网较短、压力损失相对较小，仅需控制水泵出口压力时
	变速泵用水点压力控制	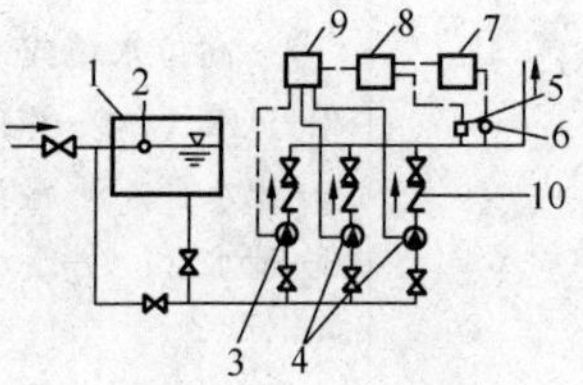	1—贮水池或吸水池；2—浮球阀；3—变速泵；4—恒速泵；5—压力变送器；6—流量变送器；7—演算器；8—调节器；9—控制器；10—止回阀	外部管网压力经常不足时，起加压和流量调节作用。内部管网较长，因流量不同管道压力损失变化较大，要求控制用水点处压力时

续表

名称		示意图	主要组成	适用范围和作用
1	2	3	4	5
水泵与水箱结合的装置	恒速泵间接抽水	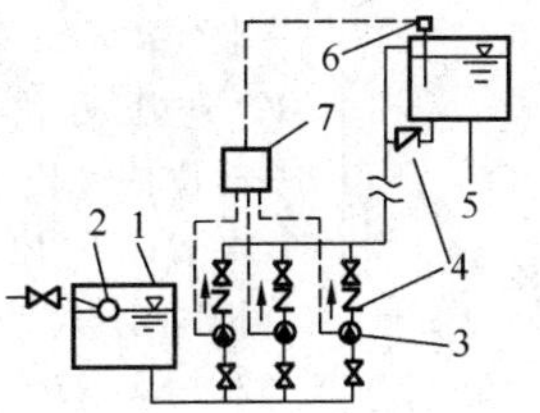	1—贮水池或吸水池；2—浮球阀；3—恒速泵；4—止回阀；5—高位水箱（水塔）；6—液位信号器；7—控制器	外部管网压力经常不足或流量间断不足时，用以调节流量和加压。外部管网不允许直接抽水时，用以断流和加压。有条件设置高位水箱的建筑物
	变速泵间接抽水	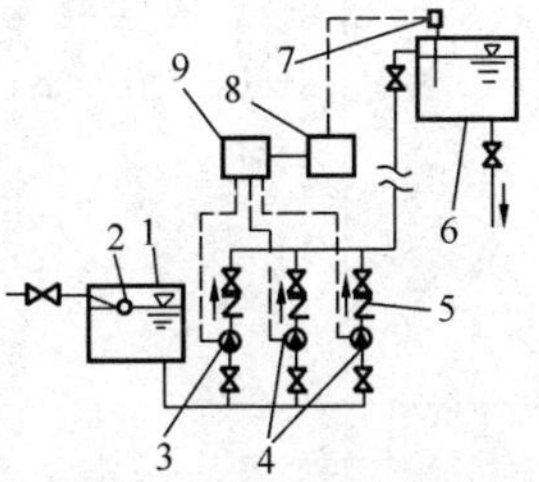	1—贮水或吸水池；2—浮球阀；3—变速泵；4—恒速泵；5—止回阀；6—高位水箱（水塔）；7—液位信号器；8—调节器；9—控制器	外部管网压力经常不足或流量间断不足时，用以加压和流量调节。外部管网不允许直接抽水时，用以断流和加压。有条件设置高位水箱的建筑物
	恒速泵间接抽水与直供相结合	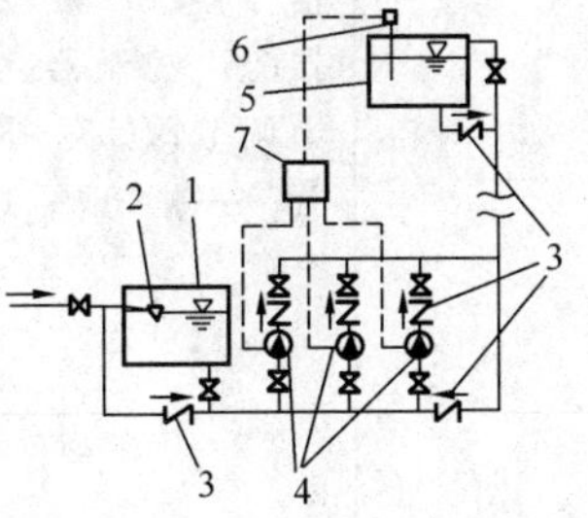	1—贮水或吸水池；2—浮球阀；3—止回阀；4—恒速泵；5—高位水箱或水塔；6—液位信号器；7—控制器	外部管网压力或流量间断不足时，用以流量调节和加压。有条件设置高位水箱的建筑物
气压给水装置	单罐变压式	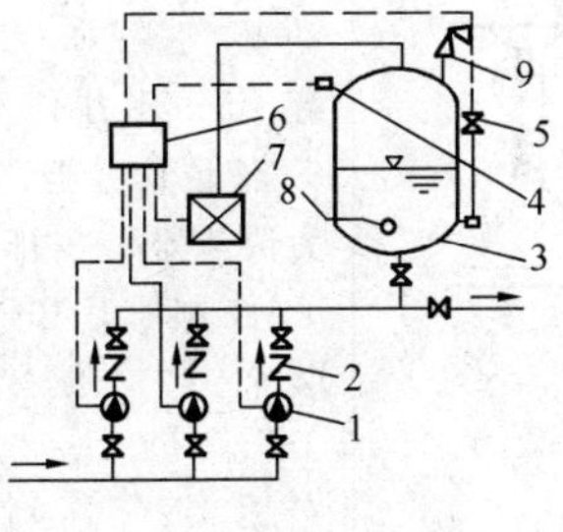	1—水泵；2—止回阀；3—气压水罐；4—压力信号器；5—液位信号器；6—控制器；7—补气装置；8—排气阀；9—安全阀	外部管网压力经常不足时，用以加压和流量调节。用水压力允许有一定波动时

续表

名称		示意图	主要组成	适用范围和作用
1	2	3	4	5
气压给水装置	双罐变压式	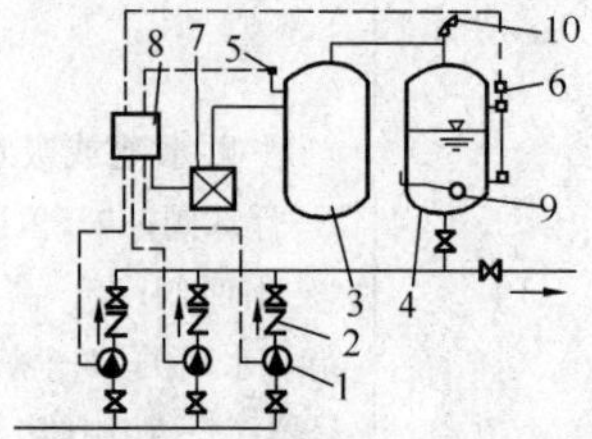 8 7 5 10 6 9 3 4 2 1	1—水泵；2—止回阀；3—贮气罐；4—气压水罐；5—压力信号器；6—液位信号器；7—补气装置；8—控制器；9—排气阀；10—安全阀	外部管网压力经常不足时，用以加压和流量调节。用水压力允许有一定波动时
	单罐隔膜式	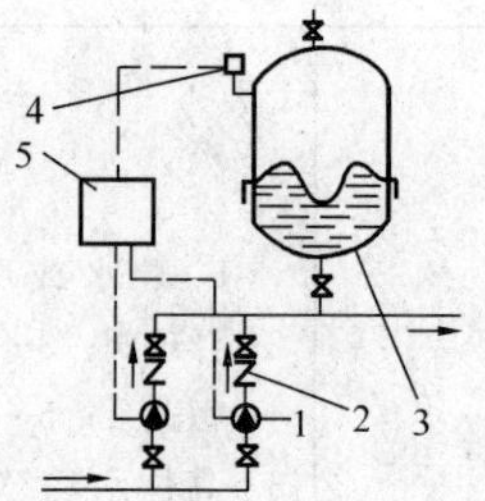 4 5 1 2 3	1—水泵；2—止回阀；3—隔膜式气压水罐；4—压力信号器；5—控制器	外部管网压力经常不足时，用以加压和流量调节。用水压力允许有一定波动时
	单罐恒压式	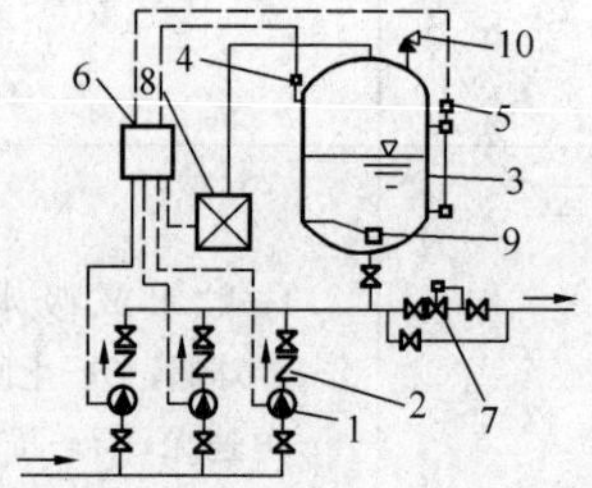 6 8 4 10 5 3 9 2 1 7	1—水泵；2—止回阀；3—气压水罐；4—压力信号器；5—液位信号器；6—控制器；7—压力调节阀；8—补气装置；9—排气阀；10—安全阀	外部管网压力经常不足时，用以加压和流量调节。适用于用水压力要求较稳定的建筑物
	双罐恒压式	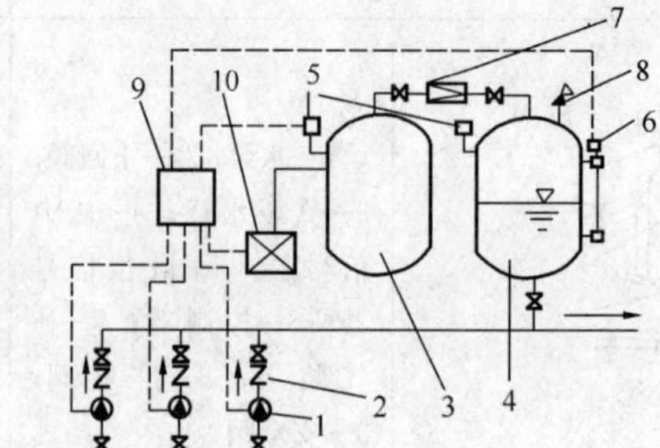 7 8 9 10 5 6 2 3 4 1	1—水泵；2—止回阀；3—贮气罐；4—气压水罐；5—压力信号器；6—液位信号器；7—压力调节器；8—排气阀；9—控制器；10—补气装置	外部管网压力经常不足时，用以加压和流量调节。适用于用水压力要求较稳定的建筑物

续表

名称		示意图	主要组成	适用范围和作用
1	2	3	4	5
管网叠压给水装置	通用型	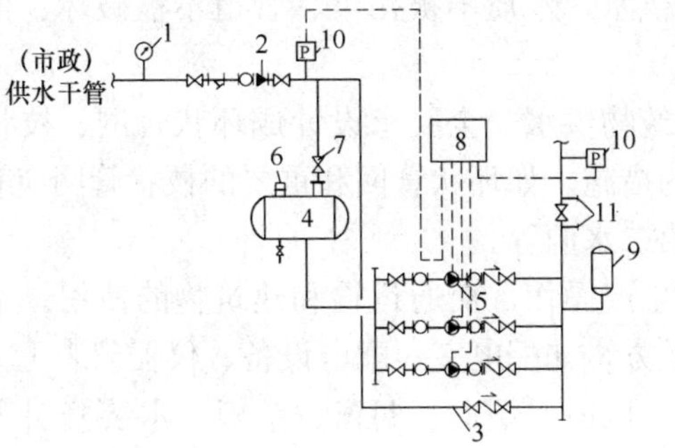 (市政)供水干管	1—压力表；2—倒流防止器（可选）；3—旁通管（可选）；4—稳流罐（立式、卧式）；5—变频调速泵；6—防负压装置；7—阀门；8—控制柜；9—气压水罐（可选）；10—压力传感器；11—消毒预留口	供水流量充足，但压力不能总满足用户水压要求的场所
	不带稳流罐	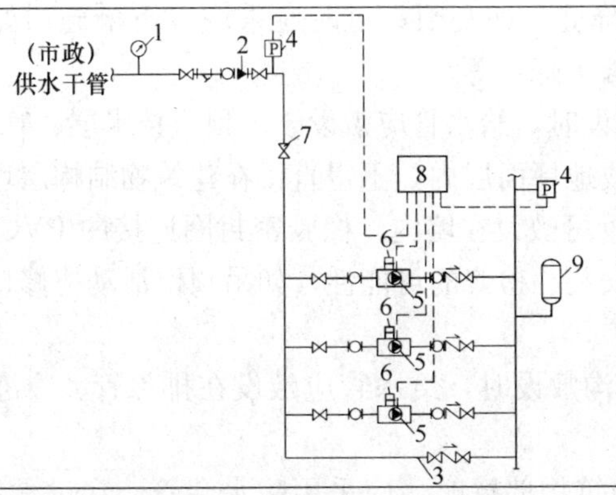 (市政)供水干管	1—压力表；2—倒流防止器（可选）；3—旁通管（可选）；4—压力传感器；5—变频调速泵；6—防负压装置；7—阀门；8—控制柜；9—气压水罐（可选）	供水流量充足，但压力不能满足用户水压要求的场所
	带低位水箱	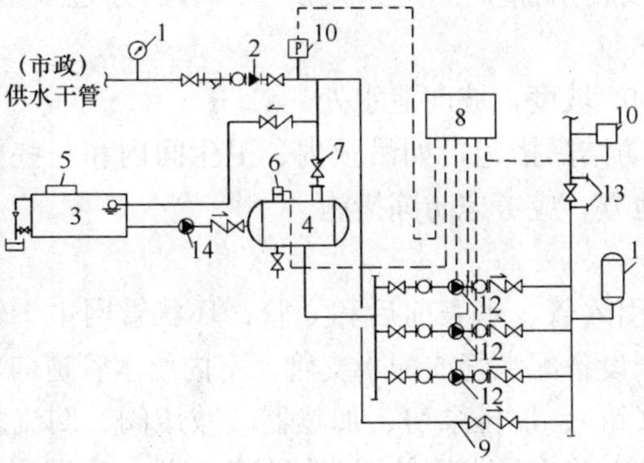 (市政)供水干管	1—压力表；2—倒流防止器（可选）；3—不锈钢水箱；4—稳流罐；5—空气净化装置；6—防负压装置（也可和控制系统不连锁）；7—阀门；8—控制柜；9—旁通管（可选）；10—压力传感器；11—气压水罐（可选）；12—变频调速泵；13—消毒接口；14—增压装置	适用于小区供水。适用于用水过于集中、瞬间用水量过大或供水保证率要求高的用户，压力过低场所
	带高位水箱	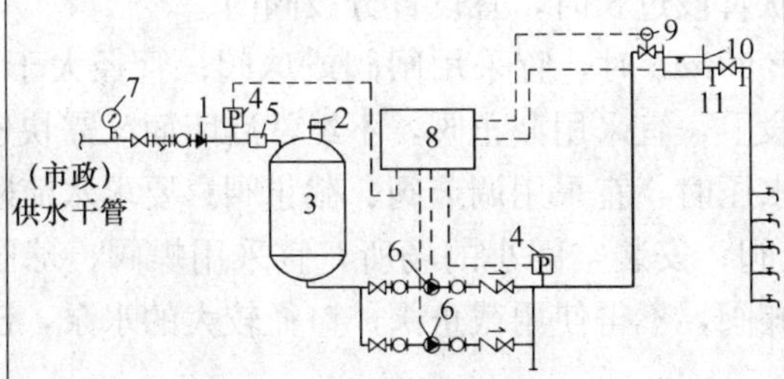 (市政)供水干管	1—倒流防止器（可选）；2—防负压装置；3—稳流罐；4—压力传感器；5—流量控制器；6—变频调速泵；7—压力表；8—控制柜；9—电动阀；10—高位水箱；11—消毒接口	当供水管道、设备电源、设备机械等故障，可利用高位水箱保持正常供水，并且压力稳定，适用于用水压力要求稳定的场所。适用于单栋建筑供水

注：气压水罐和贮气罐，根据具体情况可以设计成立式或卧式。

1.4.4 给水管道布置及附件

(1) 给水管道布置

1) 给水管道的布置应考虑安全供水、水质不被污染、管道不被破坏、生产生活不受影响和设备便于维护检修等因素。

2) 室内给水管网供水应根据建筑物供水安全要求设计成环状管网、枝状管网或贯通枝状管网，同时引入管应采取相应的措施。如环状管网和重要的枝状管网应有两条或两条以上引入管，或采取贮水池或增设第二水源等。

3) 给水管道的布置，不得妨碍生产操作、交通运输和建筑物的使用。不应布置在遇水会引起燃烧、爆炸或损坏的设备上方，如配电室、配电设备、仪器仪表上方。

4) 给水管道不得穿越设备基础、风道、烟道、橱窗、壁柜、木装修层等。不得敷设在排水沟内，不得穿过伸缩缝、沉降缝。如必须穿过时应采取以下措施，如：预留钢套管、采用可曲挠配件、上方留有足够沉降量等。

5) 给水管道可明设或暗设。暗设时，给水管应敷设于吊顶、技术层、管沟和竖井内。嵌墙暗装时，应敷设在墙体抹灰层或地坪面层内，不得直接在建筑物结构层埋设。卫生设备直径小于等于 25mm 的塑料管支管可敷设在墙内，橡胶密封圈连接的 PVC-U 管不得嵌墙敷设。暗装时应考虑管道及附件安装、检修的可能性，如吊顶留活动检修口，竖井留检修门。

6) 给水管与其他管道共架或同沟敷设时，给水管应敷设在排水管、冷冻水管上面或热水管、蒸汽管下面。

7) 给水管穿过地下室外墙或构筑物墙壁时，应采用防水套管。穿过承重墙或基础，应预留洞口并留足沉降量。

8) 给水管宜设计成 0.002～0.005 坡度，坡向泄水处。

9) 有结露可能的地方，应采取防结露措施，如吊顶内、卫生间内和一些可能受水影响的设备上方等处。有可能冰冻的地方，应考虑防冻措施。

(2) 附件

1) 给水管网上应设置阀门：如引入管、水表前后和立管；环状管网主干管、枝状管网的连通管；工艺要求设阀门的生产设备配水管或配水支管。室内给水管道向住户、公用卫生间等接出的配水管起端；水池（箱）、加压泵房、加热器、减压阀、倒流防止器等处应按安装要求配置；从小区给水干管上接出的支管起端或接户管起端；小区室外环状管网的节点处，应按分隔要求设置；环状管段过长时，宜设置分段阀门。

2) 阀门的选择：管径小于等于 50mm 时，宜采用闸阀或球阀；管径大于 50mm 时，宜采用闸阀或蝶阀；在经常启闭管段上，宜采用截止阀，不经常启闭而又需快速启闭的阀门，应采用快开阀。需调节流量、水压时，宜采用调节阀、截止阀；要求水流阻力小的部位（如水泵吸水管上），宜采用闸板阀；安装空间小的场所，宜采用蝶阀、球阀；水流需双向流动的管段上，应采用闸阀、蝶阀，不得使用截止阀；口径较大的水泵，出水管上宜采用多功能阀。

3) 蝶阀：它具有体积小、重量轻、开启容易和少占位置等优点。在工程中可广泛采用。其密封材质有软密封（如内衬橡胶、聚四氟乙烯等）和硬密封（如弹性钢圈等）。阀门材质有铸铁、碳钢和不锈钢等。阀门型式有手动、电动和气动等。应根据工程需要合理采用。

4）止回阀

① 安装位置

a. 直接从城镇给水管网接入小区或建筑物的引入管上。

注：装有倒流防止器的管段，不需再装止回阀。

b. 密闭的水加热器或用水设备的进水管上。

c. 水泵出水管上。

d. 进出水管合用一条管道的水箱、水塔、高地水池的出水管段上。

② 止回阀的阀型选择应根据止回阀的安装部位、阀前水压、关闭后的密闭性能要求和关闭时引发的水锤大小等因素确定。应符合下列要求：

a. 阀前水压小的部位，宜选用旋启式、球式和梭式止回阀。

b. 关闭后密闭性能要求严密的部位，宜选用有关闭弹簧的止回阀。

c. 要求削弱关闭水锤的部位，宜选用速闭消声止回阀或有阻尼装置的缓闭止回阀。

d. 止回阀的阀瓣或阀芯，应能在重力或弹簧力作用下自行关闭。

5）减压阀

给水管网的压力高于配水点允许的最高使用压力时应设置减压阀。减压阀的配置应符合下列要求：

① 比例式减压阀的减压比不宜大于 3∶1，当采用减压比大于 3∶1 时，应避免气蚀区。可调式减压阀的阀前与阀后的最大压差不宜大于 0.4MPa，要求环境安静的场所不应大于 0.3MPa，当最大压差超过规定值时，宜串联设置。

② 阀后配水件处的最大压力应按减压阀失效情况下进行校核，其压力不应大于配水件的产品标准规定的水压试验压力。

注：1. 当减压阀串联使用时，按其中一个失效情况下，计算阀后最高压力；

2. 配水件的试验压力一般按其工作压力的 1.5 倍计。

③ 减压阀前的水压宜保持稳定，阀前的管道不宜兼作配水管。

④ 阀后压力允许波动时，宜采用比例式减压阀；阀后压力要求稳定时，宜采用可调式减压阀。

⑤ 供水保证率要求高，停水会引起重大经济损失的给水管道上设置减压阀时，宜采用两个减压阀，并联设置，一用一备，但不得设置旁通管。

⑥ 用于给水分区的减压阀应采用能同时减静压和动压的减压阀。

减压阀的设置应符合下列要求：

① 减压阀的公称直径宜与管道管径相一致。

② 减压阀前应设阀门和过滤器；需拆卸阀体才能检修的减压阀后，应设管道伸缩器；检修时阀后水会倒流时，阀后应设阀门。

③ 减压阀节点处的前后应装设压力表。

④ 比例式减压阀宜垂直安装，可调式减压阀宜水平安装。

⑤ 设置减压阀的部位，应便于管道过滤器的排污和减压阀的检修，地面宜有排水设施。

6）倒流防止器

① 不应装在有腐蚀性和污染的环境。

② 排水口不得直接接至排水管，应采用间接排水。

③ 应安装在便于维护的地方，不得安装在可能结冰或被水淹没的场所。

7）真空破坏器

① 不应装在有腐蚀性和污染的环境。

② 应直接安装于配水支管的最高点，其位置高出最高用水点或最高溢流水位的垂直高度，压力型不得小于300mm，大气型不得小于150mm。

③ 大气型真空破坏器的进气口应向下。

8）泄压阀

当给水管网存在短时超压工况，且短时超压会引起使用不安全时，应设置泄压阀。泄压阀的设置应符合下列要求：

① 泄压阀用于管网泄压，阀前应设置阀门。

② 泄压阀的泄水口，应连接管道排水，泄压水宜排入非生活用水水池，当直接排放时，可排入集水井或排水沟。

9）水表：水表是计量水量、节约用水的设施。应在有水量计量要求的建筑物入口或用户入户口装设水表。有的地方已明文规定，对工厂或民用建筑物要实现二级或三级计量。设计时，应按当地有关部门的要求做好水量计量工作。

直接由市政管网供水的独立消防给水系统的引入管上，可不装设水表。住宅建筑应在配水管上和分户管上设置水表，水表和其他计量设备宜集中设在公共部位，尽量不进户，分户水表宜设在户门外，如设于管道井、分层集中设于走道的壁龛、水表间内。当分户水表必须设置于用户内时，其数字显示宜设在户门外或有物业管理的专用房间内以便查表。

1.5 管 网 计 算

1.5.1 设计流量计算

（1）最高日用水量 Q_d

最高日用水量按式（1-1）计算：

$$Q_d = \frac{mq_d}{1000} \tag{1-1}$$

式中 Q_d——最高日用水量（m^3/d）；

m——设计单位数（如人数、床位数等）；

q_d——用水定额[L/(单位·d)]，见表1-10、表1-11。

采用公式(1-1)应注意以下几点：

1）该公式适用于各类建筑物用水、汽车库汽车冲洗用水、绿化用水、道路浇洒用水。

2）对于多功能的建筑物，如商住楼、宾馆、大会堂、影剧院等，应分别按不同建筑物的用水量定额，计算各自的最高日用水量，然后将同时用水量叠加，取最大一组用水量作为整幢建筑物的最高日用水量。

3）对一幢建筑涉及几种功能时，应按耗水量最大的功能计算。

4）一幢建筑物的服务人数超过范围时，设计单位数应按实际单位数计算，如集体宿舍内附设公共浴室，该浴室还为其他人员服务时，其浴室用水量应按全部服务对象计算。

5）建筑物实际用水项目超出或少于范围时，其用水量应作相应增减。如医院、旅馆增设洗衣房时应增加洗衣房的用水量。

6）设计单位数应由建设单位或建筑专业提供。当无法取得数据时，在征得建设单位同意下，可按卫生器具一小时用水量和每日工作时数来确定最高日用水量。

（2）工业企业生产用水量：应根据工业生产工艺、设备、工作制度、供水水质和水温等因素并结合供水系统状况来选择和确定生产用水量。

（3）消防用水量详见第2章。

（4）最大小时生活用水量：最大小时用水量按式（1-2）计算：

$$Q_h = \frac{Q_d}{T}K_h \tag{1-2}$$

式中 Q_h——最大小时用水量（m^3/h）；

Q_d——最高日用水量（m^3/d）或最大班用水量（m^3/班）；

T——每日或最大班用水时间（h）；

K_h——小时变化系数，见表1-10、表1-11。

（5）生活给水设计秒流量：

1）住宅的生活给水设计秒流量应按下列步骤和方法计算：

① 根据住宅配置的卫生器具给水当量、使用人数、用水定额、使用时数及小时变化系数，按式（1-3）计算出最大用水时卫生器具给水当量平均出流概率：

$$U_0 = \frac{100q_0mK_h}{0.2 \cdot N_g \cdot T \cdot 3600} \tag{1-3}$$

$$U_0 = 0.005787q_0mK_h/N_g$$

式中 U_0——生活给水管道的最大用水时卫生器具给水当量平均出流概率（%）；

q_0——最高用水日的用水定额[L/(人·d)]，按表1-10取用；

m——每户用水人数（人）；

K_h——小时变化系数，按表1-10取用；

N_g——每户设置的卫生器具给水当量数；

T——用水小时数（h）；

0.2——一个卫生器具给水当量的额定流量（L/s）。

② 根据计算管段上的卫生器具给水当量总数，按式（1-4）计算得出该管段的卫生器具给水当量的同时出流概率：

$$U = 100\frac{1+\alpha_c(N_g-1)^{0.49}}{\sqrt{N_g}} \tag{1-4}$$

式中 U——计算管段的卫生器具给水当量同时出流概率（%）；

α_c——对应于不同U_0的系数，查表1-23；

N_g——计算管段的卫生器具给水当量总数。

给水管段卫生器具给水当量同时出流概率计算式 α_c 系数取值表 **表 1-23**

U_0（%）	α_c	U_0（%）	α_c
1.0	0.00323	4.0	0.02816
1.5	0.00697	4.5	0.03263
2.0	0.01097	5.0	0.03715
2.5	0.01512	6.0	0.04629
3.0	0.01939	7.0	0.05555
3.5	0.02374	8.0	0.06489

③ 根据计算管段上的卫生器具给水当量同时出流概率，按式（1-5）计算该管段的设计秒流量：

$$q_g = 0.2UN_g \tag{1-5}$$

式中 q_g——计算管段的设计秒流量（L/s）；

其余符号同前。

注：1. 为了计算快速、方便，在计算出 U_0 后，即可根据计算管段的 N_g 值从附录 A 的计算表中直接查得给水设计秒流量 q_g，该表可用内插法；

2. 当计算管段的卫生器具给水当量总数超过附录 A 中的最大值时，其设计流量应取最大时平均秒流量，即 $q_g=0.2\cdot U_0\cdot N_g$。

④ 给水干管有两条或两条以上具有不同最大用水时卫生器具给水当量平均出流概率的给水支管时，该管段的最大用水时卫生器具给水当量平均出流概率按式（1-6）计算：

$$U_0 = \frac{\sum U_{0i}N_{gi}}{\sum N_{gi}} \tag{1-6}$$

式中 U_0——给水干管的卫生器具给水当量平均出流概率（%）；

U_{0i}——支管的最大用水时卫生器具给水当量平均出流概率（%）；

N_{gi}——相应支管的卫生器具给水当量总数。

2）宿舍（Ⅰ、Ⅱ类）（宿舍类型划分见表 1-11）、旅馆、宾馆、酒店式公寓、医院、疗养院、幼儿园、养老院、办公楼、商场、图书馆、书店、客运站、航站楼、会展中心、中小学教学楼、公共厕所等建筑的生活给水设计秒流量，应按（1-7）式计算：

$$q_g = 0.2\alpha\sqrt{N_g} \tag{1-7}$$

式中 q_g——计算管段的给水设计秒流量（L/s）；

N_g——计算管段的卫生器具给水当量总数；

α——根据建筑物用途而定的系数，表 1-24。

注：1. 如计算值小于该管段上一个最大卫生器具给水额定流量时，应采用一个最大的卫生器具给水额定流量作为设计秒流量；

2. 如计算值大于该管段上按卫生器具给水额定流量累加所得流量值时，应按卫生器具给水额定流量累加所得流量值采用；

3. 有大便器延时自闭冲洗阀的给水管段，大便器延时自闭冲洗阀的给水当量均以 0.5 计，计算得到的 q_g 附加 1.10L/s 的流量后，为该管段的给水设计秒流量；

4. 综合楼建筑的 α 值应按加权平均法计算。

根据建筑物用途而定的系数值（α值） 表1-24

建筑物名称	α值	建筑物名称	α值
幼儿园、托儿所、养老院	1.2	学校	1.8
门诊部、诊疗所	1.4	医院、疗养院、休养所	2.0
办公楼、商场	1.5	酒店式公寓	2.2
图书馆	1.6	宿舍（Ⅰ、Ⅱ类）、旅馆、招待所、宾馆	2.5
书店	1.7	客运站、航站楼、会展中心、公共厕所	3.0

3）宿舍（Ⅲ、Ⅳ类）（宿舍类型划分见表1-11）、工业企业的生活间、公共浴室、职工食堂或营业餐馆的厨房、体育场馆、剧院、普通理化实验室等建筑的生活给水管道的设计秒流量，应按式（1-8）计算：

$$q_g = \Sigma q_0 n_0 b \tag{1-8}$$

式中 q_g——计算管段的设计秒流量（L/s）；

q_0——同类型的一个卫生器具给水额定流量（L/s），见表1-17；

n_0——同类型卫生器具数；

b——卫生器具的同时给水百分数（%），见表1-25～表1-27。

注：1. 如计算值小于该管段上一个最大卫生器具给水额定流量时，应采用一个最大的卫生器具给水额定流量作为设计秒流量；

2. 大便器自闭式冲洗阀应单列计算，当单列计算值小于1.2L/s时，以1.2L/s计；大于1.2L/s时，以计算值计。

宿舍（Ⅲ、Ⅳ类）、工业企业生活间、公共浴室、剧院、体育场馆等卫生器具同时给水百分数（%） 表1-25

卫生器具名称	宿舍（Ⅲ、Ⅳ类）	工业企业生活间	公共浴室	影剧院	体育场馆
洗涤盆（池）	—	33	15	15	15
洗手盆	—	50	50	50	70（50）
洗脸盆、盥洗槽水嘴	5～100	60～100	60～100	50	80
浴盆	—	—	50	—	—
无间隔淋浴器	20～100	100	100	—	100
有间隔淋浴器	5～80	80	60～80	（60～80）	（60～100）
大便器冲洗水箱	5～70	30	20	50（20）	70（20）
大便槽自动冲洗水箱	100	100	—	100	100
大便器自闭式冲洗阀	1～2	2	2	10（2）	5（2）
小便器自闭式冲洗阀	2～10	10	10	50（10）	70（10）
小便器（槽）自动冲洗水箱	—	100	100	100	100
净身盆	—	33	—	—	—
饮水器	—	30～60	30	30	30
小卖部洗涤盆	—	—	50	50	50

注：1. 表中括号内的数值系电影院、剧院的化妆间，体育场馆的运动员休息室使用；
2. 健身中心的卫生间，可采用本表体育场馆运动员休息室的同时给水百分率。

职工食堂、营业餐馆厨房设备同时给水百分数（%） 表1-26

厨房设备名称	同时给水百分数（%）	厨房设备名称	同时给水百分数（%）
污水盆（池）	50	器皿洗涤机	90
洗涤盆（池）	70	开水器	50
煮锅	60	蒸汽发生器	100
生产性洗涤机	40	灶台水嘴	30

注：职工或学生饭堂的洗碗台水嘴，按100%同时给水，但不与厨房用水叠加。

实验室化验水嘴同时给水百分数（%） **表 1-27**

化验水嘴名称	同时给水百分数（%）	
	科研教学实验室	生产实验室
单联化验水嘴	20	30
双联或三联化验水嘴	30	50

1.5.2 管网水力计算

（1）计算目的：在于确定给水管网各管段的管径，求得通过设计流量时造成的水头损失，复核室外给水管网水压是否满足使用要求，选定加压装置所需扬程和高位水箱的设置高度。

（2）计算要求

1）根据建筑物类别正确选用生活给水设计流量公式。

居住小区的室外给水管道的设计流量应根据管段服务人数、用水定额及卫生器具设置标准等因素确定，并应符合下列规定：

① 服务人数小于等于表 1-28 中数值的室外管段，其住宅应按概率公式计算设计秒流量作为管段流量，配套设施（文体、餐饮娱乐、商铺及市场）按平方根法公式和同时用水百分数法公式计算设计秒流量作为节点流量。

② 服务人数大于表 1-28 中数值的室外管段，其住宅应按最大小时平均流量计算作为管段流量，配套设施（文体、餐饮娱乐、商铺及市场）按最大小时平均流量计算作为节点流量。

③ 居住小区内配套的文教、医疗保健、社区管理等设施，以及绿化和景观用水、道路及广场洒水、公共设施用水等，均以平均时用水量计算节点流量。

居住小区室外给水管道设计流量计算人数 **表 1-28**

每户 N_g / $q_L K_h$	3	4	5	6	7	8	9	10
350	10200	9600	8900	8200	7600	—	—	—
400	9100	8700	8100	7600	7100	6650	—	—
450	8200	7900	7500	7100	6650	6250	5900	—
500	7400	7200	6900	6600	6250	5900	5600	5350
550	6700	6700	6400	6200	5900	5600	5350	5100
600	6100	6100	6000	5800	5550	5300	5050	4850
650	5600	5700	5600	5400	5250	5000	4800	4650
700	5200	5300	5200	5100	4950	4800	4600	4450

2）充分利用室外给水管网的水压。

3）经过技术经济比较选取合理的供水方案。

4）应满足室内管网中最不利配水点所需水压。

5）对允许断水的给水管网，引入管应按同时使用率计算。对不允许断水的给水管网，如从几条引入管供水时，应假定其中一条被关闭时，其余引入管应能通过全部用水量。

6）引入管管径不宜小于 $DN20$。

7）确定管径时，应使设计流量通过计算管段时的水流速度符合下列要求：

① 建筑物内给水管的流速一般可参照表 1-29 取值，也可依据下列数据取用：卫生洁具的配水支管一般采用 0.6～1.0m/s；横向配水管，管径超过 15mm，宜采用 0.8～1.2m/s；

环状管、干管和主管宜采用1.0～1.8m/s。各种管材的推荐流速如下：铜管，管径大于等于25mm时，流速宜采用0.8～1.5m/s，管径小于25mm时，宜采用0.6～0.8m/s。建筑给水薄壁不锈钢管，公称直径大于等于25mm时，流速宜采用1.0～1.5m/s；公称直径小于25mm时，宜采用0.8～1.0m/s。建筑给水硬聚氯乙烯管，公称外径小于等于50mm时，流速小于等于1.0m/s，公称外径大于50mm时，流速小于等于1.5m/s。建筑给水聚丙烯管，公称外径小于等于32mm，流速不宜大于1.2m/s，公称外径为40～63mm，不宜大于1.5m/s；公称外径大于63mm，不宜大于2.0m/s。建筑给水氯化聚氯乙烯管，公称外径小于等于32mm，流速应小于1.2m/s，公称外径为40～75mm，应小于1.5m/s，公称外径不小于90mm，应小于2.0m/s。复合管可参照内衬材料的管道流速选用，建筑给水超薄壁不锈钢塑料复合管流速宜取0.8～1.2m/s，管内最大流速不应超过2.0m/s。

生活给水管道的水流速度 **表1-29**

公称直径（mm）	15～20	25～40	50～70	≥80
水流速度（m/s）	≤1.0	≤1.2	≤1.5	≤1.8

小区给水管道的流速可按各种管材确定。在资料不全时一般可按0.6～0.9m/s设计，最小不得小于0.5m/s，一般也不宜大于1.5m/s。

与消防管网合用的给水管网，消防时其管内流速应满足消防要求。

② 消火栓系统给水管道水流速度不宜大于2.5m/s。

③ 自动喷淋系统管道流速不宜大于5.0m/s，其配水支管流速不得大于10m/s。

8）建筑物尤其是高层建筑物卫生器具承受不同的压力，应根据卫生器具承压能力而采取分区给水的措施和减压措施。

9）当外部给水压力不足时，应采取措施，如设水池、水泵加压或其他加压措施，在管网计算时应予考虑。

（3）计算步骤

1）确定建筑物给水的方案和管材。

2）绘制给水流程图或系统图。

3）根据建筑物类别选择生活给水设计流量公式，并正确计算设计流量。

4）根据计算管段的设计流量、室外管网能保证的水压和最不利点的所需水压及管道流速，确定管径。

5）计算管道的水头损失。

6）确定建筑物供水的所需水压，用以校核室外供水压力或室内加压设备的压力参数。

（4）管道水头损失

给水管道水头损失计算应按下列要求进行：

1）管道沿程水头损失：

① 给水管道的沿程水头损失应按式（1-9）计算

$$h_i = i \cdot L \tag{1-9}$$

式中 h_i——沿程水头损失（kPa）；

L——管道计算长度（m）；

i——管道单位长度水头损失（kPa/m），i可用式（1-10）计算：

$$i = 105C_h^{-1.85} d_j^{-4.87} q_g^{1.85} \tag{1-10}$$

式中 d_j——管道计算内径（m）；

q_g——给水设计流量（m^3/s）；

C_h——海澄—威廉系数。

各种塑料管、内衬（涂）塑管 $C_h=140$；铜管、不锈钢管 $C_h=130$；内衬水泥、树脂的铸铁管 $C_h=130$；普通钢管、铸铁管 $C_h=100$。

② 建筑给水硬聚氯乙烯塑料管的单位长度水头损失可按图 1-8 查得。

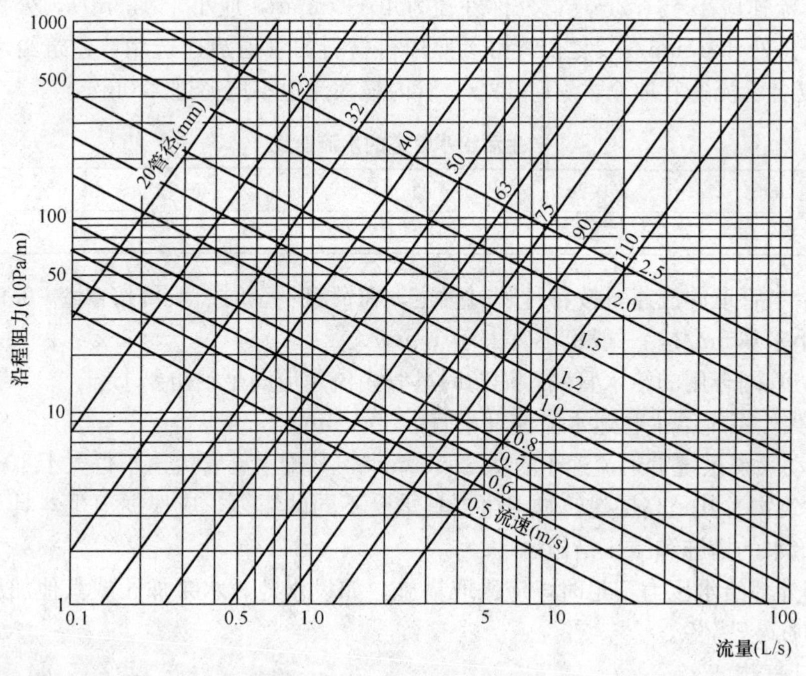

图 1-8 建筑给水硬聚氯乙烯管道水力计算图（公称压力 1.0MPa）

③ 为简化计算，钢管和铸铁管及 PVC-U 塑料管、铜管等单位长度的水头损失可查表得出，详见《给水排水设计手册》第 1 册（常用资料）。

④ 管道单位长度的水头损失 i 值也可查阅不同管材相关的技术规范（程）中的图表，但应注意该图表的使用条件和采用的单位。当工程的使用条件与制表条件不符时，应根据规定对 i 值作相应的修正。

2）管道局部水头损失：

① 给水管局部水头损失应按式（1-11）计算：

$$h_1 = 0.01\Sigma\zeta\frac{v^2}{2g} \tag{1-11}$$

式中 h_1——管道各局部水头损失之和（MPa）；

$\Sigma\zeta$——管道局部阻力系数之和；

v——平均水流速度，一般指局部阻力后（水流方向）的平均水流速度（m/s）；

g——重力加速度（m/s^2）。

在已知 $\Sigma\zeta$ 和流速值时，也可由表 1-30 查得局部水头损失值。

局部水头损失计算 表 1-30

v (m/s)	$\Sigma\zeta$为下列值时局部水头损失值（10^{-5}MPa）																	
	0.5	1.0	1.2	1.4	1.6	1.8	2	3	4	5	6	7	8	9	10	12	15	17	20
0.60	0.0092	0.0184	0.0220	0.0257	0.0294	0.0331	0.0367	0.0551	0.0735	0.0918	0.1101	0.1285	0.1468	0.1652	0.1835	0.2203	0.2753	0.3120	0.3671
0.70	0.0125	0.0250	0.0300	0.0350	0.0400	0.0450	0.0500	0.0749	0.1000	0.1249	0.1499	0.1749	0.1999	0.2248	0.2598	0.2998	0.3747	0.4247	0.4997
0.80	0.0163	0.0326	0.0392	0.0457	0.0522	0.0587	0.0653	0.0979	0.1305	0.1632	0.1958	0.2284	0.2610	0.2937	0.3263	0.3916	0.4895	0.5547	0.6526
0.85	0.0184	0.0368	0.0442	0.0516	0.0589	0.0663	0.0737	0.1105	0.1473	0.1842	0.2210	0.2579	0.2947	0.3315	0.3684	0.4420	0.5526	0.6262	0.7367
0.90	0.0206	0.0413	0.0496	0.0578	0.0661	0.0743	0.0826	0.1239	0.1652	0.2065	0.2478	0.2891	0.3304	0.3717	0.4129	0.4956	0.6195	0.7021	0.8260
0.95	0.0230	0.0460	0.0552	0.0644	0.0736	0.0828	0.0920	0.1380	0.1841	0.2301	0.2761	0.3221	0.3681	0.4141	0.4601	0.5522	0.6902	0.7822	0.9203
1.00	0.0255	0.0510	0.0612	0.0714	0.0816	0.0918	0.1020	0.1530	0.2039	0.2549	0.3059	0.3569	0.4079	0.4589	0.5099	0.6118	0.7648	0.8668	1.0197
1.10	0.0308	0.0617	0.0740	0.0864	0.0987	0.1110	0.1234	0.1851	0.2468	0.3085	0.3702	0.4319	0.4935	0.5552	0.6169	0.7403	0.9254	1.0488	1.2339
1.20	0.0367	0.0734	0.0881	0.1028	0.1175	0.1322	0.1468	0.2203	0.2937	0.3671	0.4405	0.5139	0.5874	0.6608	0.7342	0.8810	1.1013	1.2481	1.4684
1.30	0.0431	0.0862	0.1034	0.1206	0.1379	0.1551	0.1723	0.2585	0.3447	0.4308	0.5170	0.6032	0.6893	0.7755	0.8617	1.0340	1.2925	1.4648	1.7233
1.40	0.0500	0.0999	0.1199	0.1399	0.1599	0.1799	0.1999	0.2998	0.3997	0.4997	0.5996	0.6995	0.7995	0.8994	0.9993	1.1992	1.4990	1.6988	1.9986
1.50	0.0574	0.1147	0.1377	0.1606	0.1835	0.2065	0.2294	0.3442	0.4589	0.5736	0.6883	0.8030	0.9177	1.0325	1.1472	1.3766	1.7208	1.9502	2.2944
1.60	0.0653	0.1305	0.1566	0.1827	0.2088	0.2349	0.2610	0.3916	0.5221	0.6526	0.7831	0.9137	1.0442	1.1747	1.3052	1.5663	1.9579	2.2189	2.6105
1.70	0.0737	0.1473	0.1768	0.2063	0.2358	0.2652	0.2947	0.4420	0.5894	0.7367	0.8841	1.0314	1.1788	1.3261	1.4735	1.7682	2.2102	2.5049	2.9470
1.80	0.0826	0.1652	0.1982	0.2313	0.2643	0.2973	0.3304	0.4956	0.6608	0.8260	0.9912	1.1564	1.3216	1.4867	1.6519	1.9823	2.4779	2.8083	3.3039
1.90	0.0920	0.1841	0.2209	0.2577	0.2945	0.3313	0.3681	0.5522	0.7362	0.9203	1.1044	1.2884	1.4725	1.6565	1.8406	2.2087	2.7609	3.2190	3.6812
2.00	0.1020	0.2039	0.2447	0.2855	0.3263	0.3671	0.4079	0.6118	0.8158	1.0197	1.2237	1.4276	1.6315	1.8355	2.0394	2.4473	3.0591	3.4670	4.0789
2.20	0.1234	0.2468	0.2961	0.3455	0.3948	0.4442	0.4935	0.7403	0.9871	1.2339	1.4806	1.7274	1.9742	2.2209	2.4677	2.9613	3.7016	4.1951	4.9354
2.40	0.1468	0.2937	0.3524	0.4111	0.4699	0.5286	0.5874	0.8810	1.1747	1.4684	1.7621	2.0557	2.3494	2.6431	2.9368	3.5241	4.4052	4.9925	5.8736
2.60	0.1723	0.3447	0.4136	0.4825	0.5515	0.6204	0.6893	1.0340	1.3787	1.7233	2.0680	2.4126	2.7573	3.1020	3.4466	4.1360	5.1700	5.8593	6.8933
2.80	0.1999	0.3997	0.4797	0.5596	0.6396	0.7195	0.7995	1.1992	1.5989	1.9986	2.3984	2.7981	3.1978	3.5976	3.9973	4.7967	5.9959	6.7954	7.9946
3.00	0.2294	0.4589	0.5506	0.6424	0.7342	0.8260	0.9177	1.3766	1.8355	2.2944	2.7532	3.2121	3.6740	4.1299	4.5889	5.5065	6.8831	7.8008	9.1774

② 生活给水管道的配水管的局部水头损失，也可按管道的连接方式，采用管（配）件当量长度法计算。表 1-31 为螺纹接口的阀门及管件的摩阻损失当量长度表。当管道的管（配）件当量资料不足时，可按下列管件的连接状况，按管网的沿程水头损失的百分数取值：

a. 管（配）件内径与管道内径一致，采用三通分水时，取 25%～30%；采用分水器分水时，取 15%～20%；

b. 管（配）件内径略大于管道内径，采用三通分水时，取 50%～60%；采用分水器分水时，取 30%～35%；

c. 管（配）件内径略小于管道内径，管（配）件的插口插入管口内连接，采用三通分水时，取 70%～80%；采用分水器分水时，取 35%～40%。

阀门和螺纹管件的摩阻损失的折算补偿长度（m）　　表 1-31

管件内径（mm）	各种管件的折算管道长度						
	90°标准弯头	45°标准弯头	标准三通 90°转角流	三通直向流	闸板阀	球阀	角阀
9.5	0.3	0.2	0.5	0.1	0.1	2.4	1.2
12.7	0.6	0.4	0.9	0.2	0.1	4.6	2.4
19.1	0.8	0.5	1.2	0.2	0.2	6.1	3.6
25.4	0.9	0.5	1.5	0.3	0.2	7.6	4.6
31.8	1.2	0.7	1.8	0.4	0.2	10.6	5.5
38.1	1.5	0.9	2.1	0.5	0.3	13.7	6.7
50.8	2.1	1.2	3	0.6	0.4	16.7	8.5
63.5	2.4	1.5	3.6	0.8	0.5	19.8	10.3
76.2	3	1.8	4.6	0.9	0.6	24.3	12.2
101.6	4.3	2.4	6.4	1.2	0.8	38	16.7
127	5.2	3	7.6	1.5	1	42.6	21.3
152.4	6.1	3.6	9.1	1.8	1.2	50.2	24.3

注：本表的螺纹接口是指管件无凹口螺纹，即管件与管道在连接点内径有突变，管件内径大于管道内径，当管件为凹口螺纹，或管件与管道等径焊接，其折算补偿长度取本表值的 1/2。

③ 表 1-32 中所列数据为各种管材技术规范（程）等相关资料中推荐的局部水头损失值，供设计人员参考。

局 部 水 头 损 失 值　　表 1-32

管 材 名 称	局部水头损失按沿程水头损失的下列百分数值计
建筑给水铝塑复合管（PAP）	采用三通配水：50%～60%；分水器配水：30%
建筑给水钢塑复合管	螺纹连接内衬塑可锻铸铁管件：生活给水管网 30%～40%，生活、生产合用给水管网 30%～40%；法兰或沟槽式连接内涂（衬）塑钢管件：10%～20%
建筑给水超薄壁不锈钢塑料复合管	承插式连接：20%～30%；卡套式连接：30%～35%

续表

管材名称	局部水头损失按沿程水头损失的下列百分数值计
给水钢塑复合压力管	室内可按25%～30%计
建筑给水硬聚氯乙烯管（PVC-U）	25%～30%
建筑给水氯化聚氯乙烯管（PVC-C）	25%～30%
建筑给水聚丙烯管（PP-R、PP-B）	25%～30%
建筑给水聚乙烯管（PE、PEX、PE-RT）	1. 热熔连接、电熔连接、承插式柔性和法兰连接：采用三通分水时宜取25%～30%，采用分水器分水时宜取15%～30%； 2. 管材端口内插不锈钢衬套的卡套式连接：采用三通分水时宜取35%～40%，采用分水器分水时宜取30%～35%； 3. 卡压式连接和管材端口插入管件本体的卡套式连接：采用三通分水时宜取60%～70%，采用分水器分水时宜取35%～40%
建筑给水薄壁不锈钢管	25%～30%
建筑给水铜管	25%～30%
铸铁管、热镀锌钢管	25%～30%

注：1. 表中数值只适用于室内生活给水的配水管，不适用于给水干管（如由泵提升至水箱等输水管应按管道的实际布置状况经计算确定）；

2. 小区输水管的局部水头损失值：埋地聚乙烯给水管按沿程水头损失的12%～18%计，铸铁管、热镀锌钢管宜按相关公式计算，当资料不足时除水表和止回阀等单独计算外，可按管网沿程水头损失的15%～20%计算。

④ 给水系统中采用设备、装置其水头损失可按表1-33取用。

设备、装置水头损失 **表1-33**

名称	水头损失
水表	1. 住宅入户管上的水表，宜取0.01MPa； 2. 建筑物或小区引入管上的水表，在生活用水工况时，宜取0.03MPa；在校核消防工况时，宜取0.05MPa
比例式减压阀	阀后动水压宜按阀后静水压的80%～90%采用
管道过滤器的局部水头损失	宜取0.01MPa
倒流防止器的局部水头损失	按产品测试参数确定
真空破坏器的局部水头损失	按产品测试参数确定

注：水表的水头损失，应按选用产品所给的压力损失值计算。在未确定具体产品时，可按表内数值定。

(5) 建筑物室内给水管网所需水压：一般要选择管网中若干个较不利的配水点进行水力计算，经比较后确定最不利配水点，以保证所有配水点的水压要求。

室内给水管网所需的水压按式（1-12）计算：

$$H = H_2 + H_3 + 0.01(H_1 + H_4) \tag{1-12}$$

式中 H——建筑给水引入管前所需水压（MPa）；

H_1——最不利配水点与引入管的标高差（m）；

H_2——管网内沿程和局部水头损失之和（MPa）；

H_3——水表的水头损失（MPa）计算方法见第13章；

H_4——最不利配水点所需流出水头（m），按表1-17选用。

另外，应考虑一定的富裕水头，一般按0.01～0.03MPa计。

对于居住建筑的生活给水管网，在进行方案设计时，其所需水压也可根据建筑层数由表1-34估计所需最小水压值。

按建筑层数确定建筑给水管网所需水压 **表1-34**

建筑层数	1	2	3	4	5	6	7	8	9	10
最小服务水头（kPa）	100	120	160	200	240	280	320	360	400	440

注：二层以上每增高一层增加40kPa。

由式（1-12）计算出的室内管网所需水压H，与室外能够供给的水压（H_0）有较大差别时，应对室内管网的某些管段的管径作适当调整。当H_0大于H时，为充分利用室外管网水压；应在允许流速范围内，缩小某些管段（一般要缩小较大的管段）的管径。当H_0小于H时，但相差不大时，为避免设置局部升压装置，可放大某些管段（一般要放大较小的管径），以减小管网水头损失。若相差较大，应考虑设置升压装置。

1.6 贮水池和吸水池（井）

1.6.1 贮水池

（1）贮水池容积：贮水池的有效容积与室外供水能力、用户要求和建筑物性质、生活调节水量、消防贮备水量和生产事故时用水量有关。一般可按式（1-13）、式（1-14）计算：

$$V_y \geqslant (Q_b - Q_g)T_b + V_x + V_s \tag{1-13}$$

$$Q_g T_t \geqslant (Q_b - Q_g)T_b \tag{1-14}$$

式中 V_y——贮水池有效容积（m^3）；

Q_b——水泵的出水量（m^3/h）；

Q_g——外部供水能力（m^3/h）；

T_b——水泵运行时间（h）；

V_x——火灾延续时间内，室内外消防用水量之和（m^3）；

V_s——生产事故备用水量（m^3）；

T_t——水泵运行间隔时间（h）。

在资料不足时，贮水池的调节容积$(Q_b - Q_g)T_b$，一般可按小区最高日生活用水量的15%～20%取值。

（2）贮水池的设置

1）设有增压装置的给水系统，在室外供水管网时刻能满足建筑物用水量要求时，可不设贮水池，只设置吸水池（井）。

2）贮水池总容积包括：有效容积、被结构体（梁、柱、隔墙）所占用的容积及水面以上空间的容积。

3）贮水池一般由钢筋混凝土制成，也有采用各类钢板或玻璃钢制成的。贮水池所用材料不得对其贮水水质造成任何污染。池内壁防止对水质造成污染的措施有喷刷无毒瓷釉涂料、饮用水用油漆，或贴食品级玻璃钢和贴瓷砖等。

4）贮水池应设置在远离对其可能有污染的地方。贮水池应设进水管、出水管、通气管、溢流管、泄水管（有可能时）、人孔（应加盖加锁）、爬梯和液位计。溢流管排水应有断流措施和防虫网，溢流管口径应比进水管大一级。通气管一般不少于2根，当达到最大进水或出水量时，通气管内空气流速应小于5m/s。

5）贮水池宜作吸水坑（井），以充分利用其有效容积，吸水坑的大小和深度应满足水泵吸水管的安装要求。

6）贮水池的设计应保证池内水经常流动，防止死角。进水管、出水管宜在相对的位置设置，不宜靠近。贮水池一般宜作成两格，或在池内作成隔板。在贮水量足够的前提下，减少水池容积，以防贮水时间过长，水质变坏。当生活给水系统不设高位水箱（如变频调速泵、气压供水等）时，宜在贮水池出水管上设置二次消毒装置。

7）专用消防贮水池可利用游泳池、水景喷泉水池等。消防贮水池贮水量包括室外消防贮水量时，应设有供消防车取水用的吸水口。

8）生活、生产和消防共用贮水池，应有保证消防水平时不被动用的措施，如设置液位计停止生活供水泵；或在生活水泵吸水管顶面开小孔，见图1-9。

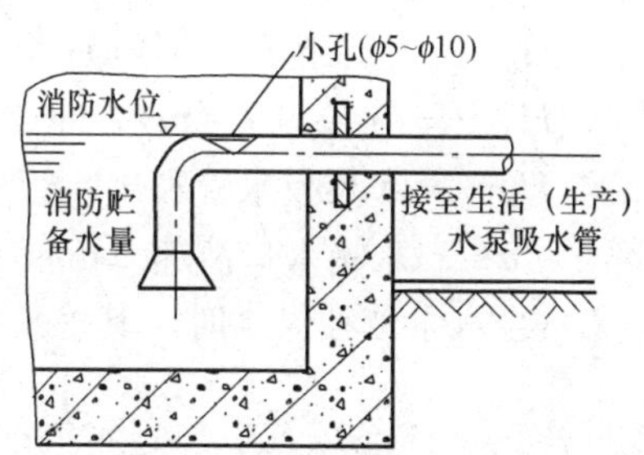

图1-9 在生活或生产水泵吸水管顶部开孔

9）贮水池宜设溢流液位和低液位报警信号。

10）贮水池利用管网压力进水时，其进水管上应装浮球阀或液压阀，一般不宜少于2个，其直径与进水管直径相同。

1.6.2 吸水池（井）

（1）吸水池（井）有效容积不得小于最大一台或多台同时工作水泵3min的出水量。对于小泵，吸水池（井）容积可适应放大、宜按水泵出水量5～10min计算。

（2）吸水池（井）的布置：

1）吸水池（井）的进水量应大于水泵的吸水量。

2）吸水管与吸水池（井）池壁间距、吸水管管间距和吸水池的深度，应根据吸水管的数量、管径、管材、接口方式、布置、安装、检修和水泵正常工作（防止水浅而导致水泵工作时进气）的要求确定。

3）吸水池（井）宜设计成自灌式吸水方式。

4）生活给水用吸水池（井）内壁材料对水质不能有任何污染。

5）个别城市如有断水可能时，吸水池（井）的容积应考虑可能断水延续时间的贮存水量。

6）吸水池（井）布置的最小尺寸见图1-10。

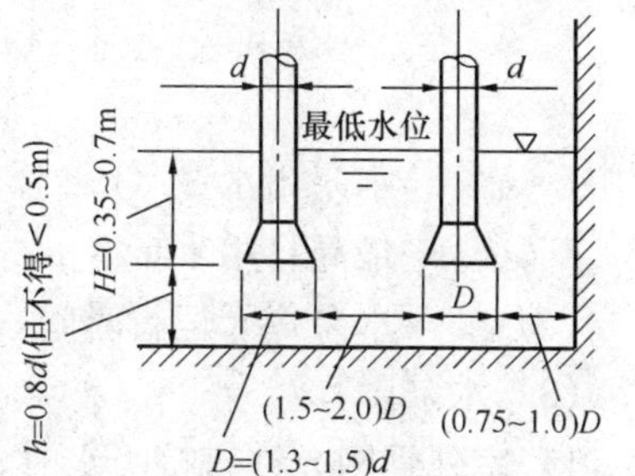

图1-10 吸水管在吸水池（井）布置的最小尺寸

1.7 水泵和水泵房

1.7.1 水泵的计算

(1) 水泵的扬程计算：水泵扬程的选择，应满足建筑物最不利配水点或消火栓等所需的水压和水量。

1) 水泵与高位水箱结合供水时，其水泵扬程按式（1-15）计算：

$$H_b \geqslant 0.01\left(H_s + H_y + \frac{v^2}{2g}\right) \tag{1-15}$$

式中 H_b——水泵扬程（MPa）；

H_y——扬水高度（m），即贮（吸）水池最低水位至高位水箱入口的几何高差；

H_s——水泵吸水管和出水管（至高位水箱入口）的总水头损失（m）；

v——水箱入口流速（m/s）。

2) 当水泵单独供水时，其水泵扬程按式（1-16）计算：

$$H_b \geqslant 0.01(H_s + H_y + H_c) \tag{1-16}$$

式中 H_b——水泵扬程（MPa）；

H_y——扬水高度（m），即贮（吸）水池最低水位至最不利配水点处或消火栓等的几何高差；

H_c——最不利配水点或消火栓要求的流出水头（m）；

H_s——水泵吸水管和出水管至最不利配水点处或消火栓处的总水头损失（m）。

3) 水泵直接从室外给水管网吸水时，水泵扬程应考虑外网的最小水压，同时应按外网可能最大水压核算水泵扬程是否会对管道、配件和附件造成损害。

(2) 水泵出水量计算：

1) 在水泵后无流量调节装置时，如变频调速供水方式，应按《建筑给水排水设计规范》GB 50015—2003（2009年版）规定计算。

2) 在水泵后有水箱等流量调节装置时，一般应按最大小时流量计算。在用水量较均匀，高位水箱容积允许适当加大，且在经济上合理时，也可按平均小时流量计算。

3) 采用人工操作水泵运行时，则应根据水泵运行时间按式（1-17）计算：

$$Q_b = \frac{Q_d}{T_b} \tag{1-17}$$

式中 Q_b——水泵出水量（m^3/h）；

Q_d——最高日用水量（m^3）；

T_b——水泵每天运行时间（h）。

(3) 水泵设置：

1) 室外管网允许直接吸水时，水泵宜直接从室外管网吸水。但应保证室外给水管网压力不低于0.1MPa（从地面算起），特别是消防水泵。

2) 当水泵直接从室外管网吸水时，应在吸水管上装阀门、止回阀和压力表，并应绕水泵设置装有阀门的旁通管，见图1-11。

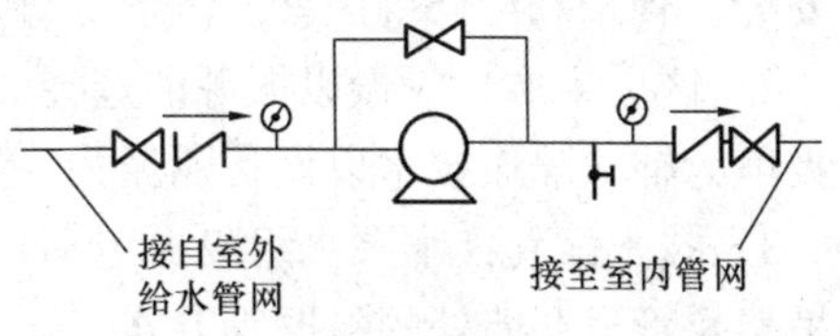

图1-11 水泵直接自外部管网抽水时管道连接方式

3）水泵宜设计成自灌运行方式。间接吸水时（如从贮水池），应设计成自灌式。在不可能设计成自灌式时，可设计成抽吸式。这时应加设引水装置，如底阀、水射器、真空泵、水上式底阀和引水筒等，以保证水泵正常运行。

4）每台水泵宜设计单独吸水管（特别是消防泵），若设计成共用吸水管，一般至少设两条从水池吸水，并设连通管与每台泵吸水管连接。水泵水平吸水管变径处，应采取偏心异径管并使管顶平接。吸水管应有向水泵不断上升的坡度。吸水管内水流速度一般为1.0～1.2m/s。

5）每台水泵出水管上应装设可曲挠橡胶接头、止回阀、阀门和压力表。并宜设防水锤措施，如气囊式水锤消除器、缓闭止回阀等。出水管水流速度一般为1.5～2.0m/s。

6）备用泵设置应根据建筑物重要性、供水安全性和水泵运行可靠性等因素确定。一般高层建筑物、大型民用建筑物、居住小区和其他大型给水系统应设备用泵。备用泵容量应与最大一台水泵相同。生产和消防水泵的备用泵设置应按工艺要求和消防规范确定。

7）考虑因断水可能会引起事故情况时，除应设备用泵外，还应有不间断电源设施；当电网不能满足时，应设有其他动力备用供电设备。

8）在有安静要求的房间，对其上、下和毗邻的房间内，不得设置水泵；如在其他房间设置水泵时，应对水泵采取隔振措施。其运行的噪声应符合《民用建筑隔声设计规范》GB 50118的规定。

1.7.2 水泵隔振

（1）隔振目的：为减少水泵运转时对周围环境的影响，应对水泵安装进行隔振处理。水泵运行振动的影响主要在以下几方面：

1）对工作环境和人身健康的影响。

2）对建筑物结构的危害。

3）对设备、仪表、仪器正常工作的影响。

（2）隔振的要求：

1）应符合国家有关规范，如《建筑给水排水设计规范》GB 50015—2003（2009年版）和《水泵隔振技术规程》CECS59—1994。

2）采取的隔振措施应使水泵运行扰动频率和固有频率的频率比$\lambda = f/f_n$大于2（一般以2～5为好）。这样有较好的隔振效率（80%～90%）和防止共振效果。

3）隔振系统的振动量应按有关标准规定，在无标准可查时，一般控制振动速度：稳态时，v小于10mm/s；开机停机时，v小于15mm/s。

4）支承结构的振动许可值，应根据使用性质的类别按标准确定。

5）隔振设计应使传到支承结构上的扰力尽可能小，控制隔振效率η在80%～85%为好。

（3）水泵机组隔振主要方式：

1）综合治理：水泵机组振动和噪声是多种因素造成的。有机组规格种类的选用，也有安装、管理和维修等因素。因此综合治理能有效地降低振动产生的影响。

2）区分主次：隔振以振源的选择和控制为主，防治为辅；隔振以机组隔振为主，隔声吸声为辅；隔振技术以设备隔振为主，管道和支架隔振为辅。

3）技术配套：水泵机组隔振包括机组隔振、管道安装可曲挠接头、管道支架采用弹性吊架及管道穿墙处的隔振等方式。

（4）水泵机组隔振：

1）选用低噪声和高品质的水泵。这是降低噪声和控制振源最好的办法。

2）水泵机组隔振的主要组成见图1-12、图1-13。主要由隔振基座（惰性块）、隔振垫（隔振器）及固定螺栓等组成。

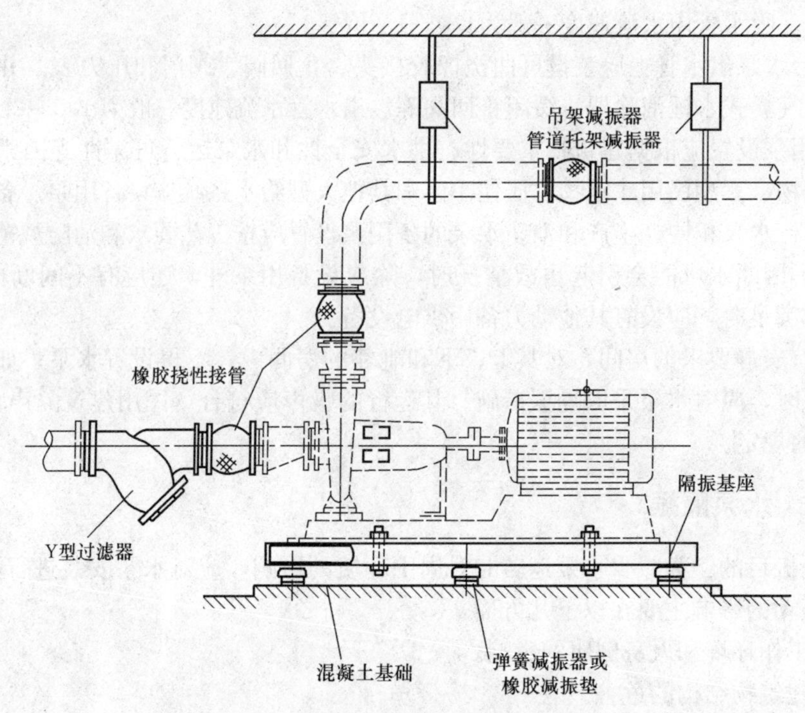

图1-12 卧式水泵减振

3）卧式水泵隔振：卧式水泵隔振宜加设隔振垫或隔振器、加设隔振基座。弹簧隔振器应采用阻尼弹簧隔振器，橡胶隔振器应采用剪力型；隔振垫应采用双向剪力型。隔振垫（隔振器）放在隔振基座和混凝土基础之间，且应用钢板分隔开。具体做法见《卧式水泵隔振及其安装》98S102。

4）立式水泵隔振：立式水泵隔振优先推荐阻尼弹簧隔振器，其上端与隔振基座和钢垫板用螺栓固定，其下端与混凝土基础用螺栓固定。

小型立式水泵或细长比小于3的立式水泵，可采用硬度为40°的橡胶隔振垫。隔振垫与水泵机组底座、钢垫板和地面均不粘接，但隔振基座与水泵底座间用螺栓固定。

底座独立设置的多台水泵，其混凝土基础可共用。具体做法见《立式水泵隔振及其安装》95SS103。

（5）隔振垫和隔振器的性能要求：用于水泵隔振的隔振垫和隔振器应符合下列要求：

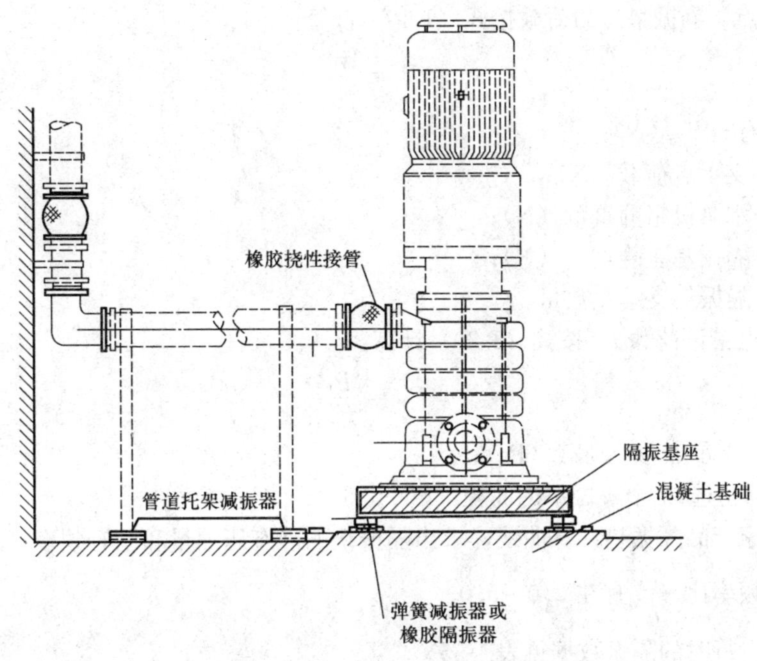

图 1-13　立式水泵减振

1）弹性性能优良、刚度低。

2）承载力大、强度高，阻尼适当。

3）性能稳定，耐久性能好。

4）抗酸碱、油的侵蚀能力良好。

5）取材容易。

6）加工制作和维修、更换方便。

（6）隔振垫：

1）隔振垫型式：国内生产的橡胶隔振垫由丁腈橡胶制成。它是以剪切受力为主的隔振元件。其硬度有 40°、60°、80°三种规格，基本单元尺寸为 85mm×85mm×20mm。

隔振垫可根据水泵机组性能、质量计算确定，采用单层、多层设置方式。各层之间应加设钢板，厚 6mm，钢板尺寸每边比隔振垫大 20mm，并用胶粘剂将隔振垫肋部点粘在钢板上。

隔振元件支承点数量应为偶数，且不小于 4 个。各支承点的隔振元件，其型号、规格、性能应完全一致。每个支承点承受的荷载应尽量相等。

一般隔振垫性能为：阻尼比 D 约为 0.08；工作温度－20～＋60℃；固有频率 f_n＝5.0～18.0Hz。

2）隔振垫计算：

① 水泵的扰动频率按式（1-18）计算：

$$f=\frac{n}{60} \tag{1-18}$$

式中　f——水泵扰动频率（Hz）；

n——水泵转速（r/min）。

② 支承点（隔振垫）的荷载按式（1-19）计算：

$$P=\frac{W}{n_1} \tag{1-19}$$

式中　$W=W_1+W_2$（N）；

P——支承点荷载（N）；

W_1——水泵机组静重量（N）；

W_2——隔振基座静重量（N）；

n_1——隔振垫支承点数量。

③ 支承点单位荷载 P_1 按式（1-20）计算：

$$P_1=\frac{P}{F} \tag{1-20}$$

式中　P_1——支承点单位荷载（Pa）；

F——初选 n_1 个隔振垫的面积（m^2）。

④ 按厂家产品隔振垫计算曲线，求出隔振垫的静态压缩量和固有频率 f_n。

⑤ 求出频率比 $\frac{f}{f_n}$，宜在 2.0～5.0。

⑥ 水泵运行时的隔振数据见表 1-35。

水泵运行时的隔振数据　　表 1-35

水泵配带功率（kW）	地下室、工厂		两层以上建筑	
	隔振效率（%）	f/f_n	隔振效率（%）	f/f_n
$N\leqslant 2.2$	70	2.1	90	3.5
$N>3.7$	80	2.5	95	5.0

（7）隔振器：

1）隔振器型式：目前广泛使用的隔振器有橡胶隔振器、阻尼弹簧隔振器等。

橡胶隔振器是由金属框架和外包橡胶复合而成的隔振器，能耐油、海水、盐雾和日照等。应具有承受垂直力、剪力的功能。阻尼比 D 约为 0.08，额定荷载下的静变形小于 5mm。

阻尼弹簧隔振器是由金属弹簧隔振器外包橡胶复合而成。具有钢弹簧隔振器的低频率和橡胶隔振器的大阻尼的双重优点。它能消除弹簧隔振器共振时振幅激增现象和解决橡胶隔振器固有频率较高应用范围狭窄的问题，是较好的隔振器。阻尼比 D 约 0.07，工作温度为－30～＋100℃，固有频率为 2.0～5.0Hz，荷载范围为 110～35000N。

2）隔振器计算：

① 总重量按式（1-21）计算：

$$W=Q+1.5R \tag{1-21}$$

$$Q=Q_1+Q_2 \tag{1-22}$$

式中　W——水泵机组和隔振基座总重量（N）；

Q_1——水泵机组重量（N）；

Q_2——隔振基座重量（N）；

R——水泵运转时的扰力（N）。

在一般振动要求难于取得设备扰力时，可以近似采用下式

$$Q_1 + 1.5R = Q_1\beta \tag{1-23}$$

则

$$W = Q_1\beta + Q_2 \tag{1-24}$$

式中 β——动荷系数（β=1.1～1.4），可以根据水泵机组质量 Q_1 和扰动频率 f 大小来确定。Q_1 大而 f 小时，β 值可取小些；Q_1 小而 f 大时，β 值可取大些。

② 每个支承点的荷载 P 按式（1-25）计算：

$$P = \frac{W}{n_1} \tag{1-25}$$

式中 P——支承点荷载（N）；

n_1——支承点数量。

③ 按厂家隔振器曲线查得：隔振器固有频率 f_n，预压变形 F_1，静载变形 F_2。

④ 计算扰动频率 f 按式（1-26）计算。

$$f = \frac{n}{60} \tag{1-26}$$

式中 f——水泵扰动频率（Hz）；

n——水泵转速（r/min）。

⑤ 计算 λ（频率比）按式（1-27）计算：

$$\lambda = \frac{f}{f_n} \tag{1-27}$$

⑥ 按厂家隔振器特性曲线，λ 与传递率 η_0 及隔振效率 T 曲线，可查得 η_0、T。其隔振效率 T 宜在 80%～90%。

$$T = (1 - \eta_0)100\% \tag{1-28}$$

⑦ 隔振器压缩变形量按式（1-29）计算：

$$\Delta F = F_2 - F_1 \tag{1-29}$$

式中 ΔF——隔振器安装后的压缩变形量（mm）；

F_1——预压变形（mm）；

F_2——静载变形（mm）。

⑧ 隔振器安装后的高度 H_s 按式（1-30）计算：

$$H_s = H - \Delta F \tag{1-30}$$

式中 H_s——隔振器安装后高度（mm）；

H——隔振器安装前高度（mm）。

（8）管道隔振：

1）水泵进、出水管应加设隔振措施。常用橡胶可曲挠接头作为隔振和检修水泵的措施。该种产品已有多种型式和规格。水泵进水管采用可曲挠橡胶接头；水泵出水管宜采用可曲挠橡胶异径接头，可曲挠橡胶弯头及可曲挠橡胶接头。

可曲挠橡胶接头应根据工作压力、爆破压力、真空度、适用介质温度和介质性质及工作环境等因素确定。

可曲挠橡胶接头安装后应处于自然状态。管道重量不应由接头承担，而应由支、吊架支撑。可曲挠接头外壁严禁油漆和作保温。

2）管道支、吊架：应采用有隔振功能的支、吊架，使管道在液体流动时，降低对楼板、墙壁的振动见图 1-14。

3）管道穿墙的隔振：管道穿墙处应留有孔洞，常采用在管道外包隔振橡胶带或在孔洞内填充柔性填料。

1.7.3 泵房

（1）水泵基础：水泵基础设计必须安全稳固，标高、尺寸准确，以保证水泵运行稳定，安装检修方便。其形式分为带有共用底盘和无底盘两种。

1）带有共用底盘的水泵基础：基础长度为底盘长度加 0.2～0.3m，基础宽度为底盘宽度加 0.3m，基础高度为底盘地脚螺栓埋入长度加 0.10～0.15m。

2）无底盘的大、中型水泵基础：基础长度为水泵和电机最外端螺孔间距加 0.40～0.60m，并大于水泵和电机总长，基础宽度为最外端螺孔间距（取其宽者）加 0.4～0.6m，基础高度为地脚螺栓埋入长度加 0.10～0.15m，质量应大于水泵和电动机总质量的 2.5～4.5 倍。

3）基础顶面应高出泵房地面 0.1m 以上，泵房内管道管外底距地面或管沟底面的距离，当管径小于等于 150mm 时，不应小于 0.2m；当管径大于等于 200mm 时，不应小于 0.25m。

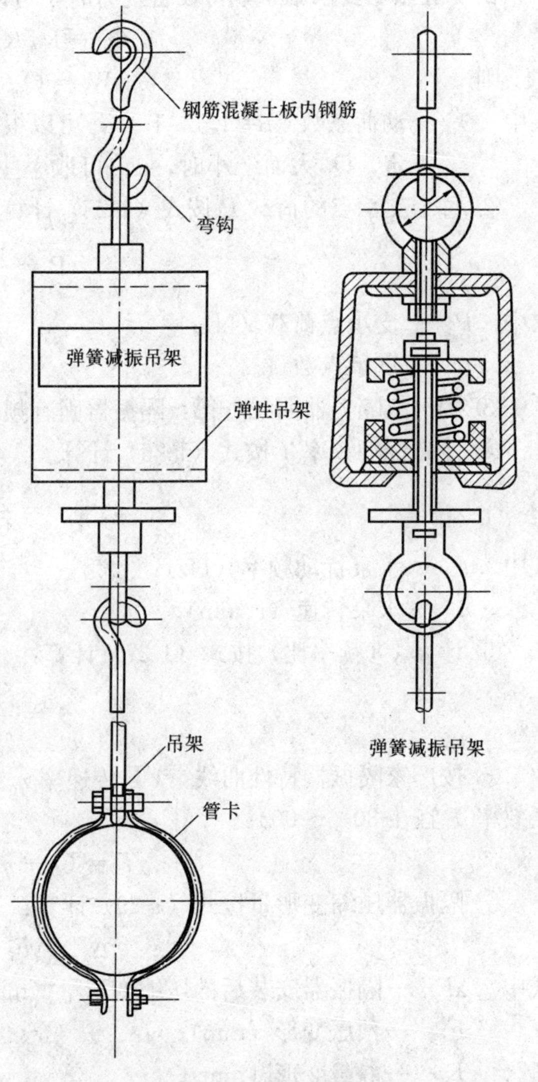

图 1-14　弹性吊架

4）水泵基础一般采用 C15 混凝土浇筑，预留孔待地脚螺栓埋入后（应在水泵到货后核对水泵螺孔是否与图纸一致，方能浇筑基础和预留螺孔），用 C20 细石混凝土填灌固结。

5）地脚螺栓埋入基础长度大于 20 倍螺栓直径，螺栓叉尾长大于 4 倍螺栓直径。

6）预留地脚螺栓孔：螺孔中心距基础边缘大于 0.15～0.20m，而基础螺孔边缘与基础边缘间距应大于 0.10～0.15m。螺孔尺寸一般为 100mm×100mm 或 150mm×150mm。螺孔深度大于螺栓埋入总长度 30～50mm。

7）水泵基础下面的土壤应夯实。基础浇捣后必须注意养护，达到强度后才能进行安装。

8）水泵需做隔振基础时，其做法详见第 1.7.2 节。

（2）水泵布置，应符合表 1-36 要求：

水泵机组外轮廓面与墙和相邻机组间的间距　　表 1-36

电动机额定功率（kW）	水泵机组外轮廓面与墙面之间最小间距（m）	相邻水泵机组外轮廓面之间最小距离（m）
≤22	0.8	0.4
>22～<55	1.0	0.8
≥55～≤160	1.2	1.2

注：1. 水泵侧面有管道时，外轮廓面计至管道外壁面；
2. 水泵机组是指水泵与电动机的联合体，或已安装在金属座架上的多台水泵组合体。

（3）泵房

1）一般泵房包括水泵间、配电间和辅助用房。对小型泵房的配电、控制和值班室可以合并。

2）泵房平面布置应考虑：满足水泵机组、管路和附件、其他辅助设备（如消毒设备、就地控制盘、仪表，各类压力罐等）、排水设施、通风采暖设施、供电和起吊设施等布置和安装的要求。并留有足够检修场地。检修场地尺寸宜按水泵或电机外形尺寸四周有不小于 0.7m 的通道。

3）应根据泵房重要性采取合适的耐火等级，一般可按一、二级耐火等级设计。泵房应有让最大一台设备进出的门或洞。消防泵房应设有直通室外的出口。

4）泵房应设排水设施，如设排水沟（宜加箅子）、集水坑和提升排水设备（如采用潜污泵、水射器）等。排水沟坡度为 0.01。

5）泵房配电间、值班室及辅助用房采暖温度，一般可按 16～18℃设计；当水泵间无需人值班时可取 5～8℃；有人巡回值班时，可适当提高采暖温度。

泵房应充分利用自然通风。地下室内的泵房应设机械通风设备。设计换气通风时，其换气次数不少于 6 次/h。需要机械通风时，应通过计算确定机械通风设备性能。

6）泵房高度的确定：应考虑水泵机组高度、管路及附件的安装高度、设备起吊时所需高度、泵房与吸水池等相互的高差、建筑物内泵房所处位置的层高、设备安装和检修的高度等因素。

在无起重设备时，泵房高度应不小于 3.0m；在有吊车起重设备时，其高度应通过计算确定（一般起吊物底部与越过的固定物顶部之间的净距应大于 0.5m）。

7）泵房内起重设备，可参见下列数据：起重量小于 0.5t 时，可设固定吊钩或移动吊架；起重量 0.5～2.0t 时，可设置手动起重设备；起重量大于 2.0t 时，设置电动起重设备。

8）在需要时，可考虑泵房建筑的隔声隔振措施。

① 应选用低噪声水泵机组；

② 吸水管和出水管上应设置减振装置；

③ 水泵机组的基础应设置减振装置；

④ 管道支架、吊架和管道穿墙、楼板处，应采取防止固体传声措施；

⑤ 必要时，泵房的墙壁和顶棚应采取隔声吸声处理。

9）泵房内设置消毒和加药设备，应按有关规定设置单独隔离房间和进行防腐处理。

10）泵房内靠墙安装的落地式配电柜和控制柜前面通道宽度不宜小于 1.5m，挂墙式配电柜和控制柜前面通道宽度不宜小于 1.0m。

1.8 水 箱

1.8.1 设置原则

(1) 室外供水压力周期性不足，设置水箱或高位水池以保证建筑物用水。

(2) 室外供水压力经常不足，需设水泵加压。为减少水泵启动次数而需贮存一定调节水量。

(3) 高层、大型建筑物采用分区给水时，应考虑贮存一定调节水量和按消防规范要求贮存消防水量时而设水箱。

(4) 根据使用要求而需设水箱，以保持恒压供水的。如一些生产企业要求采取恒压供水方式，或调节冷、热水的水压和水温情况。

1.8.2 水箱容积和设置高度

(1) 有效容积

1) 生活和生产专用高位水箱：水箱有效容积理论上应根据用水和流入水流量变化曲线确定，但实际上这种曲线很难获得，所以常按经验确定。常用经验数据和计算公式如下：

① 水泵自动运行时按式 (1-31) 计算：

$$V_t \geqslant 1.25\frac{Q_b}{4n_{max}} \tag{1-31}$$

式中 V_t——高位水箱的有效（调节）容积（m^3）；

Q_b——水泵的出水量（m^3/h）；

n_{max}——水泵一小时内最大启动次数。

n_{max}根据水泵电机容量及其启动方式、供电系统大小和负荷性质等确定。在水泵可以直接启动，且对供电系统无不利影响时，可选用较大值，一般宜采用 6～8 次/h。水箱有效容积也可按式 (1-32) 估算：

$$V_t=(Q-Q_b)T+Q_bT_b \tag{1-32}$$

式中 Q——设计秒流量（m^3/h）；

Q_b——水泵的出水量（m^3/h）；

T——设计秒流量的持续时间（h），在无资料时可按 0.5h 计算；

T_b——水泵最短运行时间（h），在无资料时可按 0.25h 计算。

对于生活用水 V_t，当水泵采用自动控制时宜按水箱供水区域内的最大小时用水量的 50%计算。

按以上方法确定的水箱有效容积，往往相差很大，尤其是按式 (1-31) 计算的结果要小得多，只有在确保自动控制装置安全可靠时才能使用。

② 水泵人工操作时，按式 (1-33) 计算：

$$V_t = \frac{Q_d}{n} - T_b Q_m \tag{1-33}$$

式中 Q_d——最高日用水量（m^3/d）；

n——水泵每天启动次数，由设计确定；

T_b——水泵启动一次的运行时间（h），由设计确定；

Q_m——水泵运行时段内平均小时用水量（m^3/h）。

对于生活用水 V_t 也可按不小于最高日用水量的12%计算。仅在夜间进水的水箱，生活用水贮量应按用水人数和用水量标准确定。

③ 单设水箱时，按式（1-34）计算：

$$V_t = Q_m T \tag{1-34}$$

式中 Q_m——由于管网压力不足，需要由水箱供水的最大连续平均小时用水量（m^3/h）；

T——需要由水箱供水的最大连续时间（h）。

由于外部管网的供水能力相差很大，水箱有效容积应根据具体情况分析确定。在按式（1-34）计算确实有困难时，有时可按最大高峰用水量确定，有时可按全天用水量的1/2确定，有时可按夜间进水白天全部由水箱供水确定。

在水箱需要贮备事故用水时，高位水箱的有效容积除上述容积外，还应根据使用要求增加事故贮水量。生产事故贮水量应按工艺要求确定。当采用串接供水方案时：如水箱除供本区域用水外还供上区提升泵抽水时，其水箱的有效容积除满足上述要求外，还应贮存3～5min的提升泵的出水量；若为中途转输专用时，水箱的有效容积除满足本区域用水外，还需增贮5～10min转输水泵的流量。

2）生活或生产水箱兼作消防贮备：在生活或生产水箱兼作消防用水贮备时，水箱的有效容积除包括前述生活或生产调节水量外，还需贮备消防专用水量，这部分水平时不准动用，要时刻贮备待用，其容积参见第2章。

（2）设置高度

1）水箱的设置高度，应使其最低水位的标高满足最不利配水点流出水头或消火栓、自动喷洒喷头出口工作压力的要求，按式（1-35）计算：

$$Z_x \geqslant Z_b + H_c + H_s \tag{1-35}$$

式中 Z_x——高位水箱最低水位的标高（m）；

Z_b——最不利配水点的标高（m）；

H_c——最不利配水点需要的流出水头或工作压力（m）；

H_s——水箱出口至最不利配水点总水头损失（m）。

2）对于贮备消防用水的水箱，在满足消防出口工作压力确有困难时，应采取其他适当措施满足消防要求（详见第2章）。

1.8.3 分类和附件

（1）分类

1）水箱按形状分类分有圆形、方形、矩形、球形等不同形式。

2）水箱按水箱材质分有钢筋混凝土、热镀锌钢板、玻璃钢、搪瓷钢板、塑料、不锈钢等不同材质水箱。

3）水箱按承压能力分有非承压（开口）、承压两种。

4）水箱按保温分有保温和不保温两种。

5）水箱按用途分有贮水箱、吸水水箱、膨胀水箱、断流水箱、冲洗水箱、平衡水箱、补水水箱、冷水箱、热水箱等。

（2）附件：水箱附件一般设有进水管、出水管、溢流水管、泄水管、通气管、水位信号装置、人孔、仪表孔，见图1-15。

1）进水管及浮球阀：进水管一般从箱壁接入。当水箱利用管网压力进水时，进水管入口应装浮球阀。浮球阀数量一般不少于两个，且管径应与进水管管径相同。在浮球阀前装设阀门，以便检修。

当水箱利用水泵加压供水、并利用水箱水位信号装置自动控制水泵运行时，可不装设浮球阀。

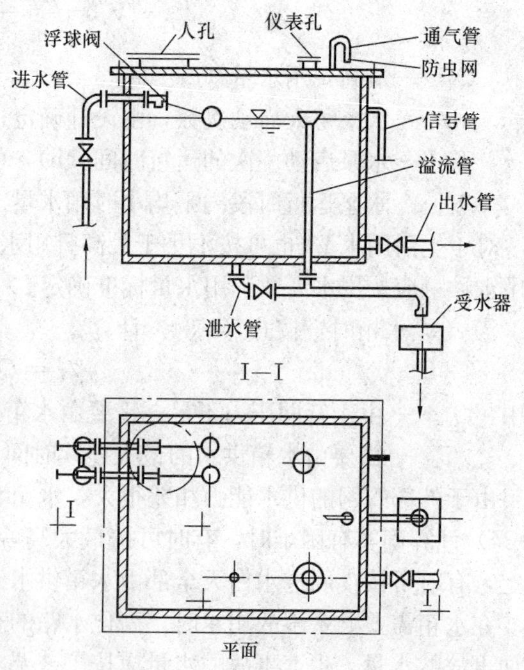

图 1-15　水箱附件示意

水箱水位上部应留有一定空间，以便安装浮球阀。

浮球阀种类繁多，材质也有多种，可适应不同用途。隔膜式、液压式水位控制阀是使用较广的一种型式。它利用压差原理在小浮球阀动作后启动大的进水阀门。

小浮球阀可安装在水箱（水池）内的高液位以上部位，以控制液面高度。进水阀可另安装在水箱（水池）上或水箱（水池）外部。见图1-16、图1-17。

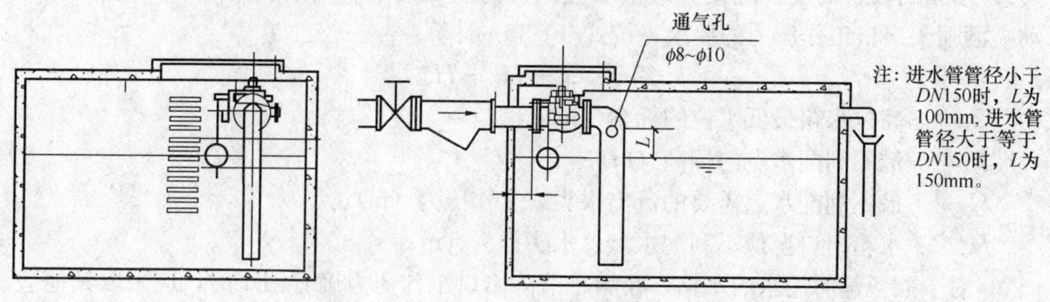

图 1-16　装于池中的控制阀

2）出水管及止回阀：出水管可从箱壁或箱底接出。出水管内底应高出水箱内底不小于50mm，并应装设阀门。贮水箱兼作消防贮水时，应有保证消防水量不被动用的措施，如采用液位计控制水泵启动，采用顶上打孔的虹吸管破坏真空而停止出水等。与消防合用的水箱，出水管应设止回阀。当消防时，水箱中出现消防低水位情况应能确保止回阀启动。

3）溢流管：溢流管宜从箱壁接出。溢流管的管径，应按能排泄水塔（池、箱）的最

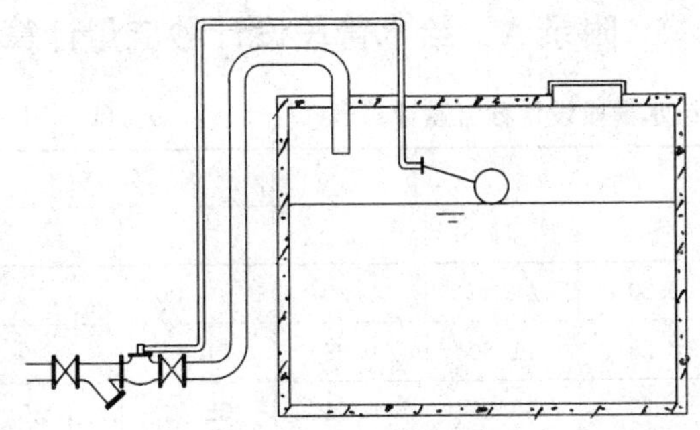

图 1-17 装于池外的控制阀

大入流量确定，并宜比进水管管径大一级。溢流管上不得装设阀门。溢流管口最好做成朝上喇叭形，沿口应比最高水位高 0.05m，喇叭口下的垂直管段不宜小于 4 倍溢流管管径。其出口处应设网罩，并采取断流排水或间接排水方式。为保证箱内水质，溢流管上宜设过滤器（砂过滤器或活性炭过滤器）。

4）通气管：供生活饮用水的水箱应设密封箱盖，箱盖上应设检修人孔和通气管。通气管可伸至室内或室外，但不得伸到有有害气体的地方。管口应有防止灰尘、昆虫和蚊蝇进入的滤网，一般将管口朝下。通气管上不得装阀门、水封等。通气管不得与排水系统和通风管道连接。一般不少于两根。为保证箱内水质，通气管上宜装空气过滤器。

5）泄水管：应从水箱底部接出，并应装阀门。泄水管可与溢流管相连，但不得与排水系统直接连接。

6）水位信号装置：一般应在水箱侧壁上安装玻璃液位计，用以就地指示水位。若水箱液位与水泵连锁，则应在水箱内设液位计。常用的液位计有浮球式、杆式、电容式和浮子式等。液位计停泵液位应比溢流水位低不少于 100mm，启泵液位应比设计最低水位高不小于 200mm。

（3）水箱设置

1）非钢筋混凝土水箱应放置在混凝土、砖的支墩或槽钢（工字钢）上，其间宜垫石棉橡胶板、塑料板等绝缘材料。支墩高度不宜小于 600mm，以便管道安装和检修。

2）水箱间距应满足布置和加压、消毒设施要求。箱（池）外壁与建筑本体结构墙面或其他池壁之间的净距，应满足施工或装配的需要，无管道的侧面，净距不宜小于 0.7m；带有管道的侧面，净距不宜小于 1.0m，且管道外壁与建筑本体墙面之间的通道宽度不宜小于 0.6m；设有人孔的池顶，顶板面与上面建筑本体板底的净空不应小于 0.8m。水箱间应有良好的通风条件，室内气温应大于 5℃。

3）水箱应设人孔密封盖，并设污染防护措施。水箱出水若为生活饮用水时，应加设二次消毒措施（如设置臭氧消毒、加氯消毒、加次氯酸钠发生器消毒、二氧化氯发生器消毒、紫外线消毒、水箱自洁消毒器等），并应在水箱间留有该设备放置和检修位置。

4）贮存生活饮用水时，水箱内壁材质不应对水质污染，可以考虑采取衬砌或涂刷涂料等措施，如喷涂瓷釉涂料、食品级玻璃钢面层，无毒的饮用水油漆和贴瓷砖等，并应取得当地卫生防疫站批准。

附录A 给水管段设计秒流量计算表

给水管段设计秒流量计算表[U：（%）；q：（L/s）] 表A-1

U_0	1.0		1.5		2.0		2.5	
N_g	U	q	U	q	U	q	U	q
1	100.00	0.20	100.00	0.20	100.00	0.20	100.00	0.20
2	70.94	0.28	71.20	0.28	71.49	0.29	71.78	0.29
3	58.00	0.35	58.30	0.35	58.62	0.35	58.96	0.35
4	50.28	0.40	50.60	0.40	50.94	0.41	51.32	0.41
5	45.01	0.45	45.34	0.45	45.69	0.46	46.06	0.46
6	41.10	0.49	41.45	0.50	41.81	0.50	42.18	0.51
7	38.09	0.53	38.43	0.54	38.79	0.54	39.17	0.55
8	35.65	0.57	35.99	0.58	36.36	0.58	36.74	0.59
9	33.63	0.61	33.98	0.61	34.35	0.62	34.73	0.63
10	31.92	0.64	32.27	0.65	32.64	0.65	33.03	0.66
11	30.45	0.67	30.8	0.68	31.17	0.69	31.56	0.69
12	29.17	0.70	29.52	0.71	29.89	0.72	30.28	0.73
13	28.04	0.73	28.39	0.74	28.76	0.75	29.15	0.76
14	27.03	0.76	27.38	0.77	27.76	0.78	28.15	0.79
15	26.12	0.78	26.48	0.79	26.85	0.81	27.24	0.82
16	25.30	0.81	25.66	0.82	26.03	0.83	26.42	0.85
17	24.56	0.83	24.91	0.85	25.29	0.86	25.68	0.87
18	23.88	0.86	24.23	0.87	24.61	0.89	25.00	0.90
19	23.25	0.88	23.60	0.90	23.98	0.91	24.37	0.93
20	22.67	0.91	23.02	0.92	23.40	0.94	23.79	0.95
22	21.63	0.95	21.98	0.97	22.36	0.98	22.75	1.00
24	20.72	0.99	21.07	1.01	21.45	1.03	21.85	1.05
26	19.92	1.04	21.27	1.05	20.65	1.07	21.05	1.09
28	19.21	1.08	19.56	1.10	19.94	1.12	20.33	1.14
30	18.56	1.11	18.92	1.14	19.30	1.16	19.69	1.18
32	17.99	1.15	18.34	1.17	18.72	1.20	19.12	1.22
34	17.46	1.19	17.81	1.21	18.19	1.24	18.59	1.26
36	16.97	1.22	17.33	1.25	17.71	1.28	18.11	1.30
38	16.53	1.26	16.89	1.28	17.27	1.31	17.66	1.34
40	16.12	1.29	16.48	1.32	16.86	1.35	17.25	1.38
42	15.74	1.32	16.09	1.35	16.47	1.38	16.87	1.42
44	15.38	1.35	15.74	1.39	16.12	1.42	16.52	1.45

续表

U_0	1.0		1.5		2.0		2.5	
N_g	U	q	U	q	U	q	U	q
46	15.05	1.38	15.41	1.42	15.79	1.45	16.18	1.49
48	14.74	1.42	15.10	1.45	15.48	1.49	15.87	1.52
50	14.45	1.45	14.81	1.48	15.19	1.52	15.58	1.56
55	13.79	1.52	14.15	1.56	14.53	1.60	14.92	1.64
60	13.22	1.59	13.57	1.63	13.95	1.67	14.35	1.72
65	12.71	1.65	13.07	1.70	13.45	1.75	13.84	1.80
70	12.26	1.72	12.62	1.77	13.00	1.82	13.39	1.87
75	11.85	1.78	12.21	1.83	12.59	1.89	12.99	1.95
80	11.49	1.84	11.84	1.89	12.22	1.96	12.62	2.02
85	11.05	1.90	11.51	1.96	11.89	2.02	12.28	2.09
90	10.85	1.95	11.20	2.02	11.58	2.09	11.98	2.16
95	10.57	2.01	10.92	2.08	11.30	2.15	11.70	2.22
100	10.31	2.06	10.66	2.13	11.05	2.21	11.44	2.29
110	9.84	2.17	10.20	2.24	10.58	2.33	10.97	2.41
120	9.44	2.26	9.79	2.35	10.17	2.44	10.56	2.54
130	9.08	2.36	9.43	2.45	9.81	2.55	10.21	2.65
140	8.76	2.45	9.11	2.55	9.49	2.66	9.89	2.77
150	8.47	2.54	8.83	2.65	9.20	2.76	9.60	2.88
160	8.21	2.63	8.57	2.74	8.94	2.86	9.34	2.99
170	7.98	2.71	8.33	2.83	8.71	2.96	9.10	3.09
180	7.76	2.79	8.11	2.92	8.49	3.06	8.89	3.20
190	7.56	2.87	7.91	3.01	8.29	3.15	8.69	3.30
200	7.38	2.95	7.73	3.09	7.11	3.24	8.50	3.40
220	7.05	3.10	7.40	3.26	7.78	3.42	8.17	3.60
240	6.76	3.25	7.11	3.41	7.49	3.60	6.88	3.78
260	6.51	3.28	6.86	3.57	7.24	3.76	6.63	3.97
280	6.28	3.52	6.63	3.72	7.01	3.93	6.40	4.15
300	6.08	3.65	6.43	3.86	6.81	4.08	6.20	4.32
320	5.89	3.77	6.25	4.00	6.62	4.24	6.02	4.49
340	5.73	3.89	6.08	4.13	6.46	4.39	6.85	4.66
360	5.57	4.01	5.93	4.27	6.30	4.54	6.69	4.82
380	5.43	4.13	5.79	4.40	6.16	4.68	6.55	4.98
400	5.30	4.24	5.66	4.52	6.03	4.83	6.42	5.14
420	5.18	4.35	5.54	4.65	5.91	4.96	6.30	5.29
440	5.07	4.46	5.42	4.77	5.80	5.10	6.19	5.45

续表

U_0	1.0		1.5		2.0		2.5	
N_g	U	q	U	q	U	q	U	q
460	4.97	4.57	5.32	4.89	5.69	5.24	6.08	5.60
480	4.87	4.67	5.22	5.01	5.59	5.37	5.98	5.75
500	4.78	4.78	5.13	5.13	5.50	5.50	5.89	5.89
550	4.57	5.02	4.92	5.41	5.29	5.82	5.68	6.25
600	4.39	5.26	4.74	5.68	5.11	6.13	5.50	6.60
650	4.23	5.49	4.58	5.95	4.95	6.43	5.34	6.94
700	4.08	5.72	4.43	6.20	4.81	6.73	5.19	7.27
750	3.95	5.93	4.30	6.46	4.68	7.02	5.07	7.60
800	3.84	6.14	4.19	6.70	4.56	7.30	4.95	7.92
850	3.73	6.34	4.08	6.94	4.45	7.57	4.84	8.23
900	3.64	6.54	3.98	7.17	4.36	7.84	4.75	8.54
950	3.55	6.74	3.90	7.40	4.27	8.11	4.66	8.85
1000	3.46	6.93	3.81	7.63	4.19	8.37	4.57	9.15
1100	3.32	7.30	3.66	8.06	4.04	8.88	4.42	9.73
1200	3.09	7.65	3.54	8.49	3.91	9.38	4.29	10.31
1300	3.07	7.99	3.42	8.90	3.79	9.86	4.18	10.87
1400	2.97	8.33	3.32	9.30	3.69	10.34	4.08	11.42
1500	2.88	8.65	3.23	9.69	3.60	10.80	3.99	11.96
1600	2.80	8.96	3.15	10.07	3.52	11.26	3.90	12.49
1700	2.73	9.27	3.07	10.45	3.44	11.71	3.83	13.02
1800	2.66	9.57	3.00	10.81	3.37	12.15	3.76	13.53
1900	2.59	9.86	2.94	11.17	3.31	12.58	3.70	14.04
2000	2.54	10.14	2.88	11.53	3.25	13.01	3.64	14.55
2200	2.43	10.70	2.78	12.22	3.15	13.85	3.53	15.54
2400	2.34	11.23	2.69	12.89	3.06	14.67	3.44	16.51
2600	2.26	11.75	2.61	13.55	2.97	15.47	3.36	17.46
2800	2.19	12.26	2.53	14.19	2.90	16.25	3.29	18.40
3000	2.12	12.75	2.47	14.81	2.84	17.03	3.22	19.33
3200	2.07	13.22	2.41	15.43	2.78	17.79	3.16	20.24
3400	2.01	13.69	2.36	16.03	2.73	18.54	3.11	21.14
3600	1.96	14.15	2.13	16.62	2.68	19.27	3.06	22.03
3800	1.92	14.59	2.26	17.21	2.63	20.00	3.01	22.91
4000	1.88	15.03	2.22	17.78	2.59	20.72	2.97	23.78
4200	1.84	15.46	2.18	18.35	2.55	21.43	2.93	24.64
4400	1.80	15.88	2.15	18.91	2.52	22.14	2.90	25.50

续表

U_0	1.0		1.5		2.0		2.5	
N_g	U	q	U	q	U	q	U	q
4600	1.77	16.30	2.12	19.46	2.48	22.84	2.86	26.35
4800	1.74	16.71	2.08	20.00	2.45	13.53	2.83	27.19
5000	1.71	17.11	2.05	20.54	2.42	24.21	2.80	28.03
5500	1.65	18.10	1.99	21.87	2.35	25.90	2.74	30.09
6000	1.59	19.05	1.93	23.16	2.30	27.55	2.68	32.12
6500	1.54	19.97	1.88	24.43	2.24	29.18	2.63	34.13
7000	1.49	20.88	1.83	25.67	2.20	30.78	2.58	36.11
7500	1.45	21.76	1.79	26.88	2.16	32.36	2.54	38.06
8000	1.41	22.62	1.76	28.08	2.12	33.92	2.50	40.00
8500	1.38	23.46	1.72	29.26	2.09	35.47	—	—
9000	1.35	24.29	1.69	30.43	2.06	36.99	—	—
9500	1.32	25.1	1.66	31.58	2.03	38.50	—	—
10000	1.29	25.9	1.64	32.72	2.00	40.00	—	—
11000	1.25	27.46	1.59	34.95	—	—	—	—
12000	1.21	28.97	1.55	37.14	—	—	—	—
13000	1.17	30.45	1.51	39.29	—	—	—	—
14000	1.14	31.89	N_g=13333 U=1.5 q=40		—	—	—	—
15000	1.11	33.31			—	—	—	—
16000	1.08	34.69			—	—	—	—
17000	1.06	36.05	—	—	—	—	—	—
18000	1.04	37.39	—	—	—	—	—	—
19000	1.02	38.70	—	—	—	—	—	—
20000	1.00	40.00	—	—	—	—	—	—
—	—	—	—	—	—	—	—	—
—	—	—	—	—	—	—	—	—

给水管段设计秒流量计算表［U：（%）；q：（L/s）］　　表 A-2

U_0	3.0		3.5		4.0		4.5	
N_g	U	q	U	q	U	q	U	q
1	100.00	0.20	100.00	0.20	100.00	0.20	100.00	0.20
2	72.08	0.29	72.39	0.29	72.70	0.29	73.02	0.29
3	59.31	0.36	59.66	0.36	60.02	0.36	60.38	0.36
4	51.66	0.41	52.03	0.42	52.41	0.42	52.80	0.42
5	46.43	0.46	46.82	0.47	47.21	0.47	47.60	0.48
6	42.57	0.51	42.96	0.52	43.35	0.52	43.76	0.53

续表

U_0	3.0		3.5		4.0		4.5	
N_g	U	q	U	q	U	q	U	q
7	39.56	0.55	39.96	0.56	40.36	0.57	40.76	0.57
8	37.13	0.59	37.53	0.60	37.94	0.61	38.35	0.61
9	35.12	0.63	35.53	0.64	35.93	0.65	36.35	0.65
10	33.42	0.67	33.83	0.68	34.24	0.68	34.65	0.69
11	31.96	0.70	32.36	0.71	32.77	0.72	33.19	0.73
12	30.68	0.74	31.09	0.75	31.50	0.76	31.92	0.77
13	29.55	0.77	29.96	0.78	30.37	0.79	30.79	0.80
14	28.55	0.80	28.96	0.81	29.37	0.82	29.79	0.83
15	27.64	0.83	28.05	0.84	28.47	0.85	28.89	0.87
16	26.83	0.86	27.24	0.87	27.65	0.88	28.08	0.90
17	26.08	0.89	26.49	0.90	26.91	0.91	27.33	0.93
18	25.4	0.91	25.81	0.93	26.23	0.94	26.65	0.96
19	24.77	0.94	25.19	0.96	25.60	0.97	26.03	0.99
20	24.2	0.97	24.61	0.98	25.03	1.00	25.45	1.02
22	23.16	1.02	23.57	1.04	23.99	1.06	24.41	1.07
24	22.25	1.07	22.66	1.09	23.08	1.11	23.51	1.13
26	21.45	1.12	21.87	1.14	22.29	1.16	22.71	1.18
28	20.74	1.16	21.15	1.18	21.57	1.21	22.00	1.23
30	20.10	1.21	20.51	1.23	20.93	1.26	21.36	1.28
32	19.52	1.25	19.94	1.28	20.36	1.30	20.78	1.33
34	18.99	1.29	19.41	1.32	19.83	1.35	20.25	1.38
36	18.51	1.33	18.93	1.36	19.35	1.39	19.77	1.42
38	18.07	1.37	18.48	1.40	18.90	1.44	19.33	1.47
40	17.66	1.41	18.07	1.45	18.49	1.48	18.92	1.51
42	17.28	1.45	17.69	1.49	18.11	1.52	18.54	1.56
44	16.92	1.49	17.34	1.53	17.76	1.56	18.18	1.60
46	16.59	1.53	17.00	1.56	17.43	1.60	17.85	1.64
48	16.28	1.56	16.69	1.60	17.11	1.54	17.54	1.68
50	15.99	1.60	16.40	1.64	16.82	1.68	17.25	1.73
55	15.33	1.69	15.74	1.73	16.17	1.78	16.59	1.82
60	14.76	1.77	15.17	1.82	15.59	1.87	16.02	1.92
65	14.25	1.85	14.66	1.91	15.08	1.96	15.51	2.02
70	13.80	1.93	14.21	1.99	14.63	2.05	15.06	2.11
75	13.39	2.01	13.81	2.07	14.23	2.13	14.65	2.20
80	13.02	2.08	13.44	2.15	13.86	2.22	14.28	2.29

续表

U_0	3.0		3.5		4.0		4.5	
N_g	U	q	U	q	U	q	U	q
85	12.69	2.16	13.10	2.23	13.52	2.30	13.95	2.37
90	12.38	2.23	12.80	2.30	13.22	2.38	13.64	2.46
95	12.10	2.30	12.52	2.38	12.94	2.46	13.36	2.54
100	11.84	2.37	12.26	2.45	12.68	2.54	13.10	2.62
110	11.38	2.50	11.79	2.59	12.21	2.69	12.63	2.78
120	10.97	2.63	11.38	2.73	11.80	2.83	12.23	2.93
130	10.61	2.76	11.02	2.87	11.44	2.98	11.87	3.09
140	10.29	2.88	10.70	3.00	11.12	3.11	11.55	3.23
150	10.00	3.00	10.42	3.12	10.83	3.25	11.26	3.38
160	9.74	3.12	10.16	3.25	10.57	3.38	11.00	3.52
170	9.51	3.23	9.92	3.37	10.34	3.51	10.76	3.66
180	9.29	3.34	9.70	3.49	10.12	3.64	10.54	3.80
190	9.09	3.45	9.50	3.61	9.92	3.77	10.34	3.93
200	8.91	3.56	9.32	3.73	9.74	3.89	10.16	4.06
220	8.57	3.77	8.99	3.95	9.40	4.14	9.83	4.32
240	8.29	3.98	8.70	4.17	9.12	4.38	9.54	4.58
260	8.03	4.18	8.44	4.39	8.86	4.61	9.28	4.83
280	7.81	4.37	8.22	4.60	8.63	4.83	9.06	5.07
300	7.60	4.56	8.01	4.81	8.43	5.06	8.85	5.31
320	7.42	4.75	7.83	5.02	8.24	5.28	8.67	5.55
340	7.25	4.93	7.66	5.21	8.08	5.49	8.50	5.78
360	7.10	5.11	7.51	5.40	7.92	5.70	8.34	6.01
380	6.95	5.29	7.36	5.60	7.78	5.91	8.20	6.23
400	6.82	5.46	7.23	5.79	7.65	6.12	8.07	6.46
420	6.70	5.63	7.11	5.97	7.53	6.32	7.95	6.68
440	6.59	5.80	7.00	6.16	7.41	6.52	7.83	6.89
460	6.48	5.97	6.89	6.34	7.31	6.72	7.73	7.11
480	6.39	6.13	6.79	6.52	7.21	6.92	7.63	7.32
500	6.29	6.29	6.70	6.70	7.12	7.12	7.54	7.54
550	6.08	6.69	6.49	7.14	6.91	7.60	7.32	8.06
600	5.90	7.08	6.31	7.57	6.72	8.07	7.14	8.57
650	5.74	7.46	6.15	7.99	6.56	8.53	6.98	9.08
700	5.59	7.83	6.00	8.40	6.42	8.98	6.83	9.57
750	5.46	8.20	5.87	8.81	6.29	9.43	6.70	10.06
800	5.35	8.56	5.75	9.21	6.17	9.87	6.59	10.54

续表

U_0	3.0		3.5		4.0		4.5	
N_g	U	q	U	q	U	q	U	q
850	5.24	8.91	5.65	9.60	6.06	10.30	6.48	11.01
900	5.14	9.26	5.55	9.99	5.96	10.73	6.38	11.48
950	5.05	9.60	5.46	10.37	5.87	11.16	6.29	11.95
1000	4.97	9.94	5.38	10.75	5.79	11.58	6.21	12.41
1100	4.82	10.61	5.23	11.50	5.64	12.41	6.06	13.32
1200	4.69	11.26	5.10	12.23	5.51	13.22	5.93	14.22
1300	4.58	11.90	4.98	12.95	5.39	14.02	5.81	15.11
1400	4.48	12.53	4.88	13.66	5.29	14.81	5.71	15.98
1500	4.38	13.15	4.79	14.36	5.20	15.60	5.61	16.84
1600	4.30	13.76	4.70	15.05	5.11	16.37	5.53	17.70
1700	4.22	14.36	4.63	15.74	5.04	17.13	5.45	18.54
1800	4.16	14.96	4.56	16.41	4.97	17.89	5.38	19.38
1900	4.09	15.55	4.49	17.08	4.90	18.64	5.32	20.21
2000	4.03	16.13	4.44	17.74	4.85	19.38	5.26	21.04
2200	3.93	17.28	4.33	19.05	4.74	20.85	5.15	22.67
2400	3.83	18.41	4.24	20.34	4.65	22.30	5.06	24.29
2600	3.75	19.52	4.16	21.61	4.56	23.73	4.98	25.88
2800	3.68	20.61	4.08	22.86	4.49	25.15	4.90	27.46
3000	3.62	21.69	4.02	24.10	4.42	26.55	4.84	29.02
3200	3.56	22.76	3.96	25.33	4.36	27.94	4.78	30.58
3400	3.50	23.81	3.90	26.54	4.31	29.31	4.72	32.12
3600	3.45	24.86	3.85	27.75	4.26	31.68	4.67	33.64
3800	3.41	25.90	3.81	28.94	4.22	32.03	4.63	35.16
4000	3.37	26.92	3.77	30.13	4.17	33.38	4.58	36.67
4200	3.33	27.94	3.73	31.30	4.13	34.72	4.54	38.17
4400	3.29	28.95	3.69	32.47	4.10	36.05	4.51	39.67
4600	3.26	29.96	3.66	33.64	4.06	37.37	N_g=4444 U=4.5% q=40.00	
4800	3.22	30.95	3.62	34.79	4.03	38.69		
5000	3.19	31.95	3.59	35.94	4.00	40.40		
5500	3.13	34.40	3.53	38.79	—	—	—	—
6000	3.07	36.82	N_g=5714 U=3.5% q=40.00		—	—	—	—
6500	3.02	39.21			—	—	—	—
6667	3.00	40.00			—	—	—	—

给水管段设计秒流量计算表[U：(%)；q：(L/s)] 表 A-3

U_0	5.0		6.0		7.0		8.0	
N_g	U	q	U	q	U	q	U	q
1	100.00	0.20	100.00	0.20	100.00	0.20	100.00	0.20
2	73.33	0.29	73.98	0.30	74.64	0.30	75.30	0.30
3	60.75	0.36	61.49	0.37	62.24	0.37	63.00	0.38
4	53.18	0.43	53.97	0.43	54.76	0.44	55.56	0.44
5	48.00	0.48	48.80	0.49	49.62	0.50	50.45	0.50
6	44.16	0.53	44.98	0.54	45.81	0.55	46.65	0.56
7	41.17	0.58	42.01	0.59	42.85	0.60	43.70	0.61
8	38.76	0.62	39.60	0.63	40.45	0.65	41.31	0.66
9	36.76	0.66	37.61	0.68	38.46	0.69	39.33	0.71
10	35.07	0.70	35.92	0.72	36.78	0.74	37.65	0.75
11	33.61	0.74	34.46	0.76	35.33	0.78	36.20	0.80
12	32.34	0.78	33.19	0.80	34.06	0.82	34.93	0.84
13	31.22	0.81	32.07	0.83	32.94	0.96	33.82	0.88
14	30.22	0.85	31.07	0.87	31.94	0.89	32.82	0.92
15	29.32	0.88	30.18	0.91	31.05	0.93	31.93	0.96
16	28.50	0.91	29.36	0.94	30.23	0.97	31.12	1.00
17	27.76	0.94	28.62	0.97	29.50	1.00	30.38	1.03
18	27.08	0.97	27.94	1.01	28.82	1.04	29.70	1.07
19	26.45	1.01	27.32	1.04	28.19	1.07	29.08	1.10
20	25.88	1.04	26.74	1.07	27.62	1.10	28.50	1.14
22	24.84	1.09	25.71	1.13	26.58	1.17	27.47	1.21
24	23.94	1.15	24.80	1.19	25.68	1.23	26.57	1.28
26	23.14	1.20	24.01	1.25	24.98	1.29	25.77	1.34
28	22.43	1.26	23.30	1.30	24.18	1.35	25.06	1.40
30	21.79	1.31	22.66	1.36	23.54	1.41	24.43	1.47
32	21.21	1.36	22.08	1.41	22.96	1.47	23.85	1.53
34	20.68	1.41	21.55	1.47	22.43	1.53	23.32	1.59
36	20.20	1.45	21.07	1.52	21.95	1.58	22.84	1.64
38	19.76	1.50	20.63	1.57	21.51	1.63	22.40	1.70
40	19.35	1.55	20.22	1.62	21.10	1.69	21.99	1.76
42	18.97	1.59	19.84	1.67	20.72	1.74	21.61	1.82
44	18.61	1.64	19.48	1.71	20.36	1.79	21.25	1.87
46	18.28	1.68	19.15	1.76	21.03	1.84	20.92	1.92
48	17.97	1.73	18.84	1.81	19.72	1.89	20.61	1.98
50	17.68	1.77	18.55	1.86	19.43	2.94	20.32	2.03

续表

U_0	5.0		6.0		7.0		8.0	
N_g	U	q	U	q	U	q	U	q
55	17.02	1.87	17.89	1.97	18.77	2.07	19.66	2.16
60	16.45	1.97	17.32	2.08	18.20	2.18	19.08	2.29
65	15.94	2.07	16.81	2.19	17.69	2.30	18.58	2.42
70	15.49	2.17	16.36	2.29	17.24	2.41	18.13	2.54
75	15.08	2.26	15.95	2.39	16.83	2.52	17.72	2.66
80	14.71	2.35	15.58	2.49	16.46	2.63	17.35	2.78
85	14.38	2.44	15.25	2.59	16.13	2.74	17.02	2.89
90	14.07	2.53	14.94	2.69	15.82	2.85	16.71	3.01
95	13.79	2.62	14.66	2.79	15.54	3.95	16.43	3.12
100	13.53	2.71	14.40	2.88	15.28	3.06	16.17	3.23
110	13.06	2.87	13.93	3.06	14.81	3.26	15.70	3.45
120	12.66	3.04	13.52	3.25	14.40	3.46	15.29	3.67
130	12.30	3.20	13.16	3.42	14.04	3.65	14.93	3.88
140	11.97	3.35	12.84	3.60	13.72	4.84	14.61	4.09
150	11.69	3.51	12.55	3.77	13.43	4.03	14.32	4.30
160	11.43	3.66	12.29	3.93	13.17	4.21	14.06	4.50
170	11.19	3.80	12.05	4.10	12.93	4.40	13.82	4.70
180	10.97	3.95	11.84	4.26	12.71	4.58	13.60	4.90
190	10.77	4.09	11.64	4.42	12.51	4.75	13.40	5.09
200	10.59	4.23	11.45	4.58	12.33	4.93	13.21	5.28
220	10.25	4.51	11.12	4.89	11.99	5.28	12.88	5.67
240	9.96	4.78	10.83	5.20	11.70	5.62	12.59	6.04
260	9.71	5.05	10.57	5.50	11.45	5.95	12.33	6.41
280	9.48	5.31	10.34	5.79	11.22	6.28	12.10	6.78
300	9.28	5.57	10.14	6.08	11.01	6.61	11.89	7.14
320	9.09	5.82	9.95	6.37	10.83	6.93	11.71	7.49
340	8.92	6.07	9.78	6.65	10.66	7.25	11.54	7.84
360	8.77	6.31	9.63	6.93	10.56	7.56	11.38	8.19
380	8.63	6.56	9.49	7.21	10.36	7.87	11.24	8.54
400	8.49	6.80	9.35	7.48	10.23	8.18	11.10	8.88
420	8.37	7.03	9.23	7.76	10.10	8.49	10.98	9.22
440	8.26	7.27	9.12	8.02	9.99	8.79	10.87	9.56
460	8.15	7.50	9.01	8.29	9.88	9.09	10.76	9.90
480	8.05	7.73	9.91	8.56	9.78	9.39	10.66	10.23
500	7.96	7.96	8.82	8.82	9.69	9.69	10.56	10.56

续表

U_0	5.0		6.0		7.0		8.0	
N_g	U	q	U	q	U	q	U	q
550	7.75	8.52	8.61	9.47	9.47	10.42	10.35	11.39
600	7.56	9.08	8.42	10.11	9.29	11.15	10.16	12.20
650	7.40	9.62	8.26	10.74	9.12	11.86	10.00	13.00
700	7.26	10.16	8.11	11.36	8.98	12.57	9.85	13.79
750	7.13	10.69	7.98	11.97	8.85	13.27	9.72	14.58
800	7.01	11.21	7.86	12.58	8.73	13.96	9.60	15.36
850	6.90	11.73	7.75	13.18	8.62	14.65	9.49	16.14
900	6.80	12.24	7.66	13.78	8.52	15.34	9.39	16.91
950	6.71	12.75	7.56	14.37	8.43	16.01	9.30	17.67
1000	6.63	12.26	7.48	14.96	8.34	16.69	9.22	18.43
1100	6.48	14.25	7.33	16.12	8.19	18.02	9.06	19.94
1200	6.35	15.23	7.20	17.27	8.06	19.34	8.93	21.43
1300	6.23	16.20	7.08	18.41	7.94	20.65	8.81	22.91
1400	6.13	17.15	6.98	19.53	7.84	21.95	8.71	24.38
1500	6.03	18.10	6.88	20.65	7.74	23.23	8.61	25.84
1600	5.95	19.04	6.80	21.76	7.66	24.51	8.53	27.28
1700	5.87	19.97	6.72	22.85	7.58	25.77	8.45	28.72
1800	5.80	10.89	6.65	23.94	7.51	27.03	8.38	30.15
1900	5.74	21.80	6.59	25.03	7.44	28.29	8.31	31.58
2000	5.68	22.71	6.53	26.10	7.38	29.53	8.25	33.00
2200	5.57	24.51	6.42	28.24	7.27	32.01	8.14	35.81
2400	5.48	26.29	6.32	30.35	7.18	34.46	8.04	38.60
2600	5.39	28.05	6.24	32.45	7.10	36.89	N_g=2500 U=8.0% q=40.00	
2800	5.32	29.80	6.17	34.52	7.02	39.31		
3000	5.25	31.35	6.10	36.59	N_g=2857 U=7.0% q=40.00			
3200	5.19	33.24	6.04	38.64			—	—
3400	5.14	34.95	N_g=3333 U=6.0% q=40.00				—	—
3600	5.09	36.64			—	—	—	—
3800	5.04	38.33			—	—	—	—
4000	5.00	40.00	—	—	—	—	—	—

1.9 气 压 给 水

1.9.1 概况

气压给水设备是增压给水设备中一种利用密闭贮罐内空气的可压缩性进行贮存、调节和压送水量的装置，它所起的作用相当于高位水箱或水塔。

气压给水设备一般由气压水罐、水泵机组、管路系统、电控系统、自动控制箱（柜）等组成。补气式气压给水设备还含补排气和气压调节控制装置。

与其他增压给水设备相比，气压给水设备的主要优点体现在：灵活、机动，可设置在任何位置和高度。可用在地震区、有隐蔽要求的场合、施工临时用水处、或因建筑高度受限制和建筑艺术要求不允许在屋顶高处设水箱的建筑；水质不易受到污染，气压水罐是密闭的压力容器，补气式气压水罐在进排气口设有过滤器，隔膜式气压水罐水和气又互不接触，故水质污染机会少；建设速度快，施工安装简便，便于工程扩建、改建和拆迁；气压水罐还有消除水锤的作用。缺点是：气压水罐调节水量小，有效容积一般只占总容积的1/6～1/3；对于生活给水系统常用的变压式气压给水设备，给水压力变动较大，影响卫生器具给水配件的使用寿命，也给使用者带来不便；由于气压水罐调节容积小，水泵启停频繁，启动电流大，经常性费用高；水泵均是在最低工作压力 P_1 以上工作，水泵的扬程均需额外增加 ΔP 引起的电耗，这部分是无用功但是必需的，故电耗相应增加，一般增加15%～25%；水泵一般不可能全在高效区运行，平均效率较低。

1.9.2 适用范围

近年来，气压给水设备的应用仍然较多，即使在变频调速给水设备已普遍使用和管网叠压（无负压）给水设备也已兴起的情况下，气压给水设备仍有其特定的使用场合，主要见于如下：

(1) 由于市政给水管网水压逐渐下降，造成有些已建多层建筑的上层水压不足。此时，再设置屋顶水箱已无可能，普通用户对水压的变化要求不是很高时，选用气压给水设备较为合适。

(2) 旧房加层改造，而给水压力不能满足加层用户的水压要求，设置水箱又为房屋基础所不能承受时，也可选用气压给水设备。

(3) 地震区建筑，从抗震要求考虑，不合适设备水塔或在屋顶设置水箱，此时，可采用在底层或地下室采用气压给水设备，有利于抗震。

(4) 含高层建筑的小区分期分批建设时，若在远期兴建而建筑高度又是最高的建筑物上设置水箱，难以满足近期用水需求；而若在近期兴建但建筑高度不是最高的建筑物上设置水箱，又难以满足远期用水水压要求。此时，选用设置气压给水设备是合适的。

(5) 高层建筑屋顶设有水箱间，但消防水箱的设置高度又不能满足消防所需的静压水头或自动喷洒系统喷头所需的工作压力时，气压给水装置可作为消防水箱的增压稳压设备。此技术已得到广泛运用。

(6) 为解决农村的给水普及率和改善水质，气压给水设备已在新型农村的分散、小型给水站中得到广泛使用。

（7）在北方寒冷地区和空气污染较重地区，为解决屋顶水箱被冻坏或水被污染，在室内采用气压给水设备可解决防冻和污染问题。

1.9.3 分类与原理

（1）分类

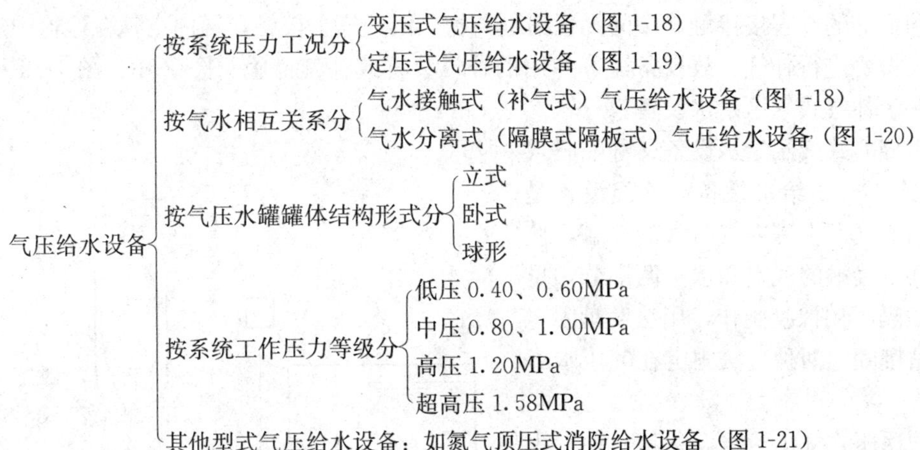

变压式气压给水设备（图 1-18）常用在用户对水压没有特殊要求的场合。此时气压水罐内的空气压力随供水工况而变，给水系统处于压力变化的状态下工作。若设气压水罐的系统最低工作压力为 P_1（绝对压力），则气压水罐内的最高工作压力 $P_2=\dfrac{P_1}{\alpha_b}$（绝对压力）。$\alpha_b$ 称气压水罐工作压力比，取值范围 0.45～0.85，故 P_2 约为 P_1 的 2.22～1.18 倍，可见在变压式气压给水系统中工作压力的波动是比较大的。

在变压式气压给水设备中，停泵时气压水罐中的水靠压缩空气的压力被输送至给水管网。随着罐内水量减少，空气体积膨胀，压力减小，当压力降至气压水罐的最低工作压力 P_1 时，压力传感器将信号传至控制器，使水泵启动。水泵出水除供用户外，多余部分水

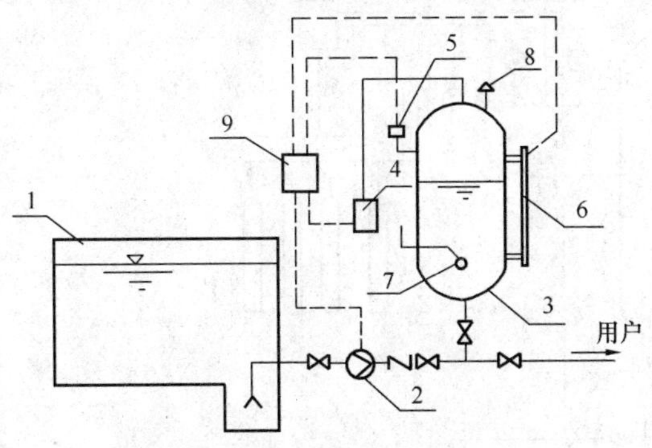

图 1-18　变压式气压给水设备示意

1—水池；2—水泵；3—气压水罐；4—补气装置；5—压力传感器；6—液位信号器；7—排气阀；8—安全阀；9—控制器

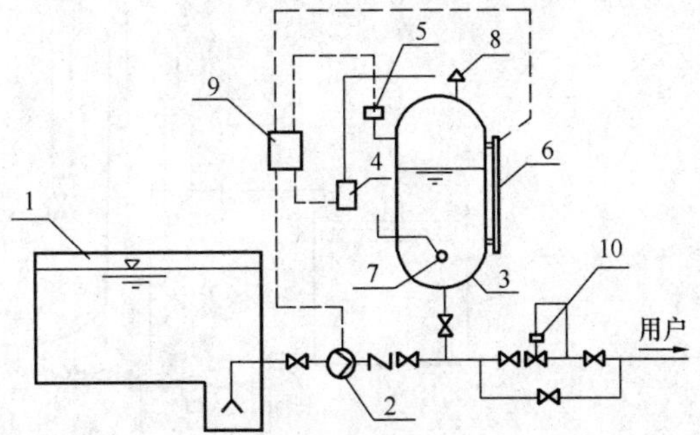

图 1-19　定压式气压给水设备示意

1—水池；2—水泵；3—气压水罐；4—补气装图；5—压力传感器；6—液位信号器；7—排气阀；8—安全阀；9—控制器；10—压力调节阀

量进入气压水罐，空气又被压缩，压力上升。当压力升至事先设定的最高工作压力 P_2 时，压力传感器传出信号至控制器，使水泵关闭。如此反复循环完成供水过程。

定压式气压给水设备（图 1-19）则用于对水压稳定有要求的用户。它通过在变压式气压给水设备的出水管上安装调压阀 10 来实现。安装调压阀后，管内的水压被控制在要求的范围内，使管网处于恒压下工作。

气水接触式气压给水设备也称补气式气压给水设备。在这类设备中，气压水罐内上部的空气和下部的水直接接触，中间无任何隔离物。由于气水接触，罐内空气在运行中逐渐有所损失需要进行补气，故设备需有专用的补气装置或补气措施。图 1-18、图 1-19 所示设备均属于补气式气压给水设备。

气水分离式气压给水设备又称隔膜式（或隔板式）气压给水设备。该类设备是以隔膜隔绝气压水罐内气与水的接触，使之成为互不接触的气室和水室两部分，见图 1-20。隔膜用橡胶制作，用法兰盘固定或模压粘接固定两种方法固定在气压水罐罐体内。

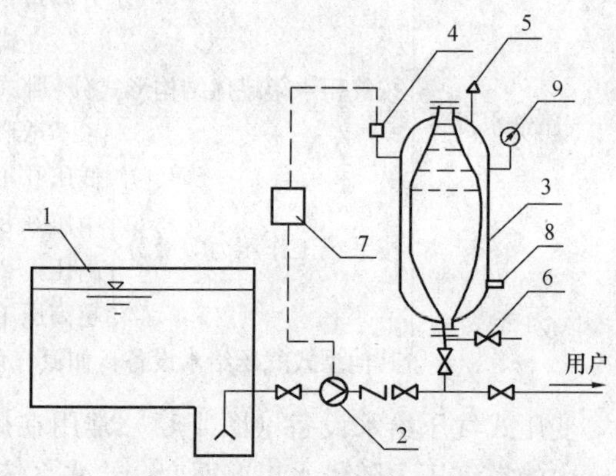

图 1-20　隔膜式气压给水设备示意

1—水池；2—水泵；3—隔膜式气压水罐；4—压力传感器；5—安全阀；6—泄水阀；7—控制器；8—充气嘴；9—压力表

氮气顶压式气压给水设备是一种专用的消防给水设备，见图 1-21。它的作用是满足火灾初起 10min 消防水量和水压的要求。平时，在无火灾发生的状态下，气压水罐内的正常水位和水压靠水位控制器 7、电磁排水阀 11、电磁排气阀 6 和补水泵 2 在控制器 14 的控制下通过排水、补水和排气来保证。一旦发生火灾，气压水罐内的压力水即可提供给消火栓喷出充实水柱，同时通过控制器接通过 24V 直流电源，打开氮气瓶头阀 10 向气压水罐 4 顶入一定的氮气。该设备所有氮气瓶的瓶头阀平时始终是关闭

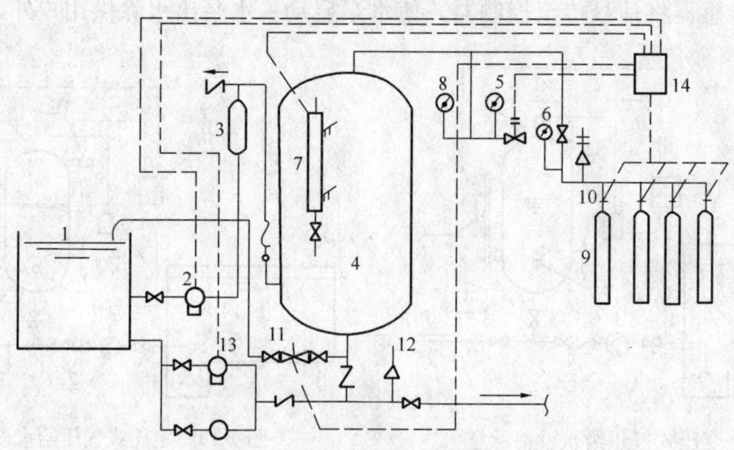

图 1-21　氮气顶压消防给水设备

1—水箱；2—补水泵；3—补气系统；4—气压水罐；5—电接点压力表；6—电磁排气阀；7—水位控制器；8—压力表；9—氮气瓶；10—瓶头阀；11—电磁排水阀；12—安全阀；13—专用消防泵；14—控制器

的，这就避免了氮气泄露，减少了更换氮气瓶的麻烦。

（2）常用气压给水设备介绍

1）补气式气压给水设备

补气式气压给水设备是由水池、水泵、气压水罐、补气罐、排气阀、止气阀、控制器、压力信号器以及管路及附件等组成。气压水罐的形式常有立式、卧式和球形三种。一般宜选用立式气压水罐，当条件不允许时也可采用卧式气压水罐，球形气压水罐加工难度大，很少采用。

补气式气压给水设备（图1-18）其工作原理：当水泵2启动后，水池中的水经水泵加压后被送入气压水罐3和用户管网。若管网用水量小于水泵出水量，其多余的水量进入气压水罐，气压水罐中的水位会逐渐升高，罐内空气受到压缩压力不断升高。当罐上连接的压力传感器5显示的压力达到设定的最高工作压力 P_2 时，压力传感器5将信号输至控制器9切断电源，水泵立即停止工作。若管网继续用水，在停泵时段，气压水罐3中的水在压缩空气的压力作用下送至用户。随着水量的不断输出，罐内水位不断下降，罐内空气体积随之增大，压力随之降低，当压力降至已设定的最低工作压力 P_1 时，压力传感器5将信号输至控制器9，控制继电器接通电源，水泵启动工作，重新向管网及气压水罐供水。如此周而复始，完成气压给水设备的供水和调节的工作过程。

补气式气压给水设备的运行好坏与它的补气方式关系很大，而这些补气方式又与气压给水设备所服务的用户要求、现场使用条件有关，因此，要通过比较慎重选用。

2）隔膜式气压给水设备

隔膜式气压给水设备是由水池、水泵、隔膜式气压水罐、泄水阀、压力信号器、控制器以及管路及附件等组成。可制作隔膜的材料有橡胶、塑料和金属，但常用的是橡胶隔膜。用于生活用水气压给水设备的橡胶隔膜应由食品用橡胶组成，其卫生性能应符合《生活饮用水输配水设备及防护材料的安全性评价标准》GB/T 17219—1998规定的要求。

隔膜式气压给水设备（图1-20）的工作原理与补气式气压给水设备大致相同。运转时，一般先通过充气嘴8向气压水罐3的隔膜囊外的气室充气，将隔膜囊内（水室）的空气尽量挤出。待充气至压力表9上显示达到最低设计工作压力 P_1 时，停止充气，封闭充气嘴8。此时启动水泵，气压水罐3开始进水。随着进水量的增加，气压水罐隔膜内水室体积不断扩大，气室不断被压缩，罐内气室压力逐渐升高，当达到最高设计工作压力 P_2 时，压力传感器4通过控制器7切断电源，水泵2停止运行。在水泵停泵时段，气压水罐水室内的水在囊外空气压力的作用下向管网供水。在供水的同时，囊内水室容积在减小，囊外气室容积在增加，气室的压力也在减小，当压力信号器监测到压力已降至最低设计工作压力 P_1 时，信号传输到控制器，接上电源使水泵启动供水。如此周而复始完成供水过程。

与补气式气压给水设备相比，隔膜式气压给水设备气压水罐的容积系数 β 较小，因此，在罐内水容积相同情况下，其气压水罐的总容积可减少10%～20%。同时，要使隔膜式气压给水设备长期良好地运行，要做好气压水罐气室的密闭不漏气，选用质量好寿命长的隔膜囊很重要。只有这样才能保证气压给水系统长期在设定的 P_1、P_2 压力之间正常运行，而不需经常向气室充气。

目前，气压给水设备有一个特定的运用场合，就是用于高位消防水箱的增压稳压装置。当高层民用建筑的高位消防水箱的设置高度不满足消火栓系统的最小静水压力要求（建筑高度不超过100m时为0.07MPa；当建筑高度超过100m时为0.15MPa），或水箱设置高度不满足自动喷水灭火系统最不利点喷头的最小工作压力（0.05MPa）时，需要设置作为增压稳压设施的隔膜式气压给水设备。若以 P_1 表示满足最不利点消火栓栓口压力或喷头工作压力时气压水罐的最低工作压力，P_2 为满足消防贮水容积时气压水罐内的最高工作压力，P_{s1} 为消防增压稳压泵启动时的压力，P_{s2} 是增压稳压泵停泵时的压力。若采用隔膜式气压水罐，设备的工作原理是：开始运转前，在挤干净隔膜囊内空气后，先由水泵向隔膜囊内充水，使气压水罐压力表的读数为最低工作压力 P_1。继续向囊内充水，计量充水量，使增加的水量等于消防系统所需的贮水量 V_x，此时气压水罐内的压力达到最高工作压力 P_2。再继续充水，隔膜囊继续膨胀使气压水罐内的压力达到 $P_{s1}=P_2+0.02$（MPa），该压力即为增压稳压泵的启动压力，增压稳压泵在压力达到 P_{s2} 时停泵，P_{s2} 与 P_{s1} 之间气压水罐水室内增加的容积为稳压水容积，一般取 $0.05m^3$。在日常运行中，如果消防水系统管路不严密有渗漏发生时，水室内的水容积会有所减少，水压同时降低，当水压降至 P_{s1} 值时，增压稳压泵会重新启动，在补充水室内水量的同时，压力也在升高，当重新达到 P_{s2} 值时，压力传感器传出信号至控制器，发出指令让增压稳压泵停泵。如此反复运行，使气压水罐内始终贮存了消防贮水量，并使水压大于 P_2，满足了消防系统高位消防水箱增压稳压的要求。当火灾发生时，由于增压稳压泵的出水量小于1支消火栓或一个喷头的流量，故即使增压稳压泵开启，气压水罐内的压力值也维持不在 P_{s1} 的水平，压力会继续下降以供消防水系统用水。在气压水罐内的压力降至 P_2 值时，压力信号器会将信号传至消防泵房控制柜，启动消防主泵供水。气压水罐内从 P_2 降至 P_1 之间的消防贮水容积满足了在消防主泵开启前系统的用水。

（3）气压给水设备要解决好的几个问题

1）补气技术

气压给水设备的主体部分是气压水罐。在补气式气压给水设备中，气压水罐中始终保持一定数量的水和一定容积的空气，且空气和水具有相同的界面。由于空气能溶于水，在运行过程中，罐内的空气逐步会被输出的水带走。另外，气压水罐很难做到绝对气密而无丝毫渗漏，而气压水罐又是在正压下运行存在空气向外渗漏的倾向。所以在运行中气压水罐内的空气会逐渐减少，水的体积则相对增大，水位升高。其结果是减少了气压水罐的调节水量，导致水泵频繁启动，加剧了水泵的磨损。为此，在补气式气压给水设备中必须设置补气装置。补气的方式有很多，简示如下：

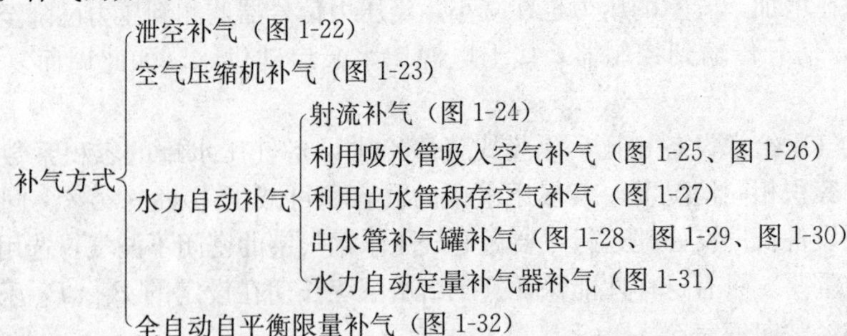

泄空补气法常用于允许短时停水、用水压力不大和水压稳定要求不严的小型气压给水

系统的气压水罐。此时可采用定期泄空罐内存水的方法进行补气。在泄水的同时打开设在罐顶的进气阀，使空气补入。放尽水后待进气阀和泄水阀关闭后再启动水泵投入运行，见图 1-22。罐顶的进气管直径一般为 15mm，罐底的泄水管直径为 50mm。一般每半个月放水充气一次。

空气压缩机补气是较早使用也是较简单的一种补气方法。即在气压水罐外设一台小型空气压缩机，见图 1-23。当失气后，罐内最高工作压力 P_2 时的水位超过了设计最高水位时，在最高设计水位以上 20～30mm 处设置一个水位电极，罐内水位达到该水位电极的高度时，水位电极接通电源开启空气压缩机向罐内补气，当水面又恢复到原设计最高水位时，电极断开空气压缩机关闭，停止补气。空气压缩机的性能参数应根据气压水罐的总容积和罐内压力的大小而定。空气压缩机的压力应为罐内工作压力的 1.2 倍，其排气量可参照表 1-37 选用。采用空气压缩机补气时，对定压式气压给水设备空气压缩机不宜少于 2 台，其中 1 台备用。对变压式气压给水设备可不设备用机组。生活给水气压给水设备采用的空气压缩机应为无油润滑型。

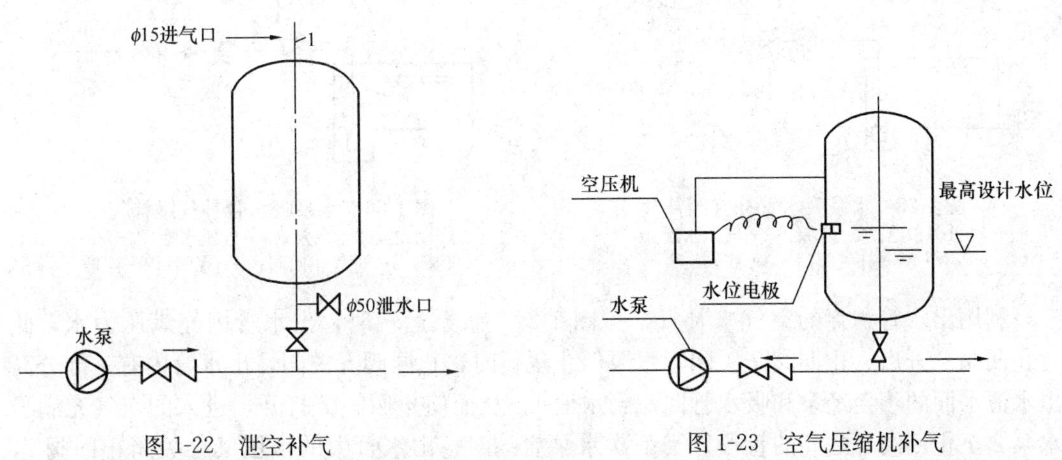

图 1-22 泄空补气　　图 1-23 空气压缩机补气

空气压缩机选用　　表 1-37

气压水罐总容积 (m^3)	空气压缩机排气量 (m^3/min)	气压水罐总容积 (m^3)	空气压缩机排气量 (m^3/min)
3.0	0.05	11.5～16.5	0.25
3.5～5.5	0.10	17.0～29.5	0.40
6.0～11.0	0.15	30.0～45.0	0.60

射流补气又称水射器补气，如图 1-24 所示。它是在水泵出水管的旁通管上装设一个水射器。当水泵运行时，水射器能产生负压吸入空气补入气压水罐内。调节水泵出水管水射器前阀门的开启度，即可控制进入水射器的空气量。若补入罐内的空气过量时，会通过自动排气阀排出罐外，以维持罐内的正常水位。

利用水泵吸水管吸入空气补气适用于水泵吸上式安装时，具体有两种方法。一种是在水泵吸水管上直接装补气阀门，见图 1-25。水泵工作时打开水泵吸水管上的补气阀门，利用水泵吸水管内处于负压的条件自吸补入空气直到气压水罐内的空气量达到需要值时为

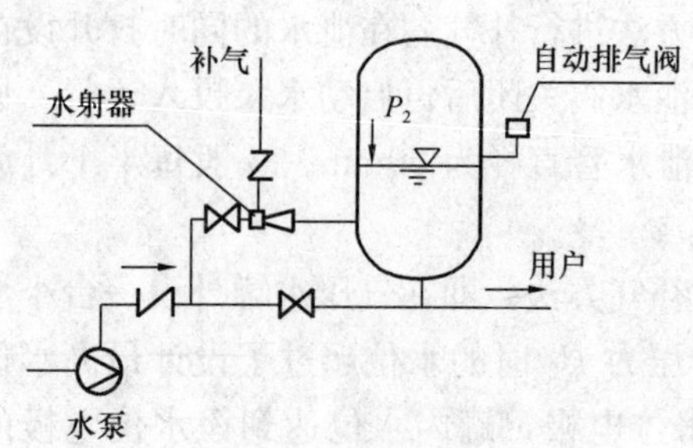

图 1-24 射流补气

止。这种补气方式系统简单、操作方便，但补气量有限，控制不好会造成水泵气蚀，甚至会使水泵吸不上来水，现在已很少采用。另一种方法是在水泵吸水管上设补气罐和止回阀，见图 1-26。当水泵开启时，吸水管内形成负压，将补气罐内的水吸走，空气通过进气止回阀进入补气罐，当补气罐内水位降至一定位置时，浮球下降堵在补气罐的吸水口，阻止空气进入水泵吸水管，而是停留在补气罐内。停泵后，利用气压水罐与补气罐的水位差，把补气罐内的空气补入气压水罐。

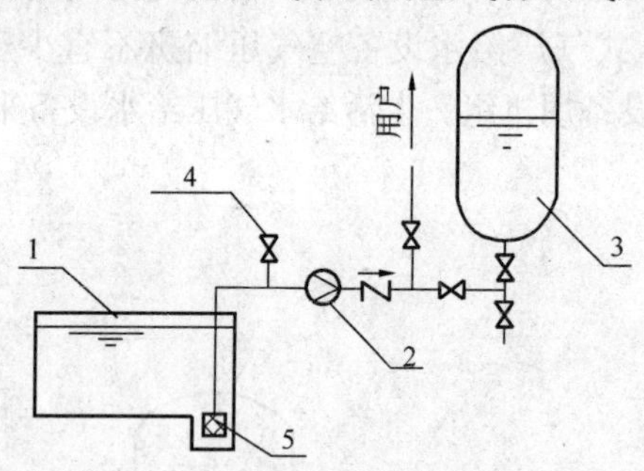

图 1-25 水泵吸水管补气阀补气
1—水池；2—水泵；3—气压水罐；4—补气阀门；5—底阀

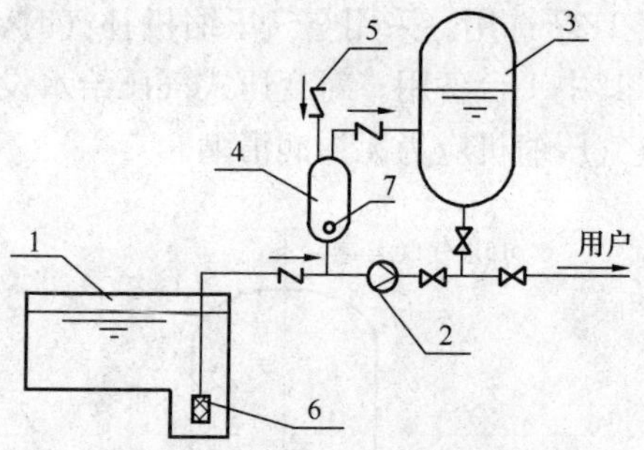

图 1-26 水泵吸水管补气罐补气
1—水池；2—水泵；3—气压水罐；4—补气罐；5—进气止回阀；6—底阀；7—浮球

利用出水管积存的空气来补气，见图 1-27。水泵运转时，出水管内充满压力水，此时止回阀 6 开启、止回阀 7 关闭。水泵停止运行时，止回阀 6 关闭，出水管内有一部分高出水池水面的水会经泵和吸水管回流到水池 1，从而使止回阀 7 打开，进入的空气充满了水泵 2 至止回阀 6 之间的管段。当下次水泵启动时，出水管中的水压又会关闭止回阀 7，并使空气通过止回阀 6 进入气压水罐 3 中。这样，水泵每停泵、开泵一次就补入一定量的空气。补气量的大小可通过进气管上的阀门 8 调节。

利用出水管积存的空气来补气，有时往往遇到出水管内积存的空气不够的情况，此时就需要在出水管上加设一个补气罐以增大补气量，补气罐的容积约为气压水罐容积的 2%。图 1-28 为采用水位电极、电磁阀控制的出水管设补气罐补气的形式。当气压水罐失

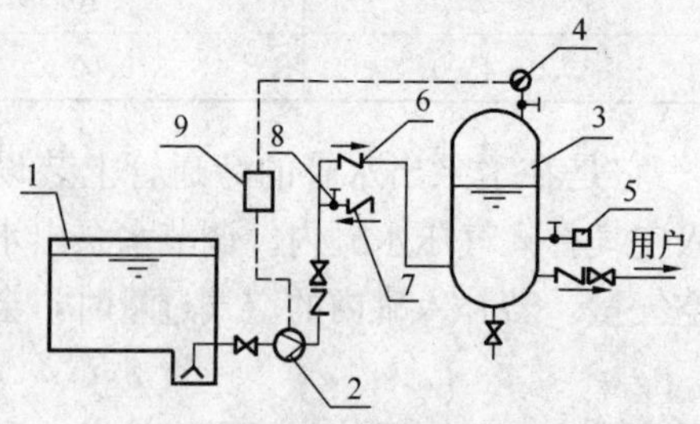

图 1-27 水泵出水管积存空气补气
1—水池；2—水泵；3—气压水罐；4—电接点压力表；5—排气器；6—止回阀；7—止回阀；8—进气控制阀；9—控制器

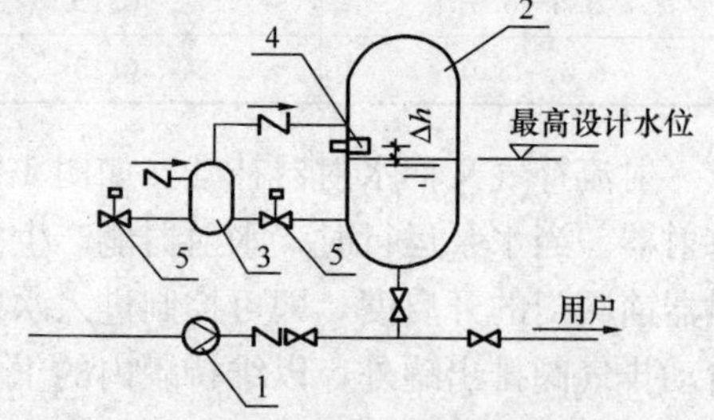

图 1-28 水泵出水管补气罐补气（一）
1—水泵；2—气压水罐；3—补气罐；4—水位电极；5—电磁阀

气后，在最高工作压力 P_2 而罐内水位超过设计最高水位以上 Δh 高度时，水位电极 4 发出信号使电磁阀 5 打开、电磁阀 6 关闭，补气罐排水吸气，当水排空吸满空气后，电磁阀 5 关 6 开，借助气压水罐内水位与补气罐内水位差，将补气罐内的空气补入气压水罐内。电磁阀 5、6 的开关时间由时间继电器控制，由此来完成补气。图 1-29 是另一种在出水管上设补气罐的形式，属于余量式补气。它的补气原理类同于利用出水管积存空气补气的形式（图 1-27），只是增设了补气罐后加大了停泵后出水管内积存的空气量。水泵每启动一次就向气压水罐补进一定量的空气，补气量的大小可视气压水罐的需气量而定。当罐内空气过多，使最低工作压力 P_1 下的水位低于设计最低水位以下 20～50mm 时，则由自动排气阀将多余的空气释放出去，直到水位恢复正常后自动排气阀关闭。

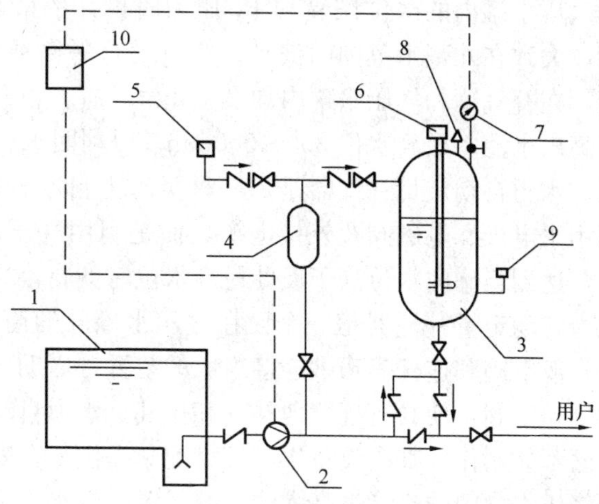

图 1-29 水泵出水管补气罐补气（二）

1—水池；2—水泵；3—气压水罐；4—补气罐；5—过滤器；6—液位信号仪；7—电接点压力表；8—安全阀；9—自动排气阀；10—控制器

利用水泵出水管上装补气罐来补气的第三种形式称为全自动自平衡补气罐补气，见图 1-30。它能根据气压水罐内气体损耗情况自动补进适量体积的气体，使补气量与耗气量达到平衡，气压水罐内气与水占用的体积始终保持恒定比例，确保调节水量占用的体积。该设备的革新部件是气压水罐内设置的自平衡补气控制阀 5，在运行过程中若有空气流失，当水泵停泵时，气压水罐内的水位会上升超过最高工作压力 P_2 时设计最高水位，由于设置了自平衡补气控制阀 5，其阀口的标高是与压力 P_2 的设计水位一致，故水位的上升就使自平衡补气阀 5 关闭，使补气装置的进气管与气压水罐内气体不再联通，补气停止。而在停泵的同时，出水管及补气罐内的部分水会回流入水池产生负压，其结果是使吸气阀 4 打开，吸入空气充满补气罐和部分出水管，待下一次开泵时再将空气补入气压水罐内。当气压水罐内空气多余时，水泵停泵而压力达到 P_2，水面又会低于设计最高水位，使自平衡补气控制阀 5 阀口露出水面，此时气压水罐内气体部分与补气罐的气体部分是相通的，罐内压力大于大气压力而使吸气阀 4 关闭，外部空气吸入停止，气压水罐

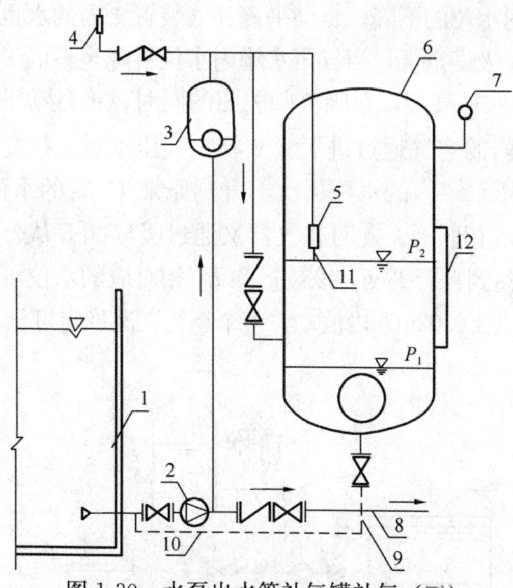

图 1-30 水泵出水管补气罐补气（三）

1—水池；2—水泵；3—补气罐；4—吸气阀及空气过滤器；5—自平衡补气控制阀；6—气压水罐；7—压力表；8—供水管；9—控制阀；10—回水管；11—水位控制管口；12—水位表管

内的部分空气沿管道流入补气罐，其结果是使气压水罐内的水面稍有升高，经反复运行直至气压水罐内的水位恢复到 P_2 压力时设计的最高水位。该方法能使水位恢复的精度提高，大致在几毫米范围内波动。全自动自平衡补气罐补气式给水设备中不需设自动排气阀，在补气罐和气压水罐内均设有止气装置，以防止罐内低水位时气体流失。补气罐底部应高出水池 1 最高水位 300～500mm，以利回水。

水力自动定量补气器是另一种类水力自动补气形式。它的安装见图 1-31。其特点是不用水电极、电磁阀及外接电源，而是利用气压水罐内的压力水驱动水力自动定量补气器，达到当罐内水位高于设计最高水位时就自动补气的目的，自动保持罐内空气量恒定。水力自动定量补气器是一个设在气压水罐外的筒体形结构，内由浮子、进排水阀、止回阀、泄空阀和连杆等巧妙连接组成的装置，借助于压力水的力量有规律地驱动进排水阀和进气止回阀，使其有规律地补气和排气。水力自动定量补气器 1 由于构造比较复杂，用户自己不能制作，都由设备生产厂家配套提供。在安装时，补气器 1 的水位上升管管顶应低于气压水罐内的设计最高水位，补气器的进水管 2 与气压水罐设计最高水位处相连。补气器的排气管即气压水罐的补气管应在气压水罐设计最高水位以上一定距离与气压水罐相连。为了使补气器稳定工作，可在气压水罐设计最高水位处设一个中间带孔的贮水盘 5，其容积可等于补气器每补一次气用水量的 2～3 倍。这种自动定量补气器只有当气压水罐内空气量不够使水位上升超过最高设计水位时才动作，而当罐内空气量达到设计补气量，水位不超过最高设计水位时，补气器会自动停止运行，不会有过量的空气补入气压水罐，因此，气压水罐不需要设置自动排气阀。

除了以上几种水力自动补气形式外，全自动自平衡限量补气是另一类补气形式，如图 1-32 所示。它的原理是水泵启动时，大部分水供用户，少部分水进入气压水罐 3 及自动平衡补气装置 4，当气压水罐内的压力达到最高工作压力 P_2 时，水泵自动停止运行。在水泵停泵靠气压水罐内的压力水供用户的时段，随着气压水罐 3 内水位的下降，自动平衡补气装置 4 内的水也在外排，使得吸气阀 5 打开，自动平衡补气装置 4 吸满空气，当气压水罐内水位下降至最低工作压力 P_1 时的水位时，水泵再次启动，压力水进入补气器，在吸气阀关闭的同时，将自动平衡补气装置 4 内的空气通过进气管 6 补入气压水罐。往复运行，直至气压水罐内的水位再次上升到原来 P_2 时的水位，进气管又与水相联通。此时补气器又通过吸气阀 5 从外界吸气，由此达到自行平衡。该装置的 P_2 相对应的水位可以在很小范围（±0.02m）内波动，整个运行工况稳定可靠。

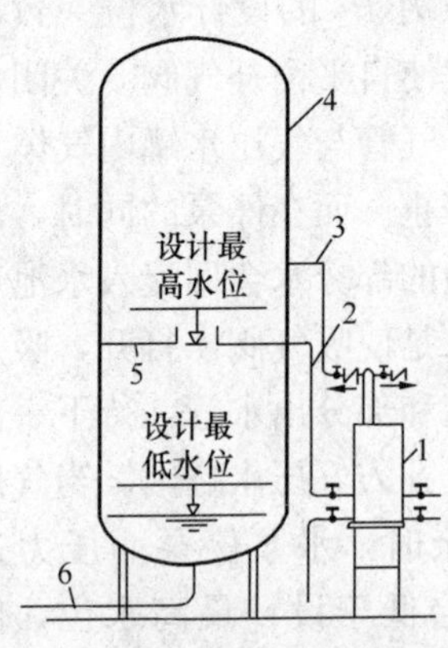

图 1-31　水力自动定量补气器补气

1—自动定量补气器；2—补气器进水管；3—补气管；4—气压水罐；5—贮水盘；6—气压水罐进水出水管

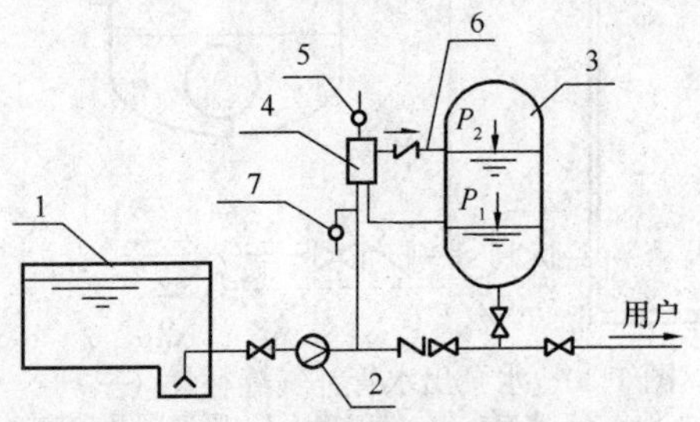

图 1-32　全自动自平衡限量补气

1—水池；2—水泵；3—气压水罐；4—自平衡式补气装置；5—吸气阀；6—进气管；7—自动排水阀

2）排气和止气技术

气压给水设备依据补气方式的不同，大多设有排气阀和止气阀。装排气阀的作用是当气压水罐内的空气超过原设计的容积时，将多余的空气排除。而止气阀的作用则是当气压水罐内水位降至最低水位或以下时，阻止必要贮存的空气从出水口排除。以维持系统的正常工作。

排气阀可分手动和自动两类。手动排气阀是由管理人员定期打开放出多余空气。自动排气阀可由水位、压力来联合控制。目前，国内气压给水设备中选用的排气阀仅有水位控制。为了克服排气阀排气过量，常常采用如图 1-33 所的浮球式排气阀。

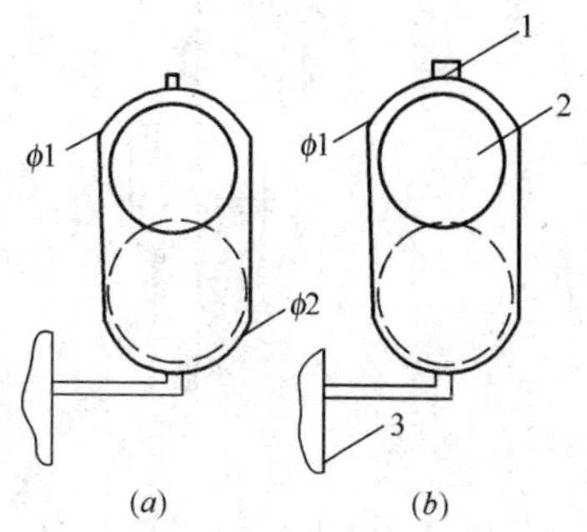

图 1-33　浮球式排气阀

（a）不带压盖；（b）带压盖

1—压盖；2—浮球；3—气压水罐

止气亦称阻气。止气阀常安装在气压水罐的出水口处。止气阀的形式有很多，如图 1-34 的浮板式、浮球式和浮膜式等，可根据不同情况选用。

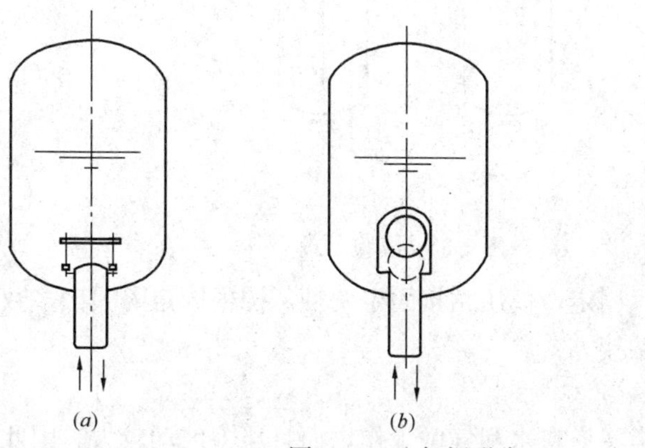

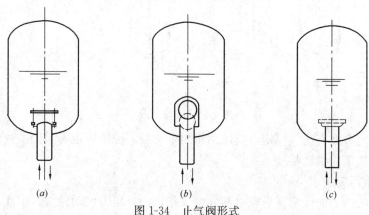

图 1-34　止气阀形式

（a）浮板式；（b）浮球式；（c）浮膜式

3）隔膜的种类与要求

可制作隔膜的材料有橡胶、塑料和金属。橡胶隔膜应由食品用橡胶制作。隔膜要求有一定的强度和硬度，不渗水、不渗气，隔膜材料应无毒、无味、无异嗅、无害、色泽均匀，对饮用水质无污染。橡胶隔膜的工作条件为 4～45℃，介质为水、氮气或空气等。

隔膜的形式是由隔膜材料和固定方式两者决定的。主要形式如下：

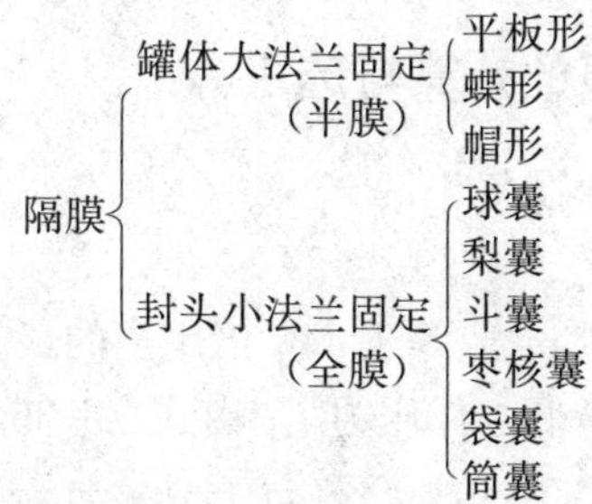

各种形状隔膜见图 1-35。在罐体大法兰固定的隔膜中，帽形隔膜使用起步较早，调节容积较大。囊形隔膜是从帽形膜进化发展来的，它缩小了固定隔膜的法兰，减少气体渗漏量，延长了补气周期和寿命，因此使用较多。

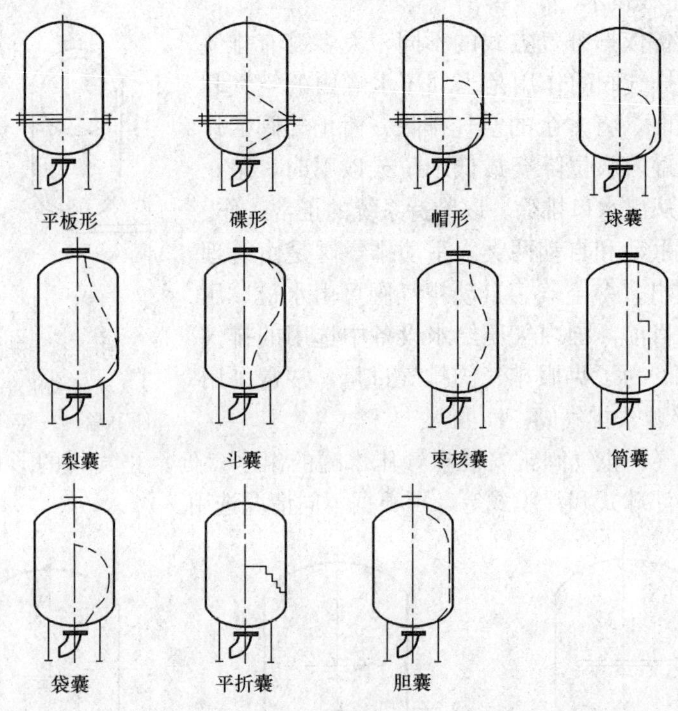

图 1-35 隔膜形式

隔膜的固定方式有法兰固定、模压粘接固定两种。国内固定隔膜大多数采用法兰固定方式，只有少数采用模压粘接方式。

4）防水质污染技术

气压水罐的内表面经常浸泡在水和气中工作，而且压力波动较大。因此，气压水罐的内表面很容易锈蚀。罐内锈蚀不但会污染水质，而且会缩短罐的寿命。为了达到防腐并保证饮用水卫生要求，气压水罐罐体内及其他部件均应作涂漆防腐工艺处理。在使用中也应定期清洗、除锈及涂漆进行维护。

除了气压水罐的内表面，补气装置的进气口也是水质的一个污染源。解决方法一般是在进气口上装空气过滤器。空气过滤器的滤材有用泡沫塑料、钛板、钛管的，也有用活性炭的。国家产品标准推荐采用价廉物美的中效空气过滤器使用的滤纸。

1.9.4 气压水罐和水泵的计算与选用

(1) 生活、生产用气压给水设备

1）系统的主要参数

气压给水系统的供水总流量 q_Z 应等于 1.2 倍用户的最大小时用水量 Q_{hmax}。

气压给水系统气压水罐的最低工作压力 P_1 由式（1-36）计算：

$$P_1 = 0.0098(H_1 + h_{f1} + h_Z) \tag{1-36}$$

式中 P_1——气压水罐最低工作压力，表压（MPa）；

H_1——水池最低水位至最不利用户配水点的高差（m）；

h_{f1}——由水池至最不利用户用水点的管路阻力损失（包括沿程阻力和局部阻力）(m)；

h_Z——最不利用户用水点用水设备的流出水压（工作压力）(m)。

气压水罐的最高工作压力 P_2 由式（1-37）计算：

$$P_2 = \frac{P_1 + 0.098}{\alpha_b} - 0.098 \tag{1-37}$$

式中 P_2——气压水罐最高工作压力，表压（MPa）；

α_b——气压水罐工作压力比。气压水罐高置（即 P_1 较小）时 α_b 值可取 0.45～0.65；气压水罐低置（即 P_2 较大）时 α_b 值可取 0.65～0.85。一般（P_2-P_1）值在 0.1～0.2MPa 之间为宜，相差太大虽可减小气压水罐的总容积，但增加了电耗，水泵的工作效率也要降低。

2）水泵的参数与选用

水泵类型的选择对气压给水系统是否高效节能的运行影响很大。结合气压给水系统的工作特点，其加压水泵应选用水泵 $Q-H$ 特性曲线比较陡直的水泵，其水泵高效区的压差最好在 10～20m 之间。

气压给水系统水泵的台数应根据系统最大小时用水量及设备运行方式等因素选择配置，并宜单独配置备用水泵或互为备用。水泵的配置数量一般 2～4 台，并联工作水泵一般不宜多于 3 台。

当工作水泵为 1 台时，其流量 q_Z［当扬程 $H=(P_1+P_2)/2$］应等于或略大于给水系统最大小时用水量 Q_{hmax} 的 1.2 倍；工作水泵为多台时，其泵组并联后的总流量 q_Z［由水泵并联曲线当 $H=(P_1+P_2)/2$ 时确定］应等于或略大于 $1.2Q_{hmax}$。

水泵或泵组的工作扬程范围应由式（1-38）、式（1-39）确定：

$$H_{min} = \frac{P_1}{0.0098} + H_2 + h_{f2} \tag{1-38}$$

$$H_{max} = \frac{P_2}{0.0098} + H_3 + h_{f2} \tag{1-39}$$

式中 H_{min}、H_{max}——水泵或泵组所需的最低、最高扬程（m）；

H_2——气压水罐内水压为 P_1 时，其水面与水池最低水位的高程差（m）；

H_3——气压水罐内水压为 P_2 时，其水面与水池最低水位的高程差（m）；

h_{f2}——水池至气压水罐间连接管道的阻力损失（包括沿程阻力和局部阻力）(m)。

依据 q_Z 和 H_{min}～H_{max} 合理选择水泵。当水池、水泵和气压水罐同在一处，H_2、H_3、h_{f2} 数值很小时，也可依据 q_Z 和 P_2-P_1 来选择水泵。

3）气压水罐的计算

① 总容积

$$V = \frac{\beta \cdot V_x}{1-\alpha_b} \tag{1-40}$$

式中 V——气压水罐的总容积（m^3）；

V_x——气压水罐的调节容积，即罐内压力在 P_1、P_2 相应水位线之间的容积（m^3）；

α_b——气压水罐工作压力比（以绝对压力计），$\alpha_b=P_1/P_2$；

β——气压水罐的容积系数。立式补气式气压水罐为 1.10，卧式补气式气压水罐为 1.25，立式隔膜式气压水罐为 1.05，卧式隔膜式气压水罐为 1.10。

② 气压水罐的调节水容积

$$V_x = \frac{\alpha_a \cdot q_z}{4n} \tag{1-41}$$

式中 V_x——气压水罐的调节水容积（m^3）；

α_a——安全系数，宜取 1.0～1.3；

n——水泵在 1h 内的启动次数，宜取 6～8 次；

q_z——水泵（或泵组）的出流量（m^3/h）。

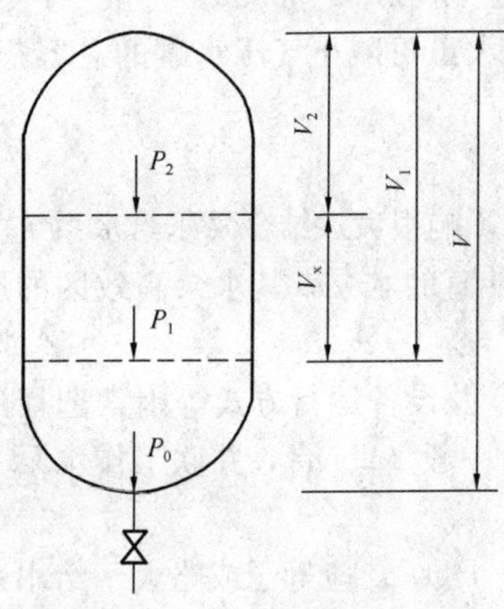

图 1-36 气压水罐工况示意

当气压给水设备选用多台水泵并联运行时，系统所共用的气压水罐的总容积就可减小。若系统有 n 台泵并联运行，则气压水罐的总容积将为选择单台水泵运行时的 $1/n$，并联水泵台数一般不宜超过 4 台。但是增加水泵并联运行台数将增加机电设备费用和泵房建筑面积。所以选择水泵并联的台数和与其相配套的气压水罐总容积的大小应通过进行技术经济比较后确定。

③ 气压水罐内最低工作压力 P_1 时罐内的空气体积

气压水罐的工况如图 1-36 所示。

$$V_1 = \frac{V_X}{1-\alpha_b} = \frac{P_2}{P_2 - P_1} \cdot V_X \tag{1-42}$$

式中 V_1——罐内最低工作压力 P_1 时罐内的空气体积（m^3）；

P_1、P_2——均取绝对压力值（MPa）。

④ 气压水罐内最高工作压力 P_2 时罐内的空气体积

$$V_2 = \frac{\alpha_b}{1-\alpha_b} \cdot V_X = \frac{P_1}{P_2 - P_1} \cdot V_X \tag{1-43}$$

式中 V_2——罐内最高工作压力 P_2 时罐内的空气容积（m^3）。

⑤ 气压水罐内起始压力与最低工作压力的关系

$$\beta = \frac{P_1}{P_0} \tag{1-44}$$

式中 P_0——气压水罐的起始压力，取绝对压力值（MPa）。

（2）消防增压稳压气压给水系统

消防增压稳压气压给水系统气压水罐的工况见图 1-37 所示。

1）计算公式

① 气压水罐的总容积

$$V = \frac{\beta \cdot V_{xf}}{1-\alpha_b} \tag{1-45}$$

式中 V——气压水罐的总容积（m^3）；

V_{xf}——气压水罐的调节容积，即罐内压力在 P_1、P_2 相应水位线之间的容积（m^3）；

α_b——气压水罐的工作压力比，一般取 0.65～0.85；

β——见式（1-44）。

② 消防水总容积

$$V_{xf} = V_X + V_{\Delta P} + V_S \tag{1-46}$$

式中 V_x——消防贮水容积，对于自动喷水灭火系统取 0.15m^3；对于消火栓系统取 0.30m^3；对于消火栓和自动喷水灭火合用系统取 0.45m^3；

V_S——稳压水容积，一般取 0.05m^3；

$V_{\Delta p}$——缓冲水容积，m^3。

③ 气压水罐的最低、最高工作压力和其相应的空气容积计算

$$P_1 = 0.0098(H_4 + h_{f3} + h_{xz}) \tag{1-47}$$

式中 P_1——气压水罐满足最不利点消火栓或喷头正常工作所需的最低工作压力（MPa）；

H_4——最不利点消火栓或喷头与高位水箱最低水位间的高差，高位水箱低时取正值，反之取负值（m）；

h_{f3}——由高位水箱至最不利点消火栓或喷头的管路阻力损失（包括沿程阻力和局部阻力）（m）；

h_{xz}——最不利点消火栓或喷头的出口工作压力，喷头取 5m，消火栓栓口压力由计算确定。

根据气体定律（玻—马定律），有：$P_0V=P_1V_1=P_2V_2$。将由式（1-45）、式（1-46）代入气体定律，可得：

$$P_2 = P_1 \cdot \left(1 + \frac{1-\alpha_b}{\alpha_b \cdot V_X + V_{\Delta P} + V_S} \cdot V_X\right) \tag{1-48}$$

$$V_1 = \frac{V_X + V_{\Delta P} + V_S}{1-\alpha_b} \tag{1-49}$$

$$V_2 = V_1 - V_X = \frac{\alpha_b \cdot V_x + V_{\Delta P} + V_S}{1-\alpha_b} \tag{1-50}$$

上式中 P_1、P_2均取绝对压力。

④ 增压稳压泵的启、停压力

根据经验，增压稳压泵的启、停压力可由下式确定：

$$P_{S1} = P_2 + 0.02;\ P_{S2} = P_2 + 0.07$$

上式中 P_{S1}、P_{S2}为增压稳压泵的启、停压力，取绝对压力，单位为 MPa。

2）简算分析

从计算公式看出，由于 α_b、V_x、V_s 都可事先确定，P_1 可由消防系统工况计算得到，故要确定气压水罐的总容积 V 和增压稳压泵的启、停压力 P_{S1}、P_{S2}，关键是 $V_{\Delta p}$值。$V_{\Delta p}$值的确定有一个试算过程（见 1.9.6 节［例 2］）。在计算时，先要假定一个 $V_{\Delta p}$值，求算出 V_2 和 V_{s1}，有 $V'_{\Delta p}=V_2-V_{s1}$。若 $V'_{\Delta p}$与假定的 $V_{\Delta p}$很接近，说明假定的值合理，否则就需在 $V'_{\Delta p}$和 $V_{\Delta p}$之间重新假设一个 $V_{\Delta p}$值并重算一次，直至 $V'_{\Delta p}$和 $V_{\Delta p}$很接近或相等为止。为了简便计算过程，在经过了大量算例的计算后，可分析得到在常用高位消防水箱增压稳压泵工作压力 P_1（绝对压力在 0.25～0.4MPa）范围内，$V'_{\Delta p}$和 $V_{\Delta p}$最接近时的取值：在自动喷水灭火系统中取 0.03m^3；在消火栓灭火系统中取 0.05m^3；在消火栓和自动喷水灭火合用系统中取 0.065m^3。

3）快速选择

将不同消防水系统的优化 $V_{\Delta p}$值分别代入式（1-45）、式（1-46）、式（1-48）、式（1-49）、式（1-50），即可求得 V、P_2、P_{S1}、P_{S2} 等消防增压稳压气压给水系统的主要参数。其结果列于表 1-38 中：

气压水罐主要参数选用计算

表 1-38

气压罐工况		P_1（绝压）（MPa）	α_b	β	V_x（m^3）	$V_{\Delta P}$（m^3）	V_S（m^3）	气压罐选用				P_2（绝压）（MPa）	P_{S1}（绝压）（MPa）	P_{S2}（绝压）（MPa）
								V（m^3）	直径 Φ（mm）	直线段长（mm）	总长 L（mm）			
立式补气式气压罐	①	0.25～0.4	0.7	1.1	0.15	0.03	0.05	0.819	800	1340	1820	$1.243P_1$	$P_{S1}=P_2+0.02$	$P_{S2}=P_2+0.07$
	②				0.3	0.05		1.428	1000	1460	2040	$1.290P_1$		
	①+②				0.45	0.065		2.04	1000 1200	2240 1360	2820 2040	$1.314P_1$		
隔膜式气压罐	①	0.25～0.4	0.7	1.05	0.15	0.03	0.05	0.805	800	1260	1740	$1.243P_1$	$P_{S1}=P_2+0.02$	$P_{S2}=P_2+0.07$
	②				0.3	0.05		1.365	1000	1380	1960	$1.290P_1$		
	①+②				0.45	0.065		1.940	1000 1200	2120 1280	2700 1960	$1.314P_1$		

注：1. 表中①自动喷水灭火系统；②消火栓系统；

2. 气压水罐的两端封头采用标准椭圆形封头，封头直边高度取 40mm。

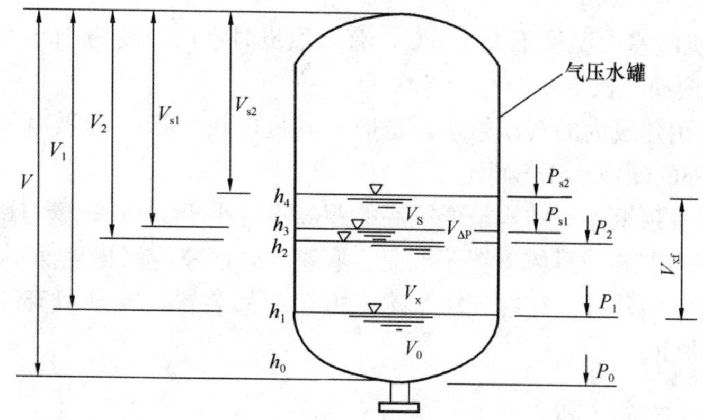

图 1-37 消防增压稳压系统气压水罐工况示意

P_0—起始压力；P_1—最低工作压力；P_2—最高工作压力，灭火消防水泵启动压力；P_{S1}—稳压水容积下限压力，稳压消防水泵启动压力；P_{S2}—稳压水容积上限压力，稳压消防水泵停止压力；V_0—不动水容积；V_x—贮水容积；$V_{\Delta P}$—缓冲水容积；V_S—稳压水容积；V、V_1、V_2、V_{S1}、V_{S2}—相应 P_0、P_1、P_2、P_{S1}、P_{S2}压力下的空气容积；h_0、h_1、h_2、h_3、h_4—相应 P_0、P_1、P_2、P_{S1}、P_{S2}压力下的水位。

1.9.5 系统及设置要求

(1) 气压水罐本体的要求

1) 气压水罐一般宜选用立式气压水罐，条件不允许时也可采用卧式气压水罐。

2) 补气式气压给水系统应优先选用全自动自平衡限量补气或全自动平衡补气罐式气压水罐 [图 1-30 出水管补气罐补气（三)]，该两类补气式气压水罐较为先进，运行可靠。

隔膜式气压给水系统宜选用胆囊型隔膜，其受力情况好，使用寿命较长。

3) 生活给水用补气式气压水罐的内表面及止气阀的外表面，应喷涂无毒性防腐涂料。

4) 补气式气压水罐其气压水罐的配水口处应装止气装置。

5) 生活给水用隔膜式气压水罐时，橡胶隔膜应采用食品级橡胶，并应符合耐压、耐疲劳的技术要求。

6) 补气式气压水罐一般在安装完毕后试运行中充气。隔膜式气压水罐一般用空气钢瓶充气，可在出厂前充气，也可在现场安装后充气。充气压力 $P_0=P_1/\beta$。

(2) 气压给水设备附件的要求

1) 气压给水设备应设安全阀、压力表和控制阀门。安全阀、压力表可装在罐顶，控制阀门可根据需要设置。

2) 气压水罐和补气罐的吸气口应设空气过滤装置。若采用空气压缩机补气时，空气压缩机的进气口也应设置空气过滤装置，空气压缩机应采用无油润滑型。

3) 气压给水设备应有可靠和完善的自动控制设备，并有自动显示和报警功能。气压给水设备所用电源应可靠，以免频繁停水影响使用。

4) 气压给水设备在最低处应设泄空阀门，在管网最高处宜装排气阀。

(3) 设置环境要求

1) 设置气压给水设备的房间或场所应有排水设施、采光和通风良好，环境少灰尘，无腐蚀性气体，且不致冻结。

冬季无人值班时室内温度不大于5℃，有人值班时室内温度为16～18℃，相对湿度不宜大于85%。室内换气次数不应小于6次/h。

2）设置在民用建筑内的气压给水设备应对其机电设备产生的噪声采取降噪措施，使其对墙体及门窗外的噪声小于50dB。

3）气压水罐罐顶至建筑结构最低梁底的距离不宜小于1.0m；罐与罐之间、罐与墙之间的净距不宜小于0.7m；罐体应置于混凝土底座上，底座应高出地面不小于0.1m。

4）机房的门宜向外开。宜在气压水罐上方设起吊装置，或预留安装洞口，洞口尺寸应考虑最大设备进出。

1.9.6 计算实例

【例1】 某居住小区由6栋9层普通居民住宅楼组成，共有住户432户，其中216户生活用水需由小区内的给水加压泵房供给。居民的生活用水量定额为180L/(人·d)，每户住户人口以3.5人计。每户室内设一厨一卫，无集中热水供应系统。给水加压泵房在小区内建成地面式泵房，泵房内水池最低水位与最高层用户地面高程差为22.05m。

若给水加压采用气压给水设备，请确定该设备的设计参数。

【解】 (1) 计算气压给水设备的总流量和工作压力：

用户的最大日最大小时用水量 Q_{max}：

该类普通住宅的小时变化系数 K_h 取2.8，则有：

$$Q_{max} = 2.8 \times \frac{216 \times 3.5 \times 0.18}{24} = 15.88\text{m}^3/\text{h}$$

系统总流量 q_Z：

$$q_Z = 1.2Q_{max} = 19.06\text{m}^3/\text{h}$$

系统最低工作压力 P_1：

用户内最不利用水器具为淋浴器，喷头距地面2.2m，工作压力5m。从泵房水池至最不利用户的管道阻力损失以4m考虑。则有：

$$P_1 = 0.0098(22.05 + 2.2 + 4 + 5) = 0.326\text{MPa}$$

系统工作压力比 α_b 取0.7，代入式（1-37）有：

$$P_2 = \frac{0.326 + 0.098}{0.7} - 0.098 = 0.508\text{MPa}$$

由于水池与水泵、气压水罐放在同一泵房内，式（1-38）、式（1-39）式中的 H_2、H_3 和 h_f 很小可不计入，故可取 $H_{min} \sim P_1$、$H_{max} \sim P_2$。

(2) 水泵选用

水泵拟选2台，互为备用交替使用。

单台水泵的流量为19.06m³/h，扬程为 $\frac{P_1 + P_2}{2} = 0.417\text{MPa}$。

选用65LG25—15×3型多级离心泵：

$$Q = 14.4 \sim 30\text{m}^3/\text{h}、H = 51.9 \sim 38.4\text{m}、P = 7.5\text{kW}$$

(3) 气压水罐的计算与选用

1）气压水罐的调节水容积 V_x：

安全系数 α_a 取 1.1、水泵在 1h 内启动次数取 6 次。代入式（1-41）有：

$$V_x = \frac{1.1 \times 19.06}{4 \times 6} = 0.87\text{m}^3$$

2）气压水罐的总容积 V：

气压给水系统采用补气式立式气压水罐，β=1.10，代入式（1-40）有：

$$V = \frac{1.1 \times 0.87}{1 - 0.7} = 3.19\text{m}^3$$

选用 $D1200 \times L3080$mm（其中圆柱段罐体长 2400mm）1 个。

3）最低工作压力 P_1 时气压水罐的空气体积 V_1：

将 P_1、P_2、V_x 代入式（1-42）得：

$$V_1 = \frac{0.508 + 0.098}{(0.508 + 0.098) - (0.326 + 0.098)} \times 0.87 = 2.90\text{m}^3$$

4）最高工作压力 P_2 时气压水罐内的空气体积 V_2：

参数代入式（1-43）得：

$$V_2 = \frac{0.326 + 0.098}{(0.508 + 0.098) - (0.326 + 0.098)} \times 0.87 = 2.03\text{m}^3$$

（4）气压水罐的起始压力 P_0：

$$P_0 = \frac{0.326 + 0.098}{1.1} - 0.098 = 0.287\text{MPa}$$

【例 2】 有一座建筑高度超过 100m 的超高层多功能民用建筑，楼内设有消火栓和自动喷水灭火系统。因受屋顶建停机坪的限制，建在屋顶设备层内的高位水箱的设置高度不能满足《高层民用建筑设计防火规范》GB 50045—1995（2005 版）"关于楼内最不利点消火栓静水压力不应低于 0.15MPa"的规定。设计拟采用在设备层内设置增压泵加气压水罐的方法解决楼内最上几层消火栓系统水压不足的问题。试设计计算该增压设施。

楼内顶层设备层的标高及设备层内增压设施的布置见图 1-38。气压水罐采用立式补气式水罐。经计算从增压水泵出口至最不利消火栓，当增压系统启动时的水流水头损失为 2.0m。

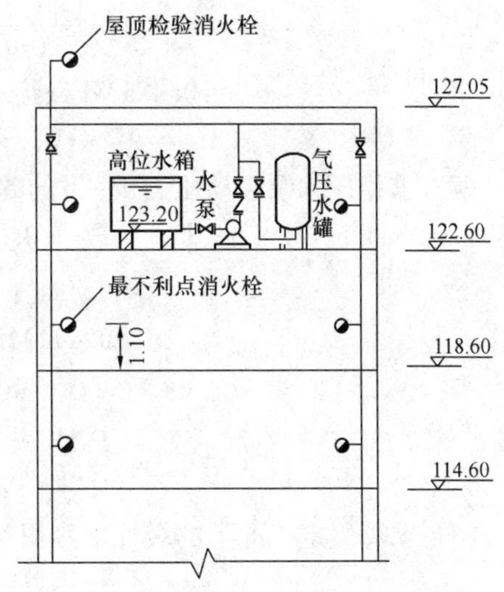

图 1-38 消火栓系统增压设施布置

【解】

（1）求最不利点消火栓的栓口压力：

根据《高层民用建筑设计防火规范》GB 50045—1995（2005 版），最不利点消火栓的水枪充实水柱不应小于 13m，采用 ϕ19mm 水枪喷嘴和长 25mm 直径 65mm 麻质帆布水袋。查表 2-20 得此时消火栓流量为 q_{xh}=5.7L/s，栓口压力 H_{xh}=23.59m。

（2）求增压系统的最低工作压力 P_1：

$$P_1 = (23.59 + 2) - (123.20 - 119.70) = 22.09\text{m}$$

$$=0.221\text{MPa(相对压力)}$$
$$=0.321\text{MPa(绝对压力)}$$

(3) 求气压水罐充水时的初始压力 P_0：令 $\beta=\dfrac{p_1}{p_0}=1.10$ 有

$$P_0=\frac{p_1}{\beta}=\frac{0.321}{1.10}=0.292\text{MPa(绝对压力)}$$

(4) 初算气压水罐的总容积 V：

对于消火栓系统取 $V_x=0.3\text{m}^3$；V_s 取 0.05m^3、α_b 取 0.7；缓冲水容积 $V_{\Delta P}$ 先假定取 0.03m^3。代入式 (1-46)、式 (1-45) 得：

$$V_{xf}=0.3+0.05+0.03=0.38\text{m}^3$$

$$V=\frac{1.10\times0.38}{1-0.7}=1.393\text{m}^3$$

(5) 求在最低工作压力 P_1 下气压水罐内的空气容积 V_1：

参数代入式 (1-49)：

$$V_1=\frac{0.3+0.05+0.03}{1-0.7}=1.267\text{m}^3$$

(6) 求最高工作压力 P_2 和其相应的气压水罐内的空气容积 V_2：

有关参数代入式 (1-48)：

$$P_2=0.321\left(1+\frac{1-0.7}{0.7\times0.3+0.03+0.05}\times0.3\right)$$
$$=0.421\text{MPa(绝对压力)}$$
$$V_2=V_1-V_x=1.267-0.3=0.967\text{m}^3$$

(7) 求稳压水泵启动压力 P_{S_1} 下的罐内空气体积 V_{S_1}：

$$P_{S_1}=P_2+0.02$$
$$=0.421+0.02$$
$$=0.441\text{MPa(绝对压力)}$$
$$P_{S_1}V_{S_1}=P_2V_2$$
$$V_{S_1}=\frac{P_2V_2}{P_{S_1}}=\frac{0.421\times0.967}{0.441}=0.923\text{m}^3$$

(8) 求算假定工况下的缓冲水容积 $V'_{\Delta P}$。即

$$V'_{\Delta P}=V_2-V_{S_1}=0.967-0.923=0.044\text{m}^3$$

原假定 $V_{\Delta P}$ 为 0.03m^3 有误差，需重新假定 $V'_{\Delta P}=0.044\text{m}^3$，重复计算过程。

(9) 再次假定 $V'_{\Delta P}=0.044\text{m}^3$，重复计算过程，得如下结果：

$$V_{xf}=0.394\text{m}^3\text{；}V=1.445\text{m}^3\text{；}$$
$$V_1=1.314\text{m}^3\text{；}V_2=1.014\text{m}^3\text{；}$$
$$P_2=0.416\text{MP}_a\text{；}P_{s1}=0.436\text{MPa；}$$
$$V_{S_1}=0.967\text{m}^3\text{；}V''_{\Delta P}=0.047\text{m}^3\text{。}$$

$V''_{\Delta P}$ 与二次假定值比较接近，采用。

(10) 求稳压水泵停止压力 P_{S_2} 下的罐内空气体积 V_{S_2}：

$$P_{S_2} = P_{S_1} + 0.05$$
$$= 0.436 + 0.05$$
$$= 0.486\text{MPa}$$
$$P_{S_2} V_{S_2} = P_{S_1} V_{S_1}$$
$$V_{S_2} = \frac{P_{S_1} V_{S_1}}{P_{S_2}} = \frac{0.436 \times 0.967}{0.486}$$
$$= 0.868\text{m}^3$$

(11) 校核稳压水容积 V_S 为

$$V_S = V_{S_1} - V_{S_2} = 0.967 - 0.868 = 0.099\text{m}^3 > 0.05\text{m}^3$$

满足稳压水容积 V_x 不少于 50L 的规定，设计取值合理。

(12) 确定气压水罐的尺寸

依据 $V=1.445\text{m}^3$ 选气压水罐，选用 $\phi1000$ 气压水罐，查表 1-39，两端封头容积为 $0.141 \times 2 = 0.282\text{m}^3$。

圆柱形段容积：$V_{柱} = 1.445 - 0.282 = 1.163\text{m}^3$

圆柱形段长度：$L = \frac{4V}{\pi D^2} = \frac{4 \times 1.163}{3.14 \times 10^2}$

$= 1.48\text{m}$

椭圆形封头参数见表 1-39。

椭圆形封头参数 **表 1-39**

D	hB	V	D	hB	V
400	100	0.008	1400	350	0.379
600	150	0.028	1600	400	0.562
800	200	0.073	1800	450	0.795
1000	250	0.141	2000	500	1.040
1200	300	0.240			

选用的气压水罐 $D1000$ 总长 1980mm，其中圆柱形直线段长 1480mm。

(13) 倘若用表 1-38 进行快速计算：

本例中取：$\alpha_b = 0.7$、$\beta = 1.1$、$V_x = 0.3\text{m}^3$、$V_s = 0.05\text{m}^3$，$V_{\Delta p}$ 取 0.05m^3 时，气压水罐选用 $D1000 \times 2040$mm，总容积 $V = 1.428\text{m}^3$。当 $P_1 = 0.321$MPa（绝对压力）时，$P_2 = 0.414$MPa（绝对压力），$P_{S_1} = 0.434$MPa（绝对压力），$P_{S_2} = 0.484$MPa（绝对压力）。

该结果与用试算法得到的结果很相近。

1.10 变频调速给水

1.10.1 概述

常用的加压供水方式有高位水箱供水、气压供水、变频调速供水、管网叠压（无负压）变频调速供水和管网叠压（无负压）高位水箱供水等。其能耗、供水安全及防二次污染等方面的比较见表 1-40。

常用供水加压方式比较　　表 1-40

项　目	1	2	3	4	5
供水加压方式	高位水箱供水	气压供水	变频调速供水	管网叠压（无负压）变频调速供水	管网叠压（无负压）高位水箱供水
组成	水池＋工频泵＋高位水箱	水池＋工频泵＋气压罐	水池＋变频调速水泵	稳流罐＋变频调速水泵	稳流罐＋工频泵＋高位水箱
水泵运行工况	均在高效区段运行	比 1 稍差	部分时段低效运行	能利用市政剩余水压 部分时段低效运行	能利用市政剩余水压 均在高效区段运行
能耗	1	＞1	1～2	≈1	＜1
供水安全性	好	比 1 差	差	差	比 1 稍差
供水压力	ΔP≤水箱高低水位差	$\frac{P_1}{P_2}=0.45\sim0.85$	$\Delta P\leqslant0.01$MPa	$\Delta P\leqslant0.01$MPa	ΔP≤水箱高低水位差
水质二次污染情况	差	较差	较差	好	好
投资	1	＜1	＜1	＜1	＜1
运行费用	1	稍＞1	＞1	≈1	＜1

注：1. 表中 P_1、P_2 表示气压水罐的最低、最高工作压力，绝对压力（MPa）；ΔP 为实际压力与设定压力的压力波动值。

2. 管网叠压（无负压）高位水箱供水方式中的高位水箱不同于高位水箱供水方式的水箱，应为采取了空气过滤装置的密闭水箱。

近年来，管网叠压（无负压）变频调速供水方式已在不少城市使用。但是，该供水方式有一定的适用范围和局限性，不是万能的，不是哪种场合都能使用的。故变频调速供水方式仍是目前应用较广的供水方式。在应用中应合理选用水泵，加长水泵在高效区的工作时间，因地制宜，发挥其应有的节能效果。

变频调速供水方式适用于每日用水时间较长、用水量经常变化的生活和生产给水系统，凡需要增压的给水系统及热水系统均可选用。该供水设备的优点主要表现在设定水泵出水压力的情况下，水泵的出水量（用户用水量）可通过变频调速改变供电频率进而改变水泵转速来实现；供水压力一直被控制在设定的压力下，不会出现用水小时管网压力超过设定压力的现象。缺点是当供水范围较小、用水变化幅度过大时，节能效果不明显，甚至不节能；对电源要求较高，必须可靠，保护功能要齐全。

变频调速给水设备是比较节能的设备。它是利用控制柜内的变频器和微机来控制水泵的运行，使水泵按照实际运行参数（变化着的用户用水量和设定的水压）进行变频调速供水，把水泵工频运行时特性曲线中的多余功通过变频器调频节约下来。变频调速泵的调速范围在 100％～75％之间，这就使得当水泵在小流量或零流量工况工作时，水泵的运行会落到低效区。如果水泵长时间运行在低效区，则该给水设备不但不能节能、反而会浪费能量。因此，对于像生活给水设备存在夜间小流量和零流量时间较长的装置，除了变频调速主泵外，还会配置小泵和气压水罐，采用时间继电器或流量检测装置来控制小泵和气压水罐的运行，一旦到了夜里设定的时间或用户的用水量减少到确定的某一个数值时，给水设备自动切换到小泵和气压水罐联合工作。这样做的目的是缩短变频调速主泵在小流量或零流量低效工作时间，使系统更节能。

在使用变频调速给水设备时，设备的环境应符合如下要求：

(1) 气温：5～40℃。

(2) 相对湿度：温度 20℃时，相对湿度≤90%。

(3) 海拔高度：不应超过 1000m。

(4) 设备不应安装在多粉尘、有腐蚀性气体的场合；室内安装时，环境应干燥，无结露、通风。不能安装在露天。

1.10.2 组成与工作原理

从供水方式上分，变频调速供水系统可分为恒压变流量方式和变压变流量方式两种。它们主要都由水池、工作主泵、变频控制柜组成，对于用水量变化范围大、小流量或零流量时段较长的场所，为了节能，还配有辅助小泵和气压水罐。两种供水方式的变频调速供水系统示意见图 1-39、图 1-40。两种供水方式的不同在于使变频控制柜产生变频工作的压力信号发出的地点是不同的。恒压变流量供水方式的电接点压力表是安装在紧挨主泵的出水管上，根据用户用水要求设定压力值，为了保持泵出口的此压力值，随着用水量的变化，变频控制柜会发出变频指令控制供水主泵不断改变转速运行。“恒压”指的是泵出口的压力保持恒定，“变流量”指的是系统的流量（用户的用水量）在不断改变的。在图 1-41 中，恒压变流量供水方式节省的能量是水泵 Q-H 特性曲线与恒压变流量水泵工作曲线之间所夹的面积Ⅰ。变压变流量供水方式比恒压变流量供水方式更节能。它是将压力传感器安装在系统最不利用水点附近，压力表的设定压力是依据保证最不利用户的水压要求而

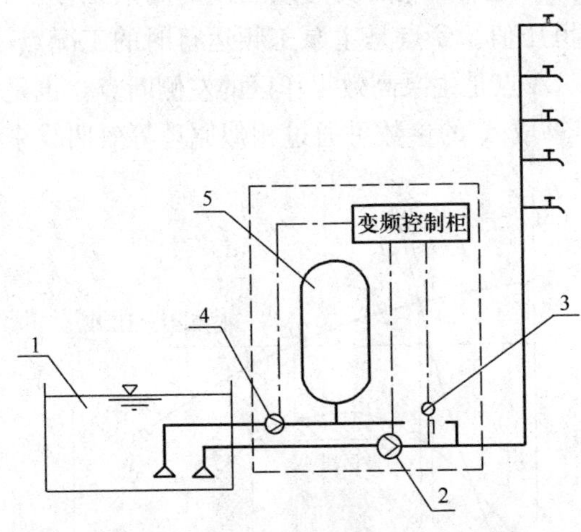

图 1-39 恒压变流量供水式变频调速供水系统示意

1—水池；2—主泵；3—电接点压力表；4—辅助小泵；5—气压水罐

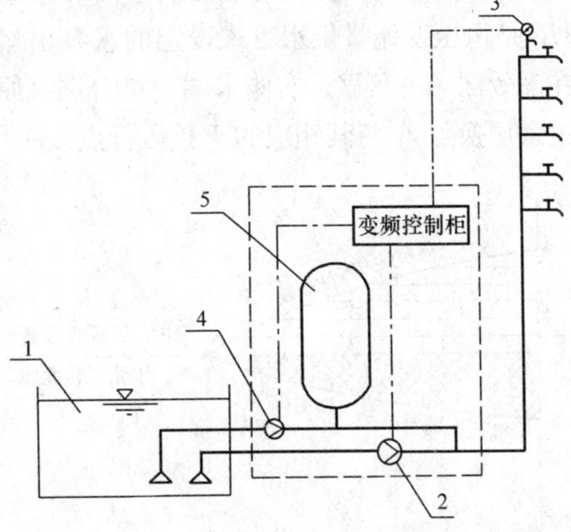

图 1-40 变压变流量供水式变频调速供水系统示意

1—水池；2—主泵；3—压力变送器；4—辅助小泵；5—气压水罐

定。此压力值设定后，将压力信号远距离输入变频控制柜中，当系统的用水量改变时，为保持最不利点的设定压力，供水主泵的出水压力是随着用水量的变化在不断改变，而此主泵出水压力的变化是靠变频器改变水泵的转速来实现。“变压”指的是主泵的出口水压是变化不固定的，“变流量”同样指的是系统的流量随时在变化的。在图1-41中，变压变流量供水方式除了节省Ⅰ的面积外，还节省了由恒压变流量水泵工作曲线与变压变流量水泵工作曲线之间所围成的面积Ⅱ。显然，变压变流量供水方式比恒压变流量供水方式更节能。但是，变压变流量供水方式也存在缺点：一是压力传感器位置较远，安装在最不利用户附近，运行不方便且增加事故的几率和投资；二是对于加压供水区域较大、距离较远时，由于水流输送时水头损失的存在，会产生距泵房较近处供水压力差稍大的现象。此种供水方式采用并不多。

从以上分析得出，对于同一套恒压变流量方式运行的变频调速给水系统，设定的恒压值越高、所选用的水泵 Q-H 特性曲线越平缓，其节能率就越低。

辅助小泵和气压水罐是为夜间小流量或零流量时的运行而设置的。但是，如果设置不当，许多系统效果不理想，甚至形同虚设。在夜间小流量供水时，供水系统往往不能切换到辅助小泵及气压水罐工作，在零流量时辅助小泵不能停止工作。部分泵房即使有时切换成功，也会因为系统配置不当导致很快又切换至主泵供水。因此，怎样来配置辅助小泵和气压水罐，怎样可靠地从主泵供水切换到辅助小泵和气压水罐工作，就成为配置辅助小泵和气压水罐的变频调速供水设备应重视的一个问题。下面讨论辅助小泵和气压水罐的配置和切换的几种控制方式：

(1) 采用阈值频率控制供水主泵切换到辅助小泵和气压水罐运行的方法：

该方法是基于使供水主泵在变频调速运行时都处在高效区这一原则，故切换阈值频率的确定不是机械地依据主泵工频流量的$\frac{1}{3}\sim\frac{1}{4}$，而是由主泵 Q-H 特性曲线高效区的左端起点的流量决定。图1-42是选用的单台供水主泵的 Q-H、$Q\sim\eta$ 特性曲线和变频运行时的恒压线。图中 Q-H 特性曲线上的 $A\sim B$ 段是对应 $Q\sim\eta$ 曲线高效区段的高效工作区。H_H 是恒压变流量供水方式设定的水泵出口的恒压值。G 点是主泵工频运行时的工况点，在高效区 $A\sim B$ 靠近右侧末端，符合选泵原则。A 点是主泵高效工作区的左侧断点，也是主泵切换点 A' 与其相应的工频运行点。A 点换算成 A' 的参数可通过相似原理等效曲线来

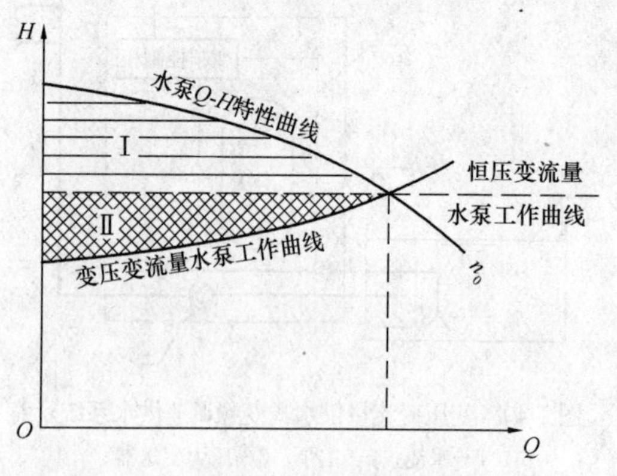

图1-41　水泵的特性曲线和工作曲线

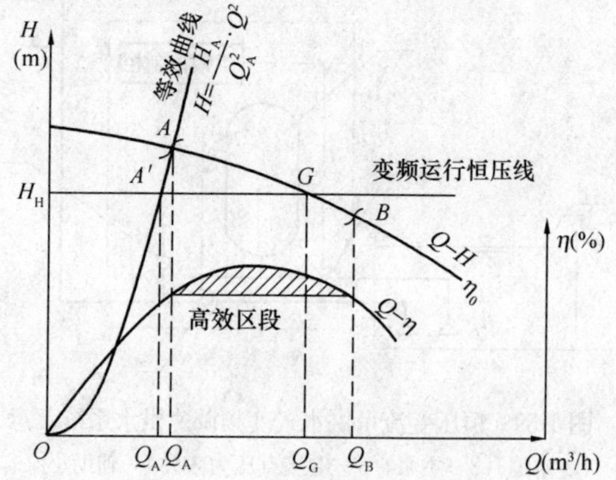

图1-42　水泵 Q-H 性能曲线和变频运行曲线

计算。通过分析看出，采用阈值频率控制供水主泵切换到辅助小泵和气压水罐运行的方法不适用于 Q-H 曲线在小流量段有驼峰和很平缓的水泵。因为，在 Q-H 曲线小流量段非常平缓的水泵，水泵转速（频率）的变化对流量的变化很不敏感，这会影响到切换的可靠性。而 Q-H 曲线有驼峰的水泵，在小流量区段，对于同一个恒压设定值，工况点有时不是唯一的，这点影响了切换点的唯一性。故此类水泵不应选用。

(2) 流量控制方式

用流量控制来切换供水主泵向辅助小泵和气压水罐运行过渡的方法比用控制变频频率的方法更直接。方法是在水泵的主出水管上加装一个电磁流量计，电磁流量计上可读出瞬时流量及累加流量，也可通过转换器，当管道内流量减小到流量 $Q_{A'}$（见图 1-42）时，输出信号至变频控制柜，从而准确地控制供水主泵和辅助小泵之间的切换。此方法可靠，因加装了电磁流量计，故需加大投资。

(3) 时间控制方式

根据变频调速供水系统供水小区的规模、入住（用）率、用水习惯，依据经验及教训，如果可以较明确的确定在夜间某个时段属于小流量供水，便可使用时间控制方式。变频控制柜内设时间继电器，每天夜间都确定一个固定时段为小流量供水，每天一到此时段，系统自动将主泵切换为辅助小泵和气压水罐工作。

目前，以上三种供水主泵切换为辅助小泵和气压水罐工作的方式都有许多实例，运行状况都较稳定。

1.10.3 计算与设计要点

(1) 计算

1) 系统的设计流量 q_s 的计算

变频调速供水系统设计流量应按照《建筑给水排水设计规范》GB 50015 的有关条款，依据不同性质用户采用不同的计算方法。

① 住宅与居住小区

住宅建筑物内系统设计流量应按设计秒流量确定。

供水规模小于 3000 人的居住小区设计流量应按设计秒流量确定。

供水规模大于 3000 人的居住小区设计流量应按最大小时流量确定。

据有关资料介绍，设计秒流量的理论计算值与调查所得的最大小时流量的比值大致在 2.5～1.8 倍之间。使用人数少者比值大，使用人数多者比值小。因此，在计算中一定要注意设计秒流量与最大小时流量概念之间的差异，避免给设计流量计算带来很大误差。

② 集体宿舍、旅馆、宾馆、医院、疗养院、幼儿园、养老院、办公楼、商场、客运站、会展中心、中小学教学楼等：系统设计流量取其设计秒流量。

③ 工业企业生活间、公共浴室、职工食堂、营业餐厅、体育馆运动员休息室、剧院化妆间、普通理化实验室等：系统设计流量取其设计秒流量。

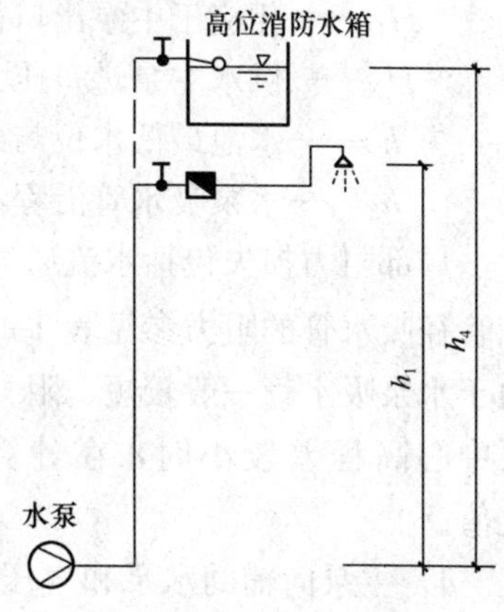

图 1-43 供水主泵工况示意

④ 不同用水性质的建筑共用同一系统时，不宜将各栋建筑的设计流量直接叠加。建议在分析它们同时发生可能性的基础上，结合有关规范（规程）综合确定。

2）水泵出口恒压设定值 P_H 的确定

工况 1：向最不利点用户供水。

$$P_H = 0.0098(h_1 + h_2 + h_3) \tag{1-51}$$

式中　P_H——主泵出口设定压力值（MPa）；

h_1——水泵中心至用户最不利用水点几何高程差（m）；

h_2——水流从水泵出口至用水点的管道沿程与局部阻力损失之和（m）；

h_3——最不利点卫生设备的流出工作压力（m）。

工况 2：向最不利点高位消防水箱供水。

$$P_H = 0.0098(h_4 + h_5 + h_6) \tag{1-52}$$

式中　h_4——水泵中心至高位消防水箱最高水位的几何高程差（m）；

h_5——水流从水泵出口至高位消防水箱的管道沿程与局部阻力损失之和（m）；

h_6——高位消防水箱进口浮球阀的工作水头，可取 1.5m。

P_H 值应取两种工况下的大值。

3）供水主泵性能参数的确定

① 流量 Q_b：

二泵组合（一用一备）时：$Q_b \geqslant 1.2q_5$

三泵组合（两用一备）时：$Q_b \geqslant 1.2q_5/2$

四泵组合（三用一备）时：$Q_b \geqslant 1.2q_5/3$

主泵的选用一般选用同一型号规格。最多可选四台主泵。

② 扬程泵 H_b：

$$H_b = H_H - H_X \tag{1-53}$$

$$H_H = P_H/0.0098$$

$$H_X = h_7 - h_8 \tag{1-54}$$

式中　H_b——主泵的扬程（m），在式（1-53）计算的基础上，应考虑 2～3m 的富余水头，以适应不可预见因素；

H_H——相应于主泵出口设定恒压值的扬程值（m）；

H_X——供水主泵进口压力（m）；

h_7——水池最低水位与泵中心的高程差（m）；

h_8——水泵吸水管沿程和局部阻力损失之和（m）。

局部阻力损失包括水流通过吸水管进口、弯头及阀门等处的局部阻力（图 1-44）。常用管径吸水管的阻力参见表 1-41，供参考。从表 1-41 看出，由于水泵吸水管一般较短、阻力都较小，若遇水池水位与水泵中心高程差较小时，在计算时往往不计 H_X 或 h_7、h_8 之值。

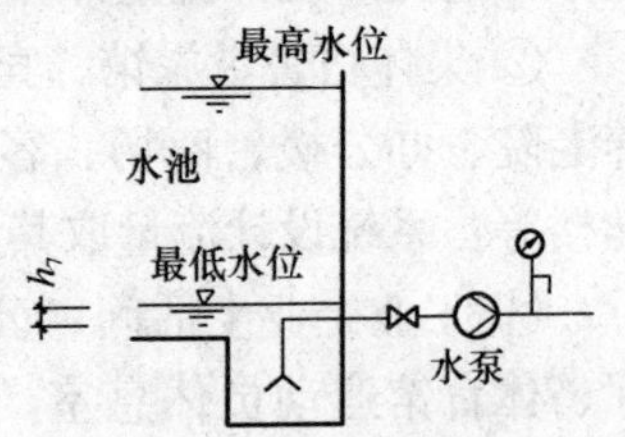

图 1-44　供水主泵吸水管示意

4）主泵向辅助水泵和气压水罐切换点的阀值频率 f 的确定

在图 1-42 中，过 A 点作等效曲线 $H=\frac{H_A}{Q_A^2}Q^2$，交恒压线的交点 A′点即切换点。切换点的流量 $Q_{A'}$ 由式（1-55）确定：

$$Q_{A'}=\sqrt{\frac{H'_A}{H_A}}Q_A=\sqrt{\frac{H_H}{H_A}}Q_A \tag{1-55}$$

式中 $Q_{A'}$——切换点主泵的流量（m^3/h）；

Q_A——主泵工频运行处于高效区左端时的流量（m^3/h）；

H_H——主泵出口设定压力值（m）；

H_A——主泵工频运行处于高效区左端时的扬程（m）。

吸水管沿程和局部阻力（m） **表 1-41**

吸水管直径 DN (mm)	沿程阻力（当 v=1.2m/s 时）		局部阻力（当 v=1.2m/s 时）				合计
	L=5m	L=10m	吸水管进口	弯头	阀门	泵进口	
50	0.36	0.72	0.04	0.03	0.04	0.07	0.54～0.90
80	0.21	0.41		0.04	0.03		0.39～0.59
100	0.15	0.29		0.05	0.01		0.32～0.46
150	0.09	0.17		0.05	0.01		0.26～0.34

切换时阈值频率 f：

$$f=\frac{Q_{A'}}{Q_A}50 \tag{1-56}$$

式中 f——阈值频率（Hz）；

50——工频频率值。

5）辅助小泵和气压水罐的选用

和气压给水设备类同，在辅助小泵和气压水罐联合运行时，也存在最低工作压力和最高工作压力两种工况。当气压水罐内的压力下降到最低工作压力时，辅助小泵启动，在向用户供水的同时也向气压水罐内充水。气压水罐充水的同时，其内的水压会升高，当达到最高工作压力时，辅助小泵会停止运行，小流量的供水由气压水罐提供。

辅助小泵的性能应达到如下要求：

在最低工作压力时：

$$Q_{小min}\geqslant Q_{A'}，而\ H_{小min}=H_H$$

在最高工作压力时：

$$H_{小max}=\frac{H_{小min}+9.8}{\alpha_b}-9.8 \tag{1-57}$$

而此时相应的辅助小泵的流量 $Q_{小max}$ 是通过初选泵的规格型号后，查泵产品的 Q-H 特性曲线而得到的。

上式中，α_b 为气压水罐的工作压力比，取值范围 0.65～0.85。

气压水罐的选型参数计算如下：

气压水罐的容积仍可采用与气压给水设备相同的计算公式：

$$V=\frac{\beta V_x}{1-\alpha_b} \tag{1-58}$$

$$V_x=\frac{\alpha_a q_z}{4n} \tag{1-59}$$

所不同的是此处 q_z 是辅助小泵的流量，可取 $q_z=(Q_{小min}+Q_{小max})/2$。

(2) 设计要点

1) 主泵的选用

① 主泵应选择 Q-H 特性曲线无驼峰、比转速 n_s 适中（约为 100～200）、效率高、电动机配用功率相对较小的水泵。

② 主泵工频时的工作点应在水泵高效区范围内，不得选在 Q-H 特性曲线的延长线上。

③ 水泵出口恒压设定后，其对应的水泵工频运行的工况宜在 Q-H 特性曲线高效区段的右端附近。

④ 水泵组宜由二至四台泵组成，并应设一台供水能力不小于最大一台主泵的备用泵。

⑤ 恒压变流量供水时宜采用同一型号主泵，变压变流量供水时可采用不同型号的主泵。

⑥ 多台泵组可采用单台变频其余工频的运行方式，也可采用两台或多台变频运行的方式。

⑦ 水泵调速范围宜在 0.75～1.0 范围内。水泵调速范围的选择不应出现水流堵塞和低频端出现气蚀现象。

2) 辅助小泵和气压水罐选用

① 当系统高峰用水量大、低谷用水量小，且时间持续较长时，应配备适合低谷用水量的辅助小泵和气压水罐，使电耗进一步降低。

② 应按辅助小泵的流量和启、停泵压力计算水罐的容积。在气压水罐最高工作压力时系统不得超压。

3) 无论是供水主泵还是辅助小泵，宜在自灌状态下启动。

4) 变频调速供水设备的功能和质量应满足行业标准《微机控制变频调速给水设备》CJ/T 352—2010。水箱（水池）及和水接触的设备和部件其卫生指标应符合《生活饮用水输配水设备及防护材料的安全性评价标准》GB/T 17219—1998。

5) 变频控制柜应有使水泵自动调速、软启动的功能，且应有过载、短路、过压、缺相、欠压、过热等保护功能，在异常情况下的声、光信号报警，并有自检、故障判断功能。

6) 变频控制柜应按以下要求设置：

① 柜底高出地面 0.1m。

② 柜顶距屋顶（板顶）的距离不小于 1.0m。

③ 柜后壁距墙面应有 0.8m 的通道。

1.10.4 计算实例

【例 1】 北方某地有一个普通住宅小区。小区内有十六层的高层住宅 8 栋，共有 768

户五层及五层以上的用户需用小区泵房内的变频调速供水设备供水。每个住户内有一厨一卫，设有大便器、洗脸盆、洗涤盆、洗衣机和家用热水器沐浴设备。已知：小区泵房为地面式泵房，供水主泵中心标高45.40m，水池的最高与最低水位分别为47.80m和45.80m。最不利用户的地面标高为87.70m，楼内设有高位消防水箱，水箱底标高95.80m，水深2.0m。试计算与选用变频调速供水设备。

【解】 变频调速供水系统采用恒压变流量运行方式。为了节能，考虑配置辅助小泵和气压水罐在夜间小流量时段运行。

（1）系统设计流量 q_s 计算

设每户人数 $m=3.5$ 人，则小区加压供水共2688人。应按设计秒流量作为系统的设计流量。

每户卫生器具当量：洗涤盆为1，洗脸盆为0.75，坐便器为0.5，淋浴器为0.75，洗衣机水嘴为1.0，故每户当量 $N_g=4.0$。

用水定额 $q_0=250\text{L}/(\text{人}\cdot\text{d})$；用水时间 $T=24\text{h}$；时变化系数 $K_h=2.8$。

最大用水时卫生器具给水当量平均出流概率为：

$$U_0=\frac{q_0 m K_h}{0.2N_g T3600}=\frac{250\times3.5\times2.8}{0.2\times4\times24\times3600}=0.0354$$

取 $U_0=3.5\%$

$$\Sigma N_g=4.0\times768=3072$$

查《建筑给水排水设计规范》的附录D，得 $q_s=24.54\text{L/s}=88.34\text{m}^3/\text{h}$。

（2）水泵出口恒压设定值 P_H 的确定

恒压设定值 P_H 的确定要分析两种工况：

工况1：向最不利用户供水时：

最不利用水点是用户卫生间的淋浴喷头，距地面高2.2m，喷头的工作压力5m。从水泵出口至用户的管路总阻力损失取8m。则有：

$$P_H=0.0098(h_1+h_2+h_3)=0.0098[(87.70+2.2-45.40)+8+5]=0.564\text{MPa}$$

$$H_H=P_H/0.0098=57.5\text{m}$$

工况2：向高位消防水箱供水时：

若取水箱进水浮球阀的工作压力为1.5m，则有：

$$P_H=0.0098(h_4+h_5+h_6)=0.0098[(95.80+2.0-45.40)+8+1.5]=0.607\text{MPa}$$

$$H_H=61.9\text{m}$$

比较后，取 $P_H=0.607\text{MPa}$，$H_H=61.9\text{m}$。

（3）选用供水主泵

1）流量 Q_b

选用三泵组合（两用一备）。此时：

$$Q_b\geqslant1.2q_s/2=53.0\text{m}^3/\text{h}$$

2）扬程 H_b：

若吸水管的管路总阻力损失较小，不考虑。则有：

$$H_X=45.80-45.40\text{m}=0.4\text{m}$$

$$H_b=61.9-0.40\text{m}=61.5\text{m}$$

查水泵产品样本，选用CDL42-40-2型立式多级离心泵作为主泵。

(4) 确定供水主泵向辅助小泵和气压水罐工作切换时阀值频率 f：

图1-45中画有CDL42-40-2型水泵的 Q-H 特性曲线。A～B 段是水泵高效区。高效区左端 A 点的 $Q_A=25m^3/h$，$H_A=87m$。过 A 点的等效曲线方程为：

$$H=\frac{H_A}{Q_A^2}Q^2 \quad 即 H=0.1392Q^2$$

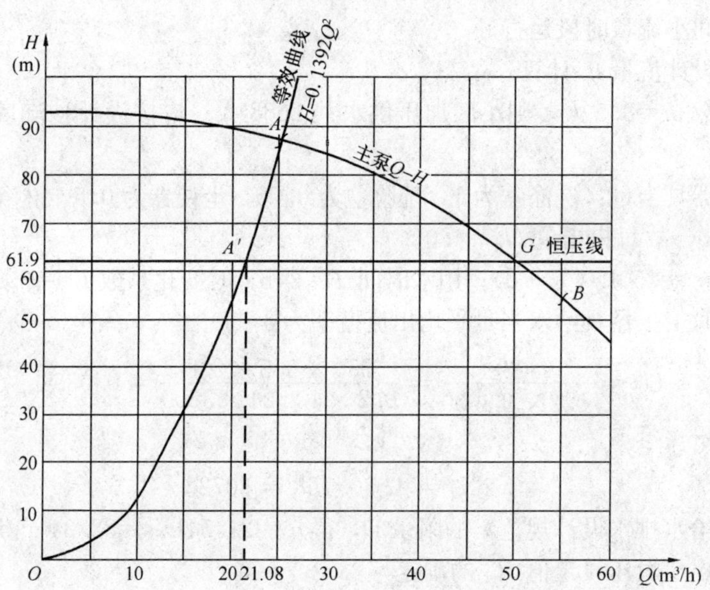

图1-45 供水主泵（CDL42-40-2型）Q-H 特性曲线

依据上列方程取得表1-42的一组数值：

计 算 数 值 表1-42

Q (m^3/h)	5	10	15	20	25
H (m)	3.48	13.92	31.32	55.68	87.0

将 $H=0.1392Q^2$ 画在图1-45水泵 Q-H 曲线的同一坐标系中。该曲线与设定的水泵出口恒压线 $H_H=61.9m$ 相交于 A' 点。从图中得 $Q_{A'}=21.08m^3/h$。

切换点处的频率：

$$f=\frac{Q_{A'}}{Q_A}50=\frac{21.08}{25}50=42.16Hz$$

本例中，工频泵在恒压设定值时的流量 $Q_G=50m^3/h$，其与辅助小泵的流量比值为：$Q_G:Q_{A'}=50:21.08=2.37:1$

比值在2：1～3：1范围内。

(5) 选用辅助小泵和气压水罐

选辅助小泵；

在最低工作压力时：

$$Q_{小min}=Q_{A'}=21.08m^3/h，H_{小min}=61.9m$$

在最高工作压力时：

$$H_{小max}=\frac{H_{小min}+9.8}{\alpha_b}-9.8，\alpha_b 取 0.75。$$

$$H_{小max}=\frac{61.9+9.8}{0.75}-9.8=85.8m$$

辅助小泵选用 CDL16-70 型立式多级离心泵。该泵在高效区的性能参数见表 1-43。

CDL16-70 型泵性能表 **表 1-43**

Q（m³/h）	8	10	12	14	16	18	20	22
H（m）	96	95	91	87	82	76	68	61

当 $H_{小max}$=85.8m 时，$Q_{小max}$为 14.4m³/h。

选气压水罐：

取 α_a=1.15，n=8，q_z 用下式计算：

$$q_z=\frac{1}{2}(Q_{小min}+Q_{小max})=\frac{1}{2}(21.08+14.4)=17.74m^3/h$$

代入式（1-41）得：

$$V_x=\frac{1.15\times17.74}{4\times8}=0.64m^3$$

取 β=1.05，α_b=0.85。代入式（1-40）得：

$$V=\frac{1.05\times0.64}{1-0.75}=2.69m^3$$

此处的气压水罐为立式隔膜式气压水罐。选用 $D1400\times L1960$mm 气压水罐（圆柱段长 1260mm）1 个。

1.11 无 负 压 给 水

1.11.1 概述

无负压给水设备是 20 世纪 90 年代中期在国内继水泵+高位水箱、气压给水设备、变频调速给水设备之后发展起来的一种直接连接到市政给水管网或其他有压管网上，有效利用管网原有压力，对管网不产生负压且能稳定和调节流量的给水设备。具有全封闭、无污染、不对周围用户产生影响、节能、占地少、安装快捷、运行可靠、维护方便等优点，已被推广应用于新建、扩建或改建的居住区、民用建筑、公共建筑、工矿企业、城镇区域的二次加压给水设备。

与传统给水加压方式相比，无负压给水有以下特点：

（1）优点

1）直接串接到市政给水管网或其他有压管网上加压，可有效利用原有管网压力，运行节能。

2）系统全密闭设计，不与外界空气连通，杜绝水质污染。

3）设置稳流补偿器可缓冲进水压力波动和流量调节，设备运行稳定、可靠。

4）无需设置水池，可节省占地和投资。

5）设备布置紧凑，安装方便、简捷、便于扩建、改建或搬迁。

6）采用微机控制变频调速运行，调整速度快，控制精度高。

7）由于利用了市政给水管网或有压管道的可利用水压，设备扬程低、功率小，运行噪声低。

（2）缺点

1）调节容积小，对进水量要求比较高，贮备水量较小，当出现长时间停水时，将会出现断水现象。

2）设备结构及控制较复杂，成本较高。

1.11.2 适用范围

无负压给水设备通常应用在市政给水管网的供水流量充足，但供水压力不能满足用户水压要求的场所。可适用于直接由市政给水管通过引入管串联加压的生活、生产用水的二次加压给水系统，主要包括：

（1）新建、扩建或改建的住宅楼、城乡居住小区及其配套设施的生活用水的二次加压。

（2）集体宿舍、旅馆、医院、学校、公共浴室、商场、办公楼等公共建筑的生活用水二次加压。

（3）工矿企业的生产、生活用水的二次加压。

（4）供水充足的市政中水管网上串接的中水加压装置。

下列区域和用户不宜采用无负压给水设备：

（1）市政给水能力不足、给水管网偏小、供水总量不能满足区域用水需求的地区。

（2）市政给水管网水压偏低、压力波动过大及经常性停水的地区。

（3）供水保证率要求高，不允许停水的用户。

（4）制造、加工、贮存有毒物质、药品等危险化学物质的工厂、研究单位、仓库等。

（5）供水行政主管部门及供水部门认为不应使用无负压给水设备的区域或用户。

1.11.3 分类、组成和原理

（1）分类

1）按照设备结构形式划分为：

① 分体式；

② 集成式（整体式）。

分体式无负压给水设备是指设备的组件布置在两个或两个以上基座的结构形式，安装需分散设置，其形式有以下两种；

控制柜与设备的其他组件分开设置，并设有各自独立的基座；

稳流补偿器、水泵和控制柜分开设置在不同的基座上，其中，设有多台水泵时，可根据水泵配套电机功率大小设有整体水泵基座和单台水泵基座两种。

分体式无负压给水设备维护、管理方便、便于装卸，且使用范围广，不受供水规模、水泵台数及功率等因素的约束，但设备占地较大，控制柜的电气配线长，一般在大、中型设备或控制不宜设在同一泵房、稳流补偿器安装受到限制而需分别设在两个不同泵房的设备，应采用此种结构。

整体式无负压给水设备是指设备组件布置在同一固定基座的结构形式，采用一体化结构设计，体积小、安装方便，且管线短、阻力损失小，但维修相对麻烦，在设置水泵台数不超过3台、配套电机功率较小的小型设备可采用此种结构形式。

2）按过流材质不同可分为碳钢（内防腐）、不锈钢和极瓷三类：

按过流材质不同可分为碳钢（内防腐）、不锈钢和极瓷三类。碳钢无负压给水设备是指设备主要部件，如稳流补偿罐、管道等均为碳钢材料，设备外表面需做防腐处理，且过流部件内部也需防腐处理（防腐涂料应符合生活饮用水卫生要求）。不锈钢无负压给水设备是指稳流补偿器、真空抑制器、管道等主要构件为不锈钢材料，按不锈钢表面的加工工艺不同，又可分为不锈钢抛丸亚光和不锈钢抛光镜面两种。极瓷无负压给水设备是指稳流补偿器及管件内壁衬极瓷复合材料，极瓷复合材料为一种新型的，具有一定强度和极性的卫生有机材料，能有效地解决碳钢易腐蚀生锈、影响水质卫生和使用寿命的缺陷，又克服了不锈钢不耐水中氯离子腐蚀的缺点，是一种新型卫生，环保型材料，设备主体的使用寿命可达到50年以上。

3）设备按控制功能划分为：

① 常规功能型；

② 带远程监测、监控功能型；

③ 带远程监测、监控、监视功能型。

按控制功能可分为常规功能型、带远程监测、监控功能型和带远程监测、监控、监视功能型三种。常规功能型是指设备具有无负压、变频、自动保护等基本功能，一般只用于供水要求较低的情况；带远程监测、监控功能型是指设备具有常规功能外，还具有远程检测、监控功能，能实现远程数据的采集和控制以及设备的远程设置、调试、运行、诊断、维修等，无负压给水设备大多采用此种控制方式；带运程监测、监控、监视功能型是指设备除具有普通型功能外，还具有远程网络监测、监控、监视功能。能实现网络通讯控制，一般只在重点工程、大中型设备中采用。

另外，无负压给水设备按供水方式可分为恒压变流量和变压变流量两种方式，其控制原理可参见“1.10变频调速给水”有关内容。

（2）组成和原理

无负压给水设备主要由稳流补偿器、真空抑制器、水泵、控制柜、控制仪表、管道及其配件等组件，并可根据需要预留消毒设备的接口，见图1-46。

无负压给水设备是利用真空抑制技术、稳流补偿技术、变频调速给水技术，采用密闭和自平衡设计理念，实现与市政给水管网或其他有压管网直接串接加压而在运行中不产生负压，不影响其他用户用水的给水装置。设备在进口处和出口处分别装设压力传感器，运行时对该两处的水压进行监测并对其差额进行补压，当进水压力大于等于出口设定压力时，设备自动停机，水流通过旁通管由市政给水管网或其他有压管网直接供水。在用水高峰期，当市政管网供水压力下降至低于市政管网正常供水压力下限值以下，稳流补偿器中的贮备水及时补充到用户中，同时抑制负压的产生，直至稳流补偿器内存水降至最低水位，水泵最终停止运行。当市政给水管网恢复正常供水，稳流补偿器内水位升高，当充满时水泵恢复正常供水。系统运行过程中，内部水不与外界空气连通，全密闭运行。

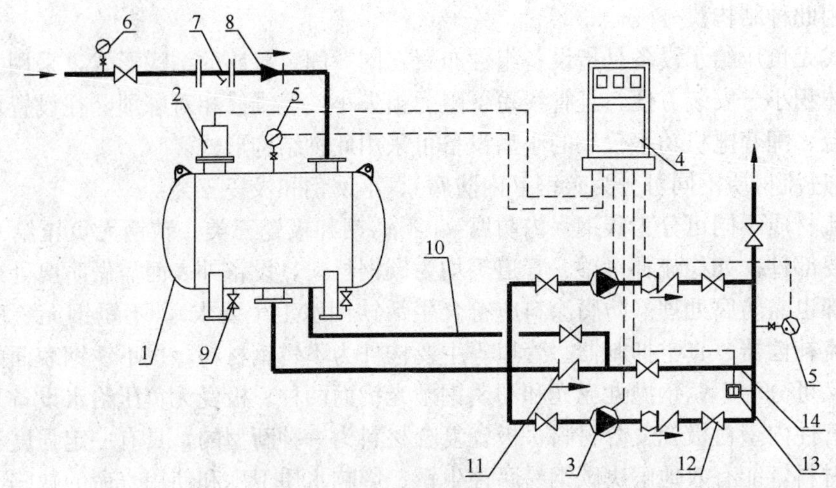

图 1-46　无负压设备的组成

1—稳流补偿器；2—真空抑制器；3—水泵；4—控制柜；5—压力传感器；6—负压表；7—过滤器；8—倒流防止器（可选）；9—清洗排污阀；10—小流量保压管；11—止回阀；12—阀门；13—超压保护装置；14—旁通管

1.11.4　计算与选用要点

（1）计算

1）系统设计流量 q_s 的计算

系统设计流量 q_s 的计算与“变频调速给水”相同，见 1.10.3 节内容。

2）市政给水管供水至水泵进口处剩余压力 P_i 的计算

$$P_i = P_m - [P_w + P_b + P_f + 0.0098(h_i + h_j + \Delta H_l)] \tag{1-60}$$

式中　P_i——水泵进口处压力（MPa）；

P_m——水泵引（吸）水管在市政给水管网接管点处的水压（MPa）；

P_w——水泵引（吸）水管上水表的局部阻力损失（MPa），在未确定具体产品时，建筑物或小区引（吸）水管的水表，在生活用水工况时宜取 0.03MPa；

P_b——倒流防止器的局部阻力损失（MPa），宜取 0.025～0.04MPa；

P_f——引（吸）水管上过滤器的局部阻力损失（MPa），对于管道过滤器宜取 0.01MPa；

h_i——在水泵引（吸）水管内，水流从市政给水接管点至水泵进口处产生的沿程阻力损失（m）。在已知引（吸）水管管径、长度和流量时，可用公式 $h_i = A \cdot L_i \cdot Q^2$ 进行计算；

h_j——在水泵引（吸）水管内，水流从市政给水接管点至水泵进口处除水表、倒流防止器和过滤器以外的局部阻力损失（m），在已知引（吸）水管上管件、阀门等种类、数量时，可用公式 $h_j = \Sigma\xi \cdot \frac{v^2}{2g} = \Sigma\xi \cdot \frac{8Q^2}{\pi^2 D^4}$ 进行计算；

ΔH_l——市政给水接管点与水泵进口间的高程差（m），当水泵进口高于接管点时为正值，反之为负值；

L_i——水泵引（吸）水管从市政给水接管点至水泵进口间的管道长度（m）；

A——管道比阻值；

$\Sigma\xi$——水泵引（吸）水管上管件、阀门等局部阻力系数之和；

D——引（吸）水管管径（m）。

当水泵引（吸）水管上管件、阀门等的配制情况不清楚时，可采用式（1-61）进行简化计算：

$$P_i = P_m - [P_w + P_b + P_f + 0.0098(1.2h_i + \Delta H_l)] \quad (1\text{-}61)$$

3）水泵出口设定压力 P_0 的计算

水泵出口设定压力 P_0 的计算与“变频调速给水”的 P_0 计算相同，见 1.10.3 节内容。

4）水泵所需扬程 H_B 的确定

水泵所需扬程 H_B 按式（1-62）确定：

$$H_B = \frac{P_0 + P_i}{0.0098} \quad (1\text{-}62)$$

H_B 的值在式（1-62）计算的基础上，应考虑 2～3m 的富余水头，以适应不同预见因素。

5）水泵引（吸）水管过水流量的校核

在使用无负压给水设备时，水泵引（吸）水管的过水能力必须与给水系统的用水量相匹配。若水泵引（吸）水管的过水能力经常性地小于给水系统的用水量，由于无负压给水设备本身贮备水量很小，为了不对周围用户产生影响，就会出现停泵而造成用户停水。因此，水泵引（吸）水管过水能力的校核很重要，尤其对于由传统给水加压设备改造成无负压给水设备时更是如此。

水泵引（吸）水管的过水流量可建立三个概念：

第一，引（吸）水管的控制流量 Q_{icom}：

引（吸）水管的控制流量取源于《建筑给水排水设计规范》关于增压泵房水泵吸水管流速的条款。引（吸）水管内流速范围宜在 0.8～1.2m/s。流速过大会引起水泵互相间的吸水干扰，流速过低易使吸水管过粗不合理。据此，得出引（吸）水管的控制流量 Q_{icom} 可参考表 1-44 取值。

水泵引（吸）水管的合理流量范围 **表 1-44**

管径 DN（mm）	50	75	100	125	150	200
流量范围（m^3/h）	6.1～9.2	12.4～18.4	22.3～33.3	34.6～52.2	50.4～75.6	90～134.1

注：上表中 $DN50$ 为热镀锌钢管，其余为给水铸铁管数值。

在选择（或已知）引（吸）水管管径后，一般说来，当给水系统的设计流量在表 1-44 范围内时，是安全的，也不必再作其他核算。

第二，引（吸）水管的最大过水流量 Q_{imax}：

引（吸）水管最大过水流量的产生要从分析无负压给水设备运行功能开始。在设备的进口处装有压力传感器（见图 1-47），根据市政给水管网的允许最低压力，引（吸）水管的管径和长度、水泵安装高度等因素，设定设备正常连续工作所需要的一个最低压力值

P_{edp}。当市政给水主管网压力正常，而设备进水口压力降至 P_{edp}时，水管内的流量即为最大过水流量 Q_{imax}。在图 1-47 中，若对市政给水接管处的引（吸）水管进水处和压力传感器处引（吸）水管处分别取断面 1-1 和 2-2，依据水力学伯努利方程，有：

$$Z_1+\frac{n_1}{r}+\frac{a_1 v_1^2}{2g}=Z_2+\frac{n_2}{r}+\frac{a_2 v_2^2}{2g}+h_s \tag{1-63}$$

式中 Z_1、Z_2——1-1 和 2-2 断面处的高程（m），$\Delta H_2=Z_2-Z_1$；

v_1、v_2——两断面处管内水流速度，$v_1=v_2$；

n_1、n_2——两断面处管内水压；

h_s——引（吸）水管从 1-1 断面至 2-2 断面间水流的阻力损失（m），h_s 由各部分阻力损失组成，即：$h_s=h_b+h_w+h_f+h_i+h_j$；

h_b——倒流防止器的局部阻力损失（m）；

h_w——水泵引（吸）水管上水表的局部阻力损失（m）；

h_f——引（吸）水管上过滤器的局部阻力损失（m）。

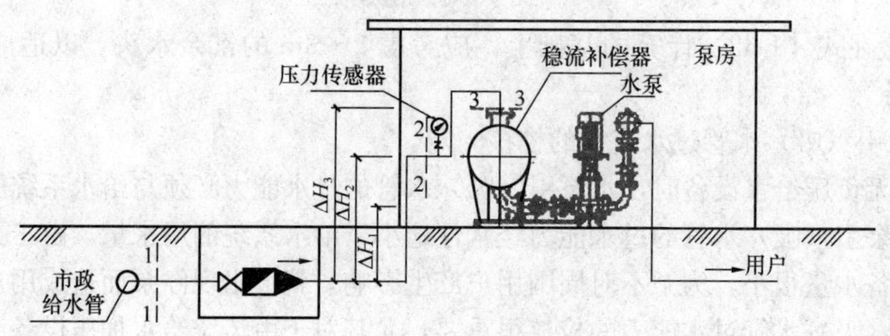

图 1-47 无负压给水设备引（吸）水管

此时，1-1 断面处的水压为 P_m，2-2 断面处的水压为进水压力传感器的设定压力 P_{edp}，将各项参数代入式（1-63），并整理后可得：

$$Q=\sqrt{\frac{\frac{P_m-p_{edp}}{0.0098}-(h_b+h_w+h_f+\Delta H_2)}{AL_i+\Sigma\xi\frac{8}{\pi^2 D^4}}}=\sqrt{\frac{\frac{P_m-p_{edp}-p_b-p_w-p_f}{0.0098}-\Delta H_2}{AL_i+\Sigma\xi\frac{8}{\pi^2 D^4}}} \tag{1-64}$$

当对引（吸）水管的管件、阀门的种类、数量情况不清时，可以用 $h_s=1.2h_i$ 进行简算，此时公式简化为：

$$Q=\sqrt{\frac{\frac{P_m-p_{edp}-p_b-p_w-p_f}{0.0098}-\Delta H_2}{1.2AL_i}} \tag{1-65}$$

公式求得的流量 Q 单位是 m^3/s。当 P_m 取市政给水的低限工作压力 P_{mmin}时，所得的结果是 Q_{imax}。

第三，引（吸）水管的极限流量 Q_{ilim}：

依据无负压给水设备的功能，在运行中，若因某种原因，进水口压力下降至 P_{edp}值后，若再进一步下降，稳流补偿器上的真空抑制器就会动作，同时稳流补偿器内的水通过水泵加压补充供应到用户，此时，引（吸）水管内的流量称极限流量。同理，在图 1-47 中，对 1-1 断面和稳流补偿器进水口处 3-3 断面作水力学伯努利方程，有：

$$Z_1+\frac{n_1}{r}+\frac{a_1 v_1^2}{2g}=Z_3+\frac{n_3}{r}+\frac{a_3 v_3^2}{2g}+h_s \tag{1-66}$$

式中 Z_3——稳流补偿器进水口的高程（m），$\Delta H_3=Z_3-Z_1$；

v_1、v_3——两断面处管内水流速度，$v_1=v_3$；

n_3——稳流补偿器进水口处的水压，最低取 $n_3=0$。

其余各项含义与以前相同。将各项参数代入式（1-66），并整理后可得：

$$Q=\sqrt{\frac{\frac{P_m-p_b-p_w-p_f}{0.0098}-\Delta H_3}{AL_i+\sum\xi\frac{8}{\pi^2 D^4{}_i}}} \tag{1-67}$$

简算公式为：

$$Q=\sqrt{\frac{\frac{p_m-p_b-p_w-p_f}{0.0098}-\Delta H_3}{1.2AL_i}} \tag{1-68}$$

同样，当 P_m 取市政给水的低限工作压力 P_{mmin} 时，所得的结果是设备引（吸）水管的极限流量 Q_{ilim}。

三个概念流量之间的关系：$Q_{icom}<Q_{imax}<Q_{ilim}$。

6）设备进口压力传感器最低设定压力 P_{edp} 的确定

无负压给水设备进口压力传感器的最低设定压力 P_{edp} 的确定不是随意的，其允许的最小值应在当市政给水最低允许压力 P_{mp} 和引（吸）水管内流量达到设计流量 q_s 时产生。即有：

$$P_{edp}\geqslant P_{mp}-[P_b+P_w+P_f+0.0098(h_f+h_j+\Delta H_2)] \tag{1-69}$$

简算时有：

$$P_{edp}\geqslant P_{mp}-[P_b+P_w+P_f+0.0098(1.2A\cdot L_i+\Delta H_2)] \tag{1-70}$$

式中 P_{mp} 为设备所在地区供水部门规定的最低允许服务压力值（MPa）。

7）稳流补偿器容积 V_s 的核算

当给水系统的设计流量 $q_s\leqslant Q_{icom}$ 时，对稳流补偿器的容积没有具体要求，稳流补偿器的容积一般可取 30～300s 的设备流量即可，当系统的设计流量较大，而引（吸）水管的管径又偏小，或有特殊要求时，稳流补偿器的有效容积可用式（1-71）进行校核：

$$V_s\geqslant(q_s-Q_{ilim})\,\Delta T \tag{1-71}$$

式中 ΔT——用水高峰时持续时间（h），其大小与用水设计规模、当地用水习惯、用户性质和季节等因素有关，一般取 $\Delta T=0.05\sim0.5$h，特殊情况不大于 0.75h。

（2）选用要点

1）无负压给水设备的引（吸）水管接管位置很重要。其引（吸）水管应单独接自供水管网的供水干管，供水管网为环网时，宜从环网接入。

2）为了不影响周围其他用户用水，设备的引（吸）水管管径宜比供水干管或环管的管径小1级或1级以上，或其管道断面积不大于供水干管或环管过流断面积的1/3，并可按表1-45选用。

管网无负压给水设备引（水）管管径　　表1-45

供水干管或环管管径（mm）	100	150	200	300	350	400
供水设备引（进）水管管径（mm）	≤65	≤80	≤100	≤150	≤200	≤250

3）管网无负压给水设备的水泵应选用低噪声、高效率、水泵 Q-H 特性曲线无驼峰的离心泵。

4）设备的工作泵应设2台或2台以上，但不宜多于4台。根据工程实际情况，宜设1台备用泵，备用泵的供水能力不应小于最大1台工作泵的供水能力。

5）对于用水量不均衡且持续时间较长的给水系统，给水设备应具有小流量保压功能，用水低峰或不用水时，设备停机保压，以进一步节能。

6）无负压给水设备进水口应安装过滤器。当设备本身设有倒流防止器时，过滤器应设置在倒流防止器之前；当不设倒流防止器时，过滤器应设置在稳流补偿器前端设备进水管上。

7）无负压给水设备的水源和电源应可靠、安全。当建筑物或小区具有双电源、双水源时，该给水设备和给水系统应采用同等标准设计。

8）无负压给水设备对现场环境的要求同变频调速给水设备。

1.11.5 计算实例

【例】 北方某居住小区有二十四层高层住宅楼3栋，共有住户720户，其中1～4层共120户用水由市政直供，5～24层共计600户用水由设在小区楼内地下二层的加压泵房供给。每户人家设置有一厨一卫，厨房及卫生间的卫生器具给水当量之和为4.0，每户人口以3.5人计。

住宅楼每层层高2.8m，未设设备管道层。住宅楼室内外高差0.9m，泵房地面比楼内首层地面低8.4m，市政给水接管点埋深1.5m。小区平面平坦，与市政给水接管点处地面标高可视为相同。

住宅楼内设有高位消防水箱，水箱底比最高层消火栓栓口高出7.0m，水箱最大水深1.8m，泵房内水泵中心距地面0.35m，引（水）管上压力传感器处管中心距地面0.8m。

市政给水管水压 P_{mmin}＝0.18MPa、P_{mmax}＝0.30MPa。市政给水接管点与水泵进口引（吸）水管管长为80m，管径 $DN150$ 给水铸铁管，引（吸）水管上设有水表1个、倒流防止器1个、过滤器1个。

试据此设计确定无负压给水设备的参数与规格。

【解】 (1) 计算系统的设计流量 q_s

1）居住区人数3.5×600＝2100人＜3000人，其系统设计流量应按设计秒流量确定。

2）根据当地用水习惯及用水实际情况，最高日用水定额 q_d 取180L/(人·d)，时变化

系数 K_h 取 2.5。计算最大用水时卫生器具给水当量平均出流概率 U_0：

$$U_0 = \frac{q_d \cdot m \cdot K_h}{0.2 \cdot N_g \cdot T \cdot 3600} = \frac{180 \times 3.5 \times 2.5}{0.2 \times 4 \times 24 \times 3600} = 0.0228$$

圆整后取 $U_0 = 2.5\%$，$\Sigma N_g = 4.0 \times 600 = 2400$。查《建筑给水排水设计规范》附录 D，得 $q_s = 16.51\text{L/s} = 59.44\text{m}^3/\text{h}$。

(2) 计算市政给水管供水至水泵进口处剩余压力 P_i

$$p_i = p_m - [p_b + p_d + p_f + 0.0098(1.2A \cdot L_i q_s^2 + \Delta H_1)]$$

式中，$p_b = 0.03\text{MPa}$，$P_d = 0.03\text{MPa}$，$p_f = 0.01\text{MPa}$。引（吸）水管为 $DN150$ 给水铸铁管，$A = 41.85$（当 Q 为 m^3/s 时），$L_i = 80\text{m}$。$\Delta H_1 = 1.5 + 0.9 - 8.4 + 0.35 = -5.65$，$D = 0.15\text{m}$。

当市政给水压力 $P_{mmin} = 0.18\text{MPa}$ 时：

$$P_i = 0.18 - [0.03 + 0.03 + 0.01 + 0.0098(1.2 \times 41.85 \times 80 \times 0.01651^2 - 5.65)]$$
$$= 0.1546\text{MPa}$$

当市政给水压力 $P_{mmax} = 0.30\text{MPa}$ 时：

$$P_i = 0.2746\text{MPa}$$

(3) 计算水泵出口设定压力 P_0

工况 1：满足最不利点用户时

$$P_{01} = 0.0098(h_1 + h_2 + h_3)$$

用户的最不利用水器具以淋浴器考虑，淋浴喷头距地面 2.2m，工作压力取 5m。从泵出口至用水户的水流阻力损失取 5m。

$$h_1 = 0.9 + 2.8 \times (24 - 1) + 2.2 - 0.15 - 0.35 = 67.0\text{m}$$
$$h_2 = 5\text{m},\ h_3 = 5\text{m}$$

代入后有：

$$P_{01} = 0.0098 \times (67.0 + 5 + 5) = 0.755\text{MPa}$$

工况 2：满足水送入高位消防水箱时

$$P_{02} = 0.0098(h_4 + h_5 + h_6)$$

浮球阀的工作水头取 1.5m，从水泵出口至高位消防水箱进口的水流阻力损失取 4m。

$$h_4 = 0.9 + 2.8 \times (24 - 1) + 1.1 + 7.0 + 1.5 - 0.15 - 0.35 = 74.4\text{m}$$

代入后得：

$$P_{02} = 0.0098 \times (74.4 + 1.5 + 4) = 0.783\text{MPa}$$

为供水安全计，取大值。故 $P_0 = 0.783\text{MPa}$。

(4) 计算水泵所需扬程 H_B

$$H_B = \frac{P_0 - P_i}{0.0098}$$

当 $P_{mmin} = 0.18\text{MPa}$ 时：

$$H_B = \frac{0.783 - 0.1546}{0.0098} = 64.12\text{m}$$

当 $P_{mmax} = 0.30\text{MPa}$ 时：

$$H_B = \frac{0.783 - 0.2746}{0.0098} = 51.88\text{m}$$

考虑到一定的富余水头（一般按 2.0～3.0m 计），故水泵扬程为 67～54m。

(5) 选择水泵

1) 水泵组选用 3 台，2 用 1 备，考虑到富余系数，每台水泵的流量 q_B：

$$q_B \geqslant \frac{1}{2}\times(1.2q_s)=\frac{1}{2}\times(1.2\times59.44)=35.7\text{m}^3/\text{h}$$

2) 水泵的扬程：67～54m

据此，选用水泵：CDL32-50 型多级离心泵。$Q=16\sim40\text{m}^3/\text{h}$、$H=90\sim47\text{m}$、$P=11\text{kW}$。

(6) 校核水泵引（吸）水管过水流量

水泵引（吸）水管为 $DN150$ 给水铸铁管，当 $v=1.2\text{m/s}$ 时流量为 $75.60\text{m}^3/\text{h}$，大于小区用户的设计流量 $59.44\text{m}^3/\text{h}$。因此，引（吸）水管过水能力没问题，供水是安全的。

(7) 校核稳流补偿器容积

由于 $Q_{icom}>q_s$，且超出量较多，故对稳流补偿器容积没有特殊要求，选用无负压给水设备所配带的 $DN800$ 稳流补偿器即可。

(8) 引（吸）水管管径改变时的分析

若引（吸）水管改为 $DN100$ 给水铸铁管，当地市政给水管最低允许服务压力值 $P_{mp}=0.12\text{MPa}$，情况又如何呢？

1) 系统设计流量 q_s 与引（吸）水管控制流量 Q_{icom} 的比较

查表 1-44，$DN100$ 引（吸）水管合理流量范围在 $22.3\sim33.3\text{m}^3/\text{h}$，由于 q_s $(59.44\text{m}^3/\text{h})>Q_{icom}$，故需对引（吸）水管的过水流量作进一步校核。

2) 计算引（吸）水管最大过水流量 Q_{imax}

设备进口处压力传感器设定压力 P_{edp} 应满足

$$P_{edp}\geqslant P_{mp}-[P_w+P_b+P_f+0.0098(1.2AL_i\cdot q_s^2+\Delta H_2)]$$

式中，$P_{mp}=0.12\text{MPa}$，对于 $DN100$ 给水铸铁管，$A=365.3$（当 Q 为 m^3/s 时）。

$\Delta H_2=1.5+0.9-8.4+0.8=-5.2\text{m}$。参数代入得：

$P_{edp}\geqslant0.12-[0.03+0.03+0.01+0.0098(1.2\times365.3\times80\times0.0165^2-5.2)]\geqslant0.0073\text{MPa}$

为安全计，P_{edp} 取 0.02MPa，此时，引（吸）水管的最大过水流量 Q_{imax} 用下式计算：

$$Q_{imax}=\sqrt{\frac{\dfrac{P_{mmin}-p_{edp}-p_w-p_b-p_f}{0.0098}-\Delta H_2}{1.2AL_i}}$$

$$=\sqrt{\frac{\dfrac{0.18-0.02-0.03-0.03-0.01}{0.0098}-(-5.2)}{1.2\times365.3\times80}}$$

$$=0.0202\text{m}^3/\text{s}=72.91\text{m}^3/\text{h}$$

当设备进口压力传感器的最低工作压力设定在 0.02MPa 时，引（吸）水管的最大过水流量 Q_{imax} 达到 $72.91\text{m}^3/\text{h}>q_s$，故设备能正常工作，此时，稳流补偿器可采用设备配带的大小和尺寸，不用另行加大。

2 建 筑 消 防

2.1 概　　述

2.1.1 建筑消防设计主要依据

建筑消防设计主要依据见表 2-1、表 2-2。

应遵照执行的国家规范　　表 2-1

序号	灭火系统	消防规范	备注
1	室内外消火栓系统	建筑设计防火规范 GB 50016—2006 高层民用建筑设计防火规范 GB 50045—1995（2005年版） 汽车库、修车库、停车场设计防火规范 GB 50067—1997 人民防空工程设计防火规范 GB 50098—2009	
2	自动喷水灭火系统	自动喷水灭火系统设计规范 GB 50084—2001	
3	大空间智能型主动灭火系统	大空间智能型主动灭火系统技术规程 CECS 263—2009	
4	水喷雾灭火系统	水喷雾灭火系统设计规范 GB 50219—1995	
5	细水雾灭火系统	细水雾灭火系统设计规范	在编
6	固定消防炮灭火系统	固定消防炮灭火系统设计规范 GB 50338—2003	
7	泡沫灭火系统	泡沫灭火系统设计规范 GB 50151—2010	
8	气体灭火系统	气体灭火系统设计规范 GB 50370—2005	
9	建筑灭火器配置	建筑灭火器配置设计规范 GB 50140—2005	

设计参考的国家通用标准图　　表 2-2

序号	灭火系统	标准图集	备注
1	室内外消火栓系统	室外消火栓安装 01S201 室内消火栓安装 04S202 消防水泵接合器安装 99S203	
2	自动灭火系统	自动喷水与水喷雾灭火设施安装 04S206	
3	消防供水系统	消防专用水泵选用及安装 04S204	
4	消防增压稳压系统	消防增压稳压设备选用与安装（隔膜式气压罐）98S205	
5	气体灭火系统	气体灭火系统选用、安装与建筑灭火器配置 07S207	
6	固定消防炮灭火系统	室内固定消防炮选用及安装 08S208	
7	建筑灭火器配置	气体灭火系统选用、安装与建筑灭火器配置 07S207	

2.1.2 注意事项

由于国内消防设计规范体系正在重新调整，有关条文也随着技术进步在逐渐修改。本章内容若与日后逐渐推出的消防设计规范相关条文不符，设计时应以新规范为准。

2.2 消火栓给水系统

2.2.1 消火栓的设置场所

(1) 室内消火栓的设置场所

1) 应设 $DN65$ 室内消火栓的建筑物：

① 建筑占地面积大于 300m² 的厂房（仓库）；

② 体积大于 5000m³ 的车站、码头、机场的候机（船、机）楼、展览建筑、商店、旅馆建筑、病房楼、门诊楼、图书馆建筑等；

③ 特等、甲等剧场，超过 800 个座位的其他等级的剧场和电影院等，超过 1200 个座位的礼堂、体育馆等；

④ 超过 5 层或体积大于 10000m³ 的办公楼、教学楼、非住宅类居住建筑等其他民用建筑；

⑤ 超过 7 层的住宅，当确有困难时，可只设置干式消防竖管和不带消火栓箱的 $DN65$ 室内消火栓。消防竖管的直径不应小于 $DN65$。

2) 宜设置室内消火栓的建筑物：

国家级文物保护单位的重点砖木或木结构的古建筑。

3) 高层民用建筑及其裙房；高层工业建筑。

4) 建筑面积大于 300m² 且平时使用的人防工程。

5) 车库、修车库和停车场：

① 耐火等级为一、二级且停车数超过 5 辆的停车场；超过 2 个车位以上的修车库。

② 当汽车库设在其他建筑物内，其停车数小于上述规定时，但建筑内有消防给水系统时，也应设置消火栓。

6) 设置消防软管卷盘或轻便消防水龙的建筑物：

① 设有室内消火栓的人员密集公共建筑；

② 低于上述规模的其他公共建筑；

③ 建筑面积大于 200m² 的商业服务网点。

7) 可不设置室内消火栓的建筑物：

① 存有与水接触能引起燃烧爆炸（如电石、钾、钠等）的物品的建筑物，但实验楼、科研楼内存有少数该物质的情况除外；

② 室内没有生产、生活给水管道，室外消防用水取自储水池且建筑体积小于等于 5000m³ 的其他建筑；

③ 耐火等级为一、二级且可燃物较少的单层、多层丁、戊类厂房（仓库），耐火等级为三、四级且建筑物体积小于等于 3000m³ 的丁类厂房和建筑体积小于等于 5000m³ 的戊

类厂房（仓库），粮食仓库、金库等。

8）生产厂房和储存库房的火灾危险性分类及举例见表 2-3～表 2-6。

生产的火灾危险性分类 表 2-3

生产类别	火 灾 危 险 性 特 征
甲	使用或产生下列物质的生产： 1. 闪点＜28℃的液体； 2. 爆炸下限＜10％的气体； 3. 常温下能自行分解或在空气中氧化即能导致迅速自燃或爆炸的物质； 4. 常温下受到水或空气中水蒸气的作用，能产生可燃气体并引起燃烧或爆炸的物质； 5. 遇酸、受热、撞击、摩擦、催化以及遇有机物或硫磺等易燃的无机物，极易引起燃烧或爆炸的强氧化剂； 6. 受撞击、摩擦或与氧化剂、有机物接触时能引起燃烧或爆炸的物质； 7. 在密闭设备内操作温度等于或超过物质本身自燃点的生产
乙	使用或产生下列物质的生产： 1. 闪点≥28℃，至＜60℃的液体； 2. 爆炸下限≥10％的气体； 3. 不属于甲类的氧化剂； 4. 不属于甲类的化学易燃危险固体； 5. 助燃气体； 6. 能与空气形成爆炸性混合物的浮游状态的粉尘、纤维、闪点≥60℃的液体雾滴
丙	使用或产生下列物质的生产： 1. 闪点≥60℃的液体； 2. 可燃固体
丁	具有下列情况的生产： 1. 对非燃烧物质进行加工，并在高热或熔化状态下经常产生强辐射热、火花或火焰的生产； 2. 利用气体、液体、固体作为燃料或将气体、液体进行燃烧作其他用的各种生产； 3. 常温下使用或加工难燃烧物质的生产
戊	常温下使用或加工非燃烧物质的生产

注：当符合下述条件之一时，可按火灾危险性较小的部分确定：

1. 一座厂房内或防火分区内有不同性质的生产时，火灾危险性较大的生产部分占本层或本防火分区面积的比例小于 5％或丁、戊类厂房内的油漆工段小于 10％，且发生事故时不足以蔓延到其他部位或火灾危险性较大的生产部分采取了有效的防火措施；
2. 丁、戊类生产厂房的油漆工段，当采用封闭喷漆工艺，封闭喷漆空间内保持负压、油漆工段设置可燃气体自动报警系统或自动抑爆系统，且油漆工段占其所在防火分区面积的比例小于等于 20％。

储存物品的火灾危险性分类 表 2-4

储存物品类别	火 灾 危 险 性 的 特 征
甲	1. 闪点＜28℃的液体； 2. 爆炸下限＜10％的气体，以及受到水或空气中水蒸气的作用，能产生爆炸下限＜10％气体的固体物质； 3. 常温下能自行分解或在空气中氧化即能导致迅速自燃或爆炸的物质； 4. 常温下受到水或空气中水蒸气的作用能产生可燃气体并引起燃烧或爆炸的物质； 5. 遇酸、受热、撞击、摩擦以及遇有机物或硫磺等易燃的无机物，极易引起燃烧或爆炸的强氧化剂； 6. 受撞击、摩擦或与氧化剂、有机物接触时能引起燃烧或爆炸的物质

续表

储存物品类别	火灾危险性的特征
乙	1. 闪点≥28℃至<60℃的液体； 2. 爆炸下限≥10%的气体； 3. 不属于甲类的氧化剂； 4. 不属于甲类的化学易燃危险固体； 5. 助燃气体； 6. 常温下与空气接触能缓慢氧化，积热不散引起自燃的物品
丙	1. 闪点≥60℃的液体； 2. 可燃固体
丁	难燃烧物品
戊	非燃烧物品

生产的火灾危险性分类举例 **表 2-5**

生产类别	举例
甲	1. 闪点<28℃的油品和有机溶剂的提炼、回收或洗涤部位及其泵房，橡胶制品的涂胶和胶浆部位，二硫化碳的粗馏、精馏工段及其应用部位，青霉素提炼部位，原料药厂的非纳西汀车间的烃化、回收及电感精馏部位，皂素车间的抽提、结晶及过滤部位，冰片精制部位，农药厂乐果厂房、敌敌畏的合成厂房，磺化法糖精厂房、氯乙醇厂房，环氧乙烷、环氧丙烷工段，苯酚厂房的磺化、蒸馏部位、焦化厂吡啶工段，胶片厂片基厂房，汽油加铅室，甲醇、乙醇、丙酮、丁酮异丙醇、醋酸乙酯、苯等的合成或精制厂房，集成电路工厂的化学清洗间（使用闪点<28℃的液体），植物油加工厂的浸出厂房； 2. 乙炔站，氢气站，石油气体分馏（或分离）厂房，氯乙烯厂房，乙烯聚合厂房，天然气、石油伴生气、矿井气、水煤气或焦炉煤气的净化（如脱硫）厂房压缩机室及鼓风机室，液化石油气罐瓶间，丁二烯及其聚合厂房，醋酸乙烯厂房，电解水或电解食盐厂房，环己酮厂房、乙基苯和苯乙烯厂房，化肥厂的氢氮气压缩厂房，半导体材料厂使用氢气的拉晶间，硅烷热分解室； 3. 硝化棉厂房及其应用部位，赛璐珞厂房，黄磷制备厂房及其应用部位，三乙基铝厂房，染化厂某些能自行分解的重氮化合物生产，甲胺厂房，丙烯腈厂房； 4. 金属钠、钾加工厂房及其应用部位，聚乙烯厂房的一氯二乙基铝部位、三氯化磷厂房，多晶硅车间三氯氢硅部位，五氧化磷厂房； 5. 氯酸钠、氯酸钾厂房及其应用部位，过氧化氢厂房，过氧化钠、过氧化钾厂房，次氯酸钙厂房； 6. 赤磷制备厂房及其应用部位，五硫化二磷厂房及其应用部分； 7. 洗涤剂厂房石蜡裂解部位，冰醋酸裂解厂房
乙	1. 闪点≥28℃至<60℃的油品和有机溶剂的提炼、回收、洗涤部位及其泵房，松节油或松香蒸馏厂房及其应用部位，醋酸酐精馏厂房，己内酰胺厂房，甲酚厂房，氯丙醇厂房，樟脑油提取部位，环氧氯丙烷厂房，松针油精制部位，煤油罐桶间； 2. 一氧化碳压缩机室及净化部位，发生炉煤气或鼓风炉煤气净化部位，氨压缩机房； 3. 发烟硫酸或发烟硝酸浓缩部位，高锰酸钾厂房，重铬酸钠（红钒钠）厂房； 4. 樟脑或松香提炼厂房，硫磺回收厂房，焦化厂精萘厂房； 5. 氧气站，空分厂房； 6. 铝粉或镁粉厂房，金属制品抛光部位，煤粉厂房、面粉厂的碾磨部位，活性炭制造及再生厂房，谷物筒仓工作塔，亚麻厂的除尘器和过滤器室

续表

生产类别	举 例
丙	1. 闪点≥60℃的油品和有机液体的提炼、回收工段及其抽送泵房，香料厂的松油醇部位和乙酸松油脂部位，苯甲酸厂房，苯乙酮厂房，焦化厂焦油厂房，甘油、桐油的制备厂房，油浸变压器室，机器油或变压油罐桶间，柴油灌桶间，润滑油再生部位，配电室（每台装油量＞60kg 的设备），沥青加工厂房，植物油加工厂的精炼部位； 2. 煤、焦炭、油母页岩的筛分、转运工段和栈桥或储仓，木工厂房，竹、藤加工厂房，橡胶制品的压延、成型和硫化厂房，针织品厂房，纺织、印染、化纤生产的干燥部位，服装加工厂房，棉花加工和打包厂房，造纸厂备料、干燥厂房，印染厂成品厂房，麻纺厂粗加工厂房，谷物加工房，卷烟厂的切丝、卷制、包装厂房，印刷厂的印刷厂房，毛涤厂选毛厂房，电视机、收音机装配厂房，显像管厂装配工段烧枪间，磁带装配厂房，集成电路工厂的氧化扩散间、光刻间，泡沫塑料厂的发泡、成型、印片压花部位，饲料加工厂房
丁	1. 金属冶炼、锻造、铆焊、热轧、铸造、热处理厂房； 2. 锅炉房，玻璃原料熔化厂房，灯丝烧拉部位，保温瓶胆厂房，陶瓷制品的烘干、烧成厂房，蒸气机车库，石灰焙烧厂房，电石炉部位，耐火材料烧成部位，转炉厂房，硫酸车间焙烧部位，电极煅烧工段配电室（每台装油量≤60kg 的设备）； 3. 铝塑材料的加工厂房，酚醛泡沫塑料的加工厂房，印染厂的漂炼部位，化纤厂后加工润湿部位
戊	制砖车间，石棉加工车间，卷扬机室，不燃液体的泵房和阀门室，不燃液体的净化处理工段，金属（镁合金除外）冷加工车间，电动车库，钙镁磷肥车间（焙烧炉除外），造纸厂或化学纤维厂的浆粕蒸煮工段，仪表、器械或车辆装配车间，氟利昂厂房，水泥厂的轮窑厂房，加气混凝土厂的材料准备、构件制作厂房

储存物品的火灾危险性分类举例 **表 2-6**

储存物品类别	举 例
甲	1. 己烷、戊烷，石脑油，环戊烷，二硫化碳，苯，甲苯，甲醇，乙醇，乙醚，乙酸甲酯、醋酸甲酯、硝酸乙酯、汽油、丙酮，丙烯，乙醚，60 度以上的白酒； 2. 乙炔，氢，甲烷，乙烯，丙烯，丁二烯、环氧乙烷，水煤气，硫化氢，氯乙烯，液化石油气，电石，碳化铝； 3. 硝化棉，硝化纤维胶片，喷漆棉，火胶棉，赛璐珞棉，黄磷； 4. 金属钾，钠，锂，钙，锶，氢化锂，甲氢化锂铝，氢化钠； 5. 氯酸钾，氯酸钠，过氧化钾，过氧化钠，硝酸铵； 6. 赤磷，五硫化磷，三硫化磷
乙	1. 煤油，松节油，丁烯醇，异戊醇，丁醚，醋酸丁酯，硝酸戊酯，乙酰丙酮，环己胺，溶剂油，冰醋酸，樟脑油，蚁酸； 2. 氨气、液氯； 3. 硝酸铜，铬酸，亚硝酸钾，重铬酸钠，铬酸钾，硝酸，硝酸汞，硝酸钴，发烟硫酸，漂白粉； 4. 硫磺，镁粉，铝粉，赛璐珞板（片），樟脑，萘，生松香，硝化纤维漆布，硝化纤维色片； 5. 氧气，氟气； 6. 漆布及其制品，油布及其制品，油纸及其制品，油绸及其制品
丙	1. 动物油，植物油，沥青，蜡，润滑油，机油，重油，闪点≥60℃的柴油，糠醛，＞50 度至＜60 度的白酒； 2. 化学、人造纤维及其织物，纸张，棉、毛、丝、麻及其织物，谷物，面粉，天然橡胶及其制品，竹、木及其制品，中药材，电视机，收录机等电子产品，计算机房已录数据的磁盘储存间，冷库中的鱼、肉间
丁	自熄性塑料及其制品，酚醛泡沫塑料及其制品，水泥刨花板
戊	钢材，铝材，玻璃及其制品，搪瓷制品，陶瓷制品，不燃气体，玻璃棉，岩棉，陶瓷棉，硅酸铝纤维，矿棉，石膏及其无纸制品，水泥，石，膨胀珍珠岩

(2) 室外消火栓的设置场所

1) 城镇、居住区及企事业单位；

2) 厂房、库房及民用建筑；

3) 汽车库、修车库和停车场；

4) 易燃、可燃材料露天、半露天堆场，可燃气体储罐区等室外场所；

5) 耐火等级不低于二级，且体积不超过 3000m^3 的戊类厂房或居住区人数不超过 500 人，且建筑物不超过二层的居住小区，可不设室外消火栓。

2.2.2 组成和类型

(1) 组成

建筑消火栓消防给水系统通常由消防供水水源（市政给水管网、天然水源、消防水池），消防供水设备（消防水箱、消防水泵、水泵接合器），室内消防给水管网（进水管、水平干管、消防竖管等）以及室内消火栓（水枪、水带、消火栓、消火栓箱等）四部分组成。其中消防水池、消防水箱、消防水泵的设置需根据建筑物的性质、高度以及市政给水的供水情况而定。

(2) 类型

1) 低压消火栓给水系统：管网内平时水压较低，水压大于等于 0.1MPa，灭火时所需的水压和流量要有消防水车或其他形式移动式消防泵加压提供的给水系统。

在这种系统中，消防管网一般与生产、生活给水合并使用，适用于一般建筑和城市、居住区、企事业单位的室外消防给水系统。

2) 高压消火栓给水系统：管网内经常保持足够的压力和消防用水量，火场上不需要任何消防设备加压，直接由消火栓接出水带就可满足水枪出水灭火要求的给水系统，管网最不利点处消火栓水枪的充实水柱不应小于 10m。在这种系统中，建筑物低于 24m 时，消防管网可以与生产、生活系统合并使用。

当建筑物或建筑群附近有山丘，与山丘顶上消防水池（标高高于高层建筑一定数值）相连接的消防给水系统可形成高压消防给水系统。

3) 临时高压消火栓给水系统：消防给水管网内经常保持足够的消火栓栓口所需的静水压力，压力由屋顶消防水池、稳压泵或气压给水设备等增压设备维持。在水泵站（房）内设有专用高压消防水泵，当接到火警时，启动消防水泵使管网内的压力达到高压给水系统水压要求的给水系统。

采用屋顶消防水池、消防水泵和稳压设施等组成的给水系统以及气压给水装置，采用变频调速水泵恒压供水的生活（生产）和消防合用给水系统均为临时高压消防给水系统。

4) 区域（即数幢或几十幢建筑物合用泵房）或独立（即每幢建筑物设水泵房）的临时高压给水系统：保证数幢建筑的室内外消火栓（或室内其他消防给水设备）或一幢建筑物的室内消火栓（或室内其他消防给水设备）的水压要求。

5) 高层建筑分区供水系统：根据建筑物的高度，消火栓给水系统可分为分区给水方式和不分区给水方式两种消防给水系统。

① 不分区消防给水系统：建筑高度超过 24m，而不超过 50m 的高层建筑一旦发生火灾时，消防队使用一般消防车（解放牌消防车）从室外消火栓或消防水池取水，通过水泵

接合器向室内管道送水，仍可加强室内管网的供水能力，协助扑救室内火灾。因此，建筑高度不超过50m，或最低消火栓处的静水压力不超过1.0MPa时，可采用不分区给水方式的给水系统，见图2-1。

② 分区消防给水系统：建筑高度超过50m的消火栓给水系统，难以得到一般消防车的供水支持扑灭火灾。为加强给水系统的供水能力，保证供水安全和火场灭火用水，应采用分区给水系统，见图2-2。

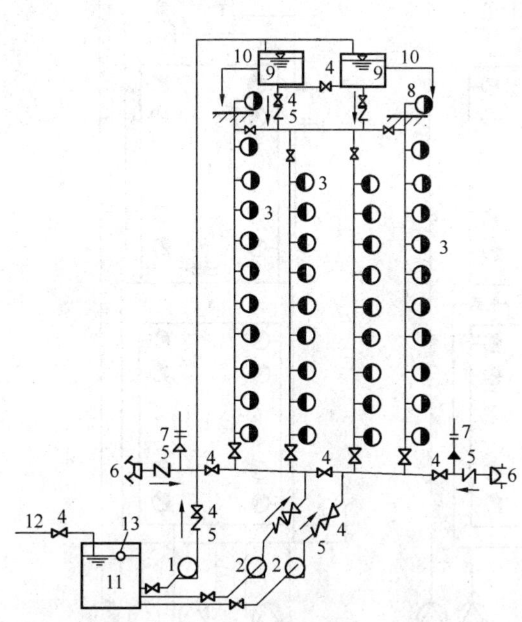

图2-1　不分区消火栓给水系统

1—生活、生产水泵；2—消防水泵；3—消火栓及水泵远距离启动按钮；4—阀门；5—止回阀；6—水泵接合器；7—安全阀；8—屋顶消火栓；9—高位水箱；10—至生活、生产管网；11—贮水池；12—来自城市管网；13—浮球阀

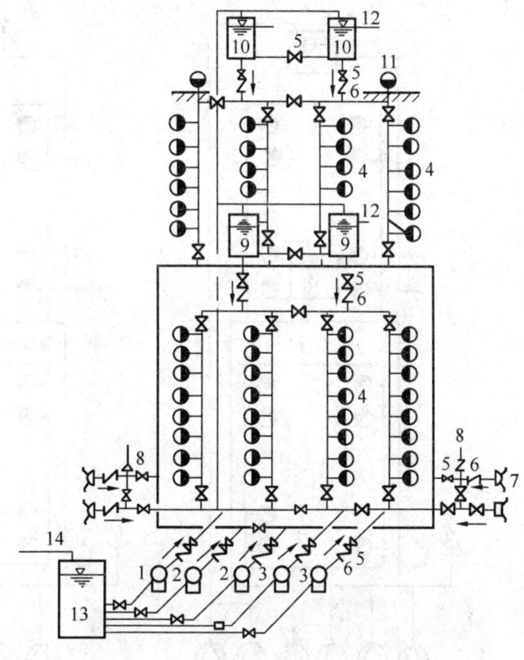

图2-2　分区消火栓给水系统

1—生活、生产水泵；2—二区消防泵；3—一区消防泵；4—消火栓及远距离启动水泵按钮；5—阀门；6—止回阀；7—水泵接合器；8—安全阀；9—一区水箱；10—二区水箱；11—屋顶消火栓；12—至生活、生产管网；13—水池；14—来自城市管网

分区原则为：

a. 消火栓栓口的静水压力不应大于1.0MPa，经与当地消防局协商可适当提高，但消火栓栓口的静水压力不得大于1.2MPa；

b. 消防给水系统任何时间和地点系统的压力不应大于2.4MPa；

分区方式：消防给水系统竖向分区通常采用水泵、减压阀或减压水箱等进行分区。

③重力水箱消防给水系统，是在建筑物的最高处或适当位置（如避难层等）设置满足消防水量和压力的重力水箱，并由重力水箱向各竖向消防给水分区供水。

(3) 高层（建筑高度大于50m）和超高层（建筑高度大于100m）建筑消火栓给水系统设计：

1) 给水垂直分区的高度：高层建筑消火栓栓口的静水压力不应超过1.0MPa，高层建筑竖向分区高度一般宜在45～55m范围内。

2）并联和串联给水的适用性：

① 并联给水：给水管网竖向分区，每区分别用各自专用水泵提升供水。它的优点是水泵布置相对集中于地下室或首层，管理方便，安全可靠。缺点是高区水泵扬程较高，需用耐高压管材与管件。对于高区超过消防车供水压力的上部楼层消火栓，水泵接合器将失去作用。供水的安全性不如串联的好。一般适用于分区不多的高层建筑。如建筑高度100m以内的高层建筑，见图2-3（*a*）、（*b*）、（*c*）；或超高层建筑顶部100m范围内，见图2-4（*c*）。

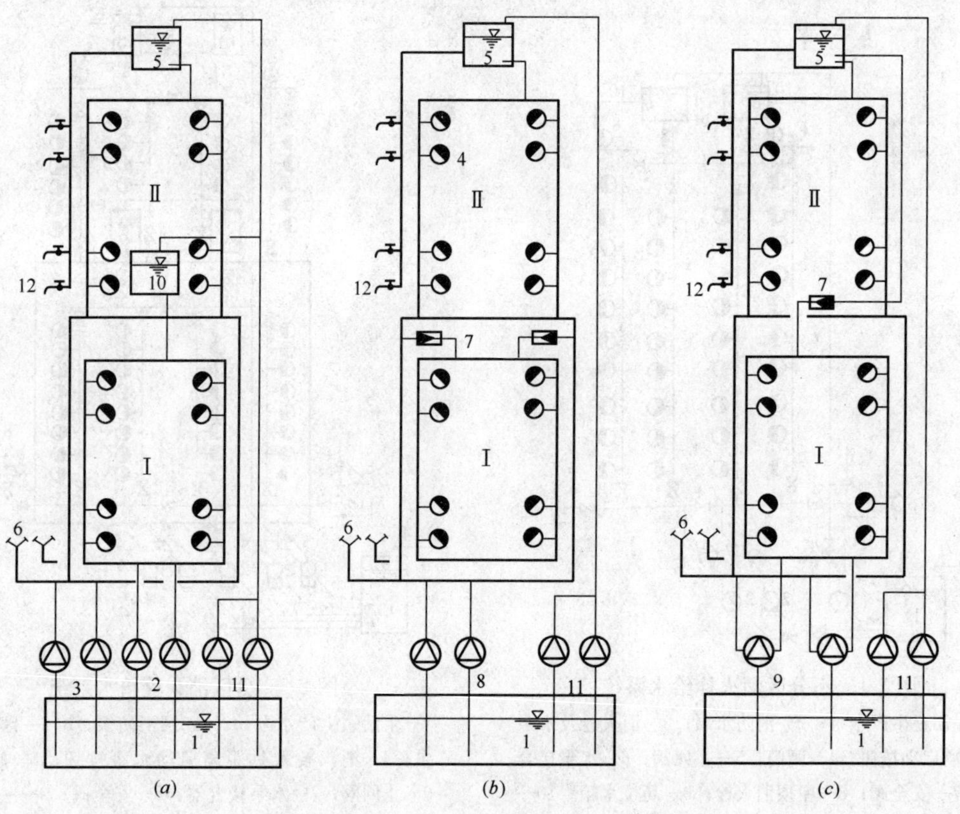

图2-3 高层建筑消火栓分区给水图式举例

（*a*）采用不同扬程的水泵分区；（*b*）采用减压阀分区；（*c*）采用多级多出口水泵分区

1—水池；2—低区水泵；3—高区水泵；4—室内消火栓；5—屋顶水箱；6—水泵接合器；7—减压阀；8—消防水泵；9—多级多出口水泵；10—中间水箱；11—生活给水泵；12—生活给水

② 串联给水：竖向各区由水泵直接串联向上〔见图2-4（*a*）〕或经中间水箱转输再由泵提升的间接串联〔见图2-4（*b*）〕两种给水方式。它们的优点是不需要高扬程水泵和耐高压的管材、管件；可通过水泵接合器并经各转输泵向高区送水灭火。它的供水可靠性比并联好。缺点是水泵分散在各层，管理不便；消防时下部水泵应与上部水泵联动，安全可靠性较差。一般适用于建筑高度超过100m，消防给水分区超过两个区的超高层建筑。

当采用水泵直接串联时，应注意管网供水压力因接力水泵在小流量高扬程时出现的最大扬程叠加。管道系统的设计强度应满足此要求。

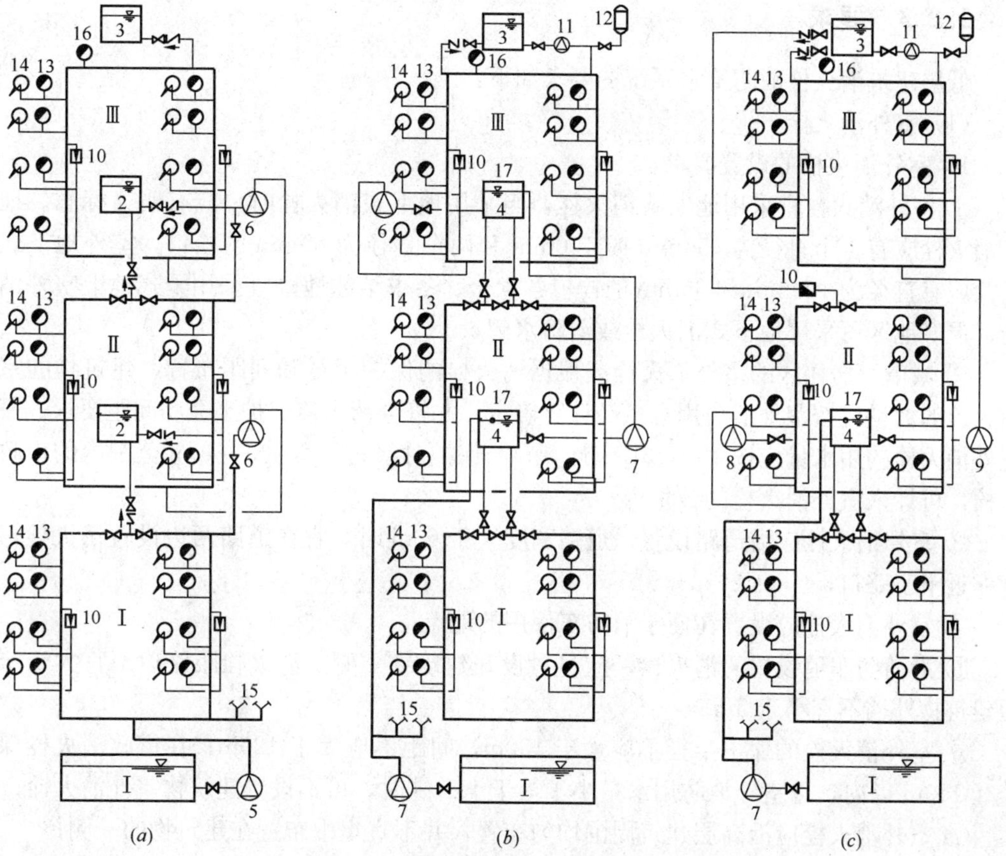

图 2-4 超高层建筑消火栓分区给水图式举例

(*a*) 消防水泵直接串联给水；(*b*) 消防水泵间接串联给水；(*c*) 消防水泵混合给水

1—消防水池；2—中间水箱；3—屋顶水箱；4—中间转输水箱；5—消防水泵；6—中、高区消防水泵；7—低、中区消防水泵兼转输泵；8—中区消防水泵；9—高区消防水泵；10—减压阀；11—增压水泵；12—气压罐；13—室内消火栓；14—消防卷盘上；15—水泵接合器；16—屋顶消火栓；17—浮球阀

当采用水泵间接串联时，中间转输水箱同时起着上区输水泵的有效吸水池和本区消火栓给水贮水箱的作用，该两部分水量都是变值，为安全计，转输水箱的容积宜适当放大，可以按 15～30min 的消防设计流量计，且不宜小于 60m³。并使下区水泵输水流量适当大于上区消防水量。另外，为防止水箱输入水量大于输出水量时水量大量流失，水箱进水管上应设双浮球阀，并在此浮球阀前引一小流量出水管（*DN*25～*DN*40）进入转输水箱，以防止输水泵在浮球阀关闭状态下长期运转引起水泵升温过高，其做法见图 2-5；也可将溢流水引回消防水池（与生活用水合用水池时不得回流，以防池水受污染）。

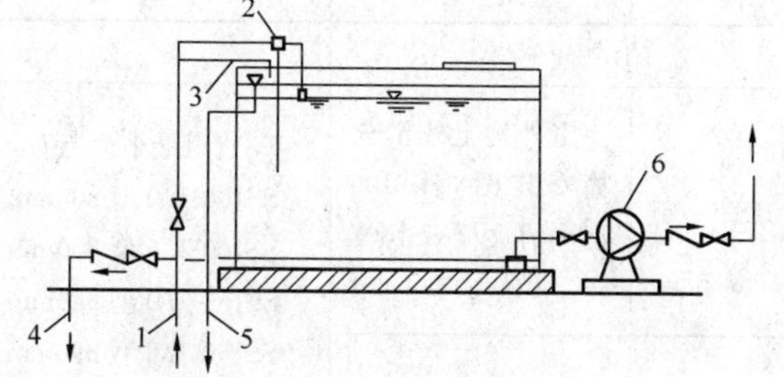

图 2-5 间接串联转输水箱进水管

1—进水管（2 根）；2—浮球阀（2 个）；3—进水支管（*DN*25～*DN*40）；4—出水管（2 根）（下区管网供水管）；5—溢水管；6—转输水泵（2 台，一用一备）

2.2.3 要求

低层建筑消火栓消防给水系统的要求如下：

(1) 室外消火栓

1) 室外消火栓的设置要求

① 室外消火栓宜采用地上式消火栓，当采用地下式消火栓时，应有明显标志。地上式消火栓应有1个直径为150mm或100mm和两个直径为65mm的栓口。室外地下式消火栓应有直径为100mm和65mm的栓口各1个。冬季结冰地区宜采用干式地上室外消火栓，严寒地区可采用地下式消火栓或消防水鹤；

② 城市、居住区的室外消火栓应根据消火栓的保护半径和间距布置。建筑物的室外消火栓的数量应按室外消防用水量经计算确定，并符合消火栓保护半径和间距要求。每个室外消火栓的用水量应按10～15L/s计算，与保护对象的距离在5～40m范围内的市政消火栓，可计入室外消火栓的数量内；

③ 室外消火栓应沿道路设置，道路宽度大于60m时，宜在道路两边设置消火栓，并宜靠近十字路口；

④ 室外消火栓应设置在便于消防车使用的地点；

⑤ 沿消防车道设置的消火栓，应尽量设在建筑物一侧。消火栓距路边不宜大于2m，距建筑物外墙不宜小于5m；

⑥ 室外消火栓的保护半径不应大于150m，间距不应大于120m；在市政消火栓保护半径150m以内，且室外消防用水量小于等于15L/s时，可不设置建筑物室外消火栓；

⑦ 室外消火栓应沿高层建筑周围均匀布置，并不宜集中布置在建筑物的一侧；

⑧ 人防工程消火栓设置见第2.11节，汽车库消火栓设置见第2.12节；

⑨ 严寒地区消防用水量较大的商务区可设置水鹤等辅助消防给水设施，其布置间距宜为1000m，接消防水鹤的市政给水管的管径不宜小于*DN*200；

⑩ 建筑物的室外消火栓、阀门、消防水泵接合器等设置地点应设置相应的永久性固定标识。

2) 室外消火栓安装简图见表2-7。

室外消火栓安装简图（国标图集01S201） **表2-7**

图号	图名	说明	图示
01S201/6-23		目录、总说明	
01S201/6	室外地上式消火栓安装图（浅100型）[消火栓SS100/65-1.0(1.6)型]	1. 管道最小覆土 H_m 为： SS100-1.0型 800mm SS100-1.6型 800mm SS150-1.0型 640mm或890mm SS150-1.6型 890mm 若要加大埋深，在栓体和底座间可加设配套法兰短管，每节长250mm，最多7节； 2. 适用冰冻深度≤200mm的地区	3 450 1 H_m 2 L≥1000 R≥500 1—闸阀套筒；2—弯管底座；3—室外地上式消火栓
01S201/7	室外地上式消火栓安装图（浅150型）[消火栓SS150/80-1.0(1.6)型]		

续表

图号	图名	说明	图示
01S201/8	室外地上式消火栓安装图（深 100 型）[消火栓 SS100/65-1.0（1.6）型]	1. 管道覆土深度 H_m： 深 100 型 1050～2800mm 深 150 型 1140～2890mm 深度可由配套法兰接管调整，每节 250mm，最多 7 节； 2. 适用冰冻深度＞200mm 地区； 3. 阀门井 D＝1200mm，详见国标 05S502	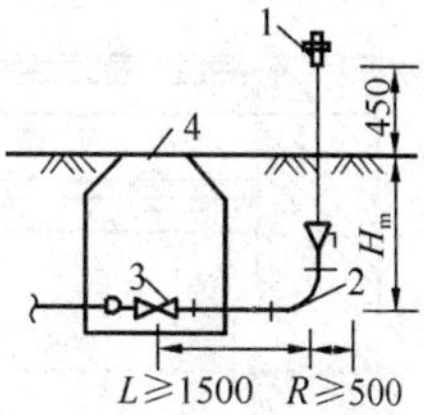 1—室外地上式消火栓；2—弯管底座；3—阀门；4—阀门井
01S201/9	室外地上式消火栓安装图（深 150 型）[消火栓 SS150/80-1.0（1.6）型]		
01S201/17	室外地下式消火栓安装图（浅 100 型）[消火栓 SA100/65-1.0（1.6）型]①	适用冰冻深度≤400mm 地区	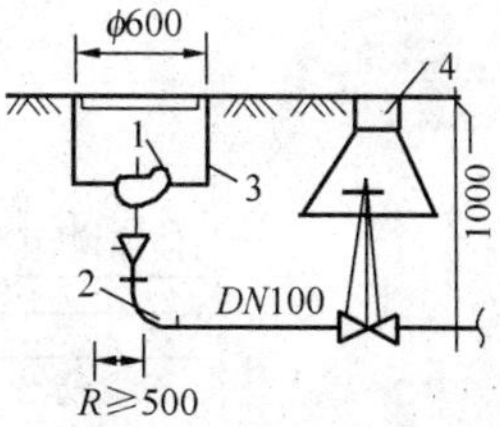 1—室外地下式消火栓；2—弯管底座；3—阀门井；4—闸阀套筒
01S201/21	室外地下式消火栓安装图（深 100Ⅰ型）[消火栓 SA100/65-1.0（1.6）型]①	1. 适用冰冻深度大于 400mm 地区； 2. 管道覆土深度 H_m 可由 1250～3000mm，可由配套法兰接管调整，节管每段长 250mm，最多 7 节； 3. 圆形阀门井 D＝1200mm，详见国标 05S502； 4. 消火栓用 90°弯管与给水干管连接	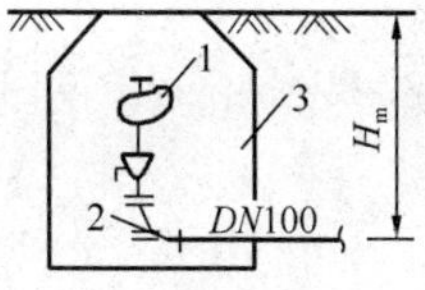 1—室外地下式消火栓；2—弯管底座；3—阀门井
01S201/23	室外地下式消火栓安装图（深 100Ⅱ型）[消火栓 SA100/65-1.0（1.6）型]①	1. 适用覆土深度：H_m＝1000～3000mm，每档为 250mm，根据管道埋深的不同，可选用不同长度的法兰接管； 2. 消火栓用三通与给水干管直接连接； 3. 圆形立式闸阀井 D＝1200mm，详见国标 05S502	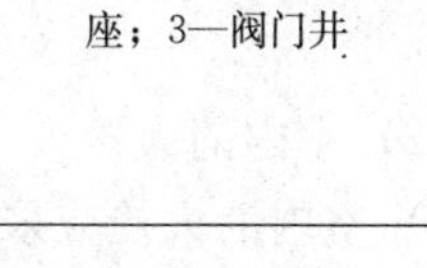 1—室外地下式消火栓；2—三通；3—阀门井

① 图集中消火栓型号为 SA100 型，只有一个 DN100 出水口，不符合建规第 8.3.2 条规定，设计时建议采用 SA100/65-1.0（1.6）型。

3）室外消火栓的防冻措施；我国北方寒冷地区设置的室外消火栓多选用地下式，并采用的保温井见图 2-6、图 2-7。

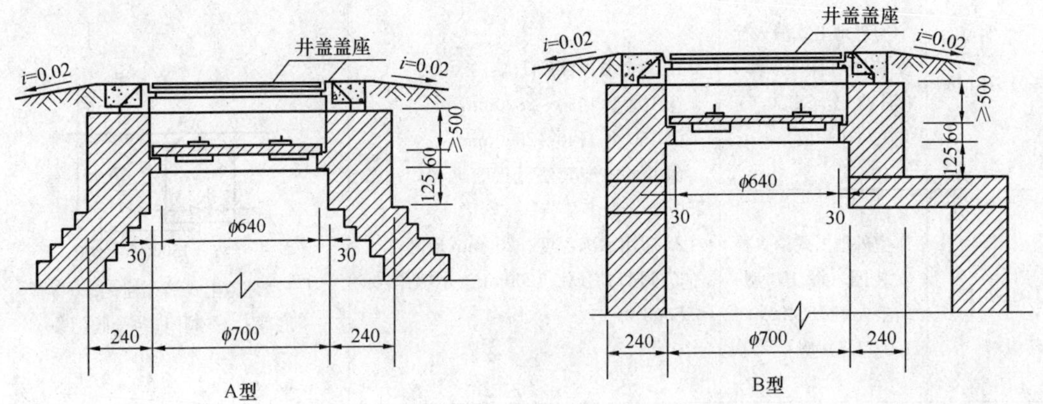

图 2-6　砖砌保温井口

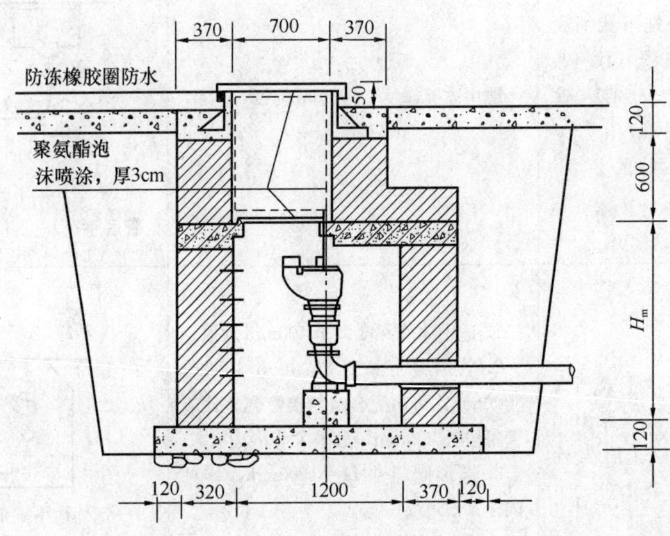

图 2-7　保温井

（2）室内消火栓

1）室内消火栓应采用 $SN65$ 消火栓，并配置长度不应超过 25m 的水龙带，其水枪和消防软管卷盘的配置应符合下列要求：

① 室内消火栓设计用水量不小于 10L/s 时，配 19mm 或 16mm 的水枪；

② 室内消火栓设计用水量小于等于 10L/s 时，配 13mm 的水枪；

③ 消防软管卷盘胶管的内径宜采用 $\phi25$，长度为 30m，并配有 6mm 的水枪。

2）设有消防给水的建筑物，其各层（无可燃物的设备层除外）均应设置消火栓。

3）消火栓间距和允许采用水枪充实水柱：

① 高度不超过 24m，且体积不超过 $5000m^3$ 的库房内消火栓的布置，允许采用一支水枪的充实水柱到达室内任何部位。

a. 当室内只设一排消火栓时，其布置见图 2-8。消火栓的间距可按式（2-1）计算：

$$S_1 = 2\sqrt{R^2 - b^2} \tag{2-1}$$

式中 S_1——一排消火栓一股水柱的消火栓间距（m）；

R——消火栓的保护半径（m）；

b——消火栓的最大保护宽度（m）。

b. 当室内宽度较宽，需要布置多排消火栓时，其布置见图 2-9。消火栓的间距可按式（2-2）计算：

$$S_n = \sqrt{2}R = 1.414R \tag{2-2}$$

式中 S_n——多排消火栓一股水柱时的消火栓间距（m）。

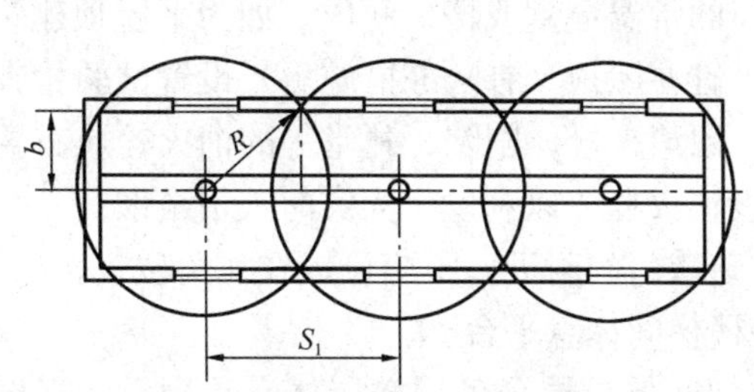

图 2-8 一股水柱时的消火栓布置间距

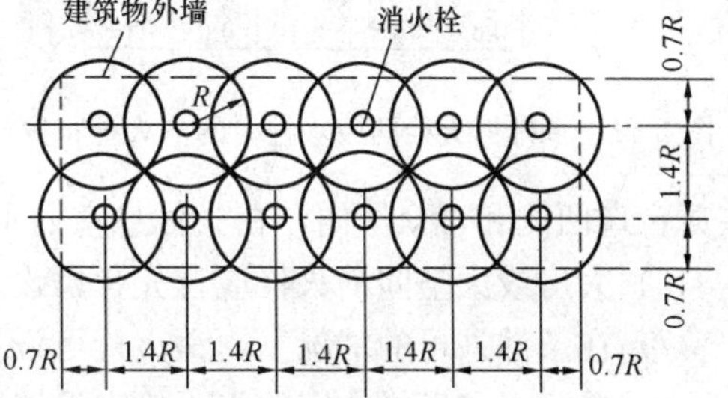

图 2-9 多排消火栓一股水柱时的消火栓布置间距

② 除了高度不超过 24m，且体积不超过 5000m³ 的库房外，其他低层、多层工业与民用建筑、高层建筑等室内消火栓的布置，应保证相邻两根竖管上的两支水枪的充实水柱同时到达室内任何部位。

a. 当室内只设有一排消火栓时，其布置见图 2-10。消火栓的间距可按式（2-3）计算：

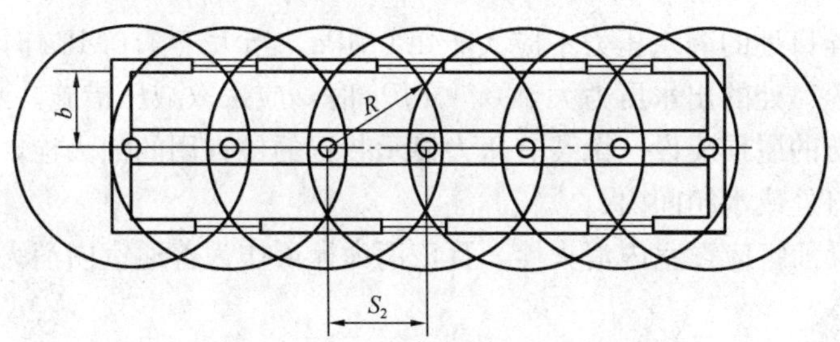

图 2-10 两股水柱时的消火栓布置间距

$$S_2 = \sqrt{R^2 - b^2} \tag{2-3}$$

式中 S_2——一排消火栓两股水柱时的消火栓间距（m）。

b. 当室内需要多排消火栓时，其布置见图 2-11。

在进行消火栓的布置时，还应以下列的最大间距进行校核；

高层厂房（仓库）、高架仓库和甲、乙类厂房中室内消火栓的间距不应大于 30m；其他单层和多层建筑及高层建筑的裙房中室内消火栓的间距不应大于 50m。

4）消火栓水枪充实水柱的长度要求：水枪的充实水柱长度由计算确定，一般不宜小于 7m；甲、乙类厂房、超过六层的民用建筑、超过四层的厂房和库房，建筑高度不超过

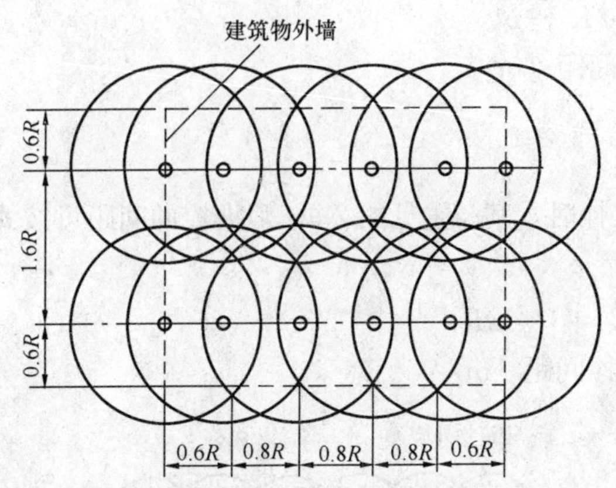

图 2-11 多排消火栓两股水柱时的消火栓布置间距

100m 的高层建筑不应小于 10m；高层工业建筑、高架库房内和体积不大于 $2500m^3$ 的商店、体育馆、影剧院、会堂、展览建筑，车站、码头、机场建筑以及建筑高度超过 100m 的超高层建筑等，水枪的充实水柱不应小于 13m。

5）室内消火栓的设置位置：室内消火栓宜设置在明显、易于取用的地点。如走道、楼梯间附近，消防电梯前室，冷库的常温穿堂或楼梯间内。如为平屋顶建筑宜在屋顶（有防冻措施后）设置试验检查用消火栓。剧院、礼堂等的消火栓应布置在舞台口两侧和观众厅内，在其休息室内不宜设消火栓，以利发生火灾时人员疏散。

6）大房或大空间消火栓应首先考虑设置在疏散门的附近，不应设置在死角位置。

7）在条件许可的情况下，消火栓可设置在楼梯间休息平台。

8）单元式、塔式住宅的消火栓宜设置在楼梯间的首层和各层楼层休息平台上，当设 2 根消防竖管确有困难时，可设一根消防竖管，但必须采用双出口消火栓；当层数超过 18 层时必须设置双立管。

干式消火栓竖管应在首层靠出口部位设置便于消防车供水的快速接口和止回阀。

设有屋顶直升机停机坪的公共建筑，应在停机坪出入口处或非用电设备机房处设置消火栓，且距停机坪边缘的距离不应小于 5.0m。

9）消火栓栓口安装高度为离地面 1.1m，其出水方向宜向下或与设置消火栓的墙面成 90°角。

10）消火栓栓口处的静水压力不应大于 1.0MPa，当大于 1.0MPa 时，应采用分区给水系统。消火栓栓口处的出水压力大于 0.50MPa 时，应采取减压措施。

11）高层建筑的屋顶应设一个装有压力显示装置的检查用的消火栓，采暖地区该消火栓可设在顶层出口处或水箱间内。

12）消防电梯前室应设室内消火栓，且该消火栓可作为普通室内消火栓使用并计算在布置数量范围内。

13）临时高压给水系统的每个消火栓处应设直接启动消防水泵的按钮，并应设有保护按钮的设施，但当消防水泵设置可靠的自动启动装置时多层建筑消火栓处可不设置直接起泵按钮。

14）室内消火栓的保护半径可按下式计算：

$$R = KL_d + L_s \tag{2-4}$$

式中 R——消火栓保护半径（m）；

K——水带弯曲折减系数，宜根据水带转弯数量取 0.8～0.9；

L_d——水龙带长度（m）；

L_s——水枪充实水柱长度在平面上的投影长度（m）。当水枪倾角为 45°时，$L_s=0.71S_k$；

S_k——水枪充实水柱长度（m）。

15）高层建筑中的高级旅馆、重要的办公楼、一类建筑的商业楼、展览楼等和建筑高度超过 100m 的其他高层建筑，其楼内应设消防卷盘；在高层建筑的避难层也应设消防卷盘；消防卷盘的用水量可不计入消防用水总量。

16）消防卷盘一般设置在走道、楼梯口附近等显眼便于取用的地点。消防卷盘的设置间距应保证室内地面任何部位有一股水流到达。

（3）消防给水管道：

1）室外消防给水管道：

① 各类建筑的室外消防给水管道均应成环状布置，可在建筑物周围成环，也可与市政管网成环，其布置见图 2-12。当室外消防用水量不大于 15L/s 和人防工程室内消防用水总量不大于 10L/s，且成环布置有困难时，可布置成枝状。

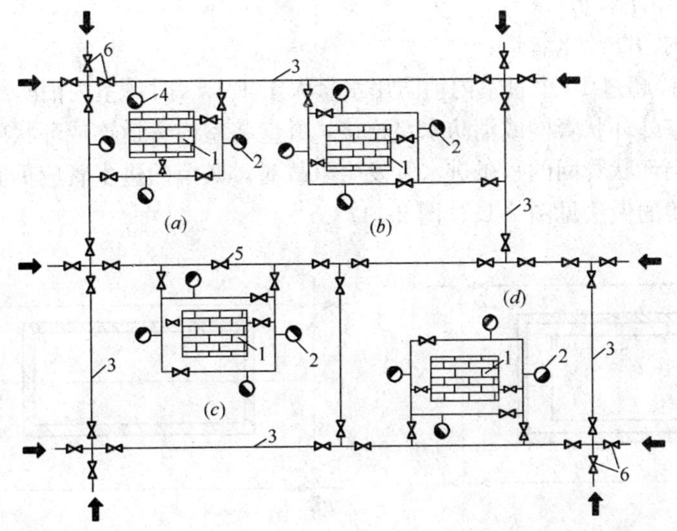

图 2-12 环状给水管网布置示意

（a）室外给水管道与市政给水管成环（从不同市政给水管段引入）；（b）室外给水管道在建筑物周围成环（从不同市政给水管段引入）；（c）室外给水管道在建筑物周围成环（从同一方向，不同市政管段引入）；（d）室外给水管道在建筑物周围成环（从同一方向，同一市政管段引入，只能作枝状给水管计）

1—建筑物；2—室外消火栓；3—市政给水环管；4—市政消火栓；5—分段阀；6—阀门

② 环状管网的进水管均不应少于两条，并宜从两条市政给水管道引入，当其中一条进水管发生故障时，其余的进水管应仍能保证全部消防用水量；枝状管网进水管不应少于一条，其进水管应能满足全部消防用水量。

③ 进水管（市政给水管与建筑物周围给水管网的连接管）的管径，按式（2-5）计算：

$$D_j = \sqrt{\frac{4Q}{\pi(n-1)v_j}} \tag{2-5}$$

式中 D_j——进水管（连接管）管径（m）；

Q——生活、生产和消防用水总量（m^3/s）；

v_j——进水管水流速度（m/s），一般不宜大于 2.5m/s；

n——进水管的数目，且 $n>1$。

室外进水管的最小管径不应小于 100mm。室外消防给水管道的管径也不应小于 100mm。

④ 环状管道应用阀门分成若干独立段，每段内消火栓的数量不宜超过 5 个。对于一般单体建筑。消火栓较少时，至少应用阀门将环网分成能独立工作的两段。

⑤ 室外消防给水管道应根据具体情况设置阀门井和泄水设施。阀门井间距根据管道直径确定，当管径不大于 DN700 时，不宜大于 200m；当管径为 DN700～DN1400 时，不宜大于 400m。

⑥ 管网最高点处宜设置自动排气阀。

2）室内消防给水管道

低层建筑室内消防给水管道：

① 室内消火栓超过 10 个且室内消防用水量大于 15L/s 时，室内消防给水管道至少应有两条进水管与室外环状管网或消防水泵连接，并应将室内管道连成环状或进水管与室外管道连成环状。当环状管网的一条进水管发生事故时，其余的进水管应仍能供应全部用水量。环状管网连接的做法见图 2-13、图 2-14。

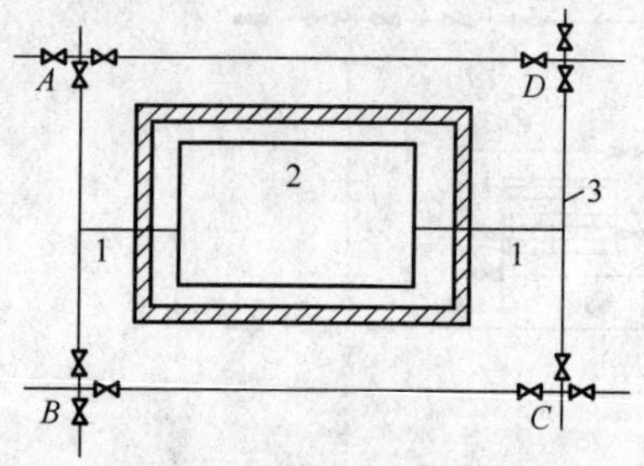

图 2-13　室内管网与室外管道的连接

ABCD—室外环状管道的一环；1—进水管；2—室内环状管网；3—室外环状管道

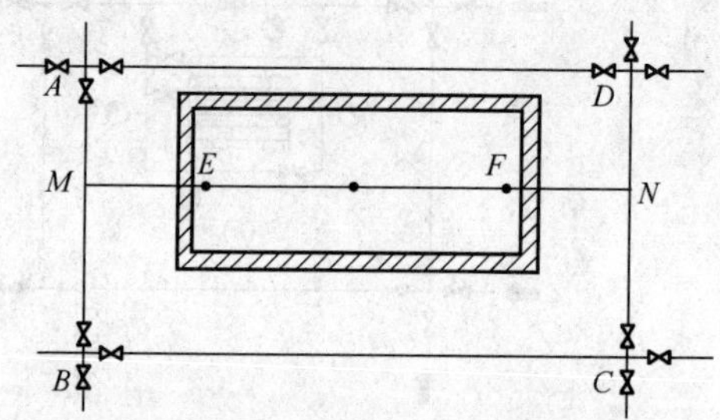

图 2-14　利用进水管与室外管网连成环状

ABCD—室外环状管网；EF—室内消防给水管道；EM、FN—进水管

② 高层厂房、仓库室内消防竖管应成环状，且消防竖管管道的直径不应小于 100mm。

③ 室内消防给水管道应采用消防阀门分成若干独立段。某段消防给水管道损坏时，停止使用的消火栓数量每层不应超过 5 个，这时阀门布置见图 2-15。

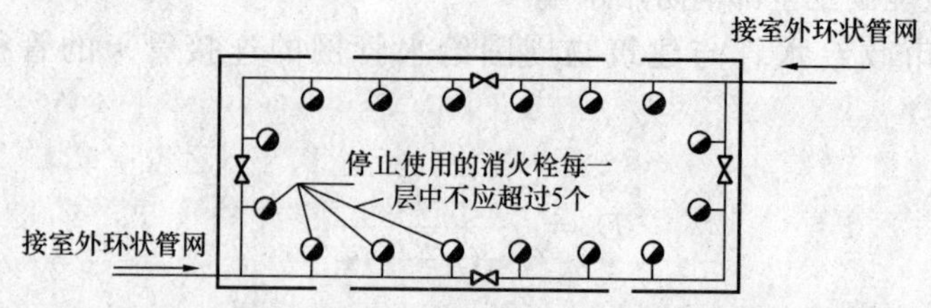

图 2-15　单层建筑内消防给水管网阀门布置

多层建筑及高层工业建筑室内的某段给水管道损坏时，关闭的竖管不应超过1条（立管总数超过3条时，可关闭不相邻的2条）。阀门应经常处于开启状态，并应有明显的启闭标志。这时管网中的阀门布置见图2-16、图2-17，而图2-18的阀门布置方式是不可取的，因为如需维修虚线框中的立管，将会影响到右侧竖管的供水，无法保证消防的安全需要。

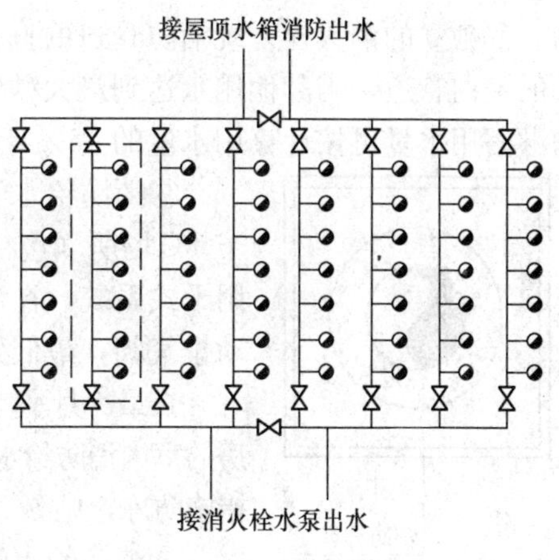

图2-16 阀门垂直布置

④室外环状给水管网能保证室内消防用水要求时，可直接从室外消防给水管网取水，但应经当地市政部门同意。若室外管网能满足消防流量要求，而不能满足水压要求，需设加压水泵时，消防水泵也可直接从室外消防管网取水，加压后供应室内消防用水，可不设置调节水池。

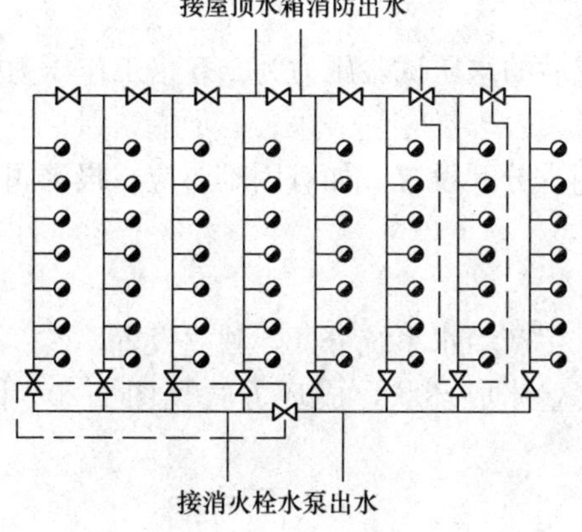

图2-17 阀门水平与垂直布置

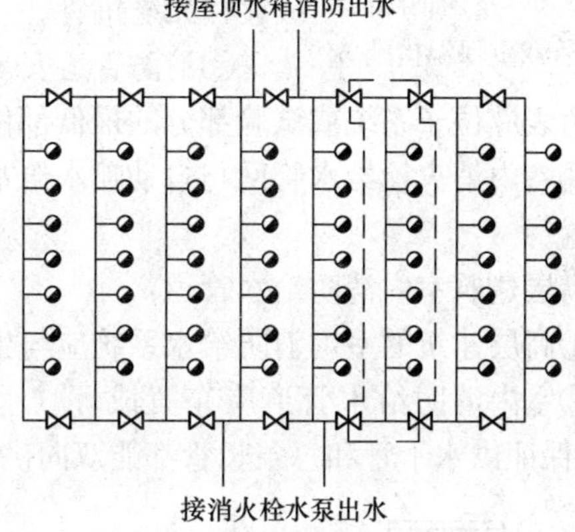

图2-18 阀门水平布置

⑤建筑消防竖管的直径，应按灭火时最不利处消火栓出水（不包括屋顶消火栓）进行计算确定。每根竖管最小流量不小于5L/s时，按最上一层消火栓出水进行计算；每根竖管最小流量不小于10L/s时，按最上两层消火栓出水计算；每根竖管最小流量不小于15L/s时，应按最上三层消火栓出水计算。建筑的室内消火栓最不利点和流量分配，见表2-8。

多层建筑最不利点计算流量分配 **表2-8**

室内消防计算流量（水枪数×每支水枪流量）(L/s)	最不利消防竖管出水枪数（支）	相邻消防竖管出水枪数（支）
1×5	1	
2×2.5	2	
2×5	2	
3×5	2	1
4×5	2	2
6×5	3	3

注：1. 出两支水枪的竖管，如设置双出口消火栓时，最上一层按双出口消火栓进行计算；

2. 出三支水枪的竖管，如设置双出口消火栓时，最上一层按双出口消火栓加相邻下一层一支水枪进行计算。

⑥独立的消火栓系统消防管道的直径以消防秒流量确定。对于消防用水与其他用水合并的室内管道，当其他用水达到最大秒流量时，该管道应仍能供应全部消防用水量。此时的淋浴用水量可按计算用水量的15%计算，浇洒及洗刷用水量可不计算在内。

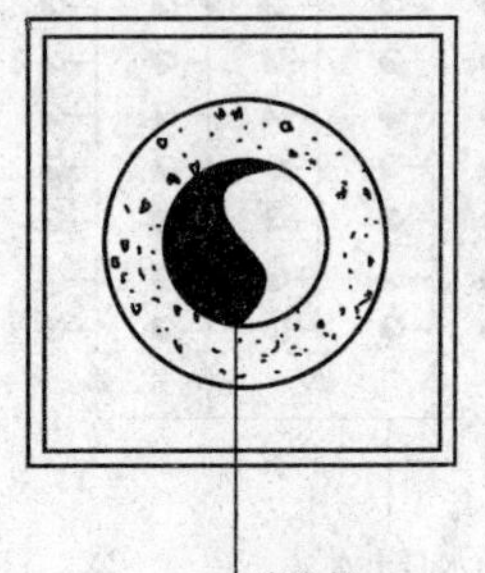

图 2-19　室内消防给水管双重保温措施

⑦消防给水管要注意管道的防冻。对于敷设在寒冷地区室温低于4℃场所（包括厂房、库房等）的管道，应采取防冻措施。可采用干式系统，在进水管上应设快速启闭装置，管道最高处应设置自动排气阀，最低处应设放空阀，平时将管网放空。

在最冷月平均温度不低于−5℃的采暖地区，其非采暖的厂房、库房的室内消防给水管，可采用加厚保温层外加空气隔热层双重保温的措施防冻，见图2-19。也可采用管道外加电阻丝加热的防冻保温措施。

⑧消防给水管的管材。当消防用水与生活用水合并时，应采用衬塑镀锌钢管；而当为消防专用时，一般采用无缝钢管、热镀锌钢管、焊接钢管。但最大工作压力超过1.0MPa时，应采用无缝钢管或镀锌无缝钢管。

⑨消防管道安装完成后的水压试验压力为1.5倍工作压力；试验压力表应位于系统或试验部分的最低部位。

⑩室内消火栓给水管网与自动喷水给水管网宜分开设置。如有困难，应在报警阀前分开设置。

高层建筑室内消防给水管道：

①高层建筑的室内消防给水系统应与生活、生产给水系统分开，独立设置。

②室内消防给水管道应布置成环（垂直或立体成环状，成环方式见图2-20、图2-21），保证供水干管和每条竖管都能双向供水。

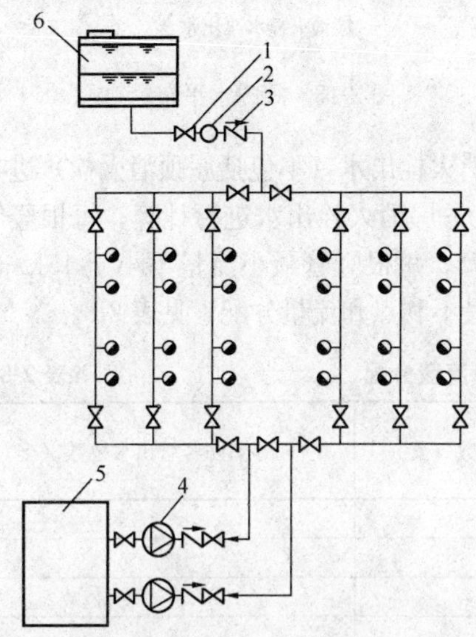

图 2-20　室内消防垂直成环网和阀门布置示意
1—阀门；2—水流指示器（视需要设）；3—止回阀；4—水泵；5—贮水池；6—高位水箱

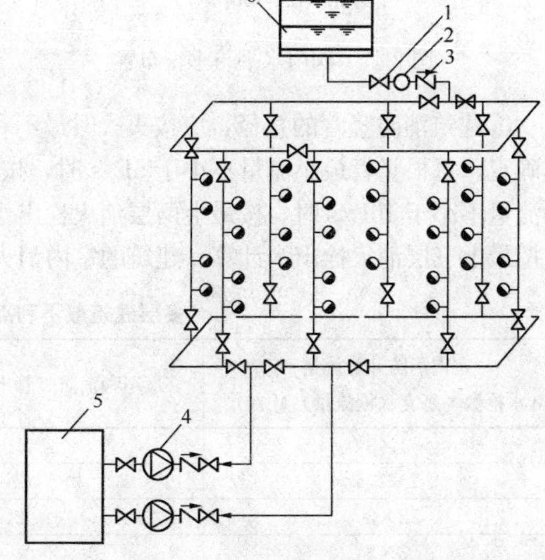

图 2-21　室内消防立体成环网和阀门布置示意
1—阀门；2—水流指示器（视需要设）；3—止回阀；4—水泵；5—贮水池；6—高位水箱

室内消防给水环状管网的进水管不应少于两根，并宜从建筑物的不同方向引入。若在不同方向引入有困难时，宜接至竖管的两侧。若在两根竖管之间引入两根进水管时，应在两根进水管之间设分隔阀门（平时常开，只在发生事故或检修时暂时关闭）。当其中一根发生故障时，其余的进水管应能保证消防用水量和水压的要求。

③消防竖管的布置，应保证同层相邻两个消火栓水枪的充实水柱，同时到达被保护范围内的任何部位。十八层及十八层以下，每层不超过8户、建筑面积不超过650m^{2}的塔式住宅，当设两根消防竖管有困难时，可设一根竖管，但必须采用双阀双出口型消火栓。

④消防竖管的直径应按通过流量经计算确定，其最小流量见表2-22。当计算出来的消防竖管直径小于100mm时。应考虑消防车通过水泵接合器往室内管网送水的可能性，仍采用100mm。

⑤高层建筑室内消防给水管道应采用阀门分成若干独立段。阀门的布置应使管道在检修时，被关闭的竖管不超过一根。当竖管超过四根时，可关闭不相邻的两根竖管。

与高层主体建筑相连的附属建筑（裙房）内，因阀门关闭而停止使用的消火栓在同层中不超过5个。

⑥当高层建筑内同时设有消火栓给水系统和自动喷水灭火系统时，应将室内消火栓给水系统与自动喷水灭火系统分开设置，如有困难，可合用消防水泵，但在自动喷水灭火系统的报警阀前（沿水流方向）必须分开设置。

⑦室内消防给水管道的阀门应经常处于开启状态，并应有明显的启闭标志。一般常采用明杆闸阀、蝶阀、带关闭指示的信号阀等。

（4）消防水箱：消防水箱是保证室内消防给水设备扑救初期火灾的水量和水压的有效设施。

1）设置常高压给水系统并能保证建筑物内最不利消火栓和自动喷水灭火系统等的水量和水压的建筑物，可不设置消防水箱。设置干式消防竖管的建筑物可不设置消防水箱。

2）设置临时高压给水系统（独立设置或区域集中）的建筑物应设置消防水箱（包括气压水罐、水塔、分区给水系统的分区水箱）；高层建筑应设高位消防水箱。

3）高层和超高层建筑中，在采用串联水泵消防给水时，应设置中间水箱、中间转输水箱或重力水箱。

4）高层建筑中，当消火栓栓口的静水压力超过1.0MPa时，除采用减压阀进行分区外，也可采用设置减压水箱的方式进行分区。

5）消防水箱的设置应符合下列规定：

①重力自流的消防水箱应设在建筑物的最高部位。

②室内消防水箱包括气压水罐水塔，分区给水系统的分区水箱的有效容积应储存10min的室内消防用水量。

当室内消防用水量小于等于25L/s，经计算水箱储水量超过12m^{3}时，仍采用12m^3；当室内消防用水量大于25L/s，经计算水箱储水量超过18m^{3}时，仍可采用18m^3。

6）高位消防水箱的设置应符合下列规定：

①高位消防水箱的容积：

a. 一类公共建筑不应小于18m^3；

b. 二类公共建筑和一类居住建筑不应小于12m^3；

c. 二类居住建筑不应小于 6m³。

②分区中间消防水箱：采用并联给水方式的分区中间消防水箱的容积应与高位消防水箱相同。

串联给水系统的分区中间水箱，其容积建议按 15～30min 的消防用水量计，且不宜小于 60m³。

③分区减压消防水箱：分区减压消防水箱在配管时，应满足进水量大于出水量，故可不考虑消防储水，满足浮球阀件等安装即可，但一般不小于 5m³。

④重力水箱：各区重力水箱的数量不应少于两个，且每个水箱的有效容积不小于 100m³。

⑤高位消防水箱的设置高度应保证最不利点消火栓静水压力。当建筑高度不超过 100m 时，高层建筑最不利点消火栓静水压力不应低 0.7MPa；当建筑高度超过 100m 时，高层建筑最不利点消火栓静水压力不应低于 0.15MPa。

7）为防止生活、生产用水水质污染，消防水箱不宜与其他用水的水箱合用，若消防用水与其他用水合用水箱，应有消防用水不作他用的技术措施。具体做法见图 2-22～图 2-24。另外，还要采取防止水质变坏的措施。

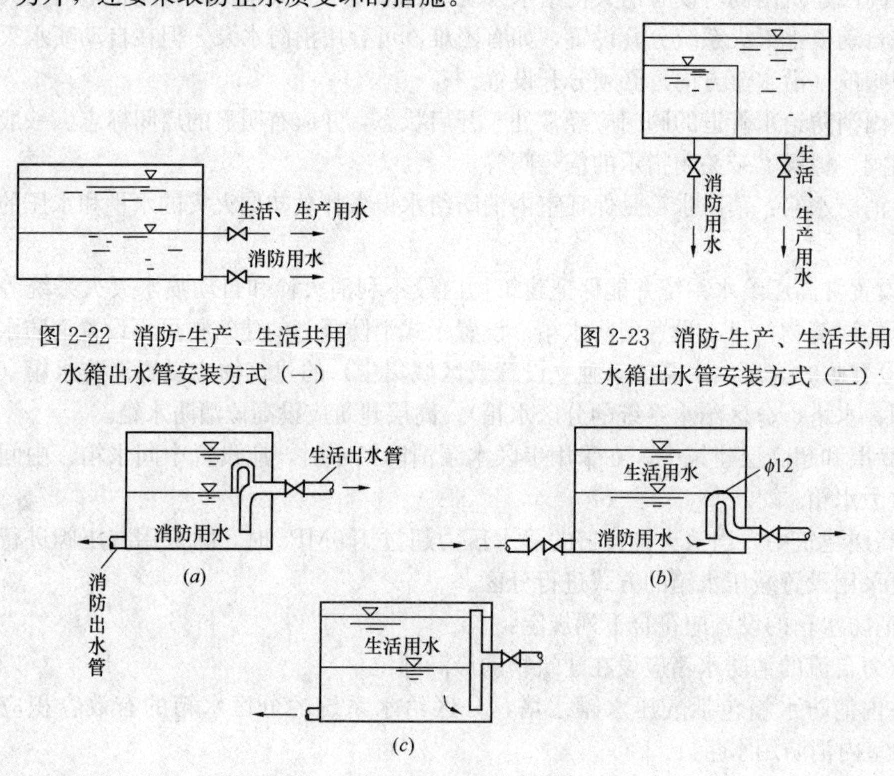

图 2-22　消防-生产、生活共用水箱出水管安装方式（一）

图 2-23　消防-生产、生活共用水箱出水管安装方式（二）

图 2-24　共用水箱生活和消防出水管安装方式

(*a*)、(*b*)、(*c*) 为不同出水管安装方式

8）消防水箱应利用生产或生活给水管补水，严禁采用消防水泵补水。

发生火灾后，由消防水泵供给的消防用水，不应进入消防水箱，以保证室内消火栓和自动喷水灭火系统等有足够的水压和水量。为此，在消防水箱的消防用水的出水管上，应设置止回阀，只允许水箱内的水进入消防管网，防止消防管网的水进入水箱。并且，止回阀设置的高度应保证其的正常工作。

9）高层建筑物内的消防水箱最好采用两个。如一个水箱检修时，仍可保存必要的消防用水。尤其是重要的高层建筑以及建筑高度超过 50m 的建筑物，设置两个消防水箱分贮消防用水是完全必要的。在设置两个消防水箱贮存消防用水时，应用连通管在水箱底部进行连接，并在连通管上设阀门，此阀门应处于常开状态，见图 2-25。

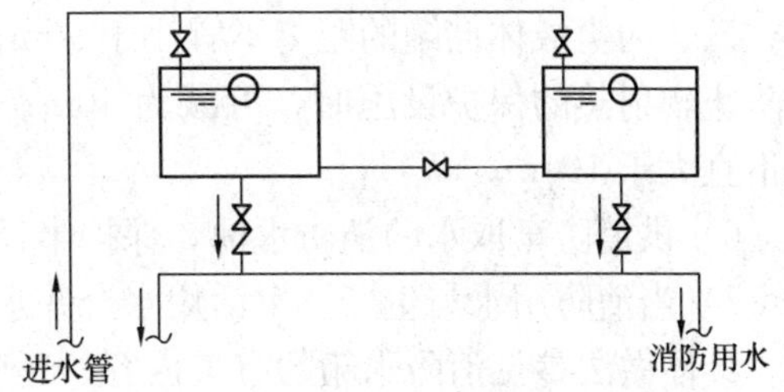

图 2-25 两个消防水箱的管道连接

（5）消防增压设备：当高位消防水箱设置不能保证建筑物内最不利点消火栓的静水压力时，应在水箱附近设增压设施。增压设施日前有增压水泵（又称稳压泵）和气压给水装置两类。

增压水泵的出水量，对消火栓给水系统不应大于 5L/s，对自动喷水灭火系统不应大于 1L/s，以利系统消防主泵及时启动供水。

气压罐的调节水容量按自动喷水灭火系统、消火栓系统和两个系统合用分，分别为 150L、300L 和 450L，以利及时启动泵站的消防主泵。

（6）消防水池：

1）消防水池的设置条件。具有下列情况之一者应设消防水池：

①自市政给水管道引出的进水管不能保证消防流量要求，或天然水源因水位太低、水量太少与枯水季节等不能保证消防用水量要求时。

②市政给水管道为枝状或只有一条进水管，且室内外消防用水量超过 25L/s（二类居住建筑室内外消防用水量之和为 25L/s，故可不设消防水池）。

2）消防水池的容量：当室外给水管网能保证室外消防用水量时，消防水池的有效容量应满足在火灾延续时间内室内消防用水量的要求。当室外给水管网不能保证室外消防用水量时，消防水池的有效容量应满足在火灾延续时间内室内消防用水量与室外消防用水量不足部分之和的要求。

当室外给水管网供水充足且在火灾情况下能保证连续补水时，消防水池的容量可减去火灾延续时间内补充的水量。

补水量应经计算确定，补水管的设计流速以 1m/s 计算，且最大不宜大于 2.5m/s。

3）消防水池的补水时间不宜超过 48h；对于缺水地区或独立的石油库区，不应超过 96h。

4）容量大于 500m³ 的消防水池，应分设成两个能独立使用的消防水池。消防水池的布置方式，见图 2-26。

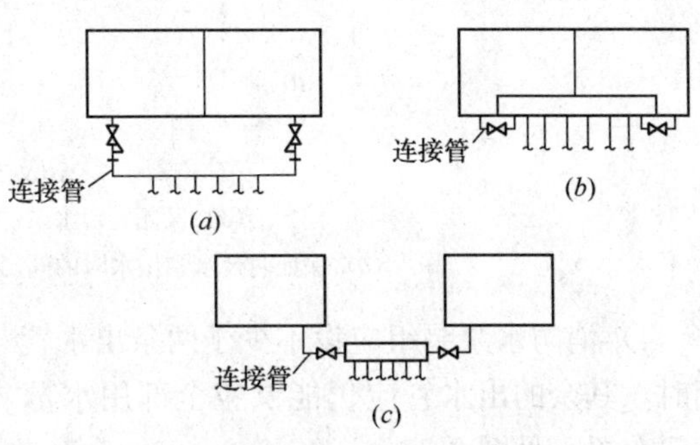

图 2-26 消防水池布置方式

(a)、(b)、(c) 为不同的布置方式

注：图中连接管均应按消防总流量选管径。

5）供消防车取水的消防水池应设取水口或取水井，其水深应保证消防车的消防水泵吸水高度不超过6m。取水口或取水井与建筑物（水泵房除外）的距离不宜小于15m；与甲、乙、丙类液体储罐的距离不宜小于40m；与液化石油气储罐的距离不宜小于60m，若有防止辐射热的保护设施时，可减为40m；与被保护高层建筑的外墙距离不宜小于5m，并不宜大于100m。

6）供消防车取水的消防水池，保护半径不应大于150m。

7）当消防用水与生产、生活用水合并水池时，应有确保消防用水不被动用的技术措施。具体做法参见消防水箱的有关内容。还应采取防止水质变坏的措施。

8）同一时间内只考虑一次火灾的高层建筑群，可共用消防水池，其容量应满足消防用水量最大的一幢高层建筑的消防用水要求。

9）利用游泳池、喷水池、循环冷却水池等专用水池兼作消防水池时，其功能须全部满足上述要求外，应保持全年有水、不得放空（包括冬季）。

10）在寒冷地区的室外消防水池应有防冻措施：消防水池必须有盖板，盖板上须覆土保温；人孔和取水口设双层保温井盖。

（7）消防水泵和消防水泵房：

1）当消防给水管网与生产、生活给水管网合用时，生产、生活、消防水泵的流量不小于生产、生活最大小时用水量和消防用水量之和。

当消防给水管网与生产、生活给水管分别设置时，消防水泵的流量应不小于消防用水量。

2）消防水泵直接从环状市政给水管网吸水时，消防水泵的扬程应按市政给水管网的最低压力计算，并以市政给水管网的最高水压校核。

3）一组消防水泵的吸水管不应少于两条，其中一条关闭或损坏、检修时，其余的吸水管应仍能通过全部用水量。两条吸水管的设置，见图2-27。

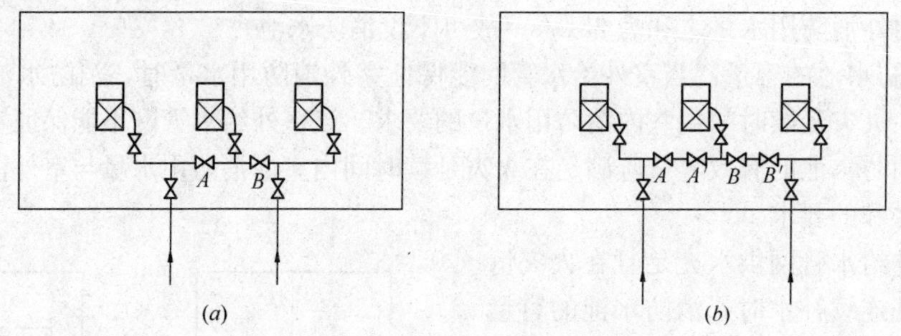

图2-27　泵站吸水管路阀门布置

（a）保证一台水泵供水时的阀门布置；

（b）保证两台水泵供水时的阀门布置：A、B、A′、B′—阀门

4）消防水泵泵组应设不少于两条出水管与消防环状管网连接。当其中一条出水管关闭时，其余的出水管应仍能供应全部用水量，见图2-28、图2-29。此时，泵房内的管路阀门布置，见图2-30。

5）消防水泵应采用自灌式吸水，在吸水管上应设阀门。

6）消防水泵的供水管上应设止回阀、闸阀（或蝶阀）以及试验和检查用的压力表和

65mm的放水阀。当低层建筑消防给水系统存在超压可能时，出水管上应采取防超压措施。

7）供应转输消防水箱水的消防转输泵应满足消防水量的要求，并应独立设置，且应有备用泵；转输给水管不应少于两条。

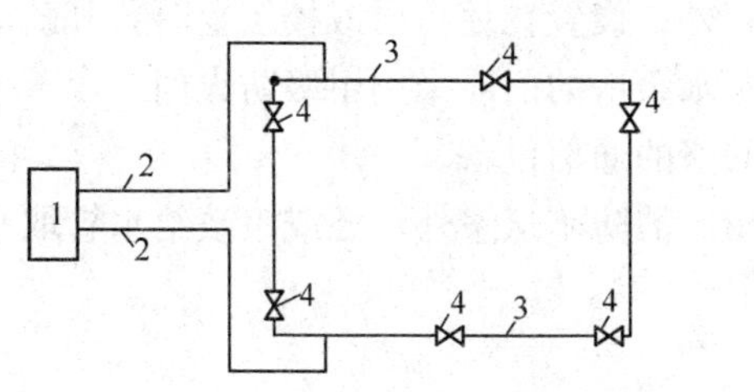

图2-28　消防泵房出水管与环状管网连接示意

1—泵房；2—出水管；3—环状管网；4—消防阀门

室内管网　室内管网

正确的做法　错误的做法

图2-29　消防泵出水管与室内管网连接方法

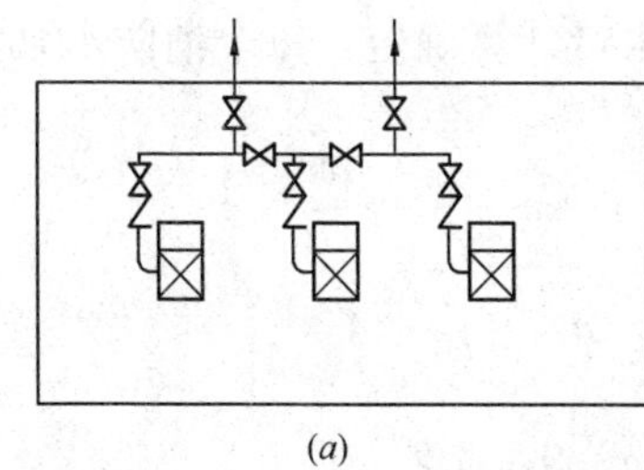

(*a*)

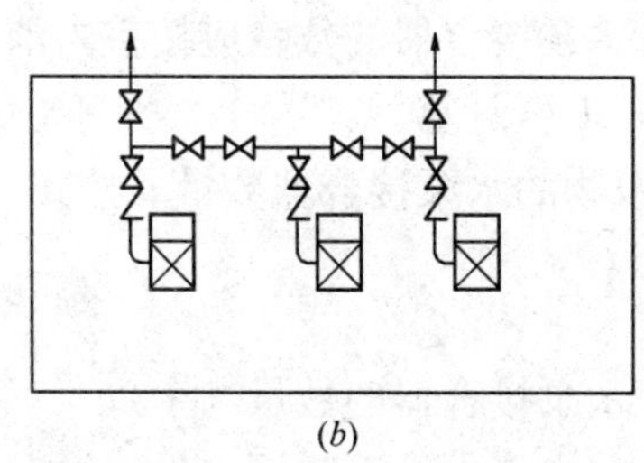

(*b*)

图2-30　泵站出水管路阀门布置

(*a*) 保证一台水泵供水时的阀门布置；(*b*) 保证两台水泵供水时的阀门布置

8）高层建筑消防给水系统应采取防超压措施。一般采用的具体措施如下：

①合理布置消防给水系统，减小竖向分区的给水压力值。

②采用多台水泵并联运行的工作方式。

③选用流量——扬程曲线平缓的水泵作消防水泵。

④提高管道和附件承压能力。

⑤在消防水泵的供水管上设置安全阀或其他泄压装置。

⑥在消防水泵的供水管上设回流管泄压，回流水流入消防水泵吸入池。

9）消防水泵应设备用泵，其工作能力不应小于其中最大一台消防工作泵。但符合下列条件之一时，可不设备用泵：

①室外消防用水量不超过25L/s的工厂、仓库。

②室内消防用水量小于10L/s的建筑。

10）消防水泵应保证在火警后30s内启动，并在火场断电时仍能正常运转。设有备用泵的消防泵站或泵房，应设备用动力，若采用双电源或双回路供电有困难时，可采用内燃机作动力。

11）消防水泵与动力机械应直接连接。

12）水泵吸水管的流速可采用1～1.2m/s（DN<250mm）或1.2～1.6m/s（DN≥

250mm)。水泵出水管的流速可采用1.5～2.0m/s。

13）独立建造的消防水泵房，其耐火等级不应低于二级。附设在建筑中的消防水泵房应采用耐火极限不低于2.00h的隔墙和不低于1.50h的楼板与其他部位隔开。

消防水泵房设置在首层时，其疏散门宜直通室外；设置在地下层或楼层上时，其疏散门应靠近和直通（若是高层建筑）安全出口。消防水泵房的门应采用甲级防火门。

14）消防水泵房宜设有与本单位消防队直接联络的通信设备。

（8）水泵接合器：消防水泵接合器是消防队使用消防车从室外水源或市政给水管取水向室内管网供水的接口。

1）设置要求

①高层厂房（仓库）、设置室内消火栓且层数超过4层的厂房（仓库）、设置室内消火栓且层数超过5层的公共建筑，其室内消火栓给水系统应设置消防水泵接合器。

②高层建筑的室内消火栓给水系统和自动喷水灭火系统均应设水泵接合器。室内消防给水系统采取竖向分区供水时，在消防车供水压力范围内的每个分区均需分别设置水泵接合器。只有采用串联消防给水方式时，可仅在下区设水泵接合器供全楼使用。

2）消防水泵接合器的数量应按室内消防用水量计算确定，每个消防水泵接合器的流量宜按10～15L/s计算。

每栋建筑物的水泵接合器数量n按式（2-6）计算；

$$n=\frac{Q}{q} \tag{2-6}$$

式中 n——水泵接合器的数量（个）；

Q——室内消火栓消防用水量（L/s）；

q——每个水泵接合器供水量（L/s），一般取10～15L/s。

3）设置位置

①水泵接合器应设在室外便于消防车接近、使用、不妨碍交通的地点。除墙壁式水泵接合器外，距建筑物外墙应有一定距离，一般不宜小于5m。

②消防水泵接合器应设置在室外便于消防车使用的地点，与室外消火栓或消防水池取水口的距离宜为15～40m。

水泵接合器应与室内消防环网连接，连接点应尽量远离固定消防水泵出水管与室内管网的接点。

4）当采用墙壁式水泵接合器时，其中心高度距室外地坪为700mm，接合器上部墙面不宜是玻璃窗或玻璃幕墙等易破碎材料，以防火灾时，破碎玻璃砸下损坏水龙带或砸伤消防人员。当必须在该位置设置水泵接合器时，其上部应采取有效遮挡保护措施。

5）水泵接合器与室内消防管网连接的管段上应设止回阀、安全阀、闸阀和泄水阀。

止回阀用于防止室内消防给水管网的水回流至室外管网，安全阀用于防止管网压力过高。

6）当室内消火栓系统和自动喷水灭火系统或不同消防分区的水泵接合器集中布置时，应有明显的标志加以区分。

7）水泵接合器宜采用地上式；当采用地下式或墙壁式水泵接合器时，应有明显标志。

（9）消防给水系统和消火栓的减压措施：

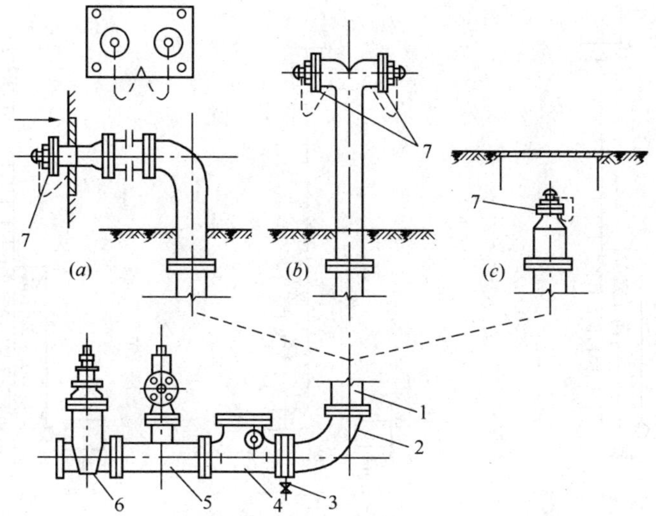

图 2-31 消防水泵接合器外形

(a) SQB 型墙壁式；(b) SQ 型地上式；(c) SQX 型地下式
1—法兰接管；2—弯管；3—放水阀；4—升降式止回阀；
5—安全阀；6—模式闸阀；7—进水用消防接口

1）在高层建筑中，消火栓栓口的静水压力不应大于 1.0MPa，当大于 1.0MPa 时，应采取分区给水系统。消火栓栓口的出水压力大于 0.50MPa 时，消火栓处应设减压装置。

2）消防给水系统的减压措施：

①减压阀减压分区给水系统：消防水泵的压力不大于 2.4MPa，其竖向可采用减压阀减压分区。当采用减压阀减压分区给水方式时，应满足下列要求：

a. 不宜超过两个分区。

b. 应采用质量可靠能减动、静压的减压阀。

减压阀分区与管道的连接，见图 2-32、图 2-33。

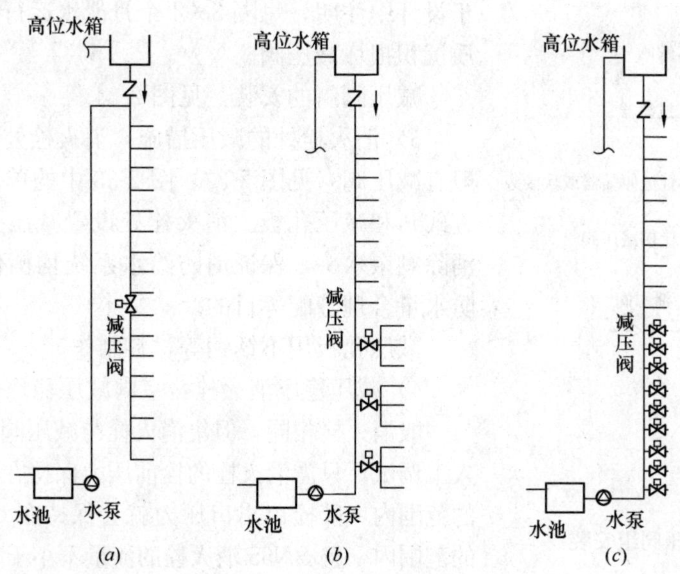

图 2-32 水箱单向供水减压阀设置

(a) 立管减压方式示意；(b) 横干管减压方式示意；(c) 单层横支管减压方式示意

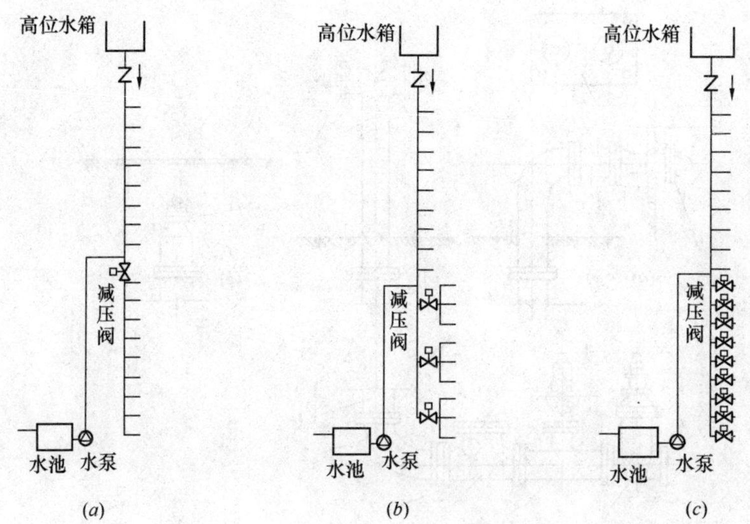

图 2-33 水泵、高位水箱双向供水减压阀设置

(a) 立管减压方式；(b) 横干管减压方式；(c) 单层横支管减压方式

②用于分区消防给水的减压阀，其安装应符合如下要求：

a. 减压阀组宜由两个减压阀并联安装组成。两个减压阀应交换使用，互为备用。

b. 减压阀前后应装设检修阀门，宜装设软接头或伸缩节，便于检修安装。

c. 减压阀前应装设过滤器，并应便于排污。过滤器宜采用 40 目滤网。

d. 减压阀前后应装设压力表。

e. 减压阀宜垂直安装，且孔口应置于易观察检查之方向。若要水平安装，透气孔应朝下以防堵塞。

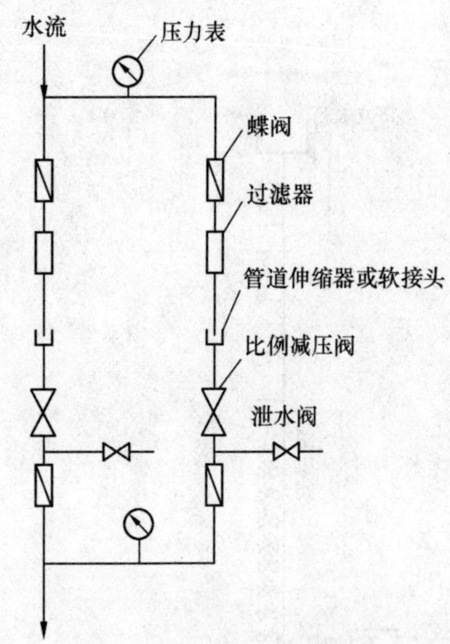

图 2-34 减压阀组安装

f. 减压阀组后（沿水流方向），应设泄水阀，并于设计中注明，每隔 3～4 个月泄水运行一次，以防杂质沉积损坏减压阀。

减压阀组的安装，见图 2-34。

3）消火栓处的减压措施：消火栓处的减压装置一般有减压阀（见图 2-32、图 2-33 中的单层横支管减压方式）和减压孔板。消火栓处设置减压孔板的目的是消除剩余水头，保证消防给水系统均衡供水，达到消防水量合理分配等目的。

减压孔板用不锈钢等材料制作。

4）减压稳压消火栓：室内减压稳压消火栓的外形与一般消火栓相同，但集消火栓与减压阀于一身，不需人工调试，只需消火栓的栓前压力保持在 0.4～0.8MPa 的范围内，其栓口出口压力就会保持在 0.3±0.05MPa 的范围内，且 *SN*65 消火栓的流量不小于 5L/s。

该减压稳压消火栓的栓体内部采用了由活塞套、活塞及弹簧组成的减压装置。活塞的底部受进水水压的作用，上部受弹簧力作用，活塞的侧壁上开有特别设计的泄水孔，且可在活塞套中上、下滑动。当旋启手轮，打开消火栓时见图 2-35，若进水端水压 P_1 较大，其作用于活塞底部的水压力大于弹簧的弹性张力，活塞在活塞套内向上滑动，此时活塞侧壁上的泄水孔受活塞套遮挡，泄水孔的有效流通面积减小，水流阻力增大，故栓后的压力 P_2 会减小；反之，若进水端水压 P_1 较小，弹簧张力就会大于活塞底部的水压力，活塞就向下滑动，此时泄水孔被活塞套遮挡部分减小，泄水孔的有效流通面积增大，水流阻力减小，故栓后的压力 P_2 增大。

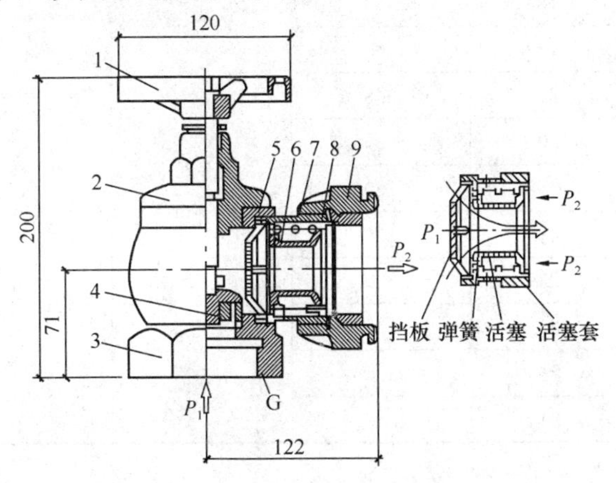

图 2-35 活塞型减压稳压消火栓

图 2-36 旋转型减压稳压消火栓

主要部件名称及材质 **表 2-9**

序号	名 称	材 质	序号	名 称	材 质
1	手轮	灰铸铁	7	弹簧	弹簧钢
2	阀盖	灰铸铁	8	活塞套	黄铜
3	阀体	灰铸铁	9	固定接口	铝合金
4	阀座	黄铜	10	密封装置	—
5	挡板	不锈钢	11	旋转机构	—
6	活塞	黄铜	12	底座	灰铸铁

减压稳压消火栓的产品技术参数，见表 2-10。栓前、栓后的压力曲线（P_1-P_2 曲线），见图 2-37。

主要部件参数 **表 2-10**

固定接口	KN65 内扣式消防接口
试验压力	2.4MPa
公称压力	1.6MPa
栓前压力 P_1	0.4～1.6MPa
栓后压力 P_2	0.25～0.35MPa
减压稳压类别	Ⅲ
流量	5～7L/s

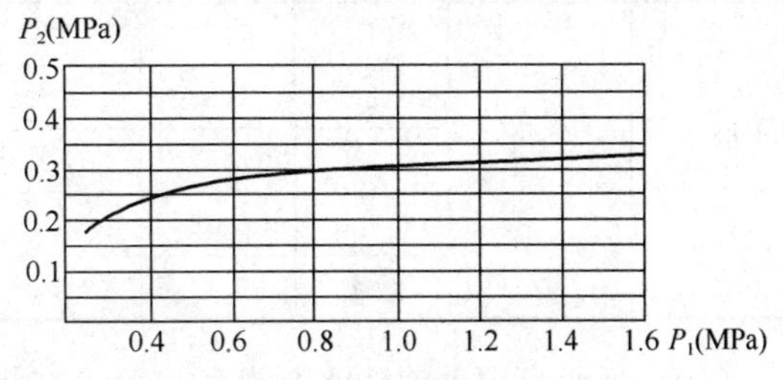

图 2-37 栓前、栓后的压力曲线

5）可调式无后坐力多功能消防水枪

可调式无后坐力多功能消防水枪具有反作用力小、易于操作、可以根据灭火需要调节流量和射流状态，便于理顺水带扭曲打结现象等特点，已通过国家消防产品质量监督检测机构的检验，适用于工作压力≥0.5MPa且未采取减压措施的消防给水系统或稳高压消防给水系统及适用单位备有专职消防人员的建筑物室内消火栓箱内配置，见图2-38、图2-39。

快捷式技术性能表 表2-11

栓前水压(MPa)	流量(L/s)	有效射程(m)		水枪反作用力(kg)	灭火时喷雾角度	质量(kg)
		直流状态	喷雾状态			
0.3	5.25	23	18	0	30°～50°	1.3
0.4	5.60	25	18	0		
0.5	6.10	28	20	0.5		
0.6	6.60	29	20	0.5		
0.7	6.90	30	23	1.0		
0.8	7.30	32	23	1.0		
0.9	7.80	32	23	2.0		
1.0	8.30	34	24	2.5		
1.1	8.80	34	24	2.5		
1.2	9.30	35	24	3.0		

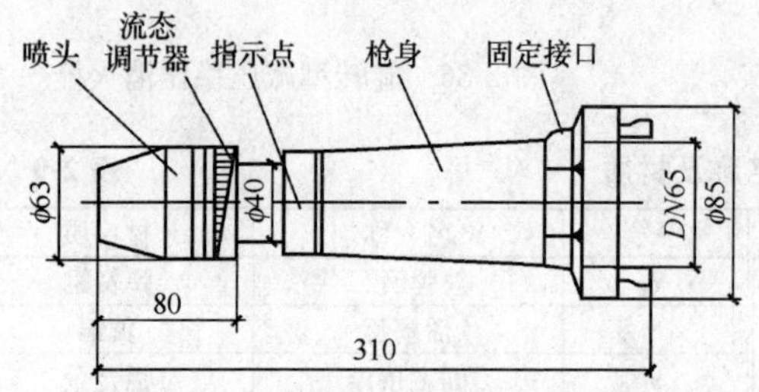

图2-38 可调式无后坐力快捷式消防水枪

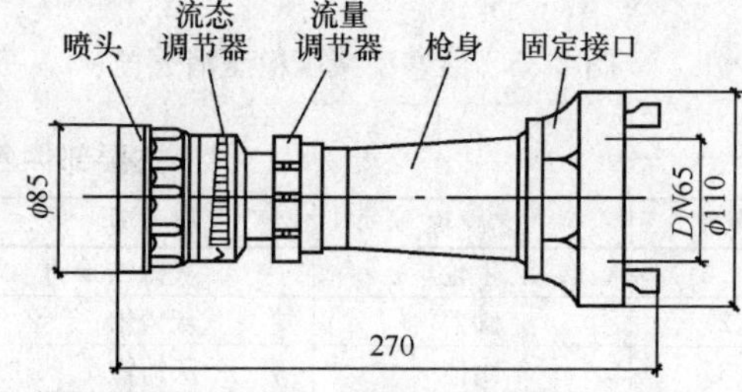

图2-39 可调式无后坐力便携式消防水枪

便携式技术性能表 表2-12

栓前水压(MPa)		流量		水枪反作用力(kg)	有效射程(m)		喷雾角度		质量(kg)
额定压力	允许范围	档位	(L/s)		直流状态	喷雾状态	可调范围	灭火时	
1.2	0.4～1.2	1	2.50	0	20	10	0°～140°	30°～50°	1.3
		2	5.83	0	30	20			
		3	6.67	0.8	30	20			
		4	8.33	1.0	34	25			
		激流	9.17	2.0	23	23			

(10) 远距离启动消防水泵设备：为了在火灾发生后能迅速提供消防管网所需的水量和水压，必须设置远距离启动消防水泵的设备。

1) 在高层建筑的每个室内消火栓处，应设置消防水泵启动按钮。

2) 建筑物内的消防控制中心，均应设置远距离启动或停止消防水泵运转的设备。

(11) 消防排水

1) 消防排水的主要来源

①消防给水系统如室内消火栓、自动喷水灭火系统喷头等设施，在灭火时的流出水量。

②生活、生产给水系统用水设备的使用者在火灾发生时，由于救火、紧急疏散等原因。未关闭用水设备而引起的用水继续出流和溢流现象。

③室内贮水装置或设备因火灾破坏而流出的水量。

④火灾造成排水管道损坏，无法正常排水带来的积水现象。

2）消防排水的措施：

①消防电梯间前室门口宜设挡水设施。

②消防电梯的井底应设排水设施。

a. 当有条件将消防电梯井底的积水排向室外雨水道或排向低于消防电梯井底的废水井时，可直接排放。为防止雨水倒灌，排放管应在室外适当地方装设止回阀。但消防电梯井底的排水管不得与散发气味的生活污水系统相连接。

b. 消防电梯井底积水不能直接排放时，应在井底旁边（无条件时也可在井底下部）设容量不小于 $2m^3$ 的排水抗。

c. 排水坑内设排水泵。消防排水泵应符合下列要求：消防排水泵宜选用潜水泵；宜设备用泵，也可安装一台、库存一台，消防排水泵的流量不应小于10L/s；消防排水泵的启、闭可采用自动控制与就地手动控制两种控制方法。

2.2.4 设计计算

低（多）层建筑消火栓消防给水系统设计计算：

（1）低（多）层建筑消火栓消防用水量，火灾延续时间和火灾发生次数：

1）室外消防用水量

①城市、居住区的室外消防用水量应按同一时间内的火灾次数和一次灭火用水量确定。同一时间内的火灾次数和一次灭火用水量不应小于表2-13的规定。

城市、居住区同一时间内的火灾次数和一次灭火用水量　　表2-13

人数 N(万人)	同一时间内的火灾次数（次）	一次灭火用水量(L/s)
$N\leqslant1$	1	10
$1<N\leqslant2.5$	1	15
$2.5<N\leqslant5$	2	25
$5<N\leqslant10$	2	35
$10<N\leqslant20$	2	45
$20<N\leqslant30$	2	55
$30<N\leqslant40$	2	65
$40<N\leqslant50$	3	75
$50<N\leqslant60$	3	85
$60<N\leqslant70$	3	90
$70<N\leqslant80$	3	95
$80<N\leqslant100$	3	100

注：城市的室外消防用水量应包括居住区、工厂、仓库、堆场、储罐（区）和民用建筑的室外消火栓用水量。当工厂、仓库和民用建筑的室外消火栓用水量按《建规》表8.2.2-2（即本手册表2-14）的规定计算，其值与按本表计算不一致时，应取较大值。

②工厂、仓库和民用建筑的室外消防用水量，不应小于表2-14的规定。

工厂、仓库和民用建筑一次灭火的室外消火栓用水量（L/s）　　表2-14

耐火等级	建筑物类别		建筑物体积 V （m^3）					
			$V \leqslant 1500$	$1500 < V \leqslant 3000$	$3000 < V \leqslant 5000$	$5000 < V \leqslant 20000$	$20000 < V \leqslant 50000$	$V > 50000$
一、二级	厂房	甲、乙类	10	15	20	25	30	35
		丙类	10	15	20	25	30	40
		丁、戊类	10	10	10	15	15	20
	仓库	甲、乙类	15	15	25	25	—	—
		丙类	15	15	25	25	35	45
		丁、戊类	10	10	10	15	15	20
	民用建筑		10	15	15	20	25	30
三级	厂房（仓库）	乙、丙类	15	20	30	40	45	—
		丁、戊类	10	10	15	20	25	35
	民用建筑		10	15	20	25	30	—
四级	丁、戊类厂房（仓库）		10	15	20	25	—	—
	民用建筑		10	15	20	25	—	—

注：1. 室外消火栓用水量应按消防用水量最大的一座建筑物计算。成组布置的建筑物应按消防用水量较大的相邻两座计算；

2. 国家级文物保护单位的重点砖木或木结构的建筑物，其室外消火栓用水量应按三级耐火等级民用建筑的消防用水量确定；

3. 铁路车站、码头和机场的中转仓库其室外消火栓用水量可按丙类仓库确定。

③可燃材料堆场、可燃气体储罐（区）的室外消防用水量，不应小于表2-15的规定。

可燃材料堆场、可燃气体储罐（区）的室外消防用水量（L/s）　　表2-15

名称		总储量或总容量	消防用水量
粮食 W(t)	土圆囤	$30 < W \leqslant 500$	15
		$500 < W \leqslant 5000$	25
		$5000 < W \leqslant 20000$	40
		$W > 20000$	45
	席穴囤	$30 < W \leqslant 500$	20
		$500 < W \leqslant 5000$	35
		$5000 < W \leqslant 20000$	50
棉、麻、毛、化纤百货 W(t)		$10 < W \leqslant 500$	20
		$500 < W \leqslant 1000$	35
		$1000 < W \leqslant 5000$	50
稻草、麦秸、芦苇等易燃材料 W（t）		$50 < W \leqslant 500$	20
		$500 < W \leqslant 5000$	35
		$5000 < W \leqslant 10000$	50
		$W > 10000$	60
木材等可燃材料 V（m^3）		$50 < V \leqslant 1000$	20
		$1000 < V \leqslant 5000$	30
		$5000 < V \leqslant 10000$	45
		$V > 10000$	55

续表

名　　称	总储量或总容量	消防用水量
煤和焦炭 W（t）	$100<W\leqslant 5000$	15
	$W>5000$	20
可燃气体储罐（区）V（m^3）	$500<V\leqslant 10000$	15
	$10000<V\leqslant 50000$	20
	$50000<V\leqslant 100000$	25
	$100000<V\leqslant 200000$	30
	$V>200000$	35

注：固定容积的可燃气体储罐的总容积按其几何容积（m^3）和设计工作压力（绝对压力，10^5Pa）的乘积计算。

2）室内消防用水量：室内消防用水量应根据同时使用水枪数量和充实水柱长度，由计算确定，但不应小于表 2-16 的规定。

室内消火栓用水量和水枪充实水柱　　表 2-16

建筑物名称	高度 h（m）、层数、体积 V（m^3）或座位数 n（个）		消火栓用水量（L/s）	同时使用水枪数量（支）	每根竖管最小流量（L/s）	水枪充实水柱不应小于（m）
厂房	$h\leqslant 24$	$V\leqslant 10000$	5	2	5	1. 一般 7； 2. 甲、乙类厂房和>四层的厂房 10； 3. 高层工业建筑 13
		$V>10000$	10	2	10	
	$24<h\leqslant 50$		25	5	15	
	$h>50$		30	6	15	
仓库	$h\leqslant 24$	$V\leqslant 5000$	5	1	5	1. 一般 10； 2. 高架库房 13
		$V>5000$	10	2	10	
	$24<h\leqslant 50$		30	6	15	
	$h>50$		40	8	15	
科研楼、试验楼	$h\leqslant 24$，$V\leqslant 10000$		10	2	10	1. 一般 7； 2. >六层为 10
	$h\leqslant 24$，$V>10000$		15	3	10	
车站、码头、机场的候车（船、机）楼和展览建筑等	$5000<V\leqslant 25000$		10	2	10	1. 一般 7； 2. >六层为 10； 3. >25000m^3 为 13
	$25000<V\leqslant 50000$		15	3	10	
	$V>50000$		20	4	15	
剧院、电影院、会堂、礼堂、体育馆等	$800<n\leqslant 1200$		10	2	10	1. 一般 7； 2. >六层为 10； 3. >25000m^3 为 13
	$1200<n\leqslant 5000$		15	3	10	
	$5000<n\leqslant 10000$		20	4	15	
	$n>10000$		30	6	15	
商店、旅馆等	$5000<V\leqslant 10000$		10	2	10	1. 一般 7； 2. >六层为 10
	$10000<V\leqslant 25000$		15	3	10	
	$V>25000$		20	4	15	
病房楼、门诊楼等	$5000<V\leqslant 10000$		5	2	5	1. 一般 7； 2. >六层为 10
	$10000<V\leqslant 25000$		10	2	10	
	$V>25000$		15	3	10	
办公楼、教学楼等其他民用建筑	层数≥6 层或 $V>10000$		15	3	10	1. 一般 7； 2. >六层为 10
国家级文物保护单位的重点砖木或木结构的古建筑	$V\leqslant 10000$		20	4	10	1. 一般 7； 2. >六层为 10
	$V>10000$		25	5	15	
住宅	层数≥8		5	2	5	7

注：1. 丁、戊类高层厂房（仓库）室内消火栓的用水量可按本表减少 10L/s，同时使用水枪数量可按本表减少 2 支；

2. 消防软管卷盘或轻便消防水龙及住宅楼梯间中的干式消防竖管上设置的消火栓，其消防用水量可不计入室内消防用水量。

3）火灾延续时间：低层建筑火灾的延续时间见表 2-17 规定。

<table>
<caption>不同场所的火灾延续时间（h）　表 2-17</caption>
<tr><th>建筑类别</th><th>场所名称</th><th>火灾延续时间（h）</th></tr>
<tr><td rowspan="4">甲、乙、丙类液体储罐</td><td>浮顶罐</td><td rowspan="3">4.0</td></tr>
<tr><td>地下和半地下固定顶立式罐、覆土储罐</td></tr>
<tr><td>直径小于等于 20m 的地上固定顶立式罐</td></tr>
<tr><td>直径大于 20m 的地上固定顶立式罐</td><td rowspan="2">6.0</td></tr>
<tr><td rowspan="2">液化石油气储罐</td><td>总容积大于 220m³ 的储罐区或单罐容积大于 50m³ 的储罐</td></tr>
<tr><td>总容积小于等于 220m³ 的储罐区且单罐容积小于等于 50m³ 的储罐</td><td rowspan="5">3.0</td></tr>
<tr><td rowspan="3">可燃气体储罐</td><td>湿式储罐</td></tr>
<tr><td>干式储罐</td></tr>
<tr><td>固定容积储罐</td></tr>
<tr><td rowspan="2">可燃材料堆场</td><td>煤、焦炭露天堆场</td></tr>
<tr><td>其他可燃材料露天、半露天堆场</td><td>6.0</td></tr>
<tr><td rowspan="2">仓库</td><td>甲、乙、丙类仓库</td><td>3.0</td></tr>
<tr><td>丁、戊类仓库</td><td>2.0</td></tr>
<tr><td rowspan="2">厂房</td><td>甲、乙、丙类厂房</td><td>3.0</td></tr>
<tr><td>丁、戊类厂房</td><td>2.0</td></tr>
<tr><td rowspan="2">民用建筑</td><td>公共建筑</td><td rowspan="2">2.0</td></tr>
<tr><td>居住建筑</td></tr>
<tr><td rowspan="3">灭火系统</td><td>自动喷水灭火系统</td><td rowspan="3">应按相应现行国家标准确定</td></tr>
<tr><td>泡沫灭火系统</td></tr>
<tr><td>防火分隔水幕</td></tr>
</table>

4）同一时间内的火灾次数：工厂、仓库和民用建筑在同一时间内的火灾次数，不应小于表 2-13、表 2-18 中的规定。

<table>
<caption>同一时间内的火灾次数　表 2-18</caption>
<tr><th>名　称</th><th>基地面积（hm²）</th><th>附有居住区人数（万人）</th><th>同一时间内的火灾次数</th><th>备　注</th></tr>
<tr><td rowspan="3">工　厂</td><td rowspan="2">≤100</td><td>≤1.5</td><td>1</td><td>按需水量最大的一座建筑物（或堆场、贮罐）计算</td></tr>
<tr><td>>1.5</td><td>2</td><td>工厂、居住区各一次</td></tr>
<tr><td>>100</td><td>不限</td><td>2</td><td>按需水量最大的两座建筑物（或堆场、贮罐）计算</td></tr>
<tr><td>仓库民用建筑</td><td>不限</td><td>不限</td><td>1</td><td>按需水量最大的一座建筑物（或堆场、贮罐）计算</td></tr>
</table>

注：1. 采矿、选矿等工业企业，如各分散基地有单独的消防给水系统时，可分别计算；
　　2. $1hm^2=10000m^2$。

(2) 室外高压消防给水系统消火栓栓口水压计算：室外高压消防给水系统管网内经常维持足够高的压力，火灾灭火时不需使用消防车或其他移动式消防水泵加压，而直接由消火栓接出水带、水枪灭火。

根据实践，为有效地扑救火灾和保证消防人员安全，在生活、生产和消防用水量为最大且水枪布置在保护范围内建筑物最高处时，水枪的充实水柱不应小于10m。

在计算压力时，应采用口径为65mm，长度为120m（6条20m长的水带）的绵纶或衬胶水带和喷嘴口径为19mm的水枪，每支水枪的流量不小于5L/s，见图2-40。

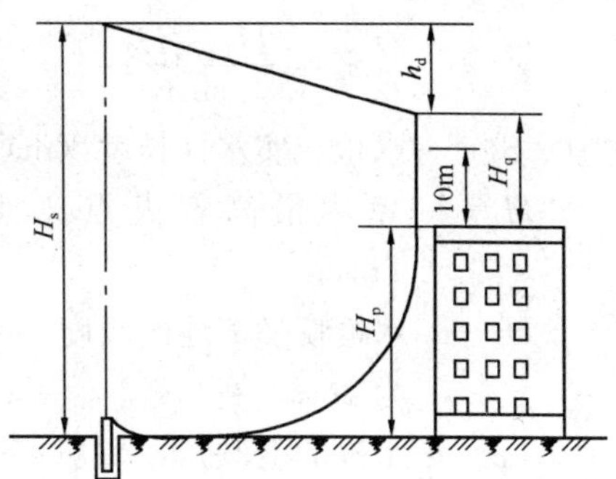

图2-40 消火栓压力计算示意

室外高压消防给水系统最不利点消火栓栓口最低的压力应按式(2-7)计算：

$$H_s = H_p + H_q + h_d \tag{2-7}$$

式中 H_s——室外最不利点消火栓栓口最低的压力(MPa)；

H_p——消火栓地面与最高屋面（最不利点）地形高差所需静水压(MPa)；

H_q——19mm水枪，充实水柱不小于10m，每支水枪的流量不小于5L/s时，水枪喷嘴所需要的压力(MPa)；

h_d——衬胶水带直径DN65、长120m、Q=5L/s时的消防水带的水头损失(MPa)。

(3) 室内消火栓栓口水压计算：

1) 室内消火栓栓口的最低水压，按式(2-8)计算：

$$H_{xh} = h_d + H_q = A_d L_d q_{xh}^2 + \frac{q_{xh}^2}{B} \tag{2-8}$$

式中 H_{xh}——消火栓栓口的最低水压(kPa)；

h_d——消防水带的水头损失(kPa)；

H_q——水枪喷嘴造成一定长度的充实水柱所需水压(kPa)；

A_d——水带的比阻，按表2-19采用；

水带比阻 A_d 值 **表2-19**

水带口径(mm)	比阻 A_d 值	
	维尼龙帆布或麻质帆布水带	衬胶的水带
50	0.1501	0.0677
65	0.0430	0.0172

L_d——水带的长度(m)；

q_{xh}——水枪喷嘴射出流量(L/s)；

B——水枪水流特性系数，见表2-20。

水枪水流特性系数 B 值 **表2-20**

喷嘴直径(mm)	9	13	16	19	22	25
B值	0.0079	0.0346	0.0793	0.158	0.2834	0.4727

2）充实水柱长度计算：

①水枪充实水柱长度 S_k，见图 2-41，并按式（2-9）计算：

$$S_k = \frac{H_1 - H_2}{\sin\alpha} \quad (2\text{-}9)$$

式中　S_k——水枪充实水柱长度（m）；

H_1——室内最高着火点离地面高度（m）；

H_2——水枪喷嘴离地面高度（m），一般为 1m；

α——水枪的上倾角，一般可采用 45°，最大上倾角不应大于 60°。

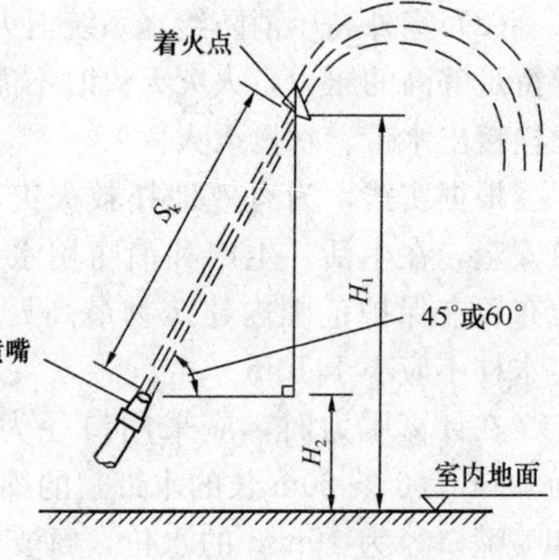

图 2-41　倾斜射流的 S_k

当 α 为 45°时，公式（2-9）转化为

$$S_k = \frac{H_1 - H_2}{\sin 45°} = 1.41(H_1 - H_2) \quad (2\text{-}10)$$

②不同的充实水柱有不同的压力和流量。表 2-21 所示为在不同喷嘴口径的直流水枪，与其充实水柱长度 S_k 相应的压力和流量值。

直流水枪与其 S_k 相应的压力和流量　　**表 2-21**

充实水柱 S_k (m)	不同喷嘴口径的压力和流量					
	13mm		16mm		19mm	
	压力 (MPa)	流量 (L/s)	压力 (MPa)	流量 (L/s)	压力 (MPa)	流量 (L/s)
6.0	0.079	1.7	0.078	2.5	0.074	3.5
7.0	0.094	1.8	0.090	2.7	0.088	3.8
8.0	0.110	2.0	0.103	2.9	0.103	4.1
9.0	0.127	2.1	0.123	3.1	0.118	4.3
10.0	0.147	2.3	0.137	3.3	0.132	4.6
11.0	0.167	2.4	0.157	3.5	0.147	4.9
11.3	—	—	—	—	0.154	5.0
11.5	0.177	2.5	—	—	—	—
12.0	0.186	2.6	0.172	3.8	0.167	5.2
12.5	0.211	2.7	0.191	4.0	0.181	5.4
13.0	0.235	2.9	0.216	4.2	0.201	5.7
13.5	0.260	3.0	0.235	4.4	0.221	6.0
14.0	0.289	3.2	0.260	4.6	0.240	6.2
15.0	0.324	3.4	0.284	4.8	0.265	6.5
15.5	0.363	3.6	0.314	5.1	0.289	6.8
16.0	0.407	3.8	0.348	5.3	0.319	7.1

不同室内净高下所需的水枪充实水柱 S_k，见表 2-22。

不同室内净高的水枪充实水柱长度 S_k 计算值（按 $\alpha=45°$ 计） **表 2-22**

室内每层净高 H_1（m）	3.0	3.5	4.0	4.5	5.0	5.5	6.0	6.5	7.0	7.5	8.0	8.5
S_k（m）	2.83	3.54	4.24	4.95	5.66	6.36	7.07	7.78	8.49	9.20	9.90	10.61
室内每层净高 H_1（m）	9.0	9.5	10.0	10.5	11.0	11.5	12.0	12.5	13.0	13.5	14.0	14.5
S_k（m）	11.31	12.02	12.73	13.44	14.14	14.85	15.56	16.26	16.97	17.68	18.38	19.09
室内每层净高 H_1（m）	15.0	15.5	16.0	16.5	17.0	17.5	18.0	18.5	19.0	19.5	20.0	20.5
S_k（m）	19.8	20.51	21.21	21.92	22.63	23.33	24.04	24.75	25.46	26.16	26.87	27.58
室内每层净高 H_1（m）	21.0	21.5	22.0	22.5	23.0	23.5	24.0					
S_k（m）	28.28	29.00	29.70	30.41	31.11	31.82	32.53					

③为便于计算和校核，也可查充实水柱长度 S_k，水枪喷嘴所需水压 H_q 及喷嘴出流量 q_{xh} 三者关系曲线，见图 2-42，此图只适用于麻质水带。

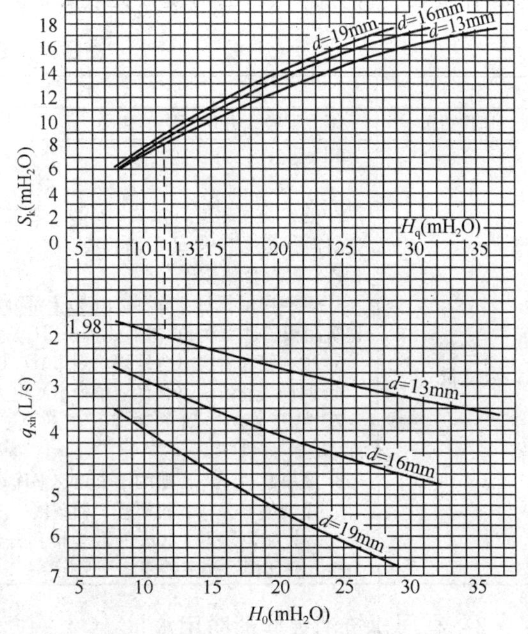

图 2-42 $S_k-H_q-q_{xh}$ 计算关系曲线

(4) 室内消火栓保护半径计算：室内消火栓的保护半径，按式（2-11）计算：

$$R=L_d+L_s \quad (2\text{-}11)$$

式中 R——消火栓保护半径（m）；

L_d——水带铺设长度（m）。考虑到水带的转弯曲线，应为水带长度乘以折减系数 0.8；

L_s——水枪充实水柱长度在平面上的投影长度（m）。当水枪倾角为 45°时，$L_s=0.71S_k$。

(5) 消防水池的容积计算：消防水池的有效容积（扣除水池中被立柱、隔墙、梁、导流堵等构件所占据以及水池下部无法被消防水泵所取用的那部分容积），按式（2-12）计算：

$$V=(Q_x-Q_p)t\frac{3600}{1000} \quad (2\text{-}12)$$

式中 V——消防水池有效容积（m^3）；

Q_x——室内、外消防用水总量（L/s）；

Q_p——在火灾延续时间内可连续补充的水量（L/s）；

t——火灾延续时间（h），见表 2-17。

(6) 消防管道的水头损失计算：

1) 管道沿程水头损失：当消防给水管道采用钢管或铸铁给水管时，其管道沿程水头损失由式（2-13）计算确定：

$$H_f=iL=0.0000107\frac{v^2}{d_j^{1.3}}L \quad (2\text{-}13)$$

式中 H_f——管道沿程水头损失（MPa）；

i——管道单位长度的水头损失（MPa/m）；

L——管道长度（m）；

v——管道内的平均水流速度（m/s）；

d_j——管道计算内径（m）；

单位长度管道的水头损失 i，也可由水力计算表查出。

2）管道局部水头损失，管道局部水头损失 H_j 可按沿程水头损失的百分比进行估算。

高层建筑消火栓消防给水系统设计计算：

(1) 高层建筑消火栓消防用水量，火灾延续时间：

1）高层民用建筑物分类的规定：高层民用建筑应根据其使用性质、火灾危险性、疏散和扑救难度等分为一、二两类，见表 2-23。

高层民用建筑分类 **表 2-23**

名 称	一 类	二 类
居住建筑	十九层及十九层以上的住宅	十层至十八层的住宅
公共建筑	1. 医院； 2. 高级旅馆； 3. 建筑高度超过 50m 或 24m 以上部分的任一楼层的建筑面积超过 1000m^2 的商业楼、展览楼、综合楼、电信楼、财贸金融楼； 4. 建筑高度超过 50m 或 24m 以上部分的任一楼层的建筑面积超过 1500m^2 的商住楼； 5. 中央级和省级（含计划单列市）广播电视楼； 6. 网局级和省级（含计划单列市）电力调度楼； 7. 省级（含计划单列市）邮政楼、防灾指挥调度楼； 8. 藏书超过 100 万册的图书馆、书库； 9. 重要的办公楼、科研楼、档案楼； 10. 建筑高度超过 50m 的教学楼和普通的旅馆、办公楼、科研楼、档案楼等	1. 除一类建筑以外的商业楼、展览楼、综合楼、电信楼、财贸金融楼、商住楼、图书馆、书库； 2. 省级以下的邮政楼、防灾指挥调度楼、广播电视楼、电力调度楼； 3. 建筑高度不超过 50m 的教学楼和普通的旅馆、办公楼、科研楼、档案楼等

2）高层建筑消火栓消防用水量：

①高层民用建筑消火栓消防用水量，不应小于表 2-24 的要求。

消火栓给水系统的用水量 **表 2-24**

高层建筑类别	建筑高度(m)	消火栓用水量(L/s)		每根竖管最小流量(L/s)	每支水枪最小流量(L/s)
		室外	室内		
普通住宅	≤50	15	10	10	5
	>50	15	20	10	5
1. 高级住宅； 2. 医院； 3. 二类建筑的商业楼、展览楼、综合楼、财贸金融楼、电信楼、商住楼、图书馆、书库； 4. 省级以下的邮政楼、防灾指挥调度楼、广播电视楼、电力调度楼； 5. 建筑高度不超过 50m 的教学楼和普通的旅馆、办公楼、科研楼、档案楼等；	≤50	20	20	10	5
	>50	20	30	15	5

续表

<table>
<tr><th rowspan="2">高层建筑类别</th><th rowspan="2">建筑高度（m）</th><th colspan="2">消火栓用水量（L/s）</th><th rowspan="2">每根竖管最小流量（L/s）</th><th rowspan="2">每支水枪最小流量（L/s）</th></tr>
<tr><th>室外</th><th>室内</th></tr>
<tr><td rowspan="2">1. 高级旅馆；
2. 建筑高度超过 50m 或每层建筑面积超过 1000m² 的商业楼、展览楼、综合楼、财贸金融楼、电信楼；
3. 建筑高度超过 50m 或每层建筑面积超过 1500m² 的商住楼；
4. 中央和省级（含计划单列市）广播电视楼；
5. 网局级和省级（含计划单列市）电力调度楼；
6. 省级（含计划单列市）邮政楼、防灾指挥调度楼；
7. 藏书超过 100 万册的图书馆、书库；
8. 重要的办公楼、科研楼、档案楼；
9. 建筑高度超过 50m 的教学楼和普通的旅馆、办公楼、科研楼、档案楼等</td><td>≤50</td><td>30</td><td>30</td><td>15</td><td>5</td></tr>
<tr><td>>50</td><td>30</td><td>40</td><td>15</td><td>5</td></tr>
</table>

注：建筑高度不超过 50m，室内消火栓用水量超过20L/s，且设有自动喷水灭火系统的建筑物，其室内、外消防用水量可按本表减少 5L/s。

②高层建筑采用消火栓灭火时火灾延续时间规定如下：

a. 商业楼、展览楼、综合楼、一类建筑的财贸金融楼、图书馆、书库，重要的档案楼、科研楼和高级旅馆的火灾延续时间，应按 3h 计算。

b. 其他高层建筑，可按 2h 计算。

（2）消防给水管网管径的确定：在确定消防给水管网管径前，首先要选定建筑物的最高、最远的两个或多个消火栓作为计算最不利点，同时确定室内消火栓系统，并按照消防规范规定的室内消防用水量确定通过各管段的流量，即进行流量分配。流量分配的原则，见表 2-25。

高层和超高层建筑最不利点计算流量分配 **表 2-25**

室内消防计算流量（L/s）	最不利消防竖管出水枪数（支）	相邻消防竖管出水枪数（支）	次相邻消防竖管出水枪数（支）
10	2		
20	2	2	
25	3	2	
30	3	3	
40	3	3	2

注：1. 出两支水枪的竖管，如设置双出口消火栓时，最上一层按双出口消火栓进行计算；
2. 出三支水枪的竖管，如设置双出口消火栓时，最上一层按双出口消火栓加相邻下一层一支水枪进行计算。

对于高层建筑，当确定通过各管段流量时，还应考虑以下几个因素：

1）火灾期间消防水流实际存在两种不同的流向，即火灾初期的 10min 以内，由高位水箱向管网供水，此时水流是自上而下流动；当消防水泵启动后，消防用水改由水泵供水，此时水流是自下而上流动。

2）灭火期间，某段管路发生临时故障，消防水流需要绕行而改变原来的流量分配。

3）扑救火灾时，消防车通过水泵接合器向室内管网供水的可能性。

在全面分析并确定消防管网能满足各管段流量需要后，即可按流量分式 $Q=\frac{1}{4}\pi d^2 v$ 来计算各管段的管径，或查水力计算表。消防管道内水的流速不宜大于2.5m/s。

消防管道进行水力计算时，其沿程阻力损失的计算方法与给水管网相同，管道的局部阻力损失，通常可按沿程阻力损失的10%估算。如需精确计算，则应按局部阻力损失公式计算。

（3）消防给水系统的增压设备计算和选用：

1）增压水泵加气压水罐的增压设施：在高层建筑中，当消防水箱的高度与最不利点消火栓处静水压力不能满足《高层民用建筑设计防火规范》GB 50045—1995（2005年版）关于建筑高度不超过100m的高层建筑不应低于0.07MPa，建筑高度超过100m的高层建筑不应低于0.15MPa的规定时，一般常在靠近高位水箱的顶层采用增压泵加气压水罐的方法增压。这时设备的计算和选用方法如下：

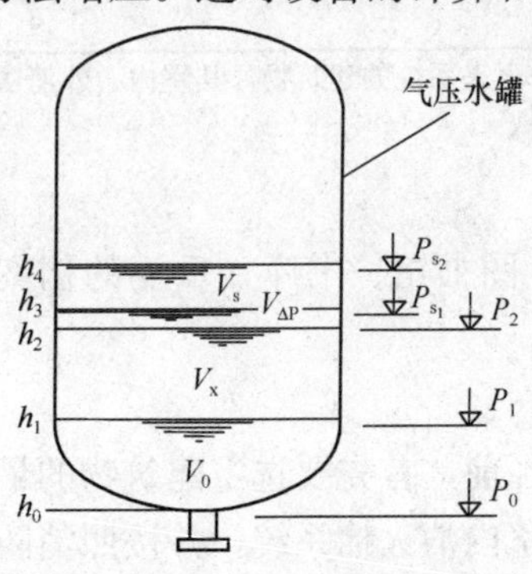

图2-43 补气式气压水罐

V_x—贮水容积；P_0—起始压力；P_1—最低工作压力；P_2—最高工作压力，灭火消防水泵启动压力；P_{s_1}—稳压水容积下限压力，稳压消防水泵启动压力；P_{s_2}—稳压水容积上限压力，稳压消防水泵停止压力；V_s—稳压水容积；$V_{\Delta P}$—缓冲水容积；V_0—不动水容积；h_1—消防贮水容积下限水位；h_2—消防贮水容积上限水位；h_3—稳压水容积下限水位；h_4—稳压水容积上限水位

①增压泵的设计参数：

a. 增压泵的流量 Q：消火栓系统专用时，Q=5L/s；自动喷水灭火系统专用时，Q=1L/s。

b. 增压泵的扬程：当增压设施为消火栓系统专用或为消火栓系统与自动喷水灭火系统合用时，按气压罐内消防贮水容积下限水位（图2-43中的 h_1）时，仍能保证消火栓栓口处充实水柱的压力（图2-43中的 P_1）计算：当增压设施为自动喷水灭火专用时，按气压罐内消防贮水容积下限水位（图2-43中的 h_1）时，仍能保证最不利喷头5m的工作压力计算。

②气压水罐各项参数的设计计算：

参见1.9.4节“气压水罐和水泵的计算与选用”。

2）单设增压水泵的增压设施：在采用单设增压水泵的增压设施时，要求有质量好和可靠性高的增压水泵、阀门和控制系统。并且宜两套装置并联安装，其中一套运行，另一套备用。

①增压水泵的设计参数：

a. 增压泵的流量 Q：增压泵的流量 Q 与增压水泵加气压水罐的设施一样，采用如下流量值：消火栓系统专用时，Q=5L/s；自动喷水灭火系统专用时，Q=1L/s。

b. 增压泵的扬程：当增压泵位于屋顶水箱间或屋顶设备层时，增压泵的扬程即为增压水泵加气压水罐设施时的最低工作压力 P_1。

当增压泵同消防主泵均位于消防水泵房时，增压泵扬程同消防主泵。

②增压水泵的控制：

a. 增压泵的开启与关闭，可由安装在消防泵出水管上的压力开关自动控制。当压力下降值为低于消防管网工作压力 0.07MPa 时增压泵开启，当恢复到工作压力时关闭增压泵。当压力下降值为 0.10MPa 时，消防水泵开启，而增压泵停止工作。

b. 当增压泵为两台时，宜控制两台泵定时或依次轮换启动。

c. 消防主泵开启后应同时关闭增压泵。

d. 消防主泵和增压泵的工作状态，不仅要在机房控制盘上显示，同时也应在楼内消防控制室内显示。

(4) 室内消火栓的减压计算

1) 室内消火栓剩余水头的计算：室内消火栓栓口压力过大带来两方面不利。其一出水压力增大，水枪的反作用力也大，将使人难以操作；其二出水压力增大，消火栓出水量也增大，将会使消防水箱的储水量在较短时间内被用完。因此，消除消火栓栓口剩余水压是十分必要的。减压后消火栓栓口的出水压力应在 H_{xh}～0.50MPa 之间（H_{xh}为消火栓栓口要求的最小灭火水压）。消火栓剩余压力计算应从两种工况来分析。

当水泵由下向上管网供水时，按式（2-14）计算：

$$H_{xsh}=H_b-H_{xh}-h_s-\Delta h \tag{2-14}$$

式中 H_{xsh}——计算层最不利点消火栓栓口剩余水压（MPa）；

H_b——水泵在设计流量时的扬程（MPa）；

H_{xh}——消火栓栓口所需最小灭火水压（MPa）；

h_s——计算消火栓与水泵最低吸水面之间的高程差引起的静水压（MPa）；

Δh——水经水泵到计算层最不利点消火栓之间管道沿程和局部水头损失之和（MPa）。

当由消防水箱向下供水时，按式（2-15）计算：

$$H_{xsb}=h_x-H_{xh}-\Delta h \tag{2-15}$$

式中 H_{xsh}——计算层最不利点消火栓栓口的剩余水压（MPa）；

h_x——消防水箱最低水位与计算层最不利点消火栓栓口之间高差引起的静水压（MPa）；

H_{xh}——消火栓栓口所需最小灭火水压（MPa）；

Δh——由消防水箱至计算层最不利点消火栓之间的管道沿程和局部水头损失之和（MPa）。

消火栓系统内压力和流量是个多变值，工程设计中可以简化一些。减压计算中，出水压力超过 0.5MPa 的消火栓不必每层计算，可以每隔 3～5 层选用同一规格的孔板，只要满足栓口出水压力在 H_{xh}～0.5MPa 之间即可。

2) 减压孔板的计算与选择，见第 13.4 节。

(5) 消防水泵扬程的计算：消防水泵的扬程应在满足消防流量的条件下，保证最不利点消火栓的水压要求。可按式（2-16）计算：

$$H_b=H_q+h_d+h_g+h_z \tag{2-16}$$

式中 H_b——消防水泵的扬程（MPa）；

H_q——最不利点消火栓消防水枪喷嘴所需最低水压（MPa）；

h_d——消防水带的水头损失（MPa）；

h_g——消防给水管网在最不利点流量分配情况下，从消防泵出口至最不利点消火栓间的沿程和局部阻力损失（MPa）；

h_z——消防水池最低水位与最不利点消火栓之间的高程差（MPa）。

消防竖管的流量分配，见表 2-24。水枪喷嘴压力、水带压力损失的计算方法，见“低、多层建筑消火栓消防给水系统设计计算”的有关室内消火栓栓口水压计算部分内容。

消防水泵的出口压力，按上述方法计算后，应按最不利管段在检修（或损坏）时进行水力校核计算。

当消防水泵直接从市政管网吸水时，上述方法计算所得的扬程还需扣除市政管网的最低水压，并以市政管网的最高水压校核，以防系统超压。

2.2.5 消火栓消防给水系统计算实例

【例 1】 有一栋十六层高层塔式民用住宅楼，住宅楼层高为 2.8m，考虑暖气走管，在八层和十六层层高取 3.1m，室内外高差取 1.2m。每层 9 户，建筑面积为 720m²。试设计其室内消防给水系统。

【解】 (1) 消防管的设置：

该建筑为建筑高度小于等于 50m 的普通住宅，属二类民用高层建筑。由于每层住宅多于 8 户，建筑面积超过 650m²，故楼内至少设 2 条消防竖管。结合楼内平面布置，根据应保证同层相邻两个消火栓的水枪的充实水柱，同时达到被保护范围内的任何部位的规定，楼内每层平面设 2 条消防竖管即可，同时在消防电梯前室另设 1 条消防竖管，全楼共设 3 条消火栓消防竖管。其消火栓消防给水系统见图 2-44。

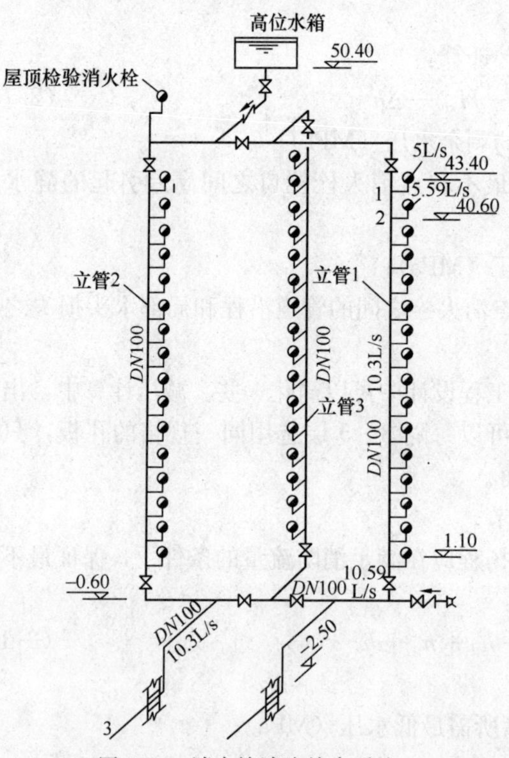

图 2-44 消火栓消防给水系统

市政给水管网水压不能直接供至建筑物最高处，所以在楼外与其他高层住宅楼一起设立区域集中临时高压消防给水系统，并在楼内设屋顶消防水箱。发生火灾前 10min 消防用水由屋顶消防水箱供水，火灾发生后，在使用消火栓的同时，按下直接启动消防水泵的按钮，在报警的同时启动区域高压消防给水泵房中的消防水泵，续供 10min 以后的消防用水。

(2) 屋顶水箱的设置与计算

1) 水箱的容积：对于二类居住建筑，水箱有效容积取 6m³。

2) 水箱的设置高度：根据“当建筑高度不超过 100m 时，高层建筑最不利点消火栓静水压力不应低于 0.07MPa”的规定，水箱箱底的设置高度取：

$$43.4+7.0=50.4\text{m}$$

(3) 消火栓及管网的计算

1) 底层消火栓所承受的静水压力为

50.40－1.10＝49.30≤100，因此该消火栓系统可不分区。

2）最不利点消火栓栓口的压力计算：设图2-44中的3点为消防用水入口，那么立管1的顶层1号消火栓为最不利点；室内消火栓选用*SN*65型、水枪为*QZ*19、衬胶水带*DN*65长25m，根据规范规定1号消火栓水枪充实水柱不应低于10m，查表2-21，此时消火栓栓口压力为0.132MPa，水枪流量为4.6L/s，不足5.0L/s；根据规范规定一支消火栓流量应为5.0L/s，因此要提高压力，增大水枪流量q_{xh}至5.0L/s；根据式（2-8）计算1号消火栓栓口最低水压，查表2-19，$A_d=0.0172$，查表2-20，$B=0.158$，水龙带长$L_d=25m$。则

$$
\begin{aligned}
H_{xh} &= A_d L_d q_{xh}^2 + \frac{q_{xh}^2}{B} \\
&= 0.0172 \times 25 \times 5^2 + \frac{5^2}{0.158} = 10.75 + 158.22 \\
&\doteq 168.97\text{kPa} \doteq 0.17\text{MPa}
\end{aligned}
$$

所以1号消火栓栓口最低压力为0.17MPa。

3）消防给水管网管径的确定：查表2-23，楼内消火栓消防用水量为10L/s，立管上出水枪数为2支。虽然，对于用水量10L/s，选用*DN*80钢管即可（流速$v=2.01$m/s），但根据规范规定，高层建筑室内消防竖管管径不应小于100mm，故决定将消防进水管及竖管都选用*DN*100钢管。

4）消防给水管网入口压力的计算：在图2-44系统图中，消防用水从3点入口时，16层1号消火栓是最不利点。

该处的压力为$H_1=0.17$MPa，流量5L/s。

十五层2号消火栓的压力H_2应等于H_1＋（层高2.8m）＋（十五～十六层的消防竖管的水头损失）。

*DN*100钢管，当$q=5$L/s时，查表水力坡降$i=0.00749$，则

$$
\begin{aligned}
H_2 &= 17 + 2.8 + 0.00749 \times (1 + 10\%) \times 2.8 \\
&= 19.82\text{m} = 0.20\text{MPa}
\end{aligned}
$$

十五层消火栓的消防出水量为

$$H_{xh} = A_d L_d q_{xh}^2 + \frac{q_{xh}^2}{B}$$

$$q_2 = \sqrt{\frac{H_2}{A_d L_d + \frac{1}{B}}} = \sqrt{\frac{19.82}{0.0000172 \times 25 + \frac{1}{1.58}}} = 5.59\text{L/s}$$

2点与3点之间的流量：$q=q_1+q_2=5+5.59=10.59$L/s，*DN*100钢管，水力坡降$i=0.0285$，管道长65.5m。则2～3点之间水头损失为

$$65.5 \times 0.0285 \times (1+10\%) = 2.05\text{m} = 0.02\text{MPa}$$

消防给水管网入口3点所需水压为

$$[43.40-(-2.50)]+17+(0.02+2.05) = 64.97\text{m} \doteq 0.65\text{MPa}$$

从上计算可知，十六层消火栓栓口动水压力为0.17MPa，十五层消火栓栓口压力为0.20MPa。同理，十四层消火栓处的压力应等于H_2＋（层高2.8）＋（14～15层）消防竖管的水头损失，应为

19.82＋2.8＋2.8×0.0285×(1＋10%)＝22.7m≐0.23MPa

同理，计算出从十三层至一层的消火栓口动水压力。各消火栓的剩余压力即为动水压力减去保证消火栓流量为5.0L/s时栓口的水压为17m，将计算结果列于表2-26。从表2-26中看出：一～五层的消火栓动水压力超过0.50MPa，有必要设置减压孔板。

计算第五层的消火栓给水管上设置的减压孔板。

已知第五层消火栓的水量5L/s，管径$DN65$剩余水压为$H=0.33$MPa，则$v=1.51$m/s。根据公式（13-15），修正计算得出：

$$H_1=\frac{H}{v^2}\times 1=\frac{0.33}{1.51^2}=0.145\text{MPa}$$

查表13-36当消火栓支管管径为$DN65$时，选用21mm孔径的孔板。将一～四层各消火栓动水压力分别减去0.33MPa，所得减压后的实际压力见表2-26压力均小于0.5MPa，所以一～四层减压孔板孔径也是21mm。竖管2和消防前室竖管上消火栓减压孔板的设置与竖管1相同。

从理论上说，还应该考虑检修或有事故时，消防用水通过立管2供至1处消火栓的情况，但因管网的水头损失值相差甚微，为了简化计算，该过程从略。

另外一种计算工况，是消火栓消防用水从高位水箱由上而下供水，此时若仍从消火栓动水压力超过50m才设减压孔板，全楼基本上可不设减压孔板，但是这样在使用较低楼层的消火栓时，消防水箱的贮水量会在较短时间内被用完。因此是不合理的。故也有从剩余压力超过0.17MPa（即消火栓出水量为5L/s时的栓口压力）的楼层开始设置减压孔板的做法。按此大致可从十层以下开始设减压孔板，既能保证高位水箱在火灾开始时的用水时间，也能使消火栓的栓口压力维持在H_{xh}～0.50MPa之间。

消火栓压力计算　　　**表2-26**

消火栓所在楼层	消防水泵从下而上供水			
	动水压力（MPa）	剩余压力（MPa）	减压后的实际水压（MPa）	孔板孔径（mm）
十六	0.17	0		
十五	0.19	0.02		
十四	0.23	0.06		
十三	0.26	0.09		
十二	0.28	0.11		
十一	0.31	0.14		
十	0.34	0.17		
九	0.37	0.20		
八	0.40	0.23		
七	0.43	0.26		
六	0.46	0.29		
五	0.50	0.33	0.17	*d*21
四	0.51		0.18	*d*21
三	0.55		0.22	*d*21
二	0.58		0.25	*d*21
一	0.62		0.29	*d*21

(4) 水泵接合器的选定：楼内消火栓消防用水量为10L/s，每个水泵接合器的流量为10～15L/s，故选用1个水泵接合器即可，采用外墙墙壁式，型号为*SQB*型，*DN*100。

【例2】 超高层消火栓给水系统设计

某开发区国际贸易中心，总建筑面积约230143m²。A座包括办公、酒店、观光等功能用房，楼高55层（建筑高度193.85m）；B座为商务公寓，楼高46层（建筑高度140.20m）；C座为住宅，楼高32层（建筑高度98.00m）。其中的三层地下室分别布置战时人防地下室（平时功能为地下车库）、地下车库、设备用房及局部商业用房；裙房部分包括1～6层商业、娱乐、展览、餐饮等用房，7层为屋顶花园。

本工程属一类超高层建筑。

【解】 消火栓系统的设计

(1) 水源

水源为城市自来水，市政给水管网为环状，设计从市政环网不同管段引入两根*DN*200给水管，给水引入管处水压为0.40MPa。消防用水量计算见表2-27。

消防用水量计算表 **表2-27**

序号	系统名称		用水量标准(L/s)	火灾延续时间(h)	一次消防用水量(m³)	备注
1	室外消火栓系统		30	3	324	由市政给水管网提供，不计入消防水池
2	室内消火栓系统		40	3	432	
3	自动喷水灭火系统	A、B座	24	1	86.4	中危险Ⅰ级
		地下车库	35	1	126	中危险Ⅱ级
		裙房（通透吊顶）	40	1	144	中危险Ⅱ级
		裙房（普通吊顶）	35	1	126	中危险Ⅱ级
地下消防水池容积(m³)					576	3小时室内消火栓用水和1小时喷淋用水（等分两格）
屋顶消防水池容积(m³)					126	30min室内消火栓及喷淋用水（等分两格）
A座22层避难层消防转输水箱(m³)					144	30min室内消火栓及喷淋用水（等分两格）

(2) 室内消火栓系统竖向分区（表2-28）

室内消火栓系统竖向分区表 **表2-28**

分区名称	分区区域	供水水箱提供压力位置	备注
Ⅰ区	A座7F～13F	A座22F消防转输水箱直接供水	重力水箱消防给水系统，消火栓栓口出水压力≥0.5MPa时，采用减压稳压水消火栓
	B座7F～21F	A座屋顶消防水箱经减压阀减压	
	C座7F～18F		
Ⅱ区	A座14F～22F B座22F～36F C座19F～30F	A座屋顶消防水箱经减压阀供水	重力水箱消防给水系统，消火栓栓口出水压力≥0.5MPa时，采用减压稳压水消火栓

续表

分区名称	分区区域	供水水箱提供压力位置	备注
Ⅲ区	A座23F～33F	A座屋顶消防水箱经减压阀供水	重力水箱消防给水系统，消火栓栓口出水压力≥0.5MPa时，采用减压稳压水消火栓
	B座37F～44F	A座屋顶消防水箱直接供水	
Ⅳ区	A座34F～45F	A座屋顶消防水箱直接供水	重力水箱消防给水系统，消火栓栓口出水压力≥0.5MPa时，采用减压稳压水消火栓
Ⅴ区	A座46F～顶层	A座屋顶消火栓给水泵供水	稳高压给水
	裙房及地下室	A座22F消防转输水箱经减压阀供水	重力水箱消防给水系统，消火栓栓口出水压力≥0.5MPa时，采用减压稳压水消火栓

（3）供水措施及设备选用

1）屋顶消防水池的两条进水管：22F转输消防给水泵加压系统引两条*DN*200分别作为两个消防水池进水管。

22F转输消防水池的两条进水管：B3层的消防给水泵加压系统引两条*DN*200分别作为两个消防水池进水管。

B3层的消防水池的两条进水管：市政供水管网引二条*DN*200分别作为两个消防水池进水管。

2）消火栓给水泵设置

地下三层及A座22层各设消防转输泵（同喷淋系统共用）三台，两用一备。

A座屋顶设消火栓给水泵两台，一用一备，另设增压稳压装置一套（包括两台稳压泵及气压罐一台）。增压稳压装置同喷淋系统共用。

3）消火栓给水泵控制

地下三层消防转输泵根据A座22层消防水箱液位自动控制，A座22层消防转输泵根据A座屋顶设备层消防水箱液位自动控制。

A座屋顶消火栓给水泵启泵方式有2种：

A座Ⅴ区消火栓启泵按钮直接启动。

根据气压罐压力信号及消火栓泵出水管上水流指示器信号启动，即当气压罐发出低压启消防主泵信号和消火栓泵出水管上水流指示器信号同时动作时自动启动消火栓给水泵。

除上述外，所有消火栓给水泵均能就地启动及消防控制室手动启动。泵启动后，反馈信号至消防控制中心。

（4）消火栓箱

消火栓采用带自救水喉的组合型消火栓。箱内包括*DN*65消火栓，25m长水龙带，ϕ19水枪、消防软管卷盘、阀门，A座46层及以上各层消火栓箱带消火栓泵启动按钮。

裙房及A座消火栓给水系统原理如图2-45所示，B座、C座消火栓给水系统原理如图2-46所示。

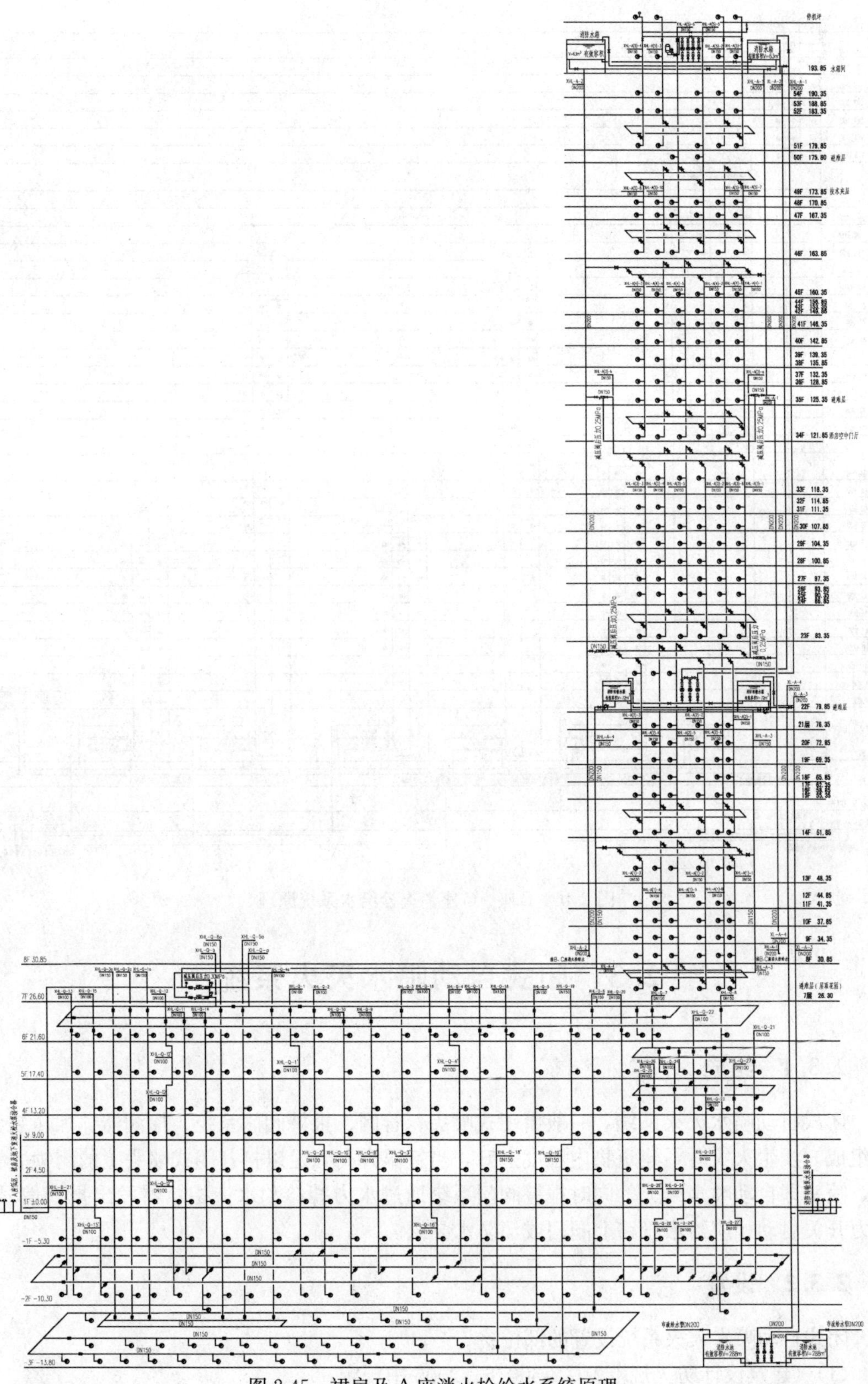

图 2-45　裙房及 A 座消火栓给水系统原理

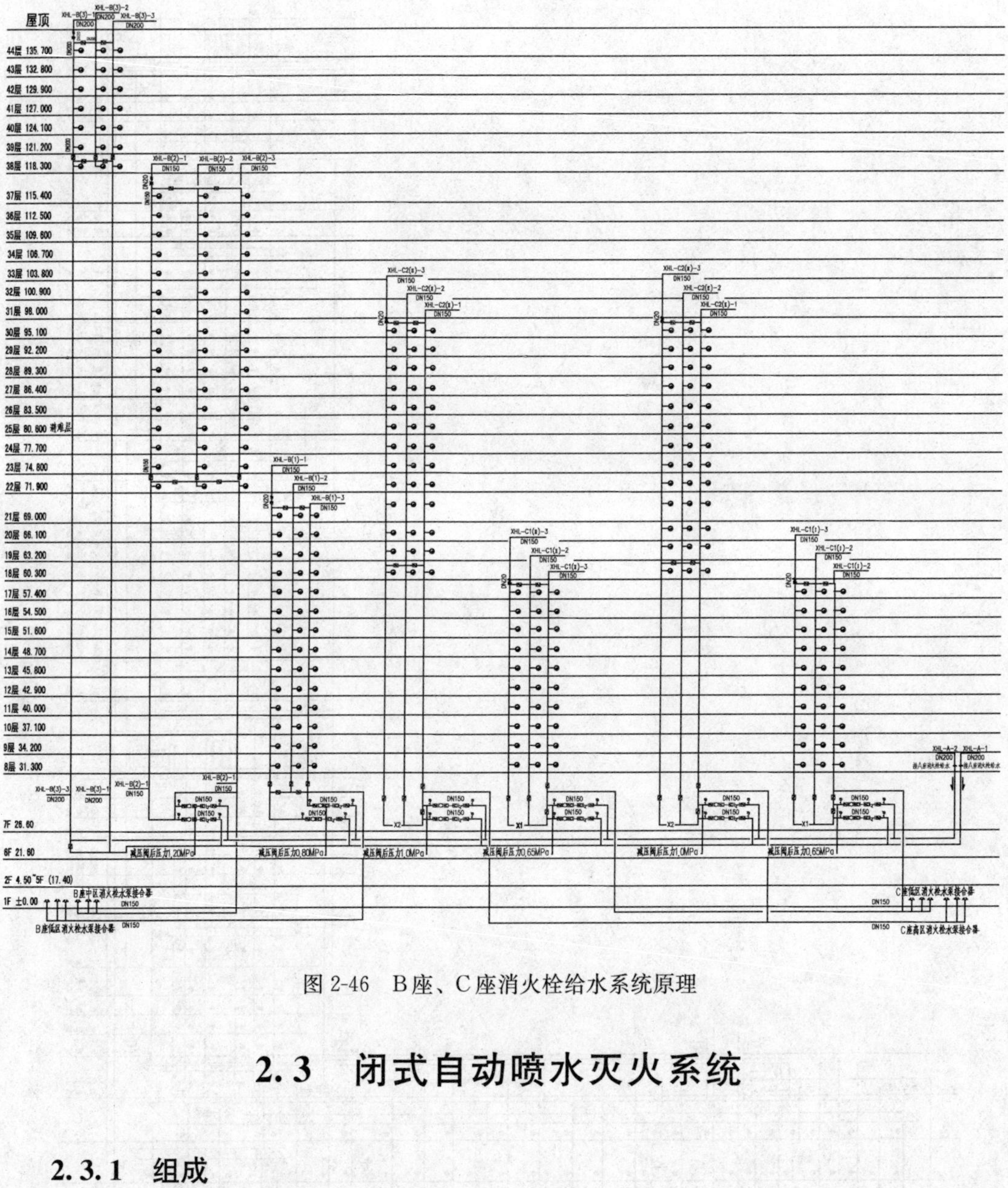

图 2-46　B座、C座消火栓给水系统原理

2.3　闭式自动喷水灭火系统

2.3.1　组成

闭式自动喷水灭火系统，一般由闭式喷头、管网、报警阀门系统、探测器、加压装置等组成。发生火灾时，建筑物内温度上升，当室温升高到足以打开闭式喷头上的闭锁装置时，喷头即自动喷水灭火，同时报警阀门系统通过水力警铃和水流指示器发出报警信号、压力开关启动相应给水管路上阀门或消防水泵组。

2.3.2　设置

闭式自动喷水灭火系统设置的部位：

(1)《建筑设计防火规范》GB 50016—2006 中规定：

下列场所应设置闭式自动灭火系统，除不宜用水保护或灭火者外，宜采用自动喷水灭火系统：

1）大于等于50000纱锭的棉纺厂的开包、清花车间；大于等于5000锭的麻纺厂的分级、梳麻车间；火柴厂的烤梗，筛选部位；泡沫塑料厂的预发、成型、切片、压花部位；占地面积大于1500m^{2}的木器厂房；占地面积大于1500m^{2}或总建筑面积大于3000m^{2}的单层、多层制鞋、制衣、玩具及电子等厂房；高层丙类厂房；飞机发动机试验台的准备部位；建筑面积大于500m^{2}的丙类地下厂房。

2）每座占地面积大于1000m^{2}的绵、毛、丝、麻、化纤、毛皮及其制品的仓库；每座占地面积大于600m^{2}的火柴仓库；邮政楼中建筑面积大于500m^{2}的空邮袋库；建筑面积大于500m^{2}的可燃物品地下仓库；可燃、难燃物品的高架仓库和高层仓库（冷库除外）。

3）特等、甲等或超过1500个座位的其他等级的剧院；超过2000个座位的会堂或礼堂；超过3000个座位的体育馆；超过5000人的体育场的室内人员休息室与器材间等。

4）任一楼层建筑面积大于1500m^{2}或总建筑面积大于3000m^{2}的展览建筑、商店、旅馆建筑，以及医院中同样建筑规模的病房楼、门诊楼、手术部；建筑面积大于500m^{2}的地下商店。

5）设置有送回风道（管）的集中空气调节系统且总建筑面积大于3000m^{2}的办公楼等。

6）设置在地下、半地下或地上四层及四层以上或设置在建筑的首层、二层和三层且任一层建筑面积大于300m^{2}的地上歌舞娱乐放映游艺场所（游泳场所除外）。

7）藏书量超过50万册的图书馆。

(2)《高层民用建筑设计防火规范》GB 50045—1995（2005年版）中规定：

1）建筑高度超过100m的高层建筑及其裙房，除游泳池、溜冰场、建筑面积小于5.0m^{2}的卫生间、不设集中空调且户门为甲级防火门的住宅的户内用房和不宜用水扑救的部位外，均应设自动喷水灭火系统。

2）建筑高度不超过100m的一类高层建筑及其裙房，除游泳池、溜冰场、建筑面积小于5.0m^{2}的卫生间、普通住宅、设集中空调的住宅的户内用房和不宜用水扑救的部位外，均应设自动喷水灭火系统。

3）二类高层公共建筑的下列部位应设自动喷水灭火系统。

①公共活动用房；

②走道、办公室和旅馆的客房；

③自动扶梯底部；

④可燃物品库房。

4）高层建筑中的歌舞娱乐放映游艺场所、空调机房、公共餐厅、公共厨房以及经常有人停留或可燃物较多的地下室、半地下室房间等，应设自动喷水灭火系统。

5）燃油、燃气的锅炉房、柴油发电机房宜设自动喷水灭火系统。

(3)《汽车库、修车库、停车场设计防火规范》GB 50067—1997中规定：

Ⅰ、Ⅱ、Ⅲ类地上汽车库、停车数超过10辆的地下汽车库、机械式立体汽车库或复式汽车库以及采用垂直升降梯作汽车疏散出口的汽车库、Ⅰ类修车库，均应设置自动喷水灭火系统。

(4)《人民防空工程设计防火规范》GB 50098—2009中规定：

下列人防工程和部位应设置自动喷水灭火系统：

1）建筑面积大于 1000m²的人防工程。

2）大于 800 个座位的电影院和礼堂的观众厅，且吊顶下表面至观众席地坪高度不大于 8m 时；舞台使用面积大于 200m²时；观众厅与舞台之间的台口宜设置防火幕或水幕分隔。

3）采用防火卷帘代替防火墙或防火门，当防火卷帘不符合防火墙耐火极限的判定条件时，应在防火卷帘的两侧设置闭式自动喷水灭火系统，其喷头间距应为 2.0m，喷头与卷帘距离应为 0.5m；有条件时，也可设置水幕保护。

4）歌舞娱乐放映游艺场所。

5）建筑面积大于 500m²的地下商店。

2.3.3　分类

闭式自动喷水灭火系统分类一般有湿式、干式、预作用、重复启闭预作用等。

（1）湿式自动喷水灭火系统：该系统在喷水管网中经常充满有压力的水。失火时，闭式喷头的闭锁装置熔化脱落，水即自动喷出灭火，同时发出火警信号。湿式灭火系统（见图 2-47）适用于常年温度不低于 4℃且不高于 70℃的建筑物和场所。

湿式报警阀组最大工作压力为 1.20MPa；一个报警阀控制的喷头数不宜大于 800 只；对于中、轻危险等级场所，一个报警阀在同一层的保护面积限制为不大于 5000m²；在宾馆、公共娱乐场所等保护生命安全的场所，一个报警阀在任何一层的控制的喷头数不宜大于 200 只。

湿式自动喷水灭火系统适用于各种形式的闭式喷头。

（2）干式自动喷水灭火系统：该系统平时喷水管网充满有压的气体，只是在报警阀前的管道中经常充满有压的水。干式自动喷水灭火系统（见图 2-48）适用于环境在 4℃以下或 70℃以上不宜采用湿式系统的地方，其喷头应向上安装（干式悬吊型喷头除外）。

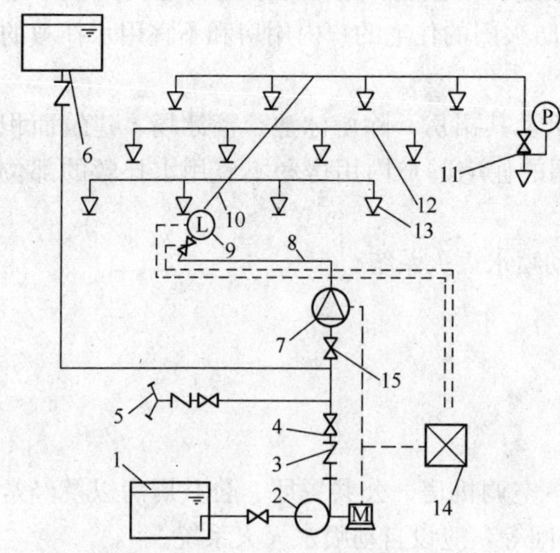

图 2-47　闭式自动喷水灭火系统示意（湿式）
1—水池；2—水泵；3—止回阀；4—闸阀；5—水泵接合器；6—消防水箱；7—湿式报警阀组；8—配水干管；9—水流指示器；10—配水管；11—末端试水装置；12—配水支管；13—闭式洒水喷水；14—报警控制器；15—信号阀；P—压力表；M—驱动电动；L—水流指示器

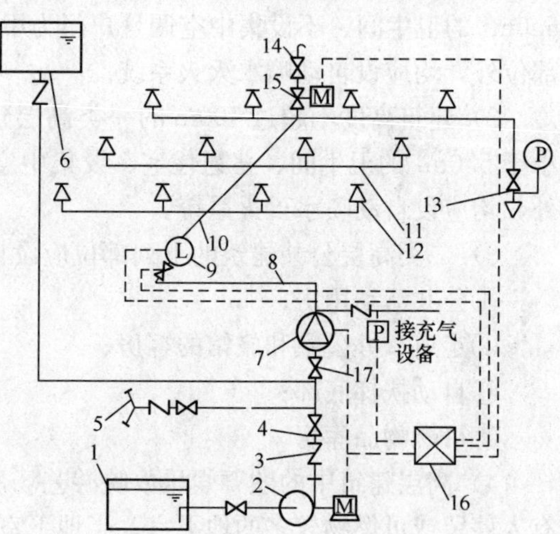

图 2-48　干式系统示意
1—水池；2—水泵；3—止回阀；4—闸阀；5—水泵接合器，6—消防水箱；7—干式报警阀组；8—配水干管；9 —水流指示器；10—配水管；11—配水支管；12—闭式喷头；13—末端试水装置；14—快速排气阀；15—电动阀；16—报警控制器；17—信号阀

干式系统报警阀组最大工作压力不超过 1.20MPa，一个报警阀控制的喷头数不宜大于 500 只。干式系统的配水管道充水时间不宜大于 1min，报警阀后管道允许容积见表 2-29，在工程实践中一般一个报警阀控制的配水管道的容积不宜超过 1500L，当设有排气装置时，不宜超过 3000L。

干式系统报警阀后管道系统最大允许容积　　表 2-29

危险等级	轻危险	中危Ⅰ	中危Ⅱ	严重Ⅰ	严重Ⅱ	仓库Ⅰ	仓库Ⅱ	仓库Ⅲ
喷水强度[L/(m^2·min·s)]	4	6	8	12	15	12	16	20
系统作用面积（m^2）	208	208	208	338	338	260	390	338
设计流量（L/s）	13.9	20.8	27.73	67.6	90.13	52	104	112.67
系统管道容积（L）	832	1248	1664	4056	5408	3120	6240	6760

注：1. 干式系统的作用面积为规范规定作用面积的 1.3 倍；

2. 为简便起见，设计流量是系统作用面积与喷水强度的乘积。

空压机：

1）供气量：空压机的供气能力应在 30min 内使系统报警阀后管道内的气压达到设计要求。

2）系统管道气压：干式阀是一个比例阀，气侧与水侧的面积比为 4∶1～8∶1 之间，这样气侧与水侧的气压与水压之比为 1∶4～1∶8 之间。因各生产厂家的比例不尽相同，设计时应注明。当无设计资料时，可参考表 2-30 来确定压力。阀后充气压力与管网供水压力关系见图 2-49。

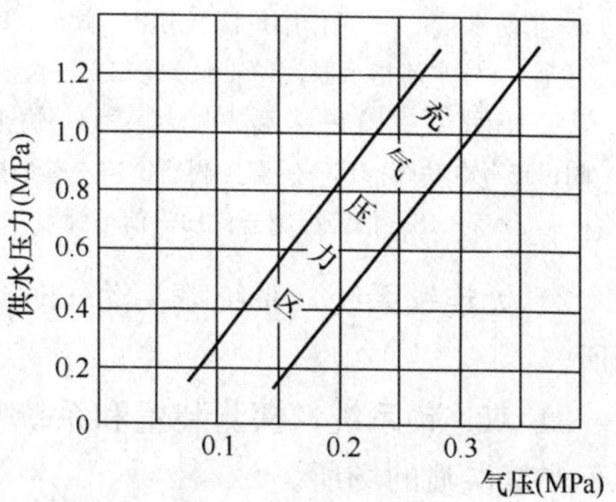

图 2-49　充气压力与管网供水压力关系

干式报警阀阀后压力与水压力的关系　　表 2-30

干式报警阀比例								
8∶1	最大供水压力（MPa）		0.40	0.60	0.80	1.00	1.20
	系统空气压力（MPa）	最小	0.12	0.16	0.19	0.23	0.26
		最大	0.19	0.23	0.26	0.30	0.33
5∶1	最大供水压力（MPa）		0.35	0.52	0.69	1.04	1.20
	系统空气压力（MPa）	最小	0.10	0.17	0.24	0.28	0.28
		最大	0.17	0.24	0.31	0.35	0.35

3）空压机的控制。空压机由系统设置的压力开关控制，启泵压力为系统最小空气压力加 0.03MPa，停泵压力为系统最大空气压力减 0.03MPa，当系统压力低于系统最小空气压力加 0.03MPa 时，系统低压压力开关应报警。

4）系统应排尽报警阀后管道内的水，但干式报警阀后应有少许密封用水。

5）加速器用于 *DN*80～*DN*150 的干式报警阀，额定工作压力为 1.2MPa，适用的管网最大气压为 0.40MPa。

(3) 预作用喷水灭火系统：喷水管网中平时不充水，而充以有压或无压的气体。发生火灾时，由比闭式喷头更灵敏的火灾报警系统联动开启预作用报警（雨淋）阀组和供水

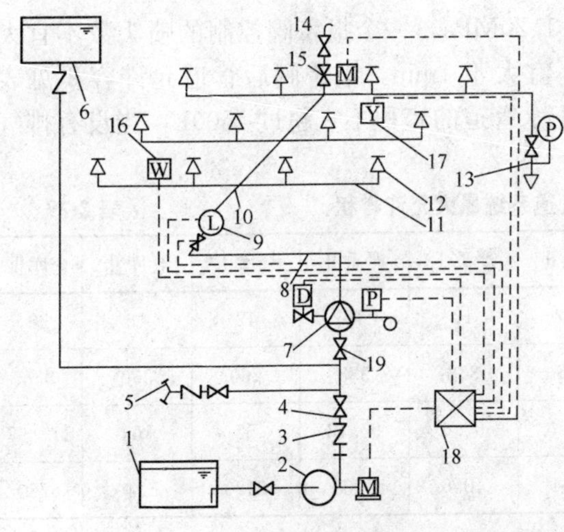

图 2-50 预作用系统示意

1—水池；2—水泵；3—止回阀；4—闸阀；5—水泵接合器；6—消防水箱；7—预作用报警（雨淋）阀组；8—配水干管；9—水流指示器；10—配水管；11—配水支管；12—闭式喷头；13—末端试水装置；14—快速排气阀；15—电动阀；16—感温探测器；17—感烟探测器；18—报警控制器；19—信号阀

泵，在闭式喷头开放前完成管道充水过程，转换为湿式系统，使喷头能在开放后立即喷水。

具有下列要求之一的场所应采用预作用系统：

1）系统处于准工作状态时，严禁管道漏水；

2）严禁系统误喷；

3）替代干式系统。

系统控制方式：预作用系统有单气、电连锁、无连锁和双连锁系统 4 种自动控制方式，我国规范的预作用系统是指电气连锁系统。

1）单连锁系统，只有探测装置动作时才允许水进入到报警阀后的管道系统中，单连锁系统分为气动连锁和电气连锁。气动连锁为探测装置采用有压气体，电气连锁的探测为火灾自动报警系统。

2）无连锁系统，系统喷头动作时允许水进入到报警后的管道中，用于无探测装置的场所。

3）双连锁系统，探测装置和系统喷头都动作时才允许水进入到报警阀后的管道中，用于严禁误喷的场所。

4）预作用系统应有自动控制、手动控制和现场应急操作装置。

5）当采用无连锁、单气连锁和双连锁时，系统设计参数及要求应符合干式系统的要求。

预作用系统应符合下列要求：

1）在同一区域内应相应设置火灾探测装置和闭式喷头。

2）在雨淋报警阀门之后的管道内充有压力气体时，宜先注入少量清水封闭阀口，再充入压缩空气或氮气，其压力不宜超过 0.03MPa。

3）火灾时探测器的动作应先于喷头的动作。

4）当火灾探测系统发生故障时，应不影响自动喷水灭火系统的正常工作。

5）一个报警阀控制的喷头数不宜大于 800 只。

6）预作用喷水灭火系统管线的最长距离，按系统充水时间不超过 2min、流速不小于 2m/s 确定，报警阀后管道容积见表 2-31，在工程实践中一般一个报警阀控制配水管道的容积宜在 1500L 以内，当在正常的气压下，打开末端试水装置在 60s 内出水时，系统管网的最大容积不宜超过 3000L。

7）喷头选择同干式系统。

8）系统应排尽报警阀后管道内的水，但雨淋报警阀后应有少许密封用水。

9）连锁的预作用系统阀后管道可不充气，当系统要求检漏时，应为充气系统。

预作用系统报警阀后管道系统最大允许容积　　表 2-31

危险等级	轻危险	中危Ⅰ	中危Ⅱ	严重Ⅰ	严重Ⅱ	仓库Ⅰ	仓库Ⅱ	仓库Ⅲ
喷水强度[L/(m^2·min·s)]	4	6	8	12	16	12	16	20
系统作用面积（m^2）	160	160	160	260	260	200	300	260
设计流量（L/s）	10.7	16	21.3	52	69.3	40	80	86.7
系统管道容积（L）	1280	1920	2560	6240	8320	4800	9600	10400

注：为简便起见，设计流量是系统作用面积与喷水强度的乘积。

系统控制：

当为电气单连锁的预作用系统，其系统的控制是火灾自动报警系统 2 个探测器动作后，火灾自动报警系统输出信号，打开预作用报警阀的附属电磁阀，预作用报警阀启动，系统压力开关动作，直接连锁自动启动消防泵。

空压机：

1）供气量：空压机的供气能力应在 30min 内使管道内的气压达到设计要求。

2）系统管道气压：预作用系统有压气体管道内的气压值，不宜小于 0.03MPa，且不宜大于 0.05MPa。

3）空压机由系统设置的压力开关控制，启泵压力为系统最小空气压力加 0.03MPa，停泵压力为系统最大空气压力减 0.03MPa，当系统压力低于系统最小空气压力加 0.03MPa 时，系统低压压力开关应报警。

(4) 重复启闭预作用系统：能在扑灭火灾后自动关阀、复燃时再次开阀喷水的预作用系统。

适用场所：灭火后必须及时停止喷水，要求减少不必要水渍损失的场所。

为了防止误动作，该系统与常规预作用系统的不同之处，在于采用了一种既可输出火警信号，又可在环境恢复常温时输出灭火信号的感温探测器。当其感应到环境温度超出预定值时，报警并启动供水泵和打开具有复位功能的雨淋阀，为配水管道充水，并在喷头动作后喷水灭火。喷水过程中，当火场温度恢复至常温时，探测器发出关停系统的信号，在按设定条件延迟喷水一段时间后，关闭雨淋阀停止喷水。若火灾复燃、温度再次升高时，系统则再次启动，直至彻底灭火。

对于湿式系统、干式系统，根据需要在其保护区内设置感烟（或感温、感光）的火灾探测器。用于火灾预先报警。

2.3.4 主要组件及使用要求

2.3.4.1 闭式喷头

闭式喷头是闭式自动喷水灭火系统的关键组件，系通过热敏释放机构的动作而喷水。

喷头由喷水口、温感释放器和溅水盘组成。

喷头根据感温元件、温度等级、溅水盘形式等进行分类。

(1) 按感温元件分：目前我国生产的有两种感温元件作为闭式喷头的闭锁装置，一是易熔合金锁片，二是玻璃球。

1）易熔合金喷头：易熔合金喷头是在热的作用下，使易熔合金熔化脱落而开启喷水见图 2-51。

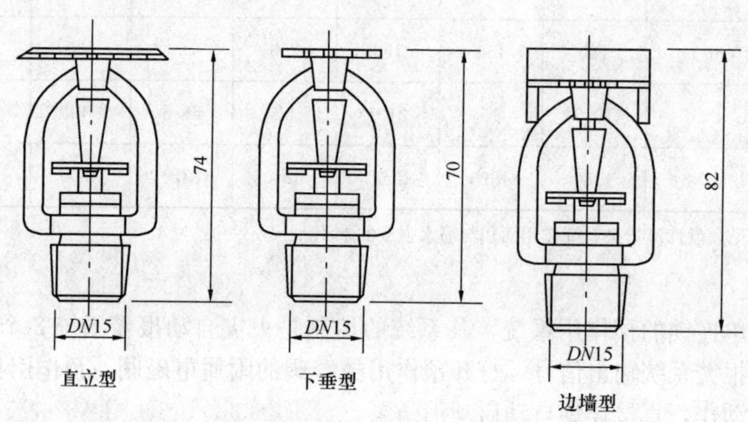

图 2-51　易熔金属元件闭式喷头

2）玻璃球喷头：玻璃球喷头是在热的作用下，使玻璃球内的液体膨胀产生的压力，导致玻璃球爆破脱落而开启喷水。玻璃球泡内的工作液体通常用的是酒精和乙醚见图 2-52、图 2-53。

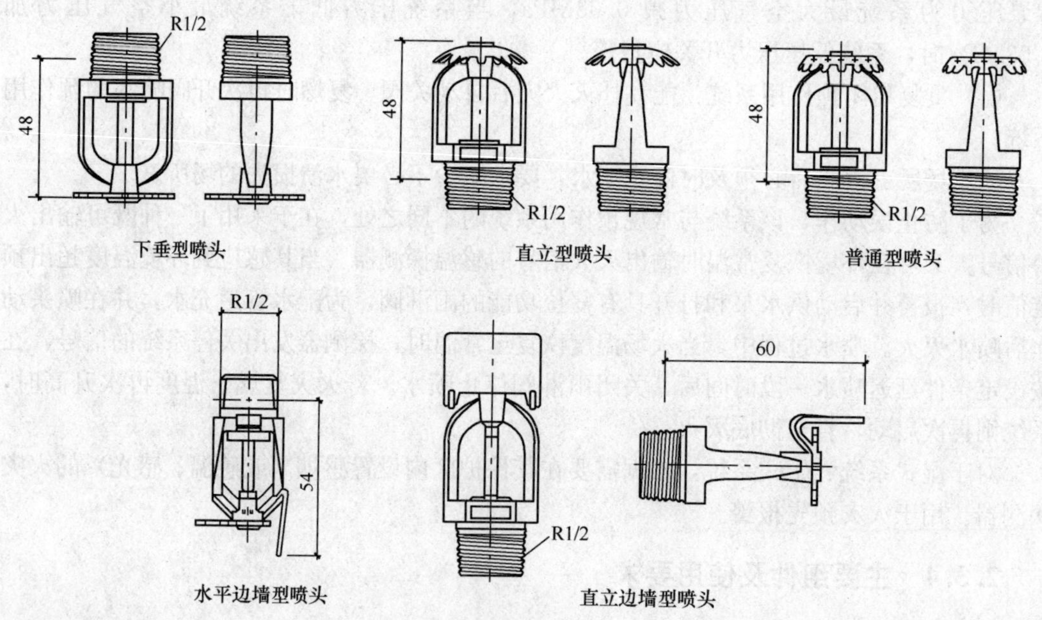

图 2-52　玻璃球闭式喷头（一）

（2）按感温级别分：在不同环境温度场所内设置喷头时，喷头公称动作温度应比环境最高温度高 30℃左右。各种喷头动作温度和色标，见表 2-32。

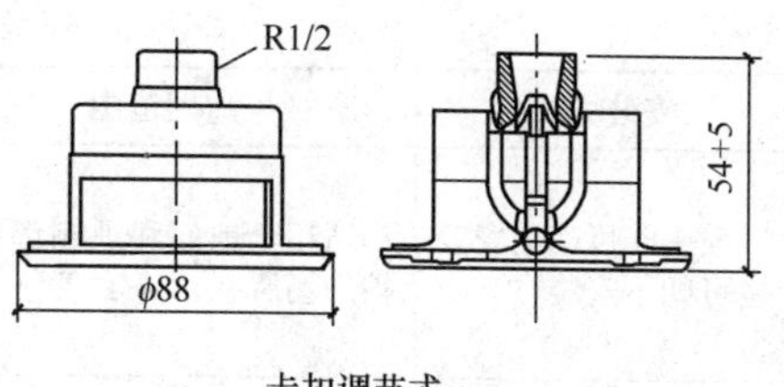

卡扣调节式

螺纹可调式

吊顶隐蔽型喷头

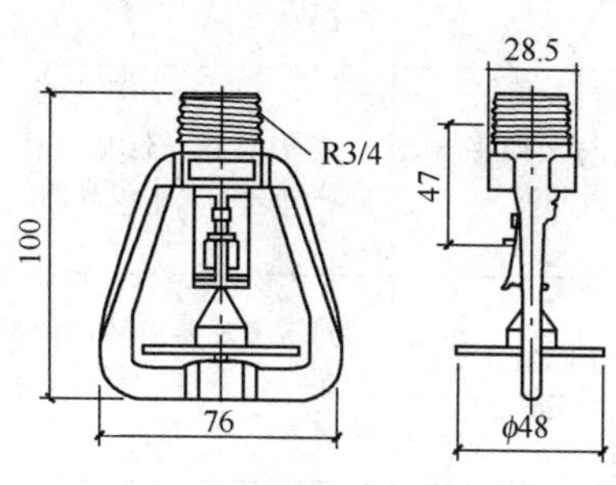

快速响应早期抑制型喷头

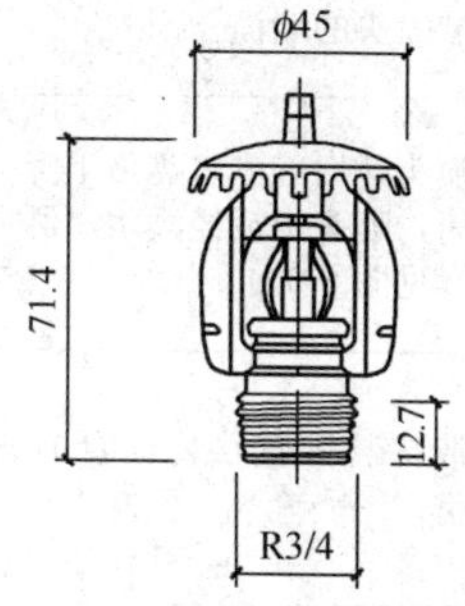

EL0-231直立型喷头

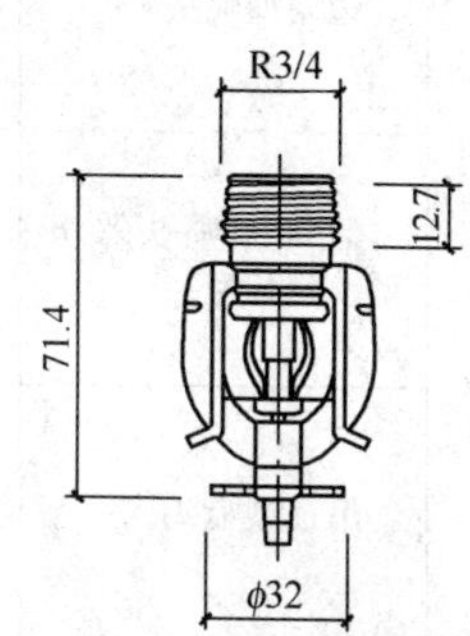

EL0-231下垂型喷头

图 2-53 玻璃球闭式喷头（二）

各种喷头的动作温度和色标 **表 2-32**

类别	公称动作温度（℃）	色标	接管直径 *DN*（mm）	最高环境温度（℃）	连接形式
易熔合金喷头	55～77	本色	15	42	螺纹
	79～107	白色	15	68	螺纹
	121～149	蓝色	15	112	螺纹
	163～191	红色	15		螺纹
玻璃球喷头	57	橙色	15	27	螺纹
	68	红色	15	38	螺纹
	79	黄色	15	49	螺纹
	93	绿色	15	63	螺纹
	141	蓝色	15	111	螺纹
	182	紫红色	15	152	螺纹

（3）喷头种类：目前国内外生产的各种主要喷头，见表 2-33。

国内外生产的各种主要喷头 **表 2-33**

系列	喷头名称	主要技术特征	安装方式	应用范围
玻璃球喷头	直立型喷头	喷头溅水盘呈环形向下，20%～40%的水喷向顶棚，60%～80%的水喷向地面	喷头直立安装在配水支管上方	上、下方均需保护的场所
	下垂型喷头	喷头溅水盘呈平板状，大部分水喷向地面，仅有极少部分喷向顶棚	喷头安装在配水管下方	天花板不需要喷水保护的场所

续表

系列	喷头名称	主要技术特征	安装方式	应用范围
玻璃球喷头	上、下通用型喷头	喷头溅水盘成伞状，40%～60%的水喷向地面，少量水喷向顶棚	喷头既可朝上安装也可朝下安装	适用于地面和顶棚都需保护的场所
	边墙型喷头	溅水盘的形式很多，水流经溅水盘后向一侧喷洒，少量水润湿安装喷头的墙面	喷头安装在房间的侧边	层高小的走廊、房间或不能在房间中央顶部布置喷头的地方
	装饰型喷头平齐型、隐蔽型	喷头开启，溅水盘可下降一定距离，喷头出流经溅水盘洒向地面（见图 2-64）	喷头与天棚平齐，隐蔽在天棚内	豪华宾馆、饭店、住宅、商店等美观要求极高的部位
	吊顶型喷头	带有装饰盘，装饰盘有聚热作用	安装于隐蔽在吊顶内的供水支管上	建筑美观要求较高的部位如宾馆的客厅、餐厅、写字间及高级商场
	鹤嘴柱式喷头	溅水盘较小，不易被灰尘、纤维堵塞，喷头的保护面积较小		用于排气箱、输气管、风道等场所，也可用于纤维或粉尘较多的车间
易熔合金喷头	直立型喷头	溅水盘成杯型，向下，喷头经溅水盘向上向下均匀布水，向上的少部分射向顶棚后又有部分折射向下洒水	喷头直立安装在配水管上方	上、下方均需保护的场所
	下垂型喷头	溅水盘呈平板状，喷头出流经溅水盘后，成半球面向下喷洒，只有极少数喷向顶棚	喷头悬吊安装在配水支管下方	顶棚不需要防护的场所，每只喷头的保护面积比直立型喷头大
	老式喷头（又称弧形溅水盘喷头）	喷水溅水盘呈弧形，喷口出流大部分洒向地面，少部分洒向顶棚后反射回地面		这种喷头目前很少使用
	带枢轴的直立喷头	这种喷头口径较小，功能与直立型喷头相同		
	边墙型喷头	边墙型喷头分为垂直边墙型喷头和水平边墙型喷头；喷头喷出的水流经溅水盘后，除向保护对象一侧均匀布水外，还向边墙的一定范围内喷水	垂直边墙型喷头的本体直立安装在配水支管上，水平边墙型喷头水平安装在配水支管上	层高小的走廊、房间或不能在房间中央顶部布置喷头的地方
	平齐装饰喷头	喷头开启，溅水盘下降一定距离，喷头出流经溅水盘洒向地面（见图 2-64）	喷头安装在与吊顶齐平的位置；安装时用特别的扳手；否则喷头易损坏；为安装喷头，在吊顶上需留一个 60mm 直径的孔洞	豪华宾馆、饭店、住宅、商店等美观要求极高的部位

续表

系列	喷头名称	主要技术特征	安装方式	应用范围
易熔合金喷头	干式下垂型喷头（平齐干式下垂型、干式下垂型和45°干式下垂型）	由闭式喷头与特殊短管组成，短管包括活动套管、小球环、主球等，当喷头开启时，短管的活动套管落下，小球环脱离，主球下落，水即从喷口喷出	向下安装在配水支管上；在吊顶下安装干式下垂型喷头时，应预留33～57mm的孔洞	干式下垂型和45°干式下垂型喷头适用于一般干式和预作用自动喷水灭火系统，或安装在配水管在采暖区，而喷头伸到冻结区场所；平齐型、干式下垂型喷头主要安装在有装饰要求，且又必须采用干式垂型喷头的场所
	大水滴喷头	大水滴喷头有一个复式溅水盘，直径92.1mm，从喷口喷出的水流经溅水盘后形式一定比例的大小水滴，均匀喷向保护区；喷头孔口直径16.3mm，喷头的流量特性系数k=160	喷头一般直立安装	适用于湿式，预作用等系统，特别是火灾时燃烧较猛烈的大空间场所；大水滴能有效地穿透火焰，直接接触着火场，有效地降低着火的表面温度，大水滴喷头的温级一般为138℃，安装环境温度不得超过107℃
	无溅水盘多孔喷头	一种新的普及型喷头		适用于有装饰要求的场所
	快速反应喷头	喷头的感温元件采用薄而面积大、强度高的金属片（集热片）和熔点低的易熔合金焊锡制成		用于住宅、医院等场所和高架仓库，火灾时能快速感应火灾并迅速出水灭火

2.3.4.2 报警阀

当发生火灾时，随着闭式喷头的开启喷水，报警阀也自动开启发出流水信号报警，其报警装置有水力警铃和电动报警器两种。前者用水力推动打响警铃，后者用水压启动压力继电器或水流指示器发出报警信号。

(1) 湿式报警阀（充水式报警阀）：适用于在湿式自动喷水灭火系统立管上安装。目前国产的有导孔阀型和隔板座圈型两种形式。湿式报警阀原理见图2-54，安装示意见图2-55。

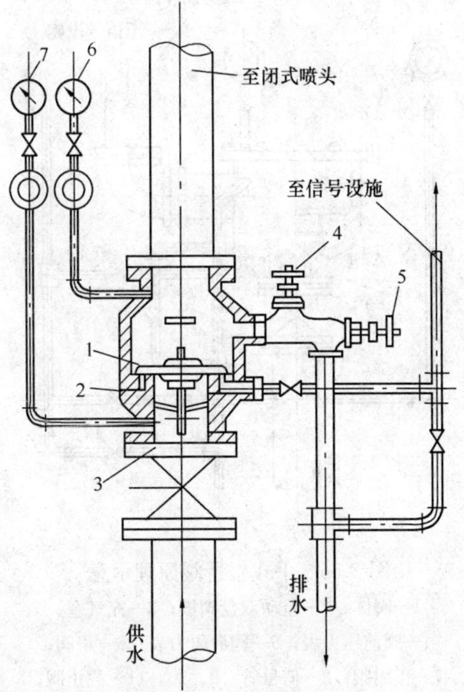

图2-54 湿式报警阀原理示意

1—报警阀及阀芯；2—阀座凹槽；3—信号阀；4—试铃阀；5—排水阀；6—阀后压力表；7—阀前压力表

湿式报警阀平时阀芯前后水压相等（水通过导向管中的水压平衡小孔保持阀板前后水压平衡），由于阀芯的自重和阀芯前后所受水的总压力不同，阀芯处于关闭状态（阀芯上面的总压力大于阀芯下面的总压力）。发生火灾时，闭式喷头喷水，由于水压平衡小孔来不及补水，报警阀上面的水压下降，此时阀下水压大于阀上水压，于是阀板开启，向洒水管网及洒水喷头供水，同时水沿着报警阀的环形槽进入延迟器，这股水首先充满延迟器后才能流向压

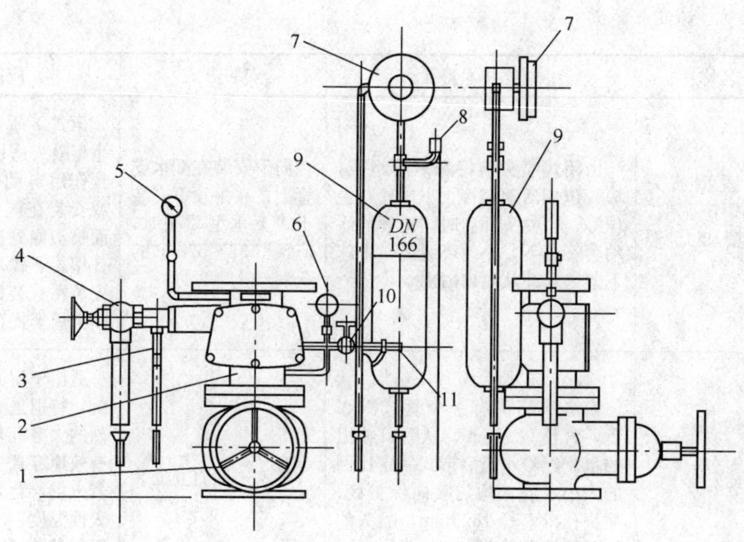

图 2-55　湿式报警阀安装示意

1—信号阀；2—报警阀；3—试警铃阀；4—放水阀；5、6—压力表；7—水力警铃；8—压力开关；9—延时器；10—警铃管阀门；11—滤网

力继电器及水力警铃等设施，发出火警信号并启动消防水泵等设施。若水流较小，不足以补充从节流孔板排出的水，就不会引起误报。

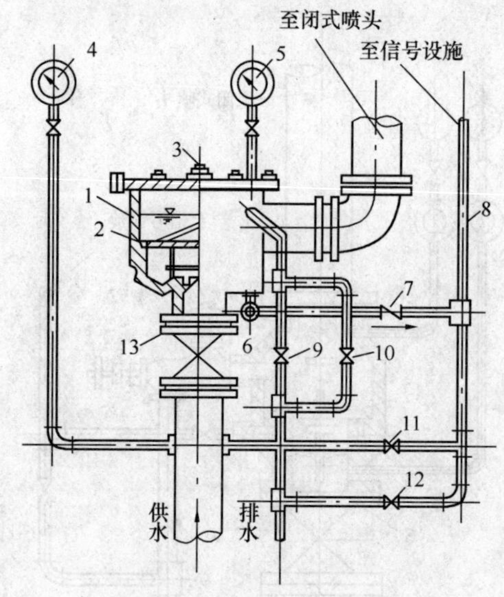

图 2-56　干式报警阀原理示意

1—阀体；2—差动双盘阀板；3—充气塞；4—阀前压力表；5—阀后压力表；6—角阀；7—止回阀；8—信号管；9、10、11—截止阀；12—小孔阀；13—信号阀

(2) 干式报警阀（充气式报警阀）；充气式报警阀适用于在干式自动喷水灭火系统立管上安装。其原理和安装示意见图 2-56、图 2-57。

阀体 1 内装有差动双盘阀板 2，以其下圆盘关闭水，阻止从干管进入喷水管网，以上圆盘承受压缩空气，保持干式阀处于关闭状态。上圆盘的面积为下圆盘面积的 8 倍，因此，为了使上下差动阀板上的作用力平衡并使阀保持关闭状态，闭式喷洒管网内的空气压力应大于水压的 1/8，并应使空气压力保持恒定。

当闭式喷头开启时，空气管网内的压力骤降，作用在差动阀板上圆盘上的压力降低，因此，阀板被推起，水通过报警阀进入喷水管网由喷头喷出，同时水通过报警阀座上的环形槽进入信号设施进行报警。

(3) 预作用阀：一般是将雨淋阀出水口上端接配一套同规格的湿式报警阀构成一套预作用系统。

预作用工作系统的工作原理：未发生火灾时，为防止管道和闭式喷头渗漏，系统侧管路中充满低压压缩空气，压力范围一般为 $0.10\sim0.25\times10^5$ Pa；火灾发生时，安装在保护

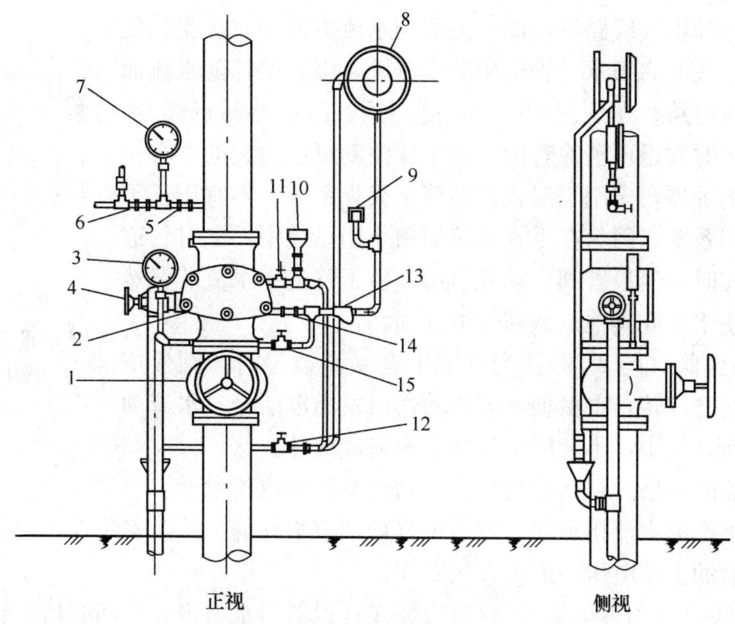

图 2-57 干式报警阀装置安装示意

1—信号阀；2—干式报警阀；3—阀前压力表；4—放水阀；5—截止阀；6—止回阀；7—压力开关；8—水力警铃；9—压力继电器；10—注水漏斗；11—注水阀；12—截止阀；13—过滤器；14—止回阀；15—试警铃阀

区的火灾探测器首先发出火警报警信号，火灾报警控制器在接到报警信号后发出指令信号，打开雨淋阀，使水压入管内，并在很短的时间内完成充水过程，同时系统压力开关动作接通声光显示盒，显示管网中已充水，使系统转变为湿式系统。这时火灾继续发展，闭式喷头破碎就打开喷水，同时水力警铃报警。这种系统特别适用于不允许出现误喷的重要场所。因此，预作用系统必须有火灾探测系统与其配合，才能发挥作用。

2.3.4.3 水流报警装置

用感烟、感温、感光火灾探测器可报知在哪里发生了火灾。而用水流报警装置可报知闭式自动喷水灭火系统中哪里的闭式喷头已开启喷水灭火。

(1) 水力报警器：水力报警器（即水力警铃）与报警阀配套使用。水力警铃的使用技术要求：

1) 20 个喷头以上的喷水系统建议设一个警铃。

2) 在水力警铃的管路中建议设计过滤器以防止入口上的喷孔堵塞，它应设在有人值班的地点。

3) 水力警铃的工作压力不应小于 0.05MPa。

4) 警铃适宜一个系统安装一只警铃，最多不宜超过三个系统共用一个警铃。

(2) 电动水流报警器：

1) 桨状水流指示器（图 2-58）：主要由桨片、法兰底

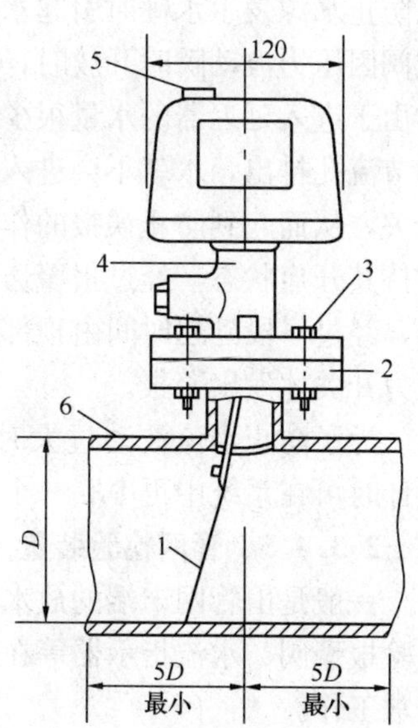

图 2-58 桨状水流指示器

1—桨片；2—法兰底座；3—螺栓；4—本体；5—接线孔；6—喷水管道

座、螺栓、本体和电气线路等构成，桨面与水流方向垂直。当某处发生火灾时，喷头开启喷水，管道中的水流动，引起桨片随水流而动作，接通延时电路；在预定10～20s延时后，继电器触点吸合，发出电信号。延时发讯可消除管内瞬间水压波动可能引起的误报。

桨状水流指示器，多用于湿式自动喷水灭火系统，不宜用于干式系统和预作用系统。因为在干式系统的预作用系统中，平时管道中没有水，火灾时，当报警阀自动开启后，由于管道中水流的突然冲击，有可能使桨片或其他机械部件遭到损坏。

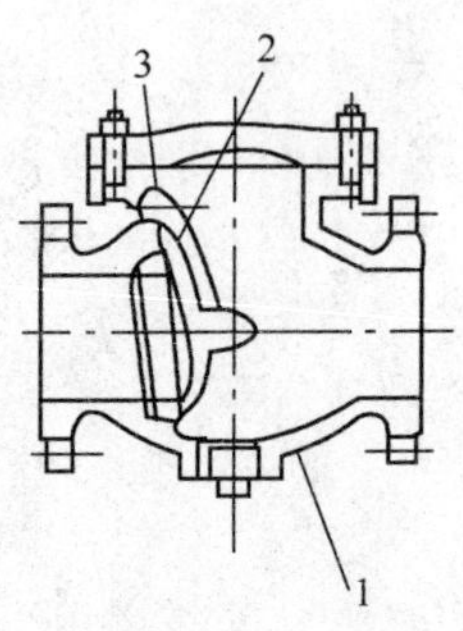

图 2-59　水流动作阀

1—阀体；2—阀板；3—主轴

2）水流动作阀（图 2-59)：当管道中有水流通过时，阀板摆动，阀的主轴随之旋转，由微型开关的动作而发出电信号。水流动作阀可用于任何系统中，不会因水流冲击而造成损坏。

水流指示器的规格，目前使用得最多的是桨状水流指示器。

有些厂家生产的水流指示器，可通过自行调节桨片的长度，安装在不同直径管道上。

水流指示器的工作电压一般为直流24V。

3）压力开关（压力继电器)：一般安装在延迟器与水力警铃之间的信号管道上，必须垂直安装。当闭式喷头启动喷水时报警阀亦即启动通水，水流通过阀座上的环形槽流入信号管和延迟器，延迟器充满水后，水流经信号管进入压力继电器，压力继电器接到水压信号，即接通电路报警，并可启动消防泵。电动报警在系统中可作为辅助报警装置，不能代替水力报警装置。

2.3.4.4　延迟器

安装在报警阀与水力警铃之间的信号管道上，用以防止水源发生水锤时引起水力警铃的误动作。当湿式阀因压力波动瞬时开放时，水首先进入延迟器，这时由于进入延迟器的水量很少，会很快经延迟器底部的节流孔排出，水就不会进入水力警铃或作用到压力开关，从而起到防止误报的作用。只有当湿式报警阀保持其开启状态，经过报警通道的水不断的进入延迟器，经过一段延迟时间由顶部的出口流向水力警铃和压力开关才发出警报。

为了防止水流波动过大时产生误报警的可能性，设计时可在系统中再串联一个延时器。

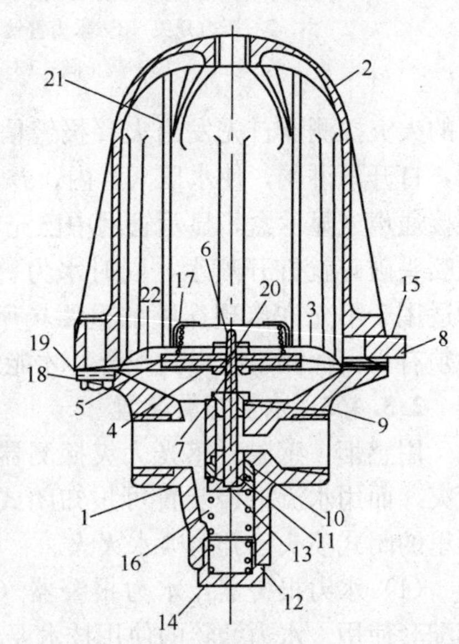

图 2-60　加速器

1—阀体；2—上室；3—膜片挡板；4—膜片衬套；5—膜片垫圈；6—柱塞；7—柱塞O型密封圈；8—橡胶垫；9—体衬套；10—排出密封件；11—排出座密封件；12—排放口密封件；13—柱塞密封件；14—排放口堵；15—1/8°排放口堵；16—排放弹簧；17—膜片挡圈弹簧；18—六角螺栓；19—垫圈；20—螺母；21—挡板套筒；22—膜片

2.3.4.5　管网检验装置

一般是由管网末端的放水阀和压力表组成，用于检验报警阀、水流指示器等在某个喷头作用下是否能正常工作。

2.3.4.6　加速器

加速器是一个压力控制快开装置（见图 2-60)。它的基本功能就是“加速”干式阀的打开，使水立即进入喷头喷水。若没有加速器，干式阀的打开时间滞后，延缓喷头喷水影响灭火。在管路系统的容积超过 1892.5L 的所有干式系统中都必须使用加速器。

2.3.4.7　信号蝶阀控制阀

该阀是专门为自动喷水灭火系统设计制造，一般放在各报警阀入水口下端。该阀具有开启速度快、密封性能好（密封垫为防水橡胶）等特点，并还特别设计和安装了信号控制盒，当阀门开启和关闭时均能发出报警信号。控制阀的电信号装置应连接到消防报警中心。

1.6 型对夹式偏心信号蝶阀

（1）外形及主要连接尺寸见图 2-61、表 2-34。

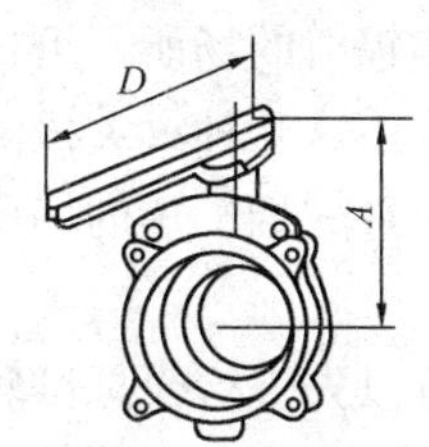

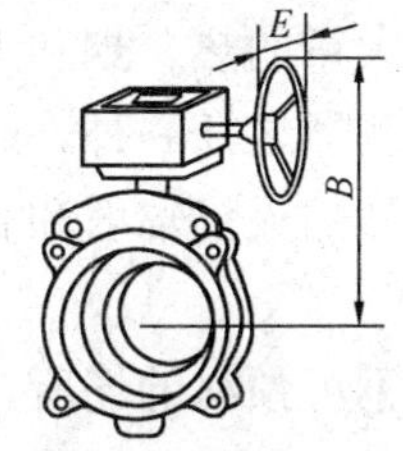

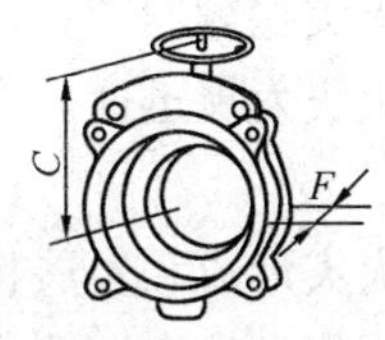

图 2-61　1.6 型对夹式偏心信号蝶阀

1.6 型对夹式偏心信号蝶阀外形尺寸　　表 2-34

DN	A	B	C	D	E	F	质量（kg）
50	130	175	130	200	125	43	5
65	150	196	150	200	125	46	6
80	165	235	162	200	160	64	10
100	200	240	195	250	160	64	12
125	210	260	205	250	200	70	14
150	220	280	210	250	200	76	19
200	250	350	240	250	200	89	30
250	280	385	270	300	250	114	48
300	340	445	330	300	250	114	60

（2）技术参数见表 2-35。

1.6 型对夹式偏心信号蝶阀技术参数　　表 2-35

公称压力（MPa）	强度试验		密封试验		工作温度（℃）	适用介质	信号电压（V）	信号电流（A）
	国标	企标	国标	企标				
1.6	2.4	5.0	1.76	4.0	−15～75 −15～120 −15～160	水、油、气	24	0.5

2.3.4.8　火灾探测器

火灾探测器接到火灾信号后，通过电气自控装置进行报警或启动消防设备。

（1）火灾探测器的类型：

1）感烟式火灾探测器分有离子感烟式和光电感烟式火灾探测器两类。根据其灵敏度分Ⅰ、Ⅱ、Ⅲ级。选用时要根据环境特点来确定。

2）感温式火灾探测器分有定温式、差温式、差定温式三种。

3）火焰探测器分有紫外火焰探测器及红外火焰探测器。

4）可燃气体探测器。

（2）火灾探测器的适用条件：

1）选用火灾探测器种类的基本原则：

①假如是在火灾初期有阻燃阶段，产生大量的烟和少量的热，很少或没有火焰辐射的场所，应选用感烟式火灾探测器。

②假如是在火灾发展迅速，产生大量的热、烟和火焰辐射的场所，可选用感温式火灾探测器、感烟式火灾探测器、火焰探测器之任一种，或选用这几种火灾探测器的组合。

③假如是在火灾发展迅速，有强烈的火焰辐射和有少量的烟、热的场所，应选用火焰探测器。

④假如是在火灾形成和发展特点不可预料的场所，可以先进行模拟试验，然后再根据试验结果确定选用何种火灾探测器。

2）根据房间不同高度，可按表 2-36 选择火灾探测器。

根据房间高度选择探测器 **表 2-36**

房间高度 h（m）	感烟探测器	感温探测器			火焰探测器
		一级	二级	三级	
$12<h\leqslant 20$	不适合	不适合	不适合	不适合	适合
$8<h\leqslant 12$	适合	不适合	不适合	不适合	适合
$6<h\leqslant 8$	适合	适合	不适合	不适合	适合
$4<h\leqslant 6$	适合	适合	适合	不适合	适合
$h\leqslant 4$	适合	适合	适合	适合	适合

3）在散发可燃气体和可燃蒸汽的场所，宜选用可燃气体火灾探测器。

4）下列场所宜选用离子感烟式火灾探测器或光电感烟式火灾探测器：

①饭店、旅馆、教学楼、办公楼的厅堂、卧室、办公室等。

②电子计算机房、通信机房、电影或电视放映室等。

③楼梯、走道、电梯机房等。

④书库、档案库等。

⑤有电器火灾危险的场所。

5）下列场所宜选用感温式火灾探测器：

①相对湿度经常高于 95%。

②可能发生无烟火灾。

③有大量粉尘。

④在正常情况下有烟和蒸气滞留。

⑤厨房、锅炉房、发电机房、茶炉房、烘干车间等。

⑥汽车库等。

⑦吸烟室、小会议室等。

⑧其他不宜安装感烟式火灾探测器的厅堂和公共场所。

6）下列场所宜选用火焰探测器：

①火灾时有强烈的火焰辐射。

②无阻燃阶段的火灾。

③需要对火灾作出快速反应。

7）当有自动联动装置或自动灭火时，宜采用感烟、感温、火焰探测器（同类型或不同类型）的组合。

8）下列场所不宜选用离子感烟式火灾探测器：

①相对湿度长期大于95%。

②气流速度大于5m/s。

③有大量粉尘、水雾滞留。

④可能产生腐蚀性气体。

⑤在正常情况下有烟滞留。

⑥产生醇类、醚类、酮类等有机物质。

9）下列场所不宜选用光电感烟式火灾探测器：

①可能产生黑烟。

②大量积聚粉尘。

③可能产生蒸汽和油雾。

④在正常情况下有烟滞留。

⑤存在高频电磁干扰。

10）可能产生阻燃火或者如发生火灾不及早报警将造成重大损失的场所，不宜选用感温式火灾探测器；温度在0℃以下场所，不宜选用定温式火灾探测器；正常情况下温度变化较大的场所，不宜选用差温式火灾探测器。

11）下列场所不宜选用火焰探测器：

①可能发生无焰火灾。

②在火焰出现前有浓烟扩散。

③探测器的镜头易被污染。

④探测器的“视线”易被遮挡。

⑤探测器易受阳光或光源直接或间接照射。

⑥在正常情况下有明火作业以及X射线、弧光等影响。

12）在下列场所可不设火灾探测器：

①厕所、浴室等。

②不能有效地探测火灾的场所。

③不便维修和使用的场所（重点部位除外）。

2.3.5 设计与计算

2.3.5.1 基本设计参数

闭式自动喷水灭火系统的设计，应保证被保护建筑物的最不利点喷头有足够的喷水强度。

（1）民用建筑和工业厂房的系统设计参数不应低于表 2-37 的规定。

自动喷水灭火系统的基本设计数据 **表 2-37**

<table>
<tr><th colspan="2">危险等级</th><th>设计喷水强度
[L/(min·m²)]</th><th>作用面积
(m²)</th><th>喷头设计压力
(Pa)</th><th>设计喷水量
(L/s)</th></tr>
<tr><td rowspan="2">严重危险级</td><td>生产建筑物</td><td>10.0</td><td>300</td><td>9.8×10⁴</td><td>50.0</td></tr>
<tr><td>贮存建筑物</td><td>15.0</td><td>300</td><td>9.8×10⁴</td><td>75</td></tr>
<tr><td colspan="2">中危险级</td><td>6.0</td><td>200</td><td>9.8×10⁴</td><td>20.0</td></tr>
<tr><td colspan="2">轻危险级</td><td>3.0</td><td>180</td><td>9.8×10⁴</td><td>9.0</td></tr>
</table>

注：1. 当闭式自动喷水灭火系统的实际作用面积小于表中规定时，可按实际用水量计算；
2. 雨淋喷水灭火系统应按严重危险级计算；
3. 最不利点处喷头最低工作压力不应小于 0.05MPa。

（2）非仓库类高大净空场所设置自动喷水灭火系统时，湿式系统的设计基本参数不应低于表 2-38 的规定。

非仓库类高大净空场所的系统设计基本参数 **表 2-38**

<table>
<tr><th>适 用 场 所</th><th>净空高度
(m)</th><th>喷水强度
[L/(min·m²)]</th><th>作用面积
(m²)</th><th>喷头
选型</th><th>喷头最大间距
(m)</th></tr>
<tr><td>中庭、影剧院、音乐厅、单一功能体育馆等</td><td>8～12</td><td>6</td><td>260</td><td>K=80</td><td rowspan="2">3</td></tr>
<tr><td>会展中心、多功能体育馆、自选商场等</td><td>8～12</td><td>12</td><td>300</td><td>K=115</td></tr>
</table>

注：1. 喷头溅水盘与顶板的距离应符合 7.1.3 条的规定；
2. 最大储物高度超过 3.5m 的自选商场应按 16L/(min·m²) 确定喷水强度；
3. 表中"～"两侧的数据，左侧为"大于"、右侧为"不大于"。

（3）设置自动喷水灭火系统的仓库，系统设计基本参数应符合下列规定：

1）堆垛储物仓库不应低于表 2-39、表 2-40 的规定。

堆垛储物仓库的系统设计基本参数 **表 2-39**

<table>
<tr><th>火灾危险等级</th><th>储物高度
(m)</th><th>喷水强度
[L/(min·m²)]</th><th>作用面积
(m²)</th><th>持续喷水时间
(h)</th></tr>
<tr><td rowspan="4">仓库危险级Ⅰ级</td><td>3.0～3.5</td><td>8</td><td>160</td><td>1.0</td></tr>
<tr><td>3.5～4.5</td><td>8</td><td rowspan="7">200</td><td rowspan="3">1.5</td></tr>
<tr><td>4.5～6.0</td><td>10</td></tr>
<tr><td>6.0～7.5</td><td>14</td></tr>
<tr><td rowspan="4">仓库危险级Ⅱ级</td><td>3.0～3.5</td><td>10</td><td rowspan="4">2.0</td></tr>
<tr><td>3.5～4.5</td><td>12</td></tr>
<tr><td>4.5～6.0</td><td>16</td></tr>
<tr><td>6.0～7.5</td><td>22</td></tr>
</table>

注：本表及表 2-41、表 2-42 适用于室内最大高度不超过 9.0m 的仓库。

分类堆垛储物的Ⅲ级仓库的系统设计基本参数　　表 2-40

最大储物高度(m)	最大净空高度(m)	喷水强度[L/(min·m²)]			
		A	B	C	D
1.5	7.5	8.0			
3.5	4.5	16.0	16.0	12.0	12.0
	6.0	24.5	22.0	20.5	16.5
	9.5	32.5	28.5	24.5	18.5
4.5	6.0	20.5	18.5	16.5	12.0
	7.5	32.5	28.5	24.5	18.5
6.0	7.5	24.5	22.5	18.5	14.5
	9.0	36.5	34.5	28.5	22.5
7.5	9.0	30.5	28.5	22.5	18.5

注：1. A—袋装与无包装的发泡塑料橡胶，B—箱装的发泡塑料橡胶，
C—箱装与袋装的不发泡塑料橡胶，D—无包装的不发泡塑料橡胶；
2. 作用面积不应小于 240m²。

2）货架储物仓库不应低于表 2-41～表 2-43 的规定。

单、双排货架储物仓库的系数设计基本参数　　表 2-41

火灾危险等级	储物高度(m)	喷水强度[L/(min·m²)]	作用面积(m²)	持续喷水时间(h)
仓库危险级Ⅰ级	3.0～3.5	8	200	1.5
	3.5～4.5	12		
	4.5～6.0	18		
仓库危险级Ⅱ级	3.0～3.5	12	240	1.5
	3.5～4.5	15	280	2.0

多排货架储物仓库的系统设计基本参数　　表 2-42

火灾危险等级	储物高度(m)	喷水强度[L/(min·m²)]	作用面积(m²)	持续喷水时间(h)
仓库危险级Ⅰ级	3.5～4.5	12	200	1.5
	4.5～6.0	18		
	6.0～7.5	12+1J		
仓库危险级Ⅱ级	3.0～3.5	12	200	1.5
	3.5～4.5	18		2.0
	4.5～6.0	12+1J		
	6.0～7.5	12+2J		

注：表中字母“J”表示货架内喷头，“J”前的数字表示货架内喷头的层数。

货架储物Ⅲ级仓库的系统设计基本参数 **表 2-43**

序号	室内最大净高(m)	货架类型	储物高度(m)	货顶上方净空(m)	顶板下喷头喷水强度[L/(min·m²)]	货架内置喷头		
						层数	高度(m)	流量系数
1	—	单、双排	3.0～6.0	<1.5	24.5	—	—	—
2	≤6.5	单、双排	3.0～4.5	—	18.0	—	—	—
3	—	单、双、多排	3.0	<1.5	12.0	—	—	—
4	—	单、双、多排	3.0	1.5～3.0	18.0	—	—	—
5	—	单、双、多排	3.0～4.5	1.5～3.0	12.0	1	3.0	80
6	—	单、双、多排	4.5～6.0	<1.5	24.5	—	—	—
7	≤8.0	单、双、多排	4.5～6.0	—	24.5	—	—	—
8	—	单、双、多排	4.5～6.0	1.5～3.0	18.0	1	3.0	80
9	—	单、双、多排	6.0～7.5	<1.5	18.5	1	4.5	115
10	≤9.0	单、双、多排	6.0～7.5	—	32.5	—	—	—

注：1. 持续喷水时间不应低于 2h，作用面积不应小于 200m²；

2. 序号 5 与序号 8：货架内设置一排货架内置喷头时，喷头的间距不应大于 3.0m；设置两排或多排货架内置喷头时，喷头的间距不应大于 3.0×2.4（m）；

3. 序号 9：货架内设置一排货架内置喷头时，喷头的间距不应大于 2.4m；设置两排或多排货架内置喷头时，喷头的间距不应大于 2.4×2.4（m）；

4. 设置两排和多排货架内置喷头时，喷头应交错布置；

5. 货架内置喷头的最低工作压力不应低于 0.1MPa。

3）当Ⅰ级、Ⅱ级仓库中混杂储存Ⅲ级仓库的货品时，不应低于表 2-44 的规定。

①货架储物仓库应采用钢制货架，并应采用通透层板，层板中通透部分的面积不应小于层板总面积的 50%。

②采用木制货架及采用封闭层板货架的仓库，应按堆垛储物仓库设计。

（4）仓库采用早期抑制快速响应喷头的系统设计基本参数不应低于表 2-45 的规定。

混杂储物仓库的系统设计基本参数 **表 2-44**

<table>
<tr><th>货品类别</th><th>储存方式</th><th>储物高度(m)</th><th>最大净空高度(m)</th><th>喷水强度[L/(min·m²)]</th><th>作用面积(m²)</th><th>持续喷水时间(h)</th></tr>
<tr><td rowspan="6">储物中包括沥青制品或箱装 A 组塑料橡胶</td><td rowspan="4">堆垛与货架</td><td>≤1.5</td><td>9.0</td><td>8</td><td>160</td><td>1.5</td></tr>
<tr><td>1.5～3.0</td><td>4.5</td><td>12</td><td>240</td><td>2.0</td></tr>
<tr><td>1.5～3.0</td><td>6.0</td><td rowspan="2">16</td><td rowspan="2">240</td><td rowspan="2">2.0</td></tr>
<tr><td>3.0～3.5</td><td>5.0</td></tr>
<tr><td>堆垛</td><td>3.0～3.5</td><td>8.0</td><td>16</td><td>240</td><td>2.0</td></tr>
<tr><td>货架</td><td>1.5～3.5</td><td>9.0</td><td>8+1J</td><td>160</td><td>2.0</td></tr>
<tr><td rowspan="4">储物中包括袋装 A 组塑料橡胶</td><td rowspan="3">堆垛与货架</td><td>≤1.5</td><td>9.0</td><td>8</td><td>160</td><td>1.5</td></tr>
<tr><td>1.5～3.0</td><td>4.5</td><td rowspan="2">16</td><td rowspan="2">240</td><td rowspan="2">2.0</td></tr>
<tr><td>3.0～3.5</td><td>5.0</td></tr>
<tr><td>堆垛</td><td>1.5～2.5</td><td>9.0</td><td>16</td><td>240</td><td>2.0</td></tr>
</table>

续表

货品类别	储存方式	储物高度(m)	最大净空高度(m)	喷水强度[L/(min·m²)]	作用面积(m²)	持续喷水时间(h)
储物中包括袋装不发泡A组塑料橡胶	堆垛与货架	1.5～3.0	6.0	16	240	2.0
储物中包括袋装发泡A组塑料橡胶	货架	1.5～3.0	6.0	8＋1J	160	2.0
储物中包括轮胎或纸卷	堆垛与货架	1.5～3.5	9.0	12	240	2.0

注：1. 无包装的塑料橡胶视同纸袋、塑料袋包装；

2. 货架内置喷头应采用与顶板下喷头相同的喷水强度，用水量应按开放6只喷头确定。

仓库采用早期抑制快速响应喷头的系统设计基本参数 **表 2-45**

储物类别	最大净空高度(m)	最大储物高度(m)	喷头流量系数K	喷头最大间距(m)	作用面积内开放的喷头数(只)	喷头最低工作压力(MPa)
Ⅰ级、Ⅱ级、沥青制品、箱装不发泡塑料	9.0	7.5	200	3.7	12	0.35
			360			0.10
	10.5	9.0	200	3.0	12	0.50
			360			0.15
	12	10.5	200	3.0	12	0.5
			360			0.20
	13.5	12.0	360		12	0.30
袋装不发泡塑料	9.0	7.5	200	3.7	12	0.35
			240			0.25
	9.5	7.5	200		12	0.40
			240			0.30
	12.0	10.5	200	3.0	12	0.50
			240			0.35
箱装发泡塑料	9.0	7.5	200	3.7	12	0.35
	9.5	7.5	200		12	0.40
			240			0.30

注：快速响应早期抑制喷头在保护最大高度范围内，如有货架应为通透性层板。

(5) 货架储物仓库的最大净空高度或最大储物高度超过表2-39～表2-45的规定时，应设货架内置喷头。宜在自地面起每4m高度处设置一层货架内置喷头。当喷头流量系数K=80时，工作压力不应小于0.20MPa；当K=115时，工作压力不应小于0.1MPa。喷头间距不应大于3m，也不宜小于2m。计算喷头数量不应小于表2-46的规定。货架内置喷头上方的层间隔板应为实层板。

货架内开放喷头数 **表 2-46**

<table>
<tr><th rowspan="2">仓库危险级</th><th colspan="3">货架内置喷头的层数</th></tr>
<tr><th>1</th><th>2</th><th>>2</th></tr>
<tr><td>Ⅰ</td><td>6</td><td>12</td><td>14</td></tr>
<tr><td>Ⅱ</td><td>8</td><td colspan="2" rowspan="2">14</td></tr>
<tr><td>Ⅲ</td><td>10</td></tr>
</table>

(6) 采用闭式系统场所的最大净空高度不应大于表 2-47 的规定，仅用于保护室内钢屋架等建筑构件和设置货架内置喷头的闭式系统，不受此表规定的限制。

采用闭式系统场所的最大净空高度（m） **表 2-47**

设置场所	采用闭式系统场所的最大净空高度
民用建筑和工业厂房	8
仓库	9
采用早期抑制快速响应喷头的仓库	13.5
非仓库类高大净空场所	12

2.3.5.2 喷水流量

闭式自动喷水灭火系统的喷水流量和压力，不低于表 2-37 的规定。

2.3.5.3 喷头选用与布置

(1) 选用喷头时应注意下列情况：

1）应严格按环境温度来选用喷头的温级，选用的喷头的公称动作温度应比安装环境的最高温度高 30℃左右。对于安装在特殊场合，如大型炊事设备及通风空调系统附近的喷头，应实测使用位置的最高环境温度，以选择合适的公称动作温度。

在蒸汽压力小于 0.1MPa 的散热器附近 2m 以内的空间，宜采用高温级喷头（121～149℃）；2～6m 以内在空气热流趋向的一面采用中温级喷头（79～107℃）。

在设有保温的蒸汽管道上方 0.76m 两侧 0.3m 以内的空间，应采用中温级喷头（79～107℃）。在低压蒸汽安全阀旁 2m 以内，采用高温级喷头（121～149℃）。

在既无绝热措施（或隔热性能比较差），又无通风的木板或瓦楞铁皮房顶的闷顶、不通风的密闭空间和阁楼内以及受到日光曝晒的玻璃天窗下，应采用中温级喷头(79～107℃)。

在不通风的橱窗内和在装有高功率电气照明设备的天花板处，应装设中温级喷头。

2）在设置喷头的场所应注意防止腐蚀性气体的腐蚀，对有腐蚀介质存在的场所，应对喷头进行防腐处理或选用耐腐蚀的喷头，或选用特殊的防腐喷头。

3）应保护喷头不受外力撞击。在易于被碰撞的地方，可以选用直立型喷头，或设喷头防护罩等。

4）有特殊要求的场合，应根据安装环境的特点，选用特殊喷头。如燃烧比较猛烈的场所，可选大水滴喷头；有装饰要求的地方，可选用吊顶型喷头、平齐型喷头等装饰性喷头；高架仓库，或火灾对生命会产生严重威胁的场所要求喷头快速动作的，可选用快速反应喷头；有冻结危险的场所要求喷头向下安装时，应选用干式下垂型喷头；走道、标准客房等狭长场所，可选用边墙型喷头；易被灰尘、纤维堆积的狭长气流区，应选用鹤嘴柱式喷头。

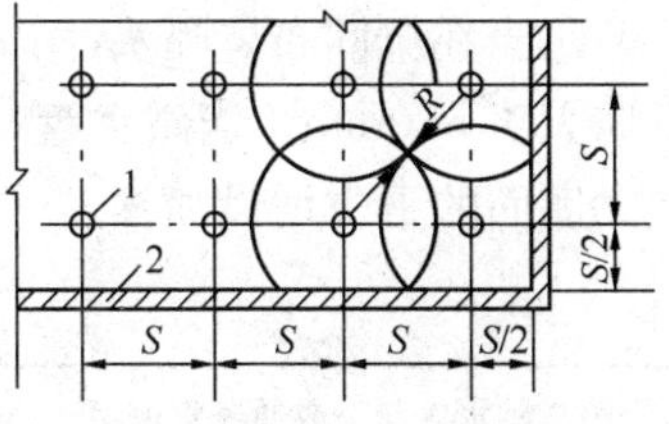

图 2-62　正方形布置示图

1—喷头；2—墙壁

(2) 喷头布置：

1) 喷头之间的水平距离应根据不同火灾危险等级确定。其布置形式可采用正方形、长方形或菱形布置方式。

①正方形布置见图 2-62，其间距按式 (2-17) 计算：

$$S = 2R\cos 45^{\circ} \tag{2-17}$$

式中　R——喷头计算喷水半径 (m)；

S——喷头间距 (m)。

②采用长方形布置时，每个长方形对角线之长度不应超过 $2R$，见图 2-63；喷头与边墙的距离不应超过喷头间距的一半。

③菱形布置见图 2-64。

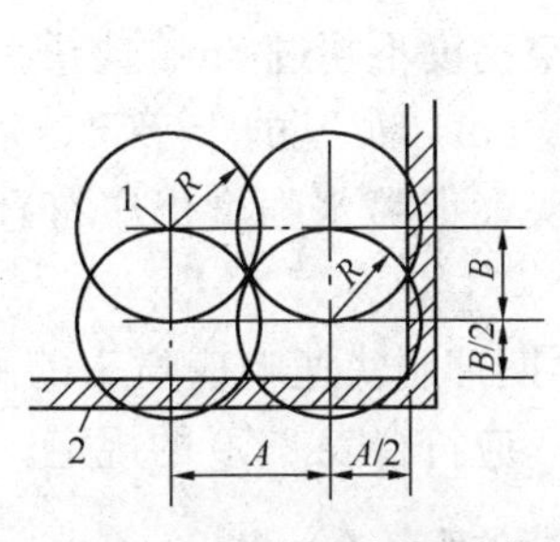

图 2-63　长方形布置示意

1—喷头；2—墙壁

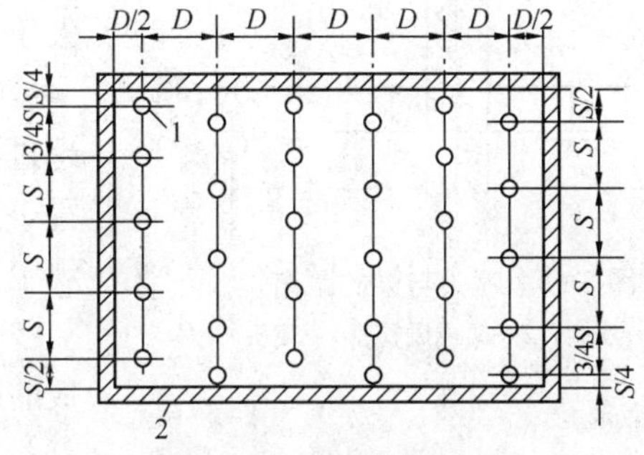

图 2-64　菱形布置示意

1—喷头；2—墙壁

2) 直立型、下垂型喷头的布置，包括同一根配水支管上喷头的间距及相邻配水支管的间距，应根据系统的喷水强度、喷头的流量系数和工作压力确定，并不应大于表 2-48 的规定，且不宜小于 2.4m。

同一根配水支管上喷头的间距及相邻配水支管的间距　　表 2-48

喷水强度 [L/(min·m²)]	正方形布置的边长 (m)	矩形或平行四边形布置的长边边长(m)	一只喷头的最大保护面积(m²)	喷头与端墙的最大距离(m)
4	4.4	4.5	20.0	2.2
6	3.6	4.0	12.5	1.8
8	3.4	3.6	11.5	1.7
≥12	2.0	3.6	9.0	1.5

注：1. 仅在走道设置单排喷头的闭式系统，其喷头间距应按走道地面不留漏喷空白点确定；
2. 喷水强度大于 8L/(min·m²)时，宜采用流量系数 $K>80$ 的喷头；
3. 货架内置喷头的间距均不应小于 2m，并不应大于 3m。

3) 除吊顶型喷头及吊顶下安装的喷头外，直立型、下垂型标准喷头，其溅水盘与顶板的距离，不应小于 75mm，并不应大于 150mm。

①当在梁或其他障碍物底面下方的平面上布置喷头时，溅水盘与顶板的距离不应大于 300mm，同时溅水盘与梁等障碍物底面的垂直距离不应小于 25mm，不应大于 100mm。

②当在梁间布置喷头时，应符合表2-49的规定。确有困难时，溅水盘与顶板的距离不应大于550mm。当溅水盘与顶板的距离达到550mm仍不能满足表2-49的规定时，应在梁底面的下方增设喷头。

喷头与梁、通风管道的距离（m） **表2-49**

喷头溅水盘与梁或通风管道底面的最大垂直距离 b		喷头与梁、通风管道的水平距离 a	喷头溅水盘与梁或通风管道底面的最大垂直距离 b		喷头与梁、通风管道的水平距离 a
标准喷头	其他喷头		标准喷头	其他喷头	
0	0	$a<0.3$	0.35	0.38	$1.2\leqslant a<1.5$
0.06	0.04	$0.3\leqslant a<0.6$	0.45	0.55	$1.5\leqslant a<1.8$
0.14	0.14	$0.6\leqslant a<0.9$	>0.45	>0.55	$a=1.8$
0.24	0.25	$0.9\leqslant a<1.2$			

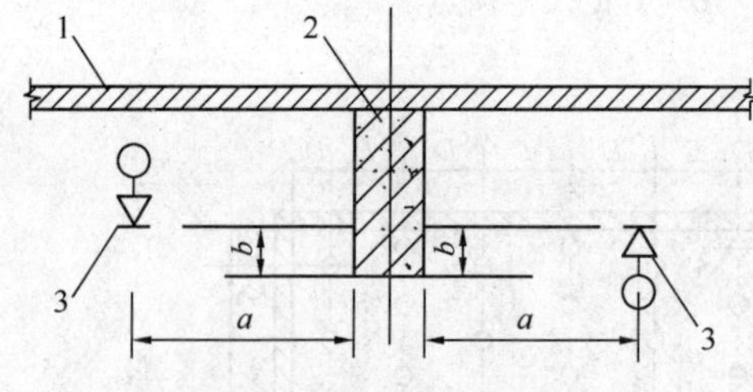

图2-65 喷头与梁的距离

1—顶棚；2—梁或风管；3—喷头

③密肋梁板下方的喷头，溅水盘与密肋梁板底面的垂直距离，不应小于25mm，不应大于100mm。

④净空高度不超过8m的场所中，间距不超过4×4（m）布置的十字梁，可在梁间布置1只喷头，但喷水强度仍应符合表2-37的规定。

4）早期抑制快速响应喷头的溅水盘与顶板的距离，应符合表2-50的规定。

早期抑制快速响应喷头的溅水盘与顶板的距离（mm） **表2-50**

喷头安装方式	直立型		下垂型	
	不应小于	不应大于	不应小于	不应大于
溅水盘与顶板的距离	100	150	150	360

5）图书馆、档案馆、商场、仓库中的通道上方宜设有喷头。喷头与被保护对象的水平距离，不应小于0.3m；喷头溅水盘与保护对象的最小垂直距离标准喷头不应小于0.45m，其他喷头不应小于0.90m。

6）货架内置喷头宜与顶板下的喷头交错布置，其溅水盘与上方层板的距离除符合上述有关规定外，与其下方货品顶面的垂直距离还应不小于150mm。

7）净空高度大于800mm的闷顶和技术夹层内有可燃物时，应设置喷头。

8）当局部场所设置自动喷水灭火系统时，与相邻不设自动喷水灭火系统场所连通的走道或连通门窗的外侧，应设喷头。

9）装设通透性吊顶的场所，喷头应布置在顶板下。

10）在倾斜的屋面板或吊顶下安装喷头时，喷头应垂直于斜面安装，并应按斜面距离确定喷头的间距。尖屋顶的屋脊处应设一排喷头。喷头溅水盘至屋脊的垂直距离，屋顶坡度≥1/3时，不应大于0.8m；屋顶坡度<1/3时，不应大于0.6m。

11）边墙型喷头的布置：

①在吊顶、屋面板、楼板下安装边墙型喷头时，其两侧 1m 范围内和墙面垂直方向 2m 范围内，均不应有障碍物。

②喷头距吊顶、楼板、屋面板的距离应不小于 100mm，也不应大于 150mm，距边墙的距离宜为 50～100mm。

③边墙型标准喷头的最大保护跨度与间距，应符合表 2-51 的规定。边墙型扩展覆盖喷头的最大保护跨度、配水支管上的喷头间距、喷头与两侧端墙的距离，应按喷头工作压力下能够喷湿对面墙和临近端墙距溅水盘 1.2m 高度以下的墙面确定，且保护面积内的喷水强度应符合表 2-37 规定。

边墙型标准喷头的最大保护跨度与间距（m） 表 2-51

设置场所火灾危险等级	轻危险级	中危险级Ⅰ级
配水支管上喷头的最大间距	3.6	3.0
单排喷头的最大保护跨度	3.6	3.0
两排相对喷头的最大保护跨度	7.2	6.0

注：1. 两排相对喷头应交错布置；
2. 室内跨度大于两排相对喷头的最大保护跨度时，应在两排相对喷头中间增设一排喷头。

④直立式边墙型喷头，其溅水盘与顶板的距离不应小于 100mm，且不宜大于 150mm，与背墙的距离不应小于 50mm，并不应大于 100mm。水平式边墙型喷头溅水盘与顶板的距离不应小于 150mm，且不应大于 300mm。

⑤宽度不超过 3.6m 的房间，可沿房间长向布置一排喷头。

⑥宽度超过 3.6m，但不超过 7.2m 的房间，应沿房间长向的两侧各装一排喷头；宽度超过 7.2m 的房间，应在房间中增设标准喷头。

12）输送易燃、易爆或可燃物的水平管或与垂线夹角大于 30°的管道，喷头应沿管道全长布置，其间距不应大于 3m，且喷头宜布置在输送易燃、易爆物质的管道外部的上方。

13）防火分隔水幕的喷头布置，应保证水幕的宽度不小于 6m。采用水幕喷头时，喷头不应少于 3 排；采用开式洒水喷头时，喷头不应少于 2 排。防护冷却水幕的喷头宜布置成单排。

14）设置闭式自动喷水灭火系统的汽车库、修车库其喷头应布置在停车位的上方。机械式立体汽车库、复式汽车库的喷头除在屋面板或楼板下按停车位的上方布置外，还应按停车的托板位置分层布置，且应在喷头的上方设置集热板。

15）错层式、斜楼板式的汽车库的车道、坡道上方均应设置喷头。

2.3.5.4 管道与报警阀的布置

（1）供水管道与报警阀

1）建筑物内的供水干管一般宜布置成环状，进水管不宜少于两条。当一条进水管发生故障时，另一条进水管仍能保证全部用水量和水压。自动喷水灭火系统管网上应设置水泵接合器，其数量应根据该系统的设计流量计算确定。但不宜少于两个，每个水泵接合器的流量宜按 10～15L/s 计算。

环状供水干管应设分隔阀门。阀门的布置应保证某段供水管检修或发生事故时，关闭报警阀的数量不超过3个，分隔阀门应设在便于维修、易于接近的地点。分隔阀门应经常处于开启状态，且应有明显的启闭标志。

2）室内消火栓给水管网与闭式自动喷水灭火设备报警阀后的管网，应分开独立设置。报警阀后的配水管上不应设置阀门。

3）当自动喷水灭火系统中设有2个及以上报警阀组时，报警阀前的供水管网宜布置成环状。

4）闭式自动喷水灭火系统应设有控制阀、报警阀、水力警铃和系统试验装置，并应设置延迟器等防止误报警的设施。进水控制阀应设有开、关指示装置。在报警阀前后和系统试验装置上，应装设校验用的仪表。水力警铃应设在有人值班的地点附近。连接管道应采用镀锌焊接钢管，其管径应为 *DN*20，总长度不应超过20m。每个自动喷水灭火系统，应设水流指示器、信号阀、压力开关等辅助电动报警装置，但电动报警器不得代替水力警铃。

5）报警阀应设在没有冰冻危险、管理维护方便的房间内，距地面高度宜为1.2m。安装报警阀的部位地面应设有排水设施。设在生产车间中的报警阀、闸阀以及其附属设备，应有保护装置，以防止冲击损坏和误动作。

6）一个报警阀组控制的喷头数量：湿式系统、预作用系统不宜超过800个；干式系统不宜超过500个。

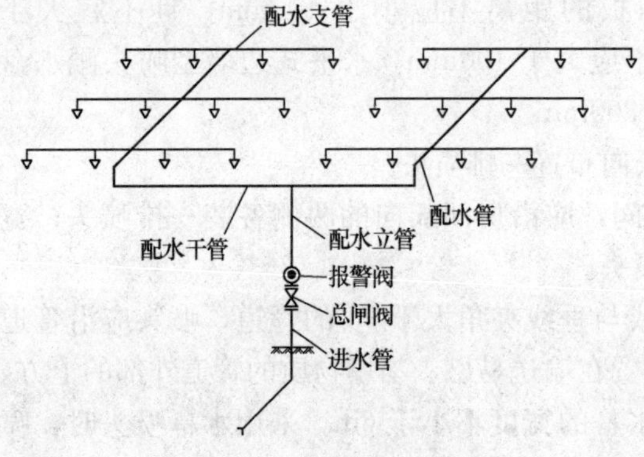

图2-66 管段名称

配水立管——直设在配水干管的中央；配水支管——宜在配水管两侧均匀分布；配水管——宜在配水干管两侧均匀分布，布置时应考虑管件施工与维护方便

7）配水管道的工作压力不应大于1.20MPa，并不应设置其他用水设施。每个报警阀组供水的最高与最低位置喷头，其高程差不宜大于50m。

8）连接报警阀进出口的控制阀应采用信号阀。当不采用信号阀时，控制阀应设锁定阀位的锁具。

（2）喷水管网

管段名称如图2-66所示。

（3）管道负荷

1）每根配水支管或配水管的直径均不应小于25mm。

2）每根配水支管设置的标准喷头数应符合下列要求。

①轻危险级、中危险级场所不应超过8只；同时在吊顶上下安装喷头的配水支管，上下侧均不应超过8只；

②严重危险级和仓库危险级场所均不应超过6只；

③轻危险级、中危险级场所中配水支管、配水管控制的标准喷头数，不应超过表2-52的规定。

（4）管道排水

1）水平安装的管道宜设有坡度，并应坡向泄水阀，以便泄空。充水管道的坡度不宜小于2‰，准工作状态的不充水管道的坡度不宜小于4‰。

轻危险级、中危险级场所中配水支管、配水管控制的标准喷头数 表 2-52

公称管径（mm）	控制的标准喷头数（只）	
	轻危险级	中危险级
25	1	1
32	3	3
40	5	4
50	10	8
65	18	12
80	48	32
100	—	64

2）在寒冷地区引至外墙的排水管，其排水阀以后的管段至少应有 1.2m 的长度留在室内，以防阀门受冻。

3）如充水系统的管道有局部下弯，则当下弯管段内喷头数少于 5 个时，可在管道上设置丝堵的排水口。当喷头数在 5～20 个时，宜设置排水阀排水口；当喷头数多于 20 个时，宜设置带有排水阀的排水管，并接至排水管道。排水阀和排水管管径，见表 2-53。

排水阀和排水管管径（mm） 表 2-53

给水立管管径	排水管管径	辅助排水管管径
≥100	50	25
65～80	32	25
50	32	20

2.3.5.5 管材及安装

（1）管材：自动喷水灭火系统报警阀前的管道，明装时可采用内外壁热镀锌钢管或焊接钢管，埋地时应采用球墨给水铸铁管或防腐焊接钢管；报警阀后的管道应采用内外壁热镀锌钢管、铜管或不锈钢管或符合现行国家及行业标准的涂覆其他防腐材料的钢管。当报警阀入口前管道采用不防腐的钢管时，应在该管道的末端设过滤器。

（2）管道连接：镀锌钢管应采用沟槽式连接、丝扣连接或法兰连接；不防腐钢管可采用焊接连接。

（3）试验压力

1）当系统设计工作压力等于或小于 1.0MPa 时，水压强度试验压力应为设计工作压力的 1.5 倍，并不应低于 1.4MPa；当系统工作压力大于 1.0MPa 时，水压强度试验压力应为该工作压力加 0.4MPa。达到试验压力后，稳压 30min，目测管网无泄漏和无变形，且压力降不应大于 0.05MPa。

2）系统水压严密性试验应在水压强度试验和管网冲洗合格后进行。试验压力应为设计工作压力，稳压 24h，应无泄漏。

3）气压试验的介质宜采用空气或氙气，气压严密性试验的试验压力应为 0.28MPa，且稳压 24h，压力降不应大于 0.01MPa。

（4）管道支吊架与防晃支架：

1）吊架与支架的位置以不妨碍喷头喷水效果为原则。一般吊架距喷头的距离应大于0.3m，距末端喷头的间距应小于0.75m。

2）管道支架或吊架的间距，见表2-54。

支架或吊架的最大间距　　表2-54

公称管径（mm）	25	32	40	50	65	80	100	125	150	200	250	300
间距（m）	3.5	4.0	4.5	5.0	6.0	6.0	6.5	7.0	8.0	9.5	11.0	12.0

3）每米钢管和水的质量，见表2-55。

每米钢管和水的质量　　表2-55

公称管径 *DN*（mm）	每米管和水的质量（kg）	公称管径 *DN*（mm）	每米管和水的质量（kg）
20	1.88	65	9.72
25	2.96	80	13.09
32	4.10	100	19.04
40	5.16	125	27.95
50	7.04	150	36.45

4）一般在喷头之间的每段配水支管上至少应装一个吊架。但其间距小于1.8m时，允许每隔一段配置一个吊架；若邻近配水管上设吊架时配水支管上第一个喷头前的管段长度小于1.8m时，可隔段设吊架。吊架的间距应不大于3.6m，见图2-67。

5）配水支管的末梢管段和邻近配水管管段上没有吊架的配水支管，其第一个管段，不论其长度如何，均应设置吊架，见图2-67。

6）在坡度大的屋面下安装的配水支管，如用短立管与配水管相连。则该配水支管应采取止滑措施，以防短立管与配水管受扭折推力，见图2-68。

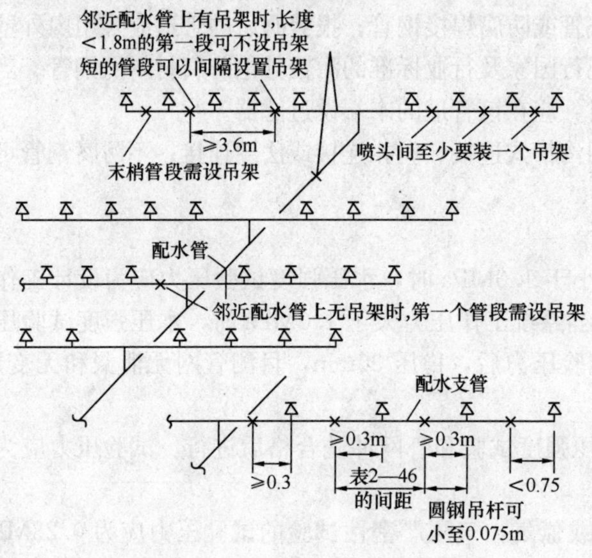

图2-67　配水支管管段上吊架布置

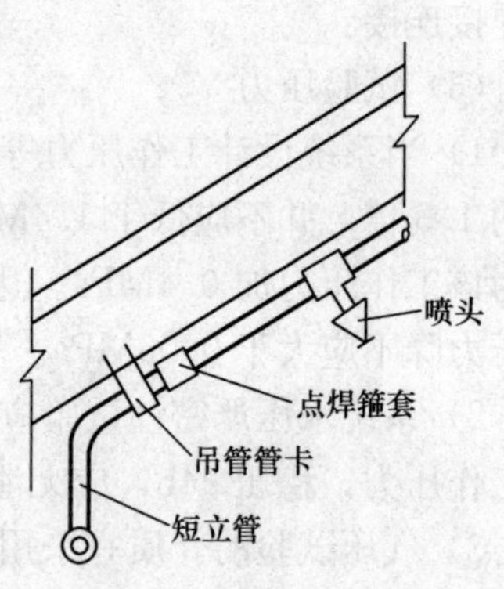

图2-68　斜立配水支管的支架

7）为防止喷头喷水时管道产生大幅度的晃动，在配水立管、配水干管与配水支管上应再附加防晃支架。如管道支架为长度小于150mm的单杆吊卡，则可不考虑防晃措施，见图2-69。

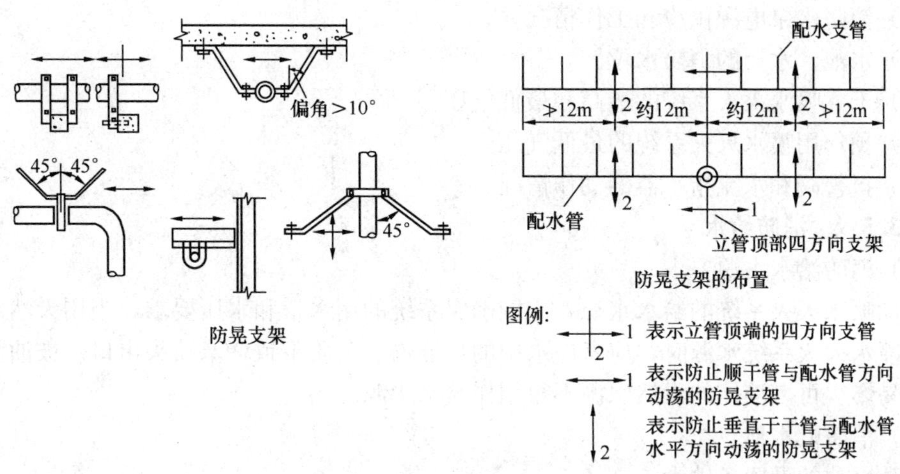

图2-69 管道防晃支架

(5) 当喷头的公称直径小于10mm时，应在配水干管或配水管上安装过滤器。

2.3.5.6 节流装置

有多层喷水管网时，低层喷头流量大于高层喷头的流量，会造成不必要的浪费，同时也会使高位消防水箱内的水在喷洒消防泵开启前过快地放干，应采用减压孔板或节流管等技术措施，以均衡各层管段的流量。

(1) 减压孔板的计算，见第13.4节。设置减压孔板时，应符合下列要求：

1）应设在直径不小于50mm的水平直管段上，前后管段的长度均不宜小于该管段直径的5倍。

2）孔板应安装在水流转弯处下游一侧的直管段上，其距离不应小于安装管段管径的两倍。

3）孔口直径不应小于设置管段直径的30%，且不应小于20mm。

4）应采用不锈钢板材制作。

(2) 节流管的选型及计算，见第3.4节。

1）直径宜按上游管段直径的1/2确定；

2）长度不宜小于1m；

3）节流管内水的平均流速不应大于20m/s。

2.3.5.7 管道充气和排气

干式喷水灭火系统的每组管网容积，不应超过1500L。如果设有加速排气装置时，可增至3000L。

对于干式和预作用系统的管道，可用空气压缩机充气，其给气量应不小于0.15L/min。在空气压缩站能保证不间断供气时，也允许由空气压缩站供应。

在配水管的顶端，宜设快速排气阀，有压充气管道的快速排气阀入口前应设电动阀。

2.3.5.8 监测装置

自动喷水灭火系统的下列部位应予监测：

(1) 系统控制阀的开启状态。

(2) 消防水泵电源供应和工作情况。

(3) 水池、水箱的消防水位。

(4) 干式喷水灭火系统的最高和最低气压。

(5) 预作用喷水灭火系统的最低气压。

(6) 报警阀和水流指示器的动作情况。

2.3.5.9 消防给水

(1) 消防给水水源要求

自动喷水灭火系统的给水水源，应能确保系统的用水量和水压要求，当用天然水源作为自动喷水灭火系统水源时，应考虑水中的悬浮物、杂质不致堵塞喷头出口。被油污染或含其他易燃、可燃液体的天然水源不得用作给水水源。

(2) 消防贮水池

消防水池的设置条件为：

①给水管道和天然水源不能满足消防用水量时。

②水池水质应符合饮用水标准；应确保持续喷水时间内的用水量。

③消防水池的其他设置要求同“2.2 消火栓给水系统”。

(3) 高位消防水箱：

1) 设置临时高压给水系统的建筑物，应设高位消防水箱，其储水量应符合现行有关国家标准的规定。消防水箱的供水，应满足系统最不利点喷头的最低工作压力和喷水强度。

2) 不设高位消防水箱的建筑，系统应设气压供水设备。气压供水设备的有效水容积，应按系统最不利处 4 只喷头在最低工作压力下的 10min 用水量确定。

干式系统、预作用系统设置的气压供水设备，应同时满足配水管道的充水要求。

3) 应设止回阀，并应与报警阀入口前管道连接；轻危险级、中危险级场所的系统该管径不应小于 80mm，严重危险级和仓库危险级不应小于 100mm。

自动喷水灭火系统消防用水与其他用水合用水箱时，其水量及其他要求同“2.2 消火栓给水系统”有关消防水箱的内容。

(4) 消防水泵：

1) 每台消防水泵应设独立的吸水管，吸水管上的控制阀不应采用蝶阀。水泵的吸水管应设控制阀；出水管应设控制阀、止回阀、压力表和直径不小于 65mm 的试水阀。必要时，应安装压力表和泄压阀等控制供水泵出口压力的措施。安装压力表时还应加设缓冲装置，压力表和缓冲装置之间应安装旋塞，压力表量程应为工作压力的 2～2.5 倍。系统的供水泵、稳压泵，应采用自灌式吸水方式。采用天然水源时，水泵的吸水口应采取防止杂物堵塞的措施。

2) 每组供水泵的吸水管不应少于 2 根；报警阀入口前设置环状管道的系统，每组供水泵的出水管不应少于 2 根。

供水泵的系统应设独立的消防水泵并应按一运一备或两运一备比例设置备用泵；按二

级负荷供电的建筑，宜采用柴油机泵作备用泵。

（5）自动喷水灭火系统中的稳压设施：

1）当建筑中的自动喷水灭火系统中没设高位水箱或所设的高位水箱不能满足最不利点喷头水压要求时，系统应设置气压供水设备或单设稳压泵的稳压设施。

2）稳压泵流量：Q=1L/s，气压罐有效容量：150L。

3）稳压设备计算参见 1.9.4 节“气压水罐和水泵的计算与选用”。

（6）水泵接合器：自动喷水灭火系统应设置水泵接合器，其数量应按自动喷水灭火系统的消防用水量与接合器规格型号和允许流速计算确定，但不应小于 2 个。目前已有水泵接合器产品 SQ、SQX 和 SQB 三个型号，DN100×65×65 及 DN150×80×80 两种双接头规格，允许流速为 2.0m/s、2.5m/s 和 3.0m/s，计算水泵接合器的数量见表 2-56。

当水泵接合器的供水能力不能满足最不利点处作用面积的流量和压力要求时，应采取增压措施。

水泵接合器应设在便于同消防车连接的地方，其周围 15～40m 内应设室外消火栓或消防水池。

计算水泵接合器数量 **表 2-56**

建筑物危险等级	自动喷水灭火系统设计流量(L/s)	v=2.0m/s		v=2.5m/s		v=3.0m/s	
		DN100×65×65	DN150×80×80	DN100×65×65	DN150×80×80	DN100×65×65	DN150×80×80
		Q=15.5L/s	Q=35.0L/s	Q=19.4L/s	Q=44.0L/s	Q=23.0L/s	Q=52.0L/s
轻危险级	$\frac{3\times180\times1.3}{60}=11.7$	$\frac{11.7}{15.5}=0.8$个		$\frac{11.7}{19.4}=0.6$个		$\frac{11.7}{23}=0.5$个	
中危险级	$\frac{6\times200\times1.3}{60}=26.0$	$\frac{26.0}{15.5}=1.7$个		$\frac{26}{19.4}=1.3$个		$\frac{26}{23}=1.1$个	
严重危险级	$\frac{10\times300\times1.3}{60}=65.0$		$\frac{65.0}{35.0}=1.9$个		$\frac{66}{44}=1.5$个		$\frac{65}{52}=1.3$个
	$\frac{15\times300\times1.3}{60}=97.5$		$\frac{97.5}{35.0}=2.8$个		$\frac{97.5}{44}=2.2$个		$\frac{97.5}{52}=1.9$个

墙壁式消防水泵接合器不应安装在玻璃幕墙下方。

2.3.5.10 水力计算

（1）消防用水流量：

1）各危险等级的系统喷水灭火计算用水流量，见表 2-37。

2）设置自动喷水灭火系统的建筑物，同时必须设置消火栓。消火栓和自动喷水灭火系统的用水总流量应按同时使用计算。

3）当建筑物内还同时设有水幕等消防系统时，应视这些系统是否同时作用来确定这些消防用水流量是否叠加。

4）消防用水通常按两种情况进行计算，即平时供水和加压供水。前者指火灾发生至消防水泵开动时 10min 内的供水情况，一般用贮在高位水箱、水塔、气压贮罐等贮水设备内的水供给。后者指消防水泵开动后的供水情况。

(2) 喷头出水量：

1) 玻璃球喷头出水量（喷头直径为 15mm 时）按式（2-18）计算：

$$q = K\sqrt{10P} \tag{2-18}$$

式中 q——喷头出水量（L/min）；

P——喷头处水压（MPa）；

K——喷头流量特性系数，当喷头公称直径为 15mm，$K=80$ 时，可根据喷头处水压，查图 2-70 得出喷头流量（L/min）。

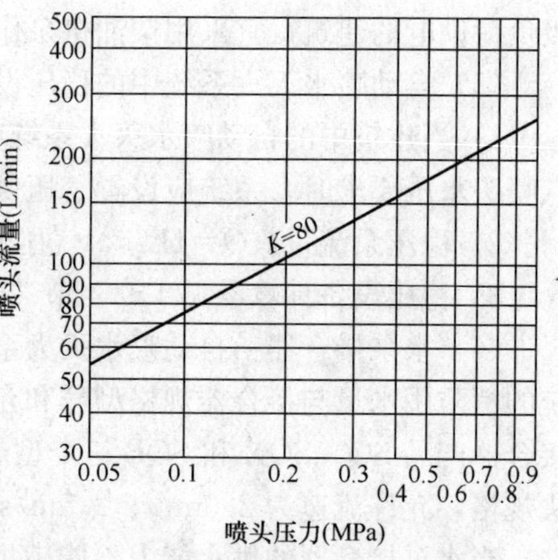

图 2-70 K=80 喷头压力-流量曲线

按式（2-18）算出各种水压下的喷头出水量，列于表 2-57。

玻璃球喷头各种水压时的出水量（d=15mm） 表 2-57

喷头工作压力（$\times10^4$Pa）	3.92	4.41	4.90	5.39	5.88	6.37	6.86	7.35	7.84	8.33	8.82	9.31
喷头出水量（L/min）	50.60	53.67	56.57	59.33	61.97	64.50	66.93	69.28	71.55	73.76	75.89	77.97
喷头工作压力（$\times10^4$Pa）	9.80	10.29	10.78	11.27	11.76	12.25	12.74	13.23	13.72	14.21	14.70	
喷头出水量（L/min）	80.00	81.98	83.90	85.79	87.64	89.44	91.21	92.95	94.66	96.33	97.98	

2) 喷头直径为 12.7mm 的易熔合金喷头出水量，按式（2-19）计算：

$$q = 100\sqrt{BH} \tag{2-19}$$

式中 q——喷头出水量（L/s）；

H——喷头工作压力（Pa）；

B——喷头特性系数[$L^2/(s^2 \cdot m)$]。

(3) 管道流量计算：

1) 自动喷头灭火系统设计流量计算，宜符合下列规定：

①自动喷水灭火系统流量宜按最不利位置作用面积和喷水强度计算。作用面积宜采用正方形或长方形。当采用长方形布置时，其长边应平行于配水支管，边长宜为作用面积值平方根的 1.2 倍。

注：1. 走道内仅布置一排喷头时，计算动作喷头数每层不宜超过 5 个；

2. 雨淋喷水灭火系统和水幕系统应按每个设计喷水区域内的全部喷头同时开启喷水计算。

②对轻危险级和中危险级建筑物、构筑物的自动喷水灭火系统进行水力计算时，应保证作用面积内的平均喷水强度不小于表 2-37 的规定。但其中任意四个喷头组成的保护面积内的平均喷水强度不应大于也不应小于表 2-37 规定数值的 20%。

③对严重危险级建筑物、构筑物的自动喷水灭火系统进行水力计算时，应保证作用面积内任意四个喷头的实际保护面积内的平均喷水强度，不应小于表 2-37 的规定。

2) 从系统设计最不利点的喷头开始计算，至表 2-37 所列假定作用面积所包括的最后一个喷头为止，依次计算沿程、局部水头损失和各喷头处的压力、流量值。

系统设计秒流量应满足式（2-20）要求：

$$Q_{设计}=1.15-1.30Q_{理论} \tag{2-20}$$

式中 $Q_{设计}$——系统设计秒流量（L/s）；

$Q_{理论}$——喷水强度与假定作用面积的乘积（L/s）。

3）以特性系数法计算管网流量：

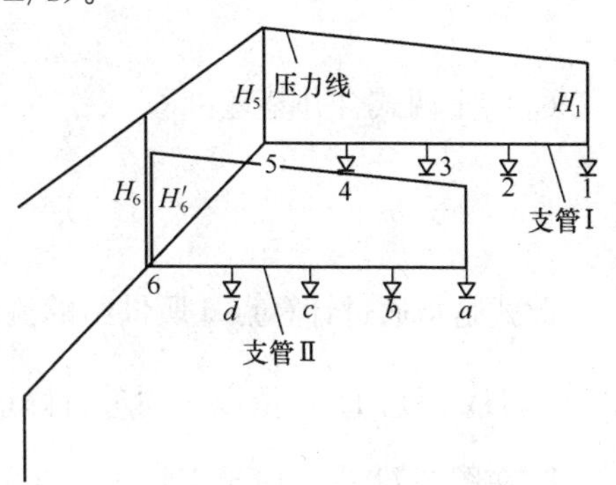

图 2-71 计算原理

①喷头的特性系数确定后，可由喷头处管网的水压值求得喷头之出流量。现以图 2-71 为例解释说明如下：

a. 支管Ⅰ尽端的喷头 1 为整个管系的最不利点，在规定的工作水头 H_1 作用下，其出流量为

$$q_1=\sqrt{BH_1}$$

b. 喷头 2 的出流量为

$$q_2=\sqrt{B(H_1+h_{1\text{-}2})}=\sqrt{BH_2}$$

c. 喷头 3、4 的出流量，同理为

$$q_3=\sqrt{B(H_2+h_{2\text{-}3})}=\sqrt{BH_3}$$

$$q_4=\sqrt{B(H_3+h_{3\text{-}4})}=\sqrt{BH_4}$$

$$H_5=H_4+h_{4\text{-}5}$$

$$Q_{4\text{-}5}=q_1+q_2+q_3+q_4$$

d. $h_{1\text{-}2}$、$h_{2\text{-}3}$、$h_{3\text{-}4}$相应为$Q_{1\text{-}2}$（$=q_1$）、$Q_{2\text{-}3}$（$=q_1+q_2$）、$Q_{3\text{-}4}$（$=q_1+q_2+q_3$）通过各该段所造成的水头损失。

e. 同样，若以支管Ⅱ尽端喷头 a 为最不利点，H'_1 为规定的喷头工作水头，可对支管Ⅱ进行计算，得到 H'_6 及 $Q_{5\text{-}6}$之值。

②管系特性系数 B_g：管系特性系数可由管系流量总输出处（点）及该处（点）所应具有之水压值求得：

$$B_g=\frac{Q^2_{(n-1)-n}}{H_n}$$

式中 B_g——管系特性系数［$L^2/(s^2\cdot m)$］；

$Q_{(n-1)-n}$——（$n-1$）$-n$ 管段流量（L/s）；

H_n——节点 n 水压（m）。

上式 B_g 值表明管系的输水性能。当管系在另一水压（H'_n）作用下时，即可由已知之 B_g 值求出此时管系的流量为

$$Q''_{(n-1)-n}=\sqrt{B_gH''_n}$$

仍以图 2-71 为例，说明管系特性系数之应用。

a. 计算点 5 处无出流流量，也即为支管Ⅰ的管系流量 $Q_{4\text{-}5}$。

b. 在计算点 6 处，水压为 $H_6=H_5+h_{5\text{-}6}$，通过管段 5-6 的流量为 $Q_{5\text{-}6}=Q_{4\text{-}5}$。

c. 支管Ⅱ的管系特性系数为

$$B_{g\text{II}} = \frac{Q_{d\text{-}6}^2}{H'_6}$$

d. 由于计算点 6 接出支管Ⅱ，故在水压 H_6 下，通过该点应输出流量为：

$$q_6 = Q_{5\text{-}6} + \sqrt{B_{g\text{II}} H_6}$$

e. 将上两式合并整理：

$$q_6 = Q_{5\text{-}6} + Q_{d\text{-}6}\sqrt{\frac{H_6}{H'_6}}$$

此式是指通过计算点 6 所供给的流量由两股组成，其中供给的支管Ⅱ的流量由于实际水压非 H'_6 而是 H_6，所以必须进行修正，该修正系数为$\sqrt{\frac{H_6}{H'_6}}$。

f. 在图 2-71 中，由于支管Ⅰ、Ⅱ的水力情况完全相同（喷头构造、数量、管段、长度、管径、标高等）。因此，$Q_{d\text{-}6}=Q_{4\text{-}5}$，$H'_6=H_5$，也即 $B_{g\text{I}}=B_{g\text{II}}$。若将此关系代入上式，即得

$$q_6 = Q_{5\text{-}6} + Q_{5\text{-}6}\sqrt{\frac{H_6}{H_5}}$$

$$= Q_{5\text{-}6}\left(1+\sqrt{\frac{H_6}{H_5}}\right)$$

g. 其后各段流量，再分别依次逐段进行计算。

（4）水压和流速的规定：

1）水压：对闭式自动喷水灭火系统，最不利点处喷头的工作水头，一般为 9.8×10^4Pa，最小不应小于 4.9×10^4Pa。

2）流速：管内允许流速，钢管一般不大于 5m/s，但配水支管水流速度在个别情况下不应超过 10m/s。

为计算简便，可用表 2-58 流速系数值直接乘以流量，校核流速是否超过允许值，表达式（2-21）为

$$v = K_C Q \qquad (2\text{-}21)$$

式中 K_C——流速系数（m/L）；

Q——流量（L/s）。

流速系数 K_C 值 **表 2-58**

钢管管径（mm）	15	20	25	32	40	50	70
K_C（m/L）	5.85	3.105	1.883	1.05	0.8	0.47	0.283
钢管管径（mm）	80	100	125	150	200	250	
K_C（m/L）	0.204	0.115	0.075	0.053			
铸铁管管径（mm）		100	125	150	200	250	
K_C（m/L）		0.1273	0.0814	0.0566	0.0318	0.021	

（5）管道的沿程水头损失：每米管道的水头损失，应按下式计算：

$$i = 0.0000107 \frac{v^2}{d_j^{1.3}} \tag{2-22}$$

式中 i——管道单位长度的水头损失（MPa/m）；

v——管道内的平均水流速度（m/s）；

d_j——管道的计算内径（m），取值应按管道的内径减 1mm 确定。

（6）管道的局部水头损失：管道的局部水头损失宜采用当量长度来计算，当量长度见表 2-59。

当量长度表（m） **表 2-59**

管件名称	管件直径（mm）								
	25	32	40	50	70	80	100	125	150
45°弯头	0.3	0.3	0.6	0.6	0.9	0.9	1.2	1.5	2.1
90°弯头	0.6	0.9	1.2	1.5	1.8	2.1	3.1	3.7	4.3
三通或四通	1.5	1.8	2.4	3.1	3.7	4.6	6.1	7.6	9.2
蝶阀	—	—	—	1.8	2.1	3.1	3.7	2.7	3.1
闸阀	—	—	—	0.3	0.3	0.3	0.6	0.6	0.9
止回阀	1.5	2.1	2.7	3.4	4.3	4.9	6.7	8.3	9.8
异径接头	32/25	40/32	50/40	70/50	80/70	100/80	125/100	150/125	200/150
	0.2	0.3	0.3	0.5	0.6	0.8	1.1	1.3	1.6

注：1. 过滤器当量长度的取值，由生产厂提供；

2. 当异径接头的出口直径不变而入口直径提高一级时，其当量长度应增大 0.5 倍；提高 2 级或 2 级以上时，其当量长度应增 1.0 倍。

（7）供水管或消防水泵处的计算压力：

$$H_b = H + 0.01H_Z + \Sigma h + H_k \tag{2-23}$$

式中 H_b——供水管或消防水泵处的计算压力（MPa）；

H——最远最高喷水喷头的计算压力（MPa）；

H_Z——最远最高喷水喷头与供水管或消防水泵中心之间的几何高差（m）；

Σh——喷水系统的管道沿程水头损失和局部水头损失的总和（MPa）；

H_k——报警阀的压力损失（MPa），见表 2-60。

各种报警阀的压力损失 **表 2-60**

阀门名称	阀门直径（mm）	计算公式（$H_k=0.01B_kQ^2$）（MPa）
湿式报警阀	100	$H_k=0.00302Q^2$
湿式报警阀	150	$H_k=0.00869Q^2$

续表

阀门名称	阀门直径（mm）	计算公式（$H_k=0.01B_kQ^2$）（MPa）
干湿两用报警阀	100	$H_k=0.00726Q^2$
干湿两用报警阀	150	$H_k=0.00208Q^2$
干式报警阀	150	$H_k=0.0016Q^2$

注：表中 Q 以 L/s 计。

自动喷水灭火系统管网的工作压力，不应超过 1.2MPa。

（8）简化计算：为了简化自动喷水灭火系统管道水力计算，可根据表 2-61 对轻危险级、中危险级场所中配水管、配水支管的管径进行选用与估算。

轻危险级、中危险级场所中配水支管、配水管控制的标准喷头数　　表 2-61

公称管径（mm）	控制的标准喷头数（只）	
	轻危险级	中危险级
25	1	1
32	3	3
40	5	4
50	10	8
65	18	12
80	48	32
100	—	64

（9）计算步骤及例题

1）计算步骤：

①绘制管路透视图。

②从最不利区（点）开始，编定节点号码（喷水的喷头处，管径变更处，管道分支连接处）。

③按特性系数法进行水力计算，管系流量从最不利点开始，逐段增加到系统规定的设计秒流量为止，计算该流量下管系的水头损失。

④校核各管段之允许流速，超过规定值时予以调整。

⑤总计管系所需流量及所需水头，对供水设备进行计算。

2）计算例题：

【例 1】　喷水系统枝状管道水力计算（按加压供水情况）。

管道透视见图 2-72，假定计算流量为 30L/s，列表计算见表 2-62。

喷水系统枝状管道水力计算 **表 2-62**

节点	管段	特性系数 B，B_g	节点水压 H (10^{-2} MPa)	流量			管径 DN (mm)	管道比阻 A (L/s)	管段长度 L (m)	水头损失 h (10^{-2} MPa)	标高差 h_b (m)	计算式
				节点 q (L/s)	管段 Q (L/s)	q^2，Q^2						
1	2	3	4	5	6	7	8	9	10	11	12	13
①		0.184	5	0.96		0.92						$q^2$①=BH①=0.184×5=0.92
	①-②				0.96	0.92	25	0.4367	3	1.20	0.03	h①-②=AL①－②$Q^2$①－②=0.4367×3×0.92=1.20
②		0.184	6.23	1.07		1.14						H②=H①+h①－②+hb①－②=5+1.20+0.03=6.23 $q^2$②=0.184×6.23=1.14
	②－③				2.03	4.12	32	0.0939	3	1.16	0.03	Q②－③=Q①－②+q②=0.96+1.07=2.03 h②－③=0.0939×3×4.10=1.16
③		0.184	7.42	1.17		1.36						H③=6.23+1.16+0.03=7.42，$q^2$③=0.184×7.42=1.36
	③－④				3.20	10.24	32	0.0939	3	2.90	0.03	Q③－④=2.03+1.17=3.20，h③－④=0.0939×3×10.24 =2.90
④		0.184	10.35	1.38		1.90						H④=7.42+2.90+0.03=10.35，$q^2$④=0.184×10.35=1.90
	④－⑤				4.58	20.98	40	0.045	3	2.83	0.03	Q④－⑤=3.20+1.38=4.58，h④－⑤=0.045×3×20.98=2.83
⑤		0.184	13.21	1.56		2.43						H⑤=10.35+2.83+0.03=13.21，$q^2$⑤=0.184×13.21=2.43
	⑤－⑥				6.14	37.70	50	0.011	1.8	0.75	0.32	Q⑤－⑥=4.58+1.56=6.14，h⑤－⑥=0.011×1.8×37.70 =0.75
⑥		2.64	14.28	6.14		37.70						H⑥=13.21+0.75+0.32=14.28，B_g①－⑥=$Q^2$⑤－⑥/H⑥ $=\frac{37.70}{14.28}=2.64$
	⑥－⑦				6.14	37.70	50	0.011	3	1.24	0.02	⑥点无出流　h⑥－⑦=0.011×3×37.70=1.24
⑦			15.54	12.53								H⑦=14.28+1.24+0.02=15.54，q⑦=Q⑦－⑧=12.53
	侧支管 @－⑦	2.64			6.39	40.70						因 B_g①－⑥=B_q@－⑦ 故 Q@－⑦=$\sqrt{B_g①-⑥\times H⑦}=\sqrt{2.64\times15.54}=\sqrt{40.70}=6.39$
	⑦－⑧				12.53	157.00	70	0.0029	3	1.36	0.02	Q⑦－⑧=6.14+6.39=12.53，h⑦－⑧=0.0029×3×157=1.36

续表

节点	管段	特性系数 B，B_g	节点水压 H (10^{-2} MPa)	流量			管径 DN (mm)	管道比阻 A (L/s)	管段长度 L (m)	水头损失 h (10^{-2} MPa)	标高差 h_b (m)	计算式
				节点 q (L/s)	管段 Q (L/s)	q^2，Q^2						
1	2	3	4	5	6	7	8	9	10	11	12	13
⑧			16.92	19.21								H⑧=15.54+1.36+0.02=16.92，q⑧=Q⑧−⑨=19.21
	侧支管ⓑ−⑧	2.64			6.68	44.70						Qⓑ−⑧=$\sqrt{2.64\times16.92}=\sqrt{44.70}$=6.68
	⑧−⑨				19.21	369.00	70	0.0029	3	3.20	0.02	Q⑧−⑨=12.53+6.68=19.21　h⑧−⑨=0.0029×3×369=3.20
⑨			20.14	26.51								H⑨=16.92+3.20+0.02=20.14，q⑨=Q⑨−⑩=26.51
	侧支管ⓒ−⑨	2.64			7.30	53.17						Qⓒ−⑨=$\sqrt{2.64\times20.14}=\sqrt{53.17}$=7.30
	⑨−⑩				26.51	702.77	80	0.0012	3	2.53	0.02	Q⑨−⑩=19.21+7.30=26.51，h⑨−⑩=0.0012×3×702.77=2.53
⑩			22.69	30								H⑩=20.14+2.53+0.02=22.69，q⑩=Q⑩−⑪=30
	侧支管ⓓ−⑩	2.64			3.49							为使管系流量符合设计值30L/s，定⑩点侧支管ⓓ−⑩流量为30−26.51=3.49
	⑩−⑪				30	900.00	80	0.0012	3	3.24	0.02	Q⑩−⑪=26.51+3.49=30，h⑩−⑪=0.0012×3×900=3.24
⑪			25.95	30								H⑪=22.69+3.24+0.02=25.95
	⑪−⑭				30	900.00	100	0.0003	39.28	10.60	6.53	Q⑪−⑭=30，39.28=3+30+6.28，6.53=0.03+0.22+6.28 h⑪−⑭=0.0003×39.28×900=10.60
⑭			43.08	30						Σ31.01	Σ7.07	H⑭=25.95+10.60+6.53=43.08
			修改计算									

续表

节点	管段	特性系数 B，B_g	节点水压 H (10^{-2} MPa)	流量			管径 DN (mm)	管道比阻 A (L/s)	管段长度 L (m)	水头损失 h (10^{-2} MPa)	标高差 h_b (m)	计算式
				节点 q (L/s)	管段 Q (L/s)	q^2，Q^2						
1	2	3	4	5	6	7	8	9	10	11	12	13
	⑧－⑨				19.21	369.00	80	0.0012	3	1.33	0.02	h'⑧－⑨＝0.0012×3×369＝1.33
⑨			18.27	26.12								H'⑨＝16.92＋1.33＋0.02＝18.27
	侧支管ⓒ－⑨				6.91	48.50						Q'ⓒ－⑨＝$\sqrt{2.64\times18.27}$＝$\sqrt{48.5}$＝6.91
	⑨－⑩				26.12	681.00	100	0.0003	3	0.61	0.02	Q'⑨－⑩＝19.21＋6.91＝26.12，h'⑨－⑩＝0.0003×3×681.00＝0.61
⑩			18.90	30								H'⑩＝18.27＋0.61＋0.02＝18.90
	侧支管ⓓ－⑩				3.88		100					定分支流量为30－26.12＝3.88
	⑩－⑪				30	900.00		0.0003	3	0.81	0.02	Q'⑩－⑪＝26.12＋3.88＝30　h'⑩－⑪＝0.0003×3×900＝0.81
⑪			19.73	30			100					H'⑪＝18.90＋0.81＋0.02＝19.73
	⑪－⑭				30	900.00		0.0003	39.28	10.60	6.53	h'⑪－⑭＝0.0003×39.28×900＝10.60
⑭			36.86	30						Σ24.79	Σ7.07	H⑭＝19.73＋10.60＋6.53＝36.86

注：根据计算，Qⓓ－⑩＝$\sqrt{2.64\times22.69}$＝7.76　Q⑩－⑪＝26.51＋7.76＝34.27＞30

但假定消防计算用水量为30L/s，所以计算至30L/s，流量即可满足要求，不必再增大。

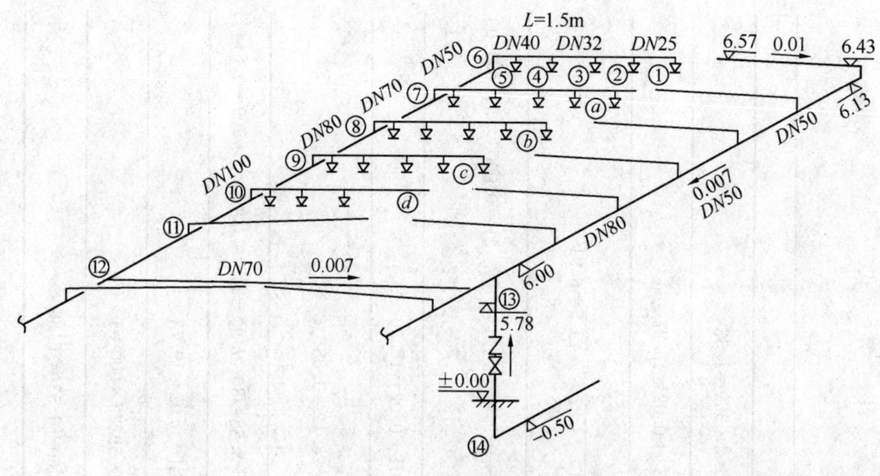

图 2-72 管道透视图

注：图中管段长度除所注外，皆为 3m。

计算结果，在立管与埋地管交点 14 处需 $H=0.445$MPa（未计局部水头损失及报警阀水头损失）。但在进行流速校核后，需将管段 8－9，9－10，10－11 管径进行放大，修改计算。各管段流速（m/s），见表 2-63。

各管段计算流速 **表 2-63**

管 段	1-2	2-3	3-4	4-5	5-6	6-7	7-8	8-9	9-10	10-11	11-14
管径（mm）	25	32	32	40	50	50	70	70	80	80	100
流速（m/s）	1.81	2.13	3.35	3.75	2.90	2.90	3.55	5.45①	5.40①	6.12①	3.45

①超过允许流速 5m/s。

修改后，14 点所需总水头为

$$
\begin{aligned}
H_b &= H + 0.01H_z + \Sigma h + H_k \\
&= 0.05 + 0.071 + 1.2 \times 0.248 + 0.00302 \times 9 \\
&= 0.445\text{MPa}
\end{aligned}
$$

供水加压设备计算从略。

【例 2】 喷水系统环形管网水力计算（按加压供水情况）。

管网透视图见图 2-73，假定计算流量为 30L/s，列表计算见表 2-64。

计算结果，环内水头损失闭合差：

$$
\Delta h = \frac{30.52 - 29.44}{\dfrac{30.52 + 29.44}{2}} = \frac{1.08}{29.85} = 3.6\% < 5\%
$$

此闭合差值在允许范围内，不需再调整计算，可见 25 点所需总水头为

$$
\begin{aligned}
H_b &= H + 0.01H_z + \Sigma h + H_k \\
&= 0.05 + 0.071 + 1.2 \times 0.305 + 0.00302 \times 9 \\
&= 0.514\text{MPa}
\end{aligned}
$$

表 2-64

喷水系统环状管道水力计算

节点	管段	特性系数 B，B_g	节点水压 H (10^{-2} MPa)	流量 节点 q (L/s)	流量 管段 Q (L/s)	流量 q^2，Q^2	管径 DN (mm)	管道比阻 A (L/s)	管段长度 L (m)	水头损失 h (10^{-2} MPa)	标高差 h_b (m)	计算式
1	2	3	4	5	6	7	8	9	10	11	12	13
	①—⑤									Σ8.09	Σ0.12	同表 2—25 中①—⑤
⑤			13.21									H⑤=5+8.09+0.12=13.21
	⑤—⑥				6.14	37.70	50	0.011	1.8	0.75	0.32	h⑤—⑥=0.011×1.8×37.70=0.75
⑥		2.64	14.28	6.14		37.70				Σ8.84	Σ0.44	H⑥=13.21+0.75+0.32=14.28，B_g①—⑥=$Q^2$⑤—⑥/H⑥ $=\frac{37.70}{14.28}=2.64$
												⑥—⑦—⑫—⑱—㉕右半环
	⑥—⑦				1.14	1.30	50	0.011	3	0.04	−0.02	h⑥—⑦=0.011×3×1.30=0.04(假定由右半环输配给⑥点流量为1.14，进行试算)
⑦			14.30	1.14								H⑦=14.28+0.04−0.02=14.30
	⑦—⑧				1.14	1.30	50	0.011	1.8	0.03	−0.32	h⑦—⑧=0.011×1.8×1.30=0.03
⑧		0.184	14.01	1.60		2.58				0		H⑧=14.30+0.03−0.32=14.01，$q^2$⑧=0.184×14.01=2.58
	⑧—⑨				2.74	7.50	50	0.011	3	0.25	−0.03	Q⑧—⑨=1.14+1.60=2.74，h⑧—⑨=0.011×3×7.50=0.25
⑨		0.184	14.23	1.62		2.63						H⑨=14.01+0.25−0.03=14.23，$q^2$⑨=0.184×14.23=2.63
	⑨—⑩				4.36	19.00	50	0.011	3	0.63	−0.03	Q⑨—⑩=2.74+1.62=4.36，h⑨—⑩=0.011×3×19=0.63
⑩		0.184	14.83	1.66		2.74						H⑩=14.23+0.63−0.03=14.83，q^2⑩=0.184×14.83=2.74
	⑩—⑪				6.02	36.24	50	0.011	3	1.20	−0.03	Q⑩—⑪=4.36+1.66=6.02，h⑩=⑪=0.011×3×36.24=1.20
⑪		0.184	16.00	1.72		2.95						H⑪=14.83+1.20−0.03=16.00，q^2⑪=0.184×16=2.95
	⑪—⑫				7.74	59.90	70	0.0029	3	0.52	−0.03	Q⑪—⑫=6.02+1.72=7.74，h⑪—⑫=0.0029×3×59.90=0.52

续表

节点	管段	特性系数 B，B_g	节点水压 H (10^{-2} MPa)	流量			管径 DN (mm)	管道比阻 A (L/s)	管段长度 L (m)	水头损失 h (10^{-2} MPa)	标高差 h_b (m)	计算式
				节点 q (L/s)	管段 Q (L/s)	q^2，Q^2						
1	2	3	4	5	6	7	8	9	10	11	12	13
⑫		0.184	16.49	1.74		3.04						H⑫=16.00+0.52−0.03=16.49，q^2⑫=0.184×16.49=3.04
	⑫—⑬				9.48	90.00	70	0.0029	3	0.78	0	Q⑫—⑬=7.74+1.74=9.48，h⑫—⑬=0.0029×3×90=0.78
⑬		0.184	17.27	1.78		3.18						H⑬=16.49+0.78=12.27，q^2⑬=0.184×17.27=3.18
	⑬—⑭				11.26	126.70	70	0.0029	3	1.10	0.03	Q⑬—⑭=9.48+1.78=11.26，h⑬—⑭=0.0029×3×126.7 =1.10
⑭		0.184	18.40	1.84		3.40						H⑭=17.27+1.10+0.03=18.40，q^2⑭=0.184×18.40=3.40
	⑭—⑮				13.10	171.60	70	0.0029	3	1.49	0.03	Q⑭—⑮=11.26+1.84=13.10，h⑭—⑮=0.0029×3×171.60 =1.49
⑮		0.184	19.92	1.92		3.67						H⑮=18.40+1.49+0.03=19.92，q^2⑮=0.184×19.92=3.67
	⑮—⑯				15.02	225.60	70	0.0029	3	1.97	0.03	Q⑮—⑯=13.10+1.92=15.02，h⑮—⑯=0.0029×3×225.60 =1.97
⑯		0.184	21.92	2.01		4.04						H⑯=19.92+1.97+0.03=21.92，q^2⑯=0.184×21.92=4.04
	⑯—⑰				17.03	290.00	80	0.0012	3	1.04	0.03	Q⑯—⑰=15.02+2.01=17.03，h⑯—⑰=0.0012×3×290=1.04
⑰		0.184	22.99	2.05		4.22						H⑰=21.92+1.04+0.03=22.99，q^2⑰=0.184×22.99=4.22
	⑰—⑱				19.08	364.00	80	0.0012	1.8	0.76	0.32	Q⑰—⑱=17.03+2.05=19.08，h⑰—⑱=0.0012×1.8×364 =0.76
⑱			24.07									H⑱=22.99+0.76+0.32=24.07
	⑱—⑲				19.08	364.00	80	0.0012	3	1.33	0.02	h⑱—⑲=0.0012×3×364=1.33 ⑱点无出流，Q⑱—⑲=Q⑰—⑱=19.08

续表

节点	管段	特性系数 B，B_g	节点水压 H (10^{-2} MPa)	流量 节点 q (L/s)	流量 管段 Q (L/s)	流量 q^2，Q^2	管径 DN (mm)	管道比阻 A (L/s)	管段长度 L (m)	水头损失 h (10^{-2} MPa)	标高差 h_b (m)	计算式
1	2	3	4	5	6	7	8	9	10	11	12	13
⑲			25.42									H⑲=24.07+1.33+0.02=25.42
	侧支管 ⓑ—⑲				0.42							假定分配给⑲点侧支管流量为 0.42
	⑲—㉕				19.50	370.00	80	0.0012	21.28	9.46	6.61	h⑲—㉕=0.0012×21.28×370=9.46，21.28=3×5+6.28，6.61=0.11+0.22+6.28
㉕			Σ41.49							Σ29.44	Σ7.05	H㉕=25.42+9.46+6.61=41.49
												⑥—㉛—㉟—㉕　左半环
	⑥—㉛				5.0	25.0	50	0.011	3	0.83	0.04	h⑥—㉛=0.011×3×25=0.83，左半环输配给⑥点流量为 Q⑤—⑥—Q⑥—⑦=6.14−1.14=5.0
㉛			15.15	5.0								H㉛=14.28+0.83+0.04=15.15
	ⓐ—㉛				5.5							为使设计流量 Q=30，故分配给侧支管 ⓐ—㉛流量为 Qⓐ—㉛=30−Q⑲—㉕—Q⑥—㉛=30−19.5−5.0=5.5
	㉛—㉝				10.5	110.25	50	0.011	6	7.30	0.04	Q㉛—㉜=5+5.5=10.5　h㉛—㉜=0.011×6×110.25=7.30
㉝												H㉝=15.15+7.30+0.04=22.49
	㉝—㉕				10.5	110.25	70	0.0029	42.28	13.55	6.53	h㉝—㉕=0.0029×42.28×110.25=13.55，42.28=6+30+6.28，6.53=0.04+0.21+6.28
㉕			Σ42.57	10.5						Σ30.52	Σ7.05	H㉕=22.49+13.55+6.53=42.57

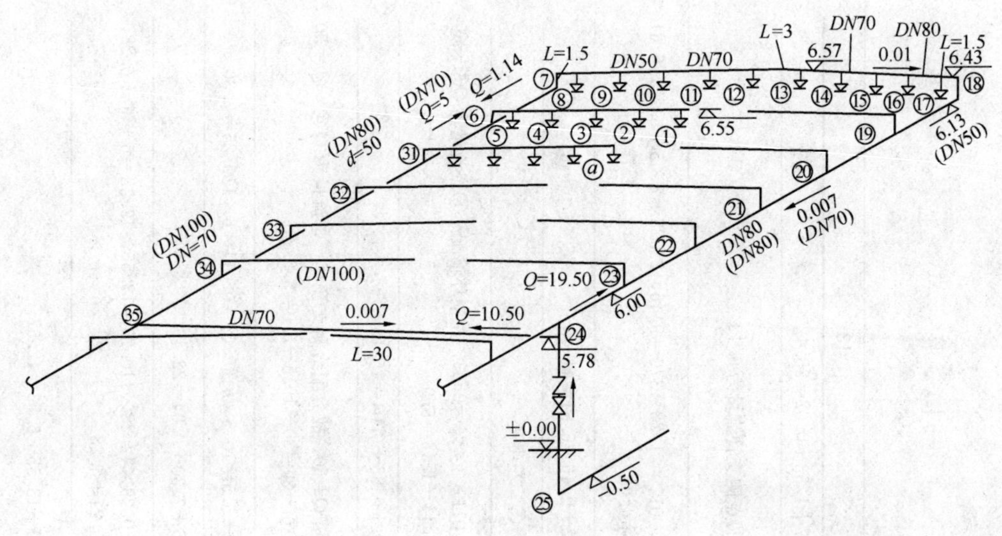

图 2-73　管道透视图

注：1. 括号内数字为枝状管道计算结果；

2. 图中管段长度除所注外，皆为 3m。

供水加压设备计算从略。

2.3.6 其他

2.3.6.1 设置场所火灾危险等级

(1)《自动喷水灭火系统设计规范》对自动喷水灭火系统设置场所划分为下列火灾危险等级：

1）轻危险级；

2）中危险级：Ⅰ级，Ⅱ级；

3）严重危险级：Ⅰ级，Ⅱ级；

4）仓库危险级：Ⅰ级，Ⅱ级，Ⅲ级。

(2) 设置场所火灾危险等级举例见表 2-65。

设置场所危险等级举例　　表 2-65

火灾危险等级		设置场所举例
轻危险级		建筑高度为 24m 及以下的旅馆、办公楼；仅在走道设置闭式系统的建筑等
中危险级	Ⅰ级	1. 高层民用建筑：旅馆、办公楼、综合楼、邮政楼、金融电信楼、指挥调度楼、广播电视楼（塔）等； 2. 公共建筑（含单多高层）：医院、疗养院；图书馆（书库除外）、档案馆、展览馆（厅）；影剧院、音乐厅和礼堂（舞台除外）及其他娱乐场所；火车站和飞机场及码头的建筑；总建筑面积小于 5000m² 的商场，总建筑面积小于 1000m² 的地下商场等； 3. 文化遗产建筑：木结构古建筑、国家文物保护单位等； 4. 工业建筑：食品、家用电器、玻璃制品等工厂的备料与生产车间等；冷藏库、钢屋架等建筑构件

续表

火灾危险等级		设置场所举例
中危险级	Ⅱ级	1. 民用建筑：书库、舞台（葡萄架除外）、汽车停车场、总建筑面积 5000m² 及以上的商场、总建筑面积 1000m² 及以上的地下商场、净空高度不超过 8m、物品高度不超过 3.5m 的自选商场等； 2. 工业建筑：棉毛麻丝及化纤的纺织、织物及制品、木材木器及胶合板、谷物加工、烟草及制品、饮用酒（啤酒除外）、皮革及制品、造纸及纸制品、制药等工厂的备料与生产车间
严重危险级	Ⅰ级	印刷厂、酒精制品、可燃液体制品等工厂的备料与车间、净空高度不超过 8m、物品高度超过 3.5m 的自选商场等
	Ⅱ级	易燃液体喷雾操作区域、固体易燃物品、可燃的气溶胶制品、溶剂清洗、喷涂、油漆、沥青制品等工厂的备料及生产车间、摄影棚、舞台葡萄架下部
仓库危险级	Ⅰ级	食品、烟酒；木箱、纸箱包装的不燃难燃物品等
	Ⅱ级	木材、纸、皮革、谷物及制品、棉毛麻丝化纤及制品、家用电器、电缆、B组塑料与橡胶及其制品、钢塑混合材料制品、各种塑料瓶盒包装的不燃物品及各类物品混杂储存的仓库等
	Ⅲ级	A组塑料与橡胶及其制品；沥青制品等

注：表中的 A 组、B 组塑料橡胶的举例见本规范附录 B。

2.3.6.2 局部应用系统

在一些建筑物内，局部设有歌舞、娱乐、放映、游艺等娱乐场所，由于场所内陈设、装修装饰及悬挂的物品及用电设施较多，发生火灾的可能性较大；而且一旦失火，其蔓延速度、火灾放热速率增长等较快；又人员密集，火灾时极易造成拥挤现象；如果这类场所没有设自动喷水灭火系统，由于不具备自救灭火能力，发生火灾时对人的安全威胁大，并且容易很快形成猛烈燃烧状态。为了减少类似的火灾损失，在《自动喷水灭火系统设计规范》中增加了局部应用系统。

(1) 局部应用系统适用于室内最大净空高度不超过 8m 的民用建筑，局部设置且保护区域总建筑面积不超过 1000m² 的湿式系统。

(2) 局部应用系统应采用快速响应喷头。喷水强度不应低于 6L/(min·m²)，持续喷水时间不应低于 0.5h。

(3) 局部应用系统保护区域内的房间和走道均应布置喷头。喷头的选型、布置和按开放喷头数确定的作用面积，应符合下列规定：

1) 采用流量系数 $K=80$ 快速响应喷头的系统，喷头的布置应符合中危险级Ⅰ级场所的有关规定，作用面积应符合表 2-66 的规定。

局部应用系统采用流量系数 K=80 快速响应喷头时的作用面积　　表 2-66

保护区域总建筑面积和最大厅室建筑面积		开放喷头数
保护区域总建筑面积超过 300m² 或 最大厅室建筑面积超过 200m²		10
保护区域总建筑面积不超过 300m²	最大厅室建筑面积不超过 200m²	8
	最大厅室内喷头少于 6 只	大于最大厅室内喷头数 2 只
	最大厅室内喷头少于 3 号	5

2) 采用 $K=115$ 快速响应扩展覆盖喷头的系统，同一配水支管上喷头的最大间距和相邻配水支管的最大间距：正方形布置时不应大于 4.4m，矩形布置时长边不应大于

4.6m，喷头至墙的距离不应大于2.2m，作用面积应按开放喷头数不少于6只确定。

①当室内消火栓水量能满足局部应用系统用水量时，局部应用系统可与室内消火栓合用室内消防用水、稳压设施、消防水泵及供水管道等。

②采用 $K=80$ 喷头且喷头总数不超过20只，或采用 $K=115$ 喷头且喷头总数不超过12只的局部应用系统，可不设报警阀组。

不设报警阀组的局部应用系统，配水管可与室内消防竖管连接，其配水管的入口处应设过滤器和带有锁定装置的控制阀。

不设报警阀组或采用消防加压水泵直接从城市供水管吸水的局部应用系统，应采取压力开关联动消防水泵的控制方式。不设报警阀组的系统可采用电动警铃报警。

③无室内消火栓的建筑或室内消火栓系统设计供水量不能满足局部应用系统要求时，局部应用系统的供水应符合下列规定：

a. 城市供水能够同时保证最大生活用水量和系统的流量与压力时，城市供水管可直接向系统供水。

b. 城市供水不能同时保证最大生活用水量和系统的流量与压力，但允许水泵从城市供水管直接吸水，系统可设直接从城市供水管吸水的消防加压水泵。

c. 城市供水不能同时保证最大生活用水量和系统的流量与压力，也不允许从城市供水管直接吸水时，系统应设储水池（罐）和消防水泵，储水池（罐）的有效容积应按系统用水量确定，并可扣除系统持续喷水时间内仍能连续补水的补水量。

d. 可按三级负荷供电，且可不设备用泵。

e. 应采取防止污染生活用水的措施。

2.4 开式自动喷水灭火系统

开式自动喷水灭火系统按照喷水形式可分为雨淋系统和水幕系统。

雨淋系统是由火灾自动报警系统或传动管控制，自动开启雨淋报警阀和启动供水泵后，向开式洒水喷头供水的自动喷水灭火系统。其特点是：动作速度快；淋水强度大。雨淋系统用以扑救大面积的火灾，在火灾燃烧猛烈、蔓延快的部位使用。

水幕系统是由开式洒水喷头或水幕喷头、雨淋报警阀组或感温雨淋阀以及水流报警装置（水流指示器或压力开关）等组成，用于挡烟阻火和冷却分隔物的喷水系统。水幕系统包括防火分隔水幕和防火冷却水幕。

开式自动喷水灭火系统按照淋水管网是否充水可分为充水系统和空管系统。

开式充水系统的淋水管网内长期充满水。该系统适用于工业尤其是易燃易爆的危险场所，要求快速动作，高速灭火。系统雨淋阀后的管网中充满水，喷头向上安装。

开式空管系统的淋水管网在非消防时处于无水状态。该系统适用于民用建筑中的一般火灾危险场所。系统雨淋阀后的淋水管网中为常态气体，喷头向下安装。

开式自动喷水灭火系统的设置场所，应保证冬季环境温度在4℃以上。

2.4.1 雨淋系统的设置场所

应设雨淋系统的场所：

（1）火柴厂的氯酸钾压碾厂房。

（2）建筑面积超过 $100m^2$ 生产、使用硝化棉、喷漆棉、火胶棉、赛璐珞胶片、硝化纤维的厂房。

（3）建筑面积超过 $60m^2$ 或储存量超过 2t 的硝化棉、喷漆棉、火胶棉、赛璐珞胶片、硝化纤维的仓库。

（4）日装瓶数量超过 3000 瓶的液化石油气储配站的灌瓶间、实瓶库。

（5）特等、甲等或超过 1500 个座位的其他等级的剧院和超过 2000 个座位的会堂或礼堂的舞台的葡萄架下部。

（6）建筑面积超过 $400m^2$ 的演播室。

（7）建筑面积大于等于 $500m^2$ 的电影摄影棚。

（8）乒乓球厂的轧坯、切片、磨球、分球检验部位。

2.4.2 水幕系统的设置场所

宜设水幕系统的场所：

（1）特等、甲等或超过 1500 个座位的其他等级的剧院和超过 2000 个座位的会堂或礼堂的舞台口，以及与舞台相连的侧台、后台的门窗洞口。

（2）应设防火墙等防火分隔物而无法设置的局部开口部位。

（3）需要冷却防护的防火卷帘或防火幕的上部。

（4）高层民用建筑中超过 800 个座位的剧院、礼堂的舞台口宜设防火幕或水幕分隔。

2.4.3 系统组成

雨淋系统根据雨淋阀的控制方法不同，可分为三种形式：传动管启动雨淋系统、电动启动雨淋系统、易熔锁封控制雨淋系统，其系统示意分别见图 2-74～图 2-76。

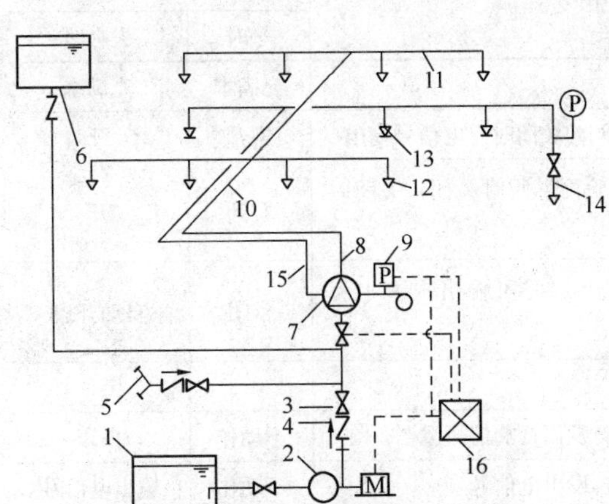

图 2-74 传动管启动雨淋系统示意

1—水池；2—水泵；3—闸阀；4—止回阀；5—水泵接合器；6—消防水箱；7—雨淋报警阀组；8—配水干管；9—压力开关；10—配水管；11—配水支管；12—开式洒水喷头；13—闭式喷头；14—末端试水装置；15—传动管；16—报警控制器

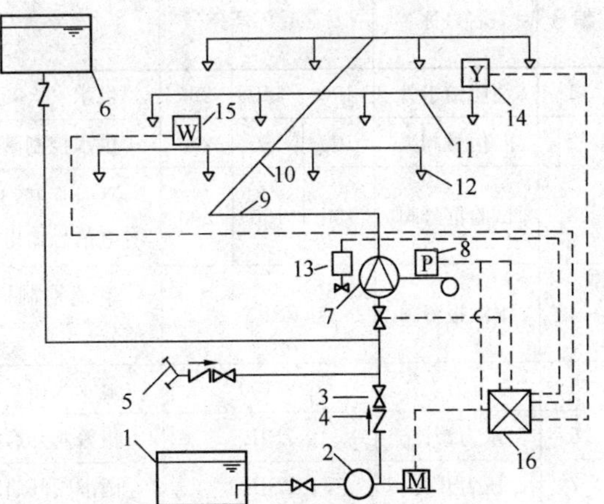

图 2-75 电动启动雨淋系统示意

1—水池；2—水泵；3—闸阀；4—止回阀；5—水泵接合器；6—消防水箱；7—雨淋报警阀组；8—压力开关；9—配水干管；10—配水管；11—配水支管；12—开式洒水喷头；13—电磁阀；14—感烟探测器；15—感温探测器；16—报警控制器

水幕系统的组成与雨淋系统相似，既可以采用开式喷头，也可以采用水幕喷头。此外，水幕系统还可以以加密喷头的形式形成水帘或水墙作为防火分隔物或冷却分隔物。

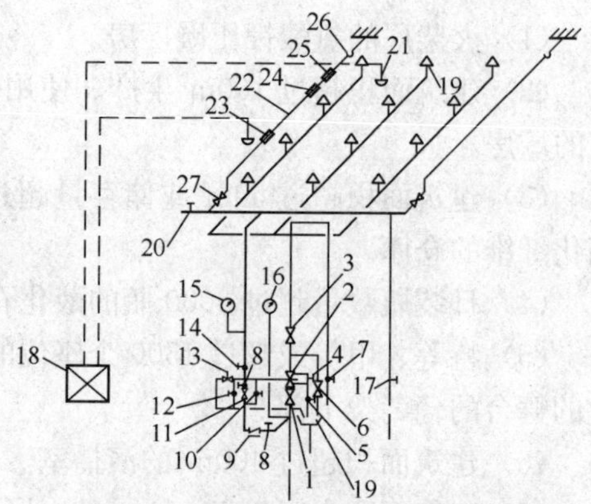

图 2-76　易熔锁封控制雨淋系统示意

1—闸阀；2—雨淋报警阀组；3—闸阀；4—截止阀；5—截止阀；6—闸阀；7—截止阀；8—截止阀；9—止回阀；10—截止阀；11—小孔闸阀；12-截止阀；13—电磁阀；14—截止阀；15—传动管网压力表；16—雨淋管网压力表；17—手动旋塞；18—报警控制器；19—开式喷头；20—截止阀；21—火灾探测器；22—钢丝绳；23—易熔锁封；24—拉紧弹簧；25—拉紧连接器；26—固定挂钩；27—传动阀门

开式自动喷水灭火系统的供水方式可为屋顶水箱、室外水塔或高地水池等（贮存火灾初期 10min 的消防用水量）。当室外管网的流量和水压能满足室内最不利点灭火用水量和水压要求时，也可不设屋顶水箱等贮水设施。

开式自动喷水灭火系统的工作时间应根据现行的《自动喷水灭火系统设计规范》的相关要求确定。起火 10min 后 50min 内的消防用水量，可由具有足够流量和压力的室外管网和具有足够容积的高位蓄水池以及用消防水泵加压的低位贮水池等供给。

2.4.4　主要组件

2.4.4.1　雨淋阀

雨淋阀是开式自动喷水灭火系统中的关键设备，有下列类型：

(1) ZSFY 系列雨淋阀：见图 2-77，其主要部件见表 2-67。

ZSFY 系列雨淋阀主要部件　　**表 2-67**

编号	名　称	型　号			用　　途	工作状态	
						平时	失火时
1	消防给水管	100	150	200	供水	充满水	充满水
2	信号阀	100	150	200	供水控制阀，阀门关闭时有电信号输出	常开	开
3	试验信号阀	100	150	200	平时常开，试验雨淋阀时关闭，关闭时有电信号输出	常开	开
4	雨淋报警阀	ZSFY			系统控制阀，开启时可输出报警水流信号	常闭	自动开启
5	压力表	Y-100			显示水压		
6	水力警铃	ZSJL			报警阀开启时，发出音响信号	不动作	报警
7	压力开关	ZSJF			雨淋阀开启时，发出电信号	不动作	输出电信号
8	电磁阀	20			探测器报警后，联动开启雨淋报警阀		常闭
9	手动开启阀	20			火灾时，现场手动应急开启雨淋报警阀	常闭	常闭
10	止回阀	20			单向补水，防止控制腔水压不稳产生误动作	常开	常开
11	控制管球阀	20			控制控制腔供水	常开	

续表

编号	名 称	型 号	用 途	工作状态	
				平时	失火时
12	报警管球阀	20	手动关闭后，可消除报警	常开	
13	试警铃球阀	20	手动打开后，可在主阀关闭状态下试验警铃	常闭	
14	过滤器	20	过滤水中杂质，防止管路堵塞	通流	通流
15	试验放水阀	40	系统调试或功能试验时打开放水	常闭	
16	管卡		固定管道		
17	泄水阀	Q11F-16 50	系统检修时排空放水		

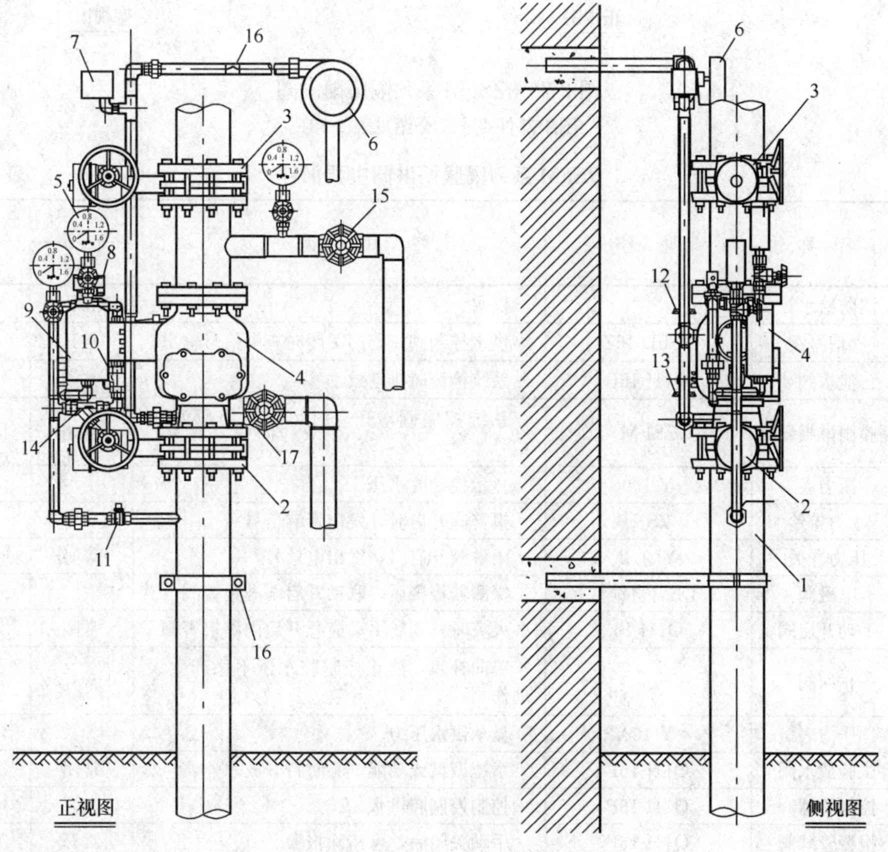

图 2-77 ZSFY 系列雨淋阀

图中部件 1～17 介绍见表 2-67。

（2）ZSFM 系列隔膜雨淋阀：见图 2-78，其主要部件见表 2-68。

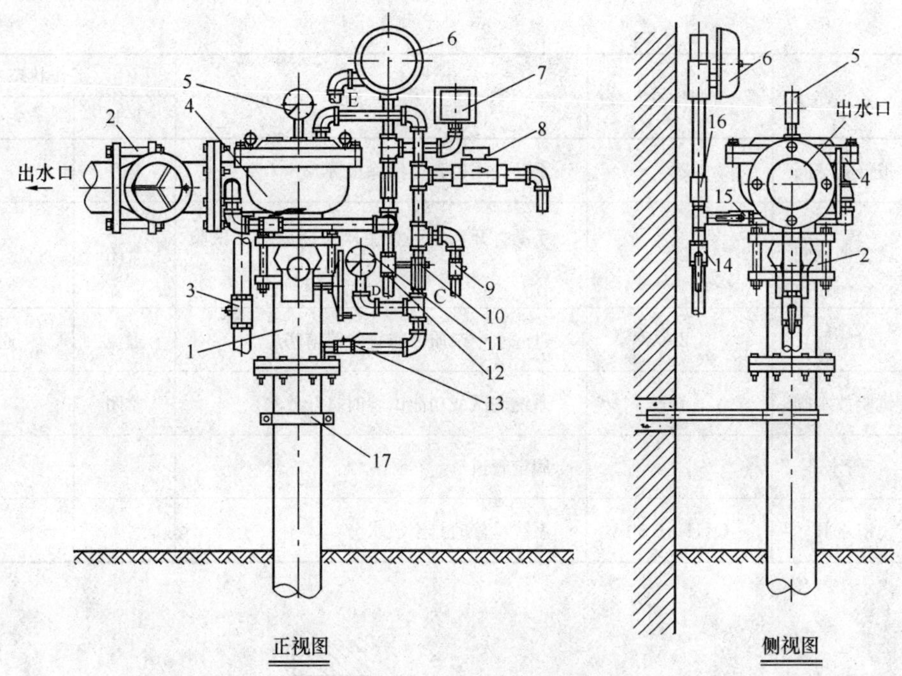

图 2-78　ZSFM 系列隔膜雨淋阀

图中部件 1～17 介绍见表 2-68。

ZSFM 系列隔膜雨淋阀主要部件　　表 2-68

编号	名称	型号	用途	工作状态	
				平时	失火时
1	消防给水管		供水	充满水	充满水
2	信号阀	ZSFD-16Z	供水控制阀，阀门关闭时有电信号输出	常开	开
3	泄水阀	Q11f-16P	系统检修时排空放水	常闭	闭
4	隔膜雨淋报警阀	ZSFM	系统控制阀，开启时可输出报警水流信号	常闭	自动开启
5	压力表	Y-100	显示控制腔水压		
6	水力警铃	ZSJL	报警阀开启时，发出音响信号	不动作	报警
7	压力开关	YL1.2	雨淋阀开启时，发出电信号	不动作	输出电信号
8	电磁阀	ZSDF（自锁型）	探测器报警后，联动开启雨淋报警阀		常闭
9	手动开启阀	Q11f-16	火灾时，现场手动应急开启雨淋报警阀	常闭	常闭
10	止回阀		单向补水，防止控制腔水压不稳产生误动作	常开	常开
11	压力表	Y-100	显示供水压力		
12	试验放水阀	Q11f-16P	系统调试或功能试验时打开放水	常闭	
13	控制管球阀	Q11f-16P	控制控制腔供水	常开	
14	报警管球阀	Q11f-16P	手动关闭后，可清除报警	常开	
15	试警铃球阀	Q11f-16P	手动打开后，可在主阀关闭状态下试警铃	常闭	
16	过滤器	ZSPL	过滤水中杂质，防止管路堵塞	通流	通流
17	管卡		固定管道		

(3) DV-1 系列雨淋阀：见图 2-79，其主要部件见表 2-69。

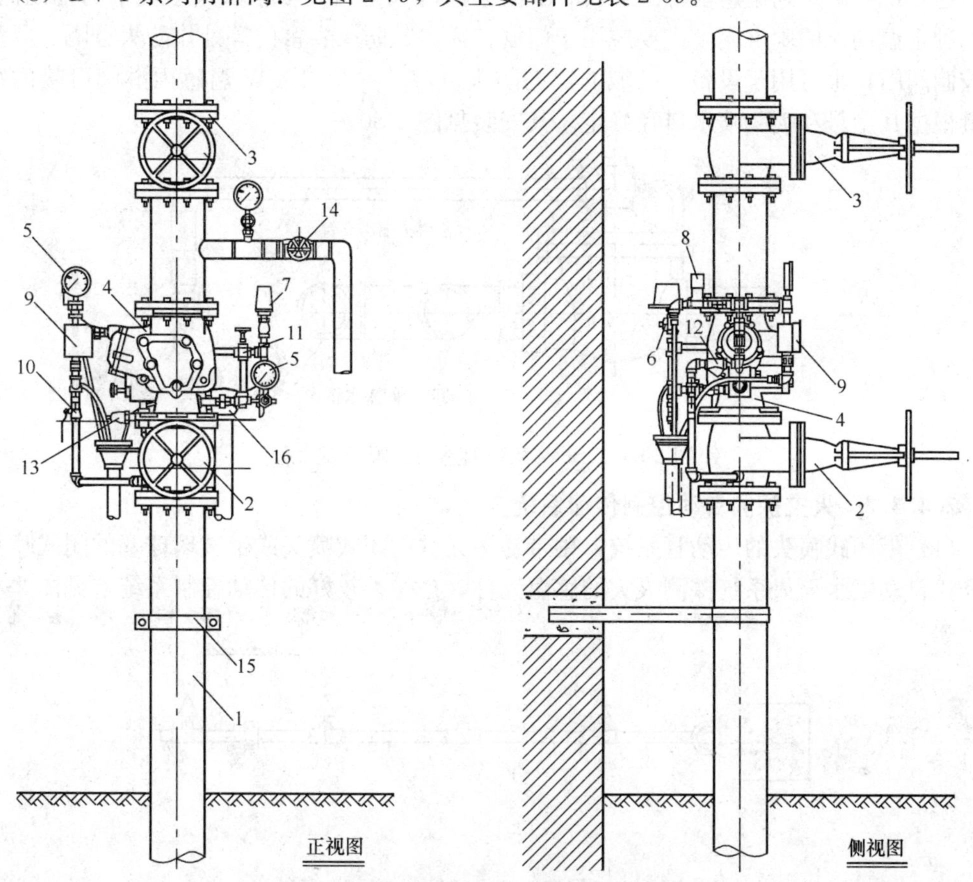

图 2-79 DV-1 系列雨淋阀

图中部件 1～16 介绍见表 2-69。

DV-1 系列雨淋阀主要部件 **表 2-69**

编号	名 称	用 途	工作状态	
			平时	失火时
1	消防给水管	供水	充满水	充满水
2	信号阀	供水控制阀，阀门关闭时有电信号输出	常开	开
3	试验信号阀	平时常开，试验雨淋阀时关闭，关闭时有电信号输出	常开	开
4	雨淋报警阀	系统控制阀，开启时可输出报警水流信号	常闭	自动开启
5	压力表	显示水压		
6	水力警铃接口	连接水力警铃，报警阀开启时，水力警铃发出音响信号	不动作	报警
7	压力开关	雨淋阀开启时，发出电信号	不动作	输出电信号
8	电磁阀	探测器报警后，联动开启雨淋报警阀		常闭
9	手动开启阀	火灾时，现场手动应急开启雨淋报警阀	常闭	常闭
10	控制腔供水阀	控制控制腔供水	常开	
11	报警试验阀	手动开启后，测试压力开关和水力警铃的报警功能	常闭	
12	过滤器	过滤水中杂质，防止管路堵塞	通流	通流
13	滴水球阀	排出系统微渗的水，接通大气密封雨淋阀阀瓣	常开	常闭
14	试验放水阀	系统调试或功能试验时打开放水	常闭	
15	管卡	固定管道		
16	泄水阀	系统检修时排空放水		

(4) ZSFW 系列温感雨淋阀：ZSFW 温感雨淋阀是自动喷水灭火系统中的控制阀门，是一种定温动作的雨淋阀，主要应用于门洞、窗口、防火卷帘门等处作防火分隔、降温雨淋控制阀门，也可用于设备、区域的定向防火分隔，一个 ZSFW 温感雨淋阀可接的喷头数量根据其型号和喷头喷水口径确定。其安装见图 2-80。

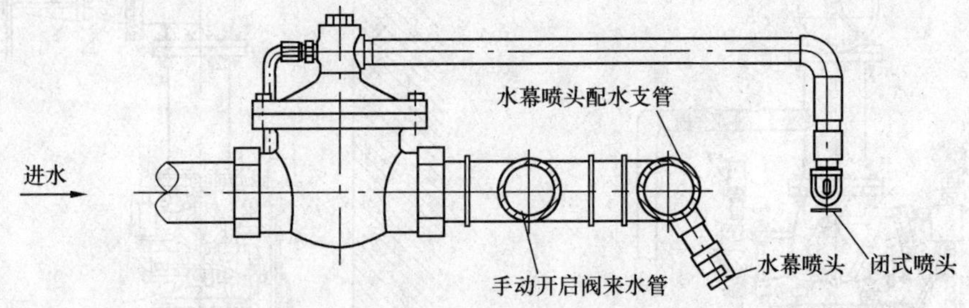

图 2-80　ZSFW 系列温感雨淋阀安装示意

2.4.4.2　火灾探测自动控制传动系统

(1) 带闭式喷头的传动管系统：用带易熔元件的闭式喷头或带玻璃球塞的闭式喷头作为开式自动喷水灭火系统探测火灾的感温元件，是一种较好的传动控制系统，见图 2-81。

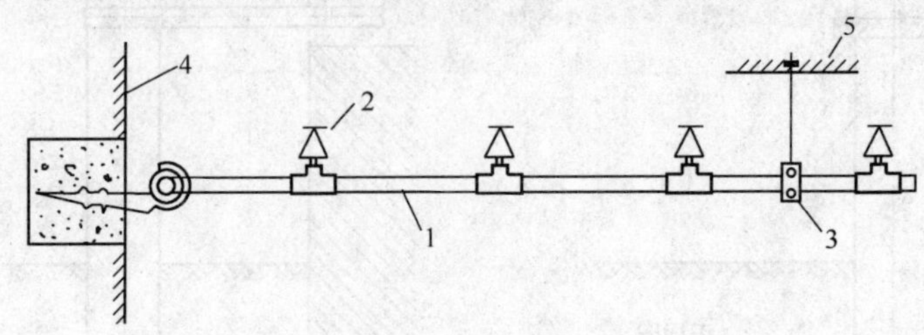

图 2-81　带闭式喷头的传动管控制系统

1—传动管网；2—闭式喷头；3—管道吊架；4—墙壁；5—顶棚

传动管启动雨淋系统又分为湿式控制法和干式控制法。湿式控制法是通过湿式导管的喷头受热爆破，喷头出水，雨淋阀控制膜室压力下降，雨淋阀打开，压力开关动作自动启动水泵向系统供水。干式控制法是通过干式导管的喷头受热爆破，喷头排气系统泄压，气动驱动器打开并排水，导致雨淋阀控制膜室排水降压，雨淋阀打开，压力开关动作自动启动水泵向系统供水。

(2) 感光、感烟、感温等火灾探测器电动控制系统，根据相关设计规范由相关专业进行设计。

(3) 带易熔锁封的钢丝绳传动系统，见图 2-82。

带易熔锁封的钢丝绳传动系统，安装在房间的顶棚下面。用拉紧弹簧和拉紧连接器，使钢丝绳保持 250N 的拉力，从而使传动阀门保持密闭状态。当着火时，室内温度上升，易熔锁封被熔化，钢丝绳断开，传动阀门开启放水，传动管网内水压骤降，雨淋阀自动开启，所有开式喷头一齐自动喷水灭火。此种方法目前已经不常采用。

(4) 手动控制系统：发生火灾时，如果感光、感烟、感温等火灾探测器尚未动作，可人工打开手动开关，使传动管网放水泄压，启动雨淋阀。手动开关为旋塞阀，设置在易于发现且易于操作的场所。

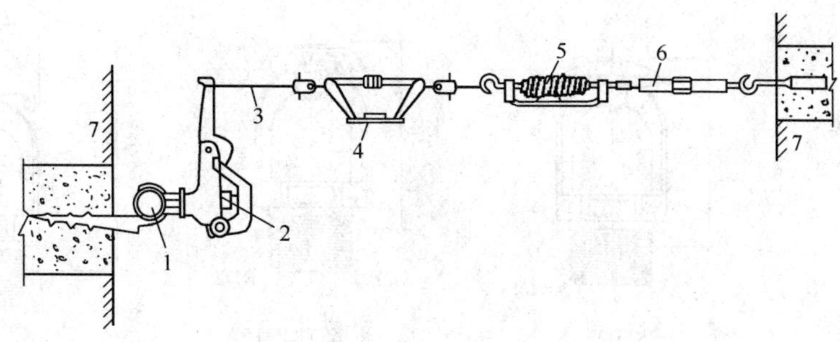

图 2-82 带易熔锁封的钢丝绳传动系统

1—传动管网；2—传动阀门；3—钢丝绳；4—易熔锁封；5—拉紧弹簧；6—拉紧连接器；7—墙壁

2.4.4.3 喷水器和喷头

(1) 喷水器：喷水器的类型应根据灭火对象的具体情况进行设计和选择。有些喷水器已有定型产品，有些可在现场加工制作，见图 2-83（单位：mm）。

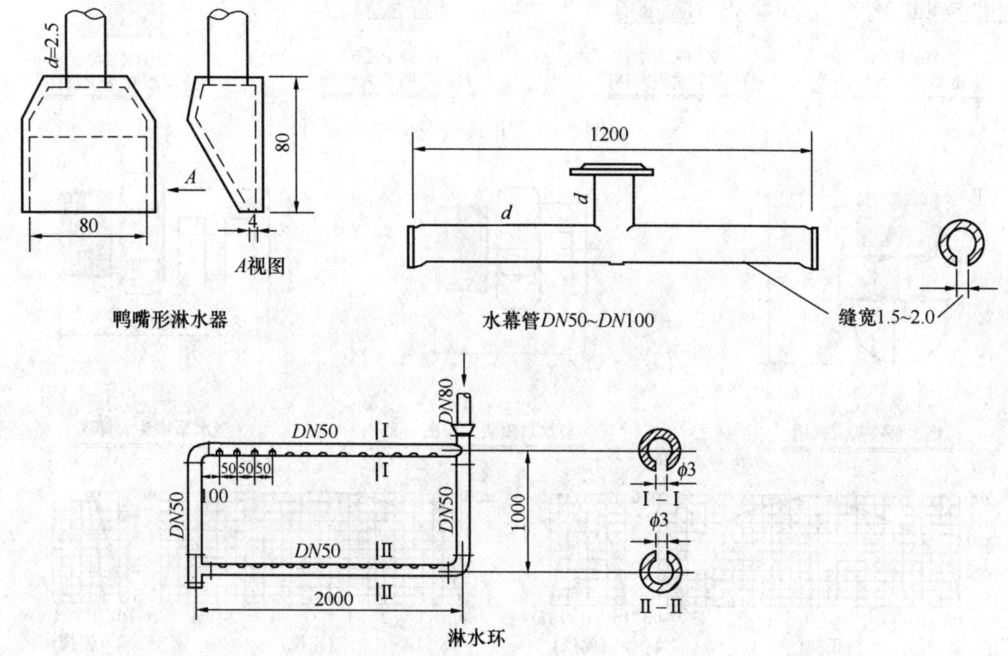

图 2-83 各种喷水器

(2) 喷头：喷头包括开式喷头和水幕喷头两种。开式喷头见图 2-84；水幕喷头及布水曲线见图 2-85；喷头特性曲线见图 2-86。

2.4.5 系统设计

2.4.5.1 系统控制方式的分类及选用

根据生产、加工、贮存易燃物品的性质、数量、火灾危险程度、建筑物面积、建筑结构的耐火等级以及操作情况等选择不同的控制方式。

(1) 手动控制方式：只设有开式喷头和手动控制阀，是一种最简单的开式喷水系统。

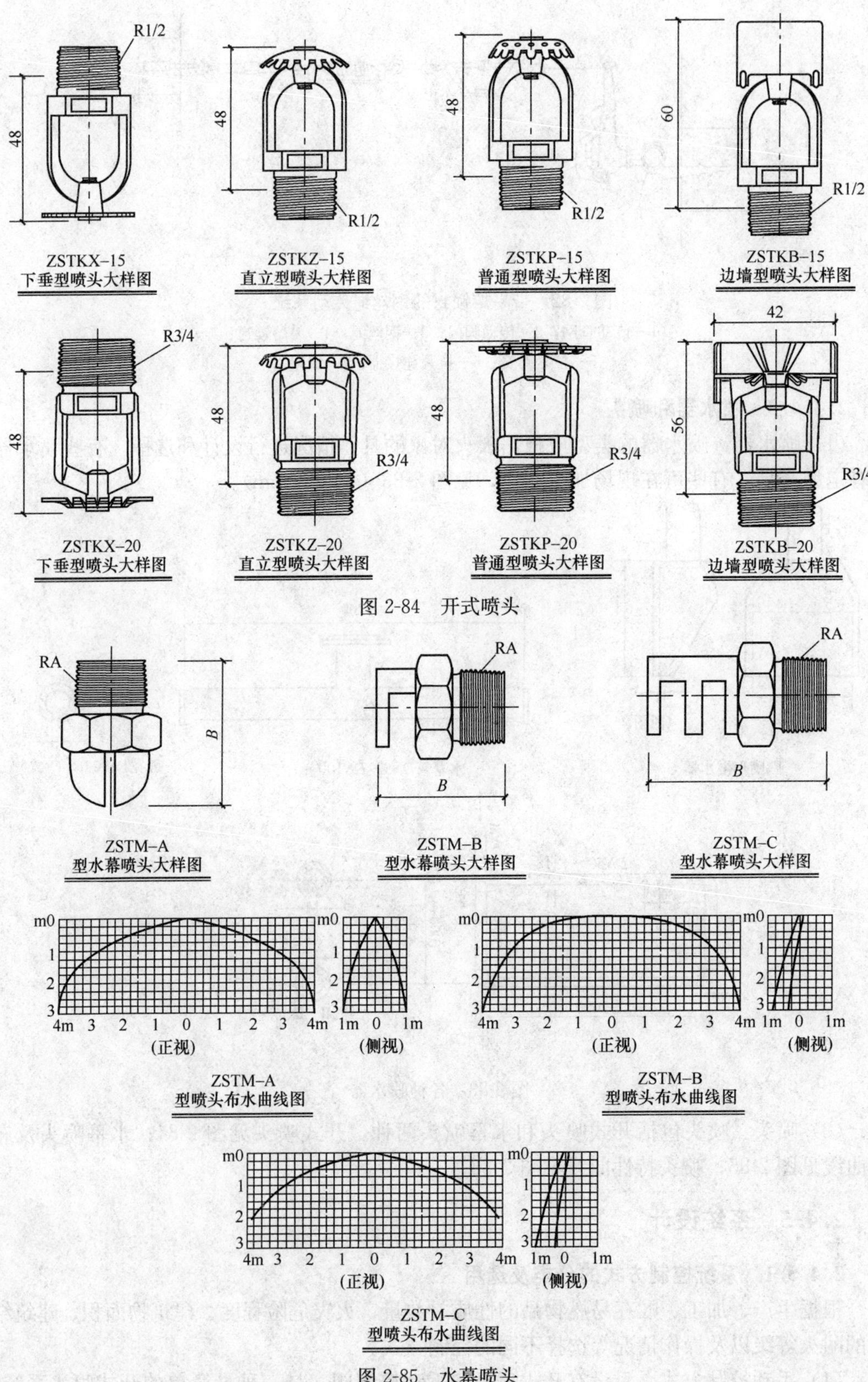
R1/2
48
ZSTKX-15
下垂型喷头大样图
48
R1/2
ZSTKZ-15
直立型喷头大样图
48
R1/2
ZSTKP-15
普通型喷头大样图
60
R1/2
ZSTKB-15
边墙型喷头大样图
R3/4
48
ZSTKX-20
下垂型喷头大样图
48
R3/4
ZSTKZ-20
直立型喷头大样图
48
R3/4
ZSTKP-20
普通型喷头大样图
42
56
R3/4
ZSTKB-20
边墙型喷头大样图
图 2-84 开式喷头
RA
B
ZSTM-A
型水幕喷头大样图
RA
B
ZSTM-B
型水幕喷头大样图
RA
B
ZSTM-C
型水幕喷头大样图
m0
1
2
3
4m 3 2 1 0 1 2 3 4m
(正视)
1m 0 1m
(侧视)
ZSTM-A
型喷头布水曲线图
ZSTM-B
型喷头布水曲线图
ZSTM-C
型喷头布水曲线图

图 2-85 水幕喷头

适用于工艺危险性小、给水干管直径小于 50mm 且失火时有人在现场操作的情况。当发生火灾时，由人工及时打开旋塞阀，达到灭火的目的，见图 2-87。

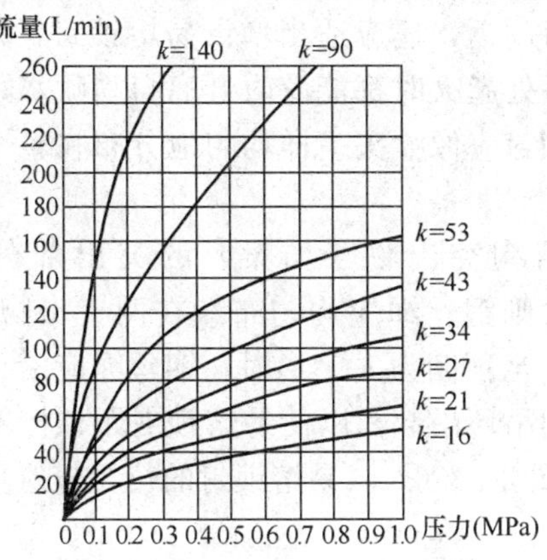

图 2-86 水幕喷头特性曲线

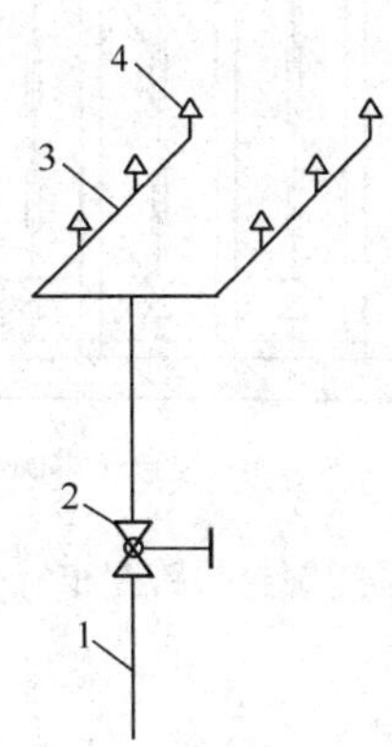

图 2-87 手动旋塞阀控制方式

1—供水干管；2—手动旋塞阀；3—配水管网；4—开式喷头

(2) 手动水力控制方式：当给水干管的直径≥65mm 时，应采用手动水力传动的雨淋阀组。系统设有开式喷头、带手动开关的传动管网和雨淋阀。适用于保护面积较小，工艺危险性较小，失火时尚来得及用人工开启雨淋装置时采用，见图 2-88。

(3) 自动控制方式：传动管启动、电动启动、易熔锁封控制均属于自动控制方式，见图 2-74～图 2-76。

2.4.5.2 传动控制系统的设置

(1) 带易熔锁封的钢丝绳传动管网

因为着火时热气流上升，顶棚下面温度首先升高，所以易熔锁封距顶棚的距离不大于 400mm。当建筑物又高又大时（如顶棚距地面高于 15m 时），由于室内气流晃动，安装在高处的易熔锁封不易熔断，会影响系统的启动时间，所以对于高大厂房安装此类温感探测器时，应采取相应措施，如在顶棚下设置垂直气流挡板等。

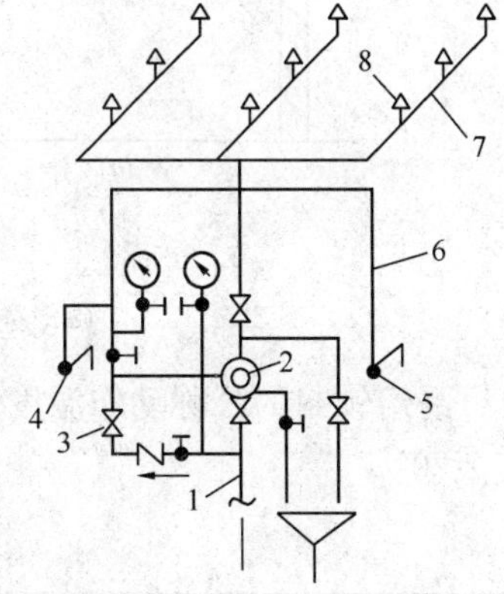

图 2-88 手动水力控制方式

1—供水管；2—雨淋阀；3—小孔闸阀；4、5—手动开关；6—传动管网；7—配水管网；8—开式喷头

当易燃物固定在室内局部场所加工或存放时，在不妨碍操作及交通的情况下，易熔锁封也可直接安装在易燃物上方不太高的地方。

对于极易燃烧的工业生产而言，此类温感探测器的灵敏度不够高，应与其他感光火灾探测器配合使用。

易熔锁封传动管直径采用 25mm。充水传动管网敷设时应坡向雨淋阀，坡度大于 0.005。传动管网的末端或最高点设置放气阀，以防止传动管中积存空气、延缓传动作用时间，影响雨淋阀的及时开启。

充水传动管网布置在最低环境温度高于 4℃的房间内。

易熔锁封钢丝绳要承受 250N 的拉力，所以一般都沿墙固定。

带钢丝绳的易熔锁封，通常布置在淋水管的上方。相邻易熔锁封之间的水平距离在有

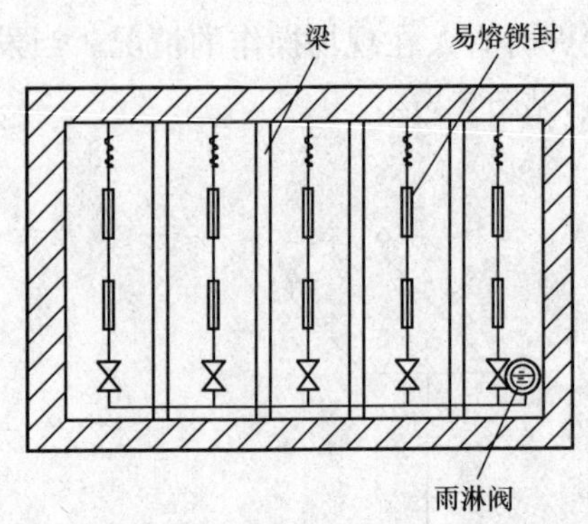

图 2-89 易熔锁封按跨度布置

爆炸危险的生产房间内不得超过 2.5m；在无爆炸危险的生产房间内不得超过 3m；在特别容易发生火灾的生产设备附近，还应适当增设易熔锁封。为使房间内任何一处起火时都能及时开启自动喷水灭火系统，易熔锁封应像喷头一样均匀地分布在整个被保护区域内。

如果结构突出物（如梁）的突出部分大于 0.35m 时，则钢丝绳应均匀布置在两突出物之间，见图 2-89。当顶棚为人字形时，钢丝绳应沿顶棚安装，中间用吊环吊起，以使易熔锁封距顶棚不超过 0.4m，见图 2-90（*a*）。易熔锁封的位置应避免受到各种机械损伤。

如果保护区域为长方形时，钢丝绳也可以沿长方向布置。在钢丝绳长度超过 10m 时，应每隔 7～8m 增设吊环，以防钢丝绳下垂。为了保证易熔锁封熔化后不被吊环卡住，设于易熔锁封与传动阀门之间的吊环与该易熔锁封之间的距离应不小于 1.5m，见图 2-90（*b*）。

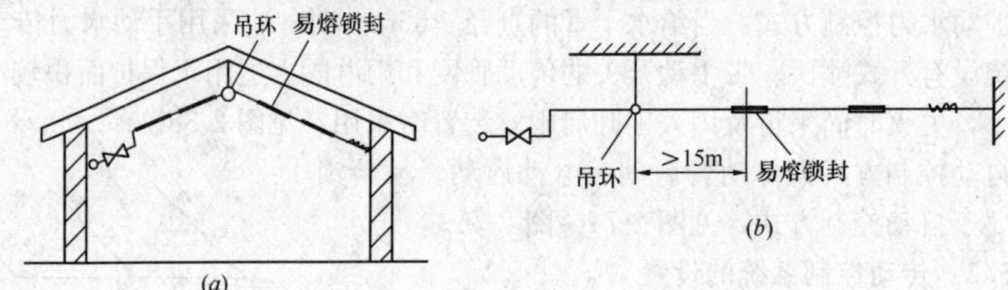

图 2-90 易熔锁封的布置

（*a*）易熔锁封的人字形布置；（*b*）钢丝绳吊环的布置

易熔锁封的公称动作温度，应根据房间内在操作条件下可能达到的最高气温选用，见表 2-70。

易熔锁封选用温度 **表 2-70**

公称动作温度（℃）	适用环境温度（℃）	公称动作温度（℃）	适用环境温度（℃）
72	顶棚下不超过 38	141	顶棚下不超过 107
100	顶棚下不超过 65		

（2）带闭式喷头的传动管网

当采用闭式喷头作为开式自动喷水灭火系统的火灾探测器时，喷头宜向上安装，喷头溅水盘与吊顶、楼板或屋面板之间的距离应不大于 150mm。闭式喷头的水平距离一般为 3m。安装闭式喷头的传动管的直径：当传动管充水时采用 *DN*25；传动管充气时采用 *DN*15。传动管应有不小于 0.005 的坡度坡向雨淋阀。充水传动管最高点宜设放气阀。

带易熔元件和带玻璃球塞的闭式喷头公称动作温度的选用与闭式自动喷水灭火系统喷头选用相同。

（3）感光、感烟、感温火灾探测器电动控制各种火灾探测器的选用和布置，应根据相关设计规范由相关专业完成。

(4) 传动管网上的手动开关

手动开关即手动90°旋塞阀，设在易于发现且易于操作的场所，如建筑物出入口、通道等。也可把手动旋塞引至室外，即长柄开关，从室外开启雨淋系统，用于冬季环境温度低于0℃的场所，见图2-91。

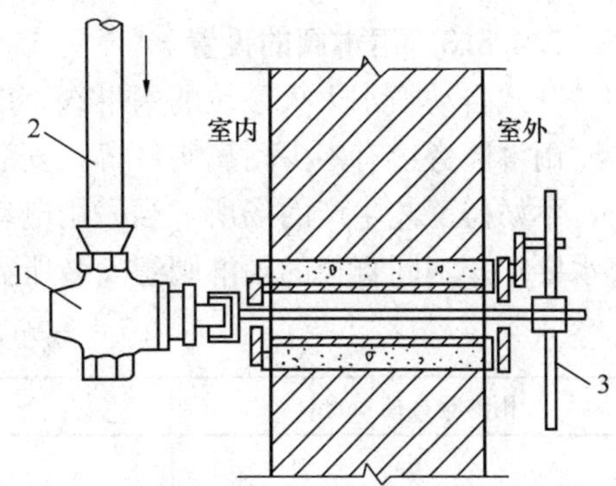

图2-91 长柄手动开关

1—旋塞阀 $d=20$；2—传动管网 $d=25$；3—长柄手动开关室外操作装置

(5) 传动管网上的放气阀

如果充水传动管网中积有空气，将延缓传动管网的泄压时间，从而延缓雨淋阀的开启。所以设在危险性作业生产场所的开式自动喷水灭火系统，在充水传动管网的末端或最高点应设放气阀。设在一般生产作业场所的开式自动喷水灭火系统，传动管网上可不设放气阀。充气传动管网不设放气阀。

(6) 充水传动管网上传动阀门的标高，不能高于雨淋阀处工作压力的1/4。充气传动管网标高不受限制。充气传动管网的充气压力与雨淋阀供水压力关系见表2-71。充气传动管网系统见图2-92。

传动管网的充气压力与供水压力 **表2-71**

最大供水压力（MPa）	传动管网气压范围（MPa）	雨淋阀脱开时气压范围（MPa）
0.4	0.33～0.4	0.02～0.14
0.6		0.05～0.17
0.8	0.63～0.7	0.08～0.20
1.0		0.11～0.23
1.2		0.14～0.26

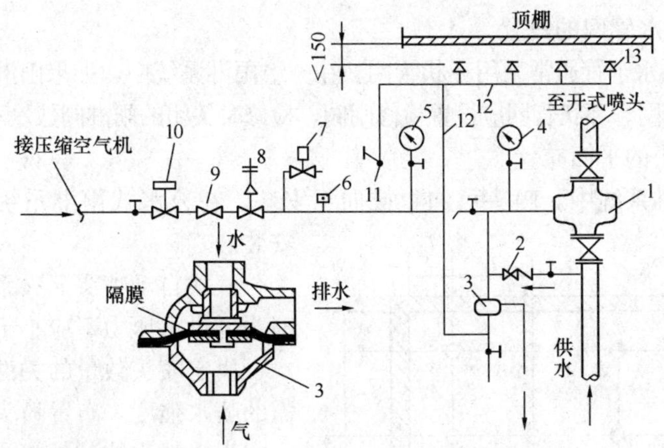

图2-92 充气传动管网系统示意

1—雨淋阀；2—小孔闸阀；3—气动开关；4、5—压力表；6—压力传感器；7—电磁阀；8—安全阀；9—小孔闸阀；10—压力调节器；11—手动开关旋塞阀；12—充气传动管网；13—闭式喷头

2.4.5.3　雨淋阀的设置

开式自动喷水灭火系统的雨淋阀，应设在室温不低于4℃的房间内。

雨淋阀旁边有不少附属阀件等，安装时要占一定的面积，所以雨淋阀应安装在便于操作，不妨碍工艺生产的场所。当采用电动传动控制时，电磁阀的安装应注意电气的防爆和防水要求。不同直径的雨淋阀组安装所需占地面积见表2-72。

雨淋阀安装占地面积　　表2-72

雨淋阀直径（mm）	长度（m）	宽度（m）
65	1.6	0.8
100	1.8	0.9
150	2.0	1.0

当一组开式自动喷水系统的水量超过 $DN150$ 雨淋阀的供水能力时，可用两个或两个以上个雨淋阀并联安装来满足要求。雨淋阀并联安装示例见图2-93，用传动管网连接使雨淋阀并联安装见图2-94。

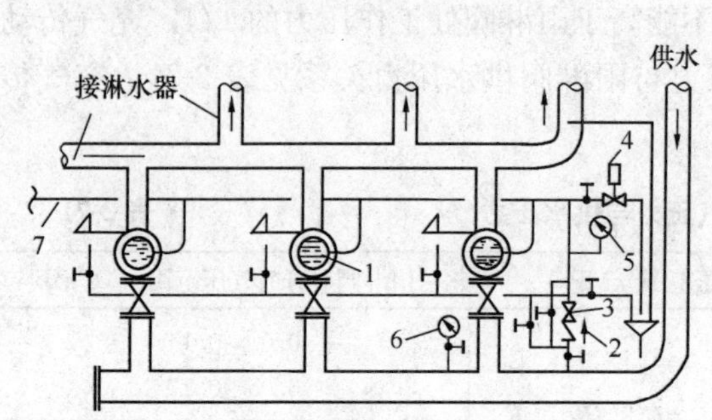

图2-93　雨淋阀并联安装示例

1—雨淋阀；2—止回阀；3—小孔闸阀；4—电磁阀；5、6—压力表；7—传动管网

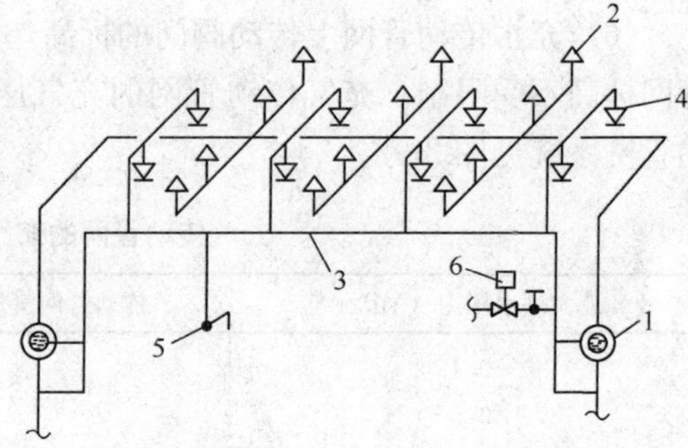

图2-94　用传动管网连接的雨淋阀并联安装示例

1—雨淋阀；2—开式喷头；3—传动管网；4—闭式喷头；5—手动开关；6—电磁阀

2.4.5.4　淋水管网的设置

雨淋阀前的供水干管通常采用环状管网。在一组雨淋系统中，如果雨淋阀不超过3个时，也允许采用枝状管网。环状管网应设置检修闸阀，检修时关闭的雨淋阀数量不应超过2个。

（1）开式喷头的平面布置

在空管式雨淋系统中，喷头可向上或向下安装，在充水式雨淋系统中，喷头应向上安装。

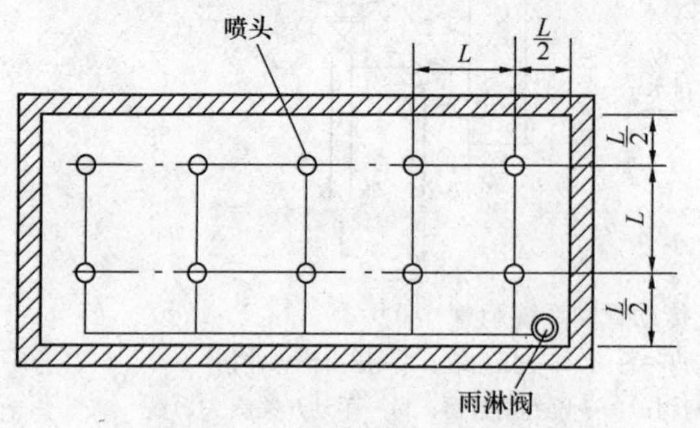

图2-95　开式喷头的平面布置

开式自动喷头灭火系统中，最不利点喷头的供水压力不应小于0.05MPa。

决定喷头数量的关键是单位面积上所需的喷水强度，布置喷头的主要任务是将一定强度的水均匀地喷洒在整个被保护面积上。

喷头一般采用正方形布置，见图2-95。根据每个喷头的保护面积确定喷头的布置间距。

(2) 干、支管的平面布置

每根配水支管上安装的喷头数量不宜超过6个，每根配水干管的一端所负担配水支管的数量亦不应多于6根，以免水量分配不均匀。干管的平面布置见图2-96。

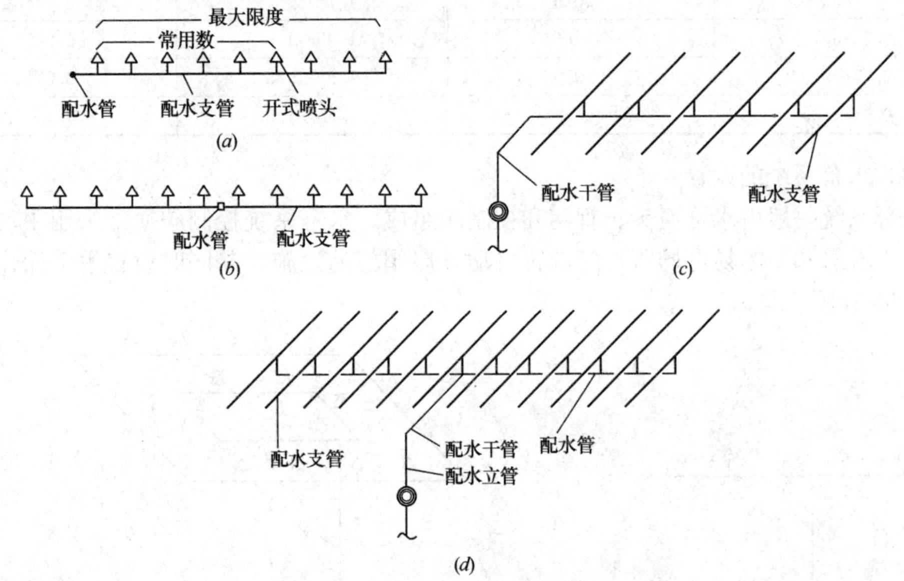

图2-96 喷头与干、支管的平面布置

(a) 当喷头数为6～9个时的布置形式；(b) 当喷头数为6～12个时的布置形式；
(c) 当配水支管≤6条时的布置形式；(d) 当配水支管为6～12条时的布置形式

(3) 喷头与配水支管的立面布置

配水支管及喷头的立面布置，必须充分考虑屋顶或楼板的结构特点，一般都安装在楼盖突出部分（如梁）的下面，而且充水式淋水管的喷头都安装在同一标高上，喷头均向上安装，以保证管中平时都充满水。当喷头直接安装在梁下时，喷头顶盖与梁底或其他结构突出物之间的距离一般不应小于0.08m，见图2-97。

当喷头必须高于梁底布置时，喷头与梁边的水平距离与喷头顶盖高出梁底的距离有关，见表2-73和图2-98。

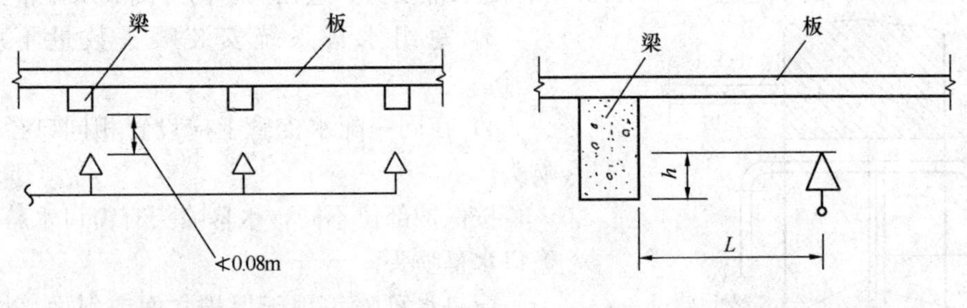

图2-97 喷头的竖向布置

图2-98 喷头高出梁底时的布置

当喷水管下面有较大平台、风管、设备等时，应在平台、风管、设备下增设喷头。例如当正方形风管宽度大于0.8m，圆形风管直径大于1m时，应在风管下增设喷头。

喷头与梁边的距离　　表 2-73

喷头与梁边的水平距离 L（m）	喷头顶盖高出梁底的距离 h（m）	喷头与梁边的水平距离 L（m）	喷头顶盖高出梁底的距离 h（m）
0～0.3	0	1.05～1.2	0.15
0.3～0.6	0.025	1.2～1.35	0.175
0.6～0.75	0.05	1.35～1.5	0.225
0.75～0.9	0.075	1.5～1.65	0.275
0.9～1.05	0.10	1.65～1.8	0.35

（4）水幕系统的设置

水幕系统一般由水幕喷头、管网和控制阀组成。水幕系统控制阀通常采用手动阀门，但在无人看管和易燃易爆场所，应设置自动开启阀门的设施，并同时设置手动操作装置。见图 2-99 和图 2-100。

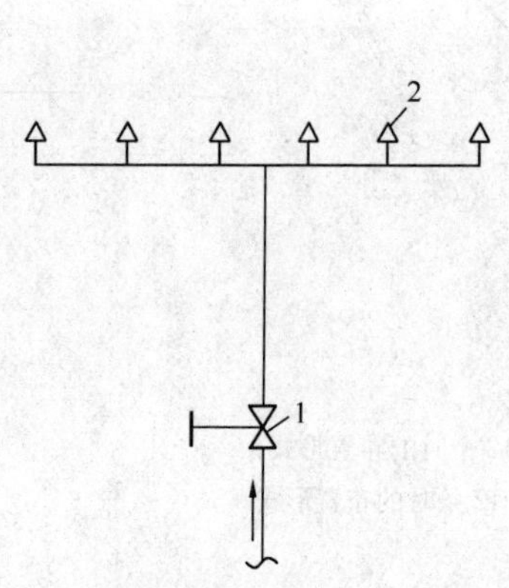

图 2-99　手动控制

1—手动控制阀门；2—水幕喷头

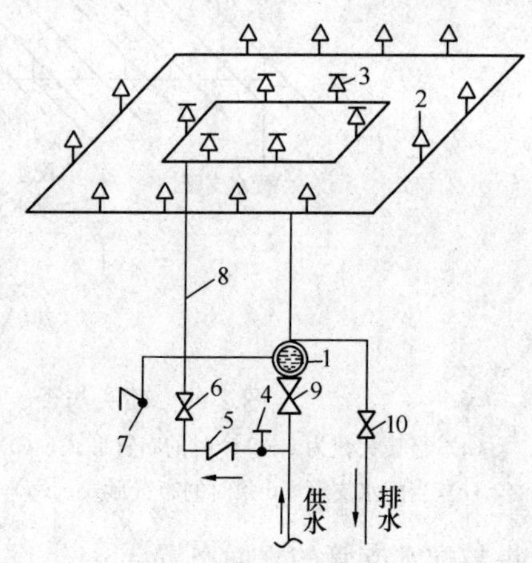

图 2-100　自动控制

1—雨淋阀；2—水幕喷头；3—闭式喷头；4—截止阀；5—止回阀；6—小孔闸阀；7—手动开关；8—传动管网；9—总控制阀；10—闸阀

水幕喷头应均匀布置，并应符合下列要求：

1）水幕作为保护使用时，喷头成单排布置，并喷向被保护对象。

2）舞台口和面积超过 3m^2 的开口部位的水幕喷头，应在洞口内外侧成双排布置。

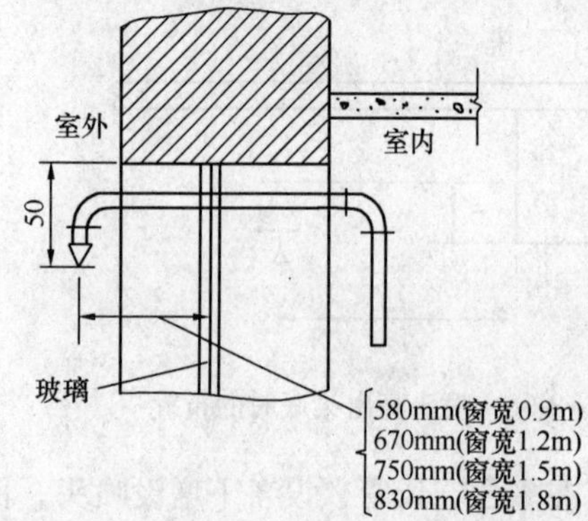

图 2-101　窗口水幕喷头距窗玻璃面的距离

3）每组水幕系统安装喷头数量不应超过 72 个。

4）在同一配水支管上应设置相同口径的水幕喷头。

按保护部位不同，水幕喷头有窗口水幕喷头和檐口水幕喷头。

窗口水幕喷头用于保护立面或斜面（墙、窗、门、防火卷帘等）。窗口水幕喷头应设在窗口顶下 50mm 处。中间层和底层窗口的水幕喷头与窗口玻璃面的距离，见图 2-101。各层窗口水幕喷头口径的选择见表 2-74。

各层窗口水幕喷头口径的选择　　表 2-74

类型 / 层数 / 层序	小口径喷头（mm）										大口径喷头（mm）									
	1	2	3	4	5	6	7	8	9	10	1	2	3	4	5	6	7	8	9	10
最高一层	10	10	10	10	10	10	10	10	10	10	12.7	12.7	16	12.7	16	12.7	16	12.7	16	12.7
次一层		8	8	10	10	10	10	10	10	10		—	—	—	—	—	—	—	—	—
次一层			6	8	8	8	10	10	10	10			—	12.7	12.7	12.7	12.7	12.7	12.7	12.7
次一层				8	8	8	8	8	8	10				—	—	—	—	—	—	—
次一层					6	6	8	8	8	8					—	12.7	12.7	12.7	12.7	12.7
次一层						6	6	8	8	8						—	—	—	—	—
次一层							6	6	6	8							—	12.7	12.7	12.7
次一层								6	6	6								—	—	—
次一层									6	6									—	12.7
次一层										6										—

注：1. 本表是按照窗宽 1m，水幕喷头压力为 5m，并在窗口的正中设置一个水幕喷头而制定的；
2. 当窗口宽度大于 1m 或窗中间有竖框形成障碍时，可按照窗口每 1m 宽度的平均水幕流量不小于 0.5L/s，安装 2 个或 2 个以上水幕喷头；
3. 使用小口径窗口水幕喷头，每层窗口都应设置；而采用大口径水幕喷头时，可以隔层设置；对于层数为奇数的建筑其最下两层可不设喷头；
4. 水幕喷头口径一般是自最高一层向下逐渐减小；采用大口径水幕喷头时，其最小口径不应小于 12.7mm，采用小口径水幕喷头时，当只有一层水幕喷头时，其最小口径不应小于 10mm；
5. 当窗口上方有遮阳板或窗框深缩在墙内时，最好不采用大口径水幕喷头，否则应在喷头无法覆盖的部分增设小口径水幕喷头。

檐口水幕喷头用于保护上方平面（例如屋檐和吊顶等）。檐口水幕喷头应布置在顶层窗口或槽口板下约 200mm 处，其布置要求见图 2-102。

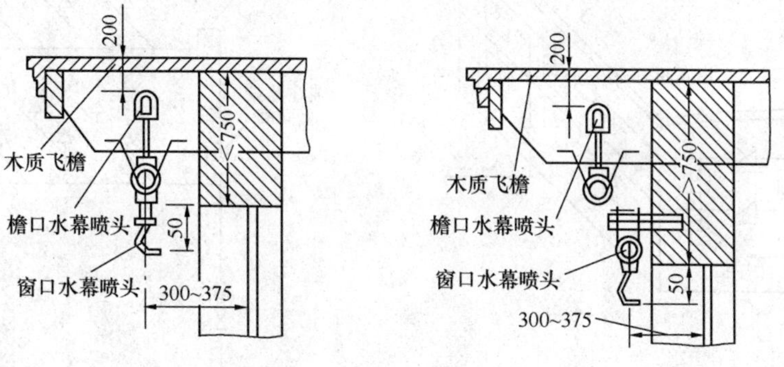

图 2-102　檐口水幕喷头的布置

檐口水幕喷头应根据檐口下挑檐梁的间距选择不同的口径，所需水幕喷头的口径和数量应符合表 2-75 的要求。

檐口下挑梁间水幕头的布置　　表 2-75

檐口下挑檐梁间距（m）	2.5	2.5~3.5	>3.5	
檐口水幕喷头口径（mm）	12.7	16	12.7	16
水幕喷头数（个）	1	1	每 2.5m 一个	每 3.5m 一个

注：檐口下挑梁间宜采用大口径水幕喷头。如果供水困难，采用小口径水幕喷头时，应保证檐口挑梁间每米宽度的水幕流量不小于 0.5L/s。

建筑物转角处的阀门和止回阀的布置，应符合图 2-103 的要求，即在建筑物的某一侧开启水幕喷头时相邻侧的邻近一排窗口水幕喷头也应同时开启。

水幕管道最大水幕喷头负荷数，见表 2-76。

管道最大水幕喷头负荷数 **表 2-76**

水幕喷头 (mm)	最大负荷数（个）									
	管道公称直径（mm）									
	20	25	32	40	50	65	80	100	125	150
6	1	3	5	6						
8	1	2	4	5						
10	1	2	3	4						
12.7	1	2	2	3	8（10）	14（20）	21（36）	36（72）		
16			1	2	4	7	12	22（26）	34（45）	50（72）
19				1	3	6	9	16（18）	24（32）	35（52）

注：1. 本表是按喷头压力为 0.05MPa、流速不大于 5m/s 的条件计算的；
2. 括号中的数字系按流速不大于 10m/s 的条件计算的。

（5）两层淋水管网的设置

如果淋水管网是充水式的，为保证两层淋水管网的水平管段在平时都充满水，则第二层的给水干管上应装设止回阀或把给水管做成水封状，见图 2-104。

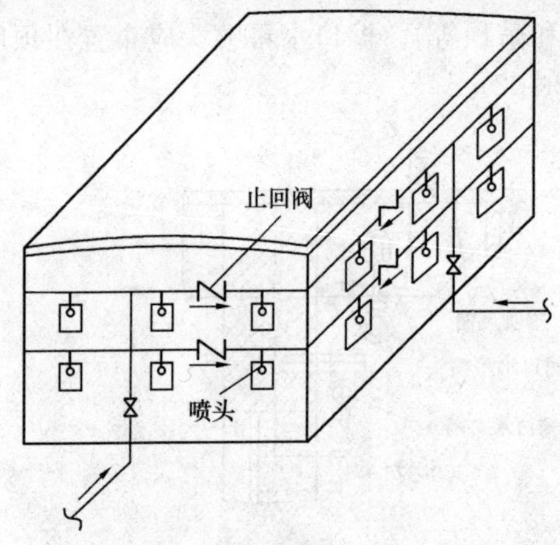

图 2-103 建筑物转角处阀门的布置

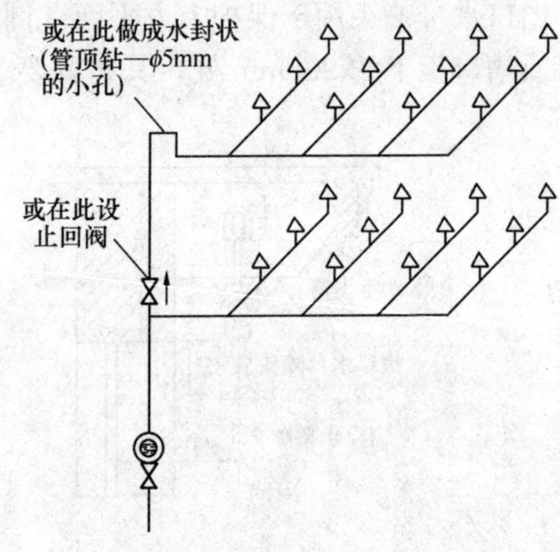

图 2-104 两层淋水管网充水措施

（6）溢水管、放气管的设置

为了便于判断淋水管网中是否充满水以及排出淋水管网中的空气，在雨淋阀旁设有溢流管和放气管。向淋水管网充水后并不将注水阀完全关闭，而是使溢流管中不断有水滴滴出，一般保持每秒钟 2～3 滴水滴出，即表明淋水管网是充满水的。只有充满水的淋水管网才能保证失火时及时喷水灭火。溢流管的标高应低于喷头喷口标高 50mm 左右。溢流管的排水应接至漏斗后排入下水道。

（7）放水装置

管网中充水的雨淋系统用于全年环境温度都在 4℃以上的房间。如果冬季不采暖的房间，雨淋管有被冻结的可能性，则在冬季时应将管网中的水放空。如果消防要求不允许放空时，则房间内必须采暖。但可利用放水装置把淋水管网中的水放空进行检修。

2.4.6 系统计算

开式自动喷水灭火系统的水力计算，应按照一组中所有开式喷头或水幕喷头同时作用进行计算。

当建筑物内设有多组雨淋系统时，应按最大一组雨淋系统计算所需水压和水量，作为设计消防水箱、消防水泵等的依据。

(1) 传动管网管径的确定

充水传动管网一律采用 *DN*25 的管道，但利用闭式喷头作为传动控制时，充气传动管网可采用 *DN*15 的管道。

(2) 开式喷头出流量计算

各种不同直径的喷头在不同压力下具有不同的出水量，喷头流量计算按式（2-24）进行。

$$Q=10\mu F\sqrt{2gH} \tag{2-24}$$

式中 Q——喷头出流量（m^3/s）；

μ——喷头流量系数，采用 0.7；

F——喷口截面积（m^2）；

g——重力加速度（$9.81m/s^2$）；

H——喷口处水压（MPa）。

将不同直径喷头的截面积代入式（2-24），可得表 2-77 所列公式。

不同直径开式喷头的计算公式 **表 2-77**

喷头直径（mm）	计算公式（L/s）	喷头直径（mm）	计算公式（L/s）
12.7	$Q=3.92\sqrt{H}$	10	$Q=2.43\sqrt{H}$

最不利点喷头的水压，一般不应小于 0.05MPa，不同直径的喷头在不同水压下的出水量见表 2-78。

***DN*12.7、*DN*10 喷头压力、流量** **表 2-78**

*DN*12.7			
压力 *H*（10kPa）	流量 *Q*（L/s）	压力 *H*（10kPa）	流量 *Q*（L/s）
3.00～3.03	0.68	3.79～3.88	0.77
3.04～3.12	0.69	3.89～3.98	0.78
3.13～3.21	0.70	3.99～4.08	0.79
3.22～3.30	0.71	4.09～4.19	0.80
3.31～3.39	0.72	4.20～4.29	0.81
3.40～3.49	0.73	4.30～4.40	0.82
3.50～3.58	0.74	4.41～4.50	0.83
3.59～3.68	0.75	4.51～4.61	0.84
3.69～3.78	0.76	4.62～4.72	0.85

续表

DN12.7			
压力 H（10kPa）	流量 Q（L/s）	压力 H（10kPa）	流量 Q（L/s）
4.73～4.83	0.86	9.24～9.39	1.20
4.84～4.95	0.87	9.40～9.55	1.21
4.96～5.06	0.88	9.56～9.70	1.22
5.07～5.18	0.89	9.71～9.86	1.23
5.19～5.29	0.90	9.87～10.02	1.24
5.30～5.41	0.91	10.03～10.18	1.25
5.42～5.53	0.92	10.19～10.35	1.26
5.54～5.65	0.93	10.36～10.51	1.27
5.66～5.77	0.94	10.52～10.68	1.28
5.78～5.89	0.95	10.69～10.84	1.29
5.90～6.02	0.96	10.85～11.01	1.30
6.03～6.14	0.97	11.02～11.18	1.31
6.15～6.27	0.98	11.19～11.35	1.32
6.28～6.40	0.99	11.36～11.53	1.33
6.41～6.53	1.00	11.54～11.70	1.34
6.54～6.66	1.01	11.71～11.87	1.35
6.67～6.79	1.02	11.88～12.05	1.36
6.80～6.92	1.03	12.06～12.23	1.37
6.93～7.06	1.04	12.24～12.41	1.38
7.07～7.19	1.05	12.42～12.59	1.39
7.20～7.33	1.06	12.60～12.77	1.40
7.34～7.47	1.07	12.78～12.95	1.41
7.48～7.61	1.08	12.96～13.13	1.42
7.62～7.75	1.09	13.14～13.32	1.43
7.76～7.89	1.10	13.33～13.50	1.44
7.90～8.04	1.11	13.51～13.69	1.45
8.05～8.18	1.12	13.70～13.88	1.46
8.19～8.33	1.13	13.89～14.07	1.47
8.34～8.48	1.14	14.08～14.26	1.48
8.49～8.62	1.15	14.27～14.46	1.49
8.63～8.77	1.16	14.47～14.65	1.50
8.78～8.93	1.17	14.66～14.85	1.51
8.94～9.08	1.18	14.86～15.00	1.52
9.09～9.23	1.19		

DN10			
压力 H（10kPa）	流量 Q（L/s）	压力 H（10kPa）	流量 Q（L/s）
3.00～3.02	0.42	4.11～4.27	0.50
3.03～3.17	0.43	4.28～4.44	0.51
3.18～3.31	0.44	4.45～4.62	0.52
3.22～3.46	0.45	4.63～4.79	0.53
3.47～3.62	0.46	4.80～4.97	0.54
3.63～3.78	0.47	4.98～5.16	0.55
3.79～3.94	0.48	5.17～5.35	0.56
3.95～4.10	0.49	5.36～5.54	0.57

当利用闭式喷头去掉闭锁装置后作为开式喷头使用时，喷头出流量按式（2-19）计算。

（3）水幕喷头出流量计算

水幕喷头出流量按式（2-25）计算

$$q=\sqrt{BH} \tag{2-25}$$

式中 q——喷头出流量（L/s）；

H——喷口处压力（10kPa）；

B——喷头特性系数，见表 2-79 并按式（2-26）计算：

水幕喷头的特性系数 **表 2-79**

d(mm)	μ	B[$L^2/(s^2\cdot m)$]	$\sqrt{B}$[$L/(s\cdot m^{1/2})$]
6	0.95	0.0142	0.119
8	0.95	0.044	0.210
10	0.95	0.1082	0.329
12.7	0.95	0.286	0.535
16	0.95	0.717	0.847
19	0.95	1.418	1.190

$$\sqrt{B}=\mu\frac{1}{4}d^2\sqrt{2g}\times\frac{1}{1000} \tag{2-26}$$

式中 μ——流量系数；

d——喷头出口直径(mm)；

g——9.8m/s²。

最不利点水幕喷头的压力一般应不小于 0.05MPa，水幕喷头的出流量见表 2-80。

水幕喷头的出流量(L/s) **表 2-80**

喷头出口直径 d(mm)			6	8	10	12.7	16	19
喷头出口断面(cm²)			0.25	0.45	0.70	1.30	2.00	2.70
出流量(L/s)	喷头处水压(10kPa)	3	0.21	0.36	0.57	0.93	1.47	2.06
		4	0.24	0.42	0.66	1.08	1.70	2.37
		5	0.27	0.47	0.74	1.20	1.90	2.66
		6	0.29	0.51	0.81	1.32	2.08	2.91
		7	0.32	0.56	0.87	1.42	2.25	3.15
		8	0.34	0.59	0.93	1.52	2.40	3.36
		9	0.36	0.63	0.99	1.61	2.55	3.56
		10	0.38	0.66	1.04	1.70	2.69	3.75

（4）淋水管网直径估算

按喷头数量可初步确定淋水管网直径，见表 2-81。

根据开式喷头的数量估算淋水管直径 **表 2-81**

管道直径 DN(mm) / 喷头直径(mm)	25	32	40	50	70	80	100	150
12.7	2	3	5	10	20	26	40	>40
10	3	4	9	18	30	46	80	>80

(5) 淋水管网的水力计算

1) 管道沿程水头损失计算

方法一：

管道单位长度的水头损失 i，按式(2-27)计算

$$i = 0.0000107 \times \frac{v^2}{d_j^{1.3}} \tag{2-27}$$

式中 i——管道单位长度的水头损失(MPa/m)；

v——管道内的平均水流速度(m/s)，$v \geqslant 1.2$m/s；

d_j——管道计算内径(m)。

管道沿程水头损失，按式(2-28)计算。

$$h = iL \tag{2-28}$$

式中 h——沿程水头损失(MPa)；

i——管道单位长度的水头损失(MPa/m)；

L——计算管段长度(m)。

方法二：

管道沿程水头损失，按式(2-29)计算。

$$h = ALQ^2 \tag{2-29}$$

式中 A——管道比阻值(s^2/L^2)，见表 2-82；

L——计算管段长度(m)；

Q——计算管段流量(L/s)。

管道比阻值 **表 2-82**

焊接钢管			铸铁管		
公称管径(mm)	$A(Q\text{m}^3/\text{s})$	$A(QL/\text{s})$	公称管径(mm)	$A(Q\text{m}^3/\text{s})$	$A(QL/\text{s})$
15	8809000	8.809	75	1709	0.001709
20	1643000	1.643	100	365.3	0.0003653
25	436700	0.4367	150	41.85	0.00004185
32	93860	0.09386	200	9.029	0.000009029
40	44530	0.04453	250	2.752	0.000002752
50	11080	0.01108	300	1.025	0.000001025
70	2898	0.002893			
80	1168	0.001168			
100	267.4	0.0002674			
125	86.23	0.00008623			
150	33.95	0.00003395			

2) 管道局部水头损失计算

管道局部水头损失按沿程水头损失的20%采用。

3）雨淋阀的水头损失计算

雨淋阀的水头损失，按表2-83所列公式计算。

雨淋阀的局部水头损失计算 **表2-83**

阀门直径（mm）	双圆盘阀	隔膜阀
DN65	$h=0.48Q^2$	$h=0.371Q^2$
DN100	$h=0.0634Q^2$	$h=0.0664Q^2$
DN150	$h=0.014Q^2$	$h=0.0122Q^2$

注：表中单位Q以L/s计，h以kPa计。

4）其他阀门的水头损失计算

管网中的控制阀、止回阀、手动旋塞阀等阀门的水头损失按式（2-30）计算。

$$h_0=\zeta\frac{v^2}{2g} \tag{2-30}$$

式中 h_0——局部水头损失（MPa）；

ζ——阻力系数；

v——通过阀门的流速（m/s）；

g——重力加速度（9.81m/s²）。

（6）水力计算步骤

1）首先假定最不利点喷头处要求的压力为0.05MPa，求该喷头的出流量，再以此流量求喷头①～②之间管段的水头损失。

2）以第一喷头处所需压力加喷头①～②之间管段的水头损失作为第二喷头处的压力，以求第二个喷头的流量。此两个喷头流量之和作为喷头②～③之间管段的流量，以求该管段中的水头损失。以此类推，计算所有喷头及管道的流量和压力。

3）当自不同方向计算至同一点处出现压力不同时，则低压力方向管段的总流量应按式（2-31）修正。

$$\frac{H_1}{H_2}=\frac{Q_1^2}{Q_2^2},Q_2=Q_1\sqrt{\frac{H_2}{H_1}} \tag{2-31}$$

式中 H_1——低压方向管段的计算压力（MPa）；

Q_1——低压方向管段的计算流量（L/s）；

H_2——高压方向管段的计算压力（MPa）；

Q_2——所求低压方向管段的修正流量（L/s）。

4）开式自动喷水灭火系统雨淋阀处所需水压按式（2-32）计算。

$$H=1.2\Sigma h+h_0+h_1+0.01h_2 \tag{2-32}$$

式中 H——雨淋阀处所需水压（MPa）；

1.2——管道局部阻力系数；

Σh——至最不利点的管道沿程水头损失（MPa）；

h_0——雨淋阀的局部水头损失（MPa）；

h_1——最不利点喷头最低工作压力（MPa）；

h_2——最不利点喷头的位置高度（m）。

（7）计算举例

见图 2-105。

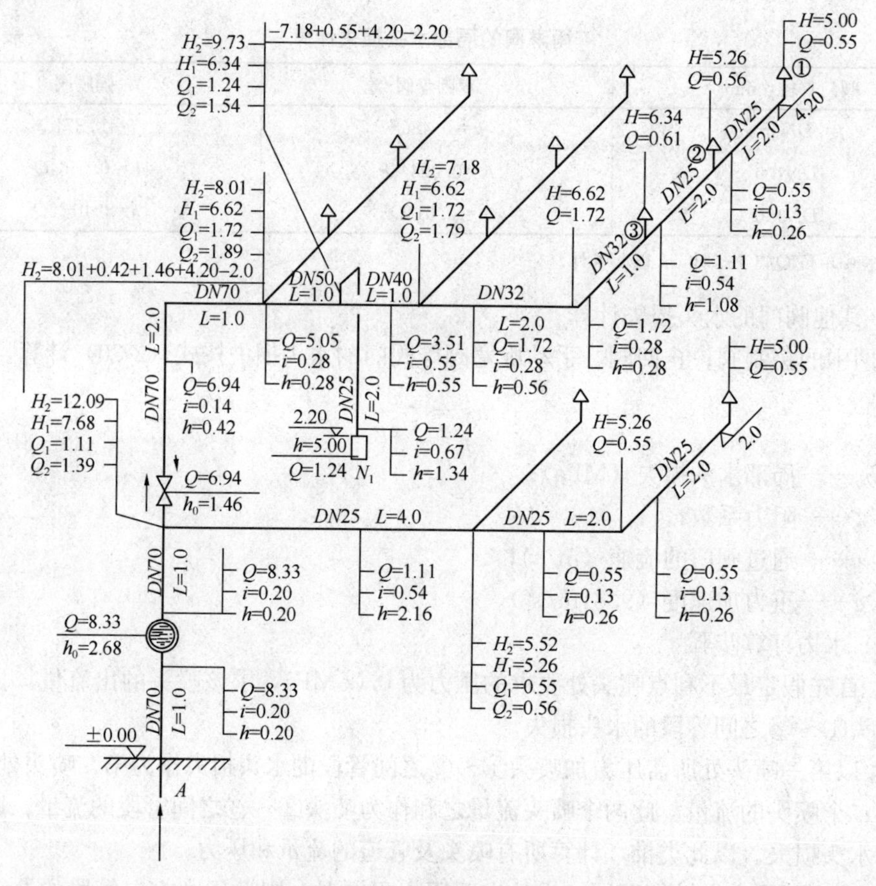

图 2-105　淋水管网计算

注：图中 h 单位以 m 计，Q 以 L/s 计。

管网流量：$Q=8.33\text{L/s}$

入口压力：
$$H=1.2\Sigma h+h_0+h_1+h_2$$
$$=[1.2(8.01-5.00+0.42+0.20+0.20)+1.46+2.68+5.00+4.20]\times10=179.4\text{kPa}$$

2.5　大空间智能型主动喷水灭火系统

大空间智能型主动喷水灭火系统是由智能型灭火装置（大空间智能灭火装置；自动扫描射水灭火装置；自动扫描射水高空水炮灭火装置）、信号阀组、水流指示器等组件以及管道、供水设施等组成，能在发生火灾时自动探测着火部位并主动喷水的灭火系统。

大空间智能型主动喷水灭火系统与传统的采用由感温元件控制的被动灭火方式的闭式

自动喷水灭火系统以及手动或人工喷水灭火系统相比，具有以下优点：

（1）具有人工智能，可主动探测寻找并早期发现判定火源；

（2）可对火源的位置进行定点定位并报警；

（3）可主动开启系统定点定位喷水灭火；

（4）可迅速扑灭早期火灾；

（5）可持续喷水、主动停止喷水并可多次重复启闭；

（6）适用空间高度范围广（灭火装置安装高度最高可达 25m）；

（7）安装方式灵活，不需贴顶安装，不需集热装置；

（8）射水型灭火装置（自动扫描射水灭火装置及自动扫描射水高空水炮灭火装置）的射水水量集中，扑灭早期火灾效果好；

（9）洒水型灭火装置（大空间智能灭火装置）的喷头洒水水滴颗粒大、对火场穿透能力强、不易雾化等；

（10）可对保护区域实施全方位连续监视。

大空间智能型主动喷水灭火系统与利用各种探测装置控制自动启动的开式雨淋灭火系统相比，具有以下优点：

（1）探测定位范围更小、更准确，可以根据火场火源的蔓延情况分别或成组地开启灭火装置喷水，既可达到雨淋系统的灭火效果，又不必像雨淋系统一样一开一大片。在有效扑灭火灾的同时，可减少由水灾造成的损失。

（2）在多个（组）喷头（高空水炮）的临界保护区域发生火灾时，只会引起周边几个（组）喷头（高空水炮）同时开启，喷水量不会超过设计流量，不会出现雨淋系统两个或几个区域同时开启导致喷水量成倍增加而超过设计流量的情况。

2.5.1 系统设置场所

（1）凡按照国家有关消防设计规范的要求应设置自动喷水灭火系统，火灾类别为 A 类（A 类火灾是指含碳固体可燃物质的火灾，如木材、棉、毛、麻、纸张等），但由于空间高度较高，采用其他自动喷水灭火系统难以有效探测、扑灭及控制火灾的大空间场所应设置大空间智能型主动喷水灭火系统。

（2）设置大空间智能型主动喷水灭火系统场所的环境温度应不低于 4℃，且不高于 55℃。

（3）A 类火灾的大空间场所举例见表 2-84。

A 类火灾的大空间场所举例 **表 2-84**

序号	建筑类型	设置场所
1	会展中心、展览馆、交易会等展览建筑	大空间门厅、展厅、中庭等场所
2	大型商场、超级市场、购物中心、百货大楼、室内商业街等商业建筑	大空间门厅、中庭、室内步行街等场所
3	办公楼、写字楼、商务大厦等行政办公建筑	大空间门厅、中庭、会议厅等场所
4	医院、疗养院、康复中心等医院康复建筑	大空间门厅、中庭等场所
5	飞机场、火车站、汽车站、码头等客运站场的旅客候机（车、船）楼	大空间门厅、中庭、旅客候机（车、船）大厅、售票大厅等场所

续表

序号	建筑类型	设置场所
6	购书中心、书市、图书馆、文化中心、博物馆、美术馆、艺术馆、市民中心等文化建筑	大空间门厅、中庭、会议厅、演讲厅、展示厅、阅读室等场所
7	歌剧院、舞剧院、音乐厅、电影院、礼堂、纪念堂、剧团的排演场等演艺排演建筑	大空间门厅、中庭、舞台、观众厅等场所
8	体育比赛场馆、训练场馆等体育建筑	大空间门厅、中庭、看台、比赛训练场地、器材库等场所
9	旅馆、宾馆、酒店、会议中心	大空间门厅、中庭、会议厅、宴会厅等场所
10	生产贮存A类物品的建筑	大空间门厅、仓库等场所

(4) 大空间智能型主动喷水灭火系统不适用于以下场所：

1) 在正常情况下采用明火生产的场所；

2) 火灾类别为B、C、D类火灾的场所；

3) 存在较多遇水加速燃烧的物品的场所；

4) 遇水发生爆炸的场所；

5) 存在较多遇水发生剧烈化学反应或产生有毒有害物质的物品的场所；

6) 存在因洒水而导致液体喷溅或沸溢的场所；

7) 存放遇水将受到严重损坏的贵重物品的场所，如档案库，贵重资料库、博物馆珍藏室等；

8) 严禁管道漏水的场所；

9) 因高空水炮的高压水柱冲击造成重大财产损失的场所；

10) 其他不宜采用大空间智能型主动喷水灭火系统的场所。

2.5.2 系统分类

智能型灭火装置分为大空间智能灭火装置、自动扫描射水灭火装置和自动扫描射水高空水炮灭火装置三类。

大空间智能灭火装置的灭火喷水面为一个圆形面，能主动探测着火部位并开启喷头喷水灭火的智能型自动喷水灭火装置，由智能型红外探测组件、大空间大流量喷头和电磁阀组三部分组成。其中智能型红外探侧组件与大空间大流量喷头及电磁阀组均为独立设置。

自动扫描射水灭火装置的灭火射水面为一个扇形面，由智能型红外探测组件、扫描射水喷头、机械传动装置和电磁阀组四部分组成。其中智能型红外探测组件、扫描射水喷头和机械传动装置为一体化设备。

自动扫描射水高空水炮灭火装置的灭火射水面为一个矩形面，由智能型红外探测组件、自动扫描射水高空水炮（简称高空水炮）、机械传动装置和电磁阀组四部分组成。其中，智能型红外探测组件、自动扫描射水高空水炮和机械传动装置为一体化设备。

不同类型的标准型智能灭火装置的适用条件详见表2-85。

不同类型标准型智能灭火装置的适用条件 表 2-85

序号	灭火装置的名称	型号规格	喷头接口直径(mm)	单个喷头标准喷水流量(L/s)	单个喷头标准保护半径(m)	喷头安装高度(m)	设置场所最大净空高度(m)	喷水方式
1	大空间智能灭火装置	标准型	*DN*40	5	≤6	≥6 ≤25	顶部安装≤25，架空安装不限	着火点及周边圆形区域均匀洒水
2	自动扫描射水灭火装置	标准型	*DN*20	2	≤6	≥2.5 ≤6	顶部安装≤6，架空安装不限，边墙安装不限，退层平台安装不限	着火点及周边扇形区域扫描射水
3	自动扫描射水高空水炮灭火装置	标准型	*DN*25	5	≤20	≥6 ≤20	顶部安装≤20，架空安装不限，边墙安装不限，退层平台安装不限	着火点及周边矩形区域扫描射水

2.5.3 系统组成

配置大空间智能灭火装置的大空间智能型主动喷水灭火系统由表 2-86 中的部分或全部组件、配件和设施组成。系统示意见图 2-106。

配置大空间智能灭火装置的大空间智能型主动喷水灭火系统的组成 表 2-86

编号	名称	用途	编号	名称	用途
1	大空间大流量喷头	喷水灭火、控火	12	试水放水阀	检测系统、放空
2	智能型红外探测组件	探火、定位、报警、主动控制	13	安全泄压阀	防止系统超压
3	电磁阀	控制喷头喷水	14	止回阀	维持系统压力、防止倒流
4	水流指示器	输出电信号、指示火灾区域	15	加压水泵	加压供水
5	信号阀	系统检修时局部关闭系统、输出开闭信号	16	压力表	指示系统压力
			17	消防水池	贮存消防用水
6	模拟末端试水装置	模拟检测	18	水泵接合器	外部供水引入
7	配水支管	输水			
8	配水管	输水	19	水泵控制箱	控制水泵运行
9	配水干管	输水	20	火灾报警控制器	控制报警
10	手动闸阀	喷头及电磁阀检修更换时局部关闭	21	声光报警器	发出声光报警
11	高位水箱	保证管网平时处在湿式状态	22	信号模块	监视信号

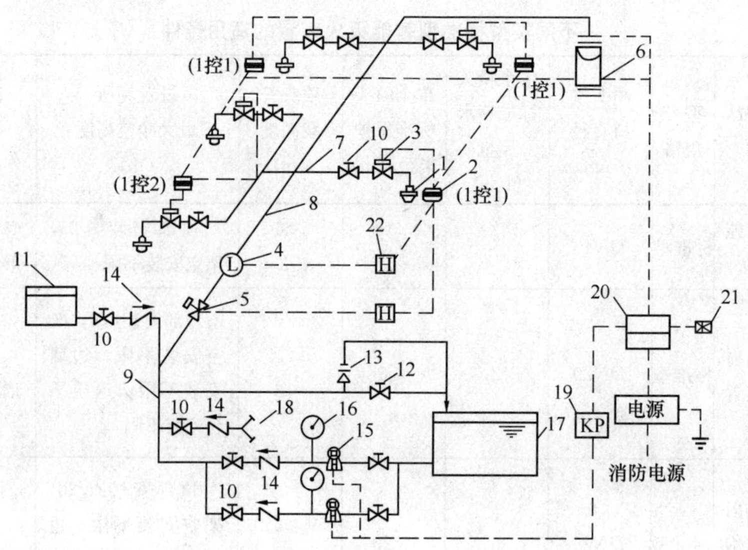

图 2-106　配置大空间智能灭火装置的大空间智能型主动喷水灭火系统示意

配置自动扫描射水灭火装置或自动扫描射水高空水炮灭火装置的大空间智能型主动喷水灭火系统由表 2-87 中的部分或全部组件、配件和设施组成。系统示意见图 2-107。

配置自动扫描射水灭火装置/自动扫描射水高空水炮灭火装置的大空间智能型主动喷水灭火系统组成　**表 2-87**

编号	名　称	用　途	编号	名　称	用　途
1	自动扫描射水灭火装置/自动扫描射水高空水炮灭火装置	探火、定位、报警、主动控制喷水灭火	10	高位水箱	保证管网平时处在湿式状态
			11	试水放水阀	检测系统、放空
2	电磁阀	控制喷头喷水	12	安全泄压阀	防止系统超压
3	水流指示器	输出电信号、指示火灾区域	13	止回阀	维持系统压力、防止倒流
4	信号阀	系统检修时局部关闭系统、输出开闭信号	14	加压水泵	加压供水
			15	压力表	指示系统压力
			16	消防水池	贮存消防用水
5	模拟末端试水装置	模拟检测	17	水泵接合器	外部供水引入
6	配水支管	输水	18	立管	输水
7	配水管	输水	19	声光报警器	发出声光报警
8	配水干管	输水	20	信号模块	监视信号
9	手动闸阀	喷头及电磁阀检修更换时局部关闭	21	火灾报警控制器	控制报警
			22	水泵控制箱	控制水泵运行

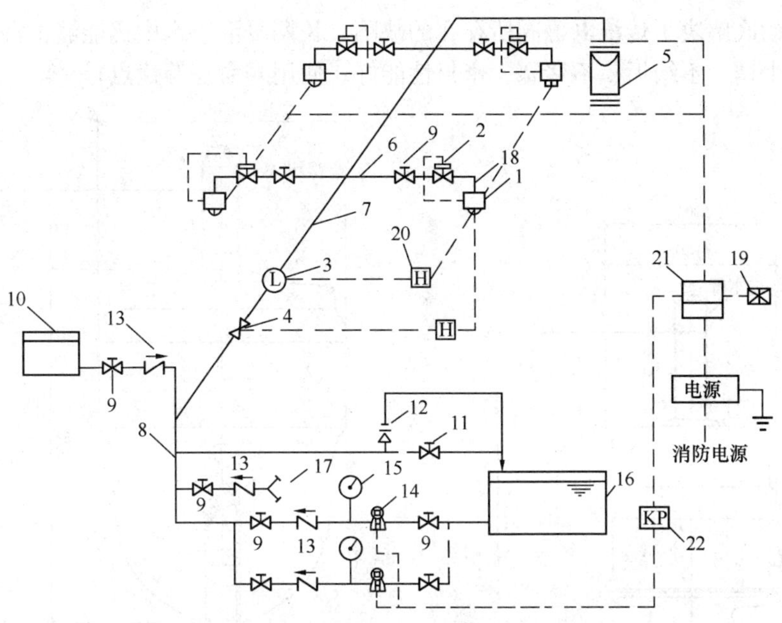

图 2-107 配置自动扫描射水灭火装置/自动扫描射水高空水炮灭火装置的大空间智能型主动喷水灭火系统示意

2.5.4 系统组件

(1) 智能型灭火装置

大空间智能灭火装置、自动扫描射水灭火装置、自动扫描射水高空水炮灭火装置除电磁阀组以外的组件外形见图 2-108～图 2-110。

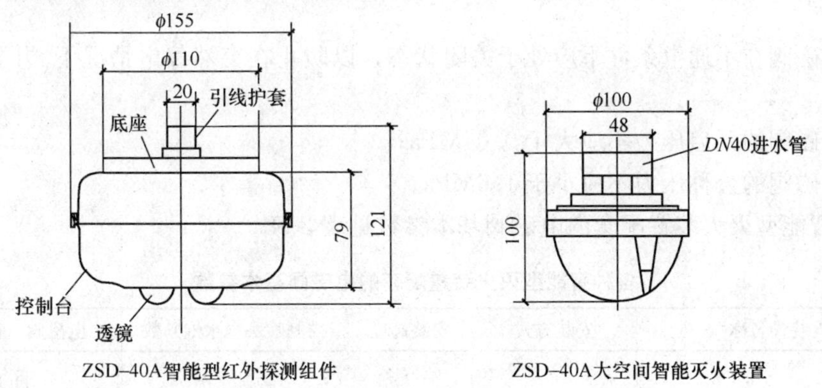

图 2-108 大空间智能灭火装置外形示意

(2) 电磁阀

大空间智能型主动喷水灭火系统灭火装置配套的电磁阀是整个系统能否正常运作的关键组件，所以与系统配套的电磁阀应满足下述要求：

1) 阀体应采用不锈钢或铜质材料，内件应采用不生锈、不结垢、耐腐蚀材料，以保证阀门在长期不动作条件下仍能随时开启；

2) 阀芯应采用浮动阀芯结构。浮动阀芯电磁阀的构造及启闭方式都与传统电磁阀完全不同，其彻底解决了传统电磁阀所存在的缺陷，长期浸泡于水中仍能够正常使用。具备启闭快、不生锈、不结垢、不堵塞、密封性能好、使用寿命长等优点；

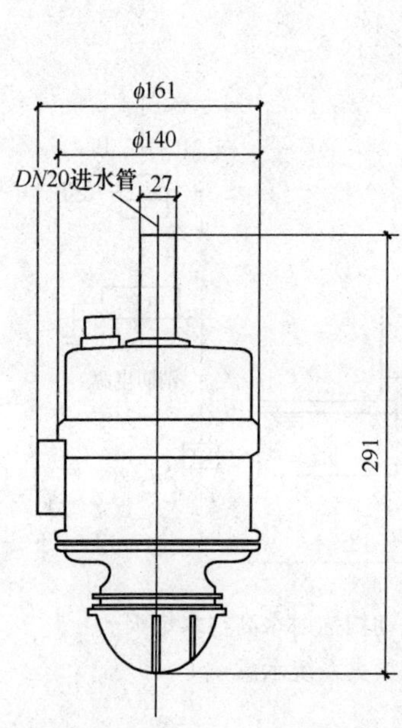

图 2-109 ZSS-20 自动扫描射水灭火装置外形示意

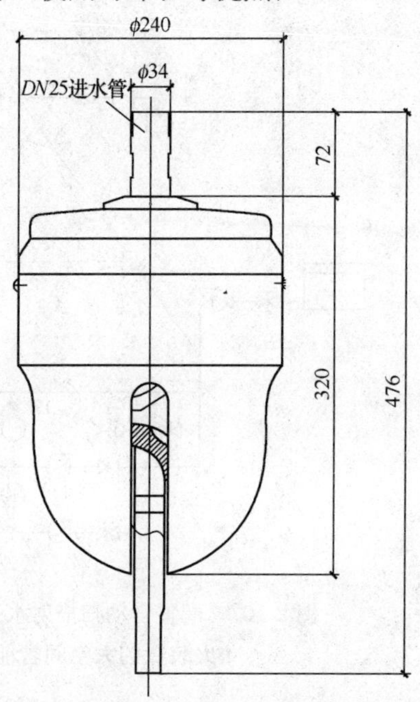

图 2-110 ZSS-25 自动扫描射水高空水炮灭火装置外形示意

3）复位弹簧应设置于水介质以外，避免复位弹簧因长期浸泡于水中而锈蚀，导致电磁阀失灵；

4）电磁阀在不通电条件下应处于关闭状态，以防止在突然停电情况下阀门开启、喷头误喷；

5）电磁阀的开启压力不应大于 0.04MPa；

6）电磁阀的公称压力不应小于 1.6MPa。

各种智能型灭火装置配套的电磁阀基本参数见表 2-88。

各种智能型灭火装置配套的电磁阀基本参数 **表 2-88**

灭火装置名称	安装方式	安装高度	控制喷头（水炮）数	电磁阀口径（mm）
大空间智能灭火装置	与喷头分设安装	不受限制	控制 1 个 控制 2 个 控制 3 个 控制 4 个	*DN*50 *DN*80 *DN*100 *DN*125～*DN*150
自动扫描射水灭火装置	与喷头分设安装	不受限制	控制 1 个	*DN*40
自动扫描射水高空水炮灭火装置	与水炮分设安装	不受限制	控制 1 个	*DN*50

（3）水流指示器及信号阀

水流指示器的性能应符合国家公共安全行业标准《水流指示器性能要求和试验方法》

的要求。

（4）模拟末端试水装置

模拟末端试水装置由压力表、试水阀、电磁阀、智能型探测组件、模拟喷头（水炮）及排水管组成，见图2-111。

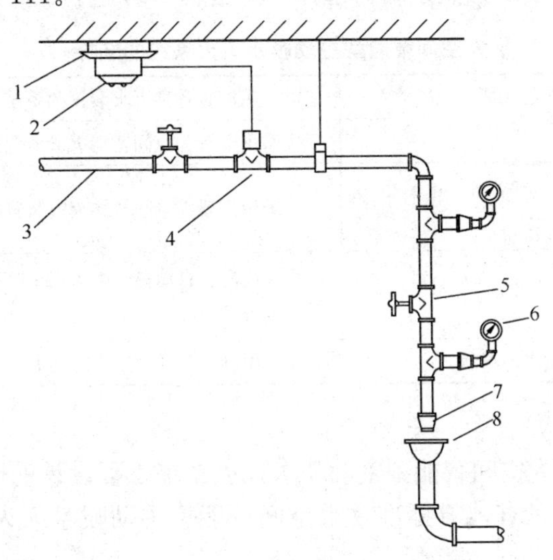

图2-111　模拟末端试水装置示意

1—安装底座；2—智能型红外探测组件；3—最不利点水管；4—电磁阀；5—截止阀；6—压力表；7—模拟喷头；8—排水漏斗

模拟末端试水装置的技术要求见表2-89。

模拟末端试水装置的技术要求　　**表2-89**

采用的灭火装置名称	模拟末端试水装置				
	压力表	试水阀	电磁阀	智能型红外探测组件	模拟喷头（高空水炮）的流量系数
标准型大空间智能型灭火装置	精度不应低于1.5级，量程为试验压力的1.5倍	1. 口径：*DN*50；2. 公称压力：≥1.6MPa	1. 口径：*DN*50；2. 公称压力：≥1.6MPa	分体设置	K=190
标准型自动扫描射水灭火装置	精度不应低于1.5级，量程为试验压力的1.5倍	1. 口径：*DN*40；2. 公称压力：≥1.6MPa	1. 口径：*DN*40；2. 公称压力：≥1.6MPa	分体设置	K=97
标准型自动扫描射水高空水炮灭火装置	精度不应低于1.5级，量程为试验压力的1.5倍	1. 口径：*DN*50；2. 公称压力：≥1.6MPa	1. 口径：*DN*50；2. 公称压力：≥1.6MPa	分体设置	K=122

2.5.5 系统设计

(1) 系统选择

大空间智能型主动喷水灭火系统的选择可依据表2-90进行。

大空间智能型主动喷水灭火系统的选择 表2-90

1	轻危险级或中危险级的场所	可采用配置各种灭火装置的系统
2	严重危险级的场所	应采用配置大空间智能灭火装置的系统
3	舞台的葡萄架下部、演播室、电影摄影棚的上方	应采用配置大空间智能灭火装置的系统
4	边墙式安装时	宜采用配置自动扫描射水灭火装置或自动扫描射水高空水炮灭火装置的系统
5	灭火后需及时停止喷水的场所	应采用具有重复启闭功能的大空间智能型主动喷水灭火系统

(2) 设计参数

因为至今尚未发布大空间智能型主动喷水灭火系统工程设计的国家规范和行业标准，故系统设计参数按照广东省地方标准《大空间智能型主动喷水灭火系统设计规范》DBJ 15—34—2004选用。

(3) 喷头及高空水炮的布置

1) 设置大空间智能型主动喷水灭火系统的场所，当在平顶棚或平梁底吊顶设置喷头或高空水炮时，设置场所地面至顶棚底或梁底的最大净空高度不应大于表2-91的规定。

采用大空间智能型主动喷水灭火系统场所的最大净空高度（m） 表2-91

灭火装置喷头名称	型 号	地面至顶棚或梁底的最大净空高度（m）
大空间大流量喷头	标准型	25
扫描射水喷头	标准型	6
高空水炮	标准型	20

2) 设置大空间智能型主动喷水灭火系统的场所，当喷头或高空水炮采用边墙式或悬空式安装，且喷头及高空水炮以上空间无可燃物时，设置场所的净空高度可不受限制。

3) 各种喷头和高空水炮应下垂式安装。

4) 同一个隔间内宜采用同一种喷头或高空水炮，如混合采用多种喷头或高空水炮且合用一组供水设施时，应在供水管路的水流指示器前将供水管道分开设置，并根据不同喷头的工作压力要求、安装高度及管道水头损失来考虑是否设置减压装置。

5) 标准型大空间智能灭火装置喷头间的布置间距及喷头与边墙的距离不应超过表2-92的规定。布置示意见图2-112。

6) 大空间智能灭火装置喷头布置间距不宜小于2.5m。

7) 标准型自动扫描射水灭火装置喷头间的布置间距及喷头与边墙的距离不应超过表2-93的规定。布置示意见图2-112。

标准型大空间智能灭火装置喷头间的布置间距及喷头与边墙的距离 表 2-92

布置方式	危险等级		喷头间距		喷头与边墙的间距	
			a（m）	*b*（m）	*a*/2（m）	*b*/2（m）
矩形布置或方形布置	轻危险级		8.4	8.4	4.2	4.2
			8.0	8.8	4.0	4.4
			7.0	9.6	3.5	4.8
			6.0	10.4	3.0	5.2
			5.0	10.8	2.5	5.4
			4.0	11.2	2.0	5.6
			3.0	11.6	1.5	5.8
	中危险级	Ⅰ级	7	7	3.5	3.5
			6	8.2	3	4.1
			5	10	2.5	5
			4	11.3	2	5.65
			3	11.6	1.5	5.8
	中危险级	Ⅱ级	6	6	3	3
			5	7.5	2.5	3.75
			4	9.2	2	4.6
			3	11.6	1.5	5.8
	严重危险级	Ⅰ级	5	5	2.5	2.5
			4	6.2	2	3.1
			3	8.2	1.5	4.1
	严重危险级	Ⅱ级	4.2	4.2	2.1	2.1
			3	6.2	1.5	3.1

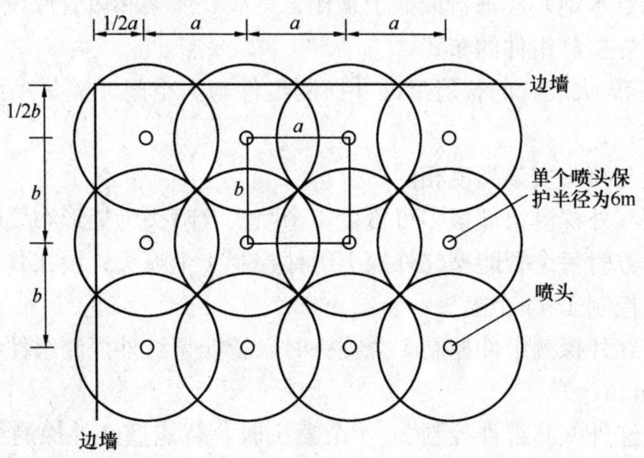

图 2-112 喷头与喷头间以及喷头与边墙距离示意

标准型自动扫描射水灭火装置喷头间的布置间距及喷头与边墙的距离 **表 2-93**

布置方式	喷头间距		喷头与边墙的距离	
	a（m）	b（m）	$a/2$（m）	$b/2$（m）
矩形布置	8.4	8.4	4.2	4.2
	8.0	8.8	4.0	4.4
	7.0	9.6	3.5	4.8
	6.0	10.4	3.0	5.2
	5.0	10.8	2.5	5.4
	4.0	11.2	2.0	5.6
	3.0	11.6	1.5	5.8

8）自动扫描射水灭火装置喷头间的布置间距不宜小于 3m。

9）标准型自动扫描射水高空水炮灭火装置水炮间的布置间距及水炮与边墙的距离不应超过表 2-94 的规定。布置示意见图 2-112。

标准型自动扫描射水高空水炮灭火装置水炮间的布置间距及水炮与边墙的距离 **表 2-94**

布置方式	水炮间距		水炮与边墙的距离	
	a（m）	b（m）	$a/2$（m）	$b/2$（m）
矩形布置	28.2	28.2	14.1	14.1
	25	31	12.5	15.5
	20	34	10	17
	15	37	7.5	18.5
	10	38	5	19

10）标准型自动扫描射水高空水炮灭火装置水炮间的布置间距不宜小于 10m。

11）喷头（高空水炮）应平行或低于顶棚、梁底、屋架和风管底设置。

（4）智能型红外探测组件的布置

1）大空间智能灭火装置的智能型红外探测组件与大空间大流量喷头分开设置，其安装应符合下列规定：

①安装高度应与喷头安装高度相同；

②一个智能型红外探测组件最多可覆盖 4 个喷头（喷头为矩形布置时）的保护区；

③设在舞台上方时每个智能型红外探测组件控制 1 个喷头；设在其他场所时一个智能型红外探测组件可控制 1～4 个喷头；

④一个智能型红外探测组件控制 1 个喷头时，智能型红外探测组件与喷头的水平安装距离不应大于 600mm；

⑤一个智能型红外探测组件控制 2～4 个喷头时，智能型红外探测组件距各喷头布置平面的中心位置的水平安装距离不应大于 600mm。

2）自动扫描射水灭火装置和自动扫描射水高空水炮灭火装置的智能型红外探测组件

与扫描射水喷头（高空水炮）一体设置，智能型红外探测组件的安装应符合下列规定：

①安装高度与喷头（高空水炮）安装高度相同；

②一个智能型红外探测组件的探测区域应覆盖1个喷头（高空水炮）的保护区域；

③一个智能型红外探测组件只控制1个喷头（高空水炮）。

3）智能型红外探测组件应平行或低于顶棚、梁底、屋架底和风管底设置。

(5) 电磁阀的布置

1）电磁阀宜靠近智能型灭火装置设置。

2）若电磁阀设置在吊顶内，吊顶在电磁阀的位置应预留检修孔洞。

(6) 水流指示器及信号阀的布置

1）每个防火分区或每个楼层均应设置水流指示器及信号阀。

2）大空间智能型主动喷水灭火系统与其他自动喷水灭火系统合用一套供水系统时，应独立设置水流指示器及信号阀，且应在其他自动喷水灭火系统湿式报警阀或雨淋阀前将管道分开。

3）水流指示器及信号阀应安装在配水管上，且信号阀位于上游。

4）水流指示器应安装在信号阀出口之后。

5）水流指示器及信号阀的公称压力不应小于系统的工作压力。

6）水流指示器及信号阀应安装在便于检修的位置，如安装在吊顶内，吊顶应预留检修孔洞。

7）信号阀正常情况下应处于开启位置。

8）信号阀的公称直径应与配水管管径相同。

(7) 模拟末端试水装置的布置

1）每个压力分区的水平管网末端最不利点处应设模拟末端试水装置，但在满足以下条件时，可不设模拟末端试水装置，但应设直径为50mm的试水阀：

①每个水流指示器控制的保护范围内允许进行试水，且试水不会对建筑、装修及物品造成损坏的场地；

②试水场地地面应有完善的排水措施。

2）模拟末端试水装置的智能型红外探测组件的性能及技术要求应与各种灭火装置配置的智能型红外探测组件相同，与模拟喷头分体安装。

3）模拟末端试水装置的电磁阀的性能及技术要求与各种灭火装置的电磁阀相同。

4）模拟喷头（高空水炮）为固定式喷头（高空水炮），其流量系数应与对应的灭火装置上的喷头（高空水炮）相同。

5）模拟末端试水装置的出水应采取间接排水方式排入排水管道。

6）模拟末端试水装置宜安装在卫生间、楼梯间等便于进行操作测试的地方。

(8) 管道的布置

1）配水管的工作压力不应大于1.2MPa，配水管上不应设置其他用水设施。

2）室内管道的直径不宜大于200mm，大于200mm时宜采用环状管网双向供水。

3）系统中室内外直径等于或大于100mm的架空安装的管道，应分段采用法兰或沟槽式连接件（卡箍）连接。水平管道上法兰（卡箍）间的管道长度不宜大于20m；立管上法兰（卡箍）间的距离，不应跨越3个及以上楼层。净空高度大于8m的场所内，立管上应采用法兰或沟槽式连接（卡箍）。

4）管道的直径应根据水力计算的规定计算确定。配水管道的布置应使配水管入口的压力接近均衡。配置不同灭火装置系统的配水管水平管道入口处的压力上限值见表 2-95。

配置不同灭火装置系统的配水管水平管道入口处的压力上限值 **表 2-95**

灭火装置	型号	喷头处的标准工作压力（MPa）	配水管入口处的压力上限值（MPa）
大空间智能灭火装置	标准型	0.25	0.6
自动扫描射水灭火装置	标准型	0.15	0.5
自动扫描射水高空水炮灭火装置	标准型	0.6	1.0

5）配水管水平管道入口处的压力超过表 2-95 的限定值时，应设置减压装置或采取其他减压措施。

(9) 供水水源

1）大空间智能型主动喷水灭火系统的水源，可由市政生活、消防给水管道供给，也可由消防水池供给，且应确保持续喷水时间内系统用水量的要求。

2）如采用市政自来水直接供水，应符合以下规定：

①应从两条市政给水管道引入，当其中一条进水管发生故障时，其余进水管应仍能保证全部用水量；

②市政进水管的水量及水压应能满足整个系统的水量及水压要求；

③市政进水管与系统管道的连接处应设置检修阀门及倒流防止器。

3）如采用屋顶水池、高位水池直接供水时可不再另设高位水箱但应符合以下规定：

①有效容量应满足在火灾延续时间内系统用水量的要求；

②应与生活水池分开设置；

③设置高度应能满足整个系统的压力要求；

④补水时间不宜超过 48h。

4）寒冷地区，对系统中易受冰冻影响的部分，应采取防冻措施。

5）当给水水源的水压水量不能同时保证系统的水压及水量要求时，应设置独立的供水泵组。

6）应按 1 用 1 备或 2 用 1 备的比例设置工作主泵及备用泵，备用泵的供水能力应不低于一台主泵。

7）系统的供水泵、稳压泵，应采用自灌式吸水方式。

8）每组供水泵的吸水管不应少于 2 根。

9）供水泵的吸水管应设控制阀；出水管应设控制阀、止回阀、压力表和直径不小于 65mm 的试水阀。必要时，应安装防止系统超压的安全泄压阀。

10）非常高压系统应设置高位水箱或气压稳压装置。

11）高位水箱底的安装高度应大于最高一个灭火装置的安装高度 1m。

12）高位水箱的容积应不小于 $1m^3$。

13）高位水箱可以与自动喷水灭火系统或消火栓系统的高位水箱合用，但出水管应单独设置，并设置止回阀及检修阀。

14）高位水箱应与生活水箱分开设置。

15）无条件设置高位水箱时，应设置隔膜式气压稳压装置。稳压泵流量宜为1个喷头（水炮）标准喷水流量，压力应保证最不利一个灭火装置处的最低工作压力要求。气压罐的有效调节容积不应小于150L。

16）系统应设水泵接合器，其数量应按系统的设计流量确定，每个水泵接合器的流量宜按10～15L/s计算。

17）当水泵接合器的供水能力不能满足系统的压力要求时，应采取增压措施。

2.5.6　系统计算

（1）系统的设计流量

1）大空间智能型主动喷水灭火系统的设计流量应根据喷头（高空水炮）的设置方式，喷头（高空水炮）布置的行数及列数、喷头（高空水炮）的设计同时开启数分别按表2-96～表2-98来确定。

配置标准型大空间智能灭火装置的大空间智能型主动喷水灭火系统设计流量　表2-96

喷头设置方式	列　数	喷头布置（个）	设置同时开启喷头数（个）	设计流量（L/s）
1行布置时	1	1	1	5
	2	2	2	10
	3	3	3	15
	≥4	≥4	4	20
2行布置时	1	2	2	10
	2	4	4	20
	3	6	6	30
	≥4	≥8	8	40
3行布置时	1	3	3	15
	2	6	6	30
	3	9	9	45
	≥4	≥12	12	60
4行布置时	1	4	4	20
	2	8	8	40
	3	12	12	60
	≥4	≥16	16	80
超过4行×4列布置		≥16	16	80

注：火灾危险等级为轻或中危险级的设置场所，当一个智能型红外探测组件控制1个喷头时，最大设计流量可按45L/s确定。

配置标准型自动扫描射水灭火装置的大空间智能型主动喷水灭火系统设计流量　　**表 2-97**

喷头设置方式	列数	喷头布置（个）	设置同时开启喷头数（个）	设计流量（L/s）
1 行布置时	1	1	1	2
	2	2	2	4
	3	3	3	6
	≥4	≥4	4	8
2 行布置时	1	2	2	4
	2	4	4	8
	3	6	6	12
	≥4	≥8	8	16
3 行布置时	1	3	3	6
	2	6	6	12
	3	9	9	18
	≥4	≥12	12	24
4 行布置时	1	4	4	8
	2	8	8	16
	3	12	12	24
	≥4	≥16	16	32
超过 4 行×4 列布置		≥16	16	32

配置标准型自动扫描射水高空水炮灭火装置的大空间智能型主动喷水灭火系统设计流量　　**表 2-98**

喷头设置方式	列数	喷头布置（个）	设置同时开启喷头数（个）	设计流量（L/s）
1 行布置时	1	1	1	5
	2	2	2	10
	≥3	≥3	3	15
2 行布置时	1	2	2	10
	2	4	4	20
	≥3	≥6	6	30
3 行布置时	1	3	3	15
	2	6	6	30
	≥3	≥9	9	45
超过 3 行×3 列布置		≥9	9	45

2）系统的设计流量也可以按公式（2-33）计算：

$$Q_s = \frac{1}{60}\sum_{i=1}^{n} q_i \tag{2-33}$$

式中 Q_s——系统设计流量（L/s）；

q_i——系统中最不利点处最大一组同时开启喷头（高空水炮）中各喷头（高空水炮）节点的流量（L/min）；

n——系统中最不利点处最大一组同时开启喷头（高空水炮）的个数。

（2）喷头的设计流量

1）喷头（高空水炮）在标准工作压力时的标准设计流量根据表 2-99 确定。

喷头（高空水炮）在标准工作压力时的标准设计流量　　表 2-99

喷头形式	大空间大流量喷头	扫描射水喷头	高空水炮
内容 \ 型号	标准型	标准型	标准型
标准设计流量（L/s）	5	2	5
标准工作压力（MPa）	0.25	0.15	0.6
配水支管管径（mm）	50	40	50
短立管管径/喷头(高空水炮)接口管径(mm/mm)	50/40	40/20	50/25

2）喷头（高空水炮）在其他工作压力下的流量按式（2-34）计算：

$$q = K\sqrt{10P}\ /\ 60 \tag{2-34}$$

式中 q——喷头（高空水炮）流量（L/s）；

P——喷头（高空水炮）工作压力（MPa）；

K——喷头（高空水炮）流量系数，按表 2-100 确定。

喷头（高空水炮）的流量系数　　表 2-100

喷头形式	大空间大流量喷头	扫描射水喷头	高空水炮
内容 \ 型号	标准型	标准型	标准型
流量系数 K 值	190	97	122

（3）管段的设计流量

1）配水支管的设计流量等同于其所接喷头（高空水炮）的设计流量，可根据表 2-100 或根据公式（2-34）计算确定。

2）配水管及配水干管的设计流量可根据该管段所负荷的喷头（高空水炮）的设置方式、喷头（高空水炮）布置的行数及列数、喷头（高空水炮）的设计同时开启数按表 2-97～表 2-99 直接确定。

3）配水管和配水干管管段的设计流量也可根据公式（2-35）确定：

$$Q_p = \frac{1}{60}\sum_{i=1}^{n} q_i \tag{2-35}$$

式中 Q_p——管段的设计流量（L/s）；

q_i——与该管段所连接的后续管道中最不利点处最大一组同时开启喷头（高空水炮）中各喷头（高空水炮）节点的流量（L/min）；

n——与该管段所连接的后续管道中最不利点的最大一组同时开启喷头（高空水

炮）的个数。

4）配置大空间智能灭火装置的大空间智能型主动喷水灭火系统的配水管和配水干管管段的管径可根据表 2-101 确定。

配置大空间智能灭火装置的大空间智能型主动喷水灭火系统的配水管和配水干管管段的设计流量及配管管径 表 2-101

管段负荷的最大同时开启喷头数（个）	管段的设计流量（L/s）	配管公称管径（mm）	配管根数（根）
1	5	50	1
2	10	80	1
3	15	100	1
4	20	125～150	1
5	25	125～150	1
6	30	150	1
7	35	150	1
8	40	150	1
9～15	45～75	150	2
≥16	80	150	2

5）配置自动扫描射水灭火装置的大空间智能型主动喷水灭火系统的配水管和配水干管管段的管径可根据表 2-102 确定。

配置自动扫描射水灭火装置的大空间智能型主动喷水灭火系统的配水管和配水干管管段的设计流量及配管管径 表 2-102

管段负荷的最大同时开启喷头数（个）	管段的设计流量（L/s）	配管公称管径（mm）	配管根数（根）
1	2	40	1
2	4	50	1
3	6	65	1
4	8	80	1
5	10	100	1
6	12	100	1
7	14	100	1
8	16	125～150	1
9	18	125～150	1
10～15	20～30	150	1
≥16	32	150	1

6）配置自动扫描射水高空水炮灭火装置的大空间智能型主动喷水灭火系统的配水管和配水干管管段的设计流量及配管管径可根据表 2-103 确定。

配置自动扫描射水高空水炮灭火装置的大空间智能型主动喷水灭火系统的配水管和配水干管管段的设计流量及配管管径 表 2-103

管段负荷的最大同时开启喷头数（个）	管段的设计流量（L/s）	配管公称管径（mm）	配管根数（根）
1	5	50	1
2	10	80	1
3	15	100	1
4	20	125～150	1
5	25	150	1
6	30	150	1
7～8	35～40	150	1
≥9	45	150	2

（4）管道水力计算

1）配水支管、配水管、配水干管的管道内平均流速按式（2-36）计算：

$$V = 0.004 \frac{Q}{\pi d_j^2} \tag{2-36}$$

式中 V——管道内水的平均流速（m/s）；

Q——管道内的设计流量（L/s）；

π——圆周率；

d_j——管道的计算内径（m），取值应按管道的内径减 1mm 确定（管道公称直径根据表 2-100、表 2-102～表 2-104 确定）。

2）采用镀锌钢管时每米管道的水头损失按式（2-37）计算：

$$i = 0.0000107 \frac{V^2}{d_j^{1.3}} \tag{2-37}$$

式中 i——每米管道的水头损失（MPa/m）；

V——管道内水的平均流速（m/s）；

d_j——管道的计算内径（m），取值应按管道的内径减 1mm 确定。

3）管道沿程水头损失按式（2-38）计算：

$$h = iL \tag{2-38}$$

式中 h——沿程水头损失（MPa）；

i——每米管道的水头损失（管道沿程阻力系数）（MPa/m）；

L——管道长度（m）。

4）管道局部水头损失

管道的局部水头损失采用当量长度法计算。各种管件和阀门的当量长度见表 2-104，当采用新材料和新阀门时，应根据产品确定管件和阀门的当量长度。

各种管件和阀门的当量长度（m） **表 2-104**

管件名称	管件直径 *DN*（mm）											
	25	32	40	50	70	80	100	125	150	200	250	300
45°弯头	0.3	0.3	0.6	0.9	0.9	1.2	1.5	2.1	2.7	3.3	4.0	
90°弯头	0.6	0.9	1.2	1.5	1.8	2.1	3.1	3.7	4.3	5.5	5.5	8.2
三通四通	1.5	1.8	2.4	3.1	3.7	4.6	6.1	7.6	9.2	10.7	15.3	18.3
蝶阀及信号蝶阀				1.8	2.1	3.1	3.7	2.7	3.1	3.7	5.8	6.4
闸阀及信号闸阀				0.3	0.3	0.3	0.6	0.6	0.9	1.2	1.5	1.8
止回阀	1.5	2.1	2.7	3.4	4.3	4.9	6.7	8.3	9.8	13.7	16.8	19.8
异径弯头	32	40	50	70	80	100	125	150	200			
	25	32	40	50	70	80	100	125	150			
	0.2	0.3	0.3	0.5	0.6	0.8	1.1	1.3	1.6			
U 型过滤器	12.3	15.4	18.5	24.5	30.8	36.8	49	61.2	73.5	98	122.5	
Y 型过滤器	11.2	14	16.8	22.4	28	33.6	46.2	57.4	68.6	91	113.4	

注：当异径接头的出口直径不变而入口直径提高 1 级时，其当量长度应增加 0.5 倍；提高 2 级或 2 级以上时，其当量长度应增加 1.0 倍。

5）水泵扬程或系统入口的供水压力按式（2-39）计算：

$$H = \Sigma h + P_0 + Z \tag{2-39}$$

式中　H——水泵扬程或系统入口的供水压力（MPa）；

Σh——管道沿程和局部的水头损失的累计值（MPa），水流指示器取值 0.02MPa；

注：马鞍型水流指示器的取值由生产厂提供。

P_0——最不利点处喷头的工作压力（MPa）；

Z——最不利点处喷头与消防水池的最低水位或系统入口管水平中心线之间的高程差，当系统入口管或消防水池最低水位高于最不利点处喷头时，Z 应取负值（MPa）。

（5）减压措施

1）减压孔板应符合下列规定：

①应设在直径不小于 50mm 的水平直管段上，前后管段的长度均不宜小于该管段直径的 5 倍；

②孔口直径不应小于设置管段直径的 30%，且不应小于 20mm；

③应采用不锈钢板材制作。

2）节流管应符合下列规定：

①直径宜按上游管段直径的 1/2 确定；

②长度不宜小于 1m；

③节流管内水的平均流速不应大于 20m/s。

3）减压孔板的水头损失，按式（2-40）计算：

$$H_k = \zeta \frac{V_k^2}{2g} \tag{2-40}$$

式中　H_k——减压孔板的水头损失（10^{-2}MPa）；

V_k——减压孔板后管道内水的平均流速（m/s）；

ζ——减压孔板的局部阻力系数，取值应按式（2-41）计算，或按表 2-105 确定。

$$\zeta = \left[1.75 \frac{d_j^2}{d_k^2} \frac{1.1 - \frac{d_k^2}{d_j^2}}{1.175 - \frac{d_k^2}{d_j^2}} - 1\right]^2 \tag{2-41}$$

式中　d_k——减压孔板的孔口直径（m）；

d_j——管道的计算内径（m）。

减压孔板的局部阻力系数　　**表 2-105**

d_k/d_j	0.3	0.4	0.5	0.6	0.7	0.8
ζ	292	83.3	29.5	11.7	4.75	1.83

4）节流管的水头损失，按式（2-42）计算：

$$H_g = \zeta \frac{V_g^2}{2g} + 0.00107L \frac{V_g^2}{d_g^{1.3}} \tag{2-42}$$

式中　H_g——节流管的水头损失（10^{-2}MPa）；

ζ——节流管中渐缩管与渐扩管的局部阻力系数之和，取值 0.7；

V_g——节流管内水的平均流速（m/s）；

d_g——节流管的计算内径（m），取值应按节流管内径减 1mm 确定；

L——节流管长度（m）。

5）减压阀应符合下列规定：

①应设在电磁阀前的信号阀入口前；

②减压阀的公称直径应与管道管径相一致；

③应设置备用减压阀；

④减压阀节点处的前后应装设压力表。

2.6 水喷雾及细水雾灭火系统

2.6.1 水喷雾灭火系统

水喷雾灭火系统是由水源、供水设备、管道、雨淋阀组、过滤器和水雾喷头等组成，向保护对象喷射水雾灭火或防护冷却的灭火系统。

水喷雾灭火的机理是利用高压水经过各种形式的雾化喷头，喷射出雾状水流，雾状水粒的平均粒径在 100～700μm 之间。水雾喷在燃烧物上，一方面进行冷却，另一方面使燃烧物和空气隔绝，产生窒息面起到灭火作用。水喷雾灭火系统的作用机理体现在表面冷却、窒息、乳化、稀释作用四个方面。

2.6.1.1 系统应用范围

水喷雾灭火系统可用于扑救固体火灾，闪点高于 60℃的液体火灾和电气火灾；并可用于可燃气体和甲、乙、丙类液体的生产、输送、贮存、装卸等设施的防护冷却。

下列场所宜采用水喷雾灭火系统：

①单台容量在 40MV·A 及以上的厂矿企业油浸电力变压器、单台容量在 90MV·A 及以上的电厂油浸电力变压器，或单台容量在 125MV·A 及以上的独立变电所油浸电力变压器。

②飞机发动机试验台的试车部位。

高层建筑内的下列房间应设置水喷雾灭火系统：

①燃油、燃气的锅炉房。

②可燃油油浸电力变压器室。

③充可燃油的高压电容器和多油开关室。

④自备发电机房。

在下列情况下不能使用水喷雾灭火系统：

①不适宜用水扑救的物质，包括两类：

第一类为过氧化物，如过氧化钾、过氧化钠、过氧化钡、过氧化镁，这些物质遇水后会发生剧烈分解反应，放出反应热并生成氧气。第二类为遇水燃烧物质，如钾、钠、钙、碳化钙（电石）、碳化铝、碳化钠、碳化钾等，这类物质遇水能使水分解，夺取水中的氧与之化合，并放出热量和产生可燃气体造成燃烧或爆炸的恶果。

②使用水喷雾会造成爆炸或破坏的场所，包括以下几种情况：

高温密闭的容器内或空间内，当水雾喷入时，由于水雾的急剧汽化使容器或空间内的压力急剧升高，可能造成破坏或爆炸。

对于表面温度经常处于高温状态的可燃液体，当水雾喷射至其表面时会造成可燃液体的飞溅，致使火灾蔓延。

2.6.1.2 系统组成

水喷雾灭火系统的启动方式，根据需要可以设计成自动控制方式或手动控制方式。但设置自动控制方式的同时必须设置手动操作装置。

设自动控制方式的水喷雾灭火系统主要由水雾喷头、雨淋阀组、管道、探测控制装置和加压供水设备组成。

以感温闭式喷头自动控制方式为例，水喷雾灭火系统示意见图 2-113，主要部件见表 2-106。

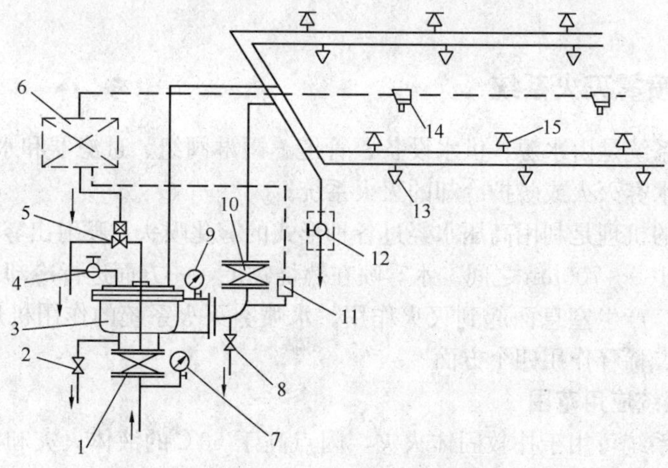

图 2-113 感温闭式喷头自动控制水喷雾灭火系统示意

图中部件 1～15 介绍见表 2-106。

感温闭式喷头自动控制水喷雾灭火系统主要组件与功能 表 2-106

编号	组件名称	用途	工作状态	
			非消防时	消防时
1	信号蝶阀	进水总阀	常开	开
2	截止阀	系统充水时排气	常闭	闭
3	雨淋阀	自动控制系统供水	常闭	开
4	球阀	手动控制雨淋阀开启	常闭	人工开启
5	电磁阀	自动控制雨淋阀开启	常闭	开
6	报警灭火控制箱	接收火警信号，发出指令		
7	压力表	测雨淋阀前压力	有压力指示	有压力指示
8	截止阀	检查雨淋阀功能时放水用	常闭	闭
9	压力表	测雨淋阀出口压力	无压力指示	有压力指示
10	蝶阀	控制系统检修	常开	开
11	压力开关	输送水流压力信号，启动水泵和报警	常开	闭
12	球阀	现场手动开启雨淋阀	常闭	人工开启
13	水雾喷头	喷射水雾灭火或冷却	不出水	自动喷水
14	火灾探测器	探测火灾，发出火警信号	不动作	动作
15	感温闭式喷头	探测火灾并泄压	闭	开

2.6.1.3 主要组件

(1) 水雾喷头

水雾喷头是水喷雾灭火系统中一个重要组成元件。它在一定的水压下工作，将流经的水分散成为细小的水滴喷成雾状，按照一定的雾化角均匀喷射并覆盖在相应射程范围内的保护对象外表面上，达到灭火、抑制火势和冷却保护的目的。

水雾喷头的类型很多，不同构造的水雾喷头水力特性和应用范围也有很大差别，所以应根据喷头特性和保护对象进行选型。下面列举几种喷头性能及水力参数作为参考。

①ZSTWB/SL-S221系列电缆隧道专用水雾喷头：适用于电缆隧道的环境条件。其外形结构和主要技术参数见图2-114和表2-107。

ZSTWB/SL-S221系列电缆隧道专用水雾喷头主要技术参数　　表2-107

流量(L/min)		40	50	63	80
流量系数		21.3	26.7	33.7	42.8
连接螺纹		ZG3/4″	ZG3/4″	ZG3/4″	ZG3/4″
雾化角(°)		90		120	
正常工作压力范围(MPa)		0.2～0.8			
材料	一般环境	黄铜			
	腐蚀环境	黄铜镀镍			
	高温高湿环境	不锈钢			

②ZSTWB/SL-S222系列高闪点油类专用水雾喷头：其外形结构和主要技术参数见图2-115和表2-108。

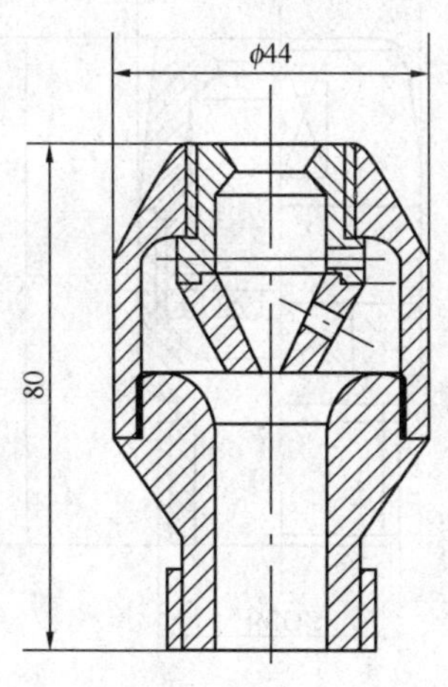

图2-114 ZSTWB/SL-S221系列电缆隧道专用水雾喷头外形结构

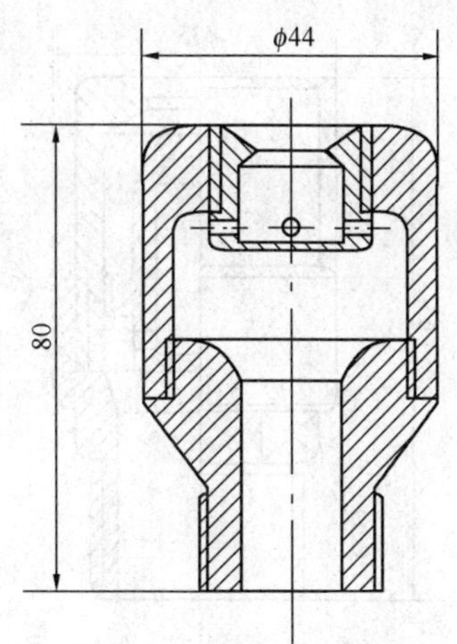

图2-115 ZSTWB/SL-S222系列高闪点油类专用水雾喷头外形结构

ZSTWB/SL-S222系列高闪点油类专用水雾喷头主要技术参数　　表2-108

流量(L/min)	40	50	63	80
流量系数	21.3	26.7	33.7	42.8
连接螺纹	ZG3/4″	ZG3/4″	ZG3/4″	ZG3/4″

续表

雾化角（°）		90	120
正常工作压力范围（MPa）		0.2～0.8	
材料	一般环境	黄铜	
	腐蚀环境	黄铜镀镍	
	高温高湿环境	不锈钢	

③ZSTWB/SL-S223 系列油浸变压器专用水雾喷头：其外形结构和主要技术参数见图 2-116 和表 2-109。

ZSTWB/SL-S223 系列油浸变压器专用水雾喷头主要技术参数　　表 2-109

流量（L/min）		50	63	80
流量系数		26.7	33.7	42.8
连接螺纹		ZG3/4″	ZG3/4″	ZG3/4″
雾化角（°）		90		120
正常工作压力范围（MPa）		0.2～0.8		
材料	一般环境	黄铜		
	腐蚀环境	黄铜镀镍		
	高温高湿环境	不锈钢		

④ZSTWB/SL-S225 系列动态传输皮带专用水雾喷头：其外形结构和主要技术参数见图 2-117 和表 2-110。

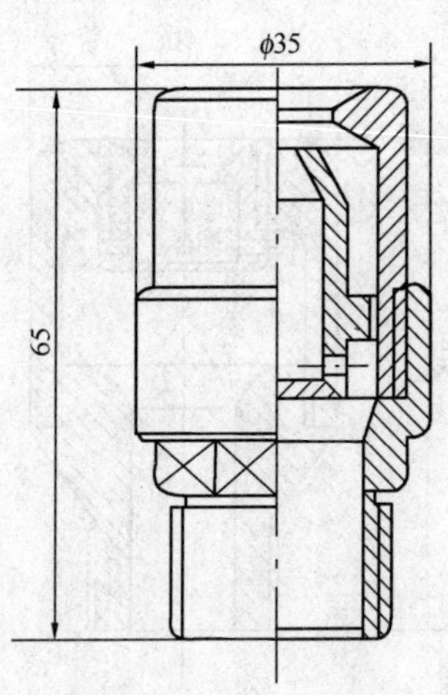

图 2-116　ZSTWB/SL-S223 系列油浸变压器专用水雾喷头外形结构

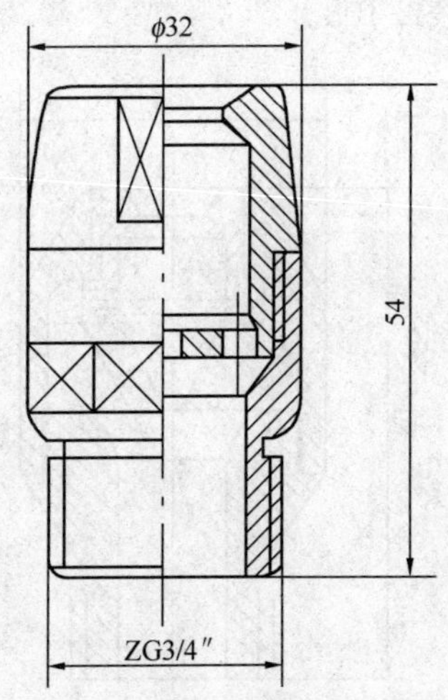

图 2-117　ZSTWB/SL-S225 系列动态传输皮带专用水雾喷头外形结构

ZSTWB/SL-S225 系列动态传输皮带专用水雾喷头主要技术参数　　表 2-110

流量（L/min）	30	40	50	63
流量系数	16.0	21.4	26.7	33.8
连接螺纹	ZG3/4″	ZG3/4″	ZG3/4″	ZG3/4″

续表

雾化角（°）		60	90	120
正常工作压力范围（MPa）		0.2～0.8		
材料	一般环境	黄铜		
	腐蚀环境	黄铜镀镍		
	高温高湿环境	不锈钢		

⑤ZSTWB/SL-S232 系列防护冷却专用水雾喷头：其外形结构和主要技术参数见图 2-118和表 2-111。

ZSTWB/SL-S232 系列防护冷却专用水雾喷头主要技术参数　　表 2-111

流量（L/min）		10	22	30	80
流量系数		7.1	15.6	21.2	56.6
连接螺纹		ZG1/2″	ZG1/2″	ZG3/4″	ZG3/4″
雾化角（°）		90	120		150
正常工作压力范围（MPa）		0.1～0.5			
材料	一般环境	黄铜			
	腐蚀环境	黄铜镀镍			
	高温高湿环境	不锈钢			

（2）雨淋阀

雨淋阀的类型和相关参数详见第 2.4 节。

（3）火灾探测及传动控制

1）电动控制方式：

设置感光、感烟、感温、气体浓度等火灾探测器进行探测，报警灭火控制箱设在消防值班室内，实行 24 小时监控。为防止误报通常采用自动报警、人工控制的方式，即当探测器报警时，由消防值班人员确认火情后，遥控让雨淋阀上的电磁阀动作，使水雾喷头喷雾灭火。

采用何种形式的火灾探测器与环境有关，由相关专业根据相关设计规范确定。

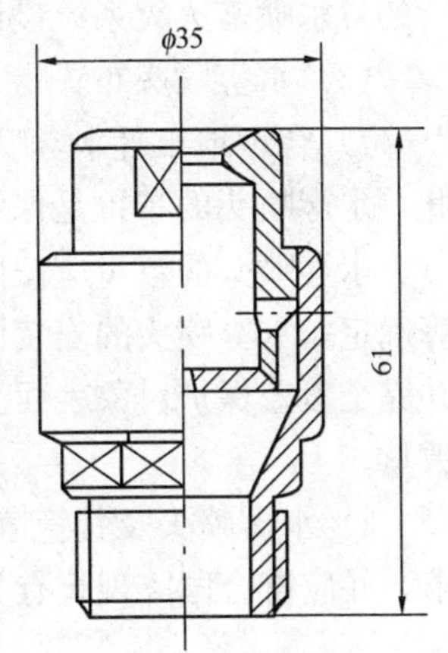

图 2-118　ZSTWB/SL-S232 系列防护冷却专用水雾喷头外形结构

2）带闭式喷头的传动控制方式

用带易熔元件的闭式喷头或带玻璃球塞的闭式喷头作为水喷雾灭火系统探测火灾的感温元件是一种较好的装置。

闭式喷头传动控制系统的传动管网中可以充水，也可以充气，后者用于有防冻要求的地区。闭式喷头宜采用响应时间指数（RTI）低，玻璃球直径小的快速反应喷头，以满足扑救初期火灾的需要。

3）手动控制方式

采用雨淋阀控制的水喷雾灭火系统中还应带有手动旋塞，用于人工（应急）操作喷雾灭火。手动旋塞应设在火灾时容易接近，便于操作的地方。

上述各种控制方式根据具体条件可单独设置，也可联合设置。系统设置自动控制方式的同时必须设置手动控制。可采用手动遥控和应急操作两种方式。

（4）过滤器

为防止水雾喷头被杂质堵塞，应在雨淋阀前的管道上设置过滤器。过滤器网孔尺寸应满足水雾喷头的技术要求，且不应明显地增加系统水头损失。

2.6.1.4　系统设计

（1）保护面积的确定

水喷雾灭火系统保护对象的保护面积，应按其外表面面积确定，并应符合下列规定：

1）当保护对象外形不规则时，应按包容保护对象的最小规则形体的外表面面积确定。

2）变压器的保护面积除应按扣除底面面积以外的变压器外表面面积确定外，尚应包括油枕、冷却器的外表面面积和集油坑的投影面积。

3）分层敷设的电缆的保护面积应按整体包容的最小规则形体的外表面面积确定。

4）可燃气体和甲、乙、丙类液体的灌装间、装卸台、泵房、压缩机房等的保护面积应按使用面积确定。

5）输送机皮带的保护面积应按上行皮带的上表面面积确定。

6）开口容器的保护面积应按液面面积确定。

（2）设计基本参数

设计喷雾强度、持续喷雾时间、喷头工作压力、系统响应时间等系统设计参数根据现行的《水喷雾灭火系统设计规范》GB 50219 的相关要求确定。

（3）水雾喷头布置

1）合理地布置水雾喷头，可以使喷雾均匀地完全覆盖保护对象，确保喷雾强度。因此，水雾喷头的布置是保证系统有效工作的一项重要措施，也是系统设计的一个重要环节。水雾喷头的数量应按保护对象的保护面积、设计喷雾强度和选用喷头的流量特性经计算确定；水雾喷头的安装位置应根据喷头的雾化角、有效射程确定，以满足喷雾直接喷射并完全覆盖保护对象表面。当计算确定的布置数量不能满足上述要求时，应适当增设喷头数量。

2）水雾喷头及其管道与电气设备带电（裸露）部分的安全净距应满足表 2-112 的要求，并应符合国家现行有关标准的规定。

喷嘴及管道与高压电气设备的安全距离　　**表 2-112**

电压（V）	安全距离（cm）	电压（V）	安全距离（cm）
～7500	15	73000～88000	132
7500～15000	30	88000～110000	163
15000～25000	43	110000～132000	196
25000～37000	61	132000～154000	220
37000～50000	61	154000～187000	270
50000～73000	112	187000～220000	315

3）户外电气设备的水雾喷头布置要考虑风力、风向等气象条件的影响。在寒冷地区

要考虑灭火设备及管路的防冻问题。在风沙较大的地区水雾喷头上应加保护罩，喷射时保护罩在水压作用下应可自行脱落。

4）水雾喷头与保护对象之间的距离不得大于水雾喷头的有效射程。

5）水雾喷头的平面布置方式可为矩形或菱形。当按矩形布置时，水雾喷头之间的距离不应大于1.4倍水雾喷头的水雾锥底圆半径；当按菱形布置时，水雾喷头之间的距离不应大于1.7倍水雾喷头的水雾锥底圆半径。水雾喷头的平面布置方式见图2-119。水雾锥

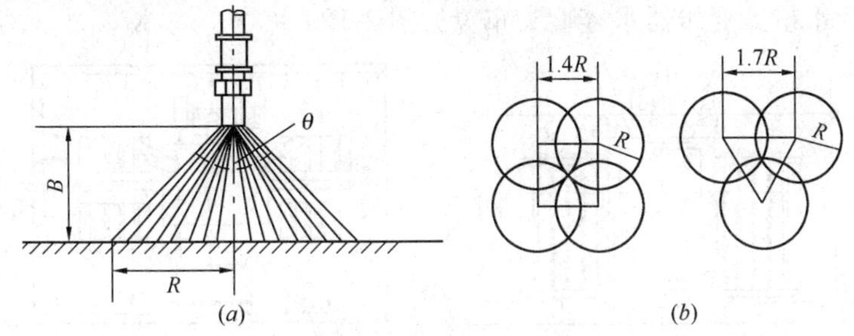

图2-119 水雾喷头的平面布置方式

(a) 水雾喷头的喷雾半径；(b) 水雾喷头间距及布置形式

底圆半径按式（2-43）计算。

$$R = B\tan\frac{\theta}{2} \tag{2-43}$$

式中 R——水雾锥底圆半径（m）；

B——水雾喷头的喷口与保护对象之间的距离（m）；

θ——水雾喷头的雾化角（°），θ取值范围为30°、45°、60°、90°、120°。

6）当保护对象为油浸式电力变压器时，水雾喷头布置应符合下列规定：

①水雾喷头应布置在变压器的周围，不宜布置在变压器顶部。

②保护变压器顶部的水雾不应直接喷向高压套管。

③水雾喷头之间的水平距离与垂直距离应满足水雾锥相交的要求。

④油枕、冷却器、集油坑应设水雾喷头保护。

设计一套变压器的水喷雾灭火系统是比较困难的。最主要的原因是它的形状不规则和要保持管道、喷头与高压电器的距离。变压器的表面对喷出来的水雾干扰极大，比保护油罐设计要复杂，为此必须适当多设置一些水雾喷头。所以，系统实际喷水量比计算喷水量高。在系统设计前，最好取得变压器的顶部、侧面和底部的详图，将变压器的形状归纳为简单的几何图形，决定不同形状的变压器面积。如果变压器的形状凹凸不平，而且有很多突出物，也可以将图形略为放大。简化的变压器图形，除了底部外，所有露出来的面积都要计算，然后设计管道包围这个几何图形。

变压器通常被一圈一圈的管道包围。所有喷头必须安装在适当位置，以符合设计要求。布置的准则是要达到足够的喷雾强度和完全覆盖保护面积，但又不会过量，通常最顶一层的管道安装于变压器最顶部附近。

设计中最重要且必须考虑的是喷头及管道与电器设备之间的安全距离，所有喷头及管道与非绝缘的电力部件或带电部分的距离必须符合要求。尽量避免管道横越变压器的顶部，所以大部分顶部喷头都设计为从旁边安装，但是允许管道横越散热器。水雾尽量避免

直接喷在带电高压套管上。

水雾喷在平滑而垂直的表面上是最理想的，但变压器有很多配件或形状突出部位，可能会影响喷雾不能完全覆盖。这时需加装喷头，以补充对突出部位布水的不足。

因为变压器的不规则形状，实际布置喷头数目可能比预期喷头数目多，而且为了保证喷头和管道与带电设备的安全距离，喷头的数量往往不能减少，所以布置水雾喷头后的喷水量往往比最初的设计喷水量大，如果水量差距较大，可以调整喷头的口径或压力，以得到最理想的设计水量。变压器水雾喷头布置见图 2-120。

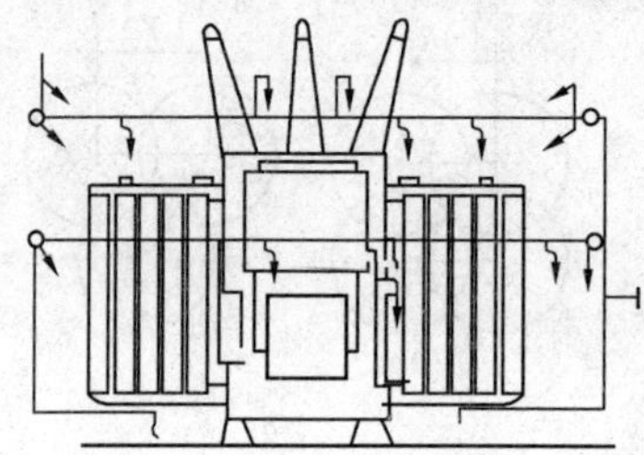

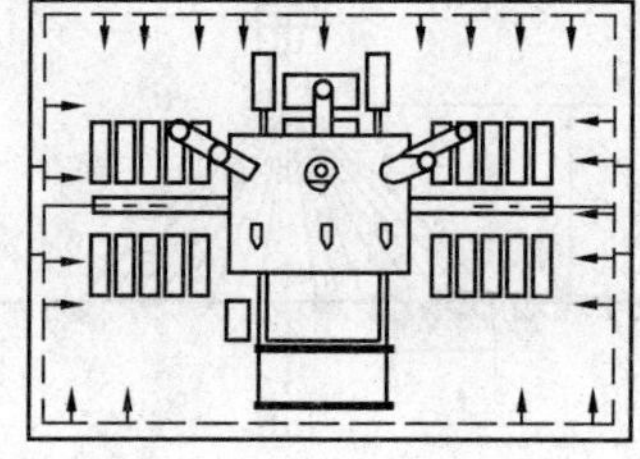

图 2-120 变压器水雾喷头布置示意

7）当保护对象为可燃气体和甲、乙、丙类液体储罐时，水雾喷头与储罐外壁之间的距离不应大于 0.7m。

8）当保护对象为球罐时，水雾喷头布置应符合下列规定：

①水雾喷头的喷口应面向球心。

②水雾锥沿纬线方向应相交，沿经线方向应相接。

③当球罐的容积等于或大于 1000m^3 时，水雾锥沿纬线方向应相交，沿经线方向宜相接，但赤道以上环管之间的距离不应大于 3.6m。

④无防护层的球罐钢支柱和罐体液位计、阀门等处应设水雾喷头保护。

9）当保护对象为电缆时，喷雾应完全包围电缆。

10）当保护对象为输送机皮带时，喷雾应完全包围输送机的机头、机尾和上、下行皮带。

（4）传动管网布置

传动管的长度不宜大于 300m，公称直径宜为 15～25mm。传动管上闭式喷头之间的距离不宜大于 2.5m。

（5）雨淋阀和供水管网的布置

1）雨淋阀组应设在环境温度不低于 4℃且有排水设施的室内或专用阀室内。

2）雨淋阀前的管道应设置过滤器，当水雾喷头无滤网时，雨淋阀后的管道亦应设过滤器。过滤器滤网应采用耐腐蚀金属材料，滤网的孔径应为 4.0～4.7 目/cm^2。

3）水喷雾灭火系统的用水可由市政给水管网、消防给水管网、消防水池或天然水源供给，并应确保持续喷雾时间内所需用水量。

4）当水喷雾供水系统需设加压泵时，加压泵应按消防泵的要求设置。

5）雨淋阀后的管道上不应设置其他用水设施。

6）给水管道应设泄水阀、排污口。

7）寒冷地区的水喷雾灭火系统的给水设施应采取防冻措施。

8）消防给水管网应设置稳压设施，使平时管内保持一定压力。

9）消防水池、消防水泵的设计参见第 2.3 节有关部分。

2.6.1.5 系统计算

（1）系统设计流量

1）水雾喷头的流量按式（2-44）计算

$$q = K\sqrt{10P} \tag{2-44}$$

式中 q——水雾喷头的流量（L/min）；

P——水雾喷头的工作压力（MPa）；

K——水雾喷头的流量系数，取值由生产厂提供。

2）水雾喷头的数量按式（2-45）计算

$$N = \frac{SW}{q} \tag{2-45}$$

式中 N——保护对象的水雾喷头的计算数量；

S——保护对象的保护面积（m^2）；

W——保护对象的设计喷雾强度[L/(min·m^2)]。

3）系统的计算流量按式（2-46）计算

$$Q_j = 1/60\sum_{i=1}^{n} q_i \tag{2-46}$$

式中 Q_j——系统的计算流量（L/s）；

n——系统启动后同时喷雾的水雾喷头的数量；

q_i——水雾喷头的实际流量(L/min)，应按水雾喷头的实际工作压力 p_i (MPa)计算。水喷雾灭火系统的计算流量，应按系统中同时工作的水雾喷头的总用水量确定。

4）系统的设计流量按式（2-47）计算

$$Q_s = kQ_j \tag{2-47}$$

式中 Q_s——系统的设计流量（L/s）；

k——安全系数，应取 1.05～1.10。

（2）管道水力计算

1）管道沿程水头损失按式（2-48）计算

$$i = 0.0000107\,\frac{v^2}{D_j^{1.3}} \tag{2-48}$$

式中 i——管道的沿程水头损失（MPa/m）；

v——管道内水的流速（m/s），宜取 $v \leqslant 5$m/s；

D_j——管道的计算内径（m）。

为保证同一环路喷头喷水的均匀性，配水干管和配水管内水流速度不宜超过 5m/s；需要减压的管道内的水流速度不应超过 7m/s；对于球形液化石油气贮罐环状配水干管的水流速度不宜超过 2m/s。

2）管道的局部水头损失，宜采用当量长度法计算（参考表 2-105），或按管道沿程水头损失的 20%～30%计算。

3）雨淋阀的局部水头损失计算见 2.4.6 节相关内容。

4）管道入口的压力按式（2-49）计算

$$H = \Sigma h + h_0 + Z/100 \tag{2-49}$$

式中　H——系统管道入口的计算压力（MPa）；

Σh——系统管道沿程水头损失与局部水头损失之和（MPa）；

h_0——最不利点水雾喷头的实际工作压力（MPa）；

Z——最不利点水雾喷头与系统管道入口的高程差，当系统管道入口高于最不利点水雾喷头时，Z应取负值。

（3）管道减压措施

1）管网减压设施包括减压阀、减压孔板和节流管等，详见第13.4.2节。

2）减压孔板宜采用圆缺型孔板。减压孔板的圆缺孔应位于管底，孔前水平直管段长度不应小于该管段直径的2倍。

（4）水力计算

1）按被保护对象计算被保护的面积、确定喷雾强度和持续喷雾时间。

2）按被保护面积、喷雾强度和选用喷头的特性确定喷头的数量及布置。

3）画出系统布置图，然后进行水力计算，计算步骤见第2.4节。

4）计算举例，见图2-121。

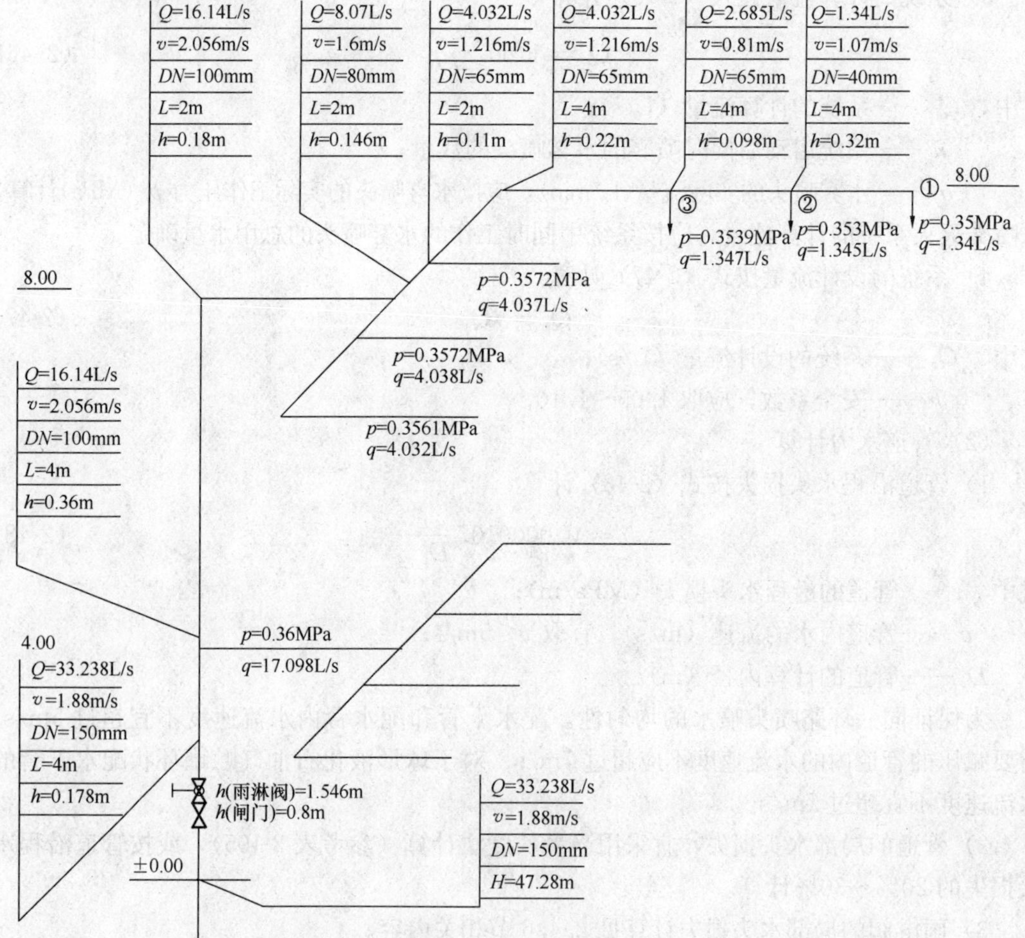

图2-121　水力计算

2.6.2 细水雾灭火系统

细水雾灭火系统是具有一个或多个能够产生细水雾的喷头，并与供水设备或雾化介质相连，可用于控制、抑制及扑救火灾，能满足规范性能要求的灭火系统。

细水雾灭火系统对保护对象可实施灭火、抑制火、控制火、控温和降尘等多种方式的保护，同时对于扑救带电设备火灾可发挥良好的作用，其灭火机理主要体现在高效吸热、窒息、阻隔辐射热三个方面。

目前，尚未发布细水雾灭火系统工程设计的国家规范，故系统设计可参考北京市地方标准《细水雾灭火系统设计、施工、验收规范》DBJ 01-74-2003。

2.6.2.1 系统应用范围

细水雾灭火系统可用于扑救下列场所的室内火灾：

(1) 可燃液体火灾（闪点不低于60℃）；

(2) 固体表面火灾；

(3) 电力变压器火灾；

(4) 计算机房、通信机房、控制室等火灾；

(5) 图书馆、档案馆、博物馆等火灾；

(6) 配电室、电缆夹层、电缆隧道、柴油发电机房、燃气轮机、燃油燃气锅炉房、直燃机房等；

(7) 其他适于细水雾灭火系统的火灾。

细水雾灭火系统不能直接应用于下列场所：

有遇水即发生爆炸性或会产生大量有害物质的化学反应等材料存在的场所，如锂、钠、钾、镁、钛、锆、铀等金属或其化合物；

有低温液化气体存在的场所，如液化石油气。

2.6.2.2 系统分类

(1) 根据系统管网工作压力不同，细水雾灭火系统可分为：

1) 低压细水雾系统：管网工作压力 $P \leqslant 1.21$MPa；

2) 中压细水雾系统：管网工作压力 $1.21\text{MPa} < P < 3.45\text{MPa}$；

3) 高压细水雾系统：管网工作压力 $P \geqslant 3.45$MPa。

(2) 根据水和雾化介质输送途径不同，细水雾灭火系统可分为：

1) 单管系统：也称为单流体（或单介质）系统，即将水或水和雾化介质通过单一管网输送到每个喷头的细水雾灭火系统。

2) 双管系统：也称为双流体（或双介质）系统，即将水和雾化介质通过不同的管路，分别输送到喷头，并在喷头内部混合而产生细水雾的灭火系统。

(3) 根据保护对象不同，细水雾灭火系统可分为：

1) 全淹没系统：在规定的时间内，向整个防护区空间内喷射一定量的细水雾，并使其均匀地充满整个防护区的灭火系统。适用于扑救封闭空间内的火灾。

2) 局部应用系统：向被保护对象以设计喷射流量直接喷射细水雾，并持续一定时间的灭火系统。适用于扑救大空间内的具体被保护对象的火灾。

(4) 根据供给水源的不同，细水雾灭火系统可分为：

1）容器式系统：采用储水容器、储气容器进行加压供水的细水雾灭火系统。系统组件包括储水容器、储气容器、单向阀、集流管、安全泄压装置、控制阀、喷头、管道、连接管件及压力开关、探测器、报警控制器等。

2）泵组式系统：采用泵组进行供水的细水雾灭火系统。系统组件包括储水箱、过滤器、高压泵组、集流管、控制阀、喷头、管道、连接管件、泄压阀及压力开关、探测器、报警控制器等。

（5）根据采用细水雾喷头的形式不同，细水雾灭火系统可分为：

1）开式细水雾灭火系统：采用开式细水雾喷头的灭火系统。

2）闭式细水雾灭火系统：采用闭式细水雾喷头的灭火系统。

（6）此外，细水雾灭火系统还有预制式系统和组合分配系统：

1）预制式系统：按照保护空间尺寸及被保护对象预先确定了系统流量、喷头压力、最大最小管路长度等参数的细水雾灭火系统。

2）组合分配系统：用一套细水雾灭火系统保护两个或两个以上防护区或被保护对象的细水雾灭火系统。

2.6.2.3　主要组件

开式细水雾灭火系统原理见图 2-122，闭式细水雾灭火系统原理见图 2-123。

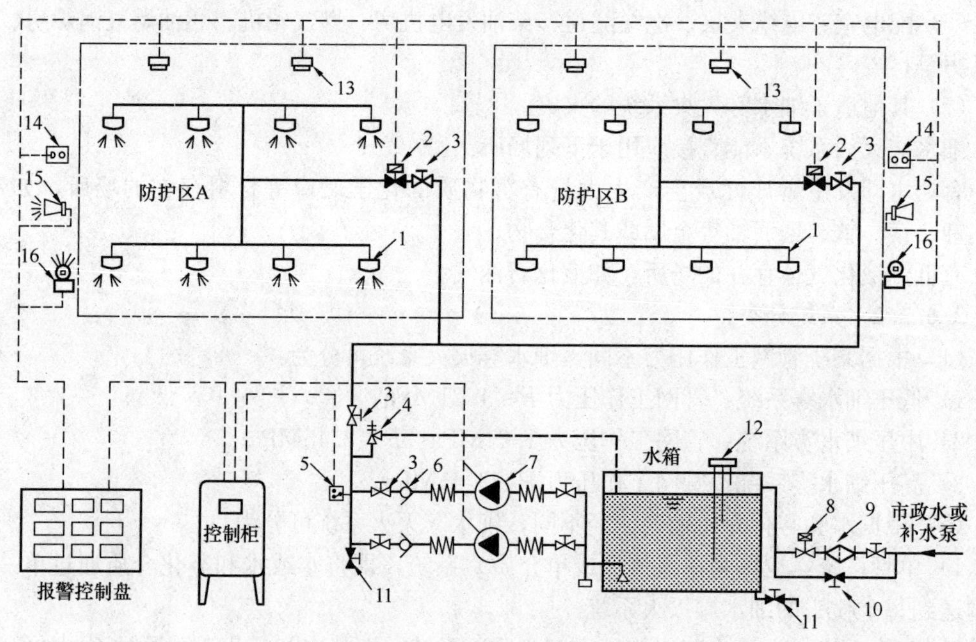

图 2-122　开式细水雾灭火系统原理

1—开式细水雾喷头；2—选择阀；3—控制阀；4—泄压阀；5—压力开关；6—止回阀；7—消防泵；8—电磁阀；9—过滤器；10—应急补水阀；11—泄水阀；12—液位传感器；13—火灾探测器；14—手动按钮；15—报警灯；16—报警喇叭

（1）喷头

细水雾喷头有多种类型，可分为单孔喷头和多孔喷头，而后者又可分为微孔型喷头和集簇式喷头。集簇式喷头多由 4～6 个微孔型喷头构成，喷头的流量系数取决于单个微孔

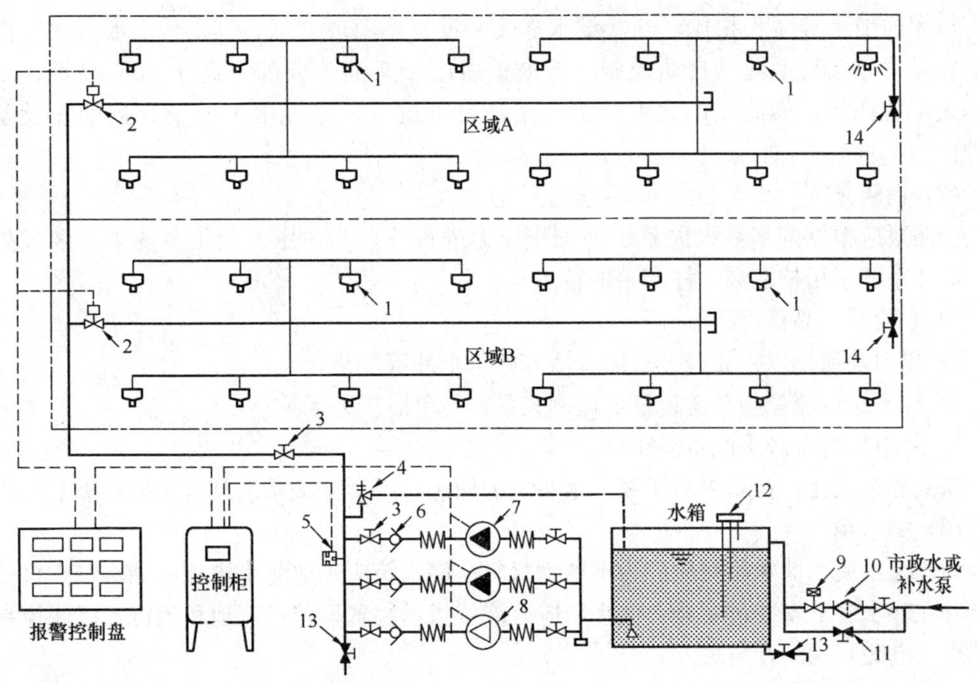

图 2-123 闭式细水雾灭火系统原理

1—闭式细水雾喷头；2—区域阀；3—控制阀；4—泄压阀；5—压力开关；
6—止回阀；7—消防泵；8—稳压泵；9—电磁阀；10—过滤器；
11—应急补水阀；12—液位传感器；13—泄水阀；14—试验阀

型喷头的流量系数和微孔型喷头的数量。集簇式喷头的应用范围广泛，工作压力较高，多在8.0MPa以上，可产生小于150μm的水雾，流量系数在0.1～0.2L/[min·(kPa)$^{1/2}$]。根据启动方式的不同，集簇式喷头可分为闭式喷头和开式喷头两大类。

1）闭式细水雾喷头

闭式细水雾喷头的工作方式与传统的水喷淋系统相似。该喷头集成直径2～2.5mm的热敏玻璃球，玻璃球的响应时间指数为22～27（ms）$^{1/2}$，为超快速响应。喷头额定温度等级的选择类似于传统水喷头，具体参数见表2-113。

闭式细水雾喷头选型 **表 2-113**

最高环境温度(℃)	喷头额定温度(℃)	温度分级	玻璃球颜色
38	57	普通温度	橙色
	68		红色
66	79	中等温度	黄色
	93		青绿色
	104		蓝色

闭式细水雾喷头用于保护重要的机房、博物馆、指挥控制大厅等场所。

2）开式细水雾喷头

与闭式细水雾喷头相比，开式细水雾喷头没有感温玻璃球，其工作需要与火灾探测系统联动，以实现系统的自动控制。该喷头多用于柴油等或闪点高于60℃易燃、可燃液体火灾的扑救，如油浸电力变压器、柴油发电机等，亦可用于电子数据处理设备的保护。

(2) 消防泵

消防泵应根据细水雾灭火系统的工作压力进行选择，中压、低压系统采用多级离心泵，高压系统采用柱塞泵。柱塞泵的特点有：

1) 小流量、高扬程；

2) 压力及流量以正弦波方式随着活塞的每个冲程变化；

3) 柱塞泵的流量与泵的速度成比例关系，与泵后压力无关；

4) 每组柱塞泵必须配备泄压阀。

与离心泵相比，柱塞泵对于吸上水头更为敏感，必须保证系统具有足够的吸上水头。

(3) 储水箱

为保证水质，储水箱材质应为不锈钢材料。储水箱应采取防尘措施。储水箱应自动补水，并在补水管上安装过滤器。储水箱应有液位指示装置，包括就地和远传，以便控制水箱补水（电磁）阀的开与关。

(4) 集流管

集流管用于汇集所有水泵的出水，通常包括以下部件：集流管、单向阀、连接软管、压力传感器、水流指示器、压力表、泄压阀、测试阀、系统总控制阀。

压力传感器的作用是记录系统的压力，并通过控制盘来执行各种控制程序（如另一台水泵的投入）。泄压阀的作用是为系统提供超压保护，其设定压力应为系统工作压力的1.15倍，当超过该压力时，水就经由泄压阀及回水管流回到蓄水箱内。测试阀的作用是模拟系统运行压力下降至一定程度，检查此时另一台水泵能否自动投入运行。

(5) 稳压泵

对于采用闭式细水雾喷头的系统，在准工作状态下，需要设置稳压泵对系统压力的波动或泄漏进行补偿，以维持管网的压力并作为主泵启动的信号。稳压泵的工作压力随系统的不同而变化，高压细水雾系统的工作压力一般为1.0～2.0MPa，其流量不宜大于系统的最小流量（一般为一个喷头的流量）。该泵一般不需要备用。开式细水雾灭火系统一般不需要稳压泵。

(6) 选择阀

选择阀实际上是一个电磁阀或电动阀，用于开式细水雾灭火系统，实现选择防火区域的功能。当保护空间内发生火警时，火灾探测器的报警信号传给报警控制器，经确认并远距离启动选择阀。系统设置水流指示器，当水流通过阀门时，可发出信号至报警控制器。以显示该区域的水流状态。该阀平时处于常闭状态，也可手动开启。

(7) 区域阀

闭式细水雾灭火系统应在每个楼层或保护区域设置一组区域阀，该阀可将水流信号反馈至消防控制室。一个区域阀所控制的楼层或保护区域面积不宜超过3500m^2，当超过时应增设一组区域阀。区域阀平时处于常开状态，完全手动操作。

(8) 过滤器

为了避免杂质堵塞细水雾喷头，系统应设过滤器。过滤器滤网的最大网孔不应超过喷头流水通径的 80%，也不宜过小，否则影响系统流量。过滤器安装的位置应便于检查、维修和清理。

(9) 瓶组

瓶组可分为分装式瓶组和一体式瓶组。

1) 分装式瓶组

分装式瓶组是由贮水瓶和贮气瓶构成，贮水瓶内充装常压水，贮气瓶内充装 20MPa 的氮气。所有的瓶组都可由一种启动阀启动，启动阀只需放置在一个主瓶上，主瓶启动后就可启动副瓶。

2) 一体式瓶组

驱动气体为高压氮气，与水处于同一个钢瓶内，每个瓶内充装 2/3 的水和 1/3 的氮气，由氮气将瓶内加压到 15～20MPa。若一个瓶就能够满足使用要求，则无需集流管，瓶直接与管网连接。

(10) 管道

因为细水雾灭火系统对水质要求较高，所以系统应采用不锈钢无缝管道或铜管，管道规格应符合《锅炉、热交换器用不锈钢无缝钢管》GB 13296 和《铜及铜合金拉制管》GB/T 1527 的要求。

2.6.2.4 系统设计

(1) 系统选择

细水雾灭火系统的选择应根据防火性能目标、火灾种类、喷雾特性、保护空间几何尺寸及其密闭性等因素综合确定。

采用全淹没细水雾灭火系统的防护区，应符合下列规定：

1) 防护区允许开口面积系数（开口面积之和与屋顶及四壁面积之和的比值）不宜大于 0.2%，且单个最大开口面积不应大于 1.0m^2。开口设置的高度不宜大于防护区总高度的 50%，并不宜小于防护区总高度的 10%。

2) 防护区的围护结构及门、窗的耐火极限不应低于 0.5h，吊顶的耐火极限不应低于 0.25h。

采用局部应用细水雾灭火系统的防护区，应符合下列规定：

1) 被保护对象周围的空气流动速度不宜大于 3m/s。

2) 在喷头与被保护对象之间喷头保护范围内不应有遮挡物。

采用组合分配细水雾灭火系统应符合下列规定：

1) 系统的储水量不应小于最大一个防护区灭火的用水量。

2) 一套瓶组式组合分配细水雾灭火系统保护的防护区不应超过 8 个，当超出 8 个防护区时应设置备用量，备用量应不小于设计灭火用水量。

3) 重要被保护对象应设备用量。

(2) 设计参数

细水雾灭火系统的设计参数应根据细水雾灭火系统特性、被保护对象和防护区的具体情况确定。

系统累计喷雾时间不应小于表 2-114 的规定。

细水雾灭火系统喷雾时间 表 2-114

被保护对象	累计喷雾时间(min)	被保护对象	累计喷雾时间(min)
室内电力变压器	20	计算机房、通信机房	30
柴油发电机、锅炉房、直燃机房	24	汽轮机、燃气轮机	
配电室、电缆夹层、电缆隧道	30	图书馆、档案馆、博物馆	

细水雾灭火系统的响应时间不应大于 45s。

(3) 细水雾灭火系统的水质应符合国家饮用水水质标准。

(4) 细水雾喷头的布置

细水雾喷头种类繁多，标准不一，应依据厂家技术资料选择和布置喷头。此外还应考虑下列参数：防护区高度、面积、火灾类型、被保护物体外形以及灭火系统类型。具体规定如下：

1) 全淹没系统喷头宜按矩形、正方形或菱形均衡布置在防护区顶部，对于高度超过 4m 的防护区应分层布置；

2) 局部系统喷头宜均衡布置在被保护物体周围，对于高度超过 4m 的被保护物体应分层布置；

3) 喷头间距不应大于 3.0m，并不宜小于 1.5m；

4) 最不利点喷头工作压力不应低于喷头最低设计工作压力；

5) 喷头特性系数按生产商提供的技术资料选取；

6) 当被保护对象为带电体时，喷头和管道的布置应符合表 2-115 的规定。

喷头和管道的布置要求 表 2-115

带电体额定电压等级(kV)	喷头与带电体外壳之间的距离不应小于(m)
220	2.2
110	1.1
35	0.5

(5) 储水箱设计

储水箱的大小取决于泵组的流量、供水水源的可靠性及系统工作时间。如果供水水源有保证，水箱可作为调节之用；如果供水水源没有保证，储水箱应储存工作期间的全部水量，即系统设计流量与灭火时间的乘积。

(6) 对于多容器系统，同一集流管下所有储瓶大小和充装压力必须一致。

2.6.2.5 系统计算

(1) 系统用水量

1) 喷头的设计流量、系统计算流量、系统设计流量与水喷雾灭火系统计算方法相同，见 2.6.1.5 节。

2) 系统用水量按式 (2-50) 计算

$$W = tQ_j \tag{2-50}$$

式中 W——系统用水量(L)；

t——细水雾累计喷射时间(min)，其取值按照表 2-115 执行；

Q_j——系统设计流量(L/min)。

(2) 系统储水量 W_c

1）用于扑救B、C类火灾的容器式细水雾灭火系统，$W_c=W$；

2）用于扑救A类火灾的容器式细水雾灭火系统，$W_c=1.5W$；

3）泵组式细水雾灭火系统，$W_c=(1.3\sim1.5)W$。

(3) 管道水力计算

管道水头损失：

对于低压细水雾灭火系统或管内流速小于20m/s的中压细水雾灭火系统，选用“海澄-威廉”（Hazen-Williams）公式。对于中压、高压细水雾灭火系统，选用“达西-魏斯巴哈”（Darcy-weisbach）公式。

①海澄-威廉公式：

$$p = 6.05\frac{Q^{1.85}}{C^{1.85}d^{4.87}}\times 10^7 \tag{2-51}$$

式中 p——单位长度管道水头损失(kPa/m)；

Q——管道流量(L/min)；

C——管道摩阻系数，不锈钢管或铜管为150；

d——管道实际内径(mm)。

不锈钢无缝管的尺寸可参考表2-116。

不锈钢无缝管规格（mm） **表2-116**

公称直径	15	20	25	32	40	50	65
外径	16	21	27	34	42	54	68
壁厚	1.5	1.5	2.0	2.8	3.0	4.0	4.0
内径	13	18	23	28.4	36	46	60

阀门、管件的当量长度参见表2-117，特殊阀门及过滤器的当量长度应根据产品技术手册确定。

阀门、管件当量长度（m） **表2-117**

公称直径	15	20	25	32	40	50	65
90°弯头	0.33	0.36	0.48	0.55	0.99	1.15	1.84
45°弯头	—	0.12	0.20	0.19	0.37	0.41	0.66
三通或四通	0.99	0.72	0.84	1.01	1.72	1.86	3.18
蝶阀	—	—	—	—	—	1.56	2.65
闸阀	—	—	—	—	—	0.1	0.13
球阀				0.09	0.12	0.1	—
止回阀		0.72	0.86	1.01	1.60	1.86	3.05

②达西-魏斯巴哈公式：

$$P_f = 225.2f\frac{L_t\rho Q^2}{d^5} \tag{2-52}$$

$$Re = 21.22\frac{Q\rho}{d\mu} \tag{2-53}$$

$$\Delta = \frac{\varepsilon}{d} \tag{2-54}$$

式中 P_f——管道水头损失(kPa)；

L——管道长度(m)；

f——管道摩阻系数，查图 2-124；

Q——管道流量(L/min)；

d——管道内径(mm)；

Re——雷诺数；

ρ——流体密度(kg/m^3)，见表 2-118；

μ——流体动力黏度(cp)，见表 2-118；

ε——管道壁粗糙度(mm)；

Δ——管道相对粗糙系数。

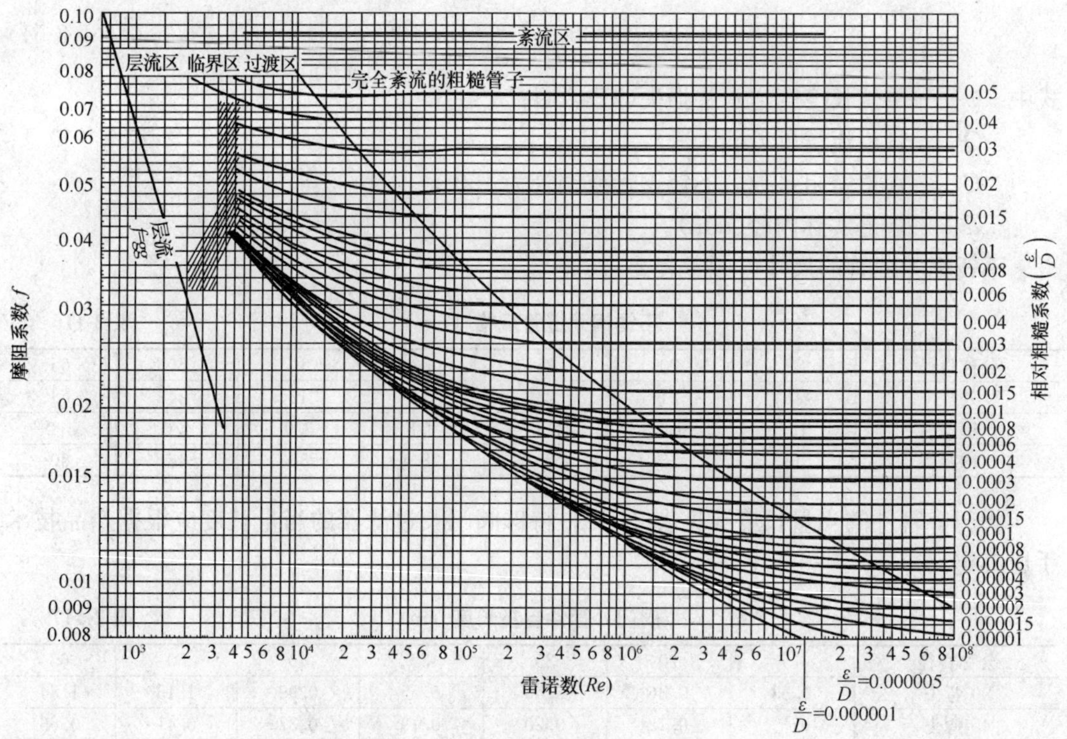

图 2-124 莫迪图

不同温度下水的密度及动力黏度 **表 2-118**

温度(℃)	密度 ρ(kg/m^3)	动力黏度 μ(cp)	温度(℃)	密度 ρ(kg/m^3)	动力黏度 μ(cp)
0	999.8	1.80	30.0	995.7	0.80
4.4	999.9	1.50	32.2	995.4	0.74
10.0	999.7	1.30	37.8	993.6	0.66
15.6	998.8	1.10	40.0	992.2	0.65
20.0	998.2	1.00	50.0	988.1	0.55
26.7	996.6	0.85			

在进行水力计算时，应根据雷诺数（Re）和相对粗糙系数（Δ）查图 2-124，得到摩阻系数（f），进而根据公式（2-52）计算管道的总水头损失。

其他水力计算与水喷雾灭火系统相同。

2.6.2.6 细水雾灭火装备

细水雾灭火装备是由高压胶管、喷雾水枪与高压供水设备构成的手持式灭火装置，分为固定式高压细水雾消火栓（水喉）、移动式高压细水雾灭火装置和背负式细水雾灭火装置。这些装备适用于扑救可燃固体、可燃液体和电气设备等火灾。相对于普通消火栓或消防卷盘，该装备具有良好的冷却效果，且不会造成水渍损失。此外，该装备还具有良好的驱散烟雾功能，可用于人员救援等。

(1) 固定式高压细水雾消火栓

该装置的流量有 20L/min 和 35L/min 两种。室内固定式高压细水雾消火栓由壁挂式绞盘、25m×ϕ3 耐高压软管、手持式细水雾喷枪组成。室外高压细水雾消火栓由高压细水雾装置和移动绞盘组成，高压软管的长度可达百米。

该装置可取代普通消防卷盘，或部分取代室内消火栓。可用于地铁、隧道等长距离场所；油罐、油库等可燃液体贮存、运输、使用场所；档案馆、博物馆、工业厂房等重要场所。

(2) 移动式高压细水雾装置

该装置以柴油机或汽油机为动力源，自带水箱，工作压力为 10～12MPa，流量为 20～40L/min，胶管长度为 50～100m。该装置具有机动、灵活的特点，可取代各类移动式或手提式灭火器。适用于地铁、城市隧道、工业场区、变电站、古建筑、矿山、森林等场所。

(3) 背负式细水雾灭火装置

该装置以汽油机为动力源，自带水箱，流量 8L/min。具有轻便灵活、补水方便、机动性强等特点，并可与各种消防车配套。可取代手提式灭火器，亦可作为巡逻灭火装备，尤其适用于人群密集场所。

2.7 固定消防炮灭火系统

固定消防炮灭火系统是由固定消防炮和相应配置的系统组件组成的固定灭火系统。

根据喷射灭火剂种类不同，固定消防炮灭火系统可分为：

(1) 水炮系统：喷射水灭火剂的固定消防炮系统。

(2) 泡沫炮系统：喷射泡沫灭火剂的固定消防炮系统。

(3) 干粉炮系统：喷射干粉灭火剂的固定消防炮系统。

根据控制方式不同，固定消防炮灭火系统可分为：

(1) 远控消防炮系统：简称远控炮系统，即可远距离控制消防炮的固定消防炮灭火系统。

(2) 手动消防炮系统：简称手动炮系统，即只能在现场手动操作消防炮的固定消防炮灭火系统。

2.7.1 系统设置场所

(1) 建筑面积大于 3000m^2 且无法采用自动喷水灭火系统的展览厅、体育馆观众厅等人员密集场所，建筑面积大于5000m^{2}且无法采用自动喷水灭火系统的丙类厂房，宜设置固定消防炮等灭火系统。

（2）系统选用的灭火剂应和保护对象相适应，并应符合下列规定：

1）泡沫炮系统适用于甲、乙、丙类液体、固体可燃物火灾场所；

2）干粉炮系统适用于液化石油气、天然气等可燃气体火灾场所；

3）水炮系统适用于一般固体可燃物火灾场所；

4）水炮系统和泡沫炮系统不得用于扑救遇水发生化学反应而引起燃烧、爆炸等物质的火灾。

（3）设置在下列场所的固定消防炮灭火系统宜选用远控炮系统：

1）有爆炸危险性的场所；

2）有大量有毒气体产生的场所；

3）燃烧猛烈，产生强烈辐射热的场所；

4）火灾蔓延面积较大，且损失严重的场所；

5）高度超过8m，且火灾危险性较大的室内场所；

6）发生火灾时，灭火人员难以及时接近或撤离固定消防炮位的场所。

2.7.2 系统组成

（1）水炮系统主要由水源、消防泵组、管道、阀门、水炮、动力源和控制装置等组成。系统原理见图2-125。

火灾发生时，开启消防泵组及管路阀门，高速水流由喷嘴射向火源，隔绝空气并冷却燃烧物，起到迅速扑灭或抑制火灾的作用。

（2）泡沫炮系统主要由水源、泡沫液罐、消防泵组、泡沫比例混合装置、管道、阀门、泡沫炮、动力源和控制装置等组成。系统原理见图2-126。

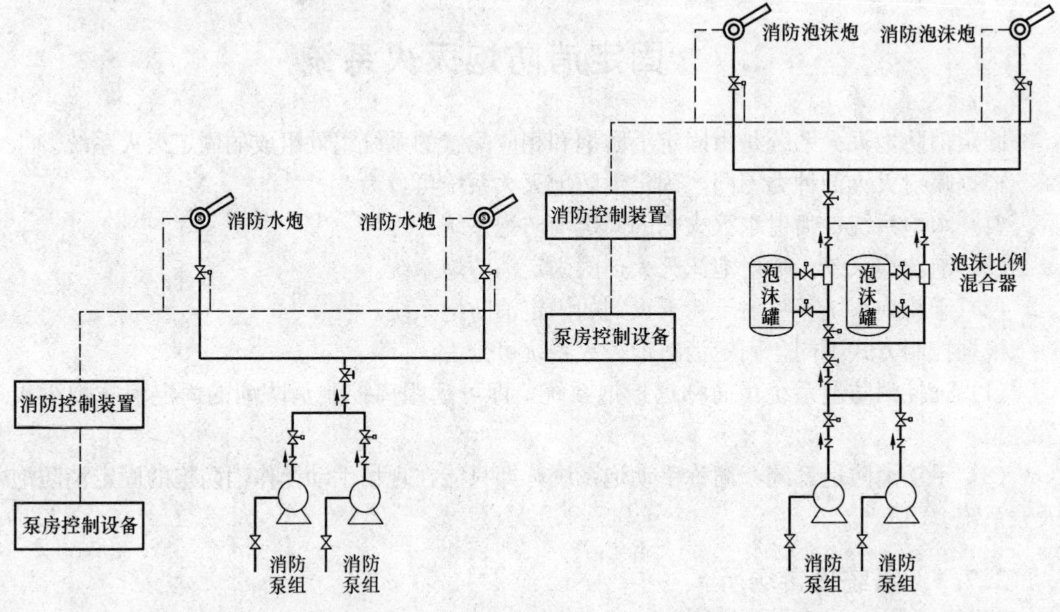

图2-125 水炮系统原理　　图2-126 泡沫炮系统原理

火灾发生时，开启消防泵组及管路阀门，泡沫原液通过不同形式的混合装置形成泡沫混合液，经高速射流喷嘴射出后，在空中完成发泡形成空气泡沫液。空气泡沫液被投射到火源后，隔绝空气，起到迅速扑灭或抑制火灾的作用。

(3) 干粉炮系统主要由干粉罐、氮气瓶组、管道、阀门、干粉炮、动力源和控制装置等组成。系统原理见图2-127。

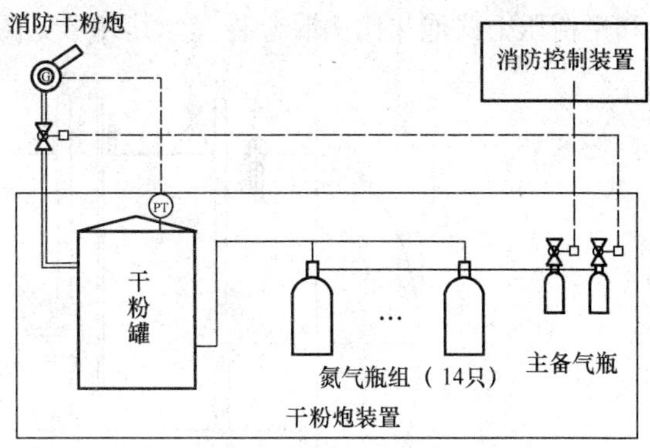

图 2-127 干粉炮系统原理

火灾发生时，开启氮气瓶组，氮气瓶组内的高压氮气经过减压阀减压后进入干粉罐。其中，部分氮气被送入贮罐顶部与干粉灭火剂混合，另一部分氮气被送入贮罐底部对干粉灭火剂进行松散。随着系统压力的建立，混合有高压气体的干粉灭火剂积聚在干粉炮阀门处。当管路压力达到一定值时，开启干粉炮阀门，固气两相的干粉灭火剂高速射流被射向火源，切割火焰、破坏燃烧链，从而起到迅速扑火或抑制火灾的作用。

各种灭火剂的消防炮都能够做水平或俯仰回转以调节喷射角度，从而提高灭火效果。

2.7.3 系统组件

(1) 消防泵组

消防泵组可以是各种不同结构形式的消防水泵，如：水平中开式、节段多级式、端吸式、立式管道式、立式长轴式等，但宜选用特性曲线平缓的离心泵。

(2) 控制装置

控制装置有各种形式的控制柜和无线遥控装置。控制装置应具有对消防泵组、消防炮及相关设备等进行远程控制的功能，还宜具有接收消防报警并实施联动控制的功能。

(3) 消防水炮

按照控制方式的不同，消防水炮可分为手动消防水炮、电控消防水炮、电-液控消防水炮、电-气控消防水炮等。

手动消防水炮是一种由操作人员直接手动控制消防炮的射流姿态，包括水平回转角度、俯仰回转角度、直流/喷雾转换的消防水炮。具有结构简单、操作简便、投资省等优点。

电控消防水炮、电-液控消防水炮、电-气控消防水炮都是由操作人员通过电气设备间接控制消防炮射流姿态的消防水炮，其回转角度调整及直流/喷雾转换分别由交流或直流电机、液压马达或液压缸、气动马达或气缸带动。该三类消防水炮能够实现远距离有线或无线控制，具有安全性高、操作简便等优点。

带有直流/喷雾转换功能的消防水炮能够喷射雾化型射流，该射流的液滴细小、面积大，对近距离的火灾有更好的扑救效果。

(4) 消防泡沫炮

与消防水炮相同，消防泡沫炮根据控制方式的不同分为手动泡沫炮、电控泡沫炮、电-液控泡沫炮、电-气控泡沫炮等。

(5) 泡沫比例混合装置

根据泡沫液混合形式不同，泡沫比例混合装置有：管线负压式、环泵负压式、贮罐压力式、泵入平衡压力式、注入式等。目前工程中使用最多的是贮罐压力式泡沫比例混合装置和平衡压力式泡沫比例混合装置，其外形见图 2-128 和图 2-129。

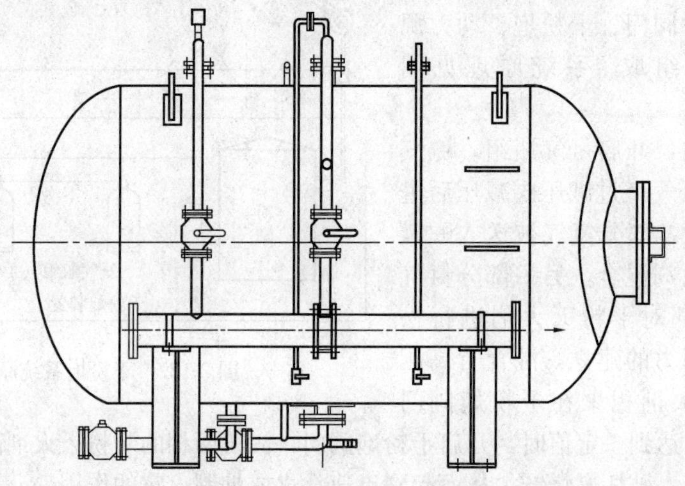

图 2-128　贮罐压力式泡沫比例混合装置

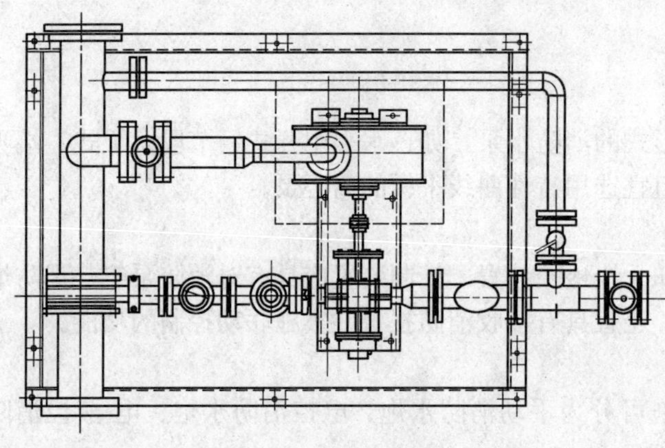

图 2-129　平衡压力式泡沫比例混合装置

(6) 泡沫液罐

泡沫液罐按照工作时罐体内是否承受压力分为压力贮罐和常压贮罐两种。压力贮罐通常在罐体上配备混合器及管路、阀门等，同时具有贮液和泡沫比例混合功能。常压贮罐仅用来贮存泡沫液，工作时罐体内与大气相通，不承受压力，可供平衡式比例混合装置、负压式比例混合装置、环泵式比例混合装置等贮液之用。

常压贮罐可设计成多种结构形式，卧式和立式筒罐较多采用。

(7) 消防干粉炮

根据控制方式不同，消防干粉炮分为手动干粉炮、电控干粉炮、电-液控干粉炮、电-气控干粉炮等。

(8) 干粉罐及干粉驱动装置

干粉罐必须选用压力储罐，宜采用耐腐蚀材料制作；当采用钢制罐时，其内壁应作防腐蚀处理；干粉罐应按现行压力容器国家标准设计和制造，并应保证其在最高使用温度下的安全强度。

干粉驱动装置应采用高压氮气瓶组，氮气瓶的额定充装压力不应小于 15MPa。

干粉罐和氮气瓶组应采用分开设置的形式。

干粉罐及干粉驱动装置见图 2-130。

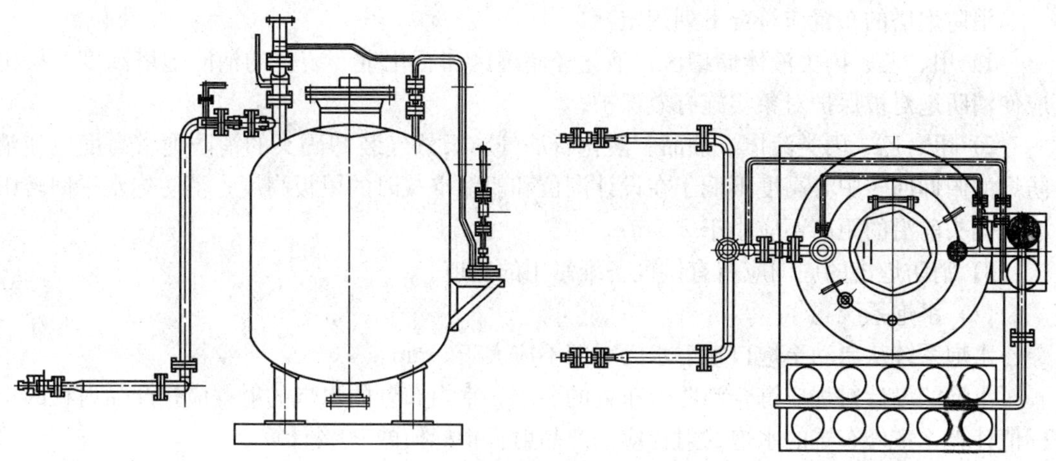

图 2-130 干粉罐及干粉驱动装置

2.7.4 系统设计

供水管道应与生产、生活用水管道分开。

供水管道不宜与泡沫混合液的供给管道合用。寒冷地区的湿式供水管道应设防冻保护措施，干式管道应设排除管道内积水和空气的设施。管道设计应满足设计流量、压力和从水泵启动至消防炮喷射的时间等要求。

消防水源的容量不应小于规定灭火时间和冷却时间内需要同时使用水炮、泡沫炮、保护水幕喷头等用水量及供水管网内充水量之和。该容量可减去规定灭火时间和冷却时间内可补充的水量。

消防水泵的供水压力应能满足系统中水炮、泡沫炮喷射压力的要求。

灭火剂及加压气体的补给时间均不宜大于 48h。

室内消防炮的布置数量不应少于两门，其布置高度应保证消防炮的射流不受上部建筑构件的影响，并应能使两门消防炮的射流同时到达被保护区域的任一部位。

室内系统应采用湿式给水系统，消防炮位处应设置消防泵组启动按钮。

设置消防炮平台时，其结构强度应能满足消防炮喷射反力的要求，结构设计应能满足消防炮正常使用的要求。

室外消防炮的布置应能使消防炮的射流完全覆盖被保护场所及被保护物，同时应满足灭火强度及冷却强度的要求。

消防炮应设置在被保护场所常年主导风向的上风向。

当被保护对象高度较高、面积较大时，或在消防炮的射流受到较高大障碍物的阻挡时，应设置消防炮塔。

消防炮宜布置在甲、乙、丙类液体储罐区防护堤外。如果布置在防护堤内，消防炮及消防炮塔应采取有效的防爆和隔热保护措施。

液化石油气、天然气装卸码头和甲、乙、丙类液体、油品装卸码头的消防炮布置数量不应少于两门。泡沫炮的射程应满足覆盖设计船型的油气舱范围，水炮的射程应满足覆盖设计船型的全船范围。

消防炮塔的布置应符合下列规定：

1）甲、乙、丙类液体储罐区、液化烃储罐区和石化生产装置的消防炮塔高度的确定应使消防炮对被保护对象实施有效保护；

2）甲、乙、丙类液体、油品、液化石油气、天然气装卸码头的消防炮塔高度应使消防炮的俯仰回转中心高度不低于在设计潮位和船舶空载时的甲板高度；消防炮水平回转中心与码头前沿的距离不应小于2.5m；

3）消防炮塔的周围应留有供设备维修用的通道。

(1) 水炮系统

水炮系统从启动至炮口喷射水的时间不应大于5min。

水炮的设计射程应符合消防炮布置的要求。室内布置的水炮的射程应按产品射程的指标值计算，室外布置的水炮的射程应按产品射程指标值的90%计算。

当水炮的设计工作压力与产品额定工作压力不同时，应在产品规定的工作压力范围内选用。

当计算出的水炮设计射程不能满足消防炮布置的要求时，应调整原设计的水炮数量、布置位置或规格型号，直至达到要求。

室外配置的水炮额定流量不宜小于30L/s。

水炮系统灭火及冷却用水的连续供给时间应符合下列规定：

1）扑救室内火灾的灭火用水连续供给时间不应小于1h；

2）扑救室外火灾的灭火用水连续供给时间不应小于2h；

3）甲、乙、丙类液体储罐、液化烃储罐、石化生产装置和甲、乙、丙类液体、油品码头等冷却用水连续供给时间应符合国家有关标准的规定。

水炮系统灭火及冷却用水的供给强度应符合下列规定：

1）扑救室内一般固体物质火灾的供给强度应符合国家有关标准的规定，其用水量应按两门水炮的水射流同时到达防护区任一部位的要求计算。民用建筑的用水量不应小于40L/s，工业建筑的用水量不应小于60L/s。

2）扑救室外火灾的灭火及冷却用水的供给强度应符合国家有关标准的规定。

3）甲、乙、丙类液体储罐区、液化烃储罐和甲、乙、丙类液体、油品码头等冷却用水的供给强度应符合国家有关标准的规定。

4）石化生产装置的冷却用水的供给强度不应小于16L/(min·m^2)。

水炮系统的计算总流量应为系统中需要同时开启的水炮的设计流量的总和，且不得小于灭火用水计算总流量及冷却用水计算总流量之和。

(2) 泡沫炮系统

泡沫炮系统从启动至炮口喷射泡沫的时间不应大于5min。

泡沫炮的设计射程应符合消防炮布置的要求。室内布置的泡沫炮的射程应按产品射程的指标值计算，室外布置的泡沫炮的射程应按产品射程指标值的90%计算。

当泡沫炮的设计工作压力与产品额定工作压力不同时，应在产品规定的工作压力范围内选用。

当计算出的泡沫炮设计射程不能满足消防炮布置的要求时，应调整原设计的泡沫炮数量、布置位置或规格型号，直至达到要求。

室外配置的泡沫炮额定流量不宜小于 48L/s。

扑救甲、乙、丙类液体储罐区及甲、乙、丙类液体、油品码头火灾等的泡沫混合液的连续供给时间和供给强度应符合国家有关标准的规定。

泡沫炮灭火面积的计算应符合下列规定：

1）甲、乙、丙类液体储罐区的灭火面积应按实际保护储罐中最大一个储罐横截面积计算。泡沫混合液的供给量应按两门泡沫炮计算；

2）甲、乙、丙类液体、油品装卸码头的灭火面积应按油轮设计船型中最大油舱的面积计算；

3）飞机库的灭火面积应符合《飞机库设计防火规范》GB 50284 的规定；

4）其他场所的灭火面积应按国家有关标准或根据实际情况确定。

泡沫混合液设计总流量应为系统中需要同时开启的泡沫炮设计流量的总和，且不应小于灭火面积与供给强度的乘积。混合比的范围应符合国家标准《泡沫灭火系统设计规范》GB 50151 的规定，计算中应取规定范围的平均值。泡沫液设计总量应为其计算总量的 1.2 倍。

（3）干粉炮系统

干粉炮灭火系统从启动至炮口喷射干粉的时间不应大于 2min。

室内布置的干粉炮的射程应按产品射程指标值计算，室外布置的干粉炮的射程应按产品射程指标值的 90%计算。

干粉炮系统单位面积干粉灭火剂供给量按表 2-119 选取。

单位面积干粉灭火剂供给量 **表 2-119**

干粉种类	单位面积干粉灭火剂供给量(kg/m^2)
碳酸氢钠干粉	8.8
碳酸氢钾干粉	5.2
氨基干粉 磷酸铵盐干粉	3.6

干粉炮系统的干粉连续供给时间不应小于 60s。

可燃气体装卸站台等场所的灭火面积可按保护场所中最大一个装置主体结构表面积额定的 50%计算。

干粉设计用量应符合下列规定：

1）干粉计算总量应满足规定时间内需要同时开启干粉炮所需干粉总量的要求，并不应小于单位面积干粉灭火剂供给量与灭火面积的乘积。干粉设计总量应为计算总量的 1.2 倍。

2）在停靠大型液化石油气、天然气船的液化气码头装卸臂附近宜设置喷射量不小于 2000kg 干粉的干粉炮系统。

干粉炮系统应采用标准工业级氮气作为驱动气体，其工作压力可根据射程要求分别选用 1.4MPa、1.6MPa、1.8MPa。

干粉供给管道的总长度不宜大于 20m。炮塔上安装的干粉炮与低位安装的干粉罐的高度差不应大于 10m。

当干粉输送管道总长度大于 10m、小于 20m 时，每千克干粉需配给 50L 氮气；当干粉输送管道总长度不大于 10m 时，每千克干粉需配给 40L 氮气。

消防炮灭火系统的电气控制设计步骤为：确定安装地点的危险等级、确定消防设备的控制数量、明确系统联动控制要求、系统组件选择、系统设计。设计完成后，生成系统联动控制逻辑图、电气设备原理图、接线端子图、设备电缆规格表以及系统联动控制程序。

2.7.5 系统计算

根据相关规范确定消防水炮或消防泡沫炮的流量、数量和射程，然后进行系统水力计算。

(1) 系统的供水设计总流量按式 (2-55) 计算：

$$Q = \Sigma N_p \times Q_p + \Sigma N_s \times Q_s + \Sigma N_m \times Q_m \tag{2-55}$$

式中 Q——系统供水设计总流量 (L/s)；

N_p——系统中需要同时开启的泡沫炮的数量 (门)；

N_s——系统中需要同时开启的水炮的数量 (门)；

N_m——系统中需要同时开启的保护水幕喷头的数量 (只)；

Q_p——泡沫炮的设计流量 (L/s)；

Q_s——水炮的设计流量 (L/s)；

Q_m——保护水幕喷头的设计流量 (L/s)。

(2) 系统管道总水头损失按式 (2-56) 计算：

$$\Sigma h = h_1 + h_2 \tag{2-56}$$

式中 Σh——水泵出口至最不利点消防炮进口管道总水头损失 (MPa)；

h_1——沿程水头损失 (MPa)；

h_2——局部水头损失 (MPa)。

沿程水头损失按式 (2-57) 计算：

$$h_1 = i \times L_1 \tag{2-57}$$

式中 i——单位管长沿程水头损失 (MPa/m)；

L_1——计算管道长度 (m)。

$$i = 0.0000107 \frac{v^2}{d^{1.3}} \tag{2-58}$$

式中 v——设计流速 (m/s)；

d——管道内径 (m)。

局部水头损失按式 (2-59) 计算：

$$h_2 = 0.01 \Sigma \zeta \frac{v^2}{2g} \tag{2-59}$$

式中 ζ——局部阻力系数；

v——设计流速 (m/s)。

(3) 系统中的消防水泵供水压力按式 (2-60) 计算：

$$P = 0.01 \times Z + \Sigma h + P_e \tag{2-60}$$

式中 P——消防水泵供水压力 (MPa)；

Z——最低引水位至最高位消防炮进口的垂直高度 (m)；

Σh——水泵出口至最不利点消防炮进口管道水头总损失 (MPa)；

P_e——消防炮的设计工作压力（MPa）。

2.7.6 自动寻的消防炮灭火装置

（1）工作原理

自动寻的消防炮灭火装置是以水或泡沫混合液作为灭火介质，以自动寻的消防炮作为喷射设备的灭火系统。该系统适用于一般固体可燃物火灾或甲、乙、丙类液体火灾的扑救。自动寻的消防炮灭火装置具有自动联动消防设备、搜索着火点、并将消防炮自动定位对准着火点进行快速喷射灭火的特点。广泛应用于大空间的物资库房、博物馆、展览馆、飞机维修机库、候机楼、体育馆等场所。

自动寻的消防炮灭火装置原理见图 2-131。

（2）系统组件

自动寻的消防炮灭火装置由自动定位消防炮、管路及其电动阀、消防泵组、CCD 传感器、噪光过滤和图像处理鉴别系统、智能定位联动控制系统等组成。按照系统的不同使用场合可分为：普通型自动寻的消防炮系统和防爆型自动寻的消防炮系统；按照动力源的不同可分为：DC24V 自动寻的消防炮系统和 AC380V 自动寻的消防炮系统。

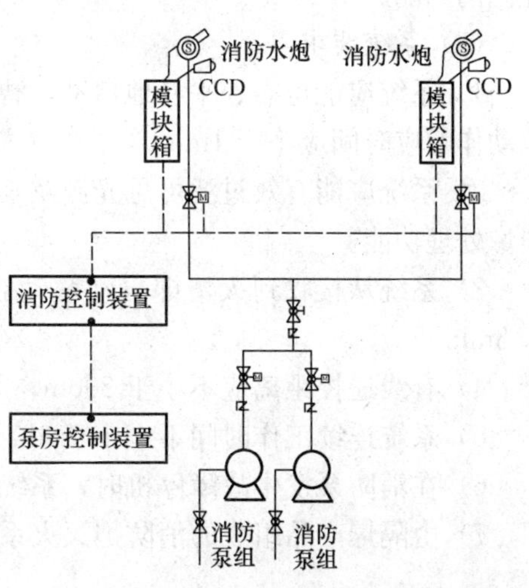

图 2-131 自动寻的消防炮灭火装置原理

1）智能消防炮

智能消防炮是一种根据火情能自动控制消防炮射流姿态，包括水平回转角度、俯仰回转角度、直流/喷雾转换的消防水炮。智能消防炮具有实时位置检测功能，在消防控制中心即能显示消防炮的角度姿态，通过智能控制运算进行自动调整，实现最佳灭火效果。具有操作直观、自动定位迅速等优点。

2）管路及管路电动阀

系统主要管路中在灭火时需要参与联动的阀门，应采用电动控制。

电动阀的选用应符合相关标准的规定，应能承受与消防炮相同或更高的压力等级。应用在防爆区域的电动装置，其防爆性能应满足不同防爆场所的防爆要求。

3）消防泵组要求与消防水炮系统一致。

4）CCD 传感器

CCD 传感器具有过滤噪光功能，图像传输稳定，摄像距离应不小于 125m。

CCD 传感器具有防护功能好，防水溅和灰尘的特点，符合在工业环境中使用。

5）噪光过滤和图像处理鉴别系统

系统能不断跟踪火焰位置并具有处理红外图像信息和一般图像信息功能，实现准确火焰定位。

系统具有实时识别火焰动态图像系统的智能算法，具有迅速处理图像功能的硬件电路和软件程序。

6）智能定位联动控制系统

智能定位联动控制系统具有与消防火灾报警控制器的联动功能，并采用自动启动消防设备投入运行的控制方式。

智能消防炮中的位置传感机构将检测到的消防炮位置送入智能定位联动控制系统，通过系统调整并输出到控制驱动装置，达到控制消防炮自动定位，不断跟踪火焰位置从而消防灭火的作用。

智能定位联动控制系统通过智能控制运算自动调整消防炮的角度位置，达到最佳灭火效果。

智能定位联动控制系统应具有对消防泵组、阀门、消防炮及相关设备等进行远程联动控制的功能。

(3) 系统要求

1) 系统应能可靠、平稳地启动，智能消防水炮系统从自动探测火源至消防炮自动定位动作响应时间应小于1min。

2) 系统应能有效过滤可见光源及其他干扰光源，图像传输稳定；系统应具有迅速的图像处理功能。

3) 系统从接收到火情即自动联动启动消防泵组等设备至消防炮出水响应时间应小于3min。

4) 有线遥控距离应不小于200m，无线遥控距离应不小于150m。

5) 系统连续工作时间不应小于3h。

6) 在消防泵发生故障停机时，系统应能自动切换至备用消防泵。

7) 由隔爆产品组成的消防炮灭火系统，其防爆性能应满足不同防爆场所的防爆要求。

2.8 泡沫灭火系统

泡沫灭火剂分为化学泡沫灭火剂和空气泡沫灭火剂两大类。目前化学泡沫灭火剂主要是充填于100L以下的小型泡沫灭火器，用以扑救小型初期火灾。大型泡沫灭火系统以采用空气泡沫灭火剂为主。本节主要介绍这类泡沫灭火系统。

空气泡沫灭火的原理是泡沫液与水通过特制的比例混合器混合成泡沫混合液，经泡沫产生器与空气混合产生泡沫，再通过不同的方式最后覆盖在燃烧物质的表面或者充满发生火灾的各个空间形成泡沫层。由于泡沫层的冷却、隔绝氧气和抑制燃料蒸发等作用而使火灾熄灭。

2.8.1 系统分类

(1) 根据泡沫混合液发泡倍数不同，泡沫灭火系统可分为低倍数泡沫灭火系统（发泡倍数＜20)、中倍数泡沫灭火系统（发泡倍数20～200)、高倍数泡沫灭火系统（发泡倍数＞200)。

(2) 根据系统中设备和组件的固定化程度不同，泡沫灭火系统可分为：

1) 固定式泡沫灭火系统：由固定的泡沫消防泵、泡沫比例混合器、泡沫产生装置和管道组成的灭火系统。

2) 半固定式泡沫灭火系统：由固定的泡沫产生装置、泡沫消防车或机动泵，用水带连接组成的灭火系统。

3）移动式泡沫灭火系统：由消防车或机动消防泵、泡沫比例混合器、移动式泡沫产生装置，用水带连接组成的灭火系统。

（3）根据泡沫灭火剂在保护区内的分布形式不同，泡沫灭火系统可分为：

1）全淹没系统：由固定式泡沫发生装置将泡沫喷放到封闭或被围挡的防护区内，并在规定的时间内达到一定泡沫淹没深度的灭火系统。

2）局部应用系统：由固定或半固定的泡沫发生装置直接或通过导泡筒将泡沫喷放到火灾部位的灭火系统。

（4）泡沫-水喷淋系统

泡沫-水喷淋系统是由喷头、报警阀组、水流报警装置（水流指示器或压力开关）等组件，以及管道、泡沫液与水供给设施组成，并能在发生火灾时按预定时间与供给强度向防护区依次喷洒泡沫与水的自动灭火系统。

（5）泡沫喷雾系统

泡沫喷雾系统是采用泡沫喷雾喷头，在发生火灾时按预定时间与供给强度向被保护设备或防护区喷洒泡沫的自动灭火系统。

系统分类示意如下：

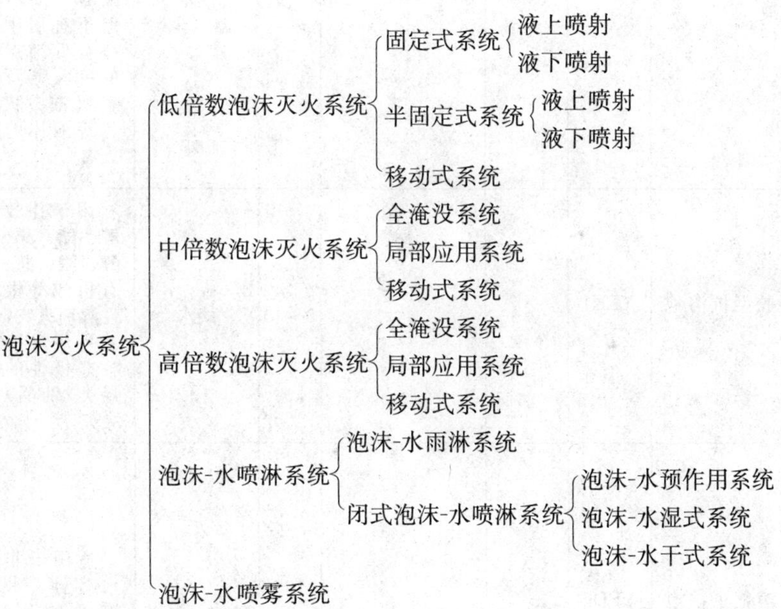

2.8.2 设备与组件

（1）泡沫液

泡沫液根据其发泡倍数可分为低倍数泡沫液（发泡倍数＜20）、中倍数泡沫液（发泡倍数20～200）和高倍数泡沫液（发泡倍数＞200）三种。

1）低倍数泡沫液

常用的低倍数泡沫液的种类、性能及使用范围见表2-120。

低倍数泡沫液的种类、性能及适用范围　表 2-120

<table>
<tr><th>类别</th><th>名称</th><th>型号</th><th>混合比(%)</th><th>发泡倍数</th><th>储存温度(℃)</th><th>配制泡沫混合液所用水的性质</th><th>适用范围</th><th>备注</th></tr>
<tr><td rowspan="2">蛋白泡沫液</td><td>6%植物蛋白泡沫液
6%动物蛋白泡沫液</td><td>YE6</td><td>6</td><td rowspan="2">7～9</td><td rowspan="2">0～40</td><td rowspan="2">淡水、海水</td><td rowspan="2">非水溶性甲、乙、丙类液体</td><td rowspan="2">用于液上喷射及喷淋</td></tr>
<tr><td>3%动物蛋白泡沫液</td><td>YE3</td><td>3</td></tr>
<tr><td colspan="2" rowspan="2">氟蛋白泡沫液</td><td>YEF3</td><td>3</td><td>8.6</td><td rowspan="2">0～40</td><td rowspan="2">淡水、海水</td><td rowspan="2">非水溶性甲、乙、丙类液体</td><td rowspan="2">可用于液下、液上喷射及喷淋</td></tr>
<tr><td>YEF6</td><td>6</td><td>8.5</td></tr>
<tr><td colspan="2">水成膜泡沫液</td><td>AFFF
FFFP</td><td>1、3、6、3
6</td><td>液上喷射：6～10
液下喷射：2～4
喷淋：6～10</td><td>0～40</td><td>淡水、海水</td><td>非水溶性甲、乙、丙类液体</td><td>可用于液上、液下喷射及喷淋</td></tr>
<tr><td rowspan="3">抗溶性泡沫液</td><td>金属皂型抗溶泡沫液</td><td>KR-765</td><td>6～7</td><td>≥6</td><td>0～40</td><td>淡水</td><td>用于水溶性甲、乙、丙类液体。主要适用于扑救乙醇、甲醇、丙酮、醋酸乙酯，但不宜用于扑救低沸点的醛、醚及有机酸、胺类等液体的火灾</td><td>液上喷射，适用环泵式比例混合器和有隔膜的压力比例混合器</td></tr>
<tr><td>凝胶型抗溶泡沫液</td><td>YEKJ-6A</td><td>≥6</td><td></td><td>0～40</td><td>淡水</td><td>用于扑救醇、酯、酮、醛、醚、胺、有机酸等极性溶剂火灾，并可用来扑救非极性的烃类（油品）火灾</td><td>液上喷射，可配用环泵式、平衡式、管线式比例混合器，也能用带隔膜的压力比例混合器</td></tr>
<tr><td>抗溶氟蛋白泡沫液</td><td>YEDF-6</td><td>6</td><td></td><td></td><td>淡水、海水</td><td>适用于非水溶性、水溶性的甲、乙、丙类液体</td><td>液上喷射（用于扑救非水溶性液体火灾时也可采用液下喷射），可配用各种比例混合器，若罐区内既有油罐又有醇类罐时选用它最合适</td></tr>
</table>

注：混合比为泡沫液在泡沫混合液中所占的体积百分比。

2）中倍数泡沫液

中倍数泡沫是一种添加了人工合成碳氢表面活性剂的氟蛋白泡沫液。在配套设备条件下，发泡倍数在20～30范围内。为了提高泡沫的稳定性和增强灭火效果，其混合比定为8%。

3）高倍数泡沫液

目前国内具有的高倍数泡沫液的种类和性能见表2-121。

高倍数泡沫液的种类和性能 表2-121

类别	型号	混合比（%）	发泡倍数（倍）	25%析液时间（min）	备注
淡水型	YEGZ3A	3	600～700	≥3	利用新鲜空气发泡
	YEGD3	3	600	5.5	
	YEGZ3B	3	850～900	≥3	
	YEGZ6A(6C)	6	600～700	≥6	
	YEGZ6B	6	850～900	≥3	
	YEGD6	6	665	7.0	
	TYP-1				
	TYP-2				
耐海水型	YEGZ3D	3	590～770	14.5	
	YEGZ6D	6	670～880	14.0	
	YEGH6	6	510	6.6	
耐温耐烟型					利用热烟气发泡

（2）泡沫比例混合器

泡沫比例混合器是空气泡沫灭火系统的关键设备之一。它的分类和型号见表2-122。

泡沫比例混合器分类和型号 表2-122

类别	名称	型号
负压类	环泵式泡沫比例混合器 管线式泡沫比例混合器	PH PHF，PHX
正压类	压力式泡沫比例混合器 平衡压力式比例混合器	PHY、PHJ PHP

四种泡沫比例混合器的适用场所见表2-123。

泡沫比例混合器的适用场所 表2-123

灭火系统类型 \ 混合器种类		环泵式（PH系列）	管线式（PHF PHX系列）	压力式（PHY PHJ ZPHY系列）	平衡压力式（PHP系列）
低倍数泡沫系统	固定式	√		√	√
	半固定式			√	
	移动式		√		
	喷淋	√		√	
高倍数泡沫系统	全淹没式			√	√
	局部应用式		√	√	√
	移动式		√		
中倍数泡沫系统	局部应用式	√			√
	移动式		√		
	油罐灭火	√			

1）环泵式泡沫比例混合器

环泵式负压比例混合方式是目前应用最广泛的混合方式。泡沫比例混合器固定安装在水泵出水管和进水管之间的旁通管上，利用水射器原理将泡沫液按比例吸进水泵吸水管路与水形成混合液，并被送至泡沫产生器。它的安装形式和要求见图 2-132。

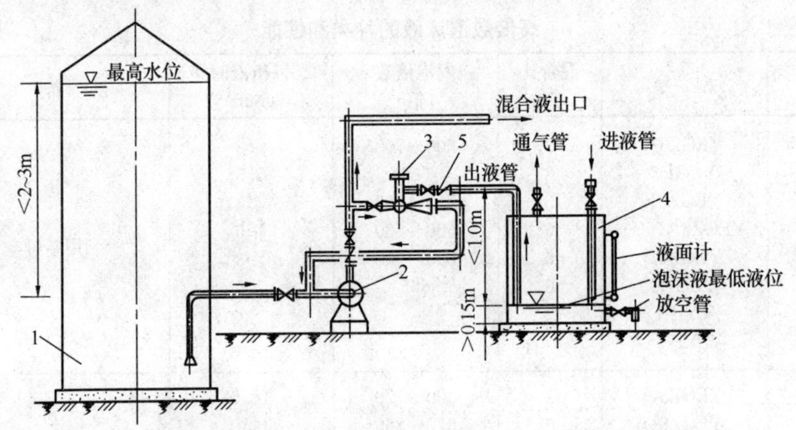

图 2-132　环泵式泡沫比例混合器安装示意

1—储水池；2—消防泵；3—泡沫比例混合器；4—泡沫液储罐；5—止回阀

在选用环泵式泡沫比例混合器时应注意以下几点：

① 消防泵与水池的位置关系有两种：第一，当消防泵的安装高度高于消防水位时（不应超过 1m），消防泵采用抽吸式吸水，由于环泵式泡沫比例混合器出口接在消防泵的吸水管上，故比例混合器的背压为零或负压；第二，当消防泵的安装高度低于消防水位，即消防泵采用自灌式引水时，水泵吸水管内是正压。根据环泵式泡沫比例混合器的性能，当比例混合器进口压力为 0.7MPa 时，其出口背压不大于 0.02MPa；当进口压力为 0.9MPa 时，其出口背压不大于 0.03MPa。否则，泡沫液和水就不能按 6∶94 的比例混合，甚至水会从比例混合器扩散管倒流入泡沫液储罐。所以，水池的最高水位不得高于水泵吸入口 2～3m，而且吸液管上必须采取防止水倒流入泡沫液储罐的措施，一般安装止回阀和阀门。在吸液管上还应装真空压力表或真空表。

②环泵式泡沫比例混合器一般采用混合比为 6%的水成膜泡沫灭火剂，其主要物理性质和灭火参数见表 2-124。

水成膜泡沫灭火剂主要物理性质和灭火参数　　表 2-124

项　目		1 号轻水	5 号轻水
相对密度(20℃)		0.992	0.992
黏度(20℃)(10^{-3}Pa·s)		4.8	4.8
pH 值		8.4	8.4
凝固点(℃)		−3	−3
沉淀物(%)		0.2	0.2
沉降物(%)		痕迹量	痕迹量
稳定性	沉降物(%)	0.24	0.22
	沉淀物(%)	痕迹量	痕迹量

续表

项目	1号轻水	5号轻水
6%的混合液的表面张力(20℃)(10^{-3}Pa·s)	16.0	14.9
发泡倍数	7.5	7.0
25%析液时间(min)	3.0	3.0
90%火焰控制时间(s)	25	24.5
灭火时间(s)	40	36
抗烧时间(min)	75	75

需说明的是，水成膜泡沫液不适用于扑救遇水燃烧物质的火灾、水溶性液体火灾、气体火灾和带电设备的火灾。

③环泵式泡沫比例混合器的构造见图 2-133，主要性能参数见表 2-125。

环泵式泡沫比例混合器主要性能参数 **表 2-125**

型号	PH32					PH48				PH64			
泡沫混合液流量(L/s)	4	8	10	24	32	16	24	32	48	16	32	48	64
泡沫液流量(L/s)	0.24	0.48	0.96	1.44	1.92	0.96	1.44	1.92	2.88	0.96	1.92	2.88	3.84
进口工作压力(MPa)	0.6～1.4												
出口工作压力(MPa)	0～0.05												

环泵式泡沫比例混合器的流量可以通过调节手柄调节。

④ 供环泵式泡沫比例混合器做动力的水泵流量应包括比例混合器的循环流量，一般按计算流量，即泡沫混合液流量的 1.1 倍计算。

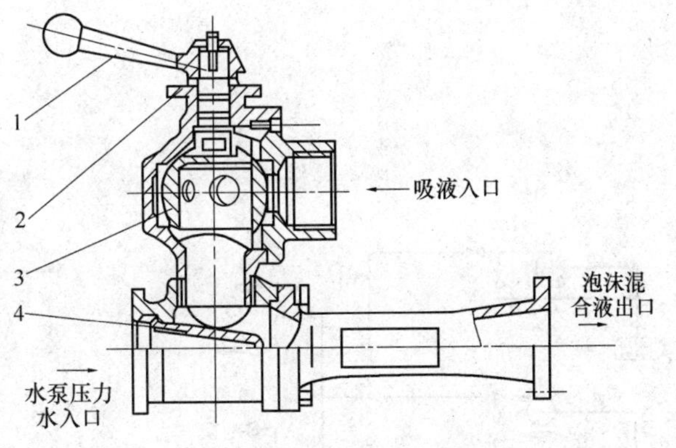

图 2-133 环泵式泡沫比例混合器构造

1—调节手柄；2—指示牌；3—调节球阀；4—喷嘴

2）管线式泡沫比例混合器

管线式泡沫比例混合器一般安装在消防水带之间或消防泵和泡沫发生器之间的水带或管道上，是一种可移动的便携式比例混合器，其安装位置见图 2-134。

① 管线式泡沫比例混合器的进水压力范围为 0.6～1.2MPa。

② 比例混合器的压力损失可按水进口压力的 35%计算。

③ 比例混合器应水平安装。

④ 为避免系统的压力过大，推荐采用衬胶水带连接。

3）压力式泡沫比例混合器

压力式泡沫比例混合器有两种安装形式。图 2-135 为贮罐式压力比例混合器，用于低倍数泡沫灭火系统。图 2-136 的压力比例混合器用于高倍数泡沫灭火系统。

压力式泡沫比例混合器进水压力范围：高倍数系统为 0.5～1.0MPa；低倍数系统为 0.6～1.2MPa。泡沫液进口压力应大于进水压力，其超出数值宜为 0.1MPa。

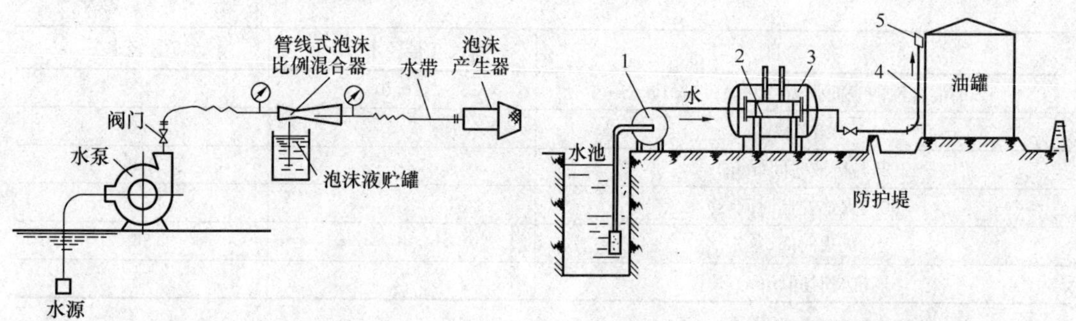

图 2-134 管线式泡沫比例混合器安装使用示意

图 2-135 贮罐式压力比例混合器
1—水泵；2—压力比例混合器；3—泡沫液储罐；4—泡沫混合液管；5—泡沫产生器

在泡沫一水喷淋系统中，当火灾发生时，喷头开启的数目不总是一样的，可能是一个，也可能是一个分区，或是整个作用面积内的所有喷头。对于泡沫-水喷淋系统，不论流量和压力如何变化，都要求有一个精确的混合比，因此，宜采用压力式大范围比例混合器。这种混合器能确保在很大流量范围内的混合比精度，其外形尺寸和性能规格见图2-137、表2-126和表2-127。

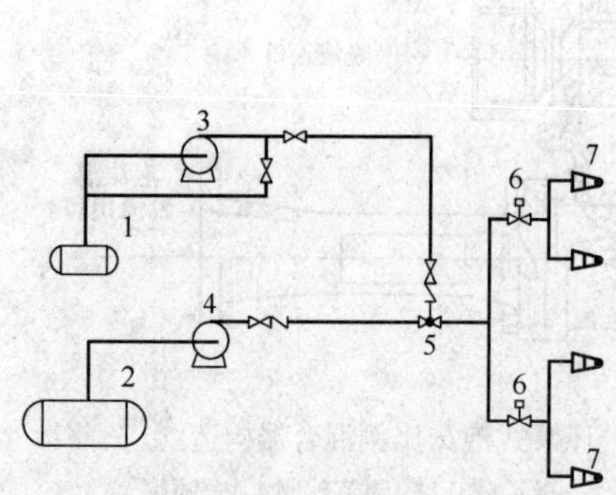

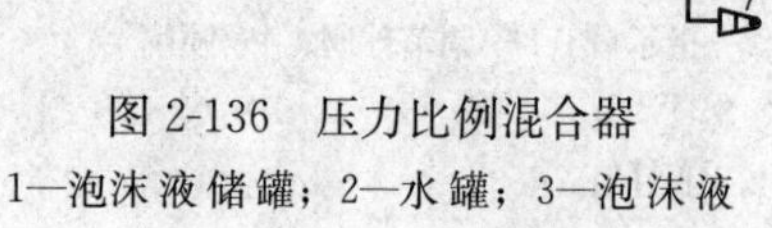

图 2-136 压力比例混合器
1—泡沫液储罐；2—水罐；3—泡沫液泵；4—水泵；5—压力式比例混合器；6—电磁阀；7—泡沫发生器

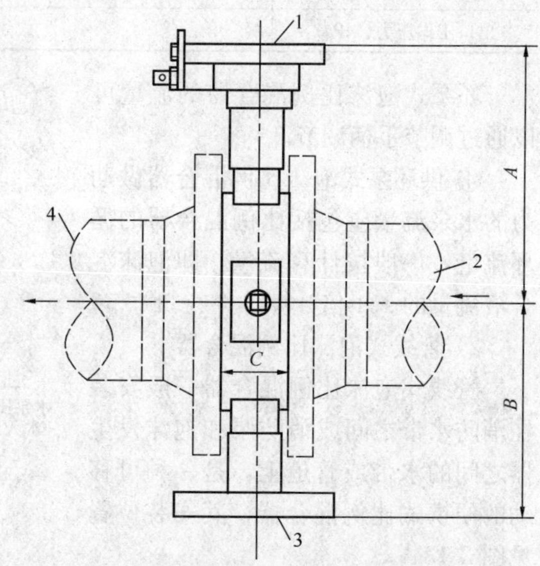

图 2-137 大范围比例混合器示意
1—泡沫液进口；2—主水罐进口；3—进储罐置换水出口；4—混合液出口

大范围比例混合器外形尺寸 **表 2-126**

类 型	A(mm)	B(mm)	C(mm)
ZPHY-100/50	209	173	70
ZPHY-150/50	241	198	70
ZPHY-200/80	291	243	82
ZPHY-250/80	323	276	82

大范围比例混合器性能规格 表 2-127

类 型	泡沫液进口管径(mm)	水进口管径(mm)	混合液流量 Q(L/min)		质量(kg)	比例混合器局部阻力(MPa)
			最小	最大		
ZPHY-100/50	50	100	75	1875	22	Q(L/min)×0.000045
ZPHY-150/50	50	150	100	4200	26	Q(L/min)×0.00002
ZPHY-200/80	80	200	125	7500	30	Q(L/min)×0.00001
ZPHY-250/80	80	250	150	11700	44	Q(L/min)×0.0000068

大范围比例混合器的最大工作压力为 1.6MPa。

4）平衡压力式泡沫比例混合器

平衡压力式泡沫比例混合器在国外应用较多，国内产品的品种较少，使用也不普遍。它由平衡压力调节阀和比例混合器两部分组成。由于平衡压力调节阀的作用，使进入比例混合器的泡沫液流量随水流量的增减而增减，使泡沫液和水能自动地保持一定的混合比。

平衡压力式泡沫比例混合器水的进口压力范围为 0.5～1.0MPa，泡沫液进口压力宜超过水进口压力 0.1MPa，但不应超过 0.2MPa。

(3) 泡沫产生器和泡沫喷头

1）泡沫产生器

低倍数泡沫产生器主要用于油罐灭火，分液上喷射和液下喷射两种。液上喷射式泡沫产生器装在油罐壁上部，泡沫混合液通过泡沫产生器后与空气混合产生空气泡沫，进入油罐覆盖在油层表面而达到灭火效果。液下喷射式泡沫产生器装在进罐前的泡沫混合液管道中部，泡沫混合液通过产生器时产生负压吸入空气形成空气泡沫，克服管道阻力和油层静压力喷入液下，再浮到油面上灭火。

低倍数泡沫产生器应符合下列规定：

① 固定顶储罐、按固定顶储罐对待的内浮顶储罐，宜选用立式泡沫产生器；

② 泡沫产生器进口的工作压力应为其额定值±0.1MPa；

③ 泡沫产生器的空气吸入口及露天的泡沫喷射口，应设置防止异物进入的金属网；

④ 横式泡沫产生器的出口，应设置长度不小于 1m 的泡沫管；

⑤ 外浮顶储罐上的泡沫产生器，不应设置密封玻璃；

⑥ 高背压泡沫产生器进口工作压力应在标定的工作压力范围内，出口工作压力应大于泡沫管道的阻力和罐内液体静压力之和，发泡倍数不应小于 2 且不应大于 4。

中倍数泡沫产生器与低倍数泡沫产生器一样，主要用于油罐灭火。它安装在油罐壁的上部，泡沫混合液喷洒到发泡网后吸入大量空气形成空气泡沫，进入油罐灭火。

中倍数泡沫产生器应符合下列规定：

① 发泡网应采用不锈钢材料；

② 安装于油罐上的中倍数泡沫产生器，其进空气口应高出罐壁顶。

高倍数泡沫由于发泡倍数大，已不适应靠负压吸入空气制造泡沫。高倍数泡沫产生器是通过产生器内的喷嘴组将泡沫混合液均匀喷洒在发泡网上，利用风扇的鼓风作用将空气与发泡网上的泡沫混合液混合形成空气泡沫，扑灭火灾。

高倍数泡沫产生器应符合下列规定：

① 在防护区内设置并利用热烟气发泡时，应选用水力驱动型泡沫产生器；

② 在防护区内固定设置泡沫产生器时，应选用不锈钢材料的发泡网。

根据驱动风扇的动力不同，高倍数泡沫产生器可分为电动式和水轮式两种。电动式高倍数泡沫产生器（PF20/BGP-200 型）产泡量范围大（200～2000m³/min）、产泡倍数高（一般在 600 倍以上），多用于保护区域容积较大的固定式灭火系统。为保护电动机，应采用防护区外的新鲜空气产泡，而不使用火灾区域内的热烟气产泡。水轮式高倍数泡沫产生器（PF4、PFS3、PFS4 和 PFS10 等型号）是利用混合液喷射时的反作用力驱动风扇，它的产泡量范围较小（40～400m³/min）、产泡倍数较低（200～800 倍），但使用范围广，不仅可用新鲜空气产泡，也可用热烟气产泡。有些水轮式高倍数泡沫产生器内还带有比例混合器，使用起来更为方便。

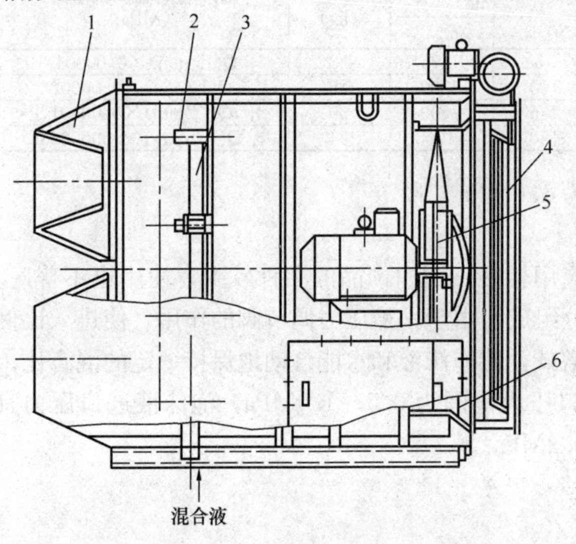

图 2-138 PF20 型高倍数泡沫产生器构造

1—发泡网；2—雾化喷嘴；3—混合液管组；4—多叶调节阀；5—叶轮组；6—导风筒

固定安装在飞机库、汽车库、地下工程及仓库中的高倍数泡沫产生器，常用的有 PF20、PF4、PFS3、PFS4 和 PFS10 等型号，它们的构造见图2-138和图 2-139，性能参数见表 2-128～表 2-132。

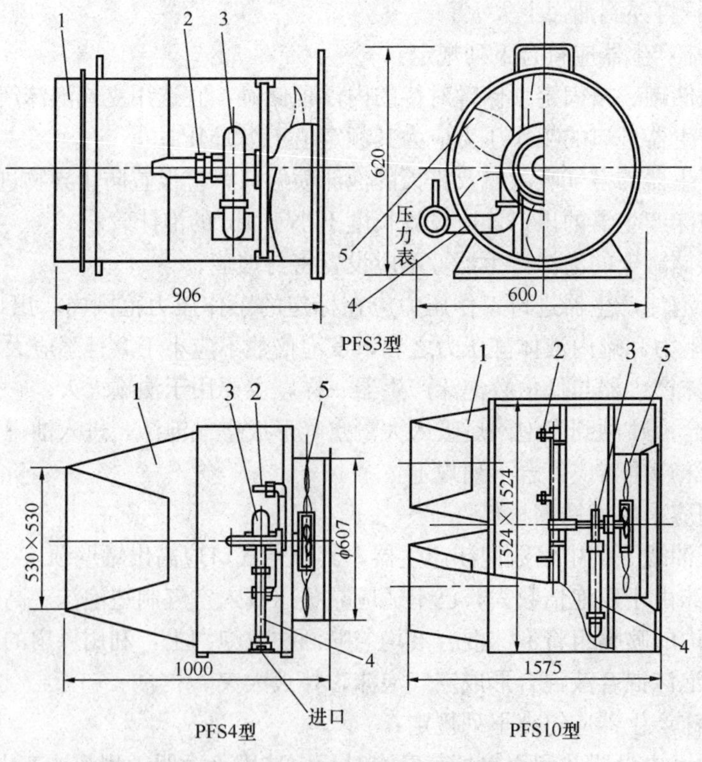

图 2-139 PFS 型高倍数泡沫产生器构造

1—发泡网；2—喷嘴；3—水轮机；4—进液管；5—叶轮

PF20 型泡沫产生器主要性能参数 表 2-128

型号	标定工作压力(喷嘴处)(MPa)	泡沫混合液流量(m^3/min)	发泡量(m^3/min)	发泡倍数	混合比(%)	电机功率(kW)
PF20	0.2	1.35～1.50	800～1000	600～1000	3.6	17

PF4 型泡沫产生器主要性能参数 表 2-129

型号	产生器进水口压力(MPa)	水流量(L/min)	产泡倍数	混合比	产泡量(m^3/min)
PF4	0.3～1.0	150～300	500～800	3%	100～200

PF4 型泡沫产生器供水参数与发泡性能的关系 表 2-130

进口水压力(MPa)	水流量(L/min)	吸液量(L/min)	混合比(%)	产泡量(m^3/min)	产泡倍数(倍)	水轮机转数(r/min)
0.3	156	4.4	2.7	105	655	1870
0.4	174	5.0	2.8	119	664	2170
0.5	195	6.0	3.0	140	697	2480
0.6	214	6.6	3.0	155	703	2720
0.7	229	7.0	3.0	170	720	2840
0.8	246	7.5	3.0	180	710	3070
0.9	264	8.0	2.9	200	735	3250
1.0	280	8.5	2.9	220	762	3440

PFS 型泡沫产生器主要性能参数 表 2-131

型号	进口压力(MPa)	产泡量(m^3/min)	泡沫混合液流量(L/min)	混合比(%)	产泡倍数
PFS3	0.3～1.0	40～100	100～230	3 或 6	350～650
PFS4		100～200	130～300		650～900
PFS10		180～400	350～760		400～700

PFS 型泡沫产生器供水参数与发泡性能的关系 表 2-132

型号	数据 进液压力(MPa) / 性能	0.3	0.4	0.5	0.6	0.7	0.8	0.9	1.0
PFS3	混合液流量(L/min)	108	129	143	160	175	190	202	212
PFS4		145	164	189	206	223	240	255	270
PFS10		390	460	510	560	610	660	710	740
PFS3	产泡量(m^3/min)	44	57	72	88	94	107	119	128
PFS4		108	124	150	172	186	200	216	237
PFS10		192	235	299	333	388	430	441	447
PFS3	产泡倍数(倍)	407	442	504	550	537	563	589	604
PFS4		745	756	793	835	834	833	847	878
PFS10		492	511	586	595	628	652	621	604
PFS3	水轮机转数(r/min)	1040	1340	1470	1630	1770	1890	2000	2060
PFS4		1600	1850	2170	2440	2590	2790	2910	3120
PFS10		860	1030	1200	1330	1400	1520	1600	1680

2）泡沫-水喷头

吸气型泡沫-水喷头用于泡沫-水雨淋系统。吸气型泡沫-水喷头能够吸入空气，泡沫混合液经过空气的机械搅拌作用和喷头前金属网的阻挡作用形成泡沫。吸气型喷头对所有低倍数泡沫液均可使用。泡沫-水喷头的工作压力应在标定的工作压力范围内，且不应小于其额定压力的 0.8 倍。吸气型泡沫-水喷头的构造见图 2-140。

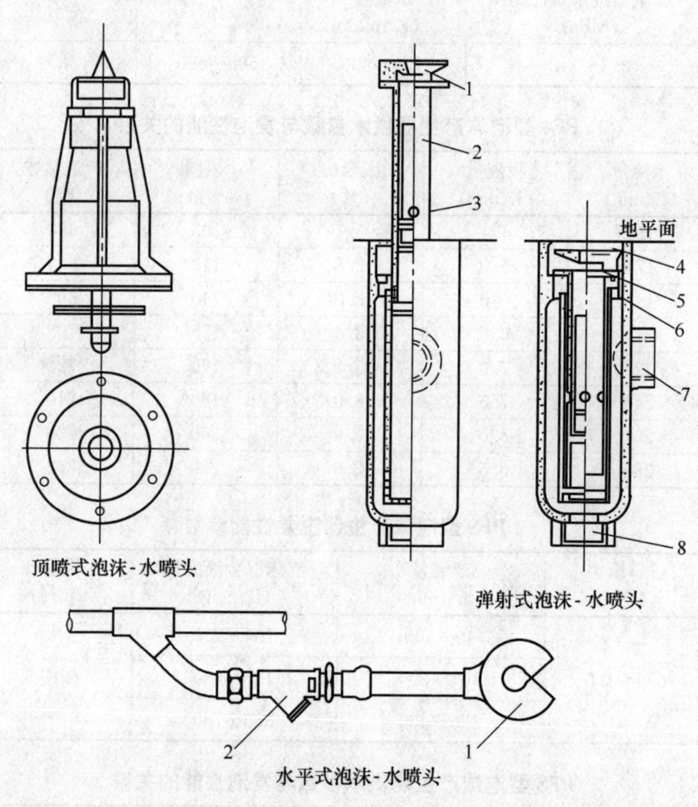

图 2-140　吸气型泡沫-水喷头构造

1—泡沫-水喷头；2—自吸式泡沫产生器；3—导流板；4—泡沫管；5—空气入口；6—弹射盖；7—弹射盖周边蜡封；8—螺丝定位器

顶喷式喷头包括网式泡沫喷头和筒式泡沫喷头。其结构见图 2-141 和图 2-142，性能曲线见图 2-143～图 2-145，性能参数见表 2-133 和表 2-134。

网式泡沫喷头性能参数　　表 2-133

名　称	网式泡沫喷头	名　称	网式泡沫喷头
型　号	ZPWX-15	安装间隔	正方形安装时最大间距 3m
标定工作压力下的喷液量	0.25MPa，35L/min	喷头连接螺纹尺寸	$\frac{1}{2}''$
上下限压力、流量值	上限值 0.6MPa，54L/min 下限值 0.25MPa，35L/min	适用泡沫药剂	各种泡沫药剂都适用
安装高度范围	2～5m	流量特性系数 K 值	22

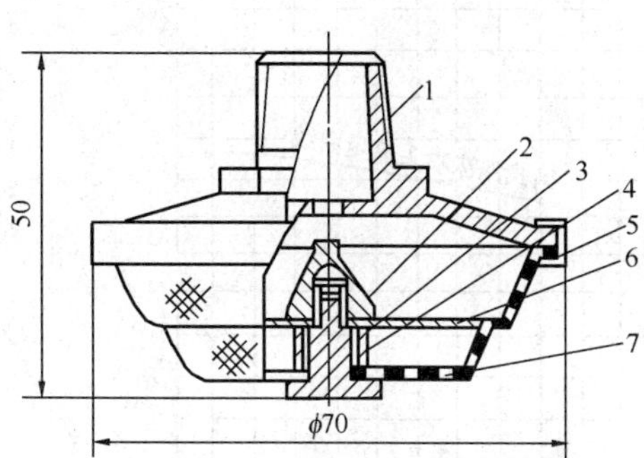

图 2-141 网式泡沫喷头结构
1—本体；2—分液帽；3—定位螺钉；4—定位套；5—溅液板；6—固定盘；7—发泡网罩

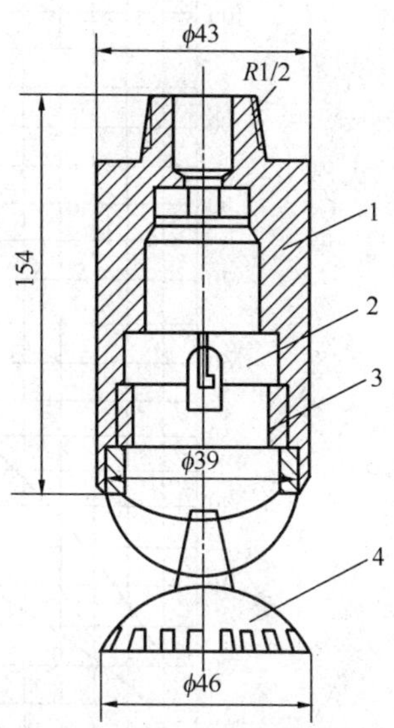

图 2-142 筒式泡沫喷头结构
1—本体；2—泡沫击散器；3—顶套；4—扩散器

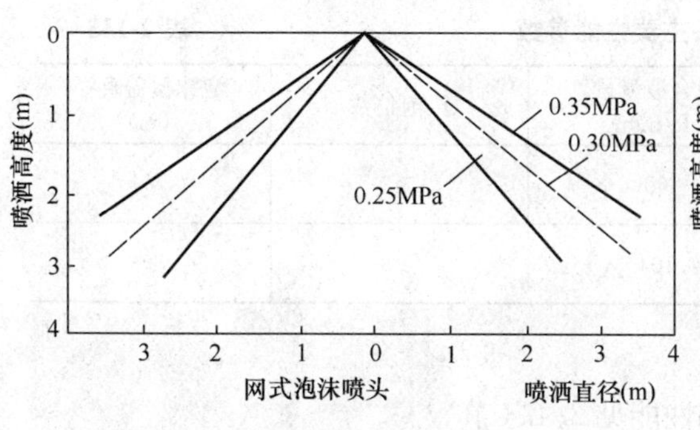

图 2-143 网式泡沫喷头覆盖直径曲线

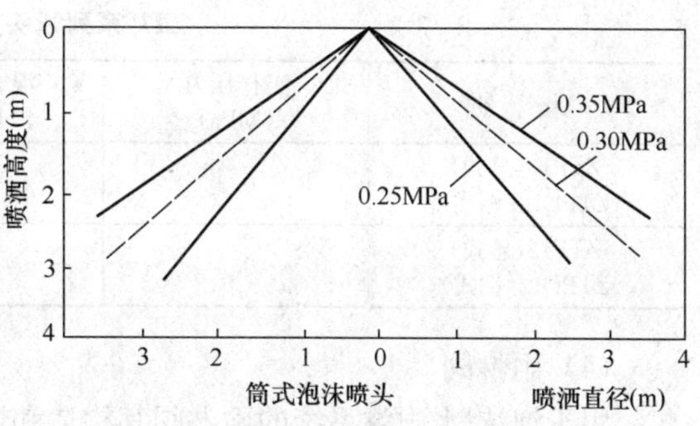

图 2-144 筒式泡沫喷头覆盖直径曲线

筒式泡沫喷头性能参数 **表 2-134**

名　称	筒式泡沫喷头	名　称	筒式泡沫喷头
型　号	ZPTX-15	安装间距	正方形安装时最大间距 3m
标定工作压力下的喷液量	0.25MPa，64L/min	喷头连接螺纹尺寸	$\frac{1}{2}''$
上下限压力、流量值	上限值 0.6MPa，100L/min 下限值 0.25MPa，64L/min	适用泡沫药剂	各种泡沫药剂都适用
安装高度	2～5m	流量特性系数 K 值	41

目前国内生产的 ZTP 系列空气泡沫-水喷淋头既可用来喷射泡沫，又可用来喷水，其性能见表 2-135。

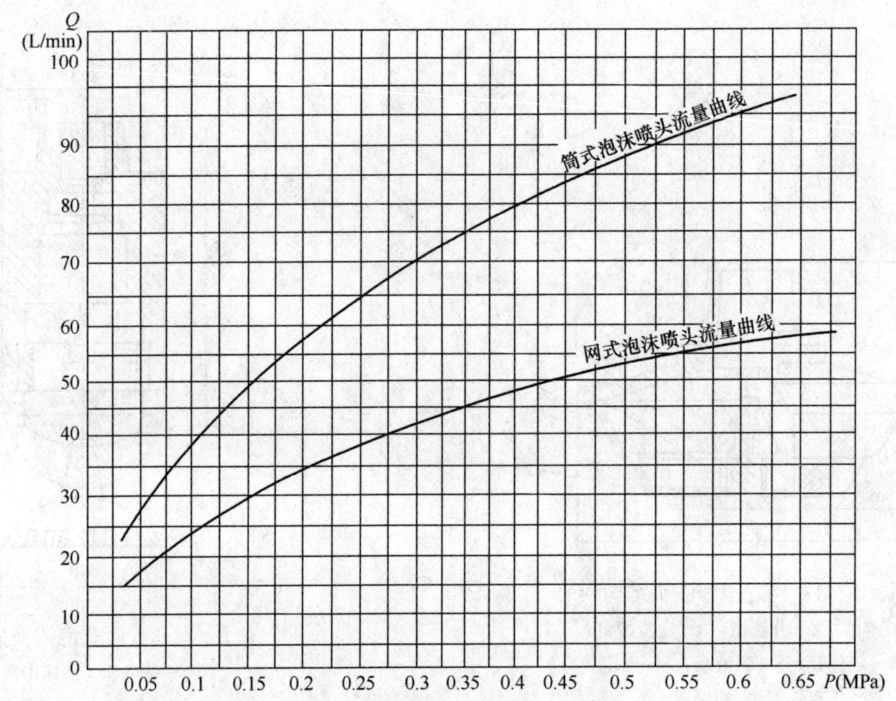

图 2-145　泡沫喷头流量特性曲线

ZTP 系列喷头主要性能参数　　**表 2-135**

型　号	工作压力（MPa）	混合液流量（L/min）	产泡倍数	泡沫覆盖直径（m）
ZTP10（悬式） ZTPD10（倒式）	0.3	69	≥3	≥4
ZTP12（悬式） ZTPD12（倒式）	0.3	104	≥3	≥4

（4）雨淋阀

用于泡沫-水雨淋系统的雨淋阀其构造和性能见 2.4.4 节。

（5）空气泡沫枪、泡沫钩管和泡沫炮

空气泡沫枪（PQ 型）是移动式泡沫灭火系统中重要而轻便的消防器材。它的管牙接口与水带相接，供给水和泡沫液混合后便可用来产生和喷射空气泡沫。它采用混合比 6％的低倍数泡沫液。

泡沫钩管（PG 型）也是一种移动式泡沫灭火设备，常和泡沫消防车配合使用。主要用来扑救油罐火灾，尤其当油罐掀顶、罐顶的泡沫发生器被拉坏后，常用该设备来替代。

泡沫炮可固定安装在炼油、化工区域内，也可固定架设在泡沫消防车上。它射出的泡沫量大、射程远，是对固定泡沫灭火系统较好的补充。

（6）泡沫液储罐和储水池

1）泡沫液储罐

泡沫液储罐是平时储存泡沫液的容器。不管哪种泡沫液对金属均有不同程度的腐蚀作用，因此泡沫液储罐宜采用耐腐蚀材料制作，与泡沫液直接接触的内壁或衬里不应对泡沫液的性能产生不利影响。

泡沫液贮罐有常压和压力之分。当采用环泵式、管线式或平衡压力式泡沫比例混合器时，应选用常压贮罐；当采用压力式泡沫比例混合器时，应选用压力贮罐。

贮罐有卧式和立式两种。选用时根据加液方式和现场条件确定。若贮罐可做成半地下式且人工加液时，宜采用卧式贮罐；若采用泵送液时，卧式和立式贮罐都可采用。贮罐的形状通常采用圆柱形罐体，在条件不允许时也可采用方形容器。常压贮罐上应设置加液孔、人孔、出液管（也可作进液管用）、放空管或排渣孔、溢流管、取样口、呼吸阀或带控制阀的通气管及液面计。压力贮罐上应设安全阀、排渣孔、进料孔、人孔和取样孔，但不设液面计。出泡沫液的管可以从贮罐的上部、中部或下部伸进罐内，但罐内的管口应保证高出贮罐底 15cm 以上，以防止泡沫液中的沉淀物或杂物堵塞出液管。为防止罐内进空气导致泡沫液变质，通气管（宜采用 *DN*50 管）上的阀门（可采用电磁阀或电动阀门）平时是关闭的，但在开泵前必须打开。放空管直径一般选用 *DN*150，溢流管直径应不小于进液管的直径。为了便于定期取样分析泡沫液的质量，应在贮罐的高、低液位处各设 *DN*15 取样口一个。卧式和立式泡沫液贮罐见图 2-146 和图 2-147。

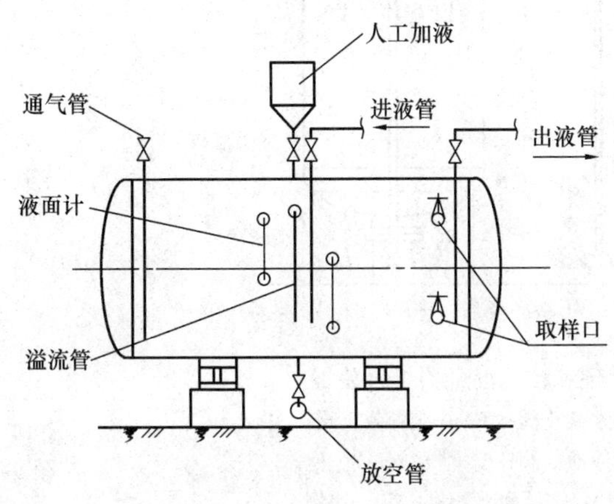

图 2-146 卧式泡沫液贮罐

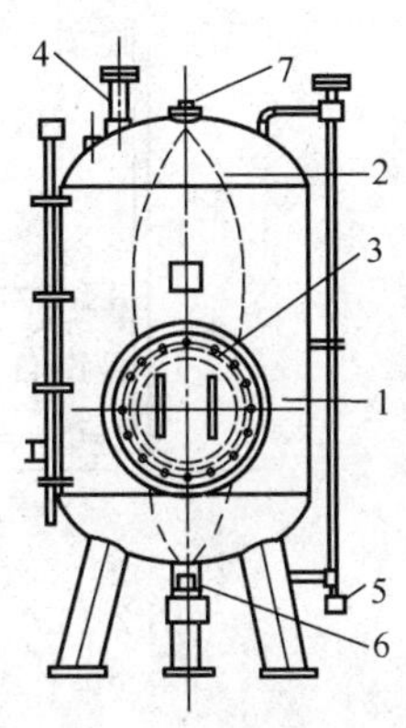

图 2-147 立式泡沫液贮罐

1—罐体；2—滤网；3—人孔；4—泡沫液注入孔；5—泡沫液出口；6—排空用短管；7—排气口

另有一种泡沫液贮罐与压力式比例混合器组合在一起，可由厂家配套供应。贮罐有卧式和立式两种形式，罐内又分为有隔膜和无隔膜两种。其作用原理为：有隔膜式是利用泵的水压力挤压隔膜排出泡沫液；无隔膜式是利用水置换出泡沫液，通过比例混合器以设定的比例将混合成的泡沫混合液喷出。这类泡沫液贮罐和比例混合器的组合装置见图 2-148 和图 2-149。

在半固定式或移动式泡沫灭火系统中，有时在比例混合器的下方需配用小容量的泡沫液贮存桶。此类贮存桶可选用聚乙烯塑料桶或不锈钢桶。

2）贮水池

贮水池内的水主要用于制备泡沫混合液，在油罐区内，当外部给水管网不能供给罐体冷却用水时，贮水池容积还需考虑供给罐体消防冷却用水。贮水池的有效容积应超过计算用水储量的 1.15 倍。

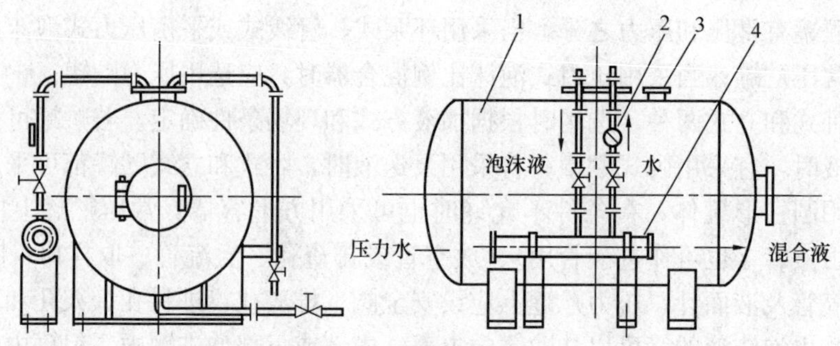

图 2-148　卧式泡沫液贮罐和比例混合器组合装置

1—泡沫液贮罐；2—压力表；3—加液口；4—比例混合器

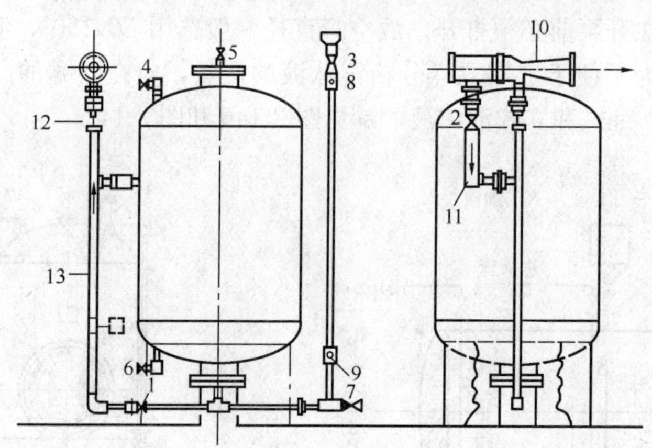

图 2-149　立式泡沫液贮罐和比例混合器组合装置

1—出液管截止阀；2—压力水截止阀；3—补充管截止阀；4—罐体通气阀；5—隔膜液体通气阀；6—泄水阀；7—泡沫液排放阀；8—上部观察孔；9—下部观察孔；10—比例混合器；11—压水管；12—喷射止回阀；13—出液管

泡沫消防系统的贮水池可以单建，也可以与消防水池合建，但不得与生活水池合建。水池总容量超过 1000m^3 时应分设成两座，两座水池之间设连通管，连通管上装有阀门。水池的补水时间不应超过 48h。贮水池一般采用钢筋混凝土结构，也可采用金属结构。泡沫灭火系统的贮水池应设有进水管、出水管、溢流管、排空管、通气管、人孔、水位指示计和低液位报警装置（引入泡沫泵站内）。

(7) 水泵和泡沫液泵

在泡沫灭火系统中水泵和泡沫液泵的设置与比例混合器的选型有关。在使用环泵式泡沫比例混合器的系统中，水泵和泡沫液泵是合一的，泵起着水和泡沫液的吸入、混合和输送作用。在使用管线式泡沫比例混合器和贮罐式压力比例混合器的系统中，只设置水泵，水泵输送水，经过比例混合器后形成泡沫混合液。在使用压力式比例混合器和平衡压力比例混合器的系统中，水泵和泡沫液泵需单独设置，它们分别将水和泡沫液压送至比例混合器，形成泡沫混合液后送往泡沫产生器。

水泵可以采用普通清水泵。根据计算流量和采用比例混合器（或泡沫产生器）的工作压力、水管及水带的水头损失以及水池最低水位与比例混合器（或泡沫产生器）之间的高程差之和求得泵所需的总扬程来选择水泵。

泡沫液泵宜采用耐腐蚀泵。泡沫液泵的流量、扬程计算和选型同水泵。

在选择水泵和泡沫液泵时应注意：

1）当系统保护的贮罐大小不一，或保护几个大小不同的防护区时，水泵和泡沫液泵应按最大一个贮罐或防护区来选择，并且宜选用特性曲线平缓的离心泵。

2）当泡沫液泵采用水力驱动时，应将其消耗的水流量计入泡沫消防水泵的额定流量。

3）当采用环泵式比例混合器时，泡沫混合液泵的额定流量宜为系统设计流量的1.1倍。

4）泵出口管道上应设置压力表、单向阀和带控制阀的回流管。

泡沫液泵的选择与设置应符合下列规定：

1）泡沫液泵的工作压力和流量应满足系统最大设计要求，并应与所选比例混合装置的工作压力范围和流量范围相匹配，同时应保证在设计流量范围内泡沫液供给压力大于最大水压力。

2）泡沫液泵的结构形式、密封或填充类型应适宜输送所选的泡沫液，其材料应耐泡沫液腐蚀且不影响泡沫液的性能。

3）应设置备用泵，备用泵的规格型号应与工作泵相同，且工作泵故障时应能自动与手动切换到备用泵。

4）泡沫液泵应能耐受不低于10min的空载运转。

（8）管道和附件

泡沫液管道的工作压力：低倍数系统一般为0.7MPa左右；中倍数系统和高倍数系统不宜超过1.2MPa。

管道内液体流速控制范围见表2-136。

管道内液体流速范围 **表2-136**

<table>
<tr><th colspan="2">规定
系统</th><th>管内流速</th><th>其他</th></tr>
<tr><td rowspan="2">低倍数灭火系统</td><td>泡沫混合液管道</td><td>不宜大于3m/s，也不得低于2m/s</td><td>管道长度不宜超过200m，输送时间不得超过100s</td></tr>
<tr><td>泡沫液管道(液下喷射)</td><td>一般不大于3m/s</td><td></td></tr>
<tr><td rowspan="3">中、高倍数灭火系统</td><td>水管</td><td rowspan="3">主管道内流速不宜超过5m/s，在支管道内流速不应超过10m/s</td><td rowspan="3"></td></tr>
<tr><td>泡沫混合液管道</td></tr>
<tr><td>泡沫液管道</td></tr>
</table>

计算出泡沫混合液管流量后按表2-137选择管径。

泡沫混合液管管径选择 **表2-137**

泡沫混合液流量(L/s)	泡沫混合液管管径(mm)	泡沫混合液流量(L/s)	泡沫混合液管管径(mm)
4	65	16	100
8	80	24	150

泡沫灭火系统管道材质的选择同管道的工作状态，即干式和湿式有关。干式管道即在平时无火警时管内无液体介质的管道；反之，在平时无火警时管内充满泡沫混合液的管道称湿式管道。各类系统的管材及防腐等要求见表2-138。

管材的选择及要求 **表2-138**

系统形式	管道部位	管 材	防腐要求
低倍数灭火系统	水与泡沫混合液管道、泡沫管道	钢管	管道外壁应进行防腐处理
中倍数灭火系统	干式管道	钢管	
	湿式管道	不锈钢管或钢管	采用钢管时，内、外壁均应进行防腐处理
高倍数灭火系统	干式管道	镀锌钢管	
	湿式管道	不锈钢管或钢管	采用钢管时，内、外壁均应进行防腐处理
	泡沫产生器与过滤器的连接管	不锈钢管	
泡沫-水喷淋系统		热镀锌管	
泡沫-喷雾系统	湿式供液管道	不锈钢管	
	干式供液管道	热镀锌管	

泡沫液管道应采用不锈钢管。在寒冷季节有冰冻的地区，湿式管道应采取防冻措施。

对于设置在防爆区内的地上或管沟敷设的干式管道，应采取防静电接地措施。钢制甲、乙、丙类液体储罐的防雷接地装置可兼作防静电接地装置。

泡沫灭火系统中所用的控制阀门应有明显的启闭标志。当泡沫消防水泵或泡沫混合液泵出口管径大于300mm时，不宜采用手动阀门。

当管道采用法兰连接时，其垫片应采用石棉橡胶垫片。防火堤或防护区内的法兰垫片应采用不燃材料或难燃材料。

各类系统中管道附件如阀门、过滤器等的设置要求见表2-139。

管道附件的设置要求 **表2-139**

管道附件 / 使用场合	控制阀	管道过滤器	止回阀	压力开关	压力表	备 注
压力式或平衡压力式比例混合器的水和泡沫液入口	设	设	设	设	设(在管道过滤器两端)	
管线式比例混合器入口前		设			设(在管道过滤器两端)	
高倍数灭火系统泡沫发生器前	设	设			设(在管道过滤器两端)	

(9) 泡沫泵站

固定式泡沫灭火系统均需设泡沫泵站。在设计泡沫泵站时应注意以下几个方面：

1) 泡沫泵站宜与消防水泵房合建。

2) 泡沫消防泵宜采用自灌式引水启动。每台泡沫消防泵都应有自己的吸水管。吸水管上应设置真空压力表或真空表。吸水管上应设阀门，出水管上应设置压力表、止回阀和阀门。当泡沫消防泵出水管管径大于300mm时，宜采用电动、气动或液动阀门。

3) 泡沫消防泵的出水管应设回流管，以防止超压和停泵时发生水锤作用。在回流管上设安全阀或泄压阀。

4) 泡沫泵站内宜配置泡沫枪，用以扑灭泵站及附近的火灾和检测泡沫混合液的性能指标。

5) 泡沫泵站应有双电源或双回路供电，消防泵的电源应与其他用电的线路分开。

6) 泡沫泵站应设有与本单位消防站或消防值班室直接联络的通信设备。

2.8.3 低倍数泡沫灭火系统

(1) 系统形式

由2.8.1节系统分类可知，低倍数泡沫灭火系统可分为固定式、半固定式和移动式三类。

固定式灭火系统包括液上喷射泡沫灭火系统、液下喷射泡沫灭火系统和半液下喷射泡沫灭火系统。液上喷射和液下喷射系统主要用于室外油罐或溶剂罐的灭火，其工作过程是油罐或溶剂罐起火后，用自动或手动装置启动水泵，打开泵出口阀门，由环泵式泡沫比例混合器将水和泡沫液以一定的比例混合，再通过管道输送到位于油罐壁上方（液上）或管道上（液下）的泡沫产生器，形成的空气泡沫覆盖于油面之上，将火窒息。系统示意图见图2-150和图2-151。

半固定式灭火系统包括液上喷射泡沫灭火系统和液下喷射泡沫灭火系统。其工作原理与固定式相同，不同的是将泡沫产生器、泡沫混合液管道等随油罐固定安装，而将泡沫混合液泵、比例混合器及泡沫液、水等由消防车现场提供，系统示意见图2-152。

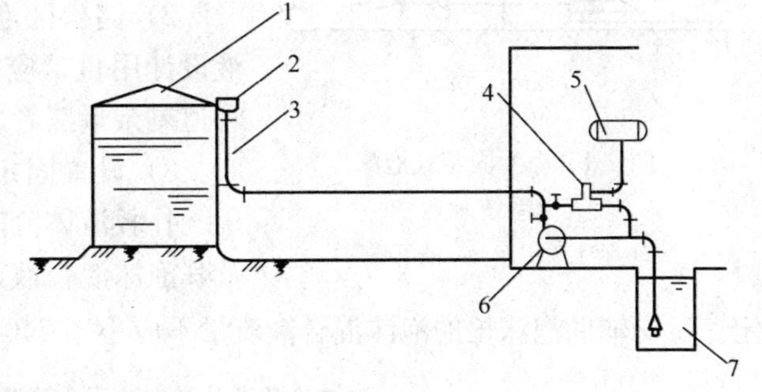

图2-150 固定式液上喷射泡沫灭火系统示意
1—油罐；2—泡沫产生器；3—泡沫混合液管道；4—泡沫比例混合器；5—泡沫液储罐；6—消防泵；7—水池

移动式泡沫灭火系统的水源取自室外消火栓、消防水池或天然水源，泡沫混合液、比例混合器、泵、水带、泡沫枪或泡沫钩管等均由泡沫消防车在现场提供。

移动式泡沫灭火系统主要是作为固定式、半固定式泡沫灭火系统的辅助灭火设施，可设置在室外油罐区和地下汽车库。当设在地下汽车库时，水源可取自室内消火栓。

(2) 设计规定

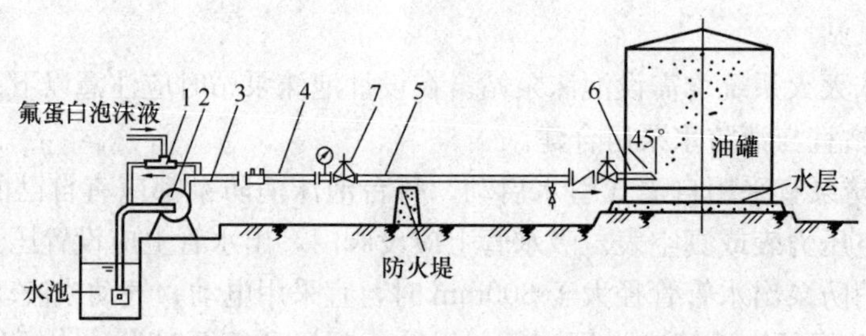

图 2-151　固定式液下喷射泡沫灭火系统示意

1—环泵式泡沫比例混合器；2—消防泵；3—泡沫混合液管道；4—液下喷射泡沫产生器；5—泡沫管道；6—泡沫注入管；7—背压调节阀

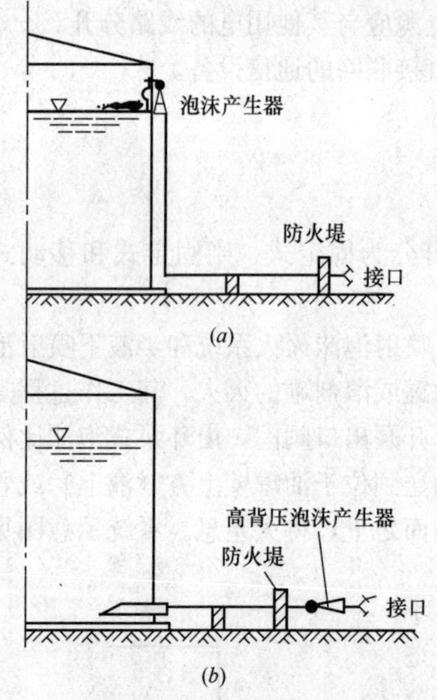

图 2-152　半固定式泡沫灭火系统示意

(a) 液上喷射；(b) 液下喷射

1）储罐区低倍数泡沫灭火系统的选择应符合下列规定：

① 非水溶性甲、乙、丙类液体固定顶储罐，应选用液上喷射、液下喷射或半液下喷射系统；

② 水溶性甲、乙、丙类液体和其他对普通泡沫有破坏作用的甲、乙、丙类液体固定顶储罐，应选用液上喷射或半液下喷射系统；

③ 外浮顶和内浮顶储罐，应选用液上喷射系统；

④ 非水溶性液体外浮顶储罐、内浮顶储罐、直径大于 18m 的固定顶储罐及水溶性甲、乙、丙类液体立式储罐，不得选用泡沫炮作为主要灭火设施；

⑤ 高度大于 7m 或直径大于 9m 的固定顶储罐，不得选用泡沫枪作为主要灭火设施。

2）储罐区泡沫灭火系扑救一次火灾的泡沫混合液设计用量，应按罐内用量、该罐辅助泡沫枪用量、管道剩余量三者之和最大的储罐确定。

3）设置固定式泡沫灭火系统的储罐区，应配置用于扑救液体流散火灾的辅助泡沫枪，泡沫枪的数量及其泡沫混合液连续供给时间不应小于表 2-140 的规定。每支辅助泡沫枪的泡沫混合液流量不应小于 240L/min。

泡沫枪数量及其泡沫混合液连续供给时间　　表 2-140

储罐直径(m)	配备泡沫枪数(支)	连续供给时间(min)
≤10	1	10
>10 且≤20	1	20
>20 且≤30	2	20
>30 且≤40	2	30
>40	3	30

4）当储罐区固定式泡沫灭火系统的泡沫混合液流量大于或等于 100L/s 时，系统的

泵、比例混合装置及其管道上的控制阀、干管控制阀宜具备远程控制功能。

5）在固定式泡沫灭火系统的泡沫混合液主管道上应留出泡沫混合液流量检测仪器的安装位置；在泡沫混合液管道上应设置试验检测口；在防火堤外侧最不利和最有利水力条件的管道上，宜设置供检测泡沫产生器工作压力的压力表接口。

6）储罐区固定式泡沫灭火系统与消防冷却水系统合用一组消防给水泵时，应有保障泡沫混合液供给强度满足设计要求的措施，且不得以火灾时临时调整的方式保障。

7）采用固定式泡沫灭火系统的储罐区，宜沿防火堤外均匀布置泡沫消火栓，且泡沫消火栓的间距不应大于60m。

8）储罐区固定式泡沫灭火系统应具备半固定式系统功能。

9）固定式泡沫灭火系统的设计应满足在泡沫消防水泵或泡沫混合液泵启动后，将泡沫混合液或泡沫输送到保护对象的时间不大于5min。

（3）固定顶储罐

1）扑救贮罐火灾所需的泡沫混合液流量按式（2-61）和式（2-62）计算。

$$Q_1 = FI \tag{2-61}$$

式中 Q_1——泡沫混合液流量（L/min）；

F——保护面积（m^2），按储罐横截面积确定；

$$F = \frac{\pi D_G^2}{4} \tag{2-62}$$

式中 D_G——罐的直径(m)；

I——泡沫混合液供给强度[L/(min·m^2)]。

非水溶性液体储罐液上喷射系统泡沫混合液供给强度和连续供给时间不应小于表2-141的规定。

泡沫混合液供给强度和连续供给时间 **表 2-141**

系统形式	泡沫液种类	供给强度[L/(min·m^2)]	连续供给时间(min)	
			甲、乙类液体	丙类液体
固定式、半固定式系统	蛋白	6.0	40	30
	氟蛋白、水成膜、成膜氟蛋白	5.0	45	30
移动式系统	蛋白、氟蛋白	8.0	60	45
	水成膜、成膜氟蛋白	6.5	60	45

注：1. 如果采用大于本表规定的混合液供给强度，混合液连续供给时间可按相应的比例缩短，但不得小于本表规定时间的80%；

2. 沸点低于45℃的非水溶性液体，设置泡沫灭火系统的适用性及其泡沫混合液供给强度，应由试验确定。

非水溶性液体储罐液下或半液下喷射系统，其泡沫混合液供给强度不应小于5L/(min·m^2)，连续供给时间不应小于40min。

注：沸点低于45℃、储存温度超过50℃或黏度大于40mm^2/s的液体液下喷射系统的适用性及其泡沫混合液供给强度应由试验确定。

水溶性液体和其他对普通泡沫有破坏作用的甲、乙、丙类液体储罐液上或半液下喷射系统，泡沫混合液供给强度和连续供给时间不应小于表2-142的规定。

泡沫混合液供给强度和连续供给时间 **表 2-142**

液体类别	供给强度 $[L/(min \cdot m^2)]$	连续供给时间 (min)
异丙醇、丙酮、甲基异丁酮	12	30
甲醇、乙醇、正丁醇、丁酮、丙烯腈、醋酸乙酯、醋酸丁酯	12	25
含氧添加剂含量体积比大于10%的汽油	6	40

表 2-142 中未列出的水溶性液体，泡沫混合液供给强度和连续供给时间由试验确定，试验方法参见《泡沫灭火系统设计规范》GB 50151 中的附录 A。

2）贮罐配置的泡沫产生器个数

$$\begin{cases} n_1 = \dfrac{Q_1}{q_1} \\ n_1 \geqslant n_0 \end{cases}$$

式中 n_1——需配置的泡沫产生器个数，圆整后取值；

q_1——每个泡沫产生器的流量（L/min）；

n_0——泡沫产生器最少设置数量（个），见表 2-143。

泡沫产生器最少设置数量 **表 2-143**

贮罐直径(m)	泡沫产生器设置数量(个)	贮罐直径(m)	泡沫产生器设置数量(个)
≤10	1	>25 且≤30	3
>10 且≤25	2	>30 且≤35	4

注：对于直径大于 35m 且小于 50m 的贮罐，其横截面积每增加 300m²，应至少增加一个泡沫产生器。

液上喷射系统泡沫产生器的设置应符合下列规定：

① 泡沫产生器的型号和数量应根据计算所需泡沫混合液流量确定，且设置数量不应小于表 2-143 的规定；

② 当一个贮罐所需的泡沫产生器数量大于 1 个时，宜选用同规格的泡沫产生器，且应沿罐周均匀布置；

③ 水溶性液体贮罐应设置泡沫缓冲装置。

液下喷射系统高背压泡沫产生器的设置应符合下列规定：

① 高背压泡沫产生器应设置在防火堤外，设置数量和型号应根据计算所需泡沫混合液流量确定；

② 当一个贮罐所需的高背压泡沫产生器数量大于 1 个时，宜并联使用；

③ 在高背压泡沫产生器的进口侧应设置检测压力表接口，在其出口侧应设置压力表、背压调节阀和泡沫取样口。

3）泡沫喷射口的设计

泡沫量 Q_{pL} 按式（2-63）计算。

$$Q_{pL} = Q_{1设} X \tag{2-63}$$

式中 X——产泡倍数，按 3 倍计算；

每个喷射口的直径 $D_{喷}$ 按式（2-64）计算。

$$D_{喷} = \sqrt{\frac{4Q_{pL0}}{\pi v}} \tag{2-64}$$

式中 Q_{pL0}——每个喷射口的泡沫流量（L/s），并换算成（m^3/s）为

$$Q_{pL0} = \frac{Q_{pL}}{n}$$

v——泡沫进入油品的流速（m/s），一般不应小于 3m/s；

n——喷射口设置数量。

泡沫喷射口应安装在高于储罐积水层 0.3m 的位置，泡沫喷射口的设置数量不应小于表 2-144 的规定。

泡沫喷射口设置数量 **表 2-144**

储罐直径(m)	泡沫产生器设置数量(个)	储罐直径(m)	泡沫产生器设置数量(个)
≤23	1	>33 且≤40	3
>23 且≤33	2		

注：对于直径大于 40m 的储罐，其横截面积每增加 400m²，应至少增加一个泡沫喷射口。

4）泡沫混合液设计流量

根据实际采用的泡沫产生器数量 n_1，按式（2-65）计算泡沫混合液设计流量 $Q_{1设}$。

$$Q_{1设} = n_1 q_1 \tag{2-65}$$

5）扑救流散液体火灾所需泡沫混合液流量 Q_2 按式（2-66）计算。

$$Q_2 = n_2 q_2 \tag{2-66}$$

式中 n_2——需配置的泡沫枪支数；

q_2——每只泡沫枪的泡沫混合液流量（L/min）。

6）系统所需的泡沫混合液流量 Q 按式（2-67）计算。

$$Q = Q_{1设} + Q_2 \tag{2-67}$$

7）泡沫混合液总量 W 按式（2-68）计算。

$$W = W_1 + W_2 + W_G \tag{2-68}$$

式中 W_1——扑救贮罐火灾所需的泡沫混合液量（m^3）；

$$W_1 = Q_{1设} t_1 \times \frac{1}{1000}$$

t_1——贮罐的泡沫混合液连续供给时间（min）；

W_2——扑救流散液体火灾的泡沫混合液量（m^3）；

$$W_2 = Q_2 t_2 \times \frac{1}{1000}$$

t_2——扑救流散火灾的泡沫混合液连续供给时间（min）；

W_G——充满管道所需的泡沫混合液量（m^3）；

$$W_G = \frac{1}{4}\pi d^2 L$$

d——泡沫混合液输送管道内径（m）；

L——泡沫混合液输送管道长度（m）。

8）泡沫液总储量 W_p 按式（2-69）计算。

$$W_p = Wb\% \tag{2-69}$$

式中　$b\%$——采用的泡沫液混合比，一般多用6%的混合比。

计算泡沫液总贮量，一般以最不利情况（最大的罐，或最远的罐）作为计算对象，对不同情况进行核算，最终确定泡沫液总贮量。当扑救流散液体火灾是采用泡沫消防车等其他手段时，则计算 W 时可扣去 W_2 值。

9）储水池容积 W_q 的计算

对于只设泡沫消防泵房，消防冷却水量由外部给水管网或另建消防水泵房供水时，可按配制泡沫混合液所需水量式（2-70）来确定水池有效容积。

$$W_s = W(1-b\%) \tag{2-70}$$

式中　W_s——配制泡沫混合液所需的水量（m^3）。

若泡沫混合液和消防水泵共建一个泵房，合建一座水池时，则水池的容量应包括三部分，如式（2-71）所示：

$$W_q = W_s + W_Z + W_L \tag{2-71}$$

式中　W_q——合建水池的总容积（m^3）；

W_s——着火油罐的冷却用水量（m^3）；

W_L——邻近油罐的冷却用水量（m^3）。

W_Z、W_L 的计算应遵守相关规范的规定。

10）泡沫管道的计算

泡沫管道的阻力损失按式（2-72）计算。

$$h_0 = CQ_{pL}^{1.72} \tag{2-72}$$

式中　h_0——泡沫管道单位长度水头损失（Pa/10m）；

C——管道水头损失系数，见表2-145。

泡沫管道水头损失系数 *C*　　**表 2-145**

管径(mm)	管道水头损失系数 *C*	管径(mm)	管道水头损失系数 *C*
100	12.920	250	0.210
150	2.140	300	0.111
200	0.555	350	0.070

泡沫管道上阀门和部分管件的当量长度按表2-146确定。

阀门和管件的当量长度　　**表 2-146**

当量长度(m)　公称直径(mm) 管件种类	150	200	250	300
闸　阀	1.25	1.50	1.75	2.00
90°弯头	4.25	5.0	6.75	8.00
旋启式止回阀	12.00	15.25	20.50	24.50

泡沫管道的沿程和局部损失之和 H_3 按式（2-73）计算。

$$H_3 = 10^{-1} \times h_0 L_G \tag{2-73}$$

式中 L_G——管道的长度和配件的当量长度之和（m）。

11）泡沫产生器的出口压力（即背压）H_P按式（2-74）计算。

$$H_P = \frac{H_1}{10^6} + \frac{H_2}{10^2} + \frac{H_3}{10^6} \tag{2-74}$$

式中 H_P——泡沫产生器出口压力（MPa），一般控制 $H_P < 0.175$MPa；

H_1——罐内油品的静压头（Pa），

$$H_1 = \gamma h$$

γ——油品重度（N/m^3），各厂生产的各种油品其 γ 值均不相同，设计时应取得所贮存油品的 γ 值来进行计算。表 2-147 仅供参考。

各种油品 γ 值参考数据 **表 2-147**

名 称	汽 油	航 煤	灯 煤	轻柴油	重柴油	燃料油
重度（N/m^3）	7250～7300	7750～8000	8100	8100～8400	8400～8600	9000～9200

h——喷射口与储罐最高液面的垂直高差（m）；

H_2——泡沫产生器与油罐内泡沫喷射口的高程差（m）；

H_3——泡沫管道的沿程和局部损失之和（Pa）。

12）比例混合器与泡沫混合液管道的确定

① 根据计算得出的泡沫混合液流量 Q，确定比例混合器的型号、个数及泡沫混合液管道的管径。

② 目前国内较多采用环泵式泡沫比例混合器，在确定比例混合器个数时应考虑备用，备用量可按 25%考虑，但不少于一个。

③ 储罐上液上喷射系统泡沫混合液管道的设置应符合下列规定：

a. 每个泡沫产生器应用独立的混合液管道引至防火堤外；

b. 除立管外，其他泡沫混合液管道不得设置在罐壁上；

c. 连接泡沫产生器的泡沫混合液立管应用管卡固定在罐壁上，管卡间距不宜大于 3m；

d. 泡沫混合液的立管下端应设锈渣清扫口。

④ 防火堤内泡沫混合液或泡沫管道的设置应符合下列规定：

a. 地上泡沫混合液或泡沫水平管道应敷设在管墩或管架上，与罐壁上的泡沫混合液立管之间宜用金属软管连接；

b. 埋地泡沫混合液管道或泡沫管道距离地面的深度应大于 0.3m，与罐壁上的泡沫混合液立管之间应用金属软管或金属转向接头连接；

c. 泡沫混合液或泡沫管道应有 3‰的放空坡度；

d. 在液下喷射系统靠近储罐的泡沫管线上，应设置用于系统试验的带可拆卸盲板的支管；

e. 液下喷射系统的泡沫管道上应设置钢制控制阀和逆止阀，并应设置不影响泡沫灭火系统正常运行的防油品渗漏设施。

⑤防火堤外泡沫混合液或泡沫管道的设置应符合下列规定：

a. 固定式液上喷射系统，对每个泡沫产生器，应在防火堤外设置独立的控制阀；

b. 半固定式液上喷射系统，对每个泡沫产生器，应在防火堤外距地面 0.7m 处设置带闷盖的管牙接口；半固定式液下喷射系统的泡沫管道应引至防火堤外，并应设置相应的高背压泡沫产生器快装接口；

c. 泡沫混合液管道或泡沫管道上应设置放空阀，且其管道应有 2‰的坡度坡向放空阀。

13）防火堤规定

有关防火堤的规定：见表 2-148。

有关防火堤的规定　　**表 2-148**

<table>
<tr><td rowspan="2">防火堤内坡脚线与罐的距离</td><td>立式贮罐</td><td colspan="2">$\frac{1}{2}H$(罐壁高)</td></tr>
<tr><td>卧式贮罐</td><td colspan="2">≥3m</td></tr>
<tr><td rowspan="3">防火堤内的有效容积</td><td colspan="2">固定顶罐</td><td>≥最大贮罐容积</td></tr>
<tr><td colspan="2">浮顶罐或内浮顶罐</td><td>≥最大一个贮罐容积的一半</td></tr>
<tr><td colspan="2">同时设有固定顶罐、浮顶罐和内浮顶罐时</td><td>应取以上两款的较大值</td></tr>
<tr><td rowspan="2">防火堤高度</td><td>立式贮罐</td><td colspan="2">有效容积计算高度加 0.2m，且不宜低于 1m</td></tr>
<tr><td>卧式贮罐</td><td colspan="2">≥0.5m</td></tr>
</table>

14）泵参数确定

根据泡沫混合液流量 Q 确定泵的流量。当采用环泵式比例混合器时，泵的流量应为 $1.1Q$。

泵的扬程按式（2-75）计算。

$$H = h_0 + \Sigma h + h_{吸} + 0.01Z \tag{2-75}$$

式中　H——泵所需的扬程（MPa）；

h_0——最不利点的泡沫产生器的工作压力（MPa）；

Σh——泡沫混合液管道的沿程水头损失和局部水头损失之和（MPa）；

$h_{吸}$——泵的吸入水头损失（MPa）；

Z——最不利泡沫产生器与吸水池最低水位的高程差（m）。

(4) 外浮顶储罐

除计算参数和设计规定不同外，外浮顶储罐泡沫灭火系统的计算过程与固定顶储罐相似。

1）扑救储罐火灾所需的泡沫混合液流量

$$Q_1 = FI$$

式中　Q_1——泡沫混合液流量(L/min)；

F——保护面积(m^2)，钢制单盘式与双盘式外浮顶储罐的保护面积应按罐壁与泡沫堰板之间的环形面积计算；

I——泡沫混合液供给强度[L/(min·m^2)]；

非水溶性液体的泡沫混合液供给强度不应小于 12.5L/(min·m^2)，连续供给时间不应小于 30min，单个泡沫产生器的最大保护周长应符合表 2-149 的规定。不能满足上述要求时，需增加 n_1 值。

单个泡沫产生器的最大保护周长　　表 2-149

泡沫喷射口设置部位	堰板高度(m)		保护周长(m)
管壁顶部、密封或挡雨板上方	软密封	≥0.9	24
	机械密封	<0.6	12
		≥0.6	24
金属挡雨板下部	<0.6		18
	≥0.6		24

注：当采用从金属挡雨板下部喷射泡沫的方式时，其挡雨板必须是不含任何可燃材料的金属板。

2）泡沫堰板的设计应符合下列规定：

① 当泡沫喷射口设置在罐壁顶部、密封或挡雨板上方时，泡沫堰板应高出密封 0.2m；当泡沫喷射口设置在金属挡雨板下部时，泡沫堰板高度不应小于 0.3m。

② 当泡沫喷射口设置在罐壁顶部时，泡沫堰板与罐壁的间距不应小于 0.6m；当泡沫喷射口设置在浮顶上时，泡沫堰板与罐壁的间距不宜小于 0.6m。

③ 应在泡沫堰板的最低部位设置排水孔，排水孔的开孔面积宜按每 $1m^2$ 环形面积 $280mm^2$ 确定，排水孔高度不宜大于 9mm。

3）泡沫产生器与泡沫喷射口的设置应符合下列规定：

① 泡沫产生器的型号和数量应通过计算确定。

② 泡沫喷射口设置在罐壁顶部时，应配置泡沫导流罩。

③ 泡沫喷射口设置在浮顶上时，其喷射口应采用两个出口直管段的长度均不小于其直径 5 倍的水平 T 型管，且设置在密封或挡雨板上方的泡沫喷射口在伸入泡沫堰板后应向下倾斜 30°～60°。

4）当泡沫产生器与泡沫喷射口设置在罐壁顶部时，储罐上泡沫混合液管道设置应符合下列规定：

① 可每两个泡沫产生器合用一根泡沫混合液立管；

② 当三个或三个以上泡沫产生器一组在泡沫混合液立管下端合用一根管道时，宜在每个泡沫混合液立管上设置常开控制阀；

③ 每根泡沫混合液管道应引至防火堤外，且半固定式泡沫灭火系统的每根泡沫混合液管道所需的混合液流量不应大于一台消防车的供给量；

④ 连接泡沫产生器的泡沫混合液立管应用管卡固定在罐壁上，管卡间距不宜大于 3m，泡沫混合液的立管下端应设锈渣清扫口。

5）当泡沫产生器与泡沫喷射口设置在浮顶上，且泡沫混合液管道从储罐内通过时，应符合下列规定：

① 连接储罐底部水平管道与浮顶泡沫混合液分配器的管道应采用具有重复扭转运动轨迹的耐压、耐候性不锈钢复合软管；

② 软管不得与浮顶支承相碰撞，且应避开搅拌器；

③ 软管与储罐底部的伴热管距离应大于 0.5m。

6）防火堤内泡沫混合液管道的设置与固定顶储罐相同，防火堤外泡沫混合液管道的设置应符合下列规定：

① 固定式泡沫灭火系统的每组泡沫产生器应在防火堤外设置独立的控制阀；

② 半固定式泡沫灭火系统的每组泡沫产生器应在防火堤外距地面 0.7m 处设置带闷盖的管牙接口；

③ 泡沫混合液管道上应设置放空阀，且其管道应有 2‰的坡度坡向放空阀。

7）储罐梯子平台上管牙接口或二分水器的设置应符合下列规定：

① 直径不大于 45m 的储罐，储罐梯子平台上应设置带闷盖的管牙接口；直径大于 45m 的储罐，储罐梯子平台上应设置二分水器；

② 管牙接口或二分水器应由管道接至防火堤外，且管道的管径应满足所配泡沫枪的压力、流量要求；

③ 应在防火堤外的连接管道上设置管牙接口，管牙接口距地面高度宜为 0.7m；

④ 当与固定式泡沫灭火系统连通时，应在防火堤外设置控制阀。

（5）内浮顶储罐

除计算参数和设计规定不同外，内浮顶储罐泡沫灭火系统的计算过程与固定顶储罐、外浮顶储罐相似。

1）钢制单盘式、双盘式与敞口隔舱式内浮顶储罐的保护面积，应按罐壁与堰板的环形面积确定；其他内浮顶储罐保护面积计算方法同固定顶储罐。

2）钢制单盘式、双盘式与敞口隔舱式内浮顶储罐的泡沫堰板设置、单个泡沫产生器保护周长、泡沫混合液供给强度及连续供给时间应符合下列规定：

① 泡沫堰板与罐壁的距离不应小于 0.55m，其高度不应小于 0.5m；

② 单个泡沫产生器保护周长不应大于 24m；

③ 非水溶性液体的泡沫混合液供给强度不应小于 12.5L/(min·m^2)；

④ 水溶性液体的泡沫混合液供给强度不应小于表 2-150 的规定；

泡沫混合液供给强度和连续供给时间 **表 2-150**

液体类别	供给强度［L/(min·m^2)］
异丙醇、丙酮、甲基异丁酮	18
甲醇、乙醇、正丁醇、丁酮、丙烯腈、醋酸乙酯、醋酸丁酯	18
含氧添加剂含量体积比大于 10%的汽油	9

表 2-150 中未列出的水溶性液体，泡沫混合液供给强度和连续供给时间由试验确定，试验方法参见《泡沫灭火系统设计规范》GB 50151 中的附录 A。

⑤ 泡沫混合液连续供给时间不应小于 30min。

3）按固定顶储罐计算保护面积的内浮顶储罐，其泡沫混合液供给强度和连续供给时间以及泡沫产生器的设置应符合下列规定：

① 非水溶性液体，泡沫混合液供给强度和连续供给时间不应小于表 2-141 的规定；

② 水溶性液体，当设有泡沫缓冲装置时，泡沫混合液供给强度和连续供给时间不应小于表 2-142 的规定；

③ 水溶性液体，当未设泡沫缓冲装置时，泡沫混合液供给强度不应小于表 2-142 的规定；连续供给时间不应小于表 2-150 的规定；

④ 泡沫产生器的型号和数量应根据计算所需泡沫混合液流量确定，数量不应少于 2 个，设置 2 个以上的不应小于表 2-143 的规定；

⑤ 一个储罐所需的泡沫产生器宜选用同规格的泡沫产生器，且应沿罐周均匀布置。

4）按固定顶储罐计算保护面积的内浮顶储罐，其泡沫混合液管道的设置要求与固定顶储罐相同；钢制单盘式、双盘式与敞口隔舱式内浮顶储罐，其泡沫混合液管道的设置要求与外浮顶储罐相同。

（6）其他场所

1）当甲、乙、丙类液体槽车装卸栈台设置泡沫枪或泡沫炮系统时，应符合下列规定：

① 应能保护泵、计量仪器、车辆及与装卸产品有关的各种设备；

② 火车装卸栈台的泡沫混合液流量不应小于 30L/s；

③ 汽车装卸栈台的泡沫混合液流量不应小于 8L/s；

④ 泡沫混合液连续供给时间不应小于 30min。

2）设有围堰的非水溶性液体流淌火灾场所，其保护面积应按围堰包围的地面面积与其中不燃结构占据的面积之差计算，其泡沫混合液供给强度和连续供给时间不应小于表 2-151 的规定；

泡沫混合液供给强度和连续供给时间　　表 2-151

泡沫液种类	供给强度 [L/(min·m^2)]	连续供给时间(min)	
		甲、乙类液体	丙类液体
蛋白、氟蛋白	6.5	40	30
水成膜、成膜氟蛋白	6.5	30	20

3）当甲、乙、丙类液体泄漏导致的室外流淌火灾场所设置泡沫枪、泡沫炮系统时，应根据保护场所的具体情况确定最大流淌面积，其泡沫混合液供给强度和连续供给时间不应小于表 2-152 的规定；

泡沫混合液供给强度和连续供给时间　　表 2-152

泡沫液种类	供给强度 [L/(min·m^2)]	连续供给时间 (min)	液体种类
蛋白、氟蛋白	6.5	15	非水溶性液体
水成膜、成膜氟蛋白	5.0	15	
抗溶泡沫	12	15	水溶性液体

4）公路隧道泡沫消火栓箱的设置应符合下列规定：

① 设置间距不应大于 50m；

② 应配置带开关的吸气型泡沫枪，其泡沫混合液流量不应小于 30L/min，射程不应小于 6m；

③ 泡沫混合液连续供给时间不应小于 20min，且宜配备水成膜泡沫液；

④ 软管长度不应小于 25m。

(7) 示例

【例】 某工厂罐区内设有 $1000m^3$ 的拱顶罐 2 个，罐内装轻柴油。油罐的外形尺寸参数如下：

底圈直径	11.58m
罐壁高度	10.58m
燃烧面积	$105.32m^2$

两罐的中心距离 22m，泡沫泵房距两罐中心线 45m，见图 2-153，若泡沫系统用水和油罐的冷却用水均由泡沫泵房供给，试设计计算该泡沫灭火系统。

【解】 本设计采用固定式低倍数液上喷射泡沫灭火系统。

(1) 防火堤的设置及核算：根据立式贮罐至防火堤内堤脚线的距离不应小于罐壁高度一半的规定，取防火堤内的净尺寸为 46.0m×24.0m。

在计算防火堤内的有效容积时，应扣除另一贮罐的占地面积，故防火堤的计算高度为

$$h=\frac{1000}{46\times24-\frac{1}{4}\times3.14\times11.58^2}=1.0\text{m}$$

防火堤的实高取 1.2m。

(2) 泡沫混合液流量计算：

1) 扑救贮罐火灾所需的泡沫混合液流量 Q_1 为

$$Q_1=FI=105.32\text{m}^2\times6.0\text{L/(min}\cdot\text{m}^2)=631.92\text{L/min}=10.532\text{L/s}$$

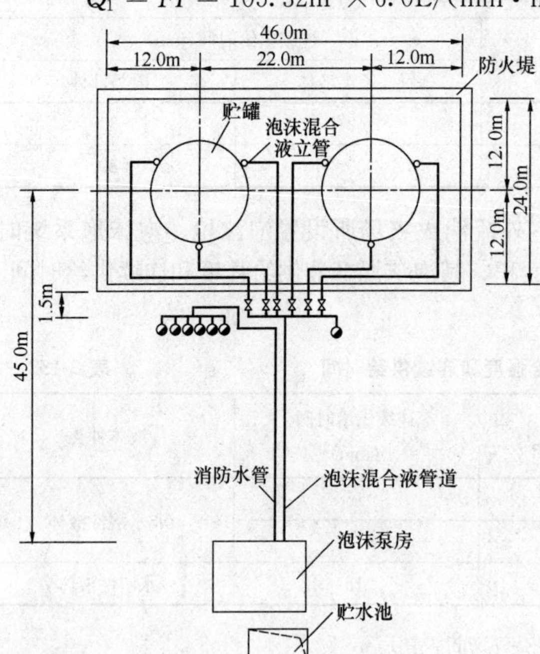

图 2-153 计算用图

选用 PC4 型横式液上喷射型空气泡沫产生器，查产品样本 $q_1=4\text{L/s}$，则泡沫产生器的个数：

$$n_1=\frac{Q_1}{q_1}=\frac{10.532}{4}=2.633\text{ 个}$$

实取 $n_{1设}=3$。

则 $Q_{1设}=n_{1设}q_1=12\text{L/s}=720\text{L/min}$

2) 扑救流散液体火灾所需泡沫混合液流量 Q_2 为

$$Q_2=n_2q_2$$

配 PQ8 型泡沫枪 1 支，每支泡沫枪的泡沫混合液流量 $q_2=8\text{L/s}$。

得 $Q_2=1\times8=8\text{L/s}=480\text{L/min}$

3) 系统所需的泡沫混合液流量 Q 为

$$Q=Q_{1设}+Q_2=20\text{L/s}$$

(3) 泡沫液总贮量计算：

1) 泡沫混合液总量 W：

①扑救贮罐火灾所需的泡沫混合液量 W_1：查表 2-141，拱顶罐泡沫连续供给时间不应小于 40min，则

$$W_1 = Q_{1设}t_1 = 720 \times 40 = 28800\text{L} = 28.8\text{m}^3$$

②扑救流散火灾的泡沫混合液量 W_2：扑救贮罐直径<23m 油罐罐区流散火灾泡沫连续供给时间，不应小于 10min。则

$$W_2 = Q_2t_2 = 480 \times 10 = 4800\text{L} = 4.8\text{m}^3$$

③充满管道所需的泡沫混合液量 W_G：按泡沫混合液管道的流速不大于 3m/s 的要求确定管径。

泵房至防火堤外分配管：

$$Q = 20\text{L/s}，采用\ \phi114 \times 4\ 钢管，i = 0.107$$

分配管至各泡沫产生器支管：

$$Q = 4\text{L/s}，采用\ \phi75 \times 3.75\ 钢管，i = 0.0468$$

至最远泡沫产生器：

$$\phi114 \times 4\ 钢管\ 36\text{m}，\phi75 \times 3.75\ 钢管\ 45\text{m}$$

管道容积 W_G：

$$\Sigma \frac{\pi}{4}d_i^2L_i = \frac{3.14}{4}(0.106^2 \times 36 + 0.068^2 \times 45) = 0.48\text{m}^3$$

则泡沫混合液总量：

$$W = W_1 + W_2 + W_G = 28.8 + 4.8 + 0.48 = 34.08\text{m}^3$$

2）泡沫液总量 W_p：采用 6%型蛋白泡沫液，则

$$W_p = W \times 6\% = 34.08 \times 6\% = 2.04\text{m}^3$$

（4）比例混合器的选择：Q=20L/s。查比例混合器产品样本，选用 2 台 PH32 型环泵式泡沫比例混合器，一台指针指在“16”，一台指针指在“4”，即可满足要求。

（5）泡沫混合液泵的选择：

1）按罐顶空气泡沫产生器工况计算：

①泵的流量： $Q_泵=1.1Q=22\text{L/s}$

②泵的扬程： $H_泵=h_0+\Sigma h+h_吸+0.01Z$

③PC4 型泡沫产生器工作压力：$h_0=0.5\text{MPa}$

④泡沫混合液管道的水头损失（沿程+局部）：

$$\Sigma h = 1.2 \times (36 \times 0.107 + 45 \times 0.00468) = 4.88\text{m} = 0.0488\text{MPa}$$

⑤泵吸水管水头损失：$h_吸=0.5\text{m}=0.005\text{MPa}$

⑥最不利泡沫产生器与吸水池最低水位的高程差：$Z=13.5\text{m}$

$$H_泵=0.5+0.0488+0.005+0.01\times13.5=0.689\text{MPa}$$

2）按泡沫枪工况计算：

①泵的流量： $Q_泵=22\text{L/s}$

②泵的扬程： $H'_泵 = h'_0 + \Sigma h' + h_吸 + h_带 + 0.01Z'$

③PQ8 型泡沫枪工作压力：$h'_0 = 0.7\text{MPa}$

④泡沫混合液管道的水头损失（沿程+局部）：

$$\Sigma h' = 1.2 \times 36 \times 0.107 = 4.62\text{m} = 0.0462\text{MPa}$$

⑤泡沫混合液泵吸水管水头损失：$h_吸=0.5\text{m}=0.005\text{MPa}$

⑥衬胶水龙带水头损失：$h_带=4.7\text{m}=0.047\text{MPa}$

⑦泡沫枪位置与吸水池最低水位的高程差：$Z'=2.5\text{m}$

$$H'_{泵}=0.7+0.0462+0.005+0.047+0.01\times2.5=0.832\text{MPa}$$

按 $Q_{泵}$ 和 $H'_{泵}$ 选择泡沫混合液泵。

(6) 水泵的选择：油罐冷却采用移动冷却方式。根据《石油库设计规范》，固定顶着火油罐冷却水供给强度为 0.6L/(s・m)，计算长度为油罐周长，相邻不保温油罐冷却水供给强度为 0.35L/(s・m)，计算长度为油罐周长的一半。则

油罐的冷却水量：

$$Q_{冷}=0.6\times3.14\times11.58+0.35\times3.14\times11.58\times\frac{1}{2}=28.18\text{L/s}$$

油罐的周长为 36.36m，每支水枪能保护 8～10m 油罐壁，则冷却着火油罐需 4 支水枪，冷却相邻油罐需 2 支水枪。

水枪采用 $\phi16$ 口径，15m 充实水柱，25m 长、$DN65$ 衬胶水带。每支水枪流量 4.8L/s，水枪进口水压 0.29MPa，水带水头损失 0.01MPa。

冷却用水输水管采用 $DN150$ 给水铸铁管，长为 38m。当通过流量 $Q_{冷}=4.8\times6=28.8\text{L/s}$ 时，水力坡降 $i=0.0347$。消火栓与吸水池最低水位的高程差 2.5m，泵吸入管的水头损失取 0.5m，则水泵的扬程：

$$H_{冷}=0.29+0.01+0.01\times(2.5+0.5+1.2\times0.0347\times38)=0.346\text{MPa}$$

按 $Q_{冷}$ 和 $H_{冷}$ 选择水泵。

(7) 水池容积计算：

1) 配制泡沫混合液所需的水量 W_s：

$$W_s=W(1-6\%)=34.08\times94\%=32.04\text{m}^3$$

2) 油罐冷却所需的水量 W_t：按《石油库设计规范》规定，直径小于 20m 的固定顶罐，冷却水供给时间为 4h。

$$W_t=\frac{1}{1000}\times28.8\times3600\times4=414.72\text{m}^3$$

3) 水池在冷却时间内的补充水量 W_0：水池补充水管采用 $DN100$ 铸铁给水管，有保证的补水流量为 $30\text{m}^3/\text{h}$。

$$W_0=30\times4=120\text{m}^3$$

水池的有效容积 V 应为

$$V=W_s+W_t-W_0=32.04+414.72-120=326.76\text{m}^3$$

选用 400m^3 矩形钢筋混凝土水池 1 座。水池采用半地下式（使水泵及泡沫液混合泵能自灌），其最高水位与泡沫混合液泵吸入口的高程差控制在 3m 以内。

2.8.4 中倍数泡沫灭火系统

(1) 适用范围

中倍数泡沫灭火系统包括全淹没系统、局部应用系统和移动式系统三种形式。

1) 全淹没系统可用于小型封闭空间场所与设有阻止泡沫流失的固定围墙或其他围挡设施的小场所。

2) 局部应用系统可用于下列场所：

① 四周不完全封闭的A类火灾场所；

② 限定位置的流散B类火灾场所；

③ 固定位置面积不大于$100m^2$的流淌B类火灾场所。

3）移动式系统可用于下列场所：

① 发生火灾的部位难以确定或人员难以接近的较小火灾场所；

② 流散的B类火灾场所；

③ 不大于$100m^2$的流淌B类火灾场所。

（2）系统设计参数

1）全淹没系统的设计参数宜由试验确定，也可采用高倍数泡沫灭火系统的设计参数。

2）对于A类火灾场所，局部应用系统的设计应符合下列规定：

① 覆盖保护对象的时间不应大于2min；

② 覆盖保护对象最高点的厚度宜由试验确定，但不应小于0.6m；

③ 泡沫混合液连续供给时间不应小于12min。

3）对于流散B类火灾场所或面积大于$100m^2$的流淌B类火灾场所，局部应用系统或移动式系统的泡沫混合液供给强度与连续供给时间，应符合下列规定：

① 沸点不低于45℃的非水溶性液体，泡沫混合液供给强度应大于$4L/(min \cdot m^2)$；

② 室内场所的泡沫混合液连续供给时间应大于10min；

③ 室外场所的泡沫混合液连续供给时间应大于15min；

④ 水溶性液体、沸点低于45℃的非水溶性液体，设置泡沫灭火系统的适用性及其泡沫混合液供给强度，应由试验确定。

（3）油罐区系统设计

中倍数泡沫灭火系统用于扑救油罐区火灾时，按泡沫混合液供给强度计算。

丙类固定顶与内浮顶油罐，单罐容量小于$1000m^3$的甲、乙类固定顶与内浮顶油罐，采用固定式灭火系统。

油罐中倍数泡沫灭火系统应采用液上喷射形式，且保护面积应按油罐的横截面积确定。

系统扑救一次火灾的泡沫混合液设计用量，应按罐内用量、该罐辅助泡沫枪用量、管道剩余量三者之和最大的油罐确定。

1）扑救贮罐火灾所需的泡沫混合液流量Q_1按式（2-76）计算。

$$Q_1 = FI \tag{2-76}$$

式中 Q_1——泡沫混合液流量（L/min）；

F——油罐防护面积（m^2）；

I——泡沫混合液供给强度，应大于$4L/(min \cdot m^2)$，水溶性B类火灾应由试验确定。

贮罐配置的中倍数泡沫产生器个数n_1按式（2-77）计算。

$$n_1 = \frac{Q_1}{q_1} \tag{2-77}$$

式中 q_1——每个泡沫产生器在额定工作压力下泡沫混合液流量。

对于外浮顶罐和单、双盘内浮顶罐，除了根据上式计算泡沫产生器的个数外，还需根据泡沫产生器的最大保护周长进行核算，超过时还需增加泡沫产生器的个数。

一般来说，500m^3 以下油罐可设一个泡沫产生器，500m^3 以上的油罐宜设两个以上泡沫产生器。

泡沫产生器应沿罐周均匀布置，当泡沫产生器数量大于或等于 3 个时，可每两个产生器共用一根管道引至防火堤外。

根据实际采用的泡沫产生器数量 $n_{1实}$，按式（2-78）求出贮罐设计供给的泡沫混合液流量 $Q_{1设}$。

$$Q_{1设} = n_{1实} q_1 \tag{2-78}$$

2）扑救流散液体火灾所需泡沫混合液流量 Q_2

扑救储罐区内流散火灾所需泡沫枪数量和流量应按表 2-150 确定，从而求得 Q_2。

3）系统所需的泡沫混合液流量 Q 按式（2-79）计算。

$$Q = Q_{1设} + Q_2 \tag{2-79}$$

4）泡沫液总贮量计算

在计算泡沫液总贮量时，应考虑罐区内最不利点的灭火情况，即选择罐区内最大一个油罐灭火和充满最远一个油罐的管路所需的泡沫液量。若考虑扑救流散液体火灾，应再包括该部分的泡沫液量作为泡沫液的总贮量。按式(2-80)～式(2-83)进行计算。

$$W_P = W_D + W_G + W_L \tag{2-80}$$

$$W_D = Q_{1设} t_1 K \tag{2-81}$$

$$W_G = \frac{\pi}{4} d^2 L K \tag{2-82}$$

$$W_L = Q_2 t_2 K \tag{2-83}$$

式中 W_P——系统用泡沫液的最小贮备量（L）；

W_D——最大一个油罐用泡沫液的贮备量（L）；

W_G——泡沫液贮罐至最远油罐泡沫产生器之间管道中的泡沫液量（L）；

W_L——扑救流散液体火灾所需的泡沫流量（L）；

d——泡沫混合液输送管内径（m）；

L——泡沫混合液输送管长度（m）；

K——泡沫液的混合比，当采用 6％型中倍数泡沫液时，取 0.08；

t_1——扑灭罐体火灾的泡沫混合液连续供给时间，不应小于 30min；

t_2——扑灭流散液体火灾的泡沫混合液连续供给时间，见表 2-153。

中倍数泡沫枪数量和连续供给时间 **表 2-153**

油管直径(m)	泡沫枪流量(L/s)	泡沫枪数量(支)	连续供给时间(min)
≤10	3	1	10
>10 且≤20	3	1	20
>20 且≤30	3	2	20
>30 且≤40	3	2	30
>40	3	3	30

5）系统用水最小贮备量 W_S 按式（2-84）计算。

$$W_S = \frac{1-K}{K} \cdot \frac{W_P}{1000} \tag{2-84}$$

在油罐区内还应考虑油罐冷却用水量，依据《石油库设计规范》相关条款确定。

中倍数泡沫灭火系统用于油罐灭火时，一般采用环泵式比例混合器。有关比例混合器、泵、泡沫液贮罐、水池、泡沫混合液管道等的选择，可参照低倍数泡沫灭火系统的相关内容。

2.8.5 高倍数泡沫灭火系统

高倍数泡沫灭火系统包括全淹没系统、局部应用系统、移动式系统三种形式。选用哪种形式的灭火系统，应根据防护区的总体布局、火灾危害程度、火灾种类和扑救条件等因素，经综合技术经济比较后确定。

（1）全淹没系统

1）适用范围

全淹没系统可用于下列场所：

① 封闭空间场所；

② 设有阻止泡沫流失的固定围墙或其他围挡设施的场所。

2）系统组成

全淹没系统是将高倍数泡沫按规定的高度充满保护区域，并保持泡沫到需要的时间。在保护区域内的高倍数泡沫以全淹没的方式封闭火灾区域，阻止连续燃烧所必需的新鲜空气接近火焰，使其窒息、冷却，达到控制和扑灭火灾的目的。

该系统一般采用固定式，由水泵、泡沫液泵、水池（或水箱）、泡沫液贮罐、比例混合器、泡沫产生器以及相应的管道、阀门、管道过滤器、压力开关等，再配以火灾探测器、报警装置和控制装置等组成。

3）设计计算

①泡沫最小供给速率 R 按式（2-85）和式（2-86）计算。

$$R = \left(\frac{V}{T} + R_S\right) C_N C_L \tag{2-85}$$

$$V = SH - V_g \tag{2-86}$$

式中 R——泡沫供给速率（m^3/min）；

V——淹没体积（m^3）；

S——防护区地面面积（m^2）；

H——泡沫淹没深度（m）：

a. 对A类火灾，H 不应小于最高保护对象的1.1倍，且应高出最高保护对象最高点0.6m；

b. 对B类火灾的汽油、煤油、柴油或苯等 H 应高于起火部位2m，其他可燃液体 H 应由试验确定；

V_g——固定的机器设备等不燃物体所占的体积（m^3）；

T——淹没时间（min），指从高倍数泡沫产生器开始喷发泡沫至充满防护区域内规定的淹没体积所需的时间。T 不宜超过表 2-154 规定的时间。

淹没时间　　表 2-154

可燃物	单位	高倍数泡沫灭火系统单独使用	高倍数泡沫灭火系统与自动喷水灭火系统联合使用
闪点不超过 40℃的非水溶性液体	min	2	3
闪点超过 40℃的非水溶性液体	min	3	4
发泡橡胶、发泡塑料、成卷的织物或皱纹纸等低密度可燃物	min	3	4
成卷的纸、压制牛皮纸、涂料纸、纸板箱、纤维圆筒、橡胶轮胎等高密度可燃物	min	5	7

注：水溶性液体的淹没时间应由试验确定。

C_N ——泡沫破裂补偿系数，宜取 1.15；

C_L ——泡沫泄漏补偿系数，宜取 1.05～1.2；

R_S ——喷水造成的泡沫破泡率（m^3/min）：

a. 当高倍数泡沫灭火系统与自动喷水灭火系统联合使用时，按式（2-87）计算：

$$R_S = L_S Q_R \tag{2-87}$$

其中 L_S ——泡沫破泡率与水喷头排放速率之比，应取 $0.0748m^3/min$；

Q_R ——预计动作的最大水喷头数目的总流量。

b. 当高倍数泡沫灭火系统单独使用时 R_S 可为零。

②泡沫产生器的数量按式（2-88）计算。

$$N = \frac{R}{r} \tag{2-88}$$

其中 N——防护区泡沫产生器设置的计算数量（台）；

r ——每台泡沫产生器在设定平均进口压力下的产泡量（m^3/min）。

实际选用产生器的台数 $N_{实}$ 应大于计算值。

③防护区的泡沫混合液流量 Q_h，按式（2-89）计算。

$$Q_h = N_{实} q_h \tag{2-89}$$

式中 Q_h——泡沫混合液流量（L/min）；

q_h——每台泡沫产生器在设定平均进口压力下泡沫混合液流量（L/min）。

④防护区产泡用泡沫液流量 Q_P 按式（2-90）计算。

$$Q_p = KQ_h \tag{2-90}$$

式中 Q_P——防护区产泡用泡沫液流量（L/min）；

K——混合比，当选用混合比为 3%型泡沫液时，取 0.03；当选用混合比为 6%型泡沫液时，取 0.06。

⑤泡沫液贮量 W_P 按式（2-91）计算。

$$W_P = Q_P t \tag{2-91}$$

式中 W_P ——泡沫液贮量（L）；

t ——泡沫液和水连续供给时间（min）。

泡沫液和水的连续供应时间按表 2-155 执行。

泡沫液和水的连续供给时间 **表 2-155**

系统名称	连续供给时间 t（min）	
	扑救 A 类火灾	扑救 B 类火灾
全淹没式	＞25	＞15
局部应用式	＞12	＞12

注：当局部应用式高倍数泡沫灭火系统用于控制液化石油气和液化天然气流淌火灾时，系统泡沫液和水的连续供应时间应超过 40min。

对于 A 类火灾，其泡沫淹没体积的保持时间应符合下列规定：

a. 单独使用高倍数泡沫灭火系统时，应大于 60min；

b. 与自动喷水灭火系统联合使用时，应大于 30min。

⑥防护区产泡用水流量 Q_S 按式（2-92）计算。

$$Q_S = Q_b(1-K) \tag{2-92}$$

式中 Q_S——产泡用水流量（L/min）。

⑦水贮量 W_S 按式（2-93）计算。

$$W_S = Q_S t \tag{2-93}$$

4）设计规定

全淹没系统的防护区应为封闭或设置灭火所需的固定围挡的区域，且应符合下列规定：

① 泡沫的围挡应为不燃结构，且应在系统设计灭火时间内具备围挡泡沫的能力；

② 在保证人员撤离的前提下，门、窗等位于设计淹没深度以下的开口，应在泡沫喷放前或泡沫喷放的同时自动关闭；对于不能自动关闭的开口，全淹没系统应对其泡沫损失进行相应补偿；

③ 利用防护区外部空气发泡的封闭空间，应设置排气口，排气口的位置应避免燃烧产物或其他有害气体回流到高倍数泡沫产生器进气口；

④ 在泡沫淹没深度以下的墙上设置窗口时，宜在窗口部位设置网孔基本尺寸不大于 3.15mm 的钢丝网或钢丝纱窗；

⑤ 排气口在灭火系统工作时应自动或手动开启，其排气速度不宜超过 5m/s。

防护区内应设置排水设施。

选用贮水设备时，其有效容积应超过计算水量的 1.15 倍，且宜设水位指示装置。

配制泡沫混合液的水温宜为 5～38℃。

其他如水泵、泡沫液泵、比例混合器和管道、附件的计算及选用，可参照低倍数泡沫灭火系统的相关内容。

（2）局部应用系统

1）适用范围

局部应用系统可用于固定式和半固定式。该系统工作时与全淹没系统基本相同，区别在于全淹没系统灭火时是将防护区全部淹没，而局部应用系统是在一个大防护区内进行局部应用，即服务范围较小。

局部应用系统可用于下列场所：

① 四周不完全封闭的A类火灾与B类火灾场所；

② 天然气液化站与接收站的集液池或储罐围堰区。

2）设计计算

① 局部应用系统的计算方法和公式，可参照全淹没系统，但要注意泡沫液和水连续供应时间的不同，见表2-155。

② 当用于扑救A类火灾或B类火灾时，泡沫供给速率应符合下列规定：

a. 覆盖A类火灾保护对象最高点的厚度不应小于0.6m；

b. 对于汽油、煤油、柴油或苯，覆盖起火部位的厚度不应小于2m；其他B类火灾的泡沫覆盖厚度应由试验确定；

c. 达到规定覆盖厚度的时间不应大于2min。

（3）移动式系统

1）适用范围

移动式系统可单独设置，也可作为全淹没系统和局部应用系统的补充使用，是建筑物内部火灾、地下工程火灾以及地面上由于燃烧液体泄漏引起的流淌火灾常用、简便而有效的灭火手段。采用该系统的前提是火灾场所周围有固定或临时设置、用不燃或难燃材料组成的围挡。

移动式系统可用于下列场所：

① 发生火灾的部位难以确定或人员难以接近的场所；

② 流淌的B类火灾场所；

③ 发生火灾时需要排烟、降温或排除有害气体的封闭空间。

2）系统组成

移动式灭火系统一般由手提式（或车载式）泡沫产生器、比例混合器、泡沫液桶、水罐消防车（或手抬机动泵）、水带、泡沫枪或泡沫钩管等组成，全部设备都是可移动的。

3）设计规定

① 系统泡沫淹没时间或覆盖保护对象时间、泡沫供给速率与连续供给时间，应根据保护对象类型与规模确定。

② 泡沫液和水的储备量应符合下列规定：

a. 当辅助全淹没高倍数泡沫灭火系统或局部应用高倍数泡沫灭火系统使用时，泡沫液和水的储备量可在全淹没高倍数泡沫灭火系统或局部应用高倍数泡沫灭火系统中的泡沫液和水的储备量中增加5%～10%；

b. 当在消防车上配备时，每套系统的泡沫液储存量不宜小于0.5t；

c. 当用于扑救煤矿火灾时，每个矿山救护大队应储存大于2t的泡沫液。

③ 系统的供水压力可根据高倍数泡沫产生器和比例混合器的进口工作压力及比例混合器和水带的压力损失确定。

④ 用于扑救煤矿井下火灾时，应配置导炮筒，且高倍数泡沫产生器的驱动风压、发泡倍数应满足矿井的特殊需要。

⑤ 泡沫液与相关设备应放置在便于运送到指定防护对象的场所；当移动式高倍数泡沫产生器预先连接到水源或泡沫混合液供给源时，应放置在易于接近的地方，且水带长度

应能达到其最远的防护地。

⑥ 当两个或两个以上移动式高倍数泡沫产生器同时使用时，其泡沫液和水供给源应满足最大数量的泡沫产生器的使用要求。

⑦ 移动式系统应选用有衬里的消防水带，并应符合下列规定：

a. 水带的口径与长度应满足系统要求；

b. 水带应以能立即使用的排列形式储存，且应防潮。

⑧系统所用的电源与电缆应满足输送功率要求，且应满足保护接地和防水的要求。

（4）示例

【例】 某大型单层仓库内，单独设有一个贵重物品贮存库区需重点保护。该库区的平面尺寸为20m×8.1m，四周有砖围墙隔断，但不封顶。围墙高2.8m，贵重物品最大堆高1.8m，物品以纸箱包装。仓库24h有人值班。该贵重物品库区拟采用高倍数泡沫灭火系统，试设计此灭火系统。

【解】 考虑到该仓库附近有专职城市消防队，且仓库24h有人值班，该贵重物品贮存库区采用半固定式局部应用高倍数泡沫灭火系统较为合适。其中，高倍数泡沫产生器、管道过滤器、阀门、管路、管牙接口固定安装，而比例混合器、水带、泡沫液桶及水源等由发生火灾时到现场的消防车供给。其工作原理，见图2-154。

（1）泡沫混合液流量计算：

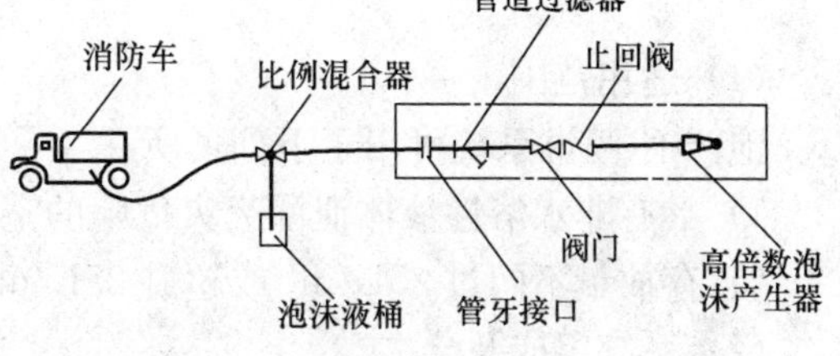

图2-154 高倍数泡沫灭火系统工作原理

1）泡沫最小供给速率R：贵重物品贮存库区面积$S=20\times8.1=162\text{m}^2$；

泡沫淹没深度应高于物品最大堆高0.6m以上，即$H=2.4\text{m}$；

物品以纸箱包装，故$V_g=0$；

淹没体积$V=162\times2.4=388.8\text{m}^3$；

淹没时间查表2-129，纸箱包装的物体，取$T=5\text{min}$；

C_N取1.15，C_L取1.12，R_S为0。代入式（2-85）后得

$$R=\frac{388.8}{5}\times1.15\times1.12=100.15\text{m}^3/\text{min}$$

2）确定泡沫产生器：查样本，选用PFS4型水轮驱动式高倍数泡沫产生器1台。当泡沫混合液进液压力为0.3MPa时，产泡量为108m³/min，混合液流量145L/min，产泡倍数745倍。

泡沫产生器安装在保护库区的砖围墙上，安装高度为3.0m。具体位置要求灭火时泡沫能比较均匀地在整个防护区内形成。

3）防护区泡沫混合液流量Q_h：

当$N_{实}=1$时，

$q_h=145\text{L/min}$。代入式（2-89）得

$$Q_h=1\times145=145\text{L/min}$$

（2）泡沫液总贮量计算：采用3%泡沫液，得$Q_P=KQ_h=0.03\times145=4.35\text{L/min}$。

查表2-155，泡沫液连续供给时间$t=12\text{min}$，则泡沫液贮量：

$$W_P = Q_P t = 4.35 \times 12 = 52.2\text{L}$$

据此配置火灾现场需用的泡沫液贮罐。

(3) 水量计算：

1) 发泡用水流量 Q_S：

$$Q_S = (1-K)Q_h = (1-0.03) \times 145 = 140.65\text{L/min}$$

2) 水贮量 W_S：

$$W_S = Q_S t = 140.65 \times 12 = 1.69\text{m}^3$$

消防车水罐需要容积为 $1.69 \times 1.15 = 1.94\text{m}^3$。

(4) 比例混合器选择：查样本，选用 PHF4 型负压比例混合器 1 台与 PFS4 型水轮驱动式高倍数泡沫产生器配套使用。发生火灾时，接在消防车出水口，然后用水带与管牙接口连接。

(5) 管道及附件的选用：泡沫混合液流量 $Q_h = 145\text{L/min} = 8.7\text{m}^3/\text{h}$。

从管牙接口至管道过滤器选用 $DN50$ 热镀锌钢管，从管道过滤器至泡沫产生器之间选用 $\phi 57 \times 4.5\text{mm}$ 的不锈钢管。管道过滤器、阀门和止回阀的公称直径均为 $DN50$。管牙接口接至仓库墙外，便于消防车接近的地方。

2.8.6 泡沫-水喷淋系统

(1) 适用范围

泡沫-水喷淋系统可用于下列场所：

1) 具有非水溶性液体泄漏火灾危险的室内场所；

2) 存放量不超过 25L/m^2 或超过 25L/m^2 但有缓冲物的水溶性液体室内场所。

(2) 系统组成及分类

泡沫-水喷淋系统是由喷头、报警阀组、水流报警装置（水流指示器或压力开关）等组件，以及管道、泡沫液与水供给设施组成，并能在发生火灾时按预定时间与供给强度向防护区依次喷洒泡沫与水的自动灭火系统。根据采用喷头不同，泡沫-水喷淋系统可分为泡沫-水雨淋系统和闭式泡沫-水喷淋系统。与自动喷水灭火系统一样，闭式泡沫-水喷淋系统又包括预作用系统、湿式系统和干式系统三种类型。

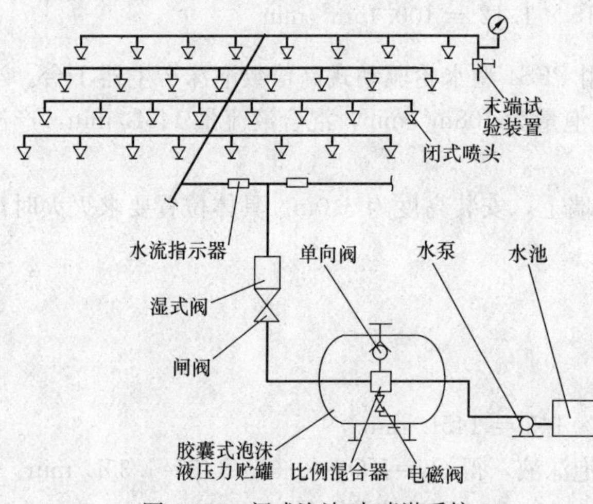

图 2-155 闭式泡沫-水喷淋系统

1) 闭式泡沫-水喷淋系统

闭式泡沫-水喷淋系统一般由水池、水泵、泡沫液储罐、泡沫比例混合器、报警阀、水流指示器管道、闭式喷头及末端试验装置等组成，系统示意见图 2-155。

当有火情发生时，位于保护区的闭式喷头破裂喷水，启动该区域的水流指示器向消防控制室报警；又由于水流通过引起报警阀前后水压不平衡，使报警阀开启，由报警阀上的水力警铃发出声音报警。压力开关启动水泵，输送泡沫混合液至喷头喷出泡沫灭火。

下列场所不宜选用闭式泡沫-水喷淋系统：

① 流淌面积较大、按规定的作用面积不足以保护的甲、乙、丙类液体场所；

② 靠泡沫混合液或水稀释不能有效灭火的水溶性液体场所；

③ 净空高度大于9m的场所。

火灾水平方向蔓延较快的场所不宜选用泡沫-水干式系统。

下列场所不宜选用管道充水的泡沫-水湿式系统：

a. 初始火灾为液体流淌火灾的甲、乙、丙类液体桶装库、泵房等场所；

b. 含有甲、乙、丙类液敞口容器的场所。

2）泡沫-水雨淋系统

根据控制水泵启动的传动系统不同，泡沫-水雨淋系统可分为电动控制和闭式喷头传动控制两种。前者是利用安装在保护区内的感光、感温、感烟探测器发出信号，打开雨淋阀上的电磁阀和启动消防水泵，系统示意见图2-156。后者是利用安装在天花板下的闭式喷头喷水泄压使雨淋阀动作，并由报警阀报警，压力开关动作启动消防泵，系统示意见图2-157。

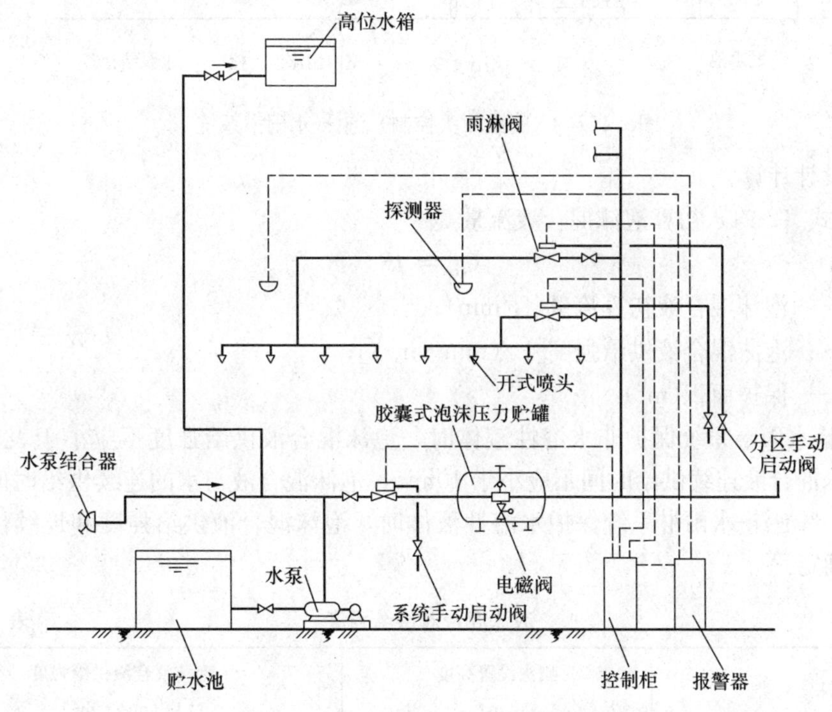

图2-156 （电动控制）泡沫-水雨淋系统

泡沫-水雨淋系统中的雨淋阀、水流指示器、闭式喷头、末端灭试水装置等组件与自动喷水灭火系统基本相同，可参见自动喷水灭火系统的相关内容。

应该指出的是，对泡沫-水喷淋系统来说，不论流量和压力如何变化，都要求有一个精确的混合比。闭式泡沫-水喷淋系统火情发生时，喷头开放的数量不是固定数，可能只有1个或几个，也可能作用面积内的喷头全部开放。因此，宜采用能确保在流量变化范围较大时仍能保证混合比精度的大范围比例混合器。

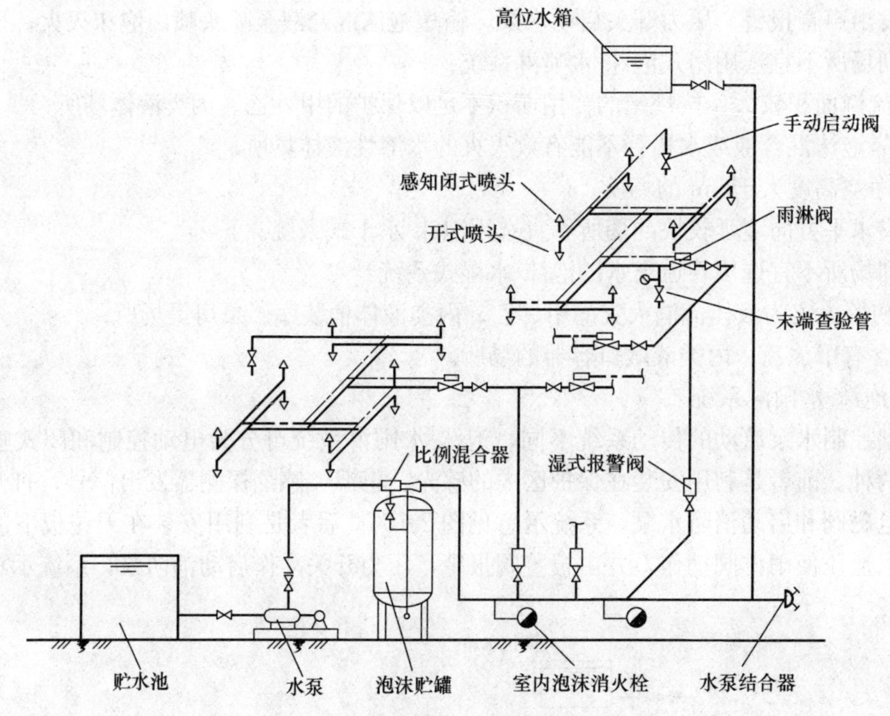

图 2-157 （闭式喷头控制）泡沫-水雨淋系统

（3）设计计算

1）按式（2-94）初算泡沫混合液流量 Q_L

$$Q_L = IS \tag{2-94}$$

式中 Q_L——泡沫混合液初算流量(L/min)；

I——泡沫混合液供给强度[L/(min·m^2)]；

S——保护面积(m^2)。

当泡沫-水雨淋系统保护非水溶性液体时，泡沫混合液供给强度不应小于表 2-156 的规定，泡沫混合液连续供给时间不应小于 10min，泡沫混合液与水的连续供给时间不应小于 60min。当泡沫-水雨淋系统保护水溶性液体时，泡沫混合液供给强度和连续供给时间应由试验确定。

泡沫混合液供给强度 **表 2-156**

泡沫液种类	喷头设置高度(m)	泡沫混合液供给强度[L/(min·m^2)]
蛋白、氟蛋白	≤10	8
	>10	10
水成膜、成膜氟蛋白	≤10	6.5
	>10	8

闭式泡沫-水喷淋系统的泡沫混合液供给强度不应小于 6.5L/(min·m^2)，泡沫混合液连续供给时间不应小于 10min，泡沫混合液与水的连续供给时间不应小于 60min。

2）确定泡沫喷头数量，计算混合液流量

根据保护面积、系统设计供给强度和喷头特性布置喷头，且应符合下列规定：

① 喷头周围不应有影像泡沫喷洒的障碍物；

② 任意四个相邻喷头组成的四边形保护面积内的平均泡沫混合液供给强度不应小于设计供给强度；

③ 对于闭式泡沫-水喷淋系统，任意四个相邻喷头组成的四边形保护面积内的平均泡沫混合液供给强度不应小于设计供给强度，且不宜大于设计供给强度的1.2倍；每只喷头的保护面积不应大于12m²；同一支管上两只喷头的水平间距、两条相邻平行支管的水平间距，均不应大于3.6m。

设计混合液流量$Q_{L设}$按式（2-95）计算，

$$Q_{L设} = Nq_L \tag{2-95}$$

式中 $Q_{L设}$——设计泡沫混合液流量（L/min）；

q_L——所选喷头的工作流量（L/min），一般可选取喷头标定工作压力下的喷液量。

若$Q_{L设}=(1\sim1.5)Q_L$，说明喷头的选型和布置比较合理。否则就要增加喷头数量，或根据喷头流量曲线重新选择符合混合液流量要求的喷头工作压力。

3）按式（2-96）计算泡沫混合液量W_L

$$W_L = Q_{L设}t_L \tag{2-96}$$

式中 W_L——泡沫混合液量（L）；

t_L——连续供给泡沫混合液的时间（min）。

4）按式（2-97）计算泡沫液量W_P，泡沫液储罐选型

$$W_p = W_L b\% \tag{2-97}$$

式中 W_p——泡沫液量（L）；

$b\%$——采用的泡沫混合比，在泡沫喷淋系统中有3%和6%两种，3%用于扑灭非极性溶剂的火灾，6%用于扑灭火溶性或极性溶剂火灾。

由于泡沫液储罐的泡沫液出口管管口距罐底0.15m，所以泡沫液储罐的有效容积应为$1.15W_P$。

5）配制泡沫混合液的水量和水池容积

当泡沫泵房与消防水泵房分开设置时，水池的有效容积应不小于配制泡沫混合液所需用水量的1.15倍，即

$$W_s \geqslant \frac{1.15}{1000}W_L(1-b\%)(m^3)$$

若泡沫泵房与消防水泵房合建，并合用一座水池时，水池的容量除了配置泡沫混合液的水量外，还应包括消火栓、自动喷水灭火系统和水幕系统等的水量。

6）比例混合器与泡沫混合液管道的确定

根据计算得到的泡沫混合液流量$Q_{L设}$，查比例混合器产品样本确定型号和个数。在泡沫-水喷淋系统中，宜采用贮罐式大范围压力比例混合器。

7）泵的计算与选择

泵的流量即为泡沫混合液的流量 $Q_{L设}$。当采用环泵式比例混合器时，泵的流量应为 $1.15Q_{L设}$。

泵的扬程按式（2-98）计算。

$$H = h_0 + \Sigma h_w + h_r + h_p + 0.01Z \tag{2-98}$$

式中　H——泵的计算扬程（MPa）；

h_0——最不利泡沫喷头所需的工作压力（MPa）；

h_p——大范围比例混合器的局部水头损失（MPa）；

Σh_w——泡沫喷淋系统管道沿程水头损失和局部水头损失之和（MPa），由于泡沫混合液的黏度与水相近，故泡沫混合液管道的沿程和局部水头损失可查有关给水管道的计算公式与图表；

h_r——报警阀的局部水头损失（MPa）；

Z——最不利喷头与水池最低水位的高差（m）。

（4）设计规定

1）当泡沫液管线长度超过 15m 时，泡沫液应充满其管线，且泡沫液管线及其管件的温度应在泡沫液的储存温度范围内；埋地敷设时，应设置检查管道密封性的设施。

2）泡沫-水喷淋系统应设置系统试验接口，其口径应分别满足系统最大流量与最小流量要求。

3）为了防止在失火时系统失灵，在每个分区的感知喷头管道上都应设手动启动开关，其作用为紧急时手动启动报警阀使泡沫喷出。手动启动开关的装置高度，一般距地面 0.8～1.5m，主体是一个 DN15 球阀。球阀设在带玻璃面板的箱体内，上面注明操作方法。

4）泡沫-水喷淋系统的防护区应设置安全排放或容纳措施，且排放或容纳量应按被保护液体最大泄漏量、固定式系统喷洒量，以及管枪喷射量之和确定。

5）泡沫-水雨淋系统与泡沫-水预作用系统的控制应符合下列规定：

① 系统应同时具备自动、手动和应急机械手动启动功能；

② 机械手动启动力不应超过 180N；

③ 系统自动或手动启动后，泡沫液供给控制装置应自动随供水主控阀的动作而动作或与之同时动作；

④ 系统应设置故障监视与报警装置，且应在主控制盘上显示。

6）泡沫-水雨淋系统应选用吸气型泡沫-水喷头。

7）闭式泡沫-水喷淋系统应选用闭式洒水喷头；当喷头设置在屋顶时，选用公称动作温度 121～149℃；当喷头设置在保护场所中间层面时，选用公称动作温度 57～79℃；当保护场所环境温度较高时，选用喷头的公称动作温度宜高于环境温度 30℃。

8）对于泡沫-水雨淋系统的保护面积应按保护场所内的水平面面积或水平面投影面积确定。

9）对于闭式泡沫-水喷淋系统，作用面积应符合下列规定：

① 系统的作用面积应为 $465m^2$；

② 当防护区面积小于 $465m^2$ 时，可按防护区实际面积确定；

③ 当试验值不同于上述两条款规定时，可采用试验值。

10）泡沫-水雨淋系统应设置雨淋阀、水力警铃，并应在每个雨淋阀出口管路上设置压力开关，但喷头数小于10个的单区系统可不设雨淋阀和压力开关。自雨淋阀开启至系统各喷头达到设计喷洒流量的时间不得超过60s。

11）闭式泡沫-水喷淋系统输送的泡沫混合液应在8L/s至最大设计流量范围内达到额定的混合比。

12）泡沫-水湿式系统的设置应符合下列规定：

① 当系统管道充注泡沫预混液时，其管道及管件应耐泡沫预混液腐蚀，且不应影响泡沫预混液的性能；

② 充注泡沫预混液系统的环境温度宜为5～40℃；

③ 当系统管道充水时，在8L/s的流量下，自系统启动至喷泡沫的时间不应大于2min；

④ 充水系统的环境温度应为4～70℃。

13）泡沫-水预作用系统与泡沫-水干式系统的管道充水时间不宜大于1min。泡沫-水预作用系统每个报警阀控制喷头数不应超过800只，泡沫-水干式系统每个报警阀控制喷头数不应超过500只。

（5）示例

【例】 在高层公共建筑地下室有一间12m×9m的燃油锅炉房，需采用泡沫-水喷淋系统加以保护。泡沫泵房就设在同层不远的房间内，试进行泡沫消防系统的设计计算。

【解】 根据现场情况，系统采用泡沫-水雨淋系统。

1）燃油锅炉房内的泡沫喷头及管道布置，见图2-158。泡沫喷淋系统图，见图2-159。

2）初算泡沫混合液流量Q_L：对于燃油锅炉房，取I=8L/(min·m²)；

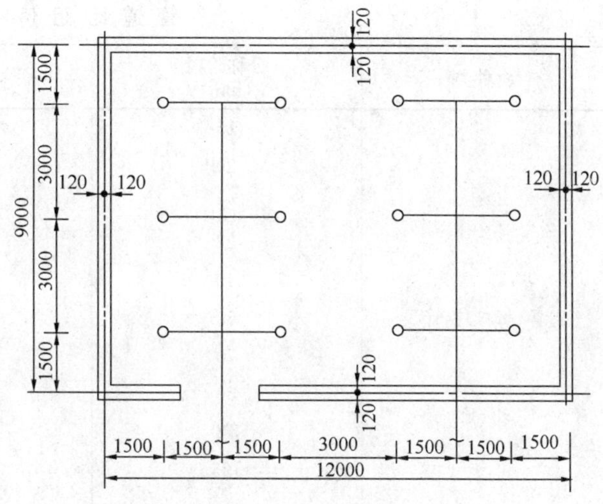

图2-158 燃油锅炉房泡沫-水喷头及管道布置

$$S=(12-0.24)\times(9-0.24)=103\text{m}^2$$

$$Q_L=IS=8\times 103=824\text{L/min}$$

3）泡沫喷头数量的确定：燃油锅炉房内共布置12个泡沫喷头，则每个泡沫喷头的流量至少为$\frac{Q_L}{N}=\frac{824}{12}=68.7\text{L/min}$。

选用ZPTX-15型筒式喷头见表2-134。查产品流量曲线见图2-145，当喷头工作压力为0.3MPa时，其流量为70L/min，能满足要求。

4）系统管道的选择与计算：在计算泡沫混合液管道的沿程水头损失时，管道比阻值，可查表2-157。

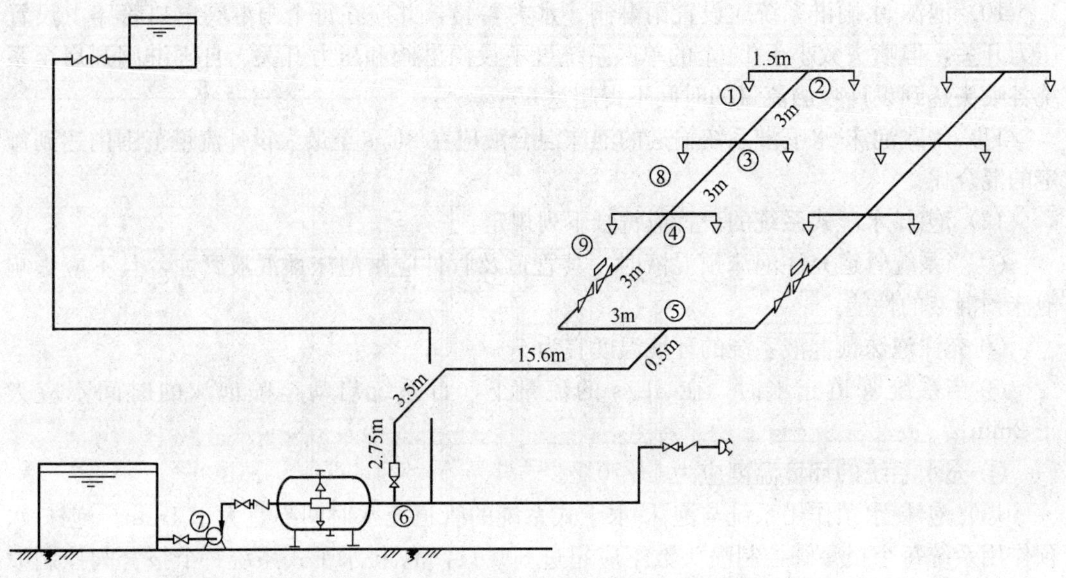

图 2-159　泡沫-水雨淋系统

管道比阻值　　表 2-157

管材种类	公称管径(mm)	A (Qm^3/s)	A (QL/s)
镀锌(焊接)钢管	15	8909000	8.909
	20	1643000	1.643
	25	436700	0.4367
	32	93860	0.09386
	40	44530	0.04453
	50	11080	0.01108
	70	2898	0.002893
	80	1168	0.001168
	100	267.4	0.0002674
	125	86.23	0.00008623
	150	33.95	0.00003395
铸铁管	75	1709	0.001709
	100	365.3	0.0003653
	150	41.85	0.00004185
	200	9.029	0.000009029
	250	2.752	0.000002752
	300	1.025	0.000001025
无缝钢管	114×5.0	296.2	0.0002962
	140×5.5	93.61	0.00009361
	159×5.5	44.95	0.00004495
	219×6.0	7.517	0.000007517

计算局部水头损失时，管件当量长度，可查表 2-158。

管件局部水头损失当量长度（m） 表 2-158

名 称	DN(mm)										
	25	32	40	50	70	80	100	125	150	200	250
45°弯管	0.21	0.21	0.43	0.43	0.64	0.64	0.86	1.1	1.5	1.9	2.4
90°弯管	0.43	0.64	0.86	1.1	1.3	1.5	2.2	2.6	3.1	3.9	4.8
三通或四通管	1.1	1.3	1.7	2.2	2.6	3.3	4.3	5.4	6.6	7.6	10.9
蝶 阀	—	—	—	1.8	2.1	3.1	3.7	2.7	3.1	3.7	5.8
闸 阀	—	—	—	0.3	0.3	0.3	0.6	0.6	0.9	1.2	1.5
止回阀	1.5	2.1	2.7	3.4	4.3	4.9	6.7	8.3	9.8	13.7	16.8
报警阀	—	—	—	6	12	—	18	24	30	46	62

采用自动喷水灭火系统管网的水力计算方法进行如下计算：

①-②段：

q_{12}=70L/min，采用 $DN20$ 热镀锌钢管。

A=1.643，t_{12}=1.5m

$$h_{w12} = Al_{12}q_{12}^2 = 1.643 \times 1.5 \times \left(\frac{70}{60}\right)^2 = 3.35\text{m}$$

②-③段：

q_{23}=140L/min，采用 $DN25$ 热镀锌钢管，

A=0.4367，l_{23}=3m，$l_{三通}$=1.1m

$$h_{w23} = A\Sigma lq_{23}^2 = 0.4367 \times (3+1.1) \times \left(\frac{140}{60}\right)^2 = 9.75\text{m}$$

喷头⑧的流量：在忽略①-②、⑧-③段压力降差值的情况下，以喷头①工作压力加 h_{w23} 的值查喷头流量曲线，得 q_{83}=80L/min。

③-④段：

q_{34}=70×2+80×2=300L/min，采用 $DN32$ 热镀锌钢管，

A=0.09386，l_{34}=3m，$l_{三通}$=1.3m

$$h_{w34} = A\Sigma lq_{34}^2 = 0.09386 \times (3+1.3) \times \left(\frac{300}{60}\right)^2 = 10.09\text{m}$$

喷头⑨的流量：在忽略⑨-④与①-②段压力降差值的情况下，以喷头①工作压力加 h_{w23}、加 h_{w34} 的值查喷头流量曲线，得 q'_{94}=88L/min，此时 $h_{w94}=1.643\times1.5\times\left(\frac{88}{60}\right)^2$ =5.30m。

喷头⑨的实际工作压力为30＋9.75＋10.09＋（5.30－3.35）＝51.8m，查流量曲线得 $q_{94}=90\text{L/min}$。

④-⑤段：

$q_{45}=300+90\times2=480\text{L/min}$，采用 $DN50$ 热镀锌钢管。

$A=0.01108$，$l_{45}=3\text{m}$，$l_{三通}=2.2\text{m}$，$l_{弯头}=1.1\text{m}$

$l_{闸阀}=0.3\text{m}$，$h_{雨淋}=2\text{m}$

$$h_{w45}=A\Sigma lq_{45}^2=0.01108\times(3+2.2+1.1+0.3)\times\left(\frac{480}{60}\right)^2+2=6.68\text{m}$$

⑤-⑥段：

$q_{56}=2q_{45}=960\text{L/min}$，采用 $DN80$ 热镀锌钢管，

$A=0.001168$，$l_{56}=0.5+15.6+3.5+2.75=22.35\text{m}$

$l_{三通}=2.6\text{m}$，$l_{弯头}=3\times1.3=3.9\text{m}$

$$h_{w56}=A\Sigma lq_{56}^2=0.001168\times(22.35+2.6+3.9)\times\left(\frac{960}{60}\right)^2=8.62\text{m}$$

$$l_{报警}=12\text{m}$$

$$h_{f报警}=0.001168\times12\times\left(\frac{960}{60}\right)^2=3.59\text{m}$$

⑥-⑦段：

$q_{67}=960\text{L/min}$，采用 $DN100$ 热镀锌钢管，

$A=0.0002674$，$l_{67}=4.5\text{m}$，$l_{三通}=4.3\text{m}$

$l_{闸阀}=0.6\text{m}$，$l_{止回}=6.7\text{m}$

$$h_{w67}=A\Sigma lq_{67}^2=0.0002674\times(4.5+4.3+0.6+6.7)\times\left(\frac{960}{60}\right)^2=1.10\text{m}$$

大范围比例混合器 $h_{f比}=0.000045\times960=0.0432\text{MPa}=4.32\text{m}$

①-⑦段总阻力损失：

$$\begin{aligned}\Sigma h_w &= h_{w12}+h_{w23}+h_{w34}+h_{w45}+h_{w56}+h_{w67}\\ &= 3.35+9.75+10.09+6.68+8.62+1.10\\ &= 39.59\text{m}\\ &= 0.396\text{MPa}\end{aligned}$$

5）泡沫混合液量 W_L 的计算：根据管网水力计算，$Q_{L设}=960\text{L/min}$，t_L 取 10min，

$$W_L=Q_{L设}t_L=960\times10=9600\text{L}$$

6）泡沫液量 W_p 的计算和泡沫液贮罐的选用：泡沫混合比 b 取用3%，

$$W_p=W_Lb\%=9600\times3\%=288\text{L}$$

泡沫液贮罐的有效容积应为 1.15×288=331.2L。选用 ϕ600，总长度 L=2000mm，容积为 400L 的卧式囊式贮罐一台。

7）配制泡沫混合液水量 W_s 和水池容积：

$$W_s \geqslant 1.15 \times \frac{1}{1000} W_L (1-b\%)$$

$$= 1.15 \times \frac{1}{1000} \times 9600 \times (1-3\%)$$

$$= 10.7\text{m}^3$$

由于不与水消防系统合用水池，故选用长×宽×高为 3000mm×2000mm×2000mm，有效容积为 11.10m^3 的玻璃钢水箱作为泡沫喷淋系统的吸水池。

8）比例混合器的选择：选用 ZPHY-100/50 型大范围比例混合器 1 台。该比例混合器在 75～1875L/min 的流量范围内，都有较精确的混合比。

9）水泵的扬程计算和水泵选择：水泵的扬程按下式计算：

$$H = h_0 + \Sigma h_w + h_r + h_p + 0.01Z$$

泡沫喷头的工作压力 h_0=0.3MPa；

大范围比例混合器局部水头损失 h_p=0.043MPa；

报警阀的局部水头损失 h_r=0.036MPa；

管线水头损失之和 Σh_w=0.396MPa；

泡沫喷头与水池最低水位的高差 Z 取 3m。则

$$H = 0.3 + 0.396 + 0.043 + 0.036 + 0.01 \times 3 = 0.805\text{MPa}$$

水泵按 Q=57.6m^3/h、H=80.5m 进行选择。

10）泡沫-水雨淋系统的控制系统：该泡沫-水雨淋系统采用在保护区内布置感温、感烟探头的方式对系统进行控制。感温、感烟探头的布置应符合《火灾自动报警系统设计规范》的规定。当火灾发生时，感温、感烟探头在报警的同时，打开雨淋阀上的电磁阀，启动水泵产生泡沫灭火。

2.8.7 泡沫喷雾系统

（1）适用范围

泡沫喷雾系统可用于保护独立变电站的油浸电力变压器、面积不大于 200m^2 的非水溶性液体室内场所。

（2）系统组成

泡沫喷雾系统是采用泡沫喷雾喷头，在发生火灾时按预定时间与供给强度向被保护设备或防护区喷洒泡沫的自动灭火系统。

泡沫喷雾系统可以采用下面两种形式：

1）由压缩氮气驱动储罐内的泡沫预混液经泡沫喷雾喷头喷洒泡沫到保护区；

2）由压力水通过泡沫比例混合器（装置）输送泡沫混合液经泡沫喷雾喷头喷洒泡沫到保护区。

（3）设计参数

当保护油浸电力变压器时，泡沫喷雾系统应符合下列规定：

1）保护面积应按变压器油箱本体水平投影且四周外延1m计算确定；

2）泡沫混合液或泡沫预混液供给强度不应小于8L/(min·m²)；

3）泡沫混合液或泡沫预混液连续供给时间不应小于15min；

4）喷头的设置应使泡沫覆盖变压器油箱顶面，且每个变压器进出线绝缘套管升高座孔口应设置单独的喷头保护；

5）保护绝缘套管升高座孔口喷头的雾化角宜为60°，其他喷头的雾化角不应大于90°；

6）所用泡沫灭火剂的灭火性能级别应为Ⅰ级，抗烧水平不应低于C级。

当保护非水溶性液体室内场所时，泡沫混合液或泡沫预混液供给强度不应小于6.5L/(min·m²)，连续供给时间不应小于10min。

（4）设计规定

泡沫喷雾系统喷头布置应符合下列规定：

1）保护面积内的泡沫混合液供给强度应均匀；

2）泡沫应直接喷洒到保护对象上；

3）喷头周围不应有影响泡沫喷洒的障碍物。

喷头应带过滤器，其工作压力不应小于其额定压力，且不宜高于其额定压力0.1MPa。

泡沫喷雾系统应同时具备自动、手动和应急机械手动启动方式。在自动控制状态下，灭火系统的响应时间不应大于60s。

2.9 气体灭火系统

2.9.1 概述

（1）气体灭火系统设置部位

1）《建筑设计防火规范》GB 50016—2006 规定：

下列场所应设置自动灭火系统，且宜采用气体灭火系统：

①国家、省级或人口超过100万人的城市广播电视发射塔楼内的微波机房、分米波机房、米波机房、变配电室和不间断电源（UPS）室；

②国际电信局、大区中心、省中心和1万路以上的地区中心内的长途程控交换机房、控制室和信令转接点室；

③2万线以上的市话汇接局和6万门以上的市话端局内的程控交换机房、控制室和信令转接点室；

④中央及省级治安、防灾和网局级及以上的电力等调度指挥中心内的通信机房和控制室；

⑤主机房建筑面积大于等于 140m^2 的电子计算机房内的主机房和基本工作间的已记录磁（纸）介质库；

⑥中央和省级广播电视中心内建筑面积不小于 120m^2 的音像制品仓库；

⑦国家、省级和藏书量超过 100 万册的图书馆内的特藏库；中央和省级档案馆内的珍藏库和非纸质档案库；大、中型博物馆内的珍品仓库；一级纸（绢）质文物的陈列室；

⑧其他特殊重要设备室。

注：当有备用主机和备用已记录磁（纸）介质，且设置在不同建筑中或同一建筑中的不同防火分区内时，本条第 5 款规定的部位亦可采用预作用自动喷水灭火系统。

2）《高层民用建筑设计防火规范》GB 50045—1995（2005 年版）规定：

①可燃油油浸电力变压器、充可燃油的高压电容器和多油开关室宜设水喷雾或气体灭火系统。

②高层建筑的下列房间，应设置气体灭火系统：

a. 主机房建筑面积不小于 140m^2 的电子计算机房中的主机房和基本工作间的已记录磁、纸介质库；

b. 省级或超过 100 万人口的城市，其广播电视发射塔楼内的微波机房、分米波机房、米波机房、变、配电室和不间断电源（UPS）室；

c. 国际电信局、大区中心，省中心和一万路以上的地区中心的长途通信机房、控制室和信令转接点室；

d. 二万线以上的市话汇接局和六万门以上的市话端局程控交换机房、控制室和信令转接点室；

e. 中央及省级治安、防灾和网、局级及以上的电力等调度指挥中心的通信机房和控制室；

f. 其他特殊重要设备室。

注：当有备用主机和备用已记录磁、纸介质且设置在不同建筑中，或同一建筑中的不同防火分区内时，a. 条中指定的房间内可采用预作用自动喷水灭火系统。

③高层建筑的下列房间应设置气体灭火系统，但不得采用卤代烷 1211、1301 灭火系统：

a. 国家、省级或藏书量超过 100 万册的图书馆的特藏库；

b. 中央和省级档案馆中的珍藏库和非纸质档案库；

c. 大、中型博物馆中的珍品库房；

d. 一级纸、绢质文物的陈列室；

e. 中央和省级广播电视中心内，面积不小于 120m^2 的音像制品库房。

3）人防工程中下列部位应设置气体灭火系统或细水雾灭火系统：

①图书、资料、档案等特藏库房；

②重要通信机房和电子计算机机房；

③变配电室和其他特殊重要的设备房间。

（2）气体灭火系统可扑救的火灾：电气火灾；液体火灾或可熔化的固体火灾；灭火前可切断气源的气体火灾；固体表面火灾。

(3) 气体灭火系统不可扑救的火灾：含氧化剂的化学制品及混合物，如硝化纤维、硝酸钠等；活泼金属，如钾、钠、镁、钛、镐、铀等；金属氢化物，如氢化钾、氢化钠等；能自行分解的化学物质，如过氧化氢、联胺等。

(4) 随着1301和1211卤代烷灭火剂逐渐被淘汰，各种洁净的灭火剂相继出现，而二氧化碳灭火系统作为传统的灭火剂，由于高效、价廉，还一直在广泛使用；有些替代物灭火剂由于在国内没有成熟的应用经验，尚未完全推广。究竟选择哪种灭火剂，设计者应根据工程实际情况，经过调查研究，综合比较并征得当地消防部门意见再作抉择。本手册仅重点推荐惰性气体混合物（IG541）、七氟丙烷（HFC-227ea）、三氟甲烷（HFC-23）和二氧化碳（CO_2）气体灭火系统。

2.9.2 气体灭火系统的基本构成、分类及适用条件

(1) 基本构成：气体灭火系统主要由灭火剂贮瓶、喷嘴、驱动瓶组、启动器、选择阀、单向阀、低压泄漏阀、压力开关、集流管、高压软管、安全泄压阀、管路系统、控制系统组成。基本构成原理图见图2-160、图2-161；动作程序图见图2-162。

(2) 分类及适用条件（表2-159）

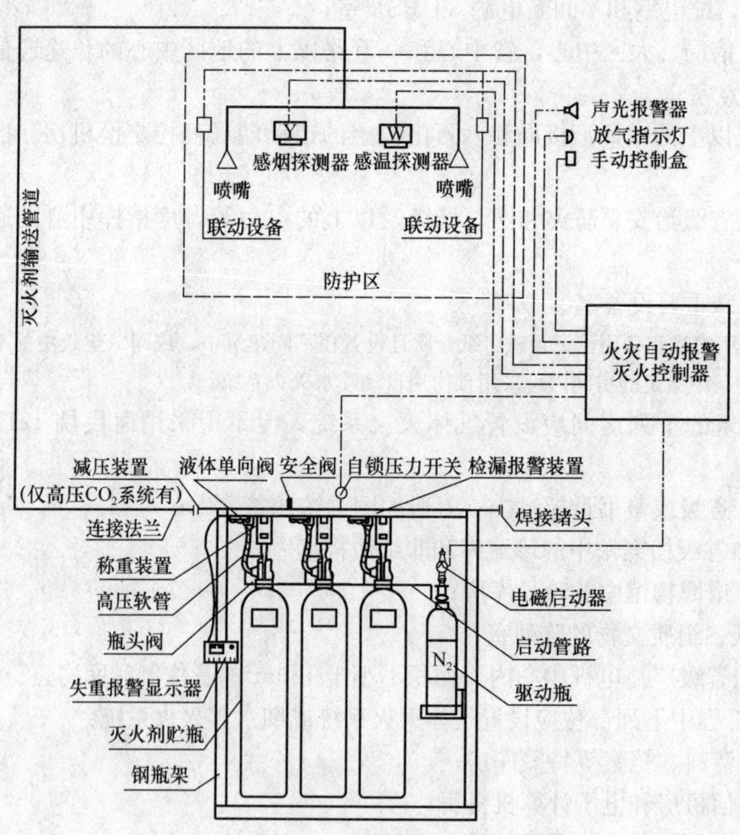

图2-160 单元独立系统原理

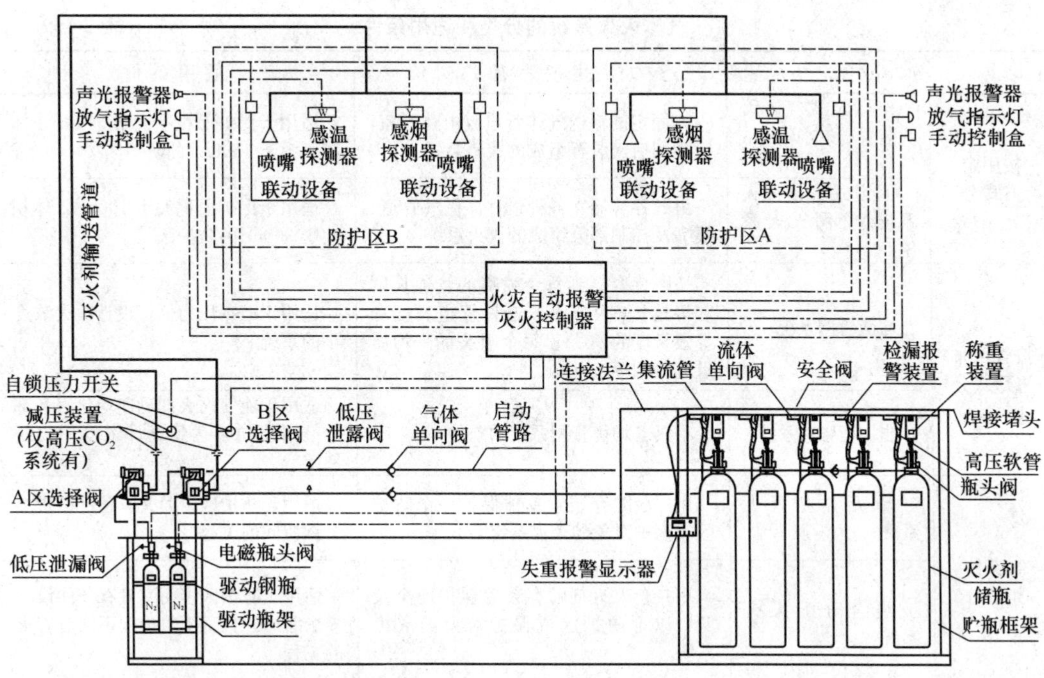

图 2-161 组合分配系统原理

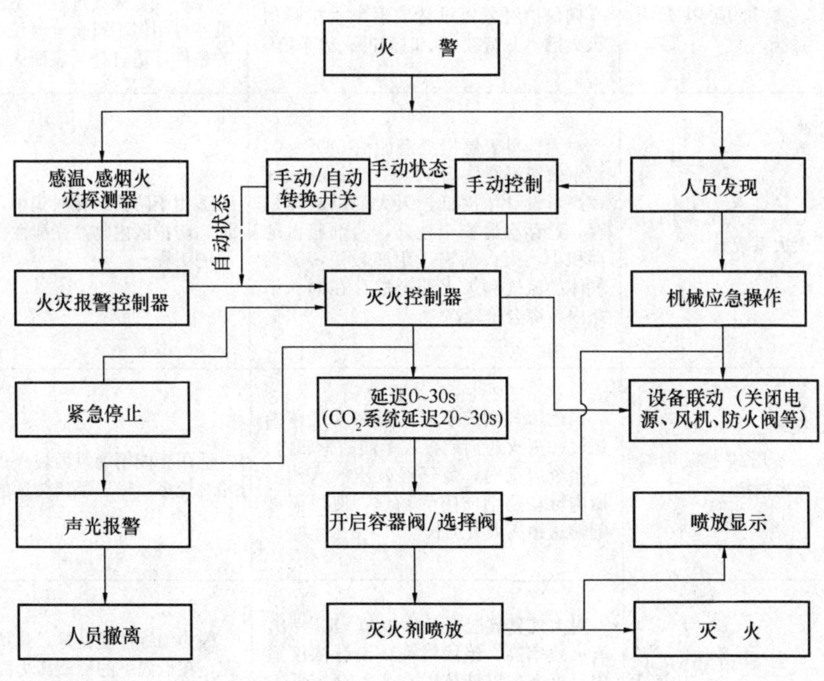

图 2-162 动作程序

气体灭火系统的分类和适用条件 表 2-159

分类			主要特征	适用条件
按固定方式分		半固定式气体灭火装置(预制灭火系统)	无固定的输送气体管道。由药剂瓶、喷嘴和启动装置组成的成套装置	适用于保护面积不大于 500m^2，体积不大于 1600m^3的防护区
		固定式气体灭火系统(管网灭火系统)	由贮存容器、各种组件、供气管道、喷嘴及控制部分组成的灭火系统	适用于保护面积大于 100m^2，体积大于 300m^3的防护区
按管网布置形式分		均衡管网系统	从贮存容器到每个喷嘴的管道长度和等效长度①应大于最长管道长度和等效长度的 90%；每个喷头的平均质量流量相等	适用于贮存压力低，设计灭火浓度小的系统
		非均衡管网系统	不具备均衡管网系统的条件	适用于能使灭火剂迅速均化，各部分空间能同时达到设计浓度的高压系统
按系统组成分		单元独立灭火系统	用一套贮存装置单独保护一个防护区或保护对象的灭火系统	适用于防护区少而又有条件设置多个钢瓶间的工程
		组合分配灭火系统	用一套灭火剂贮存装置保护两个及两个以上防护区或保护对象的灭火系统	适用于防护区多而又没有条件设置多个瓶站，且每个防护区不同时着火的工程
按应用方式分		全淹没灭火系统	在规定的时间内，向防护区喷射一定浓度的灭火剂，并使其均匀地充满整个防护区的灭火系统	适用于开孔率不超过 3%的封闭空间，保护区内除泄压口外，其余均能在灭火剂喷放前自动关闭
		局部应用灭火系统	向保护对象以设计喷射率直接喷射灭火剂，并持续一定时间的灭火系统	保护区在灭火过程中不能封闭，或虽能封闭但不符合全淹没系统所要求的条件。适宜扑灭表面火灾
按气体种类分	氢氟烃类	贮压式七氟丙烷灭火系统	对大气臭氧层损耗潜能值 ODP=0，温室效应潜能值 GWP=2050。灭火效率高，设计浓度低，灭火剂以液体贮存，贮存容器安全性好，药剂瓶占地面积小，灭火剂输送距离较短，驱动气体的氮气和灭火药剂贮存在同一钢瓶内，综合价较高	适用于防护区相对集中，输送距离近，防护区内物品受酸性物质影响较小的工程
		备压式七氟丙烷灭火系统	与贮压式系统不同的是驱动气体的氮气和灭火药剂贮存在不同的钢瓶内。在系统启动时，氮气经减压注入药剂瓶内推动药剂向喷嘴输送，使得灭火剂输送距离大大加长	适用于能用七氟丙烷灭火且防护区相对较多，输送距离较远的场所
		三氟甲烷灭火系统	对大气臭氧层损耗潜能值 ODP=0，灭火效率高，绝缘性高，设计浓度适中，灭火剂以液体贮存，贮存容器安全性好，蒸气压高，不需氮气增压，药剂瓶占地面积小	因为绝缘性能良好，最适合电气火灾，在低温下的贮藏压力高，适合寒冷地区，其气体密度小，适合高空间场所

续表

分类			主要特征	适用条件
按气体种类分	惰性气体类	混合气体灭火系统(IG-541)	是一种氮气、氩气、二氧化碳混合而成的完全环保的灭火剂，ODP=0，GWP=0。对人体和设备没有任何危害。灭火效率高，设计浓度较高。灭火剂以气态贮存，高压贮存对容器的安全性要求较高，药剂瓶占地面积大，灭火剂输送距离长，综合价高	适用于防护区数量较多且楼层跨度大，又没有条件设置多个钢瓶站的工程 防护区经常有人的场所
		氮气灭火系统(IG-100)	存在于大气层中纯氮气，是一种非常容易制成的完全环保的灭火剂，ODP=0，GWP=0。对人体和设备没有任何危害。灭火效率高，设计浓度较高。灭火剂以气态贮存，高压贮存对容器的安全性要求较高，药剂瓶占地面积大	适用于防护区数量较多且楼层跨度大，又没有条件设置多个钢瓶站的工程 防护区经常有人的场所
	其他	高压二氧化碳灭火系统	是一种技术成熟且价廉的灭火剂，ODP=0，GWP<1。灭火效率高。灭火剂以液态贮存。高压 CO_2 以常温方式贮存，贮存压力 15MPa，高压系统有较长的输送距离，但增加管网成本和施工难度。CO_2本身具有低毒性，浓度达到 20%会使人致死	主要用于工业或仓库等无人的场所
		低压二氧化碳灭火系统	与高压 CO_2 不同的是低压 CO_2 采用制冷系统将灭火剂的贮存压力降低到 2.0MPa，−18～−20℃才能液化，要求极高的可靠性。灭火剂在释放的过程中，由于固态 CO_2(干冰)存在，使防护区的温度急剧下降，会对精密仪器、设备有一定影响。且管道易发生冷脆现象。灭火剂贮存空间比高压 CO_2 小	主要用于工业或仓库等无人的场所 高层建筑内一般不选用低压 CO_2 系统

①管道等效长度=实管长+管件的当量长度。

2.9.3 各种灭火剂的主要技术性能及参数

各种灭火剂的主要技术性能及参数 **表 2-160**

类别	氢氟烃类		惰性气体		其他
灭火剂名称	三氟甲烷	七氟丙烷	氮气	IG-541	二氧化碳
化学名称	HFC-23	HFC-227ea	N_2	$N_2+Ar+CO_2$	CO_2
商品名称	FE-13	FM200	IG-100	烟烙尽	
灭火原理	化学抑制	化学抑制	物理窒息	物理窒息	窒息、冷却

续表

类别	氢氟烃类		惰性气体		其他
灭火设计浓度	1. 图书、档案、票据、文物资料库和国家重点保护场所宜采用19.5%； 2. 油浸变压器室、带油开关的配电室、燃油发电机房和电力控制室宜采用16.2%； 3. 通信机房、电子计算机房、电话局交换室和UPS室宜采用16.2%	1. 图书、档案、票据、文物资料库宜采用10%； 2. 油浸变压器室、带油开关的配电室和自备发电机房宜采用9%； 3. 通信机房、电子计算机房宜采用8%	1. 固体表面火灾不应小于36%； 2. 液体火灾不应小于43.7%； 3. 气体火灾不应小于43.7%； 4. 电子产品及通信设备火灾（带电火灾）不应小于38.3%	1. 固体表面火灾不应小于36.5%； 2. 其他火灾类型不应小于规范规定灭火浓度的1.3倍	1. 全淹没灭火系统灭火设计浓度不得低于34%（汽油柴油），电子计算机房、电缆间为47%，棉花为58%，纸张、数据储存间为62%； 2. 局部应用灭火系统的设计可采用面积法或体积法
NOAEL	30%	9%	43%	43%	＜5%
LOAEL	＞30%	10.5%	52%	52%	10%
容器贮存压力（20℃时）	4.2MPa	2.5MPa 4.2MPa 5.6MPa	15MPa 20MPa	15MPa 20MPa	15MPa（高压） 2.0MPa（低压）
贮存状态	液体	液体	气体	气体	液体

注：NOAEL：无毒性反应的最高浓度；LOAEL：有毒性反应的最低浓度。

2.9.4 各种灭火剂的灭火浓度、最小设计浓度、惰化浓度、最小设计惰化浓度

设计浓度是气体灭火系统的重要设计参数，各种灭火剂对不同可燃物有不同的灭火浓度，合理的取值是保证防护区能快速灭火，又不使药剂浓度超过人体可接受的程度。当防护区内存在多种可燃物时，灭火剂的设计浓度应按其中最大的灭火浓度确定或经过试验确定。

(1) IG-541的灭火浓度和最小设计浓度

1) 灭火设计浓度不应小于灭火浓度的1.3倍，惰化设计浓度不应小于灭火浓度的1.1倍。

2) 固体表面火灾的灭火浓度为28.1%，其他部分可燃物火灾的灭火浓度见表2-161。

3) 惰化浓度见表2-162。

(2) 七氟丙烷的灭火浓度和最小设计浓度

1) 灭火设计浓度不应小于灭火浓度的1.3倍，惰化设计浓度不应小于灭火浓度的1.1倍。

2) 对于图书、档案、票据和文物资料库等防护区，灭火设计浓度宜采用10%。

3) 对于油浸变压器、带油开关的配电室和自备发电机房等防护区，灭火设计浓度宜采用9%。

4) 对于通信机房和电子计算机房等防护区，灭火设计浓度宜采用8%。

5）固体表面火灾的灭火浓度为5.8%。

6）防护区实际应用的浓度不应大于灭火设计浓度的1.1倍。

7）部分可燃物的灭火浓度见表2-163。

部分可燃物火灾的IG-541灭火浓度 **表2-161**

可燃物	灭火浓度(%)	可燃物	灭火浓度(%)
甲烷	15.4	丙酮	30.3
乙烷	29.5	丁酮	35.8
丙烷	32.3	甲基异丁酮	32.3
戊烷	37.2	环已酮	42.1
庚烷	31.1	甲醇	44.2
正庚烷	31.0	乙醇	35.0
辛烷	35.8	1—丁醇	37.2
乙烯	42.1	异丁醇	28.3
醋酸乙烯酯	34.4	普通汽油	35.8
醋酸乙酯	32.7	航空汽油100	29.5
二乙醚	34.9	Avtur(Jet A)	36.2
石油醚	35.0	2号柴油	35.8
甲苯	25.0	真空泵油	32.0
乙腈	26.7		

部分可燃物火灾的IG541惰化浓度 **表2-162**

可燃物	惰化浓度（%）	可燃物	惰化浓度（%）
甲烷	43.0	丙烷	49.0

部分可燃物火灾的七氟丙烷的灭火浓度 **表2-163**

可燃物	灭火浓度(%)	可燃物	灭火浓度(%)
甲烷	6.2	异丙醇	7.3
乙烷	7.5	丁醇	7.1
丙烷	6.3	甲乙酮	6.7
庚烷	5.8	甲基异丁酮	6.6
正庚烷	6.5	丙酮	6.5
硝基甲烷	10.1	环戊酮	6.7
甲苯	5.1	四氢呋喃	7.2
二甲苯	5.3	吗啉	7.3
乙腈	3.7	汽油(无铅，7.8%乙醇)	6.5
乙基醋酸酯	5.6	航空燃料汽油	6.7
丁基醋酸酯	6.6	2号柴油	6.7
甲醇	9.9	喷气式发动机燃料(-4)	6.6
乙醇	7.6	喷气式发动机燃料(-5)	6.6
乙二醇	7.8	变压器油	6.9

8）部分可燃物火灾的惰化浓度见表2-164。

部分可燃物火灾的七氟丙烷的惰化浓度　表2-164

可燃物名称	惰化浓度(%)	可燃物名称	惰化浓度(%)
甲烷	8.0	丙烷	11.6
二氯甲烷	3.5	1-丁烷	11.3
1,1-二氯乙烷	8.6	戊烷	11.6
1-氯-1,1-二氯乙烷	2.6	乙烯氧化物	13.6

(3) 三氟甲烷的灭火浓度和最小设计浓度

1）对于图书馆、档案、票据、文物资料库等防护区，不宜小于19.5%。

2）对于其他防护区，不应小于15.6%。

3）部分可燃物的最小设计灭火浓度见表2-165。

部分可燃物火灾的三氟甲烷灭火浓度和设计浓度　表2-165

可燃物名称	灭火浓度(%)	最小设计灭火浓度(%)	可燃物名称	灭火浓度(%)	最小设计灭火浓度(%)
庚烷	12.0	15.6	甲苯	9.2	12.0
可燃固体(表面火)	15.0	19.5	甲烷	17.0	22.2
丙酮	12.0	15.6	丙烷	17.0	22.2
甲醇	16.3	21.2			

(4) 二氧化碳的灭火浓度和最小设计浓度

1）二氧化碳设计浓度不应小于灭火浓度的1.7倍，并不得低于34%。部分可燃物的二氧化碳设计浓度按表2-166的规定采用。

部分可燃物的二氧化碳设计浓度和抑制时间　表2-166

可燃物名称	物质系数(K_b①)	设计浓度(%)	抑制时间(min)②
丙酮	1.00	34	—
乙炔	2.57	66	—
航空燃料115号/145号	1.05	36	—
粗苯(安息油、偏苏油)、苯	1.10	37	—
丁二烯	1.26	41	—
丁烷	1.00	34	—
丁烯-1	1.10	37	—
二硫化碳	3.03	72	—
一氧化碳	2.43	64	—
煤气或天然气	1.10	37	—
环丙烷	1.10	37	—
柴油	1.00	34	—
二乙基醚	1.22	40	—

续表

可燃物名称	物质系数(K_b[①])	设计浓度(%)	抑制时间(min)[②]
二甲醚	1.22	40	—
二苯与其氧化物的混合物	1.47	46	—
乙烷	1.22	40	—
乙醇(酒精)	1.34	43	—
乙醚	1.47	46	—
乙烯	1.60	49	—
二氯乙烯	1.00	34	—
环氧乙烷	1.80	53	—
汽油	1.00	34	—
己烷	1.03	35	—
正庚烷	1.03	35	—
正辛烷	1.03	35	—
氢	3.30	75	—
硫化氢	1.06	36	—
异丁烷	1.06	36	—
异丁烯	1.00	34	—
甲酸异丁酯	1.00	34	—
航空煤油 JP-4	1.06	36	—
煤油	1.00	34	—
甲烷	1.00	34	—
醋酸甲酯	1.03	35	—
甲醇	1.22	40	—
甲基丁烯-1	1.06	36	—
甲基乙基酮(丁酮)	1.22	40	—
甲酸甲酯	1.18	39	—
戊烷	1.03	35	—
石脑油	1.00	34	—
丙烷	1.06	36	—
丙烯	1.06	36	—
淬火油(灭弧油)、润滑油	1.00	34	—
纤维材料	2.25	62	20
棉花	2.00	58	20
纸张	2.25	62	20
塑料(颗粒)	2.00	58	20
聚苯乙烯	1.00	34	—
聚氨基甲酸甲酯(硬)	1.00	34	—

续表

可燃物名称	物质系数（$K_b^{①}$）	设计浓度（%）	抑制时间（min）②
电缆间和电缆沟	1.50	47	10
数据贮存间	2.25	62	20
电子计算机房	1.50	47	10
电气开关和配电室	1.20	40	10
带冷却系统的发电机	2.00	58	至停转止
油浸变压器	2.00	58	—
数据打印设备间	2.25	62	20
油漆间和干燥设备	1.20	40	—
纺织机	2.00	58	—
电气绝缘材料	1.50	47	10
皮毛存贮间	3.30	75	20
吸尘装置	3.30	75	20

①可燃物的二氧化碳设计浓度对34%的二氧化碳浓度的折算系数；

②维持设计规定的二氧化碳浓度使深位火灾完全熄灭所需的时间。

2）当防护区内存有两种以上可燃物时，防护区的二氧化碳设计浓度应采用可燃物中最大的二氧化碳设计浓度。

2.9.5 气体灭火系统的设计

（1）一般规定

在实际设计工作中，由于设备生产厂家所生产的系统设备的差异，导致各个厂家所提供的设计参数，例如，容器阀及组合分配阀的当量长度存在较大差异。国外产品更是由于知识产权的保护，只将计算软件的使用权交给分销商，而并未公开软件所使用的核心参数及计算公式。使得除厂家及其销售商之外的气体灭火设计者只能涉及外围的，简单的系统设计和管路估算，具体的管道水力计算、喷头孔口及减压设备孔口等数据只能通过厂家及销售商完成。在给水排水专业的设计范围内，气体灭火系统归于二次深化设计的范畴，给水排水专业的施工图设计深度只为二次深化设计创造条件，设计说明可较详细的提出各种要求，作为设备招标的技术条件。

（2）工程设计要点

1）在设计气体灭火系统时，首先，将防护区与所在的建筑物的其他消防系统一并考虑，根据具体情况，合理地确定气体灭火防护区和系统方案。气体灭火系统只能扑救建筑物内部火灾，而建筑物自身的火灾，宜采用其他灭火系统进行扑救。然后，根据防护区的具体情况（如：防护区的位置、大小、几何形状、开口和通风等情况；防护区内可燃物的种类、性质、数量和分布等情况；可能发生火灾的类型、起火源、易着火部位及防护区内人员分布情况等）合理地选择气体灭火系统的类型和结构，进而确定灭火剂用量、系统组件的布置、系统的操作控制形式等，在安全的前提下做到经济合理。

2）根据不同的工程特点，选用气体灭火剂时应遵循下列原则：

①灭火效率高，具有良好的灭火性能；

②环境指标：破坏臭氧层潜能值小或为0；温室效应潜能值小或为0；大气中存活寿命短；

③安全性能：长期贮存稳定性；化学物质及燃烧和分解产物的低度性；对设备的腐蚀小；对人体的伤害小；

④实用性：良好的电绝缘性；快速的分解速度；灭火剂残留物少或为0；

⑤经济性：经济合理，可接受的市场价格。

3）防护区的分析确定

对需要保护的防护区进行分析，以确定是采用组合分配系统还是单元独立系统。在确定所有防护区不会同时着火时，组合分配系统能用于保护多个防护区，药剂贮存量应按最大防护区的需要量确定。防护区宜以固定的单个封闭空间划分。当同一区间的吊顶和地板下需要同时保护时，宜合为一个防护区。各种气体灭火系统对防护区的要求见表2-167。

各种气体灭火系统对防护区的要求 **表2-167**

<table>
<tr><td colspan="2" rowspan="2">灭火系统
要求内容</td><td>惰性气体混合物</td><td>七氟丙烷</td><td>三氟甲烷</td><td>二氧化碳</td></tr>
<tr><td>IG541</td><td>HFC-227ea</td><td>HFC-23</td><td>CO_2</td></tr>
<tr><td rowspan="2">组合分配系统</td><td>最多防护区数量(个)</td><td>8</td><td>8</td><td>8</td><td>5</td></tr>
<tr><td>最大防护区面积(m^2)/体积(m^3)</td><td>800/3600</td><td>800/3600</td><td>500/2000</td><td>500/2000</td></tr>
<tr><td>预制灭火系统①</td><td>最大防护区面积(m^2)/体积(m^3)</td><td>500/1600</td><td>500/1600</td><td>200/600</td><td>100/300</td></tr>
<tr><td colspan="2">防护区的环境温度(℃)</td><td>0～50</td><td>0～50</td><td>−10～50</td><td>0～49</td></tr>
<tr><td rowspan="3">防护区围护结构的最小压强(Pa)</td><td>高层建筑</td><td colspan="4">1200</td></tr>
<tr><td>一般建筑</td><td colspan="4">2400</td></tr>
<tr><td>地下建筑</td><td colspan="4">4800</td></tr>
</table>

①一个防护区设置的预制灭火系统，其装置数量不宜超过10台。

4）对药剂瓶贮存间（钢瓶间）的要求

气体灭火系统的药剂瓶和各种阀件应设置在防护区外专用钢瓶间内（预制灭火装置除外）；钢瓶间的耐火等级不应低于二级，楼板承载能力应能满足贮存容器和其他设备的贮存要求。钢瓶间的室内温度宜为0～50℃，并应有良好通风，避免阳光直接照射。钢瓶间内不应穿过可燃液体、可燃气体管道。

5）管材和管道敷设安装要求

① 输送气体灭火剂的管道应采用无缝钢管。其质量应符合现行国家标准《输送流体用无缝钢管》GB/T 8163、《高压锅炉用无缝钢管》GB 5310等的规定。无缝钢管内外应进行防腐处理，防腐处理宜采用符合环保要求的方式。

② 输送气体灭火剂的管道安装在腐蚀性较大的环境里，宜采用不锈钢管。其质量应符合现行国家标准《流体输送用不锈钢无缝钢管》GB/T 14976的规定。

③ 输送启动气体的管道，宜采用铜管，其质量应符合现行国家标准《铜及铜合金拉制管》GB 1527的规定。

④ 管道的连接，当公称直径小于或等于 80mm 时，宜采用螺纹连接；大于 80mm 时，宜采用法兰连接。钢制管道附件应内外防腐处理，防腐处理宜采用符合环保要求的方式。使用在腐蚀性较大的环境里，应采用不锈钢的管道附件。

⑤灭火剂输送管道不应设置在露天场合。不应穿越沉降缝、变形缝，当必须穿越时应采取可靠的抗沉降和变形措施。

⑥灭火剂输送管道应固定牢靠，管道支、吊架的最大间距应符合表 2-168 的规定。管道末端喷嘴处应采用支架固定，支架与喷嘴间的管道长度不应大于 500mm；$DN\geqslant 50$mm 的主干管道，垂直方向和水平方向至少应各设置一个防晃支架。当穿过建筑物楼层时，每层应设置一个防晃支架。当水平管道改变方向时，应设置防晃支架。

⑦管道穿过墙壁、楼板处应安装套管。穿墙套管的长度应和墙厚相同，穿过楼板的套管应高出楼面 50mm。管道与套管间的空隙应用柔性不燃烧材料填实。

⑧还须按照《气体灭火系统施工及验收规范》GB 50263—2007 的有关条款执行。

灭火剂输送管道支吊架的最大距离 **表 2-168**

管道公称直径（mm）	15	20	25	32	40	50	65	80	100	150
最大间距（m）	1.5	1.8	2.1	2.4	2.7	3.4	3.5	3.7	4.3	5.2

2.9.6 各种气体灭火系统的计算

气体灭火系统的管网流体计算宜采用专用的计算机软件辅助计算。产品供应商应对计算结果负责。计算机辅助设计软件和系统计算方法应经国家有关消防评估机构认证。管网流体计算可采用 20℃作为防护区的环境温度。

(1) IG541 气体灭火系统

1) 灭火设计用量或惰化设计用量计算

①灭火设计用量或惰化设计用量计算公式：

$$W=K\frac{V}{S}\ln\left(\frac{100}{100-C_1}\right) \tag{2-99}$$

式中 W——灭火设计用量（kg）；

C_1——灭火设计浓度或惰化设计浓度（%）；

V——防护区净容积（m^3）；

S——灭火剂气体在 101kPa 大气压和防护区最低环境温度下的质量体积（m^3/kg）；

K——海拔高度修正系数，可按表 2-169 的规定取值。

海拔高度修正系数 **表 2-169**

海拔高度（m）	修正系数	海拔高度（m）	修正系数
−1000	1.130	2500	0.735
0	1.000	3000	0.690
1000	0.885	3500	0.650
1500	0.830	4000	0.610
2000	0.785	4500	0.565

②灭火剂气体在 101kPa 大气压和防护区最低环境温度下的质量体积，应按式(2-100)计算：

$$S = 0.6575 + 0.0024T \tag{2-100}$$

式中 T——防护区最低环境温度（℃）。

③系统灭火剂贮存量，应为防护区灭火设计用量及系统灭火剂剩余量之和，系统灭火剂剩余量按式（2-101）计算：

$$W_s \geqslant 2.7V_0 + 2.0V_p \tag{2-101}$$

式中 W_s——系统灭火剂剩余量（kg）；

V_0——系统全部贮存容器的总容积（m^3）；

V_p——管网的管道内容积（m^3）。

④防护区的泄压口面积，宜按式（2-102）计算：

$$F_x = 1.1\frac{Q_x}{\sqrt{P_f}} \tag{2-102}$$

式中 F_x——泄压口面积（m^2）；

Q_x——灭火剂在防护区的平均喷放速率（kg/s）；

P_f——围护结构承受内压的允许压强（Pa）。

⑤管道流量宜采用平均设计流量。

主干管、支管的平均设计流量，应按式（2-103）、式（2-104）计算：

$$Q_w = \frac{0.95W}{t} \tag{2-103}$$

$$Q_g = \sum_{1}^{N_g} Q_c \tag{2-104}$$

式中 Q_w——主干管平均设计流量（kg/s）；

t——灭火剂设计喷放时间（s）；

Q_g——支管平均设计流量（kg/s）；

N_g——安装在计算支管下游的喷头数量（个）；

Q_c——单个喷头的平均设计流量（kg/s）。

⑥管道内径宜按式（2-105）计算：

$$D = (24 \sim 36)\sqrt{Q} \tag{2-105}$$

式中 D——管道内径（mm）；

Q——管道平均设计流量（kg/s）。

⑦减压孔板前的压力，应按式（2-106）计算：

$$P_1 = P_0\left(\frac{0.525V_0}{V_0 + V_1 + 0.4V_2}\right)^{1.45} \tag{2-106}$$

式中 P_1——减压孔板前的压力（MPa，绝对压力）；

P_0——灭火剂贮存容器充压压力（MPa，绝对压力）；

V_0——系统全部储存容器的总容积（m^3）；

V_1——减压孔板前管网管道容积（m^3）；

V_2——减压孔板后管网管道容积（m^3）。

⑧减压孔板后的压力，应按式（2-107）计算：

$$P_2 = \delta \cdot P_1 \tag{2-107}$$

式中 P_2——减压孔板后的压力（MPa，绝对压力）；

δ——落压比（临界落压比：$\delta = 0.52$）。一级充压（15MPa）的系统，可在 $\delta = 0.52 \sim 0.60$ 中选用；二级充压（20MPa）的系统，可在 $\delta = 0.52 \sim 0.55$ 中选用。

⑨减压孔板孔口面积，宜按式（2-108）计算：

$$F_k = \frac{Q_k}{0.95\mu_k P_1 \sqrt{\delta^{1.38} - \delta^{1.69}}} \tag{2-108}$$

式中 F_k——减压孔板孔口面积（cm^2）；

Q_k——减压孔板设计流量（kg/s）；

μ_k——减压孔板流量系数。

（d——孔口直径；D——孔口前管道内径；d/D——0.25～0.55。当 $d/D \leqslant 0.35$，$\mu_k = 0.6$；$0.35 < d/D \leqslant 0.45$，$\mu_k = 0.61$；$0.45 < d/D \leqslant 0.55$，$\mu_k = 0.62$）

⑩系统的阻力损失宜从减压孔板后算起，并应按式（2-109）计算，压力系数和密度系数，应依据计算点压力按表 2-170、表 2-171 确定。

$$Y_2 = Y_1 + A \cdot L \cdot Q^2 + B(Z_2 - Z_1)Q^2 \tag{2-109}$$

$$A = \frac{1}{0.242 \times 10^{-8} D^{5.25}} \tag{2-110}$$

$$B = \frac{1.653 \times 10^7}{D^4} \tag{2-111}$$

式中 Q——管道设计流量(kg/s)；

L——计算管段长度(m)；

D——管道内径(mm)；

Y_1——计算管段始端压力系数(10^{-1}MPa·kg/m^3)；

Y_2——计算管段末端压力系数(10^{-1}MPa·kg/m^3)；

Z_1——计算管段始端密度系数；

Z_2——计算管段末端密度系数。

一级充压（15MPa）IG541 系统的管道压力系数和密度系数 表 2-170

压力(MPa，绝对压力)	Y (10^{-1}MPa·kg/m^3)	Z	压力(MPa，绝对压力)	Y (10^{-1}MPa·kg/m^3)	Z
3.7	0	0	2.8	474	0.363
3.6	61	0.0366	2.7	516	0.409
3.5	120	0.0746	2.6	557	0.457
3.4	177	0.114	2.5	596	0.505
3.3	232	0.153	2.4	633	0.552
3.2	284	0.194	2.3	668	0.601
3.1	335	0.237	2.2	702	0.653
3.0	383	0.277	2.1	734	0.708
2.9	429	0.319	2.0	764	0.766

二级充压（20MPa）IG541 系统的管道压力系数和密度系数 表 2-171

压力（MPa，绝对压力）	Y（10^{-1}MPa·kg/m³）	Z	压力（MPa，绝对压力）	Y（10^{-1}MPa·kg/m³）	Z
4.6	0	0	3.4	770	0.370
4.5	75	0.0284	3.3	822	0.405
4.4	148	0.0561	3.2	872	0.439
4.3	219	0.0862	3.08	930	0.483
4.2	288	0.114	2.94	995	0.539
4.1	355	0.144	2.8	1056	0.595
4.0	420	0.174	2.66	1114	0.652
3.9	483	0.206	2.52	1169	0.713
3.8	544	0.236	2.38	1221	0.778
3.7	604	0.269	2.24	1269	0.847
3.6	661	0.301	2.1	1314	0.918
3.5	717	0.336			

⑪喷头等效孔口面积，应按式(2-112)计算：

$$F_c = \frac{Q_c}{q_c} \tag{2-112}$$

式中 F_c——喷头等效孔口面积(cm^2)；

q_c——等效孔口面积单位喷射率[kg/(s·cm²)]，可按表 2-172、表 2-173 采用。

一级充压（15MPa）IG541 系统的等效孔口单位面积喷射率 表 2-172

喷头入口压力（MPa，绝对压力）	喷射率[kg/(s·cm²)]	喷头入口压力（MPa，绝对压力）	喷射率[kg/(s·cm²)]
3.7	0.97	2.8	0.70
3.6	0.94	2.7	0.67
3.5	0.91	2.6	0.64
3.4	0.88	2.5	0.62
3.3	0.85	2.4	0.59
3.2	0.82	2.3	0.56
3.1	0.79	2.2	0.53
3.0	0.76	2.1	0.51
2.9	0.73	2.0	0.48

注：等效孔口流量系数为 0.98。

二级充压（20MPa）IG541 系统的等效孔口单位面积喷射率 表 2-173

喷头入口压力（MPa，绝对压力）	喷射率［kg/(s·cm²)］	喷头入口压力（MPa，绝对压力）	喷射率［kg/(s·cm²)］
4.6	1.21	3.4	0.86
4.5	1.18	3.3	0.83
4.4	1.15	3.2	0.80
4.3	1.12	3.08	0.77
4.2	1.09	2.94	0.73
4.1	1.06	2.8	0.69
4.0	1.03	2.66	0.65
3.9	1.00	2.52	0.62
3.8	0.97	2.38	0.58
3.7	0.95	2.24	0.54
3.6	0.92	2.1	0.50
3.5	0.89		

注：等效孔口流量系数为 0.98。

喷头规格的实际孔口面积，应有试验确定，喷头规格应符合表 2-174 的规定。

喷头规格和等效孔口面积 表 2-174

喷头规格代号	等效孔口面积(cm^2)	喷头规格代号	等效孔口面积(cm^2)
8	0.3168	18	1.603
9	0.4006	20	1.979
10	0.4948	22	2.395
11	0.5987	24	2.850
12	0.7129	26	3.345
14	0.9697	28	3.879
16	1.267		

注：扩充喷头规格，应以等效孔口的单孔直径 0.79375mm 倍数设置。

2）防护区内灭火剂的浸渍时间应符合下列规定：

①木材、纸张、织物等固体表面火灾，宜为 20min；

②通信机房、电子计算机房内的电气设备火灾，宜为 10min；

③其他固体表面火灾，宜为 10min。

3）储存容器充装量应符合下列规定：

①一级充压，20℃，充装压力为 15.0MPa（表压）时，其充装量应为 211.15kg/m³；

②二级充压，20℃，充装压力为 20.0MPa（表压）时，其充装量应为 281.06kg/m³。

4）系统管网设计

①当 IG541 混合气体灭火剂喷放至设计用量的 95％时，喷放时间不应大于 60s 且不应小于 48s；

②喷嘴的数量应满足最大保护半径的要求；

③凡经过或设置在有爆炸危险场所的管网系统，应设置导消静电的接地装置；

④管道的最大输送长度不宜超过 150m；

⑤管网流体计算应采用气体单相流体模型；

⑥管道容积与贮存容器的容积比不应大于 66％；

⑦管道分流应采用三通管件水平分流。对于直流三通，其旁路出口必须为两路分流中的较小部分。

5）计算示例

【例 1】 某机房为 20×20×3.5（m），最低环境温度 20℃，为计算简单直观，将管网均衡布置。

系统图如图 2-163 所示：减压孔板前管道（a～b）长 15m，减压孔板后主管道（b～c）长 75m，管道连接件当量长度 9m；一级支管（c～d）长 5m，管道连接件当量长度 11.9m；二级支管（d～e）长 5m，管道连接件当量长度 6.3m；三级支管（e～f）长 2.5m，管道连接件当量长度 5.4m；末端支管（f～g）长 2.6m，管道连接件当量长度 7.1m。

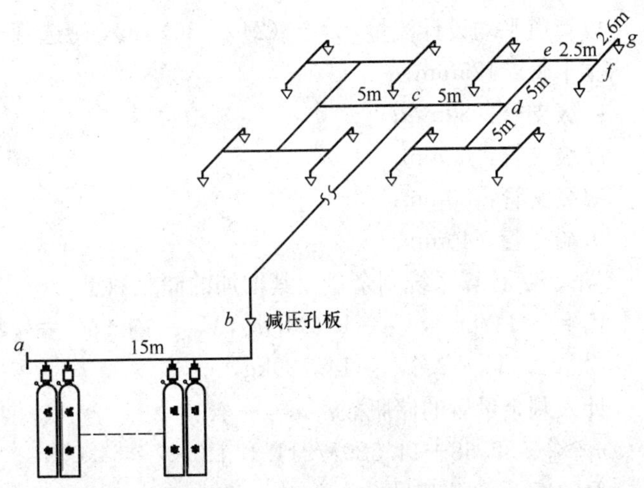

图 2-163 IG541 计算示例简图

【解】

步骤 1：确定灭火设计浓度

取 C_1 ＝37.5％。

步骤 2：计算保护空间实际容积

V＝20×20×3.5＝1400（m^3）。

步骤 3：计算灭火剂设计用量

$W = K\dfrac{V}{S}\ln\left(\dfrac{100}{100-C_1}\right)$，其中，$K$＝1，

$$S = 0.6575 + 0.0024\times 20(℃) = 0.7055\text{m}^3/\text{kg},$$

$$W = \frac{1400}{0.7055}\cdot\ln\frac{100}{100-37.5} = 932.68\text{kg}。$$

步骤 4：设定灭火剂喷放时间

取 t＝55s。

步骤 5：选定灭火剂储存容器规格及储存压力级别

选用 70L 的 15MPa 存储容器，根据 W＝932.68kg，充装系数 η＝211.15kg/m^3，储瓶数 n＝（932.68/211.15）/0.07＝63.1，取整后，n＝64 只。

步骤 6：计算管道平均设计流量

主干管：$Q_w=\frac{0.95W}{t}=0.95\times932.68/55=16.110\text{kg/s}$；

一级支管：$Q_{g1}=Q_w/2=8.055\text{kg/s}$；

二级支管：$Q_{g2}=Q_{g1}/2=4.028\text{kg/s}$；

三级支管：$Q_{g3}=Q_{g2}/2=2.014\text{kg/s}$；

末端支管：$Q_{g4}=Q_{g3}/2=1.007\text{kg/s}$，即 $Q_c=1.007\text{kg/s}$。

步骤 7：选择管网管道通径

以管道平均设计流量，$D=(24\sim36)\sqrt{Q}$，初选管径为：

主干管：125mm；

一级支管：80mm；

二级支管：65mm；

三级支管：50mm；

末端支管：40mm。

步骤 8：计算系统剩余量及其增加的储瓶数量

$V_1=0.1178\text{m}^3$，$V_2=1.1287\text{m}^3$，$V_p=V_1+V_2=1.2465\text{m}^3$；$V_0=0.07\times64=4.48\text{m}^3$；

$W_s\geqslant2.7V_0+2.0V_p\geqslant14.589\text{kg}$，

计入剩余量后的储瓶数：

$n_1\geqslant[(932.68+14.589)/211.15]/0.07\geqslant64.089$

取整后，$n_1=65$ 只

步骤 9：计算减压孔板前压力

$$P_1=P_0\left(\frac{0.525V_0}{V_0+V_1+0.4V_2}\right)^{1.45}=4.954\text{MPa}。$$

步骤 10：计算减压孔板后压力

$$P_2=\delta\cdot P_1=0.52\times4.954=2.576\text{MPa}。$$

步骤 11：计算减压孔板孔口面积

$F_k=\frac{Q_k}{0.95\mu_k P_1\sqrt{\delta^{1.38}-\delta^{1.69}}}$；并初选 $\mu_k=0.61$，得出 $F_k=20.570\text{cm}^2$，$d=51.177\text{mm}$。$d/D=0.4094$；说明 μ_k 选择正确。

步骤 12：计算流程损失

根据 $P_2=2.576\text{MPa}$，查表 2-169，得出 b 点 $Y=566.6$，$Z=0.5855$；

$Y_2=Y_1+A\cdot L\cdot Q^2+B(Z_2-Z_1)Q^2$，代入各管段平均流量及计算长度（含沿程长度及管道连接件当量长度），并结合表 2-169，推算出：

c 点 $Y=656.9$，$Z=0.5855$；该点压力值 $P=2.3317\text{MPa}$；

d 点 $Y=705.0$，$Z=0.6583$；

e 点 $Y=728.6$，$Z=0.6987$；

f 点 $Y=744.8$，$Z=0.7266$；

g 点 $Y=760.8$，$Z=0.7598$。

步骤 13：计算喷头等效孔口面积

因 g 点为喷头入口处，根据其 Y、Z 值，查表 2-170，推算出该点压力 $P_c=$

2.011MPa；查表 2-172，推算出喷头等效单位面积喷射率 $q_c=0.4832kg/(s \cdot cm^2)$；

$F_c=\frac{Q_c}{q_c}=2.084cm^2$。

查表 2-174，可选用规格代号为 22 的喷头（16 只）。

（2）七氟丙烷（FHC-227ea）气体灭火系统

1）设计灭火剂用量

①七氟丙烷灭火系统的设计灭火用量可按式（2-113）计算：

$$W=K\frac{V}{S}\cdot\frac{C_1}{(100-C_1)} \tag{2-113}$$

式中 W——灭火设计用量或惰化设计用量（kg）；

C_1——灭火设计用浓度或惰化设计浓度（%）；

V——防护区净容积（m^3）；

K——海拔高度修正系数，按表 2-169 取值；

S——灭火剂过热蒸汽在 101kPa 大气压和防护区最低环境温度下的质量体积（m^3/kg）；应按式（2-114）计算：

$$S=0.1269+0.000513T \tag{2-114}$$

式中 T——防护区的环境温度（℃）。

②系统灭火剂贮存量应按式（2-115）计算：

$$W_0=W+\Delta W_1+\Delta W_2 \tag{2-115}$$

式中 W_0——系统灭火剂贮存量(kg)；

ΔW_1——贮存容器内的灭火剂剩余量(kg)，可按贮存容器内引升管管口以下的容器容积量换算；

ΔW_2——管道内的灭火剂剩余量(kg)，均衡管网和只含一个封闭空间的非均衡管网，其管网内的灭火剂剩余量均可不计。

③防护区的泄压口面积，宜按式(2-116)计算：

$$F_x=0.15\frac{Q_x}{\sqrt{P_f}} \tag{2-116}$$

式中 F_x——泄压口面积(m^2)；

Q_x——灭火剂在防护区的平均喷放速率(kg/s)；

P_f——围护结构承受内压的允许压强(Pa)。

④管网计算应符合下列规定：

a. 管网计算时，各管道中灭火剂的流量，宜采用平均设计流量。

b. 主干管平均设计流量，应按式(2-117)计算：

$$Q_w=\frac{W}{t} \tag{2-117}$$

式中 Q_w——主干管平均设计流量(kg/s)；

t——灭火剂设计喷放时间(s)。

c. 支管平均设计流量，应按式(2-118)计算：

$$Q_g=\sum_{1}^{N_g}Q_c \tag{2-118}$$

式中 Q_g——支管平均设计流量(kg/s)；

N_g——安装在计算支管下游的喷头数量(个)；

Q_c——单个喷头的设计流量(kg/s)。

d. 管网阻力损失宜采用过程中点时贮存容器内压力和平均流量进行计算。

e. 过程中点时贮存容器内压力，宜按式(2-119)计算：

$$P_m = \frac{P_0 V_0}{V_0 + \frac{W}{2\gamma} + V_p} \tag{2-119}$$

$$V_0 = nV_b\left(1 - \frac{\eta}{\gamma}\right) \tag{2-120}$$

式中 P_m——过程中点时贮存容器内压力(MPa，绝对压力)；

P_0——灭火剂贮存容器增压压力(MPa，绝对压力)；

V_0——喷放前，全部贮存容器内的气相总容积(m^3)；

γ——七氟丙烷液体密度(kg/m^3)，20℃时为1407kg/m^3；

V_p——管网管道的内容积(m^3)；

n——贮存容器的数量(个)；

V_b——贮存容器的容量(m^3)；

η——充装量(kg/m^3)。

f. 管网的阻力损失应根据管道种类确定。当采用镀锌钢管时，其阻力损失可按式(2-121)计算：

$$\frac{\Delta P}{L} = \frac{5.75 \times 10^5 Q^2}{\left(1.74 + 2 \times \lg \frac{D}{0.12}\right)^2 D^5} \tag{2-121}$$

式中 ΔP——计算管段阻力损失（MPa）；

L——管道计算长度（m），为计算管段中沿程长度与局部损失当量长度之和；

Q——管道设计流量（kg/s）；

D——管道内径（mm）。

g. 初选管径，可按管道平均流量，参照式（2-122）、式（2-123）计算：

当$Q \leqslant 6.0$kg/s时，

$$D = (12 \sim 20)\sqrt{Q} \tag{2-122}$$

当6.0kg/s$< Q <$160.0kg/s时，

$$D = (8 \sim 16)\sqrt{Q} \tag{2-123}$$

h. 喷头工作压力应按式（2-124）计算：

$$P_c = P_m - \sum_1^{N_d} \Delta P \pm P_h \tag{2-124}$$

式中 P_c——喷头工作压力（MPa，绝对压力）；

$\sum_1^{N_d} \Delta P$——系统流程阻力总损失（MPa）；

N_d——流程中计算管段的数量；

P_h——高程压头（MPa）。

i. 高程压头，应按式（2-125）计算：

$$P_h = 10^{-6}\gamma \cdot H \cdot g \tag{2-125}$$

式中 H——过程中点时，喷头高度相对贮存容器内液面的位差（m）；

g——重力加速度（m/s^2）。

j. 七氟丙烷气体灭火系统的喷头工作压力的计算结果，应符合下列规定：

一级增压贮存容器的系统 $P_c \geqslant 0.6$（MPa，绝对压力）；

二级增压贮存容器的系统 $P_c \geqslant 0.7$（MPa，绝对压力）；

三级增压贮存容器的系统 $P_c \geqslant 0.8$（MPa，绝对压力）。

$P_c \geqslant P_m/2$（MPa，绝对压力）。

k. 喷头等效孔口面积应按式（2-126）计算：

$$F_c = \frac{Q_c}{q_c} \tag{2-126}$$

式中 F_c——喷头等效孔口面积（cm^2）；

q_c——等效孔口单位面积喷射率[$kg/(s \cdot cm^2)$]，可按表 2-175～表 2-177 采用。

充压压力为 2.5MPa(表压)时的七氟丙烷系统的等效孔口单位面积喷射率 **表 2-175**

喷头入口压力(MPa，绝对压力)	喷射率[kg/(s·cm²)]	喷头入口压力(MPa，绝对压力)	喷射率[kg/(s·cm²)]
2.1	4.67	1.3	
2.0	4.48	1.2	
1.9	4.28	1.1	
1.8	4.07	1.0	1.98
1.7	3.85	0.9	1.66
1.6	3.62	0.8	1.32
1.5	3.38	0.7	0.97
1.4		0.6	0.62

注：等效孔口流量系数为 0.98。

充压压力为 4.2MPa（表压）时的七氟丙烷系统的等效孔口单位面积喷射率 **表 2-176**

喷头入口压力(MPa，绝对压力)	喷射率[kg/(s·cm²)]	喷头入口压力(MPa，绝对压力)	喷射率[kg/(s·cm²)]
3.4	6.04	1.6	3.50
3.2	5.83	1.4	3.05
3.0	5.61	1.3	2.80
2.8	5.37	1.2	2.50
2.6	5.12	1.1	2.20
2.4	4.85	1.0	1.93
2.2	4.55	0.9	1.62
2.0	4.25	0.8	1.27
1.8	3.90	0.7	0.90

注：等效孔口流量系数为 0.98。

充压压力为 5.6MPa(表压)时的七氟丙烷系统的等效孔口单位面积喷射率　　表 2-177

喷头入口压力(MPa，绝对压力)	喷射率[kg/(s·cm²)]	喷头入口压力(MPa，绝对压力)	喷射率[kg/(s·cm²)]
4.5	6.49	2.0	4.16
4.2	6.39	1.8	3.78
3.9	6.25	1.6	3.34
3.6	6.10	1.4	2.81
3.3	5.89	1.3	2.50
3.0	5.59	1.2	2.15
2.8	5.36	1.1	1.78
2.6	5.10	1.0	1.35
2.4	4.81	0.9	0.88
2.2	4.50	0.8	0.40

注：等效孔口流量系数为 0.98。

2）防护区内灭火剂的浸渍时间应符合下列规定：

①木材、纸张、织物等固体表面火灾，宜采用 20min；

②通信机房、电子计算机房内的电气设备火灾，应采用 5min；

③其他固体表面火灾，宜采用 10min；

④三气体和液体火灾，不应小于 1min。

3）系统管网设计

①七氟丙烷灭火剂的设计喷射时间，对于通信机房和电子计算机房等防护区不应大于 8s；其他防护区不应大于 10s；

②管道的最大输送长度，当采用气液两相流体模型计算时不宜超过 100m，系统中其最不利点的喷嘴工作压力不应小于喷放“过程中点”贮存容器内压力的 1/2（绝对压力，MPa）；当采用液体单相流体模型计算时不宜超过 30m；

③管网宜布置为均衡系统，管网中各个喷嘴的设计质量流量应相等，管网中从第 1 分流点至各喷嘴的管道计算阻力损失，其相互间的最大差值不应大于 20%；

④系统管网的管道总容积不应大于该系统七氟丙烷充装量体积的 80%；

⑤管网分流应采用三通管件，其分流出口应水平布置；

⑥喷头的实际孔口面积，应经试验确定，喷头规格应符合表 2-174 的规定。

4）计算示例

【例 2】 某计算机房，海拔高度为 0m，房间大小为：长×宽×高＝14m×7m×3.2m，被保护对象为电子数据处理设备及数据电缆等，设计浓度不低于 8%。设七氟丙烷灭火系统进行保护（引入的部件的有关数据是取用某公司的 ZYJ-100 系列产品）。

【解】 步骤 1：分析防护区

①首先对被保护区域的密封性、完整性进行确定。确认该防护区与其他相邻防护区被完全隔离开来。

②确认该防护区中的或经过该防护区的通风及空调等设备的管路在进出保护区时有快

速关断的装置。

步骤 2：计算保护空间实际容积

$$V=3.2\times14\times7=313.6\text{m}^3$$

步骤 3：计算灭火剂设计用量

$W=K\dfrac{V}{S}\cdot\dfrac{C_1}{(100-C_1)}$，其中，$K=1$；

$S=0.1269+0.000513\times20(℃)=0.13716\text{m}^3/\text{kg}$

$W=\dfrac{313.6}{0.13716}\times\dfrac{8}{(100-8)}=198.8\text{kg}$

步骤 4：设定灭火剂喷放时间

取 $t=7$s

步骤 5：设定喷头布置与数量

选用 JP 型喷头，其保护半径 $R=7.5$m

故设定喷头为 2 只；按保护区平面均匀布置喷头

步骤 6：选定灭火剂储存容器规格及数量

根据 $W=198.8$kg，选用 100L 的 JR-100/54 储存容器 3 只。

步骤 7：绘出系统管网计算图（图 2-164）

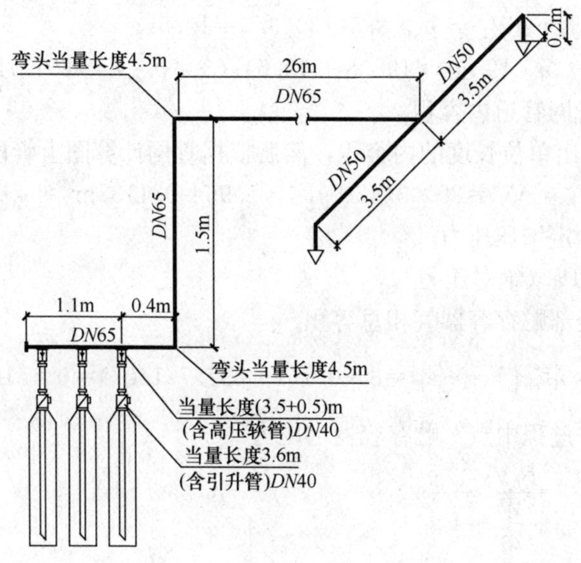

图 2-164 七氟丙烷计算示例简图

步骤 8：计算管道平均设计流量

主干管：$Q_w=\dfrac{W}{t}=198.8/7=28.4\text{kg/s}$

支管：$Q_g=Q_w/2=14.2\text{kg/s}$

储存容器出流管：$Q_P=\dfrac{W}{n\cdot t}=(198.8/3)/7=9.47\text{kg/s}$

步骤 9：择管网管道通径

以管道平均设计流量，依据图 2-165 选取，其结果，标在管网计算图上。

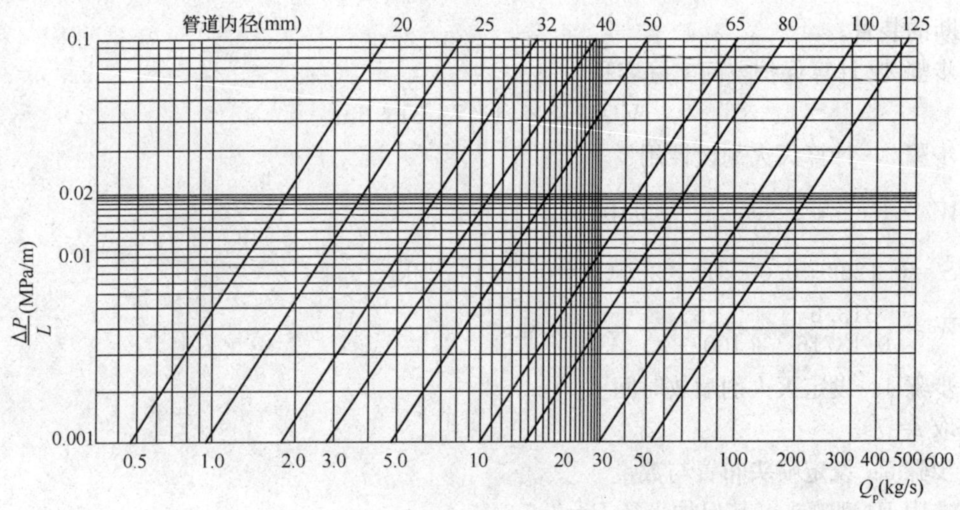

图 2-165　镀锌钢管阻力损失与七氟丙烷流量的关系

步骤 10：计算充装率

系统储存量：$W_0 = W + \Delta W_1 + \Delta W_2$

管网内剩余量：$\Delta W_2 = 0$

储存容器内剩余量：$\Delta W_1 = n \times 3.5 = 3 \times 3.5 = 10.5\text{kg}$

充装率：$\eta = W_0/(n \cdot V_b) = (198.8 + 10.5)/(3 \times 0.1) = 697.7\text{kg/m}^3$

步骤 11：计算管网管道内容积

先按管道内径求出单位长度的内容积，然后依据管网计算图上管段长度求算：

$$V_p = 29 \times 3.42 + 7.4 \times 1.96 = 0.1137\text{m}^3$$

步骤 12：选用额定增压压力

选用 $P_0 = 4.3\text{MPa}$（绝对压力）。

步骤 13：计算全部贮存容器气相总容积

$$V_0 = nV_b\left(1 - \frac{\eta}{\gamma}\right) = 3 \times 0.1(1 - 697.7/1407) = 0.1512\text{m}^3$$

步骤 14：计算“过程中点”贮存容器内压力

$$P_m = \frac{P_0 V_0}{V_0 + \dfrac{W}{2\gamma} + V_p}$$

$$= (4.3 \times 0.1512)/[0.1512 + 198.8/(2 \times 1407) + 0.1137]$$

$$= 1.938\text{MPa}\ (\text{绝对压力})$$

步骤 15：计算管路损失

①a-b 段

以 $Q_P = 9.47\text{kg/s}$ 及 $D_n = 40\text{mm}$，查图 2-165 得：

$$(\Delta P/L)_{ab} = 0.0103\text{MPa/m}$$

计算长度 $L_{ab} = 3.6 + 3.5 + 0.5 = 7.6\text{m}$

$\Delta P_{ab} = (\Delta P/L)_{ab} \times L_{ab} = 0.0103 \times 7.6 = 0.0783\text{MPa}$

②b-b'段

以 0.55Q_w=15.6kg/s 及 D_N=65mm，查图 2-165 得：

$$(\Delta P/L)_{bb'}=0.0022\text{MPa/m}$$

计算长度 $L_{bb'}$=0.8m

$\Delta P_{bb'}=(\Delta P/L)_{bb'}\times L_{bb'}=0.0022\times 0.8=0.00176$MPa

③b'-c 段

以 Q_w=28.4kg/s 及 D_N=65mm，查图 2-165 得：

$$(\Delta P/L)_{b'c}=0.008\text{MPa/m}$$

计算长度 $L_{b'c}$=0.4+4.5+1.5+4.5+26=36.9m

$$\Delta P_{b'c}=(\Delta P/L)_{b'c}\times L_{b'c}=0.008\times 36.9=0.2952\text{MPa}$$

④c-d 段

以 Q_g=14.2kg/s 及 D_N=50mm，查图 2-165 得：

$$(\Delta P/L)_{cd}=0.009\text{MPa/m}$$

计算长度 L_{cd}=5+0.4+3.5+3.5+0.2=12.6m

$$\Delta P_{cd}=(\Delta P/L)_{cd}\times L_{cd}=0.009\times 12.6=0.1134\text{MPa}$$

⑤求得管路总损失：

$$\sum_{1}^{N_d}\Delta P=\Delta P_{ab}+\Delta P_{bb'}+\Delta P_{b'c}+\Delta P_{cd}=0.4887\text{MPa}$$

步骤 16：计算高程压头

$$P_h=10^{-6}\gamma\cdot H\cdot g$$

其中，H=2.8m（“过程中点”时，喷头高度相对贮存容器内液面的位差）

$$P_h=10^{-6}\gamma\cdot H\cdot g=10^{-6}\times 1407\times 2.8\times 9.81=0.0386\text{MPa}$$

步骤 17：计算喷头工作压力

$$\begin{aligned}P_c&=P_m-\sum_{1}^{N_d}\Delta P\pm P_h\\&=1.938-0.4887-0.0386\\&=1.411\text{MPa（绝对压力）}\end{aligned}$$

步骤 18：验算设计计算结果

应满足下列条件：

① $P_c\geqslant$0.7MPa（绝对压力）；

② $P_c\geqslant\dfrac{P_m}{2}$=1.938/2=0.969MPa（绝对压力）。

皆满足，合格。

步骤 19：计算喷头等效孔口面积及确定喷头规格

以 P_c=1.411MPa 从表 2-176 中查得，

喷头等效孔口单位面积喷射率：q_c=3.1kg/(s·cm^2)

又，喷头平均设计流量：$Q_c=W/2$=14.2kg/s

求得喷头等效孔口面积：

$$F_c=\frac{Q_c}{q_c}=14.2/3.1=4.58\text{cm}^2$$

由此，即可依据求得的 F_c 值，从产品规格中选用与该值相等(偏差$^{+9}_{-3}$%)、性能跟设计一致的喷头为 JP-30。

步骤 20：计算泄压口面积

按照有关规定进行泄压口的设置和计算（略)。

(3) 二氧化碳（CO_2）气体灭火系统

二氧化碳灭火系统有全淹没和局部应用两种系统。

1) 全淹没灭火系统的设计计算

①二氧化碳的设计用量应按式（2-127）计算：

$$W = K_b(K_1A + K_2V) \tag{2-127}$$

$$A = A_v + 30A_0 \tag{2-128}$$

$$V = V_v - V_g \tag{2-129}$$

式中 W——二氧化碳设计用量(kg)；

K_b——物质系数，按表 2-166 选用；

K_1——面积系数(kg/m^2)，取 0.2kg/m^2；

K_2——体积系数(kg/m^3)，取 0.2kg/m^3；

A——折算面积(m^2)；

A_v——防护区内侧面、底面、顶面(包括其中的开口)的总面积(m^2)；

A_0——开口总面积(m^2)；

V——防护区的净容积(m^3)；

V_v——防护区容积(m^3)；

V_g——防护区内非燃烧体和难燃烧体的总容积(m^3)。

②当防护区的环境温度超过 100℃时，二氧化碳的设计用量应在式（2-127）计算值的基础上每超过 5℃增加 2%。

③当防护区的环境温度低于－20℃时，二氧化碳的设计用量应在式（2-127）计算值的基础上每低于 1℃增加 2%。

④二氧化碳的贮存量应为设计用量与残余量之和。残余量可按设计用量的 8%计算。组合分配系统的二氧化碳贮存量，不应小于所需贮存量最大的一个防护区的贮存量。

2) 局部应用灭火系统的设计计算

①局部应用灭火系统的设计可采用面积法或体积法。当保护对象的着火部位是比较平直的表面时，宜采用面积法；当着火对象为不规则物体时，应采用体积法。

②局部应用灭火系统的二氧化碳喷射时间不应小于 0.5min。对于燃点温度低于沸点温度的液体和可熔化固体的火灾，二氧化碳的喷射时间不应小于 1.5min。

③当采用面积法设计时，应符合下列规定：

a. 保护对象计算面积应取被保护表面整体的垂直投影面积；

b. 架空型喷头应以喷头的出口至保护对象表面的距离确定设计流量和相应的正方形保护面积；槽边型喷头保护面积应由设计选定的喷头设计流量确定；

c. 架空型喷头的布置宜垂直于保护对象的表面，其瞄准点应是喷头保护面积的中心。当确定非垂直布置时，喷头的安装角不应小于 45°。其瞄准点应偏向喷头安装位置的一方(图 2-166)，喷头偏离保护面积中心的距离可按表 2-178 确定；

喷头偏离保护面积中心的距离　表 2-178

喷头安装角(°)	喷头偏离保护面积中心的距离(m)
45～60	$0.25L_b$
60～75	$0.25L_b$～$0.125L_b$
75～90	$0.125L_b$～0

注：L_b为单个喷头正方形保护面积的边长。

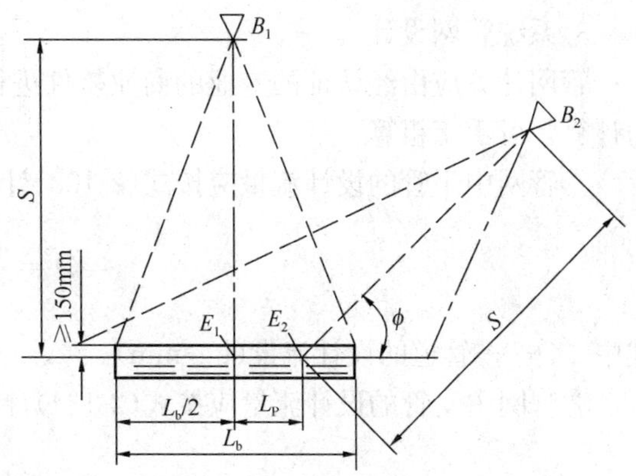

图 2-166　架空型喷头布置

B_1、B_2——喷头布置位置；E_1、E_2——喷头瞄准点；S——喷头出口至瞄准点的距离（m）；L_b——单个喷头正方形保护面积的边长（m）；L_p——瞄准点偏离喷头保护面积中心的距离（m）；ϕ——喷头安装角（°）

d. 喷头非垂直布置时的设计流量和保护面积应与垂直布置的相同；

e. 喷头宜等距布置，以喷头正方形保护面积组合排列，并应完全覆盖保护对象；

f. 采用面积法设计的二氧化碳的设计用量应按式（2-130）计算：

$$W = N \cdot Q_i \cdot t \tag{2-130}$$

式中　W——二氧化碳设计用量(kg)；

N——喷头数量；

Q_i——单个喷头的设计流量(kg/min)；

t——喷射时间(min)。

④当采用体积法设计时，应符合下列规定：

a. 保护对象的计算体积应采用假定的封闭罩的体积。封闭罩的底应是保护对象的实际底面；封闭罩的侧面及顶部当无实际维护结构时，它们至保护对象外缘的距离不应小于 0.6m。

b. 二氧化碳的单位体积的喷射率应按式（2-131）计算：

$$q_v = K_b\left(16 - \frac{12A_p}{A_t}\right) \tag{2-131}$$

式中　q_v——单位体积的喷射率[kg/(min·m^3)]；

A_t——在假定的封闭罩侧面围封面面积(m^2)；

A_p——在假定的封闭罩中存在的实体墙等实际围封面的面积(m^2)。

c. 采用体积法设计的二氧化碳的设计用量应按式(2-132)计算：

$$W = V_1 \cdot q_v t \tag{2-132}$$

式中　V_1——保护对象的计算体积(m^3)。

d. 喷头的布置与数量应使喷射的二氧化碳分布均匀，并满足单位体积的喷射率和设计用量的要求。

⑤二氧化碳贮存量，应取设计用量的 1.4 倍与管道蒸发量之和。组合分配系统的二氧化碳贮存量，不应小于所需贮存量最大的一个保护对象的贮存量。

3)系统管网设计

管网计算应由经认证的专业的商业软件进行，在没有招标之前，不可能进行详细的水力计算，可手工粗算。

①管网中干管的设计流量应按式(2-133)计算：

$$Q=\frac{W}{t} \tag{2-133}$$

式中 Q——管道的设计流量(kg/min)。

②管网中支管的设计流量应按式(2-134)计算：

$$Q=\sum_{1}^{N_g} Q_i \tag{2-134}$$

式中 N_g——安装在计算支管流程下游的喷头数量；

Q_i——单个喷头的设计流量(kg/min)。

③管道压力降可按式(2-135)计算或按图 2-167 采用。

$$Q^2=\frac{0.8725\times10^{-4}\times D^{5.25}\times Y}{L+0.04319D^{1.25}Z} \tag{2-135}$$

式中 D——管道内径(mm)；

L——管段计算长度(m)；

Y——压力系数(MPa·kg/m³)，应按表 2-179 采用；

Z——密度系数，应按表 2-179 采用。

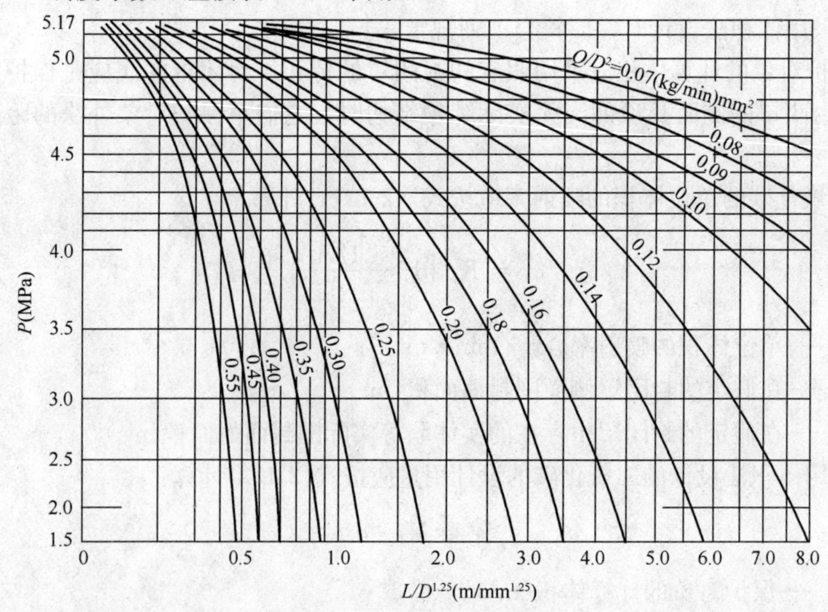

图 2-167 管道压力降

④管段的计算长度应为管道的实际长度与管道附件当量长度之和。管道附件的当量长度可按表 2-180 采用。

⑤喷头入口压力计算值不应小于1.4MPa（绝对压力）。

注：管网起始压力取设计额定贮存压力（5.17MPa），后段管道的起点压力取前段管道的终点压力。

二氧化碳的压力系数和密度系数 **表 2-179**

压力(MPa)	Y(MPa·kg/m³)	Z	压力(MPa)	Y(MPa·kg/m³)	Z
5.17	0	0	3.50	927.7	0.830
5.10	55.4	0.0035	3.25	1005.0	0.950
5.05	97.2	0.0600	3.00	1082.3	1.086
5.00	132.5	0.0825	2.75	1150.7	1.240
4.75	303.7	0.210	2.50	1219.3	1.430
4.50	461.6	0.330	2.25	1250.2	1.620
4.25	612.9	0.427	2.00	1285.5	1.840
4.00	725.6	0.570	1.75	1318.7	2.140
3.75	828.3	0.700	1.40	1340.8	2.590

管道附件的当量长度 **表 2-180**

管道公称直径(mm)	螺纹连接			焊接		
	90°弯头(m)	三通的直通部分(m)	三通的侧通部分(m)	90°弯头(m)	三通的直通部分(m)	三通的侧通部分(m)
15	0.52	0.30	1.04	0.24	0.21	0.64
20	0.67	0.43	1.37	0.33	0.27	0.85
25	0.85	0.55	1.74	0.43	0.34	1.07
32	1.13	0.70	2.29	0.55	0.46	1.40
40	1.31	0.82	2.65	0.64	0.52	1.65
50	1.68	1.07	3.42	0.85	0.67	2.10
65	2.01	1.25	4.09	1.01	0.82	2.50
80	2.50	1.56	5.06	1.25	1.01	3.11
100	—	—	—	1.65	1.34	4.09
125	—	—	—	2.04	1.68	5.12
150	—	—	—	2.47	2.01	6.16

⑥喷头等效孔口面积应按式（2-136）计算：

$$F=\frac{Q_i}{q_0} \tag{2-136}$$

式中 F——喷头等效孔口面积(mm^2)；

q_0——等效孔口面积的喷射率[kg/(min·mm^2)]，按表2-181选取。

喷头入口压力与单位面积的喷射率　　表 2-181

喷头入口压力(MPa)	喷射率[kg/(min·mm²)]	喷头入口压力(MPa)	喷射率[kg/(min·mm²)]
5.17	3.255	3.28	1.223
5.00	2.703	3.10	1.139
4.83	2.401	2.93	1.062
4.65	2.172	2.76	0.9843
4.48	1.993	2.59	0.9070
4.31	1.839	2.41	0.8296
4.14	1.705	2.24	0.7593
3.96	1.589	2.07	0.6890
3.79	1.487	1.72	0.5484
3.62	1.396	1.40	0.4833
3.45	1.308		

⑦喷头规格应根据等效孔口面积确定。

⑧贮存容器的数量可按式（2-137）计算：

$$N_{\mathrm{p}}=\frac{M_{\mathrm{c}}}{\alpha V_0} \tag{2-137}$$

式中 N_{P}——贮存容器数；

M_{c}——贮存量(kg)；

α——充装率(kg/L)；

V_0——单个贮存容器的容积(L)。

2.9.7 向各专业提出的要求

（1）向建筑专业提出的要求

1）根据《高层民用建筑设计防火规范》GB 50045—1995（2005 年版）和《建筑设计防火规范》GB 50016—2006 的要求确定了需设置气体灭火系统的防护区后，根据防护区的保护体积及选用的气体，估算出钢瓶间的面积并向建筑专业提出，初步配合可参照表 2-182 选用，也可按 2m^2/钢瓶估算。

各种气体灭火系统的钢瓶间面积（m^2）　　表 2-182

灭火系统 / 防护区体积(m^3)	惰性气体混合物 IG541	氮气 IG100	七氟丙烷① HFC-227ea	三氟甲烷 HFC-23	二氧化碳② CO_2
0～150	3	4	3	2	3.5
150～300	6	7	4	3	5
300～550	11	7	4	3	5
550～800	17	12	6	5	9
800～900	18	12	6	5	9
900～1200	24	17	8	7	12
1200～1500	30	19	8.5	8	14
1500～1800	36	24	11	10	17.5
1800～2100	42	29	13	12	21

①表中数值为贮压式七氟丙烷系统，备压式七氟丙烷系统的钢瓶间面积可按贮压式七氟丙烷系统所需钢瓶间面积的 0.7 估算；

②指高压二氧化碳系统，低压二氧化碳系统按此列的 0.8 估算。

2)钢瓶间应设在防护区外的一个独立的房间，围护结构的耐火等级不应低于二级，层高不宜小于3m，净高不宜小于2.2m，且尽量靠近防护区，并应有直接通向疏散走道的出口，门应为甲级防火门且向疏散通道开启。

3)防护区围护结构的耐火极限不应低于0.5h；吊顶的耐火极限不应低于0.25h。围护结构的承受压强不宜低于1200Pa。防护区的门应朝外开并能够自动关闭。

4)防护区应设泄压口，泄压口宜设在外墙或屋顶上，并应位于防护区净高的2/3以上。泄压口的防护结构承受内压的允许压强必须低于1200Pa。防护区的围护结构为一次结构时，施工图阶段就应考虑泄压口的预留；当防护区的围护结构为二次结构时，可由二次深化设计承包商提出泄压口的面积要求。

北京市地标《洁净气体灭火系统设计、施工及验收规范》DBJ 01-75-2003第3.1.6条明确要求防护区应设泄压装置，并应设在外墙上，而不应采用门、窗缝隙，其泄压压力应低于维护构件最低耐压强度的作用力。但不应在防护区墙上直接开设洞口作为泄压口，或在泄压口中设置百叶窗结构，因这些措施都属于泄压口处于常开状态，没有考虑到灭火时需要保证防护区内灭火剂浓度的要求。

应在防护墙上设置能根据防护区内的压力自动打开的泄压阀。泄压阀的工作原理为：根据防护区的结构要求，设定泄压阀动作的压力值，测压装置实时检测防护区的压力，当发生火灾时，气体灭火系统启动，防护区内压力升高，当压力达到设定值时，测压装置发出动作信号给执行机构，执行机构带动叶片动作；叶片迅速从关闭状态到达开启位置，防护区内压力降低至预先设定值以下时，测压装置再次给执行机构发出信号，执行机构复位；同时带动叶片动作，叶片迅速从开启位置回复到关闭状态，以保证防护区内灭火剂的灭火浓度。

自动消防泄压阀主要技术参数　　表2-183

型　号	FXF-Ⅱ型	FXF-Ⅲ型
电　源	AC# 220V# 0.6A	AC# 220V# 0.6A
动作压力	1000Pa	1000Pa
动作精度	±50Pa	±50Pa
外形尺寸(mm)	610×302×202	850×458×202
墙体开洞尺寸(mm)	580×280	825×438
泄压面积(m^2)	0.077	0.21
质量(kg)	20.5	32.5

(2) 对结构专业的要求

钢瓶间的楼面承载能力应满足贮存容器和其他设备的贮存要求。初步估算时，楼板荷载按500kg/m^2考虑，钢瓶间的总荷载不超过6000kg；施工图计算时应由生产厂家配合提出精确的荷载。

(3) 向电气专业提出的要求

1) 将气体灭火系统的防护区、钢瓶间的分布图提供给电气专业。

2) 钢瓶间应设置消防电话和应急照明灯。

3) 气体灭火系统的控制。

①对灭火设备的控制

a. 气体灭火系统控制盘设有手/自动转换装置，可远程控制气体灭火设备的起停。控制盘还应设有备用电源，备电使用时间不小于24h；

b. 气体喷放的延迟时间0～30s可调；

c. 表示系统状态的所有信号都可以传输到当地的气体灭火控制盘或传到中心控制室；

d. 系统喷放气体后，连接在管路系统上的喷气压力开关会传输放气信号返回到中心控制室。

②对系统的控制方式

气体灭火系统的控制方式分为自动（气启动和电启动）、手动（人工启动和电气手动）、机械应急操作三种工况。有人工作或值班时，采用电气手动控制，无人值班的情况下，采用自动控制方式。自动、电气手动控制方式的转换，可在灭火控制盘上实现（在防护区的门外设置手动控制盒，手动控制盒内设有紧急停止和紧急启动按钮）。

a. 自动工况：即自动探测报警，发出火警信号，自动启动灭火系统进行灭火。有两种自动控制方式可供选择：(a) 气启动。用安装在容器阀上的气动阀门启动器来实现气启动。压力是由氮气小钢瓶来提供，由小钢瓶内的氮气压力启动器打开容器阀。单个或多个钢瓶系统需要一个气启动器和一个气动阀。其余的钢瓶将由启动钢瓶的压力来启动；(b) 电启动。用安装在容器阀上的电磁阀启动器和一个控制系统来实现电启动。

每个防护区域内都设有双探测回路，当某一个回路报警时，系统进入报警状态，警铃鸣响；当两个回路都报警时设在该防护区域内外的蜂鸣器及闪灯将动作，通知防护区内人员疏散，关闭空调系统、通风管道上的防火阀和防护区的门窗；经过30s延时或根据需要不延时，控制盘将启动气体钢瓶组上容器阀的电磁阀启动器和对应防护区的选择阀，或启动对应氮气小钢瓶的电磁瓶头阀和对应防护区的选择阀。气体释放后，设在管道上的压力开关将灭火剂已经释放的信号送回控制盘或消防控制中心的火灾报警系统。而保护区域门外的蜂鸣器及闪灯，在灭火期间一直工作，警告所有人员不能进入防护区域，直至确认火灾已经扑灭。打开通风系统，向灭火作用区送入新鲜的空气，废气排除干净后，指示灯显示，才允许人员进入。

b. 手动工况：有两种手动控制方式可供选择：(a) 人工启动。当防护区内不需要探测系统时，可以在容器阀上部安装拉杆启动器，用人工直接拉动拉杆或远距离用人工手拉盒拉动缆绳来启动拉杆启动器，以实现钢瓶启动释放灭火剂的目的。多个钢瓶系统只需一个启动容器阀和一个人工启动器，其他钢瓶由集流管内的压力来启动；(b) 电气手动。自动探测报警，发出火警信号，经电气手动启动灭火系统执行灭火。不论灭火控制按钮处于哪一种工况，当人为发出火警时，都可以使用该火警区的手动控制盒，电气手动启动灭火系统进行灭火。手动控制盒的另一项功能是可以在灭火系统动作前，撤销灭火控制盘发出的本区域的指令，以防止不需要由灭火系统进行灭火时启动灭火系统。

c. 机械应急操作工况：当自动控制和电气手动控制均失灵，不能执行灭火指令的情况下，可通过操作设在钢瓶间中钢瓶容器阀上的手动启动器和区域选择阀上的手动启动器，来开启整个气体灭火系统，执行灭火功能。但这务必在提前关闭影响灭火效果的设备，通知并确认人员已经撤离后方可实施。

③对火灾报警系统的要求

气体灭火系统作为一个相对独立的系统，配置了自动控制所需的火灾探测器，可以独立完成整个灭火过程。火灾时，火灾自动报警系统能接收每个防护区域的气体灭火系统控制盘送出的火警信号和气体释放后的动作信号，同时也能接收每个防护区的气体灭火系统控制盘送出的系统故障信号。火灾自动报警系统在每一个钢瓶间中设置能接收上述信号的模块。

在气体释放前，切断防护区内一切与消防电源无关的设备。

(4) 向空调专业提出的要求

1) 将气体灭火系统的防护区、钢瓶间的分布图提供给空调专业。

2) 所有防护区域中设置的送排风系统的风口、支管或总管上，应设有在接收到气体灭火系统送出的信号后，可自动关闭防护区的防火阀，使防护区内外的送排风管路隔绝。同时，每个防护区设置的送排风系统的电气控制箱，也应具有在接收到气体灭火系统送出的信号后，能自动关闭送排风机的功能。在灭火以后，防护区和钢瓶间应通风换气，及时将气体及烟气排走，可以是自然通风，也可以采用机械通风，排风口设在离地面高度460mm以内，并应直通室外。

3) 地下、半地下或无窗、固定窗扇的地上防护区和钢瓶间应设置机械排风装置，排风口设在下部，并应直通室外。

4) 灭火后的机械排风装置和平时的机械排风装置宜为两套独立的系统。当设置专门的机械排风装置有困难时，可利用该防护区的消防排烟系统作为机械排风装置。

5) 排风量应使防护区每小时换气5次以上。

6) 钢瓶间和防护区的室内温度按表2-167采用，并有良好的通风。

2.10 建筑灭火器配置

2.10.1 适用范围

灭火器配置场所系指存在可燃的气体、液体和固体物质，有可能发生火灾，需要配置灭火器的所有场所。灭火器配置场所，可以是建筑物内的一个房间，如办公室、会议室、实验室、资料室、阅览室、油漆间、配电室、厨房、餐厅、客房、歌舞厅、更衣室、厂房、库房、观众厅、舞台以及计算机房和网吧等；也可以是构筑物所占用的一个区域，如可燃物露天堆场、油罐区等。汽车、火车、轮船、飞机等交通工具或军用装备的灭火器配置，可参照国家标准《建筑灭火器配置设计规范》GB 50140—2005的有关规定执行。

本文中所述灭火器系指各种类型、规格的手提式灭火器和推车式灭火器。

2.10.2 设计程序和内容

2.10.2.1 确定各灭火器配置场所的危险等级

(1) 工业建筑

工业建筑灭火器配置场所的危险等级，应根据其生产、使用、储存物品的火灾危险性，可燃物数量，火灾蔓延速度，扑救难易程度等因素，划分为以下三级：

1) 严重危险级：火灾危险性大，可燃物多，起火后蔓延迅速，扑救困难，容易造成重大财产损失的场所；

2）中危险级：火灾危险性较大，可燃物较多，起火后蔓延较迅速，扑救较难的场所；

3）轻危险级：火灾危险性较小，可燃物较少，起火后蔓延较缓慢，扑救较易的场所。

工业建筑灭火器配置场所的危险等级举例见表 2-184。

工业建筑灭火器配置场所的危险等级举例 **表 2-184**

危险等级	举例	
	厂房和露天、半露天生产装置区	库房和露天、半露天堆场
严重危险级	1. 闪点＜60℃的油品和有机溶剂的提炼、回收、洗涤部位及其泵房、灌桶间	1. 化学危险物品库房
	2. 橡胶制品的涂胶和胶浆部位	2. 装卸原油或化学危险物品的车站、码头
	3. 二硫化碳的粗馏、精馏工段及其应用部位	3. 甲、乙类液体贮罐区、桶装库房、堆场
	4. 甲醇、乙醇、丙酮、丁酮、异丙醇、醋酸乙酯、苯等的合成、精制厂房	4. 液化石油气贮罐区、桶装库房、堆场
	5. 植物油加工厂的浸出厂房	5. 棉花库房及散装堆场
	6. 洗涤剂厂房石蜡裂解部位、冰醋酸裂解厂房	6. 稻草、芦苇、麦秸等堆场
	7. 环氧氢丙烷、苯乙烯厂房或装置区	7. 赛璐珞及其制品、漆布、油布、油纸及其制品，油绸及其制品库房
	8. 液化石油气灌瓶间	8. 酒精度为 60 度以上的白酒库房
	9. 天然气、石油伴生气、水煤气或焦炉煤气的净化(如脱硫)厂房压缩机室及鼓风机室	
	10. 乙炔站、氢气站、煤气站、氧气站	
	11. 硝化棉、赛璐珞厂房及其应用部位	
	12. 黄磷、赤磷制备厂房及其应用部位	
	13. 樟脑或松香提炼厂房，焦化厂精萘厂房	
	14. 煤粉厂房和面粉厂房的碾磨部位	
	15. 谷物筒仓工作塔、亚麻厂的除尘器和过滤器室	
	16. 氯酸钾厂房及其应用部位	
	17. 发烟硫酸或发烟硝酸浓缩部位	
	18. 高锰酸钾、重铬酸钠厂房	
	19. 过氧化钠、过氧化钾、次氯酸钙厂房	
	20. 各工厂的总控制室、分控制室	
	21. 国家和省级重点工程的施工现场	
	22. 发电厂(站)和电网经营企业的控制室、设备间	
中危险级	1. 闪点≥60℃的油品和有机溶剂的提炼、回收工段及其抽送泵房	1. 丙类液体储罐区、桶装库房、堆场
	2. 柴油、机器油或变压器油灌桶间	2. 化学、人造纤维及其织物和棉、毛、丝、麻及其织物的库房、堆场
	3. 润滑油再生部位或沥青加工厂房	3. 纸、竹、木及其制品的库房、堆场
	4. 植物油加工精炼部位	4. 火柴、香烟、糖、茶叶库房

续表

危险等级	举例	
	厂房和露天、半露天生产装置区	库房和露天、半露天堆场
中危险级	5. 油浸变压器室和高、低压配电室	5. 中药材库房
	6. 工业用燃油、燃气锅炉房	6. 橡胶、塑料及其制品的库房
	7. 各种电缆廊道	7. 粮食、食品库房、堆场
	8. 油淬火处理车间	8. 电脑、电视机、收录机等电子产品及家用电器库房
	9. 橡胶制品压延、成型和硫化厂房	9. 汽车、大型拖拉机停车库
	10. 木工厂房和竹、藤加工厂房	10. 酒精度小于60度的白酒库房
	11. 针织品厂房和纺织、印染、化纤生产的干燥部位	11. 低温冷库
	12. 服装加工厂房、印染厂成品厂房	
	13. 麻纺厂粗加工厂房、毛涤厂选毛厂房	
	14. 谷物加工厂房	
	15. 卷烟厂的切丝、卷制、包装厂房	
	16. 印刷厂的印刷厂房	
	17. 电视机、收录机装配厂房	
	18. 显像管厂装配工段烧枪间	
	19. 磁带装配厂房	
	20. 泡沫塑料厂的发泡、成型、印片、压花部位	
	21. 饲料加工厂房	
	22. 地市级及以下的重点工程的施工现场	
轻危险级	1. 金属冶炼、铸造、铆焊、热轧、锻造、热处理厂房	1. 钢材库房、堆场
	2. 玻璃原料熔化厂房	2. 水泥库房、堆场
	3. 陶瓷制品的烘干、烧成厂房	3. 搪瓷、陶瓷制品库房、堆场
	4. 酚醛泡沫塑料的加工厂房	4. 难燃烧或非燃烧的建筑装饰材料库房、堆场
	5. 印染厂的漂炼部位	5. 原木库房、堆场
	6. 化纤厂后加工润湿部位	6. 丁、戊类液体贮罐区、桶装库房、堆场
	7. 造纸厂或化纤厂的浆粕蒸煮工段	
	8. 仪表、器械或车辆装配车间	
	9. 不燃液体的泵房和阀门室	
	10. 金属（镁合金除外）冷加工车间	
	11. 氟利昂厂房	

(2) 民用建筑

民用建筑灭火器配置场所的危险等级，应根据其使用性质，人员密集程度，用电用火情况，可燃物数量，火灾蔓延速度，扑救难易程度等因素，划分为以下三级：

1) 严重危险级：使用性质重要，人员密集，用电用火多，可燃物多，起火后蔓延迅速，扑救困难，容易造成重大财产损失或人员群死群伤的场所；

2）中危险级：使用性质较重要，人员较密集，用电用火较多，可燃物较多，起火后蔓延较迅速，扑救较难的场所；

3）轻危险级：使用性质一般，人员不密集，用电用火较少，可燃物较少，起火后蔓延较缓慢，扑救较易的场所。

民用建筑灭火器配置场所的危险等级举例见表 2-185。

民用建筑灭火器配置场所的危险等级举例　表 2-185

危险等级	举　例
严重危险级	1. 县级及以上的文物保护单位、档案馆、博物馆的库房、展览室、阅览室
	2. 设备贵重或可燃物多的实验室
	3. 广播电台、电视台的演播室、道具间和发射塔楼
	4. 专用电子计算机房
	5. 城镇及以上的邮政信函和包裹分捡房、邮袋库、通信枢纽及其电信机房
	6. 客房数在 50 间以上的旅馆、饭店的公共活动用房、多功能厅、厨房
	7. 体育场(馆)、电影院、剧院、会堂、礼堂的舞台及后台部位
	8. 住院床位在 50 张及以上的医院的手术室、理疗室、透视室、心电图室、药房、住院部、门诊部、病历室
	9. 建筑面积在 2000m^2 及以上的图书馆、展览馆的珍藏室、阅览室、书库、展览厅
	10. 民用机场的候机厅、安检厅及空管中心、雷达机房
	11. 超高层建筑和一类高层建筑的写字楼、公寓楼
	12. 电影、电视摄影棚
	13. 建筑面积在 1000m^2 及以上的经营易燃易爆化学物品的商场、商店的库房及铺面
	14. 建筑面积在 200m^2 及以上的公共娱乐场所
	15. 老人住宿床位在 50 张及以上的养老院
	16. 幼儿住宿床位在 50 张及以上的托儿所、幼儿园
	17. 学生住宿床位在 100 张及以上的学校集体宿舍
	18. 县级及以上的党政机关办公大楼的会议室
	19. 建筑面积在 500m^2 及以上的车站和码头的候车(船)室、行李房
	20. 城市地下铁道、地下观光隧道
	21. 汽车加油站、加气站
	22. 机动车交易市场(包括旧机动车交易市场)及其展销厅
	23. 民用液化气、天然气灌装站、换瓶站、调压站
中危险级	1. 县级以下的文物保护单位、档案馆、博物馆的库房、展览室、阅览室
	2. 一般的实验室
	3. 广播电台电视台的会议室、资料室
	4. 设有集中空调、电子计算机、复印机等设备的办公室
	5. 城镇以下的邮政信函和包裹分捡房、邮袋库、通信枢纽及其电信机房
	6. 客房数在 50 间以下的旅馆、饭店的公共活动用房、多功能厅和厨房
	7. 体育场(馆)、电影院、剧院、会堂、礼堂的观众厅

续表

危险等级	举 例
中危险级	8. 住院床位在50张以下的医院的手术室、理疗室、透视室、心电图室、药房、住院部、门诊部、病历室
	9. 建筑面积在2000m²以下的图书馆、展览馆的珍藏室、阅览室、书库、展览厅
	10. 民用机场的检票厅、行李厅
	11. 二类高层建筑的写字楼、公寓楼
	12. 高级住宅、别墅
	13. 建筑面积在1000m²以下的经营易燃易爆化学物品的商场、商店的库房及铺面
	14. 建筑面积在200m²以下的公共娱乐场所
	15. 老人住宿床位在50张以下的养老院
	16. 幼儿住宿床位在50张以下的托儿所、幼儿园
	17. 学生住宿床位在100张以下的学校集体宿舍
	18. 县级以下的党政机关办公大楼的会议室
	19. 学校教室、教研室
	20. 建筑面积在500m²以下的车站和码头的候车(船)室、行李房
	21. 百货楼、超市、综合商场的库房、铺面
	22. 民用燃油、燃气锅炉房
	23. 民用的油浸变压器室和高、低压配电室
轻危险级	1. 日常用品小卖店及经营难燃烧或非燃烧的建筑装饰材料商店
	2. 未设集中空调、电子计算机、复印机等设备的普通办公室
	3. 旅馆、饭店的客房
	4. 普通住宅
	5. 各类建筑物中以难燃烧或非燃烧的建筑构件分隔的并主要存贮难燃烧或非燃烧材料的辅助房间

2.10.2.2 确定火灾种类和灭火器选择

(1) 火灾种类划分

灭火器配置场所的火灾种类可划分为以下五类：

1）A类火灾：固体物质火灾。如木材、棉、毛、麻、纸张及其制品等燃烧的火灾。

2）B类火灾：液体火灾或可熔化固体物质火灾。如汽油、煤油、柴油、原油、甲醇、乙醇、沥青、石蜡等燃烧的火灾。

3）C类火灾：气体火灾。如煤气、天然气、甲烷、乙烷、丙烷、氢气等燃烧的火灾。

4）D类火灾：金属火灾。如钾、钠、镁、钛、锆、锂、铝镁合金等燃烧的火灾。

5）E类火灾（带电火灾）：物体带电燃烧的火灾。如发电机房、变压器室、配电间、仪器仪表间和电子计算机房等在燃烧时不能及时或不宜断电的电气设备带电燃烧的火灾。E类火灾是建筑灭火器配置设计的专用概念，主要是指发电机、变压器、配电盘、开关箱、仪器仪表和电子计算机等在燃烧时仍旧带电的火灾，必须用能达到电绝缘性能要求的灭火器来扑灭。对于那些仅有常规照明线路和普通照明灯具而且并无上述电气设备的普通建筑场所，可不按E类火灾的规定配置灭火器。

（2）灭火器类型的选择：在确定火灾种类的基础上，选择灭火器类型。各种灭火器的适用性，见表2-186。

灭火器类型适用性　　　**表2-186**

灭火器类型 / 火灾场所	水型灭火器	干粉灭火器		泡沫灭火器		卤代烷1211灭火器	二氧化碳灭火器
		磷酸铵盐干粉灭火器	碳酸氢钠干粉灭火器	机械泡沫灭火器②	抗溶泡沫灭火器③		
A类场所	适用。水能冷却并穿透固体燃烧物质而灭火，并可有效防止复燃	适用。粉剂能附着在燃烧物的表面层，起到窒息火焰作用	不适用。碳酸氢钠对固体可燃物无粘附作用，只能控火，不能灭火	适用。具有冷却和覆盖燃烧物表面及与空气隔绝的作用		适用。具有扑灭A类火灾的效能	不适用。灭火器喷出的二氧化碳无液滴，全是气体，对A类火基本无效
B类场所	不适用①。水射流冲击油面，会激溅油火，致使火势蔓延，灭火困难	适用。干粉灭火剂能快速窒息火焰，具有中断燃烧过程的连锁反应的化学活性		适用于扑救非极性溶剂和油品火灾，覆盖燃烧物表面，使其与空气隔绝	适用于扑救极性溶剂火灾	适用。洁净气体灭火剂能快速窒息火焰，抑制燃烧连锁反应，而中止燃烧过程	适用。二氧化碳靠气体堆积在燃烧物表面，稀释并隔绝空气
C类场所	不适用。灭火器喷出的细小水流对气体火灾作用很小，基本无效	适用。喷射干粉灭火剂能快速扑灭气体火焰，具有中断燃烧过程的连锁反应的化学活性		不适用。泡沫对可燃液体火灭火有效，但扑救可燃气体火基本无效		适用。洁净气体灭火剂能抑制燃烧连锁反应，而中止燃烧	适用。二氧化碳窒息灭火，不留残迹，不污损设备
E类场所	不适用	适用	适用于带电的B类火	不适用		适用	适用于带电的B类火

①新型的添加了能灭B类火的添加剂的水型灭火器具有B类灭火级别，可灭B类火；

②化学泡沫灭火器已淘汰；

③目前，抗溶泡沫灭火器常用机械泡沫类型灭火器。

此外，对D类火灾即金属燃烧的火灾，就我国目前情况来说，还没有定型的灭火器产品。目前国外灭D类火灾的灭火器主要有粉状石墨灭火器和灭金属火灾的专用干粉灭火器。在国内尚未生产这类灭火器和灭火剂的情况下，可采用干砂或铸铁屑末来替代。

（3）选择灭火器时应注意几点：

1）应根据灭火器配置场所的火灾种类，选择灭火器类型。

2）灭火器的选择要考虑灭火性能和通用性。

3）灭火剂的选择应考虑被保护对象的污损程度。通常水、泡沫、干粉灭火器喷射后对贵重物品或电气设备有可能产生水渍、污染和腐蚀作用，而二氧化碳灭火剂灭火后不留痕迹，不污损被保护物品，不腐蚀精密设备。

4）选择灭火器要注意灭火剂的正常使用温度范围。灭火剂的使用温度范围，见表2-187。

灭火剂的使用温度范围　　表 2-187

灭火器类型		使用温度范围(℃)
水型灭火器	不加防冻剂	+5～+55
	添加防冻剂	−10～+55
机械泡沫灭火器	不加防冻剂	+5～+55
	添加防冻剂	−10～+55
干粉灭火器	二氧化碳驱动	−10～+55
	氮气驱动	−20～+55
洁净气体(卤代烷)灭火器		−20～+55
二氧化碳灭火器		−10～+55

5）灭火器的配置适用要对该场所中人员的体能（包括年龄、性别、体质和身手敏捷程度等）进行分析，然后正确地选择灭火器的类型、规格、型式。通常，在办公室、会议室、卧室、客房，以及学校、幼儿园、养老院的教室、活动室等民用建筑场所内，中、小规格的手提式灭火器应用较广；而在工业建筑场所的大车间和古建筑场所的大殿内，则可考虑选用大、中规格的手提式灭火器或推车式灭火器。

6）在同一灭火器配置场所，宜选用相同类型和操作方法的灭火器。当同一灭火器配置场所存在不同火灾种类时，应选用通用型灭火器。

7）在同一灭火器配置场所，当选用两种或两种以上类型灭火器时，应采用灭火剂相容的灭火器。不相容的灭火剂举例见表 2-188。

不相容的灭火剂举例　　表 2-188

灭火剂类型	不相容的灭火剂	
干粉与干粉	磷酸铵盐	碳酸氢钠、碳酸氢钾
干粉与泡沫	碳酸氢钠、碳酸氢钾	蛋白泡沫
泡沫与泡沫	蛋白泡沫、氟蛋白泡沫	水成膜泡沫

8）除必要场所可配置卤代烷灭火器外，非必要场所不应配置卤代烷灭火器，非必要场所的举例见表 2-189、表 2-190。

民用建筑类非必要配置卤代烷灭火器的场所举例　　表 2-189

序号	名称
1	电影院、剧院、会堂、礼堂、体育馆的观众厅
2	医院门诊部、住院部
3	学校教学楼、幼儿园与托儿所的活动室
4	办公楼
5	车站、码头、机场的候车、候船、候机厅
6	旅馆的公共场所、走廊、客房
7	商店
8	百货楼、营业厅、综合商场
9	图书馆一般书库
10	展览厅
11	住宅
12	民用燃油、燃气锅炉房

工业建筑类非必要配置卤代烷灭火器的场所举例 表 2-190

序 号	名 称
1	橡胶制品的涂胶和胶浆部位；压延成型和硫化厂房
2	橡胶、塑料及其制品库房
3	植物油加工厂的浸出厂房；植物油加工精炼部位
4	黄磷、赤磷制备厂房及其应用部位
5	樟脑或松香提炼厂房、焦化厂精萘厂房
6	煤粉厂房和面粉厂房的碾磨部位
7	谷物筒仓工作塔、亚麻厂的除尘器和过滤器室
8	散装棉花堆场
9	稻草、芦苇、麦秸等堆场
10	谷物加工厂房
11	饲料加工厂房
12	粮食、食品库房及粮食堆场
13	高锰酸钾、重铬酸钠厂房
14	过氧化钠、过氧化钾、次氯酸钙厂房
15	可燃材料工棚
16	可燃液体贮罐、桶装库房或堆场
17	柴油、机器油或变压器油灌桶间
18	润滑油再生部位或沥青加工厂房
19	泡沫塑料厂的发泡、成型、印片、压花部位
20	化学、人造纤维及其织物和棉、毛、丝、麻及其织物的库房
21	酚醛泡沫塑料的加工厂房
22	化纤厂后加工润湿部位；印染厂的漂炼部位
23	木工厂房和竹、藤加工厂房
24	纸张、竹、木及其制品的库房、堆场
25	造纸厂或化纤厂的浆粕蒸煮工段
26	玻璃原料熔化厂房
27	陶瓷制品的烘干、烧成厂房
28	金属（镁合金除外）冷加工车间
29	钢材库房、堆场
30	水泥库房
31	搪瓷、陶瓷制品库房
32	难燃烧或非燃烧的建筑装饰材料库房
33	原木堆场

2.10.2.3 测算各单元的保护面积

(1) 计算单元的划分

建筑灭火器配置的设计与计算应按计算单元进行。

计算单元是灭火器配置设计的计算区域，可按照以下 4 个原则划分：

1）当一个楼层或一个水平防火分区内各场所的危险等级和火灾种类相同时，可将其作为一个计算单元。

2）当一个楼层或一个水平防火分区内各场所的危险等级和火灾种类不相同时，应将其分别作为不同的计算单元。

3）同一计算单元不得跨越防火分区和楼层。

4）住宅楼宜以每层的公共部位作为一个计算单元，一家住户作为一个计算单元。

对于住宅楼，如果有条件在公用部位设置灭火器而又能进行有效管理，则可将每个楼层的公用部位，包括走廊、通道、楼梯间、电梯间等，作为一个计算单元。如果灭火器要求设置在住房内时，则可将每户作为一个计算单元。

①独立计算单元

在一个计算单元中，只包含一个灭火器配置场所时，则可称之为独立计算单元。例如，办公楼内某楼层中有一间专用的计算机房和若干间办公室，这间计算机房就是一个灭火器配置场所，由于其危险等级与其他若干间办公室不相同，所以灭火器的配置基准也不同。此时，计算机房这个计算单元就是独立计算单元。

②组合计算单元

在一个计算单元中，包含 2 个及 2 个以上灭火器配置场所时，则可称之为组合计算单元。如上述的若干间办公室，每间办公室都是一个灭火器配置场所，由于其相邻，且危险等级和火灾种类均相同，所以灭火器配置基准也相同。因此，可将这些场所组合起来，作为一个计算单元来计算配置灭火器。此时，若干间办公室这个计算单元就是组合计算单元。

（2）计算单元的保护面积

建筑物应按其建筑面积作为灭火器的保护面积；可燃物露天堆场，甲、乙、丙类液体贮罐区应按堆垛、贮罐的占地面积来确定其灭火器的保护面积。

2.10.2.4 计算各单元所需灭火级别

（1）计算单元的最小需配灭火级别应按式（2-138）计算：

$$Q = K\frac{S}{U} \tag{2-138}$$

式中 Q——计算单元的最小需配灭火级别（A 或 B）；

S——计算单元的保护面积（m^2）；

U——A 类或 B 类火灾场所单位灭火级别最大保护面积（m^2/A 或 m^2/B），可查表 2-195 和表 2-196；

K——修正系数。

（2）修正系数 K 应按表 2-191 的规定取值。

修正系数 **表 2-191**

计算单元	K
未设室内消火栓系统和灭火系统	1.0
设有室内消火栓系统	0.9
设有灭火系统	0.7
设有室内消火栓系统和灭火系统	0.5
可燃物露天堆场 甲、乙、丙类液体贮罐区 可燃气体储罐区	0.3

（3）歌舞娱乐放映游艺场所、网吧、商场、寺庙以及地下场所等的计算单元的最小需配灭火级别应按式（2-139）计算：

$$Q = 1.3K\frac{S}{U} \tag{2-139}$$

2.10.2.5　确定各计算单元的灭火器设置点的位置和数量

(1) 灭火器的设置要求

1）灭火器应设置在位置明显和便于取用的地点，且不得影响安全疏散。

2）对有视线障碍的灭火器设置点，应设置指示其位置的发光标志。

3）灭火器的摆放应稳固，其铭牌应朝外。手提式灭火器宜设置在灭火器箱内或挂钩、托架上，其顶部离地面高度不应大于1.50m；底部离地面高度不宜小于0.08m。灭火器箱不得上锁。

4）灭火器不宜设置在潮湿或强腐蚀性的地点。当必须设置时，应有相应的保护措施。灭火器设置在室外时，应有相应的保护措施。

5）灭火器不得设置在超出其使用温度范围的地点。

(2) 灭火器的最大保护距离

灭火器的最大保护距离是指灭火器配置场所内，灭火器设置点到最不利点的直线行走距离。A类、B类火灾场所的灭火器，其最大保护距离应符合表2-192的规定。

A、B、C类火灾场所的灭火器最大保护距离（m）　　表2-192

灭火器型式 / 危险等级	A类火灾		B、C类火灾	
	手提式灭火器	推车式灭火器	手提式灭火器	推车式灭火器
严重危险级	15	30	9	18
中危险级	20	40	12	24
轻危险级	25	50	15	30

D类火灾场所的灭火器，其最大保护距离应根据具体情况研究确定。E类火灾场所的灭火器，其最大保护距离不应低于该场所内A类或B类火灾的规定。

(3) 灭火器设置点数的设计方法

根据保护距离确定灭火器设置点的方法有三种：

1）保护圆设计法：保护圆设计法一般用在火灾种类和危险等级相同，且面积较大的车间、库房，以及同一楼层中性质特殊的独立单元，比如计算机房、理化实验室等。

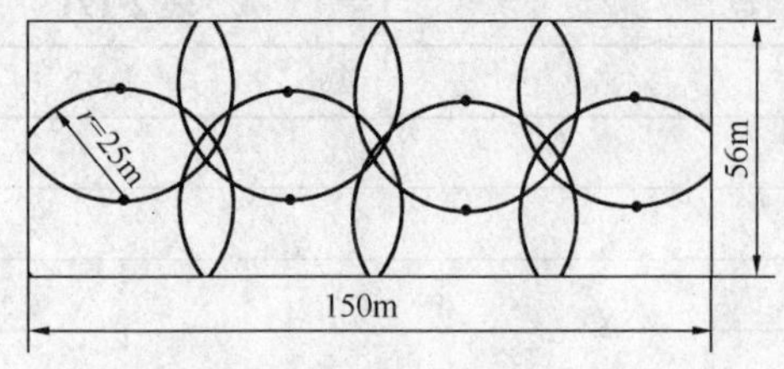

图2-168　保护圆设计法确定设置点示意

该方法是将所选的灭火器设置点作为圆心，以灭火器的最大保护距离作为半径画圆，如能将灭火器配置单元完全包括进去，则所选的设置点符合要求。图2-168为一个工业建筑A类火灾轻危险级厂房，采用保护圆法确定灭火器设置点的例子。

在运用保护圆法确定灭火器的设置点时，要尽量采用设置点少的方案。对于有柱子的独立单元常以柱子为圆心作为设置点，并主要保护圆不得穿过墙和门。

2）实际测量设计法：实际测量设计法一般用在有隔墙或隔墙较多的组合单元内。比如有成排办公室或客房的办公楼或旅馆等。

方法是在建筑物平面图上，实际测量建筑物内任何一点与最近灭火器设置点的距离是否在最大保护距离之内。若有多种灭火器设置点的方案，应采用设置点较少的方案。组合单元采用实际测量设计法确定灭火器设置点，见图 2-169。

3）保护圆结合实际测量设计法：该法将上述两种方法结合在一起使用。原则上采用保护圆设计法，仅当碰到门、墙等阻隔使保护圆设计法不适用时，再局部采用实际测量设计法。

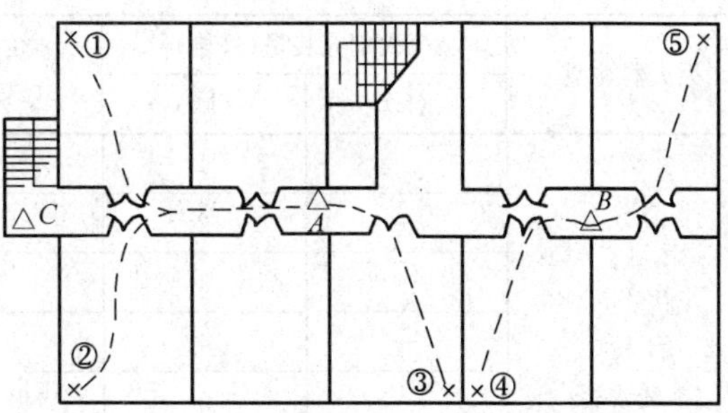

图 2-169 实际测量设计法确定设置点示意

△—灭火器设置点；×—距设置点的最远点

2.10.2.6 计算每个灭火器设置点的最小需配灭火级别

计算单元中每个灭火器设置点的最小需配灭火级别应按式（2-140）计算：

$$Q_e = \frac{Q}{N} \tag{2-140}$$

式中 Q_e——计算单元中每个灭火器设置点的最小需配灭火级别（A 或 B）；

N——计算单元中的灭火器设置点数（个）。

2.10.2.7 确定每个设置点灭火器的类型、规格和数量

（1）灭火器的规格型号：灭火器类型、规格和灭火级别见表 2-193、表 2-194。

手提式灭火器类型、规格和灭火级别 **表 2-193**

灭火器类型	灭火剂充装量(规格)		灭火器类型规格代码	灭火级别	
	(L)	(kg)	(型号)	A类	B类
水型	3	—	MS/Q3	1A	—
			MS/T3		55B
	6	—	MS/Q6	1A	—
			MS/T6		55B
	9	—	MS/Q9	2A	—
			MS/T9		89B
泡沫	3	—	MP3、MP/AR3	1A	55B
	4	—	MP4、MP/AR4	1A	55B
	6	—	MP6、MP/AR6	1A	55B
	9	—	MP9、MP/AR9	2A	89B
干粉（碳酸氢钠）	—	1	MF1	—	21B
	—	2	MF2	—	21B
	—	3	MF3	—	34B
	—	4	MF4	—	55B
	—	5	MF5	—	89B
	—	6	MF6	—	89B
	—	8	MF8	—	144B
	—	10	MF10	—	144B

续表

灭火器类型	灭火剂充装量(规格)		灭火器类型规格代码(型号)	灭火级别	
	(L)	(kg)		A类	B类
干粉(磷酸铵盐)	—	1	MF/ABC1	1A	21B
	—	2	MF/ABC2	1A	21B
	—	3	MF/ABC3	2A	34B
	—	4	MF/ABC4	2A	55B
	—	5	MF/ABC5	3A	89B
	—	6	MF/ABC6	3A	89B
	—	8	MF/ABC8	4A	144B
	—	10	MF/ABC10	6A	144B
卤代烷(1211)	—	1	MY1	—	21B
	—	2	MY2	(0.5A)	21B
	—	3	MY3	(0.5A)	34B
	—	4	MY4	1A	34B
	—	6	MY6	1A	55B
二氧化碳	—	2	MT2	—	21B
	—	3	MT3	—	21B
	—	5	MT5	—	34B
	—	7	MT7	—	55B

推车式灭火器类型、规格和灭火级别 **表 2-194**

灭火器类型	灭火剂充装量(规格)		灭火器类型规格代码(型号)	灭火级别	
	(L)	(kg)		A类	B类
水型	20		MST20	4A	—
	45		MST40	4A	—
	60		MST60	4A	—
	125		MST125	6A	—
泡沫	20		MPT20 MPT/AR20	4A	113B
	45		MPT40 MPT/AR40	4A	144B
	60		MPT60 MPT/AR60	4A	233B
	125		MPT125 MPT/AR125	6A	297B
干粉(碳酸氢钠)	—	20	MFT20	—	183B
	—	50	MFT50	—	297B
	—	100	MFT100	—	297B
	—	125	MFT125	—	297B

续表

灭火器类型	灭火剂充装量(规格)		灭火器类型规格代码	灭火级别	
	(L)	(kg)	(型号)	A类	B类
干粉（磷酸铵盐）	—	20	MFT/ABC20	6A	183B
	—	50	MFT/ABC50	8A	297B
	—	100	MFT/ABC100	10A	297B
	—	125	MFT/ABC125	10A	297B
卤代烷（1211）	—	10	MYT10	—	70B
	—	20	MYT20	—	144B
	—	30	MYT30	—	183B
	—	50	MYT50	—	297B
二氧化碳	—	10	MTT10	—	55B
	—	20	MTT20	—	70B
	—	30	MTT30	—	113B
	—	50	MTT50	—	183B

（2）灭火器的配置原则

1）A类火灾场所灭火器的最低配置基准应符合表2-195的规定。

A类火灾场所灭火器的最低配置基准　　表2-195

危险等级	严重危险级	中危险级	轻危险级
单具灭火器最小配置灭火级别	3A	2A	1A
单位灭火级别最大保护面积（m^2/A）	50	75	100

2）B、C类火灾场所灭火器的最低配置基准应符合表2-196的规定。

B、C类火灾场所灭火器的最低配置基准　　表2-196

危险等级	严重危险级	中危险级	轻危险级
单具灭火器最小配置灭火级别	89B	55B	21B
单位灭火级别最大保护面积（m^2/B）	0.5	1.0	1.5

3）D类火灾场所的灭火器最低配置基准应根据金属的种类、物态及其特性等研究确定。

4）E类火灾场所的灭火器最低配置基准不应低于该场所内A类（或B类）火灾的规定。

5）一个计算单元内配置的灭火器数量不得少于2具。

6）每个设置点的灭火器数量不宜多于5具。

7）当住宅楼每层的公共部位建筑面积超过100m^2时，应配置1具1A的手提式灭火器；每增加100m^2时，增配1具1A的手提式灭火器。

2.10.2.8　验算各设置点和配置单元实际配置灭火器的灭火级别

对于实际配置在计算单元或设置点的灭火器，其灭火级别合计值均应大于或等于该计算单元或设置点的计算灭火级别值。

(1) 计算单元

通过计算得到的计算单元的最小需配灭火级别计算值，就是该单元扑救初起火灾所需灭火器的灭火级别最低值。因此，实配灭火器的灭火级别合计值一定要大于或等于最小需配灭火级别的计算值，这是一个基本原则。

(2) 设置点

在得出了计算单元最小需配灭火级别的计算值，确定了计算单元内的灭火器设置点的位置和数目后，接着可计算出每一个设置点的最小需配灭火级别。要求每个设置点的实配灭火器的灭火级别合计值，均应大于或等于该设置点的最小需配灭火级别的计算值。

例如，某计算单元的最小需配灭火级别 Q=15A；在考虑了灭火器的最大保护距离和其他设置因素后，最终确定了 3 个设置点，那么每个设置点的最小需配灭火级别 Q_e=15/3=5A。即：要求每个设置点的实配灭火器的灭火级别合计值均至少应等于 5A。如选取的每具灭火器的灭火级别是 2A，则 3 具灭火器（3×2A=6A）符合要求，而 2 具灭火器（2×2A=4A）不符合要求。

2.10.2.9 确定每具灭火器的设置方式和要求，在工程图上用灭火器图例和文字标明灭火器的型号、数量与设置位置

将灭火器配置的设计计算结果，采用设计平面图标记法标在平面图上。

灭火器的图示符号，见表 2-197～表 2-199。

手提式、推车式灭火器图例 **表 2-197**

序 号	图 例	名 称
1	△	手提式灭火器 portable fire extinguisher
2	（三角形，底部带轮轴横线）	推车式灭火器 wheeled fire extinguisher

灭火剂种类图例 **表 2-198**

序 号	图 例	名 称
1	⊗	水 water
2	（斜线填充圆）	泡沫 foam
3	（带叉的斜线填充圆）	含有添加剂的水 water with additive
4	⊠	BC 类干粉 BC powder
5	（斜线填充方框）	ABC 类干粉 ABC powder

续表

序 号	图 例	名 称
6	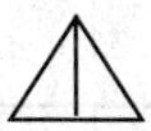	卤代烷 Halon
7	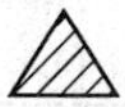	二氧化碳 carbon dioxide(CO_2)
8	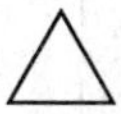	非卤代烷和二氧化碳类 气体灭火剂 extinguishing gas other than Halon or CO_2

灭火器图例举例 表 2-199

序 号	图 例	名 称
1	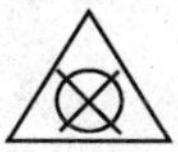	手提式清水灭火器 Water Portable extinguisher
2	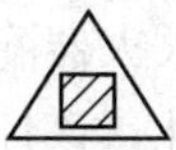	手提式 ABC 类干粉灭火器 ABC powder Portable extinguisher
3		手提式二氧化碳灭火器 Carbon dioxide Portable extinguisher
4		推车式 BC 类干粉灭火器 Wheeled BC powder extinguisher

如某一灭火器设置点，拟配置 3 具 3kg 的手提式 ABC（磷酸铵盐干粉）灭火器，在工程设计平面图上的图示举例见图 2-170。

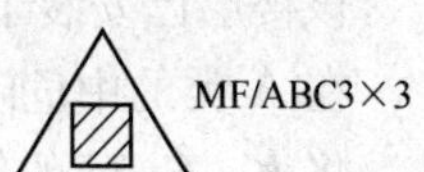

图 2-170 灭火器图例的图示举例

2.10.3 示例

某市某机关办公大楼第 8 层的设计平面图如图 2-171 所示。

该楼层内各办公室均系设有集中空调、电子计算机、复印机等设备的办公室，在该楼层的两侧各安装了 1 只室内消火栓箱。为加强该楼层扑救初起火灾的灭火力量，用户要求设计者为该楼层配置设计灭火器。

建筑灭火器配置设计计算步骤如下：

(1) 确定各灭火器配置场所的火灾种类和危险等级

根据该楼层各办公室内所设置的办公桌椅、柜子、窗帘等物品均属固体可燃物，有可能发生 A 类火灾。另外，室内的电脑和复印机以及电缆、电线等的设置，则意味着该楼层有可能同时存在带电的 E 类火灾。

该层办公室属于中危险级的民用建筑。

(2) 划分计算单元，计算各计算单元的保护面积

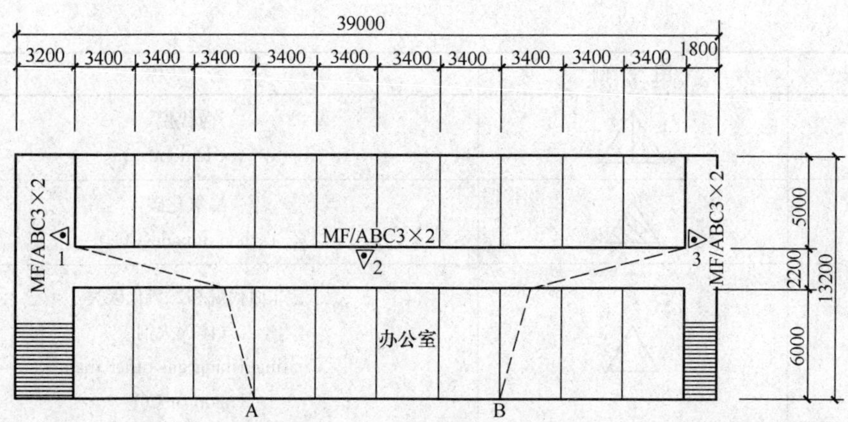

图 2-171 灭火器配置示例简图

注：1. 1、2、3 处均为落地式灭火器箱；

2. 灭火器设置点亦可选定在走廊墙壁上，但需用嵌墙式灭火器箱；

3. 本图比例为 1∶200，尺寸单位以 mm 计。

由于该层各灭火器配置场所，包括各间办公室、楼梯间及走廊等的火灾种类和危险等级均相同，可将该楼层作为一个组合计算单元来进行建筑灭火器配置的设计与计算。

建筑物内计算单元保护面积应按其建筑面积确定。因此，该计算单元的保护面积为：

$$S=39\times13.2=514.8\text{m}^2$$

(3) 计算各计算单元的最小需配灭火级别

该层办公室属地面/地上建筑，其扑救初起火灾所需的最小灭火级别合计值，即最小需配灭火级别，应按下式计算：

已知：$S=514.8\text{m}^2$；

该楼层已安装了室内消火栓系统，$K=0.9$；

在 A 类的中危险级火灾场所中，单位灭火级别最大保护面积 $U=75\text{m}^2/\text{A}$；

将 K，S，U 的值代入上式，得：

$$Q=0.9\times514.8\text{m}^2/75\text{m}^2/\text{A}=6.2\text{A}$$

灭火器最小需配灭火级别的计算值，应进位取整，因此取 $Q=7\text{A}$。

(4) 确定各计算单元中的灭火器设置点的位置和数量

在 A 类的中危险级火灾场所中，手提式灭火器的最大保护距离为 20m。

根据该楼层的总长尺寸和平面布局，选定该组合计算单元中的灭火器设置点数为 3，即 $N=3$，分布在该楼层两侧的 1，3 点两处和走廊中间的 2 点一处。

分别从 1 和 3 点处向最远点 A，B 画出通过房门中点的折线（如图 2-171 中的虚线部分）。经测算，得知其距离均小于 20m，符合保护距离的要求。

(5) 计算每个灭火器设置点的最小需配灭火级别

根据上述步骤可知，该计算单元的最小需配灭火级别 $Q=7\text{A}$，灭火器设置点数 $N=3$，则每个灭火器设置点的最小需配灭火级别：

$$Q_e=Q/N=7\text{A}/3=2.3\text{A}$$

灭火器最小需配灭火级别的计算值，应进位取整，因此取 $Q_e=3\text{A}$。

(6) 确定每个设置点灭火器的类型、规格与数量

根据办公室的特点和防火设计要求，选择手提式磷酸铵盐干粉灭火器。

A类中危险级火灾场所中，单具灭火器最小配置灭火级别为2A；1具MF/ABC3灭火器（即3 kg手提式磷酸铵盐干粉灭火器）的灭火级别为2A。

每个设置点最少需配灭火器数量：

$$n=3A/2A=1.5\text{具}$$

灭火器最少需配数量的计算值应进位取整，因此取$n=2$具。

因此，本工程设计的每个灭火器设置点选配2具3kg的手提式磷酸铵盐干粉灭火器，即MF/ABC3×2。这符合每个设置点的灭火器数量不宜多于5具的规定。

整个楼层（组合计算单元）有3个灭火器设置点，共配置6具3 kg手提式磷酸铵盐干粉灭火器，即MF/ABC3×6。这符合一个计算单元内配置的灭火器数量不得少于2具的规定。

(7) 确定每具灭火器的设置方式和要求

因该楼层系办公室，故设置方式宜定为落地式灭火器箱。

手提式灭火器底部离地面高度不宜小于0.08m。灭火器箱不得上锁。这些设置要求可在建筑施工图或给排水施工图的设计平面图的附注里加以说明。

大楼竣工后，在墙壁的目视高度处的适当部位设置3个发光指示标志，以分别指示3处灭火器箱的位置。

(8) 在工程设计平面图上标记灭火器的图例和型号规格数量

参见图2-170。在建筑施工图或给排水施工图的设计平面图上，用灭火器图例和文字标明灭火器的型号、数量与设置位置。尽管本设计方案中每个灭火器设置点配置的灭火器类型、规格与数量均相同，仍有必要在每个灭火器设置点标出。

图2-170中，△ 表示手提式ABC类干粉灭火器。

MF/ABC3×2表示2具3kg手提式磷酸铵盐干粉灭火器；

其中，M：灭火器；F：干粉；3：3kg；2：2具。

该计算单元的建筑灭火器配置清单（材料表）如表2-200所示。

建筑灭火器配置清单 **表2-200**

计算单元分类		组合计算单元		计算单元名称	机关办公楼层	
楼 层		第8层		设置点数	$N=3$	
单元保护面积		$S=514.8m^2$		计算单元需配灭火级别	$Q=7A$	
设置点号	设置点位	配置灭火器		配置灭火器箱		
		类型规格	具数	型号	箱数	内装灭火器情况
1	如图2-171示	MF/ABC3	2	XML3-2	1	MF/ABC3×2
2	如图2-171示	MF/ABC3	2	XML3-2	1	MF/ABC3×2
3	如图2-171示	MF/ABC3	2	XML3-2	1	MF/ABC3×2
计算单元总计		MF/ABC3	6	XML3-2	3	MF/ABC3×6

2.11 人民防空工程消防设计

人民防空工程（以下简称人防工程）是指为保障人民防空指挥、通信、掩蔽等需要而建造的防护建筑。人防工程分为单建掘开式工程、坑道工程、地道工程和人民防空地下室等。人防工程一般都有平战结合功能，即在战时符合防护功能要求；在平时应充分满足使用功能要求。

人防工程位于地下，处在与地面建筑不同的环境，人员疏散、火灾扑救比地面建筑困难，因此，一般比地面建筑的防火要求更高。为了防止和减少火灾对人防工程的危害，人防工程必须遵照《人民防空工程设计防火规范》GB 50098—2009 进行设计。

2.11.1 灭火设备的设置范围

(1) 下列人防工程和部位应设置室内消火栓：

1) 建筑面积大于 $300m^2$ 的人防工程；

2) 电影院、礼堂、消防电梯间前室和避难走道。

(2) 下列人防工程和部位宜设置自动喷水灭火系统；当有困难时，也可设置局部应用系统，局部应用系统应符合现行国家标准《自动喷水灭火系统设计规范》GB 50084 的有关规定：

1) 建筑面积大于 $100m^2$，且小于或等于 $500m^2$ 的地下商店和展览厅；

2) 建筑面积大于 $100m^2$，且小于或等于 $1000m^2$ 的影剧院、礼堂、健身体育场所、旅馆、医院等；建筑面积大于 $100m^2$，且小于或等于 $500m^2$ 的丙类库房。

(3) 下列人防工程和部位应设置自动喷水灭火系统：

1) 除丁、戊类物品库房和自行车库外，建筑面积大于 $500m^2$ 丙类库房和其他建筑面积大于 $1000m^2$ 的人防工程；

2) 大于 800 个座位的电影院和礼堂的观众厅，且吊顶下表面至观众席地坪高度不大于 8m 时；舞台使用面积大于 $200m^2$ 时；观众厅与舞台之间的台口宜设置防火幕或水幕分隔；

3) 当防火卷帘的耐火极限符合现行国家标准《门和卷帘的耐火试验方法》GB/T 7633 有关背火面温升的判定条件时，可不设置自动喷水灭火系统保护；当防火卷帘的耐火极限符合现行国家标准《门和卷帘的耐火试验方法》GB/T 7633 有关背火面辐射热的判定条件时，应设置自动喷水灭火系统保护；自动喷水灭火系统的设计应符合现行国家标准《自动喷水灭火系统设计规范》GB 50084 的有关规定，但其火灾延续时间不应小于 3h；

4) 歌舞娱乐放映游艺场所；

5) 建筑面积大于 $500m^2$ 的地下商店和展览厅；

6) 燃油或燃气锅炉房和总装机容量大于 300kW 柴油发电机房。

(4) 下列部位应设置其他灭火系统（如气体灭火系统）或细水雾灭火系统：

1) 图书、资料、档案等特藏库房；

2) 重要通信机房和电子计算机机房；

3）变配电室和其他特殊重要的设备间。

（5）营业面积大于 500m^2 的餐饮场所，其烹饪操作间的排油烟罩及烹饪部位应设置自动灭火装置，且应在燃气或燃油管道上设置紧急事故自动切断装置。

（6）人防工程应配置灭火器，灭火器的配置设计应符合现行国家标准《建筑灭火器配置设计规范》GB 50140 的有关规定。

2.11.2 消防水源和消防用水量

（1）消防水源

消防用水可由市政给水管网、水源井、消防水池或天然水源供给。利用天然水源时，应确保枯水期最低水位时的消防用水量，并应设置可靠的取水设施。采用市政给水管网直接供水，当消防用水量达到最大时，其水压应满足室内最不利点灭火设备的要求。

人防工程消防用水首选是利用市政给水管网供给。我国大部分城市市政给水压力一般在 0.18～0.3MPa 范围，再加上人防工程和地面的高差，市政给水一般均能满足人防消防给水的水压要求，无需设消防给水泵。但一定要经计算，使市政给水管道的供水量和水压都能满足最不利点灭火设备（消火栓或自动喷水灭火系统喷头）的要求。

（2）消防用水量

1）设置室内消火栓、自动喷水等灭火设备的人防工程，其消防用水量应按需要同时开启的上述设备用水量之和计算。

2）室内消火栓用水量，见表 2-201。

室内消火栓用水量 **表 2-201**

工程类别	体积 V（m^3）	同时使用水枪数量（支）	每支水枪最小流量（L/s）	消火栓用水量（L/s）
展览厅、影剧院、礼堂、健身体育场所等	$V\leqslant1000$	1	5	5
	$1000<V\leqslant2500$	2	5	10
	$V>2500$	3	5	15
商场、餐厅、旅馆、医院等	$V\leqslant5000$	1	5	5
	$5000<V\leqslant10000$	2	5	10
	$10000<V\leqslant25000$	3	5	15
	$V>25000$	4	5	20
丙、丁、戊类生产车间、自行车库	$V\leqslant2500$	1	5	5
	$V>2500$	2	5	10
丙、丁、戊类物品库房、图书资料档案库	$V\leqslant3000$	1	5	5
	$V>3000$	2	5	10

注：消防软管卷盘的用水量可不计算入消防用水量中。

3）自动喷水灭火系统用水量，应按照现行国家标准《自动喷水灭火系统设计规范》

GB 50084 的有关规定执行。

2.11.3 消防水池和消防水泵

（1）具有下列情况之一者应设置消防水池：

1）市政给水管道、水源井或天然水源不能满足消防水量；

2）市政给水管道为枝状或人防工程只有一条进水管。

（2）消防水池设置的规定

1）消防水池的有效容积应满足在火灾延续时间内室内消防用水总量的要求；火灾延续时间应符合下列规定：

① 建筑面积小于 3000m^{2}的单建掘开式、坑道、地道人防工程消火栓灭火系统火灾延续时间应按 1h 计算；

②建筑面积大于或等于 3000m^{2}的单建掘开式、坑道、地道人防工程消火栓灭火系统火灾延续时间应按 2h 计算；改建人防工程有困难时，可按 1h 计算；

③ 防空地下室消火栓灭火系统的火灾延续时间应与地面工程一致；

④ 自动喷水灭火系统火灾延续时间应符合现行国家标准《自动喷水灭火系统设计规范》GB 50084 的有关规定。

2）消防水池的补水量应经计算确定，补水管的设计流速不宜大于 2.5m/s；火灾情况下能保证连续向消防水池补水时，消防水池的容积可减去火灾延续时间内补充的水量；

3）消防水池的补水时间不应大于 48h；

4）消防用水与其他用水合用的水池，应有确保消防水量的措施；

5）消防水池可设置在人防工程内，也可设置在人防工程外，严寒和寒冷地区的室外消防水池应有防冻措施；

6）容积大于 500m^{3}的消防水池，应分成两个能独立使用的消防水池，中间用连通管相连。

（3）消防水泵

室内消火栓给水系统和自动喷水灭火系统，应分别独立设置供水泵；供水泵应设置备用泵，备用泵的工作能力不应小于最大一台供水泵。

每台消防水泵应设置独立的吸水管，并宜采用自灌式吸水，吸水管上应设置阀门，出水管上应设置试验和检查用的压力表和放水阀门。

2.11.4 室内消防给水管道、室内消火栓和消防水箱

（1）管道

1）室内消防给水管道宜与其他用水管道分开设置；当有困难时，消火栓给水管道可与其他给水管道合用，但当其他用水达到最大小时流量时，应仍能供应全部消火栓的消防用水量。人防工程中的其他用水，通常是指生活用水、空调用水、柴油发电机室用水，一般不包括淋浴用水量。

2）当室内消火栓总数大于 10 个时，其给水管道应布置成环状，环状管网的进水管宜设置两条，当其中一条进水管发生故障时，另一条应仍能供给全部消火栓的消防用水量。结合人防工程布置的特点，消防给水管道在进入围护结构后，一般布置成上行下给型式、

沿墙明装。

3）人防地下室与上部建筑合用一个消防系统时，要避免人防工程内消防系统超压。当消火栓处的静水压力超过0.5MPa时，应设减压设施。在消防干管上减压宜采用减压稳压阀。选减压阀时在阀前后压差条件下，减压阀的通过流量应满足消防流量要求。在消火栓处减压可采用减压阀、减压孔板或减压消火栓。

4）人防地下室内的消防管道，应采用热镀锌钢管。当消防和其他用水合用给水管道时，若管内水温低、环境湿度大，可能产生结露时，应采取相应的防结露措施。

5）根据《人民防空地下室设计规范》GB 50038—2005第3.1.6条规定，与防空地下室无关的管道不宜穿过人防围护结构；上部建筑的生活污水管、雨水管、燃气管不得进入防空地下室。穿过防空地下室顶板、临空墙和门框墙的管道，其公称直径不宜大于150mm。凡进入防空地下室的管道及其穿过的人防围护结构，均应采取防护密闭措施，在其穿墙（穿板）处应设置刚性防水套管或外侧加防护挡板的刚性防水套管。

6）当人防工程内设有自动喷水灭火系统时，室内消火栓给水管道应与自动喷水灭火系统的管道分开独立设置。

（2）阀门

1）在同层的室内消防给水管道，应采用阀门分成若干独立段，当某段损坏时，停止使用的消火栓数量不应大于5个；阀门应有明显的启闭标志；

2）人防工程的消防给水引入管，宜从人防工程的出入口引入，并在防护密闭门内侧设置防护阀门。当进水管由人防地下室的外墙或顶板引入时，应在外墙或顶板的内侧设防护阀门。防护阀门公称压力不应小于1MPa。防护阀门应设在便于操作处，并应设有明显标志。

（3）消火栓

1）室内消火栓的水枪充实水柱应通过水力计算确定，且不应小于10m；

2）消火栓栓口的出水压力大于0.50MPa时，应设置减压装置；

3）室内消火栓的间距应由计算确定；当保证同层相邻有两支水枪的充实水柱同时到达被保护范围内的任何部位时，消火栓的间距不应大于30m；当保证有一支水枪的充实水柱到达室内任何部位时，不应大于50m；

4）室内消火栓应设置在明显易于取用的地点，消火栓的出水方向宜向下或与设置消火栓的墙面相垂直；栓口离室内地面高度宜为1.1m；同一工程内应采用统一规格的消火栓、水枪和水带，每根水带长度不应大于25m；

5）设置有消防水泵给水系统的每个消火栓处，应设置直接启动消防水泵的按钮，并应有保护措施；

6）室内消火栓处应同时设置消防软管卷盘，其安装高度应便于使用，栓口直径宜为25mm，喷嘴口径不宜小于6mm，配备的胶带内径不宜小于19mm。

（4）消防水箱

单建掘开式、坑道式、地道式人防工程当不能设置高位消防水箱时，宜设置气压给水装置。气压罐的调节容积：消火栓系统不应小于300L，喷淋系统不应小于150L。

2.11.5 水泵接合器和室外消火栓

当人防工程内消防用水总量大于10L/s时，应在人防工程外设置水泵接合器，并应设置室外消火栓。水泵结合器和室外消火栓的数量，应按人防工程内消防用水总量确定，每个水泵结合器和室外消火栓的流量应按10～15L/s计算。

水泵结合器和室外消火栓应设置在便于消防车使用的地点，距人防工程出入口不宜小于5m；室外消火栓距路边不宜大于2m，水泵结合器与室外消火栓的距离不应大于40m。

水泵接合器和室外消火栓应有明显的标志。

2.11.6 消防排水与排水泵

设置有消防给水的人防工程，必须设置消防排水设施。消防排水设施宜与生活排水设施合并设置，兼作消防排水的生活污水泵（含备用泵），总排水量应满足消防排水量的要求。一般消防排水量可按消防设计流量的80%计算，采用生活排水泵排放消防水时，可按双泵同时运行的排水方式设计。合并的污水集水池容积按生活污水量计算，并用5min的消防排水量复核，取其中最大值。

排水干管或污水集水池应设通气管，通气管宜接入排风竖井。通气管如需穿过防空地下室围护结构时，在其内侧应设公称压力不小于1MPa的阀门，通气管的管径不宜小于污水泵出水管管径，并不得小于75mm。

2.11.7 灭火器配置

为了有效地扑救初起火灾，人防工程内应根据不同的物质火灾、不同场所各种人员的特点，配置不同类型的灭火器。具体设计时，按现行的国家标准《建筑灭火器配置设计规范》的有关规定执行。

2.12 汽车库消防设计

通常所指的汽车库是汽车库、修车库和停车场的总称。汽车库的消防设计必须符合《汽车库、修车库、停车场设计防火规范》GB 50067—1997的条文规定。

2.12.1 汽车库的种类和防火分类

（1）汽车库的种类

1）汽车库：停放由内燃机驱动且无轨道的客车、货车、工程车等汽车的建筑物。

2）修车库：保养、修理由内燃机驱动且无轨道的客车、货车、工程车等汽车的建（构）筑物。

3）停车场：停放由内燃机驱动且无轨道的客车、货车、工程车等汽车的露天场地和构筑物。

4）地下汽车库：室内地坪面低于室外地坪面高度超过该层车库净高一半的汽车库。

5）高层汽车库：建筑高度超过24m的汽车库或设在高层建筑内地面以上楼层的汽车库。

6）机械式立体汽车库：室内无车道且无人员停留的、采用机械设备进行垂直或水平移动等形式停放汽车的汽车库。

7）复式汽车库：室内有车道、有人员停留的，同时采用机械设备传送，在一个建筑层里叠2～3层存放车辆的汽车库。

8）敞开式汽车库：每层车库外墙敞开面积超过该层四周墙体总面积的25%的汽车库。

还有的汽车库平时停车，战时作仓库或人员掩蔽所的平战结合人防工程。无论何种型式的汽车库，都需进行消防系统设计。

（2）防火等级分类：汽车库的防火分类，见表2-202。

车库的防火分类 **表2-202**

	Ⅰ	Ⅱ	Ⅲ	Ⅳ
汽车库(辆)	＞300	151～300	51～150	≤50
修车库(车位)	＞15	6～15	3～5	≤2
停车场(辆)	＞400	241～400	101～250	≤100

注：汽车库的屋面亦停放汽车时，其停车数量应计算在汽车库的总车辆数内。

2.12.2 消防系统设置规定和消防用水量

不同种类与规格的汽车库、停车库设置消防灭火系统的要求和消防用水量，见表2-203。

在执行表2-203所列规定时，应注意设置了自动喷水灭火系统和其他固定式灭火系统的汽车库、停车库，仍需按规定设消火栓给水系统。

汽车库、停车库消防要求和消防用水量 **表2-203**

<table>
<tr><th colspan="2" rowspan="2">车库种类
消防系统</th><th colspan="4">汽 车 库</th><th colspan="4">停 车 库</th></tr>
<tr><th>Ⅰ</th><th>Ⅱ</th><th>Ⅲ</th><th>Ⅳ</th><th>Ⅰ</th><th>Ⅱ</th><th>Ⅲ</th><th>Ⅳ</th></tr>
<tr><td rowspan="2">室外消火栓系统</td><td>应设时的消防水量</td><td colspan="2">消防用水量≥20L/s</td><td>消防用水量≥15L/s</td><td>消防水量≥10L/s</td><td colspan="2">消防用水量≥20L/s</td><td>消防用水量≥15L/s</td><td>消防用水量≥10L/s</td></tr>
<tr><td>可不设置的车库种类</td><td colspan="4">1. 耐火等级为一、二级且停车数不超过5辆的汽车库；
2. 在市政消火栓保护半径150m以内的汽车库</td><td colspan="4">1. 耐火等级为一、二级的Ⅳ类修车库；
2. 在市政消火栓保护半径150m以内的修车库</td></tr>
<tr><td rowspan="2">室内消火栓系统</td><td>应设时的消防水量</td><td colspan="3">消防用水量≥10L/s，且应保证相邻两个消火栓的水枪充实水柱能同时到达室内任何部位</td><td>消防用水量≥5L/s，且保证一个消火栓的水枪充实水柱能到达室内任何部位</td><td colspan="2">消防用水量≥10L/s，且应保证相邻两个消火栓的水枪充实水柱能同时到达室内任何部位</td><td colspan="2">消防用水量≥5L/s，且保证一个消火栓的充实水柱能到达室内任何部位</td></tr>
<tr><td>可不设置的车库种类</td><td colspan="3"></td><td>耐火等级为一、二级且停车数不超过5辆的汽车库</td><td colspan="2"></td><td colspan="2">耐火等级为一、二级的Ⅳ类修车库</td></tr>
</table>

续表

<table>
<tr><th colspan="2" rowspan="2">车库种类
消防系统</th><th colspan="4">汽 车 库</th><th colspan="4">停 车 库</th></tr>
<tr><th>Ⅰ</th><th>Ⅱ</th><th>Ⅲ</th><th>Ⅳ</th><th>Ⅰ</th><th>Ⅱ</th><th>Ⅲ</th><th>Ⅳ</th></tr>
<tr><td rowspan="2">自动喷水灭火系统</td><td>应设置的车库种类</td><td colspan="4">1. Ⅰ、Ⅱ、Ⅲ类地上汽车库；
2. 停车数超过 10 辆的地下汽车库；
3. 机械式立体汽车库或复式汽车库；
4. 采用垂直升降梯作汽车疏散出口的汽车库</td><td>Ⅰ类修车库</td><td colspan="3"></td></tr>
<tr><td>应设时的消防水量</td><td colspan="4">自动喷水灭火系统按中危险级考虑，消防设计流量 20L/s</td><td>自动喷水灭火系统按中危险级考虑，消防设计流量 20L/s</td><td colspan="3"></td></tr>
<tr><td rowspan="4">其他固定式灭火系统</td><td>泡沫喷淋系统</td><td>Ⅰ类地下汽车库宜设置泡沫喷淋灭火系统</td><td colspan="3"></td><td>Ⅰ类修车库宜设置泡沫喷淋灭火系统</td><td colspan="3"></td></tr>
<tr><td>高倍数泡沫灭火系统</td><td colspan="4">地下汽车库可采用高倍数泡沫灭火系统</td><td colspan="4"></td></tr>
<tr><td>二氧化碳气体灭火系统</td><td colspan="4">机械式立体汽车库可采用二氧化碳等气体灭火系统</td><td colspan="4"></td></tr>
<tr><td></td><td colspan="8">设置了泡沫喷淋、高倍数泡沫、二氧化碳等灭火系统的汽车库、修车库可不设自动喷水灭火系统</td></tr>
</table>

2.12.3 室外消防给水系统

（1）市政给水管道和天然湖泊、河流、小溪等都可作为汽车库的消防水源。利用天然水源作消防水源时，应确保在枯水期最低水位时的消防用水量，并应有通向天然水源的道路和可靠的取水设施。

（2）在缺少市政给水管道和其他天然水源，或者发生火灾时，市政给水管道或天然水源不能满足汽车库室内、外消防用水量时，汽车库应设消防水池作为消防水源。消防水池的有效容积应满足火灾延续时间内室内、外消火栓及自动喷水灭火系统的用水总量，即 2h 消火栓的用水量及 1h 自动喷水灭火设备的用水量之和。当汽车库内还设有其他固定式灭火系统时，还需加上这些设备在一次灭火过程中的用水量。在发生火灾时，市政给水管能确保连续供水，消防水池容积可减去火灾延续时间内连续补充的水量。

消防用水后，消防水池的补水时间不宜超过 48h。

（3）汽车库的室外消防给水一般采用低压给水系统。此时，室外给水管道的给水压力在灭火时不得低于 0.1MPa（地面算起）。在一些距离城市消防队较远，本单位又没有专职消防队，以及市政给水管网供水压力不足的情况下，才考虑采用常高压或临时高压室外消防给水系统。此时，管道的压力应保证当消防用水量达到最大时，最不利点水枪的充实水柱不小于 10m。消防加压水泵房的设置，应符合《建筑设计防火规范》的有关规定。

2.12.4 室内消防给水系统

(1) 汽车库、修车库所使用的室内消火栓口径应为65mm，水枪口径应为19mm，水龙带长度根据需要确定，但最长不应超过25m。水枪的充实水柱为10m。

消火栓设置的位置、栓口高度以及管网中阀门的设置应符合《建筑设计防火规范》的要求。

(2) 汽车库、修车库室内消火栓的间距不应大于50m，但高层汽车库和地下汽车库的室内消火栓间距不应大于30m。当室内设置的消火栓数量超过10个时，室内消火栓管道应布置成环状，并应有两条进水管与室外管道相连接。

(3) 四层以上的多层汽车库、高层汽车库以及地下汽车库，其室内消防给水管网应设水泵接合器。水泵接合器的数量根据室内消防用水量确定，每个水泵接合器的流量按10～15L/s计算。

水泵接合器应有明显标志，并应设在便于消防车使用的地点，其周围15～40m范围内应有室外消火栓或消防水池。

(4) 汽车库、修车库的室内消防给水，当市政管网压力和水量不足时，需要设置临时高压消防给水系统。该系统由加压设施、消防水箱等组成。当采用屋顶消防水箱时，其水箱容量应能贮存10min的室内消防用水量，当计算消防用水量超过$18m^3$时仍可按$18m^3$确定。消防用水与其他用水合并的水箱，应采取保证消防用水不作他用的技术措施。

在临时高压给水系统中，每个消火栓处应设直接启动消防水泵的按钮，并应设有保护按钮的设施。

发生火灾后由消防水泵供给的消防用水，不应进入消防水箱。

2.12.5 自动喷水灭火系统

(1) 喷头布置的规定

1) 绝大多数汽车库的停车位置是固定的，故喷头应设置在汽车库停车位置的上方。

2) 机械式立体汽车库、复式汽车库的喷头除在屋面板或楼板下按停车位的上方布置外，还应按停车的托板位置分层布置，且应在喷头的上方设置集热板。根据需要，既要有下喷式喷头，也可有侧喷式喷头的布置。

3) 错层式、斜楼板式汽车库的车道、坡道上方均应设置喷头。

(2) 自动喷水灭火系统最不利点喷头的压力不宜小于0.1MPa。

(3) 当室外消防给水管道的压力不能满足室内自动喷水灭火系统的水压要求时，也应采用临时高压给水系统供水。其加压设施、消防水箱的设置应符合《自动喷水灭火系统设计规范》的有关规定。

(4) 汽车库、修车库自动喷水消防管网通常可在梁板下明设，供水立管可沿墙柱明设。

2.12.6 消防排水系统

(1) 消防排水的特点

1) 汽车库、修车库内消防排水的几率很小，但冲洗地面的排水或其他意外事故排水会经常发生，所以汽车库内的消防排水需与冲洗地面排水结合起来考虑。

2）地面以上的汽车库、修车库排水可采用自流排出，而对于地下汽车库，其排水需通过提升后排入室外排水系统。

(2) 地面、楼面排水管渠：汽车库、修车库的地面排水，应按发生大面积排水考虑。在底层车库（无地下建筑）和地下汽车库，一般在纵向或横向成排车位的端部设混凝土排水明沟（尺寸较大的车库，中间可适当增设排水明沟）。明沟的宽度 200～250mm，上盖钢板或重型铸铁篦子。明沟起端深 75mm，纵坡不小于 0.003。明沟排出管管径一般不小于 *DN*150。

多层汽车库底层以上的各层停车库，由于楼板结构的限制不能做排水明沟时，可利用楼面的面层或垫层做浅弧形水沟，纵坡不小于 0.003，并在最低处设地漏。各层排水经横管、立管收集后排至底层汇流集水坑或接入底层排水横管。

(3) 集水池和排水泵：集水池和排水泵只有在车库排水需提升后排出室外时才需要设置。

集水池的容积先按 0.5～1.0h 冲洗地面排水计算，再以 5min 消防排水量进行校核，取其中的大者作为集水池的最小容积。

排水泵宜采用潜污泵。其中 1 台供提升地面冲洗水用，另设 1～2 台消防排水泵。消防排水量不应小于消防给水量的 50%。潜污泵扬程由计算确定，并富裕 1～2m。

集水池的水位应引至值班室内显示，潜污泵应有可靠的电源保证。

(4) 隔油沉淀池：汽车库、修车库的排水一般都掺混着浮油，因此在排水进入集水池前，宜设置汽车冲洗污水隔油沉淀池。隔油沉淀池的选用与做法参见国家标准图《小型排水构筑物》04S519。

2.12.7　火灾自动报警设备的设置

Ⅰ、Ⅱ、Ⅲ类地下汽车库、多层汽车库和底层汽车库，宜设火灾自动报警设备，探测器宜选用感温探测器。报警信号引至消防控制室。

2.12.8　灭火器设置

(1) 汽车库属于中危险等级的防火场所。

(2) 汽车库内停车场所发生的火灾为 B 类火灾，而在值班、管理等办公室可能发生 A 类火灾。汽车库作为一个组合计算单元进行灭火器配置时，选择的灭火器应兼顾能扑灭 A、B 类火灾。

(3) 地下汽车库灭火器的配置数量，应按其相应的地面汽车库的规定增加 30%。

(4) 汽车库、修车库灭火器配置的设计计算和具体设置规定见 2.10 节有关内容。

2.12.9　示例

【例】 单建式地下汽车库，见图 2-172。外墙为钢筋混凝土墙，内隔墙为砖墙。设计停车量 28 辆，有 1 台简易升降机。室外市政给水管网能满足室内消防设施的水量及水压要求。试进行室内消防设计。

【解】 (1) 确定汽车库防火分类：查表 2-202，汽车库属Ⅳ类防火。

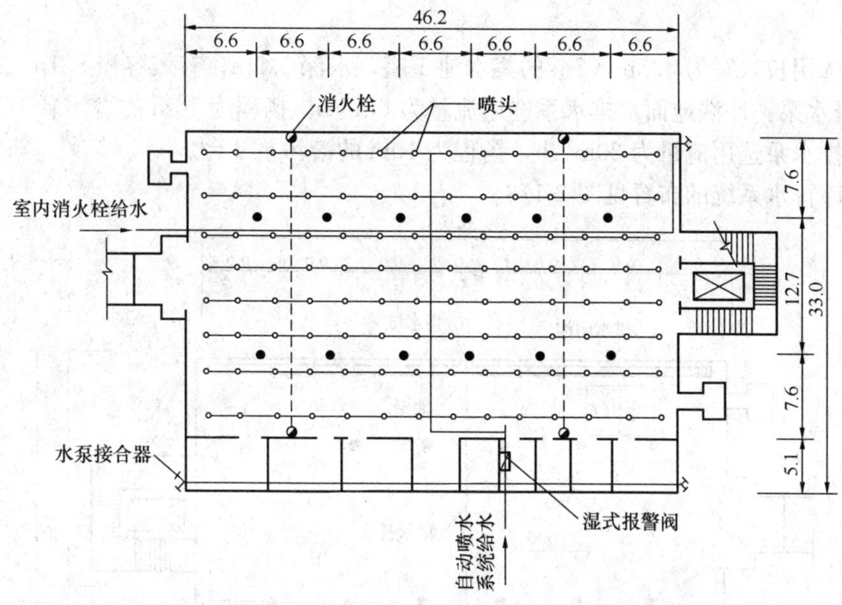

图 2-172 消防给水布置

(2) 消火栓消防用水量

室外：10L/s；

室内：5L/s。

(3) 室内消火栓给水系统：Ⅳ类汽车库，应保证有1个消火栓的水枪充实水柱到达汽车库内任何部位。消火栓的布置间距最大不超过30m。据此在汽车库内布置4个消火栓，位置见图2-172。并在汽车库外适当位置设水泵接合器井1座，与室内的消火栓管道连接。

消火栓口径为65mm，水枪口径为19mm，配以25m衬胶水带。

室内消火栓系统进水管采用*DN*65镀锌钢管。

(4) 自动喷水灭火系统：汽车库属于"停车数超过10辆的地下汽车库"，故应设自动喷水灭火系统。系统按中危险级设计。考虑在汽车停车位置上方设置喷头，结合柱网尺寸，喷头布置距离为3.8×3.3（m），共设112个闭式喷头，喷头布置位置及管道走向，见图2-177。

自动喷水灭火系统的消防用水量为20L/s，进水干管采用*DN*100镀锌钢管。

按照规定，在汽车库外设置水泵接合器井2座，与室内的自动喷水灭火系统干管连接。

(5) 消防排水系统

1) 排水明沟：在汽车库两侧端墙处设宽200mm的排水明沟，排水沟起端深75mm，纵坡 $i=0.005$。上面盖以重型铸铁篦子。

2) 排水管：采用*DN*150排水铸铁管或PVC-U排水管，纵坡取0.01。

3) 隔油沉淀池：选用长×宽（$L\times B$）=2600×1200（mm）汽车冲洗污水隔油沉淀池1座。

4) 集水池：冲洗地面考虑2股水柱，每股2～2.5m³/h，1h的排水量约为5m³。

室内消防给水量（包括消火栓和自动喷水系统）为25L/s，5min的消防排水量为 7.5m³。

决定选用长×宽为 4.5m×2m 的集水池 1 座，水深 0.9m，有效容积 8.1m³。

5）排水泵：冲洗地面水排水系选用流量为 6m³/h，扬程为 10m 的潜污泵 1 台。消防排水泵选用流量为 20m³/h，扬程为 10m 的潜污泵 2 台。

汽车库排水系统的布置见图 2-173。

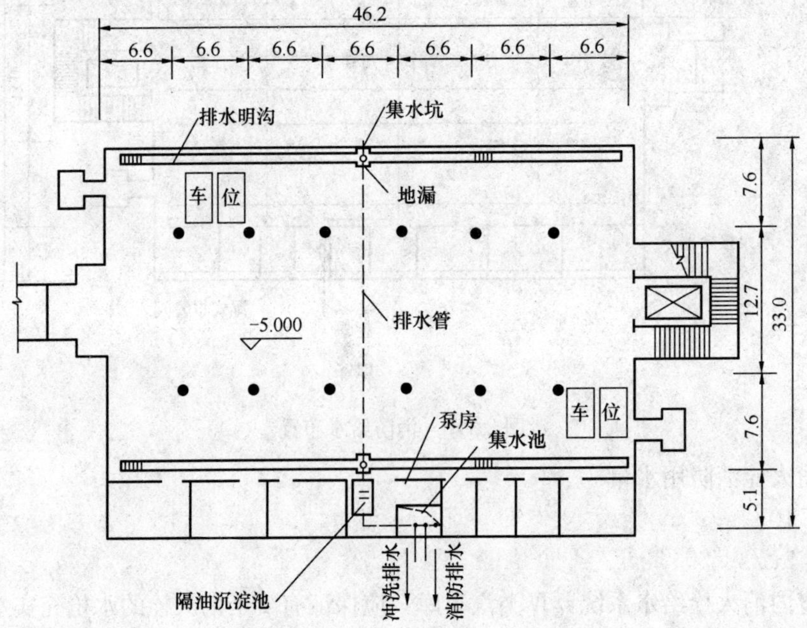

图 2-173　消防排水布置

(6) 灭火器设置的设计计算从略，可参见第 2.10 节有关内容。

3　热水及饮水供应

3.1　热水用水定额、水温和水质

3.1.1　热水用水定额

热水用水定额应根据卫生器具完善程度、热水供水方式（全天供应、定时供应、集中供应或分散供应等）、当地气候条件和生活习惯等确定。

（1）各类建筑的热水用水定额（太阳能热水系统除外），见表3-1。表3-1中所列用水量已包括在第1章建筑给水的生活用水定额中（见表1-10）。表中计算热水水温为60℃，其他有关说明详见第1.2.3节。

热水用水定额　　表3-1

序号	建筑物名称	单　位	60℃的最高日用水定额（L）	使用时间（h）
1	住宅			
	有自备热水供应和沐浴设备	每人每日	40～80	24
	有集中热水供应和沐浴设备	每人每日	60～100	24
2	别墅	每人每日	70～110	24
3	酒店式公寓	每人每日	80～100	24
4	宿舍			24或定时供应
	Ⅰ、Ⅱ类	每人每日	70～100	
	Ⅲ、Ⅳ类	每人每日	40～80	
5	招待所、培训中心、普通旅馆			24或定时供应
	设公用盥洗室	每人每日	25～40	
	设公用盥洗室、淋浴室	每人每日	40～60	
	设公用盥洗室、淋浴室、洗衣室	每人每日	50～80	
	设单独卫生间、公用洗衣室	每人每日	60～100	
6	宾馆　客房			
	旅客	每床位每日	120～160	24
	员工	每人每日	40～50	24
7	医院住院部			
	设公用盥洗室	每床位每日	60～100	24
	设公用盥洗室、淋浴室	每床位每日	70～130	24
	设单独卫生间	每床位每日	110～200	24
	医务人员	每人每班	70～130	8
	门诊部、诊疗所	每病人每次	7～13	8
	疗养院、休养所住房部	每床位每日	100～160	24

续表

序号	建筑物名称	单 位	60℃的最高日用水定额（L）	使用时间（h）
8	养老院	每床位每日	50～70	24
9	幼儿园、托儿所			
	有住宿	每儿童每日	20～40	24
	无住宿	每儿童每日	10～15	10
10	公共浴室			
	淋浴	每顾客每次	40～60	12
	淋浴、浴盆	每顾客每次	60～80	12
	桑拿浴（淋浴、按摩池）	每顾客每次	70～100	12
11	理发室、美容院	每顾客每次	10～15	12
12	洗衣房	每公斤干衣	15～30	8
13	餐饮厅			
	营业餐厅	每顾客每次	15～20	10～12
	快餐店、职工及学生食堂	每顾客每次	7～10	12～16
	酒吧、咖啡厅、茶座、卡拉OK房	每顾客每次	3～8	8～18
14	办公楼	每人每班	5～10	8
15	健身中心	每人每次	15～25	12
16	体育场（馆）			
	运动员淋浴	每人每次	17～26	4
17	会议厅	每座位每次	2～3	4

（2）以太阳能为热源的局部或集中供应热水时的热水用水定额按下列确定：

1）居住建筑的热水用水定额按表3-2确定。

居住建筑热水用水定额　　表3-2

序号	建筑物名称	单位	相应供水温度下的平均日用水定额（L）			
			50℃	55℃	60℃	65℃
1	住宅					
	有自备热水供应和沐浴设备	每人每日	60	55	50	45
	有集中热水供应和沐浴设备	每人每日				
2	别墅	每人每日	65	60	55	50

2）公共建筑的热水用水定额可按表3-1中低限值确定。

3）太阳能集中热水供应系统辅助热源的供热量可参照表3-1中用水定额值计算确定。

（3）卫生器具的一次和小时热水用水定额和水温按表3-3确定。

卫生器具的一次和小时热水用水定额和水温 表 3-3

序号	卫生器具名称	一次用水量(L)	小时用水量(L)	使用水温(℃)
1	住宅、旅馆、别墅、宾馆、酒店式公寓			
	带有淋浴器的浴盆	150	300	40
	无淋浴器的浴盆	125	250	40
	淋浴器	70～100	140～200	37～40
	洗脸盆、盥洗槽水嘴	3	30	30
	洗涤盆(池)	—	180	50
2	宿舍、招待所、培训中心			
	淋浴器：有淋浴小间	70～100	210～300	37～40
	无淋浴小间	—	450	37～40
	盥洗槽水嘴	3～5	50～80	30
3	餐饮业			
	洗涤盆(池)	—	250	50
	洗脸盆：工作人员用	3	60	30
	顾客用	—	120	30
	淋浴器	40	400	37～40
4	幼儿园、托儿所			
	浴盆：幼儿园	100	400	35
	托儿所	30	120	35
	淋浴器：幼儿园	30	180	35
	托儿所	15	90	35
	盥洗槽水嘴	15	25	30
	洗涤盆(池)	—	180	50
5	医院、疗养院、休养所			
	洗手盆	—	15～25	35
	洗涤盆(池)	—	300	50
	淋浴器	—	200～300	37～40
	浴盆	125～150	250～300	40
6	公共浴室			
	浴盆	125	250	40
	淋浴器：有淋浴小间	100～150	200～300	37～40
	无淋浴小间	—	450～540	37～40
	洗脸盆	5	50～80	35
7	办公楼			
	洗手盆	—	50～100	35
8	理发室、美容院			
	洗脸盆	—	35	35

续表

序号	卫生器具名称	一次用水量(L)	小时用水量(L)	使用水温(℃)
9	实验室 洗脸盆 洗手盆	 — —	 60 15～25	 50 30
10	剧场 淋浴器 演员用洗脸盆	 60 5	 200～400 80	 37～40 35
11	体育场馆 淋浴器	 30	 300	 35
12	工业企业生活间 淋浴器：一般车间 脏车间 洗脸盆或盥洗槽水嘴：一般车间 脏车间	 40 60 3 5	 360～540 180～480 90～120 100～150	 37～40 40 30 35
13	净身器	10～15	120～180	30

注：1. 表中的用水量均为使用水温时的水量；

2. 一次用水量是指使用一次的用水量，并非卫生器具开关一次的用水量，有些卫生器具使用一次可能要开关几次；

3. 各种卫生器具的给水额定流量、当量、连接管管径和最低工作压力，见表1-10；

4. 一般车间指现行《工业企业设计卫生标准》GBZ 1-2010中规定的3、4级卫生特征的车间，脏车间指该标准中规定的1、2级卫生特征的车间。

(4) 生产热水用水定额、用水量和小时变化系数，应根据工艺要求或同类型生产实际数据确定。

3.1.2　热水水温

3.1.2.1　热水使用温度

(1) 生活热水使用温度

各种卫生器具的使用水温，按表3-3确定。其中淋浴器使用水温，应按气候条件、使用对象和使用习惯确定，在计算耗热量和热水用量时，一般按40℃计算。

洗衣机用热水与洗涤衣物的布料有关，一般棉、麻宜在50～60℃；绢丝宜35～45℃；毛料宜35～40℃；人造纤维宜30～35℃。

餐厅厨房用热水水温与水的用途有关，一般洗碗机宜用60℃，餐具过清宜70～80℃，餐具消毒宜用100℃，一般洗涤宜用45℃。

汽车冲洗用水，在寒冷地区宜用20～25℃热水。

(2) 生产用热水使用温度

生产用热水使用温度，应根据工艺要求或同类型实践数据确定。

3.1.2.2　热水供应温度

集中热水供应系统的热水供水设备（热水锅炉、热水机组或水加热器等）出口的最低温度应保证热水管网最不利配水点的水温不低于使用水温要求。

考虑到系统管道等热损失，加热设备出口与配水点最低水温的温差，一般不得大于15℃；单体建筑集中热水供应系统中，锅炉或水加热器的出水温度与配水点的最低水温的温度差，不得大于10℃；小区热水供应系统中，锅炉或水加热设备出口的水温与配水点的最低水温的温度差，不得大于12℃。

过高的加热设备出口温度虽可增加蓄热量，减少热水供应量，但也会使加热设备和管道热损失增大，容易发生烫伤事故，增加管道腐蚀和结垢的可能性。表3-4列出直接供应热水的热水供水设备出口的最高出水温度和配水点最低水温。

直接供应热水的热水锅炉、热水机组或水加热器出口的最高水温和配水点的最低水温　　表3-4

水质处理情况	热水锅炉、热水机组或水加热器出口的最高水温(℃)	配水点的最低水温(℃)
原水水质无需软化处理，原水水质需水质处理且有水质处理	75	50
原水水质需水质处理但未进行水质处理	60	50

注：1. 局部热水供应系统和以热力管网热水做热媒的热水供应系统，配水点最低水温为50℃；
2. 从安全、卫生、节能、防垢等考虑，适宜的热水供水温度为55～60℃；
3. 医院的水加热温度不宜低于60℃。

热水水温按其使用性质可分为盥洗用、沐浴用和洗涤用，其相应的所需水温见表3-5。

生活用热水水温　　表3-5

盥洗用（洗脸盆、盥洗槽、洗手盆用水）(℃)	30～35
沐浴用（浴盆、淋浴器用水）(℃)	37～40
洗涤用（洗涤盆、洗涤池用水）(℃)	≈50

当热水供应系统只供应淋浴和盥洗用水，不供应洗涤盆（池）洗涤用水时，配水点最低水温可不低于40℃。当配水点处最低水温降低时，热水锅炉、热水机组、水加热器出口处的最高温亦可相应降低，这有助于缓解硬水地区的结垢，也可以减少因温差而引起的热损失。当个别要求水温较高的设备，如洗碗机、餐具过清、餐具消毒等，可采用二级加热或局部加热的方法满足其供水要求。

对于工业企业用生产热水水温应按生产工艺要求而定。

住宅设有集中热水供应系统时，配水点放水15s的水温不应低于45℃。

3.1.2.3　冷水计算温度

应以当地最冷月平均水温资料确定。当无水温资料时，可按表3-6采用。

冷水计算温度（℃）　表 3-6

区　域	省、市、自治区、行政区		地面水	地下水
东　北	黑龙江		4	6～10
	吉　林		4	6～10
	辽　宁	大　部	4	6～10
		南　部	4	10～15
华　北	北　京		4	10～15
	天　津		4	10～15
	河　北	北　部	4	6～10
		大　部	4	10～15
	山　西	北　部	4	6～10
		大　部	4	10～15
	内蒙古		4	6～10
西　北	陕　西	偏　北	4	6～10
		大　部	4	10～15
		秦岭以南	7	15～20
	甘　肃	南　部	4	10～15
		秦岭以南	7	15～20
	青　海	偏　东	4	10～15
	宁　夏	偏　东	4	6～10
		南　部	4	10～15
	新　疆	北　疆	5	10～11
		南　疆	—	12
		乌鲁木齐	8	12
东　南	山　东		4	10～15
	上　海		5	15～20
	浙　江		5	15～20
	江　苏	偏　北	4	10～15
		大　部	5	15～20
	江西　大部		5	15～20
	安徽　大部		5	15～20
	福　建	北　部	5	15～20
		南　部	10～15	20
	台　湾		10～15	20
中　南	河　南	北　部	4	10～15
		南　部	5	15～20
	湖　北	东　部	5	15～20
		西　部	7	15～20
	湖　南	东　部	5	15～20
		西　部	7	15～20
	广东、港澳		10～15	20
	海　南		15～20	17～22

续表

区域	省、市、自治区、行政区		地面水	地下水
西南	重庆		7	15～20
	贵州		7	15～20
	四川	大部	7	15～20
	云南	大部	7	15～20
		南部	10～15	20
	广西	大部	10～15	20
		偏北	7	15～20
	西藏		—	5

3.1.2.4 冷热水比例计算

在冷热水混合时，应以配水点用水要求的水温和水量（参见表3-3）和当地冷水计算水温和水量换算出热水应供应的水温和水量，得到要求一定水温下的热水用量。

若以混合水量为100%，则所需热水量占混合水量的百分数，按式（3-1）计算：

$$K_r = \frac{t_h - t_l}{t_r - t_l}100\% \qquad (3\text{-}1)$$

式中 K_r——热水量占混合水量的百分数；

t_h——混合水水温（℃）；

t_l——冷水水温（℃）；

t_r——热水水温（℃）。

所需冷水量占混合水量的百分数，按式（3-2）计算：

$$K_l = 1 - K_r \qquad (3\text{-}2)$$

K_l——冷水量占混合水量的百分数。

根据式（3-1）编制了表3-7。表中上行数值为热水量占混合水量的百分数 K_r，下行为冷水量占混合水量的百分数 K_l。

当供给热水温度为55、60、65、70、75、80℃时热水量及冷水量占混合水量百分数　　表3-7

冷水温（℃）/混合水温（℃）	5	6	7	8	9	10	11	12	13	14	15	16	17	18	19	20
55℃																
25	40	39	38	36	35	33	32	31	29	27	25	23	21	19	17	14
	60	61	62	64	65	67	68	69	71	73	75	77	79	81	83	86
30	50	49	48	47	46	45	43	42	41	39	38	36	34	32	31	29
	50	51	52	53	54	55	57	58	59	61	62	64	66	68	69	71

续表

混合水温（℃） \ 冷水温（℃）	5	6	7	8	9	10	11	12	13	14	15	16	17	18	19	20
55℃																
35	60 40	59 41	58 42	58 42	57 43	56 44	55 45	54 46	52 48	51 49	50 50	49 51	47 53	46 54	45 55	43 57
37	64 36	63 37	62 38	62 38	61 39	60 40	59 41	58 42	57 43	56 44	55 45	54 46	53 47	51 49	50 50	49 51
40	70 30	69 31	68 32	68 32	67 33	67 33	66 34	65 35	64 36	63 37	63 37	62 38	61 39	60 40	58 42	57 43
42	74 26	73 27	72 28	72 28	72 28	71 29	70 30	70 30	69 31	68 32	68 32	67 33	66 34	65 35	64 36	63 37
45	80 20	80 20	79 21	79 21	78 22	78 22	77 23	77 23	76 24	76 24	75 25	75 25	74 26	73 27	72 28	72 28
50	90 10	90 10	89 11	89 11	89 11	89 11	89 11	89 11	88 12	88 12	88 12	88 12	88 12	87 13	87 13	86 14
55	100 00	100 00	100 00	100 00	100 00	100 00	100 00	100 00	100 00	100 00	100 00	100 00	100 00	100 00	100 00	100 00
60℃																
25	36 64	35 65	34 66	33 67	31 69	30 70	29 71	27 73	26 74	24 76	22 78	20 80	19 81	17 83	15 85	13 87
30	45 55	44 56	45 57	42 58	41 59	40 60	39 61	37 63	36 64	35 65	32 68	31 69	30 70	29 71	27 73	25 75
35	55 45	54 46	53 47	52 48	51 49	50 50	49 51	48 52	47 53	46 54	44 56	43 57	42 58	41 59	39 61	38 62
37	58 42	57 43	57 43	56 44	55 45	54 46	53 47	52 48	51 49	50 50	49 51	48 52	47 53	45 55	44 56	43 57
40	64 36	63 37	62 38	62 38	61 39	60 40	59 41	58 42	57 43	57 43	56 44	55 45	54 46	52 48	51 49	50 50
42	67 33	67 33	66 34	65 35	65 35	64 36	63 37	62 38	62 38	61 39	60 40	59 41	58 42	57 43	56 44	55 45
45	73 27	72 28	72 28	71 29	71 29	70 30	69 31	69 31	68 32	67 33	67 33	66 34	65 35	64 36	64 36	63 37

续表

混合水温（℃）＼冷水温（℃）	5	6	7	8	9	10	11	12	13	14	15	16	17	18	19	20
60℃																
50	82 18	81 19	81 19	81 19	80 20	80 20	80 20	79 21	79 21	78 22	78 22	77 23	77 23	76 24	76 24	75 25
55	91 09	91 09	91 09	90 10	90 10	90 10	90 10	90 10	89 11	89 11	89 11	89 11	89 11	88 12	88 12	88 12
60	100 00	100 00	100 00	100 00	100 00	100 00	100 00	100 00	100 00	100 00	100 00	100 00	100 00	100 00	100 00	100 00
65℃																
25	33 67	32 68	31 69	30 70	29 71	27 73	26 74	25 75	23 77	22 78	20 80	18 82	17 83	15 85	13 87	12 88
30	42 58	41 59	40 60	39 61	38 62	36 64	35 65	34 66	33 67	31 69	30 70	29 71	27 73	26 74	24 76	22 78
35	50 50	49 51	48 52	47 53	46 54	45 55	44 56	43 57	42 58	41 59	40 60	39 61	37 63	36 64	35 65	33 67
37	53 47	52 48	52 48	51 49	50 50	49 51	48 52	47 53	46 54	45 55	44 56	43 57	42 58	40 60	39 61	37 63
40	58 42	58 42	57 43	56 44	55 45	55 45	54 46	53 47	52 48	51 49	50 50	49 51	48 52	47 53	46 54	44 56
42	62 38	61 39	60 40	60 40	59 41	58 42	57 43	56 44	56 44	55 45	54 46	53 47	52 48	51 49	50 50	48 52
45	67 33	66 34	65 35	65 35	64 36	64 36	63 37	62 38	62 38	61 39	60 40	59 41	58 42	57 43	56 44	54 46
50	75 25	75 25	74 26	74 26	73 27	73 27	72 28	72 28	71 29	71 29	70 30	69 31	69 31	68 32	67 33	65 35
55	83 17	83 17	83 17	82 18	82 18	82 18	81 19	81 19	81 19	80 20	80 20	80 20	79 21	79 21	78 22	76 24
60	92 08	92 08	91 09	91 09	91 09	91 09	91 09	91 09	90 10	90 10	90 10	90 10	90 10	90 10	89 11	87 13
65	100 00	100 00	100 00	100 00	100 00	100 00	100 00	100 00	100 00	100 00	100 00	100 00	100 00	100 00	100 00	100 00

续表

混合水温（℃）＼冷水温（℃）	5	6	7	8	9	10	11	12	13	14	15	16	17	18	19	20
70℃																
25	31 69	30 70	29 71	27 73	26 74	25 75	24 76	22 78	21 79	20 80	18 82	17 83	15 85	13 87	12 88	11 89
30	38 62	37 63	37 63	36 64	35 65	33 67	32 68	31 69	30 70	29 71	27 73	26 74	25 75	23 77	22 78	20 80
35	46 54	45 55	44 56	44 56	43 57	42 58	41 59	40 60	39 61	38 62	36 64	35 65	34 66	33 67	31 69	30 70
37	49 51	48 52	48 52	47 53	46 54	45 55	44 56	43 57	42 58	41 59	40 60	39 61	38 62	37 63	36 64	34 66
40	54 46	53 47	52 48	52 48	51 49	50 50	49 51	48 52	47 53	46 54	45 55	44 56	43 57	42 58	41 59	40 60
42	57 43	56 44	56 44	55 45	54 46	53 47	53 47	52 48	51 49	50 50	49 51	48 52	47 53	46 54	45 55	44 56
45	62 38	61 39	60 40	60 40	59 41	58 82	58 42	57 43	56 44	55 45	55 45	54 46	53 47	52 48	51 49	50 50
50	69 31	69 31	68 32	68 32	67 33	67 33	66 34	66 34	65 35	64 36	64 36	63 37	62 38	62 38	61 39	60 40
55	77 23	77 23	76 24	76 24	75 25	75 25	75 25	74 26	74 26	73 27	73 27	72 28	72 28	71 29	71 29	70 30
60	85 15	84 16	84 16	84 16	84 16	83 17	83 17	83 17	82 18	82 18	82 18	82 18	81 19	81 19	80 20	80 20
65	92 08	92 08	92 08	92 08	92 08	92 08	92 08	91 09	91 09	91 09	91 09	91 09	91 09	91 09	90 10	90 10
75℃																
25	29 71	28 72	26 74	25 75	24 76	23 77	22 78	21 79	19 81	18 82	17 83	15 85	14 86	12 88	11 89	09 91
30	36 64	35 65	34 66	33 67	32 68	31 69	30 70	29 71	27 73	26 74	25 75	24 76	22 78	21 79	20 80	18 82
35	43 57	42 58	41 59	40 60	39 61	38 62	38 62	37 63	36 64	35 65	34 66	32 68	31 69	30 70	29 71	27 73
37	46 54	45 55	44 56	43 57	42 58	42 58	41 59	40 60	39 61	38 62	37 63	36 64	35 65	33 67	32 68	31 69
40	50 50	49 51	48 52	48 52	47 53	46 54	45 55	45 55	44 56	43 57	42 58	41 59	40 60	39 61	38 62	36 64

续表

混合水温（℃）＼冷水温（℃）	5	6	7	8	9	10	11	12	13	14	15	16	17	18	19	20
75℃																
42	53 47	52 48	51 49	51 49	50 50	49 51	48 52	48 52	47 53	46 54	45 55	44 56	43 57	42 58	41 59	40 60
45	57 43	57 43	56 44	55 45	55 45	54 46	53 47	52 48	52 48	51 49	50 50	49 51	48 52	47 53	46 54	45 55
50	64 36	63 37	63 37	63 37	62 38	62 38	61 39	60 40	60 40	59 41	58 42	58 42	57 43	56 44	55 45	55 45
55	71 29	71 29	71 29	70 30	70 30	69 31	69 31	68 32	68 32	67 33	67 33	66 34	66 34	65 35	64 36	64 36
60	80 20	79 21	78 22	77 23	77 23	77 23	77 23	76 24	76 24	75 25	75 25	75 25	74 26	74 26	73 27	73 27
65	86 14	86 14	85 15	85 15	85 15	85 15	84 16	84 16	84 16	84 16	83 17	83 17	83 17	82 18	82 18	82 18
80℃																
25	27 73	26 74	25 75	24 76	23 77	21 79	20 80	19 81	18 82	17 83	15 85	14 86	13 87	11 89	10 90	09 91
30	33 67	32 68	32 68	31 69	30 70	29 71	28 72	27 73	25 75	24 76	23 77	22 78	21 79	19 81	18 82	17 83
35	40 60	39 61	38 62	38 62	37 63	36 64	35 65	34 66	33 67	32 68	31 69	30 70	29 71	27 73	26 74	25 75
37	43 57	42 58	41 59	40 60	40 60	39 61	38 62	37 63	36 64	35 65	34 66	33 67	32 68	31 69	30 70	28 72
40	47 53	46 54	45 55	45 55	44 56	43 57	42 56	41 59	40 60	39 61	38 62	38 62	37 63	36 64	35 65	33 67
42	49 51	49 51	48 52	47 53	47 53	46 54	45 55	44 56	43 57	42 58	42 58	41 59	40 60	39 61	38 62	37 63
45	53 47	53 47	52 48	52 48	51 49	50 50	49 51	49 51	48 52	47 53	46 54	45 55	45 45	44 56	43 57	42 58
50	60 40	60 40	59 41	58 42	58 42	57 43	57 43	56 44	55 45	55 45	54 46	53 47	52 48	52 48	51 49	50 50
55	67 33	66 34	66 34	65 35	65 35	64 36	64 36	63 37	63 37	62 38	61 39	61 39	60 40	60 40	59 41	58 42
60	73 27	73 27	73 27	72 28	72 28	71 29	71 29	71 29	70 30	70 30	69 31	69 31	68 32	68 32	67 33	67 33
65	80 20	80 20	80 20	79 21	79 21	79 21	79 21	78 22	78 22	77 23	77 23	77 23	76 24	76 24	76 24	75 25

3.1.3 热水水质及水质处理

3.1.3.1 热水水质

热水水质是考虑热水是否易结垢和对管道、设备是否腐蚀的重要因素，由于水加热后，温度升高使钙、镁盐类溶解度降低，易形成水垢而附在管壁和设备内壁上，降低管道输送能力和设备的导热系数，同时水温升高，会使溶解氧逸出，增加水的腐蚀性。

热水的硬度太低，会使沐浴时人体感到不舒服。决定热水能否结垢的影响因素有硬度、温度、水量、流速、管道粗糙度、溶解气体、pH 值等，但主要因素是硬度和水温，因此在设计热水供应系统时，应对原水水质做全面的分析。

根据分析和运行状况，一般热水供应系统中水的总硬度在 90～150mg/L（以 $CaCO_3$ 计）对人体较为合适。当总硬度大于 150mg/L（以 $CaCO_3$ 计）时，水垢不但在加热器中形成，而且会在管网中产生。

因此，通常把水分为软水、稍硬水、硬水和极硬水四类，见表 3-8。

水 的 硬 度 **表 3-8**

总硬度（mg/L，以 $CaCO_3$ 计）	0～75	75～150	150～300	300 以上
类别	软水	稍硬水	硬水	极硬水

水温也是影响能否结垢的主要因素。当水加热到 40℃时重碳酸盐便开始分解析出，如果加热到 70℃时，这种分解加快，形成碳酸盐沉渣，一部分附在锅炉或水加热器壁上；另一部分则随热水进入管道，附在管壁、阀门、三通、弯头处，这些地方结垢最为严重。通常在不采取水质软化的情况下，为减少管道的结垢，加热器出口温度不宜大于 60℃。

生活热水水质的水质指标，应符合现行的《生活饮用水卫生标准》GB 5749 的要求。

集中热水供应系统的原水的水处理，应根据水质、水量、水温、水加热设备的构造、使用要求等因素经技术经济比较后按下列确定：

(1) 洗衣房日用热水量（按 60℃计）大于或等于 10m^3 且原水总硬度（以碳酸钙计）大于 300mg/L 时，应进行水质软化处理；原水总硬度（以碳酸钙计）为 150～300mg/L 时，宜进行水质软化处理；

(2) 其他生活日用热水量（按 60℃计）大于或等于 10m^3 且原水总硬度（以碳酸钙计）大于 300mg/L 时，宜进行水质软化或阻垢缓蚀处理；

(3) 经软化处理后的水质总硬度宜为：洗衣房用水：50～100mg/L；其他用水：75～150mg/L；

(4) 水质阻垢缓蚀处理应根据水的硬度、适用流速、温度、作用时间或有效长度及工作电压等选择合适的物理处理或化学稳定剂处理方法；

(5) 系统对溶解氧控制要求较高时，宜采取除氧措施。

3.1.3.2 水质处理

热水水质处理包括原水软化处理与原水阻垢缓蚀处理。

(1) 热水的原水软化处理一般采用离子交换的方法，就是利用离子交换剂中的 Na^+ 交换水中的 Ca^{2+} 和 Mg^{2+}，从而降低水中的总硬度。但是，水中硬度的减少，带来了负面影响是水的腐蚀性的增加。其原因是：热水原水中硬度和碱度是同时存在的，经过钠离子交换器软化后，硬度大大降低而碱度基本不变，即 HCO_3^- 含量未变。含 HCO_3^- 碱度的软水，在热水系统较高水温和较高压力状态下，其中的 $NaHCO_3$ 会被浓缩并发生分解和水解反应而使水中 OH^- 大大增加，而管道中的铁原子又可以溶解在水中产生 Fe^{2+}，Fe^{2+} 与 OH^- 发生反应生成 $Fe(OH)_2$，在水中有溶解氧的情况下，继续氧化生成铁锈$Fe(OH)_3$，当系统中不断输送软化水时，腐蚀的过程也在不断地进行。因此，单纯采取软化处理热水原水来防止热水系统结垢并不是理想的方法，宜同时采用其他水质稳定措施。

原水软化处理适用于原水硬度高且对热水供应水质要求高、维护管理水平高的高级旅馆、别墅及大型洗衣房等场所，其具体做法有：

1）全部软化法：全部生活用水均经过离子交换软化处理，流程见图 3-1。

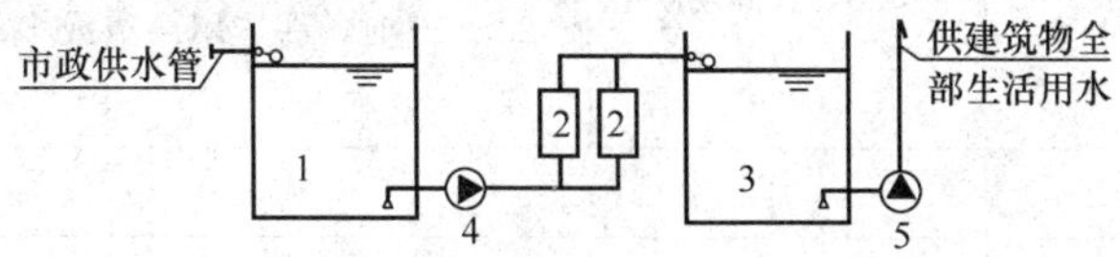

图 3-1 全部软化法流程

1—生活用水贮水池；2—离子交换器；3—软化水池；4—水泵；5—供水水泵

2）部分软化法：部分经过离子交换软化的原水与另一部分不经过离子交换软化处理的原水混合，使混合后的水质总硬度达到用水水质要求。

热水原水采用普通的软水器后，其出水的残余硬度达到 1.5mg/L（以碳酸钙计），这样软的水是不适合在热水系统中运用的，故通常采用部分软化法，部分软化法的流程见图3-2。

通常的混合方法为水池混合法，即将软水与自来水在水池中按一定比例混合。在水池出水管上装设取样口，通过定期分析池水的硬度，用分配水表控制软水和自来水的进水量，进而调节混合水的硬度。

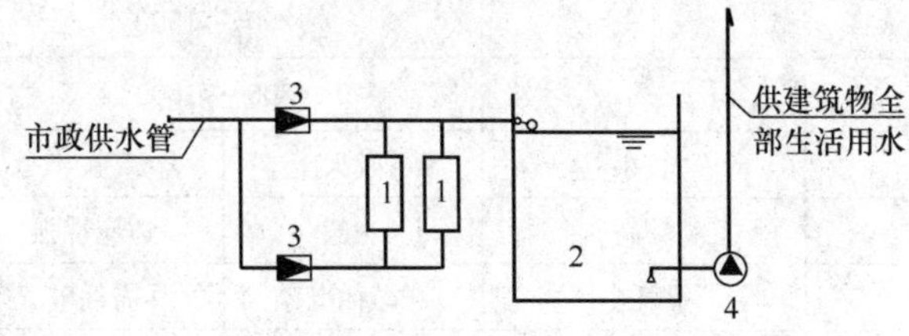

图 3-2 部分软化法流程

1—离子交换器；2—生活用水贮水池；3—水表（控制流量分配）；4—供水水泵

生活热水系统采用的离子交换器多采用全自动软水器，常用的全自动软水器主要由树脂罐、控制阀、盐水箱以及连接管等组成。控制阀是其关键部件，市场上有机械旋转式、柱塞式、板式和水力驱动式四种，其性能见表 3-9。

离子交换树脂卫生标准应符合《生活饮用水输配水设备及防护材料的安全性评价标准》GB 17219 的要求。

（2）热水原水的阻垢缓蚀处理有化学处理方法和物理处理方法。

全自动软水器主要性能参数表　　表 3-9

技术参数＼类型	机械旋转式多路阀	柱塞式多路阀	板式多路阀	水力驱动式多路阀
处理水量（m^3/h）	1～23	1～38	0.5～60	0.2～20
原水硬度（mmol/L）	＜11，选标准型	1. ≤3 时，可选时间控制型，按出水量上限选； 2. ≤6 时，可按出水量上限选； 3. ≤8 时，可按出水量中间量选		≤13 时，按出水量上限选
	＜28，选高硬度型	1. 8～10 时，按出水量下限选，或采用两级处理； 2. ≥10 时，许选用两级或多级处理		≥15 时，按出水量下限选
出水残余硬度（mmol/L）	0.03			
原水浊度要求（NTU）	≤5			
工作温度（℃）	0～50	5～50		5～50
工作压力（MPa）	0.15～0.3	0.2～0.6		0.2～0.5
自身水耗（%）	≤2			
单罐水头损失（MPa）	0.03～0.06			
盐耗（g/mol）	＜100			
电　源	～220V、50Hz			
功率（W）	10	10～40		不需要
采用树脂型号	001×7 强酸型钠离子交换树脂			
控制阀口径（mm）	*DN*20～*DN*50	*DN*20～*DN*75		*DN*20～*DN*32
树脂罐直径（mm）	—	φ200～φ1500		φ150～φ400
盐箱直径（mm）	—	φ300～φ1800		φ300～φ1000
经济分析：处理水量范围	较小	较大	大	较小
经济分析：对原水水质要求	较高	一般	适应性强	适应性强
经济分析：能耗	需耗电	需耗电	需耗电	靠水压，不需耗电
经济分析：故障次数	较多	少	少	少
经济分析：使用寿命	短	长	长	长
经济分析：大致价格排位（1 低、4 高）	1	2	4	3

1）化学处理方法：即采用药剂法来处理热水原水。采用的药剂（水质稳定剂）称为硅磷晶。硅磷晶是由聚磷酸盐和硅盐经高温熔炼工艺制成的类似晶体玻璃球的难溶性复合聚磷酸盐。热水原水经过一个填装有球状硅磷晶的加药器，使硅磷晶控制在卫生允许浓度范围内缓慢溶入热水原水中。硅磷晶必须达到食品级复合聚磷酸盐的要求，加入后热水水质各项指标必须符合《生活饮用水卫生标准》GB 5749 的要求。

硅磷晶对热水的防垢除垢作用是由于聚磷酸盐与 Ca^{2+}、Mg^{2+} 等成垢离子形成单环或双环螯合物，同时还可以借助于布朗运动和水流，把管壁上已生成的垢，重新分散到水中，从而起到防垢的作用，而聚磷酸盐螯合 Fe^{2+} 并将其分散在水中，又抑制了 $Fe(OH)_3$ 的形成和沉淀，避免了“红水”的形成，起到了防腐蚀作用。

2）物理处理方法：主要有磁处理法（内磁水处理器，外磁水处理器）；电场处理法（电子水处理器、静电除垢仪、高频电子水处理器、碳铝式离子水处理器）；超声波处理法（超声波水垢处理器）等方法。

另外，为了减少热水管道和设备的腐蚀，集中热水供应系统，当热水系统的平时小时热水用量≥50m³ 时，若水中溶解氧浓度超过 5mg/L，游离 CO_2 含量超过 20mg/L，应考虑对热水原水进行除气处理；当热水系统平均小时热水用量小于 50m³ 时，可不进行除气处理。

除气处理后的原水水质应符合《生活饮用水卫生标准》GB 5749 的要求。

3）常用水质处理方法的适用条件，见表 3-10。

阻垢缓蚀处理方法的适用条件 表 3-10

处理方法	处理装置	适用条件
药剂法	硅磷晶加药器	（1）水中碳酸盐硬度＜360mg/L（以碳酸钙计）；（2）水温≤80℃；（3）有效作用时间 10h
物理法	内磁水处理器	（1）当地水质使用磁水器有效；（2）要选用钕铁硼超磁体材料；（3）产品符合行业标准《内磁水处理器》；（4）原水以钙、镁离子为主，总硬度≤500mg/L，永久硬度≤200mg/L；（5）水的适宜流速为≥1.5m/s；（6）有效作用长度 500～1000m，否则应串联使用；（7）适宜 pH 值为 7～11
	外磁水处理器	（1）处理器表面磁场强度应达 1200～2100T；（2）根据不同管径和壁厚选用不同规格处理器；（3）适宜处理小流量场合，不宜安装在处理流量 1000m³/h 以上的管径以上；（4）管内流速不低于 1m/s，最佳流速 2.5～3.0m/s；（5）安装时直接贴在管道外壁上，最适宜旧工程改造
	电子水处理器	（1）水的总硬度≤600mg/L；（2）水温低于 105℃；（3）有效作用时间约 30min；（4）工作电压为低压
	静电水处理器	（1）水的总硬度≤700mg/L；（2）水温低于 80℃；（3）“活化时间”内水流经的长度约 2000m；（4）工作电压为高压
	高频电子水处理器	（1）水的总硬度≤700mg/L；（2）水温低于 95℃；（3）流速＜2.5m/s
	碳铝式离子水处理器	（1）水的总硬度≤800mg/L；（2）水温 0～100℃；（3）作用时间 48～72h；（4）不考虑水流速度

4）硅磷晶加药器

硅磷晶加药器示意见图 3-3，规格尺寸见表 3-11。

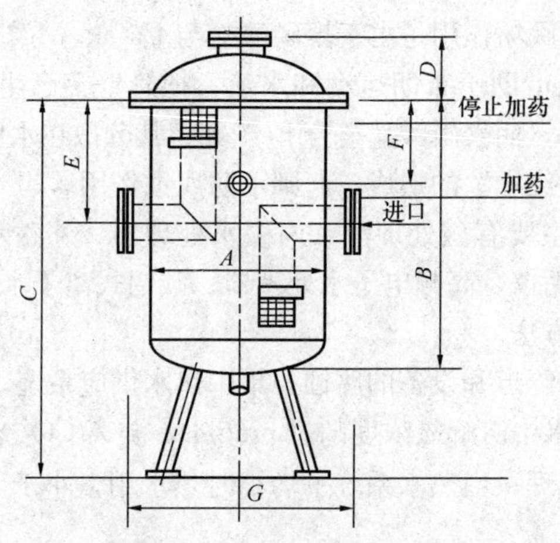

图 3-3　硅磷晶加药器

规格尺寸表　　表 3-11

序号	日用水量 (m^3)	加药器容积 (L)	加药量 (kg)	容积 (L)	A (mm)	B (mm)	C (mm)	D (mm)	E (mm)	F (mm)	G (mm)	进口口径 (mm)
1	37～60	20	25	20	250	430	600	80	175	145	400	50
2	61～84	30	37.5	30	300	440	600	90	175	150	460	80
3	85～108	40	50	40	300	490	750	90	220	180	460	80
4	109～168	50	75	50	350	530	750	90	250	200	500	100
5	170～216	80	100	80	400	640	850	100	270	215	560	100
6	220～288	100	125	100	450	630	850	110	260	210	600	150
7	290～440	150	175	150	500	770	1000	130	320	260	700	150
8	440～720	200	250	200	550	995	1250	130	420	330	700	150

3.2　热水供应系统选择

3.2.1　热水供应系统分类

热水供应系统，根据建筑物的类型、建筑规模、热源情况、用水要求、管网布置、循环方式等分成下列几种类型：

(1) 按热水系统供应范围分类

1) 局部热水供应系统：即采用各种小型加热器在用水场所就地加热，供局部范围内的一个或几个用水点使用的热水系统。例如，采用小型燃气加热器、蒸汽加热器、电加热器、炉灶、太阳能加热器等，供给单个厨房、浴室、生活间等用水。对于大型建筑，同样也可以采用很多局部热水供应系统分别对各个用水场所供应热水。

局部热水供应系统的优点是：设备、系统简单，造价低；维护管理容易、灵活；热损失较小；改建、增设较容易。缺点是：一般加热设备的热效率较低，热水成本较高；使用不够方便舒适；每个用水场所需设置加热装置，占用建筑总面积较大；因卫生器具同时使用率较高，设备总容量较大。

局部热水供应系统适用于热水用水量较小且较分散的建筑，如一般单元式居住建筑，小型饮食店、理发馆、医院、诊疗所等公共建筑和布置较分散的车间卫生间等工业建筑。

2）集中热水供应系统：集中热水供应系统就是在锅炉房、热交换站或加热间将水集中加热，通过热水管网输送至整幢或几幢建筑的热水供应系统。

其优点是：加热和其他设备集中设置，便于集中维护管理；一般设备热效率较高，热水成本较低；卫生器具的同时使用率较低，设备总容量较小，各热水使用场所不必设置加热装置，占用总建筑面积较少；使用较为方便舒适。其缺点是：设备、系统较复杂，建筑投资较大；需要有专门维护管理人员；管网较长，热损失较大；一旦建成后，改建、扩建较困难。

集中热水供应系统适用于热水用量较大，用水点比较集中的建筑，如较高级居住建筑、旅馆、公共浴室、医院、疗养院、体育馆、游泳池、大型饭店等公共建筑，布置较集中的工业企业建筑等。

3）区域热水供应系统：区域热水供应系统，即水在热电厂、区域性锅炉房或热交换站集中加热，通过市政热水管网输送至整个建筑群、居民区、城市街坊或整个工业企业的热水供应系统。在城市或工业企业热力网的热水水质符合用水要求，热力网工况允许时，也可从热力网直接取水。

其优点是：便于集中统一维护管理和热能的综合利用；有利于减少环境污染；设备热效率和自动化程度较高；热水成本低，设备总容量小，占用总面积少；使用舒适方便，保证率高。其缺点是：设备、系统复杂，建设投资高；需要较高的维护管理技术水平；改建、扩建困难。

区域热水供应系统适用于建筑布置较集中，热水用量较大的城市和工业企业。

（2）按热水管网的循环方式分类

为保证热水管网中的水随时保持一定的温度，热水管网除配水管道外，根据具体情况和使用要求还应设置不同形式的回水管道。当配水管道停止配水时，使管网中仍维持一定的循环流量，以补偿管网热损失，防止温度降低过多。常用的循环管网和循环方式有以下几种：

1）干管、立管、支管循环热水供应系统：所有配水干管、立管、支管都设有相应的回水管道，可以保证配水管网任意点水温的热水供应系统。在配水分支管很短，或一次用水量较大时（如浴盆等），或对水温没有特殊要求时，分支管也可不设回水管道。

干管、立管、支管循环热水供应系统适用于要求能随时获得设计温度热水的建筑，如旅馆、高层民用建筑、医院、疗养院、托儿所等。

2）干管、立管循环热水供应系统：所有配水干管、立管都设有相应的回水管道，保证配水干管、立管中的水温热水供应系统。适用于各类设有集中热水供应系统的建筑。

（3）按热水管网的循环动力分类：

1）自然循环热水供应系统：自然循环即利用热水管网中配水管和回水管内的温度差所形成的自然循环作用水头（自然压力），使管网内维持一定的循环流量，以补偿热损失，保持一定的供水温度。

因一般配水管与回水管内的水温差仅为 10～15℃，自然循环作用水头值很小，所以实际自然循环基本不采用。

2）机械循环热水供应系统：机械循环即利用循环水泵强制水在热水管网内循环，造成一定的循环流量，以补偿管网热损失，维持一定的水温。

目前实际运行的热水供应系统，大多数采用这种循环方式。

（4）按热水管网循环水泵的运行方式分类：

1）全日循环热水供应系统：即全天任何时刻，管网中都维持有不低于循环流量的流量，使设计管段的水温在任何时刻都保持不低于设计温度。适用于全日都须保证热水供应的建筑，如高级住宅、旅馆、医院等。

2）定时循环热水供应系统：即在集中使用以前，利用水泵和回水管道使管网中已经冷却的水强制循环加热，在热水管道中的热水达到规定温度后再开始使用的热水供应系统。适用于定时使用热水的建筑，如学校、集体宿舍、普通住宅、普通旅馆等。

（5）按热水供应系统是否敞开分类：

1）闭式热水供应系统：闭式热水供应系统，就是在所有配水点关闭后，整个系统与大气隔绝，形成密闭系统，所以水质不易受外界污染，但这种系统若设计、运行不当会使水温、水压升高超过要求造成事故，所以必须设置温度或压力安全阀。

2）开式热水供应系统：开式热水供应系统，就是在所有配水点关闭后，系统内的水仍与大气相连通，如设有高位热水箱的系统、设有开式膨胀水箱或膨胀管的系统，因水温不可能超过 100℃，水压也不会超过最大静水压力或水泵压力，所以不必另设安全阀。

（6）按热水管网布置图示分类：

热水管网的布置图式与给水管网相似，也可布置成上行下给式、下行上给式、分区供水式等。

3.2.2 热水供应系统图示

3.2.2.1 热水供应系统选择的主要原则

热水供应系统的选择，应根据使用要求（如建筑物的类别、性质、建筑标准、使用对象、用水设备情况、供水制度）、耗热量及用水点分布情况（如集中热水供应系统一般应用在使用要求高、耗热量大、用水点分布较密集或较连续、热源条件充分的场合；局部热水供应系统一般应用在使用要求不高、用水范围小、用水点数量少且分散、热源条件不够理想的场合）结合热源情况确定（如热源类别、热源来源、热源温度、供热制度和供热量）。

3.2.2.2 热水供应系统图示

热水供应系统见表 3-12。

热水供应系统图示 表 3-12

名称	图示	适用条件	优缺点	备注
开式热水供应系统（上行下给式）	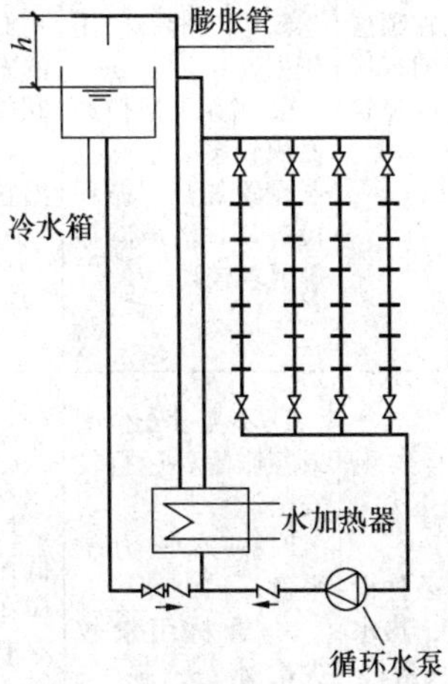	1. 屋顶有条件设置开式冷水箱； 2. 配水干管可以敷设在顶层吊顶内或在顶层设有技术层时； 3. 加热和贮存设备等可以设在底层或地下室时； 4. 对水温要求较严格的建筑物； 5. 一般用于多层建筑或高层、超高层建筑的某一分区	1. 不需设安全阀或膨胀罐，运行较安全； 2. 供水压力较平稳； 3. 须设高位冷水箱和膨胀管，且膨胀管高出水箱水面 h 较高，当高位水箱位于室内时布置较困难； 4. 一个加热器一根膨胀管，当加热器多时，膨胀管多； 5. 水质易受污染； 6. 管材用量较少，水头损失较小； 7. 若供水干管设在吊顶内，可能因漏水影响美观甚至损坏吊顶	1. 配水干管应有不小于 0.003 的坡度； 2. 在不能利用最低配水点泄水时，应在系统最低点设有泄水装置； 3. 为使各回路循环水头损失相平衡，循环管道宜采用同程布置的方式； 4. 在某配水立管设有大流量配水点时，为防止循环短路和逆向流动而影响其他回路，在其他回路末端宜设置止回阀； 5. 加热器出口水温宜采用自动调节
开式热水供应系统（下行上给式）	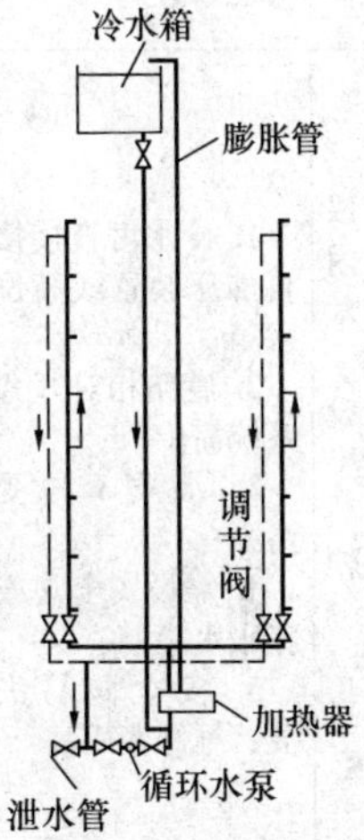	1. 屋顶有条件设置开式冷水箱； 2. 供水干管不能设在顶层或设在顶层不能检修时； 3. 供回水干管有条件设在底层管沟内或地下室内时； 4. 对水温要求较严格的建筑物； 5. 一般用于多层建筑或高层、超高层建筑的某一分区	1、2、3、4、5、同开式热水供应系统； 6. 可利用最高水龙头排气，不需另设排气装置； 7. 如水压较低，在下层大量用水时，可能影响上层出水量，甚至形成负压吸入空气； 8. 管材用量较多，水头损失较大	1. 在分支管不设循环管道时，一般回水立管是自最高分支点下约 0.5m 处与配水立管连接； 2. 在不能利用最低配水点泄水时，应在系统最低点设有泄水装置； 3. 为使各回路循环水头损失相平衡，循环管道宜采用同程布置的方式； 4. 加热器出口水温宜采用自动调节

续表

名称	图示	适用条件	优缺点	备 注
开式热水供应系统（上行下给式、顶层加热）	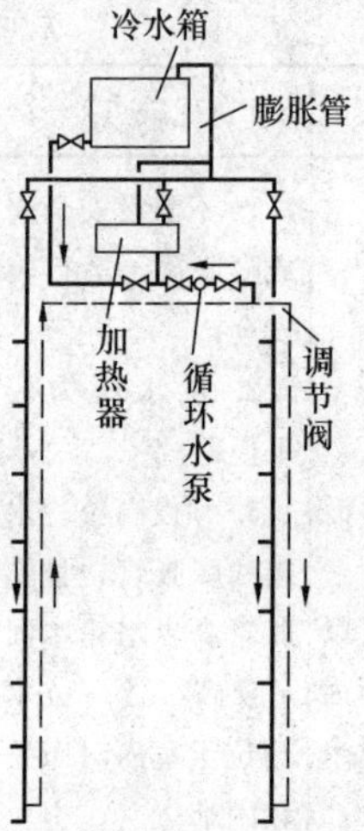	1. 有条件在顶层设置加热、贮存设备、循环水泵和供、回水干管时； 2. 对水温要求较严格时； 3. 一般用在顶层设有技术层的高层建筑或超高层建筑的最高区	1. 可保证配水点水温； 2. 可降低加热器和贮水设备内的水压； 3. 设备布置集中，便于集中维护管理； 4. 可利用最低配水龙头泄水； 5. 管材耗用较多； 6. 占用上层使用面积较多，且在上层设置加热、循环设备，对消声减振等要求较高	1. 配水干管应有不小于 0.003 的坡度； 2. 为使各回路循环水头损失相平衡，循环管道宜采用同程布置的方式； 3. 每根回水立管的末端应设有调节阀或节流孔板； 4. 加热器出口水温宜采用自动调节
开式热水供应系统（下行上给式、顶层加热）	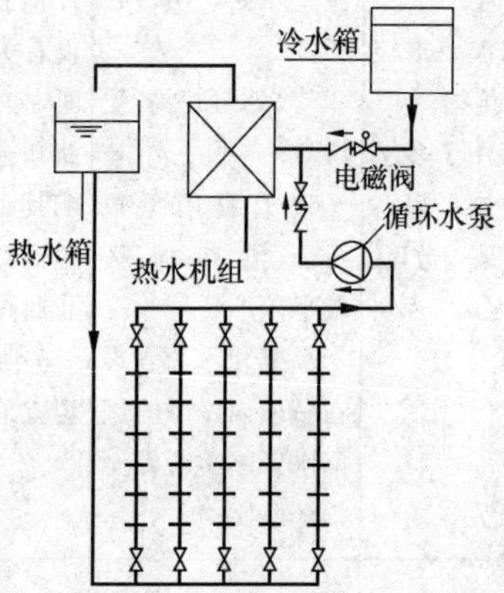	1. 屋顶有条件设置冷热水箱、热水机组等全套设备； 2. 对水温要求较严格的建筑物； 3. 一般用于多层建筑或高层、超高层建筑的某一分区	1. 不需设安全阀或膨胀罐，运行较安全； 2. 供水压力较平稳； 3. 管材用量较少，水头损失较小； 4. 可降低加热器和贮水设备内的水压； 5. 占用上层使用面积较多，且在上层设置加热、循环设备，对消声减振等要求较高	1. 在不能利用最低配水点泄水时，应在系统最低点设有泄水装置； 2. 为使各回路循环水头损失相平衡，循环管道宜采用同程布置的方式； 3. 每根回水立管的末端应设有调节阀或节流孔板
闭式热水供应系统（上行下给式）	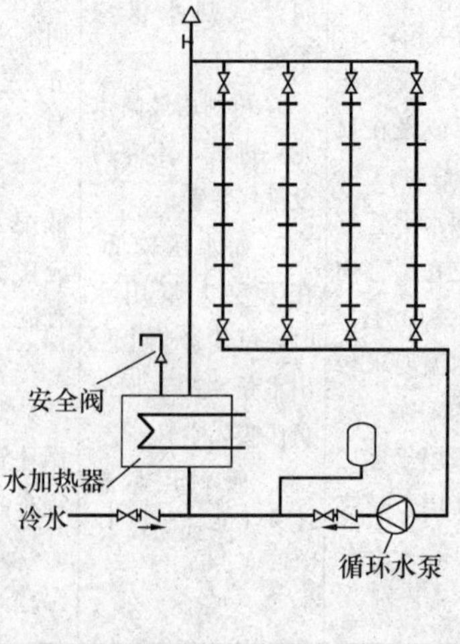	1. 配水干管可以敷设在顶层吊顶内或在顶层设有技术层时； 2. 加热和贮存设备等可以设在底层或地下室时； 3. 对水温要求较严格的建筑物； 4. 一般用于多层建筑或高层、超高层建筑的某一分区	1. 冷水可直接接自加压装置或高位水箱； 2. 管路相对开式系统简单； 3. 水质不易受污染； 4. 需设安全阀或膨胀水罐； 5. 安全阀易失灵，维修费用高	1. 热水系统最高点设置排气阀； 2. 为使各回路循环水头损失相平衡，循环管道宜采用同程布置的方式； 3. 每根回水立管的末端应设有调节阀或节流孔板

续表

名称	图示	适用条件	优缺点	备 注
闭式热水供应系统（下行上给式）	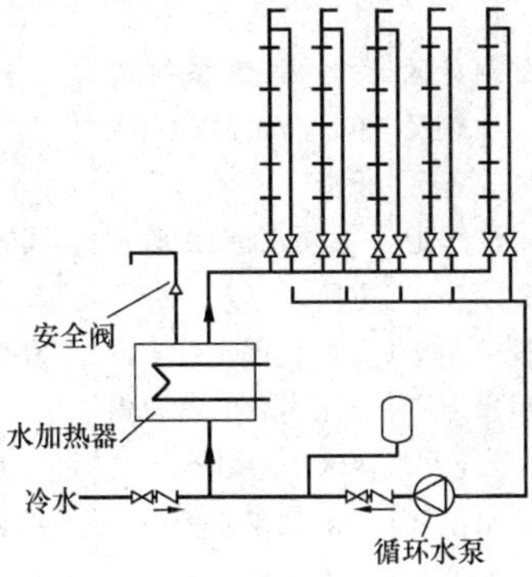 安全阀 水加热器 冷水 循环水泵	1. 供回水干管有条件设在底层管沟内或地下室内时； 2. 加热和贮存设备可以设在底层或地下室时； 3. 对水温要求较严格的建筑物； 4. 一般用于多层建筑或高层、超高层建筑的某一分区	1. 冷水可直接接自加压装置或高位水箱； 2. 水质不易受污染； 3. 需设安全阀或膨胀水罐； 4. 安全阀易失灵，维修费用高； 5. 可利用最高配水龙头排气，不需另设排气装置； 6. 管材用量较多，水头损失较大	同图 3-5
闭式热水供应系统（上行下给式、同程布置）	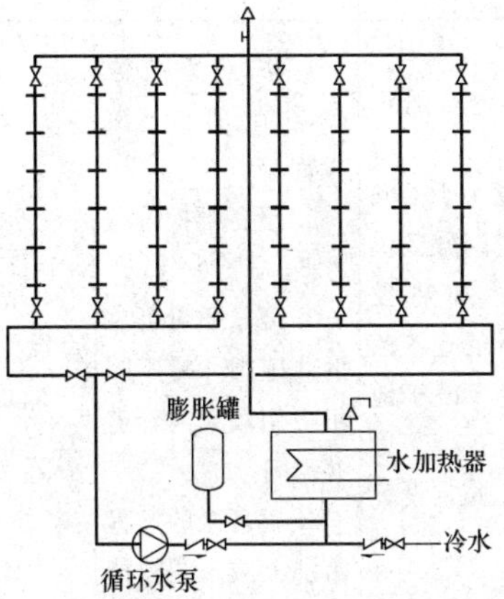 膨胀罐 水加热器 冷水 循环水泵	1. 配水干管可以敷设在顶层吊顶内或在顶层设有技术层时； 2. 加热和贮存设备等可以设在底层或地下室时； 3. 对水温要求较严格的建筑物； 4. 一般用于对供水要求高的大、中型热水供应系统	1. 冷水可直接接自加压装置或高位水箱； 2. 各回路循环水头损失相平衡，有效地防止循环短路现象； 3. 管道长度相对增加，一次投资加大	1. 热水系统最高点设置排气阀； 2. 加热器出口水温宜采用自动调节
闭式热水供应系统（上行下给式、减压阀分区、每区分设水加热器）	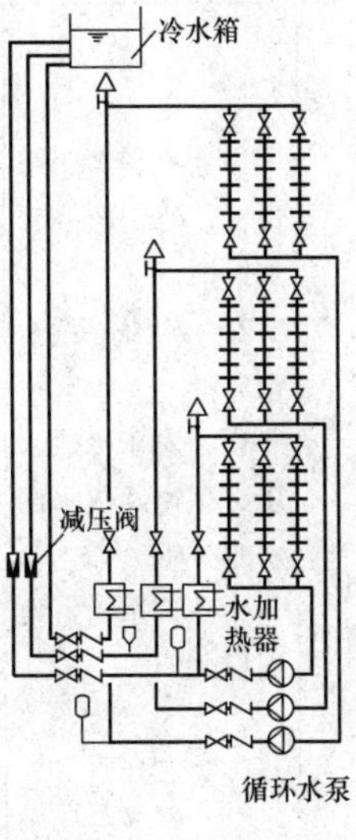 冷水箱 减压阀 水加热器 循环水泵	高层建筑分区供应热水；屋顶设一共用的冷水箱；加热设备、循环泵等设于地下室	1. 加热设备集中设置，便于统一管理维护； 2. 热水回水管网简单，水头损失小； 3. 各分区均设置加热设备，设备数量多，管路较复杂； 4. 高区加热设备须承压较高的压力； 5. 要求质量可靠的减压阀，减压阀组占用较大的管道井空间	1. 各区的热水系统最高点均设置排气阀； 2. 为使各回路循环水头损失相平衡，循环管道宜采用同程布置的方式； 3. 加热器出口水温宜采用自动调节

续表

名称	图示	适用条件	优缺点	备　注
闭式热水供应系统（上行下给、支管设减压阀的分区供水系统）	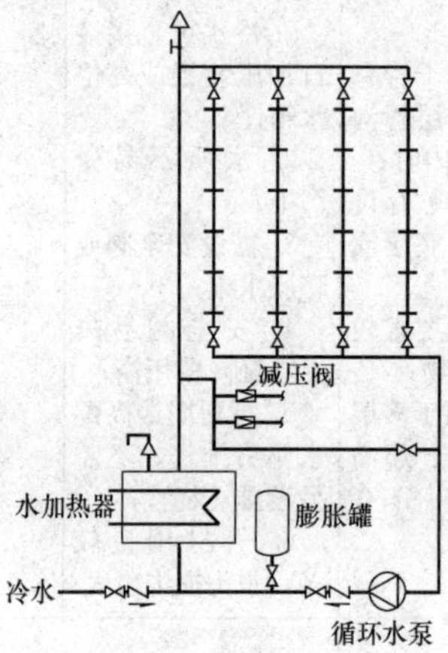 减压阀 水加热器 膨胀罐 冷水 循环水泵	1. 高层建筑分区供应热水；加热设备、循环泵等各区共用一套，设于地下室； 2. 该系统适用于低区热水用水点不多、用水量不大，且分散及对水温要求不严（如理发室、美容院）的地方	1. 加热系统简单，节省一次投资； 2. 设备维护管理方便； 3. 低区支管上设减压阀后的管段内热水不能循环； 4. 要求质量可靠的减压阀，减压阀组占用较大的管道井空间	1. 热水系统最高点设置排气阀； 2. 加热器出口水温宜采用自动调节； 3. 高低区回水管汇合点处的回水压力由调节回水管上的阀门来平衡
闭式热水供应系统（上行下给式、立管设减压阀的分区供水系统）	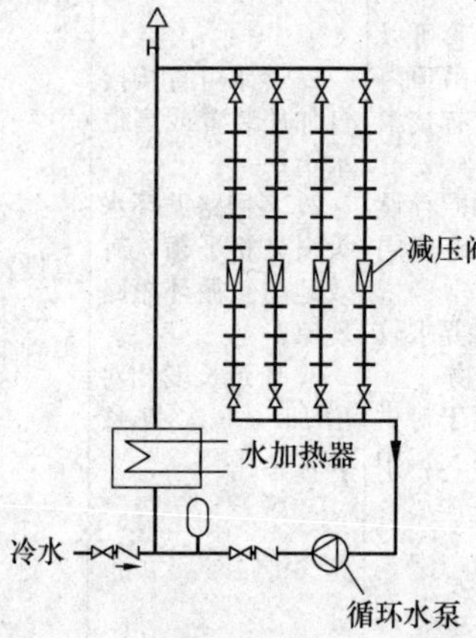 减压阀 水加热器 冷水 循环水泵	1. 高度小于60m的高层建筑分区供应热水；加热设备、循环泵等各区共用一套，设于地下室； 2. 减压阀宜设置单级	1. 加热系统简单，节省一次投资； 2. 设备维护管理方便； 3. 要求质量可靠的减压阀，减压阀组占用较大的管道井空间； 4. 循环泵的扬程需加上减压阀减掉的压力值，不利于节能	1. 热水系统最高点设置排气阀； 2. 加热器出口水温宜采用自动调节
闭式热水供应系统（上行下给、用分区高位水箱分区供水系统）	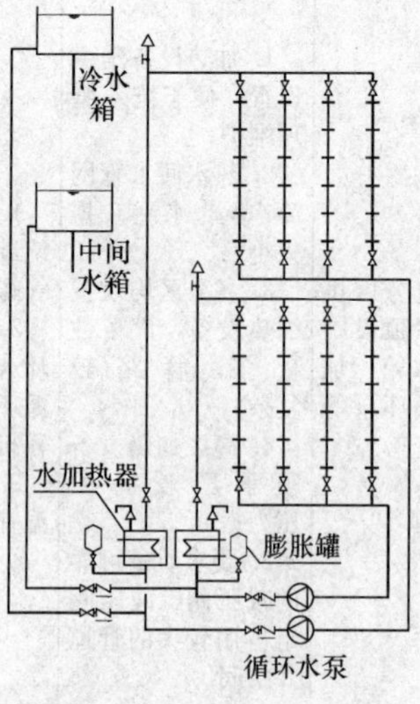 冷水箱 中间水箱 水加热器 膨胀罐 循环水泵	1. 高层建筑分区供应热水；加热设备、循环泵等设于地下室； 2. 适用于要求供水安全可靠的高层建筑； 3. 屋顶和中间层均有设置冷水箱的条件	1. 加热设备集中设置，便于统一管理维护； 2. 系统安全可靠； 3. 有利于冷热水压力平衡及热水回水的循环； 4. 中间水箱占地面积大	1. 各区的热水系统最高点均设置排气阀； 2. 为使各回路循环水头损失相平衡，循环管道宜采用同程布置的方式； 3. 加热器出口水温宜采用自动调节

3.2.2.3 热水供应系统的设计要点

(1) 设计小时耗热量不超过 293100kJ/h（约折合 4 个淋浴器的耗热量）时，宜采用局部热水供水的方式；设计小时耗热量超过 293100kJ/h 时，宜采用集中热水供应系统。

(2) 热水用水点分散且耗热量不大的建筑或采用集中热水供应系统不合理的地方，宜采用局部热水供水的方式。

(3) 当给水管道的水压变化较大且用水点要求水压稳定时，宜采用开式热水供应系统。

(4) 对于居住类建筑，如住宅、医院、疗养院、旅馆、宾馆等，当给水静水压力大于 0.35MPa 时，或压力波动较大时，宜设置高位冷水箱、调压阀等减压稳压措施。

(5) 对于高层建筑，热水供应系统的垂直分区应与给水系统分区相同。各区水加热器、贮水罐的进水均应由同区的给水系统专管供应；当不能满足时，应采取保证系统冷、热水压力平衡的措施；当采用减压阀分区时，尚应保证各分区热水的循环。

高层、多层高级旅馆建筑的顶层如为高标准套间客房，为保证其供水水压的稳定，宜设置单独的热水供水管，即不与其下层共用热水供水立管。

(6) 集中热水供应系统应设热水循环管道，其设置应符合下列要求：

1) 热水供应系统应保证干管和立管中的热水循环；

2) 要求随时取得不低于规定温度热水的建筑物，应保证支管中的热水循环，当支管循环难以实现时，可采用自控调温电伴热等措施保持支管中的热水温度；

3) 循环系统应设循环泵，采取机械循环。

(7) 居住小区内集中热水供应系统的热水循环管道宜根据建筑物的布置、各单体建筑物内热水循环管道布置的差异等采取保证循环效果的适宜措施；当同一供水系统所服务单栋建筑内的热水供、回水管道布置相同或相近时，单体建筑的回水干管与小区热水回水总干管可采用导流三通连接。导流三通连接示意见图 3-4。

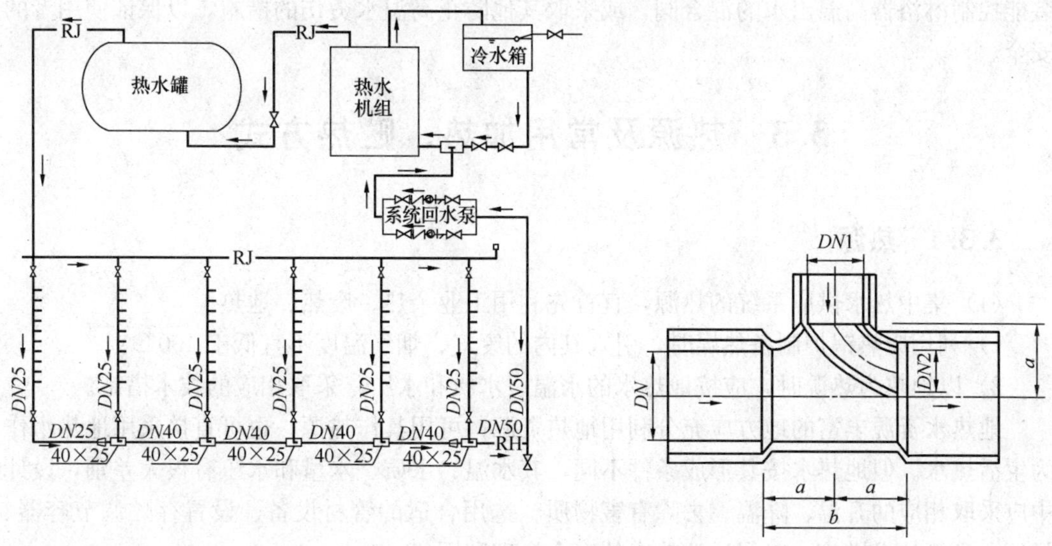

图 3-4 导流三通连接示意

(8) 设有集中热水供应系统的建筑物中，用水量较大的浴室、洗衣房、厨房等，宜设单独的热水管网。热水为定时供应且个别用户对热水供应时间有特殊要求时，宜设置单独的热水管网或局部加热设备。

(9) 建筑物内的热水循环管宜采用同程布置的方式，当采用同程布置困难时，应有保证干管和立管循环效果的措施：

1) 当建筑内各供、回水立管布置相同、相似时，各回水立管采用导流三通与回水干管连接；

2) 当建筑内各供、回水立管布置不相同时，应在回水立管上设温度控制阀、限流阀等保证循环效果的措施。

(10) 设有三个或三个以上卫生间的住宅、别墅，当共用加热设备为局部热水供应系统时宜设热水回水管及循环泵。

(11) 当卫生设备设有冷热水混合器或混合龙头时，冷、热水供应系统在配水点处应有相近的水压，或设置恒温调压阀以保证安全、舒适供水。

(12) 公共浴室淋浴器出水水温应稳定，并宜采用下列措施：

1) 采用开式热水供应系统；

2) 给水额定流量较大的用水设备的管道，应与淋浴配水管道分开；

3) 多于 3 个淋浴器的配水管道，宜布置成环形；

4) 成组淋浴器的配水管的沿程水头损失，当淋浴器少于或等于 6 个时，可采用每米不大于 300Pa；当淋浴器多于 6 个时，可采用每米不大于 350Pa。配水管不宜变径，且其最小管径不得小于 25mm；

5) 工业企业生活间和学校的淋浴室，宜采用单管热水供应系统。单管热水供应系统应有稳定热水水温的技术措施；

6) 养老院、精神病医院、幼儿园、监狱等建筑的淋浴和浴盆设备的热水管道上应安装能控制淋浴器高温出水的混合阀，或采取其他防止高温水烫伤的措施，以保证使用者的安全。

3.3 热源及常用加热、贮热方式

3.3.1 热源

(1) 集中热水供应系统的热源，宜首先利用工业余热、废热、地热。

1) 利用废热锅炉制备热媒时，引入其内的废气、烟气温度不宜低于 400℃。

2) 以地热为热源时，应按地热水的水温、水质和水压，采取相应的技术措施。

地热水资源丰富的地方应充分利用地热资源，可用其作热源，也可直接采用地热水作为生活热水。但地热水按其形成条件不同，其水温、水质、水量和水压有很大差别，设计中应采取相应的升温、降温、去除有害物质、选用合适的管材设备、设置存贮调节容器、加压提升等技术措施，以保证地热水的安全合理利用。

地热水应充分利用，有条件时应考虑综合利用，如先将地热水用于发电、再用于采暖空调，理疗和生活用热水，最后再作养殖业和农业灌溉等。

(2) 当日照时间大于1400h/年且年太阳辐射量大于4200MJ/m^2及年极端最低气温不低于－45℃的地区，宜优先采用太阳能作为热水供应热源。

以太阳能为热源的集中热水供应系统应附设电热或其他热源的辅助加热装置。

(3) 具备可再生低温能源的下列地区可采用热泵热水供应系统：

1) 在夏热冬暖地区，宜采用空气源热泵热水供应系统；

2) 在地下水源充沛、水文地质条件适宜，并能保证回灌的地区，宜采用地下水源热泵热水供应系统；

3) 在沿江、沿海、沿湖、地表水源充足、水文地质条件适宜，及有条件利用城市污水、再生水的地区，宜采用地表水源、污水、再生水源热泵热水供应系统。

注：采用地下水源和地表水源时应经当地水务主管部门批准，必要时进行生态环境、水质卫生方面的评估。

(4) 当没有条件利用工业余热、废热、地热或太阳能等自然热源时，宜优先采用能保证全年供热的热力管网作为集中热水供应的热媒。

如热力管网仅采暖期运行，应经比较后确定。当采用热力管网为热源时，宜设热网检修期用的备用热源。

常年运行的热力网，应根据检修期长短、使用要求等因素综合确定是否设置备用热源。

热网的供、回水温度应根据当地热网运行要求确定。

(5) 当区域性锅炉房或附近的锅炉房能充分供给蒸汽或高温水时，宜采用蒸汽或高温水作集中热水供应系统的热源。

(6) 当无上述热源可利用时，可采用燃油（气）热水机组或电蓄热设备等供应集中热水供应系统的热源或直接供给热水。

(7) 当地电力供应充足、能利用夜间低谷用电分时计费，即有相应的奖励夜间用低谷电能蓄热的政策时，经技术经济比较后，可采用低谷电能作为集中热水系统的热源。

(8) 局部热水供应系统的热源宜采用太阳能及电能、燃气、蒸汽等。

(9) 升温后的冷却水，其水质符合现行国家标准《生活饮用水卫生标准》GB 5749的要求，可作为生活用热水。

(10) 利用废热（废气、烟气、高温无毒废液等）作为热媒时，应采取下列措施：

1) 加热设备应防腐，其构造应便于清理水垢和杂物；

2) 应采取措施防止热媒管道渗漏而污染水质；

3) 应采取措施消除废气压力波动和除油。

(11) 采用蒸汽直接通入水中或采取汽水混合设备的加热方式时，宜用于开式热水供应系统，并应符合下列要求：

1) 蒸汽中不得含油质及有害物质；

2) 加热时应采用消声混合器，所产生的噪声应符合现行国家标准《声环境质量标准》GB 3096的要求；

3) 当不回收凝结水经技术经济比较合理时；

4) 应采取防止热水倒流至蒸汽管道的措施。

3.3.2 常用的加热、贮热方式

(1) 地热水、低谷电制备生活热水的加热、贮热方式如表 3-13 所示。

地热水、低谷电制备生活热水的水加热、贮热系统图示 表 3-13

名称		图示	系统特点	适用范围	优缺点
地热水	(一)	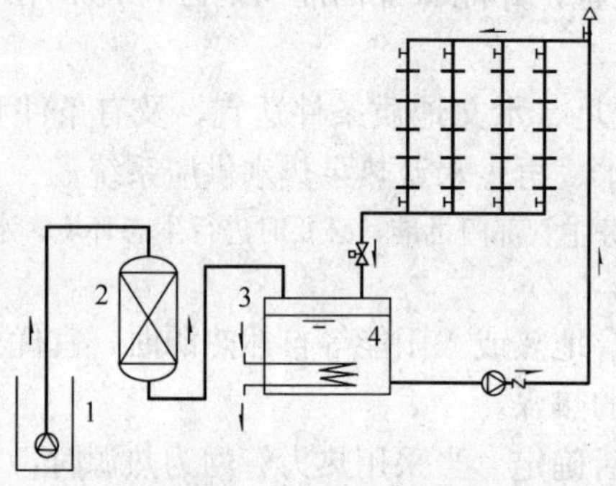 1—地热水井；2—水处理设备； 3—补热热源；4—贮热水箱	贮热水箱兼具贮热、供热、补热作用	1. 有地热水资源且许可开采利用的地方； 2. 适于系统冷热水压力平衡不严的地方	1. 系统较简单； 2. 控制回水量的电磁阀质量可靠； 3. 补热效率低
	(二)	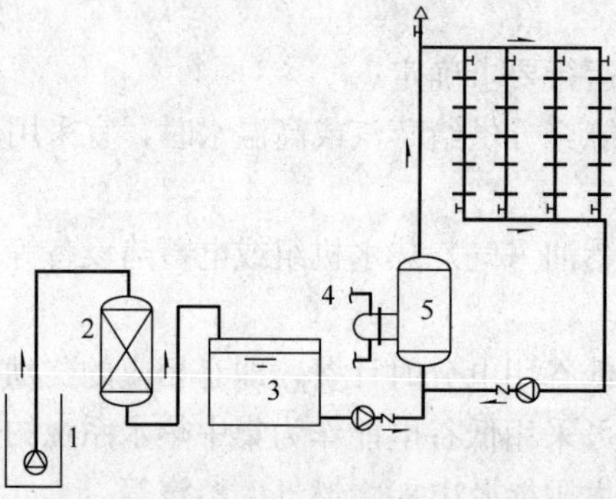 1—地热水；2—水处理设备；3—贮热水箱； 4—补热热源；5—水加热器	贮热水箱加供水补热罐联合供水	1. 同上 1； 2. 适于多个供水系统	1. 系统比上图式复杂，造价稍高； 2. 便于分系统灵活补热效率较高、节能
低谷电制备热水		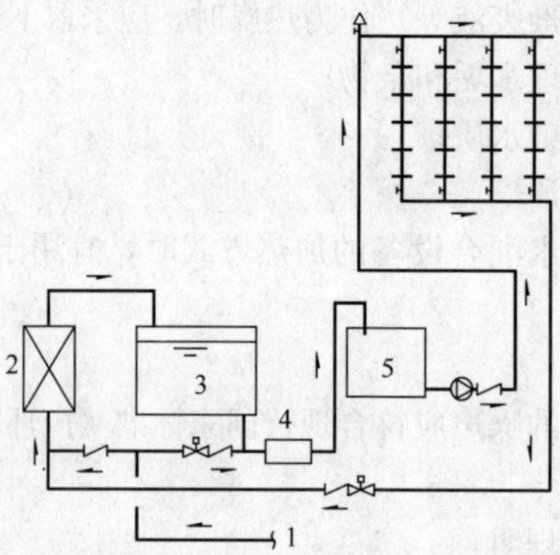 1—冷水；2—电热机组；3—高温热水贮水箱； 4—混合器；5—低温热水贮热水箱	高温热水贮水箱贮一天用水，低温热水贮水箱贮 25 ～ 30min 热水	有奖励低谷电价政策的地区并得到当地供电部门批准	1. 环保、卫生、简单； 2. 耗电量大

（2）以太阳能为热源的热水系统水加热、贮热方式见表 3-14 所示。

常用的太阳能热水系统水加热、贮热系统图示　　表 3-14

名称		图示	系统特点	适用范围	优缺点
直接供水	自然循环（一）	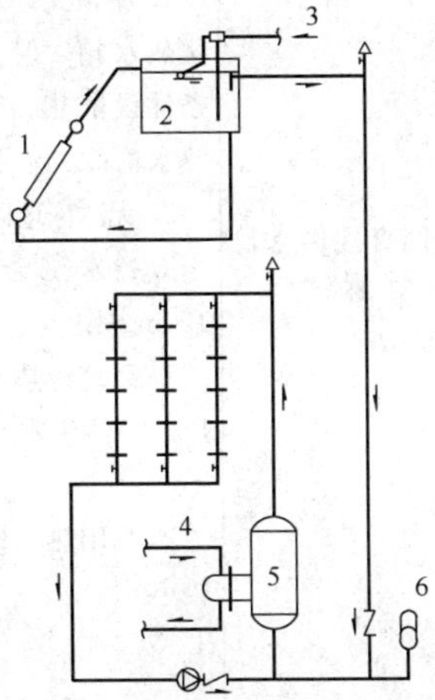 1—集热器；2—集热贮热水箱；3—冷水；4—辅热热源；5—辅热水加热器；6—膨胀罐	1. 水集热、贮热设备与辅热水加热器上、下分设； 2. 集热、贮热水箱箱底高于集热器上集管； 3. 闭式供水系统	1. 屋顶允许设置集热、贮热水箱，但无条件设辅助热水加热器； 2. 无冰冻地区； 3. 冷水硬度≤150mg/L； 4. 宜有高于蓄热水箱 1m 的冷水箱补给冷水； 5. 冷热水箱高度满足系统水压要求； 6. 日用热水量较小	1. 自然循环集热节能； 2. 系统较简单经济； 3. 水压稳定冷热水压力平衡； 4. 集热、贮热水箱大而高与建筑立面难协调； 5. 受适用范围控制条件多
	自然循环（二）	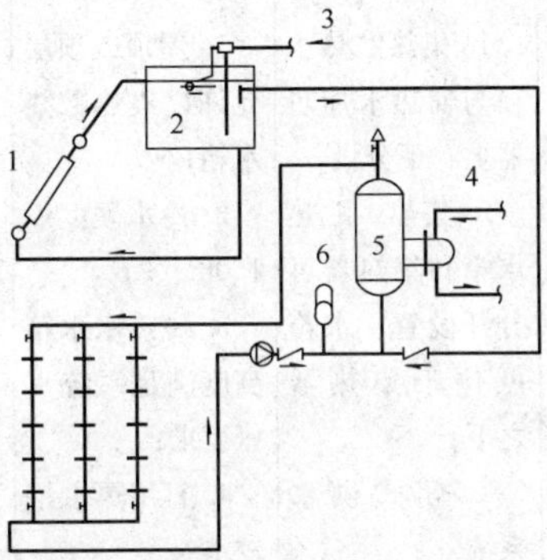 1—集热器；2—集热贮热水箱；3—冷水；4—辅热热源；5—辅热水加热器；6—膨胀罐	1. 水集热、贮热设备与辅热水加热器均设在屋顶； 2、3 均同上	1. 屋顶允许并有条件设置集热、贮热、辅热设备； 2、3、4、5、6 均同上	与自然循环（一）图式比较，设备集中便于管理。其他优缺点同上
	自然循环（三）	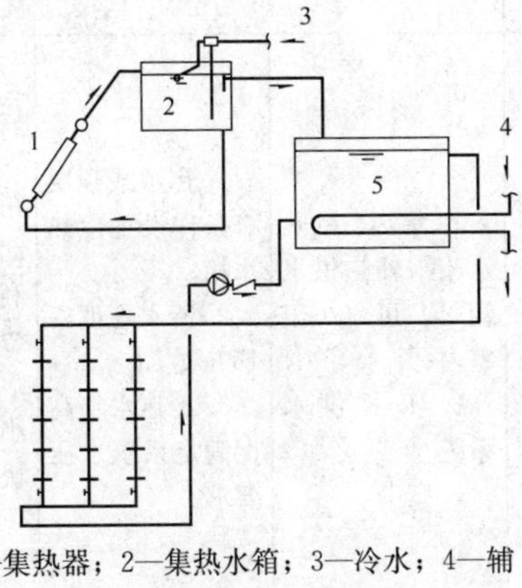 1—集热器；2—集热水箱；3—冷水；4—辅热热源；5—供热水箱	1、2 同直接供水自然循环图示 1、2； 3. 开式供水系统	同直接供水自然循环（二）图示	与自然循环（二）图式比较优点： 1. 集热水箱只集热，不贮热、体型缩小，便于与建筑立面协调； 2. 辅热水箱比辅助水加热器便宜； 3. 辅热效果差

续表

名称		图　示	系统特点	适用范围	优缺点
直接供水	自然循环（四）	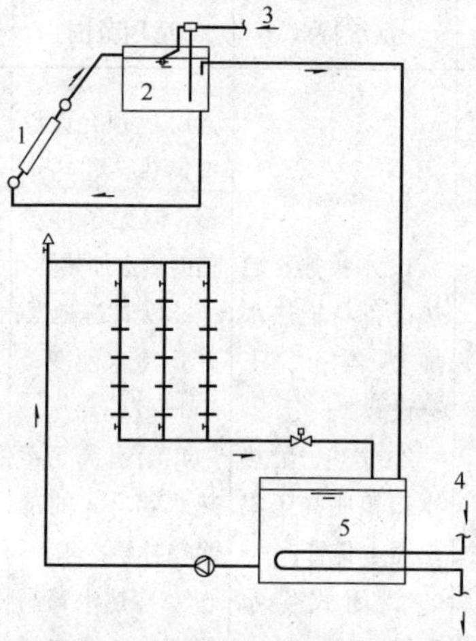 1—集热器；2—集热水箱；3—冷水；4—辅热热源；5—供热水箱	同直接供水自然循环（一）图示	1. 屋顶允许设集热水箱，但无条件设贮热、辅热水箱； 2. 无冰冻地区； 3. 冷水硬度≤150mg/L； 4. 系统冷热水压力平衡要求不严； 5. 日用热水量较小	同上述直接供水自然循环所有优点。 1. 辅热效果差； 2. 热水另加泵供水，不利冷热水水压力平衡
	强制循环（一）	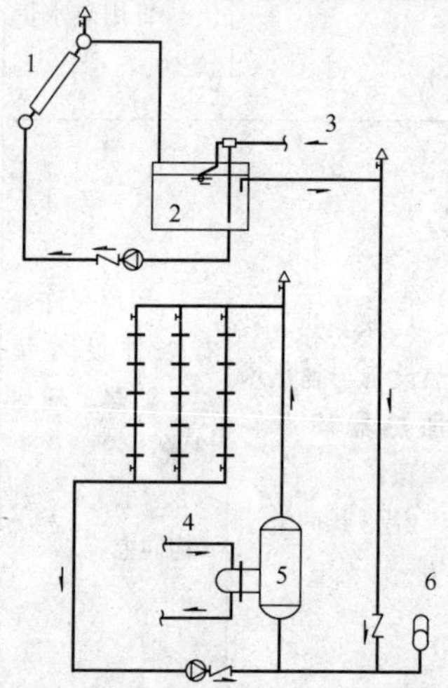 1—集热器；2—集热贮热水箱；3—冷水；4—辅热热源；5—辅热水加热器；6—膨胀罐	1. 集热贮热水箱与辅热水加热器上、下分设； 2. 集热、贮热水箱和集热器可分开设置，水箱可位于集热器之下； 3. 闭式供水系统	1. 屋顶或顶层允许设集热贮热水箱； 2. 冷水硬度≤150mg/L； 3. 冷热水水箱高度满足系统水压要求； 4. 日用热水量较小	与自然循环（一）图式比较； 1. 集热贮热水箱不受高度限制可放室内； 2. 强制集热循环，集热效率高； 3. 加循环泵耗能
	强制循环（二）	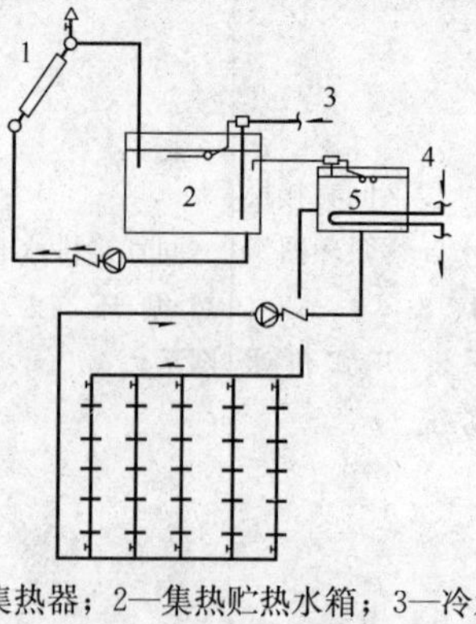 1—集热器；2—集热贮热水箱；3—冷水；4—辅热热源；5—供热水箱	1. 集热、贮热水箱与辅热供水箱均可位于室内； 2. 开式供水系统	1. 屋顶或顶层有条件设置冷热水箱； 2. 冷水硬度≤150mg/L； 3. 冷热水箱高度满足系统水压要求	与自然循环（三）图式比较： 1. 集热贮热水箱和供热水箱一起可位于顶层，利于与建筑立面协调； 2. 供热水箱小，有利节能、快速供热水； 3. 集热效率高； 4. 加循环泵耗能

续表

名称		图示	系统特点	适用范围	优缺点
直接供水	强制循环（三）	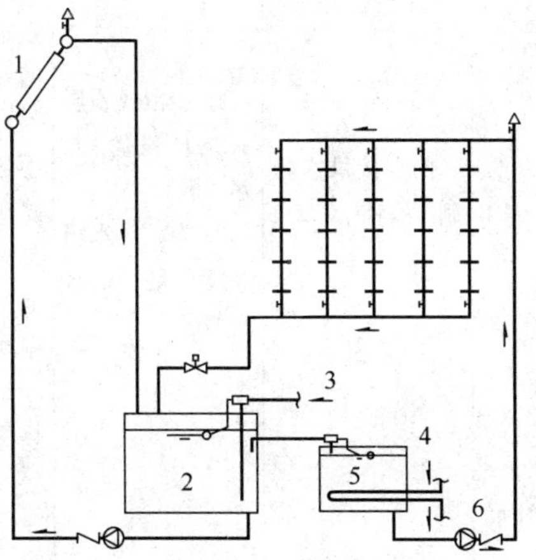 1—集热器；2—集热贮热水箱；3—冷水；4—辅热热源；5—供热水箱；6—供水加压泵	1. 集热贮热水箱与辅助供热箱可放在下部机房内； 2. 开式系统	1. 屋顶无条件设高位冷、热水箱； 2. 冷水硬度（碳酸钙计）≤150mg/L； 3. 系统冷热水压力平衡要求不严	与直接供水强制循环（二）图式比较： 1. 集热贮热水箱可位于下部机房，更有利于与建筑协调； 2. 热水需单设加压泵供水，不利冷热水压力平衡
	强制循环（四）	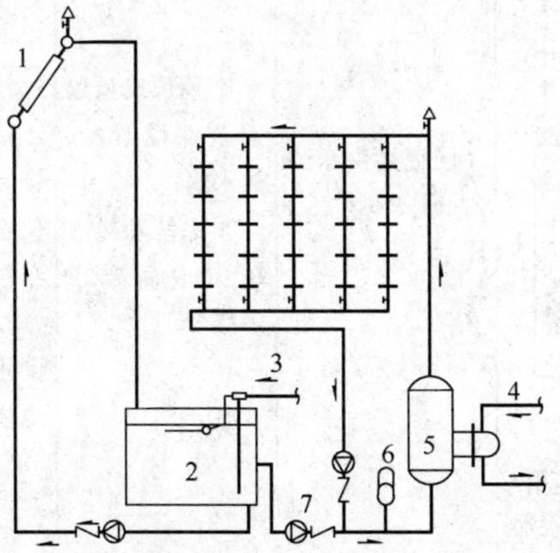 1—集热器；2—集热贮热水箱；3—冷水；4—辅热热源；5—水加热器；6—膨胀罐；7—供水泵	1. 辅助加热设备（水加热器）单设，并和集热贮热水箱等设备位于下层设备机房； 2. 闭式供水系统	1. 屋顶无条件设高位冷、热水箱； 2. 冷水硬度（碳酸钙计）≤150mg/L； 3. 系统冷热水压力平衡要求不严	与自然循环（四）图式比较： 1. 不设屋顶集热水箱； 2. 集热效率高； 3. 加循环泵耗能

续表

名称		图示	系统特点	适用范围	优缺点
间接换热供水	(一)	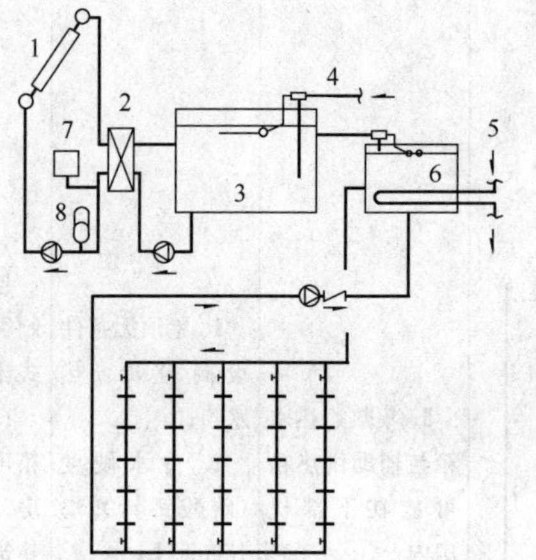 1—集热器；2—板式换热器；3—集热贮热水箱；4—冷水；5—辅助热源；6—供热水箱；7—补水系统；8—膨胀罐	同直接供水强制循环（二）图示	1. 屋顶或顶层有条件设置冷、热水箱； 2. 冷、热水箱高度满足系统水压要求	与直接供水的强制循环（二）图式比较： 1. 集热泵系统中的工质仅作热媒用，有利于设备防冻及水垢的危害，集热效率高； 2. 增加板式换热器和循环泵等
	(二)	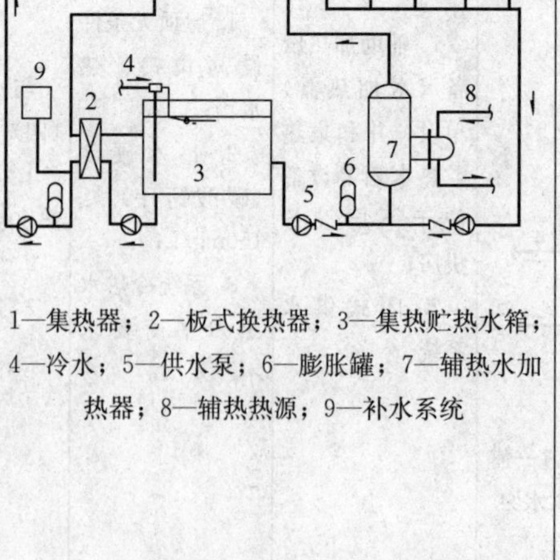 1—集热器；2—板式换热器；3—集热贮热水箱；4—冷水；5—供水泵；6—膨胀罐；7—辅热水加热器；8—辅热热源；9—补水系统	同直接供水强制循环（三）图示	1. 屋顶或顶层无条件设置冷、热水箱； 2. 系统冷热水压力平衡要求不严	与间接换热供水（一）图式比较： 1. 集热贮热水箱和水加热器可位于地下室等处，布置灵活； 2. 热水另加泵供水，不利系统冷热水压力平衡

续表

名称		图示	系统特点	适用范围	优缺点
间接换热供水	(三)	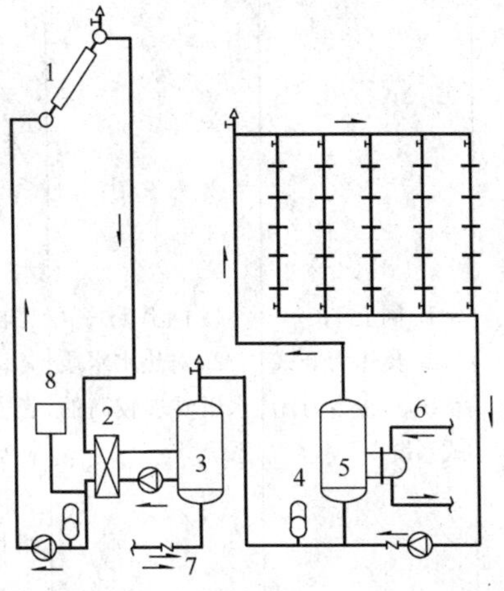 1—集热器；2—板式换热器；3—水加热器；4—膨胀罐；5—辅热水加热器；6—辅热热源；7—冷水；8—补水系统	1. 集热贮热与辅助加热分设水加热器； 2. 闭式供水系统	1. 冷水硬度>150mg/L； 2. 系统冷、热水压力平衡要求较高； 3. 日用热水不大	1. 有利于系统冷热水压力平衡； 2. 利用冷水压力，节能； 3. 集贮热、辅助加热设备造价较高
	(四)	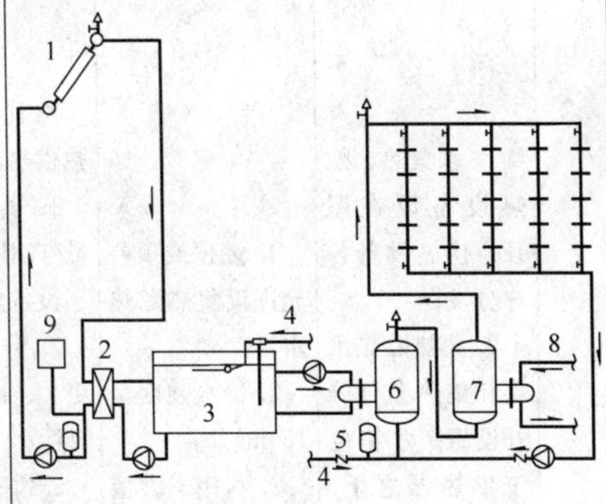 1—集热器；2—板式换热器；3—集热贮热水箱；4—冷水；5—膨胀罐；6—水加热器；7—辅助水加热器；8—辅热热源；9—补水系统	1. 日集热量贮存在集贮热水箱中，供热水加热器可小型高效； 2. 集热、供热均为闭式系统	1. 日用热水量大的系统； 2. 对热水水质、水压要求高的系统	与间接换热供水（三）图式比较： 1. 集热效率高； 2. 有利于保证热水水质； 3. 贮热部分造价较便宜； 4. 循环泵多耗电

续表

名称		图　示	系统特点	适用范围	优缺点
间接换热供水	（五）	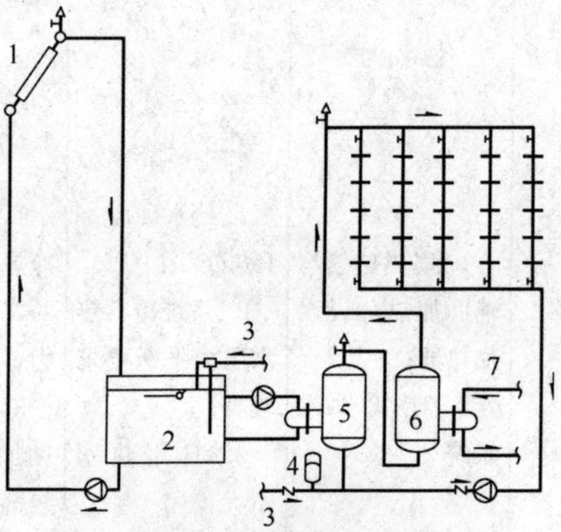 1—集热器；2—集热贮热水箱；3—冷水；4—膨胀罐；5—水加热器；6—辅热水加热器；7—辅热热源	1. 同上1； 2. 集热为开式系统，供热为闭式系统	1. 同上1； 2. 对热水水质水压要求较高的系统	与间接换热供水（四）图式比较： 1. 系统简单，省去了板换定压补水等设备； 2. 集热效率不如上图式高
	（六）	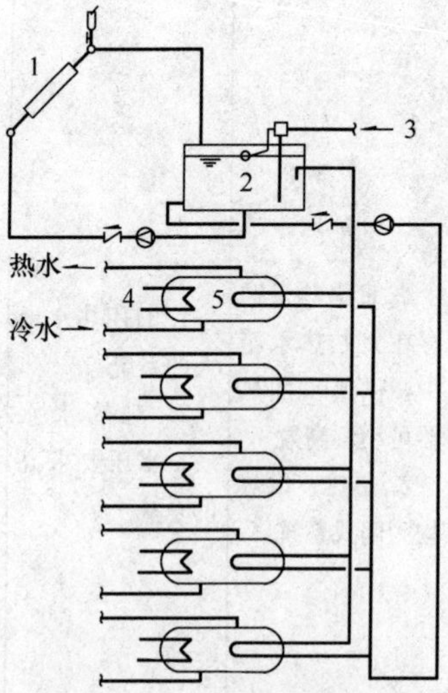 1—集热器；2—集热贮热水箱；3—冷水；4—电辅助热源；5—分户热水贮罐	1. 水集热、贮热设备设在屋顶，换热设备各户分设； 2. 集热贮热水箱和集热器可分开设置，水箱位于集热器之下，用泵强行循环； 3. 闭式供热系统	1. 屋顶或顶层允许设集热贮热水箱； 2. 冷水硬度≤150mg/L； 3. 可用于大型系统	与其他间接换热供热水相比： 1. 供热水箱分散于用户，减少了设备集中占地； 2. 分户用热水更人性化，更灵活； 3. 集中管理更方便； 4. 分户需设热水贮罐，增加了占地与用电负荷

(3) 热泵制备生活热水的加热贮热方式见表3-15。

常用热泵制备生活热水的系统图示 表3-15

名称		图示	系统特点	适用范围	优缺点
水源热泵	(一)	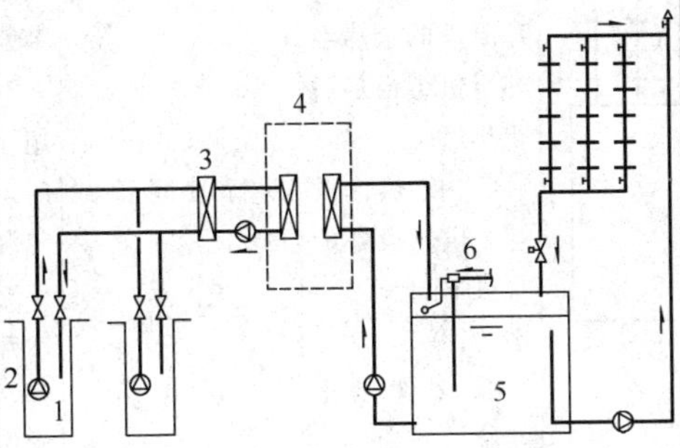 1—水源井；2—水源泵；3—板式换热器；4—热泵机组；5—贮热水箱；6—冷水	1. 采用贮热、供热水箱作为集热、贮热及供热的主要设备； 2. 热泵机组直接制备热水	1. 冷水硬度≤150mg/L； 2. 系统冷、热水压力平衡要求不严； 3. 供水系统集中管路短的单体建筑； 4. 热水供水温度约50℃	1. 系统较简单设备造价较低； 2. 热水另加泵，不利系统冷热水压力平衡； 3. 冷水进热泵机组，加大机组维修量
	(二)	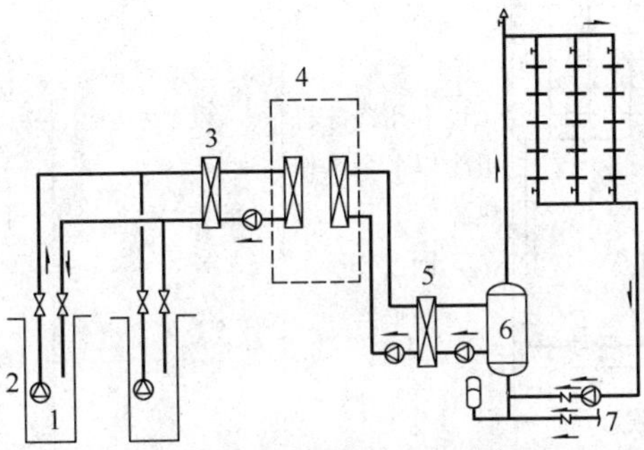 1—水源井；2—水源泵；3—板式换热器；4—热泵机组；5—板式换热器；6—贮热水罐；7—冷水	1. 采用板式换热器加贮热水罐作为换热、贮热、供热的主要设备； 2. 热泵机组间接换热制备热水； 3. 闭式供水系统	1. 同上； 2. 系统冷热水压力平衡要求较高； 3. 同上3	与水源热泵(一)图比较： 1. 热泵机组不直接接触冷水； 2. 利于系统冷热水压力平衡，且利用冷水压力，节能； 3. 造价稍高
	(三)	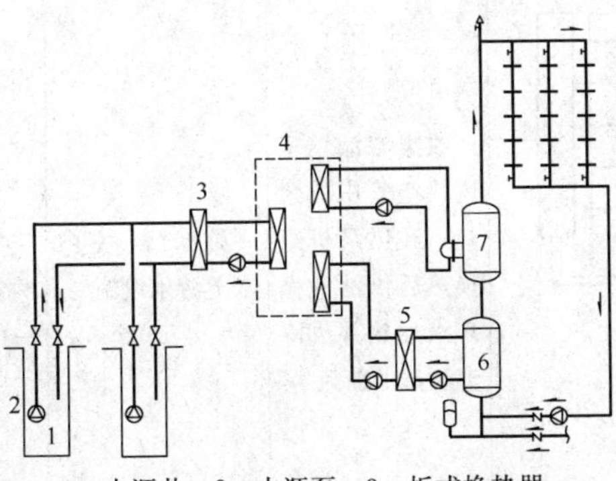 1—水源井；2—水源泵；3—板式换热器；4—热泵机组；5—板式换热器；6—贮热水罐；7—水加热器	1. 采用Ⅰ级(快速换热器)、Ⅱ级(导流型容积式、半容积式换热器)串联换热、贮热、供热； 2. 热泵机组间接换热制备热水； 3. 闭式供水系统	1. 日用热水量较大； 2. 系统冷热水压力平衡要求较高	1. 两级换热可提供较高的水温约55℃； 2. 利于系统冷热水压力平衡，且利用冷水压力，节能； 3. 热泵机组二级换热COP较低； 4. 换热系统较复杂，造价较高

续表

名称		图　示	系统特点	适用范围	优缺点
水源热泵	(四)	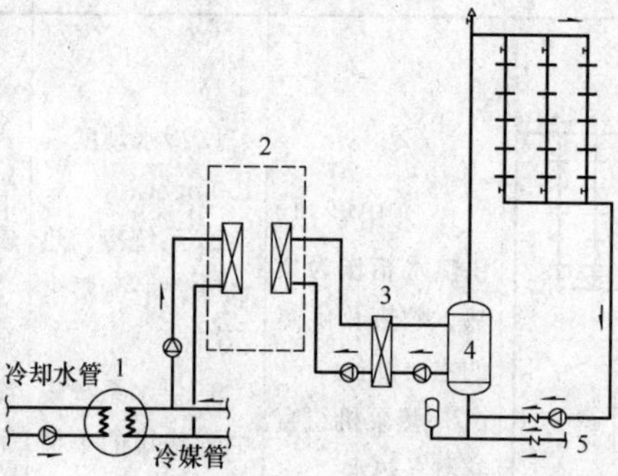 冷却水管 冷媒管 1 2 3 4 5 1—冷凝器；2—热泵机组；3—板式换热器；4—贮热水器；5—冷水	1. 利用冷冻机组冷凝器的工质冷凝液的余热经热泵机组换热后供热水； 2. 换热、贮热、供热设备的形式同上（二）图式； 3. 闭式供水系统	空调机组全年运行时间长的场所	1. 利用空调机组余热，节能； 2. 当空调机组不全年运行时，需设辅助热源； 3. 利于系统冷热水压力平衡，且利用冷水压力，节能
	(五)	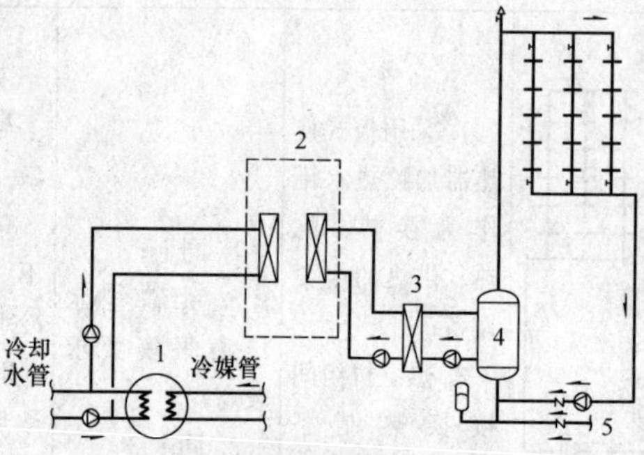 冷却水管 冷媒管 1 2 3 4 5 1—冷凝器；2—热泵机组；3—板式换热器；4—贮热水罐；5—冷水	1. 利用冷冻机组冷却水余热作热源； 2. 同上 2； 3. 同上 3	同上	同上
空气源热泵	泳池湿热气为热源	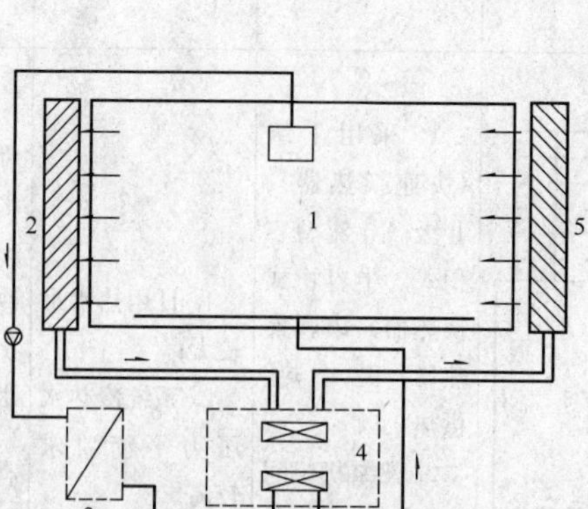 1 2 3 4 5 1—游泳池；2—回风；3—游泳水处理；4—热泵机组；5—送风	收集游泳馆室内热空气中的余热，经热泵机组换热后供泳池循环水加热并供降温除湿的新风	游泳馆、室内水上游乐设施	池水加热，空气降温一举两得，但增加一次投资

续表

<table>
<tr><th colspan="2">名称</th><th>图示</th><th>系统特点</th><th>适用范围</th><th>优缺点</th></tr>
<tr><td rowspan="2">空气源热泵</td><td>室外空气源直接式</td><td> 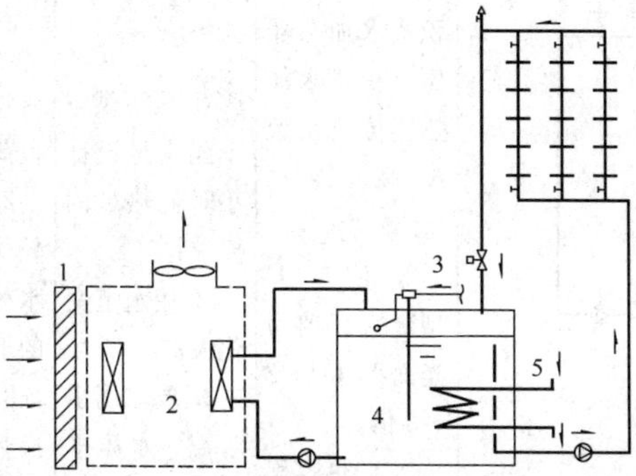1—进风；2—热泵机组；3—冷水；4—贮热水箱；5—辅热热源</td><td>1. 收集热空气中的余热经热泵机组换热后供热水；
2. 换热、贮热供热设备的形式同上水源热泵图式（二）、（三）</td><td>适于最冷日平均气温≥10℃的地区采用</td><td>1. 空气源热泵一般比水源热泵价高，耗电较大，技术更复杂些；
2. 热水另加泵供水，不利冷热水水压平衡</td></tr>
<tr><td>室外空气源间接式</td><td> 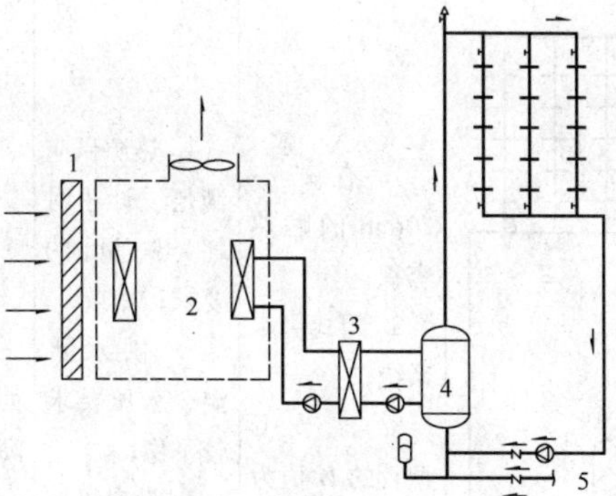1—进风；2—热泵机组；3—板式换热器；4—贮热水罐；5—冷水</td><td>1. 以热水箱作为贮热、供热设备；
2. 闭式供水系统</td><td>同上</td><td>同上</td></tr>
</table>

（4）以蒸汽、热媒水为热媒的城市热网及其他热源采用间接换热制备生活热水的加热贮热方式见表 3-16。

间接换热设备（水加热器）制备生活热水的系统图示　　表 3-16

名称		图　示	系统特点	适用范围	优缺点
容积式、导流型容积式水加热器（U型换热管束）	立式	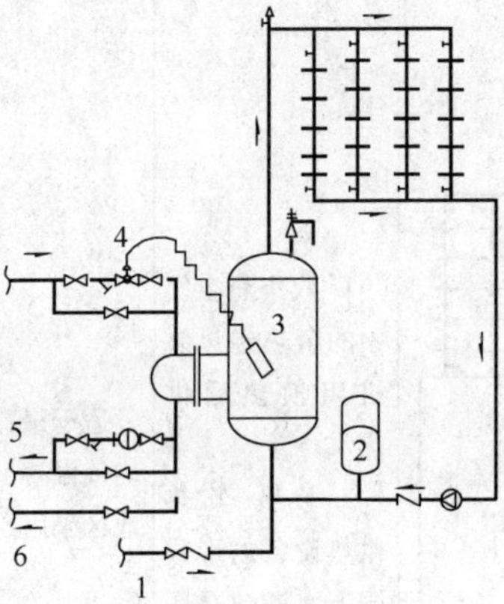 1—冷水；2—膨胀罐；3—立式容积式、导流型容积式水加热器；4—自动温控阀；5—冷凝水回水管（汽—水换热）；6—热媒水回水管（水—水换热）	1. 导流型容积式水加热器比容积式水加热器传热系数 K 高、冷水区小； 2. 波节 U 型管的 K 值为光面 U 型管 2～3 倍； 3. 贮热容积较大； 4. 闭式供水系统	1. 热源供应不能满足设计小时耗热量的要求； 2. 用水量变化大； 3. 要求用水水温、水压平稳的系统	1. 要求热源负荷较低； 2. 调节容积较大，有利供水水温、水压的平稳； 3. 占地较大换热设备造价较高
半容积式水加热器（U型管）	卧式	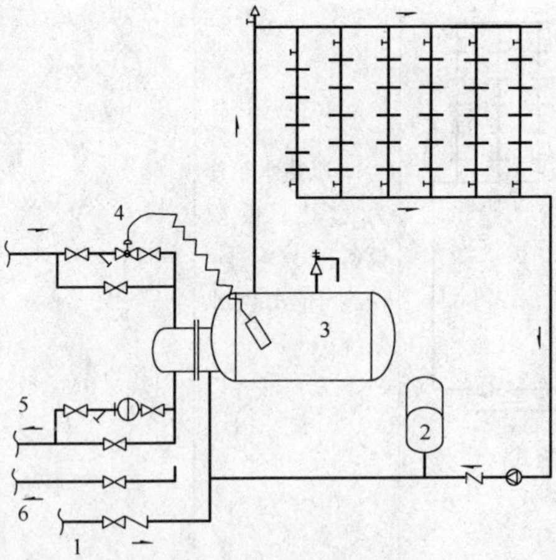 1、2、4、5、6 同上；3—卧式半容积式水加热器	1. 有 15～20min 的贮热容积； 2. 闭式供水系统； 3. 波节 U 型管的 K 值为光面 U 型管的 1.5～2 倍	1. 热源供应满足设计小时耗热量的要求； 2. 供水水温、水压要求较平稳； 3. 设有机械循环的热水系统	1. 同上； 2. 要求机房面积相对较大，高度较低

续表

名称		图示	系统特点	适用范围	优缺点
容积式、半容积式（浮动盘管型单性管束型）水加热器	立式	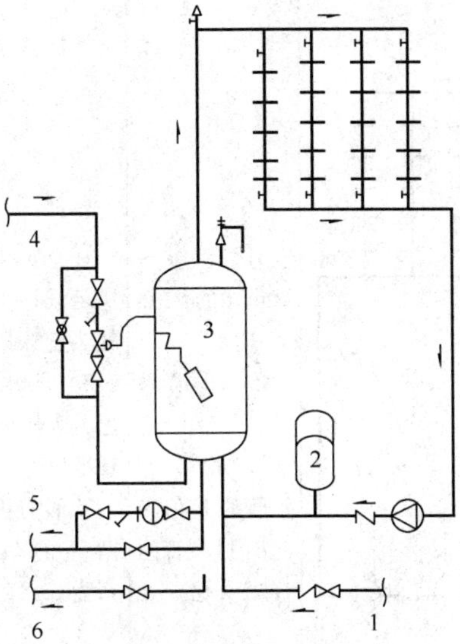 1—冷水；2—膨胀罐；3—立式容积式（浮动盘管、弹性管束）水加热器；4—热媒；5—疏水器（汽—水换热用）；6—热媒水回水（水—水换热用）	1. 分别同上容积式、导流容积式水加热器和半容积式水加热器； 2. 浮动盘管的K值约为光面U型管的1.2～2倍	分别同上容积式、导流型容积式水加热器和半容积式水加热器	1. 浮动盘管弹性管束的换热性能高于光面U型管，低于波节U型管； 2. 检修盘管所需机房面积较小
容积式、导流型容积式水加热器（U型换热管束）	卧式	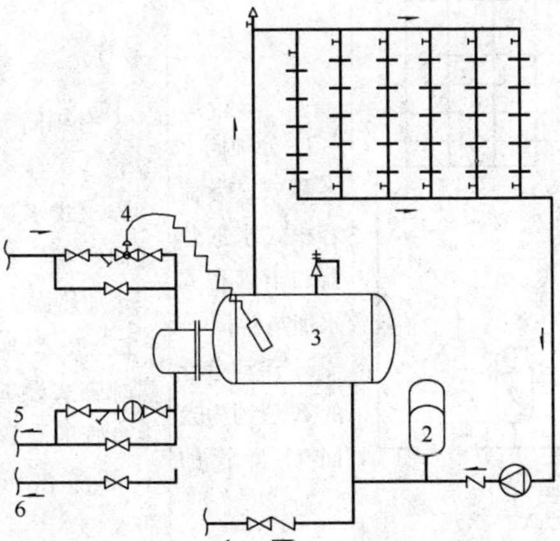 1、2、4、5、6同上；3—卧式容积式、导流型容积式水加热器	1. 导流型容积式水加热器比容积式水加热器传热系数K高、冷水区小； 2. 波节U型管的K值为光面U型管的2～3倍； 3. 贮热容积较大； 4. 闭式供水系统	1. 热源供应不能满足设计小时耗热量的要求； 2. 用水量变化大； 3. 要求用水水温、水压平稳的系统	与立式图式比较要求机房面积大，但机房高度可低

续表

名称		图　示	系统特点	适用范围	优缺点
半容积式水加热器（U型管）	立式	 1、2、4、5、6同上；3—立式半容积式水加热器	1. 有15～20min的贮热容积； 2. 闭式系统； 3. 波节U型管的K值为光面U型管的1.5～2倍	1. 热源供应满足设计小时耗热量要求； 2. 供水水温、水压要求较平稳； 3. 设有机械循环的热水系统	1. 罐内冷温水区小，约为0～5%； 2. 换热效果好； 3. 体型小，占地省； 4. 热源负荷要求较高
容积式、半容积式（浮动盘管型单性管束型）水加热器	卧式	 1—冷水；2—膨胀罐；3—卧式容积式（浮动盘管、弹性管束）水加热器；4—热媒；5—疏水器（汽—水换热用）；6—热媒水回水（水—水换热用）	1. 分别同上容积式、导流容积式水加热器和半容积式水加热器； 2. 浮动盘管的K值约为光面U型管的1.2～2倍	1. 分别同上容积式、导流型容积式水加热器和半容积式水加热器； 2. 汽-水换热时卧式设备内盘管的布置不得滞汽和滞水	1. 浮动盘管弹性管束的换热性能高于光面U型管，低于波节U型管； 2. 卧式设备换热性能一般不如立式好

续表

名称		图示	系统特点	适用范围	优缺点
半即热式水加热器	立式（一）	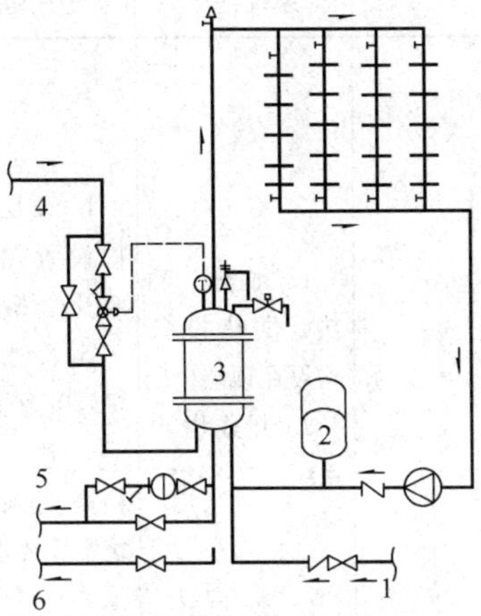 1—冷水；2—膨胀罐；3—半即热式水加热器；4—热媒；5—疏水器（汽—水换热用）；6—热媒水回水（水—水换热用）	1. 无贮热容积； 2. 带安全可靠自动调控温度的调节阀； 3. 带超温超压泄水阀； 4. 闭式系统	1. 热源供应满足设计秒流量耗热量要求； 2. 气—水换热时，蒸汽压力≥0.15MPa且稳定	1. 设备小，占地省，造价低； 2. 要求热媒供热量大且稳定
	立式（二）	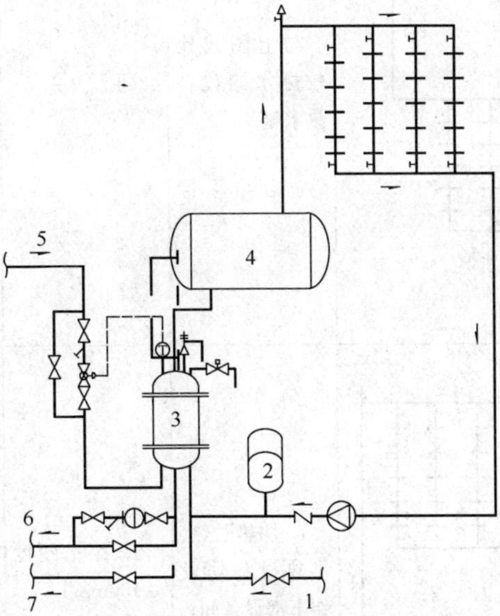 1—冷水；2—膨胀罐；3—半即热式水加热器；4—贮热水罐；5—热媒；6—疏水器（汽—水换热用）；7—热媒水回水（水—水换热用）	1. 带贮热调节容积； 2. 运行工况类同半容积水加热器	热源供应不能满足设计秒流量耗热量要求	与立式（一）图式比较： 1. 增加了贮热水罐； 2. 对热媒供热量及稳定性要求相对低； 3. 供水安全度提高

(5) 热水机组制备生活热水的加热、贮热方式见表3-17。

常用热水机组热水锅炉制备生活热水的系统图示　　表3-17

名称		图示	系统特点	适用范围	优缺点
热水机组	直接供水(一)	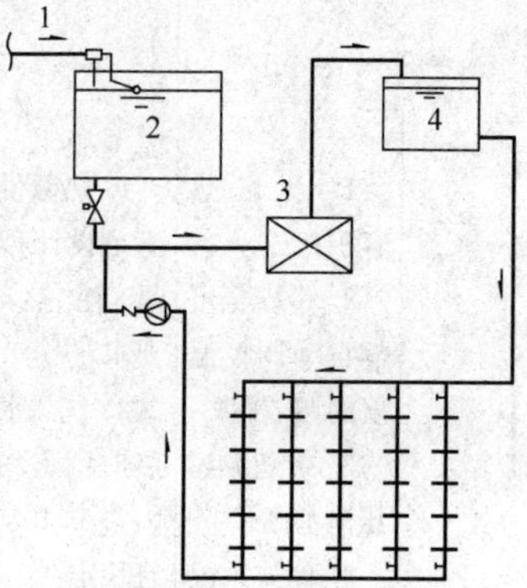 1—冷水；2—冷水箱；3—热水机组；4—热水箱	1. 加热、贮热、供热设备均设在顶层； 2. 开式供水系统	1. 顶层有条件设置热水机组及冷热水箱； 2. 冷水硬度≤150mg/L； 3. 冷、热水箱高度满足系统水压要求	1. 系统较简单、经济； 2. 水压稳定，冷热水压力平衡； 3. 设备放屋顶受限制； 4. 要求冷水硬度低
	直接供水(二)	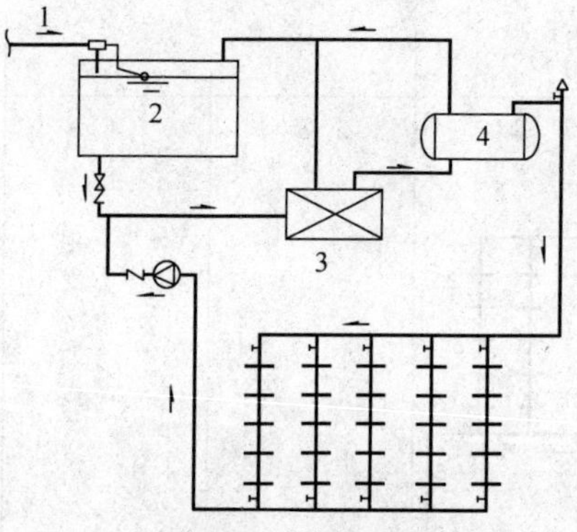 1—冷水；2—冷水箱；3—热水机组；4—贮热水罐	与上图式比较热水罐代替热水箱	同上	与直接供水(一)比较： 1. 省去了控制水位的电磁阀； 2. 热水罐比热水箱价高
	直接供水(三)	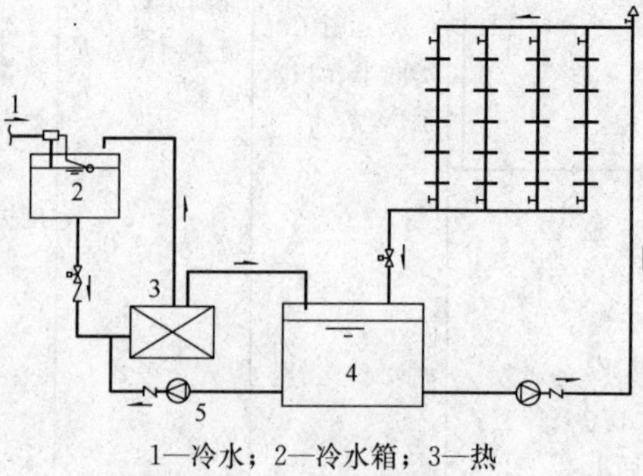 1—冷水；2—冷水箱；3—热水机组；4—贮热水箱；5—补热循环泵	1. 加热贮热、供热设备均设在下部设备间； 2. 闭式热水供水系统	1. 冷水硬度≤150mg/L； 2. 日用热水量较大	与直接供水(一)图式比较： 1. 设备设置位置较灵活； 2. 热水另设泵供水，不利冷热水压力平衡

续表

名称		图示	系统特点	适用范围	优缺点
热水机组	间接供水（一）	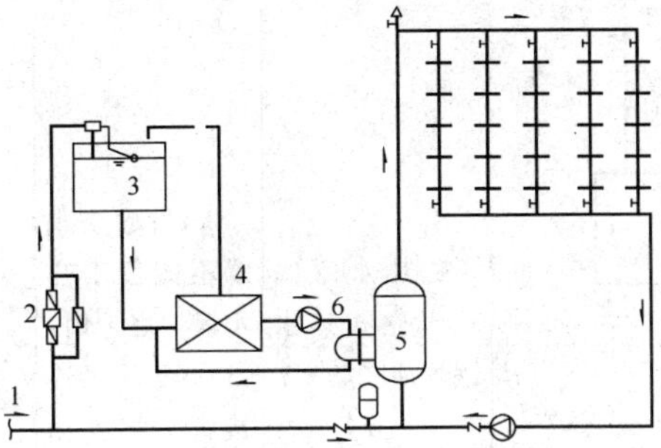 1—冷水；2—软水装置；3—冷水箱；4—热水机组；5—水加热器；6—循环泵	1. 加热、贮热、供热设备均设在下部设备间； 2. 闭式热水供水系统	1. 顶层无条件设置设备间； 2. 系统冷热水压力平衡要求较高； 3. 日用热水量较大	1. 热水机组只供热媒，有利于保持高效，延长寿命； 2. 利用冷水压力，有利于系统冷热水压力平衡； 3. 造价较高
	间接供水（二）	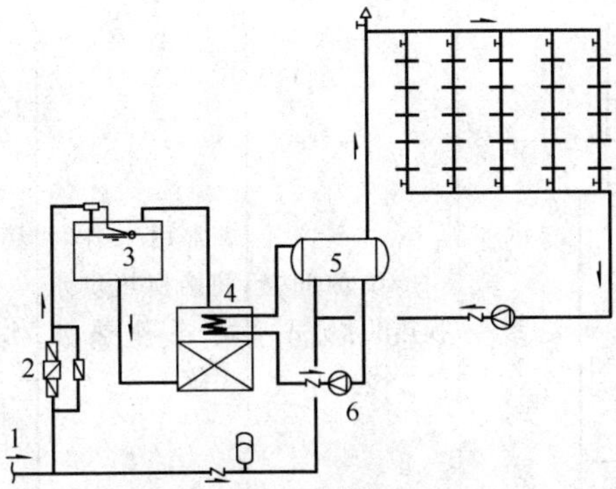 1—冷水；2—软水装置；3—冷水箱；4—热水机组（自带水加热器）；5—贮热水罐；6—加热循环泵	热水机组自配换热器	冷水硬度≤150mg/L	与间接供水（一）图式比较： 1. 设备紧凑； 2. 壳管式间接加热机组，管内走热水要求水质高
热水锅炉	直接供水（一）	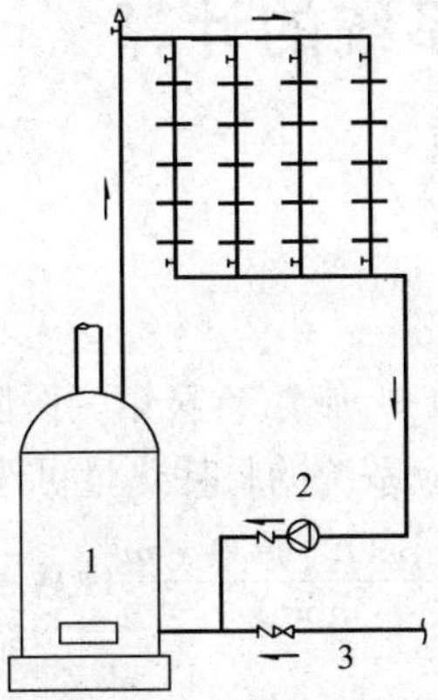 1—热水锅炉；2—循环泵；3—冷水	立式热水锅炉（承压）直接供热水	1. 冷水硬度≤150mg/L； 2. 用热水量较均匀且日用热水量较小； 3. 供淋浴水时宜设冷热水混合水箱	1. 设备简单造价低； 2. 水温波动大，安全供水条件较差

续表

名称		图示	系统特点	适用范围	优缺点
热水锅炉	直接供水（二）	1—热水锅炉；2—贮热水罐；3—循环泵；4—冷水	贮热水罐底位于立式热水锅炉顶之上	1. 同上1； 2. 当贮热水罐不能位于热水锅炉之上时，可在两者之连接管上加小循环泵	1. 水温较稳定； 2. 适用范围较上图式大
	间接供水	1—热水锅炉；2—水加热器；3—循环泵；4—冷水；5—热媒水循环泵	传统的间接换热供水方式	常用于各种间接换热供水的各种热水系统	1. 水温较稳定； 2. 系统冷热水压力平衡； 3. 加热效率稍低

3.4 热水供应系统的计算

3.4.1 耗热量计算

3.4.1.1 日耗热量计算

全日供热水的住宅、别墅、招待所、培训中心、旅馆、宾馆、医院住院部、养老院、幼儿园，托儿所（有住宿）等建筑的集中热水供应系统的日耗热量可按式（3-3）计算：

$$Q_d = q_r C \rho_r (t_r - t_L) \cdot m (\text{kJ/d}) = \frac{q_r C \rho_r (t_r - t_L) \cdot m}{3600} (\text{kW} \cdot \text{h/d}) \tag{3-3}$$

式中 Q_d——日耗热量(kJ/d、kW·h/d)；

q_r——热水用水定额[L/(人·d)]，见表 3-1；

C——水的比热容[kJ/(kg·℃)]，C=4.187kJ/(kg·℃)；

ρ_r——热水密度(kg/L)；

t_r——热水温度(℃)，t_r=60℃；

t_L——冷水温度(℃)，见表3-6；

m——用水计算单位数(人数或床位数)。

3.4.1.2 设计小时耗热量计算

(1) 设有集中热水供应系统的居住小区的设计小时耗热量应按下列规定计算：

1) 当居住小区内配套公共设施的最大用水时时段与住宅的最大用水时时段一致时，应按两者的设计小时耗热量叠加计算；

2) 当居住小区内配套公共设施的最大用水时时段与住宅的最大用水时时段不一致时，应按住宅的设计小时耗热量加配套公共设施的平均小时耗热量叠加计算。

(2) 全日供应热水的宿舍（Ⅰ、Ⅱ类）、住宅、别墅、酒店式公寓、招待所、培训中心、旅馆、宾馆的客房（不含员工）、医院住院部、养老院、幼儿园、托儿所（有住宿）、办公楼等建筑的集中热水供应系统的设计小时耗热量应按式（3-4）计算：

$$Q_h = K_h \frac{mq_r C \cdot \rho_r (t_r - t_L)}{T}(\text{kJ/h}) = K_h \frac{mq_r C \cdot \rho_r (t_r - t_L)}{3600T}(\text{kW}) \quad (3\text{-}4)$$

式中 Q_h——设计小时耗热量(kJ/h、kW)；

m——用水计算单位数(人数或床位数)；

q_r——热水用水定额[L/(人·d)或L/(床·d)]，见表3-1；

C——水的比热容[kJ/(kg·℃)]，C=4.187kJ/(kg·℃)；

ρ_r——热水密度(kg/L)；

t_r——热水温度(℃)，t_r=60℃；

t_L——冷水温度(℃)，见表3-6；

T——每日使用时间(h)，按使用要求确定；

K_h——小时变化系数，见表3-18。

热水小时变化系数 K_h 值 **表3-18**

类别	住宅	别墅	酒店式公寓	宿舍（Ⅰ、Ⅱ类）	招待所、培训中心、普通旅馆	宾馆	医院	幼儿园托儿所	养老院
热水用水定额[L/(人(床)·d)]	60～100	70～110	80～100	70～100	25～50 40～60 50～80 60～100	120～160	60～100 70～130 110～200 100～160	20～40	50～70
使用人(床)数	≤100～≥6000	≤100～≥6000	≤150～≥1200	≤150～≥1200	≤150～≥1200	≤150～≥1200	≤50～≥1000	≤50～≥1000	≤50～≥1000
K_h	4.8～2.75	4.21～2.47	4.00～2.58	4.80～3.20	3.84～3.00	3.33～2.60	3.63～2.56	4.80～3.20	3.20～2.74

注：1. K_h应根据热水用水定额高低、使用人（床）数多少取值，当热水用水定额高、使用人（床）数多时取低值，反之取高值，使用人（床）数小于等于下限值及大于等于上限值时，K_h就取下限值及上限值；中间值可用内插法求得；

2. 设有全日集中热水供应系统的办公楼、公共浴室等表中未列入的其他类建筑的K_h值可参照给水的小时变化系数选值。

(3) 定时集中供应热水的住宅、旅馆、医院及工业企业生活间、公共浴室、宿舍（Ⅲ、Ⅳ类）、剧院化妆间、体育馆（场）运动员休息室等建筑物的集中热水供应系统的设计小时耗热量应按式（3-5）计算：

$$Q_h = \Sigma q_h(t_r - t_L)\rho_r n_0 b C(\text{kJ/h}) = \frac{\Sigma q_h(t_r - t_L)\rho_r n_0 b C}{3600}(\text{kW}) \tag{3-5}$$

式中 Q_h——设计小时耗热量(kJ/h、kW)；
q_h——卫生器具热水的小时用水定额(L/h)，按本手册表 3-3 采用；
C——水的比热容[kJ/(kg·℃)]，C=4.187kJ/(kg·℃)；
t_r——热水温度(℃)，按本手册表 3-3 采用；
t_L——冷水温度(℃)，按本手册表 3-6 采用；
ρ_r——热水密度(kg/L)；
n_0——同类型卫生器具数；
b——卫生器具的同时使用百分数：住宅、旅馆、医院、疗养院病房，卫生间内浴盆或淋浴器可按 70%～100%计，其他器具不计，但定时连续供水时间应大于等于 2h。工业企业生活间、公共浴室、学校、剧院、体育馆（场）等的浴室内的淋浴器和洗脸盆均按 100%计。住宅一户设有多个卫生间时，可按一个卫生间计算。

(4) 具有多个不同使用热水部门的单一建筑或具有多种使用功能的综合性建筑，当其热水由同一热水供应系统供应时，设计小时耗热量，可按同一时间内出现用水高峰的主要用水部门的设计小时耗热量加其他用水部门的平均小时耗热量计算。

3.4.2　热水量计算

3.4.2.1　日热水量计算

全日供热水的住宅、别墅、招待所、培训中心、旅馆、宾馆、医院住院部、养老院、幼儿园、托儿所（有住宿）等建筑的集中热水供应系统的日热水量可分别按式（3-6）计算：

$$q_{rd} = m \cdot q_r \tag{3-6}$$

式中 q_{rd}——设计日用水量(L/d)；
m——用水计算单位数(人数或床位数)；
q_r——热水用水定额[L/(人·d)]，见表 3-1。

3.4.2.2　设计小时热水量按式（3-7）计算：

$$q_{rh} = \frac{Q_h}{C \cdot \rho_r(t_r - t_L)} \tag{3-7}$$

式中 q_{rh}——设计小时热水量(L/h)；
Q_h——设计小时耗热量(kJ/h)；
C——水的比热容[kJ/(kg·℃)]，C=4.187kJ/(kg·℃)；
t_r——热水温度(℃)，按本手册表 3-3 采用；
t_L——冷水温度(℃)，按本手册表 3-6 采用；
ρ_r——热水密度(kg/L)。

3.4.3 加热设备供热量的计算

全日集中热水供应系统中，锅炉、水加热设备的设计小时供热量应根据日热水用量小时变化曲线、加热方式及锅炉、水加热设备的工作制度经积分曲线计算确定。当无条件时，可按下列原则确定：

（1）容积式水加热器或贮热容积与其相当的水加热器、燃油（气）热水机组按式（3-8）计算：

$$Q_g = Q_h - \frac{\eta V_r}{T}(t_r - t_l)C\rho_r \tag{3-8}$$

式中 Q_g——容积式水加热器(含导流型容积式水加热器)的设计小时供热量(kJ/h)；

Q_h——设计小时耗热量(kJ/h)；

η——有效贮热容积系数，容积式水加热器 η=0.7～0.8，导流型容积式水加热器 η=0.8～0.9；第一循环系统为自然循环时，卧式贮热水罐 η=0.8～0.85；

立式贮热水罐 η=0.85～0.90；

第一循环系统为机械循环时，卧、立式贮热水罐 η=1.0；

V_r——总贮热容积(L)；

T——设计小时耗热量持续时间(h)，T=2～4h；

t_r——热水温度(℃)，按设计水加热器出水温度或贮水温度计算；

t_l——冷水温度(℃)，见表3-6；

C——水的比热容[kJ/(kg·℃)]，C=4.187kJ/(kg·℃)；

ρ_r——热水密度(kg/L)。

注：如 Q_g 计算值小于平均小时耗热量时，Q_g 应取平均小时耗热量。

(2)半容积式水加热器或贮热容积与其相当的水加热器、燃油(气)热水机组的设计小时供热量按设计小时耗热量计算。

(3)半即热式、快速式水加热器及其他无贮热容积的水加热设备的设计小时供热量应按设计秒流量所需耗热量计算。

3.4.4 热媒耗量计算

1. 燃油、燃气耗量按式(3-9)计算：

$$G = \frac{KQ_g}{Q \cdot \eta} \tag{3-9}$$

式中 G——热源耗量(kg/h，Nm^3/h)；

K——热媒管道损失附加系数，K=1.05～1.10；

Q_g——加热设备供热量(kJ/h)；

Q——热源发热量(kJ/kg，kJ/Nm^3)，按表3-19采用；

η——水加热设备的热效率，按表3-19采用。

热源发热量及加热装置热效率　　表 3-19

热源类型	消耗量单位	热源发热量 Q	加热设备的效率 η	备　注
轻柴油	kg/h	41800～44000kJ/kg	≈85	η为热水机组的η
重油	kg/h	38520～46050kJ/kg		
天然气	Nm^3/h	34400～35600kJ/Nm^3	65～75（85）	η栏中（　）内为热水机组η栏中（　）外为加热的η
城市煤气	Nm^3/h	14653kJ/Nm^3	65～75（85）	
液化石油气	Nm^3/h	46055kJ/Nm^3	65～75（85）	

注：表中热源发热量及加热设备热效率系参考值，计算中应根据当地热源与选用加热设备的实际参数为准。

2. 电热水耗电量按式（3-10）计算：

$$W=\frac{Q_g}{3600\eta} \tag{3-10}$$

式中　W——耗电量(kW)；

Q_g——加热设备供热量(kJ/h)；

3600——单位换算系数；

η——水加热设备的热效率，95%～97%。

3. 以蒸汽为热媒的水加热器设备，蒸汽耗量按式（3-11）计算：

$$G=\frac{KQ_g}{i''-i'} \tag{3-11}$$

式中　G——蒸汽耗量(kg/h)；

Q_g——加热设备供热量(kJ/h)；

K——热媒管道损失附加系数，$K=1.05\sim1.10$；

i''——饱和蒸汽的热焓(kJ/kg)，按表 3-20 采用；

i'——凝结水的热焓(kJ/kg)。

$$i'=4.187t_{mz} \tag{3-12}$$

式中　t_{mz}——热媒终温，应由经过热力性能测定的产品样本提供，参考值见表 3-21。

饱和蒸汽的热焓　　表 3-20

蒸汽压力（MPa）	0.1	0.2	0.3	0.4	0.5	0.6
温度（℃）	120.2	133.5	143.6	151.9	158.8	165.0
热焓（kJ/kg）	2706.9	2725.5	2738.5	2748.5	2756.4	2762.9

4. 以热水为热媒的水加热器设备，热媒耗量按式（3-13）计算：

$$G=\frac{KQ_g}{C(t_{mc}-t_{mz})} \tag{3-13}$$

式中　G——热媒耗量(kg/h，Nm^3/h)；

K——热媒管道损失附加系数，K=1.05～1.10；

Q_g——加热设备供热量(kJ/h)；

t_{mc}，t_{mz}——热媒的初温与终温(℃)，应由经过热力性能测定的产品样本提供，参考值见表3-21；

C——水的比热容[kJ/(kg·℃)]，C=4.187kJ/(kg·℃)。

3.5 常用的加热和贮热设备

3.5.1 种类

常用加热设备种类有：容积式水加热器（容积式和半容积式加热器）、快速水加热器（快速式、半即热式、板式和螺旋管式加热器）、太阳能水加热器、水源热泵、空气源热泵、热水机组、热水锅炉、燃气水加热器、电水加热器等。

随着工业技术的发展，新的材料和结构的采用，目前出现多种新型式的高效率加热器，如波节管换热器、弹性管束换热器等。

从材质上分有碳钢制造，不锈钢碳钢复合材质，碳钢内衬铜或喷铜、喷铝材质。加热盘管有碳钢制造、铜制造、不锈钢制造等。

因此，设计加热设备时，应根据设计要求，参照各厂家生产的设备资料合理选择高效、节能、减少结垢和便于维修的加热设备。

3.5.2 集中热水供应系统的加热、贮热设备

3.5.2.1 选用原则

集中热水供应系统的加热、贮热设备应根据用户的使用特点、水质情况、加热方式、耗热量、热源、维护管理等因素确定，一般应符合下列要求：

(1) 热效率高、换热效果好，节能、环保性能好，节省设备用房、附属设备简单。

(2) 生活用水侧阻力损失小，有利于整个供水系统冷热水压力的平衡。

(3) 构造简单、安全可靠、操作管理维修方便。

(4) 具体选择设备时，宜考虑下列要点：

1) 当利用太阳能为热源时，水加热系统的设备应根据冷水水质硬度、气候条件、冷热水压力平衡要求、节能、节水、维护管理等经技术经济比较后确定。

2) 当采用自备热源时，宜采用直接供应热水的燃油（气）热水机组，亦可采用间接供应热水的自带换热器的燃油（气）热水机组或外配容积式、半容积式水加热器的燃油（气）热水机组。

3) 以蒸汽或高温水为热媒时，应结合用水的均匀性、给水水质硬度、热媒的供应能力、系统对冷热水压力平衡稳定的要求及设备所带温控安全装置的灵敏度、可靠性等经技术经济比较后选择间接水加热设备。

4) 在电源供应充沛的地方可采用电热水器。

3.5.2.2 间接水加热设备的设计计算

(1) 各种间接水加热器的主要设计参数见表3-21所示。

各种水加热器的主要设计参数表　　**表 3-21**

<table>
<tr><th rowspan="2">类型</th><th colspan="5">热媒为 0.1～0.4MPa 饱和蒸汽</th><th colspan="5">热媒为 70～150℃热媒水</th></tr>
<tr><th>传热系数 K [kJ/(m²·h·℃)]</th><th>热媒出口温度 t_{mz}(℃)</th><th>被加热水温升 Δt(℃)</th><th>热媒阻力损失 Δh_1(MPa)</th><th>被加热水水头损失 Δh_2(MPa)</th><th>传热系数 K [kJ/(m²·h·℃)]</th><th>热媒出口温度 t_{mz}(℃)</th><th>被加热水温升 Δt(℃)</th><th>热媒阻力损失 Δh_1(MPa)</th><th>被加热水水头损失 Δh_2(MPa)</th></tr>
<tr><td>容积式水加热器</td><td>2930～3140</td><td>≥100</td><td>≥40</td><td>≤0.1</td><td>≤0.005</td><td>1380～1465</td><td>60～120</td><td>≥23</td><td>≤0.03</td><td>≤0.005</td></tr>
<tr><td rowspan="3">导流型容积式水加热器</td><td>3140～4340</td><td rowspan="3">40～70</td><td rowspan="3">≥40</td><td rowspan="3">0.1～0.2</td><td>≤0.005</td><td>2450～3770</td><td rowspan="3">50～90</td><td rowspan="3">≥35</td><td>0.01～0.03</td><td>≤0.005</td></tr>
<tr><td>7560～9180</td><td>≤0.01</td><td>4140～5220</td><td>0.05～0.1</td><td>≤0.01</td></tr>
<tr><td>9000～12240</td><td>≤0.01</td><td>6480～7920</td><td>≤0.1</td><td>≤0.01</td></tr>
<tr><td rowspan="2">半容积式水加热器</td><td>4186～5860</td><td>70～80</td><td rowspan="2">≥40</td><td rowspan="2">0.1～0.2</td><td rowspan="2">≤0.005</td><td>2930～3770</td><td rowspan="2">50～85</td><td rowspan="2">≥35</td><td>0.02～0.04</td><td>≤0.005</td></tr>
<tr><td>10440～12960</td><td>30～50</td><td>5400～7200</td><td>0.01～0.1</td><td>≤0.01</td></tr>
<tr><td>半即热式水加热器</td><td>8280～12600</td><td>≈50</td><td>≥40</td><td></td><td>≈0.02</td><td>5760～7560</td><td>50～90</td><td>≥35</td><td>≈0.04</td><td>≈0.02</td></tr>
</table>

注：1. 表中所列参数是根据国内应用最广的 RV、HRV、DBRV、SV、S1、TBF、SW、WW、BFG、TGT、SS、MS、DFHRV、DBHRV 等系列水加热器经热力性能实测整理数据编制的；当选用其他产品时，应以厂家提供的经热力性能测试的数据为设计参数；

2. 表中传热系数 K 均是铜盘管为换热原件的值，当采用钢盘管为换热元件时，K 值应减 15%；

3. 热媒为蒸汽时，K 值与 t_{mz} 对应，热媒为高温水时 K 值与 Δh_1 对应；

4. 表中导流型容积式水加热器的 K、Δh_1、Δh_2 的三行数字由上而下分别表示换热元件为 U 型管、浮动盘管和波节 U 型管三种水加热器的对应参数；

5. 表中半容积式水加热的 K、Δh_1、Δh_2 的两行数字上行表示 U 型管、下行表示铜制 U 型波节管为换热元件的水加热器的对应值。

(2) 设计选择要点

以蒸汽或高、低温热媒水为热源的间接水加热器宜根据下列条件选择：

热源供应不能满足设计小时耗热量之要求、用水量变化大且要求供水可靠性高，供水水温、水压平稳，需贮一定的调节容量时宜选用容积式水加热器或导流型容积式水加热器。

热源供应能满足设计小时耗热量但不能满足设计秒流量的要求、用水量变化大且要求供水水温、水压平稳、设有机械循环的集中热水供应系统宜选用半容积式水加热器。

热源供应能满足设计秒流量所需耗热量的要求、用水较均匀、当热媒为蒸汽时，其工作压力≥0.15MPa 且供汽压力稳定可采用半即热式水加热器。

换热元件为二行程光面 U 型管的容积式水加热器，换热效果差，传热系数 K 值低，换热不充分且耗能，冷温水区无效容积大，费材，不推荐选用。

被加热水侧阻力损失大且出水压力变化大的板式换热器等快速水加热器不宜用于冷水总硬度（以 $CaCO_3$ 计）>150mg/L 的热水系统，快速水加热器所在系统应设有贮热设备。

(3) 设计计算步骤

1) 基础条件:

设计计算水加热器需要下列经核对的基础条件:

设计小时耗热量 Q_h;

热媒条件:当热媒为蒸汽时的饱和蒸汽压力 p_t 和可供给蒸汽量 G;热媒为高温热媒水时的供水温度 t_{mc}、工作压力 p_t 和可供给的热媒水流量 q(或热量);

冷水温度 t_l;

要求供水温度 t_r;

冷水总硬度;

集中热水供应系统的工作压力 p_s。

2) 根据基础条件及上述设计选择要点选择合适的水加热器。

3) 容积式、导流型容积式、半容积式水加热器的计算:

①贮水容积 V_e

$$V_e = \frac{SQ_h}{3.6 \times 1.163(t_r - t_l)\rho_r} \tag{3-14}$$

式中 V_e——贮水容积(L);

S——贮热时间(min),见表 3-22;

Q_h——设计小时耗热量(kJ/h);

ρ_r——热水密度(kg/L)。

水加热器的贮热时间 S 表 3-22

加热设备	以蒸汽和 95℃以上的高温水为热媒时		以≤95℃低温水为热媒时	
	工业企业淋浴室	其他建筑物	工业企业淋浴室	其他建筑物
容积式水加热器或加热水箱	≥30min	≥45min	≥60min	≥90min
导流型容积式水加热器	≥20min	≥30min	≥30min	≥40min
半容积式水加热器	≥15min	≥15min	≥15min	≥20min

注:1. 表中容积式水加热器是指传统的二行程式容积式水加热器产品,壳体内无导流装置,被加热水无组织流动,存在换热不充分、传热系数值 K 低的缺点;

2. 表中导流型容积式水加热器,半容积式水加热器是指近年来 RV 系列容积式水加热器、HRV 系列半容积式水加热器及一些热力性能良好的浮动盘管水加热器、波节管水加热器为代表的国内研制成功的新产品,其特点是:热媒流动为多流程、壳体内设有导流装置、被加热水有组织流动;具有换热充分、节能、传热系数 K 值高、冷水区容积较小或无冷水区的优点;

3. 半即热式水加热器与快速水加热器的贮热容积应根据热媒的供给条件与安全、温控装置的完善程度等因素确定;

4. 当热媒可按设计秒流量供应、且有完善可靠的温度自动调节装置和安全装置时,可不考虑贮热容积;

5. 当热媒不能保证按设计秒流量供应、或无完善可靠的温度自动调节装置和安全装置时,则应考虑贮热容积,贮热量可参考导流型容积式水加热器计算。

初步设计或方案设计阶段,各种建筑水加热器或贮热容器的贮热容积(60℃热水)可按表 3-23 估算。

贮水容积估算值　　　　表 3-23

建筑类别	以蒸汽或 95℃以上高温水为热媒时		以≤95℃以上低温水为热媒时	
	导流型容积式水加热器	半容积式水加热器	导流型容积式水加热器	半容积式水加热器
有集中热水供应的住宅[L/(人·d)]	5～8	3～4	6～10	3～5
设单独卫生间的集体宿舍、培训中心、旅馆[L/(b·d)]	5～8	3～4	6～10	3～5
宾馆、客房[L/(b·d)]	9～13	4～6	12～16	6～8
医院住院部[L/(b·d)]设公用盥洗室设单独卫生间门诊部	4～8 8～15 0.5～1	2～4 4～8 0.3～0.6	5～10 11～20 0.8～1.5	3～5 6～10 0.4～0.8
有住宿的幼儿园、托儿所[L/(人·d)]	2～4	1～2	2～5	1.5～2.5
办公楼[L/(人·d)]	0.5～1	0.3～0.6	0.8～1.5	0.4～0.8

②计算总容积

容积式水加热器和其他水加热器、燃气(油)热水机组的计算总容积见式(3-15)：

$$V=\frac{V_e}{\eta} \tag{3-15}$$

式中　V——计算总容积(L)；

η——水加热器有效容积系数，见表 3-24。

水加热器的有效容积系数 η　　　　表 3-24

类型	容积式水加热器	导流型容积式水加热器	半容积式水加热器
η	0.7～0.8	0.8～0.9	1.0

注：第一循环为自然循环时，卧式贮热水罐 η=0.80～0.85，立式贮热水罐 η=0.85～0.90；第一循环系统为机械循环时，卧、立式贮热水罐 η=1.0。

③按计算总容积初选水加热器的个数 n(宜 $n\geqslant2$)及单个水加热器的容积。

④计算水加热器供热量

a. 容积式、导流型容积式水加热器的供热量按式(3-16)计算：

$$Q_g=Q_h-\frac{\eta V_r}{T}(t_r-t_l)C\rho_r \tag{3-16}$$

式中　Q_g——容积式水加热器(含导流型容积式水加热器)的设计小时供热量(kJ/h)；

Q_h——设计小时耗热量(kJ/h)；

η——有效贮热容积系数，见表 3-24；

V_r——总贮热容积(L)；

T——设计小时耗热量持续时间(h)，T=2～4h；

t_r——热水温度(℃)，按设计水加热器出水温度或贮水温度计算；

t_l——冷水温度(℃)，宜按表 3-6 采用；

C——水的比热容[kJ/(kg·℃)]，C=4.187kJ/(kg·℃)；

ρ_r——热水密度(kg/L)。

注：如 Q_g 计算值小于平均小时耗热量时，Q_g 应取平均小时耗热量。

b. 半容积式水加热器的供热量按式（3-17）计算：

$$Q_g = Q_h \tag{3-17}$$

c. 半即热式、快速式水加热器及其他无贮热容积的水加热设备的供热量按设计秒流量所需耗热量计算。

$$Q_g = q_g \cdot C\rho_r(t_z - t_c) \times 3600 \tag{3-18}$$

式中 q_g——设计秒流量(L/s)；

t_c——被加热水的初温(℃)；

t_z——被加热水的终温(℃)。

⑤计算水加热器的加热面积

$$F_{jr} = \frac{C_r Q_g}{\varepsilon K \Delta t_j} \tag{3-19}$$

式中 C_r——热水供应系统的热损失系数，C_r=1.1～1.15；

F_{jr}——水加热器的加热面积(m^2)；

Q_g——设计小时供热量(kJ/h)；

ε——由于水垢和热媒分布不均匀影响热效率的系数，一般取0.6～0.8；

K——传热系数[kJ/(m^2·℃·h)]；可参照表3-21选值；

Δt_j——热媒与被加热水的计算温度差(℃)，其计算按下列情况确定。

容积式、导流型容积式、半容积式水加热器按（3-20）式取算术平均差计算。

$$\Delta t_j = \frac{t_{mc} + t_{mz}}{2} - \frac{t_c + t_z}{2} \tag{3-20}$$

式中 t_{mc}——热媒初温（℃）；

t_{mz}——热媒终温（℃）。

半即热式、快速式水加热器按（3-21）式取对数平均差计算。

$$\Delta t_j = \frac{\Delta t_{max} - \Delta t_{min}}{\ln \frac{\Delta t_{max}}{\Delta t_{min}}} \tag{3-21}$$

式中 Δt_{max}——热媒与被加热水在水加热器一端的最大温度差（℃）；

Δt_{min}——热媒与被加热水在水加热器一端的最小温度差（℃）。

⑥热媒的计算温度

a. 热媒为饱和蒸汽时的热媒初温、终温的计算：

热媒的初温 t_{mc}：当热媒为压力大于0.07MPa的饱和蒸汽时，t_{mc}按饱和蒸汽温度计算（表3-25）；压力小于或等于0.07MPa时，t_{mc}按100℃计算。

热媒的终温 t_{mz}：应由经热工性能测定的产品提供。一般可按：容积式水加热器 $t_{mz}=t_{mc}$，导流型容积式水加热器、半容积式水加热器、半即热式水加热器，t_{mz}=50～90℃。

不同饱和蒸汽压力下的热媒初温 **表3-25**

相对压力（MPa）	0.08	0.10	0.15	0.20	0.30	0.40
饱和蒸汽温度—热媒初温 t_{mc}（℃）	116.33	119.62	126.92	132.88	142.92	151.11
相对压力（MPa）	0.50	0.60	0.70	0.80	0.90	1.00
饱和蒸汽温度—热媒初温 t_{mc}（℃）	158.08	164.17	169.61	174.53	179.04	183.20

b. 热媒为热水时的热媒初温、终温的计算：

热媒为热水时，热媒的初温应按热媒供水的最低温度计算，热媒的终温应由经热工性能测定的产品提供。当热媒初温 t_{mc}＝70～100℃时，其终温一般可按：容积式水加热器 t_{mz}＝60～85℃；导流型容积式水加热器、半容积式水加热器、半即热式水加热器，t_{mz}＝50～80℃。

c. 热媒为热力管网的热水时的热媒初温、终温的计算：

热媒为热力管网的热水时，热媒的计算温度应按热力管网供回水的最低温度计算，但热媒的初温与被加热水的终温的温度差，不得小于10℃。

⑦计算单个水加热器的传热面积

$$F_i = \frac{F}{n} \tag{3-22}$$

式中 F_i——单个水加热器的传热面积（m^2）；

n——水加热器个数，宜 $n \geqslant 2$。

⑧按单个水加热器的容积、传热面积 F_i 及热媒和被加热水的工作压力 P_t、P_s 选定水加热器的具体型号。

3.5.2.3 热水机组的设计计算

（1）机组应具有下列功能：

1）以油、气为燃料且油气耗量低，节能。

2）采用高效燃油、燃气燃烧器，燃烧完全、热效率高、无需消烟除尘。

3）机组水套与大气相通（真空热水机组除外），使用安全可靠。机组应有防爆装置。

4）机组可供应热媒水或直接供应生活用热水。

5）燃烧器可根据设定的温度自动工作，出水温度稳定。

6）机组应采用程序控制，实现全自动或半自动运行（设运行仪表，显示本体的工作状况），并应具有超压、超温、缺水、水温、水流、火焰等自动报警功能。

7）机组本体压力小于0.1MPa，可直接或间接加热生活用水。当机组本体内自带间接换热器时，间接加热部分应承受热水供应系统的工作压力。

8）机组应满足国家现行有关标准的要求。燃烧器应具有质量合格证书。

（2）机组选择原则

1）机组类型应根据机组安装位置、供水方式和水温要求等因素综合考虑选用。

2）生活热水供应系统宜采用直接加热热水机组。当不适宜或不可能时，可采用间接加热热水机组。

3）采用间接加热热水机组时，机组可自带换热装置，也可用直接加热热水机组配置水加热器组合供应生活热水。

4）根据产热量的计算值进行机组选型，机组的产热量应根据当地冷水温度、燃料品种的热值、压力以及热媒水的温度进行复核。

5）机组的台数应满足热水供应系统的计算负荷，台数不宜少于2台（小型建筑物除外）。机组并联运行时，应采取同程式布置。

6）机组的燃料品种应根据当地燃料供应情况选定。

7）选择机组时，应注意机组对水质的要求、回水对温度的要求和排烟气的温度。

8）与机组配套使用的燃烧器，应与选定的燃料品种相匹配。

（3）热水机组的热水供应系统型式

直接加热热水机组的热水供应系统，宜采用机组配贮热水箱设在屋顶层供应热水的型式。如表3-17中“直接供水（一）、（二）”所示，其适用条件为：

1）屋顶层有设置机组、冷水箱、热水箱、日用油箱等的合适位置（含面积与高度）；

2）机组被加热水侧阻力损失宜小于0.02MPa；

3）冷水的暂时硬度宜不大于150mg/L（以$CaCO_3$计）。

间接加热热水机组的热水供应系统宜采用下列两种型式：

1）机组配贮热水罐设在地下室或楼层中供给热水的型式，如表3-17中“间接供水（二）”所示，其适用条件同直接加热热水机组中第2）、3）条。

2）机组配水加热器设在地下室或楼层供应热水的型式，适用条件为：

宜配导流型容积式加热器或半容积水加热器；

被加热水侧阻力损失宜小于0.01MPa。

（4）机组直接供水的设计计算

1）机组及配套设施的布置要求如表3-17中“直接供水（一）、（二）”图示。

2）热水机组的产热量计算

①热水机组设计计算所需基础条件同间接水加热器基础条件。

②热水机组的产热量与其所配贮热水箱（罐）或水加热器的贮热容积、形式有关。

a. 当其所配热水箱（罐）或水加热器的贮热时间$t \geqslant 0.5$h时，机组产热量可按式（3-16）中的Q_g计算。

b. 当其所配热水箱（罐）或水加热器的贮热时间$t < 0.5$h时，机组产热量按设计小时耗热量Q_h计算详见公式（3-4）、式（3-5）。

c. 当机组不配贮热水箱直接供热时，其产热量应按式（3-18）热水设计秒流量Q_s计算。

3）贮热水箱（罐）水容积计算

贮热水容积适当加大，可以减少热水机组的负荷，即可选择产热量较小型号的热水机组，不仅可节省一次投资还可使机组均匀运行，提高热效率，节能。

贮热时间可根据热水用水小时变化系数、机组水加热器的工作制度、供热量及自动温度调节装置等因素经计算确定，当无上述资料时，可按表3-26采用。

贮热水器贮热时间 **表3-26**

直接加热机组		间接加热机组	
工业企业淋浴室	其他建筑物	工业企业淋浴室	其他建筑物
≥15min	≥20min	15～20min	20～30min

注：采用机组配导流型容积式水加热器供热水时，其计算容积附加10%～15%，相应贮热时间取表中的大值。配半容积式水加热器供热时，不需附加计算容积，相应的贮热时间取表中的小值。

4）表3-17中，直接供水图（三）中，补热循环泵按下式计算流量与扬程：

流量按式（3-23）计算：

$$q_x = \frac{(1.1 \sim 1.15)Q_x}{C\rho\Delta t_x} \tag{3-23}$$

式中　q_x——循环泵流量(L/h)；

Q_x——系统及热水箱热损失，可按 $Q_x=5\%Q_h$ 计算；

C——水的比热容[kJ/(kg·℃)]，$C=4.187$kJ/(kg·℃)；

ρ——热水的密度(kg/L)，可取 $\rho=1$kg/L；

Δt_x——按5～10℃计算。

水泵扬程 H_b，按式（3-24）计算：

$$H_b = h_p + h_e + (20 \sim 40)(\text{kPa}) \quad (3\text{-}24)$$

式中　H_b——加热循环泵扬程（kPa）；

h_p——水泵前后与热水机组贮热水箱之连接管的水头损失（kPa）；

h_e——热水机组的水头损失（kPa），其值查所选设备的样本，一般 $h_e \leqslant 10$kPa。

水泵由设在泵前管道上的温度传感器控制，当其温差≥5～10℃时启泵，<5℃时停泵，为避免水泵频繁启停，可调试其启停温差。

循环泵应选用热水泵，水泵壳体承受的工作压力不得小于其所承受的静水压力加水泵扬程；

循环水泵宜设备用泵交替运行。

循环水泵宜靠近集热循环水箱设置。

循环水泵及其管道应设减震防噪装置。

（5）机组间接供水的设计计算：

1）间接加热的水加热器设备可根据3.5.2.2节“（2）设计选择要点”选择。

2）推荐选用换热效果好、无冷温水区的半容积式水加热器。为了达到适当加大贮热量，选用小型号热水机组的目的，可以选用加大贮热容积的半容积式水加热器。

3）水加热器的传热面积计算参见式（3-19）。

4）表3-17中“间接供水（一）”图中循环泵的设计计算：

①循环泵流量按式（3-25）计算：

$$q_x = \frac{Q_z}{C\rho(t_{mc} - t_{mz})} \quad (3\text{-}25)$$

式中　q_x——循环泵流量（L/h）；

Q_z——热水机组产热量（kJ/h）；

$t_{mc}-t_{mz}$——热媒水初温与终温的差值（℃），$t_{mc}-t_{mz}=20\sim30$℃；

C——水的比热容［kJ/（kg·℃）］，$C=4.187$kJ/(kg·℃)；

ρ——热水的密度（kg/L），可取 $\rho=1$kg/L。

②水泵扬程按式（3-26）计算：

$$H_b = h_p + h_e + (20 \sim 40) \quad (3\text{-}26)$$

式中　h_p——水泵前后与热水机组和水加热器连接管的水头损失（kPa)；

h_e——热水机组及水加热器热媒部分的阻力损失（kPa），热水机组的阻力损失可查产品样本（一般 $h_e \leqslant 10$kPa）。水加热器的阻力损失见表3-21。

③水泵由设在泵前管道上的温度传感器控制，当其温差≥5～10℃时启泵，<5℃时停泵，为避免水泵频繁启停，可调试其启停温差。

④水泵的其他要求同上。

5）表 3-17 中“间接供水（二）”图中加热循环泵的设计计算：

①循环泵流量按式（3-27）计算：

$$q_x = \frac{(1.1 \sim 1.15)Q_g}{C\rho(t_r - t_l)} \tag{3-27}$$

式中 q_x——循环泵流量(L/h)；

Q_g——热水机组供热量(kJ/h)；

t_r、t_l——分别为被加热水温度、冷水温度(℃)；

C——水的比热容[kJ/(kg·℃)]，C=4.187kJ/(kg·℃)；

ρ——热水的密度(kg/L)，可取 ρ=1kg/L。

②水泵扬程按式（3-28）计算：

$$H_b = h_p + h_e + (20 \sim 40) \tag{3-28}$$

式中 H_b——水泵扬程（kPa）；

h_p——水泵前后与热水机组和水加热器连接管的水头损失（kPa）；

h_e——热水机组内加热盘管内的被加热水阻力损失（kPa）。

③水泵由设在贮热水罐下部（离底约 1/4 罐体直径处）的温度传感器控制，当其温差≥5～10℃时启泵，＜5℃时停泵，为避免水泵频繁启停，可调试其启停温差。

④水泵的其他要求同上。

6）当以一台热水机组配多台水加热器间接加热供应热水时，可采用各水加热器分设循环泵控制供水温度的方式如图 3-5 所示：

采用如图 3-5 的水加热器配循环泵 1 对 1 的控制后，水加热器的热媒进水管不必设自动温度控制阀。

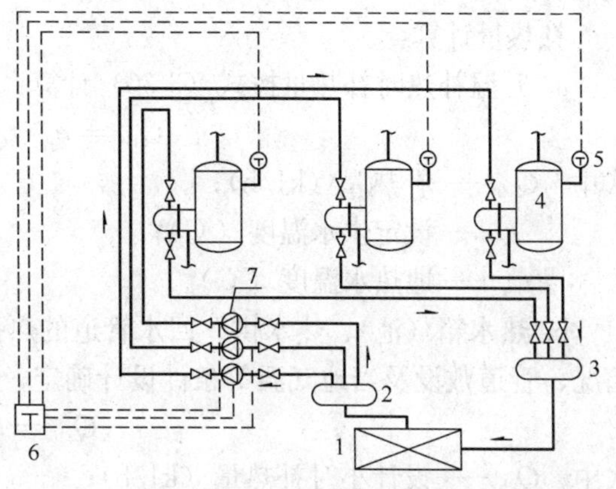

图 3-5 一台热水机组配多台水加热器的控制原理

1—热水机组；2—分水器；3—集水器；4—水加热器；5—温度传感器；6—控制箱；7—热媒水循环泵

3.5.2.4 地热水（温泉水）贮热、补热系统设计计算

（1）设计基础条件

地热（温泉）在我国分布较广，但地热水按其生成条件不同，其水温、水质、水量和水压有很大区别，因此设计以地热水为热源或直接供给生活热水时，应首先落实下列基础条件：

1）水量：即通过水文地质勘探，和深井扬水试验，取得可靠的水量资料；

2）水温：地热井取水的稳定水温；

3）水质：地热井取水水质应经国家认可的水质化验部门进行水质化验。一般地热水（温泉水）含有多种对人体有益的微量元素，也含有一些对人体有害或不符合《生活饮用水卫生标准》相关指标的元素或物质。如不少地区的地热水含氟量均超过《生活饮用水卫生标准》中关于氟化物应≤1.0mg/L 的标准，而除氟处理较复杂，要处理达标难度大，造价高。这些都是涉及采用地热水方案是否可行的大问题。

(2) 常用地热水（温泉水）贮热、补热系统的设计计算

1) 单一贮热水箱方式。其贮热、补热及供水图示见表 3-13 中“地热水”图（一）。

①贮热水箱的贮水容积按式（3-29）计算：

$$V_{r1} = T_1 q_{rh} \tag{3-29}$$

式中 V_{r1}——贮热水箱有效贮热水容积（L）；

T_1——1～2h，可按地热水井供水量、用水量、用水均匀性、系统大小等综合考虑；

q_{rh}——60℃热水设计小时用水量（L/h）。

②贮热水箱（水池）：不宜少于 2 个，使用时，根据系统运行时用水量情况开启 1 个或开启 2 个，这样可减少热水在箱（池）内的停留时间，保证供水温度，减少热耗，同时方便运行管理，不间断热水供应。

③补热系统

地热水温度不够，需要升温补热；热水供、回水管道及贮热水箱（池）体散热的热损耗需补热。

补热量计算：

a. 升温补热时补热量按式（3-30）计算：

$$Q_{1b} = q_{rh}(t_r - t_{mr})C\rho \tag{3-30}$$

式中 Q_{1b}——补热量（kJ/h）；

t_r——设定供水温度（℃）；

t_{mr}——地热水温度（℃）。

b. 热水箱（池）、热水供、回水管道的热损失（即需补热量）应根据选用材质、保温情况、管道敷设及当地气温等条件设计确定，在初步设计时亦可按式（3-31）估算：

$$Q_{2b} = b_2 Q_h \tag{3-31}$$

式中 Q_{2b}——设计小时补热量（kJ/h）；

b_2——热损失系数，经计算确定，一般为 0.03～0.06；

Q_h——设计小时平均秒耗量（kJ/h）。

④补热热源可因地制宜采用电、蒸汽、热媒水等。其具体设计计算参见太阳能热水系统的设计计算中的有关辅助加热部分的内容。

2) 采用贮热水箱+贮热水罐联合供水的方式。其贮热、补热及供水图示见表 3-13 中“地热水”图（二）。

①贮热水箱贮水容积的计算

贮热水箱容积亦按（3-32）计算。

贮热水罐可依系统分区或分建筑设置，其贮热水容积可按式（3-32）计算：

$$V_{r2} = b_3 q_{rh} \tag{3-32}$$

式中 V_{r2}——贮热水罐贮水容积（L）；

b_3——贮热水时间（h），一般可取 0.25～0.33h；

q_{rh}——贮热水罐所服务热水供水系统的设计小时热水量（L/h）。

贮热水箱、贮热水罐的设计个数可依系统大小、使用工况等条件确定，一般贮热水箱、贮热水罐均宜设 2 个，但其容积均按上述 V_{r1}、V_{r2} 计算，可不设备用容积。

②补热系统

加热、贮热系统所需补热装置应分别设在各分区的贮水罐内。

升温补热量计算见式（3-30）。

弥补热损失的补热量按式（3-33）计算：

$$Q'_{zb} = b'_2 Q'_h \tag{3-33}$$

式中 Q'_{zb}——设计小时补热量（kJ/h）；

b'_2——热损失系数，经计算确定，一般为0.03～0.05；

Q'_h——贮热水罐所服务热水供水系统的设计小时耗热量（kJ/h）。

当以蒸汽、热媒水为热媒通过贮热水罐补热时，贮热水罐即为水加热器，其设计计算参见3.5.2.2节中相应间接水加热器部分内容。

3.5.2.5 利用低谷电制备生活热水的贮热、加热系统设计计算

（1）加热、贮热方式

1）高温热水贮水箱＋低温热水贮水箱联合贮热、供热的方式，如表3-13中的“低谷电制备热水”的图示。

高温贮热水箱可贮存≤90℃的一天用热量，提高贮水水温可减少贮水箱容积，但水箱的保温要求比低温水箱高，否则其散热损失大、耗能亦增大。

2）贮热、供热合一的低温热水箱的方式。

此方式比上方式更为简单，只需将电热水机组制备的60℃左右的热水贮存在一个热水箱内即可。但因贮水水温低，水箱容积比上方案中的高温水箱约大40%～70%。

（2）设计计算

1）高温贮热水箱的总容积按式（3-34）计算：

$$V_H = 1.1V_d = 1.1K_1 qm \frac{t_r - t_l}{t_h - t_l} \tag{3-34}$$

式中 V_H——高温贮热水箱总容积(L)；

V_d——高温贮热水箱贮水容积(L)；

K_1——贮热水时间(d)，一般 K_1＝1d；

m——用热水人数或单位数：人、床位或器具数；

q——热水用水定额[L/(人、床或器具·d)]；

t_r——热水供水温度60℃；

t_l——冷水温度(℃)，见表3-6；

t_h——高温贮热水箱热水温度(℃)，t_h＝80～90℃。

2）低温热水贮水箱的总容积按式（3-35）计算：

$$V_L = (0.25 \sim 0.3) q_{rh} \tag{3-35}$$

式中 V_L——低温热水贮水箱总容积（L）；

q_{rh}——设计小时热水量（L/h）。

3）贮热、供热合一的低温热水箱容积按式（3-36）计算：

$$V'_L = 1.1V_d \tag{3-36}$$

式中 V'_L——低温热水箱总容积（L）。

4）电热机组的功率 N 计算：

$$N = k_2 \frac{Q_d}{3600TM} \tag{3-37}$$

式中　N——电热水机组功率（kW）；

k_2——考虑系统热损失的附加系数，k_2=1.1～1.15；

Q_d——日耗热量（kJ/d）；

M——电能转化为热能的效率，M=0.98；

T——贮热水箱利用低谷电加热的时间，一般为23∶00至第二天6∶00，$T\approx$7h。

3.5.3　太阳能集中热水供应系统的加热、贮热设备

3.5.3.1　太阳能集热器的产品分类和特点

（1）我国目前使用的太阳能集热器可大体分两类：平板型太阳能集热器和真空管型太阳能集热器。主要特征及基本结构见表3-27：

集热器分类及特点　　表3-27

分类	主要特征	图示
平板型	接收太阳辐射并向其传热工质传递热量的非聚光型部件，吸热体结构基本为平板形状。结构简单，抗冻能力较弱。耐压和耐冷热冲击能力强，价格较低	1—透明盖层；2—隔热材料；3—吸热板；4—排管；5—外壳；6—散射太阳辐射；7—直射太阳辐射
全玻璃真空管型	采用透明管（通常为玻璃管）并在管壁与吸热体之间有真空空间的太阳集热器，水流经玻璃管直接加热，结构简单，价格适中，具有一定的抗冻、耐压和耐冷热冲击能力	1—内玻璃管；2—外玻璃管；3—真空；4—有支架的消气剂；5—选择性吸收表面
金属—玻璃真空管型	采用玻璃管外罩，将热管直接插入管内或应用U型金属管吸热板插入管内的集热管。抗冻、耐压和耐冷热冲击能力强，价格较高	1—保温堵墙；2—热管吸热板；3—全玻璃真空管 1—保温堵墙；2—U型管吸热板；3—全玻璃真空管

（2）太阳能集热器选型基本要求

1）太阳能集热器的类型应与使用太阳能热水系统当地的太阳能资源、气象条件相适应，在保证系统全年安全、稳定运行的前提下，应使所选太阳能集热器的性能价格比最优。

2）太阳能集热器的规格、构造应与建筑物的安装条件相适应，并与建筑模式相协调。

3）太阳能集热器的构造、形式应利于在建筑维护结构上安装，便于拆卸、修理、维护。

4）嵌入建筑屋面、阳台、墙面或建筑其他维护结构的太阳能集热器，应具有建筑维护结构的承载、保温、隔热、隔声、防水等防护功能。

5）架空在建筑屋面和附着在阳台或墙面上的太阳能集热器，应具有足够的承载能力、刚度、稳定性和相对于主体结构的位移能力。

6）安装在建筑上或直接构成建筑围护结构的太阳能集热器，应有防止热水渗漏的安全保障设施。

7）作为屋面板构成建筑坡屋面、构成阳台栏板、构成建筑墙面的太阳能集热器在刚度、强度、热工、锚固、防护功能上应按建筑维护结构进行设计。

3.5.3.2 太阳能热水系统的分类

太阳能热水系统主要由太阳能集热系统和热水供应系统构成，包括太阳能集热器、贮水箱、循环管道、支架、控制系统、热交换器和水泵等设备和附件。

根据不同的分类方式，太阳能热水系统可以分为不同的形式。主要有以下几种：

（1）按太阳能集热系统与太阳能热水供应系统的关系划分为直接式系统（也称一次循环系统）和间接式系统（也称二次循环系统）。

直接式系统是指在太阳能集热器中直接加热热水供给用户的系统；间接式系统是指在太阳能集热器中加热某种传热工质，再利用该传热工质通过热交换器加热热水供给用户的系统。由于热交换器阻力较大，间接式系统一般采用强制循环系统。考虑到用水卫生、减缓集热器结垢以及防冻因素，在投资允许的条件下，一般优先推荐采用间接式系统；直接系统最好根据当地水质要求探讨是否需要对自来水上水进行软化处理。

冷水供水水质硬度小于等于150mg/L（以$CaCO_3$计）、无冰冻的地区和用户对冷热水压差稳定要求不严的系统宜采用直接式系统；冷水供水水质硬度大于150mg/L（以$CaCO_3$计）、有冰冻的地区和用户对冷热水压差稳定要求较高的系统宜采用间接式系统。

（2）按有无辅助热源划分为有辅助热源系统和无辅助热源系统。

有辅助热源系统是指太阳能和其他水加热设备联合使用来提供热水，在雨天或阳光不足时，依靠系统配备的其他能源的水加热设备也能提供建筑物所需热水的系统。无辅助热源系统是指仅依靠太阳能来提供热水的系统。该系统中没有其他水加热设备，在太阳辐照量不足的情况下，系统无法产出足够的热水，热水供应的可靠性较差。

（3）按辅助能源的启动方式划分为需手动启动系统、全日自动启动系统和定时自动启动系统。

随着控制技术的迅猛发展，全日自动启动系统已逐渐占据市场的主流位置。

（4）按水箱与集热器的关系划分为紧凑式系统、分离式系统和闷晒式系统。

闷晒式系统是指集热器与贮水箱结合为一体的系统；紧凑式系统是指集热器与贮水箱

相互独立，但贮水箱直接安装在太阳能集热器上或相邻位置上的系统；分离式系统是指贮水箱与太阳能集热器之间分开一定距离安装的系统。在与建筑工程结合同步设计的太阳能热水系统中，使用的系统主要为分离式系统。

（5）按供热水范围划分为集中供热水系统和分散供热水系统。

集中供热水系统是指为几幢建筑、单幢建筑或多个用户供水的系统；分散供热水系统是指为建筑物内某一局部单元或单个用户供热水的系统。

（6）按太阳能集热系统运行方式划分为自然循环系统、直流式系统和强制循环系统。

自然循环系统是指太阳能集热系统仅利用传热工质内部的温度梯度产生的密度差进行循环的太阳能热水系统，也称热虹吸系统；直流式系统是指传热工质一次流过集热器系统加热后，进入贮水箱或用热水处的非循环太阳能热水系统；强制循环系统是指利用机械设备（指泵）等外部动力迫使传热工质通过集热器进行循环的太阳能热水系统。

3.5.3.3　太阳能热水系统的主要运行方式

（1）自然循环系统

自然循环系统是指利用太阳能使系统内部传热工质在集热器与贮水箱之间或集热器与换热器之间自然循环加热的系统。系统循环的动力为传热工质温度差引起的密度差导致的热虹吸作用。由于间接式系统的阻力较大，热虹吸作用往往不能提供足够的压头，自然循环系统一般为直接式系统。

通常采用的自然循环系统可分为两种类型：自然循环系统［见表 3-14 中自然循环（一）、（二）］和自然循环定温放水系统［见表 3-14 中自然循环（三）、（四）］。在自然循环系统中，贮热水箱中的水在虹吸作用下通过集热器被不断加热，并由自来水的压力顶至热水用户使用。自然循环定温放水系统多设一个可以放在集热器下部的供热水箱，原有贮热水箱体积可以大大缩小，当贮热水箱中水温达到设定值时，利用自来水压力将贮热水箱中的热水顶到供热水箱中待用。自然循环定温放水系统安装和布置较自然循环系统容易，但造价有所提高。自然循环系统可以采用非承压的太阳能集热器，其造价较低。由于自然循环系统的贮水箱的位置不好布置，使用较少。

（2）直流式系统

直流式系统是利用控制器使传热工质在自来水压力或其他附加动力作用下，直接流过集热器加热的系统。直流式系统一般采用变流量定温放水的控制方式，当集热系统出水温度达到设定值时，水阀打开，集热系统中的热水流入热水贮水箱中；当集热系统出水温度低于设定温度时，水阀关闭，补充的冷水停留在集热系统中吸收太阳能被加热。直流式系统只能是直接式系统，可以采用非承压集热器，集热系统造价较低。在国内的中小型建筑中使用较多；由于存在生活用水可能被污染、集热器易结垢和防冻问题不易解决的缺点，国外很少使用，见图 3-6。

（3）强制循环系统

强制循环系统是利用水泵等外部动力迫使传热工质通过集热器进行循环的系统。见表 3-14 中的直接供水强制循环（一）～（四）和间接供水强制循环（一）～（五）。

3.5.3.4　设计参数

（1）太阳辐照量和日照时数，太阳能保证率

我国的太阳能资源可分为四个区，其具体划分指标见表 3-28 所示。

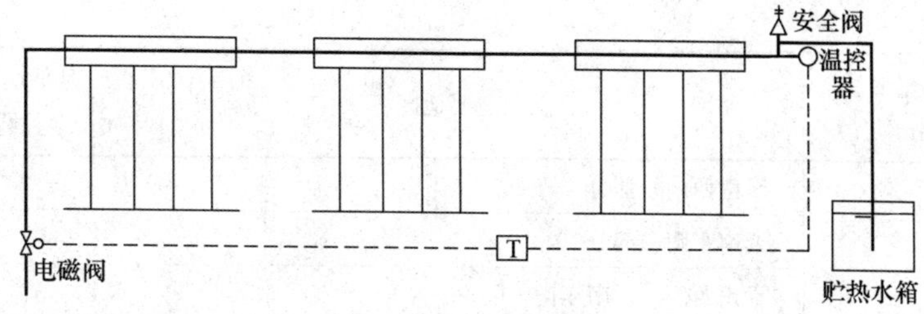

图 3-6 直流式系统

我国的太阳能资源分区及分区特征 **表 3-28**

分区	太阳辐照量[MJ/(m²·a)]	主要地区	月平均气温≥10℃、日照时数≥6h 的天数(d)
资源丰富区	≥6700	新疆南部、甘肃西北一角	275 左右
		新疆南部、西藏北部、青海西部	275～325
		甘肃西部、内蒙古巴彦淖尔盟西部、青海一部分	275～325
		青海南部	250～300
		青海西南部	250～275
		西藏大部分	250～300
		内蒙古乌兰察布盟、巴彦淖尔盟及鄂尔多斯市一部分	＞300
资源较丰富区	5400～6700	新疆北部	275 左右
		内蒙古呼伦贝尔市	225～275
		内蒙古锡林郭勒盟、乌兰察布盟、河北北部一隅	＞275
		山西北部、河北北部、辽宁部分	250～275
		北京、天津、山东西北部	250～275
		内蒙古鄂尔多斯市大部分	275～300
		陕北及甘肃东部一部分	225～275
		青海东部、甘肃南部、四川西部	200～300
		四川南部、云南北部一部分	200～250
		西藏东部、四川西部和云南北部一部分	＜250
		福建、广东沿海一带	175～200
		海南	225 左右
资源一般区	4200～5400	山西南部、河南大部分及安徽、山东、江苏部分	200～250
		黑龙江、吉林大部分	225～275
		吉林、辽宁、长白山地区	＜225
		湖南、安徽、江苏南部、浙江、江西、福建、广东北部、湖南东部和广西大部分	150～200
		湖南西部、广西北部一部分	125～150
		陕西南部	125～175
		湖北、河南西部	150～175
		四川西部	125～175

续表

分区	太阳辐照量[MJ/(m²·a)]	主要地区	月平均气温≥10℃、日照时数≥6h的天数(d)
资源贫乏区	<4200	云南西南一部分	175～200
		云南东南一部分	175左右
		贵州西部、云南东南一隅	150～175
		广西西部	150～175
		四川、贵州大部分	<125
		成都平原	<100

注：1. 本表摘自《民用建筑太阳能热水系统工程技术手册》;

2. 本表所列资源丰富区、资源较富区和资源一般区所属地方均宜利用太阳能热源。

(2) 气象参数

我国一些主要城市的气象参数见表3-29。

我国72个城市的典型年设计用气象参数　　**表3-29**

城市名称	纬度	H_{ha}	H_{ht}	H_{La}	H_{Lt}	T_a	S_y	S_t	f	N
北京	39°56′	14.180	5178.754	16.014	5844.400	12.9	7.5	2755.5	40%～50%	10
哈尔滨	45°45′	12.923	4722.185	15.394	5619.748	4.2	7.3	2672.9	40%～50%	10
长春	43°54′	13.663	4990.875	16.127	5885.278	5.8	7.4	2709.2	40%～50%	10
伊宁	43°57′	15.125	5530.671	17.733	6479.176	9.0	8.1	2955.1	50%～60%	8
沈阳	41°46′	13.091	4781.456	14.980	5466.630	8.6	7.0	2555.0	40%～50%	10
天津	39°06′	14.106	5152.363	15.804	5768.782	13.0	7.2	2612.7	40%～50%	10
二连浩特	43°39′	17.280	6312.236	21.012	7667.933	4.1	9.1	3316.1	50%～60%	8
大同	40°06′	15.202	5554.111	17.346	6332.744	7.2	7.6	2772.5	50%～60%	8
西安	34°18′	11.878	4342.079	12.303	4495.737	13.5	4.7	1711.1	40%～50%	10
济南	36°41′	13.167	4809.780	14.455	5277.709	14.9	7.1	2597.3	40%～50%	10
郑州	34°43′	13.482	4925.519	14.301	5222.523	14.3	6.2	2255.7	40%～50%	10
合肥	31°52′	11.272	4122.817	11.873	4341.379	15.4	5.4	1971.3	≤40%	15
武汉	30°37′	11.466	4192.960	11.869	4339.349	16.5	5.5	1900.2	≤40%	15
宜昌	30°42′	10.628	3887.618	10.852	3968.500	16.6	4.4	1616.5	≤40%	15
长沙	18°14′	10.882	3984.009	11.061	4048.902	17.1	4.5	1636.0	≤40%	15
南昌	28°36′	11.792	4316.409	12.158	4449.184	17.5	5.2	1885.2	40%～50%	10
南京	32°00′	12.156	444.666	12.898	4714.471	15.4	5.6	2049.3	40%～50%	10

续表

城市名称	纬度	H_{ha}	H_{ht}	H_{La}	H_{Lt}	T_a	S_y	S_t	f	N
上海	31°10′	12.300	4497.261	12.904	4716.445	16.0	5.5	1997.5	40%～50%	10
杭州	30°14′	11.117	4068.653	11.621	4252.141	16.5	5.0	1819.9	≤40%	15
福州	26°05′	11.772	4307.124	12.128	4436.527	19.6	4.6	1665.5	40%～50%	10
广州	23°08′	11.216	4102.517	11.512	4210.564	22.2	4.6	1687.4	≤40%	15
韶关	24°48′	11.677	4274.501	11.981	4384.906	20.3	4.6	1665.8	40%～50%	10
南宁	22°49′	12.690	4642.457	12.878	4677.737	22.1	4.5	1640.1	40%～50%	10
桂林	25°20′	10.756	3936.810	10.999	4025.320	19.0	4.2	1535.0	≤40%	15
昆明	25°01′	14.633	5337.074	15.551	5669.130	15.1	6.2	2272.3	40%～50%	10
贵阳	26°35′	9.548	3493.043	9.654	3530.934	15.4	3.3	1189.9	≤40%	15
成都	30°40′	9.402	3438.352	9.305	3402.674	16.1	3.0	1109.1	≤40%	15
重庆	29°33′	8.669	3174.724	8.552	3131.848	18.3	3.0	1101.6	≤40%	15
拉萨	29°40′	19.843	7246.092	22.022	8038.284	8.2	8.6	3130.4	≥60%	5
西宁	36°37′	15.636	5712.065	17.336	6329.704	6.5	7.6	2776.0	50%～60%	8
格尔木	26°25′	19.238	7029.169	21.785	7955.565	5.5	8.7	3190.1	≥60%	5
兰州	36°03′	14.322	5232.783	15.135	5526.917	9.8	6.9	2509.3	40%～50%	10
银川	28°29′	16.507	6030.888	18.465	6742.000	8.9	8.3	3011.4	50%～60%	8
乌鲁木齐	43°47′	13.884	5078.441	15.726	5748.627	6.9	7.3	2662.1	40%～50%	10
喀什	39°29′	15.522	5673.439	16.911	6178.789	11.9	7.7	2825.7	50%～60%	8
哈密	42°49′	17.229	6296.969	20.238	7390.591	10.1	9.0	3300.1	50%～60%	8
漠河	52°58′	12.935	4727.574	17.147	6254.374	−4.3	6.7	2434.7	40%～50%	10
黑河	50°15′	12.732	4651.737	16.253	5929.060	0.4	7.6	2761.8	40%～50%	10
佳木斯	46°49′	12.019	4391.131	14.689	5360.745	3.6	6.9	2526.4	40%～50%	10
阿泰	47°44′	14.943	5462.996	18.157	6631.225	4.5	8.5	3092.6	50%～60%	8
奇台	44°01′	14.927	5456.112	17.489	6387.316	5.2	8.5	3087.1	50%～60%	8
吐鲁番	42°56′	15.244	5573.030	17.114	6251.978	14.4	8.3	3104.9	50%～60%	8
库车	41°48′	15.770	5763.318	17.639	6443.517	11.3	7.7	2804.0	50%～60%	8
若羌	39°02′	16.674	6093.686	18.260	6670.228	11.7	8.8	3202.6	50%～60%	8
和田	37°08′	15.707	5739.433	17.302	6221.590	12.5	7.3	2674.1	50%～60%	8

续表

城市名称	纬度	H_{ha}	H_{ht}	H_{La}	H_{Lt}	T_a	S_y	S_t	f	N
额济纳旗	41°57′	17.884	6535.737	21.501	7850.923	8.9	9.6	3516.2	50%～60%	8
敦煌	40°09′	17.480	6388.071	19.922	7276.161	9.5	9.2	3373.1	50%～60%	8
民勤	38°38′	15.928	5818.724	17.991	6568.829	8.3	8.7	3172.6	50%～60%	8
伊金霍洛旗	39°34′	15.438	5639.461	17.973	6561.603	6.3	8.7	3161.5	50%～60%	8
太原	37°47′	14.394	5259.107	15815	5774.411	10.0	7.1	2587.7	40%～50%	10
侯马	35°39′	13.791	5039.715	14.816	5411.905	12.9	6.7	2455.6	40%～50%	10
烟台	37°32′	13.428	4905.477	14.792	5400.072	12.6	7.6	2756.4	40%～50%	10
噶尔	32°30′	19.013	6943.190	21.717	7926.455	0.4	10.0	3656.2	≥60%	5
那曲	31°29′	15.423	5633.032	17.013	6211.557	−1.2	8.0	2911.8	50%～60%	8
玉树	33°01′	15.797	5771.158	17.439	6368.517	3.2	7.1	2590.6	50%～60%	8
昌都	31°09′	16.415	5995.896	18.082	6602.136	7.6	6.9	2502.0	50%～60%	8
绵阳	31°28′	10.049	3675.079	10.051	3675.106	16.2	3.2	1182.2	≤40%	15
峨眉山	29°31′	11.757	4290.836	12.621	4604.691	3.1	3.9	1437.6	40%～50%	10
乐山	29°30′	9.448	3455.720	9.732	3426.930	17.2	3.0	1080.5	≤40%	15
威宁	26°51′	12.793	4671.782	13.492	4924.531	10.4	5.0	1837.9	40%～50%	10
腾冲	25°01′	14.960	5457.679	16.148	5889.004	15.1	5.8	2107.2	50%～60%	8
景洪	22°00′	15.170	5532.070	15.768	5747.762	22.3	6.0	2197.2	50%～60%	8
蒙自	23°23′	14.621	5334.100	15.247	5559.737	18.6	6.1	2227.6	40%～50%	10
南充	30°48′	9.946	3639.914	9.939	3636.549	17.3	3.2	1177.2	≤40%	15
万县	30°46′	9.653	3533.956	9.655	3534.288	18.0	3.6	1302.3	≤40%	15
泸州	28°53′	8.807	3225.726	8.770	3211.848	17.7	3.2	1183.1	≤40%	15
遵义	27°41′	8.797	3221.330	8.685	3179.993	15.3	3.0	1093.1	≤40%	15
赣州	25°51′	12.163	4453.617	12.481	4567.442	19.4	5.0	1826.9	40%～50%	10
慈溪	30°16′	12.202	4463.771	12.804	4682.430	16.2	5.5	2003.5	40%～50%	10
汕头	23°24′	12.921	4725.103	13.293	4860.517	21.5	5.6	2044.1	40%～50%	10
海口	20°02′	12.912	4721.413	13.018	4759.480	24.1	5.9	2139.0	40%～50%	10
三亚	18°14′	16.627	6074.573	16.956	6193.388	25.8	7.0	2546.8	50%～60%	8

注：H_{ha}为水平面年平均日辐照量[MJ/(m^2·d)]；H_{ht}为水平面年总辐照量[MJ/(m^2·a)]；H_{La}为当地维度倾角平面年平均日辐照量[MJ/(m^2·d)]；H_{Lt}为当地维度倾角平面年总辐照量[MJ/(m^2·a)]；T_a为年平均环境温度(℃)；S_y为年平均每日的日照小时数(h)；S_t为年总日照小时数(h)；f为年太阳能保证率推荐范围；N为回收年限允许值(a)。

3.5.3.5 太阳能集热器的定位

(1)集热器安装方位(集热器采光面法线)宜朝向正南，不可能时可在南偏东、西 30°以内布置，但宜适当增加集热面积，增加集热面积的详细计算参见国家建筑标准设计图集《太阳能集中热水系统选用与安装》06SS128 中有关计算内容。

(2)集热器与地面倾角 θ：

侧重夏季使用者：$\theta = \Phi - (5° \sim 10°)$

全年使用者：$\theta = \Phi$

侧重冬季使用者：$\theta = \Phi + (5° \sim 10°)$

式中 Φ——地理纬度(°)。

(3)集热器前后排间距

集热器成两排或两排以上安装时，集热器之间的距离应大于日照间距，避免相互遮挡。集热器前后排之间的最小距离 D 计算方法为：

$$D = H \times \cot\alpha_s \cos\gamma_0 \quad (3\text{-}38)$$

式中 D——集热器与遮光物或集热器前后排的最小距离(m)；

H——遮光物最高点与集热器最低点的垂直距离(m)；

α_s——计算时刻的太阳高度角；

γ_0——计算时刻太阳光线在水平面上的投影线与集热器表面法线在水平面上的投影线之间的夹角。

计算时刻的太阳高度角 α_s 按照式(3-39)计算：

$$\sin\alpha_s = \sin\Phi\sin\delta + \cos\Phi\cos\delta\cos\omega \quad (3\text{-}39)$$

式中 Φ——地理纬度(°)；

δ——太阳赤纬角(°)；

ω——太阳时角(°)。

春分、秋分时 $\delta=0$，其他时间 δ 应按照式(3-40)计算：

$$\delta = 23.45\sin\left[360 \times (284 + n)/365\right] \quad (3\text{-}40)$$

n——一年中的日期序号，即第 n 天。

$$\omega = m \times 15 \quad (3\text{-}41)$$

m 为偏离正午的时间(h)，上午取负值，下午取正值，计算时刻的选取如下：

1)全年运行系统：选春分/秋分日的 9：00 或 15：00；

2)主要在春、夏、秋三季运行的系统：选春分/秋分日的 8：00 或 16：00；

3)主要在冬季运行的系统：选冬至日的 10：00 或 14：00；

4)集热器安装方位为南偏东时，选上午时刻；南偏西时，选下午时刻。

太阳方位角 α 按照式(3-42)计算：

$$\sin\alpha = \cos\delta\sin\omega/\cos\alpha_s \quad (3\text{-}42)$$

(4)集热器的连接

集热器可通过并联、串联和串并联等方式连接成集热器组，并应符合下列要求：

自然循环集热系统，集热器不应串联，应采用并联连接方式，且每个集热器组连接集热器数目不得超过 16 个或总集热面积不大于 32m²；强制循环集热系统，集热器宜并联连接，当条件限制采用串联连接时，串联集热器个数不得超过 3 个。

集热器组应采用并联连接，各集热器组包含的集热器数，应相同。自然循环系统全部集热器的数量不宜超过24个或总面积不宜超过48m^2；连接集热器组的进、出水管道宜同程布置，不能满足时，应在各集热器组集热出水管上安装平衡阀来调节流量平衡。

3.5.3.6　设计计算

(1)太阳能集热器总面积的确定

1)局部热水供应时的集热器面积：

局部热水供应的太阳集热器面积可按式(3-43)计算，

$$A_s = \frac{q_{rd}}{q_s} \tag{3-43}$$

式中　A_s——太阳能集热器集热面积(m^2/人)；

q_{rd}——日用60℃热水量[L/(人·d)]可按表3-1用水定额中低限值选用；

q_s——集热器日产热热水量[L/(m^2·d)]，q_s 通过检测的产品样本提供，亦可参考表3-30取值。

不同太阳能条件下的集热器日产热水量　　**表3-30**

等级	太阳能条件	单位集热面积产45～50℃热水量（L）
Ⅰ	资源丰富区	70～100
Ⅱ	资源较富区	60～70
Ⅲ	资源一般区	50～60
Ⅳ	资源贫乏区	40～50

2）集中供应热水系统的集热器面积：

①直接制备供给热水时，其集热器总面积按式（3-44）计算：

$$A_{jz} = \frac{q_{rd} C \rho_r (t_z - t_c) f}{J_t \eta_j (1 - \eta_l)} \tag{3-44}$$

式中　A_{jz}——直接式集热器总面积（m^2）；

C——水的比热容[kJ/(kg·℃)]，C＝4.187kJ/(kg·℃)；

f——太阳能保证率，无量纲，根据系统使用期内的太阳辐照、系统经济性及用户要求等因素综合考虑后确定，一般取 f＝0.30～0.8，并可参照表3-31选值；

不同地区太阳能保证率的选值范围　　**表3-31**

资源区划	年太阳辐照量[MJ/(m^2·a)]	太阳能保证率
Ⅰ资源丰富区	≥6700	≥60%
Ⅱ资源较富区	5400～6700	50%～60%
Ⅲ资源一般区	4200～5400	40%～50%
Ⅳ资源贫乏区	＜4200	≤40%

注：本表摘自《民用建筑太阳能系统工程技术手册》。

J_t——当地集热器采光面上的年平均日太阳辐照量[kJ/(m^2·d)]，可根据表3-29中的 H_{ha} 确定；

η_j ——集热器年平均集热效率，无量纲，按集热器产品实测数据确定，经验值为 η_j =0.45～0.50；

η_l ——系统热损失系数，η_l =0.15～0.3。

②间接换热供给热水时，可按式（3-45）计算：

$$A_{jj} = A_{jz}\left[1+\frac{F_R U_L \cdot A_{jz}}{K \cdot F_{jr}}\right] \tag{3-45}$$

式中 A_{jj} ——间接加热集热器集热总面积（m^2）；

$F_R U_L$ ——集热器热损失系数[kJ/(m^2 · ℃ · h)]，平板型可取 14.4～21.6kJ/(m^2 · ℃ · h)，真空管型可取 3.6～7.2kJ/(m^2 · ℃ · h)，具体数值根据集热器产品的实测结果确定；

K——水加热器传热系数[kJ/(m^2 · ℃ · h)]；

F_{jr} ——水加热器加热面积(m^2)。

（2）贮热水箱

太阳能热水系统的贮热水箱必须保温。太阳能热水系统贮水箱的容积既与太阳能集热器总面积有关，也与热水系统所服务的建筑物的要求有关，贮水箱的设计对太阳能集热系统的效率和整个热水系统的性能都有重要影响。

1）贮热水箱的贮水容积按式（3-46）计算：

$$V_r = q_{rjd} \cdot A_j \tag{3-46}$$

式中 V_r ——贮水箱有效容积（L）；

A_j ——集热器总面积（m^2）；

q_{rjd} ——集热器单位采光面积平均每日产热水量[L/(m^2 · d)]，根据集热器产品的实测结果确定。无条件时，根据当地太阳辐照量、集热器集热性能、集热面积的大小等因素按下列原则确定：直接供水系统 q_{rjd} =40～100L/(m^2 · d)；间接供水系统 q_{rjd} =30～70L/(m^2 · d)。

直接加热系统亦可按表 3-30 给出的集热器日产水量计算。

2）贮热水箱的配管、排气

①集热水箱应按图 3-7 所示的接管，其中辅热部分一般设在供热水箱或水加热器内，只有局部供热水或小系统集中供热水时可设在贮热水箱内。

②接管管口管径计算（表 3-32）：

集热水箱配管管径选择 表 3-32

管口名称	冷水补水管 D_1	集热器供水管 D_2	集热器回水管 D_3	热水供水管 D_4	溢流管 D_5	排污管 D_6
管径 DN	按 Q_h（设计小时流量）选	按 q_x（集热器循环泵流量）选	$D_3=D_2$	$D_4=D_1$ 或按 q_s（系统设计秒流量）选	D_5 比 D_1 大 1～2 号	D_6 比 D_1 小 1～2 号

注：1. 热水供管直接与热水系统连接时，D_4 应按系统设计秒流量 q_s 配管，当其通过供热水箱直接供水时可按 D_1 配管；

2. 当在贮热水箱内设辅助加热盘管时，其配管应经计算确定，详见本节辅热部分设计计算条款；

3. 溢水管出口处应加不锈钢或铜制防虫网罩。

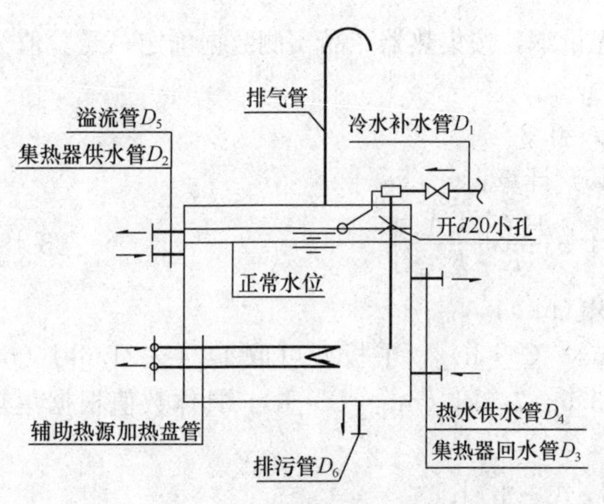

图 3-7　贮热水箱配管原理

③集热水箱排气管的设置：

a. 排气管管径宜比同容积冷水箱的通气管管径大 1～2 号。

b. 排气管管材宜采用不锈钢管，其出口应作不锈钢或铜制防虫网罩。

c. 排气管出口宜接至合适位置以尽量减少其对环境的热气污染。

d. 设有集热水箱的设备间应加强排气措施。

(3) 集热循环泵的设计计算

1) 集热循环泵流量按式 (3-47) 计算：

$$q_x = q_{gz} \cdot A_j \tag{3-47}$$

式中　q_x——集热系统循环流量 (L/s)；

q_{gz}——单位采光面积集热器对应的工质流量[L/(s·m^2)]，应按集热器产品实测数据确定，无条件时，可取 0.015～0.02L/(s·m^2)；

A_j——集热器总面积(m^2)。

2)开式直接加热太阳能集热系统循环泵的扬程按式(3-48)计算：

$$H_x = h_p + h_j + h_z + h_f \tag{3-48}$$

式中　H_x——循环泵扬程(kPa)；

h_p——集热系统循环管道的沿程与局部阻力损失(kPa)；

h_j——循环流量流经集热器的阻力损失(kPa)；

h_z——集热器与贮热水箱之间的几何高差(kPa)；

h_f——附加压力(kPa)，一般取 20～50kPa。

3)闭式间接加热太阳能集热系统循环泵的扬程按式(3-49)计算：

$$H_x = h_p + h_e + h_z + h_f \tag{3-49}$$

式中　h_e——循环流量经间接换热设备的阻力损失(kPa)。

4)循环泵应选用热水泵，水泵壳体承受的工作压力不得小于其承受的静水压力加水泵扬程；循环泵可由设在集热器出水干管与循环泵吸水管上的温度传感器之温差控制，一般设置为：当温差大于等于 5℃时启泵，温差小于 2℃时停泵；循环泵宜设备用泵，交替运行；循环泵宜靠近贮热水箱设置，并应设减震防噪装置。

(4)间接换热供水系统换热器的设计计算

1)经换热器加热冷水制备生活热水供水时，换热设备应根据水质硬度、冷热水系统压力平衡要求、系统型式、系统大小等，经技术经济比较后确定。

①水质总硬度大于 150mg/L(以 $CaCO_3$ 计)时，且冷热水压力平衡要求较高的系统宜选择半容积式、导流型容积式水加热器。

②水质总硬度不大于 150mg/L(以 $CaCO_3$ 计)时，可选择板式换热器、快速换热器配贮热水箱（罐）集贮热水。

2) 经换热器循环集热制备热媒水时，宜选用板式换热器等快速高效换热设备。

3）集热系统换热设备的换热面积按式（3-50）计算：

$$F_r = \frac{C_r Q_z}{\varepsilon K \Delta T_j} \tag{3-50}$$

式中 F_r——换热面积（m^2）；

C_r——集热系统热损失系数，一般为 1.1～1.15；

ε——由水垢和热媒分布不均匀影响传热效果的系数，一般取 0.6～0.8；

K——换热器传热系数[kJ/(m^2·℃·h)]，见表 3-21；

ΔT_j——热媒与被加热水的计算温度差（℃），可按 5～10℃取值；

Q_z——集热器集热时间段内小时集热量（kJ/h）。

4）Q_z 可按式（3-51）计算：

$$Q_z = \frac{K_t f q_{rd} (t_r - t_L) C \rho_r}{S_y} \tag{3-51}$$

式中 K_t——太阳辐照时变化系数，一般取 1.5～1.8；

S_y——年平均日日照小时数（h/d），应按集热器布置是否有被遮挡时段确定，当无遮挡时，S_y =6～8h/d；

q_{rd}——设计日热水量（L/d）；

f——太阳能保证率，无量纲，根据系统使用期内的太阳辐照、系统经济性及用户要求等因素综合考虑后确定，一般取 f=0.30～0.8，并可参照表 3-31 选值。

5）换热器的数量不宜少于两台，一台检修时，其余各台的总换热能力不得小于集热器产热量的 50%。换热器的换热面积越大，越有利于充分利用太阳能；但是面积加大，初投资会增加，所以，换热器换热面积最好通过技术经济比较确定。

6）以太阳能集热水为热媒，经换热设备制备生活热水时（如表 3-14 中“间接换热供水”部分图示），其换热器的设计计算与常规热源的设计计算相同，详见 3.5.2.2 节中（3）、3）中⑤“计算水加热器的加热面积”的相关计算。

（5）辅助加热设备的设计计算

1）太阳能属于不稳定、低密度热源，因此无论是局部供应热水还是集中供应热水系统均宜设置辅助热源及其加热设施。

2）辅助加热设备的热源可因地制宜的选择城市或区域热网、电、燃气、燃油、热泵等。

3）辅助热源应按 3.4.1.2 节所述的耗热量设计计算要求计算。其设计小时供热量应根据水加热设备的型式，按 3.4.3 节所述供热量设计计算。辅助热源加热设备的热媒耗量应根据热媒的种类，按 3.4.4 节所述热媒耗量设计计算。

4）辅助加热的方式：

①局部供应热水设备、小型集中热水供应系统及冷水总硬度小于等于 150mg/L（以 $CaCO_3$ 计）的集中热水供应系统可采用直接加热的方式。

②太阳能热水器采用电能直接辅助加热时，电热元件应放在热水器的下部。

③冷水总硬度大于 150mg/L（以 $CaCO_3$ 计）的集中热水供应系统宜采用间接加热的方式。

④采用在供热水箱中设换热盘管间接辅助加热水箱中被加热水时，为提高换热效果换热盘管宜以四行程布置，不宜以二行程布置。

热水箱中换热盘管的传热系数参见表3-33。

热水箱中换热盘管的传热系数 *K* 值　**表 3-33**

换热盘管类型	热媒为0.1～0.6MPa饱和蒸汽		热媒为70～150℃热水	
	传热系数 K [kJ/(m²·℃·h)]	热媒出口温度 t_{mz}(℃)	传热系数 K [kJ/(m²·℃·h)]	热媒出口温度 t_{mz}(℃)
二行程U型管	2910～3130	＞100	1370～1476	60～120
四行程U型管	3060～3780	60～95	1980～3420	55～110

5）为了保证生活热水的供应质量，辅助热源及水加热设备的选型应该按照热水供应系统的负荷选取，暂不考虑太阳能的份额。

6）辅助热源应在保证太阳能集热量充分利用的条件下根据不同的热水供应方式采用合理的自动控制或手动控制。

3.5.4　热泵热水系统的加热、贮热设备

3.5.4.1　概述

（1）热泵的分类

热泵根据所利用的热源分为地源热泵、空气源热泵、污水源热泵和空调冷冻水为热源的水源热泵。

地源热泵又分为地埋管地源热泵、地下水源热泵和地表水源热泵。

（2）近年来在我国生活热水系统中应用较多的是地下水源热泵和空调冷冻水为热源的水源热泵，空气源热泵主要在游泳馆中有所应用，也有一些小型家用或商业用空气源热泵产品。

水源热泵是吸取地下水、污水、海水等低温热能，或以水作为媒介提取其他低温热源的热能，经过机组升温后输出高温热水的机组。可用于大中型的系统中。

空气源热泵受空气温、湿度变化的影响较大，一般用于长江以南地区的小型系统中。在最冷月平均气温≥10℃的地区采用空气源热泵供给生活热水系统时，可不设辅助热源；在最冷月平均气温＜10℃且≥0℃的地区采用空气源热泵供给生活热水系统时，应设辅助热源。辅助热源应经技术经济比较后确定。机组的耗电量大，价格也高，选型时应优选机组性能系数较高的产品，以降低投资和运行成本。另外，机组大多安装在屋顶或室外，应考虑机组噪声对周边建筑环境的影响。

3.5.4.2　热泵工作原理

在自然界中，水总由高处流向低处，热量也总是从高温传向低温。但人们可以用水泵把水从低处提升到高处，从而实现水的由低处向高处流动，热泵同样可以把热量从低温传递到高温。所以热泵是一种利用高位能使热量从低位热源流向高位热源的装置。热泵也就像水泵那样，可以把不能直接利用的低位热源（如空气、土壤、水）中所含的热能、太阳能、工业废热等转换为可以利用的高位热能，从而达到节约部分高位能（如煤、燃气、油、电等）的目的。热泵虽然消耗了一定的高位能，但它所供给的热量却是所消耗的高位

能和吸取的低位能之和，故采用热泵装置可以节约高位能。热泵工作原理如图 3-8 所示。

我国《采暖通风与空气调节术语标准》GB 50155 中对“热泵”的解释是“能实现蒸发器和冷凝器功能转换的制冷机”，即“热泵”就是制冷机。热泵热水器运用逆卡诺循环原理，通过压缩机做功，使气态工质温度及压力升高，气态工质与冷水在热交换器中进行热量交换，这一过程工质放热发生由气态到液态的相变，冷水吸收工质的热量逐步升温变成热水，液态工质经膨胀阀节流后吸收空气或水的热量，空气或水因放热温度降低，这一过程工质吸热发生由液态到气态的相变。这一往复循环相变过程不断吸热和放热，由吸热装置吸取空气或水中的热量，经过热交换器使冷水逐步升温，制取的热水通过水循环系统送至用户。空气源热泵的工作原理如图 3-9 所示。

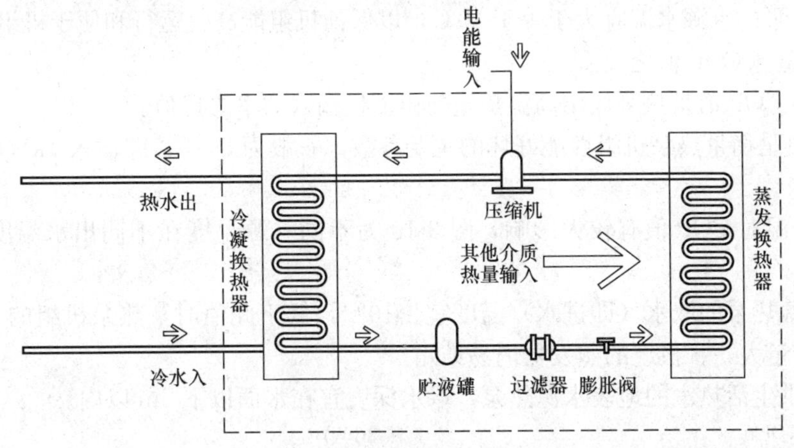

图 3-8 热泵工作原理

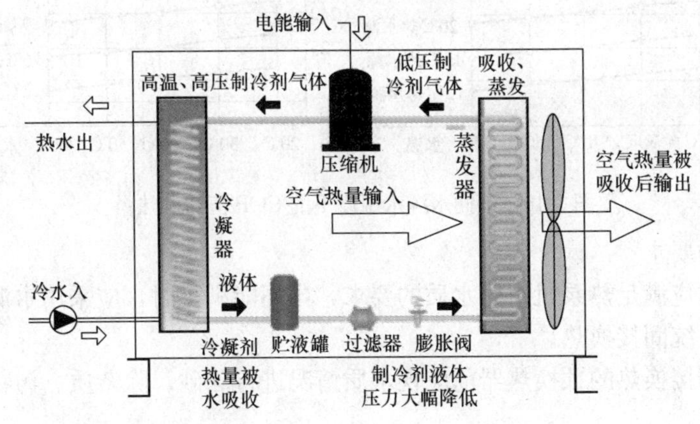

图 3-9 空气源热泵的工作原理

3.5.4.3 水源热泵设计要点

(1) 水源要求

1) 作为热泵的水源供水应满足其换热量的要求，供水水量与水温稳定。

2) 采用地下水为热源时，必须取得当地水务主管部门的批准。

3) 作为热泵水源的深井数量应大于等于 2 个，经换热的地下水应采取可靠的回灌措施，确保换热后的地下水全部回灌到同一含水层，回灌水不得对地下水源造成污染，严禁换热后的地下水直流排放。

4）取水井与回灌井宜一对一布置，定期互换运行，取水井的取水量应按回灌量计算，回灌井的回灌量一般为取水量的2/3。

5）采用多井取水时，应由水文地质勘察合理确定井位，避免多井同时取水，相互干扰，达不到设计取水量。

6）在地表水为热源时，取水口宜位于水下5m，以保证水温稳定；取水口应远离回水口，并宜位于回水口的上游。

7）地表水源的热负荷约为40kJ/(m^2·K)。

(2) 水温的要求

水源热泵的水源水温宜大于等于10℃，以保证机组能高效运行和便于机组的维护。

1）水温与COP值之关系

热泵的COP值是热泵放出高温热量与压缩机输入功率之比值。

COP值是衡量热泵机组性能好坏的主要参数，一般为3～5；即输入1kW电能产生3～5kW热量。

水源水温对COP值有较大影响，图3-10为不同水源温度在不同出水温度下的COP值及产热量。

2）水源热泵的取水（即进水）温度宜≥10℃，低于此值时，热泵机组的COP值低，即相对耗电量大，且机组的蒸发器内易结霜。

3）专供生活热水的地表水源热泵，取水深度宜在水面以下5m以内。

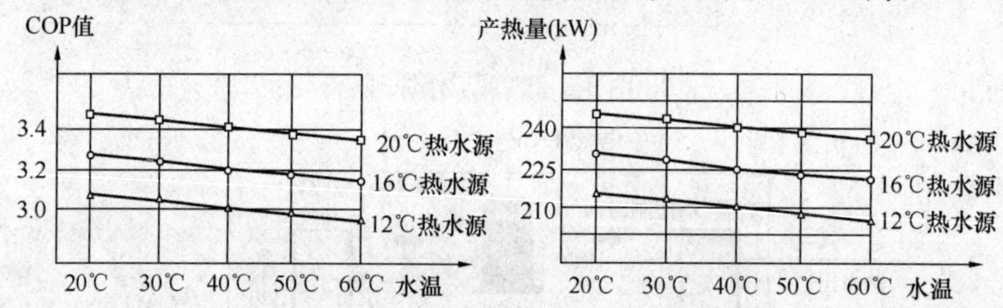

图3-10　不同水源水温度下的COP值与产热量

(3) 水质的要求

水源的水质应满足热泵机组对水质的要求，当不能满足时，应采用水源不直接进入热泵机组的闭式系统间接换热。

水源进入间接换热的预换热器前应视水质情况进行除砂、除杂质、污物、灭藻等机械过滤及药剂处理。

水源的水质与热泵机组设备选型、配置有密切关系，因此在确定选用水源热泵制备生活热水时除了应掌握上述的水量、水温资料外，还应掌握水源的水质分析资料。地下水中通常含有7种具有腐蚀性的成分，表3-34列入了7种成分及其对管道设备构筑物的影响。

地下水中含有的腐蚀性成分及主要影响　　**表3-34**

腐蚀成分	主要影响
氧气	对碳钢和低合金钢具有极大的腐蚀作用：0.03mg/L的含量可以使钢的腐蚀速度增加4倍当含量超过0.05mg/L时将对管路产生严重的危害

续表

腐蚀成分	主要影响
氢离子影响一些铜合金中的硫的裂化反应（pH 值）	1. 在没有空气的循环水中，腐蚀铁的阴极反应主要是氢离子造成的，当 pH 值大于 8 时腐蚀速度会明显降低； 2. 较低的 pH 值（≤5）会使高强度低合金钢中硫加速裂化，并且使其他合金元素与铁发生耦合，低 pH 值会使不锈钢失去钝性； 3. 酸还会腐蚀水泥
碳氧化物（被溶解的二氧化碳，碳酸氢离子，碳酸根离子）	1. 被溶解的碳酸根能降低 pH 值，加速氧化及对高强度低合金钢的腐蚀； 2. 溶解的碳酸根离子使质子选择了较近的路径，从而加剧了碳化程度和高强度低合金钢的腐蚀使硫的裂化加剧
氢的硫化物（硫化氢，二氧化硫，硫酸根离子）	能够有效的抑制阴极反应，但使高强度低合金钢中的硫加速裂化，并使其他合金元素和铁发生耦合会对镍铜合金发生较严重的腐蚀
氨（氨气和氨离子）	影响一些铜合金中的硫的裂化反应
氯离子	在很大程度上促进了碳的腐蚀，比如高强度低合金钢、不锈钢和其他金属氯化物对硫的裂化反应影响会小些，但对于每一种金属的影响也是不同的
硫酸根离子	主要对水泥起腐蚀作用

3.5.4.4 设计计算

水源热泵部分的水源、预换热器、热泵机组的设计计算及设备和配套设施的选型等均由设备商负责，设计者一般只负责“热泵”机组之后的水加热、贮热及供热系统的设计计算。下面结合图示系统（图 3-11）的设计计算其中水源、预换热器、热泵机组部分仅供设计者方案设计时估算用。

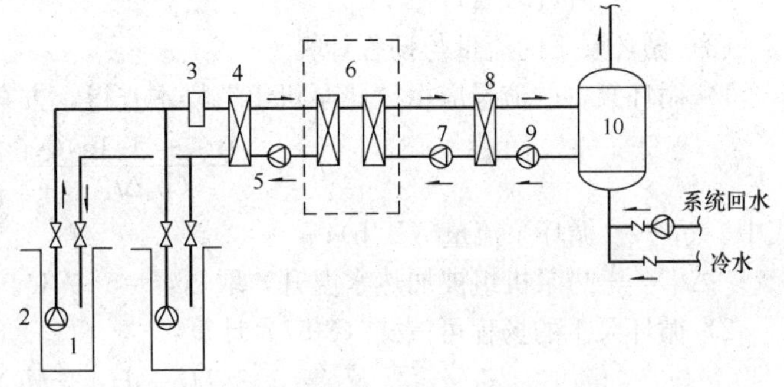

图 3-11 地下水源热泵机组供热水流程

1—深井；2—深井泵；3—出砂器；4—板式换热器；5—循环泵 1；6—热泵机组；7—循环泵 2；8—板式换热器；9—循环泵 3；10—贮热水罐

(1) 水源取水量

水源取水量由设备商依照“机组”性能及系统耗热量、贮热设备容积及每日工作时间综合确定。

方案设计时，设计者可按式（3-52）估算水源取水量：

$$q_j = \frac{\left(1 - \frac{1}{COP}\right) Q_g}{C \Delta t_{ju} \rho_v} \tag{3-52}$$

式中 q_j ——深井小时出水量（L/h）；

COP——热泵性能参数，其值由设备商提供（方案设计时可按 COP≈3）；

Q_g ——热泵机组设计小时供热量（kJ/h）；

$$Q_g = \frac{(1.05 \sim 1.10) Q_d}{T_h} \tag{3-53}$$

Q_d ——最高日耗热量（kJ/d）；

T_h ——热泵设计工作时间（h/d），$T = 12 \sim 20$h；

Δt_{ju}——水源水进、出预换热器或热泵机组时的温差，$\Delta t_{ju}\approx6\sim8$℃；

C——水的比热容［kJ/（kg·℃）］，$C=4.187$kJ/(kg·℃)；

ρ_v——水源水的平均密度(kg/L)，$\rho_v\approx1$kg/L。

（2）预换热器换热面积计算

预换热器一般采用板式快速换热器，方案设计时设计者可按式（3-54）核算换热面积。

$$F_j=\frac{(1.1\sim1.15)Q_j}{\varepsilon_1 K\Delta T_j} \tag{3-54}$$

式中　F_j——换热面积（m^2）；

Q_j——深井水源小时供热量（kJ/h）。

$$Q_j=(1-\frac{1}{COP})Q_g \tag{3-55}$$

ε_1——传热效率影响系数，$\varepsilon_1=0.8\sim0.9$；

K——预热换热的传热系数[kJ/(m^2·℃·h)]，当采用板式换热器时，可取 $K=7200\sim10800$kJ/(m^2·℃·h)；

ΔT_j——水源水与热泵机组被加热水的计算温度差（℃），由设备商提供，方案设计时可取 $\Delta T_j=5$℃。

（3）循环泵1的流量与扬程计算

1）循环泵1的流量应由“热泵机组”样本查得，方案设计时亦可按式（3-56）计算：

$$q_1=\frac{(1.1\sim1.15)Q_j}{C\rho_r\Delta t_1} \tag{3-56}$$

式中　q_1——循环泵流量（L/h）；

Δt_1——热泵机组被加热水温升，取 $\Delta t_1=5\sim7$℃。

2）循环泵1的扬程可按式（3-57）计算：

$$H_1=1.3(H_b+H_E+H_p) \tag{3-57}$$

式中　H_1——循环泵1扬程（MPa）；

H_b——板式换热器阻力损失，一般取 $H_b\approx0.05$MPa；

H_E——热泵机组内蒸发器阻力损失，由设备商提供；

H_p——连接管道阻力损失。

（4）热泵机组的选型计算

1）依 Q_g 的大小，使用要求选择热泵机组。

高级宾馆、居住小区等对热水供应条件要求较高系统较大的建筑应选用2台及2台以上热泵机组，热泵机组设计小时供热量之和可按$\geqslant Q_g$ 确定，即可不考虑专设备用机组。

对热水供应要求不高或集中热水供应系统规模不大的一般建筑宜设2台热泵机组，不考虑备用。小规模的热水供应系统可只设1台热泵机组。

2）依 Q_g 及台数选择热泵机组，并查得电源、输入电功率及水侧压降，进出水温度等参数。

（5）制备热水用水加热器的设计计算

1）当采用板式换热器配贮热水箱（罐）时，板式换热器的换热面积按式（3-58）计算：

$$F_j=\frac{(1.1\sim1.15)Q_j}{3.6\varepsilon_2 K\Delta T_j} \tag{3-58}$$

式中 F_j——换热面积（m^2）；

ε_2——传热效率影响系数，$\varepsilon_2=0.7\sim0.9$；

K——预热换热的传热系数[kJ/(m²·℃·h)]，当采用板式换热器时，可取 $K=7200\sim10800$kJ/(m²·℃·h)；

ΔT_j——热泵机组热媒水与被加热冷水的计算温度差(℃)，由设备商提供，方案设计时可取 $\Delta T_j=10$℃。

2）当采用容积式、导流型容积式、半容积式水加热器加热贮热热水时，水加热器贮热容积的传热面积按式（3-19）计算，其中 $\Delta t_j=10\sim20$℃。

（6）循环泵 2 的流量与扬程计算

1）循环泵 2 的流量应由“热泵机组”样本查得，方案设计时亦可按式（3-59）计算：

$$q_2=\frac{(1.1\sim1.15)Q_g}{C\rho_r\Delta t_2} \tag{3-59}$$

式中 q_2——循环流量（L/h）；

Q_g——“机组”平均小时供热量（kJ/h）；

Δt_2——热媒水温差，取 $\Delta t_2=5\sim10$℃。

2）循环泵 2 的扬程可按公式（3-57）计算：

其中 H_E——热泵机组冷凝器的阻力损失，由设备商提供。

（7）循环泵 3 的流量与扬程计算

循环泵 3 的流量 q_3、扬程 H_3 按式（3-60）、式（3-61）计算：

$$q_3=\frac{(1.1\sim1.15)Q_g}{C\rho_r\Delta t_3} \tag{3-60}$$

式中 Δt_3——被加热水温差 $\Delta t_3=5\sim10$℃；

$$H_3=1.3(H_b+H_p) \tag{3-61}$$

H_3——循环泵 3 的扬程；

H_b、H_p 取值同公式（3-57）。

（8）贮热水罐贮热水容积的计算：

全日制集中热水供应系统应根据日耗热量、热泵持续工作时间内耗热量等因素确定，当其因素不确定时宜按式（3-62）计算：

$$V_r=K_Z\frac{(Q_h-Q_g)T}{\eta(t_r-t_L)C\rho_r} \tag{3-62}$$

式中 Q_h——设计小时耗热量（kJ/h）；

Q_g——热泵机组设计小时供热量（kJ/h）；

V_r——贮热水箱（罐）有效容积（L）；

T——设计小时耗热量持续时间（h），一般取 2～4h；

η——有效贮热容积系数，见表 3-24；

t_r——热水温度（℃），按机组设计出水温度计算；

t_L——冷水温度（℃），可按表 3-6 采用；

ρ_r——温度为 t_r 时的热水密度（kg/L）；

K_Z——安全系数，$K_Z=1.10\sim1.20$。

注：当热泵机组采用夜间 12：00 到次日凌晨 6：00 供电低谷时段制备热水时，贮热水箱（罐）宜按贮存全日耗热量计算。

3.5.5　局部加热设备

常用的局部加热设备有太阳能热水器、燃气热水器、电热水器。有关太阳能热水器的选用及技术要求参见3.5.3节中“太阳能热水系统的设计计算”部分。

3.5.5.1　燃气热水器

（1）燃气的种类

1）按生产方式的不同有4种：天然气（直接从自然界获得的燃气，包括气井气、油田伴生气、矿井气等）；人工燃气（以煤或石油经加工而产生的燃气，包括炼焦燃气、发生炉燃气、水燃气等）；液化石油气（为煤油厂的副产品，在常温下加压至0.7～0.8MPa大气压即可液化）；混合燃气。

2）按燃气压力（表压）不同有：低压燃气（$P\leqslant 5$kPa）；中压燃气（5kPa$<P\leqslant$150kPa）；次高压燃气（150kPa$<P\leqslant$300kPa）；高压燃气（300kPa$<P\leqslant$800kPa）。

一般城市用加热器为低压燃气和中压燃气。居民生活和公共建筑用的加热器宜为低压燃气，工业企业生产用气设备一般采用低压燃气或中压燃气。

（2）燃气热水器的种类

1）快速式燃气热水器

快速式燃气热水器一般安装在用水点就地加热，可随时点燃并可立即取得热水，水在热水器本体流动时，主燃烧器点火，燃气燃烧将通过的水快速加热。具有热负荷较大、体积小、热效率高且能连续提供一定量的热水的特点。能供一个或几个配水点使用。常用于厨房、家庭淋浴器、医院手术室等局部热水供应。有多种定型产品，主要由燃烧器、燃烧室、加热盘管、传热片、安全控制装置、外壳和排烟罩等组成，见图3-12。

2）容积式燃气热水器

容积式燃气热水器具有一定的贮水容积，加热部分和贮热水箱成一体，可供几个配水点或整个管网供水。使用前需要预先加热。可用于住宅、公共建筑和工业企业的局部或集中热水供应系统。主要由燃烧器、燃烧室、点火装置、安全控制装置、温度调节器、温度计、压力表、防风排烟罩、贮水箱、烟管和折流板组成，见图3-13。

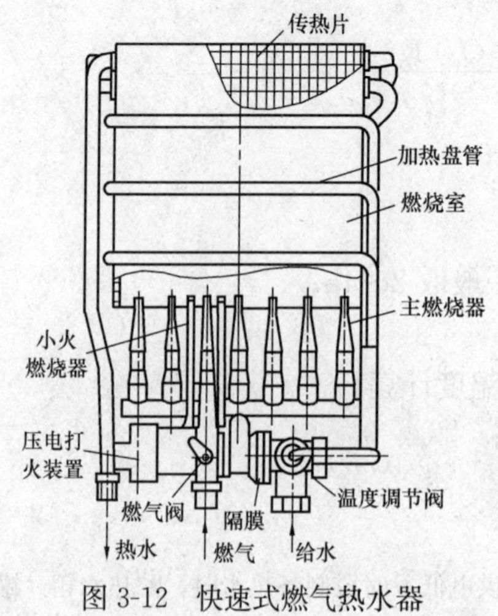

图3-12　快速式燃气热水器

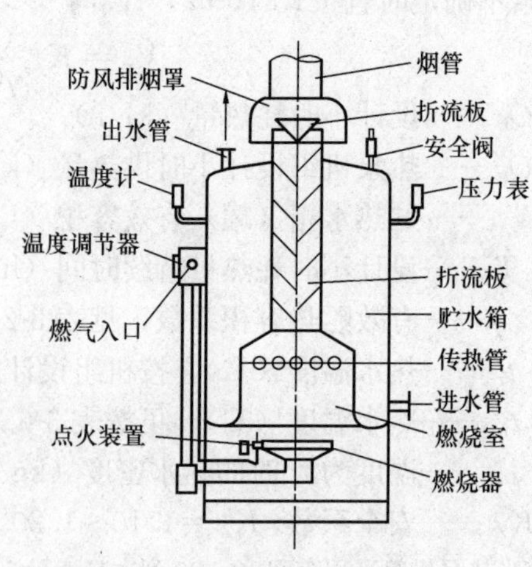

图3-13　容积式燃气热水器

(3) 燃气热水器分类

燃气快速式热水器和燃气容积式热水器按其排气方式和安装位置分为以下几种:

1) 烟道式

烟道式热水器是半封闭式结构,燃烧所需空气取自室内靠烟气和空气的温度差将烟气通过排气筒排到室外。排气压力很小,在无风状态或微风时能正常使用,风大时烟气会回流室内。

2) 强制排气式

强制排气式热水器是半封闭结构,燃烧所需空气取自室内,靠风机将烟气通过排气筒排到室外。抗风能力较强,一般5级、6级风不会影响热水器正常使用。设有风压过大安全装置和烟道堵塞安全装置。

3) 平衡式

平衡式热水器是密闭结构,燃烧室与室内空气隔离,靠自然抽力从室外吸取空气助燃,烟气排到室外。抗风能力强,安全性高。一般给排气筒设在热水器本体背部。

4) 强制给排气式

强制给排气式热水器是密闭式结构,燃烧室与室内空气隔离,靠风机从室外吸取空气助燃,烟气排到室外。抗风能力更强,安全性更高。给排气筒有多种构造,分别设在本体背部或上部(通过延长给排气筒穿墙到室外),适用不同安装部位。

(4) 燃气热水器的计算

燃具热负荷,按式(3-63)计算:

$$Q=\frac{KWC(t_2-t_1)}{\eta\tau} \tag{3-63}$$

式中 W——被加热水的质量(kg);

τ——被加热水升温所需时间(h);

t_2——水加热器的出水温度(℃);

t_1——水加热器的进水温度(℃);

C——水的比热容[kJ/(kg·℃)],C=4.187kJ/(kg·℃);

K——安全系数,取值1.28~1.40;

η——燃具热效率,对容积式水加热器 η 大于75%,快速式水加热器 η 大于70%,开水器 η 大于75%;

Q——燃具热负荷(kJ/h)。

燃气耗量按式(3-64)计算:

$$\phi=\frac{Q}{Q_d} \tag{3-64}$$

式中 Q_d——燃气干燥基的低发热值(kJ/m³),见表3-35。

(5) 对燃气热水器的基本要求及注意事项

1) 小型燃气热水器的基本要求:

①每台加热器应设有观察孔,以便观察小火和主燃烧器的燃烧情况。

②应采用主火的自动点燃、熄灭和安全保护装置,以防止燃气泄漏。

③燃气水加热器的燃烧器在0.5~1.5倍燃气额定压力范围内使用时,其燃烧热效率

不应低于55%（一般市售产品为75%～85%），当过剩空气系数α为1时，燃烧烟气中一氧化碳含量不应高于0.05%。

燃气主要性能 表3-35

燃气种类			相对密度	热值（kJ/m^3）	
				高热值	低热值
人工燃气	煤制气	炼焦燃气	0.3623	19835.5	17631.5
		直立炉气	0.4275	18059.0	164148.0
		混合燃气	0.5178	15423.0	13869.0
		发生炉燃气	0.8992	6008.0	5748.7
		水燃气	0.5418	11460.0	10391.0
	油制气	催化制气	0.4156	18486.0	16533.7
		热裂化制气	0.6116	37982.0	34806.0
天然气	四川干气		0.5750	40434.0	36470.0
	大庆石油伴生气		0.8954	528736.0	48420.0
	天津石油伴生气		0.7503	48114.0	43676.6
液化石油气	北京		1.9545	123773.0	115150.0
	大庆		1.9542	122377.0	113867.0

④每台热水器宜采用单独的烟道，当多台合用一个烟道时，应保证排气时互不影响。加热器不得和使用固体燃料的设备共用一套排烟设施。公共建筑内容易积聚燃气处，应设置防爆装置。

⑤排烟管道水平段长度不应大于3.0m，坡度不应小于0.01，并坡向加热器；高度不小于0.5m；弯头数量不得多于3个。

⑥居民生活用热水器连接的通气软管长度不宜超过2m，当使用液化石油气时，应采用耐油软管。

⑦热水器宜设置燃气压力调节器，以防燃气压力不稳定出现燃烧不完全或回火。

⑧容积式热水器宜设有温度调节器，水温高于设计要求时自动切断气源，低于设计要求时自动点火加热。还应设有水位计、温度计、泄水阀、安全阀或其他泄压装置。

2）设置燃气水加热器应注意事项：

①下列建筑物和部位，不得设置燃气热水器：工厂车间和旅馆单间的浴室内、疗养院休养所的浴室内、学校（食堂除外）、锅炉房的淋浴室内。

②燃气热水器应安装在通风良好的厨房或单独的房间内，当条件不具备时，也可安装在通风良好的过道内或阳台上，但不宜安装在室外。

③严禁在浴室内安装直排式燃气热水器等在使用空间内积聚有害气体的加热设备。

④热水器的安装房间应符合下列要求：a. 房间高度应大于2.5m；b. 热水器应安装在操作、检修方便、不宜被碰撞的地方，热水器前应有大于0.8m宽的空间；c. 热水器的安装高度以热水器的观火孔与人眼高度相齐为宜，一般为距地1.5m；d. 热水器应安装在不可燃材料的墙壁上，外壳距墙的净距不得小于20mm，如安装在可燃或难燃材料的墙壁上时应垫以隔热板，隔热板每边应比热水器外壳尺寸大100mm；e. 热水器与燃气表的水平

净距不得小于 300mm；f. 热水器的上部不得有电力照明线、电气设备和易燃物，热水器与电气设备的水平净距应大于 300mm。

⑤民用生活用气房间允许安装的燃气用具热负荷和换热次数，可按表 3-36 采用。

⑥燃气快速热水器的启动水压一般为 0.02～0.04MPa，适用水压一般为 0.02～1.00MPa，给水管道压力过低时应设置管道泵。容积式燃气热水器的给水管道上应设置止回阀，热水器上还应设置安全阀，安全阀的排水管道应通大气。

燃气用具热负荷与换热次数 **表 3-36**

房间换热次数（次/h）	1	2	3	4	5
允许热负荷[kJ/(m^3·h)]	1675	2094	2513	2931	3350

3)燃气水加热器的排烟应符合下列要求：

①安装平衡式热水器的房间外墙上,应有进、排气接口。

②烟道式排气热水器的自然排烟装置应符合下列要求:a. 在民用建筑中,安装热水器的房间应有单独的烟道,当设置单独烟道有困难时,也可共用烟道但排烟能力和抽力应满足要求;b. 热水器的安全排气罩上部,应有不小于 0.25m 的垂直上升烟气导管,导管直径不得小于热水器排烟口的直径;c. 烟道应有足够的抽力和排烟能力,热水器安全排气罩出口处的抽力(真空度)不得小于 3Pa(0.3mmH_2O);d. 热水器烟道上不得设闸板;e. 水平烟道应有 1%的坡度坡向热水器,水平烟道总长不得超过 3m;f. 烟囱出口的排烟温度不得低于露点温度;g. 烟囱出口应设风帽,其高度应高出建筑物的正压区;h. 烟囱出口均应高出屋面 0.5m,并应防止雨雪灌入。

3.5.5.2 电热水器

(1)常用电热水器

1)快速式电热水器

快速式电水加热器无贮水容积或贮水容积很小,不需要在使用前预先加热,在接通水路和电源后即可得到被加热的热水。使用安装方便、热损失小、容易调节出水温度、体积小,但耗电功率较大,目前市场上该种热水器种类较多,适合家庭和工业、公共建筑单体热水使用。

2)容积式电热水器

容积式电热水器具有一定的热水贮水容积、其容积可由 10L 到 10m^3,体型较大、用前需预先加热,当贮水达到所需水温时才开始使用,同时不断进入冷水补充或使用到一定程度后再进行第二次加热。一般适用于局部供水和管网供水系统。

(2)电热水器耗电功率计算

1)快速式电热水器

$$N = (1.10 \sim 1.20)\frac{q_r(t_r - t_L)\cdot C\cdot\rho_r}{\eta}(\text{kW}) \qquad (3\text{-}65)$$

式中 1.10～1.20——热损失系数；

q_r——热水流量(L/s)；

t_L,t_r——被加热水初、终温度(℃)；

C——水的比热容[kJ/(kg·℃)]，C=4.187kJ/(kg·℃)；

η——水加热器效率，一般为 0.95～0.98。

ρ_r——热水密度(kg/L)，可取 $\rho_r=1$。

2）容积式电热水器

①只在使用前加热，使用过程中不再加热，则耗电量按式（3-66）计算：

$$N=(1.10\sim1.20)\frac{V(t_r-t_L)\cdot C\cdot\rho_r}{3600\eta T}(\text{kW}) \tag{3-66}$$

式中 V——加热器容积（L）；

T——加热时间（h）。

②除使用前加热外，在使用过程中还继续加热时，则耗电量按式（3-67）计算：

$$N=(1.10\sim1.20)\frac{(3600qT_1-V)(t_r-t_L)\cdot C\rho_r}{3600\eta T}(\text{kW}) \tag{3-67}$$

式中 T_1——热水使用时间（h）。

（3）设计注意事项

1）电热水器必须有安全可靠的接地措施，一般接地电阻应大于 0.1Ω，泄漏电流应小于 0.25mA。

2）电热水器电源火线必须有过流保护装置，用户电表必须满足通过使用的电流负荷。

3）电热水器应有过热安全保护措施，如温度达到一定值自动切断电源和温度降低自动通电措施。应有避免发生无水干烧的保护措施。应装有温度调控电功率和电压装置。

4）在没有安全泄压措施时，电热水器的热水出水管上不得装阀门，以防压力过高发生事故。

5）封闭式电热水器必须设安全阀，其排水管通大气，所在地面应便于排水，做防水处理，并设地漏。

6）电热水器应有电源开关指示灯、水温指示灯等信号装置。

7）电热水器宜靠近用水器具安装，供电电源插座宜设独立回路，应采用防溅水型、带开关的接地插座，电气线路应符合安全和防火的要求，在浴室安装电热水器时，插座应与淋浴喷头分设在电热水器的两侧。

8）电热水器给水管上应装止回阀，当给水压力超过热水器铭牌上规定的最大压力值时，应在止回阀前设减压阀。

3.5.6 热水供应系统的卫生管理

（1）引起水质变化的原因

水被加热后水质变化：被加热水水温在 60℃以上，水中细菌几乎都死亡。但随水温增高，水中余氯消失。试验证明，为消毒投加在自来水中氯也随水温增高至使水中产生的三卤甲烷、甲醛、二氯乙酸、三氯乙酸和氯醛等增加；热水供应设备和供水系统因存在死区和滞留时间造成细菌繁殖，这些对人体带来的危害日益严重，研究水被加热的水质恶化和采取措施是热水系统设计重要的问题。

三氯甲烷等是自来水消毒加氯与水中含动植物有机物通过细菌作用分解而生成的致癌物质。国外资料表明，经过多次调查化验结果，三氯甲烷在水被加热后含量随之增加，因而控制和提高自来水的水质指标是解决问题的根本办法，我国的“生活饮用水标准”近年来经过修订，水质指标也逐步要求严格。

另一个问题是由于热水供应设备和供水系统设计中选材不太合理，而造成热水供应的水滞留问题。如回水系统太长而造成死区，加热贮热设备选型过大，热水滞留时间较长，管材选用不合理等而造成水滞留问题。调查和化验结果表明，水中细菌开始繁殖，其中主要是产生了对人体极有危害的"军团病属菌"，在热水设备如淋浴喷头工作时产生雾气，"军团病属菌"随人的呼吸进入肺部而发病（称为军团病），严重时造成死亡。据调查资料，英国旅馆、医院、办公楼和住宅的热水系统中40%～70%检出军团病属菌，比利时约有50%的热水系统被污染，我国也发现了由于军团病属菌感染肺炎死亡的实例。因此对热水供应系统设计中如何减少和避免热水水质恶化和采取对策是热水供应设计中重要的问题。

（2）热水供应系统设计中减少和避免水质再次被污染的对策

1）从节省能源考虑，供应热水水温为60℃为好，系统设计回水水温应在55℃以上（包括热水制备和贮存设备）。这样可以保持水中细菌完全被杀死。

2）系统设计尽量防止死水区，回水干、支管应尽量缩短，使管网中热水尽量流动，避免滞留水的存在。管网末端不设不经常使用的器具。

3）贮水设备容量不宜过大，有条件时贮水设备可选用2个或以上，使之有适宜的换水次数。停运时，对水箱等要进行清洗和消毒，加热至设定热水温度并应保持2h以后方可使用。

4）贮水设备内应作防腐层，其防腐层不应对水质有任何污染，如采用瓷釉涂料和食品级防腐漆等。

5）热水循环水泵应设2台，并且应按经常交替工作和平均开动。

6）回水干、支管应分别设置流量调节阀，使之各干、支管的热水流量均等，避免死水区和水滞留的出现。

7）换热器的膨胀管不宜接入生活冷水箱和热水箱，宜设单独膨胀水箱。

8）水龙头宜采用混合型式、不产生水雾的淋浴喷头和泡沫喷头，以便尽量减少洗浴时卫生间的雾气，调查资料表明由于管中滞留水形成水雾会被人体吸入，而发现的军团病属菌多在滞留水中繁殖，采用混合水龙头可以降低出水水温而减少水雾形成。

9）管材的选择应考虑对热水水质有无污染。近年来，我国一些省市已先后发布了以非金属管代替原使用较为普遍热浸镀锌钢管，推荐使用的管材主要有：聚乙烯、聚丙烯、聚丁烯、铝塑复合管以及铜管和钢塑复合管等。

10）大浴池和旋涡浴池，要求水温在35～40℃，此水温适宜细菌繁殖，需设循环过滤设备和消毒装置。该系统设计时，应有排除配管中全部积水的措施。

11）宜维持系统中余氯在1～2mg/L。

12）重视维护管理，定期检验水质，细菌指标化验和余氯检测。

3.6 管网计算

热水管网的水力计算是在完成热水供应系统布置，绘出热水管网系统图及选定加热设备后进行的。水力计算的目的是：

①计算第一循环管网（热媒管网）的管径和相应的水头损失；

②计算第二循环管网（配水管网和回水管网）的设计秒流量、循环流量、管径和水头损失；确定循环方式，选用热水管网所需的各种设备及附件，如循环水泵、疏水器、膨胀设施等。

3.6.1　第一循环管网（热媒管网）的计算

3.6.1.1　热媒为热水

以热水为热媒时，热媒流量 G 按式（3-13）计算。

热媒循环管路中的配、回水管道，其管径应根据热媒流量 G、热水管道允许流速，通过查热水管道水力计算表确定，并据此计算出管路的总水头损失 H_h。热媒热水管道的流速，宜按表 3-37 选用。

热水管道流速　　表 3-37

公称直径 DN（mm）	15～20	25～40	≥50
流速（m/s）	≤0.8	≤1.0	≤1.2

当锅炉与水加热器或贮水器连接时，如图 3-14 所示，热媒管网的热水自然循环压力值 H_{xr} 按式（3-68）计算：

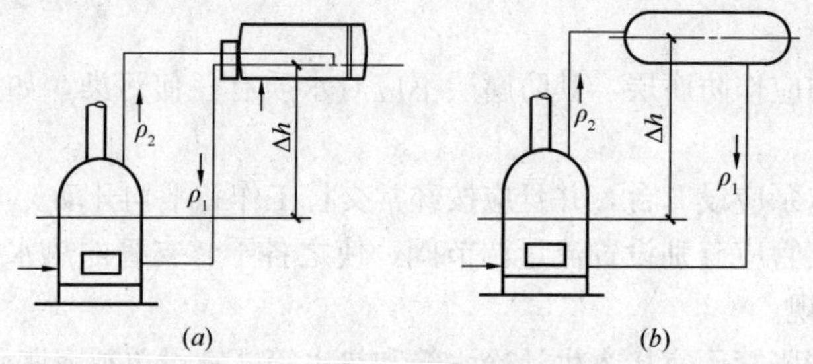

图 3-14　热媒管网自然循环压力

（a）热水锅炉与水加热器连接（间接加热）；（b）热水锅炉与贮水器连接（直接加热）

$$H_{xr} = 10\Delta h(\rho_1 - \rho_2) \tag{3-68}$$

式中　H_{xr}——第一循环管的自然压力值（Pa）；

Δh——锅炉中心或水加热器内盘管中心与贮水器中心垂直高度（m）；

ρ_2——锅炉或水加热器出水的密度（kg/m^3）；

ρ_1——贮水器回水的密度（kg/m^3）。

当 $H_{xr} > H_h$ 时，可形成自然循环，为保证运行可靠一般要求：

$$H_{xr} \geqslant (1.1 \sim 1.150) H_h \tag{3-69}$$

当 H_{xr} 不满足式（3-69）的要求时，则应采用机械循环方式，依靠循环水泵强制循环。循环泵的流量和扬程应比理论计算值略大一些，以确保循环可靠。

3.6.1.2　热媒为高压蒸汽

（1）蒸汽管

高压蒸汽为热媒时，热媒耗量 G 按式（3-11）确定。

热媒蒸汽管道一般按管道的允许流速和相应的比压降确定管径和水头损失。高压蒸汽管道的常用流速见表 3-38。

蒸气管道常用流速　　表 3-38

管径 DN (mm)	15	20	25	32	40	50	65	80	100	150	200
流速 (m/s)	10～15		15～20		20～25		25～35		30～40		40～60
蒸汽量 G (kg/h)	11～28	21～51	51～108	88～190	154～311	287～650	542～1240	773～1978	1377～2980	3100～6080	7800～19060

注：表中蒸汽量对压力 P_N＝0.196～0.392MPa（即 2～4kg/cm²）的对应值。选择管径时，P_N 小者，宜选 G 的下限值（低值），P_N 大者，宜选用 G 的上限值。

（2）凝结水管

凝结水管可按自流凝结水管和余压凝结水管分别计算管径，设计时可参照表 3-39 和表 3-40 选用。

自流凝结水管：凝结水依靠重力，沿着坡度排放至凝结水箱，这样的凝结水管道称为自流凝结水管。

余压凝结水管：凝结水依靠疏水器后的背压将凝结水送至凝结水箱，这样的凝结水管道称为余压凝结水管。

自流凝结水管道管径　　表 3-39

管径 DN (mm)	15	20	25	32	40	50	65	80	100	150
流速 (m/s)	0.1～0.3					0.2～0.3				
流量 q (kg/h)	70～200	150～370	300～600	600～1000	900～1360	1500～3400	3000～6000	5340～9200	8000～13500	27000～45200
阻力损失 (mm/m)	2～16	2～12	2～8	2～6	2～4	2～8	2～7	2～6	2～4	2～3

余压凝结水管道管径　　表 3-40

管径 DN (mm)	15	20	25	32	40	50	65	80	100	150
流速 (m/s)	≤0.5	≤0.5	≤0.7	≤0.7	≤1.0	≤1.0	≤1.4	≤1.4	≤1.8	≤2.0
流量 q (kg/h)	≤0.3	≤0.6	≤1.4	≤2.0	≤4.1	≤6.9	≤18	≤25	≤53	≤123
阻力损失 (mm/m)	35	25	35	30	50	40	50	40	50	40

3.6.2 第二循环管网（配水管网和回水管网）的计算

3.6.2.1 配水管网计算

配水管网水力计算的目的主要是根据各配水管段的设计秒流量和允许流速值来确定配

水管网的管径，并计算其水头损失值。

(1) 设有集中热水供应系统的居住小区室外热水干管的设计流量按本手册第一章建筑给水的有关条款计算；

(2) 建筑物的热水引入管应按该建筑物相应热水供应系统总干管的设计秒流量确定；

(3) 建筑物内热水供水管道的设计流量按该管段的设计秒流量计算；

(4) 卫生器具的热水给水额定流量、当量、支管管径和最低工作压力，按本手册1.2.10节确定；

(5) 热水管道内的流速，宜按表3-41选用；

热水管道流速 **表3-41**

公称直径 DN (mm)	15～20	25～40	≥50
流速 (m/s)	≤0.8	≤1.0	≤1.2

注：对防止噪声有严格要求的建筑其热水管的流速，宜采用0.6～0.8m/s。

(6) 管网水头损失计算：

热水管网中单位长度水头损失和局部水头损失的计算，与冷水管道的计算方法和计算式相同，但热水管道的计算内径 d_j 应考虑结垢和腐蚀引起过水断面缩小的因素，管道结垢造成的管径缩小量见表3-42。

管道结垢造成的管径缩小量 **表3-42**

公称直径 DN (mm)	15～40	50～100	125～200
直径缩小量 (mm)	2.5	3.0	4.0

1) 单位长度水头损失可按式(3-70)计算：

$$i = 105C_h^{-1.85} d_j^{-4.87} q_g^{1.85} \tag{3-70}$$

式中 i——单位长度水头损失 (kPa/m)；

d_j——管道计算内径 (m)，管道的计算内径 d_j 应考虑结垢和腐蚀引起过水断面缩小的因素；

q_g——热水设计流量 (m^3/s)；

C_h——海澄—威廉系数，各种塑料管、内衬(涂)塑管 $C_h=140$，铜管、不锈钢管 $C_h=130$，衬水泥、树脂的铸铁管 $C_h=130$，普通钢管、铸铁管 $C_h=100$。

2) 局部水头损失的计算：

①如需要精确计算热水管道的局部水头损失时，可按式(3-71)计算：

$$h = \zeta \frac{\gamma v^2}{2g} \tag{3-71}$$

式中 h——局部阻力水头损失 (mmH_2O)；

ζ——局部阻力系数，见表3-43；

γ——60℃的热水密度 (kg/m^3)，$\gamma=983.24kg/m^3$；

v——流速 (m/s)；

g——重力加速度 (m/s^2)。

②不需要精确计算时，热水管道的局部水头损失为计算管路沿程水头损失的25%～30%估算。

③热水配水管道的局部水头损失，也可按管道的连接方式，采用管（配）件当量长度法计算。表3-44为螺纹接口的阀门及管件的摩阻损失当量长度表。

局部阻力系数 **表3-43**

局部阻力形式	ζ值	局部阻力形式	ζ值					
热水锅炉	2.5	直流四通	2.0					
突然扩大	1.0	旁流四通	3.0					
突然缩小	0.5	汇流四通	3.0					
逐渐扩大	0.6	止回阀	7.5					
逐渐收缩	0.3		在下列管径时的ζ值					
	2.0		*DN*15	*DN*20	*DN*25	*DN*32	*DN*40	*DN*50以上
Ω型伸缩器	0.6		16	10	9	9	8	7
套管伸缩器	0.5	直杆截止阀	3	3	3	2.5	2.5	2
让弯管	1.0	斜杆截止阀	4	2	2	2		
直流三通	1.5	旋塞阀	1.5	0.5	0.5	0.5	0.5	0.5
旁流三通	3.0	闸门	2.0	2.0	1.5	1.5	1.0	1.0
汇流三通		90℃弯头						

阀门和螺纹管件的摩阻损失的折算补偿长度（m） **表3-44**

管件内径（mm）	各种管件的折算管道长度						
	90℃标准弯头	90℃标准弯头	标准三通90℃转角流	三通直向流	闸板阀	球阀	角阀
9.5	0.3	0.2	0.5	0.1	0.1	2.4	1.2
12.7	0.6	0.4	0.9	0.2	0.1	4.6	2.4
19.1	0.8	0.5	1.2	0.2	0.2	6.1	3.6
25.4	0.9	0.5	1.5	0.3	0.2	7.6	4.6
31.8	1.2	0.7	1.8	0.4	0.2	10.6	5.5
38.1	1.5	0.9	2.1	0.5	0.3	13.7	6.7
50.8	2.1	1.2	3	0.6	0.4	16.7	8.5
63.5	2.4	1.5	3.6	0.8	0.5	19.8	10.3
76.2	3	1.8	4.6	0.9	0.6	24.3	12.2
101.6	4.3	2.4	6.4	1.2	0.8	38	16.7
127	5.2	3	7.6	1.5	1	42.6	21.3
152.4	6.1	3.6	9.1	1.8	1.2	50.2	24.3

④当管道的管（配）件当量资料不足时，可按下列管件的连接状况，按管网的沿程水头损失的百分数取值。

管（配）件内径与管道内径一致，采用三通分水时，取25%～30%；采用分水器分水时，取15%～20%；

管（配）件内径略大于管道内径，采用三通分水时，取50%～60%；采用分水器分水时，取30%～35%；

管（配）件内径略小于管道内径，管（配）件的插口插入管口内连接，采用三通分水时，取70%～80%；采用分水器分水时，取35%～40%。

3.6.2.2　回水管网计算

回水管网水力计算的目的在于确定回水管网的管径。

热水供应系统的循环回水管管径，应按管路的循环流量经水力计算确定。机械循环的回水管管径，一般可比其相应的配水管管径小2～3号，但不得小于20mm，初步设计时，可参照表3-45确定。

热 水 回 水 管 管 径　　表3-45

热水供水管管径（mm）	20～25	32	40	50	65	80	100	125	150	200
热水回水管管径（mrn）	20	20	25	32	40	40	50	65	80	100

为了保证各立管的循环效果，尽量减少干管的水头损失，热水供水干管和回水干管均不宜变径，可按其相应的最大管径确定。

3.6.3　机械循环管网的计算

对于集中热水供应系统，为保证系统中热水循环效果，一般多采用机械循环方式。机械循环又分为全日热水供应系统和定时热水供应系统两类。机械循环管网水力计算是在确定了最不利循环管路即计算循环管路和循环管网中配水管、回水管的管径后进行的，其主要目的是选择循环水泵。

3.6.3.1　全日热水供应系统热水管网计算

计算方法和步骤如下：

（1）计算各管段终点水温，可按下述面积比温降方法计算：

$$\Delta t_1 = \frac{\Delta t}{F} \tag{3-72}$$

$$t_z = t_c - \Delta t_1 \Sigma f \tag{3-73}$$

式中　Δt_1——配水管网中计算管路的面积比温降（℃/m^2）；

Δt——配水管网中计算管路起点和终点的水温差（℃），按系统大小确定；一般可按单体建筑：5～10℃；小区：6～12℃；

F——计算管路配水管网的总外表面积（m^2）；

Σf——计算管段终点以前的配水管网的总外表面积（m^2）；

t_c——计算管段的起点水温（℃）；

t_z——计算管段的终点水温（℃）。

（2）计算配水管网各管段的热损失，式如下：

$$W_s = \pi DLK(1-\eta)\left(\frac{t_c + t_z}{2} - t_j\right) \tag{3-74}$$

式中　W_s——计算管段热损失（W）；

D——计算管段外径（m）；

L——计算管段长度（m）；

K——无保温时管道的传热系数[W/(m^2・℃)]；

η——保温系数，无保温时 $\eta=0$，简单保温时 $\eta=0.6$，较好保温时 $\eta=0.7\sim0.8$；

t_c——计算管段的起点水温（℃）；

t_z——计算管段的终点水温（℃）；

t_j——计算管段周围的空气温度（℃），可按表 3-46 确定。

管道周围的空气温度 **表 3-46**

管道敷设情况	t_j（℃）
采暖房间内明管敷设	18～20
采暖房间内暗管敷设	30
敷设在不采暖房间的顶棚	采用一月份室外平均温度
敷设在不采暖的地下室内	5～10
敷设在室内地下管沟内	35

（3）计算配水管网总的热损失

将各管段的热损失相加便得到配水管网总的热损失 W，即 $W=\sum_{i=1}^{n}W_s$。一般可按单体建筑：(3%～5%) W_h；小区：(4%～3%) W_h 估算（W_h：设计小时耗热量）。其上下限可视系统的大小而定：系统服务范围大，配水管线长，可取上限；反之，取下限。

（4）热水循环流量的计算

循环流量是为了补偿配水管网在用水低峰时管道向周围散失的热量。保持循环流量在管网中循环流动，不断向管网补充热量，从而保证各配水点的水温。管网的热损失只计算配水管网散失的热量。

全日供应热水系统的热水循环流量，应按下式计算：

$$q_x=\frac{W_s}{C\rho_r\Delta t} \tag{3-75}$$

式中 q_x——热水的循环流量（L/h）；

W_s——配水管道的热损失（kJ/h），经计算确定。可按单体建筑：(3%～5%) W_h；小区：(4%～6%) W_h，1kJ/h=1/3.6W；

Δt——配水管道的热水温度差（℃），按系统大小确定。可按单体建筑：5～10℃；小区：6～12℃；

ρ_r——热水密度（kg/L）；

C——水的比热容[kJ/(kg・℃)]，$C=4.187$kJ/(kg・℃)。

（5）计算循环管路各管段通过的循环流量

在确定 q_x 后，可从水加热器后第 1 个节点起依次进行循环流量分配，以图 3-15 为例，通过管段Ⅰ的循环流量 q_{1x} 即为 q_x，用以补偿整个配水管网的热损失，流入节点 1 的流量 q_{1x} 用以补偿 1 点之后各管段的热损失，即 $W_{As}+W_{Bs}+W_{Cs}+W_{\text{Ⅱ}s}+W_{\text{Ⅲ}s}$，流量 q_{1x} 分流入 A 管段和Ⅱ管段，其循环流量分别为 q_{Ax} 和 $q_{\text{Ⅱ}x}$。根据节点流量守恒原理：$q_{1x}=q_{\text{Ⅰ}x}$，

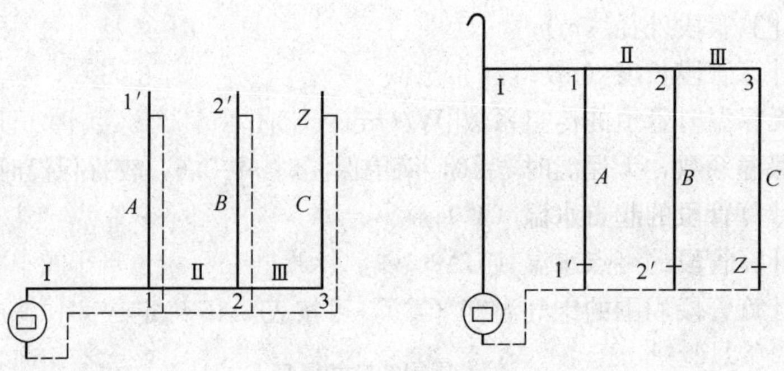

图 3-15　计算用图（一）

$q_{1x}=q_{Ax}+q_{\mathrm{II}x}$。$q_{\mathrm{II}x}$补偿管段Ⅱ、Ⅲ、$B$、$C$ 的热损失，即 $W_{Bs}+W_{Cs}+W_{\mathrm{II}s}+W_{\mathrm{III}s}$，$q_{Ax}$补偿管段 A 的热损失。

按照循环流量与热损失成正比和热平衡关系，$q_{\mathrm{II}x}$可按下式确定：

$$q_{\mathrm{II}x}=q_{\mathrm{I}x}\frac{W_{Bs}+W_{Cs}W_{\mathrm{II}s}W_{\mathrm{III}s}}{W_{As}+W_{Bs}+W_{Cs}+W_{\mathrm{II}s}+W_{\mathrm{III}s}} \tag{3-76}$$

流入节点 2 的流量 q_{2x}用以补偿 2 点之后各管段的热损失，即 $W_{\mathrm{III}s}+W_{Bs}+W_{Cs}$，$q_{2x}$又分流入 B 管段和Ⅲ管段，其循环流量分别为 q_{Bx} 和 $q_{\mathrm{III}x}$。根据节点流量守恒原理：$q_{2x}=q_{\mathrm{II}x}$，$q_{\mathrm{II}x}=q_{\mathrm{III}x}+q_{Bx}$。$q_{\mathrm{III}x}$ 补偿管段Ⅲ和 C 的热损失，即 $W_{\mathrm{III}s}+W_{Cs}$，q_{Bx} 补偿管段 B 的热损失 W_{Bs}。同理可得：

$$q_{\mathrm{III}x}=q_{\mathrm{II}x}\frac{W_{Cs}+W_{\mathrm{III}s}}{W_{Bs}+W_{Cs}+W_{\mathrm{III}s}} \tag{3-77}$$

流入节点 3 的流量 q_{3x}用以补偿 3 点之后管段 C 的热损失 W_{Cs}。根据节点流量守恒原理：$q_{3x}=q_{\mathrm{III}x}$，$q_{\mathrm{III}x}=q_{Cx}$，管道Ⅲ的循环流量即为管段 C 的循环流量。

将式（3-76）和式（3-77）简化为通用计算式，即为：

$$q_{(n+1)x}=q_{nx}\frac{\Sigma W_{(n+1)s}}{\Sigma W_{ns}} \tag{3-78}$$

式中　q_{nx}、$q_{(n+1)x}$——n、$n+1$ 管段所通过的循环流量（L/h）；

$\Sigma W_{(n+1)s}$——$n+1$ 管段及其后各管段的热损失之和（kJ/h）；

ΣW_{ns}——n 管段及其后各管段的热损失之和（kJ/h）。

n、$n+1$ 管段如图 3-16。

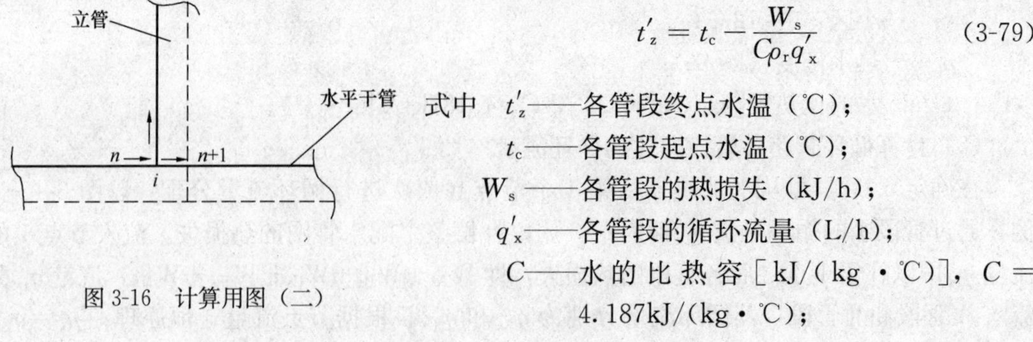

图 3-16　计算用图（二）

（6）复核各管段的终点水温，计算式如下：

$$t'_z=t_c-\frac{W_s}{C\rho_r q'_x} \tag{3-79}$$

式中　t'_z——各管段终点水温（℃）；

t_c——各管段起点水温（℃）；

W_s——各管段的热损失（kJ/h）；

q'_x——各管段的循环流量（L/h）；

C——水的比热容［kJ/(kg·℃)］，$C=4.187$kJ/(kg·℃)；

ρ_r——热水密度（kg/L）。

计算结果如与原来确定的温度相差较大，应以式(3-73)和式(3-79)的计算结果：$t''_z=\frac{t_z+t'_z}{2}$作为各管段的终点水温，重新进行上述(2)～(6)步骤的运算。

(7) 计算循环管网的总水头损失，如下式：

$$H_z=h_p+h_x+h_j \tag{3-80}$$

式中 H_z——循环管网的总水头损失（kPa）；

h_p——循环流量通过配水管网的水头损失（kPa）；

h_x——循环流量通过回水管网的水头损失（kPa）；

h_j——循环流量通过水加热器的水头损头（kPa）。

容积式水加热器、导流型容积式水加热器、半容积式水加热器和加热水箱，因容器内被加热水的流速一般较低（$v\leqslant0.1$m/s），其流程短，故水头损失很小，一般在5～10kPa。

半即热式水加热器的水头损失在20kPa左右。

计算循环管路配水管及回水管的局部水头损失可按沿程水头损失的20%～30%估算。

(8) 选择循环水泵：

1）循环水泵流量和扬程的计算

$$Q_b=q_x \tag{3-81}$$

$$H_b=H_z \tag{3-82}$$

式中 Q_b——循环水泵的流量（L/h）；

H_b——循环水泵的扬程（kPa）；

H_z——循环管网的总水头损失（kPa）。

注：当采用半即热式水加热器或快速水加热器时，水泵扬程尚应计算水加热器的水头损失。

2）初步设计阶段，循环水泵流量和扬程的计算：

①机械循环热水供、回水管网的水头损失可按下式估算：

$$H_1=R(L_1+L_2) \tag{3-83}$$

式中 H_1——热水管网的水头损失（kPa）；

R——单位长度的水头损失（kPa/m），可按0.1～0.15kPa/m估算；

L_1——自水加热器至最不利点的供水管长（m）；

L_2——自最不利点至水加热器的回水管长（m）。

②循环水泵扬程可按下式估算：

$$H_b=1.1(H_1+H_2) \tag{3-84}$$

式中 H_b——循环水泵的扬程（kPa）；

H_1——热水管网的水头损失（kPa）；

H_2——水加热设备水头损失（kPa），容积式水加热器、导流型容积式水加热器、半容积式水加热器可忽略不计。

③循环水泵的流量，单体建筑可采用设计小时流量25%～30%估算，小区可采用设计小时流量30%～35%估算。

3.6.3.2 定时热水供应系统机械循环管网计算

定时热水供应系统的循环水泵大都在供应热水前半小时开始运转，直到把水加热至规定温度，循环水泵即停止工作。因定时供应热水时用水较集中，故不考虑热水循环，循环水泵关闭。

定时热水供应系统的热水循环流量可按循环管网中的水每小时循环 2 次～4 次计算。系统较大时取下限；反之取上限。

循环水泵的出水量即为热水循环流量：

$$Q_b = (2 \sim 4)V \tag{3-85}$$

式中　Q_b——循环水泵的流量（L/h）；

V——热水循环管网系统的水容积，不包括无回水管的管段和加热设备的容积（L）。

循环水泵的扬程，计算式同（3-82）。

3.6.3.3　机械循环热水管网设计注意事项

（1）热水供应系统中，锅炉或水加热器的出水温度与配水点最低温度差，单体建筑不得大于 10℃，建筑小区不得大于 12℃。

（2）计算机械循环管网时，不考虑自然循环作用水头的影响。

（3）循环水泵应设在回水管道上。

（4）循环水泵应选用热水泵，水泵壳体承受的工作压力不得小于其所承受的静水压力加水泵扬程。

（5）循环水泵宜设备用泵，交替运行。

（6）全日制热水供应系统的循环水泵应由泵前回水管的温度控制开停。

3.7　热水系统的管材、附件和管道敷设

3.7.1　热水系统的管材

1. 热水系统采用的管材和管件，应符合现行有关产品标准的要求。管道的工作压力和工作温度不得大于产品标准标定的允许工作压力和工作温度。

2. 热水管道应选用耐腐蚀和安装连接方便可靠、符合饮用水卫生要求的管材及相应的配件，可采用铜管、薄壁不锈钢管、塑料热水管、塑料和金属复合热水管等。

塑料热水管、塑料和金属复合热水管可采用铝塑复合管、交联聚乙烯（PEX）管、三型无规共聚聚丙烯（PP-R）管等。住宅入户管采用敷设在垫层内时，可采用聚丙烯（PP-R）、聚丁烯管（PB）、交联聚乙烯（PEX）管等。

当采用塑料热水管或塑料与金属复合热水管材时除符合产品标准外，还应符合下列要求：

（1）管道的工作压力应按相应温度下的许用工作压力选择；

（2）管件宜采用和管道相同的材质；

（3）定时供应热水的系统因其水温周期性变化大，不宜采用对温度变化较敏感的塑料热水管；

（4）设备机房内的管道不应采用塑料热水管。

3.7.2 热水系统的附件

3.7.2.1 自动温度调节装置

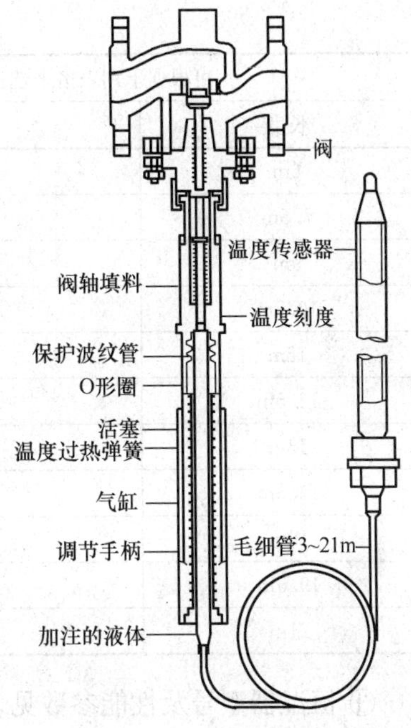

图 3-17 自力式温度控制阀（单阀座）构造简图

热水供应系统中为实现节能节水、安全供水，在水加热设备的热媒管道上应装设自动温度调节装置来控制出水温度。水加热设备的出水温度应根据其有无贮热调节容积分别采用不同温级精度要求的自动温度控制装置。

自动调温装置有直接式、电动式及压力式三种类型。

（1）直接式（自力式）自动温度控制阀，它由温度感温元件执行机构及调节或控制阀组成。不需外加动力。

1）构造：自力式自动温控阀由阀体、恒温器（执行器）组成，恒温器则是由一个传感器、一个注满液体的毛细管和一个调节气缸组成，其构造如图 3-17 所示。

2）工作原理：浸没在被加热水体内的传感器，将水中的温度传给传感器内的液体，根据液体热胀冷缩的原理，液体体积产生膨胀或收缩，毛细管内的液体将此膨胀或收缩及时传递到活塞，使活塞动作从而推动阀体动作。调节气缸主要是根据用户要求设定所需的供水温度，使恒温器按设定的温度工作，推动阀杆调节热媒流量，达到控制被加热水温度的要求。

3）性能

①适用范围如表 3-47 所示：

适用热媒被加热介质的温度与工作压力 表 3-47

介质名称		工作温度	工作压力	备注
热媒	饱和蒸汽	350℃	4MPa	
	热水	350℃	4MPa	
	热油	350℃	4MPa	
被加热水	水	0～160℃	4MPa	根据客户要求可提供温度范围 30～280℃
	空气	0～160℃	4MPa	
	油	0～160℃	4MPa	

② 恒温器毛细管长度如表 3-48 所示：

恒温器毛细管长度 表 3-48

可根据下列表格来选择毛细管及其长度和材料，与恒温器种类的选择无关			
长度	铜	外涂 PVC 的铜	不锈钢
3m	·	·	·
4.5m			·

续表

可根据下列表格来选择毛细管及其长度和材料，与恒温器种类的选择无关			
长度	铜	外涂 PVC 的铜	不锈钢
6m	•	•	•
7.5m			•
9m	•	•	•
10.5m			•
12m	•	•	•
13.5m			•
15m	•	•	•
16.5m			•
18m	•	•	•
19.5m			•
21m	•	•	•

③ 恒温器型号及性能参数见表 3-49 所示：

恒温器型号及性能参数　　**表 3-49**

技术数据		恒温器型号					
		V2.05	V4.03	V4.05	V4.10	V8.09	V8.18
最大关闭力量（N）		200	400	400	400	800	800
标准恒温器的设定温度范围[①]（℃）		0～60	0～160	0～120	0～160	0～120	0～60
		30～90		40～160	30～90	40～160	30～90
		60～120			60～120		60～120
中心区温度（℃）		2.5	2	2	2	1.5	1.5
配套阀额定行程达（mm）		10	21	21	21	21	21
温度范围（放大）内行程（mm）	－30～160[②]	0.5	0.3	0.5	1	0.9	1.8
	140～280[③]	0.7	0.33	0.7	1.33	1.2	2.4

① 设定温度范围－30～280℃，可根据要求而定，过热温度安全范围：40℃；

② 甘油；

③ 石蜡油。

恒温器型号说明：

恒温器型号中的 V2、V4、V8 表示恒温器最大关闭力量，即 V2＝200N、V4＝400N、V8＝800N。

恒温器型号中的 .05、.03、.05、.10、.09、.18 表示每一度温度范围（放大）内恒温器的行程为 0.5mm，0.3mm，0.5mm，1.0mm，0.9mm，1.8mm。

④ 灵敏度：即表 3-49 中的中心区温度（℃）。

⑤ 压力损失：（进出口压差）见表 3-50 所示：

自力式温度控制阀压力损失值　　表 3-50

热　媒	压力损失值 ΔP（MPa）
饱和蒸汽	最大值 $0.42P_N$，最小值 $0.01P_N$
热　水	0.01MPa

⑥ 耐久性：自力式温度控制阀的耐久性，主要取决于阀杆与阀体的密封构件，密封损坏将造成泄漏而自控失灵。

⑦ 泄漏率：泄漏率是评定自力式温度控制阀质量性能好坏的重要参数。其值以 K_{VS} 表示，K_{VS} 的定义为：当阀进出口压差 $\Delta P=0.1$MPa 时，通过全开阀的水流量（m^3/h）。

自力式温度控制阀的泄漏率为：国家产品标准为 $3\%K_{VS}$。

4）安装要求

①温包（感温器）安装部位

容积式、导流型容积式及半容积式水加热器的温包宜安装在换热盘管的上部。

快速式、半即热式水加热器的温包宜安装在出热水口处。

②温控阀前应安装 100 目/寸 Y 型过滤器。

③当温控阀前管内介质温度≤170℃时，恒温器可以放在管路的上方即热媒进口管上（倒装）或下方即热媒出口管上（正装），如管内介质温度＞170℃，则恒温器只能放在管路下方，并需安装专用冷却器。

5）维修

①每隔 3 个月左右清理一次 Y 型过滤器。

②校正恒温器，以确保刻度值与传感器值一致。

6）选型：以生产商的资料为准

以丹麦科罗里斯公司产品为例，进行选型计算。

①热媒为饱和蒸汽时的选型：

选型所需参数：蒸汽的工作压力、蒸汽流量及被加热介质的设定温度。

具体选型可依据图 3-18 并按下列步骤进行。

首先，按图中的上部的图，根据蒸汽的工作压力（需用绝对压力），暂定一蒸汽通过阀的进出口的阻力降与工作压力的比值，一般取 $\delta=0.42$。在图中，先从进口压力 P_1 处找出表示实际工作压力值所在的位置，并引一垂直线与 $\delta=0.42$ 的斜线相交，从相交点作一水平线。同时根据蒸汽的实际流量，在流量 G 中找出蒸汽的实际流量的位置，并引一垂直线，两线相交并有一交点，看其交点在哪个区域内，即选用该区域所对应的通径即可。

其次，按图中的下部的表，先找到对应的口径，在口径的下方已列出一组数据，该数据是各型号恒温器所能关闭该口径的各型号温控阀的最大压力值，即进出口的最大压差。此值必须大于蒸汽的工作压力，才能保证工作时阀在被加热介质加热到设定温度时，恒温器能将阀关闭。

最后，将阀的口径、阀及恒温器的型号列出，再根据被加热介质所需设定的温度选择恒温器合适的设定范围（表 3-47）及要求的毛细管的长度（表 3-48）。

②热媒为热水时的选型

选型所需参数：热水的工作压力、流量及被加热介质需设定的温度。

具体选型可依据图 3-19 并按下列步骤进行。

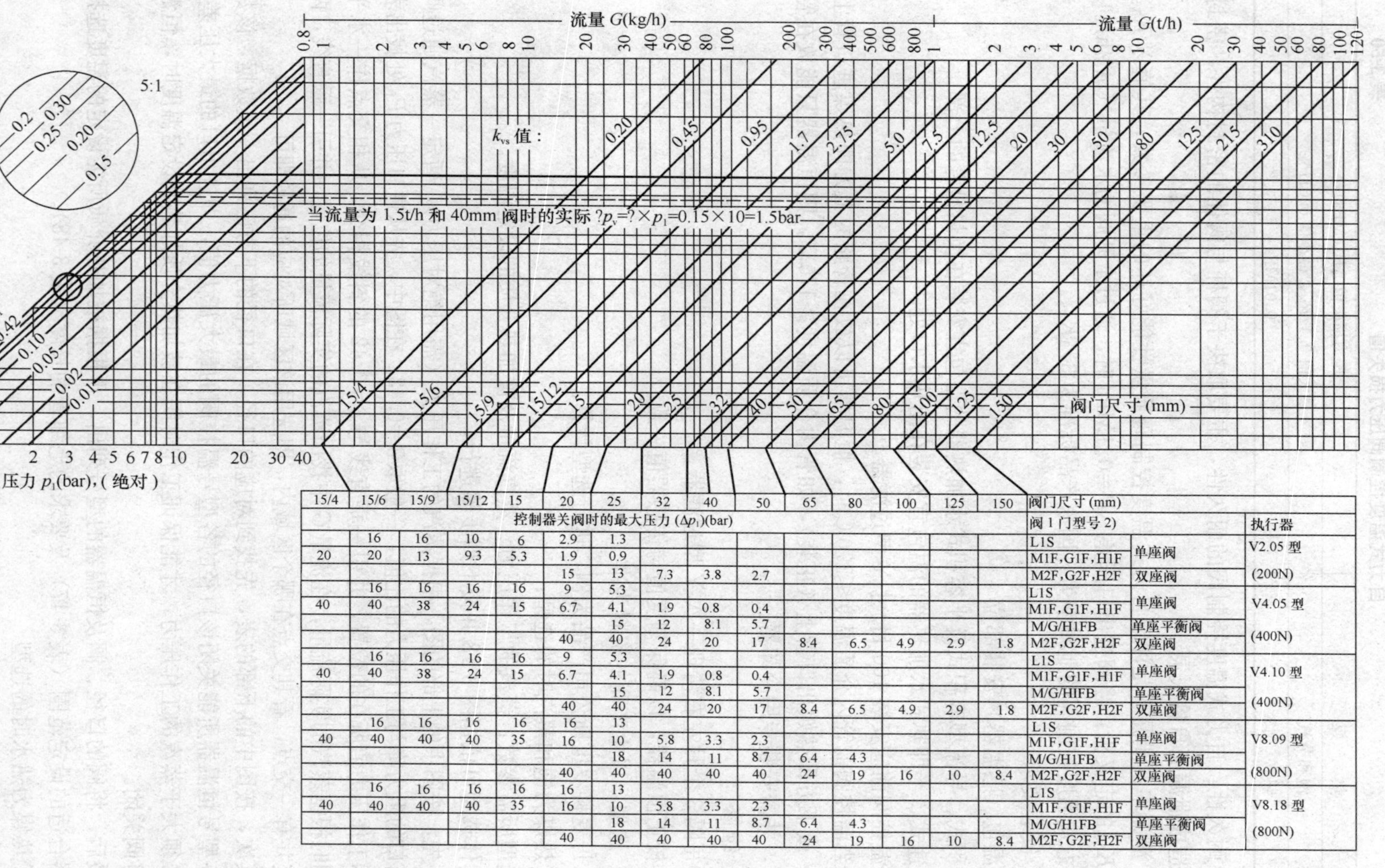

15/4	15/6	15/9	15/12	15	20	25	32	40	50	65	80	100	125	150	阀门尺寸 (mm)		
控制器关阀时的最大压力 (Δp_1)(bar)															阀 1 门型号 2)		执行器
	16	16	10	6	2.9	1.3									L1S	单座阀	V2.05 型
20	20	13	9.3	5.3	1.9	0.9									M1F, G1F, H1F		
					15	13	7.3	3.8	2.7						M2F, G2F, H2F	双座阀	(200N)
	16	16	16	16	9	5.3									L1S	单座阀	V4.05 型
40	40	38	24	15	6.7	4.1	1.9	0.8	0.4						M1F, G1F, H1F		
						15	12	8.1	5.7						M/G/H1FB	单座平衡阀	(400N)
					40	40	24	20	17	8.4	6.5	4.9	2.9	1.8	M2F, G2F, H2F	双座阀	
	16	16	16	16	9	5.3									L1S	单座阀	V4.10 型
40	40	38	24	15	6.7	4.1	1.9	0.8	0.4						M1F, G1F, H1F		
						15	12	8.1	5.7						M/G/HIFB	单座平衡阀	(400N)
					40	40	24	20	17	8.4	6.5	4.9	2.9	1.8	M2F, G2F, H2F	双座阀	
	16	16	16	16	16	13									L1S	单座阀	V8.09 型
40	40	40	40	35	16	10	5.8	3.3	2.3						M1F, G1F, H1F		
						18	14	11	8.7	6.4	4.3				M/G/H1FB	单座平衡阀	(800N)
					40	40	40	40	40	24	19	16	10	8.4	M2F, G2F, H2F	双座阀	
	16	16	16	16	16	13									L1S	单座阀	V8.18 型
40	40	40	40	35	16	10	5.8	3.3	2.3						M1F, G1F, H1F		
						18	14	11	8.7	6.4	4.3				M/G/H1FB	单座平衡阀	(800N)
					40	40	40	40	40	24	19	16	10	8.4	M2F, G2F, H2F	双座阀	

图 3-18 蒸汽自力式温度控制阀选型

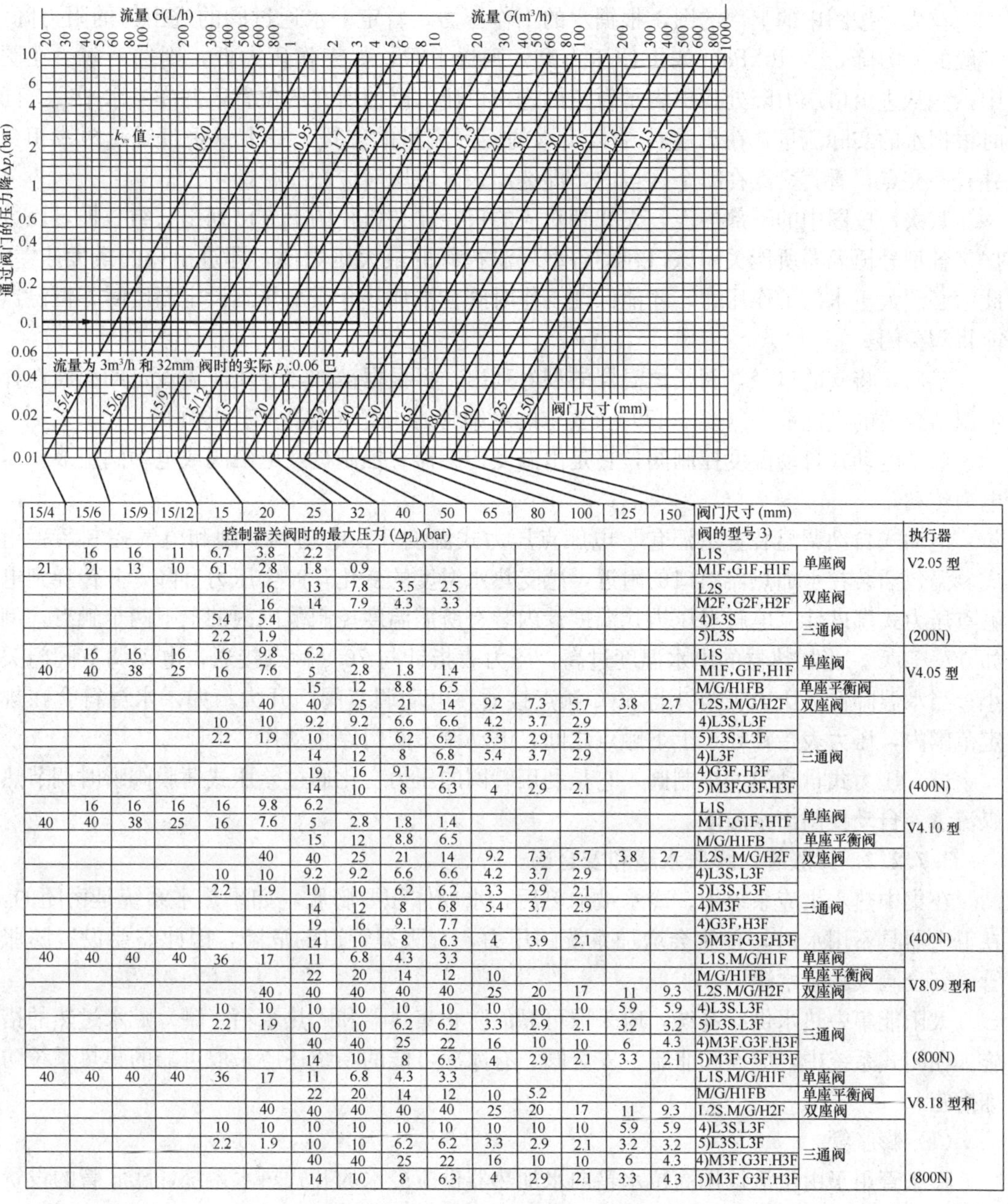

15/4	15/6	15/9	15/12	15	20	25	32	40	50	65	80	100	125	150	阀门尺寸(mm)		
控制器关阀时的最大压力 (Δp_L)(bar)															阀的型号 3)		执行器
	16	16	11	6.7	3.8	2.2									L1S	单座阀	V2.05 型
21	21	13	10	6.1	2.8	1.8	0.9								M1F,G1F,H1F		
					16	13	7.8	3.5	2.5						L2S	双座阀	
					16	14	7.9	4.3	3.3						M2F,G2F,H2F		
				5.4	5.4										4)L3S	三通阀	
				2.2	1.9										5)L3S		(200N)
	16	16	16	16	9.8	6.2									L1S	单座阀	V4.05 型
40	40	38	25	16	7.6	5	2.8	1.8	1.4						M1F,G1F,H1F		
						15	12	8.8	6.5						M/G/H1FB	单座平衡阀	
					40	40	25	21	14	9.2	7.3	5.7	3.8	2.7	L2S,M/G/H2F	双座阀	
				10	10	9.2	9.2	6.6	6.6	4.2	3.7	2.9			4)L3S,L3F	三通阀	
				2.2	1.9	10	10	6.2	6.2	3.3	2.9	2.1			5)L3S,L3F		
						14	12	8	6.8	5.4	3.7	2.9			4)L3F		
						19	16	9.1	7.7						4)G3F,H3F		
						14	10	8	6.3	4	2.9	2.1			5)M3F,G3F,H3F		(400N)
	16	16	16	16	9.8	6.2									L1S	单座阀	V4.10 型
40	40	38	25	16	7.6	5	2.8	1.8	1.4						M1F,G1F,H1F		
						15	12	8.8	6.5						M/G/H1FB	单座平衡阀	
					40	40	25	21	14	9.2	7.3	5.7	3.8	2.7	L2S,M/G/H2F	双座阀	
				10	10	9.2	9.2	6.6	6.6	4.2	3.7	2.9			4)L3S,L3F	三通阀	
				2.2	1.9	10	10	6.2	6.2	3.3	2.9	2.1			5)L3S,L3F		
						14	12	8	6.8	5.4	3.7	2.9			4)M3F		
						19	16	9.1	7.7						4)G3F,H3F		
						14	10	8	6.3	4	3.9	2.1			5)M3F,G3F,H3F		(400N)
40	40	40	40	36	17	11	6.8	4.3	3.3						L1S.M/G/H1F	单座阀	V8.09 型和
						22	20	14	12	10					M/G/H1FB	单座平衡阀	
					40	40	40	40	40	25	20	17	11	9.3	L2S.M/G/H2F	双座阀	
				10	10	10	10	10	10	10	10	10	5.9	5.9	4)L3S.L3F	三通阀	
				2.2	1.9	10	10	6.2	6.2	3.3	2.9	2.1	3.2	3.2	5)L3S.L3F		
						40	40	25	22	16	10	10	6	4.3	4)M3F.G3F.H3F		
						14	10	8	6.3	4	2.9	2.1	3.3	2.1	5)M3F.G3F.H3F		(800N)
40	40	40	40	36	17	11	6.8	4.3	3.3						L1S.M/G/H1F	单座阀	V8.18 型和
						22	20	14	12	10	5.2				M/G/H1FB	单座平衡阀	
					40	40	40	40	40	25	20	17	11	9.3	L2S.M/G/H2F	双座阀	
				10	10	10	10	10	10	10	10	10	5.9	5.9	4)L3S.L3F	三通阀	
				2.2	1.9	10	10	6.2	6.2	3.3	2.9	2.1	3.2	3.2	5)L3S.L3F		
						40	40	25	22	16	10	10	6	4.3	4)M3F.G3F.H3F		
						14	10	8	6.3	4	2.9	2.1	3.3	4.3	5)M3F.G3F.H3F		(800N)

图 3-19 热水自力式温度控制阀选型

注：图中阀门型号说明：

如 25MIFB：

25	M	I	F	B
阀门公称直径（mm）	阀体材料	阀座数量	连接方式	
	L—炮铜	1—单阀座	S—螺纹	B—平衡式
	M—铸铁	2—双阀座	F—法兰	F—反作用式
	G—球墨铸铁	3—三通阀		
	H—铸钢			

阀体材料取决于热媒介质的温度与压力：

PN≤1.0MPa、温度≤120℃时，可选用炮铜、铸铁。

P>1.0MPa、温度≤225℃时，可选用铸铁、球墨铸铁。

首先，按图中的上部的图，根据水的工作压力，暂定一水通过阀的进出口的阻力降，一般的阻力降定为10kPa，如工作压力高，则选上限，如工作压力低，则选下限。在图中，先从进出口压力降处找出表示暂定的进出口压力降值所在的位置，并作一水平线。同时根据水的实际流量，在流量G中找出水的实际流量的位置，并引一垂直线，两线相交并有一交点，看其交点在哪个区域内，即选用该区域所对应的通径即可。

其次，按图中的下部的表，先找到对应的口径，在口径的下方已列出一组数据，该数据是各型号恒温器所能关闭该口径的各型号温控阀的最大压力值，即进出口的最大压差。此值必须大于水的工作压力，才能保证工作时阀在被加热介质加热到设定温度时，恒温器能将阀关闭。

最后，将阀的口径，阀及恒温器的型号列出，再根据被加热介质所需设定的温度选择恒温器合适的设定范围（表3-47）及要求的毛细管的长度（表3-48）并列出。

（2）电动式自动温度控制阀，它是由温度传感器、控制盘及电磁阀或电动阀组成，需电力传动。

电动式自动调温装置由温包、电触点压力式温度计、电动调节阀和电气控制装置组成。温包插装在水加热器出口的附近，感受热水温度的变化，产生压力升降，并传导到电触点压力式温度计。电触点压力式温度计内装有所需温度控制范围内的上下两个触点，例如60～70℃。当加热器的出水温度过高，压力表指针与70℃触点接通，电动调节阀门关小；当水温降低，压力表指针与60℃触点接通，电动调节阀门开大。如果水温符合在规定范围内，压力表指针处于上下触点之间，电动调节阀门停止动作。

（3）压力式自动温度控制阀，它是利用管网的压力变化通过差压式薄膜阀瞬时调节热媒流量，自动控制出水温度。

3.7.2.2　膨胀管、膨胀水罐和安全阀

在集中热水供应系统中，冷水被加热后，水的体积要膨胀，如果热水系统是密闭的，在卫生器具不用水时，必然会增加系统的压力，有胀裂管道的危险，因此需要设置膨胀管、安全阀或膨胀水罐。

太阳能集中热水供应系统，应采取可靠的防止集热器和贮热水箱（罐）贮水过热的措施。在闭式系统中，应设膨胀罐、安全阀、有冰冻可能的系统还应采取可靠的集热系统防冻措施。

（1）膨胀管

膨胀管用于由生活饮用高位水箱向水加热器供应冷水的开式热水系统，膨胀管的设置应符合下列要求：

1）当热水系统由生活饮用高位水箱补水时，不得将膨胀管引至高位冷水箱上空，以防止热水系统中的水体升温膨胀时，将膨胀的水量返至生活用冷水箱，引起该水箱内水体的热污染。可将膨胀管引入同一建筑物的中水供水箱、专用消防供水箱（不与生活用水共用的消防水箱）等非生活饮用水箱的上空，其设置高度应按式（3-86）计算：

$$h = H\left(\frac{\rho_l}{\rho_r} - 1\right) \tag{3-86}$$

式中　h——膨胀管高出生活饮用高位水箱水面的垂直高度（m）；

H——锅炉、水加热器底部至生活饮用高位水箱水面的高度（m），如图3-20所示；

ρ_l——冷水密度（kg/m^3）；

ρ_r——热水密度（kg/m^3）。

膨胀管出口朝下且出口与水箱溢水位之间应留有≥100mm的间隙。

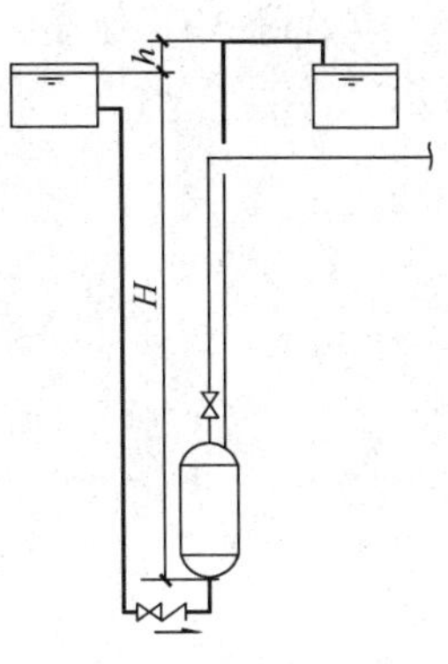

图 3-20 膨胀管安装高度计算用图

2）热水供水系统上如设置膨胀水箱，其容积应按式（3-87）计算；膨胀水箱水面高出系统冷水补给水箱水面的垂直高度按式（3-88）计算。

$$V_P = 0.0006\Delta t V_s \tag{3-87}$$

式中 V_P——膨胀水箱有效容积（L）；

Δt——系统内水的最大温差（℃）；

V_s——系统内的水容量（L）。

$$h = H\left(\frac{\rho_h}{\rho_r} - 1\right) \tag{3-88}$$

式中 h——膨胀水箱水面高出系统冷水补给水箱水面的垂直高度（m）；

H——锅炉、水加热器底部至系统冷水补给水箱水面的高度（m）；

ρ_h——热水回水密度（kg/m^3）；

ρ_r——热水供水密度（kg/m^3）。

3）膨胀管上严禁装设阀门；采用多台锅炉或水加热器时，宜分台设膨胀管，亦可从供水干管上设共用膨胀管门；膨胀管有可能冻结时，应采取保温措施；膨胀管的最小管径，应按表 3-51 确定。

膨胀管的最小管径 **表 3-51**

锅炉或水加热器的传热面积（m^2）	＜10	≥10 且＜15	≥15 且＜20	≥20
膨胀管最小管径（mm）	25	32	40	50

（2）膨胀水罐

1）设置条件：

膨胀水罐的作用是借助罐内贮气部分的伸缩吸收热水系统（含热水管网与水加热设备）内水升温时的膨胀量，防止系统超压、保证系统安全使用，同时节能节水。

闭式热水系统，日用热水量小于等于 $30m^3$ 的热水供应系统可采用安全阀等泄压的措施；日用热水量大于 $30m^3$ 的热水供应系统，应设置压力式膨胀罐。

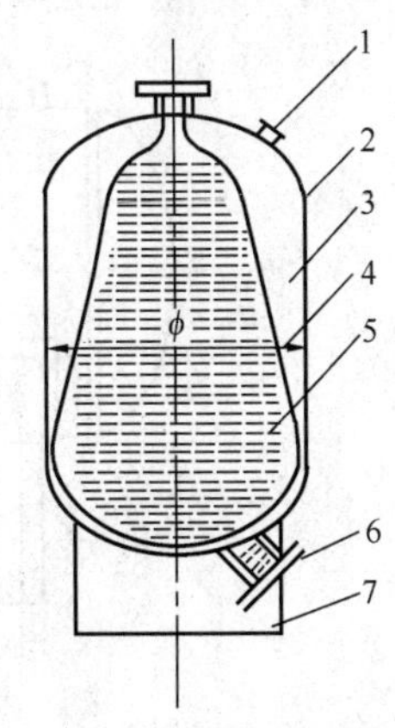

图 3-21 膨胀水罐的构造示意

1—充气嘴；2—外壳；3—气室；4—隔膜；5—水室；6—接管口；7—罐座

2）形式：

膨胀水罐的构造同气压水罐，其构造如图 3-21 所示。

①按气、水分隔的构造分，其形式有：

a. 隔膜式压力膨胀水罐；

b. 胶囊式压力膨胀水罐。

②按放置的形式分有：

a. 立式压力式膨胀水罐；

b. 卧式压力式膨胀水罐。

立、卧式压力式膨胀水罐的外形尺寸参数见图 3-22、图 3-23、表 3-52、表 3-53 所示。

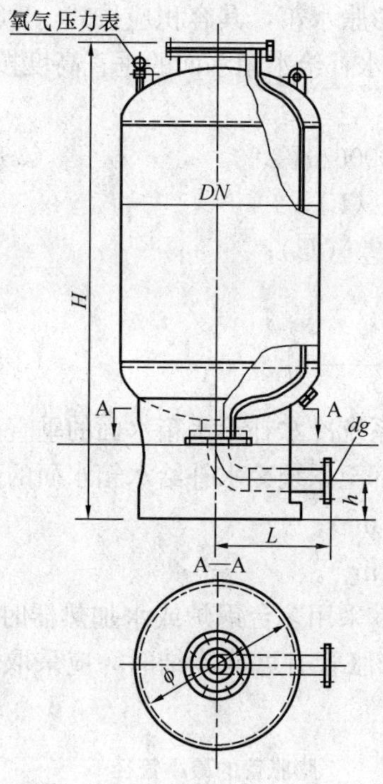

图 3-22　立式膨胀水罐

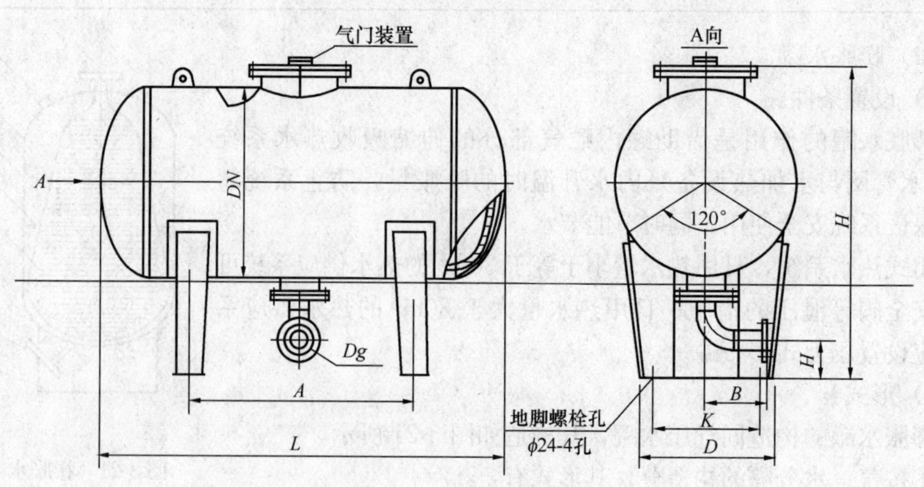

图 3-23　卧式膨胀水罐

立式膨胀水罐外型尺寸及参数 表 3-52

罐体公称直径 DN (mm)	罐体总高 H (mm)	进出水口直径 d_g (mm)	进出水口高度 h (mm)	进（出）水口长度 L (mm)	罐体底座直径 d 或 ϕ (mm)	不同工作压力 P_N 时的罐体净重 G (kg)			罐体总容积 (m³)
						P_N=0.6MPa	P_N=1.0MPa	P_N=1.6MPa	
400	1456	50	110	200	374	135	143	171	0.113
600	1955	65	160	300	575	244	257	321	0.36
800	2235	65	130	380	796	356	443	461	0.8
1000	2649	100	150	480	998	564	703	933	1.44
1200	3047	100	150	580	1198	746	1099	989	2.5
1400	3276	125	165	690	1170	985	1355	1410	3.6
1600	3710	125	165	800	1330	1460	1492	1825	5.5
1800	3400	125	165	900	1400	1851	2467	2263	6.1
2000	3916	125	165	1000	1600	2315	2005	3138	9
2400	5320	125	180	1320	2340	4935	—	—	21.25

卧式膨胀水罐外型尺寸及参数表 表 3-53

罐体内径 DN (mm)	罐体总高 H (mm)	罐体总长 L (mm)	进出水口直径 D_g (mm)	进出水口高度 H (mm)	进出水口长度 B (mm)	罐体总容积 (m³)	不同工作压力 P_N 时的罐体净重 G (kg)			罐体鞍式支座尺寸 (mm)		
							P_N=0.6MPa	P_N=1.0MPa	P_N=1.6MPa	A	D	K
1000	1735	2270	100	160	395	1.64	607	763	911	1300	760	600
1200	1880	2570	100	180	550	2.6	855	1102	1401	1350	880	720
1400	2145	3100	100	180	220	4.4	1160	1409	1689	1800	1000	840
1600	2380	3190	125	160	700	5.84	1657	1812	2086	1600	1120	960
1800	2627	3986	150	170	800	9.34	2088	2337	3209	2200	1280	1120
2000	2890	4928	150	190	900	14.3	2656	2962	3348	2850	1420	1260
2200	3010	4940	150	190	900	17.2	3384	4060	4738	2700	1580	1380
2400	3210	5200	150	180	1100	21.3	4430	5175	5850	3300	1720	1520

资料来源：北京丰台区万泉压力容器厂。

3）设置方式及要求：

①为延长膨胀水罐内胶膜或胶囊的使用寿命尽量使其靠近系统的低温处，压力膨胀水罐宜设置在热水循环回水管上或水加热器和止回阀之间的冷水进水管上，如图 3-24 所示。

②膨胀水罐与系统连接管（如图 3-24 中的 5）上不得装阀门。

4）总容积计算：

$$V=\frac{(\rho_1-\rho_2)P_2}{(P_2-P_1)\rho_2}V_e \qquad (3\text{-}89)$$

式中　V——膨胀水罐总容积（m^3）；

ρ_1——加热前水加热器内水的密度（kg/L），对应 ρ_1 时的水温可按下列工况计算：

①全日集中热水供应系统宜按热水回水温度计算；

②定时供应热水系统宜按冷水温度计算；

ρ_2——加热后的热水密度（kg/L）；

P_1——膨胀水罐处的管内水压力（MPa 绝对压力）；为管内工作压力＋0.1（MPa）；

P_2——膨胀罐处管内最大允许压力（MPa 绝对压力），其数值为 $P_2=1.10P_1$；

V_e——系统内（含水加热设备、管网）的热水总容积（L）。

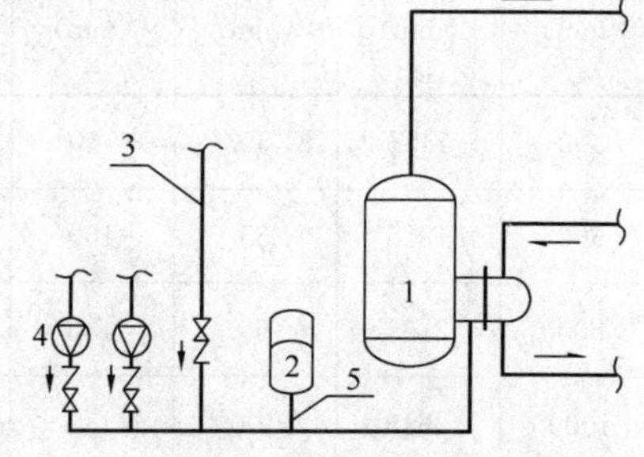

图 3-24　膨胀罐布置

1—水加热器；2—膨胀罐；3—给水管；4—循环泵；5—罐前短管

将 $P_2=1.10P_1$ 代入式（3-89）后，可简化为：

$$V=\frac{11(\rho_1-\rho_2)}{\rho_2}V_e \qquad (3\text{-}90)$$

当热水温度为 $t_r=60$℃、不同冷水回水温度下 $V_e=1000$L 的 V 值如表 3-54、表 3-55 所示：

$t_r=60$℃、不同冷水温度下 $V_e=1000$L 的 V 值　　**表 3-54**

冷水温度（℃）	5	10	12	15	18	20
V（L）	184	181	179	175	169	165

$t_r=60$℃、不同回水温度下 $V_e=1000$L 的 V 值　　**表 3-55**

回水温度（℃）	55	53	50	48	45
V（L）	28	39	54	64	67

（3）安全阀

闭式热水供应系统的日用热水量≤30m^3 时，可采用设安全阀泄压的措施。压力容器设备应装安全阀，安全阀的接管直径应经计算确定，并应符合锅炉及压力容器的有关规定。开式热水供应系统的热水锅炉和水加热器可不装安全阀（劳动部门有要求者除外）。

1）类型、特点及适用场所：

安全阀的类型、特点及适用场所见表 3-56。

安全阀的类型和特点 表 3-56

分类原则	类型	特点	适用场所
按构造分	杠杆重锤式安全阀	重锤通过杠杆加载于阀瓣上，荷载不随开启高度而变化，对振动较敏感	适用于固定的、无振动的设备和容器，多用于温度、压力较高的系统
	弹簧式安全阀	弹簧力加载于阀瓣，载荷随开启高度而变化对振动不敏感	可用于运动的，有轻微振动的设备容器和管道上，宜用于温度和压力较低的系统
	脉冲式安全阀	由主阀和副阀组成，副阀首先动作，从而驱动主阀运作	主要用于大口径和高压系统
按开启高度分	微启式安全阀	开启高度为阀座喉径 1/40～1/20，通常为渐开式	主要用于液体
	全启式安全阀	开启高度等于或大于阀座喉径的 1/4，通常为急开式	主要用于气体和蒸汽
按介质排放方式分	全封闭式安全阀	气体全部通过排气管排放，介质不向外泄漏	主要用于有毒及易燃气体
	半封闭式安全阀	气体的一部分通过排气管排出，一部分从阀盖与阀杆之间的间隙中漏出	主要用于不污染环境的气体（如水蒸气）
	敞开式安全阀	介质不能引向室外，直接由阀瓣上方排入周围大气	主要用于压缩空气

2）选择

选择安全阀的类型和数量时，应综合考虑下列规定：

①安全阀的类型，应根据介质性质、工作温度、工作压力和承压设备、容器的特点按表 3-56 选定。

②在热水开水供应系统中，宜选用微启式弹簧安全阀，对于工作压力＜0.1MPa 的热水锅炉，宜安装安全水封和静重式安全阀，安全阀应设防止随意调整螺丝的装置。

③对于蒸发量＞500kg/h 的锅炉，应至少安装两个安全阀，其中一个为控制安全阀；蒸发量≤500kg/h 的锅炉，至少应安装 1 个安全阀。

④蒸汽锅炉上的安全阀的总排气能力，应大于锅炉的最大连续蒸汽量；并保证在锅筒和过热器上所有的安全阀开启后，锅炉内的蒸汽压力上升幅度不超过工作安全阀开启压力的 3%。

⑤水加热器上的安全阀的排水量，应大于水加热器热媒引入管上的自动控制装置失灵引起容器内水温突升产生的膨胀量。

⑥安全阀应直立安装在水加热器的顶部。安全阀装设位置应便于检修。其排出口应设导管将排泄的热水引至安全地点。安全阀与设备之间，不得装设取水管、引气管或阀门。

⑦安全阀的开启压力，一般取热水系统工作压力的 1.1 倍，但不得大于水加热器本体的设计压力（一般分为 0.6MPa、1.0MPa、1.6MPa 三种规格）。

3）计算：

①安全阀阀座面积的计算

a. 热媒为饱和蒸汽时：

微启式弹簧安全阀 $$A=1200\frac{G}{P} \tag{3-91}$$

微启式重锤安全阀 $$A=1000\frac{G}{P} \tag{3-92}$$

全启式安全阀 $$A=370\frac{G}{P} \tag{3-93}$$

b. 热媒为过热蒸汽时，应按下式进行修正：

$$A'=A\sqrt{\frac{v'}{v}} \tag{3-94}$$

c. 热媒为水时：

微启式弹簧安全阀 $$A=38\frac{G}{P} \tag{3-95}$$

微启式重锤安全阀 $$A=38\frac{G}{P} \tag{3-96}$$

式中 A、A'——热媒通过安全阀阀座的面积（mm^2）；

G——通过阀座面积的流量（kg/h）；

P——工作压力（kPa）；

v'——过热蒸汽的比容（m^3/kg）；

v——饱和蒸汽的比容（m^3/kg）。

②安全阀的开启压力和排气管面积。当安全阀的工作压力 $P\leqslant1300$kPa 时，其开启压力应等于工作压力加 30kPa 压力。安全阀的排气管面积应大于阀座面积的两倍。

③弹簧式安全阀亦可按其通过的热量选择如表 3-57 所示。

弹簧式安全阀通过的热量（W） **表 3-57**

安全阀直径 DN（mm）	工作压力（kPa）					通路面积（mm^2）
	200	300	400	500	600	
15	20400	29000	37400	45200	53500	177
20	36000	51600	66300	81000	94700	314
25	54000	80000	103000	125000	148000	490
32	97300	137000	176000	217000	225000	805
40	144000	205000	264000	318000	379000	1255
50	226000	321000	409000	501000	600000	1960
70	324000	459000	593000	724000	851000	2820
80	580000	878000	1054000	1290000	1510000	5020
100	781000	1280000	1328000	2030000	2380000	7850

④重锤式安全阀计算表，详见表3-58。

重锤式安全阀通过的热量（W）　　表3-58

安全阀直径 DN（mm）	工作压力（kPa）					通路面积（mm^2）
	200	300	400	500	600	
15	24500	34900	44900	54200	64000	177
20	43200	61900	79500	97700	113000	314
25	64900	96300	123000	150000	178000	490
32	117000	165000	212000	260000	307000	805
40	173000	245000	316000	382000	450000	1255
50	271000	385000	491000	600000	725000	1960
70	389000	551000	712000	869000	1020000	2820
80	696000	1050000	1265000	1500000	1810000	5020
100	937000	1530000	1590000	2400000	2860000	7850

⑤安全阀选用注意事项：

a. 安全阀的进口与出口公称直径均应相同。

b. 法兰连接的单弹簧或单杆安全阀阀座的内径，一般较其公称直径小1号，例如*DN*100的阀座内径为ϕ80；双弹簧或双杠杆安全阀的阀座内径，则为较其公称通径小2号的直径的两倍，例如*DN*100的为2×65mm=130mm。

c. 设计中应注明使用压力范围。

d. 安全阀的蒸汽进口接管直径不应小于其内径。

e. 安全阀通入室外的排气管直径不应小于安全阀的内径，且不得小于40mm。

f. 系统工作压力为P时，安全阀的开启压力应为P+30kPa。

g. 安全阀的泄水管应引至安全处且在泄水管上不得装设阀门。

3.7.2.3　疏水器

热水供应系统以蒸汽作热媒间接加热时，为保证冷凝水及时排放，同时又防止蒸汽漏失，在用汽设备（如水加热器、开水器等）的冷凝水回水管上应每台设备设疏水器，当水加热器的换热能确保冷凝水回水温度小于等于80℃时，可不装疏水器。蒸汽立管最低处、蒸汽管下凹处的下部宜设疏水器，以及时排掉管中积存的凝结水。疏水器口径应经计算确定，其前应装过滤器，其旁不宜附设旁通阀。

（1）疏水器的选用

疏水器按其工作压力有低压和高压之分，热水系统通常采用高压疏水器，一般可选用浮动式或热动力式疏水器。

疏水器如仅作排除管道中冷凝积水时，可选用*DN*15、*DN*20的规格。当用于排除水加热器等用汽设备的冷凝水时，则疏水器管径应按式（3-97）计算后确定。

$$Q = K_0 \cdot G \tag{3-97}$$

式中　Q——疏水器最大排水量（kg/h）；

K_0——附加系数，见表3-59；

G——水加热设备最大冷凝水量（kg/h）。

附加系数 K_0　　**表 3-59**

名　称	工作压力（MPa）	
	压差 $\Delta P \leqslant 0.2$MPa	压差 $\Delta P > 0.2$MPa
上开口浮筒式疏水器	3.0	4.0
下开口浮筒式疏水器	2.0	2.5
恒温式疏水器	3.5	4.0
浮球式疏水器	2.5	3.0
喷嘴式疏水器	3.0	3.2
热动力式疏水器	3.0	4.0

疏水器进出口压差 ΔP，可按式（3-98）计算：

$$\Delta P = P_1 - P_2 \tag{3-98}$$

式中　ΔP——疏水器进出口压差（MPa）；

P_1——疏水器前的压力（MPa），对于水加热器等换热设备，可取 $P_1 = 0.7P_Z$（P_Z 为进入设备的蒸汽压力）；

P_2——疏水器后的压力（MPa），当疏水器后冷凝水管不抬高自流坡向开式水箱时 $P_2 = 0$；当疏水器后冷凝水管道较长，又需抬高接入闭式冷凝水箱时，P_2 按式（3-99）计算：

$$P_2 = \Delta h + 0.01H + P_3 \tag{3-99}$$

式中　Δh——疏水器后至冷凝水箱之间的管道压力损失（MPa）；

H——疏水器后回水管的抬高高度（m）；

P_3——冷凝水箱压力（MPa）。

（2）疏水器的安装

1）疏水器的安装位置应便于检修，并尽量靠近用汽设备，安装高度应低于设备或蒸汽管道底部 150mm 以上，以便冷凝水排出。

2）浮筒式或钟形浮子式疏水器应水平安装。

3）加热设备宜各自单独安装疏水器，以保证系统正常工作。

4）疏水器一般不装设旁通管，但对于特别重要的加热设备，如不允许短时间中断排除冷凝水或生产上要求速热时，可考虑装设旁通管。旁通管应在疏水器上方或同一平面上安装，避免在疏水器下方安装。

5）当疏水器后有背压或凝结水管有抬高时或不同压力的凝结水接在一根母管上时，应在疏水器后装设止回阀。

6）当疏水器距加热设备较远时，宜在疏水器与加热设备之间安装回汽支管。

7）当冷凝水量很大，一个疏水器不能排除时，则需几个疏水器并联安装。并联安装的疏水器应同型一号、同规格，一般适宜并联 2 个或 3 个疏水器，且必须安装在同一平面内。

8）疏水器前应设过滤器以确保其正常工作。

9）疏水器后的少量凝结水直接排放时，应将泄水管引至排水沟等有排水设施的地方。

3.7.2.4　减压阀

热水供应系统中的加热器常以蒸汽为热媒，若蒸汽管道供应的压力大于水加热器的承压能力，则应设减压阀把蒸汽压力降到需要值，才能保证设备使用安全。

减压阀是利用流体通过阀瓣产生阻力而减压并达到所求值的自动调节阀，其阀后压力可在一定范围内进行调整。减压阀按其结构形式可分为薄膜式、活塞式和波纹管式三类。

(1) 蒸汽减压阀的选择与计算

蒸汽减压阀的选择应根据蒸汽流量计算出所需阀孔截面积，然后查有关产品样本确定阀门公称直径。当无资料时，可按高压蒸汽管路的公称直径选用相同孔径的减压阀。

蒸汽减压阀阀孔截面积可按式（3-100）计算：

$$f=\frac{G}{0.6q} \tag{3-100}$$

式中 f——所需阀孔截面积（cm^2）；

G——蒸汽流量（kg/h）；

0.6——减压阀流量系数；

q——通过每平方厘米阀孔截面的理论流量[$kg/(cm^2\cdot h)$]。

(2) 蒸汽减压阀的安装

1）减压阀应安装在水平管段上，阀体应保持垂直。

2）阀前、阀后均应安装闸阀和压力表，阀后应装设安全阀，一般情况下还应设置旁通管。

3.7.2.5 自动排气阀

为排除热水管道系统中热水气化产生的气体（溶解氧和二氧化碳），以保证管内热水畅通，防止管道腐蚀，上行下给式系统的配水干管最高处应设自动排气阀。

3.7.2.6 分水器、集水器、分汽缸

(1) 多个热水、多个蒸汽管道系统或多个较大热水、蒸汽用户均宜设置分水器、分汽缸，凡设分水器、分汽缸的热水、蒸汽系统的回水管上宜设集水器。

(2) 分水器、分汽器、集水器宜设置在热交换间，锅炉房等设备用房内以方便维修、操作。

(3) 分水器等的筒体直径应大于2倍最大接入管直径，其长度及总体设计应符合“压力容器”设计的有关规定。

3.7.2.7 阀门

热水供应系统的管道，应根据使用要求及维修条件，在下列管段上装设阀门。

(1) 与配水、回水干管连接的分干管；

(2) 配水立管和回水立管；

(3) 从立管接出的支管；

(4) 室内热水管道向住户、公用卫生间等接出的配水管的起端；

(5) 与水加热设备、水处理设备及温度、压力等控制阀件连接处的管段上应按其安装要求配置阀门；

(6) 配水干管上根据运行管理和检修要求应设置适当数量的阀门。

3.7.2.8 止回阀

热水供应系统的管道在下列管段上，应设止回阀：

(1) 水加热器或贮水罐的冷水供水管上；

注：当水加热器或贮水罐的冷水供水管上安装倒流防止器时，应采取保证系统冷热水供水压力平衡的措施。

(2) 机械循环系统的第二循环系统回水管上；

(3) 冷热水混合器的冷、热水供水管道上；

(4) 加热水箱与冷水补充水箱的连接管上；

(5) 有背压的疏水器后面的管道上；

(6) 循环水泵的出水管上。

3.7.2.9 水表

当需计量热水总用水量时，可在水加热设备的冷水供水管上装设冷水表；对成组和个别用水点，可在专供支管上装设热水水表。有集中供应热水的住宅应装设分户热水水表。水表应安装在便于观察及维修的地方。

3.7.2.10 管道伸缩器

热水管道随热水温度的升降而产生伸、缩。如果这个伸缩量得不到补偿，将会使管道承受很大的压力，从而使管路弯曲、位移，接头开裂漏水。因此直线管段长度较长的热水管道，每隔一定的距离需设管道伸缩器。用于热水管道的管道伸缩器有自然补偿、波纹管伸缩器、Ω形伸缩器、套管伸缩器和橡胶管接头，其优缺点及适用条件见表3-60。

管道伸缩器优缺点及适用条件 **表3-60**

伸缩器类型	优　点	缺　点	适用条件
自然补偿	利用管路布置时形成的L形、Z形转向，可不装伸缩器	补偿能力小，伸缩时管道产生横向位移，使管道产生较大的应力	直线距离短、转向多的室内管道
波纹管伸缩器	重量轻，占地小，安装简单，流体阻力小	用不锈钢制造，价贵，单波补偿量小，有一定的伸缩寿命次数，产生伸缩疲劳断裂	空间小的地方
Ω形伸缩器	用整条管道弯制，工作可靠，制造简单，严密性好，维修方便	安装占地大	如有足够的安装空间，各种热力管道均可适用，装在横管上要保持水平
套管伸缩器	伸缩量大，占地小，安装简单，流体阻力小	容易漏水，需经常检修更换填料，如果管道变形有横向位移时，易造成“卡住”现象	空间小的地方
橡胶管接头	占地小，安装简单，允许少量的横向位移和偏弯角度	伸缩量小	空间小的地方

注：工程设计中一般可采用自然补偿与伸缩器相结合的方式。

(1) 管道热伸长量的计算

1) 管道热伸长量按式(3-101)计算：

$$\Delta L = \alpha \cdot L \Delta T \tag{3-101}$$

式中 ΔL——管道热伸缩长度(m)；

α——管道线膨胀系数[mm/(m・℃)]，见表 3-61；

L——直线管段长度（m）；

ΔT——计算温度差（℃）。

$$\Delta T = 0.65(t_r - t_l) + 0.1\Delta t_g \tag{3-102}$$

式中 t_r——热水供水温度（℃）；

t_l——冷水供水温度（℃）；

Δt_g——安装管道时，管道周围的最大空气温差，可按当地"夏季空调温度－极端平均最低温度"取值，可查"全国各地气象参数表"。

2）常用管材的线膨胀系数 α 值见表 3-61。

几种常用管材的线膨胀系数 α 值 **表 3-61**

管材	碳钢管	铜	不锈钢	钢塑	CPVC	PP-R	PEX	PB	PAP
α	0.012	0.0176	0.0173	0.025	0.07	0.15	0.16	0.13	0.025

3）1m 长不同管材的热伸缩量 ΔL 见表 3-62。

1m 长不同管材的热伸缩量 ΔL（mm/m） **表 3-62**

温差 Δt_g	管材 / $(t_r - t_l)$	铜	不锈钢	钢塑	碳钢管	CPVC	PP-R	PEX	PAP	PB
30	40	0.51	0.50	0.72	0.35	2.03	4.35	4.64	0.72	3.77
	45	0.57	0.56	0.81	0.39	2.26	4.84	5.16	0.81	4.19
	50	0.62	0.61	0.89	0.43	2.49	5.33	5.68	0.89	4.62
	55	0.68	0.67	0.97	0.47	2.71	5.81	6.20	0.97	5.04
35	40	0.52	0.51	0.74	0.36	2.07	4.43	4.72	0.74	3.84
	45	0.50	0.57	0.82	0.40	2.29	4.91	5.24	0.82	4.26
	50	0.63	0.62	0.90	0.44	2.53	5.40	5.76	0.90	4.68
	55	0.69	0.68	0.98	0.475	2.75	5.89	6.27	0.98	5.10
40	40	0.53	0.52	0.76	0.365	2.11	4.51	4.80	0.76	3.91
	45	0.59	0.58	0.83	0.395	2.32	4.89	5.32	0.83	4.33
	50	0.64	0.63	0.91	0.435	2.57	5.47	5.84	0.91	4.74
	55	0.70	0.69	0.99	0.48	2.79	5.97	6.36	0.99	5.16
45	40	0.54	0.53	0.78	0.37	2.15	4.59	4.88	0.78	3.98
	45	0.60	0.59	0.84	0.40	2.35	5.05	5.40	0.84	4.40
	50	0.65	0.64	0.92	0.44	2.61	5.54	5.92	0.92	4.80
	55	0.71	0.70	1.00	0.485	2.83	6.05	6.44	1.00	5.22
50	40	0.55	0.54	0.79	0.375	2.19	4.67	4.96	0.79	4.05
	45	0.61	0.60	0.85	0.405	2.38	5.12	5.48	0.85	4.47
	50	0.66	0.65	0.93	0.445	2.65	5.61	6.00	0.93	4.86
	55	0.72	0.71	1.01	0.49	2.87	6.13	6.52	1.01	5.28

续表

温差 Δt_g	管材 (t_r-t_l)	铜	不锈钢	钢塑	碳钢管	CPVC	PP-R	PEX	PAP	PB
55	40	0.57	0.56	0.81	0.385	2.27	4.83	5.12	0.81	4.19
	45	0.63	0.62	0.87	0.415	2.44	5.26	5.64	0.87	4.61
	50	0.68	0.67	0.95	0.455	2.73	5.75	6.16	0.95	4.98
	55	0.74	0.73	1.03	0.50	2.95	6.29	6.68	1.03	5.41
60	40	0.57	0.56	0.81	0.385	2.27	4.83	5.12	0.81	4.19
	45	0.63	0.62	0.87	0.415	2.44	5.26	5.64	0.87	4.61
	50	0.68	0.67	0.95	0.455	2.73	5.75	6.16	0.95	4.98
	55	0.74	0.73	1.03	0.50	2.95	6.29	6.68	1.03	5.41
65	40	0.58	0.57	0.82	0.39	2.31	4.90	5.20	0.82	4.26
	45	0.64	0.63	0.88	0.42	2.47	5.33	5.72	0.88	4.68
	50	0.69	0.68	0.96	0.46	2.77	5.62	6.24	0.96	5.04
	55	0.75	0.74	1.05	0.505	2.98	6.36	6.76	1.04	5.48
70	40	0.59	0.58	0.83	0.395	2.35	4.98	5.28	0.83	4.33
	45	0.65	0.64	0.89	0.425	2.50	5.40	5.60	0.89	4.75
	50	0.70	0.69	0.98	0.465	2.81	5.69	6.32	0.98	5.10
	55	0.76	0.75	1.07	0.51	3.00	6.43	6.48	1.07	5.55

（2）自然补偿

1）热水管道应尽量利用自然补偿，即利用管道敷设的自然弯曲、折转等吸收管道的温差变形，弯曲两侧管段的长度即从管道固定支座至自由端的最大允许长度如图 3-25 所示，不应大于表 3-63 允许长度值。

弯曲两侧管段允许的长度 **表 3-63**

管材	铜管	薄壁不锈钢	衬塑钢管	PP-R	PEX	PB	PAP	碳钢管
长度（m）	10.0	10.0	8.0	1.5	1.5	2.0	1.5	20.0

2）塑料热水管利用弯曲进行自偿时，管道最大支撑间距不宜大于最小自由臂长度，见图 3-26。

最小自由臂长度可按式（3-103）计算：

$$L_z = K\sqrt{\Delta L \cdot D_e} \tag{3-103}$$

式中 L_z——最小自由臂长度（mm）；

K——材料比例系数，见表 3-64；

D_e——计算管段的公称外径（mm）；

ΔL——自固定支承点起管道的伸缩长度（mm），按式（3-101）计算。

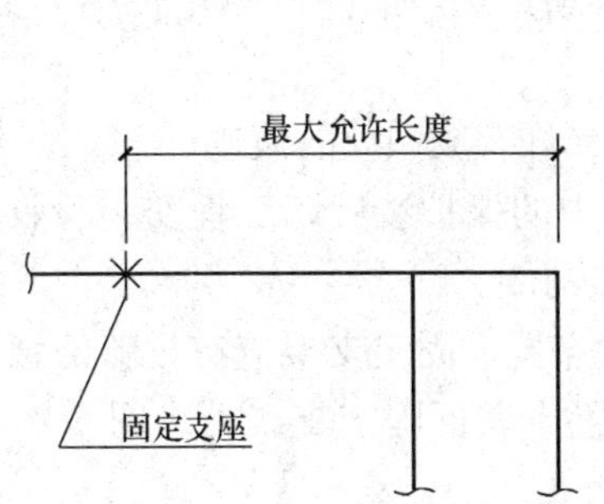

图 3-25 固定支座自由端最大允许长度

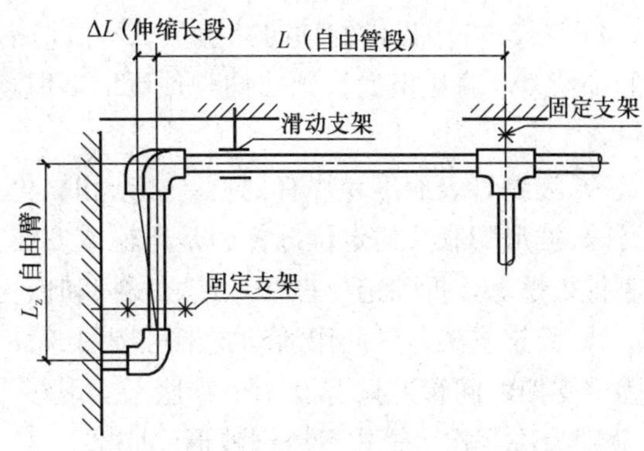

图 3-26 确定自由臂 L_z 长度的示意

管材比例系数 K 值 **表 3-64**

管材	PP-R	PEX	PB	PAP
K	30	20	10	20

3）卫生间垫层内敷设的小管径塑料热水管可不另考虑伸缩的措施。

4）当塑料热水管直线管管段不能利用自然补偿或补偿器时，可通过固定支承利用管材本身允许的变形量解决温度引起的伸缩量，直线管段最大固定支承（固定支架）间距见表 3-65。

塑料热水管直线管段最大固定支架间距 **表 3-65**

管材	PP-R	PEX	PB	PAP
间距（m）	3.0	3.0	6.0	3.0

5）塑料热水管直线管段长度大于表 3-65，铜管、不锈钢管的直线管段长度大于 20m、塑钢管的直线管段长度大于 16m、碳钢管的直线管段长度大于 40m 时，应分别设不同的伸缩器解决管道的伸缩量。

6）热水干管与立管的连接处，立管应加弯头以补偿立管的伸缩应力，其接管方法见图 3-27。

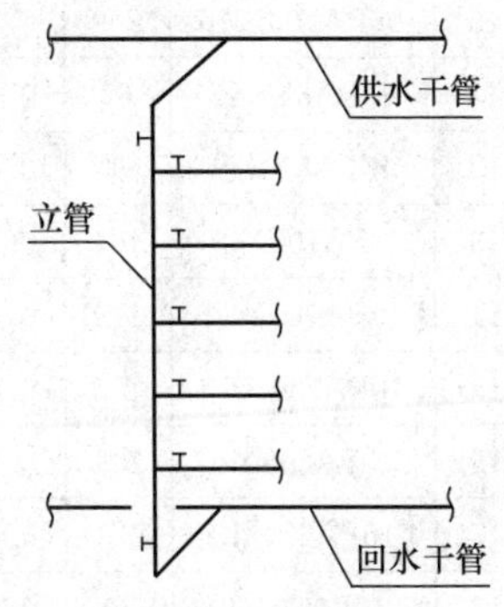

图 3-27 立、干管连接示意

（3）不锈钢波形膨胀节

1）不锈钢波形膨胀节是由一层或多层薄壁不锈钢管坯（06Cr19Ni10－S30408）制成环形波纹管为基本条件，符合《金属波纹管膨胀节通用技术条件》GB/T 12777 的规定，装配短接管或法兰后组成。工作压力分 0.6MPa、1.0MPa、1.6MPa。

2）连接形式：*DN*65 以上，用法兰式连接，*DN*65 以下按接管直径与被接管直径采用直接连接或用氢弧焊焊接不锈钢转换接头承接。连接处应光滑、无杂质、无气孔、无裂缝、无锈迹，根据需要也可提供其他管径的产品。

3）管路输水系统中因热胀冷缩引起的轴向位移，可由设置的不锈钢波形膨胀节补偿，故波形膨胀节的波数，应按管道固定支架内管道长度和膨胀节的理论特性经计算伸缩量定，选择波数时要计算其弯曲变形，疲劳寿命和安全系数，建议增加 30%波数选规格。

4）表 3-66 中提供的轴向补偿量 ΔX 值是指 ΔY 为 0 时的补偿量，ΔY 值是指 ΔX 为 0 时的补偿量，膨胀节允许预拉伸和预压缩，但预拉伸值或预压缩值不可大于表中一半的补偿量。

5）波纹管表面不允许有划痕、夹杂和氧化，但允许有成型模的痕迹。

6）波形膨胀节的定位螺杆力是运输或安装过程中的保护装置，工程安装验收后，应彻底拧松螺母，拆除定位螺杆，使之发挥和恢复补偿功能。

7）固定支架，导向用活动支架可按图 3-28 尺寸布置，固定支架应有足够的强度，两个固定支架之间管道只需设一个膨胀节，其安装位置应靠近固定支架处。图 3-29，图 3-30 分别为法兰式接管式不锈钢波形膨胀节。

8）法兰盘尺寸按 JB/T 81 标准执行。

9）不锈钢波形膨胀节尺寸详见表 3-66。

不锈钢波形膨胀节 **表 3-66**

序号	产品型号	波纹管尺寸					轴向补偿量 ΔX (ΔY)	伸缩器长度	法兰连接尺寸			
		设计内径	壁厚	波数	波距	波高			外径	壁厚	螺栓孔	
											中心直径	个数—直径
1	06PA25×21	24	0.3	21	6	4.5	12.04	155	100	14	85	4—12
2	06PA32×20	32	0.3	20	7	5	14.43	172	120	16	100	4—14
3	06PA40×16	39	0.3	16	9	6	16.28	176	130	16	110	4—14
4	06PA50×15	52	0.4	15	9	8.5	19.71	167	140	16	125	4—14
5	06PA65×15	67	0.4	15	12	8.5	22.98	211	140	16	145	4—14
6	06PA80×14	80	0.4	14	13	9.5	26.07	217	185	18	160	4—18
7	06PA100×13	104	0.4	13	15	10	27.81	229	205	18	180	4—18
8	06PA125×14	129	0.5	14	17	12	33.21	276	235	20	210	8—18
9	06PA150×13	154	0.5	13	19	13	36.69	284	260	20	240	8—18
10	06PA200×10	200	0.5	10	23	19	43.74	270	315	22	295	8—18
11	10PA65×12	67	0.4	12	12	8.5	17.75	183	180	20	145	4—18
12	10PA80×11	80	0.4	11	13	9.5	19.59	182	195	20	160	4—18
13	10PA100×10	104	0.4	10	15	10.5	21.65	192	215	22	180	8—18
14	10PA125×11	129	0.5	11	17	12	24.95	233	245	24	210	8—18
15	10PA150×10	154	0.5	10	19	13	26.79	235	280	24	240	8—23
16	10PA200×8	200	0.6	8	23	19	32.16	228	335	24	295	8—23
17	16PA65×10	67	0.4	10	12	8.5	14	159	180	20	145	4—18
18	16PA80×9	80	0.4	9	13	9	14.07	159	195	20	160	8—18
19	16PA100×7	104	0.4	7	15	10	13.24	147	215	22	180	8—18
20	16PA125×8	129	0.5	8	17	12	16.90	182	245	24	210	8—18
21	16PA150×12	154	0.5	12	19	13	33.04	273	280	24	240	8—23
22	16PA200×9	200	0.6	9	23	19	37.81	251	335	24	295	12—23

注：不锈钢波形膨胀节图表均引自国家标准设计《建筑给水薄壁不锈钢管道安装》10S407-2 图集。

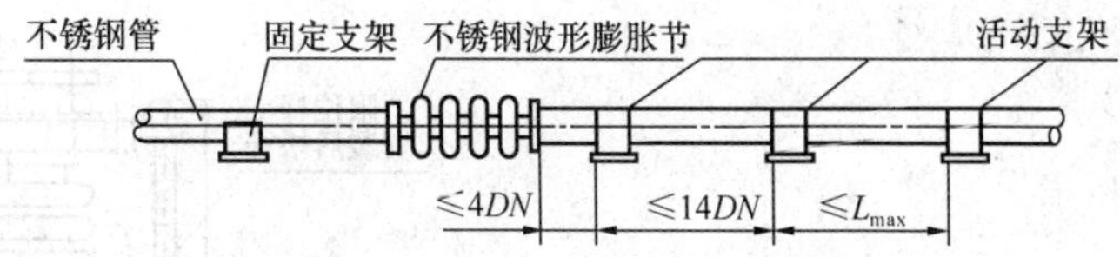

图 3-28　不锈钢波形膨胀节安装示意

注：L_{max}可按动力手册求得。

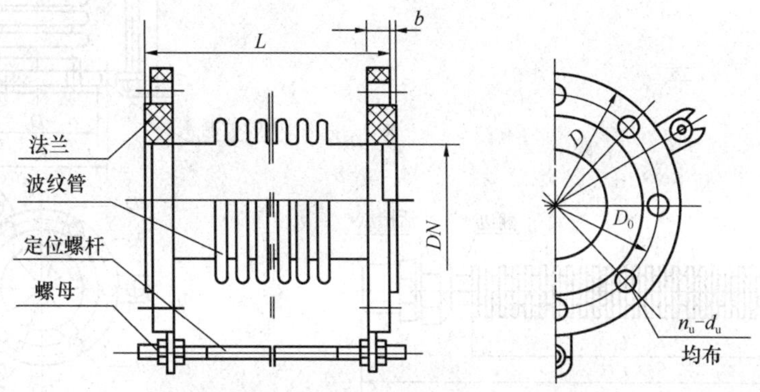

图 3-29　法兰式不锈钢波形膨胀节（F 型）

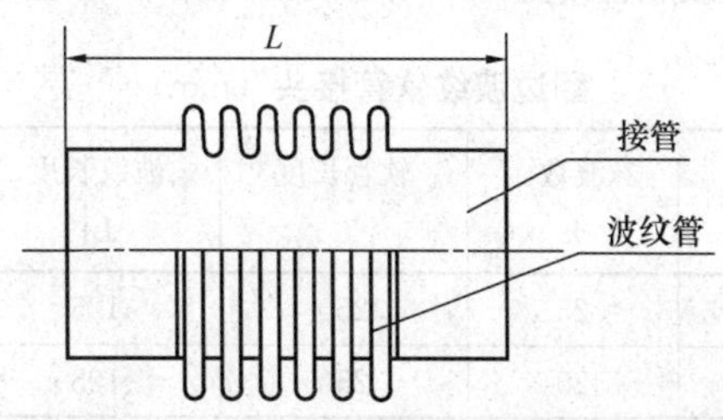

图 3-30　接管式不锈钢波形膨胀节（J 型）

（4）铜质波纹伸缩节

1）材质 T2，工作压力 PN≤1.6MPa，介质设计温度 0～90℃。

2）伸缩节仅吸收轴向位移，在承受系统压力的同时，可吸收因温差引起的热胀冷缩余量。

3）波纹伸缩节的安装位置应靠近固定支架处（图 3-31）。其后的导向性活动支架可按安装图要求的尺寸布置，铜管固定支架每隔 10～20m 设置。立管的固定支架应设置在楼面或有钢筋混凝土梁、板处。横管的固定支架应设置在钢筋混凝土柱、梁、板处。翻边波纹软管接头见图 3-32、表 3-67；波纹伸缩节见图 3-33、表 3-68。

4）计算时波纹允许伸缩量可按 60％值选用，安装时是否要预压缩，预拉伸由设计、施工协调决定。

5）L_{max}为活动支架之间最大间距，可查表或计算确定。

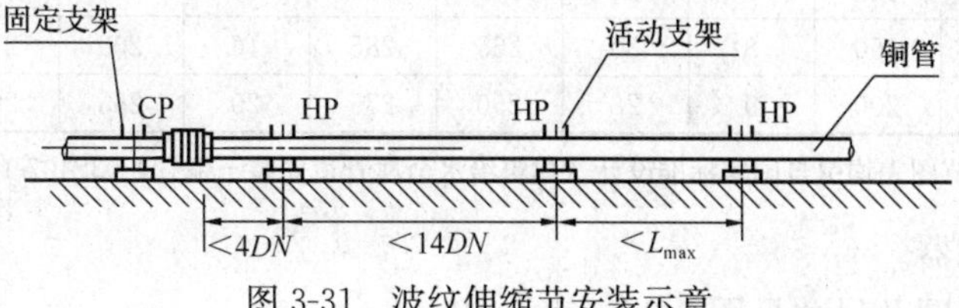

图 3-31　波纹伸缩节安装示意

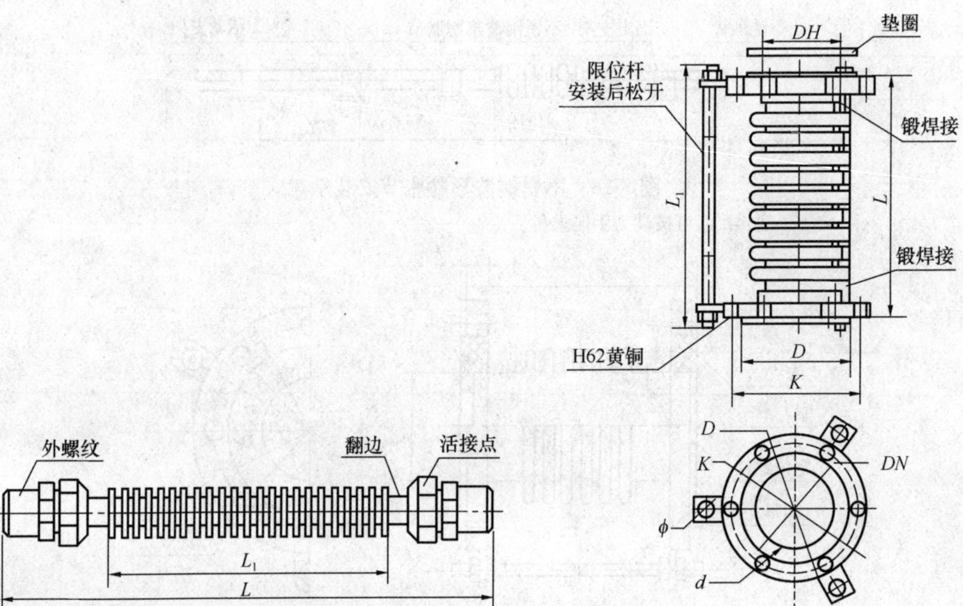

图 3-32　翻边波纹软管接头　　　　图 3-33　波纹伸缩节

翻边波纹软管接头（mm）　　　　**表 3-67**

序号	产品型号	公称通径 DN	波数 n	软管长度 L	波纹长度 L_1	波纹允许伸缩量	伸外螺纹尺寸 R_1
1	136	15	25	250	125	28	1/2
2	136	20	25	250	125	28	3/4

波形伸缩节（mm）　　　　**表 3-68**

序号	产品型号	公称通径 DN	波数	波纹允许伸缩量	伸缩器长度 L	限位杆		法兰连接尺寸			
						长度 L_1	直径 ϕ	密封面 D	螺栓孔中心直径	螺栓孔数	螺栓孔直径
1	16PA25×14－F	25	14	24	163	180	10	58	85	4	14
2	16PA32×12－F	32	12	20	160	180	10	67	100	4	14
3	16PA40×12－F	40	12	24	180	195	10	80	110	4	18
4	16PA50×12－F	50	12	28	195	210	10	94	125	4	18
5	16PA65×12－F	65	12	28	200	220	10	115	145	4	18
6	16PA80×10－F	80	10	24	206	220	10	130	160	8	18
7	16PA100×9－F	100	9	24	230	250	14	142	180	8	18
8	16PA125×8－F	125	8	28	240	260	14	185	210	8	18
9	16PA150×8－F	150	8	30	265	285	16	209	240	8	22
10	16PA200×6－F	200	9	28	250	275	20	265	295	12	22

注：铜质波纹伸缩节图表均引自国家标准设计《建筑给水金属管道安装－铜管》03S407-1 图集。

（5）Ω 形伸缩器

Ω 形伸缩器简图及尺寸见图 3-34、表 3-69。

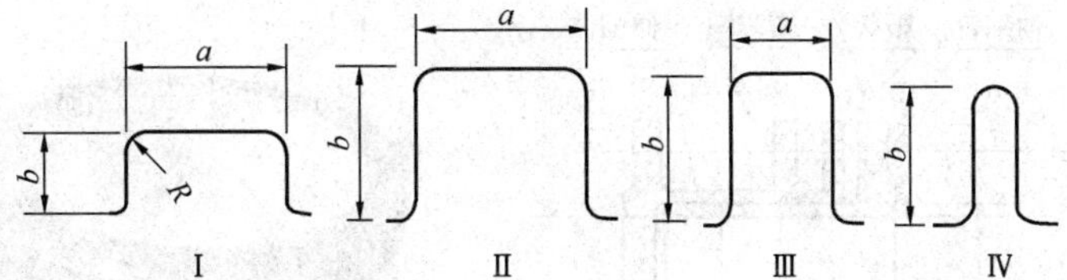

图 3-34 Ω形伸缩器

Ω形伸缩器尺寸（mm） **表 3-69**

管径		DN25		DN32		DN40		DN50		DN70	
弯曲半径		R=134		R=169		R=192		R=240		R=304	
ΔL	型号	a	b	a	b	a	b	a	b	a	b
25	Ⅰ	780	520	830	580	860	620	820	650	—	—
	Ⅱ	600	600	650	650	680	680	700	700	—	—
	Ⅲ	470	660	530	720	740	740	620	750	—	—
	Ⅳ	—	800	—	820	—	830	—	840	—	—
50	Ⅰ	1200	720	1300	800	1280	830	1280	880	1250	930
	Ⅱ	840	840	920	920	970	970	980	980	1000	1000
	Ⅲ	650	950	700	1000	720	1050	780	1080	860	1100
	Ⅳ	—	1250	—	1250	—	1280	—	1300	—	1120
75	Ⅰ	1500	880	1600	950	1660	1020	1720	1100	1700	1150
	Ⅱ	1050	1050	1150	1150	1200	1200	1300	1300	1300	1300
	Ⅲ	750	1250	830	1320	890	1380	970	1450	1030	1450
	Ⅳ	—	1550	—	1650	—	1700	—	1750	—	1500
100	Ⅰ	1750	1000	1900	1100	1920	1150	2020	1250	2000	1300
	Ⅱ	1200	1200	1320	1320	1400	1400	1500	1500	1500	1500
	Ⅲ	860	1400	950	1550	1010	1630	1070	1650	1180	1700
	Ⅳ	—	—	—	1950	—	2000	—	2020	—	1850

（6）套管伸缩节

1）对长距离管路因温差引起的伸缩起到了很好的调节作用。

2）安装前须松开压盘螺栓，将该器拉至安装长度，然后用对角法拧紧，切勿压偏。如架空使用两端须安装相应的固定支架。

3）SSQ-1 型套管伸缩节简图及安装尺寸见图 3-35、表 3-70。

套管式伸缩器尺寸（mm） **表 3-70**

管径	最小长度 L_1	安装长度 L	最大长度 L_2	伸缩量
40	170	190	210	40
50	180	200	220	40
65	180	200	220	40
80	190	220	240	50
100	190	220	240	50
125	190	225	260	70
150	210	250	290	80
200	220	260	300	80

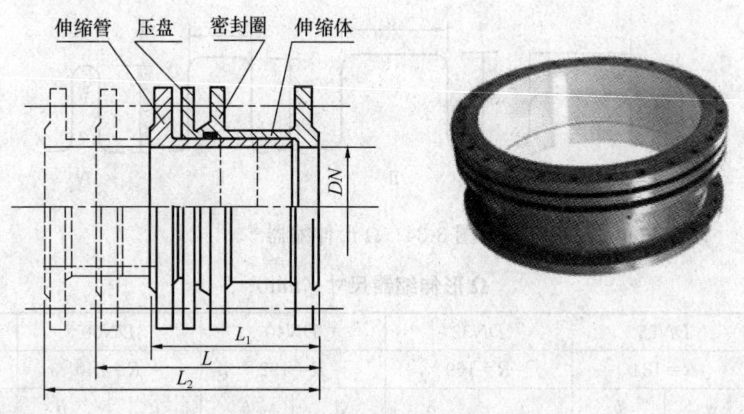

图 3-35 套管伸缩节简图及安装尺寸

(7) 塑料管伸缩节

1) 室内塑料管伸缩节有多球橡胶伸缩节和塑料伸缩节，前者宜用于横管（图 3-36、图 3-37)，后者宜用于立管。

2) 多球橡胶伸缩节工作压力：1.0MPa，爆破压力：3.0MPa，适用温度：－10～105℃，其尺寸见表 3-71、表 3-72。

3) 塑料伸缩节分双向伸缩节，90°伸缩节，三向伸缩节 3 种，具体见图 3-38～图 3-41、表 3-73～表 3-76。

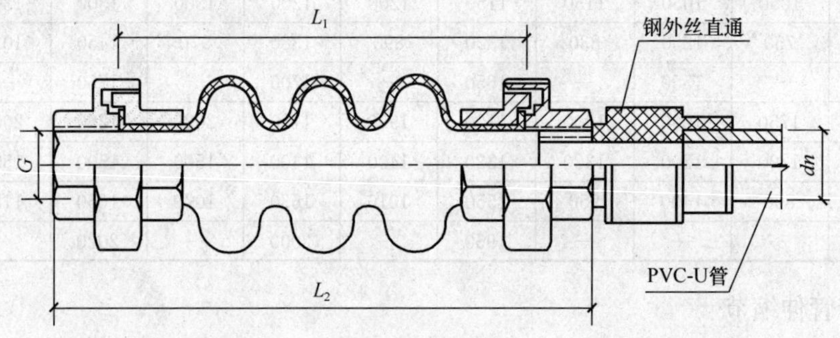

图 3-36 KDT 多球橡胶伸缩节（活接头连接）

KDT 多球橡胶伸缩节（活接头连接）尺寸（mm） **表 3-71**

外径	公称直径	内螺纹	产品长度		轴向位移		轴向位移
dn	*DN*	*G*	L_1	L_2	伸长	压缩	
20	15	1/2″	133	180	25	30	30
25	20	3/4″	133	184	25	30	30
32	25	1″	135	185	25	30	30
40	32	11/4″	146	206	28	35	35
50	40	11/2″	160	224	32	40	35
63	50	2″	175	240	32	45	40

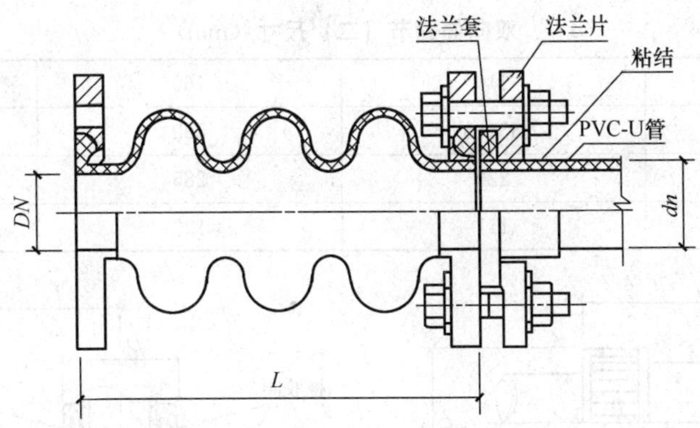

图 3-37 KDT 多球橡胶伸缩节（法兰连接）

KDT 多球橡胶伸缩节（法兰连接）尺寸（mm） **表 3-72**

外径	公称直径	产品长度	轴向位移		轴向位移
dn	*DN*	L_1	伸长	压缩	
63	50	175	40	55	40
75	65	200	45	65	40
90	80	252	55	85	45
110	100	285	60	95	50
160	150	303	60	100	50

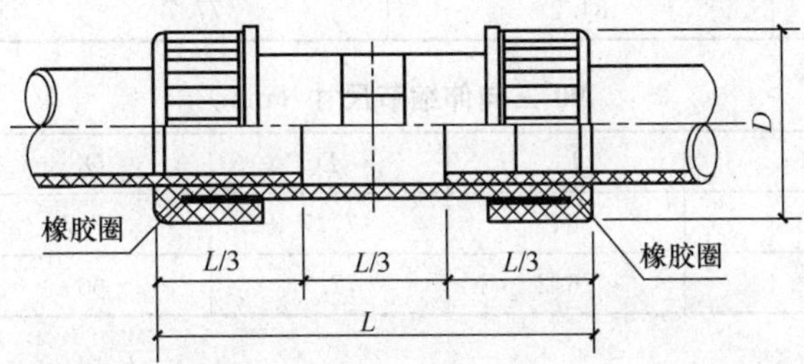

图 3-38 双向伸缩节（一）

双向伸缩节（一）尺寸（mm） **表 3-73**

dn	20	25	32	40	50	63	75	90	110	160
L	118	128	138	150	160	170	190	202	212	296
D	46	52	60	70.5	77.7	92	111.5	133	166	232
Δ*L*	10	43	48	50	53	57	63	67	71	99

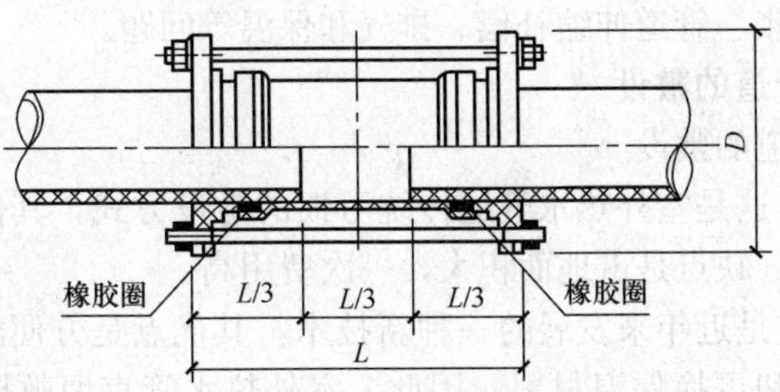

图 3-39 双向伸缩节（二）

双向伸缩节（二）尺寸（mm） 表 3-74

dn	110	160	200
L	331.8	389	481.4
D	220	285	340
ΔL	111	130	160

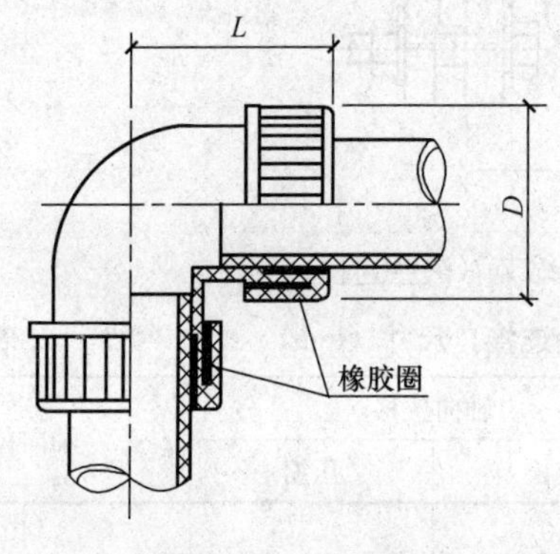

图 3-40 90°伸缩节

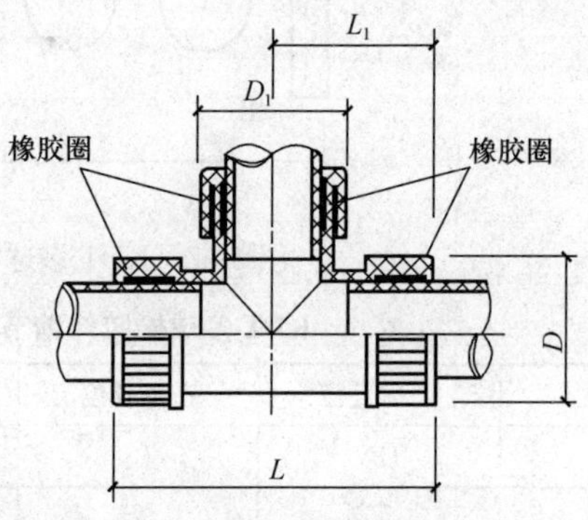

图 3-41 三向伸缩节

90°伸缩节尺寸（mm） 表 3-75

dn	L	D	ΔL
50	84.2	77.7	25

90°三向伸缩节尺寸（mm） 表 3-76

dn	L	L_1	D	D_1	ΔL
50	168	84	77.7	77.7	56
50×32	152.4	76.2	77.7	60	50

3.7.2.11 其他

水加热器的上部、热媒进出口管上、贮热水罐和冷热水混合器上应装温度计、压力表；热水循环的进水管上应装温度计及控制循环泵开停的温度传感器；热水箱应装温度计、水位计。

3.7.3 热水管道的敷设和保温

热水管网的布置与敷设，除了满足给（冷）水管网布置敷设的要求外，还应注意由于水温高带来的体积膨胀、管道伸缩补偿、排气和保温等问题。

3.7.3.1 热水管道的敷设

（1）室外热水管道的敷设

1）管沟内敷设：这是室外热水管道传统习惯的敷设方式，其优点是安装简单、方便维修和更换保温材料。缺点是占地面积大，一次费用高。

2）直埋敷设：这是近年来发展的一种新技术，其优点是方便安装、省地、节材、经济，缺点是不便维修和更换保温材料。因此，室外热水管直埋敷设必须解决好保温、防水、防潮、防护伸缩及使用寿命问题，应符合《城镇直埋供热管道工程技术规程》

CJJ/T 81以及《建筑给水排水及采暖工程施工质量验收规范》GB 50242 的相关规定。

热水管直埋敷设应由具有热力管道安装资质的安装单位施工。

3）架空敷设：热水管道架空敷设因其占地、占空间、影响美观、且露明在大气中的管道及保温层等寿命短、能耗大，因此，一般工程设计中很少采用，当局部采用时，架空管离地面净高：人行地区≥2.5m；通行车辆地区：≥4.5m；跨越铁路：距轨顶≥6m。

（2）室内热水管道的敷设

热水管网同给（冷）水管网，有明设和暗设两种敷设方式。铜管、薄壁不锈钢管、衬塑钢管等可根据建筑、工艺要求暗设或明设。暗设在墙体或垫层内的铜管、薄壁不锈钢管应采用塑覆管。

塑料热水管宜暗设，明设时立管宜布置在不受撞击处，如不可避免时，应在管外加装防紫外线照射、防撞击的保护措施。

热水管道暗设时，应符合下列要求：

1）不得直接敷设在建筑物结构层内。

2）干管、立管应敷设在吊顶、管井、管窿内，支管宜敷设在地面的垫层内、墙面抹灰层或墙槽内。

3）敷设在垫层或墙槽内的支管外径不宜大于25mm。

4）敷设在垫层内的塑料热水支管宜采用热熔连接，给水方式宜采用分水器向卫生器具配水，中途不得有连接配件，两端接口应露明，地面宜有管道位置的临时标识。

5）暗设于吊顶、管井、管窿内的管道在便于检修地方装设法兰，装设阀门处应留检修门，以利于管道更换和维修。

热水管道穿过建筑物的墙壁、楼板和基础处应加套管，穿越屋面及地下室外墙时，应加防水套管，以免管道膨胀时损坏建筑结构和管道设备。当穿过有可能发生积水的房间地面或楼板面时，套管应高出地面50～100mm，如图3-42所示。热水管道在吊顶内穿内隔墙可留孔洞。套管与热水管间空隙应用玻璃棉，复合硅胶制品等不燃烧材料填实，然后用沥青灌平。

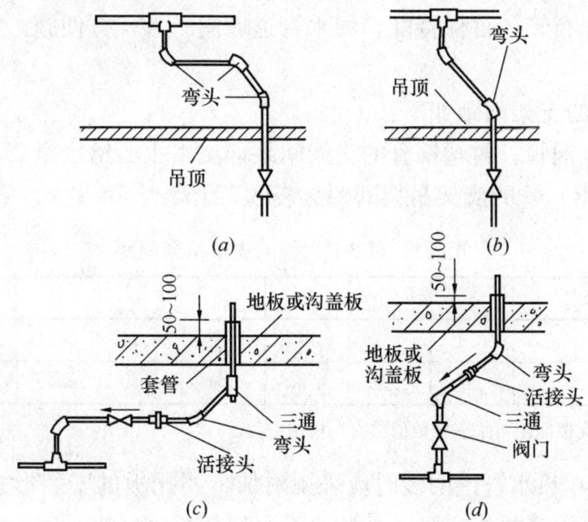

图3-42 热水立管与水平干管的连接方式

下行上给式系统设有循环管道时，其回水立管可在最高配水点以下约 0.5m 处与配水立管连接；上行下给式系统只需将立管与上、下水平干管连接。热水立管与横管连接时，为避免管道伸缩应力破坏管网，应采用乙字弯的连接方式，如图 3-42 所示。

（3）热水管道防伸缩措施

1）室内热水管道防伸缩的措施详见 3.7.2 节“10. 管道伸缩器”部分。

2）室外热水管道防伸缩措施

①管沟敷设与架空敷设时，热水管道防伸缩措施同室内热水管。

②直埋敷设时，热水管道防伸缩措施有安装补偿器和无补偿两种做法。

a. 安装补偿器法：宜安装 Ω 形补偿器，且补偿器外的保温、防水防潮及防护层做法均应与直管段一致。当采用不锈钢波纹管等作补偿时，应专设保护检修波纹管用的检查井。

b. 无补偿法：无补偿的做法有管道预热和不预热两种做法。前者一般用于热水温度较高的热水管道。当热水温度≤60℃可采用后者。但采用后者做法时，必须在管道上下填埋一定厚度的砂层，用砂层与管外壁保护层的摩擦力克服温度变化引起管道伸缩应力，车行道下要保证一定埋深，并位于冰冻线以下，由于无补偿直埋管道要求安装施工的技术及质量高，应由具有热力管道安装资质的专业施工单位安装。

（4）排气及泄水

1）为避免管道中积聚气体，影响过水能力和增强管道腐蚀，室外热水供、回水管及室内热水上行下给式配水干管的最高点应设自动排气装置；下行上给式管网的回水立管可在最高配水点以下（约 0.5m）与配水立管连接，利用最高配水点放气，住宅建筑的下行上给式管网，宜在各供水立管顶设自动排气装置，以防立管内积气影响水表的正常计量。

2）热水水平干管的局部上突处应设自动排气装置，局部下凹处及热水系统的最低处应设泄水阀。

3）热水横管均应有不宜小于 0.003 的敷设坡度，配水横干管应沿水流方向上升，利于管道中的气体向高点聚集，便于排放；回水横管应沿水流方向下降，便于检修时泄水和排除管内污物。这样布管还可保持配、回水管道坡向一致，方便施工安装。

（5）管道支架

1）各种热水管的支架间距如下：

①薄壁不锈钢、铜管、衬塑钢管的支架间距详见本手册给水章节相关条款。

②聚丙烯（PP-R）管的支架吊架间距见表 3-77。

聚丙烯（PP-R）管的支架吊架间距　　**表 3-77**

公称直径 *De*（mm）	20	25	32	40	50	63	75	90	110
立管（m）	0.4	0.5	0.52	0.65	0.78	0.91	1.04	1.56	1.70
水平管（m）	0.3	0.35	0.40	0.50	0.60	0.70	0.80	1.20	1.30

注：暗敷直埋管道的支架间距可采表中数值扩大一倍的方法。

③ 聚丁烯（PB）热水管道明装时应采用附加金属托板的安装形式。水平管道托板应设在管道下方，垂直管道托板应没在外侧。设金属托板固定支承间管段可不采取温度补偿措施，管道与托板间采用金属箍牢固捆扎。管道托板的捆扎线距离应符合表 3-78。

聚丁烯（PB）管的托板捆扎间距 表 3-78

公称直径 De（mm）	16	20	25	32	40	50	63	75
管道托板间捆扎间距（m）	0.2	0.2	0.3	0.4	0.5	0.6	0.75	0.75

④PVC-C 管、铝塑管（PAP）管的支架间距见表 3-79。

PVC-C 管的支架间距 表 3-79

公称直径 De（mm）	20	25	32	40	50	63	75	90	110	125	140	160
立管（m）	1.0	1.1	1.2	1.4	1.6	1.8	2.1	2.4	2.7	3.0	3.4	3.8
水平管（m）	0.6	0.65	0.7	0.8	0.9	1.0	1.1	1.2	1.2	1.3	1.4	1.5

2）固定支架

①热水管道应设固定支架。固定支架的间距应满足管段的热伸长度不大于伸缩器所允许补偿量的 2/3［管段的热伸长度计算见式(3-101)］。

②固定支架的布置如图 3-43 所示：

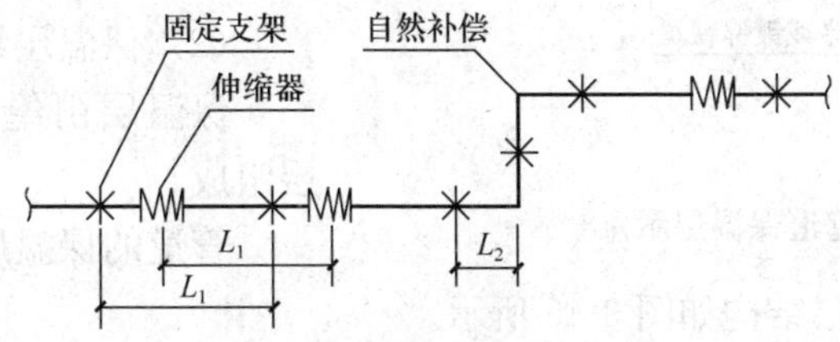

图 3-43 固定支架布置示意

注：固定支座宜靠近伸缩器布置，以减少伸缩器承受的弯矩；图中 L_1、L_2 值详见 3.7.2 节“10. 管道伸缩器”的“自然补偿”部分。

③固定支架应支承在承重结构上，并具有足够的强度，与管道相接处应采用焊接或其他固定管道的有效措施。

④固定支架所用材质应与管道材质一致或相适应，不得因此造成管道局部腐蚀。

⑤固定支架之间宜设导向支架。

3.7.3.2 热水管道与设备的保温

（1）保温的范围及要求

1）热水供应系统中的热水锅炉、燃油（气）热水机组、水加热设备、贮水器、分（集）水器、热水箱、热水输（配）水、循环回水干（立）管应做保温，其主要目的在于减少介质传送过程中的热损失。

2）热水供应系统保温材料应符合导热系数小、具有一定的机械强度、重量轻、没有腐蚀性、燃烧性能等级不低于 B_1 级及易于施工成型可就地取材等要求。

3）管道和设备在保温之前，应进行防腐蚀处理。

4）保温材料应与管道或设备的外壁紧密相贴密实，并在保温层外表面做防护层。如遇管道转弯处，其保温应做伸缩缝，缝内填柔性材料。

5）热水管道和设备保温绝热层厚度可按最大允许热损失量标准计算，计算方法见《工业设备及管道绝热工程设计规范》GB 50264。管道及设备的最大允许热损失应满足表 3-80 的要求。

最大允许热损失量 **表 3-80**

设备管道外表面温度 T_0（℃）	绝热层外表面最大允许热损失量（W/m^2）	
	常年运行	季节运行
50	58	116
100	93	163
150	116	203

6）未设循环的供水支管，当支管长度 $L \geqslant 3 \sim 10$m 时，为减少使用热水前泄放的冷温水量，宜采用自动调控的电伴热保温措施，电伴热保持支管内水温可按 45℃设计。

7）暗装在垫层、墙槽内的热水支管可不做保温层，但其管材宜采用导热系数低、壁厚较厚的热水型塑料管，当采用金属管时应采用外表塑覆的管道。

(2) 保温层结构

保温层由绝热层、防潮层及防护层组成。

管道的保温层结构如图 3-44 所示。

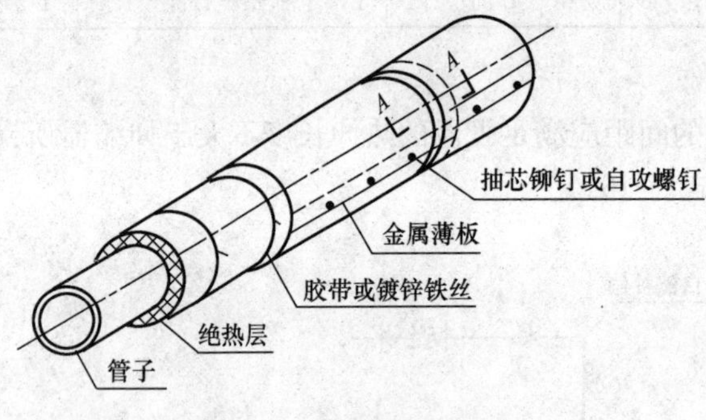

图 3-44 管道保温层示意

管件及阀件的保温层结构如图 3-45 所示。

设备的保温层结构如图 3-46 所示。

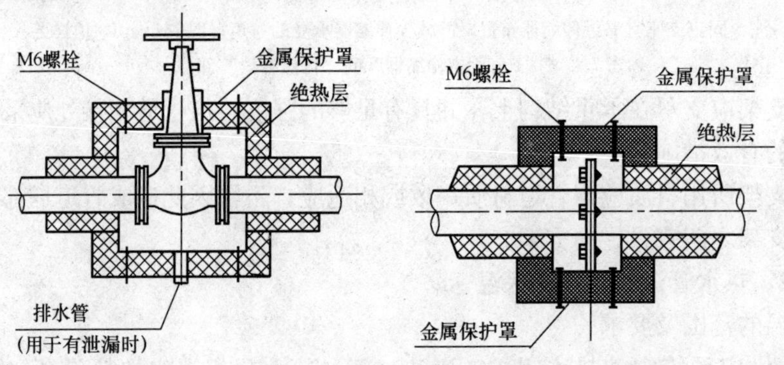

图 3-45 阀门及管件保温示意

(3) 绝热层

1）材质性能要求

①绝热层材料要有允许使用温度、导热系数、重度、机械强度和燃烧性能的检测证明；对硬质绝热材料应有线膨胀系数的数据。

②用于金属管材的绝热材料应有对其管材是否产生腐蚀的测试证明。

③绝热层材料的燃烧等级应符合下列要求：

a. 管道及设备外表面温度＞100℃时，绝热材料应符合不燃烧类 A 级材料的性能要求。

b. 管道及设备外表面温度≤100℃时，绝热材料应符合不低于难燃类 B_1 级材料的性

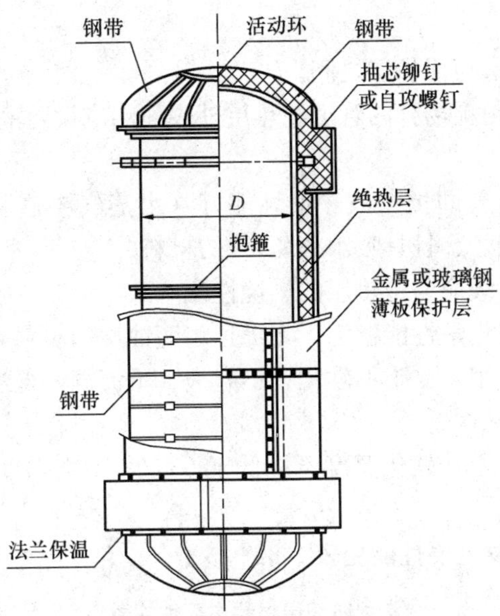

图 3-46 设备保温层示意

能要求。

④塑料管的保温绝热层不应用硬质材料。

2）常用绝热材料性能见表 3-81。

常用绝热材料性能表 表 3-81

序号	绝热材料名称	使用密度（kg/m³）	使用温度范围（℃）	耐火性能	导热系数参考方程［W/(m·℃)］	适用条件
1	玻璃棉制品	45～90	≤300	A	λ=0.031+0.00017*tm*	
2	超细玻璃棉制品	60～80	≤400	A	λ=0.025+0.00023*tm*	
3	泡沫橡塑制品（PVC/NBR）	40～90	－40～105	B_1B_2	λ=0.038+0.00012*tm*	金属管 塑料管
4	酚醛泡沫制品（PF）	40～70	－180～150	B_1	λ=0.0265+0.0000839*tm*	
5	复合硅酸盐制品	150～160	－40～800	A	λ=0.048+0.00015*tm*	
6	聚氨酯泡沫制品	30～60	－80～110	B_1B_2	λ=0.0275+0.00009*tm*	金属管
7	聚苯乙烯泡沫制品	≥30	－65～70	B_1B_2	λ=0.039+0.000093*tm*	
8	聚乙烯泡沫制品（PEF）	30～50	－50～100	B_1B_2	λ=0.034+0.00012*tm*	金属管 塑料管
9	岩棉制品	61～200	≤350	A	λ=0.036+0.00018*tm*	
10	泡沫玻璃制品	180	－200～400	A	λ=0.061+0.00011*tm*	
11	硅酸铝制品	≤192	≤800	A	λ=0.032+0.0002*tm*	金属管
12	微孔硅酸钙制品	≤220	≤550	A	λ=0.054+0.00011*tm*	
13	憎水珍珠岩制品	≤220	≤400	A	λ=0.057+0.00012*tm*	

注：1. 表中 *tm* 为绝热层内、外表面温度的技术平均值；

2. 本表引自国家标准图集《管道和设备保温、防结露及电伴热》03S401。

(4) 防潮层

1) 防潮层位于绝热层与保护层之间。

2) 敷设在地沟内和潮湿场合的管道绝热层外表面均应设防潮层。

3) 材料性能要求

①防潮层应选用不透气即抗蒸汽渗透性能好(水蒸气渗透阻$\geqslant 1\times10^5 \sim 4\times10^4$m·S·Pa/g)、防水防潮性能好、且具吸水率$\leqslant$1%的材料。

②防潮层燃烧性能等级应与绝热层的燃烧性相一致。

③防潮层材料应选用化学性能稳定,无毒且耐腐蚀性的材料,并不得对绝热层和保护层材料产生腐蚀和溶解作用,夏季不软化、不起泡、不流淌,低温时不脆化、不开裂、不脱落。

④涂抹型防潮层材料,其软化温度不应低于65℃,粘结强度不应低于0.15MPa,挥发物不得多于30%。

4) 常用防潮层材料及主要性能见表3-82。

常用防潮层材料主要性能表 **表 3-82**

防潮层名称	燃烧等级	使用绝热材料	适用场合
不燃性玻璃布复合铝箔	A	软质及半软质绝热材料	干燥区
难燃性夹筋双层铝箔	B_1	软质及半软质绝热材料	干燥区
阻燃性夹筋单层铝箔	B_2	软质及半软质绝热材料	干燥区
阻燃性塑料布	B_2	硬质及闭孔型绝热材料	干燥区
三元乙丙橡胶防水卷材(δ=1.0~1.2mm)	易燃	软质、半软质及硬级绝热材料	潮湿区及地沟内
沥青胶、防水冷胶料玻璃布防潮层(δ>5mm)	易燃	软质、半软质及硬级绝热材料	干燥区

注:本表引自国家标准图集《管道和设备保温、防结露及电伴热》03S401。

(5) 保护层

1) 设计要求

①需要保护绝热层或防潮层外表面使其免受损坏或需要美观整齐的地方应设保护层。

②无覆盖表面的绝热层外表应设保护层(泡沫橡塑除外)。

③不会受到损坏的防潮层外表可不设防护层,但防潮层材质的燃烧性能必须是A级或B_1级。

2) 材料性能要求

①防潮层材料应选用强度高,在使用的环境温度不能软化、不脆裂。

②抗老化,使用寿命不得少于设计年限,国家重点工程的保温保护层的设计使用年限应$\geqslant$10年。

③保温层材料应具有防水、防潮、抗大气腐蚀、化学稳定性好等性能,并不得对防潮层或绝热层产生腐蚀或溶解作用。

④保护层应采用不燃烧(A级)或难燃性(B级)材料,但与贮存或输送易燃、易爆物料的设备及管道邻近时,其保护层必须采用不燃性(A级)材料。

3）常用保护层的主要性能见表 3-83。

常用保护层材料主要性能表 **表 3-83**

保护层名称	燃烧等级	厚度（mm）			使用年限
		DN≤100	*DN*>100	设备	
不锈钢薄板保护层	A	0.3～0.35	0.35～0.5	0.5～0.7	>12 年
铝合金薄板保护层	A	0.4～0.5	0.5～0.6	0.8～1.0	>12 年
镀锌薄钢板保护层	A	0.3～0.35	0.35～0.5	0.5～0.7	3～6 年
玻璃钢薄板保护层	B_1	0.4～0.5	0.5～0.6	0.8～1.0	≤12 年
玻璃布＋防火漆	A	0.1～0.2	0.1～0.2	0.1～0.2	≤12 年

注：本表引自国家标准图集《管道和设备保温、防结露及电伴热》03S401。

（6）金属管道绝热层厚度计算：详见《管道和设备保温、防结露及电伴热》03S401。

（7）电伴热保温

1）适用范围

①要求随时取得不低于规定温度热水的集中热水供应系统，因采用支管循环困难或不合适时，进入卫生间等的热水支管可采用自控电伴热措施，以保持支管内适宜的热水温度。

②集中热水供应系统中部分难以实现干、立管循环的管段，可采电自伴热保温措施。

2）设置要求

设电伴热的热水管道仍需设保温绝热层和保护层。绝热层厚度仍按前计算。当用电功率过大时，可适当增加绝热层的厚度。

3）电热带分类

电热带分变功率（自限式）和恒功率两种。

①变功率（自限式）电热带是由导电聚合物和两条平行金属导线及绝缘层构成。

其特点是导电聚合物具有很高的电阻正温度系数特性，且相互并联，能随管内热水温度变化自动调节输出功率，自动限制加热的温度，无高温度点及烧坏之虑。适用于要求打开水龙头即出热水的高级宾馆、公寓等场所的支管保温。变功率电热带分屏蔽型和加强型，有腐蚀的环境应用加强型。变功率电热带保温的构造如图 3-47 所示。变功率电热带规格、技术特性、放热量曲线及电器保护开关的选用等见国家标准图集《管道和设备保温、防结露及电伴热》03S401 中有关“电伴热”部分。

电伴热规格及主要技术特征见表 3-84。

变功率（自限式）电热带规格及主要技术特征 **表 3-84**

型号	功率 [W/(m·10℃)]	最高维持温度（℃）	最高承受温度（℃）	工作电压（V）	220V 级单一电源最大使用长度（m）
10DXW	10	65	105	12，24，48，110，220	180
15DXW	15	65	105	12，24，48，110，220	150
25DXW	25	65	105	12，24，48，110，220	120
30DXW	30	65	105	12，24，48，110，220	110

续表

型号	功率 [W/(m·10℃)]	最高维持温度 (℃)	最高承受温度 (℃)	工作电压 (V)	220V级单一电源 最大使用长度 (m)
30ZXW	30	105	135	12，24，48，110，220	110
45ZXW	45	105	135	12，24，48，110，220	100
60ZXW	60	105	135	12，24，48，110，220	100
30GXW	30	135	155	12，24，48，110，220	100
50GXW	50	135	155	12，24，48，110，220	100
60GXW	60	135	155	12，24，48，110，220	100

注：本表是根据芜湖市科华新型材料应用有限责任公司提供的技术资料编制。

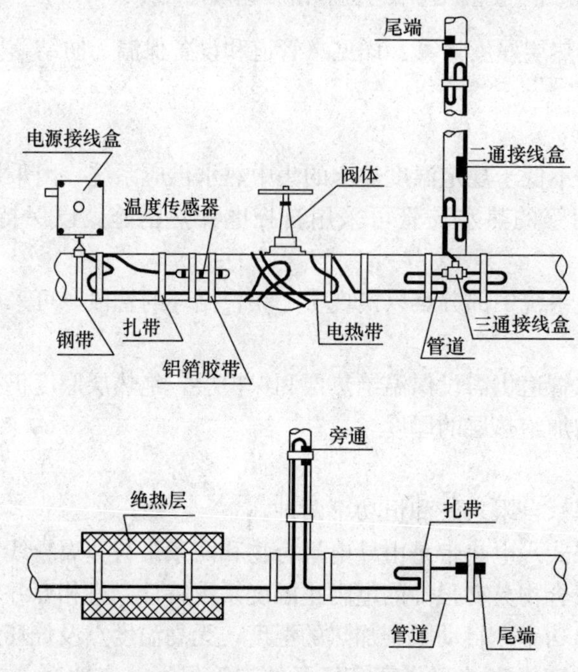

图 3-47　变功率电热带在管道上系统安装示意

②恒功率电热带为单位长度的发热量恒定，温度不能自控调节，必须配温控器使用。适用于热水供水干、立管的保温。恒功率电热带分并联型、串联型两种，其工作原理、安装要求等见国家标准图集《管道和设备保温、防结露及电伴热》03S401 中有关“电伴热”部分。

电伴热规格及主要技术特征见表 3-85～表 3-87。

并联型单相恒功率电热带规格及主要技术特征　　表 3-85

产品型号		额定功率 (W/m)	最大使用长度 (m)	流体最高维持温度 (℃)	(内) 外护套 颜色
普通型	加强型				
RDP_2-J_3-10	RDP_2(Q)-J_3-10	10	210	150	黑
RDP_2-J_3-20	RDP_2(Q)-J_3-20	20	180	120	红
RDP_2-J_3-30	RDP_2(Q)-J_3-30	30	150	90	蓝
RDP_2-J_3-40	RDP_2(Q)-J_3-40	40	140	65	橘黄

并联型三相恒功率电热带规格及主要技术特征 表 3-86

产品型号		额定功率	最大使用长度	流体最高维持温度	(内)外护套
普通型	加强型	(W/m)	(m)	(℃)	颜色
RDP_3-J_3-30	RDP_3(Q)-J_3-30	30	330	120	蓝
RDP_3-J_3-40	RDP_3(Q)-J_3-40	40	280	100	橘黄
RDP_3-J_3-50	RDP_3(Q)-J_3-50	50	275	80	黑
RDP_3-J_3-60	RDP_3(Q)-J_3-60	60	250	60	红

串联型恒功率电热带型号及主要技术特征 表 3-87

技术特征 \ 型号	DCR-Ⅱ-10	DCR-Ⅱ-17
电热带种类	双导线,具屏蔽	双导线,具屏蔽
单位长度发热量	10W/m	17W/m
电压	220V	220V
直径	7.0mm	7.4mm
冷线	2.5m,3×1.5mm^2	3.0m,3×1.5mm^2
导线绝缘材料	PEX	PEX
鞘皮	PVC90℃	PVC90℃
最高温度	65℃	65℃
欧姆值范围	+10%~5%	+10%~5%
长度范围	+2%+10cm~-2%-10cm	+2%+10cm~-2%-10cm
最大使用长度	140m	180m

注:根据北京狄诺合众工程设备安装有限公司提供的技术资料编制。

恒功率电热带的构造见图 3-48 所示。

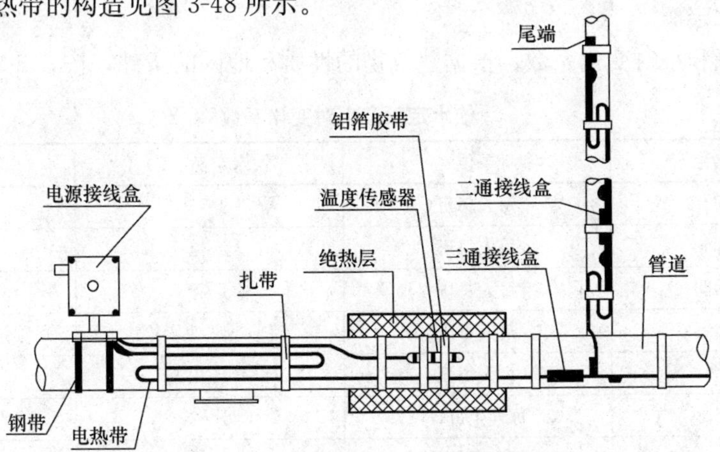

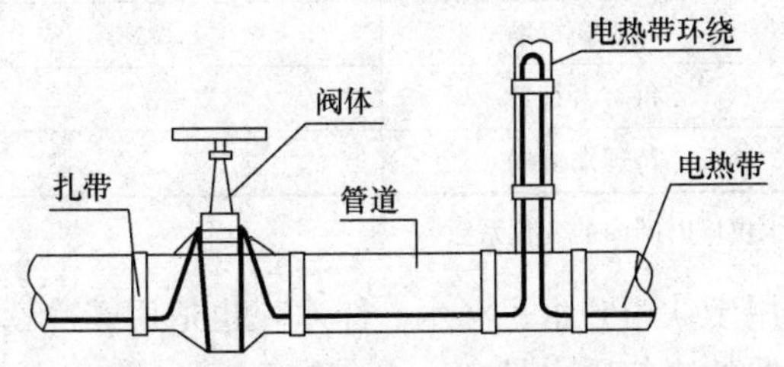

图 3-48 并联型恒功率电热带在管道上系统安装示意

4）温度控制器

温控器是恒功率电热带运行时必需的设备，温控器的作用是控制被伴热介质在设定温度范围内波动。变功率电热带一般可不设温控器。只有在要求热水温度波动≤±1℃的场合，才配高精度温控器。恒功率电热带则必须配温控器联合工作，且每个电伴热系统均应单独设温控器和温度传感器，以防超温损坏。温控器均由生产电热带的厂家自行配套。

5）计算及选型

散热量计算、电热带的功率及长度计算、电热带选型、相关的电气设计及电伴热施工验收等详细要求见国家标准图集 03S401 相关部分内容。

3.8　饮　水　供　应

3.8.1　饮用水

3.8.1.1　饮水系统分类

(1) 按饮水水温分类：主要有饮用开水、饮用温水、饮用净水和饮用冷饮水。

(2) 按饮水来源分类：主要有城市自来水和矿泉水。

(3) 按系统分类：主要有局部供应系统和管网供应系统。

3.8.1.2　饮水水质标准

饮水水质应满足《生活饮用水卫生标准》GB 5749 要求，水质常规指标及限值见表 1-1、饮用水中消毒剂常规指标及要求见表 1-2。

3.8.1.3　饮水定额及饮水温度

(1) 饮水定额

饮水定额和小时变化系数，根据建筑物的性质和地区的条件，按表 3-88 选用。

饮水定额及小时变化系数　　**表 3-88**

建筑物名称	单位	饮水定额（L）	小时变化系数 K_h
热车间	每人每班	3～5	1.5
一般车间	每人每班	2～4	1.5
工厂生活间	每人每班	1～2	1.5
办公楼	每人每班	1～2	1.5
集体宿舍	每人每日	1～2	1.5
教学楼	每学生每日	1～2	2.0
医院	每病床每日	2～3	1.5
影剧院	每观众每场	0.2	1.0
招待所、旅馆	每客人每日	2～3	1.5
体育馆（场）	每观众每场	0.2	1.0

注：小时变化系数系指饮水供应时间内的变化系数。

表中所列数据既适用于饮用开水、温水、净水，也适用于冷饮水供应，但饮用水量未包括制备冷饮水时冷凝器的冷却用水量。

(2) 饮水温度

1) 饮用开水：为满足卫生标准的要求应将水加热至100℃，并持续3min，计算温度采用100℃。饮用开水是目前我国旅馆、饭店、办公楼、机关、学校、家庭采用较多的饮水方式。

2) 饮用温水：计算温度不大于50℃，目前我国采用较少。

3) 饮用净水：随地区不同、水源种类（河水、地下水、湖水等）不同，水温一般为10～30℃。国外饮用较多，国内一些饭店、宾馆和高档住宅区已有这种水供应系统。

4) 饮用冷饮水：对饮用冷水经冷却设备冷却供应的饮水。水温一般在7～18℃。国内除一些工企业夏季劳保用水和一些饭店采用外，用者较少。目前，采用供应冰块或贮于冰箱内的瓶装矿泉水较多，不仅卫生，而且费用较低。冷饮水可参照下述温度采用，高温环境重体力劳动：14～18℃；重体力劳动：10～14℃；轻体力劳动：7～10℃；一般地区：7～10℃；高级饭店、餐馆、冷饮店：4.5～7℃。

3.8.1.4 饮水制备和供应

开水的制备、供应和设计中应注意的问题：

(1) 开水制备：开水通过开水炉将生水烧开制得。从加热方式分有直接加热（如开式容器）和间接加热。一般采用间接加热。从热媒分有煤、燃气、蒸汽和电等。开水炉除开式加热方法（由于其效率低已很少采用）外，其他方式在制备开水过程中均要承压，因此，开水炉是承压容器，必须采用经压力容器主管部门审批和监造的定型产品，不得自行设计、制造。

(2) 开水供应：多采用集中开水制备分散供应开水和设于各处开水间的分散制备开水方式。前者耗热量小，节约燃料，便于管理，投资省；但取用不方便，水温不易保证。目前许多工况企业采用该种方式，见图3-49、图3-50。后者取用方便，水温易保证；但不便管理，投资较大。目前饭店、办公楼、医院、学校和一些工矿企业较多采用该种方式，见图3-51。

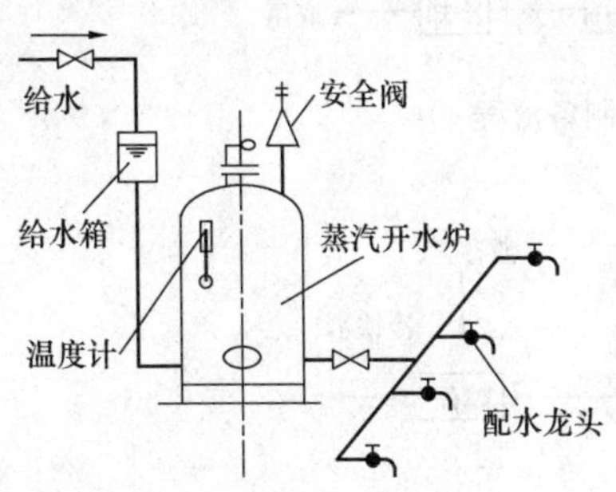

图3-49 集中设置开水炉的开式饮水供应系统

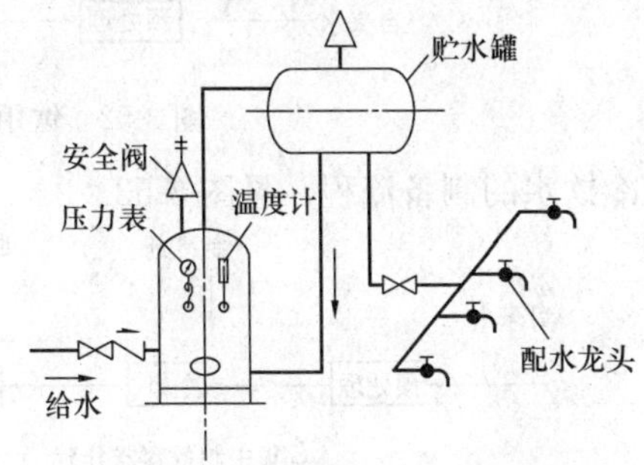

图3-50 集中设置开水炉与贮水罐合用的闭式饮水供应系统

(3) 开水制备设计中应注意的问题

1) 建筑物开水供应系统的选择应根据具体工程情况进行经济和技术比较后确定。

2) 对开水器（炉）应设置给水管、出水管和配水龙头、泄水管、溢水管、通气管（或沸水笛）、水位计和温度计。对闭式开水器（炉）还应设压力表和安全阀。给水管应设

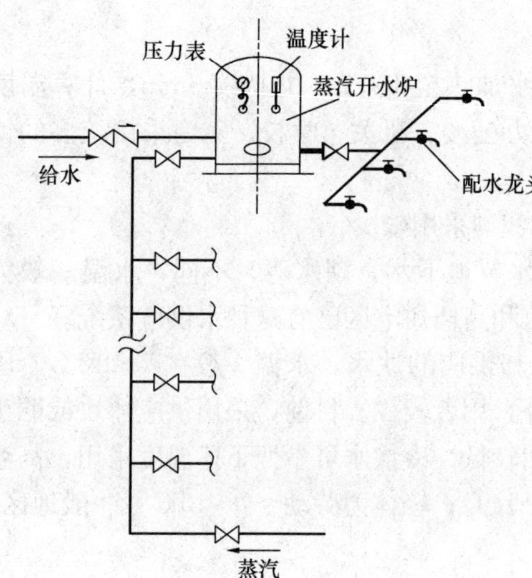

图 3-51　分散设置间接加热开水炉的闭式饮水供应系统

水表和阀门，宜设除垢器（当水质硬度较高时）。当采用不同热媒时，应按规定设置不同的计量、安全措施。

3）开水供应系统配管应采用铜管、不锈钢管、耐开水温度的铝塑复合管和相应附件。配水龙头需耐开水温度宜采用快开式。管道应进行保温处理。

4）开水器（炉）溢水管、排水管不应与排水系统直接连接，而应采用间接排水方式。

5）开水器（炉）应根据不同的热媒采用相应的排烟、通风措施，如燃气开水炉应设有排烟管引至室外，燃煤应设置在楼外独立的开水房内。

6）开水饮用间严禁设在厕所内，宜单独设置。开水制备间宜设在建筑物靠外墙的房间内。房间大小应考虑设备安装、操作空间及燃料堆放场地（如热媒为煤炭时）。分散式供应开水的开水间间距不宜大于 80m。开水制备间应有良好的通风、照明，地面和墙面应进行防水处理，地面应有排水措施。

3.8.1.5　冷饮水和饮用温水的制备、供应

（1）冷饮水和饮用温水的制备：冷饮水是把自来水经过滤消毒后加以冷却降温的饮用水；饮用温水即是把自来水经过滤消毒后加热（或烧开）降温处理达到所需水温的饮用水。制备流程如下：

1）饮用温水的制备流程，见图 3-52。

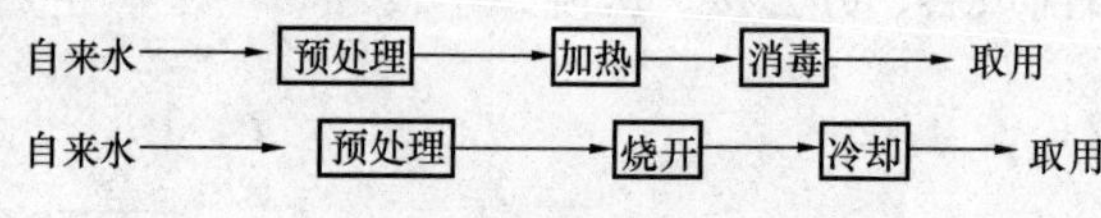

图 3-52　饮用温水制备流程

2）冷饮水的制备流程，见图 3-53。

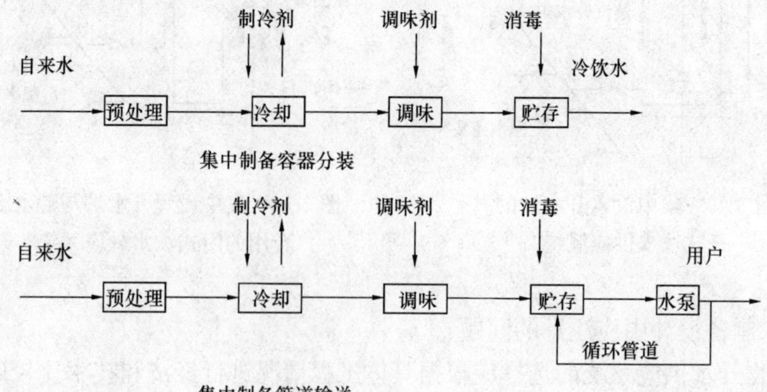

图 3-53　冷饮水的制备流程

（2）冷饮水和饮用温水的供应：供应方法与开水供应基本相同，有集中制备分装和集中制备管道输送供应等方式，只是制备冷饮水和温水的方式不同而已。我国多采用集中制备分装的方式，不仅可以节省投资，便于管理，而且容易保证所需水温。

（3）制备过程中的几点说明

1）预处理：包括过滤、消毒等，可采用活性炭、砂滤、陶瓷滤芯、电渗析、紫外线、加氯、臭氧等处理方法。各种处理方法详见第9章。

2）冷却：将预处理后的自来水冷却到要求的温度，对小型和分散供应系统来说，可采用成品冷饮水机，用量较大的集中系统则采用制冷剂制冷系统。

3）调味：调味剂由甜味料、酸味料、香料、防腐剂等组成，有时还充入二氧化碳。对于重体力劳动和高温场所的清凉饮料还应加入一定量的食盐，以补充由于出汗过多而造成体内失去的盐分。各种调味剂（即所谓的母液）由专门生产厂商供应，用户只需购买后加入一定比例的水调和即可，经济方便可靠。

4）管道应采用铜管、不锈钢管、铝塑复合管和相应附件。

3.8.1.6 饮用净水的制备及供应

饮用净水的制备只需将自来水经过过滤、消毒处理后即可直接供给用户使用。供应方式可以采用将自来水全系统经过滤、消毒处理，用户可通过任一给水龙头取用。也可以采用设置饮用净水专用管道，经过滤、消毒处理的自来水通过专用饮用净水龙头取用。前者处理水量较大、系统简单，但要增加经常费用。后者需要设置专用饮水系统，需要增加建设费用，但处理费用较低，可根据经济比较选用。

一些工程建设中，往往将饮用净水系统和冷饮水系统合为一个系统，在夏季或需要冷饮水时开动冷冻机冷凝系统，使供水温度降低至要求的温度，反之，则停止冷冻系统使之按常温水供给。

管道应采用铜管、不锈钢管、铝塑复合管和相应附件。

3.8.1.7 饮用水供应计算

（1）开水系统的计算：

1）开水需水量，按式（3-104）计算：

$$Q_h = \frac{NqK}{T} \tag{3-104}$$

式中 Q_h——开水需水量（L/h）；

N——设计饮水人数（人）；

q——饮水定额[L/(人·d)或L/(人·场)、L/(人·班)]，见表3-88；

K——小时变化系数，按表3-88；

T——每日（场、班）开水供应时间（h）。

2）设计小时耗热量，按式（3-105）计算：

$$W_h = \alpha \Delta t Q_h C \rho_r \tag{3-105}$$

式中 W_h——设计小时耗热量（kJ/h）；

Q_h——开水需水量（L/h）；

Δt——冷水和开水温度差（℃）；

ρ_r——热水的密度（kg/L）；

C——水的比热容，C=4.187kJ/（kg·℃）；

α——热损失系数，取α=1.05～1.20。

3）热媒耗量，参见第3.4节。

（2）冷饮水系统计算：

1）冷饮水需水量，按式（3-104）计算。

2）制冷量，按式（3-106）计算：

$$W=(W_1+W_2+W_3+W_4)(1+\alpha) \tag{3-106}$$

式中　W——制冷系统冷冻机制冷量（kJ/h）；

W_1——冷饮水（补给水）冷负荷（kJ/h）；

W_2——输送管道冷损失负荷（kJ/h）；

W_3——冷水箱冷损失负荷（kJ/h）；

W_4——循环水泵的冷损失负荷（kJ/h），按水泵电动机功率1kW的冷损失负荷为4.176（kJ/h）计；

α——安全系数，取0.1～0.2。

各项冷负荷可按如下计算：

①冷饮水（补给水）冷负荷（W_1）的计算，见下式：

$$W_1=\alpha(t_c-t_z)Q_hC\rho_r \tag{3-107}$$

式中　Q_h——冷饮水（补给水）流量（L/h），按式（3-104）计算；

C——冷饮水的比热容[kJ/(kg·℃)]；

t_c——冷饮水的初温（℃），即被冷却水最热月的平均温度；

t_z——冷饮水的终温，即使用要求的冷饮水温度（℃）。

ρ_r——热水的密度（kg/L）。

②输送管道冷损失负荷（W_2）和冷水箱冷损失负荷（W_3）按表3-89选用。

输送管道及冷水箱冷损失负荷　　**表3-89**

管　径	15	20	25	32	40	50	65	80	100	125	150
钢管 W_2[kJ/(h·m·℃)]	0.756	0.828	0.972	1.08	1.008	1.188	1.368	1.548	1.836	2.124	2.448
冷水箱 W_3[kJ/(h·m²·℃)]	3.096										

注：本表数据为保温层传热系数0.144kJ/(h·m·℃)，表面放热系数36kJ/(h·m·℃)；保温层厚度：管道直径15～32mm为30mm，管道直径40～150mm为40mm，冷水箱为50mm。

3）冷饮水箱的计算

冷饮水箱既可作为冷饮水冷冻用，也可作为贮存用，其容积可按冷饮水小时流量的一半考虑。

作为冷冻用时，其冷却盘管面积，按式（3-108）计算：

$$F=(1.10\sim1.25)\frac{W}{K\Delta t}(\mathrm{m}^2) \tag{3-108}$$

式中　W——设计制冷量（kJ/h）；

K——传热系数[kJ/(h·m²·℃)]，一般为1800～2160kJ/(h·m²·℃)；

Δt——平均温度差（℃）。

$$\Delta t=\frac{\Delta t_{max}-\Delta t_{min}}{\ln\frac{\Delta t_{max}}{\Delta t_{min}}} \tag{3-109}$$

式中 Δt_{max}——冷媒和被冷却水在冷饮水箱中的最大温度差（℃）；

Δt_{min}——冷媒和被冷却水在冷饮水箱中最小温度差（℃），其值应不低于5～6℃。

4）循环水泵：水泵流量和扬程与水泵设置位置有关。

①循环水泵设置在回水管上时（常用此设计方法），其循环流量按式（3-110）计算：

$$Q_P=\frac{W-W_1}{t_2-t_l}\quad(L/h) \tag{3-110}$$

式中 W——设计制冷量（W）；

W_1——冷饮水冷负荷（W）；

t_2——冷饮水回水温度（℃）；

t_l——冷饮水供水温度（℃），一般$t_2-t_l=3$～4℃。

②循环水泵设置在供水管上时。其循环流量按式（3-111）计算：

$$Q_P=\frac{W-W_1}{t_2-t_l}+Q_h\quad(L/h) \tag{3-111}$$

式中 Q_h——设计冷饮水需用量（L/h）；

其余符号含义同式（3-110）。

5）水泵扬程：应按最不利供水、回水管道通过该管道的设计冷饮水需要量和循环流量之和时最大水头损失计算确定。循环管道流速控制在1.0m/s以内。

3.8.2 管道直饮水

3.8.2.1 直饮水定额

设有管道直饮水的建筑最高日管道直饮水定额，根据建筑物的性质和地区条件，按表3-90选用。

最高日直饮水定额 **表3-90**

用水场所	单 位	最高日直饮水定额
住宅楼	L/(人·d)	2.0～2.5
办公楼	L/(人·班)	1.0～2.0
教学楼	L/(人·d)	1.0～2.0
旅馆	L/(床·d)	2.0～3.0
医院	L/(床·d)	2.0～3.0

注：1. 此定额仅为饮用水量；

2. 经济发达地区的居民住宅楼可提高至4～5L/(人·d)；

3. 最高日管道直饮水定额亦可根据用户要求确定。

3.8.2.2 直饮水质标准

管道直饮水系统用户端的水质应符合国家现行标准《饮用净水水质标准》CJ 94的规定，见表3-91。

饮用净水水质标准　表 3-91

项　目		限　值
感官性状	色	5度
	浑浊度	0.5NTU
	臭和味	无异臭异味
	肉眼可见物	无
一般化学指标	pH	6.0～8.5
	总硬度（以 $CaCO_3$ 计）	300mg/L
	铁	0.2mg/L
	锰	0.05mg/L
	铜	1.0mg/L
	锌	1.0mg/L
	铝	0.20mg/L
	挥发性酚类（以苯酚计）	0.002mg/L
	阴离子合成洗涤剂	0.20mg/L
	硫酸盐	100mg/L
	氯化物	100mg/L
	溶解性总固体	500mg/L
	耗氧量（COD_{Mn}，以 O_2 计）	2.0mg/L
毒理学指标	氟化物	1.0mg/L
	硝酸盐氮（以N计）	10mg/L
	砷	0.01mg/L
	硒	0.01mg/L
	汞	0.001mg/L
	镉	0.003mg/L
	铬（六价）	0.05mg/L
	铅	0.01mg/L
	银（采用载银活性炭时测定）	0.05mg/L
	氯仿	0.03mg/L
	四氯化碳	0.002mg/L
	亚氯酸盐（采用 ClO_2 消毒时测定）	0.70mg/L
	氯酸盐（采用 ClO_2 消毒时测定）	0.70mg/L
	溴酸盐（采用 O_3 消毒时测定）	0.01mg/L
	甲醛（采用 O_3 消毒时测定）	0.90mg/L
细菌学指标	细菌总数	50cfu/mL
	总大肠菌群	每100mL水样中不得检出
	粪大肠菌群	每100mL水样中不得检出
	余氯	0.01mg/L（管网末梢水）*
	臭氧（采用 O_3 消毒时测定）	0.01mg/L（管网末梢水）*
	二氧化氯（采用 ClO_2 消毒时测定）	0.01mg/L（管网末梢水）* 或余氯0.01mg/L（管网末梢水）*

注：表中带“*”的限值为该项目的检出限，实测浓度应小于检出限。

该标准适用于以符合生活饮用水水质标准的自来水或水源水作为原水，再经净化后可供给用户直接饮用的管道直饮水。

3.8.2.3 水压要求

(1) 直饮水专用水嘴

1) 最低工作压力：不得小于0.03MPa。

2) 额定流量：直饮水专用水嘴不同，其压力和流量的特性曲线不同，设计时根据所选用产品的特性曲线及最低工作压力确定专用水嘴的额定流量，当产品的特性曲线资料缺乏时额定流量取0.04～0.06L/s（工作压力为0.03～0.05MPa）。

(2) 分区压力

1) 住宅各分区最低处配水点的静水压力：不宜大于0.35MPa。

2) 办公楼各分区最低处配水点的静水压力：不宜大于0.40MPa。

3) 各分区最不利配水点处的水压，应满足用水压力的要求。

高层建筑的管道直饮水供水系统根据各楼层水嘴的流量差异越小越好的原则确定各分区最低水嘴处的静水压力，当楼层的静水压力超过规定值时，设计中应采取可靠的减压措施。

其他类别建筑的分区静水压力控制值可根据建筑性质、高度、供水范围等因素，参考住宅、办公楼的分区压力要求。

3.8.2.4 管道直饮水系统选择与计算

(1) 直饮水系统选择

1) 系统管网型式

管道直饮水系统管网，根据居住小区总体规划和建筑物性质、规模、高度以及系统维护管理和安全运行等条件确定，见表3-92。

直饮水供应系统分类　表3-92

按系统管网循环控制分类	全日循环直饮水供应系统	
	定时循环直饮水供应系统	
按系统管网布置图式分类	下供上回式直饮水供应系统	基本形式
	上供下回式直饮水供应系统	

2) 系统循环

为保证管网内水质，管道直饮水系统应设置循环管，供、回水管网应设计为同程式。管道直饮水重力式供水系统建议采用定时循环，并设置循环水泵；管道直饮水加压式供水系统（供水泵兼作循环水泵）可采用定时循环，也可采用全日循环，并设置循环流量控制装置。

为保证循环效果，建筑物内高、低区供水管网的回水分别回流至净水机房；因受条件限制，回水管需连接至同一循环回水干管时，高区回水管上应设置减压稳压阀，使高、低区回水管的压力平衡，以保证系统正常循环。

建筑小区内各建筑循环管可接至小区循环管上，此时应采取安装流量平衡阀等限流或保证同阻的措施。

小区管道直饮水系统回水可回流至原水箱或中间水箱，单栋建筑可回流至净水箱。回流到净水箱时，应加强消毒，或设置精密过滤器与消毒。当净水机房设在系统最低处、采用供水泵兼作循环水泵使用的系统时，循环回水管上应设置循环流量控制装置。

直饮水在供、回水系统管网中的停留时间不应超过12h。定时循环系统可采用时间控制器控制循环水泵在系统用水量少时运行，每天至少循环2次。

3）循环流量控制装置

管道直饮水系统应在管网适当位置设置循环流量控制装置。常用的循环流量控制装置的组成、优缺点及设计要见表 3-93。

循环流量控制装置的组成、优缺点及设计要求　　**表 3-93**

控制分类	编号	装置组成	优缺点	设计要求
定时循环	1	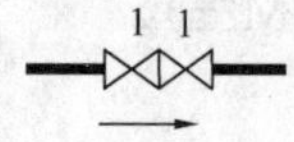	造价低、循环流量控制不精确	系统管网应按当量长度同程设计，需进行阻力平衡计算
	2	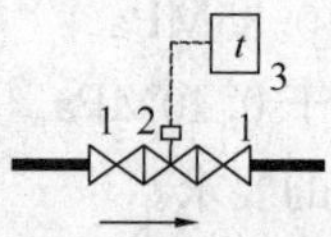	造价低、循环流量控制不精确	设计要求同 1 可自动工作
	3	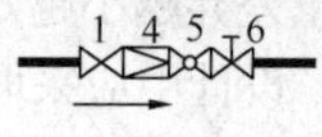	造价高、结构复杂，循环流量控制精确	装置上游系统回水管网应按同程设计，装置下游回水汇集管可不按同程设计，需经水力计算确定减压阀后压力及持压阀动作压力
	4	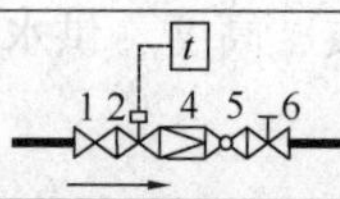	造价高、结构复杂，循环流量控制精确	设计要求同 3 可自动工作
全日循环	5	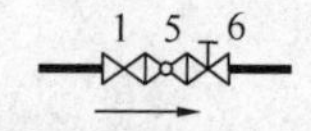	造价高、结构复杂，循环流量控制精确	装置上游系统回水管网应按同程设计，装置下游回水汇集管可不按同程设计，需经水力计算确定动态流量平衡阀后压力

注：1. 循环流量控制装置组成图示中的箭头为水流方向；
2. 循环流量控制装置组成中：1 为截止阀；2 为电磁阀；3 为时间控制器；4 为减压阀；5 为流量控制阀；6 为持压阀；
3. 循环流量控制装置 3 至装置 5 目前在工程中较少采用，应酌情选用。

对于定时循环系统，表 3-93 中装置 3、4 的流量控制阀可采用静态流量平衡阀，也可采用动态流量平衡阀；对于全日循环系统，表 3-93 中装置 5 的流量控制阀应采用动态流量平衡阀。其中装置 3、4 的流量控制阀是利用其前、后压差来控制循环流量，为保持阀后压力应在阀后设置持压阀，该装置适用于小区定时循环系统。该装置中减压阀及持压阀的动作压力经水力计算确定，并满足静态或动态流量平衡阀的选用要求；装置 5 中流量控制阀是利用其前、后压差来控制循环流量，为保持阀后压力应在阀后设置持压阀。该装置中持压阀的动作压力经水力计算确定，并满足动态流量平衡阀的选用要求。采用全日循环流量控制装置的管道直饮水系统，高峰用水时停止循环。

对于全日循环系统，全日循环流量控制装置及回水管末端的持压装置宜设置旁通管，以保证上述装置检修时，系统正常循环。

对于定时循环系统，循环流量控制装置应设置在净水机房内循环回水管的末端；对于全日循环系统，该装置应设置在循环回水管的起端，并在净水机房内循环回水管的末端设置持压装置（表 3-94）。定时循环系统的循环流量控制装置可在净水机房内就地手动操作，也可在净水设备控制盘电动操作；设有智能化系统的建筑或小区，可在中控室远程操作。

持压装置的组成　　**表 3-94**

装置 1	装置 2	备　　注
		1. 持压装置组成图示中的箭头为水流方向； 2. 持压装置组成中：1 为截止阀，2 为持压阀，3 为电磁阀，4 为压力控制阀，5 为电控装置

（2）系统图示

1）下供上回式直饮水供应系统（图 3-54、图 3-55、表 3-95）

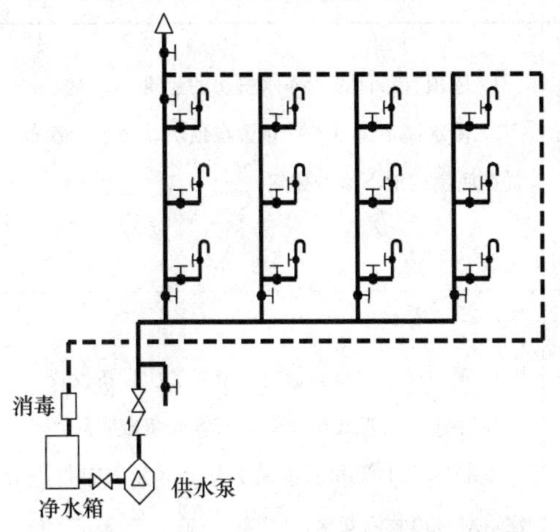

图 3-54 下供上回式直饮水供应系统（一）

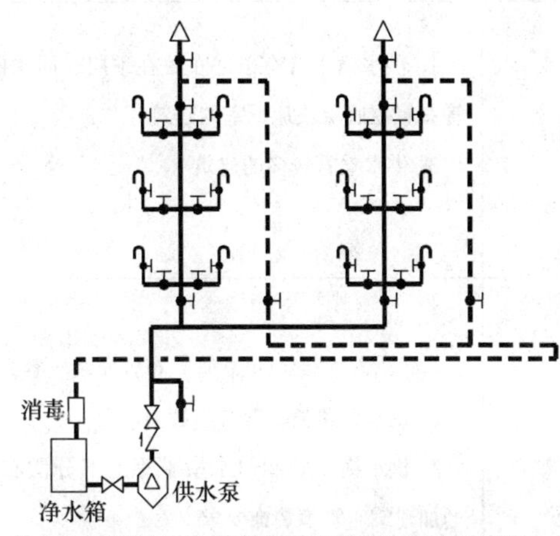

图 3-55 下供上回式直饮水供应系统（二）

下供上回式直饮水供应系统特征表 **表 3-95**

名称	下供上回式直饮水供应系统（一）	下供上回式直饮水供应系统（二）
适用条件	1. 供水横干管有条件布置在底层或地下室、回水横干管布置在顶层的建筑； 2. 供水立管较多的建筑	供、回水横干管只能布置在地下室的建筑，如高档的单元式住宅
优缺点	1. 供水管路短、管材用量少，工程投资省； 2. 供水立管形成单立管，布置安装较容易； 3. 供水横干管和回水横干管上下分散布置，增加建筑对管道装饰要求； 4. 系统中需设排气阀	1. 供水干管和回水干管集中敷设； 2. 回水管路长，管材用量多； 3. 系统中需设排气阀

2）上供下回式直饮水供应系统（图 3-56、图 3-57、表 3-96）

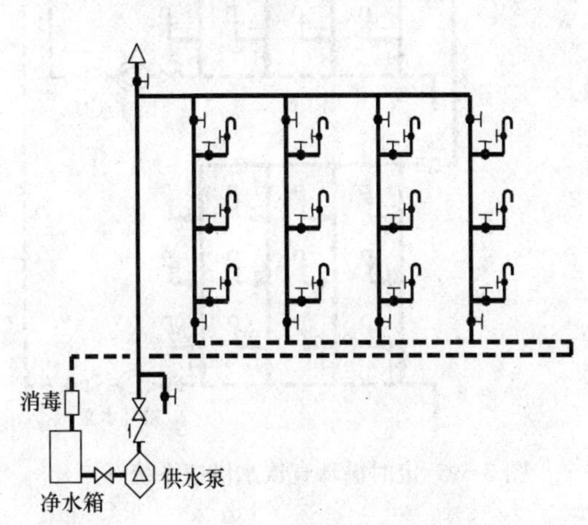

图 3-56 上供下回式直饮水供应系统（一）

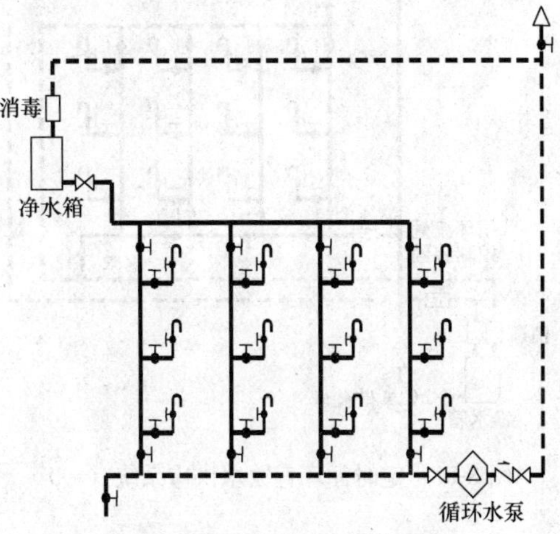

图 3-57 上供下回式直饮水供应系统（二）

注：应根据管网循环控制方式设置循环流量控制装置。

上供下回式直饮水供应系统特征表　　表 3-96

名称	上供下回式直饮水供应系统（一）	上供下回式直饮水供应系统（二）
适用条件	1. 供水横干管有条件布置在顶层、回水横干管布置在底层或地下室的建筑 2. 供水立管较多的建筑	1. 屋顶有条件设置净水机房的建筑 2. 供水横干管有条件布置在顶层、回水干管布置在底层或地下室的建筑
优缺点	1. 供水立管形成单立管，布置安装较容易 2. 供水管路长、管材用量多 3. 供水横干管和回水横干管上下分散布置，增加建筑对管道装饰要求 4. 系统中需设排气阀	1. 重力供水，压力稳定，节省加压设备投资 2. 供水立管形成单立管，布置安装较容易 3. 供水横干管和回水横干管上下分散布置，增加建筑对管道装饰要求 4. 系统必须设置循环泵

3）定时循环直饮水供应系统（图 3-58～图 3-63、表 3-97）

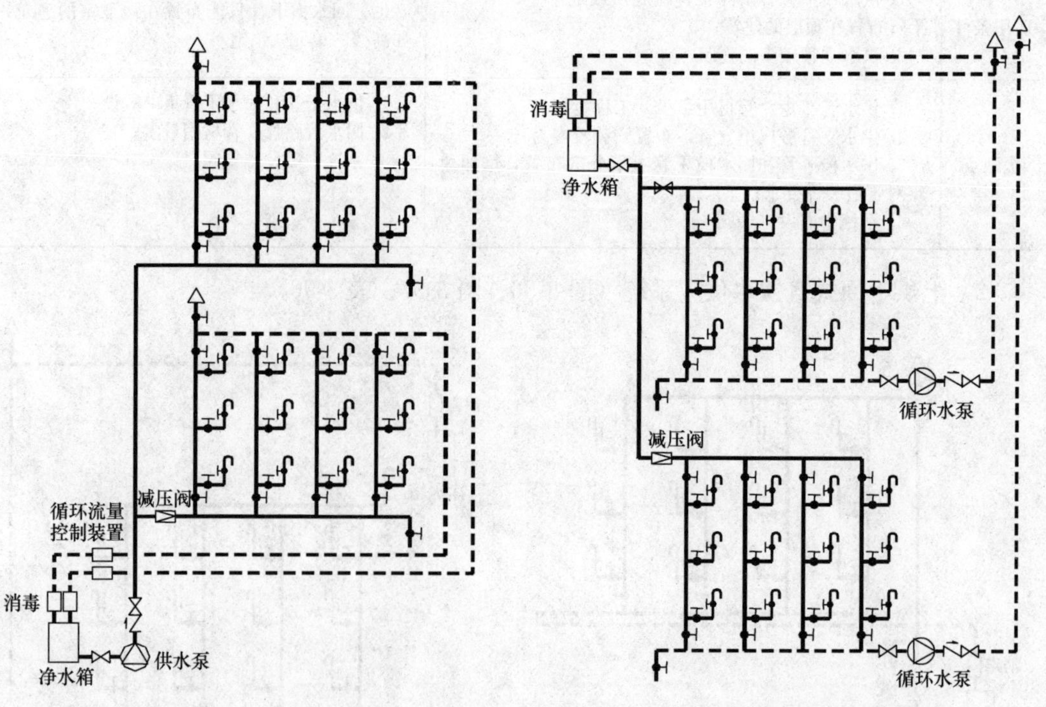

图 3-58　定时循环直饮水供应系统（一）

图 3-59　定时循环直饮水供应系统（二）

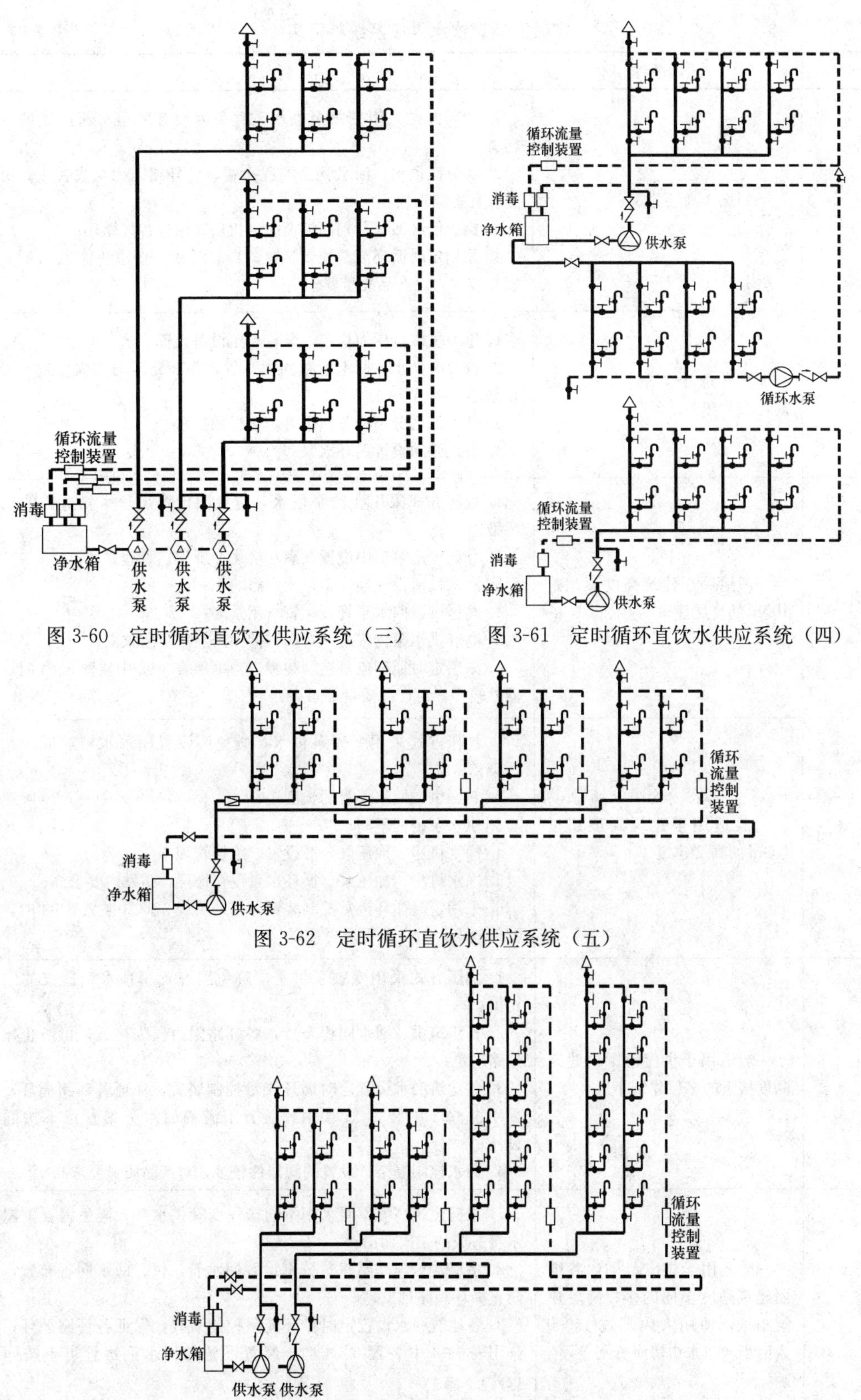

图 3-60　定时循环直饮水供应系统（三）

图 3-61　定时循环直饮水供应系统（四）

图 3-62　定时循环直饮水供应系统（五）

图 3-63　定时循环直饮水供应系统（六）

定时循环直饮水供应系统特征表 表 3-97

名称	适用条件	优 缺 点
系统（一）	一般用于高层建筑	1. 加压方式采用变频泵供水，避免因设置屋顶水箱造成的二次污染； 2. 各分区供水、回水管路同程布置，各环路阻力损失接近，可防止循环短路现象； 3. 高、低区回水分别回流至净水机房，保证各区循环； 4. 采用定时循环流量控制装置，当采用表 3-93 中装置 3、4 时，阀器件较多，对产品质量要求高
系统（二）	屋顶有条件设置净水机房的高层公共建筑	1. 重力供水，压力稳定，节省加压设备投资； 2. 各分区供水、回水管路同程布置，各环路阻力损失接近，可防止循环短路现象； 3. 高、低区分别设置回水管，管材用量多； 4. 各区必须设置循环水泵
系统（三）	一般适用于建筑高度不超过 100m 的高层建筑	1. 加压方式采用变频泵供水，避免因设置屋顶水箱造成的二次污染； 2. 分区加压泵集中设置在净水机房，维护、管理方便； 3. 净水机房设在地下室，噪声影响小； 4. 高区供、回水干管长，管材用量多； 5. 高区供水泵扬程高，对阀器件的产品质量要求高； 6. 采用定时循环流量控制装置，当采用表 3-93 中装置 3、4 时，阀器件较多，对产品质量要求高
系统（四）	一般适用于建筑高度超过 100m 的高层建筑	1. 加压方式采用变频泵供水，避免因设置屋顶水箱造成的二次污染； 2. 各区供、回水干管的长度短； 3. 供水泵扬程不高； 4. 净水机房、加压泵分散设置，维护管理不便； 5. 净水机房、加压泵、循环水泵设在楼层，防噪声要求高； 6. 采用定时循环流量控制装置，当采用表 3-93 中装置 3、4 时，阀器件较多，对产品质量要求高
系统（五）	一般适用于供应范围内建筑高度接近的多层建筑小区	1. 加压方式采用变频泵供水，避免因设置屋顶水箱造成的二次污染； 2. 各建筑供、回水同程布置，各环路阻力损失接近，可防止循环短路现象； 3. 各建筑回水设置定时循环流量控制装置，保证各环路循环；当采用表 3-93 中装置 3、4 时，装置下游的回水汇集管可不按同程设计； 4. 回水控制复杂，设置的阀器件较多，对产品质量要求高
系统（六）	一般适用于供应范围内各组团建筑高度不同的多、高层建筑小区，使用人数超过 15000 人的小区净水机房应分别设置	1. 根据建筑高度不同采用不同扬程变频供水泵，避免因设置屋顶水箱造成的二次污染； 2. 多层建筑与高层建筑分别设置回水管，供、回水同程布置，可防止循环短路现象； 3. 各建筑回水设置定时循环流量控制装置，保证各环路循环；当采用表 3-93 中装置 3、4 时，装置下游的回水汇集管可不按同程设计； 4. 回水控制复杂，设置的阀器件较多，对产品质量要求高

4）全日循环直饮水供应系统（图 3-64）

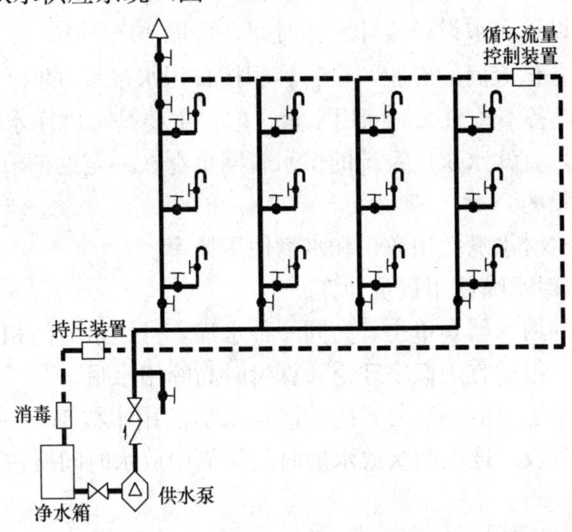

图 3-64 全日循环直饮水供应系统

系统的适用条件和优缺点同下供上回式直饮水供应系统（一）。

在实际工程中，根据具体情况将上述图示各种基本直饮水供应系统进行优化组合，设计成综合的方案。

循环水可回流到原水箱，也可回流到净水箱，应根据直饮水系统的规模、直饮水在管网中的停留时间及循环效果确定。进净水箱前应对循环水进行消毒处理，以保证水质。

3.8.2.5 直饮水系统计算

（1）最高日直饮水量、循环流量、瞬时高峰用水量和处理水量

1）最高日直饮水量计算

$$Q_d = Nq_d \tag{3-112}$$

式中 Q_d——系统最高日直饮水量（L/d）；

N——系统服务的人数；

q_d——最高日直饮水定额[L/(人·d)]，见表 3-90。

2）循环流量计算

$$q_x = V/T_1 \tag{3-113}$$

式中 q_x——循环流量（L/h）；

V——闭式循环回路上供回水系统的总容积（L），包括供回水管网和净水箱容积；

T_1——循环时间（h），自动循环时不应超过 12h，定时循环时不宜超过 4h。

3）瞬时高峰用水量（即设计秒流量）计算

$$q_s = mq_0 \tag{3-114}$$

式中 q_s——瞬时高峰用水量（L/s）；

q_0——水嘴额定流量（L/s）；

m——瞬时高峰用水时水嘴使用数量。

4）净水设备处理水计算

$$Q_j = 1.2Q_d/T_2 \tag{3-115}$$

式中　Q_j——净水设备处理水量（L/h）；

T_2——最高日设计净水设备累计工作时间，可取10～16h。

根据目前净水设备供应商的经验，设备容积按日用水量Q_d的1/10～1/16选取，即每日运行10～16h。此设备不按最大时间用水量选取，主要是考虑净水设备昂贵，所以要尽量缩小其规模。另外，直饮水供应系统的供水管网也存在一定的调节容量，两者容量之和是能够满足最大饮水量的。

（2）瞬时高峰用水时水嘴使用数量和水嘴使用概率

1）瞬时高峰用水时水嘴使用数量计算

直饮水供应系统的用水器具单一，为同一种水嘴，且用水时间相对集中，各水嘴放水规律之间的差异较小，很适宜用概率理论计算瞬时高峰用水量。

系统计算采用概率法，概率法公式的关键是水嘴的用水概率（一般用频率替代），它是水嘴用水最繁忙的时段，连续两次放水的时间间隔中放水时间所占的比例，这个数据需要实地观测得到。

根据直饮水供应系统的水嘴数量及最高日直饮水量，计算出水嘴的同时使用概率，确定计算管段同时使用水嘴数量，最终计算该管段的瞬时高峰用水量。

瞬时高峰用水时水嘴使用数量应按式（3-116）计算：

$$P_n=\sum_{k=0}^{m}\binom{n}{k}p^k(1-p)^{n-k}\geqslant 0.99 \tag{3-116}$$

式中　P_n——不多于m个水嘴同时用水的概率；

m——瞬时高峰用水时水嘴使用数量；

p——水嘴使用概率；

k——中间变量。

式(3-116)表述的含义是：对于有n个水嘴(用水概率为p)的管段或管网，不超过m个水嘴同时用水这一事件的发生概率$P_n\geqslant 99\%$。通过该式，可计算出管段或系统的同时用水水嘴数量m。该式为概率计算的基本公式，计算较麻烦，可通过下面方法简化计算。

2）水嘴使用概率计算

$$P=\frac{\alpha Q_d}{1800nq_0} \tag{3-117}$$

式中　Q_d——系统最高日直饮水量（L/d），按式（3-112）计算；

q_0——水嘴额定流量（L/s）；

α——经验系数（表示日用水量在最高峰用水半小时内的耗用比例），住宅楼取0.22，办公楼取0.27，教学楼取0.45，旅馆取0.15；

n——水嘴数量。

3）瞬时高峰用水时水嘴使用数量m计算

①当水嘴数量$n\leqslant 12$个时，应按表3-98选取。

水嘴数量少时宜采用如下经验值（住宅或办公楼）　　**表3-98**

水嘴数量n（个）	1	2	3～8	9～12
使用数量m（个）	1	2	3	4

水嘴数量较少时，概率法计算不准确，应按表 3-98 中的经验值确定 m。

② 当水嘴数量 $n>12$ 个时，可按表 3-99 选取。

根据计算的概率值，通过查表 3-99 得出的 m 若小于表 3-98 选定值时，应以大者作为该计算管段的 m 值。

水嘴设置数量达 12 个以上时的使用数量 m（个）　　**表 3-99**

n \ m \ p	0.010	0.015	0.020	0.025	0.030	0.035	0.040	0.045	0.050	0.055	0.060	0.065	0.070	0.075	0.080	0.085	0.090	0.095	0.10
25	—	—	—	—	—	4	4	4	4	5	5	5	5	5	6	6	6	6	6
50	—	—	4	4	5	5	6	6	7	7	7	8	8	9	9	9	10	10	10
75	—	4	5	6	6	7	8	8	9	9	10	10	11	11	12	13	13	14	14
100	4	5	6	7	8	8	9	10	11	11	12	13	13	14	15	16	16	17	18
125	4	6	7	8	9	10	11	12	13	13	14	15	16	17	18	18	19	20	21
150	5	6	8	9	10	11	12	13	14	15	16	17	18	19	20	21	22	23	24
175	5	7	8	10	11	12	14	15	16	17	18	20	21	22	23	24	25	26	27
200	6	8	9	11	12	14	15	16	18	19	20	22	23	24	25	27	28	29	30
225	6	8	10	12	13	15	16	18	19	21	22	24	25	27	28	29	31	32	34
250	7	9	11	13	14	16	18	19	21	23	24	26	27	29	31	32	34	35	37
275	7	9	12	14	15	17	19	21	23	25	26	28	30	31	33	35	36	38	40
300	8	10	12	14	16	18	21	22	24	25	28	30	32	34	36	37	39	41	43
325	8	11	13	15	18	20	22	24	26	28	30	32	34	36	38	40	42	44	46
350	8	11	14	16	19	21	23	25	28	30	32	34	36	38	40	42	45	47	49
375	9	12	14	17	20	22	24	27	29	32	34	36	38	41	43	45	47	49	52
400	9	12	15	18	21	23	26	28	31	33	36	38	40	43	45	48	50	52	55
425	10	13	16	19	22	24	27	30	32	35	37	40	43	45	48	50	53	55	57
450	10	13	17	20	23	25	28	31	34	37	39	42	45	47	50	53	55	58	60
475	10	14	17	20	24	27	30	33	35	38	41	44	47	50	52	55	58	61	63
500	11	14	18	21	25	28	31	34	37	40	43	46	49	52	55	58	60	63	66

注：用差值法求得 m。

③当 $np\geqslant 5$ 并且满足 $n(1-p)\geqslant 5$ 时，可按式（3-118）简化计算。

$$m=np+2.33\sqrt{np(1-p)} \tag{3-118}$$

管段负荷的水嘴数量很多时，概率二项式分布趋于正态分布，可用式（3-118）简化计算 m，计算出的小数保留，不取整。

举例：假设直饮水系统的使用概率经计算为 $p=0.03$，$n=200$，此时 $np=200\times0.03=6>5$，$n(1-p)=200\times(1-0.03)=194>5$，$m$ 值按式（3-118）计算：

$m = np + 2.33\sqrt{np(1-p)} = 200 \times 0.03 + 2.33\sqrt{200 \times 0.03(1-0.03)} = 11.62$

假设直饮水系统的使用概率经计算为 $p=0.03$，$n=150$，此时 $np=150\times0.03=4.5<5$，$n\ (1-p)\ =150x\ (1-0.03)\ =145.5>5$，$m$ 值应查表 3-99 为 10。

4）水嘴数量折算

流出节点的管道有多个且水嘴使用概率不一致时，则按其中的一个值计算，其他概率值不同的管道，其负担的水嘴数量需经过折算再计入节点上游管段负担的水嘴数量之和。折算数量应按式（3-119）计算：

$$n_e = \frac{np}{p_e} \tag{3-119}$$

式中 n_e——水嘴折算数量；

p_e——新的计算概率值。

小区直饮水系统的输水管，当取瞬时高峰流量计算，往往会出现相汇合管段所负担的水嘴使用概率 P 不相等，使上游管段水嘴使用数量 m 的计算出现困难。为解决此困难，提出在相汇管道的各 P 值中取主管路的值作为上游管段的计算值。根据此值，用式（3-119）折算出支管的相当水嘴总数量 n_e，参与到上游管段的计算中。水嘴数量与概率的乘积较大者为主管路。

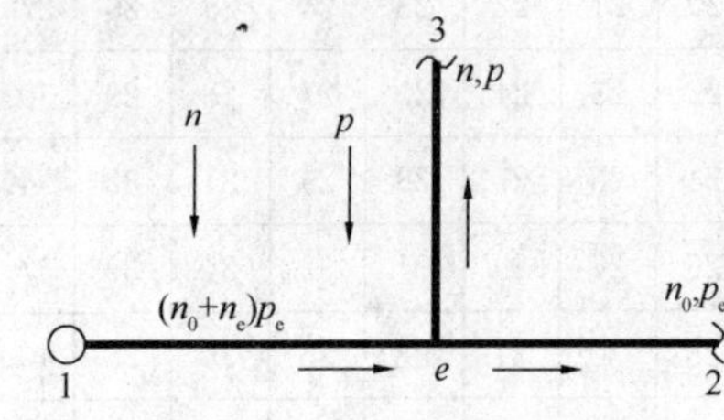

图 3-65　汇流管段概率计算示意

举例：如图 3-65 所示，假设管路（$e\sim2$）的 $n_0=200$，$p_e=0.05$，管路（$e\sim3$）的 $n=180$，$p=0.04$，因 $n_0\cdot p_e=10$，$np=7.2$，可以确定管路（$e\sim2$）为主管路，上述两管路的上游管路（$e\sim1$）：$n=200+180\times0.04/0.05=344$，$p=0.05$。

（3）管网水力计算和循环计算

1）管网水力计算

直饮水供水管道计算要点如下：

①直饮水供应系统最高日用水量按式（3-112）计算。

②直饮水供应系统水嘴使用概率按式（3-117）计算。

③直饮水供水管道的瞬时高峰用水量按式（3-114）计算，瞬时高峰用水时水嘴使用数量按表 3-98、表 3-99 及式（3-118）计算。

④管道水力计算按"直饮水管道水力计算表"计算，表中应包括管段编号、管段长度、水嘴使用数量及水嘴额定流量、管段流量、管径、流速、管段容积、比阻、管段沿程水头损失等内容。

⑤直饮水管道中的流速按表 3-100 确定。

供回水管道内的水流速度　　**表 3-100**

管道公称直径（mm）	水流速度（m/s）	管道公称直径（mm）	水流速度（m/s）
≥32	1.0～1.5	<32	0.6～1.0

注：循环回水管道内的流速宜取高限。

⑥直饮水管道沿程与局部水头损失的计算，应符合所选用管材的管道工程技术规程的规定。

2）循环计算

①循环流量按式（3-113）计算。

②全日循环系统：即供水泵兼作循环泵的系统，采用将回水压力释放掉的方式形成循环，为避免循环影响正常用水，需在回水管上设置限流阀控制回水管流量不超过循环流量计算值。此外，限流阀另一作用是通过控制各区循环计量流量保证各区回水均能实现。

③定时循环系统：采用定时控制，可人工控制、也可通过时间继电器控制循环泵启停。

④循环流量对瞬时高峰用水量的影响：无论是全日循环还是定时循环，均存在用水时进行管网循环会存在抢水现象。为保证正常用水，当循环流量与瞬时高峰用水量的比值大于0.1时，系统供水量应附加循环流量，即 $q_s = mq_0 + q_x$。

3.8.2.6 管道直饮水处理

（1）深度净化处理流程选取的原则

1）确定工艺流程前，应进行原水水质的收集和校对，原水水质分析资料是确定直饮水制备工艺流程的一项重要资料。应视原水水质情况和用户对水质的要求，考虑到水质安全性和对人体健康的潜在危险，应有针对性地选择工艺流程，以满足直饮水卫生安全的要求。

2）不同水源经常规处理工艺的水厂出水水质各不相同，所以居住小区和建筑管道直饮水处理工艺流程的选择，一定要根据原水的水质情况来确定。不同的处理技术有不同的水质适用条件，而且造价、能耗、水的利用率、运行管理的要求等亦不相同。

3）选择合理工艺，经济高效地去除不同污染是工艺学的原则。处理后的管道直饮水水质应符合饮用净水水质标准外，还需满足健康的要求，既去除水中的有害物质，亦应保留对人体有益的成分和微量元素。

（2）处理方法

1）微滤（MF）：微滤膜的结构为筛网型，孔径范围在0.1～1μm，因而微滤过程满足筛分机理，可去除0.1～10μm的物质及尺寸大小相近的其他杂质，如悬浮物（浑浊度）、细菌、藻类等。操作压力一般小于0.3MPa，典型操作压力为0.01～0.2MPa。

2）超滤（UF）：超滤膜介于微滤与纳滤之间，且三者之间无明显的分界线。一般来说，超滤膜的截留分子量在500D～1000000D，而相应的孔径在0.01～0.1μm之间，这时的渗透压很小，可以忽略。因而超滤膜的操作压力较小，一般为0.2～0.4MPa，主要用于截留去除水中的悬浮物、胶体、微粒、细菌和病毒等大分子物质。因此超滤过程除了物理筛分作用以外，还应考虑这些物质与膜材料之间的相互作用所产生的物化影响。

3）纳滤（NF）：通常纳滤的特性包括以下6个方面：

①介于反渗透和超滤之间；

②孔径在1nm左右，一般在1～2nm；

③截留分子量在200D～1000D；

④膜材料可采用多种材质，如醋酸纤维素、醋酸—三醋酸纤维素、磺化聚砜、磺化聚醚砜、芳香聚酰胺复合材料和无机材料等；

⑤一般膜表面带负电；

⑥对氯化钠的截留率小于90%。

4）反渗透（RO）：反渗透膜孔径<1nm，具有高脱盐率（对NaCl达95%～99.9%的去除）和对低分子量有机物的较高去除，使出水Ames致突活性试验呈阴性。目前膜工业上把反渗透过程分成三类：高压反渗透（5.6～10.5MPa，如海水淡化），低压反渗透（1.4～4.2MPa，如苦咸水脱盐）和超低压反渗透（0.5～1.4MPa，如自来水脱盐）。反渗透膜用作饮用水净化的缺点是将水中有益于健康的无机离子全部去除，工作压力高、能耗大，水的回收率较低。因此，对于反渗透技术，除了海水淡化、苦咸水脱盐和工程需要之外，一般不推荐用于饮水净化。

其他新型的水处理技术如电吸附（EST）处理、卡提斯（CARTIS）水处理设备（核心技术为碳化银）以及活性炭分子筛等，其应用应视原水水质情况，在满足饮用净水水质标准，经技术经济分析后，合理选择优化组合工艺。

（3）处理工艺流程

处理工艺需根据原水水质特点和出水水质要求，有针对性的优化组合预处理、膜处理和后处理。

1）预处理

目的是为了减轻后续膜的结垢、堵塞和污染，将不同的原水处理成符合膜进水要求的水，以免膜在短期内损坏，保证膜工艺系统的长期稳定运行。主要方法包括：

①过滤：可采用多介质过滤、活性炭过滤、精密过滤、KDF处理（高纯度铜、锌合金滤料，与水接触后通过电化学氧化—还原反应，能有效地减少或去除水中的氯和重金属，并抑制水中微生物的生长繁殖）等方法。

②软化：主要采用钠离子交换器。

③化学处理：最常用的方法有pH调节、投加阻垢剂、氧化等。

其中，反渗透膜和纳滤膜对进水水质的要求见表3-101。

反渗透膜和纳滤膜对进水水质的要求 **表3-101**

项　目	卷式醋酸纤维素膜	卷式复合膜	中空纤维聚酰胺膜
SDI15	<4（4）	<4（5）	<3（3）
浊度（NTU）	<0.2（1）	<0.2（1）	<0.2（0.5）
铁（mg/L）	<0.1（0.1）	<0.1（0.1）	<0.1（0.1）
游离氯（mg/L）	0.2～1（1）	0（0.1）	0（0.1）
水温（℃）	25（40）	25（45）	25（40）
操作压力（MPa）	2.5～3.0（4.1）	1.3～1.6（4.1）	2.4～2.8（2.8）
pH	5～6（6.5）	2～11（11）	4～11（11）

注：括号内为最大值。

2）膜处理

对于以城市自来水为水源的直饮水深度处理工艺，本着经济、实用的原则采用臭氧活性炭再辅以微滤和消毒工艺，充分发挥各自的处理优势，是完全可以满足优质直饮水水质要求的。

只有在某些城市水源污染较严重、含盐量较高、水中低分子极性有机物较多的自来水深度净化中，才考虑采用纳滤。至于反渗透技术用于直饮水深度净化，除要求达到纯净水水质外，一般宜少用。反渗透出水的 pH 一般均小于 6，需调节 pH 后才能满足直饮水水质标准的要求。

通过试验表明，以城市自来水为水源，配以合理的预处理，根据原水水质不同，可采用不同处理单元的组合：

①原水为微污染水，硬度和含盐量适中或稍低：活性炭＋超滤；

②原水为微污染水，硬度和含盐量偏高：活性炭＋纳滤，或活性炭＋反渗透；

③原水有机物污染严重：臭氧＋纳滤，或臭氧＋活性炭＋反渗透。

3）后处理

是指膜处理后水的保质或水质调整处理。为了保证管道直饮水水质的长期稳定性，通常需要采用一定的方法进行保质（即消毒），常用方法有：臭氧、紫外线、二氧化氯或氯等。

此外，在一些管道直饮水工程中需要对膜处理后的水进行水质调整处理，以获得饮水的某些特殊附加功能（如健康美味、活化等，其中某些功能尚待进一步研究论证），常用方法有 pH 值调节、温度调节、矿化（麦饭石、木鱼石等）过滤、（电）磁化等。

4）膜污染与清洗

当截留的污染物质没有从膜表面脱落回传主体液流（进水）中，膜面上污染物质的沉淀与积累，使水透过膜的阻力增加，妨碍了膜面上的溶解扩散，从而导致膜产水量和出水水质的下降。同时，由于沉积物占据了盐水通道空间，限制了组件中的水流流动，增加了水头的损失。膜的污染物可分为 6 类：①悬浮固体或颗粒；②胶体；③难溶性盐；④金属氧化物；⑤生物污染物；⑥有机污染物。

这些沉积物可通过清洗去除，因而膜产水量是可恢复的。膜的清洗包括物理清洗（如冲洗、反冲洗等）和化学清洗，可根据不同的膜的种类和形式及膜污染类型进行系统配套设计。

常用的化学清洗剂见表 3-102。

典型的化学清洗剂 **表 3-102**

化学药剂	污染物类型					
	碳酸盐垢	SiO_2	硫酸盐垢	金属胶体	有机物	微生物
0.2%HCl（pH=2.0）②	×①			×		
2%柠檬酸＋氨水（pH=4.0）	×		×	×		
2%柠檬酸＋氨水（pH=8.0）		×				
1.5%Na2EDTA＋NaOH（pH=7～8） 或 1.5%Na4EDTA＋HCl（pH=7～8）		×				
1.0%$Na_2S_2O_4$			×	×		
NaOH（pH=11.9）②		×		×	×	
0.1%EDTA＋NaOH（pH=11.9）		×			×	×
0.5%十二烷基硫酸酯钠＋NaOH（pH=11.0）②		×		×	×	×
三磷酸钠，磷酸三钠和 EDTA					×	×

①“×”表示清洗效果良好；

②不能用于醋酸纤维素膜的清洗。

通常，纳滤和反渗透膜一般用化学清洗；对于超滤和微滤系统，一般为中空纤维膜，所以多用水反洗或气水反冲洗，因此有关膜的特性以及诸如清洗方法，药剂选择、膜污染判断、清洗设备和系统以及清洗有关注意事项、清洗效果评价和膜停机保护等，均可向膜公司或专业清洗公司咨询。

5）净水工艺适用条件

根据原水水质和类型，目前在工程中常采用的净水工艺及适用条件见表 3-103。

净水工艺适用条件　　表 3-103

工程原水水质状况	净水工艺
不符合《生活饮用水卫生标准》	活性炭过滤器→纳滤膜 活性炭过滤器→反渗透膜
不符合《生活饮用水卫生标准》，存在有机物污染	臭氧→活性炭过滤器→纳滤膜 臭氧→活性炭过滤器→反渗透膜
不符合《生活饮用水卫生标准》，硬度和含盐量高	活性炭过滤器→离子交换器→纳滤膜 活性炭过滤器→离子交换器→反渗透膜
除耗氧量外，其他指标符合《饮用净水水质标准》	（臭氧→）活性炭过滤器→超滤膜

6）典型工艺流程

①深圳市某管道直饮水工程处理工艺

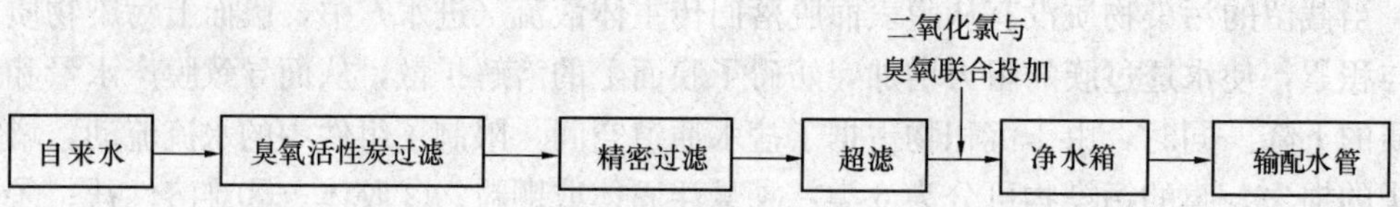

处理工艺主要由三部分组成，预处理采用臭氧＋活性炭过滤，其作用在于用 O_3 去除水中的致病细菌、病毒和水中的色、嗅、味；氧化水中的亚硝酸盐、硫化物等有害物；氧化水中溶解性的铁和锰，降解大分子有机物；再利用活性炭进行过滤，进一步降解有机物，从而降低水中氯化物的含量。膜处理采用超滤去除水中 99％以上的细菌、病毒，进一步减少水中 DBPs（消毒副产物）残留量，降低水的浊度，有效限制消毒所需的氧化剂用量。后处理采用二氧化氯和臭氧联合投加消毒的方式，即利用 O_3 的消毒作用进一步杀灭水中的残留细菌，改善口感，有助于减少后续二氧化氯的投加量；而投加二氧化氯是为了抑制管网中细菌的生长，提高供水安全可靠性。

经过该工艺处理后的出水：浊度＜0.1NTU；NO_2^-－N＜0.001mg/L；COD_{Mn}＜1.0 mg/L；Ames 试验为阴性。

②北京（广州）地区常用的纯净水处理工艺：

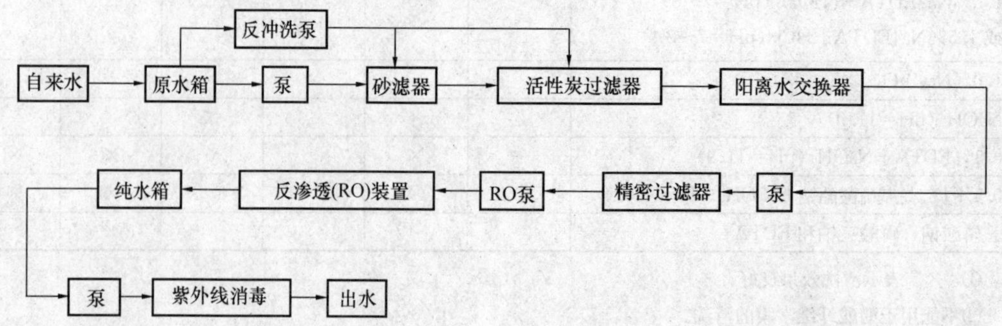

处理工艺系统实际上由 3 个部分组成。第一部分预处理，由砂滤和活性炭吸附过滤组成，对纯净水来说属预处理，对自来水来说属深度处理。第二部分（中间）由阳离子交换器、中间水箱、精密过滤器所组成。阳离子树脂一般采用 RNa（钠型）较多，主要去除水中的 Ca^{2+}、Mg^{2+} 离子，使水软化。软化后大大减轻 RO 反渗透装置的负担，同时不使 Ca^{2+}、Mg^{2+} 在 RO 膜面结垢；第三部分由反渗透（RO）装置及后续装置组成，RO 装置是去除水中所有阳离子和阴离子，使出水成为纯净水。"精密过滤器"主要是起"保安"作用，滤去前置和破碎活性炭和破碎的离子交换树脂。

从反渗透和超滤两种不同工艺来看，两者的最大差别就是对水中离子的处理效果不同。反渗透几乎去除了水中全部的离子，电导率测定值在 12μS/cm 左右，而超滤出水的电导率基本不变，与原水保持一致，一般在 200μS/cm 左右。从各种离子的检测结果也可以看出，经过反渗透工艺后，离子浓度大幅度下降，接近于零。采用超滤工艺的深圳某净水站出水中，各种离子的浓度基本保持不变，尤其是对人体健康有益的离子，如钾、钙、硅等。反渗透工艺去除了几乎全部的离子成分，而超滤出水保留了水中的绝大部分离子。对水中的重金属指标，两者都可以很好地去除。经反渗透工艺的总有机碳 TOC 几乎全部去除，COD_{Mn} 的去除两者均达到，反渗透工艺效果稍好于超滤。

③上海某星级饭店饮用净水系统

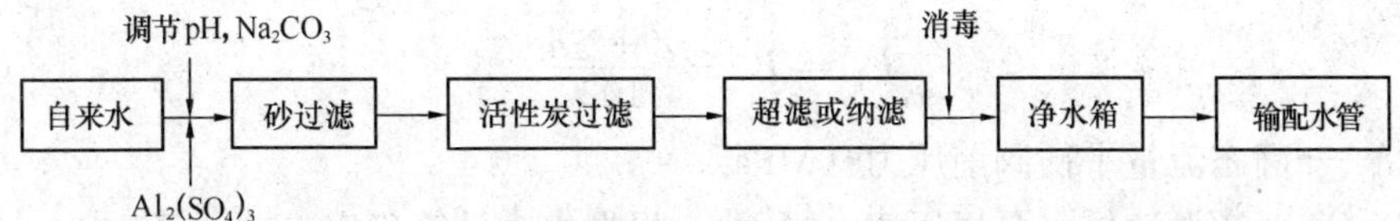

自来水经深度处理后供用户的这种管道生饮水，保留了水中对人体有益的钙、镁、钠等元素。自来水以超滤膜为主组合处理工艺的出水，经医学卫生检测和监督部门的跟踪采样检测，其水质达到了欧盟水质要求和建设部城市供水 2000 年一类水质的水质目标。

(4) 深度净化处理设备、构筑物及药剂等的设计计算

1) 净水设备计算

①原水调节水箱（槽）容积，可按式（3-120）计算：

$$V_y = 0.2Q_d \tag{3-120}$$

式中 V_y——原水调节水箱（槽）容积（L）。

②净水箱（槽）有效容积，可按式（3-121）计算：

$$V_j = k_j Q_d \tag{3-121}$$

式中 V_j——净水箱（槽）有效容积（L）；

k_j——容积经验系数，一般取 0.3～0.4。

2) 变频调速供水系统水泵计算

①水泵设计流量，应按式（3-122）计算：

$$Q_b = q_s \tag{3-122}$$

式中 Q_b——水泵设计流量（L/s）。

②水泵设计扬程，应按式（3-123）计算：

$$H_b = h_0 + Z + \Sigma h \tag{3-123}$$

式中 H_b——水泵设计扬程（m）；

h_0——水嘴最低工作压力（m）；

Z——最不利水嘴与净水箱（槽）最低水位的几何高差（m）；

Σh——最不利水嘴到净水箱（槽）的管路总水头损失（m）。

3）循环泵计算

①水泵设计流量，应按式（3-124）计算：

$$Q_{bc}=q_x \tag{3-124}$$

式中 Q_{bc}——循环泵设计流量（L/s）。

②水泵设计扬程，应按式（3-125）计算：

$$H_{bc}=h_{0x}+Z_x+\Sigma h \tag{3-125}$$

式中 H_{bc}——循环泵设计扬程（m）；

h_{0x}——出流水头（m），一般取 2m；

Z_x——最高回水干管与净水箱最低水位的几何高差（m）；

Σh——循环流量通过供、回水管网及附件等的总水头损失（m）。

4）循环流量控制装置计算

①静态流量平衡阀压力

a. 阀前压力 P_1，应按式（3-126）计算：

$$P_1=P_0-\frac{Z+\Sigma h}{102} \tag{3-126}$$

式中 P_1——静态流量平衡阀前压力（MPa）；

P_0——变频调速供水泵恒压值（MPa），根据水力计算确定；

Z——静态流量平衡阀与变频调速供水泵恒压装置的几何高差（m）；

Σh——循环流量通过供、回水管网及附件等的总水头损失（m）。

b. 阀后压力 P_2，根据回水回流至净水箱或原水箱的压力要求，满足产品性能要求设计确定。

②动态流量平衡阀压力

a. 阀前压力 P_1，应按式（3-127）计算：

$$P_1=P_0-\frac{Z+\Sigma h_p}{102} \tag{3-127}$$

式中 P_1——动态流量平衡阀前压力（MPa）；

P_0——变频调速供水泵恒压值（MPa），根据水力计算确定；

Z——动态流量平衡阀与变频调速供水泵恒压装置的几何高差（m）；

Σh_p——循环流量（2 倍）通过供水管的总水头损失（m），按式（3-128）计算：

$$\Sigma h_p=4S_p q_x^2 \tag{3-128}$$

式中 S_p——供水管路的摩阻（$m \cdot s^2/L$），可通过最不利水嘴至净水箱的管路总水头损失与设计秒流量平方之比计算；

q_x——循环流量（L/s）。

当 Σh_p 小于 2m 时，Σh_p 取 2m，并重新计算 P_1。

b. 阀后压力 P_2，应按式（3-129）计算：

$$P_2=P_1-\Delta P \tag{3-129}$$

式中 P_2——动态流量平衡阀后压力（MPa）；

ΔP——循环流量通过动态流量平衡阀的压差（MPa），根据产品要求由设计人员计算确定。

全日循环流量控制装置中动态流量平衡阀后持压阀的动作压力按动态流量平衡阀后压力 P_2 确定。

③全日循环系统回水管末端的持压装置组成见表 3-93，其动作压力应按式（3-130）计算：

$$P=\frac{Z-\Sigma h_x}{102} \tag{3-130}$$

式中 P——持压装置的动作压力（MPa）；

Z——全日循环流量控制装置与持压装置的几何高差（m）；

Σh_x——循环流量通过回水管网及附件等的水头损失（m）。

5）消毒药剂计算

管道直饮水在进行深度处理过程中，投加的药剂主要为消毒剂，包括臭氧（O_3）、二氧化氯（ClO_2）、氯（Cl_2），还有采用紫外线消毒。从目前工程中使用较多的消毒技术主要为紫外线、二氧化氯（ClO_2）和臭氧（O_3），氯（Cl_2）消毒几乎很少使用。

消毒药剂的选择，应根据直饮水深度处理所采用的净水工艺、供回水管网规模及回水管消毒药剂残余浓度，经技术经济比较后确定。

消毒药剂投加量应保证直饮水供水管网末梢处，剩余浓度不低于《饮用净水水质标准》CJ 94 的规定。

① 二氧化氯（ClO_2）投加量计算

a. 二氧化氯（ClO_2）投加量，应按式（3-131）计算：

$$C=R_F+C_1+C_2 \tag{3-131}$$

式中 C——二氧化氯（ClO_2）投加量（mg/L）；

R_F——净水站出水的二氧化氯（ClO_2）参与量（mg/L）；

C_1——杀灭或（灭活）微生物及还原性物质的消耗量（mg/L）；

C_2——水直接接触的给水设施的消耗量（mg/L）。

杀灭或（灭活）微生物及还原性物质的消耗量（C_1）以及与二氧化氯接触的给水设施的消耗量（C_2）的总和，取决于实际应用的具体情况，一般需经必要的试验确定。对于规模较小的管道直饮水系统，此消耗量可以不加考虑。

b. 二氧化氯（ClO_2）残余量，应按式（3-132）计算：

$$R_F=\frac{R_E}{1-\eta} \tag{3-132}$$

式中 R_E——管网末梢的二氧化氯（ClO_2）残余量（mg/L），不应小于 0.01mg/L；

η——二氧化氯（ClO_2）从净水站到管网末梢的降低百分数，一般取 70%～85%。

c. 感官角度上对二氧化氯（ClO_2）浓度的要求

从感官性能要求，二氧化氯（ClO_2）浓度要小于 0.4mg/L（味阈）而亚氯酸盐的指标值为 0.2mg/L，按一般实践中人体的感觉反映，水中二氧化氯（ClO_2）的最大浓度在 0.4～0.45mg/L 以下时对水没有异臭味的影响。

d. 使用二氧化氯（ClO_2）消毒时应注意的问题

影响二氧化氯（ClO_2）消毒效果的主要因素由环境条件和二氧化氯（ClO_2）消毒条件，前者包括 pH、水温、悬浮物含量等，后者包括二氧化氯投加量及接触时间等。

其中 pH 为 6～8.5 范围内，一般二氧化氯对病毒和孢子等多数微生物的灭活效果受 pH 的影响较小；一般二氧化氯对微生物的灭活效率随水温的上升而提高；而饮水口感对投加量有要求外，其消毒副产物亚氯酸盐的控制指标也限定了二氧化氯投加量在合理范围内。

此外，二氧化氯的制备方法同样影响消毒效果。

② 臭氧（O_3）投加量计算

a. 臭氧（O_3）投加量

在工程设计及运行中，可参照二氧化氯（ClO_2）投加量计算方法，计算公式及参数取值需结合臭氧（O_3）技术确定。

根据有关直饮水采用臭氧（O_3）消毒的试验（处理水量为 $2m^3/h$，处理工艺为反渗透膜）结果，投加量为 1.5mg/L 时细菌去除率为 91.1%，投加量为 2.0mg/L 时细菌去除率为 94.0%，在 1.5mg/L 投加量的基础上追加投加量消毒效果提高不大，因此，直饮水中臭氧最佳投加量在 1.5mg/L 左右。

b. 使用臭氧（O_3）消毒时应注意的问题

影响臭氧（O_3）效果的主要因素包括：水质，如色度、浊度等以及处理水的流量及变化情况。

在设计阶段需确定和提出的设计参数包括：所处理水的一般性质，如温度、浊度、有关各项水质指标、流量，以及它们的变化规律；消毒参数，如投加量、接触时间、剩余臭氧浓度水平等；气源处理设计参数，包括气源预处理系统的设计参数、数量和备用方案；臭氧生产系统设计参数，包括臭氧发生器、接触设备、尾气处理系统的设备参数、数量和备用方案；监测参数，有关气体和液体的流量、压力温度、浓度、露点、电压、电流等。

其中，投加量、水中臭氧的剩余浓度、接触时间对消毒效果及副产物溴酸盐的浓度有较大影响，特别是溴酸盐，被国际癌研究机构列为可以致癌物，当饮用水中溴酸盐的浓度大于 0.05mg/L 时，即对人体有潜在的致癌作用。因此，世界卫生组织及我国《饮用净水水质标准》CJ 94 中规定溴酸盐的浓度小于 0.01mg/L。

c. 紫外线消毒剂量

根据国家现行标准《城市给排水紫外线消毒设备》GB/T 19837 有关饮用净水消毒的规定，紫外线有效剂量不应低于 $40mJ/cm^2$，紫外线消毒设备应符合该标准的规定。

据研究杀灭 90%细菌的紫外线辐射剂量（在 253.7nm 波长测定，下同）为 $5mJ/cm^2$，杀灭 99%细菌的紫外线辐射剂量为 $15mJ/cm^2$，对于大部分微生物采用 $40mJ/cm^2$ 的辐射剂量可获得 99.9%的杀灭效果。

在选用各种紫外线辐射装置时，要考虑整个处理系统的处理要求。例如对于纯水（反渗透工艺）制造设备，常要求水通过紫外线消毒器后的电阻率的降低量低于 0.5MΩ·cm（25℃）。

根据《饮用净水水质标准》CJ 94 对供水管网末梢消毒剂残余浓度的规定，因紫外线不具备持续灭菌能力，在采用紫外线消毒时还应在净水机房出水前投加一定量的其他消毒剂（如二氧化氯）。

d. 各种直饮水消毒技术的评价见表 3-104。

各种直饮水消毒技术的评价 表 3-104

作用 \ 消毒剂	Cl_2	ClO_2	O_3	紫外线	O_3+UV
消毒效果	好	很好	极好	极好	极好
除臭味	无	好	很好	好	很好
THMs	极明显	无	无	无	无
致变物生成	明显	不明显	不明显	无	不明显
毒性物生成	明显	不明显	不明显	无	不明显
除铁锰	不明显	极好	较好	无	较好
去氨作用	极好	无	无	无	无

e. 为保证消毒效果，控制对直饮水口感的影响，可根据季节变化组合使用消毒方法，如臭氧＋紫外线，同时要求消毒设备应安全可靠，投加量精准，并应有报警功能。

3.8.2.7 管道直饮水净水机房

(1) 净水机房的位置及布置要求

1) 小区中净水机房可在室外单独设置，也可设置在某一建筑的地下室；单独设置的室外净水机房位置尽量做到与各个用水建筑距离相近，并应注意建筑荫蔽、隔离和环境美化，有单独的进出口和道路，便于设备搬运。

2) 单栋建筑的净水机房可设置在其地下室或附近，机房上方不应设置卫生间、浴室、盥洗室、厨房、污水处理间等。除生活饮用水以外的其他管道不得进入净水机房。

3) 净水机房内净水设备按工艺流程进行布置，同类设备应相对集中布置。同时还应考虑净水设备安装和维修要求，及进出设备和药剂的方便。净水设备间距不应小于 0.70m，主要通道不应小于 1.0m。有远期规划的净水机房应预留发展余地。

4) 净水机房除设备间外，还应设置化验室，并应配备有水质检验设备或在制水设备上安装在线实时检测仪表；宜设置更衣室，室内宜设有衣帽柜、鞋柜等更衣设施及洗手盆。

5) 净水工艺中采用的化学药剂、消毒剂等可能产生的直接危害及二次危害，必须妥善处理，采取必要的安全防护措施。饮用净水化学处理剂应符合现行国家标准《饮用水化学处理剂卫生安全性评价》GB 17218 的规定。当采用臭氧（O_3）消毒时，净水机房内空气的臭氧浓度应符合现行国家标准《室内空气质量标准》GB/T 18883 的规定。

(2) 净水机房的卫生、降噪及其他措施

1) 净水机房应满足生产工艺的卫生要求。应有更换材料的清洗、消毒设施和场所。地面、墙壁、吊项应采用防水、防腐、防霉、易消毒、易清洗的材料铺设。地面应设间接排水设施。门窗应采用不变形、耐腐蚀材料制成，应有锁闭装置，并设有防蚊蝇、防尘、防鼠等措施。

2) 净水机房应配备空气消毒装置。当采用紫外线空气消毒时，紫外线灯应按 30W/(10～15m^2) 吊装设置，距地面高度宜为 2m。

3）净水机房的隔振防噪设计，应符合现行国家标准《民用建筑隔声设计规范》GB 50118的规定。

4）净水机房应保证通风良好。通风换气次数不应小于8次/h，进风口应加装空气净化器，空气净化器附近不得有污染源。

5）净水机房应有良好的采光及照明，工作面混合照度不应小于200lx，检验工作场所照度不应小于540lx，其他场所照度不应小于100lx。

6）产品水箱（罐）不应设置溢流管，应设置空气呼吸器。当采用臭氧消毒时应设置臭氧尾气处理装置。

3.8.2.8 管道直饮水系统的管材、附配件及敷设

（1）管材

管材是直饮水系统的重要组成部分之一，对水质卫生、系统安全运行起着重要的作用。在工程设计中应选用优质、耐腐蚀、抑制细菌繁殖、连接牢固可靠的管材。

1）管材选用应符合其现行国家标准的规定。管道、管件的工作压力不得大于产品标称的允许工作压力。

2）管材应选用不锈钢管、铜管或其他符合食品级卫生要求的优质给水塑料管和优质钢塑复合管。

3）系统中宜采用与管道同种材质的管件。

4）选用不锈钢管时，应注意选用耐水中氯离子腐蚀能力的品种，以免造成腐蚀，条件许可时，材质宜采用06Cr17Ni12Mo2（S31608）或022Cr17Ni12Mo2（S31603）。

5）优质塑料管可采用氯化聚氯乙烯（CPVC）和聚丙烯管（PP-R）等。

6）无论是不锈钢管、铜管、塑料管和钢塑管，均应达到国家卫生部颁布的《生活饮用水输配水设备及防护材料的安全评价标准》GB/T 17219的要求。

（2）附配件

管道直饮水系统的附配件包括：直饮水专用水嘴、直饮水表、自动排气阀、流量平衡阀、限流阀、持压阀、空气呼吸器、减压阀、截止阀、闸阀等。材质宜与管道材质一致，并应达到国家卫生部颁布的《生活饮用水输配水设备及防护材料的安全评价标准》GB/T 17219的要求。

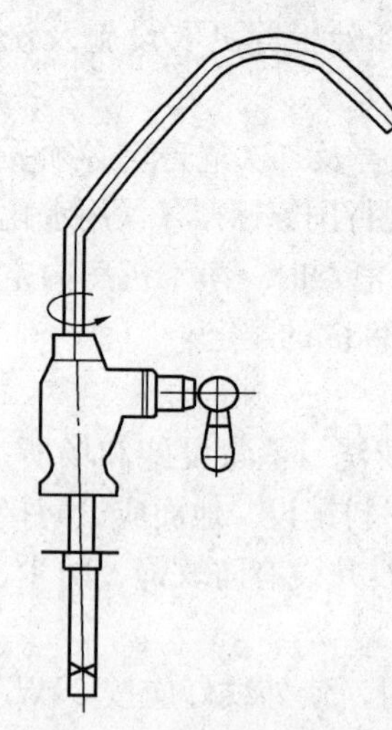

图3-66 直饮水专用水嘴

1）直饮水专用水嘴：如图3-66所示，材质为不锈钢，额定流量宜为0.04～0.06L/s，工作压力不小于0.03MPa，规格为*DN*10。

直饮水专用水嘴根据操作形式分为普通型（如图3-77所示）、拨动型及监测型（进口产品）三类产品。

2）直饮水表：材质为不锈钢，计量精度等级按最小流量和分界流量分为C、D两个等级，水平安装为D级、非水平安装不低于C级标准，内部带有防止回流装置，并应符合国家现行标准《饮用净水水表》CJ/T 241，规格为*DN*8～*DN*40，可采用普通、远传或IC卡直饮水表。

3）自动排气阀：对于设有直饮水表的工程，为保证计量准确，应在系统及各分区最高点设置自动排气阀，排气阀应有滤菌、防尘装置，避免直饮水遭受污染。

4）流量控制阀：也称流量平衡阀，在暖通专业的采暖和空调系统中使用，目的是保证系统各环路循环，消除因系统管网不合理导致的循环短路现象。暖通专业的系统均为闭式系统，利用流量控制阀前、后压差和阀门开度控制流量，该阀是针对闭式系统开发的。管道直饮水系统属于开式、闭式交替运行的系统，用水时为开式、不用水时为闭式，使用流量控制阀必须根据其种类和工作原理，通过在其前、后增加其他阀门实现控制循环流量的目的。

流量控制阀有静态流量控制阀和动态流量控制阀两种，所谓静态、动态是针对阀前、阀后压力变化导致流量变化与否而言的。对于闭式系统来说，阀前、后压力不变，流量不变，属于静态；对于开式系统来说，随着系统用水量的变化，阀前、后压力随之改变，控制流量不变，属于动态。

5）持压阀：该阀的作用是当阀前压力大于设定压力值时，阀门开启，达到使直饮水系统实现循环的目的。材质为铜，规格为 $DN15 \sim DN40$。

6）空气呼吸器：为保证净水罐（箱）及直饮水高位水箱的自由水面，使系统正常供水，在上述水罐（箱）上需设置空气呼吸器，呼吸器内填充 0.2μm 的膜，对进入空气进行过滤，避免污染水质。材质为不锈钢。

7）减压阀：分区供水时可采用减压阀，高低区回水共用一根回水管时，需将高区回水管做减压处理，直管超压时等均需安装减压阀，材质为铜，规格为 $DN15 \sim DN50$，一般为可调式减压阀，阀前设置检修阀门。

8）截止阀、闸阀：为方便管网、附配件检修作用，材质宜与管道材质一致。

(3) 管道敷设

1）室外埋地管道的覆土深度，应根据各地区土壤冰冻深度、车辆荷载、管道材质及管道交叉等因素确定，管顶最小覆土深度不得小于土壤冰冻线以下 0.15m，行车道下的管顶覆土深度不宜小于 0.7m。

2）当室外埋地管道采用塑料管时，在穿越小区道路时应设钢套管保护。

3）室外埋地管道管沟的沟底应为原土层，或为夯实的回填土，沟底应平整，不得有突出的坚硬物体。沟底土壤的颗粒径大于 12mm 时宜铺 100mm 厚的砂垫层。管周回填土不得夹杂硬物直接与管壁接触。应先用砂土或颗粒径不大于 12mm 的土壤回填至管顶上侧 300mm 处，经夯实后方可回填原土。

4）埋地金属管道应做防腐处理。

5）建筑物内埋地敷设的直饮水管道与排水管之间平行埋设时净距不应小于 0.5m；交叉埋设时净距不应小于 0.15m，且直饮水管应在排水管的上方。

6）建筑物内埋地敷设的直饮水管道埋深不宜小于 300mm。

7）室外明装管道应进行保温隔热处理。

8）室内明装管道宜在建筑装修完成后进行。

9）室内直饮水管道与热水管上下平行敷设时应在热水管下方。

10）直饮水管道不得敷设在烟道、风道、电梯井、排水沟、卫生间内。直饮水管道不宜穿越橱窗、壁柜。

11）塑料直埋暗管封闭后，应在墙面或地面标明暗管的位置和走向。

12）减压阀组的安装应符合下列规定：

①减压阀组应先组装、试压，在系统试压合格后安装到管道上；

②可调式减压阀组安装前应进行调压，并调至设计要求压力。

13）水表安装应符合现行国家标准《封闭满管道中水流量的测量　饮用冷水水表和热水水表 第2部分：安装要求》GB/T 778.2—2007的规定，外壳距墙壁净距不宜小于10～30mm，距上方障碍物不宜小于150mm。

14）管道支、吊架的安装，应符合下列规定：

①管道支、吊架安装应符合不同材质的现行国家相关管道技术规程的规定。

②管道安装时必须按不同管径和要求设置管卡或吊架，位置应准确，埋设应平整，管卡与管道接触应紧密，但不得损伤管道表面。

③金属管应采用金属管卡，塑料管可采用配套的塑料管卡。当塑料管采用金属管卡时，金属管卡与管道之间应采用塑料带或橡胶等软物隔垫。金属管配件与塑料管道连接时，管卡应设在金属管配件一端。

④在塑料管道的弯头、三通等节点处应加装1～2个管卡。

⑤同一工程的管卡安装高度应统一。

3.8.3　饮用矿泉水

（1）饮用天然矿泉水的定义

饮用天然矿泉水是一种矿产资源，是来自地下深部循环的天然露头或经人工揭露的深部循环的地下水，以含有一定量的矿物盐或微量元素，或二氧化碳气体为特征，在通常情况下其化学成分、流量、温度等应相对稳定。根据我国的国家标准《饮用天然矿泉水》GB 8537，饮用天然矿泉水的水质要求为：

1）饮用天然矿泉水的界限指标：见表3-105。

饮用天然矿泉水的界限指标　　表3-105

项　目	指标（mg/L）	项　目	指标（mg/L）
锂	≥0.2	偏硅酸	≥25
锶	≥0.2	硒	≥0.01
锌	≥0.2	游离二氧化碳	≥250
溴化物	≥1	溶解性总固体	≥1000
碘化物	≥0.2		

注：凡符合上表各项指标之一者，可称为饮用天然矿泉水。但锶含量在0.2～0.4mg/L范围内的偏硅酸含量在25～30mg/L范围，各自都必须具有水温在25℃以上或同位素测定年龄在10年以上的附加条件，方可称为饮用天然矿泉水。

2）感官要求

①色：色度不超过15度，并不得呈现其他异色。

②浑浊度：不超过5度。

③臭和味：不得有异臭、异味，应具有矿泉水的特征性口味。

④肉眼可见物：不得含有异物，允许有极少量的天然矿物盐沉淀。

3）某些元素和组分的限量指标：见表 3-106。

元素和组分的限量指标　　表 3-106

项　目	指标（mg/L）	项　目	指标（mg/L）
锂	<5mg/L	汞	<0.001mg/L
锶	<5mg/L	银	<0.05mg/L
锌	<5mg/L	硼（以 H_3BO_3 计）	<5mg/L
铜	<1mg/L	硒	<0.05mg/L
碘化物	<0.5mg/L	砷	<0.01mg/L
钡	<0.7mg/L	氟化物（F^- 计）	<2mg/L
镉	<0.003mg/L	耗氧量（以 O_2 计）	<3mg/L
铬（VI）	<0.05mg/L	硝酸盐（以 NO_3^- 计）	<45mg/L
铅	<0.01mg/L	^{226}镭放射性	<1.1Bq/L

注：贝克勒尔（Bq）为放射性活度单位，是指每秒发生一次衰变的放射性活度。

4）污染物指标：见表 3-107。

5）微生物指标：见表 3-108。

污染物指标　　表 3-107

项　目	指　标
挥发性酚（以苯酚计）	<0.002mg/L
氰化物（以 CN^- 计）	<0.01mg/L
亚硝酸盐（以 NO_2^- 计）	<0.1mg/L
总β放射性	<1.5Bq/L

微生物指标　　表 3-108

项　目	指　标	
	水源水	灌装产品
菌落总数	5cfu/mL	50cfu/mL
大肠菌群	0 个/100mL	

注：cfu 表示菌落形成单位。

（2）饮用矿泉水的分类

各国对饮用矿泉水有不同的分类方法，我国习惯采用如下的分类方法：

1）可溶性固体大于 1000mg/L 的盐类矿泉水：

盐类矿泉水按盐类主要阴离子成分命名为：重碳酸盐类矿泉水、硫酸盐类矿泉水、氯化物（食盐）类矿泉水。

2）淡矿泉水

可溶性固体小于 1000mg/L，但水中含有表 3-109 中所列的一种以上含量达到规定标准的特殊化学成分的矿泉水称之为淡矿泉水。

淡矿泉水的化学成分　　表 3-109

序号	化学组分	单位	命名标准	序号	化学组分	单位	命名标准
1	游离二氧化碳	mg/L	1000	5	偏硅酸	mg/L	>50
2	锂	mg/L	>1	6	碘	mg/L	>1
3	锶	mg/L	>5	7	硒	mg/L	>0.01
4	溴	mg/L	>5	8	锌	mg/L	>5

3）特殊成分矿泉水

当饮用矿泉水中某种特殊成分达到下列命名标准值时可称之为该成分饮用矿泉水。

①碳酸水：游离二氧化碳大于1000mg/L时；

②硅酸水：硅酸含量大于50mg/L时。

（3）饮用矿泉水的制备

当通过较长期的水文地质、化学分析和医疗特征研究证实该泉水实为具有医疗保健价值的饮用矿泉水后，就可进行饮用矿泉水的开发。饮用矿泉水的制备较为简单，只需消毒、装瓶后即可外售。在饮用矿泉水的开发、制备过程中应注意：

①饮用矿泉水水源必须做好环境保护、防止污染，否则，将引起严重的后果。

②尽可能利用矿泉压力自流涌出地面，如必须使用泵抽取则其采水量应低于水源的最大可取水量，否则，将会对矿泉的流量和组成产生不可逆的影响。

③水泵、输水管和贮罐等均采用与矿泉水不起反应的材质（如不锈钢等）制成。水泵宜采用齿轮泵或活塞泵，因离心泵容易引起水中二氧化碳的损失。

④矿泉水的杀菌一般采用无菌过滤、加氯、紫外线和加臭氧等方法。近年来国外又采用银离子消毒方法，在矿泉水中加入硫酸银，使银离子浓度达0.05～0.2mg/L，保持2h，以完全杀灭病原微生物。

（4）人工矿泉水

人工矿泉水的制备包括净化、矿化和消毒三个部分组成。原水首先通过净化装置将原水中有害物质去除，使原水变得无嗅无味，清澈透明，然后，进入矿化装置。这种装置按照事先设计好的要求，放置经过处理的矿石，水通过矿化装置使之矿化，成为含有人体所需的钙、镁、钾、硒、氡等多种微量元素和矿物质的矿化水。最后，将其通过消毒装置消毒处理，就成为合乎要求的饮用矿泉水了。

近年来，我国不少地方已研制、生产各种人工矿泉水设备（包括公用和家用）用于制造矿泉水来满足人们的需要。

4 建 筑 排 水

4.1 排 水 系 统

4.1.1 小区排水系统应采用生活排水与雨水分流制排水

小区排水系统应采用生活排水与雨水分流制排水。

4.1.2 排水系统划分

排水系统分类可按排除的污水性质分为：

(1) 生活污水排水系统：排除大、小便器（槽）以及与此相似的卫生设备排出的污水。

(2) 生活废水排水系统：排除洗涤、淋浴、盥洗及设备间等废水。

(3) 生活排水系统：排除生活污水和生活废水的合流排水系统，也称为污废合流排水系统。

(4) 雨水排水系统：排除屋面的雨雪水系统。

(5) 工业废水排水系统：排除生产污水和生产废水的排水系统。

(6) 污废分流排水系统：生活污水和生活废水分别排放的排水系统。

(7) 单独排水系统：某种排水单独排至室外或排至水处理或回收构筑物的排水系统。

4.1.3 排水系统选择

(1) 排水系统采用分流制、合流制或其他排水方式，要根据污水性质、污染程度、建筑标准、结合室外排水体制、总体规划和当地环卫部门的要求等确定。如：

1) 当城市有污水处理厂时，生活废水与生活污水宜采用合流制排出，但职工食堂和营业餐厅厨房的废水应单独排出。

2) 当城市无污水处理厂时，生活污水与生活废水采用分流制排出，粪便污水应经化粪池处理。

3) 当建筑物采用中水系统或标准较高时，根据中水的用水对象及所选用的原排水水质分质排出。

4) 当冷却废水量较大而需循环或重复使用时，宜将其设置成单独的管道系统。

5) 生活污水和工业废水，如按污水净化标准或按处理构筑物的污水净化要求允许或需要混合排出时，可合流排出。

6) 密闭的雨水系统内不允许排入生产废水及其他污水。

7) 在居住建筑物和公共建筑物内，生活污水管道和雨水管道一般均单独设置。粪便污水不得和雨水合流排出。

8）在室外为合流制，而室内生活污水必须经局部处理（化粪池）后才能排入室外合流制下水道。有条件时应尽量将生活废水与粪便污水分别设置管道。公共食堂的污水在除油前应与粪便污水分别排除。

9）在无生活污水排水管道时，洗浴水可排入工业废水管道或雨水管道。

10）比较洁净的生产废水如冷却水和饮水器的废水、空调凝结水、消防排水可排入雨水管道，但必须采取防雨水倒流的措施。

11）重力排水系统和压力排水系统应分别设置系统。

12）真空排水应单独设置系统。

（2）建筑物内下列排水设备（或系统），需经单独处理后方可排至建筑物外的排水系统：

1）职工食堂和营业餐厅的厨房含有大量油脂的洗涤废水。

2）汽车库及汽车修理间排出的含有泥砂、矿物质及大量机油类的废水以及机械自动洗车冲洗水。

3）不符合《医疗机构水污染物排放标准》GB 18466 的医院污水。

4）温度超过 40℃的锅炉、水加热设备排水。

5）用作中水水源的生活排水。

6）实验室排水中含酸碱、有毒、有害物质的废水。

7）可重复利用的冷却水。

（3）建筑物雨水管道应单独设置，雨水回收利用可参照现行的《建筑与小区雨水利用工程技术规范》GB 50400。

（4）建筑内排水一般采用重力排水，当无条件重力排水时，或经技术经济论证，可采用压力排水或真空排水。

4.2 卫生器具和卫生间

4.2.1 卫生器具设置定额

卫生器具设置定额应符合《工业企业设计卫生标准》GBZ 1—2010 和建筑设计要求；工业废水受水器的设置定额应按工艺要求确定。

表 4-1～表 4-5 为各类建筑卫生器具的设置标准。

工业企业生活间卫生器具设置数 **表 4-1**

男		女			
使用人数	大便器数	使用人数	大便器数	使用人数	净身器
20 人以下	1	10 人以下	1	100～200	1
21～50	2	11～30	2	201～300	2
51～75	3	31～50	3	301 人以上	每增加 100～200 人增设 1 个

续表

男		女			
使用人数	大便器数	使用人数	大便器数	使用人数	净身器
76～100	4	51～75	4		
101～1000	101 名以上每增加 50 名增设 1 个	76～100	5		
1001 人以上	1001 名以上每增加 60 名增设 1 个	101～1000	101 名以上每增加 35 名增设 1 个		
		1001 人以上	1001 名以上每增加 45 名增设 1 个		

注：1. 污水池—男女厕所内需各设一个；

2. 小便器—男厕所内设置，数量同大便器。

公共建筑中每一卫生器具的使用人数 **表 4-2**

序号	建筑类别	大便器		小便器	洗脸盆	盥洗龙头	淋浴器
		男	女				
1	集体宿舍	18	12	18		5	20～40
2	旅馆	12～15	10～12	12～15			15～25
3	医院	15	12	15	6～8		10～20
4	门诊部	75	50	50			
5	办公建筑	40	20	30	40	由设计决定	
6	汽车客运站	100	80	100			—
7	百货公司	100	80	80			—
8	电影院	150	50	50	200		—
9	剧院、俱乐部	75	50	25～40	100		—

餐馆、饮食店、食堂每一卫生器具使用人数 **表 4-3**

类别	等级 \ 器具	洗手间中洗手盆	洗手水龙头	洗碗水龙头	厕所中大、小便器
餐馆	一、二级	≤50 座设 1 个，＞50 座时每 100 座增设 1 个			≤100 座时设男大便器 1 个，小便器 1 个，女大便器 1 个，＞100 座时每 100 座增设男大便器 1 个，小便器 1 个，女大便器 1 个
	三级		≤50 座设 1 个，＞50 座时每 100 座增设 1 个		
饮食店	一级	≤50 座设 1 个，＞50 座时每 100 座增设 1 个			
	二级		≤50 座设 1 个，＞50 座时每 100 座增设 1 个		

续表

类别	等级	洗手间中洗手盆	洗手水龙头	洗碗水龙头	厕所中大、小便器
食堂	一级		≤50 座设 1 个，>50 座时每 100 座增设 1 个	≤50 座设 1 个，>50 座时每 100 座增设 1 个	
	二级		≤50 座设 1 个，>50 座时每 100 座增设 1 个	≤50 座设 1 个，>50 座时每 100 座增设 1 个	

工业企业建筑每个淋浴器使用人数 **表 4-4**

车间卫生特征级别	1 级	2 级	3 级	4 级
每个淋浴器使用人数	3～4	5～8	9～12	13～24

注：车间卫生特征级别：1 级指极易经皮肤吸收引起中毒的剧毒物质（如有机磷、三硝酸甲苯、四乙基铅等）、处理传染性材料、动物原料（如皮毛等）。2 级指易经皮肤吸收或有恶臭的物质（如丙烯腈、吡啶苯酚等）；严重污染全身或对皮肤有刺激的粉尘（如炭黑、玻璃棉等）；高温作业、井下作业。3 级指其他毒物、一般粉尘和重作业等。4 级指不接触有毒物质或粉尘、不污染或轻度污染身体（如仪表、金属冷加工、机械加工等）。

中小学、幼儿园每一卫生器具使用人数 **表 4-5**

幼儿园		中小学校			
儿童人数	大便器	总人数	大便器		小便器
			男	女	
20 人以下	8	100 人以下	25	20	20
21～30	12	101～200	30	25	20
31～75	15	201～300	35	30	30
76～100	17	301～400	50	35	35
101～125	21				

注：厕所内均需设污水池 1 个。

4.2.2 卫生器具材质和功能要求

(1) 卫生器具的材质应耐腐蚀、耐摩擦、耐老化，具有一定的强度，不应含有对人体有害成分。材质以陶瓷居多，参见《卫生陶瓷》GB 6952。

(2) 设备表面要光滑、不易积污纳垢，沾污后要容易清洗。

(3) 在完成卫生器具的功能——如大便器的功能是彻底地清洗掉便器内的粪便和保持便器清洁外，应尽量节约用水和减少噪声。参见《节水型生活用水器具》CJ 164。

(4) 要便于安装、维修。

(5) 如在卫生器具内设存水弯时，则存水弯内要保持 50～100mm 的水封深度。

4.2.3 卫生器具设置与安装

(1) 大便槽及小便槽

1) 大便槽：为一般低档的公共建筑（如学校、集体宿舍、火车站）及其他公共厕所中常使用的卫生器具。大便槽较其他型式大便器的造价低，而且，由于使用集中冲洗水箱，用水量及漏水量均较少。

大便槽平、立面见图 4-1，一般槽宽为 200～250mm，起端槽深为 350～400mm，槽底坡度应不小于 0.015；大便槽的末端应设高出槽底 15mm 的挡水坎，在排水口处设有水封装置，水封高度不应小于 50mm。

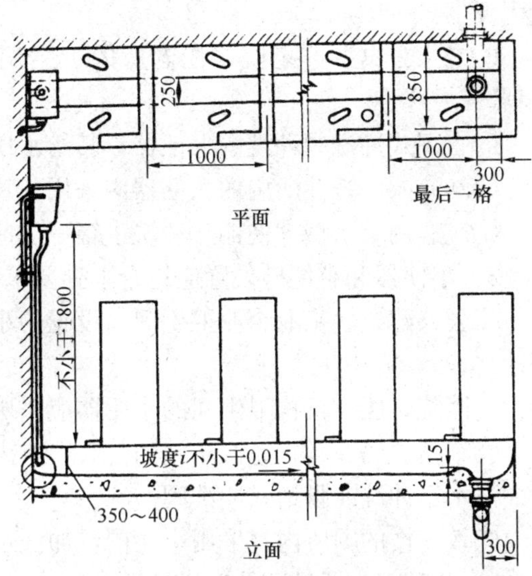

图 4-1 大便槽

2）小便槽：公共建筑和工业企业男厕内，应设置小便器或小便槽。因小便槽具有造价低、好管理的优点，故一般低档厕所采用较多。小便槽的起点深度不得小于 100mm，宽度不得小于 300mm，槽底坡度不得小于 0.01，按每 0.5m 长度相当一个小便器计算。小便槽排水口下应设有水封装置，排水管管径不小于 75mm。在离地面 1.10m 的高度处沿墙敷设管径不小于 20mm 的多孔冲洗管。孔径为 2mm，孔的间距应为 100～120mm，孔的方向应与墙面成 45°角。小便槽宜设置自动冲洗水箱定时冲洗。详图见国家标准图集《卫生设备安装》09S304。

3）自动冲洗水箱：大、小便槽宜采用自动冲洗水箱定时冲洗。

大便槽冲洗水量和冲洗管、排水管管径见表 4-6。

大便槽的冲洗水量冲洗管和排水管管径 **表 4-6**

蹲位数	每蹲位每次冲洗水量（L）	冲洗管管径（mm）	排水管管径（mm）
≤3	15	40	100
4～8	12	50	150
9～12	11	70	150

注：每个大便槽的蹲位数不宜大于 12 个，否则管径过大冲洗困难。

小便槽自动冲洗水箱容量见表 4-7。

小便槽自动冲洗水箱容量 **表 4-7**

小便槽长度（m）	≤4	≤6	≤10
容量（L）	15	20	30

（2）卫生器具的选用与安装

1）卫生器具应根据建筑标准、气候特点、生活习惯等合理选用。

2）大便器选用应符合下列要求：

①建筑标准要求较高的套房或对噪声有特殊要求的卫生间内，应设置漩涡虹吸式连体型大便器。

②公共卫生间内当设置坐便器时，应选用加长型坐式大便器。

③医院、医疗卫生机构的公共卫生间内，应设置脚踏式自闭式冲洗阀冲洗的坐式或蹲

式大便器。

④老人公寓、养老院、托老所的卫生间内的坐便器上宜配置有冲洗风干功能的净身器。

⑤自闭式冲洗阀冲洗的大便器，其给水压力不得小于 0.10MPa。

⑥幼儿园、托儿所内的大便器应采用儿童型便器。

⑦应选用节水型大便器，冲洗水箱一次冲洗水量应小于等于 6L。

3）小便器和小便槽设置应符合下列要求：

①公共建筑、工业企业卫生间内设置的小便器，应采用自闭式冲洗阀或红外感应冲洗阀冲洗。

②医院、医疗机构卫生间的小便器应采用红外感应阀自动冲洗。

③车站、码头、长途汽车站的公共厕所内或工业企业卫生间，如应设置小便槽，应采用冲洗水箱冲洗或脚踏式冲洗阀冲洗。

④教学楼的厕所内宜采用小便槽，冲洗水箱冲洗。

4）几种卫生器具配件选用见表 4-8。

几种卫生器具配件　　　　表 4-8

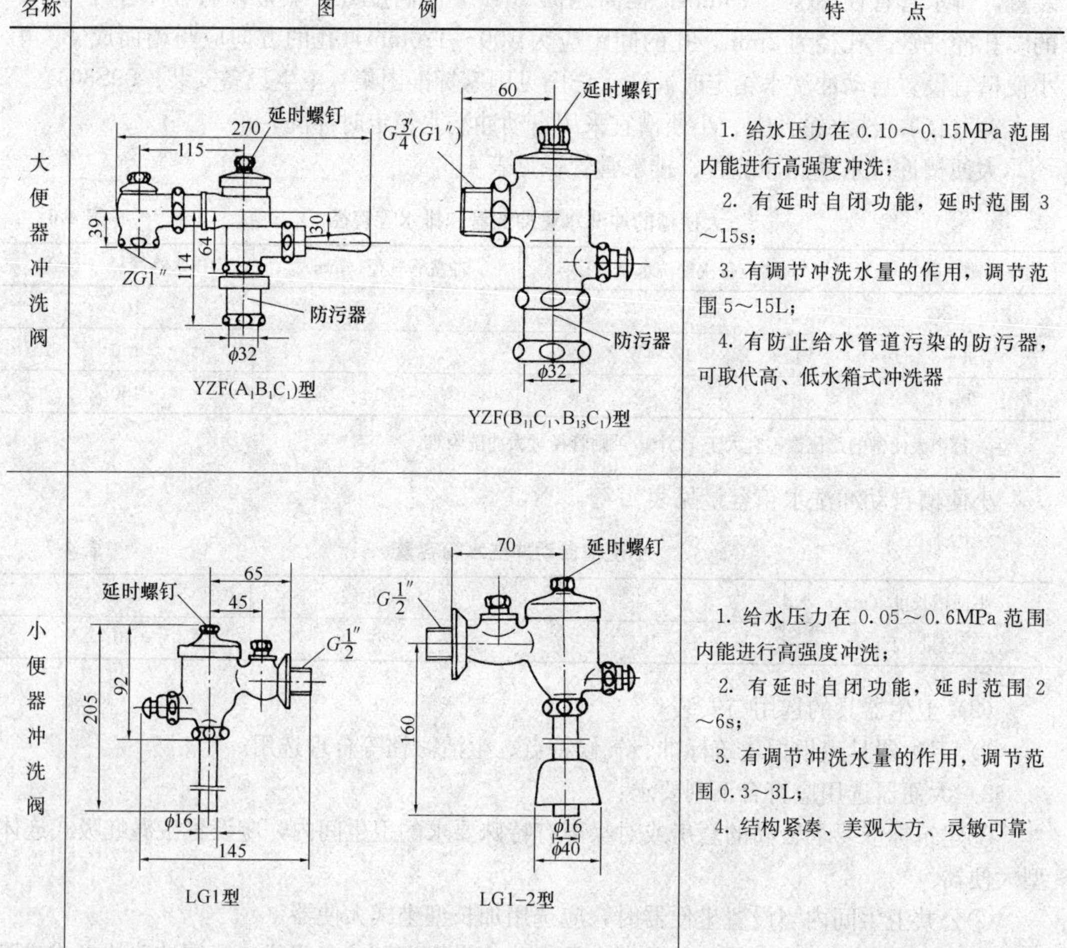

名称	图例	特点
大便器冲洗阀	YZF($A_1B_1C_1$)型；YZF($B_{11}C_1$、$B_{13}C_1$)型	1. 给水压力在 0.10～0.15MPa 范围内能进行高强度冲洗； 2. 有延时自闭功能，延时范围 3～15s； 3. 有调节冲洗水量的作用，调节范围 5～15L； 4. 有防止给水管道污染的防污器，可取代高、低水箱式冲洗器
小便器冲洗阀	LG1型；LG1-2型	1. 给水压力在 0.05～0.6MPa 范围内能进行高强度冲洗； 2. 有延时自闭功能，延时范围 2～6s； 3. 有调节冲洗水量的作用，调节范围 0.3～3L； 4. 结构紧凑、美观大方、灵敏可靠

续表

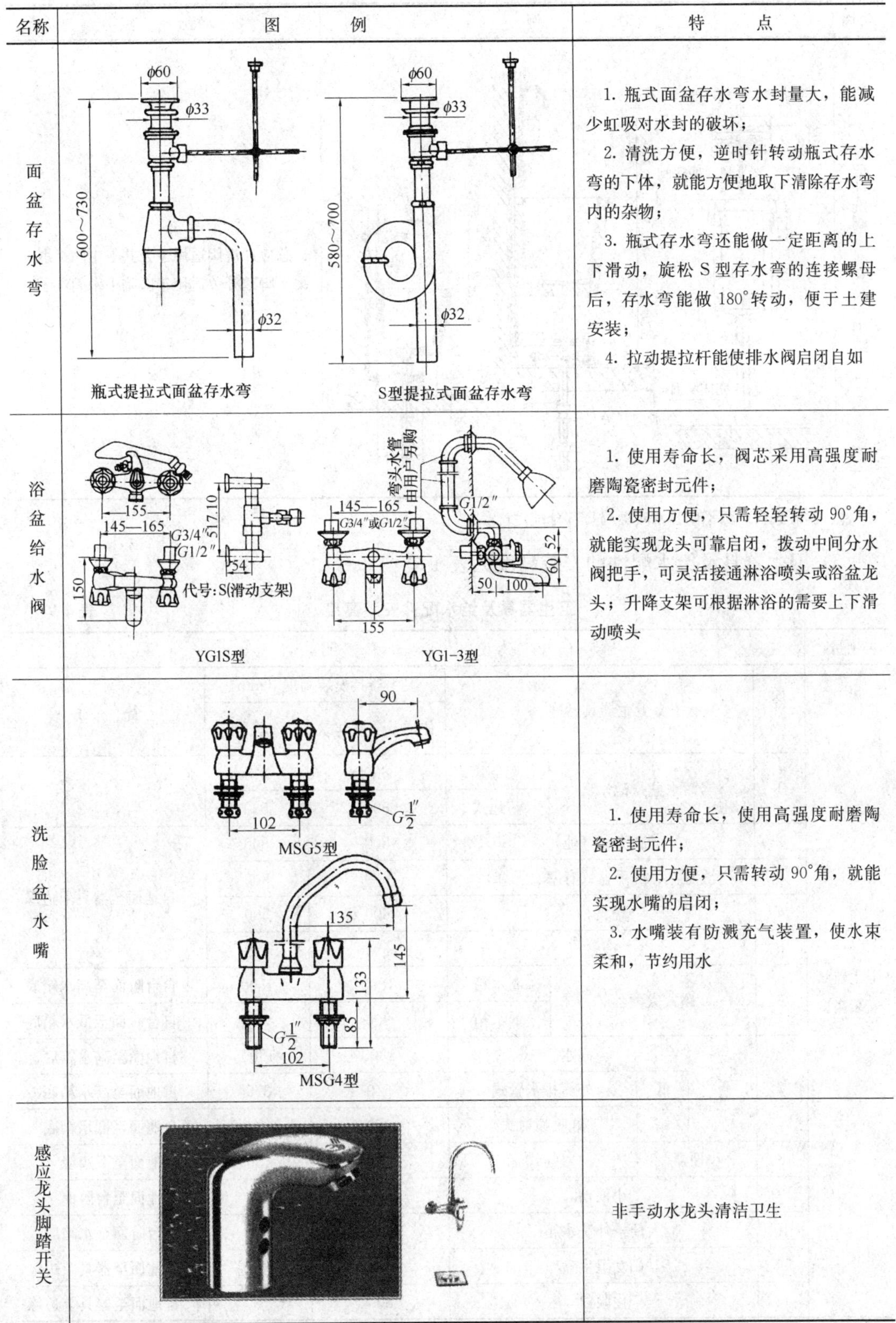

名称	图例	特点
面盆存水弯	瓶式提拉式面盆存水弯 S型提拉式面盆存水弯	1. 瓶式面盆存水弯水封量大，能减少虹吸对水封的破坏； 2. 清洗方便，逆时针转动瓶式存水弯的下体，就能方便地取下清除存水弯内的杂物； 3. 瓶式存水弯还能做一定距离的上下滑动，旋松S型存水弯的连接螺母后，存水弯能做180°转动，便于土建安装； 4. 拉动提拉杆能使排水阀启闭自如
浴盆给水阀	代号：S(滑动支架) YG1S型 YG1-3型	1. 使用寿命长，阀芯采用高强度耐磨陶瓷密封元件； 2. 使用方便，只需轻轻转动90°角，就能实现龙头可靠启闭，拨动中间分水阀把手，可灵活接通淋浴喷头或浴盆龙头；升降支架可根据淋浴的需要上下滑动喷头
洗脸盆水嘴	MSG5型 MSG4型	1. 使用寿命长，使用高强度耐磨陶瓷密封元件； 2. 使用方便，只需转动90°角，就能实现水嘴的启闭； 3. 水嘴装有防溅充气装置，使水束柔和，节约用水
感应龙头脚踏开关		非手动水龙头清洁卫生

续表

<table>
<tr><th>名称</th><th>图例</th><th>特点</th></tr>
<tr><td>感应冲洗阀、肘开关、脚踏开关</td><td>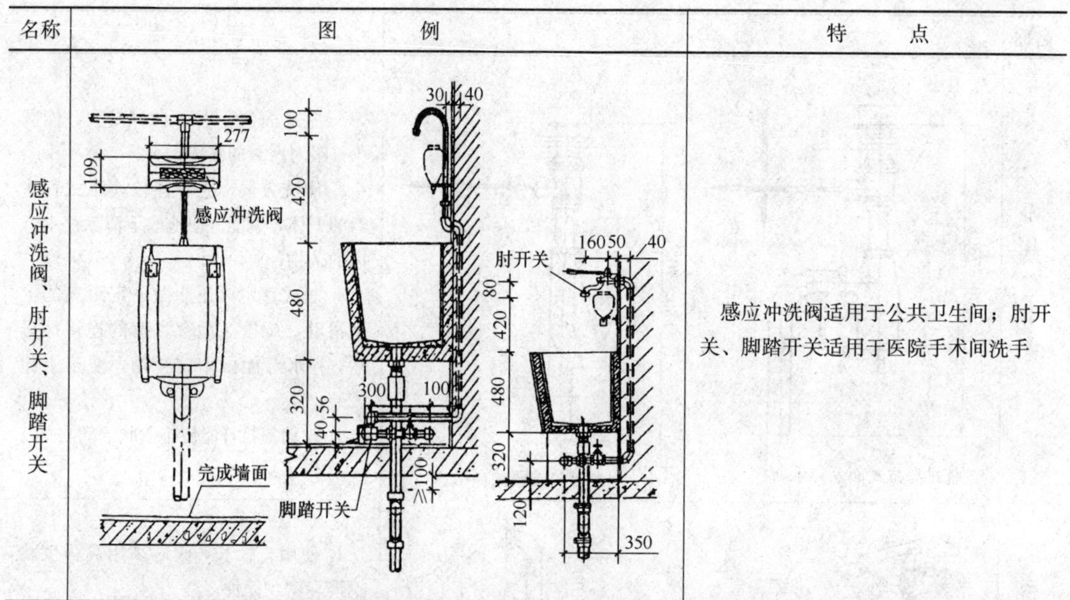
</td><td>感应冲洗阀适用于公共卫生间；肘开关、脚踏开关适用于医院手术间洗手</td></tr>
</table>

注：本表选自广西平南县水暖器材厂部分配件产品。

5）卫生器具及给水配件的安装高度见表 4-9。

卫生器具及给水配件安装高度　表 4-9

<table>
<tr><th>项目</th><th colspan="7">说　明</th></tr>
<tr><td rowspan="18">卫生器具安装高度</td><td rowspan="2">项次</td><td rowspan="2" colspan="3">卫生器具名称</td><td colspan="2">卫生器具安装高度（mm）</td><td rowspan="2">备　注</td></tr>
<tr><td>住宅及公共建筑</td><td>幼儿园</td></tr>
<tr><td rowspan="2">1</td><td rowspan="2" colspan="2">污水盆（池）</td><td>架空式</td><td>800</td><td>800</td><td rowspan="2"></td></tr>
<tr><td>落地式</td><td>500</td><td>500</td></tr>
<tr><td>2</td><td colspan="3">洗涤盆（池）</td><td>800</td><td>800</td><td rowspan="4">自地面至器具上边缘</td></tr>
<tr><td>3</td><td colspan="3">洗脸盆、洗手盆（有塞、无塞）</td><td>800</td><td>500</td></tr>
<tr><td>4</td><td colspan="3">盥洗槽</td><td>800</td><td>500</td></tr>
<tr><td>5</td><td colspan="3">浴盆</td><td colspan="2">≤520</td></tr>
<tr><td rowspan="2">6</td><td rowspan="2" colspan="2">蹲式大便器</td><td>高水箱</td><td>1800</td><td>1800</td><td>自台阶面至高水箱底</td></tr>
<tr><td>低水箱</td><td>900</td><td>900</td><td>自台阶面至低水箱底</td></tr>
<tr><td rowspan="3">7</td><td rowspan="3">坐式大便器</td><td colspan="2">高水箱</td><td>1800</td><td>1800</td><td>自地面至高水箱底</td></tr>
<tr><td rowspan="2">低水箱</td><td>外露排水管式</td><td>510</td><td>370</td><td>自地面至高水箱底</td></tr>
<tr><td>虹吸喷射式</td><td>470</td><td></td><td>自地面至低水箱底</td></tr>
<tr><td>8</td><td colspan="2">小便器</td><td>挂式</td><td>600</td><td>450</td><td>自地面至下边缘</td></tr>
<tr><td>9</td><td colspan="3">小便槽</td><td>200</td><td>150</td><td>自地面至台阶面</td></tr>
<tr><td>10</td><td colspan="3">大便槽冲洗水箱</td><td>≥2000</td><td></td><td>自台阶面至水箱底</td></tr>
<tr><td>11</td><td colspan="3">妇女卫生盆</td><td>360</td><td></td><td>自地面至器具上边缘</td></tr>
<tr><td>12</td><td colspan="3">化验盆</td><td>800</td><td></td><td>自地面至器具上边缘</td></tr>
</table>

续表

<table>
<tr><th>项目</th><th colspan="5">说明</th></tr>
<tr><td rowspan="6">卫生器具给水配件安装高度</td><td>项次</td><td colspan="2">给水配件名称</td><td>配件中心距地面高度(mm)</td><td>冷热水龙头距离(mm)</td></tr>
<tr><td>1</td><td colspan="2">架空式污水盆（池）水龙头</td><td>1000</td><td>—</td></tr>
<tr><td>2</td><td colspan="2">落地式污水盆（池）水龙头</td><td>800</td><td></td></tr>
<tr><td>3</td><td colspan="2">洗涤盆（池）水龙头</td><td>1000</td><td>150</td></tr>
<tr><td>4</td><td colspan="2">住宅集中给水龙头</td><td>1000</td><td>—</td></tr>
<tr><td>5</td><td colspan="2">洗手盆水龙头</td><td>1000</td><td>—</td></tr>
<tr><td rowspan="24"></td><td rowspan="3">6</td><td rowspan="3">洗脸盆</td><td>水龙头（上配水）</td><td>1000</td><td>150</td></tr>
<tr><td>水龙头（下配水）</td><td>800</td><td>150</td></tr>
<tr><td>角阀（下配水）</td><td>450</td><td>—</td></tr>
<tr><td rowspan="3">7</td><td rowspan="3">盥洗槽</td><td>水龙头</td><td>1000</td><td>150</td></tr>
<tr><td>冷热水管其中热水龙头</td><td rowspan="2">1100</td><td rowspan="2">150</td></tr>
<tr><td>上下并行其中热水龙头</td></tr>
<tr><td>8</td><td>浴盆</td><td>水龙头（上配水）</td><td>670</td><td>150</td></tr>
<tr><td rowspan="3">9</td><td rowspan="3">淋浴器</td><td>截止阀</td><td>1150</td><td>95</td></tr>
<tr><td>混合阀</td><td>1150</td><td></td></tr>
<tr><td>淋浴喷头下沿</td><td>2100</td><td></td></tr>
<tr><td rowspan="6">10</td><td rowspan="6">蹲式大便器（从台阶面算起）</td><td>高水箱角阀及截止阀</td><td>2040</td><td>—</td></tr>
<tr><td>低水箱角阀</td><td>250</td><td>—</td></tr>
<tr><td>手动式自闭冲洗阀</td><td>600</td><td>—</td></tr>
<tr><td>脚踏式自闭冲洗阀</td><td>150</td><td>—</td></tr>
<tr><td>拉管式冲洗阀（从地面算起）</td><td>1600</td><td>—</td></tr>
<tr><td>带防污助冲器阀门（从地面算起）</td><td>900</td><td>—</td></tr>
<tr><td rowspan="2">11</td><td rowspan="2">坐式大便器</td><td>高水箱角阀及截止阀</td><td>2040</td><td>—</td></tr>
<tr><td>低水箱角阀</td><td>150</td><td>—</td></tr>
<tr><td>12</td><td colspan="2">大便槽冲洗水箱截止阀（从台阶面算起）</td><td>≥2400</td><td>—</td></tr>
<tr><td>13</td><td colspan="2">立式小便器角阀</td><td>1130</td><td>—</td></tr>
<tr><td>14</td><td colspan="2">挂式小便器角阀及截止阀</td><td>1050</td><td>—</td></tr>
<tr><td>15</td><td colspan="2">小便槽多孔冲洗管</td><td>1100</td><td>—</td></tr>
<tr><td>16</td><td colspan="2">实验室化验水龙头</td><td>1000</td><td>—</td></tr>
<tr><td>17</td><td colspan="2">妇女卫生盆混合阀</td><td>360</td><td>—</td></tr>
<tr><td></td><td colspan="5">注：装设在幼儿园内的洗手盆、洗脸盆和盥洗槽水嘴中心离地面安装高度为700mm，其他卫生器具给水配件的安装高度，应按卫生器具实际尺寸相应减少</td></tr>
</table>

4.2.4 卫生间布置

(1) 卫生间管道布置要点

1) 粪便污水立管应靠近大便器，使粪便污水以最短的距离进入立管。

2）在污废水分流时，废水立管应靠近浴盆。

3）在卫生间设有吊顶时，给水排水支管一般都布置在吊顶内，吊顶上必须设检修口。

4）浴室以及厕所、盥洗室等需要从地面排水的房间要布置地漏。

5）从冷、热水立管接出的支管，均应设检修阀门，热水支管应有弯头等配件。

6）在有管道井时，管道井的尺寸应根据管道数量、管径大小、卫生洁具排水方式及维护检修等条件确定，并应符合下列要求：

①每层设检修门，检修门宜开向走廊。

②需进入管道井检修时，管道之间要留有不宜小于0.5m的通道。

③不超过100m的高层建筑，管道井内每两层应设有横向隔断；建筑物高度超过100m时，每层应设隔断。隔断的耐火等级与结构楼板相同。

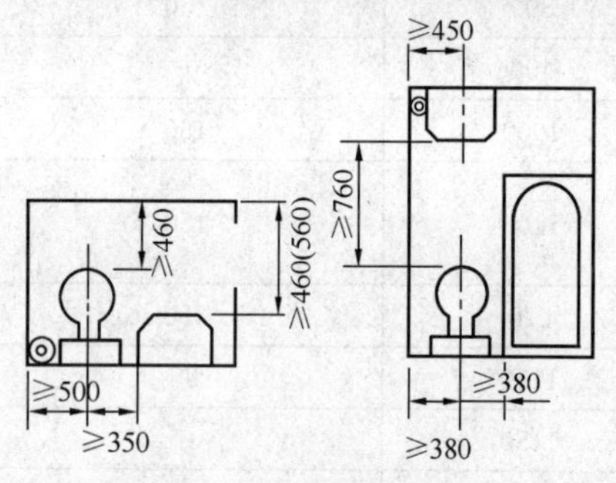

图4-2　卫生间卫生器具布置间距的净距

(2) 卫生间卫生器具布置间距

1）普通住宅卫生间内卫生器具布置的最小间距要求见图4-2：

①坐便器到对墙面最小应有460mm的净距。

②便器与洗脸盆并列，从便器中心线到洗脸盆的边缘至少应相距350mm，便器中心线离边墙至少为380mm。

③洗脸盆放在浴盆或大便器对面，两者净距至少760mm。

④洗脸盆边缘至对墙最小应有460mm，对身体魁梧者460mm偏小，因此也有采用560mm。

⑤洗脸盆的上部与镜子的底部间距为200mm。

2）公共建筑、宾馆、旅馆卫生间内卫生器具布置的间距要求：

卫生间一般都要做墙面装修，在考虑间距及离墙面距离时，还应将装修层的厚度留出来。

①大便器小间的隔墙中心距为1000～1100mm，小间隔墙的厚度一般为：

a. 钢架挂大理石：120～150mm

b. 木隔断：50mm左右

c. 立砖墙贴面砖：100～120mm

②小便器：

a. 中心距侧墙终饰面：≥500mm

b. 成组小便器中心间距：750～800mm

③台式洗脸盆：

a. 台板深度：600～650mm

b. 台盆间距：700～800mm

c. 台盆中心距侧墙终饰面：≥500mm

④浴盆：一般带裙边浴盆，常用的浴盆长度为：

a. 住宅：1200～1500mm

b. 宾馆：1500～1700mm

c. 浴盆裙边与坐便器中心间距：≥450mm

(3) 卫生间的布置

1) 卫生间的面积，根据当地气候条件，生活习惯和卫生器具设置的数量确定。住宅的卫生间面积以 2.5～3.5m² 为宜；公寓和旅馆的卫生间面积以 3.5～4.5m² 为宜。

2) 卫生器具的设置应根据建筑标准而定。住宅的卫生间内除设有大便器外还应设有沐浴设备或预留沐浴设备的位置，对标准较高的住宅还应考虑设置洗脸盆和留有安装洗衣机的位置；普通旅馆的卫生间内一般设有坐便器、浴盆和洗脸盆；高级宾馆的一般客房的卫生间内也设有坐便器、浴盆和洗脸盆三大件卫生器具；只是所选用器具的质量外形、色彩和防噪有较高的要求；高级宾馆的部分高级客房的卫生间内还应设置妇女卫生盆，目前部分高档卫生间除配置豪华型浴缸与淋浴分设，有的还设有按摩浴缸、带冲洗功能的大便器，卫生间尺寸宽大，装饰精致。

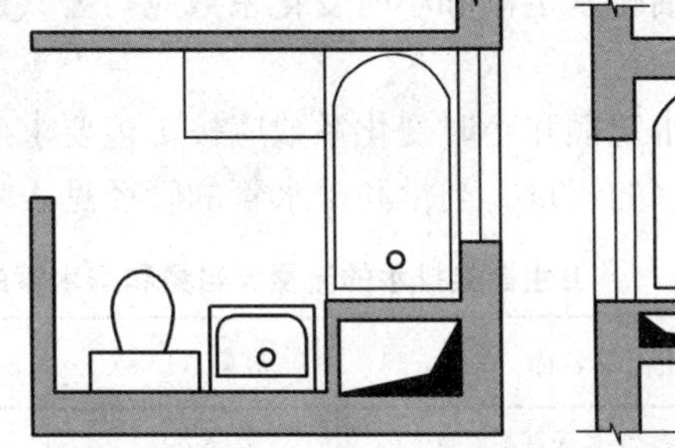

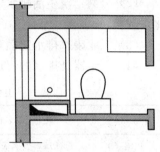

图 4-3 住宅卫生间及管井平面布置形式

3) 典型卫生间的布置形式

①住宅卫生间及管井平面布置形式见图 4-3。

②旅馆、宾馆建筑卫生间及管道井平面布置形式见图 4-4。

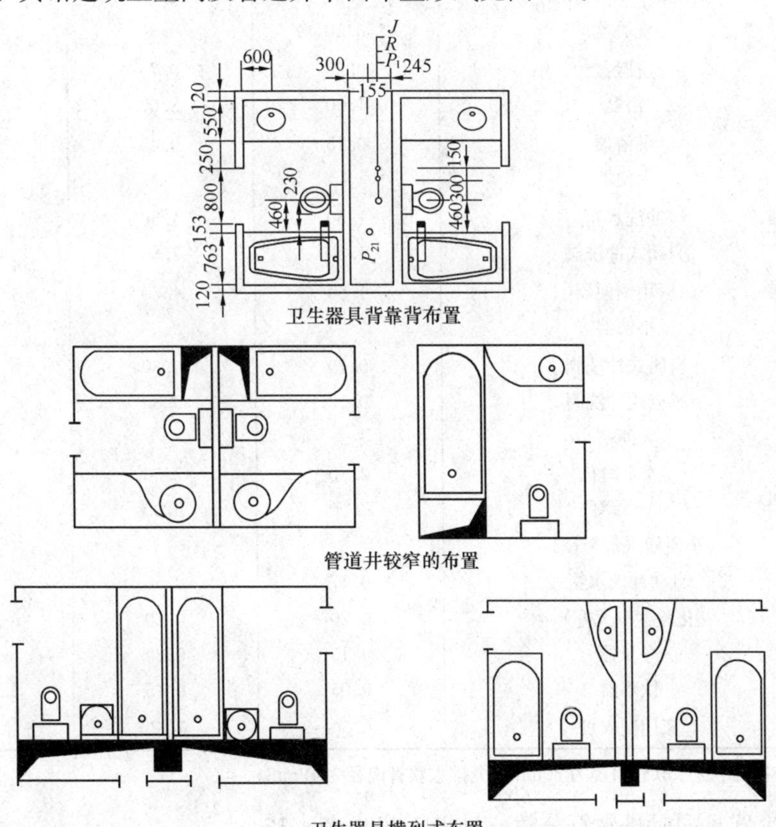

图 4-4 旅馆、宾馆建筑卫生间及管道井平面布置形式

4.3　排水系统水力计算

4.3.1　排水定额

（1）小区生活排水系统排水定额宜为其相应的生活给水系统用水定额的85%～95%，小区生活排水系统小时变化系数应与其相应的生活给水系统小时变化系数相同。

（2）公共建筑生活排水定额和小时变化系数应与公共建筑生活给水用水定额和小时变化系数相同。

（3）工业废水排水定额和小时变化系数应按工艺要求确定。

（4）卫生器具排水的流量、当量和排水管的管径见表4-10。

卫生器具排水的流量、当量和排水管的管径　　表4-10

序号	卫生器具名称	流量（L/s）	当量	排水管管径（mm）
1	洗涤盆、污水盆（池）	0.33	1.00	50
2	餐厅、厨房洗菜盆（池）			
	单格洗涤盆（池）	0.67	2.00	50
	双格洗涤盆（池）	1.00	3.00	50
3	盥洗槽（每个水嘴）	0.33	1.00	50～75
4	洗手盆	0.10	0.30	32～50
5	洗脸盆	0.25	0.75	32～50
6	浴盆	1.00	3.00	50
7	淋浴器	0.15	0.45	50
8	大便器			
	冲洗水箱	1.50	4.50	100
	自闭式冲洗阀	1.20	3.60	100
9	医用倒便器	1.50	4.50	100
10	小便器			
	自闭式冲洗阀	0.10	0.30	40～50
	感应式冲洗阀	0.10	0.30	40～50
11	大便槽			
	≤4个蹲位	2.50	7.50	100
	>4个蹲位	3.00	9.00	150
12	小便槽（每米长）			
	自动冲洗水箱	0.17	0.50	—
13	化验盆（无塞）	0.20	0.60	40～50
14	净身器	0.10	0.30	40～50
15	饮水器	0.05	0.15	25～50
16	家用洗衣机	0.50	1.50	50

注：家用洗衣机下排水软管直径为30mm，上排水软管内径为19mm。

（5）卫生器具同时排水百分数，见表4-11～表4-13。

宿舍（Ⅲ、Ⅳ类）、工业企业生活间、公共浴室、剧院、体育场馆等卫生器具同时排水百分数（%） 表 4-11

卫生器具名称	宿舍（Ⅲ、Ⅳ类）	工业企业生活间	公共浴室	影剧院	体育场馆	洗衣房
洗涤盆（池）	—	33	15	15	15	25～40
洗手盆	—	50	50	50	70（50）	—
洗脸盆、盥洗槽水嘴	5～100	60～100	60～100	50	80	60
浴盆	—	—	50	—	—	—
无间隔淋浴器	20～100	100	100	—	100	100
有间隔淋浴器	5～80	80	60～80	（60～80）	（60～100）	—
大便器冲洗水箱	5～70	30	20	50（20）	70（20）	30
大便槽自动冲洗水箱	100	100	—	100	100	—
大便器自闭式冲洗阀	1～2	2	2	10（2）	5（2）	—
小便器自闭式冲洗阀	2～10	10	10	50（10）	70（10）	
小便器（槽）自动冲洗水箱	—	100	100	100	100	—
净身盆	—	33	—	—	—	—
饮水器	—	30～60	30	30	30	—
小卖部洗涤盆	—	—	50	50	50	—

注：1. 表中括号内的数值系电影院、剧院的化妆间、体育场馆的运动员休息室使用；

2. 健身中心的卫生间，可采用本表体育场馆运动员休息室的同时排水百分数。

职工食堂、营业餐馆卫生器具和厨房设备同时排水百分数 表 4-12

厨房设备名称	同时排水百分数（%）	厨房设备名称	同时排水百分数（%）
污水盆（池）	50	蒸汽发生器	100
洗涤盆（池）	70	灶台水嘴	30
煮锅	60	淋浴器	100
生产性洗涤机	40	洗手盆、洗脸盆	60
器皿洗涤机	90	大便器冲洗水箱	40
开水器	50	小便器	50

注：1. 职工或学生饭堂的洗碗台水嘴，按100%同时排水，但不与厨房用水叠加；

2. 本表的卫生间系指厨房工作人员使用的卫生间，顾客用的卫生间按商场卫生间计算。

实验室化验水嘴同时排水百分数 表 4-13

化验水嘴名称	同时排水百分数（%）	
	科研教学楼实验室	生产实验室
单联化验水嘴	20	30
双联或三联化验水嘴	30	50

4.3.2 设计秒流量

（1）住宅、宿舍（Ⅰ、Ⅱ类）、旅馆、宾馆、酒店式公寓、医院、疗养院、幼儿园、养老院、办公楼、商场、图书馆、书店、客运中心、航站楼、会展中心、中小学教学楼、食堂或营业餐厅等建筑生活排水管道设计秒流量，应按式（4-1）计算：

$$q_P = 0.12\alpha\sqrt{N_P} + q_{max} \tag{4-1}$$

式中 q_P——计算管段排水设计秒流量（L/s）；

N_P——计算管段的卫生器具排水当量总数；

α——根据建筑物用途而定的系数，宜按表4-14确定；

q_{max}——计算管段上最大的一个卫生器具的排水流量（L/s），可按表4-10取值，表4-15系按 q_{max}=1.5L/s制定供计算时查用。

根据建筑物用途而定的系数α值　　表4-14

建筑物名称	住宅、宿舍（Ⅰ、Ⅱ类）、宾馆、酒店式公寓、医院、疗养院、幼儿园、养老院的卫生间	旅馆和其他公共建筑的公共盥洗室和厕所间
α值	1.5	2.0～2.5

注：当计算所得流量值大于该管段上按卫生器具排水流量累加值时，应按卫生器具排水流量累加值计。

适用于住宅、宿舍（Ⅰ、Ⅱ类）、旅馆、宾馆、酒店式公寓、医院、疗养院、幼儿园、养老院和其他公共建筑的设计秒流量 $q_P=0.12\alpha\sqrt{N_P}+q_{max}$ 计算（q_{max}=1.5L/s）　　表4-15

排水当量总数	相当于下列α值时的排水设计秒流量 q_p（L/s）						
	1.50	2.00	2.10	2.20	2.30	2.40	2.50
1	2	3	4	5	6	7	8
5.00	1.90	2.04	2.06	2.09	2.12	2.14	2.17
6.00	1.94	2.09	2.12	2.15	2.18	2.21	2.23
7.00	1.98	2.13	2.17	2.20	2.23	2.26	2.29
8.00	2.01	2.18	2.21	2.25	2.28	2.31	2.35
9.00	2.04	2.22	2.26	2.29	2.33	2.36	2.40
10.00	2.07	2.26	2.30	2.33	2.37	2.41	2.45
12.00	2.12	2.33	2.37	2.41	2.46	2.50	2.54
16.00	2.22	2.46	2.51	2.56	2.60	2.65	2.70
18.00	2.26	2.52	2.57	2.62	2.67	2.72	2.77
20.00	2.30	2.57	2.63	2.68	2.73	2.79	2.84
22.00	2.34	2.63	2.68	2.74	2.79	2.85	2.91
24.00	2.38	2.68	2.73	2.79	2.85	2.91	2.97
26.00	2.42	2.72	2.78	2.85	2.91	2.97	3.03
28.00	2.45	2.77	2.83	2.90	2.96	3.02	3.09
30.00	2.49	2.81	2.88	2.95	3.01	3.08	3.14
35.00	2.56	2.92	2.99	3.06	3.13	3.20	3.27
40.00	2.64	3.02	3.09	3.17	3.25	3.32	3.40

续表

排水当量总数	相当于下列 α 值时的排水设计秒流量 q_p（L/s）						
	1.50	2.00	2.10	2.20	2.30	2.40	2.50
1	2	3	4	5	6	7	8
45.00	2.71	3.11	3.19	3.27	3.35	3.43	3.51
50.00	2.77	3.20	3.28	3.37	3.45	3.54	3.62
55.00	2.83	3.28	3.37	3.46	3.55	3.64	3.72
60.00	2.89	3.36	3.45	3.54	3.64	3.73	3.82
70.00	3.01	3.51	3.61	3.71	3.81	3.91	4.01
80.00	3.11	3.65	3.75	3.86	3.97	4.08	4.18
90.00	3.21	3.78	3.89	4.00	4.12	4.23	4.35
100.00	3.30	3.90	4.02	4.14	4.26	4.38	4.50
120.00	3.47	4.13	4.26	4.39	4.52	4.65	4.79
140.00	3.63	4.34	4.48	4.62	4.77	4.91	5.05
160.00	3.78	4.54	4.69	4.84	4.99	5.14	5.29
180.00	3.91	4.72	4.88	5.04	5.20	5.36	5.52
200.00	4.05	4.89	5.06	5.23	5.40	5.57	5.74
250.00	4.35	5.29	5.48	5.67	5.86	6.05	6.24
300.00	4.62	5.66	5.86	6.07	6.28	6.49	6.70
350.00	4.87	5.99	6.21	6.44	6.66	6.89	7.11
400.00	5.10	6.30	6.54	6.78	7.02	7.26	7.50
450.00	5.32	6.59	6.85	7.10	7.35	7.61	7.86
500.00	5.52	6.87	7.13	7.40	7.67	7.94	8.21
550.00	5.72	7.13	7.41	7.69	7.97	8.25	8.54
600.00	5.91	7.38	7.67	7.97	8.26	8.55	8.85
650.00	6.09	7.62	7.92	8.23	8.54	8.84	9.15
700.00	6.26	7.85	8.17	8.48	8.80	9.12	9.44
750.00	6.43	8.07	8.40	8.73	9.06	9.39	9.72
800.00	6.59	8.29	8.63	8.97	9.31	9.65	9.99
850.00	6.75	8.50	8.85	9.20	9.55	9.90	10.25
900.00	6.90	8.70	9.06	9.42	9.78	10.14	10.50
950.00	7.05	8.90	9.27	9.64	10.01	10.38	10.75
1000.00	7.19	9.09	9.47	9.85	10.23	10.61	10.99
1100.00	7.47	9.46	9.86	10.26	10.65	11.05	11.45
1200.00	7.74	9.81	10.23	10.65	11.06	11.48	11.89
1300.00	7.99	10.15	10.59	11.02	11.45	11.88	12.32
1400.00	8.23	10.48	10.93	11.38	11.83	12.28	12.72
1500.00	8.47	10.80	11.26	11.72	12.19	12.65	13.12

(2) 宿舍（Ⅲ、Ⅳ类）、工业企业生活间、公共浴室、洗衣房、职工食堂或营业餐厅的厨房、实验室、影剧院、体育场馆等建筑的生活排水管设计秒流量，应按式（4-2）计算：

$$q_{p}=\Sigma q_{0}n_{0}b \tag{4-2}$$

式中 q_p——计算管段的排水设计秒流量（L/s）；

q_0——同类型的一个卫生器具排水流量（L/s）；

n_0——同类型卫生器具数；

b——卫生器具的同时排水百分数，按表 4-11、表 4-12 取值；冲洗水箱大便器的同时排水百分数应按 12%计算。

注：当计算排水流量小于一个大便器排水流量时，应按一个大便器的排水流量计算。

4.3.3 排水管道水力计算

水力计算的目的在于合理、经济地确定管径、管道坡度，以及确定设置通气系统的型式，以使排水管系统正常工作。

(1) 计算规定

为确保管系在良好的水力条件下工作，排水管道必须满足下列几个水力要素的规定：

1) 管道坡度：生活污水和工业废水排水铸铁管道的通用坡度和最小坡度，见表4-16。其最大坡度，不得大于 0.15（长度小于 1.5m 的管段可不受此限）。

铸铁排水管道通用坡度和最小坡度 **表 4-16**

管径（mm）	工业废水		生活污水	
	生产废水（最小坡度）	生产污水（最小坡度）	通用坡度	最小坡度
50	0.020	0.030	0.035	0.025
75	0.015	0.020	0.025	0.015
100	0.008	0.012	0.020	0.012
125	0.006	0.010	0.015	0.010
150	0.005	0.006	0.010	0.007
200	0.004	0.004	0.008	0.005
250	0.0035	0.0035	—	—
300	0.003	0.003	—	—

注：1. 工业废水中含有铁屑或其他污物时，管道的最小坡度应按自清流速计算确定；

2. 成组洗脸盆至共用水封的排水管，坡度为 0.01；

3. 生活污水管道，宜按通用坡度采用。

建筑排水塑料管采用粘接、熔接连接的排水横支管的标准坡度为 0.026。胶圈密封连接的排水横管通用坡度和最小坡度可按表 4-17 调整。

塑料管排水横管通用坡度和最小坡度 **表 4-17**

外径 *De*（mm）	50	75	110	125	160	200	250	315
通用坡度	0.025	0.015	0.012	0.010	0.007	0.005	0.005	0.005
最小坡度	0.012	0.007	0.004	0.0035	0.003	0.003	0.003	0.003

2）管道充满度：排水管道的最大设计充满度，见表4-18。

排水管道的最大设计充满度 **表4-18**

排水管道名称	管径（mm）	最大计算充满度
生活污水	≤125	0.5
	150～200	0.6
生产废水	50～75	0.6
	100～150	0.7
	≥200	1.0
生产污水	50～75	0.6
	100～150	0.7
	≥200	0.8

注：排水沟最大计算充满度为计算断面深度的0.8。

3）自清流速

为使悬游在污水中的杂质不致沉淀在管底，并且使水流能及时冲刷管壁上的污物，必须有一个最小保证流速，排水管道的这个最小流速称为"自清流速"。在设计充满度下，管道的自清流速详见表4-19。

管道自清流速（m/s） **表4-19**

污水管道类别	生活污水排水管			明渠（沟）	合流制排水管
	*DN*100	*DN*150	*DN*200		
自清流速	0.6	0.65	0.7	0.4	0.75

4）最大允许流速

为了防止管壁因受污水中坚硬杂质高速流动的摩擦而损坏和防止过大的水流冲击，各种管材的排水管道均有最大允许流速，管道的最大允许流速详见表4-20。

各种管道内最大允许流速（m/s） **表4-20**

管 道 材 料	排 水 类 型	
	生活污水	含有杂质的工业废水、雨水
	允许流速（m/s）	
金属管道	7.0	10.0
陶土及陶瓷管道	5.0	7.0
混凝土管、钢筋混凝土管、石棉水泥管及塑料管	4.0	7.0

（2）排水横管的水力计算，应按式（4-3）和式（4-4）计算：

$$q_{\mathrm{p}}=A\cdot v \tag{4-3}$$

$$v=\frac{1}{n}R^{2/3}I^{1/2} \tag{4-4}$$

式中 q_p——计算管段的排水流量（m^3/s）；

A——管道在设计充满度的过水断面（m^2）；

v——流速（m/s）；

R——水力半径（m）；

I——水力坡度，采用排水管的坡度；

n——粗糙系数，铸铁管为0.013，混凝土管、钢筋混凝土管为0.013～0.014，钢管为0.012，塑料管为0.009。

（3）建筑物内铸铁排水管道横管的水力计算，可查表4-21取值。

铸铁排水管横管水力计算表（n=0.013） **表 4-21**

坡度	h/D=0.5								h/D=0.6			
	DN50		DN75		DN100		DN125		DN150		DN200	
	Q	v	Q	v	Q	v	Q	v	Q	v	Q	v
0.005											15.58	0.79
0.006											17.07	0.87
0.007									8.56	0.77	18.44	0.94
0.008									9.15	0.83	19.71	1.00
0.009									9.71	0.88	20.90	1.06
0.010							4.68	0.76	10.23	0.92	22.04	1.12
0.012					2.83	0.72	5.13	0.84	11.21	1.01	24.14	1.23
0.015			1.47	0.66	3.16	0.81	5.74	0.93	12.53	1.13	26.99	1.37
0.020			1.70	0.77	3.65	0.93	6.62	1.08	14.47	1.31	31.16	1.58
0.025	0.64	0.66	1.90	0.86	4.08	1.04	7.40	1.21	16.18	1.46	34.84	1.77
0.030	0.70	0.72	2.08	0.94	4.47	1.14	8.11	1.32	17.72	1.60	38.17	1.94
0.035	0.76	0.78	2.24	1.02	4.83	1.23	8.76	1.43	19.14	1.73	41.22	2.09
0.040	0.81	0.83	2.40	1.09	5.17	1.32	9.37	1.53	20.46	1.85	44.07	2.24
0.045	0.86	0.88	2.54	1.15	5.48	1.40	9.93	1.62	21.70	1.96	46.74	2.38
0.050	0.91	0.93	2.68	1.21	5.78	1.47	10.47	1.71	22.88	2.07	49.27	2.50
0.055	0.95	0.97	2.81	1.27	6.06	1.54	10.98	1.79	24.00	2.17	51.68	2.63
0.060	1.00	1.01	2.94	1.33	6.33	1.61	11.47	1.87	25.06	2.26	53.98	2.74
0.065	1.04	1.06	3.06	1.38	6.58	1.68	11.94	1.95	26.09	2.36	56.18	2.85
0.070	1.08	1.10	3.17	1.44	6.83	1.74	12.39	2.02	27.07	2.45	58.30	2.96
0.075	1.11	1.13	3.28	1.49	7.07	1.80	12.82	2.09	28.02	2.53	60.35	3.07
0.080	1.15	1.17	3.39	1.54	7.31	1.86	13.24	2.16	28.94	2.61	62.33	3.17

注：表中：Q——排水流量（L/s），v——流速（m/s），DN——铸铁排水管公称直径（mm）。

（4）建筑物内塑料排水管道横管的水力计算，可查表4-22、表4-23取值。

建筑排水硬聚氯乙烯管水力计算表（n=0.009） **表 4-22**

坡度	h/D=0.5										h/D=0.6	
	dn50		dn75		dn90		dn110		dn125		dn160	
	Q	v	Q	v	Q	v	Q	v	Q	v	Q	v
0.003											8.39	0.74
0.0035									3.48	0.63	9.06	0.80
0.004							2.59	0.62	3.72	0.67	9.68	0.85
0.005					1.64	0.60	2.90	0.69	4.16	0.75	10.83	0.95
0.006					1.79	0.65	3.18	0.75	4.55	0.82	11.86	1.04
0.007			1.22	0.63	1.94	0.71	3.43	0.81	4.92	0.89	12.81	1.13
0.008			1.31	0.67	2.07	0.75	3.67	0.87	5.26	0.95	13.69	1.20
0.009			1.39	0.71	2.20	0.80	3.89	0.92	5.58	1.01	14.52	1.28
0.010			1.46	0.75	2.31	0.84	4.10	0.97	5.88	1.06	15.31	1.35
0.012	0.52	0.62	1.60	0.82	2.53	0.92	4.49	1.07	6.44	1.17	16.77	1.48
0.015	0.58	0.69	1.79	0.92	2.83	1.03	5.02	1.19	7.20	1.30	18.75	1.65
0.020	0.67	0.80	2.07	1.06	3.27	1.19	5.80	1.38	8.31	1.51	21.65	1.90
0.025	0.74	0.90	2.31	1.19	3.66	1.33	6.48	1.54	9.30	1.68	24.21	2.13
0.026	0.76	0.91	2.36	1.21	3.73	1.36	6.61	1.57	9.48	1.72	24.69	2.17
0.030	0.81	0.98	2.53	1.30	4.01	1.46	7.10	1.68	10.18	1.84	26.52	2.33
0.035	0.88	1.06	2.74	1.41	4.33	1.58	7.67	1.82	11.00	1.99	28.64	2.52
0.040	0.94	1.13	2.93	1.50	4.63	1.69	8.20	1.95	11.76	2.13	30.62	2.69
0.045	1.00	1.20	3.10	1.59	4.91	1.79	8.70	2.06	12.47	2.26	32.48	2.86
0.050	1.05	1.27	3.27	1.68	5.17	1.89	9.17	2.17	13.15	2.38	34.24	3.01
0.055	1.10	1.33	3.43	1.76	5.43	1.98	9.61	2.28	13.79	2.50	35.91	3.16
0.060	1.15	1.39	3.58	1.84	5.67	2.07	10.04	2.38	14.40	2.61	37.50	3.30
0.065	1.20	1.44	3.73	1.92	5.90	2.15	10.45	2.48	14.99	2.71	39.03	3.43
0.070	1.24	1.50	3.87	1.99	6.12	2.23	10.85	2.57	15.56	2.82		
0.075	1.29	1.55	4.01	2.06	6.34	2.31	11.23	2.66	16.10	2.91		
0.080	1.33	1.60	4.14	2.13	6.54	2.38	11.60	2.75	16.63	3.01		

注：表中：Q——排水流量（L/s），v——流速（m/s），dn——塑料排水管公称直径（mm）。

建筑排水高密度聚乙烯管水力计算表（n=0.009） **表 4-23**

坡度	h/D=0.5										h/D=0.6	
	dn50		dn75		dn90		dn110		dn125		dn160	
	Q	v	Q	v	Q	v	Q	v	Q	v	Q	v
0.003											7.75	0.72
0.0035									3.23	0.62	10.96	0.78
0.004							2.46	0.61	3.46	0.66	8.95	0.84
0.005							2.75	0.68	3.86	0.74	10.01	0.93

续表

坡度	h/D=0.5										h/D=0.6	
	dn50		dn75		dn90		dn110		dn125		dn160	
	Q	v	Q	v	Q	v	Q	v	Q	v	Q	v
0.006					1.76	0.65	3.01	0.74	4.23	0.81	10.96	1.02
0.007			1.16	0.62	1.90	0.70	3.26	0.80	4.57	0.87	11.84	1.10
0.008			1.24	0.66	2.03	0.75	3.48	0.86	4.89	0.93	12.66	1.18
0.009			1.32	0.70	2.15	0.80	3.69	0.91	5.19	0.99	13.43	1.25
0.010			1.39	0.74	2.27	0.84	3.89	0.96	5.47	1.05	14.15	1.32
0.012	0.46	0.60	1.52	0.81	2.49	0.92	4.26	1.05	5.99	1.14	15.51	1.45
0.015	0.51	0.67	1.70	0.91	2.78	1.03	4.77	1.18	6.69	1.28	17.34	1.62
0.020	0.59	0.78	1.96	1.05	3.21	1.19	5.50	1.36	7.73	1.48	20.02	1.87
0.025	0.66	0.87	2.19	1.17	3.59	1.33	6.15	1.52	8.64	1.65	22.38	2.09
0.026	0.67	0.89	2.24	1.20	3.66	1.35	6.28	1.55	8.81	1.69	22.82	2.13
0.030	0.72	0.95	2.40	1.28	3.93	1.45	6.74	1.66	9.47	1.81	24.52	2.29
0.035	0.78	1.03	2.59	1.39	4.25	1.57	7.28	1.80	10.23	1.96	26.48	2.47
0.040	0.84	1.10	2.77	1.48	4.54	1.68	7.78	1.92	10.93	2.09	28.31	2.64
0.045	0.89	1.17	2.94	1.57	4.81	1.78	8.26	2.04	11.59	2.22	30.03	2.80
0.050	0.93	1.23	3.10	1.66	5.08	1.88	8.70	2.15	12.22	2.34	31.65	2.95
0.055	0.98	1.29	3.25	1.74	5.32	1.97	9.13	2.25	12.82	2.45	33.20	3.10
0.060	1.02	1.35	3.40	1.82	5.56	2.06	9.53	2.35	13.39	2.56	34.67	3.23
0.065	1.07	1.40	3.54	1.89	5.79	2.14	9.92	2.45	13.94	2.66		
0.070	1.11	1.45	3.67	1.96	6.01	2.22	10.30	2.54	14.46	2.77		
0.075	1.14	1.51	3.80	2.03	6.22	2.30	10.66	2.63	14.97	2.86		
0.080	1.18	1.55	3.92	2.10	6.42	2.37	11.01	2.72	15.46	2.96		

注：表中：Q——排水流量（L/s），v——流速（m/s），dn——塑料排水管公称直径（mm）。

（5）生活排水立管的最大设计排水能力，应查表 4-24 确定，立管管径不得小于所连接的横支管管径。

生活排水立管最大设计排水能力　　表 4-24

排水立管系统类型			最大设计通水能力（L/s）				
			排水立管管径（mm）				
			50	75	100（110）	125	150（160）
伸顶通气	立管与横支管连接配件	90°顺水三通	0.8	1.3	3.2	4.0	5.7
		45°斜三通	1.0	1.7	4.0	5.2	7.4
专用通气	专用通气管 75mm	结合通气管每层连接	—	—	5.5		—
		结合通气管隔层连接	—	3.0	4.4		—
	专用通气管 100（110）mm	结合通气管每层连接	—	—	8.8		—
		结合通气管隔层连接	—	—	4.8		—

续表

排水立管系统类型			最大设计通水能力（L/s） 排水立管管径（mm） 50	75	100 （110）	125	150 （160）
主、副通气立管＋环形通气管			—	—	11.5		—
自循环通气	专用通气形式		—	—	4.4		—
	环形通气形式		—	—	5.9		—
特殊单立管	混合器		—	—	4.5		—
	内螺旋管＋漩流器	普通型	—	1.7	3.5		8.0
		加强型	—	—	6.3		—

注：排水层数在15层以上时，宜乘0.9系数。

（6）建筑底层无通气的排水管道与其楼层管道分开单独排出时，其排水横支管管径可按表4-25确定。

无通气的底层单独排出的横支管最大设计排水能力　　表4-25

排水横支管管径或外径（mm）	50	75	100（110）	125	150（160）
最大设计排水能力（L/s）	1.0	1.7	2.5	3.5	4.8

4.4 排水管道的材料与接口

4.4.1 排水管道材料选择

（1）建筑物内排水管道的管材宜按下列原则选用

1）生活排水管道管材的选择，应综合考虑建筑物的使用性质、建筑高度、抗震要求、防火要求及当地的管材供应条件等，经技术经济比较后，因地制宜，合理选用。

2）排水管道应采用柔性接口机制排水铸铁管或排水塑料管，以及相应管件；管径＜50mm的器具排水管，可采用镀锌钢管、塑料管、铜管。

3）排水中含有腐蚀性物质时，应根据其化学性质选择适宜的管材。排放带酸、碱性废水的实验楼和教学楼选用塑料排水管件时，应注意废水的酸碱、化学成分对塑料管材和接口材料的侵蚀。

4）高度超过100m的高层建筑内，排水管应采用柔性接口机制排水铸铁管及其管件，其管道工程设计与施工应满足《建筑排水金属管道工程技术规程》CJJ 127—2009。当采用塑料排水管时，应征得当地消防部门同意，其管道工程设计、施工等应参照《建筑排水塑料管道工程技术规程》CJJ/T 29。

5）柔性接口排水铸铁管管材、管件和连接件的材质、规格、尺寸和技术要求，应符合现行标准《排水用柔性接口铸铁管、管件及附件》GB/T 12772的规定。管材、管件应配套使用。

6）建筑排水塑料管的管材和管件，应符合相应现行的国家标准、行业标准以及ISO

产品标准。

①建筑排水聚氯乙烯（PVC）材料管道（包括硬聚氯乙烯管、芯层发泡硬聚氯乙烯管、硬聚氯乙烯管双层轴向中空壁管、氯化聚氯乙烯管等）应符合现行国家标准《建筑排水用硬聚氯乙烯（PVC-U）管材》GB/T 5836.1、《建筑排水用硬聚氯乙烯（PVC-U）管件》GB/T 5836.2、《排水用芯层发泡硬聚氯乙烯（PVC-U）管材》GB/T 16800 和产品标准《建筑物内排污、废水（高、低温）用氯化聚氯乙烯管材和管件》ISO 7675 等的规定。

②建筑排水聚烯烃（PO）材料管道（包括高密度聚乙烯管、聚丙烯复合管、聚丙烯管道等）应符合现行行业标准《建筑排水高密度聚乙烯（HDPE）管材及管件》CJ/T 250、《聚丙烯静音排水管材及管件》CJ/T 273、《建筑排水用聚丙烯（PP）管材和管件》CJ/T 278 等的规定。

③建筑排水共混材料管道应符合现行的产品标准《建筑物内污废水排放（低温和高温）用塑料管材和管件苯乙烯共聚物混合料（SAN＋PVC）》ISO 19220 的规定。

7）特殊单立管排水系统的管材和管件应符合本手册第 4.9 节中的有关规定。

8）当建筑物内排水管道采用硬聚氯乙烯管时，宜采用承插胶粘剂粘接。

9）当采用硬聚氯乙烯螺旋管时，排水立管用挤压成型的硬聚氯乙烯螺旋管，排水横管应采用挤出成型的建筑排水用硬聚氯乙烯光滑管，连接管件及配件应采用注塑成型的硬聚氯乙烯螺旋管件。

10）环境温度可能出现 0℃以下的场所、连续排水温度大于 40℃或瞬时排水温度大于 80℃的排水管道，如公共浴室、旅馆等有热水供应系统的卫生间生活废水排水管道系统、高温排水设备的排水管道系统、公共建筑厨房及灶台等有热水排出的排水横支管及横干管等，应采用金属排水管或耐热塑料排水管。

11）压力排水管道可采用耐压塑料管、金属管或钢塑复合管。

12）对防火等级要求较高的建筑物、要求环境安静的场所，不宜采用普通塑料排水管道。

当普通塑料排水管道的水流噪声不能满足噪声控制要求时，应采取相应空气隔声或结构隔声措施，如选用特制的消声排水管材及管件、采用隔声效果好的墙体（实心墙、夹层轻质墙、有泡沫塑料填充的隔声墙等）、管道支架设橡胶衬垫、穿越楼板处管道外壁包缠消声绝缘材料、设置器具通气管等。

13）当建筑物内排水立管采用硬聚氯乙烯螺旋管时，横管接入立管的三通及四通管件必须采用规定的螺母挤压密封圈接头的侧向进水型管件，横管接头宜采用螺母挤压密封圈接头，也可采用胶粘剂连接。

14）承插式柔性接口排水铸铁管的紧固件材料可为热镀锌碳素钢。当排水铸铁管埋地敷设时，其紧固件应采用不锈钢材料制作，并采取相应防腐蚀措施。

15）卡箍式柔性接口排水铸铁管的卡箍材料和紧固件材料均应为不锈钢。当管道埋地敷设时，应对卡箍件和紧固件采取相应防腐措施。

（2）下列情况可采用塑料螺旋管及配套管件

1）采用排水塑料管、需要减小立管噪声时；

2）排水设计流量超过表 4-24 中规定的铸铁管或塑料管仅设伸顶通气排水系统的排水

立管的最大排水能力时，如卫生间或立管井面积较小，难以设置专用通气立管，可采用特殊配件单立管增大立管的排水能力，但不能超过表4-24的规定。

注：螺旋立管通过设计流量时，其噪声比普通塑料管小，不大于铸铁排水管的噪声。

4.4.2 排水管道接口

(1) 排水铸铁管有刚性接口和柔性接口两种，建筑内部排水管道应采用柔性接口机制排水铸铁管，以适应建筑楼层间变位导致的轴向位移和横向曲挠变形，防止管道裂缝、折断。

(2) 当建筑内排水管道采用柔性接口机制排水铸铁管时，应根据建筑物性质及抗震要求，合理选用机制柔性接口排水铸铁管直管、管件及接口型式。

1) 管道暗装或相对隐蔽的场所宜采用法兰承插式接口，明装和有观感要求的场所宜采用卡箍式接口。

2) 埋地敷设的排水铸铁管宜优先选用法兰承插式柔性接口。当用于同层排水敷设在回填层内时，应采用法兰承插式接口。

3) 柔性接口排水铸铁管的接口不得设置在楼板、屋面板或池壁、墙体等结构层内。管道接口与墙、梁、板的净距不宜小于150mm。

(3) 柔性接口排水铸铁管的直管应离心或连续铸造工艺生产，管件应为机压砂型、金属模、树脂模、消失模铸造工艺生产。管材、管件和连接件的材质、规格、尺寸和技术要求，应符合国家标准《排水用柔性接口铸铁管、管件及附件》GB/T 12772的规定。

(4) 当建筑物内排水管道采用建筑排水塑料管时，应根据塑料排水管道的类别、用途、长期工作温度、管径、管道设置位置等，相应采用承插粘接、热熔连接（包括热熔承插、热熔对接及电熔连接）、橡胶密封圈连接或法兰连接等。

1) 硬聚氯乙烯（PVC－U）、氯化聚氯乙烯（PVC－C）、苯乙烯与聚氯乙烯共混（SNA＋PVC）管材与管件的连接，宜采用配套的胶粘剂承插粘接，立管也可采用弹性密封圈连接。

2) 高密度聚乙烯（HDPE）管道可根据不同使用性质和管径，分别选用热熔对焊连接或橡胶密封圈连接。

①当管道需预制安装或操作空间允许时，宜采用热熔对焊连接。

②当管道需现场焊接、改装、加补安装、修补或安装空间狭窄时，宜采用电熔连接。

③当用于非刚性连接或可拆装场所时，应采用橡胶密封圈连接方式。

④当用于埋地敷设或同层排水暗敷时，应采用热熔对焊连接或电熔管箍连接方式。

⑤当与其他排水塑料管连接时，应采用橡胶密封圈承插连接。

3) 聚丙烯（PP）管道及聚丙烯静音排水管应采用产品承口带橡胶圈密封连接。

4) 弹性密封圈连接的橡胶件应模压成型，橡胶密封材料应采用三元乙丙（EPDM）、氯丁、丁腈、丁苯等耐油合成橡胶制成，不得含有再生胶及对管材和密封圈（套）性能有害的杂质。其性质、外观和物理化学性能应符合现行国家标准《橡胶密封件　给、排水管及污水管道用接口密封圈　材料规范》GB/T 21873的规定。

5) 特殊配件的单立管排水系统和螺旋管排水系统的管道连接应符合本手册第4.9节中的有关规定。

6）排水塑料管与排水铸铁管、钢管、排水栓等的连接应采用相应专用配件，可参考图 4-5。

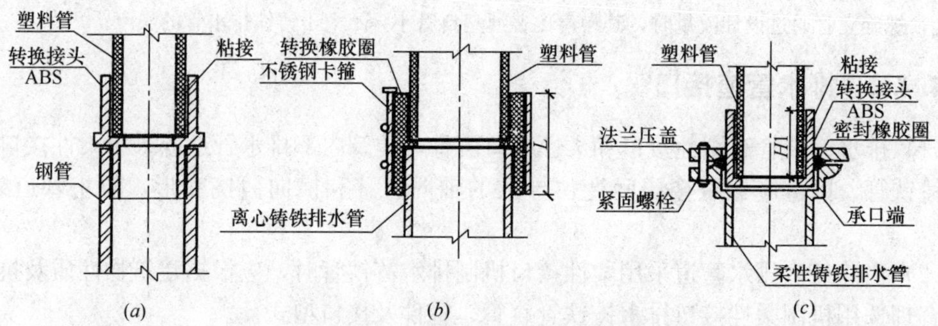

图 4-5　排水塑料管与排水铸铁管、钢管的连接

(a) 塑料管与钢管连接；(b) 塑料管与离心铸铁排水管卡箍连接；(c) 塑料管与柔性铸铁排水管连接

4.5　排水管道的布置与敷设

4.5.1　排水管道布置原则

(1) 建筑物内排水管道布置应符合下列要求

1）卫生器具至排出管的距离最短，管道转弯最少。

2）立管靠近排水量最大、最脏、杂质最多的排水点，尽量不转弯。

3）宜明设，也可在管槽、管道井、管窿、管沟或吊顶内暗设，但应便于安装和检修。在全年不结冻地区，可沿建筑外墙敷设。

(2) 排水管道不准设置的场所

1）食品和贵重商品仓库、通风小室、变配电间、电气机房和电梯机房。

2）食堂、饮食业厨房的主副食操作烹调、备餐部位，浴池、游泳池的上方，当受条件限制不能避免时，应采取防护措施。如在排水管下方设托板，托板横向有翘起边缘，纵向应与排水管有一致的坡度，末端有管道引至地漏或排水沟。

3）不得穿越沉降缝、伸缩缝、抗震缝，排水管道不应设在烟道和风道内。条件限制必须穿沉降缝、变形缝时，沉降缝处应预留沉降量、设不锈钢软管柔性连接，并在主要结构沉降基本完成后再安装，伸缩缝处应安装伸缩器。

4）不应埋设在建筑物结构层内。当必须在地下室底板内埋设时，不得穿越沉降缝，宜采用耐腐蚀的金属管道，坡度不小于通用坡度，最小管径不小于 75mm，并应在适当位置加设清扫口。

5）排水管道不得穿越卧室、住宅客厅及餐厅、病房等对卫生、安静要求较高的房间，并不宜靠近与卧室相邻的内墙。

6）不穿过图书馆书库；不应安装在与书库相邻的内墙上。

7）不得穿越档案馆库区。

8）不宜穿越橱窗、壁柜。

9）住宅卫生器具排水管不宜穿越楼板进入他户。

10）生活给水泵房内不应有污水管道穿越。

11）生活饮用水池（水箱）的上方，不得布置排水管道，且在周围2m内不应有污水管线。

4.5.2 排水管道连接与敷设

（1）小区排水管的布置应根据小区规划、地形标高、排水流向，按管线短、埋深小、尽可能自流排出的原则确定。当排水管道不能以重力自流排入市政排水管道时，应设置排水泵房。

（2）小区排水管道最小覆土深度应根据道路的行车等级、管材受压强度、地基承载力等因素经计算确定，并应符合下列要求：

1）小区干道和小区组团道路下的管道，管顶覆土深度不宜小于0.7m；

2）生活污水接户管道埋设深度不得高于土壤冰冻线以上0.15m，且覆土深度不宜小于0.3m。

注：采用埋地塑料管道时，排出管埋设深度可不高于土壤冰冻线以上0.5m。

（3）排水管道的连接应符合下列规定：

1）卫生器具排水管与排水横、支管垂直连接时，宜采用90°斜三通。

2）排水管道的横管与排水横支管的水平连接宜采用45°斜三通或45°斜四通。

3）排水管道的横管与立管连接，宜采用45°斜三通或45°斜四通和顺水三通或顺水四通。

4）排水横管作90°水平转弯时，宜采用两个45°弯头或大转弯半径的90°弯头。

5）排水立管与排出管端部的连接，宜采用两个45°弯头或弯曲半径不小于4倍管径的90°弯头或90°变径弯头。当采用异径管接弯头方式变径时，异径管宜用偏心异径管，偏心侧宜在转弯的内圆一侧，如图4-6所示。

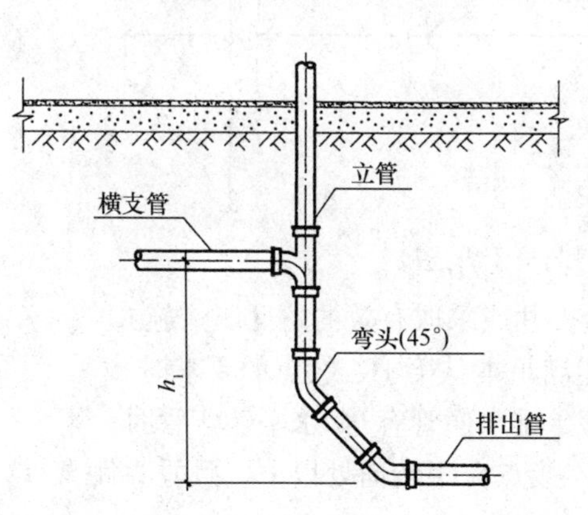

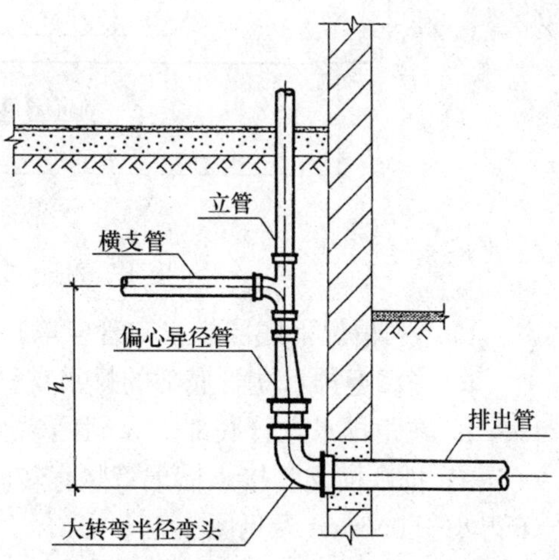

图4-6 最低横支管与立管连接处至排出管管底垂直距离

6）排水立管应避免轴线偏移，当受条件限制时，宜用乙字管或两个45°弯头连接。

7）排水支管、排水立管接入横干管时，应在横干管管顶或其两侧45°范围内采用45°斜三通接入。

8）靠近排水立管底部的排水支管连接，应符合下列要求：

①排水立管最低排水横支管与立管连接处距排水立管管底垂直距离不得小于表4-26的规定。

最低横支管与立管连接处至立管管底的最小垂直距离 **表4-26**

立管连接卫生器具的层数	垂直距离（m）	
	仅设伸顶通气	设通气立管
≤4	0.45	按配件最小安装尺寸确定
5～6	0.75	
7～12	1.20	
13～19	3.00	0.75
≥20	3.00	1.20

注：单根排水立管的排出管宜与排水立管相同管径。

② 排水支管连接在排出管或排水横干管上时，连接点距立管底部下游水平距离（L）不得小于1.5m，见图4-7。

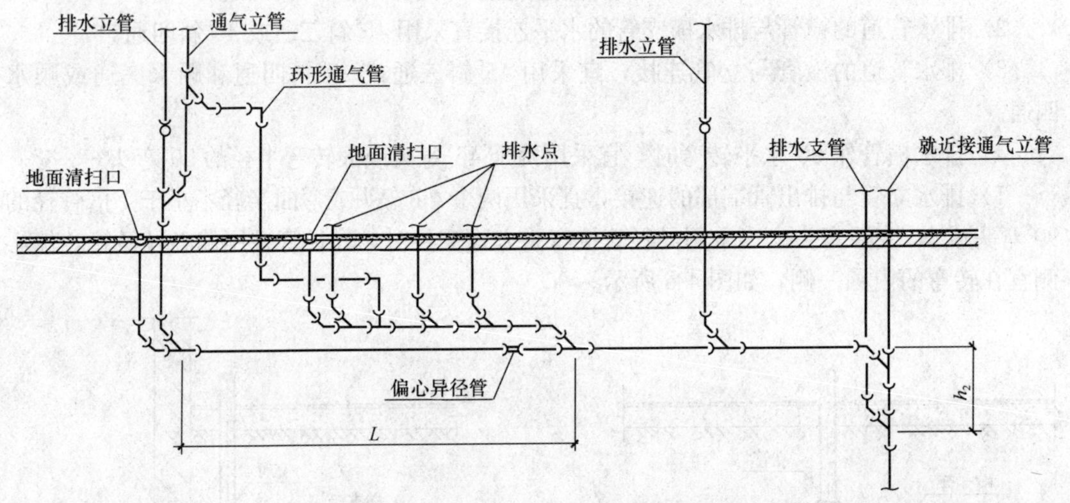

图4-7 排水支管、排水立管与横干管连接

③下列情况下底层排水支管应单独排至室外检查井或采取有效的防反压措施：

a. 当靠近排水立管底部的排水支管的连接不能满足本款第①、②点的要求时；

b. 在距排水立管底部1.5m距离之内的排出管、排水横管有90°水平转弯管时。

9）排水横支管接入横干管竖直转向管段时，连接点应距转向处以下，且垂直距离h_2不得小于0.6m，参见图4-7。

10）横干管转成垂直管时，转向处宜采用45°斜三通或90°斜三通，三通的顶部接出通气管接入就近的通气立管，通气管管径宜比横干管管径小1至2档，参见图4-7，但不应小于75mm。

11）通向室外的排水管，穿过墙壁或基础必须下返时，应采用45°三通和45°弯头连接，并应在垂直管段顶部设置清扫口。

12）水平横干管需变径时，宜采用偏心异径管，管顶平接，参见图4-7。

13）当排水立管采用内螺旋管时，排水立管底部宜采用长弯变径接头，排出管管径宜放大一号。

14）由室内通向室外排水检查井的排水管，井内引入管应高于排出管或两管顶相平，并有不小于90°的水流转角，如跌落差大于300mm可不受角度限制。

（4）下列构筑物和设备的排水管不得与污废水管道系统直接连接，应采取间接排水的方式：

1）生活饮用水贮水箱（池）的泄水管和溢流管；

2）开水器、热水器排水；

3）医疗灭菌消毒设备的排水；

4）蒸发式冷却器、空调设备冷凝水的排水；

5）贮存食品或饮料的冷藏库房的地面排水和冷风机溶霜水盘的排水。

（5）设备间接排水宜排入邻近的洗涤盆、地漏。如不可能时，可设置排水明沟、排水漏斗或容器。间接排水的漏斗或容器不得产生溅水、溢流，并应布置在容易检查、清洁的位置。

（6）间接排水口最小空气间隙，宜按表4-27确定。

间接排水口最小空气间隙　　表4-27

间接排水管管径（mm）	排水口最小空气间隙（mm）
≤25	50
32～50	100
＞50	150

注：饮料用贮水箱的间接排水口最小空气间隙，不得小于150mm。

（7）生活废水在下列情况下，可采用有盖的排水沟排除：

1）废水中含有大量悬浮物或沉淀物需经常冲洗；

2）设备排水支管很多，用管道连接有困难；

3）设备排水点的位置不固定；

4）地面需要经常冲洗。

（8）当废水中可能夹带纤维或有大块物体时，应在排水管道连接处设置格栅或带网筐地漏。

（9）室外排水管的连接应符合下列要求：

1）排水管与排水管之间的连接，应设检查井连接；

注：排出管较密且无法直接连接检查井时，可在室外采用管件连接后接入检查井，但应设置清扫口。

2）室外排水管，除有水流跌落差以外，宜管顶平接；

3）排出管管顶标高不得低于室外接户管管顶标高；

4）连接处的水流偏转角不得大于90°。当排水管管径小于等于300mm，且跌落差大于0.3m时，可不受角度的限制。

（10）室内排水沟与室外排水管道连接处，应设水封装置。

（11）排水管穿过地下室外墙或地下构筑物的墙壁处，应采取防水措施。

（12）当建筑物沉降可能导致排出管倒坡时，应采取防倒坡措施。

（13）排水管道在穿越楼层设套管且立管底部架空时，应在立管底部设支墩或其他固定措施。地下室立管与排水横管转弯处也应设置支墩或固定措施。

(14) 机房（空调机房、给水水泵房）、开水间的地漏排水应与污、废水管道分开设置，可排入室外分流制的雨水井。

(15) 洗碗机排水不得与污、废水管道直接连接，应排入邻近的洗涤池、地漏或排水明沟。

(16) 关于建筑排水塑料管道伸缩节的设置

1) 建筑排水塑料管道应根据环境温度变化、管道布置位置、管道接口形式及伸缩量大小来考虑是否设置伸缩节。伸缩节宜设置在汇合配件处，排水横管应设置专用伸缩节。但下列排水管道系统可不设伸缩节：

①采用橡胶密封圈连接的管道。

②采用全部支架均为固定支架的强制安装系统的管道。

③长度小于 2.2m，且两端为固定支承的管道。

④埋地敷设或直埋的管道。

2) 建筑排水塑料管道受环境温度或水温变化而引起的伸缩量可按式（4-5）计算：

$$\Delta L = La\Delta t \tag{4-5}$$

式中　ΔL——管道伸缩量（m）；

L——管道直线长度（m）；

a——线胀系数（10^{-5}/℃），见表 4-28；

Δt——管道周围环境最高或最低的环境温度之差（℃）；热排水管道为排放水最高和最低水温之差（℃）。

3) 建筑排水硬聚氯乙烯塑料管道设置伸缩节，最大允许伸缩量不宜大于表 4-29 中的规定。

各类建筑排水塑料管道线胀系数（10^{-5}/℃）　表 4-28

管材品种及名称	氯乙烯（PVC-U）材料		聚烃烯（PO）材料		共混材料
	硬聚氯乙烯管、芯层发泡硬聚氯乙烯管、硬聚氯乙烯双层轴向中空壁管	氯化聚氯乙烯管	高密度聚乙烯管	聚丙烯管	苯乙烯与聚氯乙烯共混管
线胀系数（10^{-5}/℃）	6～8	7	20	～16	8

硬聚氯乙烯排水管伸缩节最大允许伸缩量（mm）　表 4-29

公称外径 *dn*（mm）	50	75	90	110	125	160
最大允许伸缩量（mm）	12	15	20	20	20	25

4) 建筑排水硬聚氯乙烯塑料管道在立管上设置伸缩节时，应以不影响或少影响汇合部位相连通的管道产生位移为原则，伸缩节安装位置应符合下列规定，可参见图 4-8。

①当层高小于或等于 4m，穿楼板层处为固定支承时，应每层设一伸缩节；当层高大于 4m 时，其数量应根据管道设计计算伸缩量和伸缩节允许伸缩量确定。

② 当有横管接入时，伸缩节设置位置应靠近水流汇合管件。汇合管件在楼板下部，

应在汇合部位的下方设伸缩节，参见图 4-8 中 a、d、f；汇合管件靠地面，应在汇合管件上部设伸缩节，参见图 4-8 中 b、g。

③当无横管接入时，宜离地 1.0～1.2m 设伸缩节，参见图 4-8 中 c、h。

④立管穿越楼层处为固定支承时，伸缩节不得固定，参见图 4-8 中 a、b、c、d、e；立管穿越楼层处不固定时，伸缩节必须设固定支承，参见图 4-8 中 f、g、h。

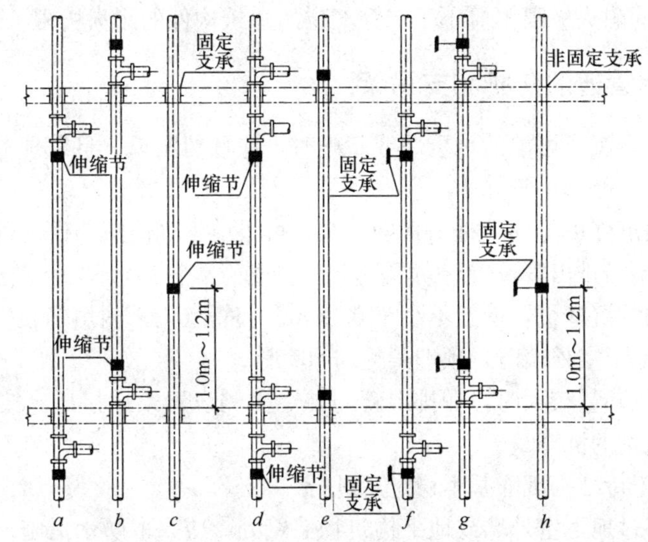

图 4-8 排水塑料管立管上伸缩节设置位置

5）建筑排水硬聚氯乙烯塑料管道在横管上设置伸缩节时，应符合下列规定：

①横支管、横干管、器具通气管及管道上无汇合管件时，直线管段长度大于 2m，在与立管的汇合管件位置的横管一侧应设置伸缩节。横管上直线长度大于 4m 时，应根据管道设计计算伸缩量和伸缩节允许伸缩量确定伸缩节数量。两个伸缩节之间最大间距不大于 4m，见图 4-9。

②管道布置在桥架内时，伸缩节按不大于表 4-29 中规定的最大允许伸缩量，可任意设置。

③当立管设置在管道井或管窿内时，横管的伸缩节宜靠管道井或管窿的外侧。

④横管伸缩节应采用专用伸缩节（锁紧式橡胶圈管件），其承压性能应大于 0.08MPa，一般的立管伸缩节不得用于横管上。伸缩节的承口必须是迎水流方向。

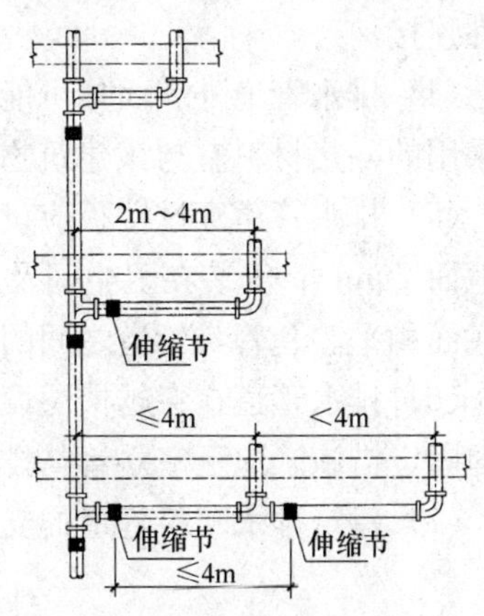

图 4-9 排水塑料管横管上伸缩节设置位置

（17）关于建筑塑料排水管阻火装置的设置

建筑塑料排水管穿越楼层、防火墙、管道井井壁时，应根据建筑物性质、管径和设置条件以及穿越部位防火等级等要求设置阻火装置。

1）高层建筑内公称外径大于或等于 110mm 的硬聚氯乙烯管道，应在下列部位采取设置阻火圈、防火套管和阻火胶带等防止火势蔓延的措施：

①不设管道井或管窿的立管在穿越楼层的贯穿部位。

②横管穿越防火分区隔墙和防火墙的两侧。

③横管与管道井或管窿内立管连接时穿越管道井或管窿的贯穿部位。

2）公共建筑的排水立管宜设在管道井内，当管道井的面积大于 1m^2 时，应每隔 2～3 层结合管道井的封堵采取设置阻火圈或防火套管等防延燃措施。

3）阻火装置的耐火极限不应小于贯穿部位的建筑构件的耐火极限。

4.5.3 排水管道的防护和支吊架

(1) 管道穿过有沉降可能的承重墙或基础时，应预留洞口，且管顶上部净空不得小于建筑物的沉降量，一般不小于 0.15m。

(2) 当建筑物沉降可能导致排出管倒坡时，可采取下列防沉降倒坡的措施：

1）从外墙开始沿排出管设置钢筋混凝土套管或简易管沟，其管底至管（沟）内底面空间不小于建筑物的沉降量，一般不小于 0.20m。套管（沟）内填轻软质材料。

2）排出管穿地下室外墙时，预埋柔性防水套管。

3）当建筑物沉降量较大时，在排出管的外墙一侧设置柔性接口。接入室外排水检查井的标高考虑建筑物的沉降量。

4）排水管施工待结构沉降基本稳定后进行。

(3) 排水管穿过地下室外墙或地下构筑物墙壁处，应采取防水措施。一般可按国家建筑标准图集《防水套管》02S404 设置柔性或刚性防水套管。

1）有地震设防要求的地区、管道穿墙处承受震动和管道伸缩变形的构（建）筑物，宜采用柔性防水套管。有严密防水要求的构（建）筑物，必须采用柔性防水套管。穿越水池壁或内墙用 A 型，穿越构（建）筑物外墙用 B 型。

2）管道穿墙处不承受震动和管道伸缩变形的构（建）筑物，可采用刚性防水套管。当在有地震设防要求的地区采用刚性防水套管时，应在穿越建筑物外墙的管道上就近设置柔性连接。

(4) 排水管道外表面如可能结露，应根据建筑物性质和使用要求，采取防结露措施。所采用的隔热材料宜与该建筑物的热水管道保温材料一致，防露层厚度经计算确定。

(5) 排水管道穿过楼板应设金属或塑料套管。安装在楼板内的套管，其顶部应高出装饰地面 20mm，安装在卫生间及厨房内的套管，其顶部应高出装饰地面 50mm，底部与楼板底面相平。套管与管道之间的缝隙应用阻燃密实材料和防水油膏填实。

(6) 排水管道在穿越楼层设置套管且立管底部架空时，应在立管底部设支墩或采取牢固的固定措施。地下室立管与排水管转弯处也应设支墩或其他固定设施。

(7) 建筑排水塑料管道的支、吊架应按管径配套设置，间距应符合表 4-30 的规定。

排水塑料管道支吊架最大间距（m）　　表 4-30

公称外径（mm）	40	50	75	90	110	125	160	200
立管（m）	1.2	1.2	1.5	2.0	2.0	2.0	2.0	2.0
横管（m）	0.4	0.5	0.75	0.90	1.10	1.25	1.60	1.7

(8) 建筑排水塑料管道支、吊架设置还应符合下列要求：

1) 立管穿越楼板部位应结合防渗漏水技术措施，设置固定支撑。在管道井或管窿内楼层贯通位置的立管，应设固定支撑，其间距不应大于4m。

2) 采用热熔连接的聚烯烃类管道应全部设置固定支架。

3) 横管采用弹性密封圈连接时，在承插口的连接部位必须设置固定支架，固定支架之间应按表4-30的支吊架间距规定设滑动支架。

4) 立管离地1.1～1.3m处应设置管卡。

(9) 柔性接口建筑排水铸铁管的支、吊架应符合下列要求：

1) 上段管道重量不应由下段承受，立管管道重量应由管卡承受，横管管道重量应由支（吊）架承受。

2) 立管应每层设固定支架，固定支架间距不应超过3m。两个固定支架间应设滑动支架。

3) 立管和支管支架应靠近接口处，承插式柔性接口的支架应位于承口下方，卡箍式柔性接口的支架应位于承重托管下方。

4) 立管底部弯头和三通处应设支墩，支墩可砖砌或用C10混凝土。当无条件设置支墩时，应增设固定支（吊）架来承受荷载。

5) 横管支（吊）架应靠近接口处（承插式柔性接口应位于承口侧）。承插式柔性接口排水铸铁管支架与接管中心线距离应为400～500mm。卡箍式柔性接口排水管支架与接口中点的距离应小于450。

6) 横管起端和终端的支（吊）架应为固定支（吊）架，直线管段固定支（吊）架距离不应大于9m。横管在平面转弯时，弯头处应增设支（吊）架。

(10) 管卡应根据不同的管材相应选定，柔性接口建筑排水铸铁管应采用金属管卡，塑料排水管道可采用金属件或增强塑料件。金属管卡表面应经防腐处理。当塑料排水管使用金属管卡时，应在金属管卡与管材或管件的接触部位衬垫软质材料。

4.6 水封装置和地漏

4.6.1 水封装置

为了防止排水系统的臭气通过器具逸到室内，在直接和排水系统连接的各器具上要设水封，从器具排出口到器具存水弯的最大长度一般限制在600mm。常用的水封装置有存水弯、水封盒与水封井。

(1) 存水弯的类型

存水弯是设在卫生器具排水支管上或卫生器具内部的有一定高度的水柱，存水弯内一定高度的水柱称为水封，水封高度不小于50mm，用来防止排水管道系统中的有毒有害气体窜入室内。存水弯简图见图4-10。

存水弯按构造不同分为管式存水弯和瓶式存水弯。管式存水弯是利用排水管道几何形状的变化形成水封，有S型、P型和U型3种类型，如图4-11所示（其中h代表水封深度）。S型存水弯适用于排水横支管距卫生器具出水口较远，器具排水管与排水横管垂直

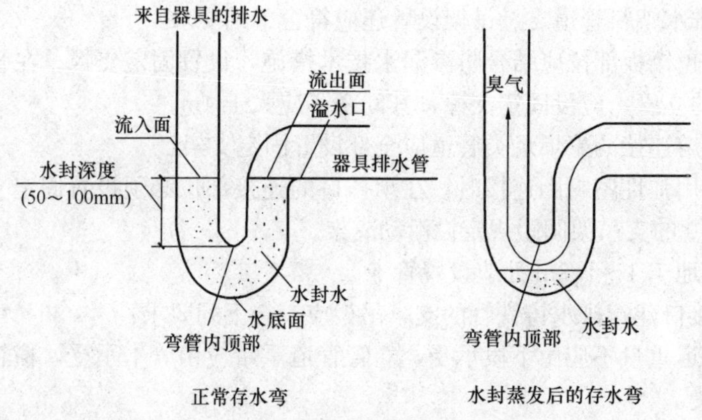

图 4-10 存水弯简图

连接的情况；P 型存水弯适用于排水横支管距卫生器具出水口较近位置的连接；U 型存水弯适用于水平横支管，为防止污物沉积，在 U 型存水弯两侧设置清扫口。瓶式存水弯本身也是由管体组成，但排水管不连续，其特点是易于清通，外形较美观，一般用于洗脸盆或洗涤盆等卫生器具的排出管上。

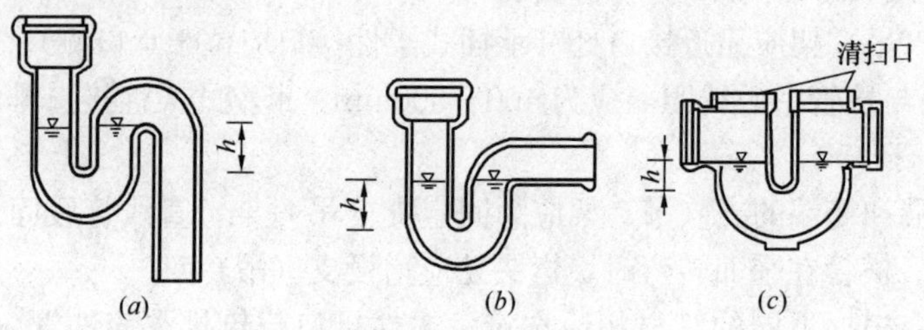

图 4-11 存水弯及其水封
(*a*) S形；(*b*) P形；(*c*) U形

(2) 水封装置的选用

1) 卫生器具和工业废水受水器与生活排水管道或其他可能产生有害气体的排水管道连接时，应在排水口以下设存水弯。存水弯的水封深度不得小于 50mm。当卫生器具构造中已有存水弯，如坐便器、内置存水弯的挂式小便器等，不应在排水口以下再设存水弯。卫生器具排水管段上不得重复设置水封。严禁采用活动机械密封替代水封。

2) 医疗卫生机构的门诊、病房、化验室、试验室等处不在同一房间内的卫生器具不得共用存水弯，化学实验室和有净化要求的场所的卫生器具不得共用存水弯。以防两个不同病区医疗室或实验室的空气通过卫生器具排水管而串通，导致病菌或有毒气体的扩散传播。

3) 卫生器具、有工艺要求的受水器的存水弯不便于安装时，应在排水支管上设水封装置。水封井的水封深度，不得小于 100mm；水封盒的水封深度，不得小于 50mm。

存水弯、水封盒、水封井等能有效地隔断排水管道内的有毒有害气体窜入室内，从而保证室内环境卫生，保障人民身心健康，防止事故发生。

存水弯水封必须保证一定深度，考虑到水封蒸发损失、自虹吸损失以及管道内气压变化等因素，国外规范均规定卫生器具存水弯水封深度为 50～100mm。

水封深度不得小于 50mm 的规定是国际上对污水、废水、通气的重力流排水时内压波动不至于把存水弯水封破坏的要求。

4）对水封要求较高的场所，宜采用水封较深的存水弯、水封盒和水封井。

5）室内排水沟与室内外排水管道连接处，应设水封装置。

4.6.2 地漏

（1）地漏设置的场所和要求

1）地漏是用来排除地面水的特殊排水装置，厕所、盥洗室、卫生间及其他需经常从地面排水的场所应设置地漏。高级宾馆客房卫生间和有洁净要求的场所，在业主同意时可不设。

2）地漏设置在容易溅水的卫生器具（如浴盆、拖布池、小便器、洗脸盆等）附近的地面上，或是需要排除地面积水的场所（如淋浴间、水泵房等），以及地面需要清洗的场所（如食堂、餐厅等），也可以作住宅建筑中的洗衣机排水口。

地漏应设置在卫生器具附近地面的最低处，地漏箅子面应低于地面 5～10mm，地面应以 0.01 的坡度坡向地漏。

3）住宅套内应按洗衣机位置布置洗衣机专用地漏（或洗衣机存水弯），用于洗衣机排水的地漏宜采用箅面具有专供洗衣机排水管插口的地漏，洗衣机排水管道不得接入室内雨水管道。

4）应优先采用具有防涸功能的地漏。在水封容易干枯的场所，宜采用多通道地漏，以利用其他器具如浴盆、洗脸盆等排水来进行补水。

5）在对于有安静要求和设置器具通气的场所，不宜采用多通道地漏。

6）食堂、厨房和公共浴室等排水宜设置网框式地漏。在上述场所的洗涤设备的排水多数采用明沟排水，沟内杂物易沉积腐化发酵，日久影响环境卫生，网框式地漏能有效地拦截杂物，并可方便地取出、倾倒。

7）严禁采用钟罩（扣碗）式地漏。

（2）地漏的分类和使用场所

地漏有普通地漏、一通道地漏、二通道地漏、三通道地漏及防倒流地漏等多种。普通地漏仅用于收集排除地面水，其水封深度较浅；多通道地漏有一通道、二通道、三通道等，不仅排除地面水，还有连接洗脸盆、浴盆和洗衣机的通道，并设有防止返冒水措施；双箅杯式地漏有利于拦截污物，内部水封盒用塑料制作，便于清洗、比较卫生、排泄量大、排水快；防倒流地漏可以防止污水倒流，适用于标高较低的地下室、电梯井和地下通道排水。

地漏的分类和使用场所见表 4-31。

地漏的分类和适用场所 表 4-31

名称	功能特点	常用规格	使用场所
直通式地漏	排出地面积水，出水口垂直向下，内部不带水封	$DN50$～$DN150$	需要地面排水的卫生间，盥洗室，车库、阳台等
密闭型地漏	带有密闭盖板，排水时其盖板可人工打开，不排水时可密闭	$DN50$～$DN100$	需要地面排水的洁净车间，手术室、管道技术层，卫生标准高及不经常使用地漏的场所

续表

名称	功能特点	常用规格	使用场所
带网框地漏	内部带有活动网框，可用来拦截杂物，并可取出倾倒	DN50～DN150	排水中挟有易于堵塞的杂物时，如淋浴间、理发室、公共浴室、公共厨房
防溢地漏	内部设有防止废水排放时冒溢出地面的装置	DN50	用于所接地漏的排水管有可能从地漏口冒溢之处
多通道地漏	可接纳地面排水和1～2个器具排水，内部带水封	DN50	用于水封易丧失，利用器具排水进行补水或需接纳多个排水接口的场合
侧墙式地漏	箅子垂直安装，可侧向排除地面水，内部不带水封	DN50～DN150	用在需同层排除地面积水或地漏下面不容许敷管的场合
直埋式地漏	安装在垫层里，横排水管不穿越楼层，内部带水封	DN50	用在需同层排除地面积水或地漏下面不容许敷管的场合

地漏的选择应根据适用场所、功能选用：

1）应优先采用直通式地漏；

2）卫生标准要求高或经常使用地漏排水的场所，应设置密闭地漏；

3）食堂、厨房和公共浴室等排水宜设置网框式地漏；

4）地漏的直径选择应参照表4-32、表4-33；

5）选择的地漏应具有较好的自清能力，并有容易清渣的构造；

6）带水封的地漏的水封深度不得小于50mm。

7）对于排水水温要求较高的场所，可采用工程塑料聚碳酸酯材质或金属材质的地漏。

(3) 地漏的规格及排水能力

1）地漏的规格应根据所处场所的排水量和水质情况来确定。一般卫生间为DN50；空调机房、厨房、车库冲洗排水不小于DN75。淋浴室当采用排水沟排水时，8个淋浴器可设置一个DN100的地漏；当不设地沟排水时，淋浴室地漏规格见表4-32。

2）各种规格地漏的排水能力见表4-33。

淋浴室的地漏直径　　表4-32

地漏直径（mm）	淋浴器数量（个）
50	1～2
75	3
100	4～5

地漏排水能力　　表4-33

规格DN(mm)	用于地面排水(L/s)	接器具排水(L/s)
50	1.0	1.25
75	1.7	—
100	3.8	
125	5.0	
150	10.0	

(4) 地漏的主要技术性能

地漏产品应符合城镇建设行业标准《地漏》CJ/T 186，在该标准中对地漏的排水流量、密封性能、自清能力、水封稳定性等作出了规定，参见表4-34。

地漏主要技术性能 表 4-34

名 称	使用部件要求	技 术 性 能
通用要求	本体强度	承受水压不小于 0.2MPa，30s 本体无泄漏、无变形
	排水流量	见表 4-33
	调节高度	≥20mm，并应有调节后的固定措施
	箅子开孔总面积	应不小于地漏排出口的断面面积，孔径或孔宽宜为 6～8mm
	箅子的承载能力	1. 轻型（人体荷载）0.75kN； 2. 重型（轿车荷载）4.5kN
	防水翼环	应在本体上，其最小宽度应不小于 15mm，其位置距地漏最低调节面宜为 20mm（直埋式地漏可不设防水翼环）
	耐热性能	应能承受 75℃水温 30min 不变形、不渗漏
有水封地漏	水封高度	不小于 50mm
	自清能力	当不可拆卸清洗时，应能达到 90%；当可拆卸清洗时，应能达到 80%
	水封稳定性	在正常排水的情况下，当排水管道负压为（−400±10）Pa 压力下并持续 10s 时，剩余水封深度不小于 20mm
密闭型地漏	不排水时，盖板密封性	应能承受 0.04MPa 水压，10min 盖板无水溢出
带网框地漏	滤网便于拆洗，滤网孔径	宜为 4～6mm
	滤网过水部分孔隙总面积	应不小于 2.5 倍排出口断面面积
防溢地漏	防止返溢水通过箅子溢至地面	防溢装置在 0.04MPa 水压下，30min 不返溢
多通道地漏	接口尺寸和方位	便于连接器具排水接管
	进口中心线位置	应高于水封面
	排出口断面	应大于进口接管断面之和
侧墙式地漏	底边低于进水口底部距离	不小于 15mm
	距地面 20mm 高度内箅子的过水断面	不小于排出口断面的 75%
直埋式地漏	总高度	不宜大于 250mm

注：1. 无水封地漏排出管须配存水弯，其水封深度不应小于 50mm；

2. 水封的高度与管内气压变化、水蒸发率、水量损失、水中杂质的含量及密度有关，不能过大或过小，若水封高度太大，污水中固体杂质沉积在存水弯底部，堵塞管道，水封高度过小，管内气体容易克服水封的静水压力进入室内，污染环境。

（5）地漏及密封连接件

地漏及密封连接件见表 4-35。

地漏及密封连接件 表 4-35

名称	简图	规格	性能特点
地漏	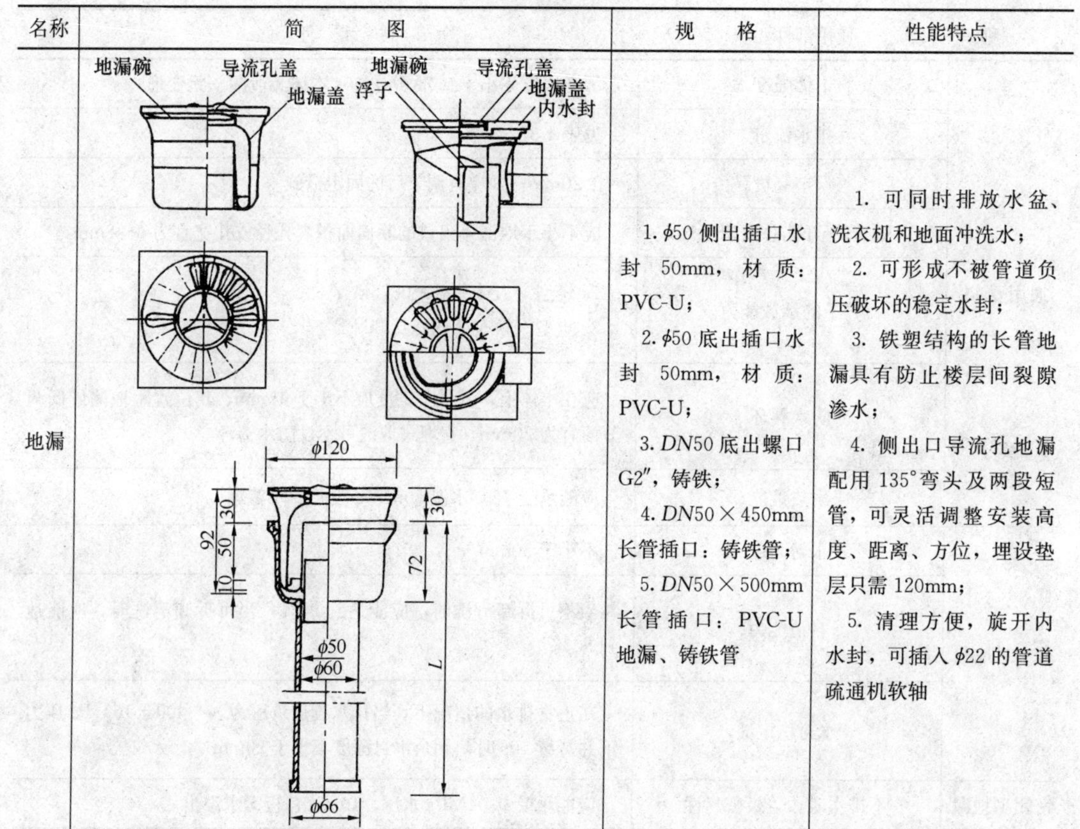	1. ϕ50 侧出插口水封 50mm，材质：PVC-U； 2. ϕ50 底出插口水封 50mm，材质：PVC-U； 3. DN50 底出螺口 G2″，铸铁； 4. $DN50\times450$mm 长管插口：铸铁管； 5. $DN50\times500$mm 长管插口：PVC-U 地漏、铸铁管	1. 可同时排放水盆、洗衣机和地面冲洗水； 2. 可形成不被管道负压破坏的稳定水封； 3. 铁塑结构的长管地漏具有防止楼层间裂隙渗水； 4. 侧出口导流孔地漏配用 135°弯头及两段短管，可灵活调整安装高度、距离、方位，埋设垫层只需 120mm； 5. 清理方便，旋开内水封，可插入 ϕ22 的管道疏通机软轴

（6）地漏的品种和防臭问题

1）地漏的多元化产品介绍

市场上地漏产品种类繁多，从材质上来说，主要有铸铁、PVC、锌合金、不锈钢、黄铜等材质。从结构上来说，又分为水封式、翻板式、弹簧式、磁铁式、重力机械式等。防臭原理和构造的不同，导致各种地漏的使用效果也差异很大。防臭效果、排水速度、清理难易程度、使用寿命是判断一款地漏是否合格的几项重要指标。

2）水封是最科学，最可靠，最有效的防臭方式

水封是有水封地漏的重要特征之一。选用时应了解产品的水封深度是否达到 50mm。目前市场上一些地漏水封深度只有 10～20mm，无法有效阻隔下水道的臭气。

侧墙式地漏、带网框地漏、密闭型地漏一般大多不带水封；防溢地漏、多通道地漏大多数带水封，选用时应根据厂家资料具体了解清楚。

对于不带水封地漏，设计时应注意在地漏排出管配水封深度不小于 50mm 的存水弯。此部件可由地漏生产厂家配置，或由安装地漏的施工单位设置。

3）防臭效果取决于地漏的构造，下面介绍几种不同构造地漏的特点及使用方法：

①传统水封式地漏：水封容易蒸发和清理困难，而加高水封后会导致存水弯所存的污水变臭，造成二次污染。因此，日常使用时应加强管理，及时清除地漏的杂物并对地漏水封补水。

②弹簧式地漏：利用弹簧的原理来开闭密封垫。弹簧会被污水锈蚀或者有些头发缠上

了而失去弹性，防臭功能失效。因此，日常使用时应及时清理弹簧上缠绕的异物。

③磁铁式地漏：用两片磁铁的磁力吸合密封垫来密封。由于地面水水质很差，污水中会含有一些铁质杂质吸附在磁铁上，一段时间后，杂质层就会导致密封垫无法闭合。因此，日常使用时应及时清理磁铁上吸附的异物。

④重力机械式：此类地漏属于直通式地漏，密闭型。利用水流自身重力开闭，有水打开，无水封闭。安装高度底，适用于同层排水系统。一段时间后，杂质层会导致密封垫无法闭合。因此，日常使用时应及时清理异物。

4.6.3 排水沟

建筑物内排水在某些场合采用排水沟更为合理。排水沟适用场合见表 4-36。

排水沟适用场合 表 4-36

适用场合	示例	备注
1. 排出废水中含有大量悬浮物或沉淀物，需经常冲洗	食堂、餐厅的厨房	1. 所接纳之污废水不允许散发有害气体或大量蒸气； 2. 可设置各种材料的有孔或密闭盖板； 3. 若直接与室外排水管连接，连接处应有水封装置
2. 生产设备的排水支管较多，不宜用管道连接	车间、公共浴室、洗衣房	
3. 生产设备排水点位置经常变化	车间	
4. 需经常冲洗地面	厨房、菜市场、锅炉房、电厂输煤设施等工业厂房及设施	

注：排水沟断面尺寸，应根据水力计算确定，但宽度不宜小于 150mm。排水沟宜加盖，设活动箅子。

【例】 某企业公共浴室，有 40 个淋浴器和 12 个洗脸盆，建筑布置成两列，求每排淋浴器排水沟尺寸。

【解】 （1）计算排水沟流量（设两条排水沟）

$$Q_P = \Sigma q_0 n_0 b = (0.15\text{L/s} \times 20 + 0.25 \times 6) \times 100\% = 4.5\text{L/s}$$

（2）计算水力半径

设排水沟的断面为 $B \times H = 200\text{mm} \times 150\text{mm}$，有效水深 $h = 0.10\text{m}$，沟内坡度 $i = 0.005$。

水力半径 $R = \frac{A}{P} = \frac{0.20 \times 0.10}{0.20 + 0.10 \times 2} = \frac{0.02}{0.40} = 0.05$

式中 A——水流有效断面积（m^2）；

P——湿周（m）；

R——水力半径（m）。

（3）计算流速

$$V = C\sqrt{Ri}$$

式中 V——平均水流速度（m/s）；

C——流速系数；

i——明沟坡度。

$$C = \frac{1}{n} R^y = \frac{1}{0.025} \times 0.05^{0.2555} = 18.60$$

式中　n——明沟的粗糙系数（0.025）。

$$y = 2.5\sqrt{n} - 0.13 - 0.75\sqrt{R}(\sqrt{n} - 0.10)$$
$$= 2.5\sqrt{0.025} - 0.13 - 0.75\sqrt{0.05}(\sqrt{0.025} - 0.10)$$
$$= 0.2555$$
$$V = 18.60 \times \sqrt{0.05 \times 0.005} = 0.3\text{m/s}$$

（4）明沟允许流量

$$Q = AV = 0.02 \times 0.3 = 0.006\text{m}^3/\text{s} = 6\text{L/s}\ (>4.5\text{L/s})$$

符合要求。

取沟断面 $B \times H = 200\text{mm} \times 150\text{mm}$，坡度 $i = 5‰$ 的排水明沟合适。

4.7 排水管道附件

排水管道附件包括存水弯、地漏、清通设备、吸气阀等。其中，清通设备包括检查口、清扫口及检查井。

存水弯和地漏详见本手册第 4.6 节。

4.7.1 检查口

（1）检查口为带有可开启检查盖的配件，装设在排水立管及较长水平管段上，可作检查和双向清通管道之用。

（2）检查口应根据建筑物层高等因素按下列规定合理设置：

1）铸铁排水立管上检查口之间的距离不宜大于 10m，塑料排水立管宜每六层设置一个检查口。

2）在建筑物最低层和设有卫生器具的二层以上建筑物的最高层，应设置检查口。通气立管汇合时，必须在该层设置检查口。

3）当立管水平拐弯或有乙字管时，在该层立管拐弯处和乙字管的上部应设检查口。

4）生活污、废水横管的直线管段上检查口之间的最大距离应符合表 4-37 的规定。

横管的直线管段上检查口的最大距离（m）　　表 4-37

管道直径（mm）	生活废水	生活污水
50～75	15	12
100～150	20	15
200	25	20

5）立管上检查口的设置高度，从地面至检查口中心宜为 1.0m，并应高于该层卫生器具上边缘 0.15m；埋地横管上的检查口应设在砖砌的井内。

6）地下室立管上设置检查口时，检查口应设置在立管底部之上。

7）立管上检查口的检查盖应面向便于检查清扫的方位，横干管上检查口的检查盖应垂直向上。

8）在最冷月平均气温低于－13℃的地区，立管尚应在最高层离室内顶棚 0.5m 处设置检查口。

4.7.2 清扫口

（1）清扫口是装设在排水横管上，用于单向清通排水管道的排水附件，也可用带清扫口的弯头配件或在排水管道起点设置堵头来代替。

（2）清扫口应根据卫生器具数量、排水管长度和清通方式等，按下列规定设置：

1）在连接 2 个及 2 个以上的大便器或 3 个及 3 个以上的卫生器具的铸铁排水横管上，宜设置清扫口。

2）采用塑料排水管道时，在连接 4 个及以上的大便器的污水横管上宜设置清扫口。

3）在水流偏转角大于 45°的排水横管上，应设清扫口（或检查口）。

4）生活污、废水横管的直线管段上清扫口之间的最大距离应符合表 4-38 的规定。

横管的直线管段上清扫口的最大距离（m） **表 4-38**

管道直径（mm）	生活废水	生活污水
50～75	10	8
100～150	15	10
200	25	20

5）从排水立管或排出管上的清扫口至室外检查井中心的最大长度，应按表 4-39 确定。

排水立管或排出管上的清扫口至室外检查井中心的最大长度 **表 4-39**

管径（mm）	50	75	100	100 以上
最大长度（m）	10	12	15	20

6）在排水横管上设置清扫口，宜将清扫口设置在楼板或地坪上，应与地面相平。排水管起点的清扫口与排水横管相垂直的墙面的距离不得小于 0.2m。排水管起始端设置堵头代替清扫口时，堵头与墙面应有不小于 0.4m 的距离。可利用带清扫口的弯头代替清扫口。

7）管径小于 100mm 的排水管道上设置清扫口，其尺寸应与管道同径；管径等于或大于 100mm 的排水管道上应设置 100mm 直径的清扫口。

8）排水横管连接清扫口的连接管管件应与清扫口同径，应采用 45°斜三通和 45°弯头或由两个 45°弯头组合的管件，倾斜方向应与清通和水流方向一致。

9）排水铸铁管道上设置的清扫口其材质应为铜质，塑料排水管道上设置的清扫口一般采用与管道同质，也可采用铜制品。

4.7.3 吸气阀

（1）吸气阀的作用

在建筑结构无法升出屋顶通气时，除采用侧墙通气装置外，也可选择建筑排水系统用的吸气阀。

吸气阀由阀体、阀瓣和密封环组成。吸气阀的结构及工作原理详见图 4-12。

吸气阀的作用有以下几点：

1）当排水立管内出现负压时，阀瓣沿中心导轨浮起，吸进空气，防止负压抽吸水封，

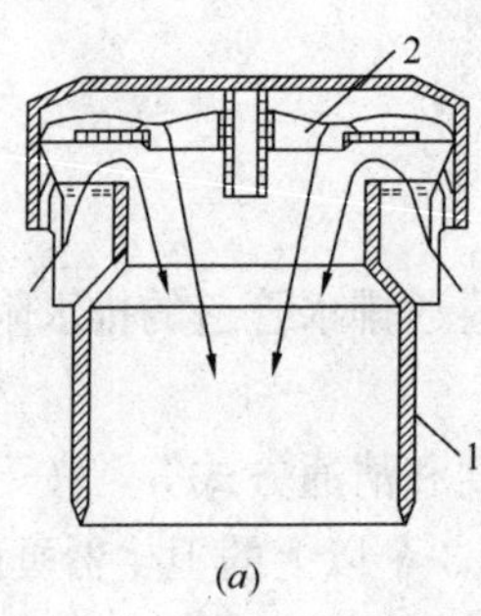

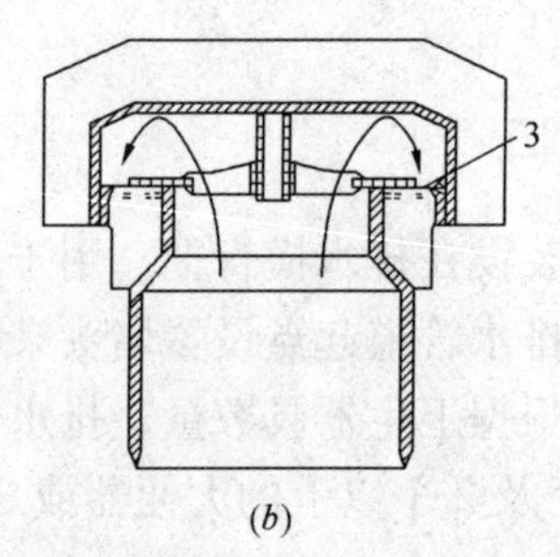

图 4-12 吸气阀结构原理

(a) 负压时阀瓣上升开启（吸气）；(b) 正压时阀瓣下落关闭（密封）

1—阀体，由上阀体、下阀体和导杆组成；2—阀瓣，由圆盘和密封环组成；3—密封环

从而保护排水系统的水封不被负压破坏。

2）无负压时，阀瓣因自重沿中心导轨落下严密关闭阀口，阻止排水系统的臭气逸入室内。

3）提前报警排水堵塞：排水管下游堵塞时，上游的空气被封闭在管内，阻止排水。所以一旦发现器具排水水位下降较慢，说明下游出现堵塞，可提前清通，防患于未然。

吸气阀是只允许空气进入建筑排水系统的单向阀。由于吸气阀只能起到平衡负压，而不能消除正压，更不能将管道中的有害气体释放到室外大气中，而且，吸气阀由于其密封材料采用软塑料、橡胶之类的材质，年久老化失灵又无法察觉，将会导致排水管道中的有害气体串入室内，危及人身体健康，故目前《建筑给水排水设计规范》GB 50015 还不允许吸气阀取代通气管。但是在一些不是生活污水排水的地方安装是可以的。

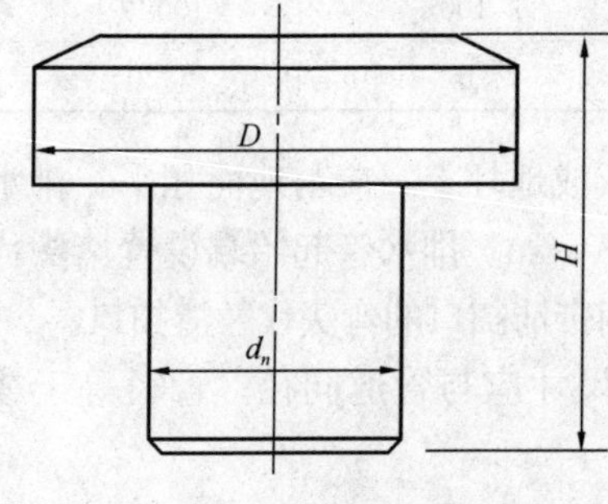

图 4-13 吸气阀外形尺寸

(2) 吸气阀的规格选用

吸气阀的规格应按排水管道所需的吸气量选定。

吸气量是指在（−250±10）Pa 的压力下，单位时间内通过吸气阀的气流流量（L/s）。

1）吸气阀的规格尺寸

①吸气阀的外形尺寸见图 4-13。

②吸气阀规格尺寸见表 4-40。

吸气阀规格尺寸（mm） **表 4-40**

公称直径 DN	外径 d_n	吸气量 (L/s) (−250Pa)	外形尺寸 普通型	
			D	H
32	32	6	51	61
40	40	8.5	70	77
50	50	18	84	98
75	75	34	118	107
100	110	40	140	125
150	160	100	210	145

2）吸气阀的吸气量确定

①用于排水立管的吸气阀吸气量不应小于表 4-41 的规定。

不同管径排水立管所需的吸气量 表 4-41

管径（mm）	最小吸气量（L/s）	管径（mm）	最小吸气量（L/s）
50	4	90	22
75	16	110	32

②用于排水支管的吸气阀的吸气量不应小于表 4-42 的规定。

不同管径排水支管所需的吸气量 表 4-42

管径（mm）	支管 50％充满度	支管 75％充满度以上
	最小吸气量（L/s）	最小吸气量（L/s）
32	0.60	1.2
40	0.75	1.5
50	0.75	1.5
75	3.00	6.0
90	3.40	6.8
110	3.75	7.5

（3）吸气阀的分类

吸气阀的分类 表 4-43

项目	型号	适用场所
按排水管功能分类	立管吸气阀（L 型）	用于立管端部
	支管吸气阀（Z 型）	用于排水横支管或器具排水管
按工作温度分类	通用型（Ⅰ类）	安装环境温度－20～60℃，无腐蚀性气体
	通用型（Ⅱ类）	安装环境温度 0～60℃，无腐蚀性气体
按安装位置分类	淹没型（A 型）	可安装于器具溢流水位以下 1m 范围以内
	普通型（B 型）	应装于器具溢流水位以上

（4）吸气阀的主要性能指标见建设部颁发的《建筑排水系统吸气阀》CJ 202。

（5）根据系统排水量确定吸气阀的口径

1）排水立管上设置的吸气阀口径，应按吸气量不小于 8 倍立管总排水量选用。当单个吸气阀的吸气量不足时，可两个吸气阀并联设置；

2）排水横支管上设置的吸气阀口径，可按吸气量不小于 2 倍支管排水量选用。

（6）吸气阀开启压力是指吸气阀自动开启时，阀内的负压值，选择吸气阀产品时应注意：开启压力为 0～－150Pa。

（7）吸气阀的设置位置与连接

1）吸气阀仅用于排水系统产生负压处，不适用于正压处位置。

2）吸气阀不应在排水管道直接接至化粪池和管道处于正压区域部位使用。

3）应设在排水立管和副通气立管的顶部（不伸出屋顶），但不得用于主通气立管和专用通气立管的顶部。

4）在一栋建筑物的多立管排水系统中，至少应设一根伸顶通气立管，且宜设在最靠近排水出户口处。

5）设在排水横支管最始端的两个卫生器具之间。

6）高层建筑的排水立管，从第8层起每隔8～12层应安装一个。

7）设在易产生自虹吸的用水器具存水弯出水管处。

8）当排水立管是某个化粪池或潜污水池的唯一通气口时，不得安装吸气阀。

9）几种常用的吸气阀安装位置图示见图4-14（*a*）、（*b*）、（*c*）。

10）吸气阀必须竖直向上安装，其安装的垂直误差应小于5°。

11）吸气阀安装在横支管或器具排水管上时，其连通竖管的长度不应小于100mm，淹没型（A型）吸气阀可装于淹没水位以下不大于1m处，但普通型（B型）不能装在横支管淹没水位以下，横支管跌水高度不应大于1.5m。

12）吸气阀与过渡接头宜采用可拆卸式，如螺纹丝口、承插或卡箍等方式，不宜采用与排水管永久性连接或直接粘接。

下面介绍几种常用的吸气阀连接方式见图4-15（*a*）、（*b*）、（*c*）、（*d*）。

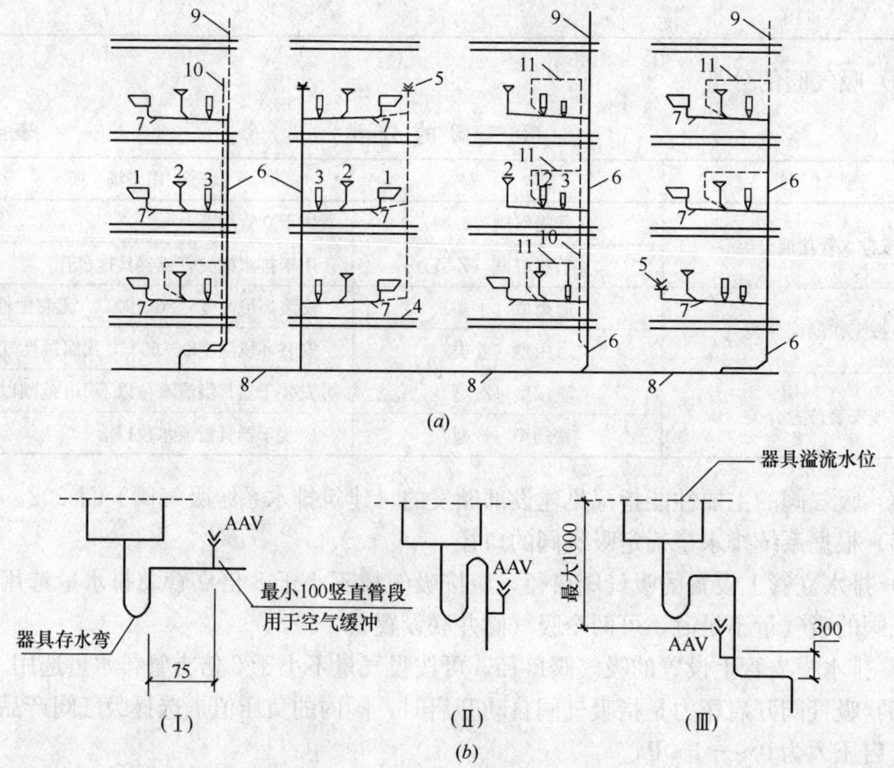

图4-14 吸气阀安装位置（一）

（*a*）辅助通气排水系统；（*b*）吸气阀用于卫生器具补水

1—浴缸；2—洗脸盆；3—大便池；4—地沟/漏；5—吸气阀；6—排水立管；7—排水横支管；8—排出管；9—伸顶通气管；10—通气立管；11—环形通气管；12—小便斗

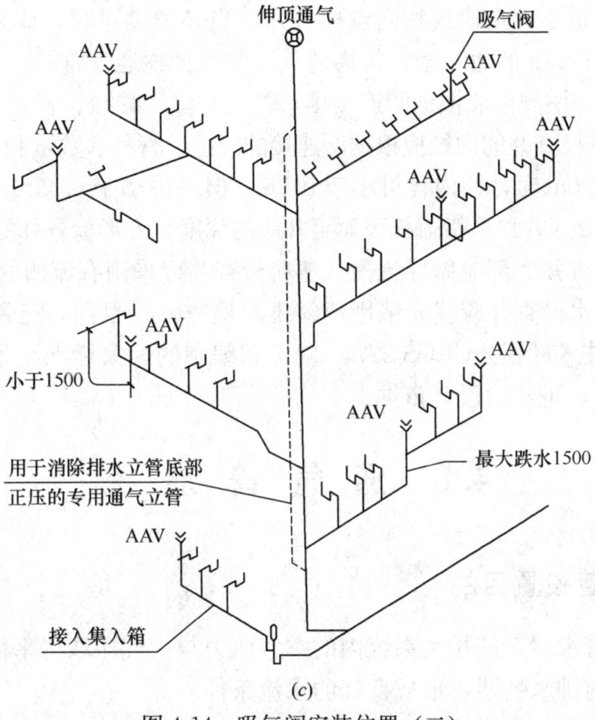

(c)

图 4-14 吸气阀安装位置（二）

(c) 吸气阀用于排水管系补气

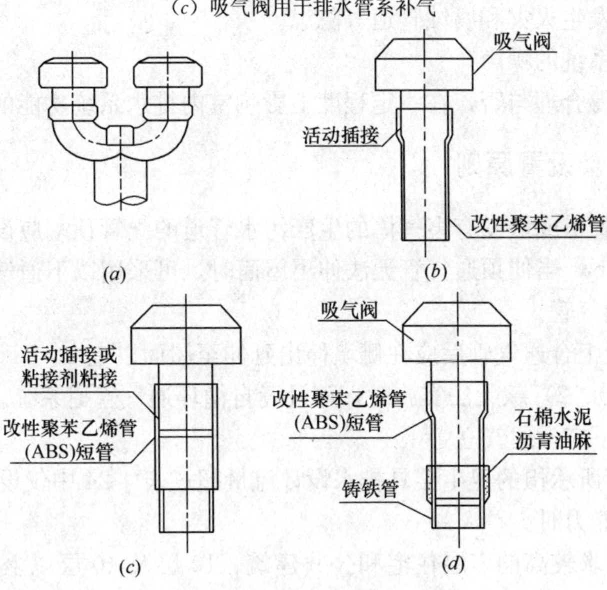

图 4-15 吸气阀连接方式

(a) 并联式连接（增加吸气量）；(b) 同径承插连接；(c) 同径束管短接；(d) 铸铁管承插连接

4.7.4 检查井

(1) 居住小区室外排水管之间用检查井连接，检查井的布置应便于清通。在室外排水管道的转弯、变径、变坡和连接支管处应设置检查井。

(2) 检查井的设置要求

1）生活排水管道不宜在建筑物内设检查井，当必须设置时，应采取密闭措施。井内宜设置直径不小于50mm的通气管，接通通气立管或伸顶通气管。

2）塑料检查井井座规格应根据所连接排水管的数量、管径、管底标高及在检查井处交汇角度等因素确定。检查井的内径应根据所连接的管道、管径、数量和埋设深度确定；混凝土井深小于或等于1.0m时，井内径可小于0.7m，但不得小于0.45m；井深大于1.0m时，其内径不宜小于0.7m（井深系指盖板顶面至井底的深度，方形检查井的内径指内边长）。

3）生活排水检查井底部应做导流槽（塑料检查井应采用有流槽的井座）。

4）小区生活排水检查井应优先采用塑料排水检查井。目前，已制定有《建筑小区塑料排水检查井应用技术教程》CECS 227—2007和编制的国家标准图集《建筑小区塑料排水检查井》08SS523，可作为设计依据。

4.8 通气管系统

4.8.1 通气管设置目的

（1）保护存水弯水封，使排水系统内的空气压力与大气压取得平衡。

（2）使排水管内排水畅通，形成良好的水流条件。

（3）把新鲜空气补入排水管内，使管内进行换气，预防因室外管道系统积聚有害气体而损伤养护人员、发生火灾和腐蚀管道等隐患。

（4）减少排水系统的噪声。

通气系统设置得合理与否，在一定程度上影响室内排水系统功能的优劣。

4.8.2 通气管设置原则

（1）生活排水管道或散发有害气体的生产污水管道的立管顶端应设置伸顶通气管。

（2）特殊情况下，当伸顶通气管无法伸出屋面时，可采用以下通气方式：

1）设置侧墙通气管。

2）在室内设置汇合通气管后应在侧墙伸出延伸至屋面以上。

3）当本条第1）、2）款无法实施时，可设置自循环通气管道系统。

（3）下列情况下应设通气立管

1）当排水立管所承担的卫生器具排水设计流量超过表4-24中仅设伸顶通气管的排水立管最大设计排水能力时。

2）建筑标准要求较高的多层住宅和公共建筑、10层及10层以上高层建筑卫生间的生活污水立管。

（4）下列排水管段应设置环形通气管：

1）连接4个及4个以上卫生器具且长度大于12m的排水横支管。

2）连接6个及6个以上大便器的污水横支管。

3）设置器具通气管。

（5）对卫生、安静要求较高的建筑物内，生活排水管道宜设置器具通气管。

（6）建筑物内各层的排水管道设有环形通气管时，应设置连接各层环形通气管的主通气立管或副通气立管。

(7) 通气立管不得接纳器具污水、废水和雨水，不得与风道和烟道连接。

(8) 在建筑物内不得设置吸气阀替代通气管。

4.8.3 通气管系统图式

(1) 通气管系统由专用通气管、伸顶通气管组成，见图 4-16 (*a*)。

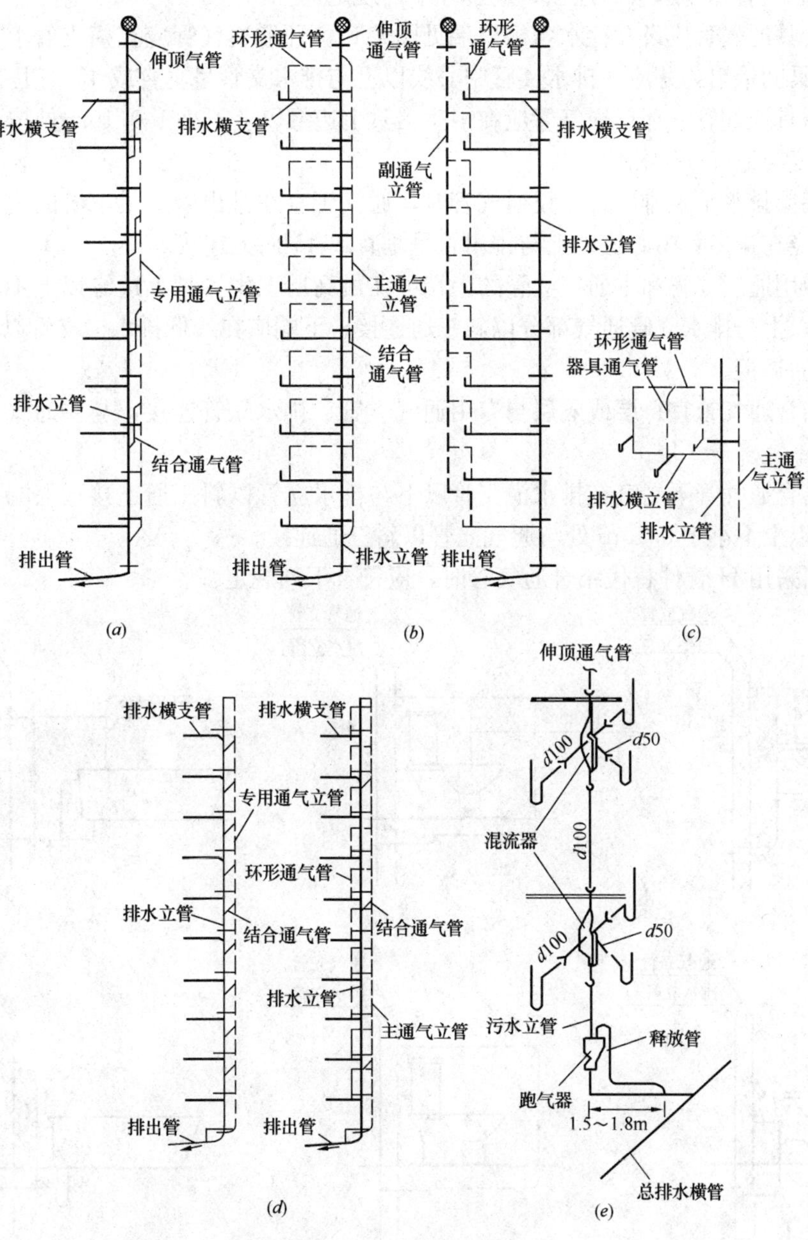

图 4-16 通气管系统

(*a*) 专用通气立管排水系统；(*b*) 环形通气排水系统；(*c*) 器具通气排水系统

(*d*) 自循环通气排水系统；(*e*) 单立管排水系统

（2）由主通气立管、副通气立管、伸顶通气管、环形通气管组成，见图 4-16（*b*）。

（3）由主通气立管、器具通气管组成，见图 4-16（*c*）。

（4）由专用通气立管、主通气立管、结合通气管组成，见图 4-16（*d*）。

（5）由特制配件、释放管、伸顶通气管组成的单立管排水系统，见图 4-16（*e*）。

4.8.4 通气管连接方式与敷设

（1）通气管和排水管的连接，应遵守下列规定：

1）器具通气管应设在存水弯出口端见图 4-17。环形通气管应在横支管上最始端的两个卫生器具间接出，并应在排水支管中心线以上与排水支管呈垂直或 45°向上连接。

2）器具通气管、环形通气管应在卫生器具上边缘以上不小于 0.15m 处按不小于 0.01 的上升坡度与通气立管相连。

3）底层排水单独排出且需设通气管时，通气管宜在排出管上最下游的卫生器具之后接出，并应在排出管中心线以上与排出管呈垂直或 45°向上连接。

4）专用通气立管和主通气立管的上端可在最高层卫生器具上边缘以上不小于 0.15m 或检查口以上与排水立管通气部分以斜三通连接。下端应在最低排水横支管以下与排水立管以斜三通连接。

5）结合通气管宜每层或隔层与专用通气立管、排水立管连接，与主通气立管、排水立管连接不宜多于 8 层。

6）结合通气管下端宜在排水横支管以下与排水立管以斜三通连接；上端可在卫生器具上边缘以上不小于 0.15m 处与通气立管以斜三通连接。

7）当采用 H 管件替代结合通气管时，应符合下列规定：

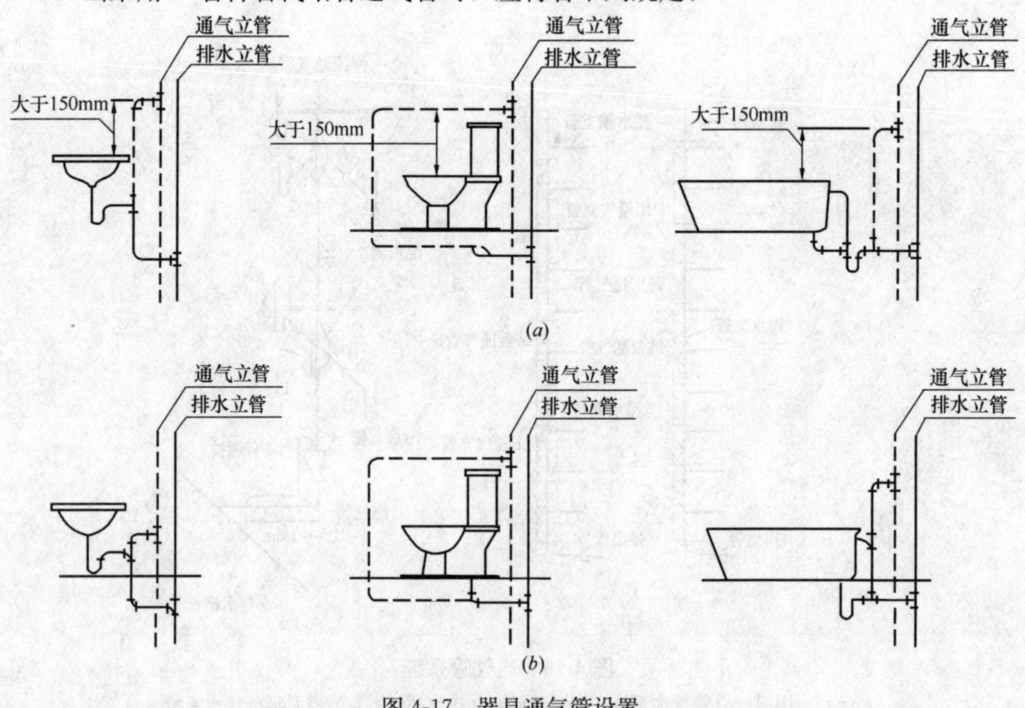

图 4-17 器具通气管设置

（*a*）正确；（*b*）错误

① H管与通气管的连接点应在卫生器具上边缘以上不小于0.15m。

②当污水立管与废水立管合用一根通气立管时，H管配件可隔层分别与污水立管和废水立管连接。但最低横支管连接点以下应装设结合通气管。

8）通气横管应按不小于0.01的上升坡度敷设，不得出现下弯。

9）自循环通气系统，当采取专用通气立管与排水立管连接时，应符合下列规定：

①通气立管的顶端应在卫生器具上边缘以上不小于0.15m处采用两个90°弯头相连。

②通气立管下端应在排水横干管或排出管上采用倒顺水三通或倒斜三通相接。

③通气立管应每层按本节第（1）条第5）、6）、7）款的规定与排水立管相连。

10）自循环通气系统，当采取环形通气立管与排水支管连接时，应符合下列规定：

①通气立管的顶端应在卫生器具上边缘以上不小于0.15m处采用两个90°弯头相连。

②每层排水支管下游端接出环形通气管应高出卫生器具上边缘以上不小于0.15m与通气立管相接；横支管连接卫生器具较多且横支管较长并符合第4.8.2节第（4）条设置环形通气管的要求时，应在横支管上按本节第（1）条第1）、2）款的要求连接环形通气管。

③结合通气管的连接应符合本节第（1）条第5）、6）款的要求。

④通气立管下端应在排水横干管或排出管上采用倒顺水三通或倒斜三通相接。

（2）高出屋面的通气管设置应符合下列要求：

1）通气管高出屋面不得小于0.30m，且应大于最大积雪厚度。通气管顶端应装设风帽或网罩。当屋顶有隔热层时，通气管高出屋面的距离应从隔热层板面算起。

2）在通气管口周围4m以内有门窗时，通气管口应高出窗顶0.6m或引向无门窗一侧。

3）在经常有人停留的平屋面上，通气管口应高出屋面2m，当伸顶通气管采用金属管材时，应根据防雷要求考虑防雷装置。

4）通气管口不宜设在建筑物挑出部分如屋檐檐口、阳台和雨篷等的下面。

（3）侧墙通气管除应符合本节第（2）条相关规定外，通气管出口处通气净面积应不小于通气管断面积的1.5倍，通气帽形式应能有效避免室外风压导致通气管道压力波动对排水系统的不利影响。

（4）建筑物设置自循环通气的排水系统时，宜在其室外接户管的起始检查井上设置管径不小于100mm的通气管，通气管的设置应符合下列要求：

1）当通气管延伸至建筑物外墙时，通气管口应满足本节第（2）条第2）款的规定。

2）当设置在其他隐蔽部位时，通气管口高出地面不得小于2m。

4.8.5 通气管管材和管径

（1）通气管的管材，可采用塑料管、柔性接口机制排水铸铁管及热镀锌钢管等。

（2）通气管的管径，应根据排水管排水能力、管道长度及排水系统通气形式确定，其最小管径不宜小于排水管管径的1/2，并可按表4-44确定。

通气管最小管径 **表4-44**

通气管名称	排水管管径（mm）				
	50	75	100	125	150
器具通气管	32	—	50	50	—

续表

通气管名称	排水管管径（mm）				
	50	75	100	125	150
环形通气管	32	40	50	50	—
通气立管	40	50	75	100	100

注：1. 表中通气立管系指专用通气立管、主通气立管、副通气立管；
2. 自循环通气排水系统的通气立管管径应与排水立管管径相等；
3. 排水管管径 100mm、150mm 的塑料排水管公称外径分别为 110mm、160mm。

(3) 通气立管长度大于 50m 以上时，其管径应与排水立管管径相同。

(4) 通气立管长度小于等于 50m 时，且两根及两根以上排水立管同时与一根通气立管相连，应以最大一根排水立管按表 4-44 确定通气立管管径，且管径不宜小于其余任何一根排水立管管径。

(5) 结合通气管的管径不宜小于与其连接的通气立管管径。

(6) 当两根或两根以上排水立管的通气管汇合连接时，汇合通气管的断面积应为最大一根通气管的断面积加其余通气管断面积之和的 0.25 倍。

(7) 伸顶通气管管径不应小于排水立管管径。当采用双立管（一根排水立管与一根通气立管相连）或三立管（两根排水立管同时与一根专用通气立管或主通气立管相连）时，其汇合伸顶通气部分管径不应小于最大一根排水立管管径。在最冷月平均气温低于−13℃的地区，伸顶通气管应在室内平顶或吊顶以下 0.3m 处将管径放大一级，且采用塑料管材时最小管径不宜小于 110mm。

4.9 特殊单立管排水系统

4.9.1 特殊单立管排水的特点

(1) 可节省专用通气立管，减少材料、运输和工程费。

(2) 与单立管相比有较好的通气排水性能。

(3) 可减少排水水流下落时因碰撞、冲击、紊流而引起的噪声。

(4) 安装施工方便，适于管道装配化，组合化，缩短工期。

(5) 横管水流在零件内部改变流向，增大了零件的高度尺寸，体型较大。

(6) 立管离墙距离较远。

(7) 每层排水横支管数量较多。

4.9.2 特殊单立管排水适用条件

(1) 排水设计流量超过仅设伸顶通气排水系统排水立管的最大排水能力。

(2) 设有卫生器具层数在 10 层及 10 层以上的高层建筑。

(3) 卫生间或管道井面积较小，难以设置专用通气立管的高层住宅和酒店客房卫生间。

(4) 当符合本手册第 4.8.2 节第（4）条中有关“应设环形通气管”的规定时，但不设置通气立管的排水系统。

(5) 同层排水方式也可以采用特殊配件单立管排水系统。

4.9.3 特制配件

单立管排水系统的特制配件是具有改善排水系统水流工况和减少气压波动的连接配件，分为上部特制配件和下部特制配件。

(1) 上部特制配件：用于排水立管和横支管的连接。除用于正常排水外，且能满足气水混合，减缓立管中水流速度和消除水舌现象等功能。

上部特制配件主要有：混合器、环流器、环旋器、侧流器、管旋器等，其类型和特点见表 4-45。

上部特制配件的类型与特点 表 4-45

	混合器	环流器	环旋器	侧流器	管旋器
上部特制配件图	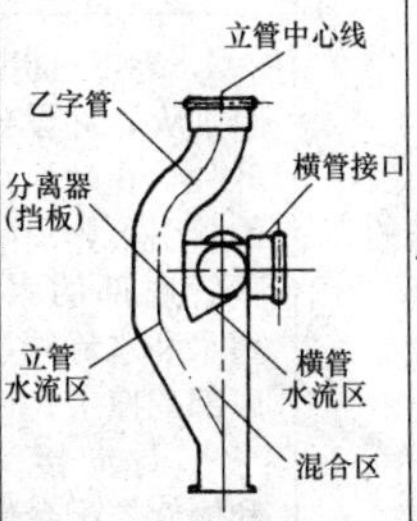 立管中心线 乙字管 横管接口 分离器(挡板) 立管水流区 横管水流区 混合区	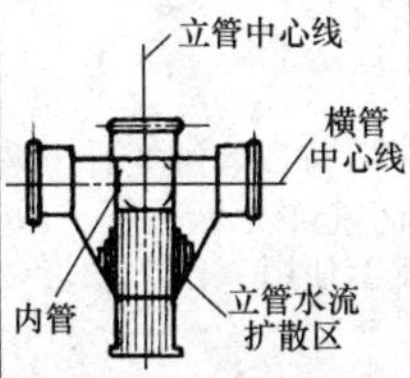 立管中心线 横管中心线 内管 立管水流扩散区	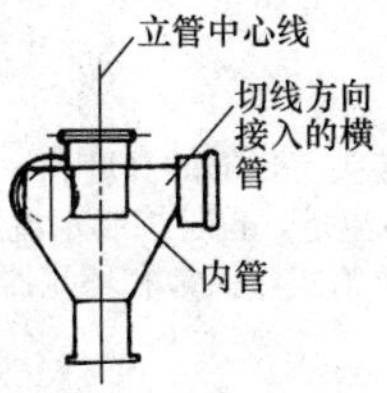 立管中心线 切线方向接入的横管 内管	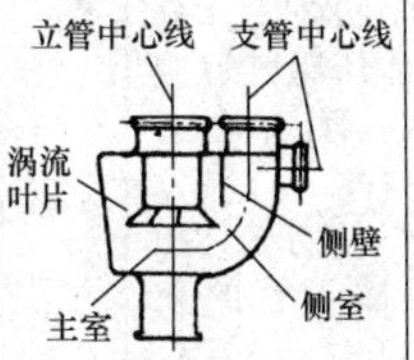 立管中心线 支管中心线 涡流叶片 侧壁 侧室 主室	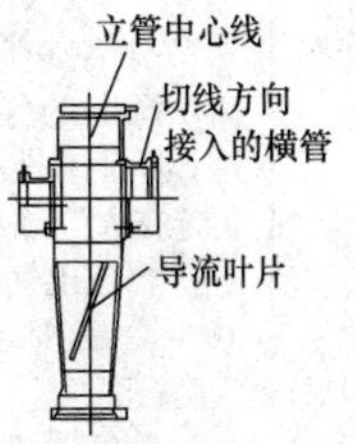 立管中心线 切线方向接入的横管 导流叶片
特点	1. 乙字管控制了立管水流速度； 2. 分离装置使立管水流和横管水流在各自的隔间内流动，避免了冲击和干扰； 3. 挡板上部留有缝隙，可流通空气，平衡立管和横管的压力，防止虹吸作用； 4. 构造简单，维护容易，安装方便。运行可靠，可接纳来自三个方向的横管	1. 中部有一段内管，可阻挡横管水流与立管水流的相互冲击或阻截； 2. 立管水流从内管流出成倒漏斗状，以自然扩散角下落，形成水和空气的混合； 3. 环流器可多向接入多条横管，因此各器具排水管可单独接入立管，减少了横管内因排水合流而产生的水塞现象； 4. 构造简单，不易堵塞，可连接四个方向的横管，可以做到横管在地面上与立管连接，不需穿越楼板。四个接入口还可被利用作扫除口用	1. 内部构造同环流器，不同点在于横管以切线方向接入，使横管水流进入环旋器后形成一定程度的旋流。对保持立管的空气芯有好处； 2. 由于横管从切线方向接入，中心无法对准，如 $d100$ 的支管，中心距离为 200mm，给对称布置的卫生间采用环旋器带来困难	1. 侧流器由主室和侧室组成，由侧壁消除立管水流下落时对横管的负压吸引； 2. 立管下端装有涡流叶片、能继续维持排水立管内的空气芯； 3. 保证了立管和横管的水流同时同步旋转而又增加支管接入数量； 4. 显著的优点是能有效地控制排水噪声，但构造比其他型式复杂，涡流叶片容易堵塞	1. 排水横支管与管件不是正向接入，而以切线方向接入； 2. 横支管水流成旋流状态，从而保持立管中心的空气芯； 3. 旋流也有采用导流叶片，管内壁或管件内壁螺旋线来造成

(2) 下部特制配件：用于排水立管底部，连接排水立管与排水横干管或排出管。除用于正常排水外，且能满足气水分离、消能等功能。

下部特制配件主要有：跑气器、角笛式弯头、大曲率导向弯头等，其类型和特点见表4-46。

下部特制配件的类型与特点　　表 4-46

	跑气器	角笛式弯头	带跑气器角笛式弯头	大曲率导向弯头
下部特制配件图	立管中心线 跑气口 分离室 凸块 $d100$	立管中心线 检查口 支垫	立管中心线 跑气口 检查口 支垫	主管中心线 导向叶片 直立段
特点	1. 分离室有凸块，使气水分离，释出的气体从跑气口接出，保证了排水立管底部压力恒定在大气压左右； 2. 释放出气体后的水流体积减少，减少了横干管的充满度； 3. 跑气器和混流器配套使用	1. 接头有足够的高度和空间，可以容纳立管带来的高峰瞬时流量，也可控制水流所引起的水跃； 2. 角笛式弯头常和环流器配套使用		1. 弯头曲率半径加大，并设导向叶片，在叶片角度的导引下，消除了立管底部的水跃，壅水和水流对弯头底部的撞击； 2. 导向接头常和侧旋器配套使用

4.9.4 特殊单立管排水系统设计

(1) 特殊配件单立管排水系统通水能力

1) 特殊单立管排水系统近些年来有较大发展，不断开发出新的系统，有的已编制相应的工程建设协会标准，如内螺旋管系统、中空壁螺旋管系统、AD系统、苏维托系统、CHT系统等。

2) 现有的单立管排水系统主要以苏维托系统为主，还有AD系统，目前可按表4-24中的数值选用单立管排水系统的通水能力。

3) 近年来新开发出来的单立管排水系统通水能力，因没有国家标准可以选用，可以按照厂家给定的参考值设计。

4) 特殊配件的单立管排水系统的立管最大排水能力，应根据国家主管部门指定的检测机构认证。

5) 正制定的《排水实验塔测试标准》，适用于建筑排水流量测试、性能测试及相关测试。

(2) 苏维托单立管排水系统的一般规定

1) 排入立管的横管管径不得大于立管管径。

2) 排水立管的顶端应设伸顶通气管，其管径应与立管管径相同。

3) 采用下部特制配件的排水系统，底层排水管宜单独排出；如不能单独排出应按第4.5.2节第（3）条第8）款处理。

4）特殊配件的单立管排水系统排水立管管径不应小于 100mm。

5）当同层不同高度的排水横支管接入苏维托管时，生活污水横支管宜从其上部接入；较立管管径小 1～2 级的生活废水横支管宜从其下部接入。当排水横支管只有一个卫生器具时（不含大便器），排水横支管与排水立管连接处可不设苏维托特制配件。

6）排水立管苏维托特制配件的垂直距离不应大于 6m。

7）当苏维托为铸铁材质时，底部可采用泄压管做法，也可设置铸铁材质的跑气器特制配件。当苏维托为塑料材质时，底部可采用泄压管做法。

8）跑气器的跑气管，其始端应自跑气器的顶部接出，其末端的连接应符合下列规定：

①当与横干管连接时，跑气管应在距跑气器水平距离不小于 2.0m 处与横干管管中心线以上呈 45°连接。并应以不小于 0.01 的管坡坡向排出管或排水横干管。

②当与下游偏置设置的排水立管连接时，跑气器应距该立管顶部以下不小于 0.60m 处与立管呈 45°连接。并应以不小于 0.03 的管坡坡向排水立管的连接处。

③跑气管管径应较排水立管管径小 1 级。

④跑气器安装见图 4-18（*a*）、（*b*）。

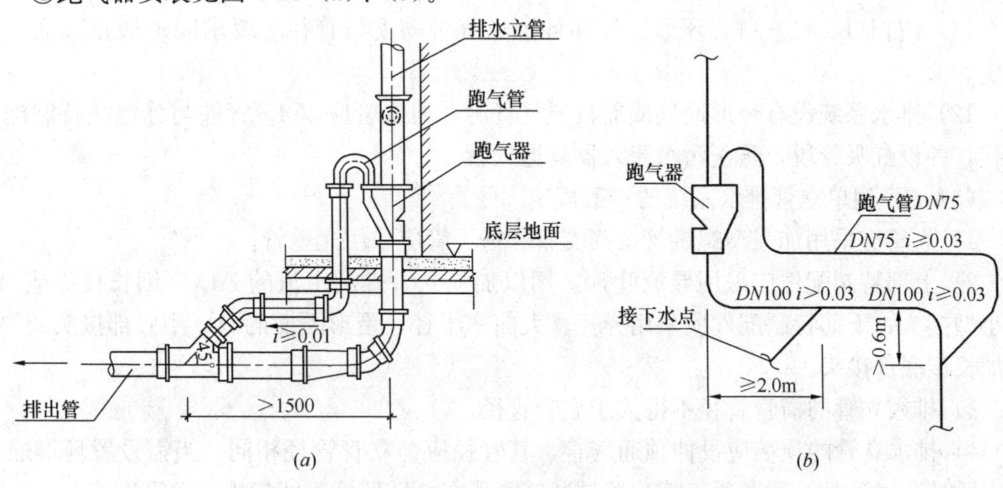

图 4-18 跑气器安装示意

9）在苏维托单立管排水系统的排水立管底部转角不小于 2m 的底层位置应设置泄压管，该泄压管道以 45°管件与排水立管和水平管段连接，泄压管与排水立管管径相同并且为苏维托单立管排水系统的组成部分。底层卫生器具排水管应接入泄压管。接入泄压管竖向管段时见图 4-19，接入泄压管横向管段时见图 4-20。

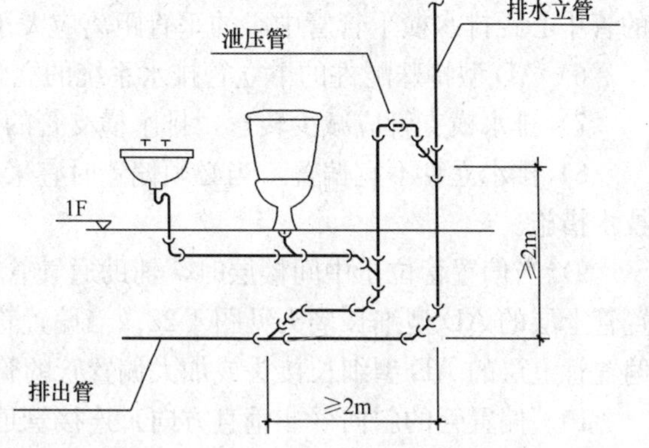

图 4-19 底层卫生器具排水管接入泄压管竖向管段示意

10）排水立管不宜偏置，当必须偏置时应采用 45°弯头连接。偏置的排水横干管长度小于 2m 时，应设泄压管与立管段连接，见图 4-21，泄压管管径宜比立管管径小 1 级。

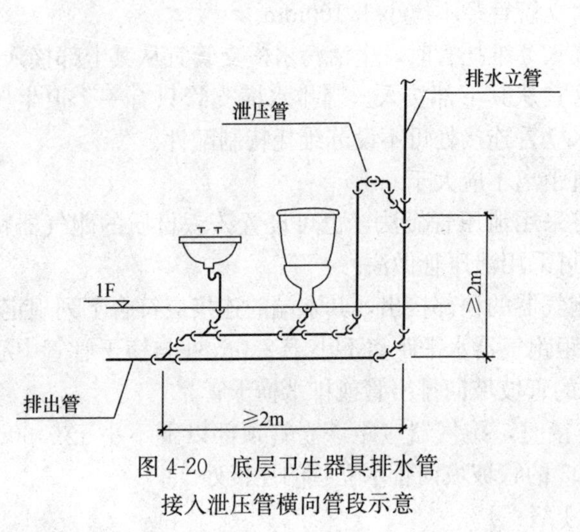

图 4-20　底层卫生器具排水管接入泄压管横向管段示意

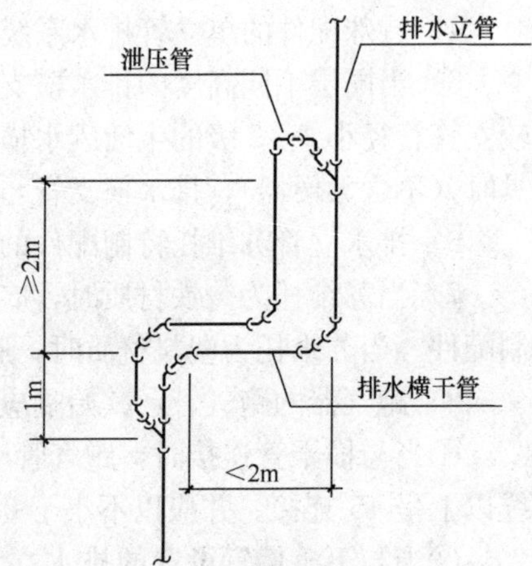

图 4-21　排水横干管长度小于 2m 时泄压管的连接示意

11）清扫口、检查口、环形通气和伸顶通气管高度与管径等要求同一般排水立管的规定。

12）排水系统设有环形通气或器具通气管时，通气管应以 45°管件与苏维托特制配件连接，并设虹吸管段，防止污水流入器具通气管。

（3）AD 型单立管排水系统的一般规定

1）立管应采用加强型螺旋管，横支管和横干管应采用光壁管。

2）上部特制配件应采用导流叶片，用以加强立管螺旋水流的 AD 型细长接头或 AD 型小型接头；下部特制配件应采用异径、大曲率半径、蛋形断面的 AD 型底部接头或 AD 型加长型底部接头。

3）排入立管的横管管径不得大于立管管径。

4）排水立管的顶端应设伸顶通气管，其管径应与立管管径相同。当需设置环形通气管或器具通气管时。环形通气管和器具通气管可在 AD 型接头处与排水立管连接。

5）底层排水管宜单独排出。如不能单独排出，在保证技术安全的前提下底层排水管也可接入排水立管合并排出或接入排水横干管排出，但接入排水立管时，最低排水横支管的管中心距排水横干管管中心的垂直距离应大于或等于 0.6m。

6）AD 型特殊配件的单立管排水系统的立管管径不应小于 90mm。

7）排水横支管应减少转弯，排水横支管的长度不宜大于 8.0m。

8）排水立管不宜偏置，当必须偏置时宜采用 45°弯头连接，并采取如第 9）条相应的技术措施。

9）当偏置管位于中间楼层时，辅助通气管应从偏置管下层的 AD 型细长接头接至偏置管上层的 AD 型细长接头见图 4-22。当偏置管位于底层时，辅助通气管应从横干管接至偏置管上层的 AD 型细长接头或加大偏置管的管径见图 4-23。

10）偏置管的斜向（非垂直方向）连接管道不得采用螺旋管或加强型螺旋管。

11）辅助通气管接至 AD 型细长接头的管段，应采取防止排水立管水流流入辅助通气管的措施。

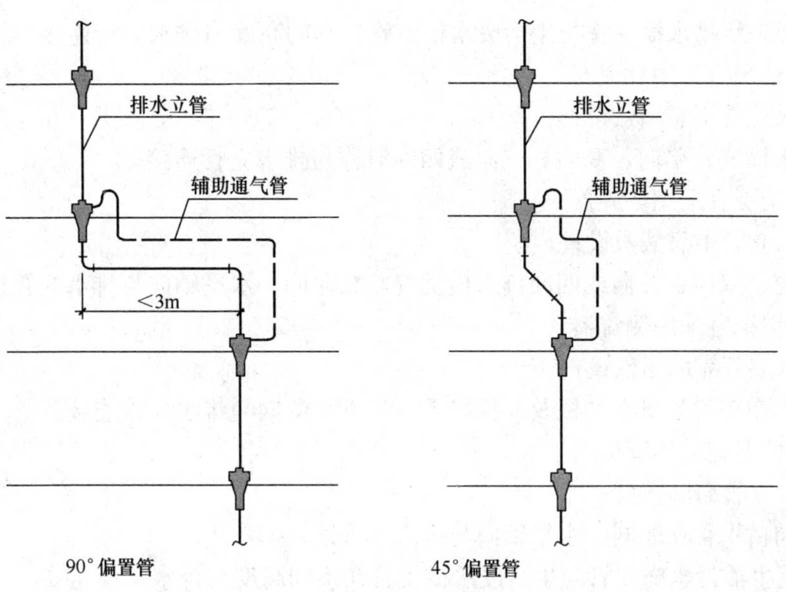

图 4-22 中间楼层的偏置管设置示意

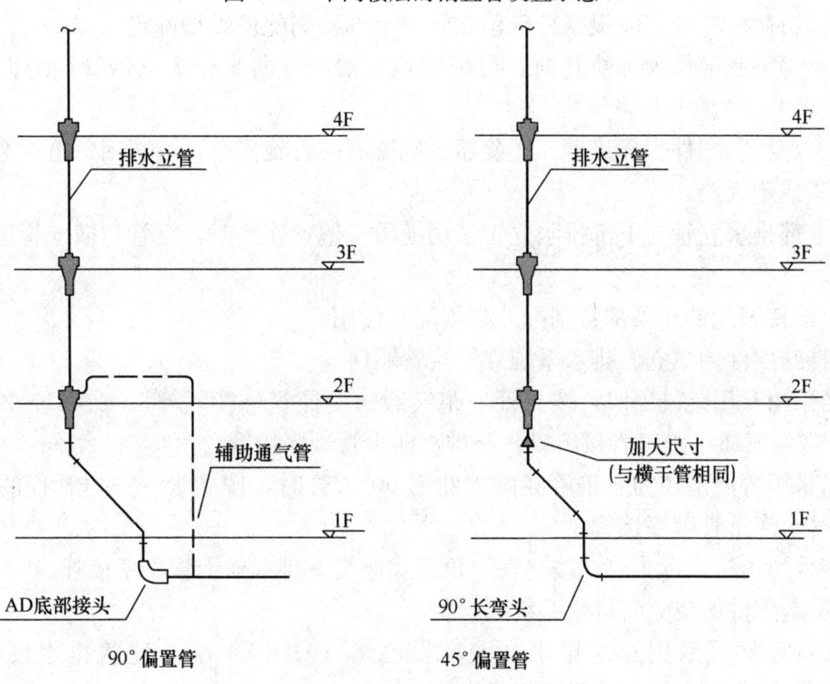

图 4-23 最底层的偏置管设置示意

（4）特制配件的选用

1）上部特制配件类型应根据设置地点、空间位置大小、横支管接入方向、高度和数量等条件而选用。

①下列情况宜采用苏维托（混合器）

a. 排水立管靠墙敷设；

b. 排水横支管单向、双向或三面侧向与排水立管连接；

c. 同层生活排水横支管与生活废水横支管在不同高度与排水立管连接。

②下列情况宜采用环流器

a. 排水立管不靠墙敷设；

b. 排水横支管单向、双向、三向或四向对称与排水立管连接。

③下列情况宜采用环旋器

a. 排水立管不靠墙敷设；

b. 单向、双向、三向或四向排水横支管，在非同一水平轴向与排水立管连接。

④下列情况宜采用侧流器

a. 排水立管靠墙角敷设；

b. 排水横支管数量在3根及3根以下，且不从侧向与排水立管连接。

⑤下列情况宜采用管旋器

a. 排水立管靠墙敷设；

b. 双向横支管在非同一水平轴向与排水立管连；

c. 同层生活污水横支管与生活废水横支管在不同高度与排水立管连接。

2）下部特制配件应按下列要求选型

①下部特制配件选型应根据特殊单立管中上部特制配件类型确定。

②当上部特制配件为苏维托时，可采用跑气器或弯曲半径为三倍管径的大曲率异径弯头。

③当上部特制配件为环流器、环旋器、侧流器或管旋器时，可选用角笛式弯头、大曲率异径弯头或跑气器。

④当上部排水立管与下部排水立管采用横干管偏置连接时，立管与横干管连接处应采用跑气器。

3）上部特制配件和下部特制配件必须配套使用。

(5) 特殊配件的单立管排水系统立管接管顺序

1）当采用专用跑气器时，按立管→跑气器→变径管→90°弯管（或45°×2弯管）→直管段→45°斜三通（跑气管接出口）→排水横干管顺序接管。

2）当采用弯曲半径为三倍管径的大曲率90°弯管时，按立管→三倍管径的大曲率异径弯头→排水横干管顺序接管。

3）当采用角笛式弯头时，按立管→角笛式弯头→排水横干管顺序接管。

(6) 特制配件的单立管排水系统的管材

1）塑料管材可采用建筑排水高密度聚乙烯（HDPE）管、建筑排水硬聚氯乙烯（PVC-U）管或建筑排水聚丙烯（PP）管。

2）金属管可采用柔性接口机制排水铸铁管。

3）AD型采用建筑排水硬聚氯乙烯（PVC-U）管或钢塑复合管。

4）当有消音要求时，宜采用建筑排水高密度聚乙烯（HDPE）消声管。

5）特殊配件的单立管排水系统的管材和管件宜采用相同材质。

4.9.5 螺旋单立管排水系统

由专用的内螺旋管材、特殊旋流器管件和底部异径管件所组成的单立管排水系统。

（1）螺旋单立管排水系统的适用条件

1）排水设计流量超过仅设伸顶通气排水系统排水立管的最大排水能力。

2）设有卫生器具层数在 10 层及 10 层以上的高层建筑。

3）卫生间或管道井面积较小，难以设置专用通气立管的建筑。

4）当符合本手册第 4.8.2 节第（4）条中有关“应设环形通气管”的规定时，不宜采用螺旋单立管排水系统。

5）当每层排水横支管数量为 1～2 个时，可选用螺旋单立管排水系统。

（2）螺旋单立管排水系统的通水能力要求

螺旋单立管最大排水能力应根据产品水力参数确定，产品参数应有国家主管部门指定的检测机构认证。立管设计流量不得超过表 4-47 中的数值。

螺旋单立管排水系统的立管最大排水能力　　表 4-47

公称外径（mm）		75	100（110）	150（160）
排水能力（L/s）	普通型	1.7	3.5	8.0
	加强型		6.3	

注：1. 括号内是指塑料管；
2. 排水立管在 15 层以上时，宜乘 0.9 系数。

（3）螺旋单立管排水系统的一般规定

1）排出管以上立管不得设置转弯管段。

2）排水立管底部和排出管应比立管大一档管径。

3）排入立管的横管管径不得大于立管管径。

4）排水立管的顶端应设伸顶通气管。

5）建筑物最底层横支管接入处至立管管底排出管的垂直距离不得小于表 4-48 的规定。层数超过 20 层，不能满足表中的要求时底层应单独排出。

最底层横支管接入处至立管管底排出管的垂直距离　　表 4-48

立管连接卫生用具的层数（层）	≤6	7～12	13～19	≥20
垂直距离（m）	0.45	0.75	1.20	3.00

6）排水横支管应减少转弯，排水横支管的长度不宜大于 8m。

7）螺旋单立管排水系统的立管部分为螺旋管，横干管和横支管应采用光壁管。

8）螺旋排水立管排出到室外窨井前，排水横管不应多次转弯、变向。

9）清扫日、检查口、伸顶通气管高度与管径等的要求同一般排水立管的规定。

10）管道连接应符合下列要求：

①横管接入立管的三通和四通管件，必须采用专用的具有螺母挤压密封圈接头的旋转进水型管件。

②横管接头宜采用螺母挤压密封圈接头，也可采用粘接接头。

11）螺旋单立管排水系统的管材可以采用建筑排水硬聚氯乙烯（PVC-U）管。

4.10 同层排水系统

4.10.1 同层排水系统特点

同层排水是指排水支管不穿越楼板，与卫生器具同楼层接入排水立管的排水系统。其主要特点就是一旦发生需要清理疏通的情况，在本层套内就可以解决问题，基本不影响下层住户（用户）。

同层排水突破了传统的排水方法，表 4-49 是这两种方式特点的比较。

传统排水与同层排水比较 **表 4-49**

	传统排水	同层排水
排水立管	穿越楼板	穿越楼板
排水支管	穿越楼板	在楼板上敷设
对建筑要求	需避开下部卫生和防水有严格要求的场所	防水处理到位可不受限制
对结构要求	排水层梁、剪力墙、暗柱需避让下水口	配合同层排水形式
卫生器具布置	受排水层下部条件限制	较灵活
排水支管维修	需到下一层检修	在本层检修
排水时噪声	较高，对下层用户干扰大	较低，对下层用户干扰小

同层排水由于器具排水不穿过楼板，避免了施工安装中管外壁与楼板间渗漏的隐患，因此，在《住宅设计规范》GB 50096 中推荐“住宅的污水排水横管宜设于本层套内”。《建筑给水排水设计规范》GB 50015 中专门设置了同层排水的条文规定，并特别指出在不得穿越或不得布置的场所强条限制时（4.3.3A～4.3.6 条）可以采用同层排水系统。

4.10.2 同层排水适用条件

（1）同层排水系统适用条件

1）住宅卫生间的卫生器具排水横管要求不穿越楼板进入他户时；

2）下层房间有严格的卫生或防水要求的，且不允许排水管横在楼板下敷设的，如卧室、厨房（食堂）、档案室、配电室，或遇水会引起易燃、易爆的原料、产品和设备间等；

3）旧楼改造，需要灵活布置卫生间的。

（2）同层排水系统方式

同层排水系统按横管敷设方式可分为沿墙敷设和地面敷设两种方式。

地面敷设方式可分为降板和不降板两种结构形式，降板可采用整体降板或局部降板方式。

1）沿墙敷设方式

即接卫生器具的横支管均暗敷在非承重墙或装饰墙内，一般是在原有隔墙外再砌一道假墙，排水横支管先安装，再砌墙，一般净空在 150～200mm，加工墙总厚度控制在 300mm，有时为了减薄墙身厚度，也有用轻质防水夹板进行封面，参见图 4-24。建筑允许时，也可明设在墙体外。

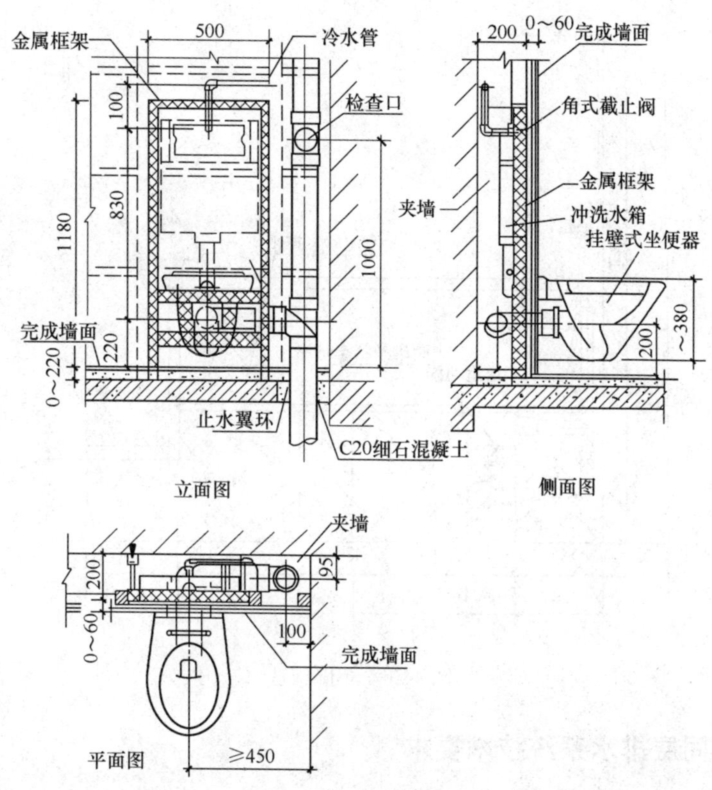

图 4-24 沿墙敷设法

2）地面敷设方式

①降板或局部降板法：即结构在需要敷设排水横支管处局部把楼板相应降低 250～350mm，待排水管道安装后，再用轻质材料如泡沫混凝土填实，再做找平防水层，参见图 4-25。详见国家标准图集《住宅卫生间》01SJ914。

②不降板法：即在原卫生间地面上敷设排水横支管，待安装完成后，再做一防水面层。由于卫生间填高后与其他房间形成高差，需采用踏步过渡。此法一般用于旧房改造，或需新加卫生间的场所，参见图 4-26。

上述三种同层排水形式，可根据工程卫生间建筑结构特点灵活采用，一般原则为：

a. 当卫生间面积较大时，宜采用同层排水系统沿墙敷设方式；

b. 当卫生间面积较小时，宜采用同层排水系统地面敷设方式；

c. 或根据建筑平面布置将沿墙敷设方式和地面敷设方式在同一卫生间内结合使用。

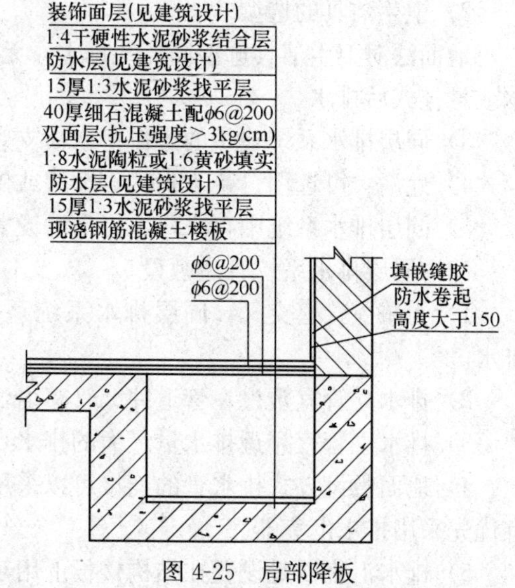

图 4-25 局部降板

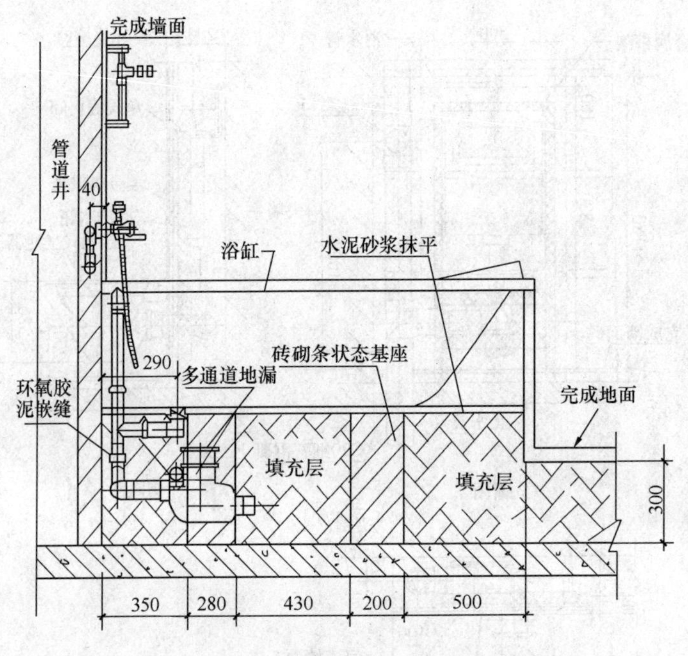

图 4-26　不降板法

4.10.3　同层排水系统技术要求

（1）基本要求

1）建筑结构的协调配合

无论采用何种同层排水形方式，都需要建筑结构共同配合。降板法：需明确降板的范围和降板深度；沿墙法：需明确假墙长度和厚度、高度；不降板法：需明确填层高度和范围。另外卫生间两道防水的（降板面和完成面）有效做法，也是确保同层排水顺利实施的一个关键问题，需要设计和施工各方通力合作。

2）卫生洁具的选型

地面法对卫生洁具选型同传统排水，无特殊要求。沿墙法，坐便器宜选用落地式后排水或悬挂式后排水。

3）同层排水系统建筑的最低排水横支管，宜单独排出。

4）地漏：可选用自带水封的直埋式或侧墙式，水封高度不得小于 50mm。

5）同层排水系统中存水弯不得串联设置。

（2）同层排水系统管道敷设

1）为减少管道交叉，同层排水系统适用于重力流生活排水，且宜采用污废合流制排水。

2）排水立管宜敷设在管道井、管窿内，且便于安装和维修。

3）排水立管宜靠近排水量最大的排水点。

4）地面敷设方式排水管的连接可以采用排水管道通用配件或排水汇集器，有条件时宜优先采用排水汇集器。

5）排水汇集器是设置在结构楼板上用于汇集器具排水管，集中接至排水立管的专用排水附件。

排水汇集器应符合以下要求：

①断面设计应保证汇集器内的水流速度大于自清流速，且水流不会回流到汇集器上游管道内。

②材质和技术要求应符合现行的产品标准。

③应带有清扫口。

6）卫生器具的排水管应单独与排水汇集器相连。

7）排水汇集器的管径应经水力计算确定，但不应小于接入排水汇集器的最大横支管的管径。

8）排水汇集器的设置位置应便于清通。

9）在降板区域防水施工完毕、经闭水试验合格后，方可进行排水管道的安装；排水管道的支架应有效、可靠，支架的固定不得破坏已做好的防水层。

10）沿墙法管道敷设方式应符合以下要求：

①排水支管的高差不大于1m时，其展开长度不应大于表4-50的数值，见图4-27。当排水支管的高差大于1m或展开长度大于表4-50的数值，应放大一级管径或设置器具通气管。

高差不大于1m时排水支管的展开长度　　表4-50

DN（mm）		排水支管的展开长度（m）
50		3
75		5
100	大便器	5
	非大便器	10

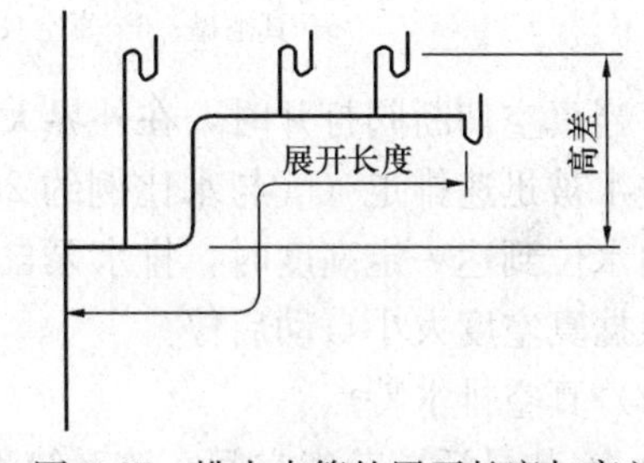

图4-27　排水支管的展开长度与高差

②地漏宜单独接入排水立管。

③排水横管的起点宜设置清扫口。

11）其他管道敷设要求与传统方式相同。

4.11 真空排水

4.11.1 真空排水的特点

真空排水是指利用真空设备使排水管道内产生一定真空度，利用空气输送介质的排水方式。

(1) 工作原理：建筑内用真空排水系统与飞机上所用真空便器相似，但规模要大些，设备和控制较复杂些。其系统工作原理见图4-28所示。

该系统由专用真空便器、真空切断阀、真空管道、真空罐、真空泵、排水泵、排水管、冲洗管、冲洗水控制阀等组成。用真空泵抽吸，使系统中保持－0.035～－0.06MPa

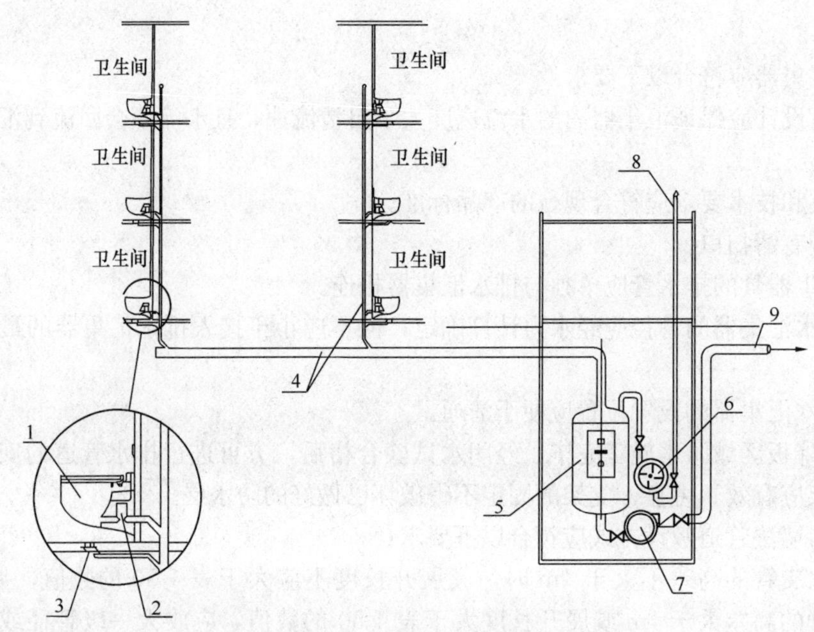

图 4-28　真空排水系统原理

1—真空便器；2—真空切断阀；3—真空地漏；4—真空管道；5—真空罐；6—真空泵；7—排水泵；8—排气管；9—排水管

负压，当真空切断阀打开时，在外界大气压力与管内负压共同作用下，污废水和同时冲下的冲洗水被迅速排走（气与水比例约 20∶1～30∶1），冲走的污水沿真空管送到真空罐，当罐内水位到达一定高度时，排水泵自动开启将污水排走，到预定低水位自动停泵，真空泵则根据真空度大小自动启停。

（2）真空排水特点

1）安装灵活，节省空间。该系统不依赖于重力，所以排水管无需重力坡度，节省了排水管由于坡度占用的层高空间。而且排水主管径相对较小，真空系统输水管一般只需 *DN*70。卫生间平面布置不强求上下对齐。如果碰到卫生间下层不允许附设排水管，真空排水甚至可以上行输送（最高达 5m）。

2）节水。对重力系统坐便器而言，目前一次冲洗量为 6L，而真空坐便器靠空气和水冲洗，一次冲洗量为 1L。

3）卫生。由于真空排水系统是一个全密闭排水系统，无透气管，排水管系统为真空状态，正常工作时，管道无渗漏、无返溢和臭气外泄。

4）设备系统造价高。据有关资料介绍，真空排水系统投资比常规排水系统投资高 40%（不含关税）。投资高的原因，一是关键设备部件，如真空坐便器、真空切断阀、水位传感器和控制器等需进口。其次，真空排水的计算软件和控制系统，还依赖国外供应商随整套设备装置带来。

5）噪声大。由于污水、污物在真空排水管道中的输送速度达 4m/s，高速的传输能力也使瞬间排水时噪声较重力排水大。

6）安装维护要求高。安装设备控制部件管道时，须严格按真空排水系统标准要求才能保持调试顺利，运行正常。另外，系统维护管理也很重要，真空泵站，真空控制装置需有懂得该系统且熟悉本工程项目安装的专人负责。

4.11.2 真空排水适用条件

(1) 超大、超高建筑中无法设置通气管场合；

(2) 受建筑层高的限制，难以安装重力排水系统；

(3) 重症传染病医院中不允许设置通气管建筑；

(4) 厨房餐厅上部设有卫生间的建筑。

4.11.3 真空排水技术要求

(1) 采用真空排水系统，应与其他排水系统采用的方案作比选，经论证认为合理，可靠时方可采用。

(2) 真空泵站的服务半径不宜过大，除根据卫生间布局、器具数量、使用频率外，还应根据建筑物使用特点、服务对象、管理能力综合考虑。

(3) 仔细选用系统设备的供应商。要求设备可靠性强，使用寿命长（例如真空控制阀应能正常工作30万次无故障），并且价格合理，能指导安装，具备系统协调能力，确保调试和正常使用，还要能提供备品备件，培训专业管理人员。

4.12 排水泵房和集水池

当室内生活排水系统无条件重力排出时，应设排水泵房压力排水，地下室排水应设置集水坑和提升装置排至室外。

4.12.1 排水泵房位置

(1) 排水泵房应设在有良好通风的地下室或底层单独的房间内，并靠近集水池。

(2) 不得设在对卫生环境有特殊要求的生产厂房和公共建筑内，不得设在有安静和防振要求的房间邻近和下面。如必须设置时，吸水管、出水管和水泵基础应设减振降噪装置，并经技术论证。

(3) 排水泵房的位置应使室内排水管道和水泵出水管尽量简洁，并考虑维修检测的方便。

4.12.2 排水泵房布置

(1) 污水泵房位置及内部要求

1) 泵房的位置应使室内排水管路和水泵压水管路尽量简短，并应考虑吸、出水管布置和检修方便。

2) 选择泵房位置，应考虑泵房对周围房间的影响，例如，不得设在有特殊卫生要求的生产厂房和公共建筑内；不得设在有安静和防振要求的房间（如病房、卧室、教室、中心控制室、精密仪器间等）的邻近和下面。该建筑的其他房间设置水泵时，吸水管、出水管和水泵基础应设有隔振减少噪声的装置。

3) 泵房应设在通风良好地下室或底层，并保证不至冻结。机器间应干燥、光线充足。

4）生活污水和可能散发大量蒸气或有害气体的泵房，应设在单独的房间内，并靠近集水池。

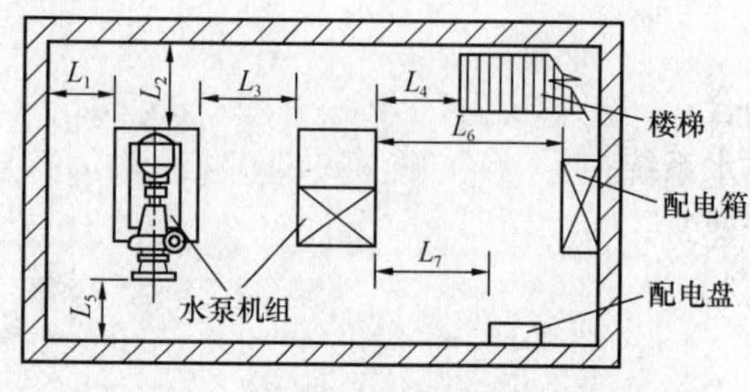

图 4-29　水泵机组布置间距示意

5）采用潜污泵时，集水池顶部要设密封型盖板，盖板上设通气管，设集水池的房间应设有良好的机械通风。

（2）卧式污水泵房的布置

1）水泵应尽量设计成自灌式，在不可能或不经济时才设计成抽吸式。抽吸式泵房内应设置抽气或灌水装置。

2）水泵机组的布置间距，见图 4-29、表 4-51。

水泵机组间距（m）　　**表 4-51**

电动机种类	电动机容量（kW）	L_1		L_2	L_3	L_4	L_5	L_6	L_7
低压电动机	≤20	≥0.3	当两机组合用一个基础时：≥1.2	≥1.0	≥0.8	≥0.8	≥1.0	≥2.0	≥1.5
	＞20	≥0.7		≥1.5	≥1.0				

3）水泵机组的布置应尽量整齐、紧凑，以便于管道敷设和检修。

4）配电和起动设备，可设在机器间内，但最好设在地面平台上，以便在较好的环境中进行操作。

5）机器间地面应有坡度和集水坑。积水可用手摇泵、喷射器或用接至水泵吸水管的支管等排除。

6）机器间内应设置洒水栓。

7）水泵基础，一般应高出地面 0.1m 以上。

8）机器间的最小净高，在无起重吊车时应不小于 3m；有起重吊车时，吊起物底部与吊运通道上固定物体顶部的净空应不小于 0.5m。

（3）污水泵房内的起重设备

水泵房机器间内的起重设备，见表 4-52。

水泵房常用起重设备　　**表 4-52**

机组数量（台）	最大起重量（t）		
	＜0.5	0.5～2	＞2
1～5	移动三脚架手拉葫芦	手动单轨吊车（猫头小车）	手动双轨吊车（手动单梁吊车）
＞5	手动单轨吊车（猫头小车）	手动双轨吊车（手动单梁吊车）	电动双轨吊车（电动单梁吊车）

4.12.3　排水泵的选择与要求

（1）排水泵的选择

排水泵等扬水设备的选择应根据污、废水性质（悬浮物含量多少、腐蚀性大小、水温高低以及水的危害性等）、水量多少、排水情况（经常、偶然、连续、间断等），所需扬升的高度和建筑物性质等具体情况而定。

常用的扬升设备有：潜水污水泵、液下污水泵、离心水泵（立式污水泵和卧式污水泵）、手摇泵、喷射器、自吸泵等。各种扬升设备的适用条件，其优缺点见表4-53。

由于建筑物内一般场地较小，排水量不大，排水泵可优先采用潜水排污泵和液下排水泵，其中液下排污泵一般在重要场所使用；立式污水泵和卧式污水泵要求设置隔振基础、自灌式吸水、并占用一定的场地，故在建筑中较少使用。

常用污、废水提升设备比较 **表4-53**

名称	适用条件	优点	缺点
离心水泵	各种不同性质的污水的经常性扬升	1. 一般效率较高，工作可靠； 2. 型号、规格较多，使用范围较广； 3. 操作管理方便	1. 密封不易严密，因此漏泄和腐蚀问题不易解决； 2. 一般叶轮间隙较小，易于堵塞； 3. 抽吸式安装时，普通离心泵起动时需灌水或抽气；占地大
手摇泵	一般用于非经常性的小量排水扬升，扬升高度不大于10m	1. 设备简单，安装方便，投资省； 2. 不需要动力，一般启动时不需要灌水和抽气	1. 较笨重，占地大； 2. 活塞、活门易磨损； 3. 人工操作，较费力气
潜水污水泵	一般用于抽送温度为20～40℃，含砂量不大于0.1%～0.6%，pH在6.5～9.5范围内的污水。广泛应用于人防工程及地下工程，排除粪便污水及废水	1. 体积小，重量轻，移动方便，安装简单； 2. 开泵前不需引水； 3. 能抽送带纤维，大颗粒悬浮物的污水	不宜开停过于频繁
喷射器	一般用于小流量、较经常的污水扬升。扬升高度不大于10m	1. 设备简单，投资省； 2. 结构紧凑，占地小； 3. 工作可靠、维修、管理简单，容易防腐	1. 效率低（一般为15%～30%）； 2. 必须供给压力工作介质（水、蒸气、压缩空气等）
液下污水泵	一般用于抽送温度为80℃以下带有纤维或其他悬浮物的液体，供人防工程及地下工程排除生活粪便污水	1. 结构简单，安装、维修方便； 2. 占用位置小，节约建筑面积； 3. 噪声较小	叶轮插销易磨损，需经常维修
自吸泵	各种不同性质的污水的经常性扬升	具有离心水泵的优点外，还具有吸程高、自吸时间短、自吸高度可达4～6m以上	第一次启动应采用灌泵或真空引水

注：污水提升设备应优先选用潜水污水泵和液下污水泵。

（2）排水泵的流量

排水泵的流量应按生活排水设计秒流量选定；当有排水量调节时，可按生活排水最大小时流量选定。消防电梯集水池内的排水泵流量不小于10L/s。当集水池接纳水池溢流水、泄空水时，应按水池溢流量、泄流量与排入集水池的其他排水量中大者选择水泵机组。

(3) 排水泵的扬程计算

排水泵的扬程，应大于或等于扬升污水所需要的扬程，见图 4-30，按式 (4-6) 计算：

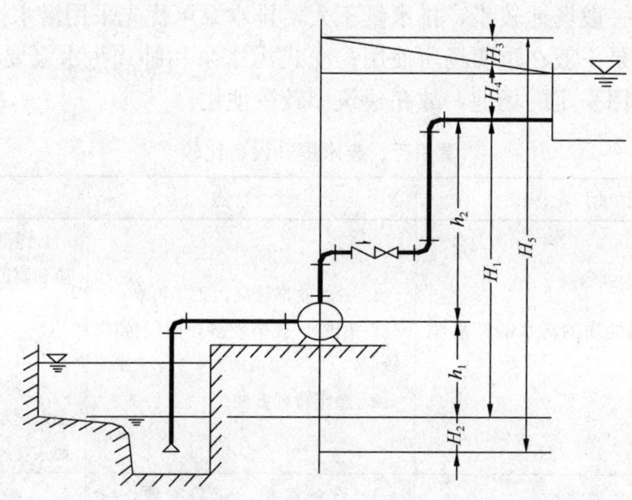

图 4-30　水泵全扬程的计算

$$H_5 \geqslant H_1 + H_2 + H_3 + H_4$$

$$= (h_1 + h_2) + \frac{\gamma v_1^2}{2g}\left(\Sigma\zeta_1 + \frac{\lambda_1 L_1}{d_1}\right) + \frac{\gamma v_2^2}{2g}\left(\Sigma\zeta_2 + \frac{\lambda_2 L_2}{d_2}\right) + H_4 \tag{4-6}$$

式中　H_1——集水池最低水位至出水管排出口管中心的几何高差（扬升高度）(m)；

H_2——吸水管沿程和局部水头损失之和 (m)；

H_3——出水管沿程和局部水头损失之和 (m)；

H_4——出水管排出口的工作水头 (m)；

h_1——集水池最低水位至泵轴的几何高差（吸水高度）(m)；

h_2——泵轴至出水管排出口管中心的几何高差 (m)；

g——重力加速度 (m/s^2)；

γ——污水的密度 (kg/L)；

v_1、v_2——吸水管和出水管内的流速 (m/s)；

$\Sigma\zeta_1$、$\Sigma\zeta_2$——吸水管和出水管的局部阻力系数之和；

λ_1、λ_2——吸水管和出水管的沿程摩阻系数；

L_1、L_2——吸水管和出水管的长度 (m)；

d_1、d_2——吸水管和出水管的内径 (m)。

排水泵的扬程按提升高度、管道损失计算确定后，再附加一定的自由水头。在全扬程小于或等于 20m 时，自由水头取 2～3m；大于 20m 时，自由水头取 3～5m。排水泵吸水管和出水管流速不应小于 0.7m/s，并不宜大于 2.0m/s。

(4) 公共建筑内应以每个生活排水集水池为单元设置一台备用泵，平时宜交互运行。地下室、设备机房、车库冲洗地面的排水，如有两台及两台以上排水泵时可不设备用泵。

当集水池无法设事故排出管时，水泵应有不间断的动力供应；当能关闭排水进水管时，可不设不间断动力供应，但应设置报警装置。

(5) 当提升带有较大杂质的污、废水时，不同集水池内的潜水排污泵出水管不应合并排出；当提升一般废水时，可按实际情况考虑不同集水池的潜水排污泵出水管合并排出。

(6) 排水泵宜设置排水管单独排至室外，排水管的横管段应有坡度坡向出口。两台或两台以上的水泵共用一条出水管时，应在每台水泵出水管上装设阀门和止回阀，单台水泵排水有可能产生倒灌时，应设止回阀。不允许压力排水管与建筑内重力排水管合并排出。

(7) 当潜水排污泵提升含有大块杂物时，潜水排污泵宜带有粉碎装置；当提升含较多纤维物污水时，宜采用大通道潜水排污泵。

(8) 当潜水排污泵电机功率大于等于 7.5kW 或出水口管径大于等于 *DN*100 时，可采用水泵固定自耦装置；当潜水排污泵电机功率小于 7.5kW 或出水口管径小于 *DN*100 时，可设软管移动式安装。污水集水池采用潜水排污泵排水时，应设水泵固定自耦装置，方便水泵检修。

(9) 排水泵应能根据水位自动启停和现场手动启停，多台水泵可并联交替运行，也可分段投入运行。

4.12.4 集水池设计

(1) 排水集水池的位置

1) 生活污水集水池应与生活给水贮水池保持 10m 以上的距离。地下室水泵房排水，可就近在泵房内设置集水池，但池壁应采取防渗漏、防腐蚀措施。

2) 集水池宜设在地下室最低层卫生间、淋浴间的底板下或邻近位置；收集地下车库坡道处的雨水集水井应尽量靠近坡道尽头处；车库地面排水集水池应设在使排水管、沟尽量简洁的地方；地下厨房集水坑则设在厨房邻近位置，但不宜设在细加工和烹炒间内；消防电梯井集水池应设在电梯邻近处，但不应直接设在电梯井内，池底低于电梯井底不小于 0.7m。

(2) 排水集水池的容积

确定集水池的容积，一般应遵守下述要求：

1) 在水泵自动开关时，集水池的有效容积不宜小于最大一台污水泵 5min 的出水量，且污水泵在一小时内的启动次数不宜超过 6 次。

集水池应设高水位、低水位和报警水位。

2) 在水泵人工开关时，集水池的有效容积应根据流入的污水量和水泵工作情况决定，但生活污水集水池的有效容积，不得大于 6h 的平均小时污水量；工业废水集水池的有效容积，不得大于最大班 4h 的废水量，或按工艺要求确定。

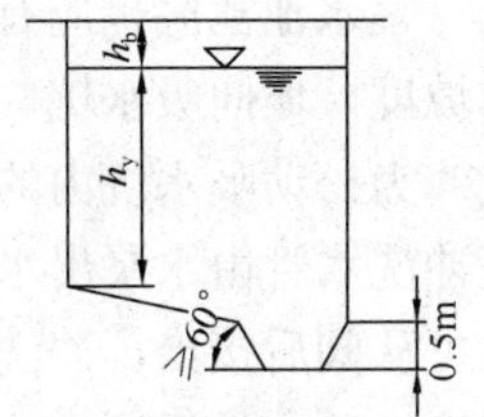

图 4-31 集水池的有效水深

3) 上述集水池的容积，未包括格栅、吸水装置、吸水坑、保护高度所占的体积。

4) 集水池的有效水深 h_y，即池底最高处至最高水位的几何高差，见图 4-31，一般取为 1.0～1.5m；保护高度 h_b，一般取 0.3～0.5m。

5）集水池容积，除满足有效容积外，还应满足吸水管、冲洗管、进水管、格栅、水位计等的布置以及清洗、检修的要求。

6）地下室淋浴间按淋浴器100%同时使用的秒流量或小时流量来计算。

7）消防电梯井集水池的有效容积不得小于2.0m³。

【例】 某公共建筑工程地下一、二层生活污水不能直接排放到室外排水管道，需设置集水池，用污水泵提升后排放，须提升后排放的最高日最高时污水量为1.2m³/h，时变化系数为$K_h=1.2$，该集水池内拟设置2台流量为$Q=15L/s$的污水泵，一用一备，水泵自动启动，试计算该集水池的最小有效容积（m³）为多少？最大有效容积（m³）为多少？

【解】 （1）计算集水池的最小有效容积

由集水池有效容积不宜小于最大一台污水泵5min的出水量。

$$V_{min}=q_5=Q\times5=\frac{15\times60\times5}{1000}=4.5m^3$$

该集水池的最小有效容积为4.5m³。

（2）计算集水池的最大有效容积

计算平均小时污水量：

$$q_h=q_{max}\div K_h=1.2\div1.2=1.0m^3/h$$

计算6h平均小时污水量：

$$q_6=q_h\times6=1.0\times6=6.0m^3$$

由生活污水集水池的有效容积不得大于6h的平均小时污水量，得：

$$V_{max}=q_6=6.0m^3$$

该集水池的最大有效容积为6.0m³。

（3）排水集水池的构造要求

1）一般集水池与设备用房设在同一建筑物内。对于生活粪便污水和可能散发出大量蒸汽或有害气体的工业废水，集水池应设在室外或与设备用房分设在不同的房间内。生活排水集水池不得渗漏，池内壁应采取防腐措施。

集水池内表面，应依据污水水质情况采用适当防腐蚀措施（水泥抹面、耐酸水泥抹面、瓷砖贴面、缸砖贴面、衬塑料、各种防腐涂料等）。

2）池底应设坡向吸水口的坡度，其坡度不小于0.05。

集水池池底也应有不小于0.01的坡度，在污水含悬浮物较多时，一般采用0.1～0.2的坡度，坡向吸水坑。

为松动吸水坑内的沉渣，吸水坑内应设冲洗水管。但不得用生活饮水管直接冲洗。一般冲洗水管由水泵出水管截止阀和止回阀以前接出，在出水管线较长可用管内存水冲洗时也可从阀后接出。冲洗水管应从集水池最高水位以上引入，冲洗管上应装阀门。为检修时冲洗，还应设置洒水栓。

可利用水泵出水管或潜水排污泵蜗体上安装特制冲洗阀来进行冲洗。每次水泵运行时，冲洗阀的搅拌作用可防止污泥和垃圾堆积在集水坑底，也防止水面浮渣结成硬皮，同时给污水充氧消除臭气，见图 4-32。

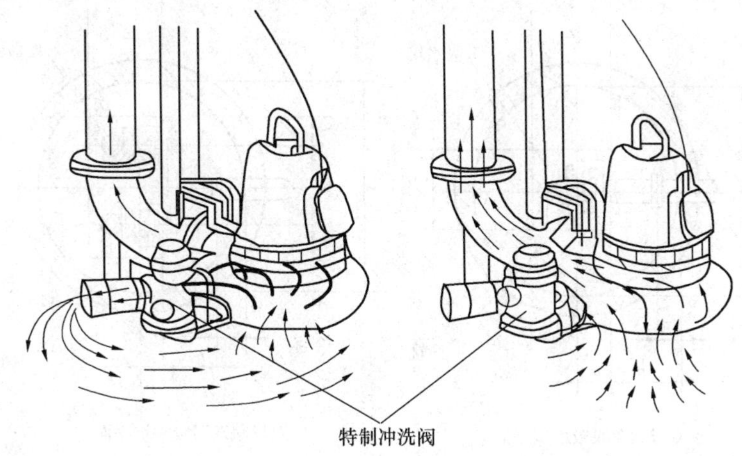

图 4-32 带冲洗阀的潜污泵

3）应根据水泵的运行要求，设置水位指示装置。

4）室内地下室生活污水集水他的池盖应密闭并应设通气管，通气管可以与建筑物内的通气管相连通；生活废水集水池的池盖宜密闭并设通气管。当采用敞开式生活废水集水池时，应设强制通风装置。

5）地下车库坡道处的雨水集水井，车库、泵房、空调机房等处地面排水的集水池可采用敞开式集水池（井）。

6）敞开式集水池（井）应设置格栅盖板。

7）当排水中夹有大块杂物时，在集水池入口处应设格栅，格栅间隙小于水泵叶轮的最小间隙，以免堵塞水泵。通过格栅流速一般为 0.8～1.0m/s。当建筑物内集水池设置格栅困难时，潜水排污泵应带有粉碎装置。

8）有可能产生臭气沿盖板周边外溢的污水集水池的检修孔或人孔盖板应密闭。

9）集水池除满足有效容积外，还应满足水泵设置、水位控制器、格栅等安装检修要求。

10）集水池设计最低水位，应满足水泵吸水要求。当采用潜水排污泵且为连续运行时，停泵水位应保证电动机被水淹没二分之一。

11）吸水坑：吸水坑深度一般采用 0.5m 左右，边坡一般不小于 60°，见图 4-31。采用吸水喇叭口及潜污泵的吸水坑的布置要求，见图 4-33、图 4-34 及表 4-54～表 4-56。

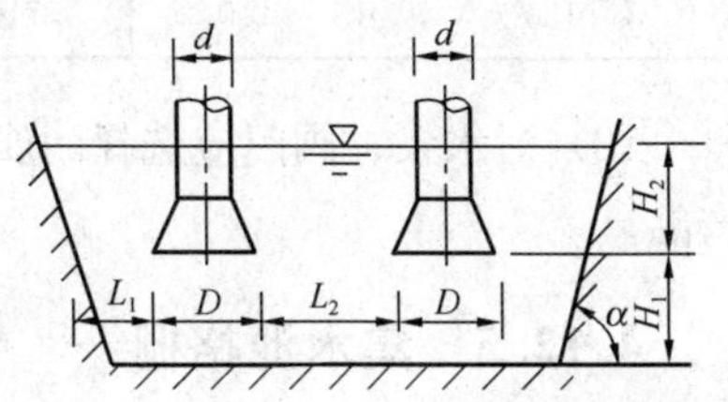

图 4-33 吸水喇叭口安装间距示意

吸水喇叭口安装间距（mm） 表 4-54

d	D	L_1	L_2	H_1	H_2
≤200	(1.3～1.5) d	≥150	(1.5～2.0) D	≥200	300～500
>200		≥D/2		≥D	

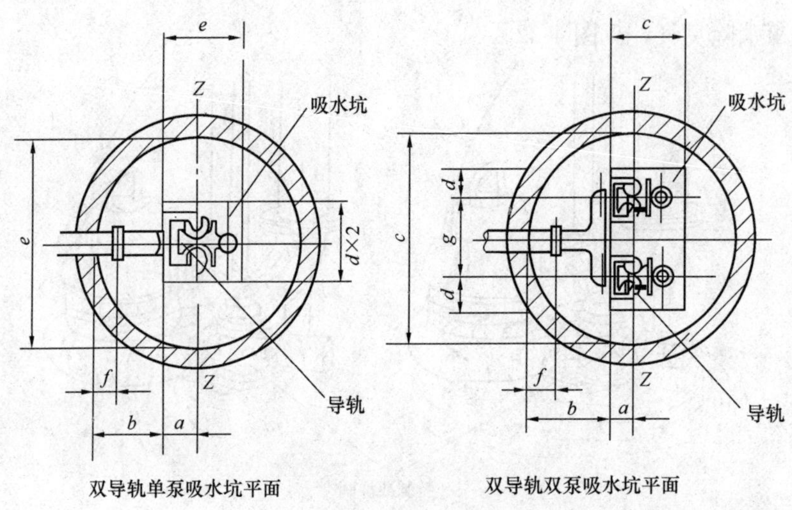

图 4-34　潜污泵的吸水坑平面布置

双导轨单泵安装间距（mm）　　表 4-55

出水管（mm）	*a*	*b*	*c*	*d*	*e*	*f*
50	100	360	1000	250	1200	200
80	100	590	1000	250	1500	200
100	105	545	1000	250	1600	200
150	100	710	1000	300	1800	300

双导轨双泵安装间距（mm）　　表 4-56

出水管（mm）	*a*	*b*	*c*	*d*	*e*	*f*	*g*
50	100	360	1000	250	1500	200	450
80	100	590	1000	250	1800	200	460
100	105	545	1000	250	2200	200	900
150	100	710	1000	300	2500	200	1000

12）污水泵、阀门应选择耐腐蚀、大流通量而不易堵塞的产品，管道应选择耐腐蚀的产品。

4.12.5　集水池格栅

（1）污水中夹带有粗大物体时，在集水池的入口处，应设置格栅。栅条间隙应小于水泵叶轮的最小间隙，以免堵塞水泵。对于 PW 型污水泵，栅条间隙可按表 4-57 采用。

栅　条　间　隙　　表 4-57

污水泵型号	栅条间隙（mm）	污水泵型号	栅条间隙（mm）
21/2PW	20～30	6PW	60～75
4PW	40～50	8PW	75～100

(2) 经过栅条间隙的水流速度，不得大于 0.8～1.0m/s。相应的水头损失约为 0.005～0.01MPa。

(3) 格栅截留的污物应便于清除，有条件时可设计成活动栅网，定期提出清除截留的污物。

4.12.6 吸水管与出水管

(1) 吸水管

1) 在抽升污水时，为防止堵塞，吸水管不宜装设底阀，而应装设吸水喇叭口（一般与吸水管焊接，不用法兰连接），喇叭口安装间距，见图 4-33 和表 4-54。

2) 吸水管内流速见表 4-58。

吸水管和出水管内流速（m/s） **表 4-58**

污水性质	吸水管流速	出水管流速
生活污水或性质类似的污水	1.0～1.2	1.5～2.0
不含或含悬浮物很少的废水	0.7～1.2	0.7～1.5

注：1. 吸水管和出水管内最低流速，在任何情况下不应小于 0.7m/s；
2. 在吸水管路很短时（≤1.5m），流速可达 2.0～2.5m/s；
3. 在几台水泵共用一条出水管，当一台水泵工作时，流速建议采用 0.8～1.0m/s，两台工作时，1.0～1.2m/s，三台以上工作时，1.5～2.0m/s。

3) 为便于工作，防止堵塞和改善水力条件，每台水泵应有单独的吸水管。

4) 吸水管应有不小于 0.005 的坡度，坡向吸水坑。吸水管不应有反坡和中间局部高起的地方，以免空气集存，影响正常运行。

5) 自灌式（水泵轴线低于集水池最低水位）水泵的吸水管上应装阀门。

(2) 出水管

1) 两台或两台以上水泵共用一条出水管时，则在每台水泵出水管上装设阀门和止回阀。单台水泵排水有可能倒灌时，应设置止回阀。出水管上一般宜装压力表。

2) 出水管内流速见表 4-58。

3) 出水管应有不小于 0.005 的坡度，一般坡向水泵。

4) 为便于检修，管道的敷设应不妨碍水泵机组的吊装。出水管一般明装，水泵间内宜用法兰连接。

5) 在污水连续流入又没有应急放水口时，为防止泵房被淹没，除应设置备用水泵和不间断的动力供应外，有时还需设置两条出水管线和转换阀门。

5 屋 面 雨 水

5.1 雨 水 系 统 分 类

(1) 屋面雨水系统按设计流态分类

屋面雨水管道中的水流状态随管道进口顶部的水面深度而变化。该水面深度随降雨强度而变化，因此管道输水过程中会出现多种流态：有压流态、无压流态、过渡流态。过渡流态在某些情况下可表现为半有压流态。屋面雨水系统按设计流态分类如下：

1) 半有压流屋面雨水排水系统。主要采用 65 型、87 型系列雨水斗，管网设计流态为无压流和有压流之间的过渡流态，以下简称为 87 斗雨水系统。

2) 压力流屋面雨水排水系统，也称为虹吸式屋面雨水系统。采用虹吸式雨水斗，管网设计流态为有压流，以下简称为虹吸式雨水系统。

3) 重力流屋面雨水排水系统。采用重力流雨水斗，管网设计流态是无压流态，系统的负荷能力确定中忽略水流压力的作用。

(2) 屋面雨水系统按其他特征分类

1) 按管道的设置位置：内排水系统、外排水系统和混合式排水系统；

2) 按屋面的排水条件：檐沟排水、天沟排水和无沟排水；

3) 按出户横管（渠）在室内是否存在自由水面：封闭系统和敞开系统。

5.1.1 半有压屋面雨水排水系统

半有压流屋面雨水系统特指我国传统的屋面雨水系统。系统的设计流态介于无压流和有压流之间的过渡状态，水流中掺有空气，为气、水两相流。系统的流量负荷、管材、管道布置等都需考虑水流压力的作用。

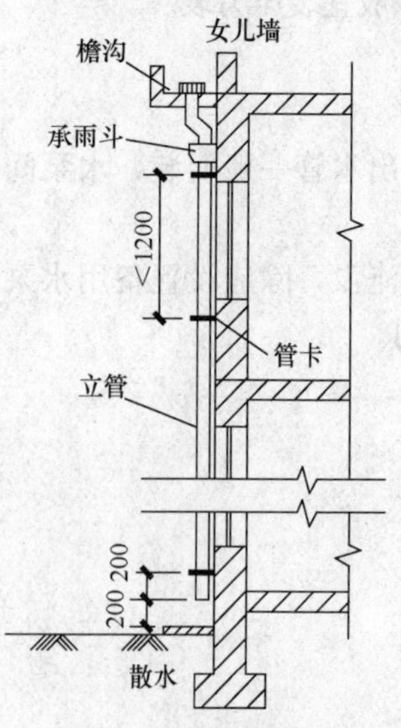

图 5-1 檐沟外排水

87 斗雨水系统适用于各类工业和民用建筑中，是我国应用最普遍、应用时间最久的屋面雨水系统。87 斗雨水系统分为外排水系统、内排水系统和混合式排水系统，选用时应根据生产性质、使用要求、建筑形式、结构特点及气候条件等进行选择。

5.1.1.1 外排水系统

外排水系统是利用屋顶天沟（檐沟）直接通过室外立管将雨水排到散水或室外雨水管道中，由于雨水系统的各部分均设于室外，室内不会因雨水系统的设置而产生水患。外排水系统分为檐沟外排水（图 5-1）及天沟外排水（图 5-2）。

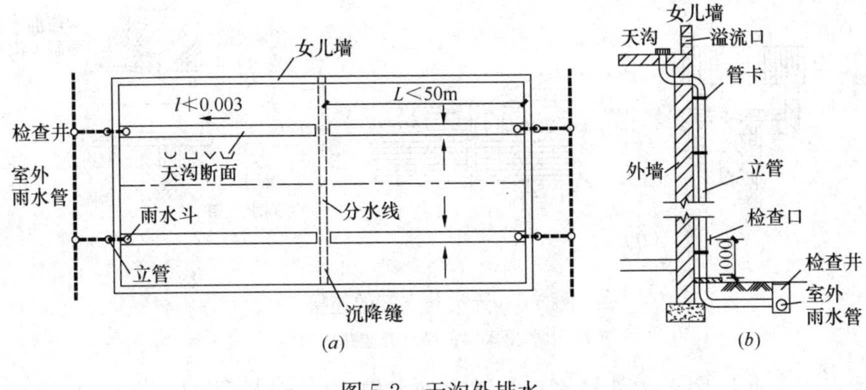

图 5-2 天沟外排水

(a) 平面；(b) 剖面

(1) 檐沟外排水系统

1) 檐沟外排水由檐沟、承雨斗及立管组成，适用于普通的住宅、小型低层建筑。

2) 管材：管道可采用 PVC-U 管、玻璃钢管、金属管等。

3) 敷设要求：沿建筑长度方向的两侧，每隔 10～18m 设 100～150mm 的雨水立管 1 根。阳台上可采用 50mm 的排水管。

4) 优点

①不需在屋面设置雨水斗，室内不会因雨水系统而产生屋面漏水或检查井冒水的水患。

②与厂房内各种设备、管道等无相互干扰，有利于厂房内的空间利用。

③比较节省管材，而且施工简单、方便。

5) 缺点

①不适用于大型建筑排水。

②排水较分散，不便于有组织排水。

(2) 天沟外排水系统

1) 组成

①天沟：屋面的集水和排水的沟槽，位于两跨之间，坡向端墙排水立管。

②雨水斗：天沟末端的排水口，使雨水平稳地进入排水立管。

③排水立管：排除天沟雨水的竖管，并将雨水引至室外雨水管道或排水明渠中。

2) 适用条件：大型屋面，尤其是长度不超过 100m 的多跨工业厂房屋面排水；室内不允许进雨水及不允许设置雨水管道的场所。

3) 天沟的设置

①天沟布置应以建筑的伸缩缝、沉降缝、变形缝为分界。

②天沟断面形式，视屋面情况可以是矩形、梯形、半圆形等。

③天沟坡度不宜太大，以免屋顶垫层过厚而增加结构荷载；但也不宜太小，以免屋顶漏水和施工困难，一般以 0.003～0.006 为宜。

④天沟流水长度不宜大于 50m。

⑤天沟出流措施为延长天沟穿出山墙，然后连接立管沿外墙排出，见图 5-3。在寒冷地区或不允许在外墙设立管时，雨水立管也可设在外墙内壁。

⑥为了防止天沟末端处积水，可在山墙部分的天沟端壁设置溢流口。

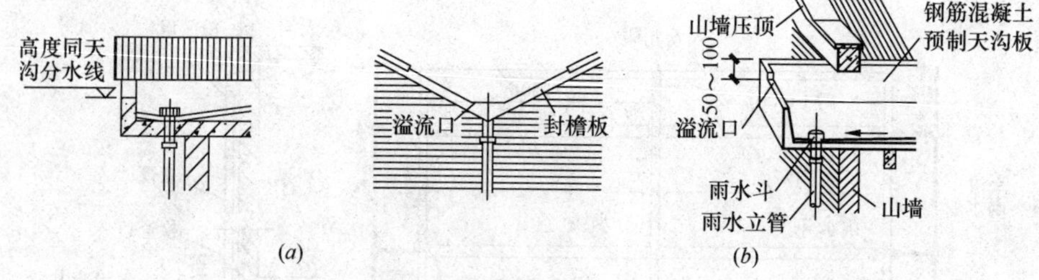

图 5-3 天沟与立管的连接

(a) 山墙出水口；(b) 天沟穿出山墙

4) 优点：工业厂房天沟外排水与管道内排水相比，有以下优点：

①避免因天沟积水而产生的漏水现象；屋面不设雨水斗，避免了因施工不善而引起的漏水现象。

②避免厂房内排水由于设计、施工及维护不善而造成的检查井冒水。

③厂房内无雨水管道，避免与生产设备与其他管道间的矛盾，有利于施工安装。

④在湿陷性黄土地区，由于厂房内无雨水管道，避免因管道漏水而产生的土壤沉降，有利于建筑物的安全；同样室外排水立管也不允许直接排水到地面。

⑤厂房内无架空雨水管道，避免产生凝结水而影响生产。

⑥厂区内可设明渠排水，有利于减小厂区雨水干管的起始埋深。

⑦简化设计，加快施工进度。天沟外排水不使用或少用金属管材，可节约金属材料，节省建设投资。

5) 缺点

①天沟板连接处的防水施工要求较高。

②在寒冷结冰地区，厂房外墙雨水立管需有防冻措施，以免管道冻结破裂。

③稠密工业区或产生灰尘较多的厂房，屋面积尘量大，易造成天沟排水不畅。

④为了保持天沟排水坡度，当天沟较长时需增加屋面垫层的厚度，加大了结构负荷。

⑤天沟末端山墙或女儿墙上需设溢流口，以便溢流雨水斗来不及排除的雨水量。

5.1.1.2 内排水系统

雨水管道的内排水系统由天沟、雨水斗、连接管、悬吊管、立管及排出管等部分组成。

内排水系统可分为封闭系统和敞开系统。雨水内排水系统的特点、选用及敷设详见表 5-1。

雨水内排水系统的特点、选用及敷设　　表 5-1

技术情况	封闭系统		敞开系统	
	架空管外排水式	内埋地管式	内埋地管式	内明渠式
特点	1. 雨水通过架空管道直接引到室外排水管（渠）中，室内不设埋地管，不会引起水患； 2. 系统为压力排水，不允许接入生产废水； 3. 排水能力较大	1. 在排水检查口井内装设封闭三通管，管口用盖堵封闭以防冒水，不会引起水患； 2. 系统为压力排水，不允许接入生产废水； 3. 排水能力较大	1. 可排入生产废水，可省去生产废水系统； 2. 遇大雨时有可能造成水患； 3. 室内设有埋地雨水管和检查井	1. 结合厂房内明渠排水，可省去排水管； 2. 可减小管渠出口埋深； 3. 遇大雨时有可能造成水患； 4. 室内设置排水明渠

续表

技术情况	封闭系统		敞开系统	
	架空管外排水式	内埋地管式	内埋地管式	内明渠式
适用条件	地下管道或设备较多，设置埋地雨水管道困难的厂房	1. 室内不允许冒水； 2. 室内有设置埋地雨水管道的位置	1. 无特殊要求的大面积工业厂房； 2. 除埋地管起端的1、2个检查井外，可排入生产废水	结合工艺排水明渠要求，设置雨水明渠
管道材料及防腐	1. 多层建筑宜采用建筑排水塑料管； 2. 高层建筑宜采用耐腐蚀的金属管、承压塑料管			
	厂房内无埋地雨水管	埋地管或排出管内水压大，一般采用金属管、承压塑料管	埋地管或排出管可采用普通排水管	明渠采用砖砌、混凝土等
优点	1. 室内不会产生雨水水患； 2. 避免了与地下管道和建筑物的矛盾	1. 不会产生冒水； 2. 排水量较大； 3. 能用于空中设施较复杂而地下可敷设埋地管道的厂房	1. 可使用非金属管材； 2. 维修管理较为方便； 3. 便于生产废水的排除	1. 可与厂内明渠结合，节省管材； 2. 减小出口埋深； 3. 维修管理方便
缺点	1. 架空管道过长易与室内设备和管道产生矛盾； 2. 可能产生凝结水； 3. 不能排入生产废水； 4. 维护不便； 5. 管道材料耗用量大	1. 管道材料耗用量大； 2. 造价高，施工较繁且维修不便	1. 不能避免检查井冒水； 2. 易与厂房内地下管道及地下建筑产生矛盾； 3. 厂房较大时，可造成埋地管道过多，施工不便	1. 受厂房内明渠条件限制，使用环境条件差； 2. 管渠接合较为复杂； 3. 不能避免明渠冒水

5.1.1.3 混合式排水系统

在大型工业厂房和大型民用建筑的屋面面积大、结构形式复杂、各部分工艺要求不同时，采用外排水系统或内排水系统中某一种单一形式的屋面雨水排水系统都不能较好地完成雨水排除任务，必须采用几种不同形式的混合排水系统，如内外排水结合、压力重力排水结合等系统。

（1）管道布置原则：根据实际情况因地制宜，水流适当集中或分散排除，以满足生产要求，求得经济合理排水方案。

（2）基本技术要求：应满足工艺要求，做到管路简短、排水通畅、合理解决各种管线间及地下建筑物间的矛盾，方便施工和将来使用、维护工作，力求节省原材料，降低工程造价。

（3）优点：形式多样，使用灵活，容易满足排水和生产要求。

（4）缺点：各种形式系统的性能不同，水流往往不宜统一排放，因此可能造成室外排水管线较长。

5.1.1.4 雨水系统的布置与安装

（1）一般要求

1）当一根立管连接不同高度的多个雨水斗时，最低雨水斗距立管底端的高度，应大于最高雨水斗距立管底端高度的2/3。具有1个以上立管的系统承接不同高度屋面上的雨水斗时，最低斗的几何高度不应小于最高斗几何高度的2/3，几何高度以系统的排出横管在建筑外墙处的标高为基准。接入同一排出管的管网为一个系统。

2）雨水管道宜采用耐腐蚀的金属管、承压塑料管等，其管材和接口的工作压力应大于建筑物高度产生的静水压，且应能承受0.09MPa负压。

3）高层建筑裙房屋面的雨水应单独排放。高层建筑阳台雨水系统应单独设置，不得与屋面雨水系统相连接；多层建筑阳台雨水宜单独设置。阳台雨水立管底部应排到室外散水面或明沟。当阳台雨水系统接纳洗衣等生活废水时，应排入室外生活污水系统。

4）雨水系统若承接屋面冷却塔的排水，应间接排入，并宜排至室外雨水检查井，不可排至室外路面上。

5）高跨雨水流至低跨屋面，当高差在一层及以上时，宜采用管道引流。

6）屋面雨水排水管的转向处宜作顺水连接。

7）雨水横管和立管（金属或塑料）当其直线长度较大时，应设置伸缩器。

8）管道位置应方便安装、维修，不宜布置在结构柱等承重结构内。

9）管道不得穿越卧室、病房等对安静有较高要求的房间。其余限制雨水管道敷设的空间和场所与生活排水管道部分相同。

10）寒冷地区的雨水立管宜布置在室内。

11）寒冷地区的雨水口和天沟宜考虑电伴热融雪化冰措施，电伴热的具体设置可与供应商共同商定。

12）雨水管应牢固地固定在建筑物的承重结构上，固定件必须能承受满流管道的重量和高速水流所产生的作用力。

(2) 雨水斗

雨水斗的作用为汇集屋面雨水，使流过的水流平稳、通畅和截留杂物，防止管道堵塞。

1）屋面排水系统应设置雨水斗，雨水斗应有权威机构测试的水力设计参数，比如排水能力（流量）、对应的斗前水深等。

2）对雨水斗的要求是稳流性能好、泄水量大、斗前水位低、拦污性能强和泄水掺气量小。目前常用的雨水斗为65型、87型及87改进型，见国家标准图集《雨水斗选用及安装》09S302。

3）常用雨水斗的基本性能见表5-2。

常用雨水斗的基本性能 表5-2

斗型	出水管直径 d（mm）	进出口面积比	水力性能			材料
			斗前水深	稳定性	掺气量	
65	100	1.5∶1	浅	稳定，漩涡少	较少	铸铁
87	75、100、150、200	(2.5～3.0)∶1	较浅	稳定，漩涡少	少	钢板、铸铁

注：87改进型雨水斗水力性能等同87型雨水斗。

4）布置雨水斗时，应以伸缩缝或沉降缝作为天沟排水分水线，否则应在缝的两侧各设一个雨水斗。

5）寒冷地区，雨水斗宜布置在冬季受室内温度影响的屋面及屋面雪水易融化的天沟范围内。

6）布置雨水斗的原则是雨水斗的服务面积应与雨水斗的排水能力相适应。雨水斗间距除按计算结果确定之外，还应根据建筑结构的特点（如柱子的布置，建筑专业能实现屋面的设计坡度等）来确定。钢结构厂房天沟较浅，而屋面坡度很大，天沟内雨水斗的间距宜适当缩小。

7）雨水斗应水平安装，可设于天沟内或坡屋面底面上。雨水斗与屋面或天沟板连接处必须做好防水处理，不使雨水由该处漏入房间内，做法详见国家标准图集《雨水斗选用及安装》09S302。

8）多斗雨水系统的雨水斗宜对立管作对称布置，其排水连接管应接至悬吊管上，不得在立管顶端设置雨水斗。

9）一个屋面上应设置不少于 2 个雨水斗。

10）雨水斗应避免布置在天沟的转折处。

11）雨水斗的出水管管径，不应小于 75mm。但设在阳台、窗井等很小汇水面积处的雨水斗，可采用 50mm。

（3）连接管

连接管为承接雨水斗流入的雨水，并将其引至悬吊管的一段短竖管。

1）连接管的管径不得小于雨水斗短管的管径，且不得小于 100mm。

2）连接管应牢固地固定在建筑物的承重结构（如梁、桁架等）上，管材用铸铁管、钢管和承压塑料管。

3）连接管宜用斜三通与悬吊管相连接。

4）伸缩缝、变形缝两侧雨水斗的连接管，见图 5-4，如合并接入一根立管或悬吊管上时，应设置伸缩器或金属软管。

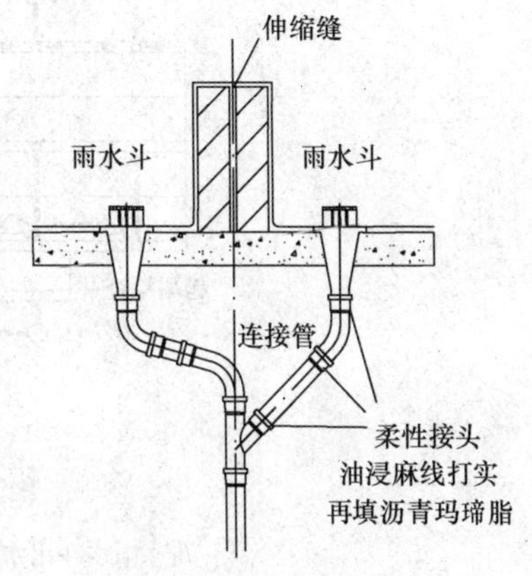

图 5-4 柔性接头

（4）悬吊管

悬吊管承接连接管流来的雨水并将之引至立管。按悬吊管连接雨水斗的数量，可分为单斗悬吊管和多斗悬吊管，连接 2 个及 2 个以上雨水斗的为多斗悬吊管。

1）悬吊管应沿墙、梁或柱间敷设，并牢固地固定其上。

2）一根悬吊管连接的雨水斗数量，不宜超过 4 个。当管道近似同程或同阻布置时，雨水斗数量可不受此限制。一个悬吊管上连接的几个雨水斗的汇水面积相等时，靠近主管处的雨水斗出水管可适当缩小，以均衡各斗的泄水流量。

3）悬吊管的管径可按下游段的管径延伸到起点不变径，但不得小于其连接管管径。沿屋架悬吊时，其管径不宜大于 300mm。

4）长度大于 15m 的雨水悬吊管，应设检查口或带法兰盲板的三通管，其间距不宜大于 20m，位置宜靠近墙柱，以便于维修操作。

5）悬吊管的敷设坡度不宜小于 0.005。

6）悬吊管不得设置在遇水会引起燃烧、爆炸的原料、产品和设备的上方，以防管道产生凝结水或漏水而造成损失。当受条件限制不能避免时，应采取有效防护措施。

7）悬吊管与立管的连接，应采用两个 45°弯头或 90°斜三通。

8）与雨水立管连接的悬吊管，不宜多于两根。

9）雨水管道在工业厂房中一般为明装，在民用建筑中可敷设在楼梯间、阁楼或吊顶内，并应采取防结露措施。

雨水管道的敷设方式见图 5-5。

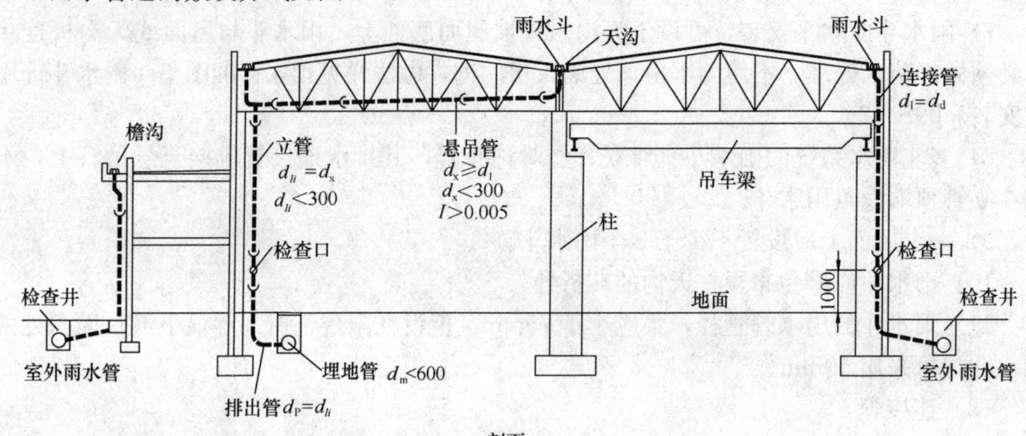

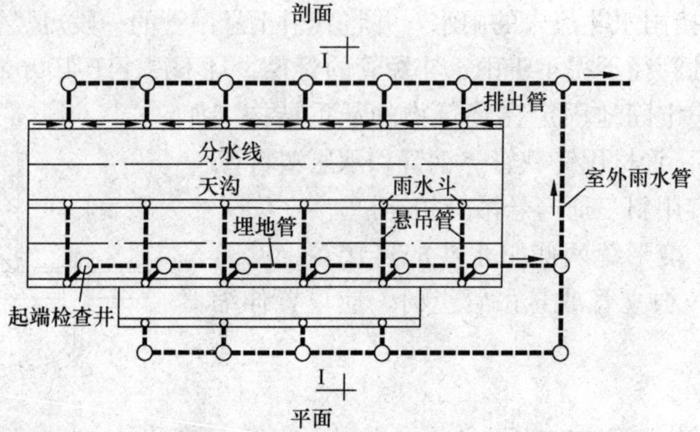

图 5-5　屋面内排水系统

d_d—雨水斗出水管管径；d_l—连接管管径；d_x—悬吊管管径；

d_{li}—立管管径；d_m—埋地管管径；d_p—排出管管径

（5）立管

立管的作用是排除悬吊管或雨水斗流来的雨水，见图 5-5。

1）建筑屋面各汇水范围内，雨水排水立管不宜少于 2 根。

2）立管管径不得小于与其连接的悬吊管的管径，同时也不宜大于 300mm。

3）立管宜沿墙、柱安装，一般为明装，若因建筑或工艺有隐蔽要求时，可敷设于墙槽或管井内，但必须考虑安装和检修方便，在设检查口处应设检修门。

4）建筑高低跨的悬吊管，宜单独设置各自的立管。

5）有埋地排出管的屋面雨水排出管系，立管底部宜设检查口或在排出横管上设水平检查口。当横管有向大气的出口且横管长度小于 2m 的除外。

6）在雨水立管的底部弯管处应设支墩或采取牢固的固定措施。

7）阳台雨水不应接入屋面雨水立管。

（6）排出管

排出管是将立管雨水引入检查井的一段埋地横管。

1）排出管管径不得小于立管管径。

2）雨水排出管内的水流呈半有压流状态，封闭系统不得接入其他废水管道。

3）排出管穿越基础、墙应预留墙洞，洞口尺寸应保证建筑物沉陷时不压坏管道，在一般情况下管顶宜有不小于150mm的净空。有地下水时应做防水套管，具体做法可选用国家标准图集《防水套管》02S404。

（7）埋地管

埋地管是指敷设于室内地下的横管，承接立管排来的雨水，并将其引至室外雨水管道。埋地管可分为敞开式及封闭式。

1）对于封闭式系统，应采用钢管、铸铁管或承压塑料管，对于敞开式系统，一般采用非金属管，如混凝土管、钢筋混凝土管、塑料管。

2）敷设埋地暗管受到限制或采用明渠有利于生产工艺时，可采用有盖板的明渠排水。明渠排水有利于散放水中分离的空气，减少检查井冒水的可能性。

3）埋地管不得穿越设备基础及其他地下构筑物。埋地管道的最小埋深，应按表5-3规定执行。

埋地管的最小埋深 **表5-3**

管材	管顶至地面的距离（m）	
	素土夯实、缸砖、木砖地面	水泥、混凝土、沥青混凝土
排水铸铁管	0.7	0.4
混凝土管	0.7	0.5
硬聚氯乙烯管	1.0	0.6

注：1. 埋地管的埋设深度，在民用建筑中不得小于0.15m；

2. 在管道有防止机械损坏措施或不可能受机械损坏的情况下，其埋设深度可小于表中规定值。

4）埋地管的最小管径不得小于100mm，其对应的最小坡度为塑料管0.005，铸铁管或钢管0.01。

5）封闭式埋地管为压力排水，不得排入生产废水或其他废水。封闭式埋地管在靠近立管处，应设水平检查口。

（8）屋面天沟（包括边沟）的设置

1）为了增大天沟泄流量，天沟断面形式多采用水力半径大、湿周小、宽而浅的矩形或梯形。对于粉尘较多的厂房，应适当增大天沟断面。

2）天沟坡度不宜小于0.003，金属屋面的水平金属长天沟可无坡度。当天沟坡度小于0.003时，雨水出口宜为跌水或自由出流。

3）天沟的深度应在设计水深上方留有保护高度。天沟的净宽度应不小于雨水斗要求的尺寸。

4）单斗天沟流水长度一般不超过50m，经水力计算确能排除设计流量时，可超过50m。

5）天沟不应跨越建筑沉降缝、伸缩缝或变形缝。

（9）附属构筑物

雨水管道的附属构筑物包括检查井、检查口井、放气井及放气管等。

1）检查井：

①排出管接入埋地管处需设检查井，在长度超过 30m 的直管段上、管线转弯、交叉、坡度或管径改变处也需要设检查井。

②接入室内检查井的排出管与下游埋地管采用管顶平接，且水流转角不得小于 135°，见图 5-6。

③在检查井内应设置高流槽，槽顶高出管顶 200mm，见图 5-7。

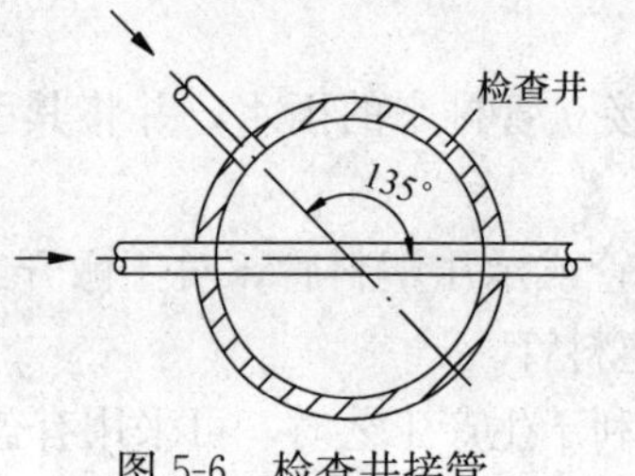

图 5-6　检查井接管

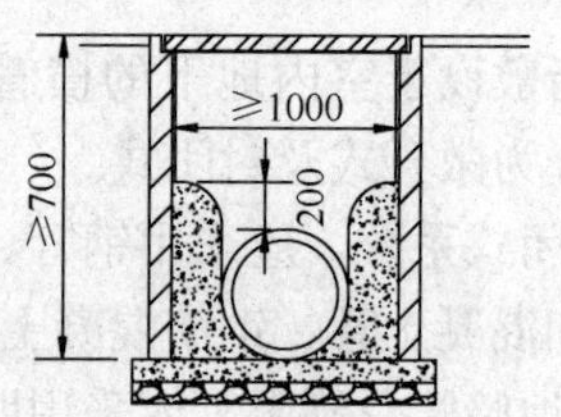

图 5-7　检查井高流槽

④砖砌或装配式混凝土检查井的直径不应小于 1m。检查井深度不应小于 0.7m 以免冒水。

⑤可采用塑料雨水检查井，做法参见《建筑小区塑料排水检查井应用技术教程》CECS 227 和国家标准图集《建筑小区塑料排水检查井》08SS523。

⑥起端检查井无放气措施时，不宜接入其他废水管道。

⑦起端的几个检查井应考虑设置通气措施，以减小井中压力，减少冒水机会。

⑧雨水检查井的最大间距见表 5-4。

雨水检查井的最大间距　　**表 5-4**

管径	最大间距（m）	管径	最大间距（m）
150（160）	30	400（400）	50
200～300（200～315）	40	≥500（500）	70

注：括号内数据为塑料管外径。

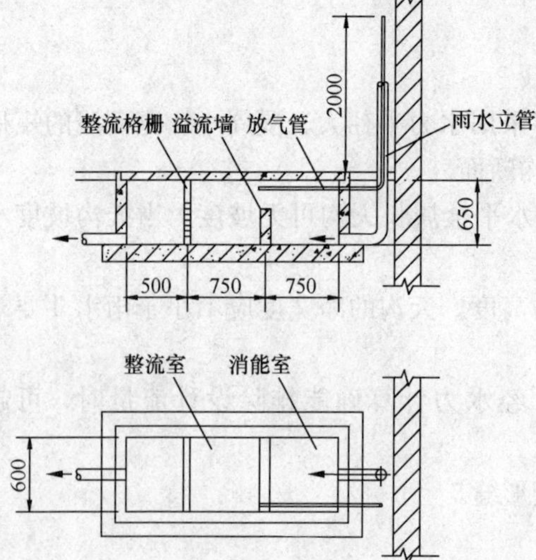

图 5-8　放气井

2）放气井及放气管：为了降低掺气水流在检查井中分离空气所形成的空气压力，应在检查井前设置放气井，或在井中设放气孔或放气管。

①在埋地管的起端几个检查井与排出管间设置放气井，使水流在井内消能放气，然后较平稳地流入检查井，可避免检查井冒水。

②放气井的构造见图 5-8。掺气水流由排出管流出与井内隔墙碰撞，经消能及能量转换，流速减小，水位升高，水气分离。水流溢过隔墙后，再经格栅稳压，平稳流入检查井，分离气体由放气管放出，放气管应接

至高出地面 2m 以上，可沿墙柱敷设。隔栅后亦可做铁箅代替放气管。

3）检查口井：封闭系统中，在埋地管上应设检查口井，以备检修之用，参见国家标准图集《小型排水构筑物》04S519。

4）溢流口：在天沟外排水系统的天沟末端、山墙或女儿墙上应设置溢流口，以排除超设计重现期的雨量或雨水斗发生故障时的积水。

①溢流口的溢流缘口宜比天沟上缘低 50～100mm，溢流口底面应水平，口上不得设格栅，溢流口下的落水地面应加以铺砌，以免水流冲刷。

②溢流口或溢流装置应设置在溢流时雨水能通畅到达的部位。溢流排水不得危害建筑设施和行人安全。

③溢流口以下的水深荷载应提供给结构专业计入屋面荷载。

④一般建筑的屋面雨水排水系统和溢流口或溢流系统的总排水能力不应小于 10 年重现期的雨水量；重要公共建筑、高层建筑的屋面雨水排水系统和溢流口或溢流系统的总排水能力不应小于 50 年重现期的雨水量。

5.1.2 虹吸式屋面雨水排水系统

虹吸式屋面雨水排水系统的设计流态是有压流，水流运动按有压输水管道的恒定流动处理。系统中一般存在负压管段，与虹吸管的水流类似。系统中的各个管段节点都需要作压力平差计算。系统的流量负荷、管材、管道布置等都考虑水流压力的作用。雨水斗采用虹吸式雨水斗。

5.1.2.1 系统的选用和敷设

虹吸式屋面雨水系统的特点、选用及敷设情况等见表 5-5。

虹吸式屋面雨水系统 **表 5-5**

技术情况	内 容 说 明
特点	1. 设计工况充分利用系统的排水能力，设计排水能力大； 2. 必须设置溢流口或溢流装置； 3. 用于实际集水时间小于 5min 的屋面时会产生短时间屋面积水
组成部分	设有溢流口、天沟、雨水斗、连接管、悬吊管、立管、过渡段及排出管
适用条件	1. 积水不会产生危害的大型、复杂屋面； 2. 屋面的天沟壁与屋面板之间的搭接缝无防水功能时不适用，若采用需进行论证； 3. 小型、简单屋面不宜采用
管材及防腐	1. 雨水斗斗体材质可采用铸铁、铝合金、不锈钢、高密度聚乙烯（HDPE）等； 2. 宜采用内壁较光滑的带内衬的承压排水铸铁管、钢管（镀锌钢管、涂塑钢管）、不锈钢管和高密度聚乙烯（HDPE）管等，其管材工作压力应大于建筑物净高度产生的静水压，且应能承受 0.09MPa 的负压；承压塑料管抗环变形外压力应大于 0.15MPa； 3. 钢管需有防腐措施
系统设置要求	1. 对汇水面积大于 5000m^2 的大型屋面，宜设 2 组及以上独立的系统单独排出； 2. 不同高度的屋面、不同形式的屋面汇集的雨水，宜采用独立的系统单独排出；塔楼侧墙雨水和裙房屋面雨水应各自独立排出； 3. 管道不宜敷设在建筑的承重结构内，管道不宜穿越建筑的沉降缝或伸缩缝； 4. 与排出管连接的雨水检查井应采用钢筋混凝土结构或设置消能井，并宜有排气措施

续表

技术情况	内 容 说 明
优点	1. 悬吊管可无坡敷设或小坡度敷设，在大型屋面建筑中节省建筑空间； 2. 管径小，节省管材
缺点	1. 水力计算复杂，设计人员尚无法掌握计算手段； 2. 用于普通屋面经济性差，系统特有的精确计算及其对管材的要求造成了系统的高造价，使工程投资显著增加； 3. 对溢流的依赖性极高，屋面易泛水溢水

5.1.2.2 系统的组成及其安装

（1）天沟及其设置

1）屋面宜设置天沟，天沟坡度不宜小于 0.003，天沟的宽度应保证雨水斗周边均匀进水。天沟的起点深度应根据屋面的汇水面积、坡度和雨水斗的斗前水深确定。

2）天沟应设置溢流设施。

3）其余详见 5.1.1 节中的天沟设置。

（2）溢流设施及其设置

1）溢流口或溢流装置应设置在溢流时雨水能通畅到达的部位。

2）溢流口或溢流装置的设置高度应根据建筑屋面允许的最高溢流水位等因素确定。最高溢流水位应低于建筑屋面允许的最大积水深度。

3）《虹吸式屋面雨水排水系统技术规程》CECS 183 规定，虹吸式屋面雨水排水系统和溢流口或溢流系统的总排水能力，不宜小于设计重现期为 50 年、降雨历时 5min 时的设计雨水流量。

（3）雨水斗及其安装

1）虹吸式屋面雨水系统必须设置雨水斗，雨水斗应符合国家建筑行业标准《虹吸雨水斗》CJ/T 245 的相关要求。

2）应选用泄水量大、斗前水深小、拦污能力强的雨水斗。平屋面上应采用带集水斗型雨水斗，天沟内优先选用带集水斗型雨水斗。虹吸雨水斗外形见图 5-9。图中 A 型带有防水压板，适用于钢筋混凝土及钢制天沟内设置防水层的屋面排水，B 型适用于无防水层

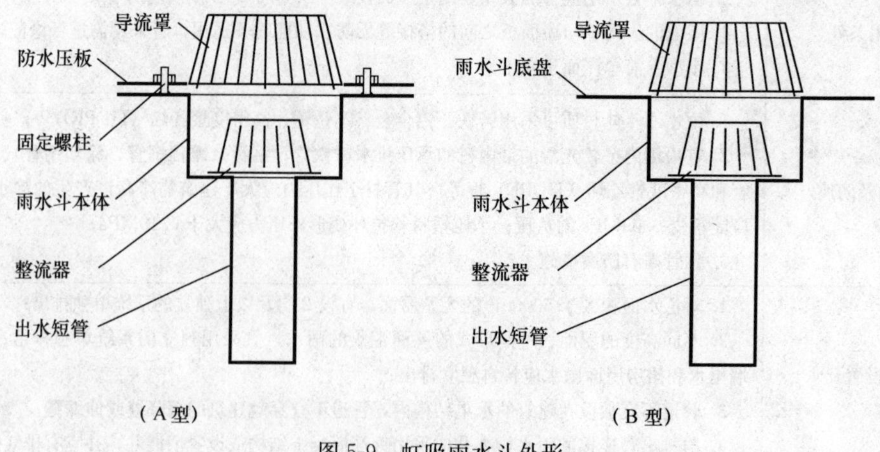

图 5-9　虹吸雨水斗外形

的钢制天沟排水。

3）雨水斗应设置在每个汇水区域屋面或天沟的最低点，每个汇水区域的雨水斗数量不宜少于2个。2个雨水斗之间的间距不宜大于20m。设置在裙房屋面上的雨水斗距塔楼墙面的距离不应小于1m，且不应大于10m。

4）雨水斗宜对雨水立管作对称布置。

5）当连接有多个虹吸式雨水斗时，雨水斗的排水连接管应接在悬吊管上，立管顶端不得设置雨水斗。

6）雨水斗的进水口应水平安装，进水口高度应保证天沟或屋面的雨水能通过雨水斗排净。

7）雨水斗与屋面或天沟和管路系统应可靠连接。安装在金属板（钢板或不锈钢）天沟内的雨水斗，可采用氩弧焊等与天沟焊接连接或其他能确保防水要求的连接方式。雨水斗安装后，其边缘与屋面相连处应密封，确保不渗不漏。

（4）管道及其安装

1）悬吊管可无坡度敷设，但不得产生倒坡。

2）排水系统的最小管径不应小于*DN*40。

3）管道位置应方便安装、维修，不宜敷设在结构柱等承重结构内。

4）管道不宜穿越对安静有较高要求的房间。当受条件限制必须穿越时应采取隔声措施。

5）管道安装时应设置固定件。固定件必须能承受满流管道的重量和高速水流所产生的作用力。

6）雨水立管应按设计要求设置检查口。当采用高密度聚乙烯管时，检查口的最大设置间距不宜大于30m；当采用金属管材时，检查口的设置同半有压流屋面雨水系统。

7）在雨水立管的底部弯管处应设置支墩或采取牢固的固定措施。

8）管道不宜穿越建筑的沉降缝或伸缩缝，当受条件限制必须穿越时，应采取相应的技术措施。管道穿越沉降缝或伸缩缝的处理、管道防结露的处理同半有压流屋面雨水系统。

9）高密度聚乙烯（HDPE）管道穿过墙壁、楼板或有防火要求的部位时，应按设计要求设置阻火圈、防火胶带或防火套管。

10）雨水管穿过墙壁和楼板时，应设置金属或塑料套管。

（5）过渡段与下游管道的设置

1）过渡段的设置位置应经计算确定，宜设置在排出管上，并应充分利用系统的动能。

2）过渡段下游管道应按重力流管道设计，并符合现行国家标准《建筑给水排水设计规范》GB 50015的规定。

5.1.3 重力流屋面雨水排水系统

重力流屋面雨水排水系统的设计流态是无压流，即水力计算中忽略压力因素，横管、立管、雨水斗中的水流都存在自由水面，流量计算中水面上的空气压力忽略不计，系统的流量负荷、管材、管道布置等对水流压力的作用对应措施较少。雨水斗采用重力流雨水斗（自由堰流式雨水斗）。

5.1.3.1 重力流屋面雨水系统的特点

(1) 雨水斗

1) 雨水斗的基本形式是带进水格栅的扩口短管，进水格栅有柱形、球形、平箅形等，具有空气自由出入通道，见图5-10。

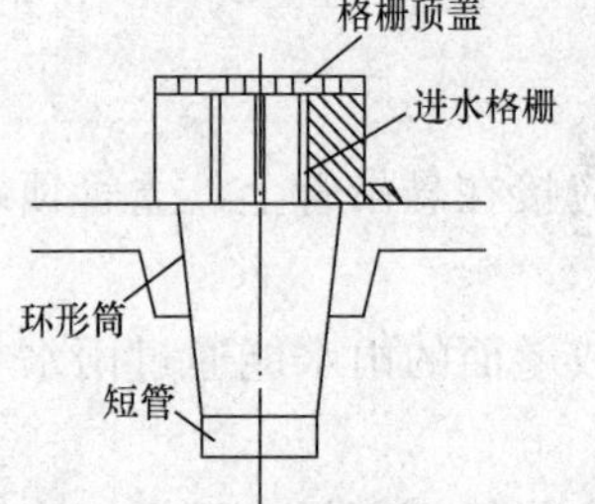

图5-10 重力流雨水斗

2) 可以有效控制排水管系的水流状态。

3) 设计负荷范围内，排水状态为自由堰流。

4) 雨水斗不宜设置在天沟内。

(2) 管道

1) 悬吊管为非满流排水，其充满度不宜大于0.8，管内流速不宜小于0.75m/s。一根悬吊管连接的雨水斗数量不作限制。

2) 多斗系统的立管顶部，不限制设雨水斗。

3) 立管中部以上，可承接管系排水能力范围内多个雨水斗的排水。

4) 室内埋地排出管上不限制设置敞开式检查井，室内埋地管可按满流排水设计。

5) 推荐采用塑料管材，且无抗负压要求。

(3) 屋面

1) 屋面不宜设天沟。

2) 屋面应设溢流设施，超设计重现期雨水由溢流口排除，溢流的设计排水负荷计算同虹吸式屋面雨水系统。溢流设施的最低溢流水位不应高于雨水斗进水面10cm。

5.1.3.2 设计中的注意事项

(1) 重力流雨水斗目前在市场上无产品供应，且无产品标准或国家标准图。

(2) 当雨水斗及溢流口不能避免设计标准以外的超量雨水进入雨水系统时，系统中的流态会向半有压流或有压流转变，产生明显的正压和负压，造成负压区塑料管被吸瘪，室内检查井冒水，甚至管道系统的破坏。

(3) 由于屋面溢流口一般高于屋面几十厘米以上，超设计重现期雨水会进入雨水斗，由溢流口排除这部分雨水的构想在工程设计中难以实现。

(4) 由于65、87型雨水斗都会使系统内产生明显压力，所以不可用于重力流系统。

(5) 檐沟外排水宜采用重力流斗雨水系统。

5.2 雨量计算

5.2.1 降雨强度

(1) 根据当地降雨强度公式(5-1)，计算设计降雨强度

$$q=\frac{167A\ (1+c\lg P)}{(t+b)^{n}} \tag{5-1}$$

式中 q——设计降雨强度[L/(s·100m^2)]；

P——设计重现期(a)；

t——降雨历时(min)；

A、b、c、n ——当地降雨参数。

(2) 设计重现期 P

建筑雨水系统的设计重现期应根据生产工艺和土建情况确定，见表 5-6。

各种汇水区域的设计重现期 **表 5-6**

汇水区域名称		设计重现期 (a)
屋面	一般性建筑屋面	2～5
	重要公共建筑屋面	≥10
室外场地	小区	1～3
	车站、码头、机场的基地	2～5

注：1. 工业厂房屋面雨水排水设计重现期应根据生产工艺、重要程度等因素确定；
2. 表中设计重现期，半有压流系统可取低值，虹吸式系统宜取高限值；重现期取值过大时，系统将长期不在设计工况条件下运行。

(3) 降雨历时 t

雨水管道的降雨历时，按式 (5-2) 计算：

$$t = t_1 + Mt_2 \tag{5-2}$$

式中 t ——降雨历时 (min)；

t_1 ——地面集水时间 (min)；视距离长短、地形坡度和地面铺盖情况而定。室外地面一般取 5～10min，建筑屋面取 5min。当屋面坡度较大且短时积水会造成危害时，可按实际计算集水时间取值；

M ——折减系数，按表 5-7 取值；

t_2——管渠内雨水流行时间 (min)，建筑物管道可取 0。

折减系数 M **表 5-7**

建筑物管道、小区支管和接户管	小区干管（暗管）	小区干管（明渠）	陡坡地区干管（暗管）
1	2	1.2	1.2～2

为了计算降雨强度，收集了国内部分城市的降雨强度公式，并计算出重现期 1～100 年、5min 降雨历时的降雨强度 q_5，计算数值见表 5-8。

(4) 小时降雨厚度

雨量可根据当地的暴雨公式，按式 (5-3) 换算成小时降雨厚度。

$$H = 36q_5 \tag{5-3}$$

式中 H ——小时降雨厚度 (mm/h)；

q_5 ——降雨历时 5min 的暴雨强度[L/(s・100m²)]；表 5-8 为我国部分城镇降雨强度。

我国部分城镇降雨强度 **表 5-8**

城镇名称	降雨强度 q_5[L/(s・100m²)]/H(mm/h)							
	P=1	P=2	P=3	P=4	P=5	P=10	P=50	P=100
北京	3.23	4.01	4.48	4.81	5.06	5.85	7.56	8.34
	116	145	161	173	182	211	272	300

续表

城镇名称		降雨强度 q_5[L/(s·100m²)]/H(mm/h)							
		P=1	P=2	P=3	P=4	P=5	P=10	P=50	P=100
上海		3.40	4.13	4.56	4.87	5.10	5.84	7.54	8.28
		122	149	164	175	184	210	272	298
天津		2.77	3.48	3.89	4.19	4.42	5.12	6.77	7.48
		100	125	140	151	159	185	244	269
重庆		3.07	3.69	4.02	4.25	4.42	4.94	6.00	6.40
		111	133	145	153	159	178	216	230
河北	石家庄	2.76	3.51	3.93	4.25	4.49	5.26	7.04	7.81
		99	126	142	153	162	189	254	281
	承德	2.64	3.30	3.68	3.93	4.14	4.75	6.16	6.76
		95	119	132	142	149	171	222	244
	秦皇岛	2.66	3.26	3.62	3.87	4.06	4.67	6.08	6.68
		96	117	130	139	146	168	219	241
	唐山	3.60	4.49	5.04	5.42	5.72	6.66	8.82	9.75
		128	162	181	195	206	240	318	351
	廊坊	2.79	3.44	3.81	4.08	4.29	4.93	6.43	7.08
		100	124	137	147	154	178	232	255
	沧州	3.68	4.56	5.07	5.44	5.72	6.60	8.63	9.51
		133	164	183	196	206	238	311	342
	保定	2.55	3.08	3.39	3.61	3.78	4.30	5.53	6.05
		92	111	122	130	136	155	199	218
	邢台	2.64	3.34	3.76	4.05	4.28	4.99	6.63	7.34
		95	120	135	146	154	180	239	264
	邯郸	2.81	3.62	4.09	4.43	4.69	5.50	7.39	8.20
		101	130	147	160	169	198	266	295
	衡水	2.34	3.03	3.45	3.74	3.97	4.67	6.31	7.01
		84	109	124	135	143	168	227	252
	任丘	3.42	4.34	4.88	5.27	5.56			
		123	156	176	190	200			
	张家口	2.14	2.80	3.19	3.46	3.67			
		77	101	115	125	132			
山西	太原	2.31	2.92	3.27	3.52	3.72	4.32	5.33	5.89
		83	105	118	127	134	155	192	212
	大同	1.78	2.35	2.69	2.93	3.12	3.70	5.04	5.62
		64	85	97	106	112	133	181	202

续表

城镇名称		降雨强度 q_5[L/(s·100m²)]/H(mm/h)							
		$P=1$	$P=2$	$P=3$	$P=4$	$P=5$	$P=10$	$P=50$	$P=100$
山西	朔县	2.01	2.50	2.78	2.98	3.14	3.62	4.74	5.23
		72	90	100	107	113	130	171	188
	原平	2.23	2.92	3.34	3.63	3.85	4.55	6.17	6.87
		80	105	120	131	139	164	222	247
	阳泉	2.64	3.41	3.86	4.18	4.43	5.20	6.99	7.76
		95	123	139	151	160	187	252	280
	榆次	1.94	2.57	2.94	3.20	3.40	4.03	5.49	6.12
		70	92	106	115	122	145	198	220
	离石	1.77	2.20	2.45	2.62	2.76	3.19	4.18	4.60
		64	79	88	94	99	115	150	166
	长治	1.99	2.84	3.34	3.70	3.97	4.83	6.81	7.67
		72	102	120	133	143	174	245	276
	临汾	2.10	2.69	3.04	3.29	3.48	4.07	5.45	6.04
		76	97	110	118	125	147	196	218
	侯马	2.29	3.00	3.42	3.72	3.95	4.67	6.33	7.04
		82	108	123	134	142	168	228	254
	运城	1.69	2.22	2.52	2.74	2.91	3.44	4.67	5.20
		61	80	91	99	105	124	168	187
内蒙古	包头	2.27	2.92	3.33	3.61	3.83	4.50	6.06	6.74
		82	106	120	130	138	162	218	242
	集宁	1.94	2.52	2.86	3.11	3.29	3.88	5.23	5.82
		70	96	103	112	119	140	188	209
	赤峰	1.83	2.58	3.01	3.32	3.56	4.31	6.04	6.78
		66	93	109	120	128	155	217	244
	海拉尔	1.80	2.37	2.70	2.94	3.12	3.69	5.02	5.58
		65	85	97	106	112	133	181	201
黑龙江	哈尔滨	2.67	3.39	3.81	4.11	4.34	5.06	6.74	7.46
		96	122	137	148	156	182	243	269
	漠河	1.87	2.43	2.76	2.99	3.18	3.74	5.04	5.61
		67	88	99	108	114	135	182	202
	呼玛	2.00	2.51	2.81	3.03	3.19	3.71	4.90	5.42
		72	90	101	109	115	133	176	195
	黑河	2.49	3.12	3.48	3.74	3.94	4.56	6.01	6.63
		90	112	125	135	142	164	216	239

续表

城镇名称		降雨强度 q_5[L/(s·100m²)]/H(mm/h)							
		P=1	P=2	P=3	P=4	P=5	P=10	P=50	P=100
黑龙江	嫩江	2.37	2.94	3.28	3.52	3.70	4.27	5.60	6.17
		85	106	118	127	133	154	202	222
	北安	2.32	2.91	3.25	3.50	3.69	4.28	5.66	6.25
		83	105	117	126	133	154	204	225
	齐齐哈尔	2.37	3.00	3.37	3.64	3.84	4.48	5.95	6.58
		85	108	121	131	138	161	214	237
	大庆	2.48	3.16	3.56	3.84	4.06	4.74	6.32	7.00
		89	114	128	138	146	171	227	252
	佳木斯	2.46	3.19	3.61	3.92	4.15	4.88	6.56	7.29
		89	115	130	141	149	176	236	262
	同江	2.55	3.20	3.57	3.84	4.05	4.69	6.19	6.84
		92	115	129	138	146	169	223	246
	抚远	2.41	3.00	3.34	3.59	3.77	4.36	5.73	6.31
		87	108	120	129	136	157	206	227
	虎林	2.27	2.96	3.36	3.64	3.87	4.56	6.16	6.84
		82	106	121	131	139	164	222	246
	鸡西	2.36	2.91	3.22	3.45	3.62	4.16	5.42	5.96
		85	105	116	124	130	150	195	214
	牡丹江	1.97	2.50	2.81	3.03	3.20	3.74	4.97	5.51
		71	90	101	109	115	135	179	198
	伊春	2.16	2.86	3.26	3.55	3.77			
		78	103	117	128	136			
	东宁	2.09	2.64	2.96	3.19	3.36			
		75	95	107	115	121			
	尚志	2.43	3.02	3.37	3.62	3.81			
		87	109	121	130	137			
	勃利	2.44	3.18	3.61	3.91	4.15			
		88	114	130	141	149			
	饶河	2.01	2.46	2.73	2.92	3.06			
		72	89	98	105	110			
	绥化	2.70	3.39	3.79	4.07	4.29			
		97	122	136	147	155			
	通河	2.48	3.00	3.30	3.52	3.68			
		89	108	119	127	133			

续表

城镇名称		降雨强度 q_5[L/(s·100m²)]/H(mm/h)							
		P=1	P=2	P=3	P=4	P=5	P=10	P=50	P=100
黑龙江	绥芬河	2.02	2.47	2.72	2.91	3.05			
		73	89	98	105	110			
	讷河	2.36	3.00	3.38	3.64	3.85			
		85	108	122	131	139			
	双鸭山	2.39	2.95	3.28	3.51	3.69			
		86	106	118	126	133			
吉林	长春	3.41	4.11	4.52	4.81	5.03	5.73	7.35	8.05
		123	148	163	173	181	206	265	290
	白城	2.52	3.05	3.36	3.58	3.75	4.28	5.52	6.05
		91	110	121	129	135	154	199	218
	前郭尔罗斯	2.65	3.19	3.51	3.74	3.91	4.45	5.71	6.25
		95	115	126	135	141	160	206	225
	四平	3.57	4.32	4.76	5.08	5.32	6.06	7.82	8.57
		129	156	171	183	191	218	281	308
	吉林	3.28	3.97	4.37	4.66	4.88	5.56	7.17	7.86
		118	143	157	168	176	200	258	283
	海龙	2.61	3.32	3.73	4.03	4.25	4.96	6.60	7.31
		94	120	134	145	153	179	238	263
	通化	4.39	5.32	5.86	6.25	6.55	7.47	9.62	10.55
		158	192	211	225	236	269	346	380
	浑江	2.37	3.12	3.55	3.86	4.11	4.85	6.59	7.34
		85	112	128	139	148	175	237	264
	延吉	2.54	3.07	3.38	3.61	3.78	4.31	5.55	6.09
		91	111	122	130	136	155	200	219
	辽源	3.39	4.08	4.49	4.78	5.00			
		122	147	162	172	180			
	双辽	2.67	3.21	3.52	3.76	3.93			
		96	116	127	135	142			
	长白	2.99	3.62	3.99	4.25	4.45			
		108	130	144	153	160			
	敦化	2.74	3.32	3.66	3.90	4.08			
		99	119	132	140	147			
	图们	2.44	2.95	3.25	3.46	3.63			
		88	106	117	125	131			

续表

城镇名称		降雨强度 q_5[L/(s·100m²)]/H(mm/h)							
		P=1	P=2	P=3	P=4	P=5	P=10	P=50	P=100
吉林	桦甸	3.86	4.68	5.16	5.49	5.76			
		139	168	186	198	207			
辽宁	沈阳	2.86	3.56	3.97	4.26	4.48	5.18	6.80	7.50
		103	128	143	153	161	187	245	270
	本溪	2.97	3.53	3.86	4.10	4.28	4.84	6.15	6.72
		107	127	139	148	154	174	221	242
	丹东	2.72	3.26	3.58	3.81	3.98	4.53	5.80	6.34
		98	117	129	137	143	163	209	228
	大连	2.44	2.93	3.21	3.41	3.57	4.05	5.18	5.66
		88	105	116	123	128	146	186	204
	营口	2.66	3.28	3.64	3.89	4.09	4.71	6.14	6.76
		96	118	131	140	147	169	221	243
	鞍山	2.83	3.42	3.77	4.02	4.21	4.81	6.19	6.79
		102	123	136	145	152	173	223	244
	辽阳	2.73	3.35	3.71	3.96	4.16	4.78	6.21	6.83
		98	121	134	143	150	172	224	246
	黑山	2.56	3.25	3.65	3.94	4.16	4.86	6.46	7.16
		92	117	132	142	150	175	233	258
	锦州	3.01	3.78	4.24	4.56	4.80	5.58	7.37	8.14
		108	136	152	164	173	201	265	293
	锦西	3.25	4.03	4.49	4.81	5.06	5.84	7.66	8.44
		117	145	161	173	182	210	276	304
	绥中	2.71	3.37	3.76	4.03	4.24	4.90	6.43	7.08
		98	121	135	145	153	176	231	255
	阜新	2.23	2.95	3.47	3.89	4.25			
		80	106	125	140	153			
山东	济南	2.95	3.62	4.02	4.30	4.51	5.19	6.75	7.42
		106	130	145	155	163	187	243	267
	德州	2.89	3.50	3.86	4.11	4.31	4.91	6.33	6.94
		104	126	139	148	155	177	228	250
	淄博	2.95	3.64	4.05	4.34	4.56	5.25	6.86	7.55
		106	131	146	156	164	189	247	272
	潍坊	2.81	3.51	3.92	4.21	4.43	5.13	6.75	7.45
		101	126	141	151	160	185	243	268

续表

城镇名称		降雨强度 q_5[L/(s·100m²)]/H(mm/h)							
		$P=1$	$P=2$	$P=3$	$P=4$	$P=5$	$P=10$	$P=50$	$P=100$
山东	掖县	3.03	3.95	4.49	4.88	5.18	6.10	8.25	9.18
		109	142	162	176	186	220	297	331
	龙口	2.44	3.05	3.40	3.66	3.85	4.46	5.87	6.47
		88	110	123	132	139	161	211	233
	长岛	2.60	3.25	3.63	3.90	4.11	4.76	6.28	6.93
		93	117	131	140	148	171	226	250
	烟台	2.31	3.05	3.48	3.79	4.03	4.77	6.49	7.23
		83	110	125	136	145	172	234	260
	莱阳	2.46	3.26	3.72	4.05	4.31	5.10	6.95	7.74
		89	117	134	146	155	184	250	279
	海阳	3.50	4.36	4.87	5.23	5.51	6.37	8.38	9.24
		126	157	175	188	198	229	302	333
	枣庄	3.17	3.94	4.39	4.70	4.95	5.72	7.49	8.26
		114	142	158	169	178	206	270	297
	青岛	2.10	2.54	2.80	2.98	3.12			
		76	91	101	107	113			
江苏	南京	2.92	3.51	3.86	4.10	4.29	4.88	6.25	6.84
		105	126	139	148	155	176	225	246
	徐州	2.79	3.22	3.47	3.65	3.79	4.22	5.23	5.66
		100	116	125	132	137	152	188	204
	连云港	2.16	2.69	3.01	3.23	3.40	3.94	5.18	5.71
		78	97	108	116	123	142	186	206
	淮阴	2.66	3.37	3.79	4.08	4.31	5.02	6.68	7.39
		96	121	136	147	155	181	240	266
	盐城	2.79	3.43	3.80	4.07	4.28	4.91	6.40	7.04
		100	123	137	147	154	177	230	253
	扬州	2.20	2.63	2.88	3.05	3.19	3.62	4.60	5.03
		79	95	104	110	115	130	166	181
	南通	2.17	2.67	2.95	3.16	3.32	3.81	4.95	5.44
		78	96	106	114	119	137	178	196
	镇江	2.85	3.53	3.92	4.20	4.42	5.10	6.66	7.34
		103	127	141	151	159	183	240	264
	常州	2.58	3.16	3.49	3.73	3.92	4.49	5.83	6.41
		93	114	126	134	141	162	210	231

续表

城镇名称		降雨强度 q_5[L/(s·100m²)]/H(mm/h)							
		P=1	P=2	P=3	P=4	P=5	P=10	P=50	P=100
江苏	无锡	2.14	2.68	2.99	3.21	3.38	3.91	5.15	5.69
		77	96	108	115	122	141	185	205
	苏州	2.22	2.75	3.05	3.27	3.45	3.97	5.20	5.73
		80	99	110	118	124	143	187	206
	清江	2.88	3.45	3.79	4.02	4.20			
		104	124	136	145	151			
	高淳	2.87	3.62	4.06	4.37	4.62			
		103	130	146	157	166			
	泗洪	2.17	2.57	2.80	2.97	3.10			
		78	93	101	107	112			
	阜宁	2.69	3.13	3.36	3.52	3.65			
		97	113	121	127	131			
	沭阳	2.97	3.52	3.85	4.08	4.25			
		107	127	138	147	153			
	响水	2.56	3.20	3.57	3.84	4.04			
		92	115	129	138	146			
	泰州	2.22	2.59	2.81	2.97	3.09			
		80	93	101	107	111			
	江阴	2.52	3.28	3.72	4.03	4.27			
		91	118	134	145	154			
	溧阳	1.71	2.10	2.33	2.50	2.62			
		61	76	84	90	94			
	高邮	2.84	3.37	3.69	3.91	4.08			
		102	121	133	141	147			
	东台	2.74	3.30	3.63	3.86	4.04			
		99	119	131	139	145			
	太仓	2.00	2.46	2.73	2.92	3.06			
		72	89	98	105	110			
	吴县	2.29	2.90	3.26	3.52	3.72			
		82	105	117	127	134			
	句容	2.70	3.26	3.59	3.82	4.00			
		93	117	129	137	144			
安徽	合肥	3.04	3.73	4.14	4.42	4.65	5.34	6.95	7.65
		109	134	149	159	167	192	250	275

续表

城镇名称		降雨强度 q_5[L/(s·100m²)]/H(mm/h)							
		P=1	P=2	P=3	P=4	P=5	P=10	P=50	P=100
安徽	蚌埠	2.85	3.51	3.89	4.16	4.38	5.04	6.57	7.23
		103	126	140	150	158	181	236	260
	淮南	3.63	4.42	4.86	5.19	5.43	6.22	8.01	8.79
		131	159	175	187	196	224	288	316
	芜湖	3.19	3.93	4.37	4.68	4.92	5.67	7.41	8.15
		115	142	157	169	177	204	267	293
	安庆	3.32	4.10	4.56	4.88	5.13	5.90	7.71	8.49
		120	148	164	176	185	213	278	306
浙江	杭州	3.25	3.28	3.30	3.31	3.32	3.35	3.42	3.45
		117	118	119	119	120	121	123	124
	诸暨	4.02	5.06	5.67	6.10	6.43	7.47	9.88	10.92
		145	182	204	220	232	269	356	393
	衢州	3.09	3.61	3.92	4.14	4.31	4.84	6.05	6.59
		119	130	141	149	155	174	218	237
	宁波	3.40	4.12	4.55	4.85	5.08	5.81	7.49	8.22
		122	148	164	175	183	209	270	296
	温州	3.30	3.34	3.37	3.38	3.40	3.46	3.54	3.58
		119	120	121	122	122	125	127	129
	余姚	3.23	3.89	4.27	4.55	4.76	5.42	6.94	7.60
		116	140	154	164	171	195	250	273
	浒山	2.38	3.00	3.36	3.62	3.81	4.43	5.87	6.48
		86	108	121	130	137	160	211	233
	镇海	2.76	3.47	3.89	4.19	4.41	5.13	6.78	7.49
		100	125	140	151	159	185	244	270
	溪口	2.79	3.41	3.77	4.03	4.23	4.85	6.28	6.90
		101	123	136	145	152	174	226	248
	绍兴	3.40	3.43	3.44	3.45	3.46	3.49	3.56	3.59
		122	123	124	124	125	126	128	129
	湖州	3.27	3.30	3.32	3.33	3.34	3.37	3.43	3.46
		118	119	119	120	120	121	124	125
	嘉兴	3.19	3.22	3.24	3.25	3.26	3.29	3.36	3.39
		115	116	117	117	117	118	121	122
	台州	3.01	3.05	3.07	3.09	3.10	3.14	3.22	3.26
		108	110	110	111	112	113	116	117

续表

城镇名称		降雨强度 q_5[L/(s·100m²)]/H(mm/h)							
		P=1	P=2	P=3	P=4	P=5	P=10	P=50	P=100
浙江	舟山	2.84	2.85	2.86	2.86	2.87	2.88	2.91	2.92
		102	103	103	103	103	104	105	105
	丽水	3.03	3.06	3.07	3.08	3.09	3.12	3.18	3.21
		109	110	111	111	111	112	115	116
	金华	3.45	3.52	3.57	3.60	3.62	3.70	3.87	3.95
		124	127	128	130	130	133	139	142
	兰溪	3.80	4.40	4.77	5.02	5.22			
		137	159	172	181	188			
江西	南昌	4.23	5.10	5.62	5.98	6.26	7.14	9.18	10.05
		152	184	202	215	226	257	330	362
	庐山	3.26	3.86	4.21	4.46	4.65	5.25	6.64	7.24
		117	139	152	161	167	189	239	261
	修水	3.54	4.37	4.86	5.20	5.47	6.30	8.23	9.06
		127	157	175	187	197	227	296	326
	波阳	3.13	3.67	3.99	4.22	4.40	4.94	6.21	6.76
		113	132	144	152	158	178	224	243
	宜春	3.30	3.97	4.36	4.64	4.85	5.52	7.06	7.73
		119	143	157	167	175	199	254	278
	贵溪	3.32	3.81	4.09	4.30	4.46	4.94	6.08	6.57
		120	137	147	155	160	178	219	237
	吉安	4.15	4.75	5.10	5.35	5.54	6.14	7.53	8.13
		149	171	184	193	199	221	271	293
	赣州	3.74	4.37	4.73	5.00	5.20	5.83	7.29	7.92
		135	157	170	180	187	210	262	285
	景德镇	3.70	4.36	4.75	5.03	5.25			
		133	157	171	181	189			
	萍乡	3.08	3.81	4.23	4.53	4.76			
		111	137	152	163	171			
	九江	3.83	4.52	4.93	5.21	5.43			
		138	163	177	188	196			
	湖口	3.65	4.31	4.69	4.97	5.18			
		131	155	169	179	186			
	上饶	4.63	5.28	5.67	5.94	6.15			
		167	190	204	214	221			

续表

城镇名称		降雨强度 q_5[L/(s·100m²)]/H(mm/h)							
		P=1	P=2	P=3	P=4	P=5	P=10	P=50	P=100
江西	婺源	3.54	4.05	4.34	4.55	4.71			
		128	146	156	164	170			
	资溪	3.98	4.82	5.32	5.66	5.93			
		143	174	191	204	214			
	莲花	3.47	4.01	4.33	4.56	4.73			
		125	145	156	164	170			
	新余	2.54	3.06	3.36	3.57	3.74			
		92	110	121	129	134			
	清江	4.12	4.98	5.48	5.83	6.11			
		148	179	197	210	220			
	上高	3.26	3.97	4.38	4.68	4.90			
		117	143	158	168	177			
	瑞金	4.43	5.14	5.57	5.86	6.10			
		159	185	200	211	219			
	兴国	4.31	4.99	5.38	5.66	5.88			
		155	180	194	204	212			
	井冈山	2.15	2.51	2.73	2.88	2.99			
		77	90	98	104	108			
	龙南	3.23	3.77	4.09	4.31	4.49			
		116	136	147	155	162			
	南丰	3.90	4.51	4.87	5.12	5.32			
		140	162	175	184	191			
	都昌	2.20	2.59	2.83	2.99	3.12			
		79	93	102	108	112			
	彭泽	2.48	2.92	3.17	3.35	3.49			
		89	105	114	120	126			
	水修	4.05	4.90	5.39	5.74	6.01			
		146	176	194	207	216			
	德安	2.51	3.04	3.35	3.57	3.74			
		90	110	121	129	135			
	玉山	4.74	5.41	5.80	6.08	6.29			
		171	195	209	219	227			
	安福	3.96	4.53	4.87	5.10	5.29			
		143	163	175	148	190			

续表

城镇名称		降雨强度 q_5[L/(s·100m^2)]/H(mm/h)							
		$P=1$	$P=2$	$P=3$	$P=4$	$P=5$	$P=10$	$P=50$	$P=100$
江西	弋阳	4.19	4.81	5.17	5.42	5.62			
		151	173	186	195	202			
	临川	3.81	4.44	4.81	5.07	5.27			
		137	160	173	183	190			
	遂川	4.40	5.09	5.49	5.78	6.00			
		158	183	198	208	216			
	寻乌	3.74	4.37	4.74	5.00	5.20			
		135	157	171	180	187			
	信丰	5.07	5.93	6.43	6.78	7.06			
		183	213	231	244	254			
	会昌	3.72	4.35	4.72	4.98	5.18			
		134	157	170	179	187			
	宁都	3.06	3.54	3.82	4.02	4.17			
		110	127	137	145	150			
	广昌	3.94	4.56	4.92	5.17	5.37			
		142	164	177	186	193			
	德兴	3.92	4.47	4.80	5.03	5.21			
		141	161	173	181	187			
	进贤	4.18	4.94	5.38	5.69	5.94			
		151	178	194	205	214			
	泰和	4.98	5.70	6.12	6.42	6.65			
		179	205	220	231	239			
	乐平	3.59	4.15	4.48	4.71	4.89			
		129	149	161	170	176			
	东乡	3.95	4.66	5.08	5.37	5.60			
		142	168	183	193	202			
	金溪	3.31	3.86	4.18	4.41	4.59			
		119	139	151	159	165			
	余干	3.67	4.31	4.68	4.95	5.16			
		132	155	168	178	186			
	武宁	2.68	3.30	3.67	3.93	4.13			
		96	119	132	142	149			
	丰城	3.50	4.23	4.65	4.95	5.19			
		126	152	167	178	187			

续表

城镇名称		降雨强度 q_5[L/(s·100m²)]/H(mm/h)							
		P=1	P=2	P=3	P=4	P=5	P=10	P=50	P=100
江西	峡江	3.72	4.26	4.58	4.80	4.97			
		134	153	165	173	179			
	奉新	4.57	5.58	6.18	6.60	6.93			
		164	201	222	238	249			
	铜鼓	2.98	3.68	4.09	4.38	4.61			
		107	133	147	158	166			
	乐安	4.04	4.71	5.11	5.38	5.60			
		146	170	184	194	202			
福建	福州	3.47	4.20	4.63	4.93	5.16	5.89	7.59	8.32
		125	151	167	177	186	212	273	300
	厦门	3.40	4.00	4.35	4.59	4.79	5.38	6.76	7.36
		123	144	157	165	172	194	244	265
	漳州	4.08	4.78	5.19	5.48	5.70	6.40	8.02	8.72
		147	172	187	197	205	230	289	314
	泉州	3.02	3.56	3.88	4.11	4.28	4.82	6.09	6.63
		109	128	140	148	154	174	219	239
	晋江	3.41	4.01	4.36	4.61	4.81	5.41	6.81	7.41
		123	144	157	166	173	195	245	267
	莆田	3.48	4.14	4.53	4.81	5.02	5.69	7.23	7.89
		125	149	163	173	181	205	260	284
	宁德	3.61	4.21	4.56	4.81	5.00	5.60	6.99	7.59
		130	152	164	173	180	202	252	273
	福安	3.45	4.01	4.34	4.57	4.75	5.30	6.60	7.16
		124	144	156	164	171	191	238	258
	南平	3.58	4.14	4.46	4.69	4.87	5.43	6.72	7.27
		129	149	161	169	175	195	242	262
	邵武	3.89	4.54	4.91	5.18	5.39	6.04	7.54	8.18
		140	163	177	187	194	217	271	295
	三明	3.56	4.09	4.40	4.62	4.79	5.32	6.56	7.09
		128	147	158	166	172	192	236	255
	永安	3.31	3.85	4.16	4.38	4.56	5.09	6.33	6.87
		119	139	150	158	164	183	228	247
	崇安	3.41	3.94	4.25	4.47	4.64	5.16	6.38	6.91
		123	142	153	161	167	186	230	249

续表

城镇名称		降雨强度 q_5[L/(s·100m²)]/H(mm/h)							
		P=1	P=2	P=3	P=4	P=5	P=10	P=50	P=100
福建	龙岩	3.40	3.88	4.17	4.37	4.52	5.00	6.12	6.60
		123	140	150	157	163	180	220	237
	漳平	3.81	4.49	4.90	5.18	5.40	6.09	7.68	8.37
		137	162	176	186	194	219	277	301
	福清	3.32	3.83	4.12	4.33	4.50	5.00	6.17	6.68
		120	138	148	156	162	180	222	240
	南安	3.38	3.94	4.26	4.50	4.67	5.23	6.52	7.08
		122	142	154	162	168	188	235	255
	连江	3.83	4.56	4.99	5.29	5.53	6.26	7.96	8.69
		138	164	180	191	199	225	287	313
	霞浦	3.29	3.96	4.35	4.62	4.84	5.50	7.05	7.72
		119	142	156	166	174	198	254	278
	罗源	3.32	3.83	4.12	4.33	4.50	5.00	6.18	6.69
		120	138	148	156	162	180	222	241
	龙海	3.80	4.52	4.94	5.23	5.46	6.18	7.84	8.55
		137	163	178	188	197	222	282	308
	诏安	3.38	3.89	4.18	4.39	4.56	5.06	6.24	6.74
		122	140	151	158	164	182	224	243
	沙县	3.57	4.09	4.39	4.61	4.77	5.29	6.49	7.01
		129	147	158	166	172	190	234	252
	东山	3.75	4.57	5.05	5.39	5.65	6.46	8.36	9.18
		135	164	182	194	203	233	301	330
	云霄	3.44	3.91	4.18	4.37	4.52	4.98	6.06	6.52
		124	141	150	157	163	179	218	235
	永春	4.11	4.78	5.17	5.44	5.66	6.32	7.87	8.53
		148	172	186	196	204	228	283	307
	福鼎	3.66	4.36	4.77	5.06	5.28	5.98	7.61	8.31
		132	157	172	182	190	215	274	299
	惠安	3.07	3.70	4.08	4.34	4.55	5.18	6.66	7.30
		110	133	147	156	164	187	240	263
	长乐	3.34	4.01	4.40	4.68	4.89	5.56	7.11	7.78
		120	144	158	168	176	200	256	280
	建瓯	3.54	4.10	4.43	4.66	4.85	5.41	6.71	7.28
		127	148	160	168	174	195	242	262

续表

城镇名称		降雨强度 q_5[L/(s·100m²)]/H(mm/h)							
		P=1	P=2	P=3	P=4	P=5	P=10	P=50	P=100
福建	建阳	3.94	4.56	4.92	5.18	5.38	6.00	7.44	8.06
		142	164	177	186	194	216	268	290
	浦城	3.63	4.19	4.52	4.75	4.93	5.49	6.80	7.36
		131	151	163	171	178	198	245	265
	长汀	3.60	4.12	4.43	4.64	4.81	5.33	6.54	7.06
		130	148	159	167	173	192	236	254
	闽侯	3.22	3.74	4.05	4.27	4.44	4.97	6.20	6.72
		116	135	146	154	160	179	223	242
	仙游	3.61	4.14	4.45	4.66	4.84	5.36	6.59	7.12
		130	149	160	168	174	193	237	256
	连城	3.47	4.00	4.31	4.53	4.70	5.23	6.46	6.99
		125	144	155	163	169	188	233	252
	漳浦	3.02	3.54	3.84	4.05	4.22	4.73	5.92	6.43
		109	127	138	146	152	170	213	232
河南	郑州	3.31	4.35	4.95	5.38	5.72			
		119	157	178	194	206			
	安阳	2.63	3.46	4.07	4.57	5.00	6.56		
		95	125	147	165	180	236		
	新乡	3.12	3.70	4.05	4.29	4.48	5.06	6.42	7.00
		112	133	146	154	161	182	231	252
	济源	1.51	2.21	2.62	2.91	3.14	3.83	5.45	6.15
		54	80	94	105	113	138	196	21
	洛阳	2.38	2.98	3.32	3.57	3.76	4.35	5.73	6.32
		86	107	120	128	135	157	206	228
	开封	2.81	3.44	3.80	4.06	4.26	4.89	6.34	6.97
		101	124	137	146	153	176	228	251
	商丘	3.43	4.39	4.95	5.34	5.65	6.60	8.82	9.77
		124	158	178	192	203	238	317	352
	许昌	2.41	2.95	3.26	3.49	3.66	4.20	5.46	6.00
		87	106	117	126	132	151	196	216
	平顶山	3.53	4.42	4.94	5.31	5.60	6.49	8.55	9.44
		127	159	178	191	202	234	308	340
	南阳	2.47	3.29	3.77	4.11	4.37	5.19	7.10	7.92
		89	119	136	148	157	187	255	285

续表

城镇名称		降雨强度 q_5[L/(s·100m²)]/H(mm/h)							
		P=1	P=2	P=3	P=4	P=5	P=10	P=50	P=100
河南	信阳	2.66	3.38	3.88	4.28	4.61	5.84		
		96	122	140	154	166	210		
	卢氏	3.10	3.96	4.50	4.83	5.16			
		112	143	162	174	186			
	驻马店	2.54	3.24	3.65	3.94	4.17			
		92	116	131	142	150			
湖北	汉口	3.13	3.83	4.24	4.53	4.76	5.46	7.09	7.79
		113	138	153	163	171	196	255	280
	老河口	2.26	2.98	3.40	3.70	3.93	4.65	6.32	7.04
		81	107	122	133	141	167	227	253
	随州	3.86	4.90	5.51	5.95	6.28	7.33	9.76	10.90
		139	176	198	214	226	264	352	389
	恩施	4.05	4.93	5.46	5.82	6.11	7.00	9.06	9.95
		146	178	197	210	220	252	326	358
	荆州	2.45	3.12	3.52	3.80	4.02	4.69	6.26	6.94
		88	112	127	137	145	169	225	250
	沙市	3.21	4.08	4.59	4.95	5.23	6.10	8.12	8.98
		116	147	165	178	188	220	292	323
	黄石	4.10	4.98	5.49	5.85	6.14	7.01	9.05	9.93
		148	179	198	211	221	253	326	357
	宜昌	3.28	3.72	3.94	4.09	4.20			
		118	134	142	147	151			
	荆门	2.25	2.68	2.93	3.11	3.25			
		81	96	106	112	117			
湖南	长沙	2.75	3.31	3.64	3.87	4.05	4.61	5.92	6.48
		99	119	131	139	146	166	213	233
	常德	2.99	3.80	4.28	4.62	4.88	5.70	7.59	8.41
		108	137	154	166	176	205	273	303
	益阳	3.57	4.52	5.07	5.47	5.77	6.72	8.92	9.87
		129	163	183	197	208	242	321	355
	株洲	4.07	5.23	5.91	6.39	6.76	7.93	10.62	11.79
		146	188	213	230	244	285	383	424
	衡阳	3.57	4.28	4.70	5.00	5.23	5.95	7.62	8.34
		128	154	169	180	188	214	274	300

续表

城镇名称		降雨强度 q_5[L/(s·100m²)]/H(mm/h)							
		P=1	P=2	P=3	P=4	P=5	P=10	P=50	P=100
湖南	娄底	3.53	4.29	4.74	5.05	5.29			
		127	155	170	182	191			
	醴陵	2.93	3.63	4.04	4.33	4.56			
		105	131	146	156	164			
	冷水江	3.32	3.81	4.10	4.30	4.46			
		120	137	148	155	161			
广东	广州	3.80	4.41	4.77	5.02	5.22	5.83	7.25	7.86
		137	159	172	181	188	210	261	283
	韶关	3.99	4.75	5.19	5.51	5.75	6.51	8.26	9.02
		144	171	187	198	207	234	297	325
	汕头	4.75	5.55	6.02	6.35	6.61	7.41	9.27	10.07
		171	200	217	229	238	267	334	363
	深圳	4.78	5.86	6.49	6.93	7.28	8.35	10.85	11.92
		172	211	234	250	262	301	390	429
	佛山	3.38	3.97	4.32	4.56	4.75	5.34	6.71	7.30
		122	143	155	164	171	192	242	263
海南	海口	4.21	4.71	5.01	5.22	5.38	5.89	7.06	7.57
		151	170	180	188	194	212	254	273
广西	南宁	4.02	4.56	4.83	5.01	5.13	5.47	5.99	6.11
		145	164	174	180	185	197	216	220
	河池	3.97	4.69	5.11	5.40	5.63	6.35	8.00	8.72
		143	169	184	194	203	228	288	314
	融水	4.24	4.90	5.28	5.56	5.77	6.43	7.96	8.61
		153	176	190	200	208	231	286	310
	桂林	3.64	4.08	4.33	4.52	4.66	5.10	6.12	6.56
		131	147	156	163	168	184	220	236
	柳州	3.71	4.22	4.54	4.77	4.95	5.53	6.99	7.67
		134	152	163	172	178	199	252	276
	百色	3.80	4.42	4.79	5.05	5.25	5.88	7.33	7.95
		137	159	172	182	189	212	264	286
	宁明	3.82	4.54	4.95	5.25	5.48	6.19	7.85	8.56
		138	163	178	189	197	223	283	308
	东兴	4.43	4.98	5.36	5.66	5.91	6.82	9.88	11.73
		159	179	193	204	213	246	356	422

续表

	城镇名称	降雨强度 q_5[L/(s·100m²)]/H(mm/h)							
		P=1	P=2	P=3	P=4	P=5	P=10	P=50	P=100
广西	钦州	4.60	5.29	5.70	5.99	6.22	6.92	8.54	9.24
		165	191	205	216	224	249	307	333
	北海	4.64	5.26	5.61	5.87	6.06	6.67	8.09	8.70
		167	189	202	211	218	240	291	313
	玉林	4.30	4.93	5.29	5.56	5.76	6.38	7.84	8.47
		155	177	191	200	207	230	282	305
	梧州	4.41	5.10	5.51	5.79	6.01	6.70	8.31	9.00
		159	184	198	209	217	241	299	324
	全州	3.31	3.87	4.19	4.43	4.61			
		119	139	151	159	166			
	阳朔	3.73	4.27	4.58	4.80	4.97			
		134	154	165	173	179			
	贵县	4.38	5.06	5.46	5.75	5.97			
		158	182	197	207	215			
	桂平	4.53	5.17	5.55	5.82	6.02			
		163	186	200	209	217			
	贺县	3.57	4.06	4.34	4.55	4.70			
		129	146	156	164	169			
	罗城	3.54	4.16	4.52	4.77	4.97			
		128	150	163	172	179			
	南丹	3.64	4.29	4.68	4.95	5.16			
		131	155	168	178	186			
	平果	3.70	4.25	4.57	4.80	4.97			
		133	153	165	173	179			
	田东	3.82	4.58	5.02	5.34	5.58			
		137	165	181	192	201			
	田阳	3.62	4.28	4.67	4.95	5.16			
		130	154	168	178	186			
	来宾	3.92	4.54	4.91	5.17	5.37			
		141	164	177	186	193			
	鹿寨	4.46	5.10	5.47	5.73	5.94			
		161	183	197	206	214			
	宜山	3.56	4.14	4.47	4.71	4.89			
		128	149	161	169	176			

续表

城镇名称		降雨强度 q_5[L/(s·100m²)]/H(mm/h)							
		P=1	P=2	P=3	P=4	P=5	P=10	P=50	P=100
广西	兴安	3.45	4.00	4.32	4.54	4.72			
		124	144	155	164	170			
	昭平	4.26	5.07	5.54	5.88	6.14			
		153	183	200	212	221			
	柳城	3.50	4.11	4.47	4.73	4.93			
		126	148	161	170	177			
	武鸣	3.57	4.15	4.50	4.74	4.93			
		129	150	162	171	177			
	田林	4.00	4.62	4.99	5.25	5.45			
		144	166	180	189	196			
	隆林	3.32	3.86	4.18	4.41	4.58			
		119	139	150	159	165			
	崇左	4.07	4.67	5.02	5.27	5.46			
		147	168	181	190	196			
陕西	西安	1.35	1.89	2.21	2.43	2.61	3.15	4.41	4.95
		49	68	79	88	94	113	159	178
	榆林	1.87	2.52	2.90	3.17	3.38	4.02	5.53	6.18
		67	91	104	114	122	145	199	222
	子长	2.24	2.95	3.36	3.65	3.87	4.57	6.20	6.91
		81	106	121	131	139	165	223	249
	延安	1.53	2.12	2.47	2.71	2.91	3.50	4.88	5.47
		55	76	89	98	105	126	176	197
	宜川	2.57	3.35	3.80	4.13	4.38	5.16	6.97	7.75
		93	121	137	149	158	186	251	279
	彬县	1.43	2.00	2.34	2.58	2.76	3.33	4.66	5.24
		52	72	84	93	99	120	168	188
	铜川	1.87	2.66	3.12	3.44	3.69	4.48	6.30	7.08
		68	96	112	124	133	161	227	255
	宝鸡	1.31	1.68	1.90	2.05	2.17	2.54	3.40	3.77
		47	60	68	74	78	91	122	136
	商县	1.60	2.06	2.32	2.51	2.66	3.11	4.16	4.61
		58	74	84	90	96	112	150	166
	汉中	1.39	1.82	2.08	2.26	2.40	2.83	3.84	4.28
		50	66	75	81	87	102	138	154

续表

城镇名称		降雨强度 q_5[L/(s·100m^2)]/H(mm/h)							
		P=1	P=2	P=3	P=4	P=5	P=10	P=50	P=100
陕西	安康	1.60	2.06	2.33	2.53	2.68	3.14	4.21	4.67
		58	74	84	91	97	113	152	168
	咸阳	1.69	2.45	2.90	3.22	3.46			
		61	88	104	116	125			
	蒲城	2.01	2.73	3.16	3.46	3.69			
		72	98	114	124	133			
宁夏	银川	1.12	1.40	1.57	1.68	1.78	2.06	2.71	2.99
		40	51	56	61	64	74	97	108
甘肃	兰州	1.47	1.89	2.14	2.31	2.45	2.87	3.85	4.28
		53	68	77	83	88	103	139	154
	张掖	0.42	0.65	0.84	1.01	1.16	1.78		
		15	24	30	36	42	64		
	临夏	1.76	2.22	2.49	2.68	2.82	3.28	4.34	4.80
		63	80	90	96	102	118	156	173
	靖远	1.26	1.77	2.07	2.28	2.45	2.96	4.15	4.66
		45	64	75	82	88	107	149	168
	平凉	1.92	2.55	2.92	3.18	3.38	4.01	5.47	6.09
		69	92	105	114	122	144	197	219
	天水	1.75	2.22	2.50	2.70	2.84	3.32	4.41	4.89
		63	80	90	97	102	119	159	176
	敦煌	1.39	1.73	1.93	2.07	2.18			
		50	62	70	75	78			
	玉门	1.59	1.98	2.21	2.37	2.50			
		57	71	80	85	90			
新疆	乌鲁木齐	0.39	0.49	0.54	0.58	0.62	0.71	0.93	1.03
		14	18	20	21	22	26	34	37
	塔城	1.91	2.54	2.91	3.17	3.38	4.01	5.48	6.11
		69	92	105	114	122	144	197	220
	乌苏	1.26	1.89	2.39	2.83	3.22	4.83		
		45	68	86	102	116	174		
	石河子	0.81	1.62	2.44	3.27	4.10	8.27		
		29	58	88	118	148	298		
	奇台	0.42	0.72	1.00	1.25	1.49	2.58		
		15	26	36	45	54	93		
	吐鲁番	0.73	0.90	1.00	1.08	1.14			
		26	32	36	39	41			

续表

城镇名称		降雨强度 q_5[L/(s·100m^2)]/H(mm/h)							
		P=1	P=2	P=3	P=4	P=5	P=10	P=50	P=100
四川	成都	3.07	3.49	3.68	3.79	3.87	4.05	4.18	
		111	126	132	137	139	146	150	
	内江	3.20	3.88	4.27	4.54	4.76	5.42	6.96	7.61
		115	140	154	164	171	195	251	274
	自贡	3.38	3.98	4.33	4.58	4.77	5.37	6.76	7.36
		122	143	156	165	172	193	243	265
	泸州	2.44	2.86	3.10	3.27	3.40	3.81	4.77	5.18
		88	103	112	118	122	137	172	187
	宜宾	3.33	3.82	4.04	4.16	4.24	4.39		
		120	138	145	150	153	158		
	乐山	2.47	2.92	3.17	3.34	3.47	3.87	4.70	5.03
		89	105	114	120	125	139	169	181
	雅安	3.21	3.82	4.18	4.43	4.63	5.24	6.65	7.26
		116	138	150	160	167	189	240	261
	渡口	2.54	3.01	3.28	3.48	3.63	4.10	5.19	5.66
		91	108	118	125	130	148	187	204
	南充	1.81	1.95	2.00	2.04	2.06			
		65	70	72	73	74			
	广元	3.24	4.20	4.67	4.93	5.13			
		117	151	168	178	185			
	遂宁	2.86	3.28	3.54	3.70	3.82			
		103	118	127	133	138			
	简阳	2.55	3.04	3.37	3.54	3.70			
		92	109	121	127	133			
	甘孜	0.64	0.80	0.89	0.96	1.00			
		23	29	32	34	36			
贵州	贵阳	2.96	3.56	3.90	4.14	4.33	4.90	6.17	6.69
		107	128	140	149	156	176	222	241
	桐梓	2.84	3.36	3.66	3.87	4.03	4.52	5.59	6.02
		102	121	132	139	145	163	201	217
	毕节	2.69	3.06	3.29	3.45	3.57	3.95	4.84	5.22
		97	110	118	124	128	142	174	188
	水城	1.76	2.55	3.01	3.33	3.59	4.37	6.19	6.98
		64	92	108	120	129	157	223	251

续表

城镇名称		降雨强度 q_5[L/(s·100m²)]/H(mm/h)							
		P=1	P=2	P=3	P=4	P=5	P=10	P=50	P=100
贵州	安顺	3.42	4.04	4.36	4.56	4.71	5.10	5.71	5.85
		123	145	157	164	169	184	205	211
	罗甸	3.08	3.49	3.66	3.75	3.79	3.80		
		111	126	132	135	137	137		
	榕江	3.26	3.79	4.07	4.25	4.38	4.75	5.34	5.49
		117	137	147	153	158	171	192	198
	湄潭	2.91	3.37	3.63	3.84	3.98			
		105	121	131	138	143			
	铜仁	3.36	4.06	4.50	4.76	4.86			
		121	146	162	172	175			
云南	昆明	3.15	3.89	4.32	4.62	4.86	5.59	7.30	8.03
		113	140	155	166	175	201	263	289
	丽江	1.54	1.98	2.24	2.42	2.57	3.01	4.04	4.48
		55	71	81	87	92	108	145	161
	下关	1.96	2.57	2.93	3.18	3.38	3.99	5.41	6.02
		71	93	106	115	122	144	195	217
	腾冲	2.41	2.97	3.27	3.47	3.62	4.05	4.86	5.14
		87	107	118	125	130	146	175	185
	思茅	3.26	3.75	4.04	4.24	4.40	4.89	6.03	6.52
		117	135	145	153	158	176	217	235
	昭通	2.36	2.72	2.92	3.05	3.15	3.44	3.99	4.19
		85	98	105	110	113	124	144	151
	沾益	2.74	3.10	3.28	3.40	3.48	3.71	4.06	4.14
		99	112	118	122	125	134	146	149
	开远	3.91	5.27	6.06	6.62	7.06	8.41	11.56	12.91
		141	190	218	238	254	303	416	465
	广南	3.90	4.66	5.10	5.41	5.65	6.41	8.16	8.91
		141	168	184	195	204	231	294	321
	临沧	2.80	3.19	3.40	3.53	3.63			
		101	115	123	127	131			
	蒙自	2.29	3.02	3.44	3.75	3.98			
		82	109	124	135	143			
	河口	3.70	4.11	4.42	4.60	4.73			
		133	148	159	166	170			

续表

城镇名称		降雨强度 q_5[L/(s·100m²)]/H(mm/h)							
		P=1	P=2	P=3	P=4	P=5	P=10	P=50	P=100
云南	玉溪	3.41	4.73	5.50	6.05	6.48			
		123	170	198	218	233			
	曲靖	2.30	3.18	3.96	4.05	4.34			
		83	114	133	146	156			
	宜良	2.11	2.91	3.38	3.71	3.97			
		76	105	122	134	143			
	东川	1.80	2.45	2.83	3.10	3.31			
		65	88	102	112	119			
	楚雄	2.59	3.32	3.75	4.05	4.29			
		93	120	135	146	154			
	会泽	1.79	2.29	2.59	2.80	2.96			
		64	83	93	101	107			
	宣威	4.09	5.41	6.18	6.73	7.15			
		147	195	223	242	258			
	大理	1.98	2.42	2.73	2.95	3.13			
		64	87	98	106	113			
	保山	2.50	3.23	3.65	3.95	4.19			
		90	116	131	142	151			
	个旧	1.96	2.62	3.00	3.28	3.49			
		70	94	108	118	126			
	芒市	3.14	4.02	4.53	4.90	5.18			
		113	145	163	176	186			
	陆良	2.46	3.41	3.97	4.36	4.67			
		89	123	143	157	168			
	文山	1.48	1.95	2.22	2.42	2.57			
		53	70	80	87	93			
	晋宁	2.21	3.10	3.62	3.99	4.28			
		79	111	130	144	154			
	允景洪	2.48	3.20	3.62	3.92	4.15			
		89	115	130	141	149			
青海	西宁	1.21	1.72	2.01	2.22	2.39	2.89	4.07	4.58
		44	62	73	80	86	104	147	165
	同仁	0.81	1.10	1.28	1.40	1.49			
		29	40	46	50	54			

续表

城镇名称		降雨强度 q_5[L/(s·100m²)]/H(mm/h)							
		P=1	P=2	P=3	P=4	P=5	P=10	P=50	P=100
西藏	拉萨	2.57	3.15	3.49	3.72	3.91			
		92	113	125	134	141			
	林芝	2.70	3.17	3.51	3.75	3.94			
		97	114	126	135	142			
	日喀则	2.68	3.29	3.64	3.89	4.09			
		97	118	131	140	147			
	那曲	2.33	2.87	3.17	3.39	3.56			
		84	103	114	122	128			
	泽当	2.51	3.08	3.41	3.64	3.83			
		90	111	123	131	138			
	昌都	2.70	3.17	3.51	3.75	3.94			
		97	114	126	135	142			

注：1. 表中 P 为重现期 a，q_5 为 5min 降雨强度；H 为小时降雨厚度，根据 q_5 折算而来；

2. 由于部分城市暴雨强度公式所依据的资料年数较短，表中 P=50a、P=100a 的降雨强度数值仅作为设计参考。

5.2.2 汇水面积

(1) 屋面雨水的汇水面积按屋面水平投影面积计算。

(2) 高出屋面的侧墙的汇水面积计算：

1) 一面侧墙，按侧墙面积一半折算成汇水面积。

2) 两面相邻侧墙，按两面侧墙面积的平方和的平方根 $\sqrt{a^2+b^2}$ 的一半折算成汇水面积。

3) 两面相对等高侧墙，可不计汇水面积。

4) 两面相对不等高侧墙，按高出低墙上面面积的一半折算成汇水面积。

5) 三面侧墙，按最低墙顶以下的中间墙面积的一半，加上最低墙的墙顶以上墙面面积值，按 2) 或 4) 折算的汇水面积。

6) 四面侧墙，最低墙顶以下的面积不计入，最低墙顶以上的面积，按 1)、2)、4) 或 5) 折算的汇水面积。

(3) 半球形屋面或斜坡较大的屋面，其汇水面积等于屋面的水平投影面积与竖向投影面积的一半之和。

(4) 窗井、贴近高层建筑外墙的地下汽车库出入口坡道和高层建筑裙房屋面的雨水汇水面积，应附加其高出部分侧墙面积的一半。

(5) 屋面按分水线的排水坡度划分为不同排水区时，应分区计算汇水面积和雨水流量。

5.2.3 径流系数

径流系数是一定汇水面积的径流雨水量与降雨量的比值。建筑屋面雨水径流系数为 0.9～1.0，汇水面积的平均径流系数应按屋面种类加权平均计算。种植屋面类型的屋面有少量的渗水，径流系数可取 0.9，金属板材屋面无渗水，径流系数可取 1.0。

5.2.4 雨水流量计算

（1）屋面雨水流量：雨水设计流量应根据一定重现期的降雨强度、屋面汇水面积及屋面情况按式（5-4）或式（5-5）计算：

$$Q = k\frac{\psi q_5 F}{100} \tag{5-4}$$

或

$$Q = k\frac{\psi HF}{3600} \tag{5-5}$$

$$F = BL \tag{5-6}$$

式中 Q——雨水设计流量（L/s）；

ψ——径流系数；

H、q_5——同式（5-3）；

F——屋面汇水面积（m^2）；

B——汇水面的宽度（m）；

L——汇水面的长度（m）；

k——校正系数，一般取 1。当屋面坡度较大且短时积水会造成危害时（例如采用天沟集水且沟檐溢水会流入室内时），取 1.5。

（2）溢流口排水量计算见虹吸式屋面雨水系统水力计算。

5.3 雨水系统水力计算

5.3.1 半有压流屋面雨水系统水力计算

雨水系统的水力计算包括雨水斗、连接管、悬吊管、立管、排出管、天沟及溢流口等。

5.3.1.1 基本参数

（1）各种雨水管道的最小管径和横管的最小设计坡度宜按表 5-9 确定。

雨水管道的最小管径和横管的最小设计坡度 **表 5-9**

管道名称	最小管径（mm）	横管最小设计坡度	
		铸铁管、钢管	塑料管
建筑外墙雨落水管	75（75）	—	—
雨水排水立管	100（110）	—	—
半有压流排水悬吊管、埋地管	100（110）	0.01	0.005

续表

管道名称	最小管径（mm）	横管最小设计坡度	
		铸铁管、钢管	塑料管
小区建筑物周围雨水接户管	200（225）	—	0.003
小区道路下干管、支管	300（315）	—	0.0015

注：表中铸铁管管径为公称直径，括号内数据为塑料管外径。

（2）雨水悬吊管应按非满流设计，其充满度不宜大于 0.8，管内流速不宜小于 0.75m/s；埋地管的充满度见表 5-10。

雨水埋地管的最大计算充满度　　表 5-10

管道名称	管　径	最大计算充满度
封闭系统的埋地管		1.00
敞开系统的埋地管	≤300	0.50
	350～450	0.65
	≥500	0.80

5.3.1.2 水力计算方法

（1）雨水斗

1）雨水斗的设计流量根据式（5-4）或式（5-5）计算，其中汇水面积取该雨水斗服务的面积。当两面相对的等高侧墙分别划分在不同的汇水区时，每个汇水区都应附加其汇水面积。

2）雨水斗口径选择

雨水斗的设计流量不应超过表 5-11 规定的数值。

65、87 型雨水斗的泄流量　　表 5-11

雨水斗类型	87 型雨水斗				65 型雨水斗
规格 *DN*（mm）	75（80）	100	150	200	100
泄流量（L/s）	8	12	26	40	12

根据式（5-4）或式（5-5），对于不同的降雨强度和雨水斗，计算出单斗的最大汇水面积，见表 5-12，表中的 *k* 值采用 1，径流系数取 1。

单斗系统一个斗的最大允许汇水面积（m^2）　　表 5-12

雨水斗形式	雨水斗直径（mm）	降雨厚度											
		50	60	70	80	90	100	110	120	140	160	180	200
87 型	75（80）	576	480	411	360	320	288	262	240	205	180	160	144
	100	864	720	617	540	480	432	392	360	308	270	240	216
	150	1872	1560	1337	1170	1040	936	851	780	669	585	520	468
	200	2880	2400	2057	1800	1600	1440	1309	1200	1029	900	800	720
65 型	100	864	720	617	540	480	432	392	360	308	270	240	216

(2) 连接管

一般情况下，一根连接管上接一个雨水斗，连接管的管径不必计算，采用与雨水斗出水口相同的直径即可。当一根悬吊管上连接的几个雨水斗的汇水面积相等时，靠近立管处的雨水斗连接管可适当缩小，以均衡各斗的泄水流量。但遇到屋面结构是并行双天沟时，则一根连接管上要接两个雨水斗，此时连接管管径需要计算。其排水能力与立管相同，可参照表 5-17 选取。

(3) 悬吊管

1) 悬吊管的设计流量一般为所连接的雨水斗流量之和。对于多斗悬吊管，当两个及以上的雨水斗汇水面积分别附加了各自的侧墙面积时，在悬吊管计算时应综合考虑并核减雨水斗计算时重复附加的侧墙面积。

2) 悬吊管的排水能力按式(5-7)～式(5-9)近似计算，其中充满度 h/D 不大于 0.8。

$$Q = vA \tag{5-7}$$

$$v = \frac{1}{n}R^{2/3}I^{1/2} \tag{5-8}$$

$$I = (h + \Delta h)/L \tag{5-9}$$

式中 Q——排水流量 (m^3/s)；

v——流速 (m/s)；

A——水流断面积 (m^2)；

n——粗糙系数；

R——水力半径 (m)；

I——水力坡度；

h——悬吊管末端的最大负压 (mH_2O)，取 0.5；

Δh——雨水斗和悬吊管末端的几何高差 (m)；

L——悬吊管的长度 (m)。

为方便计算，根据式 (5-7) ～式 (5-9) 计算出钢管和铸铁管的最大排水能力，见表 5-13，表中 n=0.014。根据式 (5-7) ～式 (5-9) 计算出塑料管的最大排水能力，见表 5-14，表中 n=0.012。悬吊管的管径可根据设计流量、水力坡度在表 5-13、表 5-14 中选取。

3) 单斗悬吊管可不计算，采用与雨水斗口径相同的管径，多斗悬吊管的设计流量不应超过表 5-13 和表 5-14 中的数值。悬吊管不宜变径，多斗悬吊管和横干管的敷设坡度不宜小于 0.005。

多斗悬吊管（铸铁管、钢管）的最大排水能力 (L/s) **表 5-13**

水力坡度 I \ 公称直径 DN(mm)	75	100	150	200	250	300
0.02	3.1	6.6	19.6	42.1	76.3	124.1
0.03	3.8	8.1	23.9	51.6	93.5	152.0
0.04	4.4	9.4	27.7	59.5	108.0	175.5
0.05	4.9	10.5	30.9	66.6	120.2	196.3

续表

水力坡度 I \ 公称直径 DN(mm)	75	100	150	200	250	300
0.06	5.3	11.5	33.9	72.9	132.2	215.0
0.07	5.7	12.4	36.6	78.8	142.8	215.0
0.08	6.1	13.3	39.1	84.2	142.8	215.0
0.09	6.5	14.1	41.5	84.2	142.8	215.0
≥0.10	6.9	14.8	41.5	84.2	142.8	215.0

注：表中水力坡度指雨水斗安装面与悬吊管末端之间的几何高差（m）加 0.5m 后与悬吊管长度之比。

多斗悬吊管（塑料管）的最大排水能力（L/s）　　表 5-14

水力坡度 I \ 管道外径×壁厚 De×δ（mm）	90×3.2	110×3.2	125×3.7	160×4.7	200×5.9	250×7.3
0.02	5.8	10.2	14.3	27.7	50.1	91.0
0.03	7.1	12.5	17.5	33.9	61.4	111.5
0.04	8.1	14.4	20.2	39.1	70.9	128.7
0.05	9.1	16.1	22.6	43.7	79.2	143.9
0.06	10.0	17.7	24.8	47.9	86.8	157.7
0.07	10.8	19.1	26.8	51.8	93.8	170.3
0.08	11.5	20.4	28.6	55.3	100.2	170.3
0.09	12.2	21.6	30.3	58.7	100.2	170.3
≥0.10	12.9	22.8	32.0	58.7	100.2	170.3

注：表中水力坡度指雨水斗安装面与悬吊管末端之间的几何高差（m）加 0.5m 后与悬吊管长度之比。

根据多斗悬吊管的最大排水能力，可计算出多斗悬吊管的最大允许汇水面积，见表 5-15 和表 5-16。表中数值是按照小时降雨厚度 100mm/h 计算的。如果设计小时降雨厚度与此不同，则应将屋面汇水面积换算成相当 100mm/h 的汇水面积，然后再查表 5-15 和表 5-16，确定所需管径。

多斗悬吊管（铸铁管、钢管）的最大允许汇水面积（m^2）　　表 5-15

水力坡度 I \ 公称直径 DN（mm）	75	100	150	200	250	300
0.02	112	238	706	1516	2747	4468
0.03	137	292	860	1858	3366	5472
0.04	158	338	997	2142	3888	6318
0.05	176	378	1112	2398	4327	7067
0.06	191	414	1220	2624	4759	7740
0.07	205	446	1318	2837	5141	7740
0.08	220	479	1408	3031	5141	7740
0.09	234	508	1494	3031	5141	7740
≥0.10	248	533	1494	3031	5141	7740

注：表中水力坡度指雨水斗安装面与悬吊管末端之间的几何高差（m）加 0.5m 后与悬吊管长度之比。

多斗悬吊管（塑料管）的最大允许汇水面积（m^2） 表 5-16

水力坡度 I \ 管道外径×壁厚 D_e×（mm）	90×3.2	110×3.2	125×3.7	160×4.7	200×5.9	250×7.3
0.02	209	367	515	997	1804	3276
0.03	256	450	630	1220	2210	4014
0.04	292	518	727	1408	2552	4633
0.05	328	580	814	1573	2851	5180
0.06	360	637	893	1724	3125	5677
0.07	389	688	965	1865	3377	6131
0.08	414	734	1030	1991	3607	6131
0.09	439	778	1091	2113	3607	6131
≥0.10	464	821	1152	2113	3607	6131

注：表中水力坡度指雨水斗安装面与悬吊管末端之间的几何高差（m）加 0.5m 后与悬吊管长度之比。

例如，某地的降雨厚度为 H（mm/h）时，则换算系数为

$$k = \frac{H}{100} = 0.01H$$

换算成降雨厚度 100mm/h 时的汇水面积为

$$F_{100} = kF_{\mathrm{H}}\ (\mathrm{m}^2)$$

式中 F_{H}——降雨厚度为 H 时的汇水面积（m^2）。

(4) 立管

1) 掺气水流通过悬吊管流入立管形成极为复杂的流态，使立管上部为负压，下部为正压，因而立管处于压力流状态，其泄水能力较大。但考虑到降雨过程中，常有可能超过设计重现期及水流掺气占有一定的管道容积，泄流能力必须留有一定的裕量，以保证运行安全。

2) 立管的设计流量一般为连接的各悬吊管设计流量之和。当有一面以上的侧墙时，应综合考虑、复核其附加有效汇水面积。

3) 连接 1 个悬吊管的立管一般不需计算，采用与悬吊管相同的直径即可。多斗悬吊管的立管管径根据表 5-17 选择，立管的设计流量不应大于表中的数据。

半有压流屋面雨水排水立管的泄流量 表 5-17

铸铁管		塑料管		钢管	
公称直径（mm）	最大泄流量（L/s）	公称外径×壁厚（mm）	最大泄流量（L/s）	公称外径×壁厚（mm）	最大泄流量（L/s）
75	4.30	75×2.3	4.50	108×4	9.40
100	9.50	90×3.2	7.40	133×4	17.10
		110×3.2	12.80		
125	17.00	125×3.2	18.30	159×4.5	27.80
		125×3.7	18.00	168×6	30.80

续表

铸铁管		塑料管		钢　管	
公称直径（mm）	最大泄流量（L/s）	公称外径×壁厚（mm）	最大泄流量（L/s）	公称外径×壁厚（mm）	最大泄流量（L/s）
150	27.80	160×4.0	35.50	219×6	65.50
		160×4.7	34.70		
200	60.00	200×4.9	64.60	245×6	89.80
		200×5.9	62.80		
250	108.00	250×6.2	117.00	273×7	119.10
		250×7.3	114.10		
300	176.00	315×7.7	217.00	325×7	194.00
		315×9.2	211.00		

（5）排出管

1）排出管的设计流量为所连接的各立管设计流量之和。

2）排出管的管径一般采用与立管管径相同，不必另行计算。如果加大一号管径，可以改善管道排水的水力条件，减少水头损失增加立管的泄水能力，对整个架空管系排水有利。

3）为改善埋地管中水力条件，减小水流掺气，可在埋地管起端几个检查井的排出管上，设放气井，散放水中分离的空气，稳定水流，对防止冒水有一定作用。

（6）埋地管

埋地管按重力流计算，计算方法同悬吊管，其中坡度 I 为管道敷设坡度。根据降雨强度 100 mm/h 和表 5-10 规定的充满度，制成表 5-18 埋地管最大允许汇水面积，供设计选用。

埋地管非满流时最大允许汇水面积（m²）　　**表 5-18**

充满度	0.50						0.65			0.80	
水力坡度 \ 管径（mm）	75	100	150	200	250	300	350	400	450	500	600
0.0010	13	27	81	174	315	512	1165	1663	2277	3902	6346
0.0015	15	33	98	212	385	626	1427	2037	2789	4779	7772
0.0020	18	39	114	245	445	723	1648	2352	3220	5519	8974
0.0025	20	43	127	274	497	809	1842	2630	3600	6170	10034
0.0030	22	47	140	300	545	886	2018	2881	3944	6759	10991
0.0035	24	51	150	325	588	957	2180	3112	4260	7300	11872
0.0040	25	55	161	345	629	1023	2330	3327	4554	7805	12692
0.0045	27	57	171	368	667	1085	2471	3529	4830	8298	13461
0.0050	28	61	180	388	703	1144	2605	3719	5092	8726	14190
0.0055	30	64	189	407	738	1200	2732	3900	5340	9152	14882
0.0060	31	67	197	423	771	1253	2854	4074	5578	9559	15544
0.0065	32	69	205	442	802	1304	2970	4241	5809	9949	16178
0.0070	33	72	213	459	832	1353	3084	4401	6025	10325	16789
0.0075	35	74	220	475	861	1400	3190	4555	6236	10687	17379

续表

充满度 / 管径(mm) / 水力坡度	0.50						0.65			0.80	
	75	100	150	200	250	300	350	400	450	500	600
0.0080	36	77	228	491	890	1447	3295	4705	6441	11038	17949
0.0085	37	79	235	506	917	1491	3397	4850	6639	11377	18501
0.0090	38	82	242	520	944	1535	3495	4990	6832	11707	19037
0.010	40	86	255	549	995	1618	3684	5260	7201	12341	20067
0.011	42	91	267	575	1043	1697	3964	5517	7553	12943	21047
0.012	44	95	279	601	1090	1772	4036	5762	7888	13519	21983
0.013	46	99	290	626	1134	1844	4200	5997	8210	14070	22880
0.014	47	102	301	649	1177	1914	4359	6224	8520	14602	23744
0.015	49	106	312	672	1218	1981	4512	6442	8820	15114	24577
0.016	51	109	322	694	1258	2046	4660	6654	9109	15610	25383
0.017	52	113	332	715	1297	2109	4804	6858	9389	16090	26164
0.018	54	116	342	736	1335	2170	4943	7057	9661	16557	26923
0.019	55	119	351	756	1371	2230	5078	7250	9926	17010	27661
0.020	57	122	360	776	1407	2288	5210	7439	10184	17452	28379
0.021	58	125	369	795	1442	2344	5339	7623	10435	17883	29080
0.022	59	128	378	814	1475	2399	5465	7802	10681	18304	29765
0.023	61	131	386	832	1509	2453	5587	7977	10921	18715	30433
0.024	62	134	395	850	1541	2506	5708	8149	11156	19118	31088
0.025	63	137	403	867	1573	2558	5825	8317	11386	19512	31729
0.026	64	139	411	885	1604	2608	5941	8482	11611	19900	32357
0.027	66	142	419	902	1635	2658	6054	8643	11833	20278	32974
0.028	67	145	426	918	1665	2707	6165	8802	12050	20650	33579
0.029	68	147	434	934	1694	2755	6274	8958	12263	21015	34173
0.030	69	150	441	950	1723	2802	6381	9111	12473	21375	34757
0.031	70	152	449	966	1751	2848	6487	9261	12679	21728	35332
0.032	72	155	456	981	1779	2894	6591	9410	12882	22076	35897
0.033	73	157	463	997	1807	2938	6693	9555	13081	22418	36454
0.034	74	159	470	1012	1834	2983	6793	9699	13278	22755	37002
0.035	75	162	477	1026	1861	3026	6893	9841	13472	23087	37542
0.036	76	164	483	1040	1887	3069	6990	9980	13663	23415	38075
0.037	77	166	490	1055	1913	3111	7087	10118	13852	23738	38600
0.038	78	168	497	1070	1939	3153	7182	10254	14038	24056	39118
0.039	79	171	503	1083	1965	3195	7276	10338	14221	24370	39630
0.040	80	173	510	1097	1990	3235	7368	10520	14402	24681	40134
0.042	82	177	522	1124	2039	3315	7550	10780	14758	25291	41126
0.044	84	181	534	1151	2087	3393	7728	11034	15105	25886	42093
0.046	86	185	546	1177	2133	3470	7902	11282	15445	26468	43039
0.048	88	189	558	1202	2179	3544	8072	11524	15777	27037	43965
0.050	90	193	570	1227	2224	3617	8238	11762	16102	27594	44872

续表

水力坡度 \ 充满度 / 管径(mm)	0.50						0.65			0.80	
	75	100	150	200	250	300	350	400	450	500	600
0.055	94	202	597	1287	2333	3793	8640	12336	16888	28941	47062
0.060	98	212	624	1344	2437	3962	9024	12884	17639	30228	49154
0.065	102	220	650	1399	2536	4124	9393	13410	18359	31462	51161
0.070	106	228	674	1451	2632	4280	9747	13917	19052	32650	53093
0.075	110	236	698	1502	2724	4430	10090	14405	19721	33796	54956
0.080	113	244	720	1552	2813	4575	10420	14878	20368	34904	56758

注：本表降雨强度按 100mm/h、管道粗糙系数 0.014 计算。表中水力坡度指埋地管道的敷设坡度。

埋地管为满流时，根据降雨强度为 100mm/h，制成表 5-19 埋地管满流时最大允许汇水面积。

埋地管满流时最大允许汇水面积（m^2） 表 5-19

水力坡度 \ 管径(mm)	100	150	200	250	300	350	400	450	500	600
0.0010	55	161	347	629	1022	1542	2202	3014	3992	6491
0.0015	66	197	425	770	1252	1888	2696	3691	4889	7949
0.0020	77	228	490	889	1446	2181	3113	4262	5645	9179
0.0025	86	254	548	994	1616	2438	3481	4765	6311	10263
0.0030	95	279	601	1089	1771	2671	3813	5220	6914	11242
0.0035	102	301	648	1176	1912	2885	4118	5638	7467	12143
0.0040	109	322	693	1257	2044	3084	4403	6028	7983	12981
0.0045	116	342	735	1333	2168	3271	4670	6393	8467	13769
0.0050	122	360	775	1406	2286	3448	4923	6739	8925	14514
0.0055	128	377	813	1474	2397	3616	5163	7068	9361	15222
0.0060	134	394	849	1540	2504	3777	5393	7382	9777	15899
0.0065	139	410	884	1603	2606	3931	5613	7684	10176	16548
0.0070	144	426	917	1663	2705	4080	5825	7974	10561	17173
0.0075	149	441	949	1721	2799	4223	6029	8354	10931	17775
0.0080	154	455	981	1778	2891	4361	6227	8525	11290	18359
0.0085	159	469	1011	1833	2980	4495	6418	8787	11637	18923
0.0090	164	483	1040	1886	3067	4626	6605	9042	11975	19472
0.010	173	509	1096	1988	3233	4876	6962	9531	12623	20526
0.011	181	534	1150	2085	3390	5114	7302	9996	13239	21527
0.012	189	558	1201	2178	3541	5341	7626	10440	13827	22485
0.013	197	580	1250	2267	3686	5560	7938	10867	14392	23403
0.014	204	602	1297	2352	3825	5769	8237	11277	14935	24286
0.015	211	624	1343	2435	3959	5972	8526	11673	15495	25139
0.016	218	644	1387	2515	4089	6168	8806	12055	15966	25963
0.017	225	664	1430	2592	4215	6358	9077	12426	16458	26762
0.018	232	683	1471	2669	4337	6542	9340	12787	16935	27538
0.019	238	702	1511	2740	4456	6721	9596	13137	17399	28292

续表

管径(mm) / 水力坡度	100	150	200	250	300	350	400	450	500	600
0.020	244	720	1551	2811	4572	6896	9845	13478	17851	29027
0.021	250	738	1589	2881	4684	7066	10089	13811	18292	29744
0.022	256	755	1626	2949	4795	7232	10326	14136	18722	30444
0.023	262	772	1663	3015	4902	7395	10558	14454	19143	31128
0.024	267	789	1699	3080	5008	7554	10785	14765	19555	31798
0.025	273	805	1734	3143	5112	7710	11008	15069	19958	32454
0.026	278	821	1768	3205	5212	7862	11225	15368	20353	33096
0.027	284	837	1802	3266	5312	8012	11439	15661	20741	33727
0.028	289	852	1835	3326	5409	8159	11649	15948	21121	34346
0.029	294	867	1867	3385	5505	8304	11855	16230	21495	34954
0.030	299	882	1899	3443	5599	8446	12058	16508	21863	35551
0.031	304	896	1930	3500	5692	8585	12257	16780	22224	36139
0.032	309	911	1961	3556	5783	8723	12454	17049	22580	36717
0.033	314	925	1991	3611	5872	8858	12647	17313	22930	37286
0.034	318	939	2022	3666	5961	8991	12837	17574	23275	37847
0.035	323	952	2051	3719	6048	9122	13024	17830	23615	38400
0.036	328	966	2080	3772	6133	9251	13209	18083	23950	38944
0.037	332	979	2109	3824	6218	9379	13391	18333	24280	39482
0.038	336	992	2137	3875	6301	9505	13571	18579	24606	40012
0.039	340	1005	2165	3926	6384	9630	13748	18822	24927	40535
0.04	345	1018	2193	3976	6465	9752	13924	19061	25245	41051
0.042	353	1043	2245	4074	6625	9993	14267	19532	25868	42065
0.044	362	1068	2300	4170	6781	10228	14603	19992	26477	43055
0.046	370	1092	2352	4264	6933	10458	14931	20441	27072	44022
0.048	378	1115	2402	4355	7082	10683	15252	20881	27655	44969
0.050	386	1138	2451	4445	7228	10903	15567	21311	28225	45896
0.055	405	1194	2571	4662	7581	11435	16327	22351	29602	48136
0.060	423	1247	2685	4869	7918	11944	17053	23345	30919	50277
0.065	440	1298	2795	5068	8241	12432	17749	24298	32181	52330
0.070	457	1347	2900	5259	8552	12900	18419	25216	33396	54305
0.075	473	1394	3003	5444	8853	13354	19065	26100	34568	56211
0.080	488	1440	3101	5622	9143	13792	19691	26957	35702	58055

注：本表降雨强度按 100mm/h、管道粗糙系数 0.014 计算。表中水力坡度指埋地管道的敷设坡度。

(7) 天沟

屋面雨水集水宜采用天沟。天沟断面尺寸和过水能力应经水力计算确定。

当天沟有大于 10°的转角时，计算的排水能力应乘以折减系数 0.85。

天沟和边沟的坡度小于或等于 0.003 时，按平沟设计。

屋面天沟的深度应包括设计水深和保护高度，天沟和边沟的最小保护高度不得小于表 5-20 中的尺寸。通常天沟实际断面另加保护高度 50～100mm，天沟起端深度不宜小于 80mm。

天沟和边沟的最小保护高度　表 5-20

含保护高度在内的沟深 h_z（mm）	最小保护高度（mm）
＜85	25
85～250	$0.3h_Z$
＞250	75

各种材料的 *n* 值　表 5-21

天沟壁面材料的种类	*n* 值
钢管、石棉水泥管、水泥砂浆光滑水槽	0.012
铸铁管、陶土管、水泥砂浆抹面混凝土槽	0.012～0.013
混凝土及钢筋混凝土槽	0.013～0.014
无抹面的混凝土槽	0.014～0.017
喷浆护面的混凝土槽	0.016～0.021
表面不整齐的混凝土槽	0.020
豆砂沥青玛琋脂护面的混凝土槽	0.025

1）有坡度天沟计算（天沟坡度大于 0.003）

天沟内水流速度采用曼宁公式（5-10）计算：

$$v=\frac{1}{n}R^{2/3}I^{1/2} \tag{5-10}$$

式中 v——天沟内水流速度（m/s）；

n——天沟的粗糙度，各种材料的 n 值见表 5-21；

R——水力半径（m）；

I——天沟坡度。

天沟过水断面积应按式（5-11）计算

$$\omega=\frac{Q}{v} \tag{5-11}$$

式中 ω——天沟过水断面积（m^2）；

Q——排水流量（m^3/s）；

v——天沟内水流速度（m/s）。

可采用的断面形式有矩形、梯形、三角形、半圆形、弓形。

①矩形 $$\omega=bH_0$$

②梯形 $$\omega=\frac{1}{2}(a+b)H_0$$

③三角形 $$\omega=\frac{1}{2}bH_0$$

式中 b——底宽（m）；

a——上口宽（m）；

H_0——水流深度（m）。

④半圆形 $$\omega=\frac{1}{8}\pi d^2$$

⑤弓形 $$\omega=\frac{1}{2}r^2\left(\frac{\alpha\pi}{180}-\sin\alpha\right)=\frac{r(s-b)+bh}{2}$$

式中　b——上口宽（m）；

h——水深（m）；

r——半径（m）；

α——夹角（°）；

s——弧长（m）。

2）水平短天沟计算

集水长度不大于50倍设计水深的屋面集水沟称为短天沟。水平短天沟的排水流量可按式（5-12）计算。

$$q_{dg}=k_{dg}k_{df}A_Z^{1.25}S_xX_x \tag{5-12}$$

式中　q_{dg}——水平短天沟的排水流量（L/s）；

k_{dg}——安全系数，取0.9；

k_{df}——断面系数，取值见表5-22；

A_Z——沟的有效断面面积（mm^2），在屋面天沟或边沟中有阻挡物时，有效断面面积应按沟的断面面积减去阻挡物断面面积进行计算；

S_x——深度系数，见图5-11，半圆形或相似形状的短檐沟 $S_x=1.0$；

X_x——形状系数，见图5-12，半圆形或相似形状的短檐沟 $X_x=1.0$。

各种沟型的断面系数　表5-22

沟型	半圆形或相似形状的檐沟	矩形、梯形或相似形状的檐沟	矩形、梯形或相似形状的天沟和边沟
k_{df}	2.78×10^{-5}	3.48×10^{-5}	3.89×10^{-5}

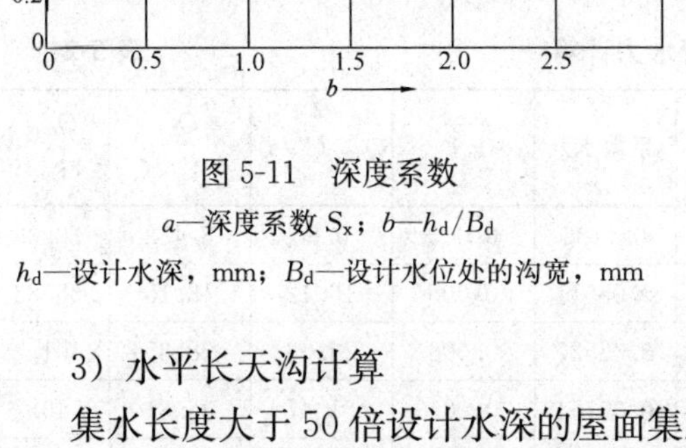

图5-11　深度系数

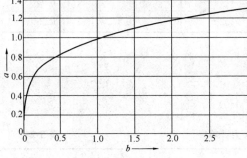

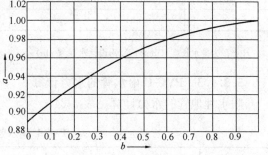

a—深度系数 S_x；b—h_d/B_d

h_d—设计水深，mm；B_d—设计水位处的沟宽，mm

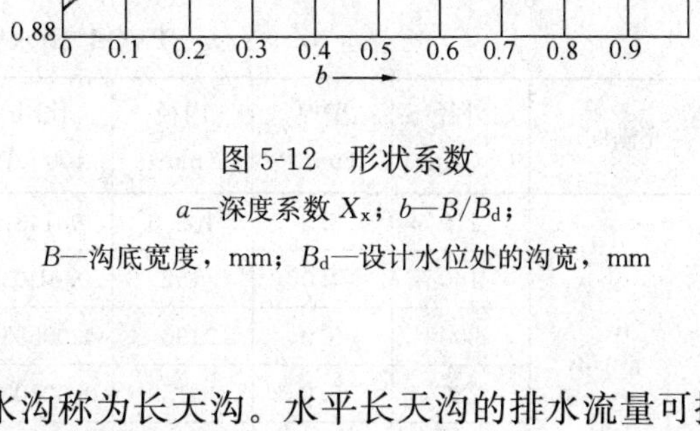

图5-12　形状系数

a—深度系数 X_x；b—B/B_d；

B—沟底宽度，mm；B_d—设计水位处的沟宽，mm

3）水平长天沟计算

集水长度大于50倍设计水深的屋面集水沟称为长天沟。水平长天沟的排水流量可按式（5-13）计算。式中 q_{dg} 为按水平短天沟计算出的排水流量。

$$q_{cg}=q_{dg}L_X \tag{5-13}$$

式中　q_{cg}——水平长天沟的排水流量（L/s）；

L_X——长天沟的容量系数，见表5-23。

平底或有坡度坡向出水口的长天沟容量系数　　表 5-23

$\frac{L}{h_d}$	容量系数 L_X				
	平底 0～0.3%	坡度 0.4%	坡度 0.6%	坡度 0.8%	坡度 1%
50	1.00	1.00	1.00	1.00	1.00
75	0.97	1.02	1.04	1.07	1.09
100	0.93	1.03	1.08	1.13	1.18
125	0.90	1.05	1.12	1.20	1.27
150	0.86	1.07	1.17	1.27	1.37
175	0.83	1.08	1.21	1.33	1.46
200	0.80	1.10	1.25	1.40	1.55
225	0.78	1.10	1.25	1.40	1.55
250	0.77	1.10	1.25	1.40	1.55
275	0.75	1.10	1.25	1.40	1.55
300	0.73	1.10	1.25	1.40	1.55
325	0.72	1.10	1.25	1.40	1.55
350	0.70	1.10	1.25	1.40	1.55
375	0.68	1.10	1.25	1.40	1.55
400	0.67	1.10	1.25	1.40	1.55
425	0.65	1.10	1.25	1.40	1.55
450	0.63	1.10	1.25	1.40	1.55
475	0.62	1.10	1.25	1.40	1.55
500	0.60	1.10	1.25	1.40	1.55

注：L 为排水长度（mm）；h_d为设计水深（mm）。

5.3.1.3 PVC-U 雨水管的水力计算

雨水埋地管的水力计算见表 5-24。

PVC-U 雨水管水力计算　　表 5-24

充满度	外径 De（mm）	壁厚（mm）	内径（mm）	比阻 1000 A	系数 K_c	i_{min}	Q_{min}（L/s）	Q_1（L/s）	Q_{max}（L/s）
1.0	110	3.2	103.6	0.1487	0.1186	0.005	5.80	8.432	20.09
	160	4.0	152	0.01925	0.05511	0.005	16.12	18.15	55.83
	200	5.0	190	0.005856	0.03527	0.003	22.63	28.35	101.2
	225	5.0	215	0.003029	0.02754	0.003	31.47	36.31	140.7
	250	5.0	240	0.001685	0.02210	0.003	42.19	45.25	188.7
	315	6.3	302.4	0.0004911	0.01392	0.0015	55.27	71.84	349.5

注：表中 A 为比阻，K_c 为流速系数，Q_{min} 是最小坡度时的流量（L/s），Q_{max} 是坡度 0.06 时的流量（L/s），Q_1 是管内流速为 1m/s 时的流量（L/s）。在某一确定流量 Q 时，可根据管道类别、充满度要求及管径情况，查出相应的 1000A 和 K_c 值，利用公式 $i = AQ^2$ 和 $v=K_cQ$ 算出水力坡度 i 和流速 v（m/s）值。

例如，当流量为 7.35L/s，充满度 1.0，管径 $De110$ 时，由表 5-24 查出 $1000A$ 和 K_c 值。

$$i=AQ^2=0.1487\times7.35^2/1000\approx0.008$$

$$v=K_cQ=0.1186\times7.35\approx0.87\text{m/s}$$

5.3.2 虹吸式屋面雨水系统水力计算

（1）计算目的

1）根据设计流量确定雨水斗口径和管网各管段的管径；

2）求设计流量通过各管段时的水头损失；

3）复核建筑高度提供的位能能否满足系统所需要的动能要求；

4）复核管道中的最大负压是否符合要求；

5）确定溢流口的尺寸。

（2）计算要求

1）根据各雨水斗的汇水面积，利用雨水流量公式计算各雨水斗的设计流量。

2）根据《虹吸式屋面雨水排水系统技术规程》CECS 183 的规定，以 50 年重现期、5 min 降雨历时的设计雨水流量确定溢流口尺寸，设计雨水流量中可扣除屋面雨水排水系统的排水量。

3）充分利用建筑高度提供的位能。

4）满足管网所需的下列位能要求：

雨水斗至过渡段的总水头损失（包括沿程水头损失和局部水头损失）与过渡段流速水头之和，不得大于雨水斗至过渡段的几何高差。

雨水斗顶面至过渡段的几何高差与立管管径之间的关系见表 5-25。如不满足，可增加立管根数，减小管径。

几何高差与立管管径关系 **表 5-25**

立管管径（mm）	≤$DN75$	≥$DN90$
几何高差（m）	宜大于 3m	宜大于 5m

5）悬吊管中心线与雨水斗出口的高差宜大于 1m，当高差小于 1m 时应对设计流量进行校核，校核方法参见《虹吸式屋面雨水排水系统技术规程》CECS 183。

6）悬吊管水头损失不得大于 80kPa；各悬吊管末端的最大负压计算值，应根据系统安装场所的气象资料、管道的材质、管道和管件的最大、最小工作压力等确定，但不应低于－90kPa（$-9\text{mH}_2\text{O}$）。

7）根据设计流量、立管高度确定雨水斗口径和雨水管管径。

8）确定雨水斗口径时，设计流量不应大于雨水斗的额定流量。额定流量依产品而异，必须经权威机构的检测确定。

9）确定管径时，应使设计流量通过计算管段时的水流速度符合下列规定：

①悬吊管设计流速不宜小于 1.0m/s；

②立管设计流速不宜小于 2.2m/s，且不宜大于 10m/s；

③排水系统出口应放大管径，过渡段下游的水流速度不宜大于 1.8m/s，当其出口水

流速度大于 1.8m/s 时，应采取消能措施；

④当对噪声有严格要求时，应采用较低流速；

⑤立管管径应经计算确定，可小于上游悬吊管管径；

⑥当两个及以上的立管接入同一排出管时，各立管的出口应设在与排出管连接点的上游，先放大管径再汇合。

10）对各计算节点进行压力平差，各节点的上游不同支路的计算水头损失之差，在管径≤DN75 时，不应大于 10kPa，在管径≥DN100 时，不应大于 5kPa。

当采用多斗系统时，各雨水斗至系统过渡段的总水头损失，相互之间的允许差值应小于 10kPa。

11）根据已确定的管径，标出相应的水头损失，复核雨水系统的压力值能否符合要求；若不满足，需对管径作相应的调整。

12）高层建筑中系统末端（过渡段处）的正压与系统中的最大负压绝对值之和大于 0.1MPa 时，应缩小立管管径增大水头损失，并重新复核末端正压。

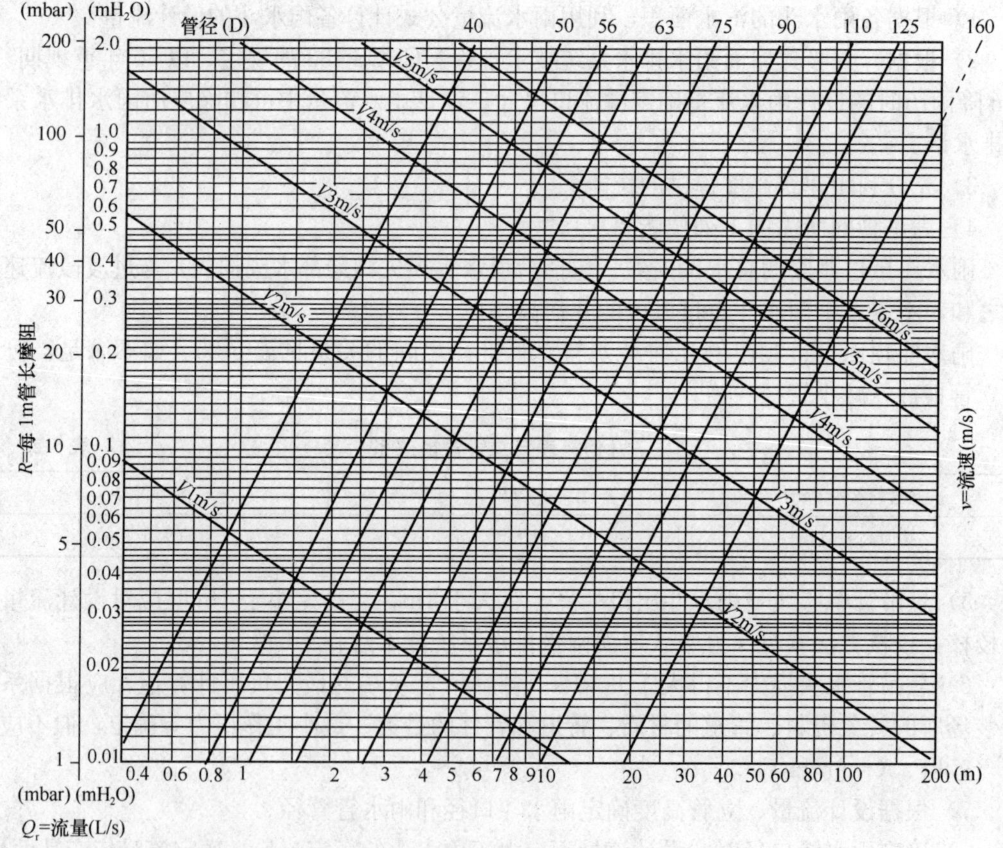

图 5-13　HDPE 塑料管的水头损失

（3）管道水头损失计算

1）雨水管道的沿程阻力损失可按式（5-14）计算：

$$h_{\mathrm{f}}=\lambda\frac{l}{d}\frac{v^{2}}{2g}\tag{5-14}$$

或 $$h_f = i \cdot l \tag{5-15}$$

式中 h_f——管道沿程阻力损失（m）；

λ——管道沿程阻力损失系数，按式（5-16）计算；

l——管道长度（m）；

d——管道的计算直径（m）；

v——管内流速（m/s）；

g——重力加速度（m/s^2）；

i——水力坡度（单位管长水头损失）。

$$\frac{1}{\sqrt{\lambda}} = -2\lg\left(\frac{\Delta}{3.71d} + \frac{2.51}{Re\sqrt{\lambda}}\right) \tag{5-16}$$

式中 Δ——管道当量粗糙高度（mm），由管材生产厂提供；

Re——雷诺数。

为了简化计算，单位管长的水头损失可通过查阅图表获得，图 5-13 是 HDPE 塑料管的水头损失图。

当管内流速不大于 3m/s 时，管道水头损失也可采用海澄-威廉公式计算。

2）管道的局部水头损失应根据管道的连接方式，采用管（配）件当量长度法计算，雨水斗的当量长度由厂商提供。当缺少管（配）件的实验数据时，可采用式（5-17）估算：

$$Z = \Sigma\zeta \cdot \frac{v^2}{2g} \tag{5-17}$$

式中 Z——管道的局部水头损失（m）；

ζ——局部阻力损失系数，按表 5-26 确定。

管（配）件局部阻力系数 **表 5-26**

管件名称	15°弯头	30°弯头	45°弯头	70°弯头	90°弯头	三通	管道变径处
ζ	0.1	0.3	0.4	0.6	0.8	0.6	0.3

注：1. 从虹吸系统至过渡段的转换处宜按 ζ=1.8 估算；

2. 雨水斗的 ζ 值应由产品供应厂提供，无资料时可按 ζ=1.5 估算。

（4）溢流口计算

溢流口或溢流装置的设计流量应根据溢流口或溢流装置的形式计算确定，可按式（5-18）和式（5-19）计算：

$$Q_q = kb\sqrt{2g}\Delta h^{3/2} \tag{5-18}$$

$$\Delta h = \Delta h_{max} - \Delta h_b \tag{5-19}$$

式中 Q_q——溢流口的排水量（L/s）；

k——堰流量系数，当溢流口采用宽顶堰时，为安全起见，可采用宽顶堰流量系数的下限值 320；当溢流口采用薄壁堰时，$k = 0.40 + 0.05\dfrac{\Delta h}{\Delta h_b}$；

b——溢流口宽度（m）；

Δh——溢流口前堰上水头，或溢流口净空高度（m）；

Δh_{max}——屋面最大设计积水高度（m）；

Δh_b——溢流口底部至屋面或雨水斗（平屋面时）的高差（m）。

（5）计算步骤

1）根据式（5-4）或式（5-5）计算雨水斗的设计流量。

2）计算系统总高度和管道直线长度。高度指雨水斗到过渡段的几何高差，过渡段低于室外地面时，按室外地面计算几何高度。

3）估算总当量管长，可按管道长度的1.6倍估算。

4）计算水力坡度（单位管长的水头损失），为几何高差除以总当量管长。

5）根据设计流量、水力坡度在计算图表上选出管径和对应的新的水力坡度，并注意满足流速不应小于1m/s。

6）根据表5-25检查雨水斗顶面至过渡段的几何高差和立管管径是否满足要求。如不满足，需调整系统布置，如增加立管、减小管径等。

7）计算系统的实际当量管长。

8）计算管路压力降（水头损失）。

9）检查：各管道交汇节点的压差值是否满足在管径≤*DN*75时，不应大于10kPa，管径≥*DN*100时，不应大于5kPa的要求，否则调整管径。

10）检查：总水头（压力）损失与过渡段处的流出水头之和应小于雨水斗出口至过渡段的几何高差。计算中为简化起见，可控制系统出口处剩余0.01 MPa以上水压即可。

11）检查最大负压值是否满足要求，否则，调整管径。

12）根据溢流排水量计算溢流口或溢流装置。

5.3.3　示例

5.3.3.1　半有压流屋面雨水系统（雨水外排水）计算示例

【例】 已知石家庄某厂铸造车间的全长为96m，跨度为18m，利用拱形屋架及大型屋面板所形成的矩形凹槽作为天沟，天沟槽的宽度为0.50m，天沟的深度为0.30m，设计积水深度为0.15m；坡度为0.006；天沟表面采用喷浆护面，其粗糙度 n 为0.021。天沟边壁与屋面板的搭接缝做防水密封。采用天沟外排水，天沟的布置如图5-14所示。要求计算天沟的排水量是否满足要求，选用适宜的雨水斗，确定立管的管径和溢流口的泄流量。

【解】

（1）雨量计算

取 P=3a，查表5-8，求得 q_5 为3.93L/(s·100m²)，即393L/(s·hm²)。

由于天沟较长，须向两端排水，每面排水长度为48m。

由于天沟与屋面板的搭接缝做了防水密封，且采用天沟外排水，因此校正系数取k=1。

天沟的汇水面积为

$$F=48\times18=864\text{m}^2=0.0864\text{hm}^2$$

$$Q=k\psi q_5F=1\times1\times393\times0.0864=33.96\text{L/s}$$

（2）天沟计算

1）天沟的断面积

$$\omega=0.50\times0.15=0.075\text{m}^2$$

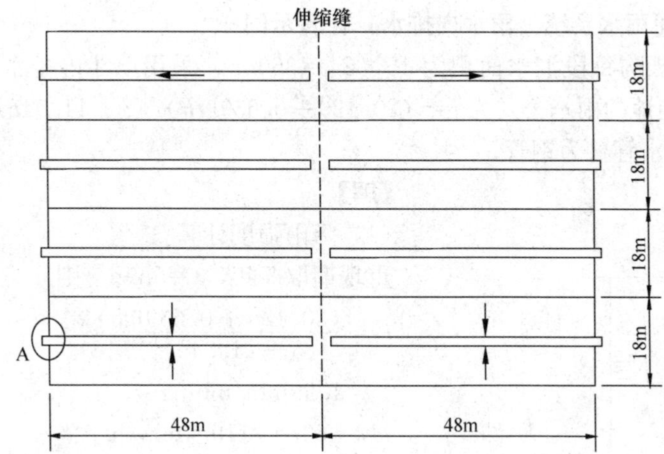

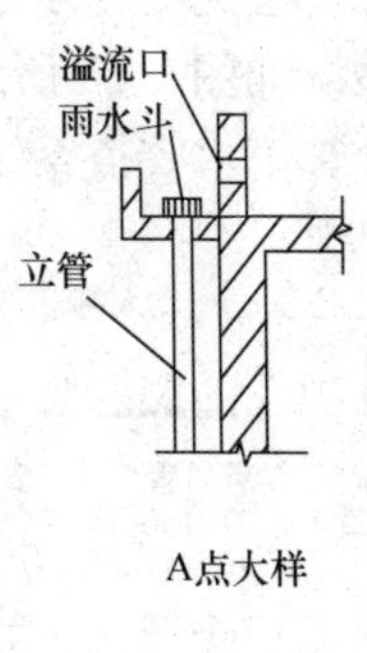

图 5-14 屋面天沟布置

2）天沟的水流速度

$$v = \frac{1}{n} R^{2/3} I^{1/2}$$

$$R = \frac{\omega}{C} = \frac{bH_0}{b + 2H_0} = \frac{0.075}{0.50 + 2 \times 0.15} = 0.094\text{m}$$

上式中，C 为湿周。

将 I=0.006，n=0.021 代入上式

$$v = \frac{1}{0.021} \times (0.094)^{2/3} \times (0.006)^{1/2} = 0.76\text{m/s}$$

3）天沟的排水能力

$$Q_1 = \omega v = 0.075 \times 0.76 = 0.057\text{m}^3/\text{s} = 57\text{L/s}$$

天沟排水能力为 57L/s，大于天沟所负担的雨水量 33.96L/s，因此天沟断面可以满足要求。

（3）雨水斗的选用

雨水系统为单斗系统，查表 5-11，采用口径 200mm 的 87 型雨水斗，其泄流能力为 40L/s，可满足 33.96L/s 设计雨量要求。

（4）雨水立管选用直径 200mm，与雨水斗口径相同，不再计算。

（5）溢流口计算

本建筑雨水排水系统与溢流设施的总排水能力按不小于 10 年重现期的雨水量考虑。当 P=10a 时，查表 5-8，求得 q_5 为 5.24L/(s·100m²)，即 524L/(s·hm²)。此时的排水量为：

$$Q = k\,\psi\,q_5 F = 1 \times 1 \times 524 \times 0.0864 = 45.27\text{L/s}$$

在天沟末端山墙上开一个溢流口，口宽采用 0.50m，堰上水头为 0.15m，由于溢流口开在山墙上，按宽顶堰进行计算。由溢流口排水流量公式（5-18）及堰流量系数 k=320 进行计算：

$$Q_q = k\,b\sqrt{2g}\Delta h^{3/2} = 320 \times 0.50\sqrt{2 \times 9.81} \times 0.15^{3/2} = 41.15\text{L/s}$$

由计算结果可知，即使在雨水斗或立管被全部堵塞时，亦可基本满足溢流要求。

5.3.3.2 半有压流屋面雨水系统（雨水内排水）计算示例

【例1】某厂房的屋面天沟每段汇水面积为15×24＝360m²，采用单斗内排水系统，管道系统如图5-15所示。当地的雨量公式为$i=(20.120+0.639\lg P)/(t+11.945)^{0.825}$。要求计算雨水管道系统。雨水管材为钢管。

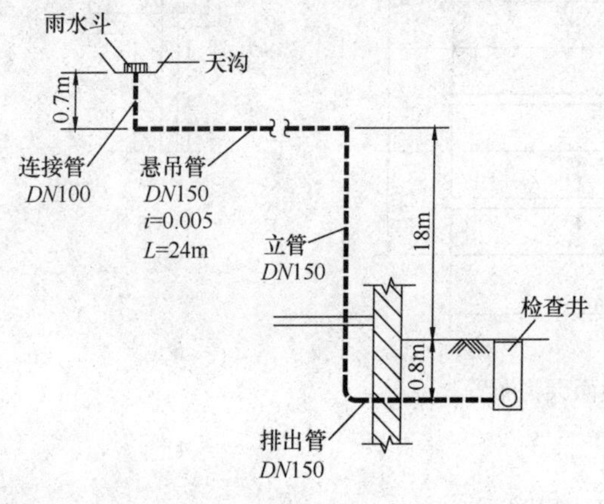

图5-15 雨水管系统

【解】

（1）降雨强度计算

重现期取5年，t=5min，则

$$i=\frac{(20.120+0.639\lg 5)}{(5+11.945)^{0.825}}$$

$$=1.99\text{mm/min}$$

$$H=60i=119.4\text{mm/h}$$

或 $q_5=H/36=3.317\ \text{L/(s}\cdot 100\text{m}^2)$

（2）雨水斗

根据式（5-4），雨水斗的设计流量为

$$Q=3.317\times 3.6=11.94\text{L/s}$$

查表5-11，系统雨水斗口径为100mm时，泄流量为12L/s，大于设计水量11.94L/s，满足要求，所以选用口径100mm的87型雨水斗。

也可查表5-12，当H＝119.4mm/h（近似按120）时，直径为100mm的87型雨水斗，其最大允许汇水面积为360m²，等于实际汇水面积360m²，所以该雨水斗可满足泄流要求。

（3）连接管

连接管采用与雨水斗同径即DN100。

（4）悬吊管和立管

将屋面汇水面积换算为相当H=100mm/h时的汇水面积：

$$k=\frac{H}{100}=0.01\times 119.4=1.194$$

$$F_{100}=kF_H=1.194\times 360=429.84\text{m}^2$$

该系统的水力坡度为$I=(0.7+0.5)/24=0.05$，查表5-15，当悬吊管管径为DN150时，最大允许汇水面积为1112m²。所以选用DN150的悬吊管是适宜的。为考虑初期雨水的排除，悬吊管的坡度取0.005。

查表5-17，DN125（D133×4）立管的泄流量为17.1L/s，可以满足排水要求，但《建筑给水排水设计规范》GB 50015规定，半有压流系统的立管管径不得小于悬吊管的管径，所以立管的管径仍选用DN150。

（5）排出管

排出管比较短，不再计算，采用与立管同径即DN150。

【例2】已知广东韶关市某厂房室内雨水排水系统的设置如图5-16所示，降雨重现期取4年。要求计算雨水排水系统，雨水管采用钢管。

【解】

(1) 降雨强度：查表 5-8，韶关 4 年重现期、历时 5min 的降雨强度：

$$q_5 = 5.51\text{L}/(\text{s}\cdot 100\text{m}^2) = 551\text{L}/(\text{s}\cdot \text{hm}^2)$$

或 $$H = 198\text{mm/h}$$

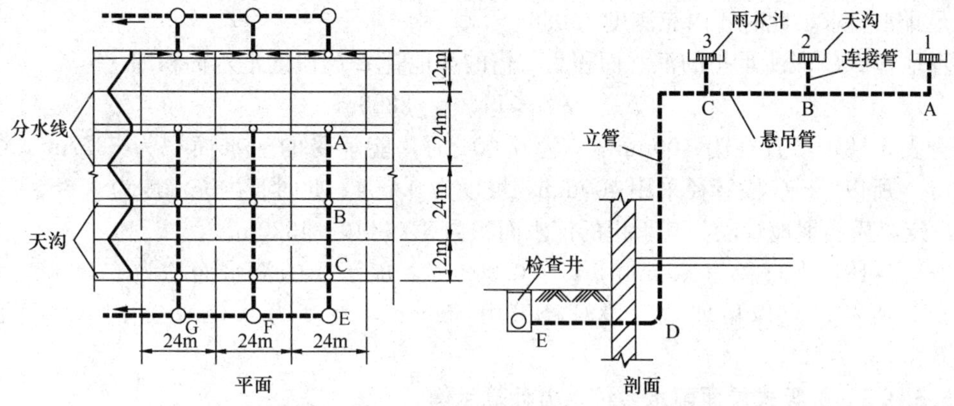

图 5-16 雨水系统布置

(2) 雨水斗：设天沟水深为 0.08m，且天沟与屋面连接有防水密封。

1、2 号雨水斗的汇水面积均为 $24\times24=576\text{m}^2=0.0576\text{hm}^2$

3 号雨水斗的汇水面积为 $12\times24=288\text{m}^2$

根据式 (5-4)，各雨水斗的设计流量为：

$$Q_1 = Q_2 = 551\text{L}/(\text{s}\cdot\text{hm}^2)\times 0.0576\text{hm}^2 = 31.74\text{L/s}$$

$$Q_3 = 551\text{L}/(\text{s}\cdot\text{hm}^2)\times 0.0288\text{hm}^2 = 15.87\text{L/s}$$

采用 87 型雨水斗。查表 5-11，87 型雨水斗口径为 200mm 时，最大排水能力为 40 L/s，大于 31.74L/s，能满足排水需要，所以 1、2 号斗选用口径 200mm 的 87 型雨水斗；3 号雨水斗则选用口径 150mm 的 87 型雨水斗，其最大排水能力为 26L/s，大于 15.87 L/s，能满足排水需要。

(3) 连接管：连接管选用与雨水斗相同的管径，即 1、2 号雨水斗的连接管 d_{1-A}、d_{2-B} 均采用 200mm，3 号雨水斗的连接管 d_{3-C} 采用 150mm。

(4) 悬吊管：悬吊管的长度为 48m，设雨水斗和悬吊管末段的几何高差 1.0m，根据式 (5-8)，水力坡度为：

$$I = (1.0+0.5)/48 = 0.031$$

悬吊管的设计流量为 3 个雨水斗的设计流量之和，为 79.35L/s。根据表 5-13，选出悬吊管的管径为 250mm。该管径在水力坡度 $I=0.031$ 时，最大排水能力 95L/s，大于设计流量 79.35L/s，满足要求。

选择悬吊管管径 250mm，并且从末端到始端 A 点不变径。悬吊管敷设坡度取最小坡度 0.005。

(5) 立管：根据设计流量 79.35L/s，查表 5-17，DN200（D245×6）立管的泄流量为 89.80L/s，可以满足排水要求，但《建筑给水排水设计规范》GB 50015 规定，半有压流系统的立管管径不得小于悬吊管的管径，所以立管的管径 DN_{C-D}仍选用 250mm。

（6）排出管：排出管比较短，不再计算，管径选用 DN_{D-E}为 250mm。

（7）埋地管：检查井 E、F 间的埋地管，承受立管 C-D 的汇水面积 1440m^2，查表 5-18，当直径为 350mm，i 为 0.004 时，埋地管 E-F 段所负担的泄水面积可达 2330m^2，可以满足排水要求，此时管内充满度为 0.65。

埋地管 F-G 段所承担的汇水面积为 2 倍的埋地管 E-F 段的汇水面积即：

$$F_{F\text{-}G} = 2 \times 1440 = 2880\text{m}^2$$

查表 5-18，当直径为 400mm，i 为 0.004 时，能承受的汇水面积为 3327m^2，大于 2880m^2。所以 $F-G$ 段管径采用 400mm，坡度为 0.004，此时管内充满度为 0.65。

G 点以后的埋地管段，其承担的汇水面积为 3×1440＝4320m^2。

查表 5-18，当直径为 500mm，i 为 0.003 时，能承受的汇水面积为 6759m^2，大于 4320m^2。所以 G 点以后埋地管段管径采用 500mm，坡度为 0.003，此时管内充满度为 0.8。

5.3.3.3 虹吸式屋面雨水系统水力计算示例

【例】 某大型商场的屋面雨水设计流量为 28L/s，采用虹吸式屋面雨水排水系统，各雨水斗设计流量均匀分配，管道系统如图 5-17 所示。雨水管道采用高密度聚乙烯（HDPE）管。要求计算雨水管道系统。

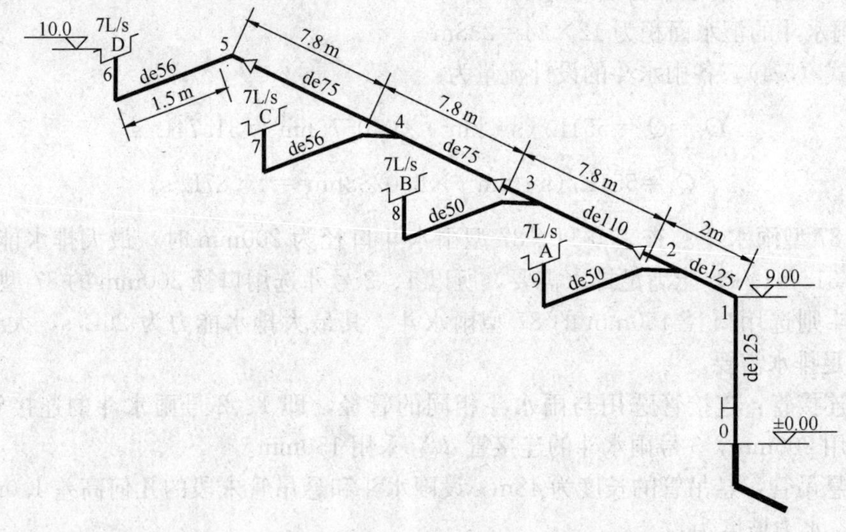

图 5-17 雨水系统

选用产品的当量长度列入表 5-27。本例题中异径管的当量长度按 0.5m 计。

【解】

（1）屋面各雨水斗设计流量

$$28 \div 4 = 7\text{L/s}$$

（2）计算系统的总高度和管道长度

系统的总高度（雨水斗至过渡段 O 点的高度）：

$$H_{\text{T}} = 1.0 + 9.0 = 10.0\text{m}$$

管道长度（雨水斗 D 至过渡段 O 点的长度）：

配件当量长度 **表 5-27**

公称管径 DN	40	50	60	70	80	100	125
管道外径 De	50	56	63	75	90	110	125
DN50 雨水斗	3.5	4.2	5.6	5.6	7.6		
90°弯头 90°=2×45° Y 三通直流	0.5	0.5	0.6	0.8	1.0	1.3	1.6
Y 三通侧流	1.3	1.6	1.9	2.4	3.0	3.9	4.7

$$L=9+2+7.8+7.8+7.8+1.5+1=36.9\text{m}$$

（3）估算管道当量总长度

$$L_E=36.9\times1.6=59.04\text{m}$$

（4）估算水力坡度

$$i=H_T/L_E=10/59.04=0.169$$

（5）选择管径、水力坡度、流速

根据设计流量和估算的水力坡度（单位管长的水头损失），在水力计算图表上（图 5-13）选择管径，查出与管径对应的水力坡度和流速，并确保流速不小于 1m/s。

例如管段 1-0：设计流量 28L/s，估算水力坡度 0.169mH_2O/m 管长，在图 5-13 中选择管径 125mm，与管径对应的实际水力坡度为 0.085，流速 2.8m/s。把以上数据填入表 5-28 中。其他各管段的管径、水力坡度、流速以此类推。

（6）检查：立管管径 DN125，系统高度 10.0m，符合表 5-25 的要求。

（7）根据所选管径确定管道配件的当量长度和管段计算长度，填入表 5-28 中 7-10 栏。

（8）根据水力坡度和管段计算长度计算管道水头损失和末端水头，填入表 5-28 中 11、13 栏。

例如管段 6-5，水力坡度为 0.400，管段计算长度 8.7m，管道水头损失为

$$0.400\times8.7=3.48\text{mH}_2\text{O}$$

（9）检查节点压差：支管交汇点 2 处的水压分别为 −6.48mH_2O、−6.24mH_2O、−6.72mH_2O和 −5.89mH_2O，压差值小于 1mH_2O 或 10 kPa，满足要求。节点 3 和节点 2 处的压差值也满足要求。

（10）检查系统出口水压：4 个雨水斗至系统（末端）出口的剩余水压分别为 1.31mH_2O、1.55mH_2O、1.07mH_2O 和 1.93mH_2O。均大于 1mH_2O，满足要求。

（11）检查最大负压：最大负压为 −6.89mH_2O，满足真空度要求。

（12）溢流计算略。

虹吸式雨水系统水力计算表　　　　**表 5-28**

管段	雨水流量 Q(L/s)	管径(mm)	水力坡度	流速 v (m/s)	管长 L (m)	配件当量长度(m)			计算管长(m)	管段水头损失(mH_2O)	管段高差(m)	末端水头(mH_2O)	系统剩余水头(mH_2O)	管内最大负压(mH_2O)
						雨水斗 $DN50$	90°弯头 异径管 Y三通直流	Y三通侧流						
1	2	3	4	5	6	7	8	9	10	11	12	13	14	15
6-5	7	56	0.400	3.5	2.5	4.2	4×0.5		8.7	3.48	1.0	−2.48		−6.65
5-4	7	75	0.075	1.9	7.8	—	1×0.5+1×0.8		9.1	0.68	0	−3.16		
4-3	14	75	0.270	3.6	7.8	—	1×0.5+1×0.8	—	9.1	2.46	0	−5.62		
3-2	21	110	0.090	2.7	7.8	—	1×0.5+1×1.3	—	9.6	0.86	0	−6.48		
2-1	28	125	0.085	2.8	2	—	—	—	2	0.17	0	−6.65		
1-0	28	125	0.085	2.8	9	—	2×1.6	—	12.2	1.04	9	1.31	1.31	
7-4	7	56	0.400	3.1	2.5	4.2	3×0.5	1.6	9.8	3.92	1.0	−2.92	1.55	−6.41
8-3	7	50	0.780	4.6	2.5	3.5	3×0.5	1.3	8.8	6.86	1.0	−5.86	1.07	−6.89
9-2	7	50	0.780	4.6	2.5	3.5	3×0.5	1.3	8.8	6.86	1.0	−5.86	1.93	−6.03

6 建 筑 中 水

6.1 适用范围及设计规模

中水是指各种排水经过处理后，达到规定的水质标准后，可在生活、市政、环境等范围内杂用的非饮用水。从服务区域上可分为城市中水、区域中水、建筑小区中水和建筑物中水。

建筑中水是建筑物中水和小区中水的总称。其主要用途包括绿化用水、冲厕、街道清扫、车辆冲洗、建筑施工、消防以及景观环境用水等。因此中水工程特别适用于缺水或严重缺水的地区或城市。

为实现污、废水资源化，节约用水，治理污染，保护环境，各类建筑物和建筑小区建设时，应按《建筑中水设计规范》GB 50336—2002 的要求和当地的规定，配套建设中水设施。中水设施必须与主体工程同时设计、同时施工、同时使用。由于我国地域广阔、水资源分布不均，地区之间差别很大，对于其他没有地方政策和规定的城市，可以借鉴中水建设比较成熟的城市。

下面是北京市有关部门对于中水设施建设要求的主要内容，可供各地区参考。

凡新建工程符合以下条件的，必须建设中水设施：

（1）建筑面积 2 万 m^2 以上的宾馆、饭店、公寓等。

（2）建筑面积 3 万 m^2 以上的机关、科研单位、大专院校和大型文化、体育建筑。

（3）建筑面积 5 万 m^2 以上，或可回收水量大于 $150m^3/d$ 的居住区和集中建筑区等。

中水系统设计规模可以分为城市集中处理、小区相对处理和建筑物分散处理等三种。城市集中处理方式适用于严重缺水城市，处理规模大、供水稳定，但由于投资高、系统相对复杂，一般很难实现。相对集中处理，分散处理虽然供水能力较小，但因其规模较小，投资相对较少，系统建设难度不大，适用范围较广，在国内缺水城市应用较为普遍。

6.2 中水水源及其水量、水质

6.2.1 中水水源

中水水源的选择是中水工程设计中的一个关键问题，一般应根据下述要求选择：

（1）中水水源应根据排水的水质、水量、排水状况和中水回用的水质、水量选定。例如原水和回用水的水量不仅要平衡，原水还应有 10%～15%的余量；原水水源要求供水可靠；原水水质经过适当处理后能达到回用水的水质标准等。

（2）中水水源一般为生活废水、生活污水、冷却水等。医院污水（尤其是传染病和结核病医院的污水）、生产污水等，由于含有大量、多种病菌病毒或其他有毒有害或放射性物质时，不得作为中水水源。

(3) 建筑物中水水源按污染程度，一般分为以下八种类型。选择中水水源时可以根据处理难易程度和水量大小按照下列顺序进行：

1) 卫生间、公共浴室的盆浴和淋浴等的排水；

2) 盥洗排水；

3) 空调循环冷却水系统排污水；

4) 冷凝水；

5) 游泳池排污水；

6) 洗衣排水；

7) 普通厨房排水；

8) 冲厕排水。

(4) 实际中水水源一般不是单一水源，多为上述几种原水的组合。一般可以分为下列三种组合：

1) 优质杂排水组合，包括盥洗排水、沐浴排水、泳池排水（有时也包括冷却水），作为中水水源水质最好，应优先选用。

2) 盥洗排水、沐浴排水和厨房、洗衣排水组和。该组合称为杂排水，水质相对稍差一些，处理工艺相对复杂一些。

3) 生活污水，即所有生活排水之总称。这种水水质最差，处理工艺也最复杂。

(5) 普通厨房排水作为中水水源时，一般要先经过隔油处理。公共餐厅内的厨房排水不宜作为中水水源。

(6) 建筑小区中水水源的选择要依据水量平衡和技术经济比较确定，并应优先选择水量充裕稳定、污染物浓度低、水质处理难度小、安全且居民宜接受的中水水源。

(7) 建筑小区中水水源可选择的水源有：

1) 小区或城市污水处理厂出水

随着城市污水资源化的发展和再生水厂的建设，这种水源的利用会逐渐增多。城市污水处理厂出水达到中水水质标准，并有管网送到小区，这是小区中水水源的最佳选择。

2) 小区内建筑物杂排水

建筑小区内建筑物杂排水是指除冲便器污水以外的生活排水，包括居民的盥洗和沐浴排水、洗衣排水以及厨房排水。

3) 相对洁净的工业排水

在许多工业区或大型工厂外排废水中，有些是相对洁净的废水，如工业冷却水、矿井废水等，其水质、水量相对稳定，保障程度高，并且水中不含有毒、有害物质，经过适当处理可以达到中水标准。

4) 小区内的雨水

雨水是一种很好的天然水资源，可作为小区中水的补充水源。

5) 小区生活污水

如果小区远离市政管道，排水需要处理达到当地的排放标准方可排放，这时在将全部污水集中处理的同时，对所需回用的水量适当地提高处理程度，在小区内就近回用，其余按排放标准处理后外排，既达到了环境保护的目的，又实现水资源的充分利用。

6.2.2 原水水量

中水水源的水量一般没有准确的统计资料，很难根据原水排水量直接确定中水水源水量。大多数根据建筑中作为中水水源的给水量的80%～90%作为计算水量。

(1) 中水水源的水量按公式 (6-1) 计算：

$$Q_Y = \Sigma \alpha \cdot \beta \cdot Q \cdot b \tag{6-1}$$

式中 Q_Y——中水原水量 (m^3/d)；

α——最高日给水量折算成平均日给水量的折减系数，一般为0.67～0.91；

β——建筑物按给水量计算排水量的折减系数，一般取0.8～0.9；

Q——建筑物最高日生活用水量，按《建筑给水排水设计规范》中的用水定额计算确定 (m^3/d)；

b——建筑物分项给水百分率。各类建筑物的分项给水百分率应以实测资料为准，在无实测资料时，可参照表6-1选取。

各类建筑物分项给水百分率 (%) **表6-1**

项目	住宅	宾馆、饭店	办公楼、教学楼	公共浴室	餐饮业、营业餐厅
冲厕	21.3～21	10～14	60～66	2～5	6.7～5
厨房	20～19	12.5～14	—	—	93.3～95
沐浴	29.3～32	50～40	—	98～95	—
盥洗	6.7～6.0	12.5～14	40～34	—	—
洗衣	22.7～22	15～18	—	—	—
总计	100	100	100	100	100

注：沐浴包括盆浴和淋浴。

(2) 用作中水水源的水量宜为中水回用量的100%～115%，以保证中水处理设备的安全运转。

(3) 小区中水水源的水量应根据小区中水用量和可回收排水项目水量平衡计算确定。

6.2.3 原水水质

(1) 原水水质应以实际资料为准，在无实际资料时，各类建筑物各种排水的污染浓度可参照表6-2确定。

各类建筑物各种排水污染浓度表 (mg/L) **表6-2**

	住宅			宾馆、饭店			办公楼、教学楼			公共浴室			餐饮业、营业餐厅		
	BOD_5	COD_{Cr}	SS	BOD_5	COD_{Cr}	SS	BOD_5	COD_{Cr}	SS	BOD_5	COD_{Cr}	SS	BOD_5	COD_{Cr}	SS
冲厕	300～450	800～1100	350～450	250～300	700～1000	300～400	260～340	350～450	260～340	260～340	350～450	260～340	260～340	350～450	260～340
厨房	500～650	900～1200	220～280	400～550	800～1100	180～220	—	—	—	—	—	—	500～600	900～1100	250～280

续表

	住宅			宾馆、饭店			办公楼、教学楼			公共浴室			餐饮业、营业餐厅		
	BOD_5	COD_{Cr}	SS	BOD_5	COD_{Cr}	SS	BOD_5	COD_{Cr}	SS	BOD_5	COD_{Cr}	SS	BOD_5	COD_{Cr}	SS
沐浴	50~60	120~135	40~60	40~50	100~110	30~50	—	—	—	45~55	110~120	35~55	—	—	—
盥洗	60~70	90~120	100~150	50~60	80~100	80~100	90~110	100~140	90~110	—	—	—	—	—	—
洗衣	220~250	310~390	60~70	180~220	270~330	50~60	—	—	—	—	—	—	—	—	—
综合	230~300	455~600	155~180	140~175	295~380	95~120	195~260	260~340	195~260	50~65	115~135	40~65	490~590	890~1075	255~285

(2) 小区中水水源设计水质，当无实测资料时，可参照：

1) 当采用生活污水作中水水源时，可按表 6-2 中综合水质指标取值；

2) 当采用城市污水处理厂出水为水源时，可按二级处理实际出水水质或表 6-3 执行；

二级处理出水标准　　表 6-3

项目	BOD_5	COD_{Cr}	SS	NH_3-N	TP
浓度（mg/L）	≤20	≤100	≤20	≤15	1

3) 利用其他种类原水的水质需进行实测。

6.3 中水应用及水质标准

6.3.1 中水应用及要求

(1) 中水利用归属于城市污水再利用。根据国家标准《城市污水再生利用　分类》GB/T 18919—2002，城市污水再生利用按用途分类包括农林牧渔用水、城市杂用水、工业用水、景观环境用水、补充水源水等。详见表 6-4。

城市污水再生利用分类　　表 6-4

序号	分　类	范　围	示　例
1	农、林、牧、渔、业用水	农田灌溉	种籽与育种、粮食与饲料作物、经济作物
		造林育田	种籽、苗木、园圃、观赏植物
		畜牧养殖	畜牧、家畜、家禽
		水产养殖	淡水养殖
2	城市杂用水	城市绿化	公共绿地、住宅小区绿化
		冲厕	厕所便器冲洗
		道路清扫	城市道路冲洗及喷洒
		车辆冲洗	各种车辆冲洗
		建筑施工	施工场地清扫、浇洒、灰尘抑制、混凝土制备与养护、施工中的混凝土构件及建筑冲洗
		消防	消火栓、消防水炮

续表

序号	分类	范围	示例
3	工业用水	冷却用水	直流式、循环式
		洗涤用水	冲渣、冲灰、消烟除尘、清洗
		锅炉用水	中压、低压锅炉
		工艺用水	溶料、水浴、蒸煮、漂洗、水力开采、水力输送、增湿、稀释、搅拌、选矿、油田回注
		产品用水	浆料、化工制剂、涂料
4	环境用水	娱乐性景观环境用水	娱乐性景观河道、景观湖泊及水景
		观赏性景观环境用水	观赏性景观河道、景观湖泊及水景
		湿地环境用水	恢复自然湿地、营造人工湿地
5	补充水源水	补充地表水	河流、湖泊
		补充地下水	水源补给、防止海水入侵、防止地面沉降

注：本表引自国家标准《城市污水再生利用 分类》GB/T 18919—2002。

(2) 中水用途主要是城市杂用水，如冲厕、浇洒道路、绿化用水、消防、车辆冲洗、建筑施工、工业冷却用水等。

(3) 中水利用除满足水量外，还应符合下列要求：

1) 用于不同的用途，选用不同的水质标准；

2) 卫生上应安全可靠，卫生指标如大肠菌群数等必须达标；

3) 中水还应符合人们的感官要求，即无不快感觉，以解决人们使用中水的心理障碍，主要指标有浊度、色度、臭、LAS 等；

4) 中水回用的水质不应引起设备和管道的腐蚀和结垢，主要指标有 pH、硬度、蒸发残渣、TDS 等。

6.3.2 中水回用水质标准

(1) 中水用作城市杂用水，其水质应符合《城市污水再生利用 城市杂用水水质》GB/T 18920—2002 的规定，见表 6-5。

城市杂用水水质标准 **表 6-5**

序号	指标项目	冲厕	道路清扫、消防	城市绿化	车辆冲洗	建筑施工
1	pH	6.0～9.0				
2	色（度）≤	30				
3	臭	无不快感				
4	浊度（NTU）≤	5	10	10	5	20
5	溶解性固体（mg/L）≤	1500	1500	1000	1000	—
6	5 日生化需氧量 BOD_5≤	10	15	20	10	15
7	氨氮（mg/L）≤	10	10	20	10	20
8	阴离子表面活性剂（mg/L）≤	1	1	1	0.5	1
9	铁（mg/L）≤	0.3	—	—	0.3	—
10	锰（mg/L）≤	0.1	—	—	0.1	—
11	溶解氧（mg/L）≥	1				
12	总余氯（mg/L）	接触 30min 后≥1.0，管网末端≥0.2				
13	总大肠菌群（个/L）≤	3				

注：混凝土拌合用水还应符合 JGJ 63 的有关规定。

(2) 中水用于景观环境用水，其水质应符合国家标准《城市污水再生利用 景观环境用水水质》GB/T 18921—2002 的规定，见表 6-6。

景观环境用水的再生水水质指标（mg/L） 表 6-6

序号	项 目	观赏性景观用水			娱乐性景观用水		
		河道类	湖泊类	水景类	河道类	湖泊类	水景类
1	基本要求	无漂浮物，无令人不愉快的臭和味					
2	pH（无量纲）	6～9					
3	5 日生化需氧量 BOD_5≤	10	6		6		
4	悬浮物（SS）≤	20	10		—①		
5	浊度（NTU）≤	—①			5		
6	溶解氧 ≥	1.5			2		
7	总磷（以 P 计）≤	1	0.5		1	0.5	
8	总氮 ≤	15					
9	氨氮（N 计）≤	5					
10	粪大肠菌群（个/L）≤	10000		2000	500		不得检出
11	余氯②≥	0.05					
12	色（度）≤	30					
13	石油类 ≤	1					
14	阴离子表面活性剂 ≤	0.5					

注：1. 对于需要通过管道输送再生水的非现场回用情况必须加氯消毒；而对于现场回用情况不限制消毒方式；

2. 若使用未经过除磷脱氮的再生水作为景观环境用水，鼓励使用本标准的各方在回用地点积极探索通过人工培养有观赏价值水生植物的方法，使景观水的氮满足表中的要求，使再生水中的水生植物有经济合理的出路。

①—表示对此项无要求；

②氯接触时间不应低于 30min 的余氯。对于非加氯方式无此项要求。

(3) 中水用于冷却、洗涤、锅炉补给等工业用水，其水质应符合国家标准《城市污水再生利用 工业用水水质》GB/T 19923—2005 的规定，详见表 6-7。

再生水用作工业用水水源的水质标准 表 6-7

序号	控制项目	冷却用水		洗涤用水	锅炉补给水	工艺与产品用水
		直流冷却水	敞开式循环冷却水系统补充水			
1	pH 值	6.5～9.0	6.5～8.5	6.5～9.0	6.5～8.5	6.5～8.5
2	悬浮物（SS）(mg/L) ≤	30	—	30	—	—
3	浊度（NTU）≤	—	5	—	5	5
4	色度（度）≤	30	30	30	30	30
5	生化需氧量 BOD_5（mg/L）≤	30	10	30	10	10
6	化学需氧量 COD_{Cr}（mg/L）≤	—	60	—	60	60
7	铁（mg/L）≤	—	0.3	0.3	0.3	0.3

续表

序号	控制项目	冷却用水		洗涤用水	锅炉补给水	工艺与产品用水
		直流冷却水	敞开式循环冷却水系统补充水			
8	锰（mg/L）⩽	—	0.1	0.1	0.1	0.1
9	氯离子（mg/L）⩽	250	250	250	250	250
10	二氧化硅（S_iO_2）⩽	50	50	—	30	30
11	总硬度（以 $CaCO_3$ 计 mg/L）⩽	450	450	450	450	450
12	总碱度（以 $CaCO_3$ 计 mg/L）⩽	350	350	350	350	350
13	硫酸盐（mg/L）⩽	600	250	250	250	250
14	氨氮（以N计 mg/L）⩽	—	10	—	10	10
15	总磷（以P计 mg/L）⩽	—	1	—	1	1
16	溶解性固体（mg/L）⩽	1000	1000	1000	1000	1000
17	石油类（mg/L）⩽	—	1	—	1	1
18	阴离子表面活性剂（mg/L）⩽	—	0.5	—	0.5	0.5
19	余氯（mg/L）⩽	0.05	0.05	0.05	0.05	0.05
20	粪大肠菌群（个/L）⩽	2000	2000	2000	2000	2000

(4) 中水用于食用作物、蔬菜浇灌用水时，应符合《农田灌溉水质标准》GB 5084 的要求。

(5) 中水用于采暖系统补水等其他用途时，其水质应达到相应使用要求的水质标准。

(6) 当中水同时满足多种用途时，其水质应按最高水质标准确定。

6.4 中水处理工艺及设备

6.4.1 中水处理工艺流程选择原则

中水处理工艺流程应根据中水原水的水质、水量和中水的水质、水量及使用要求等因素，经技术经济比较后确定。

(1) 确定处理工艺的主要因素：

1) 原水的水量水质及中水的水量水质；

2) 使用要求和工程实际情况；

3) 技术经济比较结果。

(2) 确定处理工艺的原则

1) 技术先进，安全可靠，处理后出水能够达到回用目标的水质标准；

2) 经济适用，在保证中水水质的前提下，尽可能节省投资、运行费用和占地面积；

3) 处理过程中，噪声、气味和其他因素对环境不造成严重影响；

4) 采用的工艺经过一定时间的运行实践，已达实用化的处理工艺流程。

6.4.2 中水处理工艺流程设计

6.4.2.1 几种典型的处理工艺流程及性能比较

(1) 当以优质杂排水或杂排水作为中水原水时，可采用以物化处理为主的工艺流程，或采用生物处理和物化处理相结合的工艺流程。

1）物化处理工艺流程（适用优质杂排水）：

原水→格栅→调节池→絮凝沉淀或气浮→过滤→消毒→中水

2）生物处理和物化处理相结合的工艺流程：

原水→格栅→调节池→生物处理→沉淀→过滤→消毒→中水

3）预处理和膜分离相结合的处理工艺流程：

原水→格栅→调节池→预处理→膜分离→消毒→中水

（2）当以含有粪便污水的排水作为中水原水时，宜采用二段生物处理与物化处理相结合的处理工艺流程。

1）生物处理和深度处理相结合的工艺流程

原水→格栅→调节池→生物处理→沉淀→过滤→消毒→中水

2）生物处理和土地处理：

原水→格栅→厌氧调节池→土地处理→消毒→中水

3）曝气生物滤池处理工艺流程：

原水→格栅→调节池→预处理→曝气生物滤池→消毒→中水

4）膜生物反应器处理工艺流程：

原水→调节池→预处理→膜生物反应器→消毒→中水

（3）利用污水处理站二级处理出水作为中水水源时，宜选用物化处理或与生化处理结合的深度处理工艺流程。

1）物化法深度处理工艺流程：

二级处理出水→调节池→混凝沉淀或气浮→过滤→消毒→中水

2）物化与生化结合的深度处理流程：

二级处理出水→调节池→微絮凝过滤→生物活性炭→消毒→中水

3）微孔过滤处理工艺流程：

二级处理出水→调节池→微孔过滤→消毒→中水

（4）用膜处理工艺时，应有保障其可靠进水水质的预处理工艺和易于膜的清洗、更换的技术措施。

（5）在确保中水水质的前提下，可采用耗能低、效率高、经过实验或实践检验的新工艺流程。

（6）中水用于采暖系统补充水等用途，采用一般处理工艺不能达到相应水质标准要求时，应增加深度处理设施。

（7）中水处理产生的沉淀污泥、活性污泥和化学污泥，当污泥量较小时，可排至化粪池处理，当污泥量较大时，可采用机械脱水装置或其他方法进行妥善处理。有关设计可按《室外排水设计规范》GB 50014 中要求执行。

上述流程中格栅和调节池称为预处理；沉淀、气浮、生化处理、膜处理等称为主要处理工艺；而过滤（砂滤、炭滤等）、消毒等称为后处理。上述工艺流程选择，主要根据原水水质及中水用途决定。并且每一种流程的处理步骤也非一成不变，可以根据实际的使用要求进行取舍和改进，切忌不顾条件生搬硬套，将常规的污水处理厂缩小后，直接搬入建筑物内。主要处理工艺性能比较详见表 6-8。

主要处理工艺性能比较 表 6-8

项目＼处理工艺	生化处理（如接触氧化或曝气）	物化处理（如絮凝沉淀、沉淀、气浮）	膜处理（如超滤或反渗透）
原水要求	适用于 A、B、C 型水质	适用于 A 型水质	超滤：适用于 A 型水质 反渗透：适用于 B、C 型水质
水量负荷变化适应能力	小	较大	大
间断运行适应能力	较差	稍好	好
水质变化适应能力	较适应	较适应	适应
产生污泥量	较多	多	不需经过处理随冲洗水排掉
产生臭气量	多	较少	少
设备占地面积	大	较大	小
基建投资	较少	较少	大
运行管理	较复杂	较容易	容易
动力消耗	小	较小	超滤：较小 反渗透：大
装置密闭性	差	稍差	好
处理后水质			
BOD_5	好	一般	好
SS	一般	好	好
中水应用	冲厕	冲厕	冲厕、空调冷却
应用普遍性	多	一般	少
水回收率	90%以上	90%以上	70%左右

注：A 为优质杂排水；B 为杂排水；C 为生活污水。

6.4.2.2 处理装置设计参数

（1）格栅（格网）：中水处理一般设一道细格栅，栅条空隙净宽小于 10mm，适用于原水为优质杂排水。当原水为杂排水和生活污水时可设两道格栅，第一道为粗格栅，栅条空隙净宽为 10～20mm，第二道格栅空隙净宽取 2.5～8.0mm。原水中有厨房排水时，还应加设隔油池（器）。生活污水作为中水水源时宜设化粪池进行预处理。原水中包含沐浴排水时，宜设毛发聚集器。隔油池、化粪池、毛发聚集器均宜设在格栅前。

格栅设计参数：过栅流速一般选用 0.6～1.0m/s；格栅倾角不小于 60°；栅前水深不小于 0.5m；格栅间工作台两侧通道宽度不应小于 0.7m；工作台正面通道宽度：人工清除不小于 1.2m；机械清除不小于 1.5m；栅渣量中细格栅一般为 0.1～0.05m^3/10m^3 污水；水头损失一般为 0.08～0.15m（中格栅—细格栅）。一般格栅均有定型产品，可供选用。

（2）调节池：调节池主要用于调节水量和均衡水质。

调节池计算：主要是确定调节容积。调节池容积应按照排水量的变化规律、处理规模（日处理量、小时处理水量）和处理设备运行方式来确定。

当有排水量的逐时变化曲线时，可以根据图 6-1 中排水量变化曲线（1）和处理水量运行线（为一水平线或某一直线段）（2）（3）计算调节池容积。

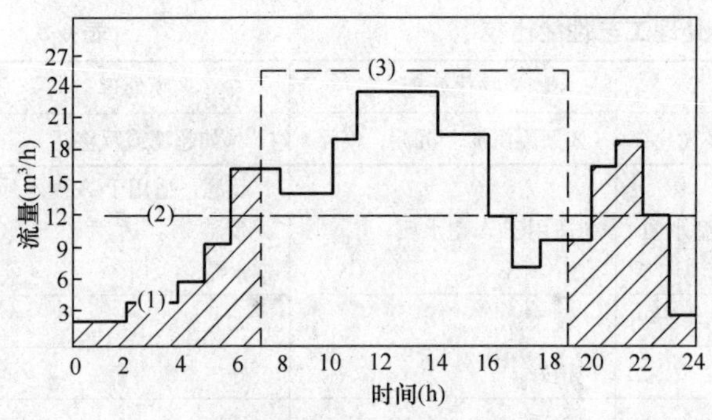

图 6-1 排水量逐时变化曲线

图中：——排水量逐时变化曲线（1）

---处理水量线

（2）表示连续运行

（3）表示间断运行

表示处理设备间断运行调节池容积

当处理设备不是连续运行而是某一时间段运行时，则调节池容积取运行曲线以外部分的排水量逐时变化曲线（1）与横坐标（时间）线之间的面积和，见图 6-1 中斜线部分。

一般情况下，在设计阶段很难确定排水量的逐时变化曲线，此时可按日平均小时排水量 4～6h 作为调节池容积。

调节池宜设置防止沉淀的措施。如预曝气（空气搅拌——兼有预氧化作用）、水泵定时搅拌（可以利用排水泵定时循环）等。为防止水质腐坏，还可进行预氧化。调节池还应考虑溢流、排空、液位监测、检修人孔、呼吸排气等设施。

（3）生化处理：生化处理在中水处理工艺中应用较多的有生物接触氧化、生物转盘、射流曝气等。在生活污水处理流程中，采用厌氧-好氧二阶段处理方式（如 A/O 法）。在处理有机物的同时，也使氨氮得到净化。本节只重点介绍前两种，其他处理工艺可参见国家相关图集。

1）生物接触氧化法

接触氧化法具有下列特点：容积负荷较高、停留时间较短，去除有机物效果较好，占地面积较小。适用于进水 BOD_5 浓度在 100～250mg/L 范围。

接触氧化池，一般由池体、填料、布水与曝气系统三部分组成，见图 6-2。

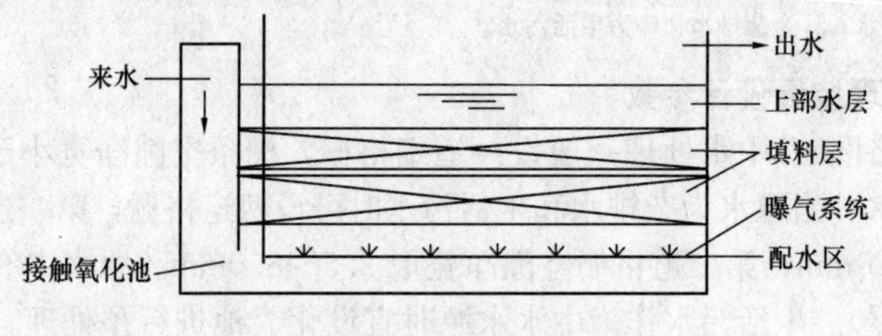

图 6-2 接触氧化装置

①接触氧化法计算：

a. 有效容积（即填料体积）：有效容积按式（6-2）计算：

$$V=\frac{Q(L_a-L_t)}{M} \tag{6-2}$$

式中 V——有效容积（m^3）；

Q——平时日排水量（m^3/d）；

L_a——进水 BOD_5 浓度（mg/L），由原水水质确定，如无资料可见表 6-2；

L_t——出水 BOD_5 浓度（mg/L），根据用水水质要求确定，可见表 6-5～表 6-7；

M——容积负荷[$gBOD_5/(m^3 \cdot d)$]，一般为 1000～1800$gBOD_5/(m^3 \cdot d)$，优质杂

排水和杂排水取上限值，生活污水取下限值。

b. 接触氧化池总面积：接触氧化池总面积，按式（6-3）计算：

$$F=\frac{V}{H} \tag{6-3}$$

式中 F——氧化池总面积（m^2）；

V——有效容积（m^3）；

H——填料层高度（m），一般不小于 1.5m，取 2～3m。

c. 校核接触时间：接触时间，按式（6-4）

$$t=\frac{F\cdot H}{Q}\times 24 \tag{6-4}$$

式中 t——有效接触时间（h），一般为 2～3h，生活污水取上限值；

F、H、Q 符号含义同前。

d. 接触氧化池需气量：接触氧化池需气量，按式（6-5）计算：

$$D=D_0\cdot Q \tag{6-5}$$

式中 D——需气量（m^3/d）；

D_0——气水比，一般为（15～20）：1，生活污水取上限。

也可按照 BOD_5 负荷按式（6-6）计算：

$$D=\frac{Q(L_a-L_t)\times M^1}{10^3} \tag{6-6}$$

式中 M'——BOD_5 负荷[$m^3/(kg\cdot BOD_5)$]，一般取 40～80$m^3/(kg\cdot BOD_5)$，生活污水取上 Q、L_a、L_t 符号含义同前。

e. 氧化池总高度：氧化池总高度，按式（6-7）计算：

$$H_0=H+h_1+h_2+(m-1)\cdot h_3+h_4 \tag{6-7}$$

式中 H_0——氧化池总高度（m）；

H——填料层高度（m）；

h_1——超高（m），取 0.3～0.5m；

h_2——填料层上部水深（m），取 0.4～0.5m；

h_3——填料层间隙高度（m），取 0.2～0.3m；

h_4——配水区高度（m），采用多孔管曝气时不考虑检修，取 0.5m；

m——填料层层数。

②填料选用：接触氧化池用的填料有硬性填料（斜板、蜂窝斜管等）、软性填料（纤维丝集束而成）半软性填料（塑料片和合成纤维丝组合而成）和悬浮填料（多种形状的塑料环片）等。由于蜂窝斜管易堵，软性填料由易于结球，故目前前多用半软性填料和悬浮填料。

如采用蜂窝斜管填料，其内切孔径不宜小于 25mm，每层填料高度不宜大于 1m。采用半软性填料或软性填料时，其布置示意见图 6-3。

③曝气系统：曝气系统分为供气装置和曝气装置两部分。供气装置有鼓风机、气泵和水下曝气器。前两种噪声比较大，只能应用于环境影响要求不高的场合。水下曝气器是将气源和曝气装置均设在水面以下，进气管伸出水面。该装置可以减小噪声和占地。

④接触氧化池个数一般不小于 2 个（同时作用），每池面积不宜大于 25m^2。

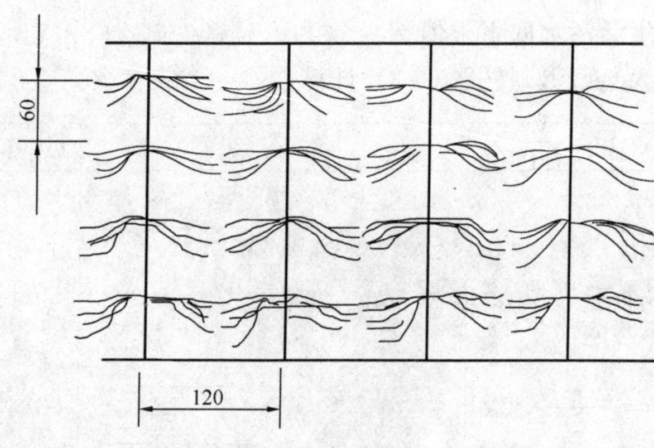

图 6-3　填料布置示意

⑤接触氧化池的溶解氧含量应维持 2.5～3.5mg/L。

⑥中小型接触氧化处理装置，目前也有成套设备可供选用。

2）生物转盘：生物转盘也是生物膜法处理污水的常用设备。与接触氧化法不同之处在于对原水水质适应范围较广、动力消耗比较少，并且不需要单独设置曝气装置。它是一种处理效果好、效率高、运行费用低、便于维护管理的处理工艺。其缺点是一次投资比较大、占地较大、卫生条件较差，且易受低气温的影响。

生物转盘主要由盘体、氧化槽、转动轴和驱动装置等组成，见图 6-4。

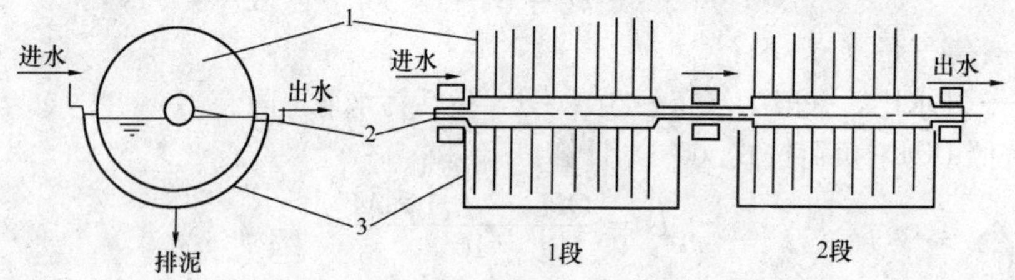

图 6-4　生物转盘构造示意
1—盘体；2—轴；3—氧化槽

①生物转盘设计要求：生物转盘应分为 2～4 段布置。生物转盘的设计负荷应根据进出水水质（BOD_5 去除率）等因素通过试验确定。当没有实测资料时，可按下列参数选取：对于生活污水 BOD_5 面积负荷为 10～20gBOD_5/(m^2·d)(BOD_5 去除率大于和等于 90%)，水力负荷宜为 50～100L/(m^2·d)(可作为校核之用)。生物转盘材质可以选用泡沫塑料、硬聚氯乙烯塑料、玻璃钢或钢板。氧化槽可以采用玻璃钢、钢板或混凝土等材料制作。

②主要计算公式：

a. 转盘总面积：转盘总面积，按式（6-8）、式（6-9）计算：

$$F=\frac{Q(L_a-L_t)}{N}\quad (m^2) \tag{6-8}$$

$$F=\frac{Q}{q}\quad (m^2) \tag{6-9}$$

式中　Q——平均日污水量（m^3/d）；

L_a、L_t——进水和出水 BOD_5 值（mg/L）；

N——BOD_5 面积负荷[gBOD_5/(m^2·d)]，一般取 10～20gBOD_5/(m^2·d)；

q——水力负荷[m^3/(m^2·d)]，一般取 0.05～0.1m^3/(m^2·d)。

按公式（6-8）、式（6-9）两种方法计算，取大值。

b. 氧化槽（单个）净有效容积：氧化槽（单个）净有效容积，按式（6-10）计算：

$$W' = 0.32(D+2C)^2(L-m_1a) \quad (m^3) \tag{6-10}$$

式中 W'——每个氧化槽净有效容积（m^3）；

D——盘片直径（m），一般取 2～3m；

C——转盘与氧化槽表面距离（m），一般不小于 0.15m；

m_1——盘片数量（个）；

a——盘片厚度（m）；

L——每组转盘转动轴有效长度（即氧化槽有效长度）（m），$L=m_1(a+b)K$（m）

其中 b——盘片净距（mm），一般进水段取 25～35mm，出水段取 10～20mm。

K——考虑循环沟槽的系数，一般 $K=1.2$。

氧化槽（单个）有效容积，按式（6-11）计算：

$$W = 0.32(D+2C)^2L \quad (m^3) \tag{6-11}$$

式中符号含义同上。

c. 停留时间：停留时间，按式（6-12）计算

$$t = \frac{W'}{Q_1} \quad (h) \tag{6-12}$$

式中 t——污水在氧化槽内停留时间（h），一般取 0.25～2h；

Q_1——每个氧化槽设计小时污水量（m^3/h）。

中小型生物转盘均有定型产品，可以直接选用。

（4）沉淀：

1）沉淀池多采用竖流式沉淀池或斜板（管）沉淀池，见图 6-5、图 6-6。这两种池型沉淀效果好，占地面积少。

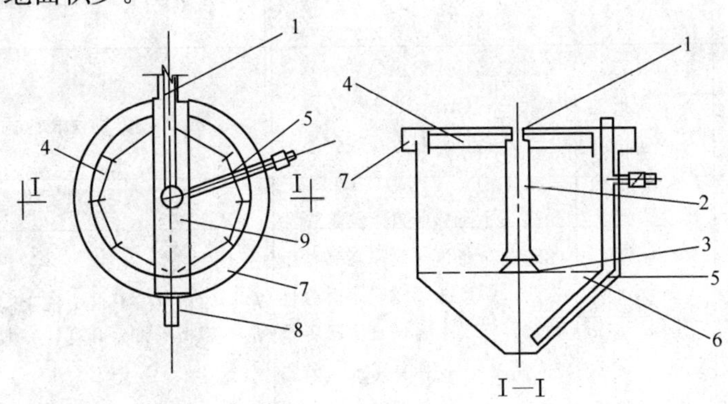

图 6-5 竖流式沉淀池

1—进水槽；2—中心管；3—反射板；4—挡板；5—排泥管；6—缓冲层；7—集水槽；8—出水管；9—桥

当沉淀池作为主要处理构筑物时，必须投加混凝剂。如用于生物处理后的二沉池时，混凝剂可加或不加。

2）竖流式沉淀池设计要点：为了布水均匀，池子直径与有效水深之比不大于 3，池子直径不宜大于 8m，一般为 4～7m；中心管内流速不大于 30mm/s；中心管下部应设喇

叭口和反射板，板底面距泥面不得小于 0.3m，排泥斗坡度应大于 45°；沉淀时间一般为 1～3h；水力负荷为 1.0～3.0m³/（m²·h）。

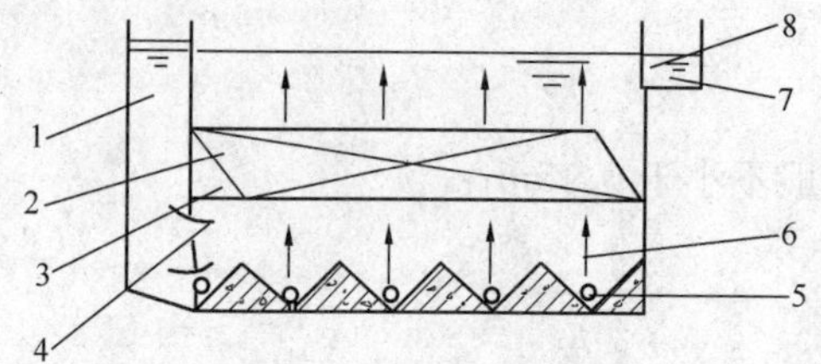

图 6-6　斜板沉淀池

1—配水槽；2—斜板或斜管；3—阻流板；4—穿孔墙；5—排泥管；6—集泥斗；7—集水槽；8—淹没孔口

3）斜板（管）沉淀池设计要点；斜板（管）沉淀池宜采用矩形，其长宽比不小于 4∶1，长度与有效水深比不小于 8∶1；表面水力负荷可比普通沉淀池提高一倍左右；二沉池停留时间，一般不超过 60min。斜板间净距为 80～100mm，斜板长为 1～1.2m，其倾角为 60°，斜板区上部水深为 0.7～1.0m，底部缓冲层高度为 1.0m，沉淀池超高不应小于 0.3m，斜管孔径宜大于 80mm。

出水堰水力负荷（锯齿形），不应大于 1.7L/（s·m）。排泥斗容积，宜按 4h 污泥量计算；排泥斗锥角，宜为 60°；排泥的静水头，不应小于 1.5m；排泥管直径，不应小于 150mm。

由于斜板（管）沉淀池具有沉淀效率高、停留时间短、占地少等优点，在中水处理设施中，目前使用较为普遍。现将这种池型的计算公式及选用参数列于表 6-9。

斜板（管）沉淀池计算公式及选用参数　　**表 6-9**

名　称	公　式	符 号 说 明
1. 池子水面面积	$F=\frac{Q_{max}}{nq\times 0.91}$（m²）	Q_{max}—最大设计流量（m³/h）； n—池数； q—设计表面负荷[m³/(m²·h)]，一般取 1～3； 0.91—斜板区面积利用系数
2. 池子平面尺寸	1. 圆形池 $D=\sqrt{\frac{4F}{\pi}}$（m） 2. 方形池边 $a=\sqrt{F}$（m） 3. 矩形池 $F=ab$（m²）	a、b、D—分别代表池宽、池长、直径
3. 池内停留时间	$t=\frac{(h_2+h_3)\ 60}{q}$（min）	h_2—斜板（管）区上部水深，一般取 0.7～1m h_3—斜板（管）高度，一般取 0.866～1m；
4. 污泥部分所需的容积	（1）$V=\frac{SNT}{1000n}$（m³） （2）$V=\frac{Q_{max}\ (C_1-C_2)\ \times 24\times 100T}{K_2\gamma\ (100-p_0)\ n}$（m³）	S—每人每天污泥量[L/(人·d)]，一般采用 0.3～0.8； N—设计人口数（人）； T—污泥室贮泥周期（d），一般取$\frac{1}{6}$～1d； C_1、C_2—进水和出水悬浮物浓度（t/m³），根据原水和中水水质标准确定； K_2—生活污水量时变化系数取最大日最大时与平均时污水量之比； γ—污泥密度（t/m³），其值约为 1；

续表

名 称	公 式	符 号 说 明
5. 污泥斗容积	(1) 圆锥体 $V_1=\frac{\pi h_5}{3}(R^2+Rr_1+r_1^2)$ (m^3) (2) 方椎体 $V_1=\frac{h_5}{3}(a^2+aa_1+a_1^2)$ (m^3)	p_0—污泥含水率（%），一般为96%～98%； h_5—污泥斗高度（m）； R—污泥斗上部半径（m）； r_1—污泥斗下部半径（m）； a_1—污泥斗上部边长（m）； h_1—超高（m），$h_1 \nless 0.3$；
6. 沉淀池总高度	$H=h_1+h_2+h_3+h_4+h_5$ （m）	h_4—斜板（管）底部缓冲层高度（m），一般取0.5～1

(5) 气浮：气浮处理设备由气浮池、溶气罐、释放器、加压水泵及空气压缩机等组成。目前多采用部分回流加压溶气气浮方式，流程示意见图6-7。

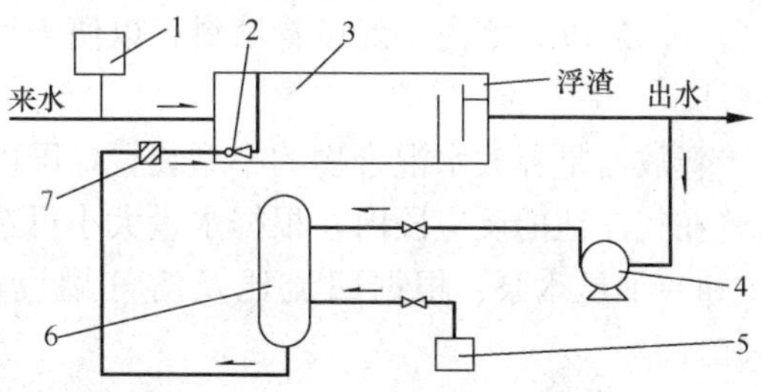

图6-7 加压溶气气浮方式流程示意

1—加药装置；2—释放器；3—气浮池；4—加压泵；5—空压机；6—溶气罐；7—过滤器

1) 气浮池：气浮池可以采用矩形或圆形。矩形气浮池的设计，应符合下列要求：气浮池进水部分应设置反应段，反应时间为10～15min；气浮池宽度不应大于4.5m，长宽比宜为3∶4；有效水深宜为2～2.5m，超高不应小于0.4m；气浮池分离段水力停留时间不宜大于1.0h，池内水平流速不宜大于10mm/s；池内应设刮沫机，刮沫机的移动速度为1～5m/min；气浮池顶部应设集沫槽。

2) 加药：气浮池需要投加混凝剂，必要时还可投加助凝剂。混凝剂一般多选用硫酸铝、三氯化铁、而氯化亚铁等。常用混凝剂、助凝剂的选用见表6-10。

常用混凝剂、助凝剂的选用　　表6-10

分类	名 称	分子式	性 质	使 用 要 求
混凝剂	硫酸铝	$Al_2(SO_4)_3 \cdot 18H_2O$	分子量666.41； 相对密度1.61； 白色晶体； 溶于水呈酸性 水溶解度90%	可以干、湿投加。湿式投加浓度10%～20%（重量计），投加后水的pH值为5.5～8；对于洗浴水投加量约为30～50mg/L，适合于20～40℃水温
	聚合氯化铝（PAC）	$[Al_2(OH)_nCl_{6-n}]_m$	为无机高分子混凝剂	用于处理度污染的水，成絮迅速，沉淀快，侵蚀性小。适于水温低、pH5～9的水体
	三氯化铁	$FeCl_3 \cdot 6H_2O$	易溶于水	成絮好，沉淀快，处理低温、低浊原水比铝盐效果好，使用浓度可达45%；但腐蚀性大
	硫酸亚铁（绿矾）	$FeSO_4 \cdot 7H_2O$	20℃时溶解度达21%	成絮快，沉淀效果好，适用于原水碱度大浊度高的水质，投加量比铝盐少，腐蚀性大
	明 矾	$Al_2(SO_4)_3$ $K_2SO_4 \cdot 24H_2O$	无机铝盐	含无水硫酸铝50%～52%，适于水温20～40℃，使用渐少，多用硫酸铝代替

续表

分类	名称	分子式	性质	使用要求
助凝剂	聚丙烯酰胺	$\left[\begin{array}{l}(CO_2—CH \\ \qquad\quad \vert \\ \qquad CONH_2\end{array}\right]_x$①	有机离分了聚合物	可以单独投加或作为助凝剂投加，对于高、低浊度混凝土效果均好，投加量少，约为三氯化铁的1/10，不易水解，有弱毒性，价格较高
	海藻酸钠 木刨花等		天然高分子聚合物	沉淀效果好，澄清度高

① X代表多个分子的聚合。

投药点一般设在原水加压泵的吸入管上，混合后进入气浮池的反应段。

3）溶气罐和释放器：溶气罐的水力停留时间，宜为1～4min；罐内工作压力，采用0.3～0.5MPa；罐内一般设置填料，以便于气水混合和增加气水接触时间，填料高度为1～1.5m。

释放器是释放水混合物的小型装置，国内已生产出各种规格的定型产品。释放器一般布置在气浮池的反应段内，根据水量大小可选择2～4个。

4）加压水泵：根据回流比及溶气罐设定压力进行水泵选型。回流比一般取30%～50%。

5）空压机：空压机选型是根据气水比和需用空气压力来选定。气水比按体积计算，一般空气量为回流水量的5%～10%，空气压力一般选用0.5～0.6 MPa（表压）。

6）气浮池计算：气浮池反应室平面面积，按式（6-13）计算：

$$A_c = \frac{Q+Q_p}{3600V_c} \quad (m^2) \tag{6-13}$$

式中 A_c——反应室平面面积（m^2）；

Q——气浮池设计水量（m^3/h）；

Q_p——加压回流溶气水量（m^3/h）；

V_c——反应室表面负荷率[$m^3(h\cdot m^2)$]，一般取2～5$m^3/(h\cdot m^2)$。

气浮池所需空气量，按式（6-14）计算：

$$Q_g = QR'a_c\varphi \tag{6-14}$$

式中 Q_g——气浮所需空气量（L/h）；

Q——气浮池设计水量（m^3/h）；

R'——试验所需回流比（%），如无资料时可选用30%～50%；

a_c——试验所需释气量（L/m^3），如无资料时可选用回流水量的5%～10%；

φ——水温校正系数，取1.1～1.3；如试验条件下水温与实际水温相差越大，取值越大。

（6）过滤：污水过滤与给水过滤功能相似，可以参照给水过滤进行设计。一般中水过滤多选压力过滤器，滤料可选用单层或者双层滤料。滤料材质有石英砂、陶粒、无烟煤、轻质滤料（如发泡塑料珠、纤维球）等。普通多用石英砂、无烟煤，因为其性能可靠、运行成熟。压力式过滤器均有定型产品，可参照产品样本给定的性能进行选用。常用过滤设备及主要参数见表6-11。

常用过滤设备性能及主要参数　　表 6-11

过滤类型	滤速（m/h）	反洗强度［L/(s·m^2)］	反洗时间（min）	最大运行阻力（m）	滤料级配	
					粒径 ϕ（mm）	厚度（mm）
石英砂压力过滤器	8～10	12～15	7～5	≯9	砂英砂 0.5～1	600～800
					承托层 3～25	250～350
无烟煤压力过滤器	8～14	4～8	6～10	≯8	无煤烟 0.8～1.6	700～800
					承托层 3～25	250～400
泡沫塑料珠压力过滤器	20～25	12～15	5	1～2	1～2	600～900
纤维球滤料过滤器	10～15	气水混合反洗： 气洗 25～45 水洗 12～15	5～10	2～5		＞600

注：如采用双层滤料（石英砂和无烟煤）时，无烟煤和石英砂厚度各为 400～500mm，无烟煤粒径为 0.6～1.2mm，其他数据同石英砂压力过滤器。

（7）活性炭过滤：活性炭过滤主要用于去除常规处理方法难于降解和难于氧化的物质。其处理目的是除臭、除色及去除有机物、合成洗涤剂和有毒物质等。

活性炭过滤器可分为固定床、移动床、流动床。一般多采用固定床。

活性炭过滤流速，一般为 9～25m/h。活性炭装填高度，应根据出水水质要求和工作周期决定一般不宜小于 3m。接触时间，应根据出水水质要求决定，一般为 10～30min。炭的 COD 负荷能力，一般为（0.3～0.8）kgCOD/kg 炭。

污水处理适用的活性炭滤料参考性能，见表 6-12、表 6-13。

污水处理适用的活性炭滤料参考性能　　表 6-12

序号	项　目	数　值	序号	项　目	数　值
1	比表面积［m^2/g（BET）］	950～1500	5	空隙容积（cm^3/g）	0.85
2	密度（g/cm^3）：		6	碘值（mg/g）	＞900
	堆积密度	0.44	7	磨损值（%）	＞70
	颗粒密度	1.3～1.4	8	灰分（%）	＜8
	真密度	2.1	9	包装后含水率（%）	＜2
3	粒径（mm）		10	筛径（美国标准系列）	
	有效粒径	0.8～0.9		大于 8 号（%）	＜8
	平均颗粒直径	1.5～1.7		小于 30 号（%）	＜5
4	均匀系数	≤1.9			

部分国产颗粒活性炭规格及性能　　表 6-13

牌　号	规　格	性　能	用　途
DH-15	粒度：直径～1.5mm 长度 2～4mm 碘值：＞900mg/g 含水率：＜3% 苯吸附率：＞30% 机械强度：＞85%	外观：圆柱柱颗粒 比表面积：～950m^2/g 总孔容积：0.8cm^3/g 真密度：～0.8g/cm^3 堆密度：460g/L 灰分：10% pH：～9	给水及工业废水深度处理等

续表

牌号	规格	性能	用途
DX-15	粒度：直径～1.5mm 长度 2～4mm 碘值：>1000mg/g 机械强度：>80% 含水率：<3% 亚甲蓝值：>150mg/g	外观：圆柱状颗粒 总表面积：～1100m^2/g 总孔容积：～0.9cm^3/g 真密度：～0.75g/cm^3 堆密度：0.42g/cm^3 灰分：～12% pH：～9	生活污水及工业废水处理等
PJ-09	粒度：12～16 目 机械强度：>85% 碘值：>900mg/g 半脱氯值：<5cm 含水率：<5%	外观：不定型颗粒 比表面积：～1000m^2/g 总孔容积：～0.8cm^3/g 堆密度：～400g/L 真密度：2.15g/cm^3 pH：～9	给水净化、污水处理、脱氯、脱色、除臭等
DX-30	粒度：直径 3mm 长度 3～6mm 碘值：>980mg/g 含水率：<3% 机械强度：>90% 苯吸附率：>35% 粒径范围：>5.5mm<5% 1.0～2.75mm<15%	外观：圆柱状颗粒 总表面积：～1100m^2/g 真密度：0.75g/cm^3 堆密度：～420g/L 灰分：12% pH：～9 总孔容积：～0.9cm^3/g	废水处理、有机溶剂回收等
CH-18	粒度（4～10 目）：≥80% 碘值：≥1000mg/g 苯吸附量：≥450mg/g	堆密度 0.3～0.4g/cm^3	气相吸附、给水净化、污水处理、除臭、除味等

注：活性炭过滤器已有定型产品可供选用。

（8）消毒：中水系统的消毒处理是中水回用的安全保证。中水处理系统必须设有严格的消毒措施，并应采用消毒剂投量准确可靠的定比式消毒器。消毒剂品种一般采用液氯（或氯片）、二氧化氯、次氯酸钠、漂白粉、臭氧等，以前三种选用较多。各种消毒剂的选用和性能比较，见表 6-14。

各种消毒剂的选用和性能比较　　表 6-14

消毒剂种类	投加量	投加方工	使用条件
液氯	有效氯 5～8mg/L 保持余氯 0.5～1mg/L	必须设氯瓶和加氯机可用真空加氯机或随动式加氯机（当与泵联锁时），不允许直接注入水中	使用普遍、效果可靠、操作简便，成本低；一般加在处理流程末端，接触时间不小于 30min，使用时注意氯气毒性
氯片	投加量按有效氯计同液氯，一般氯片有效氯合量为 65%～70%	有专用氯片消毒器，若能保证混合效果也可直接投加	适于小规模使用；使用管理方便、设备少，但价格较高

续表

消毒剂种类	投加量	投加方工	使用条件
二氧化氯	淋浴水 0.5～2mg/L 溶池水 0～30mg/L	有定型二氧化氯发生器可以直接选用	1. 杀菌、消毒能力强、接触时间短。必须采用二氧化氯发生器现场制造、电耗、盐耗均较低； 2. 阳极需 5a 左右更换并需定时加盐，使用时通风条件要好，价格较高
次氯酸钠（溶液）	投量按有效氯计同液氯有效氯占 10%～12%	用成品溶液或用次氯酸钠发生器制取，前者用溶液投加设备投加，后者直接投加	1. 消毒效果同液氯，由于其浓度低，安全性比液氯好； 2. 发生器价格较高，并需定期加盐、电极也需定期清洗
漂白粉 CaOCl 漂粉精 Ca（OCl)$_2$	漂白粉含有效氯 20%～30% 漂粉精含有效氯 60%～70%	可溶于水中制成 1%～2%的浓度的溶液投加或直接投加	设备简单，也不需专人管理，比较安全，投加量不易掌握，漂白粉需要配制，并需及时清渣，漂粉精价格较贵
臭氧 O_3	投量 1～3mg/L	有专用臭氧发生器产生臭氧直接投加	1. 氧化能力强，并且还可降解残余有机物、色度、臭味等，挨触时间短，但保持时间也短； 2. 设备复杂，不易维护管理，电耗和投资均较高，由于国产设备不够成熟，应用受到限制

注：消毒设备和装置均有定型产品，可以直接选用，杀菌消毒原理和消毒剂，消毒设备，见第 10.1 节。

6.5 中水管道系统设计

6.5.1 中水系统组成

（1）中水系统组成

1）中水系统由原水系统、处理系统和中水供水系统三个部分组成。

2）中水工程设计应按有机整体考虑，做到与全局工程的统一规划、合理布局，相互制约和协调配合，实现建筑或建筑小区的使用功能、节水功能和环境功能的统一。

（2）中水系统形式

1）建筑物中水宜采用原水污、废分流，中水专供的完全分流系统。

该系统具有以下特点：

①水量易于平衡。一般情况下，建筑物的优质杂排水或杂排水的水量，经过处理后，可满足冲厕等杂用水水量要求。

②处理工艺相对简单。由于对原水进行分质收集，取相对水质较好的原水作为中水水源，可简化水处理工艺流程，从而降低造价，也方便设备运行管理。

③中水用户容易接受，方便中水使用的推广。

2）建筑小区中水可采用下列系统形式：

①全部完全分流系统。是指在小区范围内，进行原水的分质收集，和中水专供的系统，即整个小区内全部采用两套排水管道系统和两套给水管道系统。

这种系统形式，管线相对复杂，设计、施工难度较大，管线投资高，但具有水量易于平衡，处理工艺流程简化、用户容易接受等优点。

②部分完全分流系统

这种系统形式与全部完全分流系统类似，分流系统没有在小区全面实行，只是覆盖了小区部分建筑。

③半完全分流系统

半完全分流系统是指无原水分流管线（原水为综合污水或外接水源），只有中水供水管系，或只有污废分流管系而无中水供水管系，处理后的中水用于景观绿化或室外杂用等。

④无分流简化系统

无原水分流系统，中水用于河道景观、绿化及室外其他杂用。

3）中水系统型式的选择，应根据工程实际情况、原水和中水用量平衡和稳定、系统的技术经济合理性等因素综合考虑确定。

6.5.2 中水原水收集系统

中水原水收集系统分为分流系统和合流系统两种类型。具体形式、类型见本手册“建筑排水”相关内容。

6.5.3 中水供水系统

（1）中水供水方式与给水系统相似，具体形式、类型见本手册“建筑给水”相关内容。

（2）中水供水系统设计要点

1）中水供水系统必须单独设置，中水管道与其他生活给水管道不得有任何方式的接通；

2）中水供水系统的供水量按照《建筑给水排水设计规范》中的用水定额及表 6-1 中规定的百分率计算确定；

3）中水供水系统的设计秒流量和管道水力计算、供水方式及水泵选型参见“建筑给水”相关内容；

4）中水供水管道宜采用塑料给水管、塑料和金属复合管或其他抗腐蚀的给水管材，不得采用非镀锌钢管。管道在室内一般明装；

5）中水贮水池（箱）宜采用耐腐蚀、易清垢的材料制作。钢板池（箱）内、外壁及其附配件均应采取防腐处理；

6）中水管道上不得装设取水龙头。当装有取水接口时，必须采取严格的防止误饮、误用的防护措施。如带锁龙头、明显表示不得饮用等；

7）绿化、浇洒、汽车冲洗宜采用有防护功能的壁式或地下式给水栓；

8）中水供水系统上，应根据使用要求安装计量装置。

6.5.4 水量平衡

中水原水量、处理量、回用量三者应形成一定的平衡关系。由于原水量，具有一定周期性和季节性和回用的时间周期并不一致，为了满足总回水量和瞬时回水量的需求，就需要进行水量平衡计算和选用相应的调节措施，这是中水系统合理设计、合理用水的前提。

中水水量平衡首先是昼夜水量的平衡，即原水量、处理量、回用量三者昼夜水量基本一致。其次是使不均匀的原水量转换到基本均匀的处理量。再使均匀的处理量满足不均匀的使用量。

原水的不均匀量不光体现在一天的不同时间，也体现在一年的不同季节，（尤其是对污废分流的原水系统，影响更为显著）设计时要尤为注意。

6.5.4.1 水量平衡计算及调整

（1）水量平衡计算

1）将建筑物的给水量、污废排水量和中水原水量分别按本手册有关章节及 6.2 节所述的计算方法进行计算。

2）中水设计处理能力按式（6-15）计算：

$$Q_q = (1+n)Q_z/T \tag{6-15}$$

式中 Q_q——中水设施处理能力（m^3/h）

Q_z——最大中水量（m^3/d）；

T——中水设施每日设计运行时间（h/d）；

n——设施自耗水系数，一般取值为 10%～15%。

3）根据用水时间和用水量画出中水原水量逐时变化曲线，并同图画出中水处理量的变化曲线，两曲线所围面积的最大部分即为原水调节贮存量。如图 6-8 所示。同理画出中水处理量和中水用量逐时变化曲线，两曲线所围面积的最大部分即为中水贮存调节量。如无确切资料，可按下列公式计算：

①原水调贮量

连续运行时：

$$Q_{yc} = (0.30 \sim 0.40)Q_c \tag{6-16}$$

间歇运行时：

$$Q_{yc} = 1.2Q_q \cdot T \tag{6-17}$$

式中 Q_{yc}——原水调贮量（m^3）；

Q_c——中水日处理量（m^3/d）；

Q_q——中水设施处理能力（m^3/h）；

T——设备最大连续运行时间（h）。

当采用批量处理法时，原水调贮量应按需要确定。

②中水贮存调节量

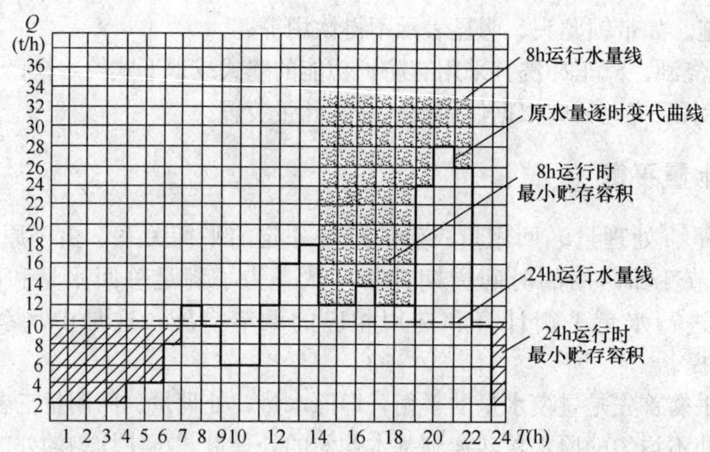

图 6-8 水量逐时变化曲线

连续运行时：

$$Q_{zc}=(0.20\sim0.30)Q_{z} \quad (6\text{-}18)$$

间歇运行时：

$$Q_{zc}=1.2(Q_{q}\cdot T-Q_{zt}) \quad (6\text{-}19)$$

式中 Q_{zc}——中水贮存调节量（m^3）；

Q_{z}——最大日中水用水量（m^3/d）；

Q_{zt}——最大连续运行时间内的中水量（m^3）。

中水贮存调节量应包括中水贮存池及高水箱贮存水量之和。

中水系统的总调节容积，包括原水池（箱）、中水处理水池（箱）、中水贮存池（箱）及高水箱等调节容积之和，一般不小于中水日处理量的100％。

（2）水量平衡调整

将计算出的水量进行平衡调整，使之满足下式的要求。

$$Q_{y}=\Sigma c\cdot b\cdot Q_{d}=(1.10\sim1.15)Q_{c} \quad (6\text{-}20)$$

$$Q_{q}\cdot T/(1+n_{1})=Q_{c}=\Sigma Q_{zi} \quad (6\text{-}21)$$

式中 c——折减系数，一般取0.8～0.9；

b——为中水原水的给水分项占总水量的百分比，见表6-1；

Q_{d}——建筑物生活给水量（m^3/d）；

Q_{y}——中水原水量（m^3/d）；

T——中水处理设施运行时间（h）；

n_{1}——处理设施耗水系数，一般取0.10～0.15；

Q_{zi}——各项中水日用量（m^3/d）；

Q_{c}、Q_{q}——符号意义同意。

中水单位处理成本随处理量的提高而降低，节水效益随着处理规模的增大而增强，所以在水量调整时，应注意将可收集的原水尽量收集起来，进行处理回用，在中水用量不多时，应考虑分期从更大的范围去开辟中水用户，在高效益、低成本的前提下调节水量平衡。

(3) 水量平衡图

为使中水系统水量平衡规划更明显直观，应绘制水量平衡图。该图是用图线和数字表示出中水原水的收集、贮存、处理、使用之间量的关系。主要内容应包括如下要素：

1) 中水原水的产生部位及原水量，建筑的排水量、排放量。

2) 中水处理量及处理消耗量。

3) 中水各用水点的用水量及总用水量。

4) 自来水用水量，对中水系统的补给量。

5) 规划范围内的污水排放量、回用量、给水量及所占比率。

计算并表示出以上各量之间的关系，不仅可以借此协调水量平衡，还可明显看出节水效果。水量平衡例图见图 6-9。

6.5.4.2 水量平衡措施

为使中水原水量与处理水量、中水产量与中水用量之间保持平衡，并使中水用量在一年各季节的变化中保持相对平衡，在中水系统的设计中应采取一定的技术措施。水量平衡主要采取以下技术措施：

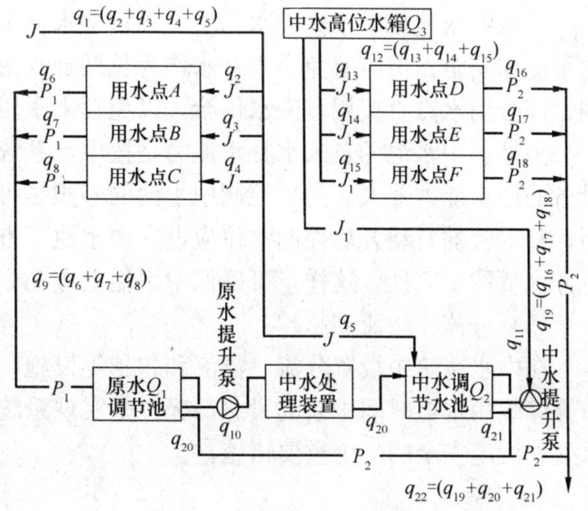

图 6-9 水量平衡

J—自来水；P_1—中水原水；J_1—中水供水；P_2—直接排水；$q_{1\sim5}$—自来总供水量及分项水量；$q_{6\sim9}$—中水原水分项水量及汇总水量；q_{10}—中水处理量；q_{11}—中水供水量；$q_{12\sim15}$—中水用水总量及分项水量；$q_{16\sim22}$—污水排放分项水量及汇总水量；Q_1—原水调节水量；Q_2—中水调节水量；Q_3—中水高位水箱调节水量

(1) 贮存调节

前处理单元的原水调节池和后处理单元的中水池是水量平衡系统主要组成部分，足够容积的调节池和中水池是确定中水处理率和利用率的重要前提。设置原水调节池、中水调节池、中水高位水箱等构筑物进行水量调节，以控制原水量、处理水量、用水量之间的不平衡。

1) 原水调节池的调节容积应按中水原水量及处理量的逐时变化曲线求得，当缺少资料时可按下列方法计算：连续运行时，可按日处理水量的 35％～50％计算；间歇运行时，调节池的调节容积应为处理设备一个运行周期的处理量。

2) 中水调节池的调节容积应按处理量与中水用量的逐时变化曲线求得。当缺乏资料时可按下列要求计算：连续运行时，可按中水系统日用水量的 25％～35％计算；间歇运行时，可按处理设备运行周期计算。

3) 当中水供水采用水泵——水箱联合供水时，其高位水箱的调节容积不得小于中水系统最大小时用水量的 50％。

(2) 运行调节

利用水位信号控制处理设备自动运行，并合理调整确定控制的水位和运行班次，可有效地调节水量平衡。对处理设备运行的控制主要是对原水泵运行的控制。

原水泵运行的控制方式分为双控和单控两种。双控即为原水泵的启动由中水池内水位和调节池内水位共同控制，单控是以调节池内水位控制原水泵启动，设计中应根据具体情况确定控制方式。一般情况下，采用单控方式比较简单有效，原水泵启动以调节池内的水位控制方式进行，并采取一定的技术措施，尽量减小中水池的自来水补水空间。当采用水位控制时，原水泵启动水位应设在自来水补水控制水位之上。

(3) 中水使用调节

中水用水量较大时，应扩大原水收集范围，如将不能直接接入的杂排水，可采取局部提升的方式引入；中水原水量较大时，应充分开辟中水使用范围，如浇洒道路、绿化、冷却补水、采暖系统补水等，以调节季节性不平衡。

(4) 应急补充

中水贮水池或中水高位水箱上应设自来水补水管，作为应急使用，从而保障中水供水的平衡和安全。但应避免中水补水作为长期补水用。如果有这种情况，应缩小中水供水范围，部分用水点直接用自来水供给，以免自来水压力损失和对自来水的二次提升。

另外，中水池的自来水补水能力是按中水系统的最大小时用水量设计的，比中水处理设备的产水能力要大。为了控制中水池的容积尽可能多地容纳中水，而不被自来水补水占用，补水管的自动开启控制水位应设在中水池下方水量 1/3 处；自动关闭的控制水位应在下方水量的 1/2 处。这样，可确保中水池上方 1/2 以上的池容积用于存放中水。

(5) 分流、溢流和超越

在中水系统中设置分流、溢流和超越等设施，用来应对原水量出现瞬时高峰、设备故障检修或用水短时间中断的紧急情况，是实现系统水量平衡的重要手段，同时也是保证中水处理设施安全的一个重要措施。

6.6 中水处理站设计

6.6.1 位置选择及布置要求

中水处理站设计技术要求：

(1) 中水处理站应设在便于收集污（废）水和便于使用中水的地点。

(2) 中水处理站位置应根据建筑的总体规划、环境卫生和管理维护要求等因素确定。

(3) 根据中水处理站的规模和要求，宜设置值班化验、配制、系统控制、贮藏、卫生间等设施。

(4) 中水处理站应考虑采暖（北方地区）、通风换气、照明、供排水等措施。采暖温度按 10℃，通风换气次数设在地下室时，不宜小于 6～8 次/h。

(5) 中水处理站所用药剂如有可能产生危害时应采取必要的防护措施，如隔离或增加换气次数等。

(6) 中水处理站应具备污泥、渣等的存放和外运措施。

(7) 中水处理站应适当留有发展余地。

(8) 处理站应根据处理工艺及处理设备情况采取隔声降噪及防臭气污染等措施。

6.6.2　隔声降噪及防臭措施

（1）隔声降噪

中水处理站产生的噪声值应符合国家标准《声环境质量标准》GB 3096的要求。当中水处理站设置在建筑内部时，必须与主体建筑及相邻房间严密隔开，并应做建筑隔声处理以防空气传声。优先选用低噪声的设备，且所有转动设备的基座均应采取减振处理，一般采用橡胶隔振垫或隔振器。连接振动设备的管道应做减振接头和吊架，以防固体传声。当设有空压机、鼓风机时，其房间的墙壁和顶棚宜采用隔声材料进行处理。

（2）防臭措施

对中水处理中散发出的臭气应采取有效的防护措施，以防止对环境造成危害。设计中尽量选择产生臭气较少的工艺和封闭性较好的处理设备，并对产生臭气的处理构筑物和设备加做密封盖板，从而尽少地产生和逸散臭气，对于不可避免产生的臭气，工程中一般采用下列方法进行处置。

1）稀释法：属于物理法，即把收集的臭气高空排放，在大气中稀释。设计时要注意对周围环境的影响。

2）吸附法：采用活性炭过滤进行吸附。

3）天然植物提取液法：将天然植物提取液雾化，让雾化后的分子均匀地分散在空气中，吸附并与异味分子发生分解、聚合、取代、置换和加成等化学反应，促使异味分子发生改变其原有的分子结构而失去臭味。反应的最后产物为无害的分子，如水、氧、氮等。

4）其他方法：如化学洗涤法、化学吸附法、燃烧法、催化法等其他除臭措施，设计中可根据具体情况采用不同的方法。

6.6.3　安全防护及控制监测

6.6.3.1　安全防护

在中水处理回用的整个过程中，中水系统的供水可能产生供水中断、管道腐蚀及中水与自来水系统误接误用等不安全因素，设计中应根据中水工程的特点，采取必要的安全防护措施：

（1）严禁中水管道与生活给水管道有任何形式的连接。

（2）室内中水管道的布置一般采用明装；管道外壁应涂成浅绿色，以与其他管道相区别。中水高位水箱、阀门、水表及给水栓上均应有明显的“中水”标志。

（3）中水管道与给水排水管道平行埋设时，其水平净距不得小于0.5m，交叉埋设时，中水管道应位于给水管道的下面，排水管道的上面，其净距均不小于0.15m。

（4）在处理设备发生故障时，为确保中水用水不致中断，应设应急补水（自来水）设施。中水补水接到中水贮水池（箱）时应设有空气隔断，即自来水补水管出口与中水池（箱）内最高水位间，应有不小于2.5倍管径的空气隔断层。

（5）原排水集水干管在进入中水处理站之前应设有分流井和跨越管道。

（6）贮水池（箱）均应设有溢水管，中水贮水池（箱）设置的溢水管、泄水管，应采用间接排水隔断措施，以防止下水道污染中水水质。溢流管和排气管应设网罩防止蚊虫进入。

(7) 严格控制中水的消毒过程，均匀投配，保证消毒剂与中水的接触时间，确保管网末端的余氯量。

(8) 中水管道的供水管材及管件一般采用塑料管、镀锌钢管或其他耐腐蚀的复合管材，不得使用非镀锌钢管。

6.6.3.2 监测控制与管理

中水处理系统的正常运行，除了流程合理和设备可靠以外，还与平时的管理和维护密不可分。因此，采取必要的监控测量是安全运行的可靠保证。

(1) 当中水处理采用连续运行方式时，其处理系统和供水系统均应采用自动控制，以减少夜间管理工作量。

(2) 当中水处理采用间歇运行方式时，其供水系统应采用自动控制，处理系统也应部分采用自动控制。

(3) 对于处理系统的数据检测方式，可根据处理站的处理规模进行划分：

1) 对于处理水量≤$200m^3/d$的小型处理站，可安装就地显示的检测仪表，由人工进行就地操作，以加强管理来保证出水水质。

2) 对于处理水量＞$200m^3/d$且≤$1000m^3/d$的处理站，可配置必要的自动记录仪表(如流量、pH、浊度等仪表)，就地显示或在值班室集中显示。

3) 对于处理水量＞$1000m^3/d$的处理站，才考虑水质检测的自动系统，当自动连续检测水质不合格时，应发出报警。

(4) 中水水质监测周期，如浊度、色度、pH、余氯等项目要经常进行，一般每日一次；SS、BOD、COD、大肠菌群等必须每月测定一次，其他项目也应定期进行监测。

(5) 设有臭氧装置或氯瓶消毒装置时，应考虑自动控制臭氧发生及氯气量，防止过量臭氧及氯气泄露。

(6) 管道和设备应考虑防腐，以防止水质恶化和堵塞腐蚀管道、设备。

(7) 要求操作管理人员必须经过专门培训，具备水处理常识，掌握一般操作技能，严格岗位责任制度，确保中水水质符合要求。

6.6.4 示例

某大厦（高层建筑）设有浴室、洗衣房、餐厅及卫生间。在地下室设有中水处理站。处理规模为$10m^3/h$，中水原水为杂排水。主要处理设备为二级接触氧化。后处理为沉淀和过滤，其中沉淀池与接触氧化为一体式设备。在沉淀池进水口加混凝剂。消毒剂采用二氧化氯（两套）。原水调节池与中水调节池容积均为$40m^3$。接触氧化池设水下曝气装置。原水调节池设水下预曝气。中水用泵提升至高位水箱供水，主要供卫生间冲洗大便器及绿化用水。其工艺流程和布置示例见图6-10、图6-11。

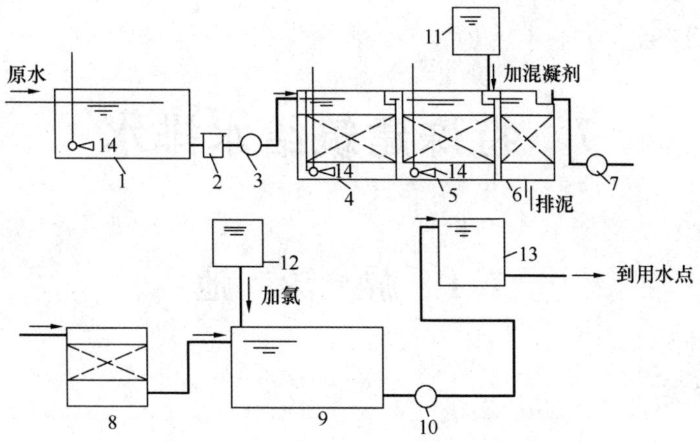

图 6-10 中水处理工艺流程示例

1—原水调节池；2—毛发过滤器；3—原水提升泵；4—一级接触氧化池；5—二级接触氧化池；6—斜板沉淀池；7—中间加压泵；8—砂过滤器；9—中水调节池；10—中水加压泵；11—自动加药装置；12—二氧化氯消毒器；13—高位水池；14—水下曝气器

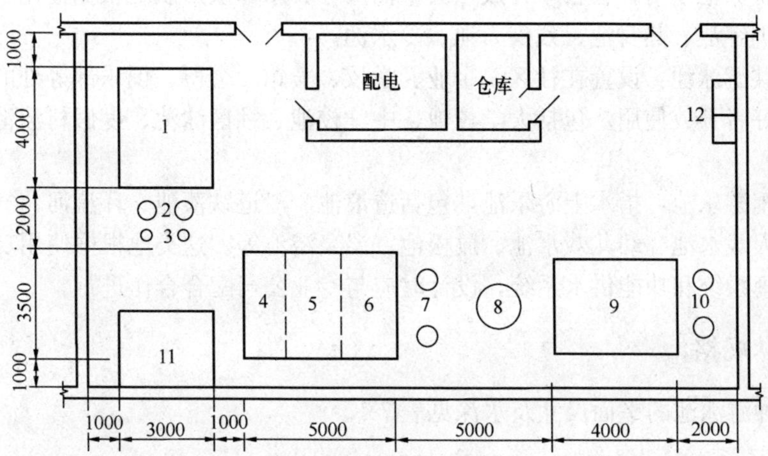

图 6-11 中水处理平面布置示例

图中编号含义同图 6-10。

7 特殊建筑给水排水

7.1 游　泳　池

7.1.1 分类

游泳池一般按功能分类：

（1）竞赛用游泳池：用于正式的各类竞技游泳、跳水、花样游泳和水球比赛，或在非比赛期间用于训练和对社会游泳爱好者开放。此类泳池设计规格应符合国家和国际游泳联合会颁布的《游泳比赛规则》的规定。

（2）专用游泳池：供给运动员训练、专业教学、潜水员和特殊用途训练、会所等内部使用。此类游泳池不对社会公众开放，其平面尺寸、水深及形状均根据使用要求确定。包括教学池、训练池、热身池、残疾人池、冷水池。

（3）公共游泳池：设置在社区、企业、学校、宾馆、会所、俱乐部等处的游泳池，对社会游泳爱好者开放使用。包括大学校池、中学校池、社区泳池、度假村泳池、社会营业性泳池等。

（4）休闲游乐池：指水上游乐池，包括造浪池、滑道跌落池、环流河、气泡池、水力按摩池、成人戏水池、幼儿戏水池、放松池、温泉浴池等。这类池根据使用功能有完善的池水净化处理系统和功能供水系统，设计时应与专业公司配合合作进行。

7.1.2 规格

（1）各种游泳池的平面尺寸及水深见表 7-1。

游泳池平面尺寸及水深　　　　**表 7-1**

游泳池类别	水深（m）		池长度（m）	池宽度（m）	备注
	最浅端	最深端			
比赛游泳池	≮2.5①	≮2.5①	50	26①、21、25	
水球游泳池	≮2.0	≮2.0	≥34	≥20	
花样游泳池	≮3.0	≮3.0		21、25	
跳水游泳池	跳板（台）高度	水深			
	0.5	≥1.8	12	12	
	1.0	≥3.0	17	17	
	3.0	≥3.5	21	21	
	5.0	≥3.8	21	21、25	
	7.5	≥4.5	25	21、25①	
	10.0	≥5.0	25		

续表

游泳池类别	水深（m）		池长度（m）	池宽度（m）	备注
	最浅端	最深端			
训练游泳池 运动员用 成人用 中学生用	1.4～1.6 1.2～1.4 ≤1.2	1.6～1.8 1.4～1.6 ≤1.4	50 50 50	21、25 21、25 21、25	含大学生
公共游泳池	1.4	1.6	50、25	25、21	
儿童游泳池	0.6～0.8	1.0～1.2	平面形状和尺寸视具体情况由设计定		含小学生
幼儿嬉水池	0.3～0.4	0.4～0.6			

①为国际比赛标准。

(2) 游泳池长向断面有下列几种(见图 7-1)：

1) 水深不变，见图 7-1 (*a*)。

2) 适合沿长边方向进行池水循环，见图 7-1 (*b*)。

3) 适用于游泳，见图 7-1 (*c*)。

4) 游泳跳水兼用游泳池，见图 7-1 (*d*)。

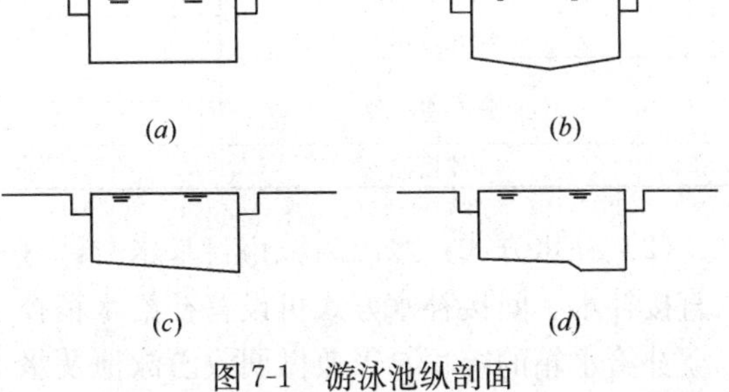

图 7-1 游泳池纵剖面

7.1.3 水面面积指标

比赛游泳池和跳水游泳池的规模应符合国家和国际游泳联合会颁布的《游泳比赛规则》的要求。对于公共游泳池的水面面积，应根据实际使用人数计算确定。设计游泳总人数按该地区总人口的 10%计；最高日的最大设计游泳人数按设计游泳总人数的 68%计；最大瞬时入场游泳人数为最高日设计游泳人数的 40%；水中最大瞬时游泳人数为最大入场人数的 33%。在水中的人数中约有 25%为技术熟练者，在深水区活动，在浅水区活动的人数为水中总游泳人数的 75%。

游泳池的设计游泳负荷应按表 7-2 计算确定。

水上游乐池的设计游泳负荷应按表 7-3 计算确定。

游泳池人均最小游泳水面面积定额 表 7-2

游泳池水深（m）	<1.0	1.0～1.5	1.5～2.0	>2.0
人均游泳面积（m^2/人）	2.0	2.5	3.5	4.0

水上游乐池人均最小游泳水面面积定额 表 7-3

水上游乐池类型	造浪池	环流河	休闲池	滑道跌落	按摩池
人均游泳面积（m^2/人）	4.0	4.0	3.0	按滑道高度、坡度计算确定	2.5

7.1.4 用水量定额

(1) 补充水量：游泳池在运行中，因过滤设备反冲洗，游泳池排污、水面蒸发、水面溢流等，水量不断损失。水量损失中、反冲洗和排污损失较大，但反冲洗和排污在时间上是可以错开的。因此，计算设计补水量时，按两者最大的取值，再乘以1.1～1.15的系数。不同用途的游泳池每天的补水量估算，见表7-4。直流给水系统的小时补水量，不得小于游泳池容积的15%。

游泳池的补充水量定额　　**表7-4**

序号	游泳池类型	游泳池环境	补水量（占游泳池水容积的百分数%）
1	比赛、训练和跳水用游泳池	室内	3～5
		露天	5～10
2	公共游泳池	室内	5～10
		露天	10～15
3	儿童游泳池 幼儿戏水池	室内	不小于15
		露天	不小于20
4	私人游泳池	室内	3
		露天	5
5	放松池	室内	3～5

(2) 补水方式：水源为城市自来水时，宜采用间接补水方式。游泳池专用水源时，可以直接补水。间接补水方式可设置补给水箱补水，也可利用平衡水池补水。

补给水箱的容积，当兼做回收游泳池及水上游乐池溢流回水用途时，应按循环流量的5%～10%计算确定；当单纯作为补水使用时，不宜小于游泳池的小时补充水量，但也不得小于2.0m^3。

补给水箱的设计要求为：①水箱分别设置补水进水管及初次池子充水进水管，管径按各自流量计算确定；②补水管及充水管宜设计量水表；③水箱进水管口应设浮球阀，且其出水口应高出最高水位0.1m以上，以达到自动控制水位和防止回流污染水源的要求；④水箱出水管设阀门和止回阀，管径按小时补水量或溢流水量（回收溢流回水时）确定；⑤水箱应配置人孔、溢流管、泄水管及水位标尺；⑥水箱应采用不污染水质、不透水和耐腐蚀材料制造。

当采用直接补水方式通过池壁管口直接向游泳池补水时，充水管道上应采取有效的防回流污染措施（安装倒流防止器）。

(3) 初次补水时间：游泳池的补水时间一般按24～48h考虑，在特殊情况下可以缩短或延长，根据延长补水时间和游泳池总容积确定初次给水流量和管径。

(4) 辅助设施用水量定额：除游泳池补水量外，还应根据其用途、设备条件等计算出其他辅助设施用水量，见表7-5。辅助设施用水量的时变化系数取2.0。

辅助设施用水量定额　　**表7-5**

项　目	单　位	定　额
强制淋浴	L/(人·场)	50
运动员淋浴	L/(人·场)	60
入场前淋浴	L/(人·场)	20
工作人员用水	L/(人·d)	40
绿化和地面洒水	L/(m^2·d)	1.5
池岸和更衣室地面冲洗	L/(m^2·d)	1.0

续表

项目	单位	定额
运动员饮用水	L/(人·d)	5
观众饮用水	L/(人·d)	3
大便器冲洗用水(冲洗阀)	L/(h·个)	18～144
小便器冲洗用水(冲洗阀)	L/(h·个)	20～120
消防用水		按消防规范

7.1.5 水质水温标准

(1) 水质

1) 游泳池初次充水和重新换水及补充水水质必须符合国家现行的《生活饮用水卫生标准》GB 5749 的要求。

2) 游泳池如采用温泉水，其水质应与卫生防疫部门、游泳联合会协商确定。

3) 举办重要国际竞赛和有特殊要求的游泳池池水水质，应符合国际游泳联合会（FINA）的相关要求。

4) 游泳池池水水质，应符合国家现行标准《游泳池水质标准》CJ 244，参见表 7-6。

游泳池池水水质常规检验项目及限值 **表 7-6**

序号	项目	限值
1	浑浊度（NTU）	≤1
2	pH	7.0～7.8
3	尿素（mg/L）	≤3.5L
4	菌落总数［(36±1)℃，48h］(CFU/mL)	≤200
5	总大肠菌群［(36±1)℃，24h］	每 100mL 不得检出
6	游离性余氯（mg/L）	0.2～1.0
7	化合性余氯（mg/L）	≤0.4
8	臭氧（采用臭氧消毒时）(mg/m^3)	≤0.2 以下（水面上空气中）
9	水温（℃）	23～30

(2) 水温

1) 室内游泳池：游泳池的池水设计温度，可根据游泳池的用途确定，见表 7-7。

室内游泳池池水设计温度 **表 7-7**

序号	游泳池用途及类型		池水设计温度	备注
1	竞赛类	竞赛游泳池	25～27℃	
		花样游泳池		
		水球池		
		跳水池	27～28℃	
2	专用类	教学池	25～27℃	
		训练池		
		热身池		
		冷水池	≤16℃	室内冬泳池
		社团池	27～28℃	

续表

序号	游泳池用途及类型		池水设计温度	备注
3	公共游泳池	成人池	27～28℃	
		儿童池	28～29℃	
		残疾人池	29～30℃	
4	水上游乐池	成人戏水池	27～28℃	
		幼儿戏水池	29～30℃	
		造浪池	27～28℃	
		环流河		
		滑道跌落池		
		放松池	36～38℃	与跳水配套
5	多用途池		25～28℃	
6	多功能池		25～28℃	

2）露天游泳池的池水设计温度，有加热装置时为26～28℃；无加热装置时不低于23℃。

7.1.6　供水方式

（1）常用供水方式：游泳池的常用供水方式可分为：直流供水、定期换水供水和循环过滤供水三种方式，见表7-8。

（2）定期换水和直流供水：

1）定期换水：就是每隔1～3d将使用过且被污染的池水全部排除，再重新向游泳池内充满新鲜水，以供使用。这种供水方式虽可根据池水检验结果，在不满足卫生要求时，及时换水，但因一般简易游泳池往往缺少必要的检测设备和卫生设备，卫生防疫部门又不经常进行检查监督，再加上使用人数往往很多，所以卫生条件较差，有可能成为疾病传播的途径之一，所以不宜推荐采用。

游泳池常用供水方式　　**表7-8**

供水方式	适用条件	优缺点	备注
定期换水： 每隔一定时间将池水放空再换入新水	简易游泳池。因为卫生条件不好不推荐采用	1. 系统简单，投资省，维护管理简便； 2. 若换水周期太长则水质污染严重，否则浪费水量，运行费用高，换水要停止使用，利用率低	一般每隔1～3d换一次水，每天应清除池底和水面赃物，并用漂白粉或漂粉精等进行消毒。应定期测定池水和给水水质
直流供水方式： 连续向池内补充新水，同时不断自泄水口和溢流口排走被污染的水	有充足清洁水源（自流井、温泉、清洁的井水或河水等）时	1. 系统简单，投资省，维护管理简便；在有自备水源时运行费用低； 2. 应对水源进行卫生监督和建立卫生防护带。地下水含铁量较高时及地面水不符合要求时要进行必要的处理	为保证水质，每小时的补水量不小于池水容积的15%，每天应清除池底和水面污物，并用漂白粉或漂粉精等进行消毒。应定期测定池水和给水水质

续表

供水方式	适用条件	优 缺 点	备 注
循环供水：设专用净化系统，对池水进行循环净化、消毒、加热等处理	各种游泳池均能适用	1. 可保证水质，符合卫生要求，运行费用低，耗水量少；2. 系统较复杂，投资高，维护管理较麻烦，要求有一定的技术水平	每天应清除池底和水面污物。应定期测定处理效果和补给水的水质

2）直流供水方式：连续不断地向游泳池内供给符合卫生要求的水，又连续不断地将用过被弄脏的水排出的方式。当当地有充沛的天然水源（如温泉水、地热井水），且水质符合《游泳池水质标准》CJ 244 的要求，同时给水净化设施比循环净化设施的净化成本低或接近时，优先采用这种供水方式。

（3）循环供水

1）循环供水的基本要求：①配水均匀，防止在池内形成死水区和涡流区，以免细菌和藻类大量繁殖，使水质恶化；②防止局部流速过快形成短流和各泳道水流速度不均匀，影响比赛成绩；③应防止水面集存漂浮物和池底沉积物；④保证整个池内水温均匀；⑤补给水管道不得与城市自来水管道直接连接，应通过倒流防止器，采用补给水箱、平（均）衡水池等补水，以便有效防止倒流。

2）常用循环方式：

①顺流式循环：全部循环水量由游泳池的两端池壁或两侧池壁的上部进水，由池底部回水的方式。底部的回水口可与泄水排污口合用。该方式能满足配水均匀的要求。但池底易沉积污物，设计时应注意回水口位置的确定，以防短流。此循环方式效果较好，公共游泳池、露天游泳池和水上游乐池采用此循环方式可节约投资。

②逆流式循环：全部循环水量由池底送入池内，由游泳池周边或两侧边的上缘溢流回水的方式。给水口在池底沿泳道标志线均匀布置，以达到配水均匀的效果，池底亦不沉积污物，有利池水表面污物及时排除。比赛池、宾馆和会所内游泳池、训练池应采用此循环方式。此循环方式为国际泳联推荐的泳池循环方式。

③混合式循环：它是上述两种循环方式的组合，但给水应全部由池底送入池内，水上游乐池因池形不规则，水深不一致，宜采用此循环方式。池表面的溢流回水量不得少于循环水量的 60%；池底的回水量不得超过循环水量的 40%。

常用循环方式的图示见表 7-9。

常用循环方式 表 7-9

循环方式		图 示	优 缺 点	注意事项
顺流式	两侧上部进水底部回水		1. 底部回水口可与排污口、泄水口合用，结构形式简单，配水均匀；2. 不利于表面排污，池底局部会有沉淀产生	1. 两侧进水口宜对称布置，以免形成涡流；2. 管道布置应使每个进水口（和回水口）流速一致或使距回水口较近的进水流速稍小一些。回水口不宜离进水口太近，以免短流

续表

循环方式		图　示	优　缺　点	注意事项
顺流式	两端上部进水底部回水	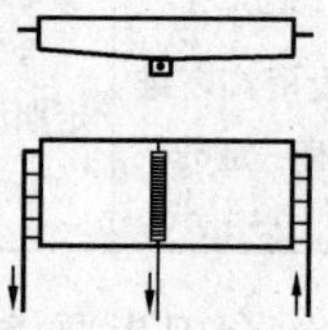	1. 底部回水口可与排污口、泄水口合用，结构形式简单，配水较均匀； 2. 不利于表面排污	1. 管道布置应使每个进水口和回水口流速一致或使靠回水口较近侧的流速稍小一些，以免形成涡流； 2. 回水口不宜离进水口太近，以免短流
	两端进水，中间深水区底部回水	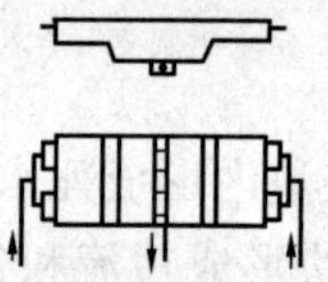	1. 池底沉淀少，配水较均匀； 2. 不利于水面排污	管道布置应使各进水口和回水口流速一致
逆流式	底部进水，周边溢流回水	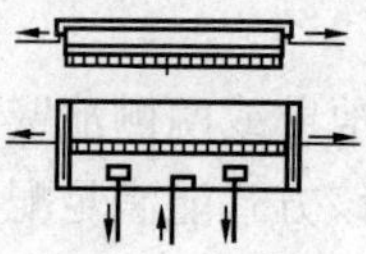	配水较均匀，底部沉淀较少，有利于表面排污，为国际泳联推荐方式	要保证进水管配水均匀
混合式	两侧底部进水，两侧溢流和底部回水	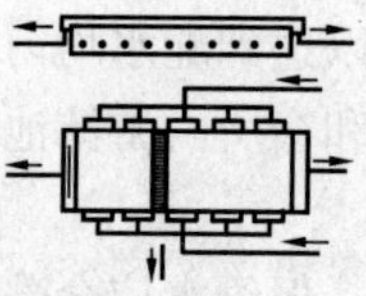	配水较均匀，有利于水面和池底排污	要保证进水配水均匀，或使远离回水口的进水流速加大

3）循环流量：循环流量一般根据循环周期，按式（7-1）计算：

$$Q_X = aV/T(\mathrm{m^3/h}) \tag{7-1}$$

式中　Q_X——游泳池水的循环流量（$\mathrm{m^3/h}$）；

a——管道和过滤设备水容积附加系数，一般为1.05～1.10；

V——游泳池的水容积（$\mathrm{m^3}$）；

T——游泳池水的循环周期（h），应根据使用性质、游泳人数、池水容积、水面面积和池水净化设备运行时间等因素确定。一般可按表7-10选用。

4）循环水泵：循环水泵可采用各种离心类型的清水泵，在选择时除按一般清水泵选择原则外，还应符合下述要求：

①设计流量应按式（7-1）、表7-10计算。不同用途的游泳池的循环水泵宜单独设置。

游泳池的循环周期　表 7-10

序号	游泳池分类		池水深度(m)	循环次数(次/d)	循环周期(h)
1	竞赛类	竞赛游泳池	2.0	6～4.5	
		花样游泳池	3.0	4～3	
		水球池	1.8～20	6～4	
		跳水池	5.5～6.0	3～2.4	
2	专用类	教学池	1.4～2.0	6～4	4～6
		训练池			
		热身池	1.35～1.6		
		残疾人池			
		冷水池	1.8～2.0	6～4.5	4～6
3	公共游泳池	社团池	1.35～1.6	6～4	4～6
		成人游泳池	1.35～2.0	6～4.5	4～6
		大学校池			
		成人初学池	1.2～1.6	6～4	4～6
		中学校池			
		儿童池	0.6～1.0	24～12	1～2
4	水上游乐池	成人戏水池	1.0～1.2	6	4
		幼儿戏水池	0.3～0.4	>24	<1
		造浪池	2.0～0	12	2
		环流河	0.9～1.0	12～6	2～4
		滑道跌落池	1.0	4	6
		放松池	0.9～1.0	12～6	2～4
5	多用途池		2.0～3.0	6～4.5	4～5
6	多功能池		2.0～3.0	6～4.5	4～5
7	私人游泳池		1.2～1.4	4～3	6～8

注：池水的循环次数可按每日使用时间与循环周期的比值确定。

②设计扬程应根据管路、过滤设备、加热设备给水口、回水口等的阻力和安装高度计算确定。循环水泵扬程应按计算扬程乘以 1.10 的保证系数作为选泵扬程。

③循环水泵的流量扬程，应按滤池反冲洗工况进行校核。备用泵容量，宜按过滤器反冲洗时工作泵与备用泵并联运行确定。

④循环泵应尽量靠近游泳池布置成自灌式。在距游泳池较远时，应设吸水池（可兼作补给水池）。吸水池与游泳池之间的连通管内，最大流速不宜大于 1.2m/s，以减少水头损失。

⑤水泵机组和管道应有减震和降低噪声措施。

5）循环水管道：

①水泵吸水管流速，宜为 1.0～1.20m/s；出水管流速小于等于 1.5m/s；循环回水管流速宜为 0.7～1.0m/s。管材采用衬塑钢管、不锈钢管、铜管、给水用 ABS 管等。

②循环水管道宜敷设在沿游泳池周边设置的管廊或管沟内。如埋地敷设，应采取防腐措施。

7.1.7　循环水处理

(1) 预净化：为了防止游泳池中夹带的固体杂质堵塞循环水泵，并防止池水中的毛发、树叶、纤维等污染物进入过滤设备破坏滤层，而影响过滤效率和水质，故应在池水进入水泵和过滤设备之前，采取去除措施即为预净化。

预净化装置由毛发聚集器和平衡水池或均衡水池组成。

1) 平衡水池：在顺流式池水循环系统中，循环水泵从池底直接吸水，因吸水管过长，沿程阻力损失大影响到水泵的吸水高度时，或多个游泳池共用一组循环水泵，致使循环水泵无条件设计成自罐式时，应设平衡水池。

为保证游泳池的正常循环水量，使游泳池的水面始终处于溢流水位线，平衡池的有效容积不得小于循环水给水管、回水管、过滤器以及加热装置等的水容积。为了使循环水泵能正常工作，上述所计算出的容积还不得小于循环水泵 5min 的出水量。

平衡水池的设计，应符合以下要求：①平衡水池与游泳池应有连通管，管内流速宜采用 0.7m/s，因此要求其最高水面应与泳池的水表面保持一致；②池内底面应低于游泳池回水管以下 700mm；③游泳池采用城市自来水补水时，补水管应接入该池；当补水管口与该池水面的最小间距小于 2.5 倍的补水管径时，补水管上应装设倒流防止器；④均衡水池应设检修人孔、水泵吸水坑和有防虫网的泄水管、溢水管；⑤平衡水池应采用表面光滑、耐腐蚀、不污染水质、不变形和不透水的材料建造。

2) 均衡水池：池水采用逆流式和混合式循环时，均应设置均衡水池。

均衡水池的有效容积可按下式公式计算：

$$V_j = V_a + V_f + V_c + V_s \quad (m^3) \tag{7-2}$$

$$V_s = A_s h_s \quad (m^3) \tag{7-3}$$

式中　V_j——均衡水池的有效容积（m^3）；

V_a——游泳者入池后所排出的水量（m^3），每位游泳者按 0.056m^3 计；

V_f——单个最大过滤器反冲洗所需要的水量（m^3）；

V_c——充满循环系统管道和设备所需的水容量（m^3）；

V_s——系统运行所需的水容量（m^3）；

A_s——游泳池的水表面面积（m^2）；

h_s——游泳池溢流回水时的溢流回水层厚度（m），可取 0.005～0.01m。

均衡池的设计，应符合以下要求：①均衡池内最高水表面低于溢流回水管管底的高度应不小于 300mm；②均衡池补水管口与该池水面的最小间距应大于等于 2.5 倍的补水管径，当不满足此条件时，补水管上应装设倒流防止器；③均衡水池应设检修人孔、水泵吸水坑和有防虫网的泄水管、溢水管；④均衡水池应采用表面光滑、耐腐蚀、不污染水质、不变形和不透水的材料建造，当采用钢筋混凝土材质时，池内壁应衬贴或涂刷防腐材料。

3) 毛发聚集器：毛发聚集器应便于经常清扫滤网内的毛发及沉积物，见图 7-2；也可把毛发聚集器与水泵连在一起而成为一套设备，见图 7-3。

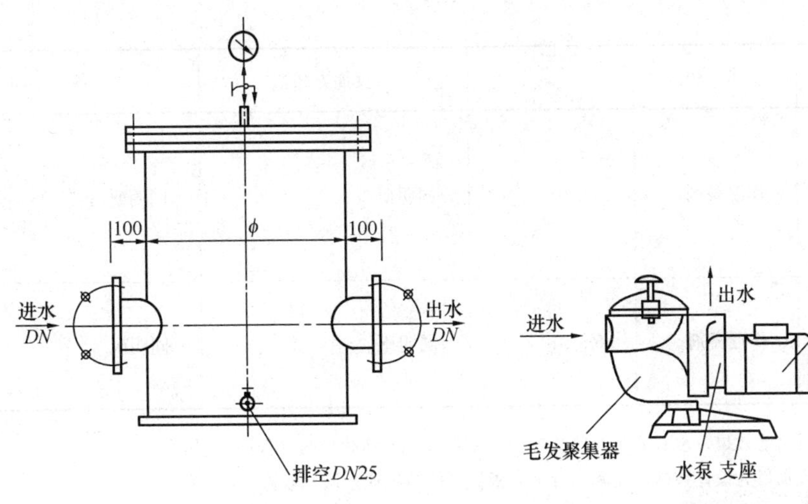

图 7-2 毛发聚集器　　　　图 7-3 带毛发聚集器的水泵机组

(2) 过滤：游泳池的循环水应经过滤消毒处理后，再回到游泳池。过滤器的选定应根据游泳池的规模、使用性质、平面布置、管理条件等因素确定。

过滤器的罐体材质有碳钢、玻璃钢和塑料等。不同用途的游泳池的过滤器应分开设置。

1) 设计时应注意以下事项：

①为保持过滤器的稳定高效运行，宜按 24 小时连续运行设计。

②不得采用市政自来水直接进行过滤器的反冲洗，以免造成回流污染。一般采用过滤器出水、反冲洗水箱或游泳池水进行反冲洗。

③滤前应加混凝剂，必要时还可在滤前加助凝剂，除藻剂和进行 pH 调整的调整剂。常用混凝剂和助凝剂、除藻剂和 pH 调整剂见表 7-11。

常用混凝剂和助凝剂 **表 7-11**

名 称	作 用	投加量(mg/L)	投加方式	备 注
明矾(硫酸铝钾) $Al_2(SO_4)_3 \cdot K_2SO_4 \cdot 24H_2O$	作混凝剂	5～10	泵前重力或泵后压力湿投，一般溶液浓度采用10%	在管道较短时，可能会在游泳池内产生矾花，所以投加点应尽量远距游泳池和过滤器
蓝矾(硫酸铜) $CuSO_4 \cdot 5H_2O$	作除藻剂，使池水呈蔚蓝色，增加水的透明度	<1	溶解后直接投至游泳池内或与混凝剂一起投加(定期或不定期间断投加)	为防止生物产生抗药性，一般不采用连续投加方式。在水的硬度较大时，会使除藻作用减弱
纯碱 $NaHCO_3$ 烧碱 NaOH 苏打 Na_2CO_3	作助凝剂，调节池水的 pH 和碱度，降低水的色度	3～5	同蓝矾	经常投加硫酸铝钾和硫酸铝会使 pH 降低，应进行调节

续表

名　称	作　用	投加量(mg/L)	投加方式	备　　注
硫酸铝(精制或粗制)$Al_2(SO_4)_2 \cdot 18H_2O$	作混凝剂	5～10	同明矾	同明矾
绿矾(硫酸亚铁)$FeSO_4 \cdot 7H_2O$	作混凝剂	5～10	同明矾	同明矾

注：1. 视混凝过滤效果，也有采用海藻酸钠$(NaC_3H_7O_6)_n$，活化硅酸等作助凝剂的；

2. 表中投加量为设计数据，实际运行中应根据具体情况通过调试取得最佳数值。

④滤罐的个数及单个滤罐的面积，应根据规模大小、运行维护等情况，通过经济技术比较确定，一般不少于2个。

2)石英砂过滤器

石英砂过滤器内的滤料应符合以下规定：①比表面积大、孔隙率高、截污能力强、使用周期长；②不含杂物和污泥，不含有毒有害物质；③化学性能稳定，不影响水质；④机械强度高，耐磨损，抗压性能好。

过滤器过滤速度的等级划分：①低速过滤：过滤速度为7.5～10m/h；②中速过滤：过滤速度为11～30m/h；③高速过滤：过滤速度为31～40m/h。

竞赛池、公共池、专用池、休闲娱乐池等，宜采用中速过滤。

低速过滤宜选重力式过滤器；中、高速过滤宜选压力式过滤器。

压力过滤器的滤料组成、过滤速度和滤料层厚度，应经实验确定。当实验有困难时，可按表7-12选用。

石英砂压力过滤器应符合以下要求：①应设置保证布水均匀的布水装置；②集水(反洗)装置的配水应均匀，且应采用抗腐蚀材质制成；③应设置检修孔、进水管、出水管、泄水管、放气管、取样管、观察孔、各类切换阀门及各种仪表；④必要时应设空气反冲洗或表面冲洗装置；⑤反冲洗排水管应设可观察冲洗排水清澈度的透明管道或者装置。

压力式过滤器的水反冲洗时间及强度可按表7-13选用。

压力过滤器的滤料组成和过滤速度　　表7-12

序号	滤料种类		滤粒组成粒径(mm)			过滤速度(m/h)
			粒径(mm)	不均匀系数(k_{80})	厚度(mm)	
1	单层滤料	级配石英砂	$D_{min}=0.50$ $D_{max}=1.00$	<2.0	≥700	15～25
		均质石英砂	$D_{min}=0.60$ $D_{max}=0.80$	<1.40	≥700	15～25
			$D_{min}=0.50$ $D_{max}=0.70$			

续表

序号	滤料种类		滤粒组成粒径(mm)			过滤速度(m/h)
			粒径(mm)	不均匀系数(k_{80})	厚度(mm)	
2	双层滤料	无烟煤	D_{min}=0.80 D_{max}=1.60	<2.0	300～400	14～18
		石英砂	D_{min}=0.6 D_{max}=1.20		300～400	
3	多层滤料	沸石	D_{min}=0.75 D_{max}=1.20	<1.70	350	20～30
		活性炭	D_{min}=1.20 D_{max}=2.00	<1.70	600	
		石英砂	D_{min}=0.80 D_{max}=1.20	<1.70	400	

注：1. 其他滤料如纤维球、树脂、纸芯等，按生产厂商提供并经有关部门认证的数据选用；

2. 滤料的相对密度：石英砂 2.6～2.65，无烟煤 1.4～1.6；

3. 压力过滤器的承托层厚度和卵石粒径，根据配水型式按生产厂提供并经有关部门认证的资料确定。

压力过滤器反冲洗强度和反冲洗时间(水温 20℃) **表 7-13**

序号	滤料类别	反冲洗强度[L/(s·m²)]	膨胀率(%)	冲洗持续时间
1	单层石英砂	12～15	45	10～8
2	双层滤料	13～16	50	10～8
3	三层滤料	16～17	55	7～5
4	硅藻土	2～4		2～3

注：1. 没有表面冲洗装置的砂过滤器，取下限；

2. 采用城市生活饮用水冲洗时，应根据水温变化适当调整冲洗强度；

3. 膨胀率取值仅作为压力过滤器设计计算之用。

过滤器的反冲洗周期要求如下：①滤料为石英砂、无烟煤及沸石的压力过滤器，滤前滤后的水头压差为 0.06MPa；②滤前滤后的水头压差未超过前款规定，但使用时间超过 5d；③游泳池或水上游乐池，计划停止时间超过 5d；④游泳池或游乐池更换池水泄空停用前；

压力过滤器应逐一单台进行反冲洗，不得两台或两台以上同时反冲洗。压力过滤器的反冲洗排水管，不得与其他排水管道直接连接，如有困难时，应设置防止污水或雨水倒流污染压力过滤器的装置。

重力式过滤器，大部分用于室外季节性露天游泳池，由于其效率较低，占地面积及空间大，热损失大，不适应游泳人员负荷变化波动较大的场合，其使用范围受到局限。重力式过滤器的设计应符合以下要求：①单层滤料层或多层滤料层总厚度(不含承托层)均不应小于 600mm；②重力式过滤器用于泳池的循环水净化系统时，在回路管道上必须设置自动关闭电磁阀，防止因停电引起安全事故。

3)硅藻土过滤器

游泳池过滤池水用硅藻土的卫生要求和物理化学特性应符合国家现行标准《硅藻土卫生标准》GB 14936 和《食品工业用助滤剂硅藻土》QB/T 2088 的规定。

硅藻土过滤器的选用应符合以下规定：①宜采用牌号为700号硅藻土助滤剂；②单位过滤面积的硅藻土用量宜为0.5～1.0kg/m²；③硅藻土预涂膜厚度不应小于2mm，且厚度应均匀一致；④根据所用硅藻土特性和出水水质要求，过滤速度应经试验确定。

硅藻土过滤器的外壳及附件的材质质量应符合下列规定：①板框式过滤器的板框应采用高强度、耐压、耐腐蚀、不变形和不污染水质的工程塑料制作；②烛式压力硅藻土过滤器外壳的材质应符合国家现行标准《生活饮用水输配水设备及防护材料的安全性评价标准》GB/T 17219的要求；③硅藻土过滤器滤元的材质不应变性，并耐腐蚀；④滤布(滤网)应纺织密度均匀伸缩性小、捕捉性能强。

4)净化工艺

池水循环净化工艺流程，应根据泳池用途、水质要求、游泳负荷、消毒方式等因素经技术经济比较后确定。

当采用石英砂过滤器时，宜采用如图7-4所示的工艺流程：

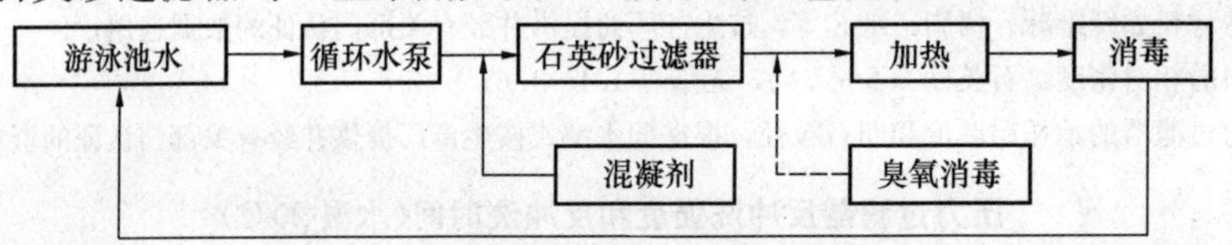

图7-4　石英砂过滤器池水净化工艺流程

当采用硅藻土过滤器时，宜采用如图7-5所示的工艺流程：

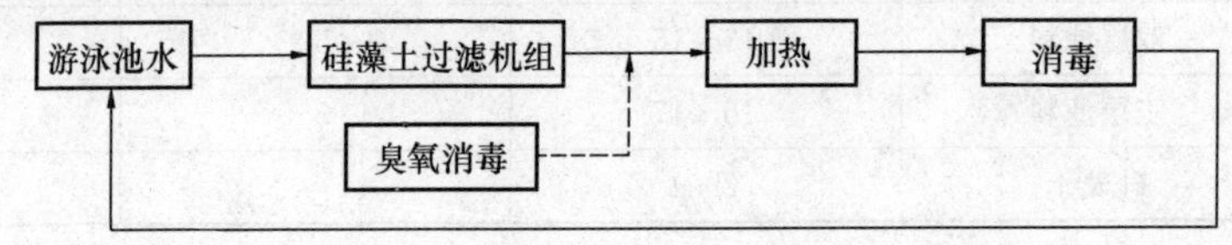

图7-5　硅藻土过滤器池水净经工艺流程

(3)池水消毒

游泳池循环水净化处理系统中必须设有池水消毒工艺。

消毒剂的基本要求：池水消毒所用的消毒剂应采用卫生监督和疾病预防控制中心等有关部门批准使用的产品；世界级和国家级竞赛、训练游泳池应采用臭氧或者臭氧—氯联合消毒；对于使用负荷较大、季节性和露天的游泳场所，宜使用长效消毒剂；室外和阳光照射的游泳池宜采用含有稳定剂的消毒剂；所用消毒剂杀菌能力强并有持续杀菌功能；对游泳池水质无影响，对人体无刺激或刺激性较小；对建筑结构、设备和管道无腐蚀或轻微腐蚀；费用低廉，且能就地取材。

1)氯消毒

用于游泳池的氯消毒剂宜优先选用有效氯含量高、杂质少的氯消毒剂。氯消毒剂包括氯气、液氯及氯制品(次氯酸钠、次氯酸钙、氯片等)。

氯消毒剂的用量应根据游泳池循环流量按以下规定确定：①如以臭氧为主进行池水消毒时，应按池水中余氯量不大于0.5mg/L(有效氯计)计算确定；②如以氯为主进行池水消毒时，以池水中余氯量不大于1.0mg/L(有效氯计)计算确定；③采用含有氰尿酸的氯化合物消毒时，池水中氰尿酸含量宜为50～100mg/L，且不超过150mg/L计算确定；④池水中的余氯含量应符合现行行业标准《游泳池水质标准》CJ 244的规定。

采用次氯酸钠消毒时应符合以下规定：①应采用湿式投加，次氯酸钠应配制成含氯浓度为 3mg/L 的溶液；②投加位置应根据池水净化循环处理系统的自动化程度确定；③采用成品次氯酸钠时，应避光运输和储存，且储存时间不超过 5d。

采用氯气消毒、液氯消毒时，必须采用负压自动投加到游泳池循环进水管中的方式，严禁将氯直接注入游泳池水中的投加方式；加氯设备不少于 2 台，以保证系统运行过程中不间断的加氯，投加系统应与循环水泵连锁。

2)臭氧消毒

臭氧(O_3)是一种有刺激性的有毒气体，其在气体阶段不稳定，常温下会自动分解成氧，故无法储存，使用时需要现场制备。臭氧具有极强的氧化能力，适宜对水的杀菌消毒。臭氧不易溶解于水，所以用于水的消毒时，应采用负压投加方式投加在过滤器之前或者之后的循环水管道上，使臭氧与被消毒水能够充分混合、接触、溶解。

消毒方法：

①全流量消毒：向全部循环水量中投加臭氧；臭氧投加量宜采用 0.8mg/L。

②分流量消毒：仅向循环水量中的一部分中投加臭氧，经混合反应后再与未投加臭氧的那一部分循环水流量混合。投加臭氧循环水分流量的取值，一般不小于循环水流量的 30%～50%。臭氧投加量宜采用 0.4～0.6mg/L。

全流量消毒系统在池水进入游泳池前，应将水池的多余臭氧除掉，方法是设活性炭吸附过滤除去多余臭氧。一般采用单级吸附即可满足要求。活性炭可采用水处理用颗粒活性炭：粒径为 0.9～1.6mm，比表面积不小于 $1000cm^2/g$，充填厚度不得小于 500mm；活性炭吸附过滤器的过滤速度宜采用 33～35m/h；活性炭吸附过滤器反冲洗宜采用气、水组合反冲洗。

配管及辅助装置材质：①反应罐应采用耐腐蚀材质：S31603 不锈钢、玻璃钢、内壁衬聚乙烯或涂特普龙等耐腐材质的碳钢；②输送臭氧气体和臭氧溶液的管道应采用能抗正压及负压变形的、抗化学及电腐蚀的 S31603(022Gr17Ni12M_o2)不锈钢材质的管道阀门和附件，并应设置区别于其他管道的标志。

(4)池水加热：游泳池的水温与环境温度有关，通常池水温度在 25～27℃之间。因此，游泳池的补给水和循环水，除南方地区夏季和采用温泉水源外均需加热；但露天游泳池和无严格要求的游泳池，也可不加热。常用的加热方式和加热设备与普通热水供应系统相同，见第 3 章。本章就其特点简述如下：

1)加热方式：与一般热水供应相同，可采用汽—水和水—水快速及容积式换热器间接加热，也可采用汽水混合和热水锅炉直接加热，对于小型游泳池也可采用电加热和太阳能加热。

2)加热原则

①池水温度应视环境温度和游泳池用途而定，池水水温详见表 7-7。

②露天游泳池的池水，一般不进行加热，但水温不宜低于 22℃。

3)耗热量计算：设计耗热量应包括游泳池水面蒸发损失，水面、池壁、池底、管道、设备等传导热损失及补给水加热需要的热量。各种热损失和耗热量，按以下方法进行计算：

①水面蒸发热损失：水面蒸发热损失，按式(7-4)计算：

$$Q_Z = a\gamma(0.0229+0.0174\nu_f)(P_b - P_q)A\frac{760}{B}(\text{kJ/h}) \tag{7-4}$$

式中　Q_Z——池水面蒸发损失的热量(kJ/h)；

α——水的比热容，a=4.187kJ/(kg·℃)；

γ——与游泳池水温相等的饱和蒸汽的蒸发汽化潜热(4.187kJ/kg)；按表 7-14 采用；

ν_f——游泳池水面上的风速，一般按下列规定采用：

室内游泳池 ν_f=0.2～0.5m/s；露天游泳池：ν_f=2～3m/s；

P_b——与游泳池水温相等的饱和空气的水蒸气压力(133.32Pa)；

P_q——游泳池的环境空气的水气压力(133.32Pa)，按表 7-15 采用；

A——游泳池水面面积(m^2)；

B——当地的大气压力(133.32Pa)，按表 7-15 采用；

水的蒸发潜热和饱和蒸汽压　　**表 7-14**

水温(℃)	蒸发潜热 γ(4.187 kJ/kg)	饱和蒸汽分压 P_b(133.32Pa)	水温(℃)	蒸发潜热 γ(4.187 kJ/kg)	饱和蒸汽分压 P_b(133.32Pa)
18	587.1	15.5	25	583.1	23.8
19	586.6	16.5	26	582.5	25.2
20	586.0	17.5	27	581.9	26.7
21	585.4	18.7	28	581.4	28.3
22	584.9	19.8	29	580.8	30.0
23	584.3	21.1	30	580.4	31.8
24	583.6	22.4	31	—	—

气温与相应的蒸汽分压　　**表 7-15**

气温(℃)	相对湿度(%)	蒸汽分压 P_q(133.32Pa)	气温(℃)	相对湿度(%)	蒸汽分压 P_q(133.32Pa)
21	50	9.3	26	50	12.5
	55	10.2		55	13.8
	60	11.1		60	15.2
22	50	9.9	27	50	13.3
	55	10.9		55	14.7
	60	11.9		60	16.0
23	50	10.5	28	50	14.3
	55	11.5		55	15.6
	60	12.6		60	17.0
24	50	11.1	29	50	15.1
	55	12.3		55	16.5
	60	13.4		60	18.0
25	50	11.9	30	50	16.0
	55	13.0		55	17.5
	60	14.2		60	19.1

②游泳池的水表面、池底、池壁、管道和设备等传导热量损失，应按游泳池水表面蒸发热量损失的 20%计算。

4）补充水加热需要的热量：补充水加热所需热量，按式（7-5）计算：

$$Q_b = \frac{a\nu q_b(t_r - t_b)}{t} \quad (kJ/h) \tag{7-5}$$

式中 Q_b——补充水加热所需要的热量（kJ/h）；

q_b——每天补充水量（L）；

t_r——池水温度（℃），按表 7-7 采用；

t_b——补充水温度（℃），按冬季最不利水温计算；

t——每天加热时间（h），利用补充水箱或平衡水池自动补水时，$t=24h$；其他补水方式按具体情况确定；

ν——水的密度（kg/L）；

a——水的比热容，[kJ/(kg·℃)]$a=4.187kJ/(kg·℃)$。

5）总耗热量：游泳池总耗热量为以上 3）、4）项之和。

6）简化计算：

①可按池水每天自然温度降计算损失的热量，按公式（7-6）计算：

$$Q = \frac{a\nu^2 \Delta t V}{24} \quad (kJ/h) \tag{7-6}$$

式中 Q——总热量损失（kJ/h）；

Δt——池水每天自然温降值（℃），

室内游泳池：夏季 $\Delta t=0.1\sim0.5$℃；

冬季 $\Delta t=1.0\sim2.5$℃；

露天游泳池：夏季 $\Delta t=0.2\sim1.0$℃；

冬季 $\Delta t=1.5\sim3.5$℃；

ν——水的密度（kg/L）；

V——游泳池水容积（L）；

a——水的比热容［kJ/（kg·℃）］，$a=4.187kJ/（kg·℃）$。

②方案设计时总热量损失，可按表 7-16 估算。

游泳池每 1m² 水面积平均热损失估算值（kJ/h） **表 7-16**

气温（℃）	5	10	15	20	25	26	27	28	29	30
露天游泳池	4522	4187	3852	3433	2931	2847	2721	2596	2470	2302
室内游泳池	2345	2177	2010	1842	1507	1465	1382	1340	1256	1172

注：表中数值按下述条件计算：

水温：27℃；空气相对湿度：50%；风速：室内 0.5m/s 室外，2m/s。

7）加热时间：加热时间按式（7-7）计算：

$$T_s = \frac{a\nu V(t_s - t_b)}{Q_J} \quad (h) \tag{7-7}$$

式中 T_s——实际加热时间（h）；

V——游泳池的水容积（L）；

t_s——池水温度（℃）；

t_b——补充水温度（℃），按冬季最不利水温计算；

Q_J——加热设备的实际加热能力（kJ/h）；

a——水的比热容[kJ/(kg·℃)]，a=4.187kJ/(kg·℃)；

ν——水的密度（kg/L）。

8）加热设备进出口水温差：

①无补充水时按式（7-8）计算：

$$\Delta t=\frac{Q_z+Q_c+Q_{db}+Q_g}{a\nu Q_x}\quad (℃) \tag{7-8}$$

式中　Δt——加热设备进出水管口的水温差（℃）；

Q_z——池水水面蒸发损失的热量（kJ/h）；

Q_c——池水水面传导损失的热量（kJ/h）；

Q_{db}——池底和壁传导损失的热量（kJ/h）；

Q_g——管道和设备损失的热量（kJ/h）；

Q_x——游泳池的循环流量（m^3/h）。

②有补充水时按式（7-9）计算：

$$\Delta t=\frac{Q_z+Q_c+Q_{db}+Q_g+Q_b}{a\nu Q_x}\quad (℃) \tag{7-9}$$

式中　Q_b——补充水加热所需的热量（kJ/h）。

7.1.8　附属装置

（1）给水口、回水口、泄水口

1）给水口：给水口应采用出水流量为可调节型给水口，数量应满足循环水量的要求，设置位置应使配水均匀，不出现短流、涡流、急流和死水区。

逆流式池水循环，应采用池底型给水口。顺流式池水循环应采用池壁型给水口。

池底型给水口的布置应符合以下要求：①池底型给水口和配水管如在池底板上预留的垫层内敷设时，垫层厚度应根据配管管径及给水口的大小确定，一般为300～500mm；如穿池底敷设，应在池底预留套管，池底架空高度应满足施工安装及维修要求；②矩形游泳池应均匀布置在每条泳道分隔线在池底的水平投影上，其纵向间距不宜大于3.0m，距游泳池两端壁的距离不得小于1.5m；异形游泳池应按每个给水口的服务面积为7.6～8.0m^2均匀布置在池底。

池壁型给水口的布置应符合以下要求：①两端壁布水时，给水口应设在每条泳道线在端壁固定点垂直下方的端壁上，并设在池水水面以下0.5～1.0m处。②当池深超过2.5m时，应至少设置两层给水口，上层及下层给水口应错开布置，最低一层给水口应高出池底内表面0.5m，同层给水口应在同一水平线上。③非标准游泳池采用两侧壁布水时，给水口的间距不宜超过3.0m，但池子拐角处距端壁的距离不得大于1.5m。

给水口的构造和材料应符合下列规定：①形状应为喇叭口形，喇叭口面积不得小于连接管截面积的2倍；②应设有出水流量调节装置；③喇叭口应设格栅护盖，且格栅孔隙不应大于8mm；④格栅盖孔隙的水流速度不宜大于1.0m/s；⑤给水口的材质应与循环水管道相匹配，宜选用铜、不锈钢、ABS塑料等。给水口形式参见图7-6。

2）回水口：回水口的数量以每只回水口的流量进行计算，应满足池水循环水流量的

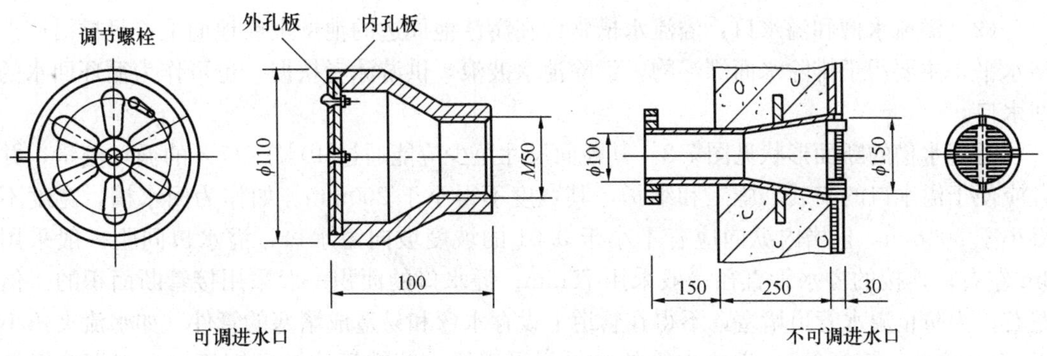

图 7-6 给水口形式

要求。

顺流式池水循环时，回水口的设置应符合下列要求：①池底回水口的数量，应按淹没流计算确定。但不得小于 2 个，以防止出现安全事故和当一个被堵塞而影响回水；②池底回水口应采用并联连接，以使其每个回水口的流量基本相同，达到回水均匀、余氯基本一致的要求；③回水口的位置，应根据池子纵向断面形状确定，一般宜设在池子的最低处，并保证池回水水量均匀，不短流；回水口宜做成坑槽式；④池底回水口的格栅板和格栅板底座应固定牢固，不得松动，且上表面应与池底内表面相平。

逆流式池水循环时，回水口的设置应符合下列要求：①回水口应设在溢流回水槽内；②回水口的数量，宜按孔口出流计算确定，但实际数量应为计算量的 1.2 倍，以防止个别回水口发生故障，仍能满足循环水量的要求，且回水口接管直径不宜小于 *DN*75。

回水口的构造应符合下列规定：①回水口格栅孔隙面积之和，不得小于连接管截面的 6 倍；回水口流量以厂家数据为准；②回水口格栅孔隙的水流速度：如为池底回水口，为防止表面产生涡旋及虹吸力，不应超过 0.20m/s；如为溢流回水槽内回水口，不应超过 0.50m/s；③回水口格栅板的格栅孔隙宽度，池底回水口：成人游泳池不得超过 10mm；儿童游泳池不得超过 8mm；④格栅盖板及底座的材质宜选用铜、不锈钢、ABS 塑料等。回水口形式参见图 7-7。

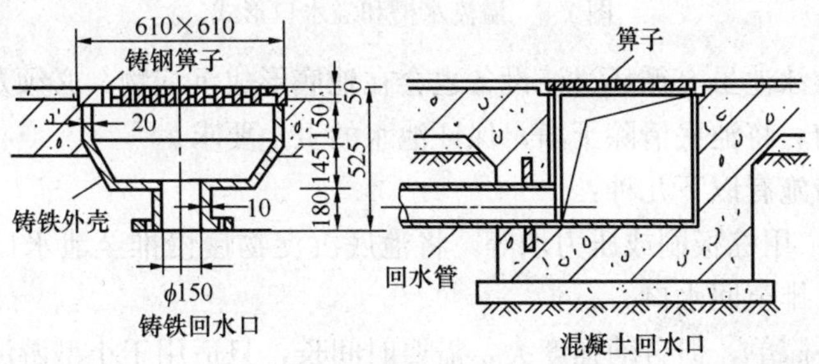

图 7-7 回水口形式

3）泄水口：泄水口的数量宜按 4h 排空全部池水计算确定；泄水口应设在池底的最低标高处，且泄水口格栅表面应与池底表面相平；重力式泄水时，泄水管不得与排水管管道直接连接；池底回水口可兼做泄水口。泄水口宜做成坑槽形式；成品泄水口应为喇叭口形式，且顶面应设格栅盖板；格栅盖板及底座的材质宜选用铜、不锈钢、ABS 塑料等。

（2）溢流水槽和溢水口：溢流水槽常设在游泳池周边的池壁上或地面上，且槽沿应严格水平，主要用于排除水面漂浮物，消除池水波浪，供游泳者扶握，也可作为循环回水的回水口。

溢流水槽的断面形状见图 7-8。其断面尺寸至少应能通过 10%～15%的循环流量，并且应便于溢水口的安装、施工和维护，其宽度不得小于 200mm。如作为回水槽，宽度不得小于 300mm，且槽内纵向应有不小于 0.01 的坡度坡向溢水口，溢水口间距一般采用 3m 左右；连接的溢水管直径一般采用 75mm；溢水口的面积一般采用接管断面积的 4 倍左右；为防止溢水管道堵塞，不得在管道上设存水弯和易造成堵塞的管件（如水流夹角小于 90°的弯头、三通等）；溢流水管的管材可采用给水铸铁管或镀锌钢管，采用焊接钢管时需进行内外防腐处理。溢流水可排放至雨水道，不得直接与污水管道连接，以免水质被污染。

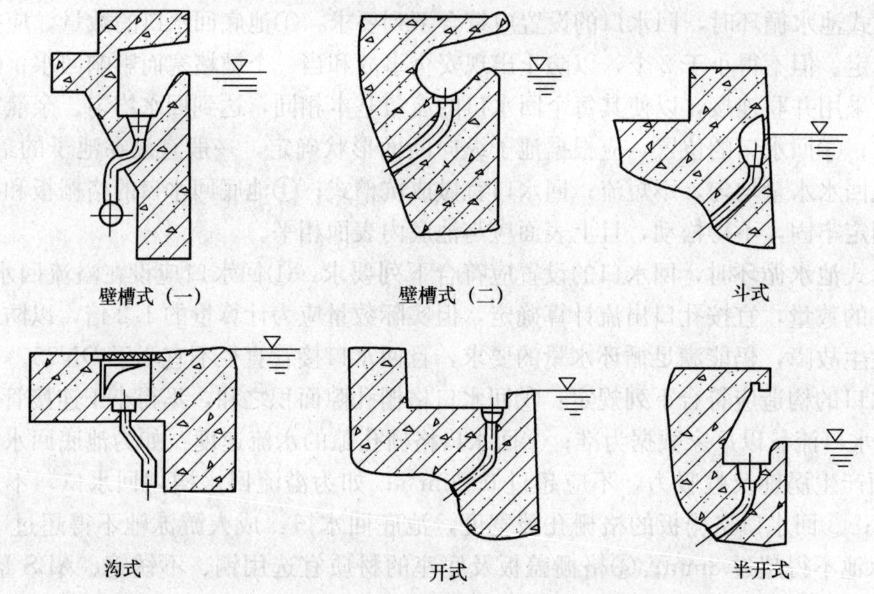

图 7-8　溢流水槽和溢水口形式

（3）排污：游泳池虽有循环过滤设备也会在池底形成沉淀物，必须及时排除。一般每天在游泳池开放前，将池底清除干净，保证池水的卫生要求。

常用的排污措施有以下几种：

1）人工排污：用棕板刷或压力水等，将池底沉淀物慢慢推至泄水口，然后打开泄水阀将之排除，也可排至回水口。

人工排污设备简单，但劳动强度大，需要时间长，只适用于小型游泳池。

2）虹吸排污（图 7-9）：利用虹吸排污器。在池底推拉移动，将污物虹吸至排水井内。为了形成虹吸，在使用前要将虹吸胶管充满水，然后将排出口一端放在比池水水面低的排水井内，也可采用真空泵吸水。

虹吸排污较人工排污省力，但耗水量大（每次达池容积的 5%左右），且排污不够彻底。

3）水泵排污：同样利用前述虹吸排污器，但胶管与岸上移动式水泵连接，利用水泵抽吸排污。也可将小型潜污泵安装在吸污罩上，利用潜水泵抽升排污。

水泵排污速度较快，但要人工移动排污器和水泵的操作，比较笨重费力。

4）管道排污（图 7-10）：在游泳池四周排水池内或池壁上，设置固定的排污真空管道，管道每隔一定距离设有阀门和排污口，用于连接带软管的吸污器。为防止管道漏气，可将之设在水面以下。排污真空管道可与循环回水管道连接，也可设置专用真空扬液器形成负压。

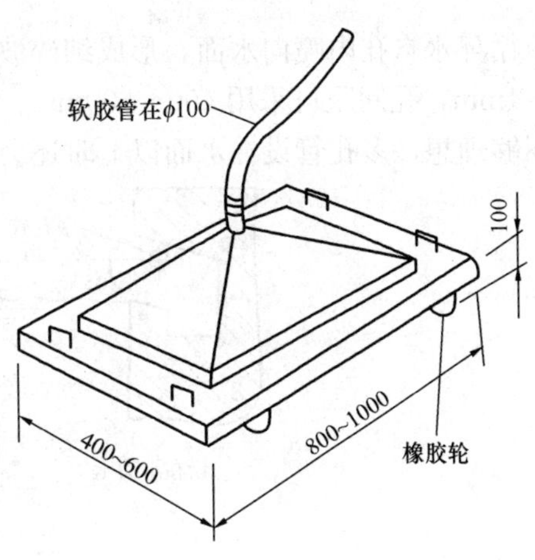

图 7-9 虹吸排污器

管道排污节省人力且排污较彻底，但设备较复杂，需要占用一定建筑面积，投资较大。

（4）跳水池起波装置：为使运动员在跳水时能正确判断水面位置，跳水池水面应保持一定的细浪波纹，以防止因判断不准确造成动作失调，甚至造成水面拍伤视网膜、胸部等。所以跳水池应设置人工起波装置。常用起波装置有以下几种方式：

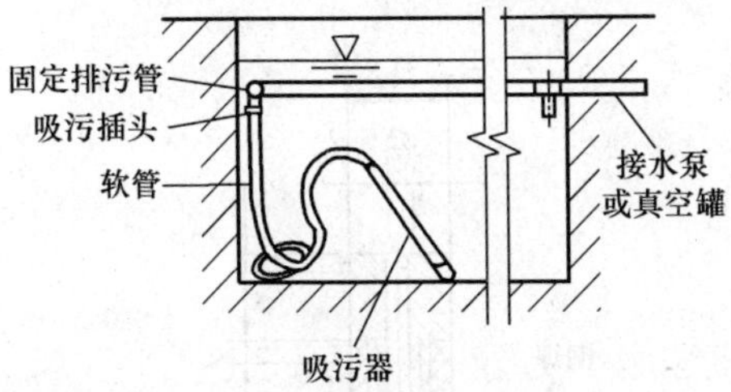

固定排污管
吸污插头
软管
接水泵或真空罐
吸污器

图 7-10 管道排污系统

1）注水式：在跳水池的两侧壁或端壁设置若干个注水喷头，见图 7-11。喷头出口浸入水面以下 50～10mm，直径 $\phi15 \sim \phi20$，两喷头的间距为 2～3m。水源可利用自来水或加压循环水，水压要求不小于 0.1MPa。该装置设备简单，能耗低，便于维护管理，但起波效果差。适用于低跳台或要求不严格的跳水池。

2）涌泉式：在跳水池池底每个跳台（板）前方设置 2～3 个向上喷水的喷头，见图 7-12。支管直径为 50mm，喷嘴直径为 20mm，水压要求不小于 0.1MPa。水源可采用加压循环水或温度合适的自来水。该装置设备简单，能耗低，维护管理较简便，但效果不够理想。适用于低跳台（板）或要求不太严格的跳水池。

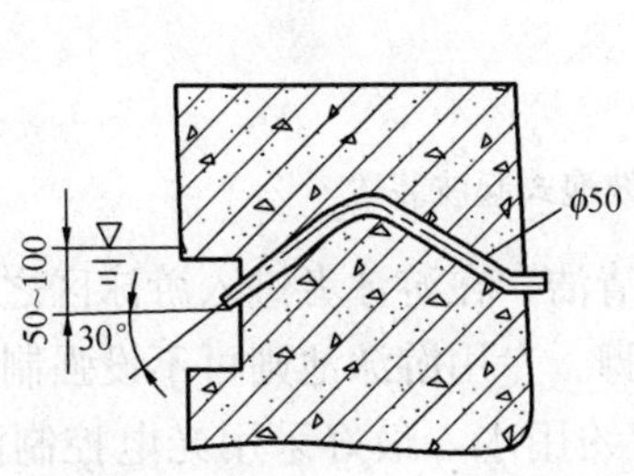

图 7-11 注水式起波喷头

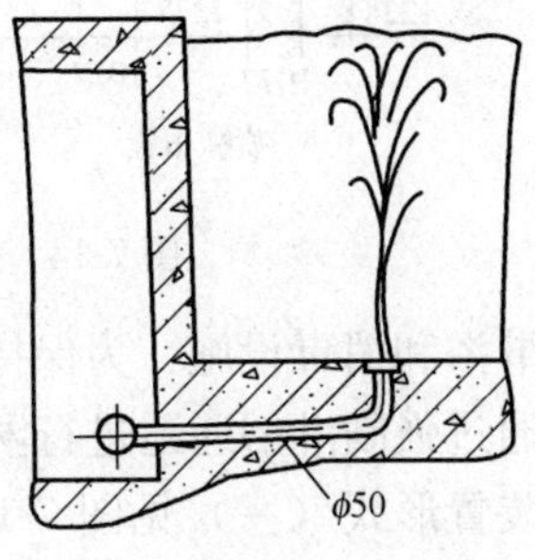

图 7-12 涌泉式起波喷头

3）多孔管喷水式（图 7-13）：在跳水池的两端壁或侧壁设置多孔管，使自来水或加压循环水自孔内喷向水面，形成细碎波纹。多孔管可设在水面下或水面上。孔径可采用3～4mm，孔间距可采用400～500mm。该装置设备简单，耗能低，便于维护管理，但效果不够理想，多孔管设在水面以上时还会产生噪声。一般只用于要求不太严格的跳水池。

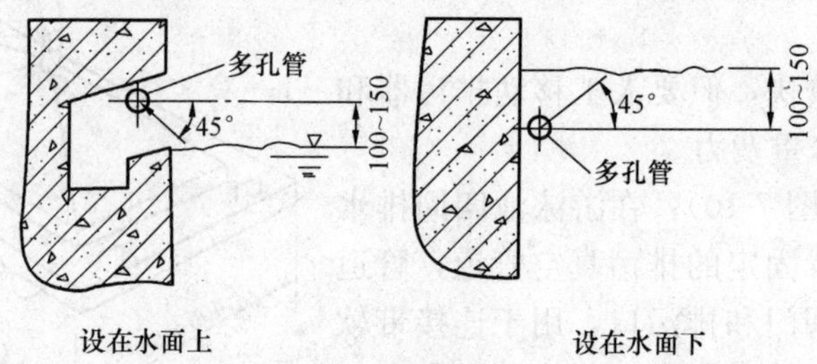

图 7-13 多孔管式起波

4）压缩空气鼓泡式：在池底或回水沟内设压缩空气管，管上开孔或设喷嘴，通入压缩空气自水下鼓泡，可造成水面鳞纹细波，见图 7-14。

为防止水被污染，压缩空气应经除油处理，或采用无油压缩机。压缩空气压力应在0.1MPa以上，一般选用$1m^3/min$，工作压力为0.6MPa的空气压缩机。

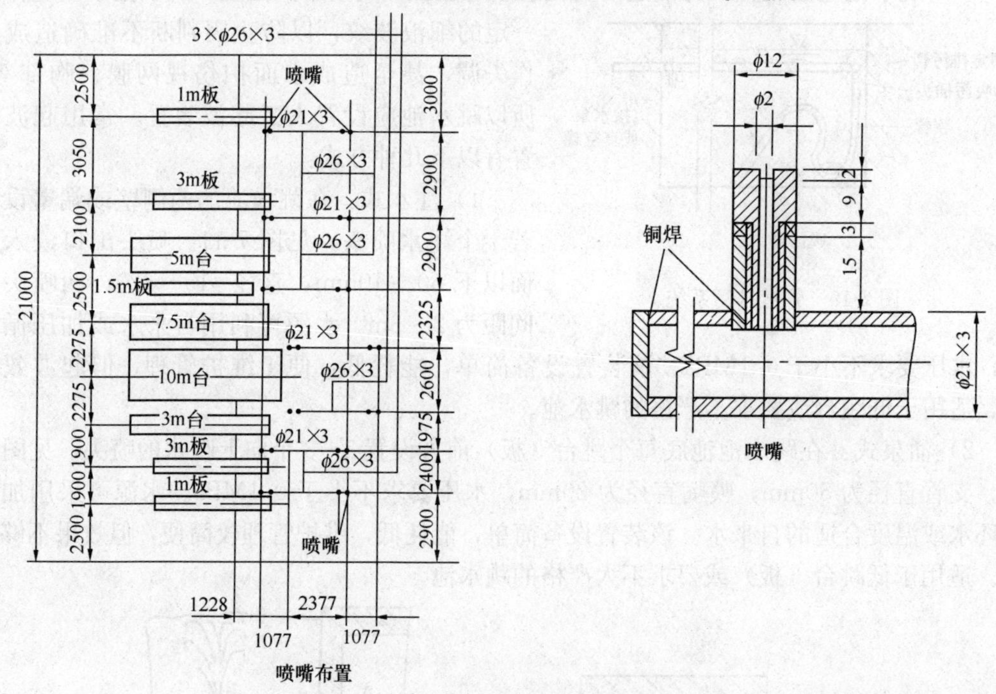

图 7-14 压缩空气鼓泡式起波装置

（5）强制淋浴和消毒设施：为保持池水的清洁，在游泳者进入游泳区之前和在使用过厕所之后，应通过强制淋浴通道进行淋浴和洗脚。专用游泳池则可不设强制淋浴设施。

强制淋浴装置形式（一）见图 7-15。为节约用水，最好采用光电控制淋浴器，有人通过时自动喷水，通过后自动关闭。水温宜控制在26～28℃之间。每个喷头的流量，可按一个淋浴喷头的流量计算。莲蓬头设置高度可采用2.0m。

强制淋浴装置（二）为另一种形式，是用多孔管代替莲蓬头，见图 7-16。

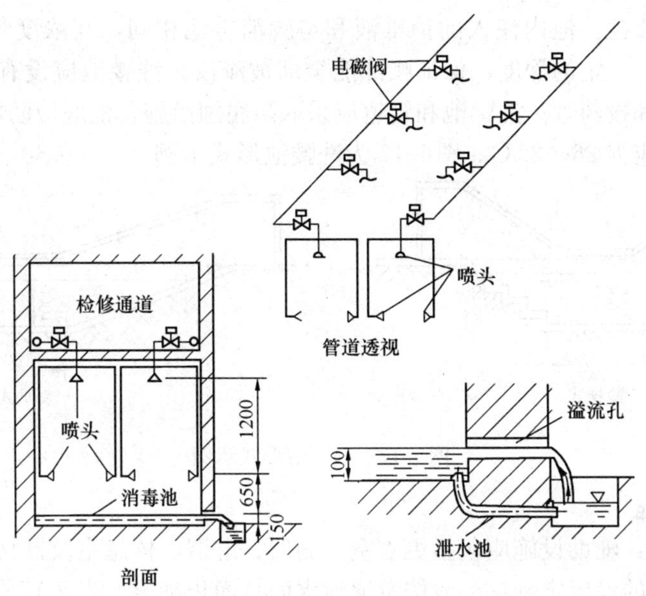

图 7-15 强制淋浴装置（一）

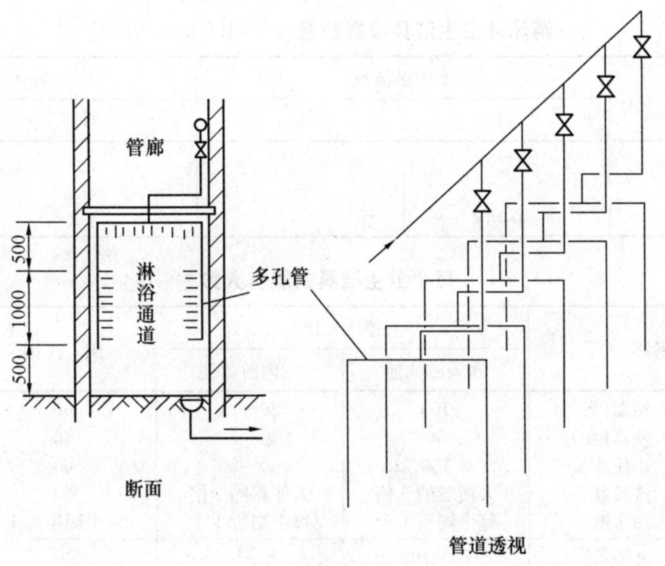

图 7-16 强制淋浴装置（二）

脚与腰部消毒设施：脚的消毒一般采用通过式消毒池，在池内注入的消毒液为氯消毒液，有效氯含量应保持在 0.3%～0.6%范围内，与强制淋浴一样，每次进入泳池区时，也必须通过脚消毒池。

脚消毒池的宽度应与入口通道宽度相同，长度应不小于 2m，以防绕行和跨越。池内水深不小于 150mm。脚消毒池应设有给水管、投药管、溢流管和泄水管。消毒液应不断连续更新或每 1～2h 更换一次。消毒池和管道材料应采用防腐蚀措施，池底应有防滑措施。

在设有强制淋浴时，脚消毒池宜设在强制淋浴的后边。为对游泳者的阴部和肛门进行消毒，可设置洗腰池。池内注入的消毒液和与脚消毒池相同，其浓度与洗腰池的布置有关。消毒液必须有一定的深度，保证腰部能全部被淹没。洗腰池应设有进水管、回水管、泄水管、溢流管和投药管。洗腰池和管道应采取防腐蚀措施，池底应防滑，池两侧应设有扶手。池水温度应为26～28℃。图7-17为洗腰池形式示例。

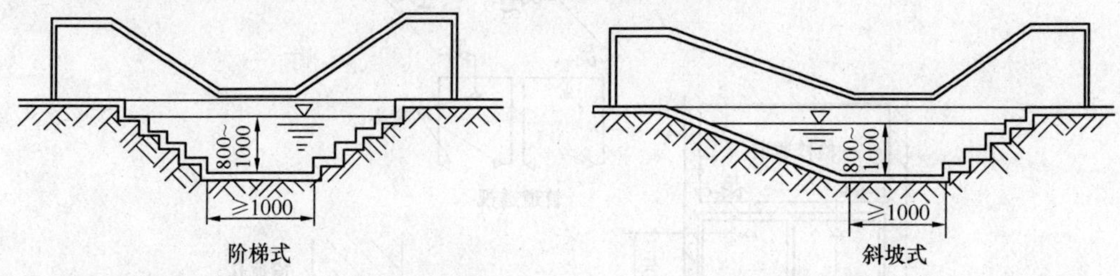

图 7-17　洗腰池形式示例

（6）辅助设施

1）设施内容：辅助设施应包括更衣室、厕所、淋浴、休息室及器材库等。

2）卫生洁具的设置定额：一般按游泳池水面总面积确定。表7-17是我国一些游泳池的实际统计数据。表7-18是摘自国外数据。

游泳池卫生洁具设置数量（个/1000m² 水面）　　**表 7-17**

卫生洁具名称	室内游泳池		露天池泳池	
	男	女	男	女
淋浴器	20～30	30～40	3	3
大便器	2～3	6～3	2	4
小便器	4～6	—	4	—

每个卫生洁具的服务人数　　**表 7-18**

卫生洁具名称		德国		美国	日本
		露天游泳池	室内游泳池		
厕所间	大便器(男)	100	20～25	60	100
	大便器(女)	50	40～50	40	50
	小便器	100	40～50	60	50
	洗脸盆	大便器的5倍	大便器的3倍	60	大便器的2倍
	污水池	每个厕所1个	每个厕所1个	每个厕所1个	每个厕所1个
淋浴间	淋浴器	70～100	8～10	40	50
	冲脚喷头	70～100	50～60	—	每间1个
更衣间	洗脸盆	100	60	数个	50
游泳池大厅	痰　盂	1～2	1～2		至少1个
	饮水器	1～2	1～2	—	至少1个

注：痰盂和饮水器栏内数值为设备设置数量。

（7）管道设计

1）管材：管材选择的原则是管材不应对水质造成污染。表7-19所列为常用管材，可供设计参考。

2）管道敷设：一般管道的敷设原则也可适用于游泳池，但以下几点应引起特别注意：

① 对室内游泳池，宜在游泳池周围设置管廊，管道布置在管廊内，管道高度不应小

于1.8m。管廊形式示例见图7-18。

② 室内游泳池和室内小型游泳池的管道也可以埋地敷设。埋地管道宜采用球墨给水铸铁管、PVC-U管和ABS管。

③ 游泳池的饮用水给水系统宜单独设置。

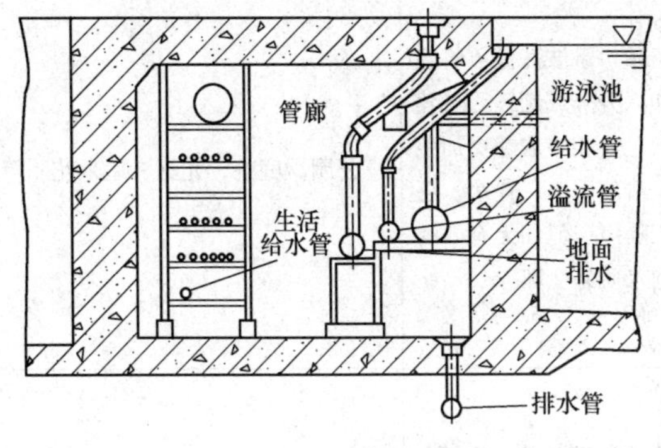

图7-18 管廊形式示例

游泳池常用管道材料 表7-19

管道	材料
循环水管道	铜管、PVC-U管、ABS管
压缩空气管道	无缝钢管、ABS管、不锈钢管、铜管
矾液、氯水、氨水管道	PVC-U管、ABS管
液氯管道	铜管、不锈钢管、PVC-U管
蒸汽管道	无缝钢管

④ 在用市政自来水补给游泳池用水时，不得与游泳池和循环水系统直接连接，而应采取有效的防止倒流污染措施。

⑤ 接受游泳池排水的排水井内的水位，有可能淹没游泳池的排水口时，应采取有效防倒流措施。有困难时，应采用水泵抽升排水，并使排水口距排水最高位有一定的空气间隙。

7.2 水 景 工 程

7.2.1 水景作用

(1) 美化环境。

(2) 润湿和净化空气，改善小区气候。

(3) 水景工程中的水池可兼作其他用水的水源：

1) 作消防贮水池—设置喷水设备，可防止池中水质腐化变质。

2) 利用各种喷头的喷水降温作用，喷水池可用于循环冷却系统的降温池或循环冷却系统的补水池。

3) 喷水设备可向水中充氧，喷水池可兼作养鱼池用。

4) 池水可作绿化浇洒用水。

5) 利用水景工程水流的特殊形态和变化，适合儿童戏水或成人游泳用；但在池中设有照明和电气设备时，应采取安全措施，符合有关安全规定。

6) 利用水景工程可吸引游客，可为景点招来顾客，取得经济效益。

7) 夜晚可用激光或水幕电影，在水幕上播放商业广告。

7.2.2 水流形态

水景的基本形态、特点和适用场所见表7-20。

表7-20只是常用基本形式，设计者可根据这些形式与建筑师配合发挥想象和创造力，

加以组合变换，设计出各种艺术姿态的水景。图 7-19 为常见水姿形态示例。

水景的基本形态　　表 7-20

形　态	示　意　图	特　点	适用场所
镜池		一泓清澈，微波荡漾可将建筑空间加以分隔或延续，使建筑临水增色，相映成趣更加生动多变，清新秀美；耗水、耗能少、无噪声；但如无有效的措施，则水质易变坏	公园、庭院、光庭、屋顶花园等
浪池		浪池的波浪可为鳞纹细浪，也可为惊涛骇浪，其浪花可沿缓坡涌来退去，也可是巨涛拍击陡壁礁崖，既能增加真实感和趣味性，又能增强池水的充氧作用	可与儿童戏水池、水族馆的大型鱼类养殖池等结合建造
溪流		涓涓细流，窜绕石间，时隐时现，淙淙作响，可起到分隔空间，联系景物，诱导浏览，引人入胜的作用，因而使建筑环境更加生动活泼。一般要求水头不大，耗能，耗水较少	公园、庭院、屋顶花园
叠流		湍流跌降，层叠错落，可使环境欢快活泼，生机勃勃，若与溪流配合艺术效果更加明显。有一定的充氧作用，一般要求水头不大，耗能、耗水较少	有一定坡度的广场，公园，庭院等，小型的也可布置在室内或屋顶
瀑布		水从峭壁断崖飞流直下，珠花迸发，击水轰鸣，可形成雄伟壮观的景色，一般流量较大，落差较高，所以耗能较多，水声较大，有一定的充氧、加湿作用	广场、公园等开阔、热烈的场合

续表

形态	示意图	特点	适用场所
直射	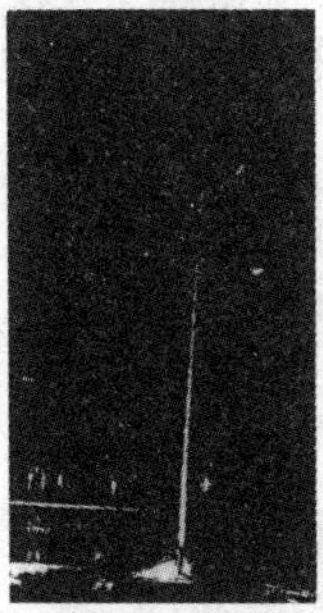	垂直射流则如峰似剑，倾斜射流则柔媚舒展，既可单独成景、也可组成千姿百态的形式。冷却、充氧、加湿效果较好，但因射流水柱细而透明，照明效果较差，水量损失较大，要求水头较高，所以耗水、耗能较多	适应性强，应用广泛。广场、公园、庭院、门厅、休息厅、舞厅、餐厅、光厅、屋顶化园等均可布置
水幕		水帘悬吊、飘飘下垂。若使水流平稳、边界平滑，则可使水幕晶莹透明，视若玻璃，若将边界加糙，使水流掺气，则可使雪花闪耀，增强观瞻效果边界加糙后，照明效果较好，有一定的充氧、加湿作用，但水声较大	公园、庭院、光庭、大厅，儿童戏水池等
冰塔	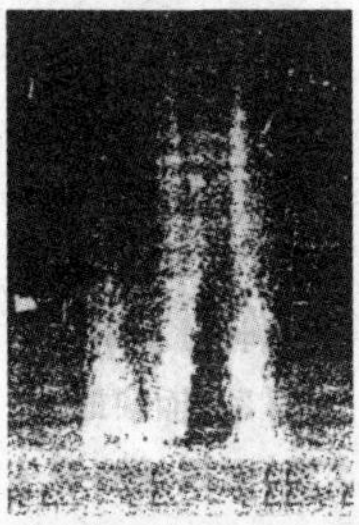	在垂直射流水柱中掺入空气(有时吸入池水)，使水柱失去透明感，降低水柱高度，增加水柱直径，即可形成强烈反光水柱，形似冰塔。可用较少的水量获得较大的观瞻。照明、冷却、充氧、加湿、除尘效果较好，但水声较大，易受波浪影响，要求水头较高，耗能、耗水较多，水柱较低	适应性强，应用广泛。广场、公园、庭院、屋顶花园等均可适用
涌泉		清澈泉水自池底涌上，高低错落漫流横溢，可造成浓郁的野趣和寂静幽深的意境，要求水头不大，声音小，有一定的冷却、充氧作用，设备简单，但照明效果较差	公园、庭院、屋顶花园，大厅等
水膜		利用各种缝隙式或折射式喷头将水喷成水膜，可组成各种新颖多姿的几何造型，玲珑剔透、活泼可爱。同时具有噪声低、充氧、冷却效果较强的优点。耗水较多，易受风的干扰，照明效果较差	广场、公园庭院、门厅、光厅等

续表

形 态	示 意 图	特 点	适用场所
水雾	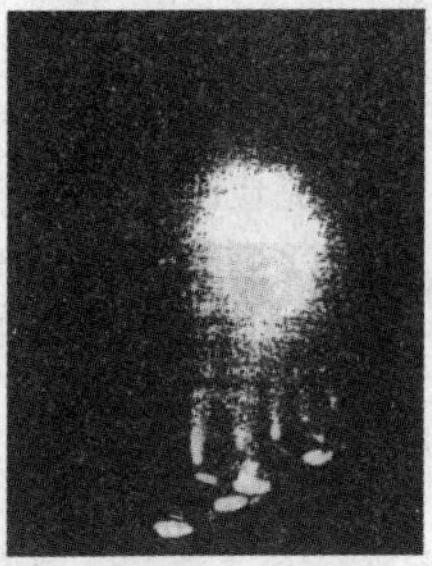	利用撞击式，离心式、缝隙式等喷头，将水喷成细碎的水滴或水雾，可造成水汽腾涌，云雾朦胧的景象，在阳光或灯光照射下，可使长虹映空，别具情趣；可用较少的水扩大到较大的范围内。照明、冷却、充氧效果好。耗水、耗能大，易受风影响	常与喷泉，瀑布水幕配合使用
孔流	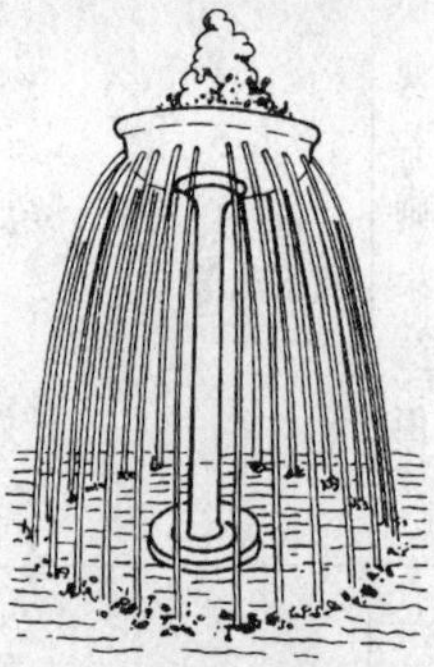	水自水盘或水池中经孔口、管嘴，水平或倾斜流出，孔流的水柱一般纤细透明，自然柔和，轻盈妩媚，可构成各种活泼、玲珑的造型要求水头不大，噪声小，设备简单	应用广泛，公园、广场庭院、大厅、光厅、屋顶花园、儿童戏水池等均可布置
珠泉	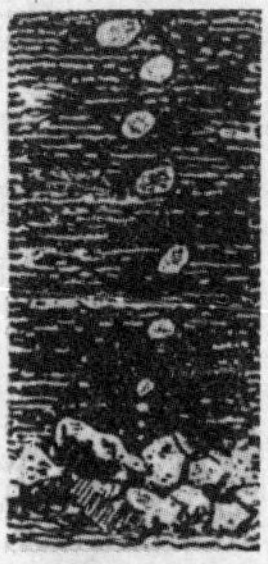	将少量的压缩空气鼓入清澈透明的池底，使池内珍珠迸涌，水面粼纹细碎，有串串闪亮的气泡自池底涌出，可给环境增添诗情画意。不用水，能耗小，噪声小，设备简单	常与镜池配合应用

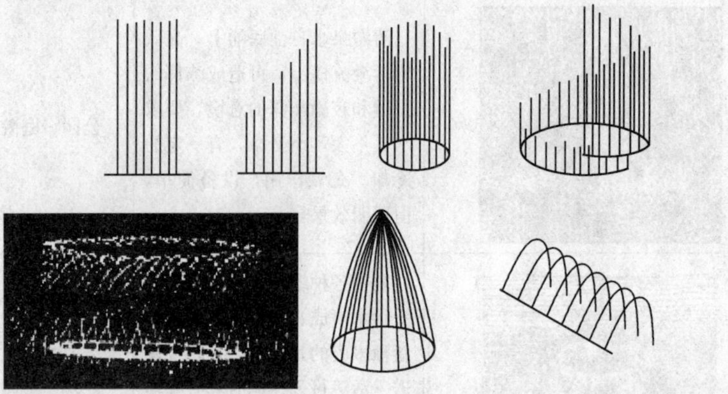

(*a*)

图 7-19 常见水姿形态示例（一）

（*a*）单种水柱组成的

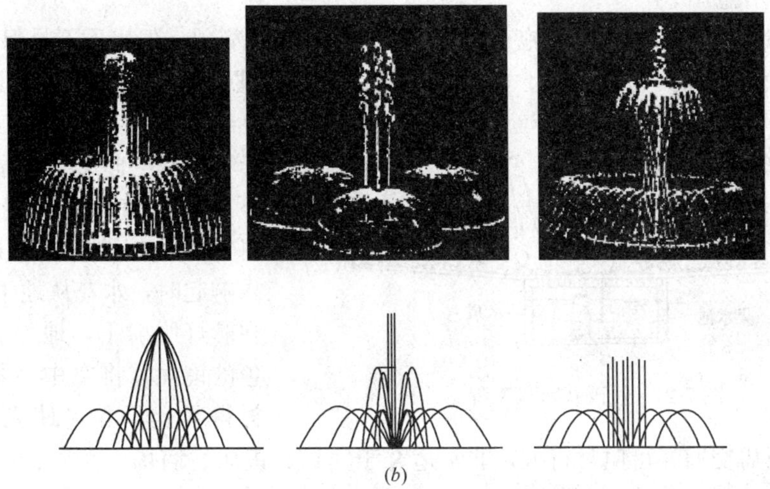

(b)

图 7-19 常见水姿形态示例（二）
(b) 多种水柱组成的;

7.2.3 水景基本形式

水景工程并没有统一的形式可遵守，而应该根据规模、环境、艺术和功能要求灵活设计。常见的形式大致有以下几种：

(1) 固定式水景工程：所谓固定式是指构成水景工程的主要组成部分，如喷头、管道、配水箱、水泵、水池及电气设备均为固定设置，不能随意移动。这是大、中型水景工程常用的形式之一，小型工程也可采用这种形式。一般可根据承受水流的构筑物的形式不同，分以下几种：

1) 水池式：这是最常见的形式，即将喷头，有时也将管道、阀门等固定设在水池内，循环水泵，电气设备等设在固定的水泵房内，有时还设有固定的管廊、补水井、吸水井、平衡水池、过滤设备等。水池起贮水和承受水流的作用，见图 7-20。

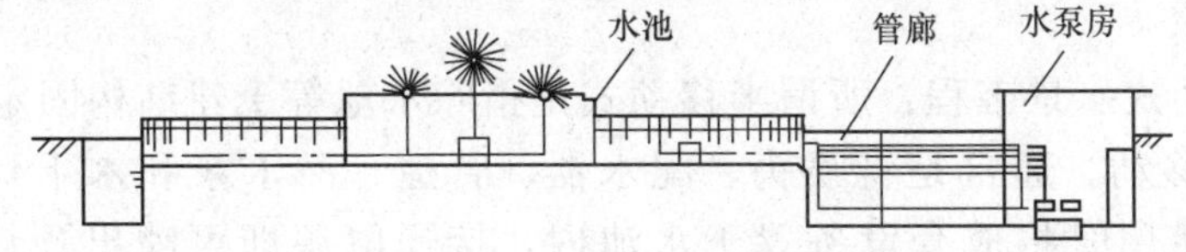

图 7-20 水池式水景工程示意

这种水景工程便于维护管理，水泵等设备容易选择。但也有不少缺点，如管道较长，土建工程量较大，工程造价较高，运行的灵活性较差，一次充水量大，冰冻期防冻有一定困难，人们只能在水池周围观赏，不能充分满足人们的亲水欲望，因而趣味性不够强。这种形式适合大型水景工程采用，尤其是设在大型广场，建筑物前的水景工程。

2) 浅碟式：是在水池式基础上演变而来的形式。将水池深度尽量减小，改成浅碟式，仅在水泵吸水口处设一集水井，满足水泵吸水要求。浅碟内布置一些不同形状的踏石、假山、水草等，管道和喷头用卵石等掩盖起来，喷水后，人们不仅可在四周围观，还可在水柱间穿行戏耍，因而大大增加了人们的游乐兴趣和亲水情趣，

图 7-21 为其示意图。

这种水景工程，工程量小、施工容易、维护管理也较简单。但水质不易保持清洁，尤其是风砂较大的地区，易被泥砂、落叶所堵塞。这种形式适合在儿童公园、游乐园等处建设。

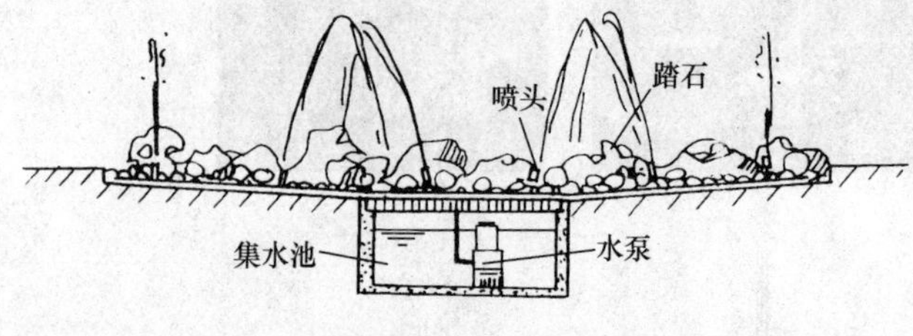

图 7-21　浅碟式水景工程

3）旱地式：喷泉放置在地下，表面饰以光滑美丽的石材，可铺设成各种图案和造型。当音乐响起时，水花从地下喷涌而出，在彩灯照射下，地面犹如五颜六色的镜面，将空中飞舞的水花映衬得无比娇艳，使人流连忘返。停喷后，不阻碍交通，可照常行人，非常适合于宾馆、饭店、商场、大厦、街景小区等，见图 7-22 示例。

4）河湖式：在水流平缓的小河、湖泊、池塘等的水面上架设贴水面小桥或筑漫水桥或设踏石，将水景设备布置在其附近的水下，使水柱在两旁喷起溅落，或在小桥等上空喷射而过，游人可在桥上戏耍、涉水，在石上踏跳，因而增添乐趣，助长游兴。见图 7-23。

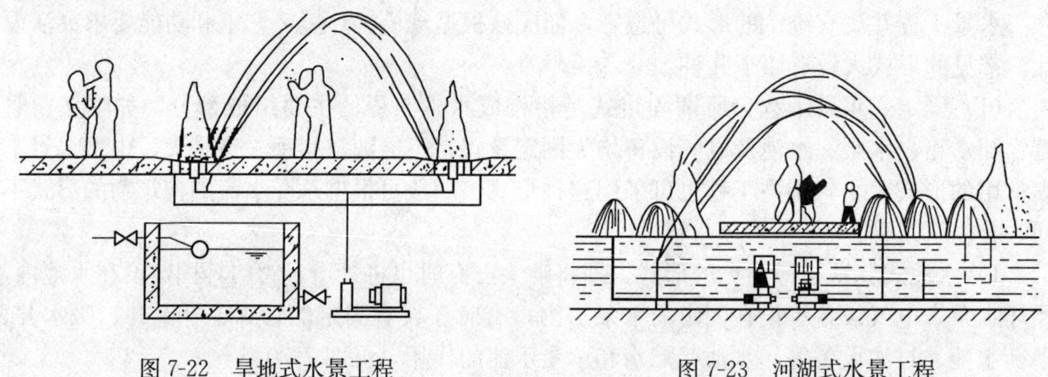

图 7-22　旱地式水景工程　　　　图 7-23　河湖式水景工程

（2）半移动式水景工程：所谓半移动式是指除水池等土建结构固定不动外其余主要设备可随意移动。通常是将喷头、配水器、管道、潜水泵和水下灯组装在一起，使之定型化，使用时将成套设备置于水池内，接通电源即可喷出预订的水姿造型。还可几套设备组合配置，组成更复杂优美的造型。若设置程序控制系统，则可编出更多的变化组合。几台设备的配置方式也可经常变动，使之达到常变、常新的效果，图 7-24 为其示例之一。

（3）全移动式水景工程：所谓全移动式就是所有的水景设备包括水池在内，全部组合在一起，可以任意整体搬动。这种成套设备可设置在大厅、庭院内，对于更小型的甚至可摆放在桌子上，柜台上、橱窗内等。

移动式水景可设计成多种型式，水流可为固定姿态，也可程序或声响控制，使之有多种变化形式。水池内的水可为普通自来水，也可为染成各种颜色的颜色水。为防止水的溅出可在水流外沿设置封闭式的透明罩。图 7-25 为其中的一种形式。

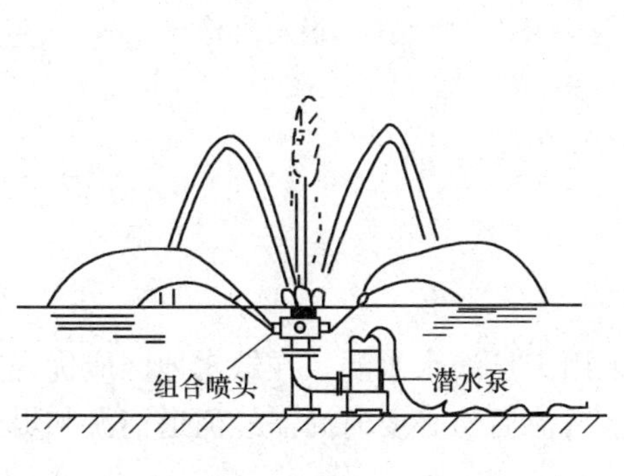

图 7-24 半移动式水景工程

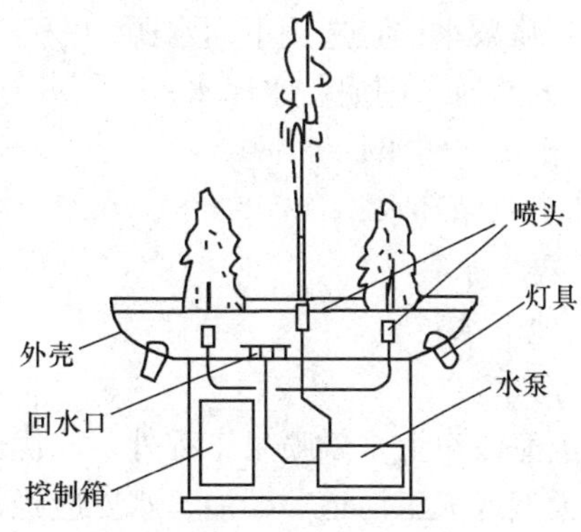

图 7-25 全移动式水景工程

7.2.4 水景工程设计原则

水景工程既是一门工程技术，又是一门造型艺术。水景工程虽没有统一和固定的形式要求，但一些基本原则和标准还是普遍适用的。

（1）首先要根据总体规划原则，满足建筑艺术和功能要求，水景工程既可成为景观中心，又可作其他景物的装饰陪衬和背景，所以要防止盲目追求自身的形式和规模，以致造成主次倒置喧宾夺主。

（2）要以尽量少的水量和能耗，达到最佳的艺术效果。

（3）水景工程的设计应充分利用当地的地表地物和自然景色，尽量做到顺应自然、巧借自然、美化自然和融于自然，使天工人力协调呼应。这样不仅可使水景工程与周围环境融为一体，增强艺术魅力，还可减少工程量、降低工程造价。

（4）设计水景工程应考虑到运行后，水景对周围环境和周围环境对水景工程的影响；如：水柱射程太高、太远，是否会有水滴溅出，影响人们的观赏，甚至对周围建筑物造成危害；冰冻时，对水景工程的防护措施；水流噪声是否会影响周围功能要求；向水池供水的给水管道在事故检修情况下应考虑造成负压产生倒流，从而产生对管网污染的措施；秋天落叶时节，是否会有大量树叶落入水池，影响水景工程的正常运行。

（5）水景的水流密度应根据景观的主题要求确定，该密则密，该疏则疏。幽静淡雅的主题，水流宜适当稀疏一些；雄伟壮观的主题，水流宜适当丰满粗壮一些；活泼欢快的主题宜适当增多水柱数量并多一些变化。但是不论什么主题和场合，都应力求以最小的能量消耗达到尽可能大的观瞻和艺术效果。

（6）应注意发挥水景工程的多功能作用，在可能和合理的条件下，应充分发挥水景工程的综合效益。

7.2.5 水景工程给水排水系统设计

水景工程给水排水系统的设计应符合现行国家规范《建筑给水排水设计规范》GB 50015 和水景喷泉工艺相关的规定。给水排水系统应满足水景喷泉工程的水量、水压和水质的要求。

（1）水景喷泉水体的水源

水景喷泉水体宜选用下列水源

1）天然河、湖泊、水库水；

2）雨水、雪水；

3）工业循环水；

4）再生水；

5）地下水；

6）海水。

除滨海或海上水景喷泉工程外，应优先采用天然淡水水源，在缺水地区应优先采用再生水；天然或人工河道、湖泊、水库应经污水截流后，必要时尚需经河道清淤和堤岸护坡等治理后，方可用作景观水体。

(2) 水景喷泉工程水源、充水、补水的水质，根据其不同功能应符合下列规定：

1）人体非全身性接触的娱乐性景观环境用水水质，应符合国家标准《地表水环境质量标准》GB 3838—2002 中规定的Ⅳ类标准。

2）人体非直接接触的观赏性景观环境用水水质应符合国家标准《地表水环境质量标准》GB 3838—2002 中规定Ⅴ类标准。

3）高压人工造雾系统水源水质应符合现行国家标准《生活饮用水卫生标准》GB 5749 的规定或《地表水环境质量标准》GB 3838 的规定。

4）高压人工造雾设备的出水水质应符合现行国家标准《生活饮用水卫生标准》GB 5749 的规定。

5）旱泉、水旱泉的出水水质应符合现行国家标准《生活饮用水卫生标准》GB 5749 的规定。

6）在水资源匮乏地区，如果采用再生水作为初次充水或补水水源，其水质不应低于现行国家标准《城市污水再生利用　景观环境用水水质》GB/T 18921 的规定。

7）当水景喷泉工程的水体水质不能达到上述规定的水质标准时，应进行水质净化处理。

(3) 水质保障措施和水质处理方法应符合下列规定：

1）水质保障措施和水质处理方法的选择应经技术经济比较确定。

2）宜利用天然水源或人工河道，且应使水体流动。

3）宜通过设置喷泉、瀑布、跌水等措施增加水体溶解氧。

4）可因地制宜采取生态修复工程净化水质。

5）应采取抑制水体中菌类生长、防止水体藻类滋生的措施。

6）容积不大于 500m^3 的景观水体宜采用物理化学处理方法，如混凝沉淀、过滤、加药气浮和消毒等。

7）容积大于 500m^3 的景观水体宜采用生态生化处理方法，如生物接触氧化、人工湿地等。

(4) 人工水景喷泉水池注水及补水

1）人工水景喷泉水池注水时间，应根据水池体量、使用性质、供水条件或水源条件等因素确定，当资料不足时，可按下列规定：容积不大于 500m^3 的小体量人工水景喷泉水池注水充满时间不宜超过 12h，最长不应超过 24h；容积大于 500m^3 的大体量人工水景喷泉水池不宜超过24h，最长不应超过48h；如采用雨水等再生水水源时可适当放宽。

2）水景喷泉工程的补水水源按上述规定选用。当只有自来水水源时，在采用自来水的同时，应采取防回流污染的措施。

（5）水景喷泉工程的补水量计算应按下列规定执行：

1）当天然或人工河道类重力连续流动水体形成的水景，其水源符合国家标准《地表水环境质量标准》GB 3838—2002中规定的Ⅳ、Ⅴ类标准时，不需补水。

2）当有计算资料时，补水量为水景工程的蒸发量、风吹损失量、渗漏量及绿化用水量的总和。

（6）水景工程水体循环应符合下列规定：

1）根据水景喷泉功能的要求，水体循环可分为造景类用水循环系统和水处理循环系统。

2）造景类水处理循环系统应根据溪流、瀑布、喷观赏、娱乐等设施规模和数量确定水循环流量。

3）天然或人工河道类重力连续流动的动态水景水体，当水源符合国家标准《地表水环境质量标准》GB 3838—2002中规定的Ⅳ、Ⅴ类标准时，不应设置水处理循环系统。

4）其他各类封闭的水景喷泉水体，应设置水处理循环系统，并应根据水体容积、水源水质确定水处理循环周期：

① 当水景喷泉容积不大于500m³，水源水质满足国家标准《地表水环境质量标准》GB 3838—2002中规定的Ⅳ、Ⅴ类时，设计循环周期为1～2h。

② 水源水质满足国家现行标准《城市污水再生利用　景观环境用水水质》GB/T 18921的规定时，设计循环周期为0.5～1.5h。

③ 当水景喷泉容积大于500m³，且为机械提升流动的动态水景，符合国家标准《地表水环境质量标准》GB 3838—2002中规定的Ⅳ、Ⅴ类时，设计循环周期为4～7h。

④ 当水景喷泉容积大于500m³，且为机械提升流动的动态水景，符合国家《城市污水再生利用　景观环境用水水质》GB/T 18921的再生水规定时，设计循环周期为2.5～5h。

⑤ 当水景喷泉容积大于500m³，且为静态水景，水质符合国家标准《地表水环境质量标准》GB 3838—2002中规定的Ⅳ、Ⅴ类时，设计循环周期为3～5h。

⑥ 当水景喷泉容积大于500m³，且为静态水景，水质符合国家标准《城市污水再生利用　景观环境用水水质》GB/T 18921的再生水规定时，设计循环周期为2～4h。

5）多个水景喷泉水池共用一个水处理循环系统时，应符合下列规定：

每个水池的回水应分别接至水处理循环系统，且应在各回水管上设调节控制阀；净化后的水应分别接至每个水池，且应在每个水池的给水管上设调节控制阀；当系统停止运行，多个水池水面高程不同时，应采取低位水池不溢水的措施。

6）单独设置的循环水泵房宜靠近景观水池或溪流、瀑布等水体。

（7）造景类用水循环泵应符合以下规定：

1）水泵流量和扬程按溪流、瀑布设计规模、喷头水力计算参数、喷头数量，以及管道系统的水头损失等经计算确定。

2）水泵额定流量、额定扬程应为理论计算值的1.10～1.15倍。

3）水下水泵宜选用潜水泵，池水较浅或要求水泵高度较低时宜选用卧式潜水泵。

4）压力不同的喷泉造水景单元的给水系统，其水泵宜分开设置。

5）在人能涉水区域，池内不应设置水泵。当在池外设置时，应采用离心水泵并应设计成自灌式或自吸式，水泵吸水管上应设检修阀门。

6）不宜设置备用泵。

（8）水处理循环系统水泵应符合以下规定：

1）水泵的流量和扬程应根据设计循环水量、景观水体液位差和管道系统的水头损失等计算确定。

2）在景观水池之外的水泵宜选用离心泵。

3）不宜设置备用泵。

4）水泵应设计为自灌式或自吸式。水泵吸水管上应设检修阀门。

（9）水泵的选择：

1）潜水泵

目前常用的国产潜水泵型号有QS、QY、QX、QJ、QRJ、QKSG及其改进型号等，国外潜水泵型号有SPA、SP（丹麦格兰富）、BS（瑞典飞力）、SDS（意大利科沛达）和UPS（德国欧亚瑟）等。潜水泵的具体型号选择可根据流量及水压要求选用一台或多台。

潜水泵一般为垂直立式安装，若要求倾斜或卧式安装应向生产厂家说明，以便采取相应措施。QJ、QRJ、QKSG、SPA、SP等型号潜水泵，应外装导流筒以利电机散热，若工程仅为短时间间断运行，也可省略导流筒，但应征得生产厂家同意。若所选喷头的喷嘴口径和整流器内间隙小于潜水泵进水滤网的孔径，应在水泵进水口外增设细滤网，其应采用不锈钢材料，网眼直径一般不大于5mm。对于细雾喷头则应按产品要求确定。

2）陆用泵

常用型号有IS、ISG、SH、SA、GD、BG和SG等。

7.2.6　喷头设计与计算

（1）常用喷头形式：目前国内采用的喷头有：

1）直流式喷头：

直流式喷头分为：

①直流喷头（射流喷头；定向直射喷头）：具有圆形等径或渐缩过水断面，流束在喷头内不改变方向的单式喷头。

②可调直流喷头（万向直流喷头）：带有万向接头可改变流束方向的直流喷头。

③直上喷头（集流直射喷头）：由数个大小不等的直流喷头组合，能向上（垂直或倾斜）喷出层次分明、主题突出的图案的复式喷头。

直流式喷头适用范围广，安装调试灵活方便，可组成多种图案，既能组成水柱晶莹透明，线条明快流畅的图案，又能组成粗壮高大，气势宏伟的图案，见图7-26。

2）射流式喷头（加气喷头）：采用射流泵原理在喷头下方装设有射流喉管，高速射流时形成负压，可将周围的水或空气吸入与主水流混合，可喷出掺其他水流或空气的单式喷头。

①吸气喷头：利用高速射流形成的负压吸入空气并与水流急速混合，可喷出掺气水流的单式喷头。

②雪柱喷头（玉柱喷头）：采用吸气喷头的结构原理，可喷出雪白柱状水流姿态的喷泉喷头。

③雪松喷头（冰搭喷头；冰树喷头；水松柏喷头）：采用射流的结构原理，可喷出雪松状水流姿态的喷泉喷头。

④涌泉喷头（鼓泡喷头）：采用吸气等喷头的结构原理，可自水面下喷出涌流状水流姿态的喷泉喷头。

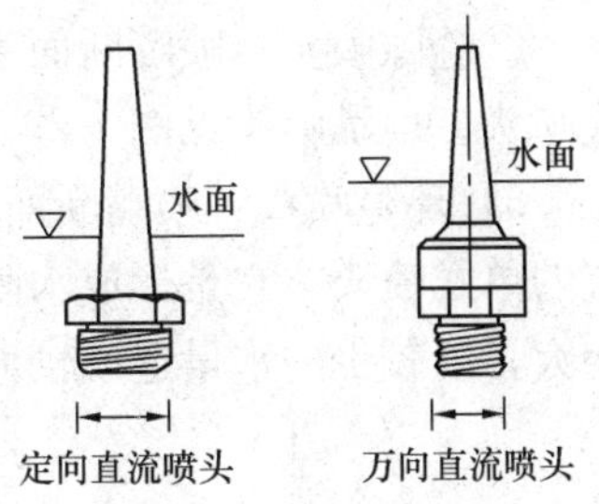

图 7-26 直流式喷头示意

射流式喷头（加气喷头）：利用喷嘴造成射流形成负压，吸入空气在水柱中掺入大量气泡，增大水的表观流量和反光作用，使水柱成为矮粗雪白的冰塔，大大改善了照明效果。但这种喷头的结构稍复杂，价格较贵，需要根据试验确定喷水效果。该喷头是应用较广泛的喷头之一，见图 7-27。

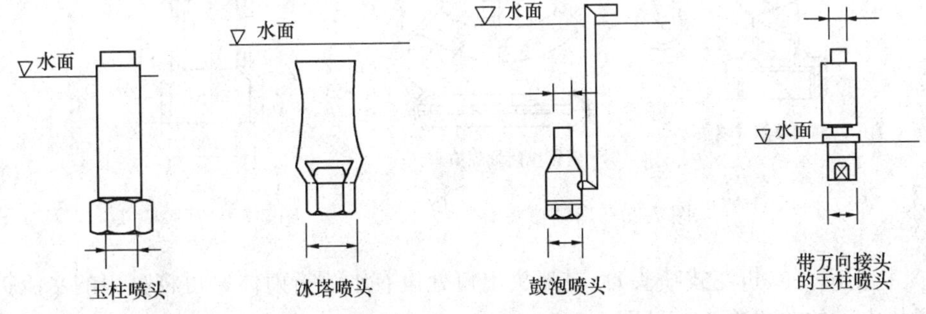

图 7-27 射流式喷头

3）旋流式喷头：具有螺旋形或螺壳式流道，压力水流通过时可形成高速旋转，可喷出雾状水流的单式喷头。

①水雾喷头：采用旋流、撞击、缝隙等喷头的结构原理，可将喷出的水流分散成细微水滴构成雾状水流姿态的喷泉喷头。

②摇摆喷头：在水流或机械作用下可边喷水边左右摆动的单式喷头或组合喷头。

③旋转喷头：利用喷出水流的反作用力或其他动力推动喷头旋转，可边喷水、边水平旋转、或垂直旋转、或倾斜旋转的复式或单式喷头。

旋流式喷头是一种利用水的反作用力来喷出各种新颖夺目的水景形态。如满天星喷头可利用喷水的反推力使喷头自动旋转，在空中散发出晶莹的水珠，犹如满天星斗；水风车喷头形如蟹爪风车，利用水力推动，喷头旋转，水流如车轮飞转，在灯光折射下，五彩缤纷，充满生机。见图 7-28。

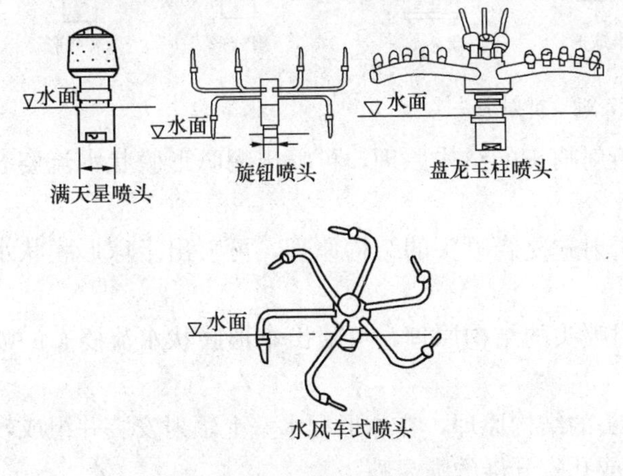

图 7-28 旋流式喷头

4）扁嘴喷头（直缝喷头、玉带喷头）：喷嘴过水断面为狭长形，压力水流通过时能喷出膜状水流的单式喷头。

①扇形喷头：采用扁平喷头的结构原理，可喷出扇形膜状水流姿态的喷泉喷头。

②缝隙喷头：喷嘴断面为一狭长缝隙，在压力水流通过时能喷出膜状或雾状水流的单式喷头。扁嘴喷头见图 7-29。

5）环隙喷头：喷嘴断面为一环状缝隙，在压力水流通过时能喷出空心水膜或雾状水流的单式喷头。它是形成水膜的另一种喷头。因喷水口是环形缝隙，可使水柱的表观流量变大，以较少的水量造成较大的观瞻。该喷头见图 7-30。

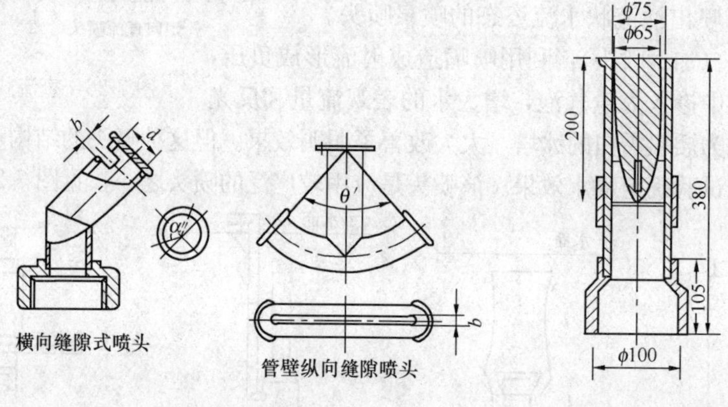

图 7-29　扁嘴喷头　　图 7-30　环隙喷头

6）折射喷头（折花式喷头）：在喷头出口处设有水流折射体，可将喷出的水流折射成一定形状水膜的单式喷头，见图 7-31。

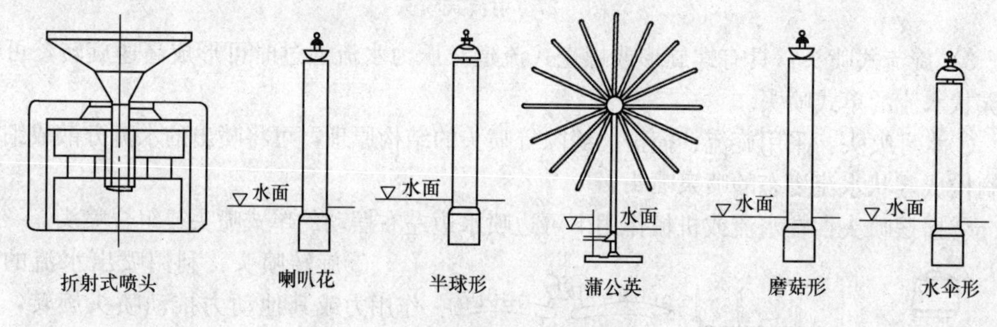

图 7-31　折射喷头

①喇叭喷头（牵牛花喷头）：采用折射喷头的结构原理，可喷出喇叭形膜状水流姿态的喷泉喷头。

②半球形喷头（蘑菇喷头）：采用折射式复合喷头的结构原理，可喷出半球形膜状水流姿态的喷泉喷头。

③伞形喷头（钟罩喷头）：采用折射喷头的结构原理，可喷出伞形膜状水流姿态的喷泉喷头。

④蒲公英喷头：采用折射式复合喷头的结构原理，在球形配水室上辐射安装并组成较大的球形或半球形，可喷出形似蒲公英或孔雀开屏的喷泉喷头。

⑤折花式喷头：采用折射喷头与水雾喷头的结构原理，可喷出雾状花形姿态的喷泉喷头。

7）撞击喷头；它是利用高速水流相互碰撞或与喷嘴壁撞击摩擦，而将水流分散成微细水滴形成雾状的单式喷头。用水量少，噪声小，一般安装在雕像周围，在阳光的照射下，可形成一条七色彩虹，景观迷人。这种喷头在隔热、防尘工程中也得到广泛应用，见图 7-32。

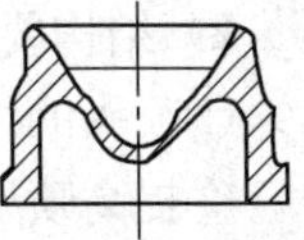
图 7-32 撞击喷头

8）组合式喷头：由若干个同一形式或不同形式的喷头组装在一起构成。可喷出固定的形态或进行适当的调整喷出不同的形态。该喷头见图 7-33。

（2）喷头结构设计：

1）材料：喷头材料应选用不易锈蚀、耐久性好、易于加工的材质。常采用黄铜、青铜、不锈钢、铝合金等材料。对于室内小型水景，也可选用塑料和尼龙加工。

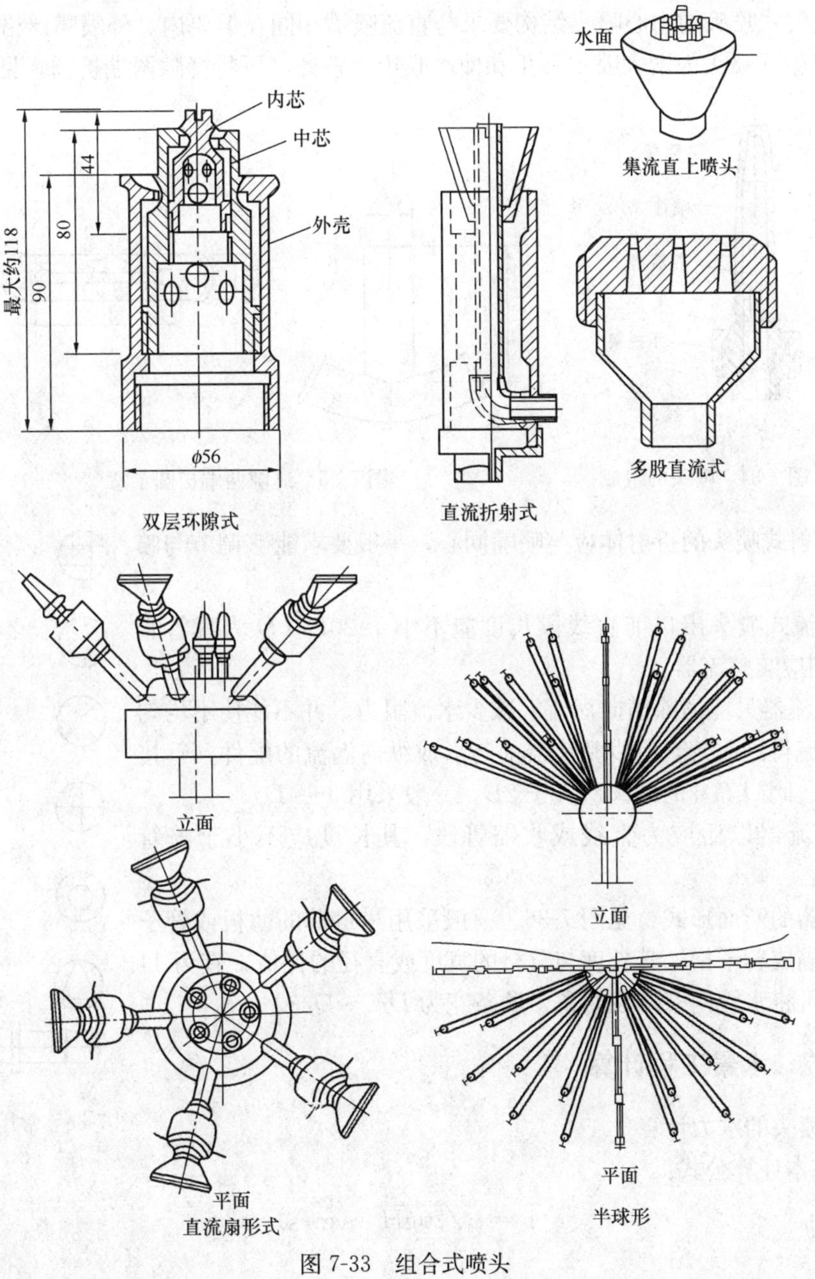

图 7-33 组合式喷头

2）结构要求：

①喷头的组成：一个典型的喷头常由喷嘴、喷管、整流器和承托架组成，见图 7-34。

②提高喷射性能的措施：喷头喷出的水流应该边沿整齐、形状完整、均匀。以最小的压力，达到尽可能高和远的射程；以最小的流量，达到尽量大的观瞻。为此，应达到以下要求：

a. 过水表面（喷嘴内表面、缝隙出口、折射体表面等）应精细加工，一般采用抛光或磨光，表面粗糙度不宜低于$\overset{3.2}{\bigtriangledown}$。

b. 出口边缘应与喷嘴轴线垂直。

c. 吸气式喷头的中心喷嘴结构要求与直流喷嘴相同，但要内、外喷嘴严格同心。

d. 缝隙式喷头为增大喷水夹角和使水膜边缘整齐，可将缝隙两端扩圆，见图 7-35。

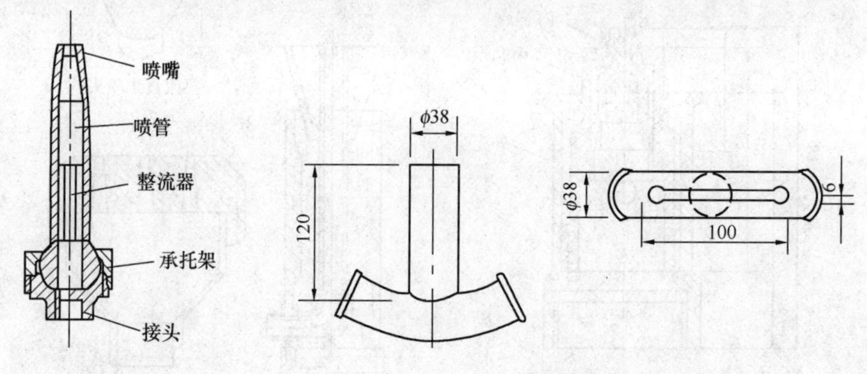

图 7-34　喷头的组成　　　　图 7-35　缝隙两端扩圆示意

e. 折射式喷头的折射体应与喷嘴同心，一般要求能够调节与喷嘴间的距离。

f. 直流式喷头出口前直线段长度应不小于 $20D$（D 为喷管直径），否则应装整流器。

g. 整流器只能消除横向涡流、减少水流阻力，并不能使不均匀的纵向水流得到改善，所以整流器前与形成纵向涡流的配件（管接头、弯头、阀门等）的距离应大于 $2D$，一般采用 3～$4D$。

h. 整流器以后应为直线或收缩管段，其长度应不小于喷管直径。

整流器的断面形式，见图 7-36。一般采用尽量薄的薄板或管子将喷管分隔成若干格。其长度与分格的宽度或直径的比值，宜为 11～14。也可将水管内壁作成肋条，肋条宽为 $D/5$～$D/3$。

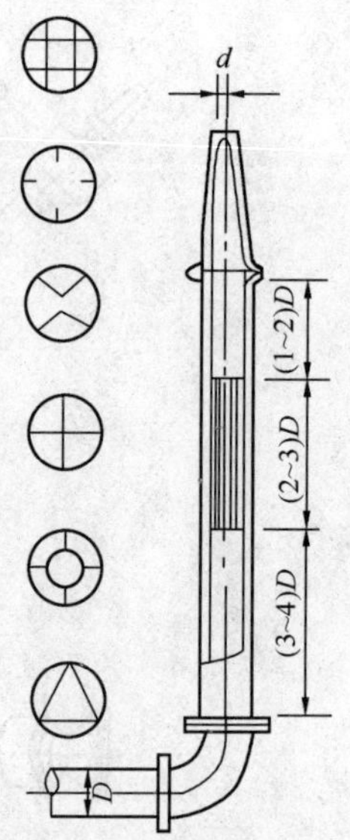

图 7-36　常用整流器形式

7.2.7　水景工程计算

（1）喷头的水力计算

1）基本计算公式：

$$\nu=\varphi\sqrt{20gH}\quad(\mathrm{m/s})\tag{7-10}$$

$$H = H_0 + 10\frac{\nu_0^2}{2g} \quad (\text{kPa}) \tag{7-11}$$

$$q = \mu f\sqrt{20gH}\times 10^{-3} \quad (\text{L/s}) \tag{7-12}$$

$$\mu = \varphi\varepsilon \tag{7-13}$$

式中 ν——出口流速（m/s）；

φ——流速系数，其值与喷嘴形式有关，其值见表 7-26；

g——重力加速度（m/s^2）；

H——喷头入口处水压（kPa）；

H_0——喷头入口处水静压（kPa）；

ν_0——喷头入口处水流速（m/s）；

q——喷头出流量（L/s）；

μ——喷头流量系数，其值与喷嘴形式有关，其值见表 7-26；

f——喷断面积（mm^2）；

ε——断面收缩系数，其值与喷嘴形式有关，其值见表 7-26。

对于圆形喷嘴出流量，按式（7-14）计算：

$$q = 3.497\mu d^2\sqrt{10H}\times 10^{-3} = K\mu\sqrt{10H}\times 10^{-3} \quad (\text{L/s}) \tag{7-14}$$

式中 d——喷嘴内径（mm）；

K——系数，与喷嘴直径有关，其值见表 7-21；

H——喷头入口处水压（kPa）；

μ——喷头流量系数，其值与喷嘴形式有关，其值见表 7-26。

K值 **表 7-21**

d（mm）	K	d（mm）	K	d（mm）	K	d（mm）	K
1	3.48	21	1534.24	42	6136.96	82	23392.80
2	13.92	22	1683.84	44	6735.34	84	24547.82
3	31.31	23	1840.39	46	7361.56	86	25730.68
4	55.66	24	2003.90	48	8015.62	88	26941.38
5	86.97	25	2174.37	50	8697.50	90	28179.90
6	125.24	26	2351.80	52	9407.22	92	29446.26
7	170.47	27	2536.19	54	10144.76	94	30740.44
8	222.66	28	2727.54	56	10910.14	96	32062.46
9	281.80	29	2925.84	58	11703.36	98	33412.32
10	347.90	30	3131.10	60	12524.40	100	34790.00
11	420.96	31	3343.32	62	13373.28	110	42095.90
12	500.98	32	3562.50	64	14249.98	120	50097.60
13	587.95	33	3788.63	66	15154.52	130	58975.10
14	681.88	34	4021.72	68	16086.90	140	61888.40
15	782.77	35	4261.77	70	17047.10	150	78277.50
16	890.62	36	4508.78	72	18035.14	160	89062.40
17	1005.43	37	4762.75	74	19051.00	170	100543.10
18	1127.20	38	5023.68	76	20094.70	180	112719.60
19	1255.92	39	5291.56	78	21166.24	190	125591.90
20	1391.60	40	5566.40	80	22265.60	200	139160.00

2）直流喷头计算公式（7-15）～式（7-23）为

$$\nu = 4.43\sqrt{10H} \tag{7-15}$$

$$q = K\sqrt{10H} \times 10^{-3} \tag{7-16}$$

$$S_B = \frac{10H}{1+10\alpha H} \tag{7-17}$$

$$\alpha = \frac{0.25}{d+(0.1d)^3} \tag{7-18}$$

$$\beta = \frac{S_B}{S_K} = 1.19 + 80\left(0.01\frac{S_B}{\beta}\right)^4 \tag{7-19}$$

$$l_1 = 10\left[\frac{1}{2}\sin2\theta + \cos^2\theta\ln\left(\frac{1+\sin\theta}{\cos\theta}\right)\right]H = 10B_1H \tag{7-20}$$

$$l_2 = 20\cos\theta\sqrt{\frac{2}{3}(1-\cos^3\theta)}H = 10B_2H \tag{7-21}$$

$$L = l_1 + l_2 = 10B_0H \tag{7-22}$$

$$h = \frac{20}{3}(1-\cos^3\theta)H = 10B_3H \tag{7-23}$$

式中　S_B——垂直射流时射流总高度（m）；

α——系数，与喷嘴直径有关，可由表7-22查出；

S_K——垂直射流时密实射流高度（m）；

β——垂直射流时射流总高度与密实射流高度的比值，可由表7-23查出；

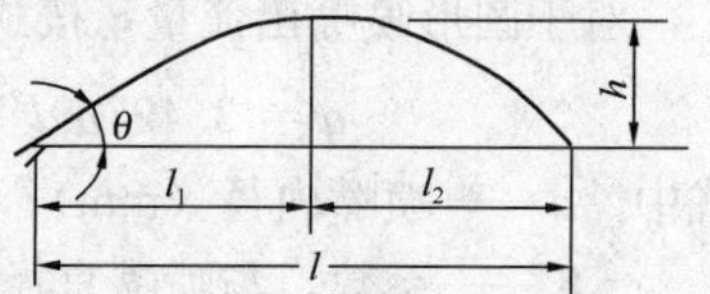

图7-37　倾斜射流轨迹

l_1——倾斜射流时射流轨迹升弧段水平投影长度（m），见图7-37；

l_2——倾斜射流时射流轨迹降弧段水平投影长度（m）；

L——倾斜射流时水平射程（m）；

H——喷头入口压力（kPa）；

q——喷头出流量（L/s）；

h——倾斜射流时射流轨迹最大高度（m）；

θ——倾斜射流时喷嘴的仰角（°）；

B_0、B_1、B_2、B_3——系数，与仰角θ有关，可由表7-24查出。表中数值是在$H \leqslant 20$m由试验得出的，且未考虑喷嘴直径的影响，在其他水压和直径时，应乘以表7-25所列的修正系数。

α系数值　　表7-22

d (mm)	α	d (mm)	α	d (mm)	α	d (mm)	α
1	0.2598	7	0.0340	13	0.0165	19	0.0097
2	0.1245	8	0.0294	14	0.0149	20	0.0090
3	0.0825	9	0.0257	15	0.0136	21	0.0083
4	0.0615	10	0.0228	16	0.0124	22	0.0077
5	0.0487	11	0.0203	17	0.0114	23	0.0071
6	0.0402	12	0.0183	18	0.0105	24	0.0066

续表

d (mm)	α	d (mm)	α	d (mm)	α	d (mm)	α
25	0.0061	39	0.0025	66	0.0007	94	0.0003
26	0.0057	40	0.0024	68	0.0007	96	0.0003
27	0.0053	42	0.0022	70	0.0006	98	0.0002
28	0.0050	44	0.0019	72	0.0006	100	0.0002
29	0.0047	46	0.0017	74	0.0005	110	0.0002
30	0.0044	48	0.0016	76	0.0005	120	0.00014
31	0.0041	50	0.0014	78	0.0005	130	0.00011
32	0.0039	52	0.0013	80	0.0004	140	0.00009
33	0.0036	54	0.0012	82	0.0004	150	0.00007
34	0.0034	56	0.0011	84	0.0004	160	0.00006
35	0.0032	58	0.0010	96	0.0003	170	0.00005
36	0.0030	60	0.0009	88	0.0003	180	0.00004
37	0.0029	62	0.0008	90	0.0003	190	0.00004
38	0.0027	64	0.0008	92	0.0003	200	0.00003

比 值 β 表 7-23

S_B (m)	β	S_B (m)	β	S_B (m)	β	S_B (m)	β
≤10	1.19	21	1.29	31	1.39	41	1.57
11～13	1.20	22	1.26	32	1.40	2	1.59
14～16	1.21	23	1.27	33	1.42	43	1.61
17～18	1.22	24	1.28	34	1.44	44	1.63
19	1.23	25	1.30	35	1.46	45	1.65
20	1.24	26	1.31	36	1.47		
		27	1.33	37	1.49		
		28	1.34	38	1.51		
		29	1.36	39	1.53		
		30	1.37	40	1.55		

B_0～B_3 值 表 7-24

θ (°)	B_0	B_1	B_2	B_3	θ (°)	B_0	B_1	B_2	B_3
10	0.680	0.339	0.341	0.030	55	1.532	0.688	0.844	0.540
15	0.985	0.489	0.496	0.066	60	1.362	0.598	0.764	0.583
20	1.250	0.617	0.633	0.113	65	1.161	0.497	0.664	0.616
25	1.467	0.719	0.748	0.170	70	0.938	0.391	0.547	0.640
30	1.633	0.796	0.837	0.234	75	0.704	0.285	0.419	0.655
35	1.727	0.829	0.898	0.300	80	0.468	0.185	0.283	0.663
40	1.763	0.835	0.928	0.367	85	0.229	0.089	0.142	0.666
45	1.740	0.812	0.928	0.431	90	0.000	0.000	0.000	0.667
50	1.661	0.761	0.900	0.489					

修 正 系 数 表 7-25

H (m)	d (m)				H (m)	d (mm)			
	20	30	37	48.5		20	30	37	48.5
10	1.00	1.00	1.00	1.00	40	0.68	0.83	0.92	0.99
20	0.94	0.97	0.98	1.00	60	0.56	0.72	0.82	0.91

3）缝隙喷头计算公式：

①环形缝隙喷头（见图 7-38）流量，按式（7-24）计算：

$$q = 3.48(D_1^2 - D_2^2)\sqrt{10H} \times 10^{-3} \quad (L/s) \tag{7-24}$$

式中　q——喷头的流量（L/s）；

D_1——环向缝隙喷头出口直长（mm）；

D_2——环向缝隙喷头导杆直径（mm）；

H——喷头入口处水压（kPa）；

②管壁横向缝隙喷头（见图 7-39），流量按式（7-25），式（7-26）计算；

$$q = 2.7D\theta b\sqrt{10H} \times 10^{-5} \quad (L/s) \tag{7-25}$$

$$\theta = (0.7 \sim 0.9)\theta' \tag{7-26}$$

式中　q——喷头流量（L/s）；

D——喷管内径（mm）；

θ——喷出水膜的夹角（°），一般比喷头缝隙夹角小一些，且夹角越小相差越大；

b——缝隙的宽度（mm），一般采用 5～10；

θ'——喷头缝隙夹角（°）一般采用 60°～120°；

H——喷头入口处水压（kPa）。

③管壁纵向缝隙喷头（见图 7-40）流量，按式（7-27）计算；

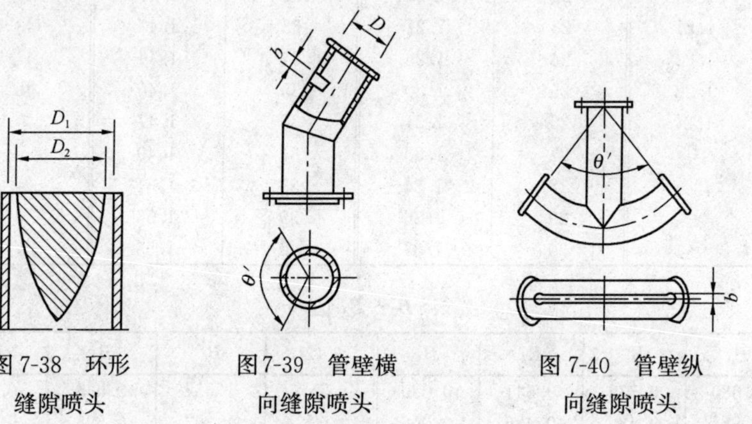

图 7-38　环形缝隙喷头

图 7-39　管壁横向缝隙喷头

图 7-40　管壁纵向缝隙喷头

$$q = 5.4R\theta b\sqrt{10H} \times 10^{-5} \quad (L/s) \tag{7-27}$$

式中　q——喷头的流量（L/s）；

θ——喷出水膜的夹角（°），一般要比喷头缝隙夹角小一些，且夹角越小相差越大；

b——缝隙的宽度（mm）一般采用 5～10mm；

R——管壁纵向缝隙的曲率半径（mm）；

H——喷头前入口水压值（kPa）。

4）折射喷头

①环向折射喷头（见图 7-41）流量、按式（7-28）计算：

$$q = (2.78 \sim 3.13)(D_1^2 - D_2^2)\sqrt{10H} \times 10^{-3} \quad (L/s) \tag{7-28}$$

式中符号同前

②单向折射喷头（见图 7-42）流量，按式（7-29）计算：

$$q = 1.74d^2\sqrt{10H} \times 10^{-3} \quad (\text{L/s}) \tag{7-29}$$

在 $200 < \dfrac{H}{d} < 2000$ 范围内，单项折射喷头的射程 L，按式（7-30）计算：

$$L = \frac{10H}{0.43 + 0.014\dfrac{H}{d}} \quad (\text{m}) \tag{7-30}$$

式中 D_1——环向折射喷头出口直径（mm）；

D_2——环向折射喷头导杆直径（mm）；

d——单向折射喷头出口直径（mm）；

H——喷头入口压力（kPa）。

5）离心喷头（见图 7-43）。流量和结构系数按式（7-31）、式（7-32）计算：

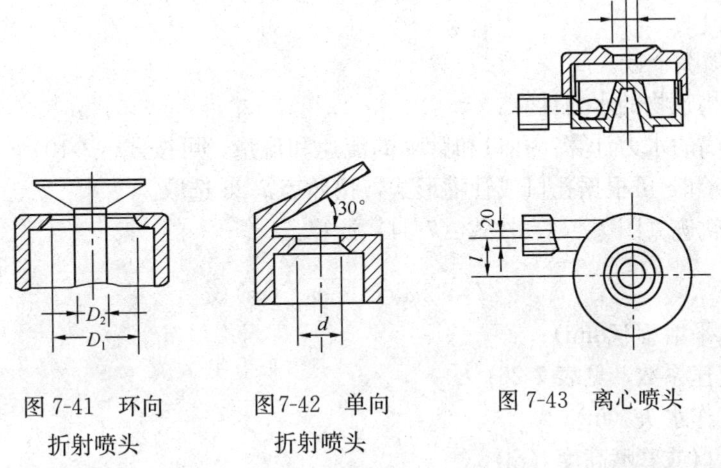

图 7-41 环向折射喷头

图 7-42 单向折射喷头

图 7-43 离心喷头

$$q = Kr_c^2\sqrt{10H} \times 10^{-3} \quad (\text{L/s}) \tag{7-31}$$

$$A = \frac{lr_c}{r_o^2} \tag{7-32}$$

式中 K——特性系数，根据 A 值可由图 7-44 中查出；

r_c——喷嘴半径（mm）；

r_0——进水口半径（mm）；

H——喷头入口压力（kPa）；

A——结构系数；

l——进水口与出水口中心距（mm）。

6）水雾喷头流量，按式（7-32）计算：

$$q = 2.28mKd\sqrt{10H} \times 10^{-3} \quad (\text{L/s}) \tag{7-33}$$

式中 K——特性系数，螺旋喷头（图 7-45）为 40～50；碰撞喷头（图 7-46）为 35～45；

d——喷嘴直径（mm）；

H——喷头入口的水压（kPa）；

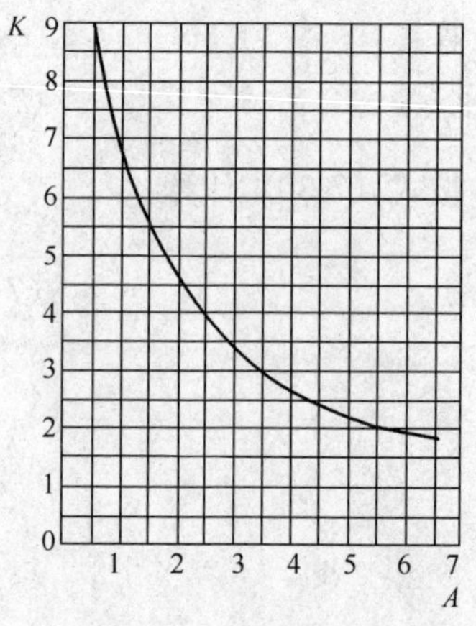

图 7-44　特性系数 K 值

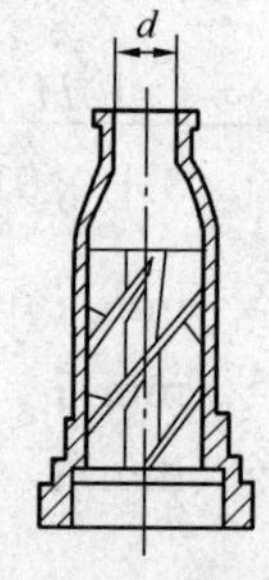

图 7-45　螺旋喷头

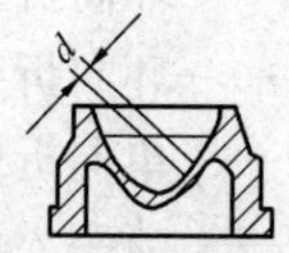

图 7-46　碰撞喷头

m——喷嘴个数。

(2) 水景构筑物的水力计算：

孔口和管嘴的水力计算：孔口和管嘴的流速和流量，可按式（7-10）～式（7-12）计算，其中 φ、μ 和 ε 可根据孔口或管嘴形式，按照表 7-26 选取。

水平出流轨迹（图 7-47），按式（7-34）计算：

$$l = 2\varphi\sqrt{H+h} \quad (\mathrm{m}) \tag{7-34}$$

式中　l——水平射程（mm）；

φ——流速系数，见表 7-26；

H——工作水头（m）；

h——孔口或管嘴高度（m）。

倾斜出流轨迹（见图 7-48），按式（7-35）计算：

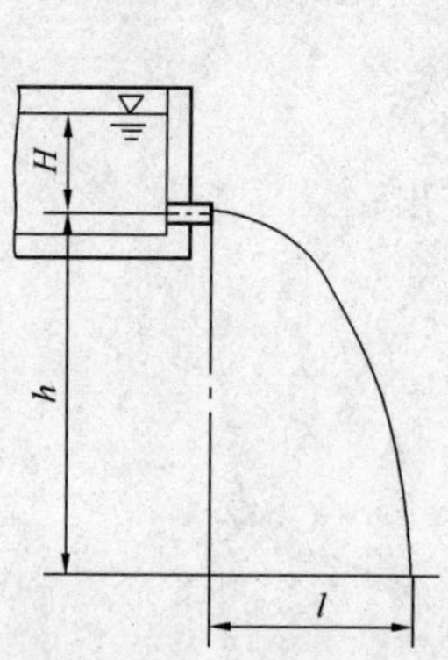

图 7-47　水平出流轨迹

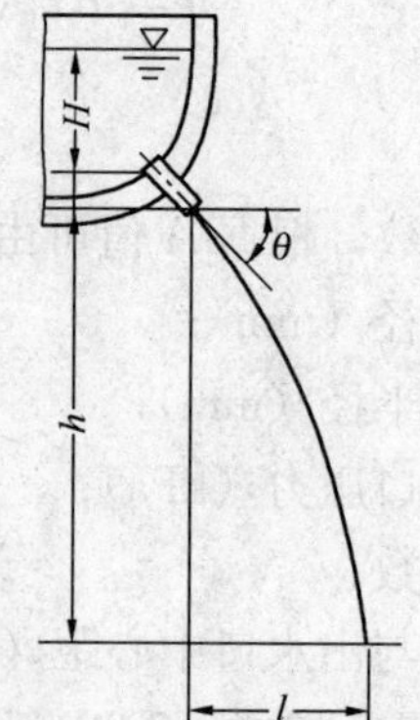

图 7-48　倾斜出流轨迹

$$h = \frac{l^2}{\Delta\varphi^2\cos\theta} -+ l\tan\theta \quad (\mathrm{m}) \tag{7-35}$$

式中　θ——孔口或管嘴的轴线与水平线夹角（°）。

孔口和管嘴的流速系数 φ 表 7-26

名 称	示意图	系 数	说 明
薄壁直边小孔口（圆形成方形）	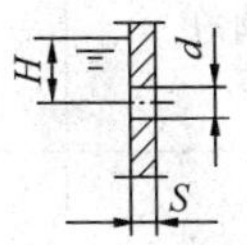	$\varphi=0.97$ $\varepsilon=0.64$ $\mu=0.60$	$S\leqslant 0.2d$，$H>10d$ 在 $H>2\text{m}$ 时：$\mu=0.60\sim0.61$ 在 $S>0.2d$ 时：与外管嘴相同
外管嘴	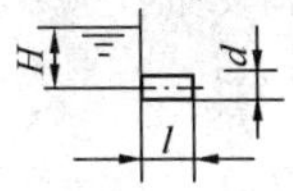	$\varphi=0.82$ $\varepsilon=1.00$ $\mu=0.82$	$l=(2\sim5)\ d$ $H\leqslant 9.3\text{m}$
		$\varphi=0.61$ $\varepsilon=1.00$ $\mu=0.61$	$l<2d$ $H\leqslant 9.3\text{m}$
内管嘴	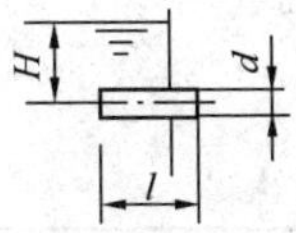	$\varphi=0.97$ $\varepsilon=0.53$ $\mu=0.51$	$l\leqslant 3d$ $H\leqslant 9.3\text{m}$
		$\varphi=0.71$ $\varepsilon=1.00$ $\mu=0.71$	$l>3d$ $H\leqslant 9.3\text{m}$
流线型外管嘴	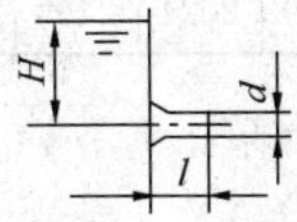	$\varphi=0.98$ $\varepsilon=1.00$ $\mu=0.98$	
收缩锥形管嘴	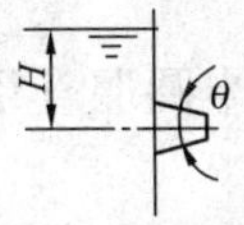	$\varphi=0.96$ $\varepsilon=0.98$ $\mu=0.94$	$\theta=12°\sim15°$
扩张锥形管嘴	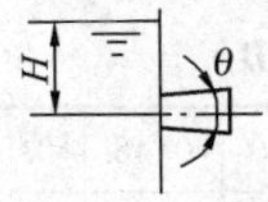	$\varphi=0.45-0.50$ $\varepsilon=1.00$ $\mu=0.45-0.50$	$\theta=5°\sim7°$ 在 $\theta>10°$ 时，水流可能脱离管壁

（3）跌流的水力计算：水盘、瀑布、叠流等的溢流量，一般是将溢水断面近似地划分成若干个溢流堰口，分别计算其流量后再叠加。各种溢流堰口的近似水力计算公式如下：

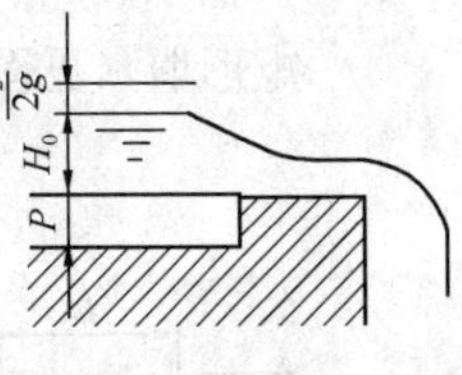

图 7-49 宽顶堰

1）宽顶堰（见图 7-49）流量、按式（7-36）计算：

$$q=mbH^{3/2}\quad(\text{L/s})\qquad(7\text{-}36)$$

式中 q——堰口流量（L/s）；

m——宽顶堰的流量系数，取决于堰流进口形式，见表 7-27；

b——堰口水面宽度（m）；

H——堰前动水头（m），H 为 H_0 与 $\frac{v^2}{2g}$ 之和。

宽顶堰流量系数 *m*　　　　表 7-27

堰的进口形式	示意图	流量系数 *m*	堰的进口形式	示意图	流量系数 *m*
直角		1420	圆角		1600
45°斜角		1600	斜　坡 θ=80°～20°	θ	1510～1630

注：表列系数均指水流进入堰口时无侧向收缩的情况，在有侧向收缩时，应乘收缩系数 ε，一般可取 ε=0.95。

2）三角堰（见图 7-50）流量，按式（7-37）计算：

$$q = AH_0^{5/2} \quad (\mathrm{L/s}) \tag{7-37}$$

式中　q——堰口流量（L/s）；

A——三角堰流量系数，与堰底夹角有关，见表 7-28；

H_0——堰前静水头（m）。

三角堰流量系数 A　　　　表 7-28

θ（°）	30	40	45	50	60	70	80	90	100	110	120	130	140	150	160	170
A	380	516	587	661	818	992	1189	1417	1689	2024	2455	3039	3894	5289	8037	16198

3）半圆堰（见图 7-51）流量，按式（7-38）计算：

$$q = BD^{5/2} \quad (\mathrm{L/s}) \tag{7-38}$$

式中　q——堰口流量（L/s）；

B——半圆堰流量系数，与堰前静水头 H_0 和半圆堰直径 D 的比值有关，其值见表 7-29；

D——半圆堰直径（m）。

半圆堰流量系数 *B*　　　　表 7-29

H_0/D	0.05	0.10	0.15	0.20	0.25	0.30	0.35	0.40	0.45	0.50	0.60	0.70	0.80	0.90
B	0.020	0.070	0.148	0.254	0.386	0.547	0.720	0.926	1.15	1.40	2.00	2.49	3.22	3.87

4）矩形堰（见图 7-52）流量，按式（7-39）计算：

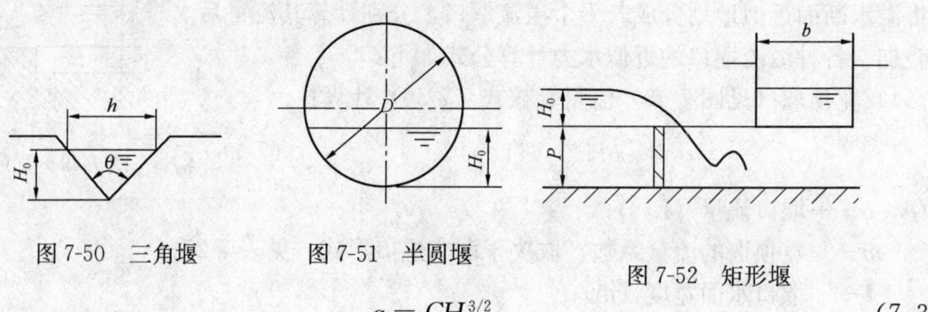

图 7-50　三角堰　　图 7-51　半圆堰　　图 7-52　矩形堰

$$q = CH_0^{3/2} \tag{7-39}$$

式中　q——堰口流量（L/s）；

C——矩形堰流量系数，与堰口宽度 b 有关，见表 7-30；

H_0——堰前静水头（m）。

矩形堰流量系数 C 表 7-30

b（m）	0.05	0.10	0.15	0.20	0.25	0.30	0.35	0.40	0.45	0.50
C	99.6	199.3	298.9	398.6	498.2	597.0	697.5	797.2	896.8	996.5
b（m）	0.55	0.60	0.65	0.70	0.75	0.80	0.85	0.90	0.95	1.00
C	1096.1	1195.7	1295.4	1395.0	1494.7	1594.3	1694.0	1793.6	1893.3	1992.9

5）梯形堰（见图 7-53）流量，按式（7-40）、式（7-41）计算：

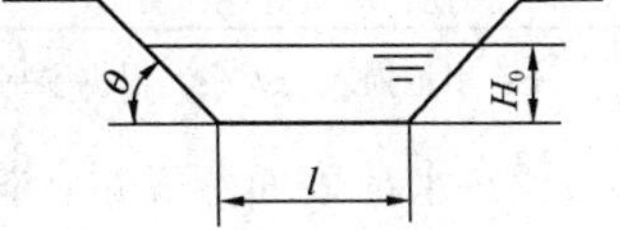

图 7-53 梯形堰

$$q = A_1 H_0^{3/2} + A_2 H_0^{3/2} \quad (\text{L/s}) \tag{7-40}$$

$$H = H_0 + \frac{V_0^2}{2g} \quad (\text{m}) \tag{7-41}$$

式中 q——堰口流量（L/s）；

A_1——梯形堰流量系数，与堰底宽度 e 有关，见表 7-31；

A_2——梯形堰流量系数，与堰侧边夹角 θ 有关，见表 7-32；

H——堰前动水头（m）；

H_0——堰前静水头（m）。

梯形堰流量系数 A_1 表 7-31

e（m）	0.05	0.10	0.15	0.20	0.25	0.30	0.35	0.40	0.45	0.50
A_1	66.4	132.9	199.3	265.7	332.2	398.6	465.0	530.4	597.9	664.3
e（m）	0.55	0.60	0.65	0.70	0.75	0.80	0.85	0.90	0.95	1.00
A_1	730.7	797.2	863.6	930.0	996.5	1062.9	1129.3	1195.7	1262.2	1328.6

梯形堰流量系数 A_2 表 7-32

θ（°）	5	10	15	20	25	30	35	40	45
A_2	16198.7	8037.3	5289.1	3893.2	3039.2	2454.7	2024.0	1689.0	1417.2
θ（°）	50	55	60	65	70	75	80	85	90
A_2	1189.2	992.3	818.2	660.9	515.8	379.7	249.9	124.0	0.0

（4）水池的水力计算：水景用水池水滴的漂移距离，按式（7-42）计算：

$$L = 0.0296 \frac{Hv^2}{d} \quad (\text{m}) \tag{7-42}$$

式中 L——水滴在空中因风吹漂移距离（m）；

H——水滴最大降落高度（m）；

v——设计平均风速（m/s）；

d——水滴直径（mm），与喷头形式有关，见表 7-33。

水滴的直径 表 7-33

喷头形式	水滴直径（mm）
螺旋式	0.25～0.50
碰撞式	0.25～0.50
直流式	3.0～5.0

（5）水量损失，补充和循环水流量：

1）水量损失估算：水量损失包括风吹、蒸发、溢流和渗漏等损失。一般按循环流量或按水容积的百分数计算，其数值见表 7-34。

水量损失　　　　**表 7-34**

项　目 水景形式	风吹损失	蒸发损失	溢流，排污损失（每天排污量占池容溶积的%）
	占循环流量的%		
喷泉、水膜、冰塔、孔流等	0.5～1.5	0.4～0.6	3～5
水雾	1.5～3.5	0.6～0.8	3～5
瀑布、水幕、叠流、涌泉等	0.3～1.2	0.2	3～5
镜池、珠泉等	—	按式（7-43）计算	2～4

注：水量损入的大小，根据喷射高度，水滴大小，风速等因素选择。

2）水池表面蒸发量，按式（7-43）计算：

$$H = 52.0(P_m - P)(1 + 0.135v_m) \quad [L/(d \cdot m^2)] \tag{7-43}$$

式中　H——表面蒸发损失$[L/(d \cdot m^2)]$；

P_m——按水面温度计算的饱和水蒸气压（Pa）；

P——空气中水蒸气分压（Pa）；

v_m——日平均风速（m/s）。

在计算月平均蒸发损失时，应将式中 P_m、P 和 v_m 分别以日平均值代入，并将计算结果乘以 30。

3）补充水流量：补充水流量，一般按循环水量 5%～10%选用，室外工程可按 10%～15%考虑。除应满足最大水量损失外，同时还应满足运行前的充水要求。充水时间一般按 24～48h 考虑。

对于非循环式供水的镜池、珠泉等静水景观，每月应排空换水 1～2 次或按表 7-34 中溢流排污百分率连续溢流排污，同时要补充等量新鲜水。

4）循环水流量：循环水流量应根据设计安装各种喷头的数量和每个喷头的出水流量计算确定。设计循环流量应为计算流量的 1.2 倍。

5）溢流量计算：堰口式溢流量，可参照跌水进行计算。

漏斗式溢流量（见图 7-54），可用式（7-44）计算：

$$q = 6815DH_0^{3/2} \quad (L/s) \tag{7-44}$$

式中　q——溢流量（L/s）；

D——漏斗上口直径（m）；

H_0——漏斗淹没水深（m）。

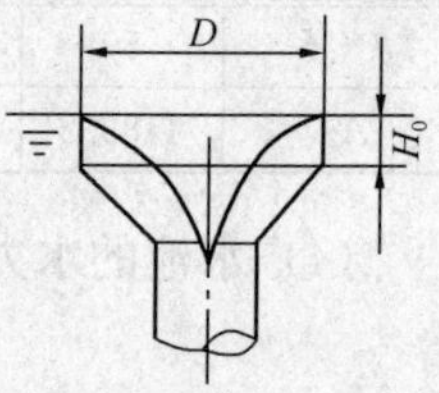

图 7-54　漏斗溢流示意

（6）水景管道水力计算

1）一般水景工程管道较短（尤其是采用潜水泵时）且多设在水下，对噪声要求不严，其流速可以较室内给水工程适当提高，不同管径时的流速见表 7-35：

不同管径时的流速　　　　**表 7-35**

管径（mm）	⩽25	32～50	70～100	＞100
钢管和不锈钢管	⩽1.5	⩽2.0	⩽2.5	⩽3.0
铜管和塑料管	⩽1.0	⩽1.2	⩽1.5	⩽2.0

2）水景管道水力计算方法与一般给水工程相同。

3）多口出流水力计算：对于向同一组泵组供水，要求喷水高度相近，且喷头前不设调节装置的多口出流配水管（图 7-55），其干管设计流速，应根据相距最远两个喷头间的管段长度和允许最大喷水高差计算确定，先算出设计 $1000i$ 值，再从管道水力计算表中查出符合该条件的管径和流速。设计 $1000i$ 值如式（7-45）计算：

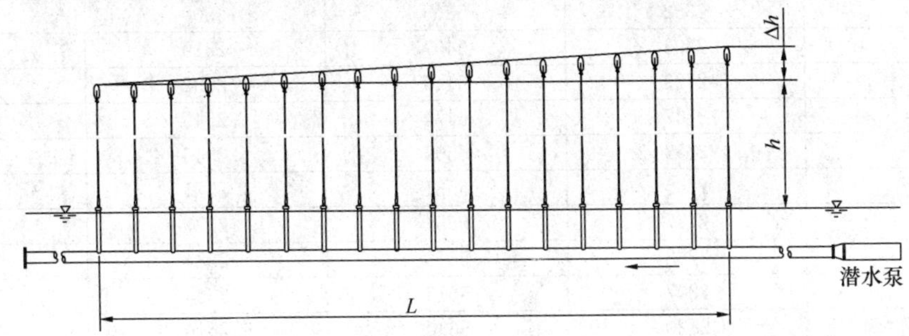

图 7-55　多口出流单向供水配水系统

$$1000i=\frac{1000\alpha}{\frac{1}{m+1}+\frac{1}{2N}+\frac{\sqrt{m-1}}{6N^2}}\frac{\Delta h}{L}=K\frac{\Delta h}{L} \tag{7-45}$$

式中　i——管道的水力坡降；

Δh——允许最大喷水高度差（m）；

L——相距最远两喷头间的管段长度（m）；

α——供水方式系数，单向供水时 $\alpha=1$，双向供水时 $\alpha=2$；

m——计算管道沿程水头损失时，公式中的流量指数；

N——计算管段的喷头数量；

K——综合系数，可从表 7-36 中查出。

公式（7-45）是根据以下条件推导出来的：

①干管计算管段管径不变；

②每个出水口（喷头）的间距和流量相等；

③干管供水流量全部从沿途出水口（喷头）流出；

④若为双向供水，两侧供水流量相等；

⑤流量指数 m 值对于铜管为 2，对于塑料管为 1.77。

综合系数 *K* 值　　**表 7-36**

N	钢管		塑料管	
	单向供水	双向供水	单向供水	双向供水
2	1600	3200	1543	3086
3	1929	3857	1838	3637
4	2134	4267	2020	4040
5	2273	4545	2141	4283
6	2374	4748	2232	4464
7	2450	4900	2299	4598
8	2510	5020	2353	4706
9	2558	5115	2392	4785

续表

N	钢管		塑料管	
	单向供水	双向供水	单向供水	双向供水
10	2597	5195	2421	4843
11	2630	5260	2457	4914
12	2658	5316	2475	4950
13	2682	5365	2500	5000
14	2703	5407	2519	5038
15	2723	5445	2532	5063
16	2737	5474	2545	5089
17	2753	5505	2546	5128
18	2765	5531	2571	5141
19	2777	5554	2577	5155
20	2788	5576	2584	5168
22	2807	5613	2604	5208
24	2820	5640	2616	5231
26	2835	5671	2632	5263
28	2846	5692	2639	5277
30	2864	5727	2646	5291
32	2865	5729	2655	5309
34	2873	5745	2661	5322
36	2879	5759	2667	5333
38	2885	5770	2672	5343
40	2891	5782	2677	5353
42	2896	5792	2681	5362
44	2900	5800	2685	5369
46	2904	5809	2688	5376
48	2909	5817	2692	5384
50	2912	5824	2695	5391

7.2.8 水景构筑物设计

（1）水池的平面尺寸：水池平面尺寸除应满足喷头、管道、水泵进水口、泄水口、溢水口、吸水坑等布置要求外，还应防止水的飞溅。在设计风速下应保证水滴不致大量被风吹出池外，回落到水面的水流应避免大量溅至池外。所以水池的平面尺寸一般应比计算值每边再加大 0.5～1.0m。

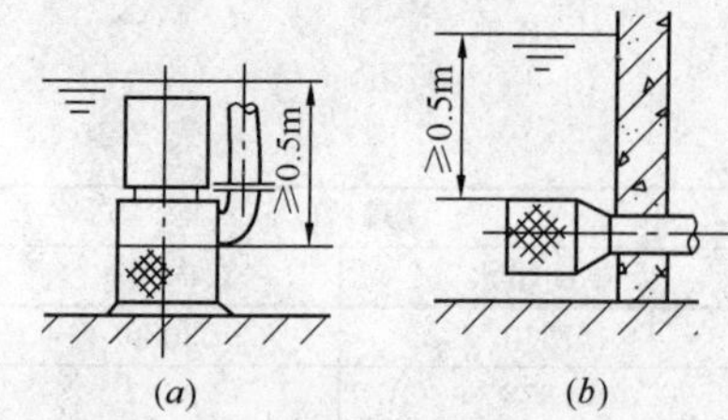

图 7-56 吸水口的安装要求
(a) 吸水口垂直安装；(b) 吸水口水平安装

（2）水池的深度：水深应按管道、设备的布置要求确定。在设有潜水泵时，还应保证吸水口的淹没深度不小于 0.5m。在没有水泵吸水口时，应保证吸水喇叭口的淹没深度不小于 0.5m。见图 7-56。

为减小水深降低造价，可采用以下措施：

1）尽可能采用下吸式潜水泵或卧式潜水泵。

2）将潜水泵或吸水口设在集水坑内，见图 7-57。

3）为防止产生旋涡可在吸水口上方设置挡水板，见图 7-58。

水池在兼作其他用途时，还应满足其他用途的要求。

水池超高一般采用 0.2～0.3m，见图 7-59。

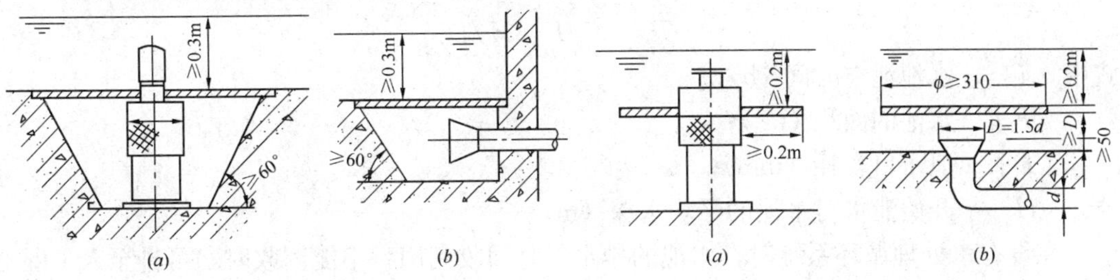

图 7-57 在水池内设集水坑

（a）潜水泵集水坑；（b）泵吸水管

图 7-58 在吸水口上设挡板

（a）潜水泵设挡板；（b）吸水管口设挡板

浅碟式集水最小深度不得小于 0.1m。

不论何种形式，池底部坡度应不小于 0.01 坡向排水口或集水井。

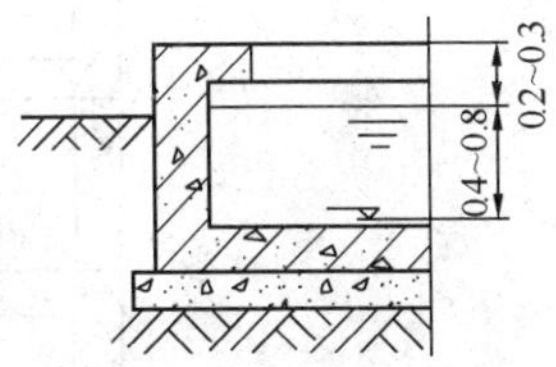

图 7-59 水池的超高

（单位：m）

（3）溢水口：溢水口的作用，在于维持一定的水位和进行表面清污，保持水面清洁。

常用溢流形式有：堰口式、漏斗式、管口式、联通管式等，可根据具体情况选择，见图 7-60。

大型水池可设若干个溢水口，应均匀布置在水池中间或周边。溢水口的设置位置应不影响美观，且应便于清除积污和疏通管道。溢流口应设格栅或格网，以防止较大漂浮物堵塞管道，格栅间隙或格网网格直径应不大于管道直径的 1/4。

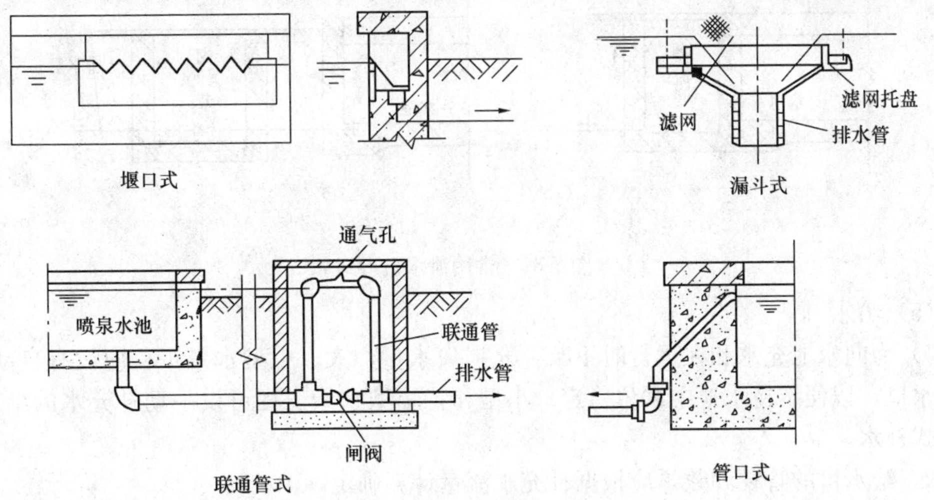

图 7-60 各种溢水口

（4）泄水口：为便于清扫、检修和防止停用水质腐败或结水，水池应设泄水口。水池应尽量采用重力泄水，也可利用水泵的吸水口兼作泄水口，利用水泵泄水。泄水口的入口应设格栅或格网，栅条间隙或网格直径应不大于管子直径的 1/4 或根据水泵叶轮间隙决定。

泄水管管径应根据允许泄空时间计算确定，一般泄空时间按 12～48h 考虑，计算公式如下：

$$T = 258F\sqrt{H}/D^2 \tag{7-46}$$

式中　T——水池泄空时间（h）；

F——水池的面积（m^2）；

D——泄水口直径（mm）；

H——开始泄水时水池的平均水深（m）。

在设有水处理循环系统时，水池的排水，宜回收利用。不能回收时，可排至人工湿地或雨水道。不得已必须排至污水道时，应有可靠的防止倒流措施。常用泄水口形式参见图7-61。

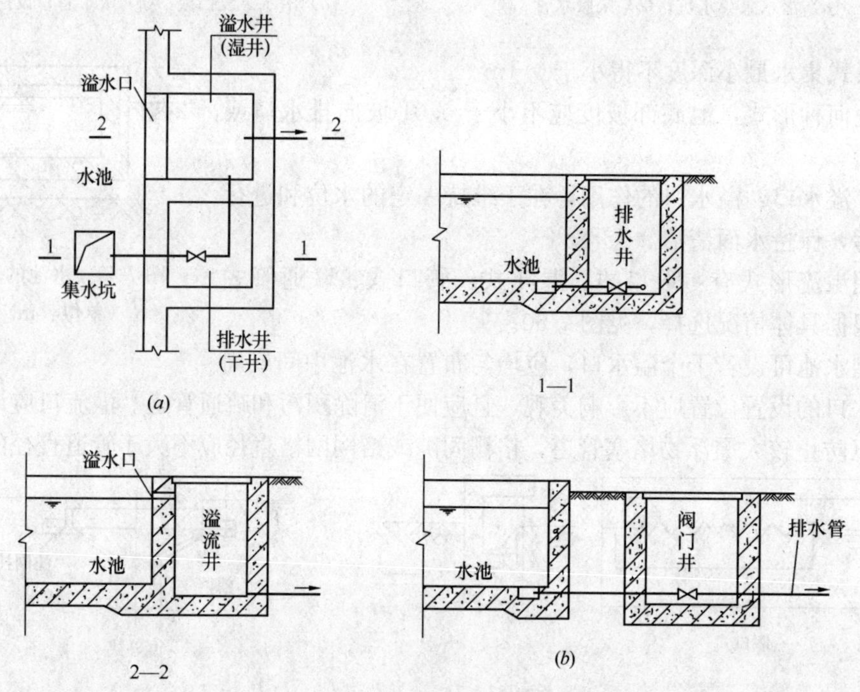

图7-61　常用泄水口形式

（5）给水口

1）为向水池充水和在运行时不断补充损失水量，大、中型水景工程应设有自动补水的给水口，以便维持水池中水位稳定。小型和特小型水景工程可设手动补充水的给水口，间断式补水。

2）给水口的管径和数量应根据补充水流量计算确定。

3）当利用自来水作为补给水水源时，给水口应设有防止回流污染给水管网的措施，如设置倒流防止器等。空气隔断间距应不小于2.5倍给水口直径。否则还应设置真空破坏器。安装倒流防止器的场地应有排水措施，不得被水淹没。

4）固定式水景喷泉工程的给水管上应安装用水计量装置。

5）为了美观和防止游人误动作，补水阀、计量装置宜隐蔽设置。

6）常用自动补水给水口形式参见图7-62。

（6）水池的防水和结构措施

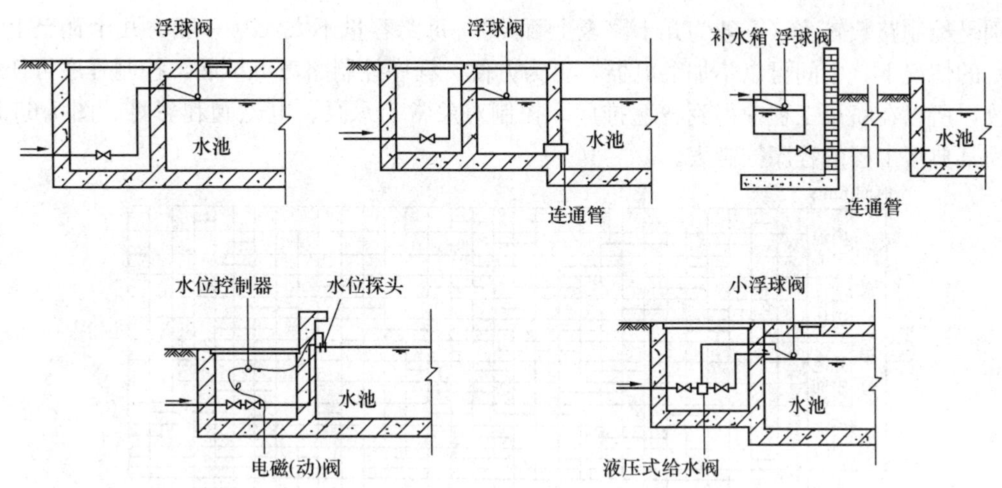

图 7-62 常见自动补水给水口形式

1）喷泉水池防水方法不当和质量低劣，是造成大量浪费水源和喷水造型走形的重要原因之一，因此对于永久性水景工程，一定要重视作好防水工程。推荐采用钢筋混凝土结构自防水加防水抹面或贴面方法。当地下水位较高时，也可采用水池外防水。

2）所有穿池壁和池底的管道，均应设止水环或防水套管。水池的沉降缝、伸缩缝等应设止水带。

3）水池若采用钢筋混凝土结构，宜将结构纵横主要配筋焊接成网，并用扁钢引出结构层外，以便用作电气设备的接地极。引出扁钢间距不宜大于 10m。

（7）水池的安全措施

1）水池的水深大于 0.5m 时，水池外围应设维护措施（池壁、台阶、护栏、警戒线等）。

2）水泉的水深大于 0.7m 时，池内岸边宜做缓冲台阶等。

3）旱泉、水旱泉的地面和水泉供儿童涉水部分的池底应采取防滑措施。

4）无护栏景观水体的近岸 2m 范围内和园桥、汀步附近 2m 范围内，水深不应大于 0.5m。

5）在天然湖泊、河流等景观水体两岸应设有警戒线、警示标志等安全措施。

7.2.9 水景工程的运行控制

为增加水景的观赏效果，水景工程的水流姿态应有一定的变换。对于大型和中型的水景工程，要达到丰富多彩的变换，同时使水姿、照明随着音乐的旋律、节奏协调同步变化，需要采用多种自动控制措施。随着控制技术的发展，特别是计算机的应用，为控制技术开拓了更新的天地，使自动控制更加方便简单，所以得到了迅速推广。目前常用的控制方式有以下几种：

（1）手动控制：手动控制是将喷头、照明灯具分成若干组，每组分别设置控制阀（或供水泵）和开关。每组喷头还可设置流量、压力调节阀，根据需要可手动调节其喷水流量、喷水高度等。这是较简单的运行控制方式。

（2）程序控制：利用可编程序控制器进行喷泉的花型变化组合控制，非常灵活方便。

特别是控制路数较多（一般为几十路至上百路），每路容量不太大（一般为几十瓦至上千瓦）的情况下，中间可以不加继电器，更为方便。程序控制路数可扩展，控制程序可任意修改，所以在喷泉工程中得到普遍推广。控制对象常为水泵、电磁阀和彩灯。图 7-63 所示为某典型工程的程序控制表。

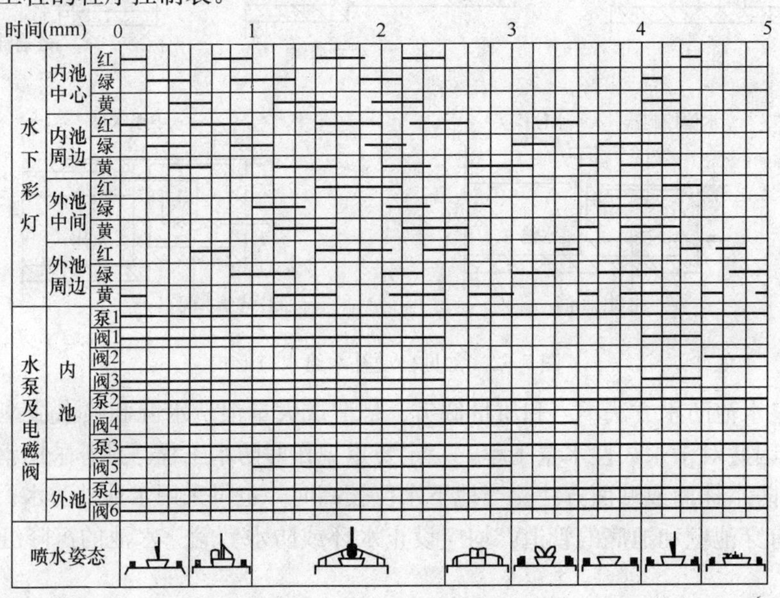

图 7-63 某典型工程的程序控制表

(3) 音乐控制：

利用音乐的主要因素（频率、振幅和节拍）控制喷水的花型变化、水柱高低、远近变化和灯光组合（色彩）、明暗变化。所以要对主要因素进行全员实时跟踪采集、分解处理，并转换成模拟量或数字量信号，对水泵开关、水泵转速、电磁阀开关、电动液压调解阀开启度、彩灯等进行控制。常用的音响控制方式有以下几种：

1) 简单音乐控制：对音乐的节奏、节拍、高低等简单元素，进行实时跟踪采集、分解处理并转换成模拟量或数字量讯号，用以控制水形的高低变化、色彩变换和运行组合。简单音乐控制需要一定的处理速度，以适应多种、迅速变化的要求，一般采用计算机和音频处理器实现。音频处理器负责实现音频到控制信号的转换，然后由计算机进行音频数字量采集处理，输出到控制设备，工作方框图如图 7-64 所示。这种控制方式不必对音乐光盘预先进行编辑处理，所以对任何新版光盘甚至现场即兴演奏都可以响应。

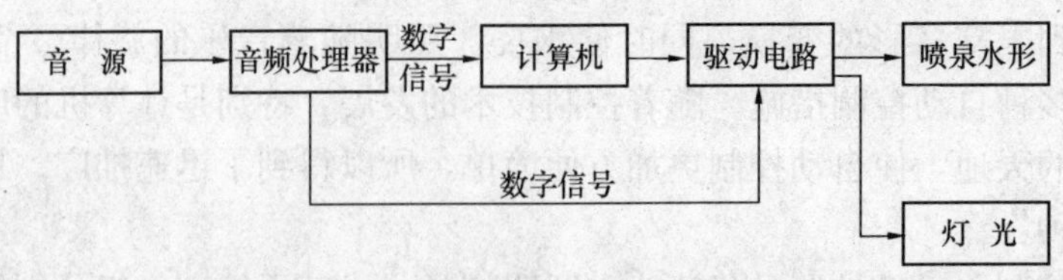

图 7-64 简单音乐控制工作方框图

2) 预编辑音乐控制：对特定音乐经过分析后，将其分成若干部分，选择最能表达音乐内涵的一种或几种水形及灯光控制信号，按序存储在控制器内，并接受音乐开始信号启动。工作时，控制器将编辑的每部分音乐的时间，传送给水形组合电路，把预编辑的水形命令，发送给驱动电路，使音乐与喷水造型既保证同步又按指定组合表演。

3）多媒体音乐控制：应用多媒体计算机把音源、水形、图像、灯光、激光和焰火等多个不同系统的管理集成于一体的控制，是目前喷泉的最高表现形式。由于多媒体音乐控制系统的复杂性，加上对其他表演媒体的控制，可能需要多台工业机算机联网同步运行。以喷泉为主体的控制方框图如图 7-65 所示。

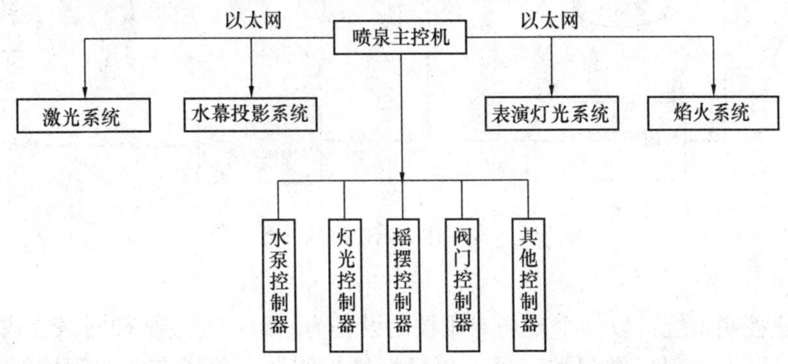

图 7-65　以喷泉为主体的多媒体音乐控制方框图

随着其他表演系统的重要性提高，为了使多个系统同步工作和系统管理，有时增加一台总控计算机，来实现多系统整合，使其他表演系统不再附属于喷泉系统而独立起来。总控系统通过网络（以太网）与各分系统连接起来，总控软件设计是以时间为主线的多轨控制，随时间的发展向各系统发送表演控制指令，通过网络采用远程管理软件，可远程管理各系统计算机，控制系统方框图如图 7-66 所示。

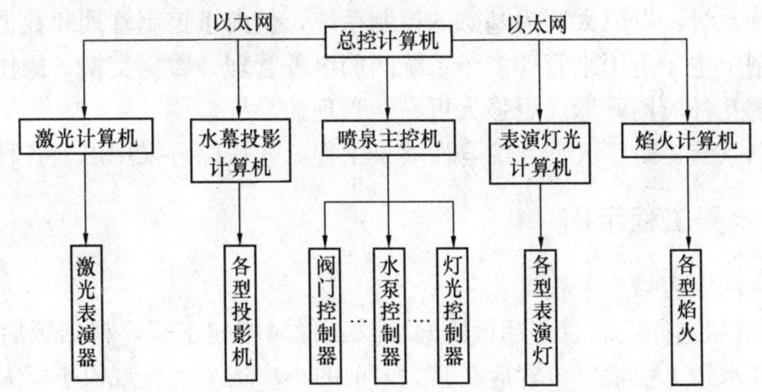

图 7-66　独立总控的多媒体音乐控制方框图

多媒体音乐喷泉控制软件方框图如图 7-67 所示。

4）控制系统类型

喷泉控制系统类型，应根据喷水系统和其他相关系统的具体情况、要求经成本核算后确定，常用控制系统类型有以下几种：

①集中式控制系统：由一台主控机实现控制的运算和信号输出，即所有的控制线路都由一台控制机引出，发出执行指令。优点是便于系统的组织和管理，缺点是线路集中可靠性差，当控制机发生故障时，整个系统将无法工作，适合设备布置较集中，控制距离不远

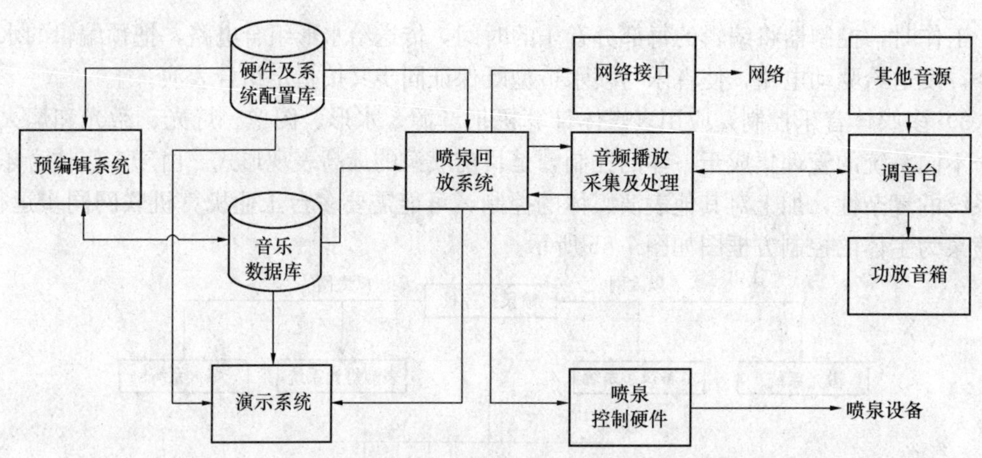

图 7-67　多媒体音乐控制软件方框图

的系统采用。

②分布式控制系统：以多个现场专用控制设备为基础，通过某种网络方式连接成一个系统。现在已开发出现场阀门控制器、现场灯光控制器、现场变频控制器等专用控制设备。这些设备可分布在喷泉工作的现场，通过通信线路把这些控制器连续接控制主机。适合多处喷泉景点，分散布置相距较远的工程采用。

③现场总线控制系统：采用现有的标准现场总线系统实现对设备的控制，如 ProfiBus、INTERBus、CANBus 等，总线上可连接各种 IO、DA、AD 等模块，也可连接上面提到的现场专用喷泉控制设备，现场总线系统可靠性较高，设备成熟，适合各种大型水景工程的控制。

④网络控制系统：以以太网为基础的控制系统，偏向于控制管理和数据应用，实时性差，在喷泉控制中主要是用来管理多个系统间的事务管理、数据交换、操作管理等，一般与其他控制系统互补应用，形成更强大更易于管理的系统。

⑤综合控制系统：对于大型、综合性喷泉工程，往往综合采用以上各种系统类型。

7.2.10　水景工程示例

（1）北京燕翔饭店喷泉工程

1）规模及造型选择：北京燕翔饭店的水景工程属增建工程，根据饭店性质及周围设施状况，确定其水景工程设置位置应在其大门前的小广场上，且规模不宜太大，喷水高度不宜太高。设计选择水池直径为 14m 类似马蹄形的形状，内池直径为 8m；池壁由花岗岩砌筑。在池内正中交错布置了三排冰搭水柱，最大高度为 2.9m，沿圆周设有 83 个直流水柱，喷向池中心。落入池内的水流沿内池池壁溢至外池，又在池外形成一周壁流。这样的造型体量与周围建筑相协调，便于室内外观赏。

为防止外池的水流溅出池外，影响水池两边的主要通道，在外池内布置了不易溅水的喇叭形和涌泉形水柱。

为增加在大厅内观赏水景的层次，在内池后边，内外池之间增设了一矩形小水池，内设涌泉水柱。水景工程的效果见图 7-68。

2）运行控制：本工程的控制方式为程序控制，主要是根据喷水的变换要求和喷头所

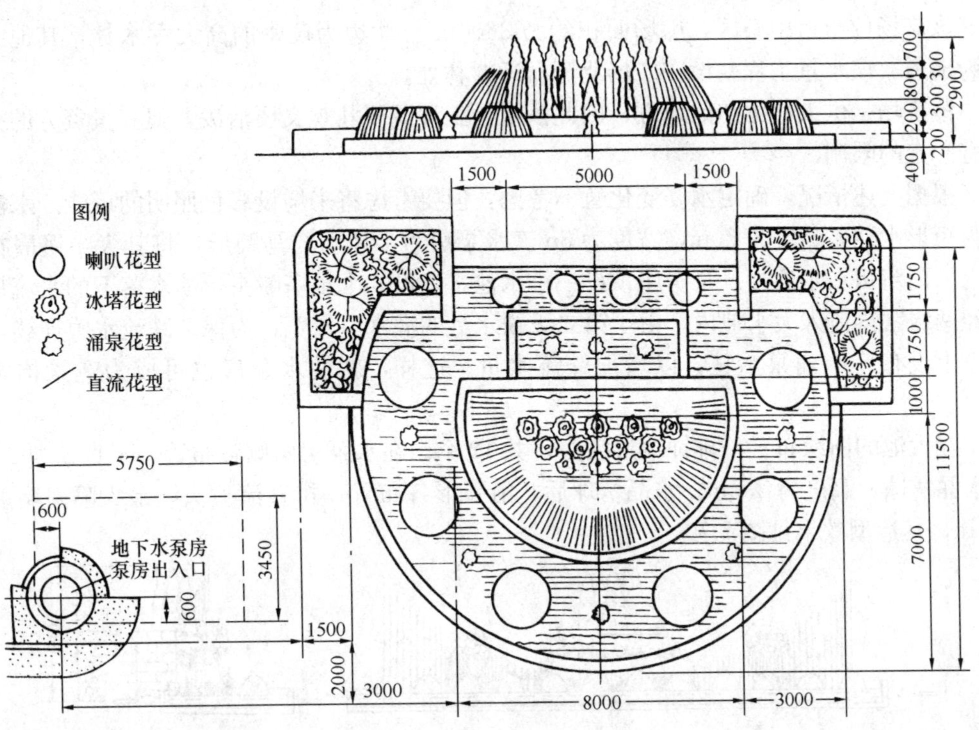

图 7-68 燕翔饭店喷泉效果

需水压要求，设计将所有喷头分为 6 组，每组设专用供水管，分别用 6 个电动蝶阀控制水流，每个电动蝶阀只有开关两个工位，利用可编程序控制器控制开关变化。随着水流的变换，水下彩灯也相应开关变化，使喷泉的水姿和照明按照预先输入的程序变换。燕翔饭店控制程序表，见图 7-69。

名称	编号	数量	时间(s)																							
			5	10	15	20	25	30	35	40	45	50	55	60	65	70	75	80	85	90	95	100	105	110	115	120
水泵	19	1																								
	20	1																								
电动蝶阀	22	1																								
	23	1																								
	24	1																								
	25	1																								
	26	1																								
	27	1																								
水下彩灯	12	8																								
	13	8																								
	8	6																								
	9	5																								
	10	5																								
	11	4																								

图 7-69 燕翔饭店喷泉程序控制表

程序控制设备和配电均设在地下式的水泵房内。

(2) 广西南宁市某广场水景工程

该广场位于市中心区，广场面积约为 $3600m^2$。北边为茂密的高大乔木林，其他三面均为街道。该水景工程就设在广场北侧靠近树林处。

该广场是供人们休憩的地方，因此该水景工程既要壮观又要活泼，但其投资方的投资又有一定的限制。

根据上述情况，确定水姿变化暂不考虑，但要考虑将来增设彩色照明的可能。水池设计为矩形水池，长度为 30m，宽度为 8m。水泵房为半地下式马蹄形，将其大半镶嵌在水池内，门窗留在水池外。泵房屋顶设一小水池，内设 5 个水塔喷头，喷水落下的水流从屋顶经两级跌落流入大水池内。由于第二级跌水盘的溢水口较宽，为保证跌流水膜连续，在水盘上设有 5 个涌泉水柱，以增加跌流水量。这样，就使水泵房也可成为造景构筑物之一。

在大池的前缘布置一排钟罩形喷头，共 12 个。在水泵房两侧各布置一个直径为 2.5m 的水晶绣球，高度为 4.5m。水晶绣球后，沿弧形各布置一排直流喷头，最大喷射高度为 6.4m，其造型效果见图 7-70。

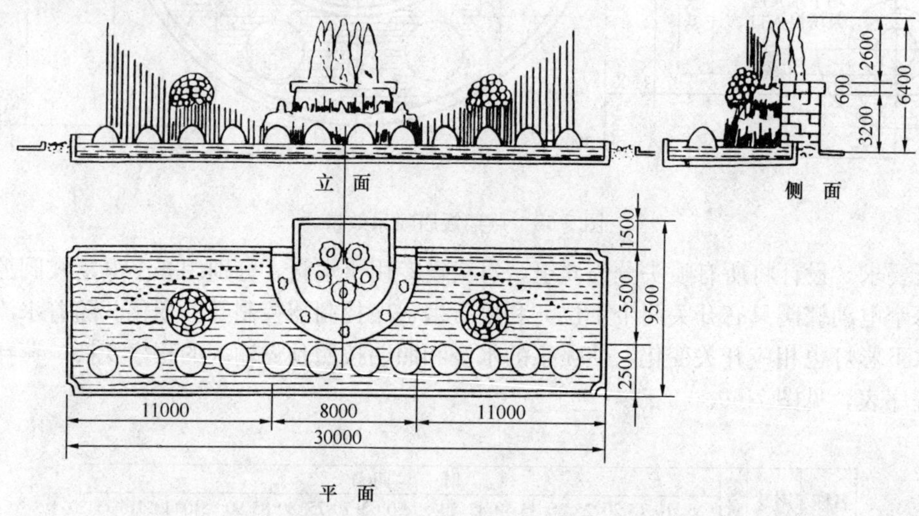

图 7-70　南宁市某广场水景工程效果

整个工程共设 $\phi80$ 冰塔喷头 5 个，$\phi20$ 涌泉喷头 5 个，$\phi100$ 水晶绣球喷头 2 个，$\phi15$ 直流喷头 90 个，$\phi50$ 钟罩喷头 12 个，共计喷头数 114 个。设 IS200-150-200A 型和 IS200-150-250 型水泵各 1 台，循环流量约为 $730m^3/h$，耗电总功率为 46kWh。该工程设备布置示意见图 7-71。

(3) 厦门市白鹭洲公园喷泉

该喷泉将音乐喷泉作为重点，在矩形主池中，池中心部位放置了一套矩形音乐喷泉，池边两侧为拱形及雪松，该喷泉具有以下特点：

1) 喷泉水形：该喷泉有水幕、孔雀开展、二交叉拱形、大侧摆、纵摆、旋转、倒锥形、直搭形、玉柱、单横摆、扇形、三交叉拱形、山形等 14 种单独水形。在控制方法上还加进了“双阀供水”、“动力机定位”等新工艺，可将以上十几种单独水形增至几十种，变换出近百种不同的有效水形。以直搭形为例，系统中 5 组直搭形由 10 个不连通的液压

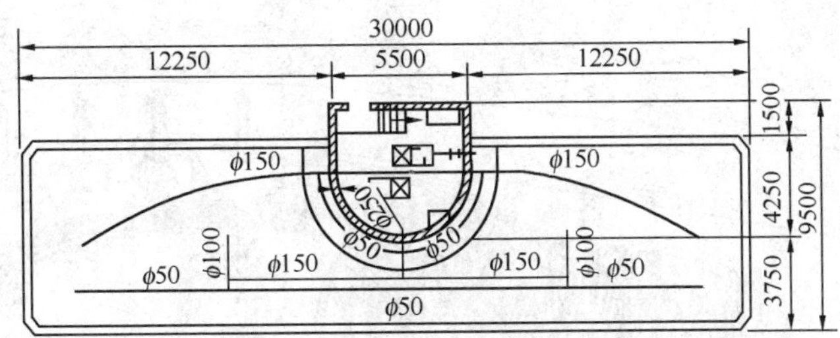

图 7-71 南宁市某广场水景工程管道设备布置示意

伺服阀控制，即每组由 2 个阀控制。这样，5 组塔形既可同时出现，又可单独出现，另外由于采用双阀控制，塔形的高度变化可调，开启 1 个阀时，水形低矮，2 个阀同时开启，则水形升高，在与其他水形配合时可产生多种不同的效果。动力机定位是将动力机电机的无级调速系统与控制主机输出的音乐信号相连，动力机转动随音乐节奏快慢而动。以二横摆水形为例，既可随音乐旋律产生快慢摇摆水形，又可在动力机定时停转的需时产生交叉状篱笆水形，使水形变幻莫测。

2）灯光配置新：这次的灯光配置，除了喷头底部有水下彩灯直接照射外，还吸取了国外的先进经验，在池边布有射灯。这样，水柱喷射时可产生垂直光束及水平光束等不同变化。水形染色既可从下至上为一种颜色，又可使一种水形水平方向染上几种不同颜色，真正使喷泉与色彩完美地结合起来。

3）控制系统新：由于灯光配置、双阀供水及动力机定位等新方法的实施，控制系统也将随之有较大变动，特别是如何更好地表现音乐的内涵，是我们着手解决的主要问题。我们准备将这套控制系统改为既可以实施声控的方式表演，又可以将某些优美曲目编程，以不同水景造型按乐曲的小节或段落表演两种功能，见图 7-72～图 7-74。

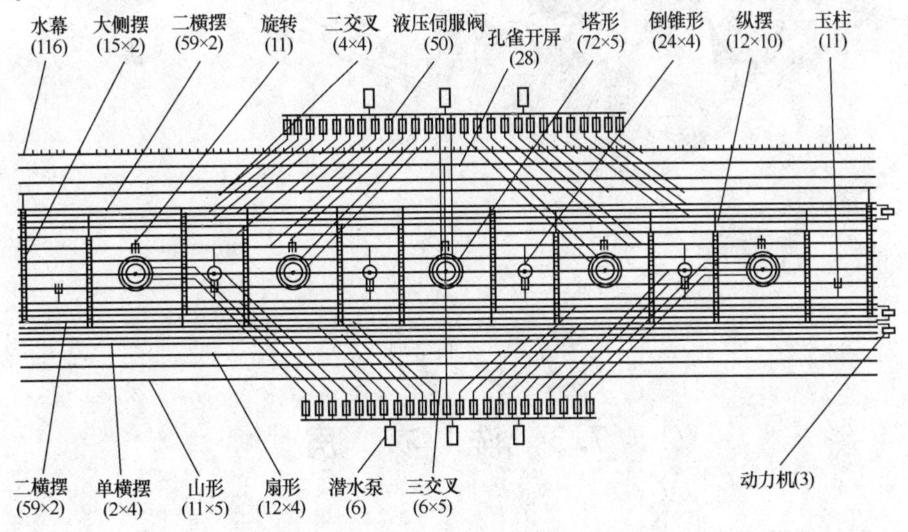

图 7-72 水景主体平面

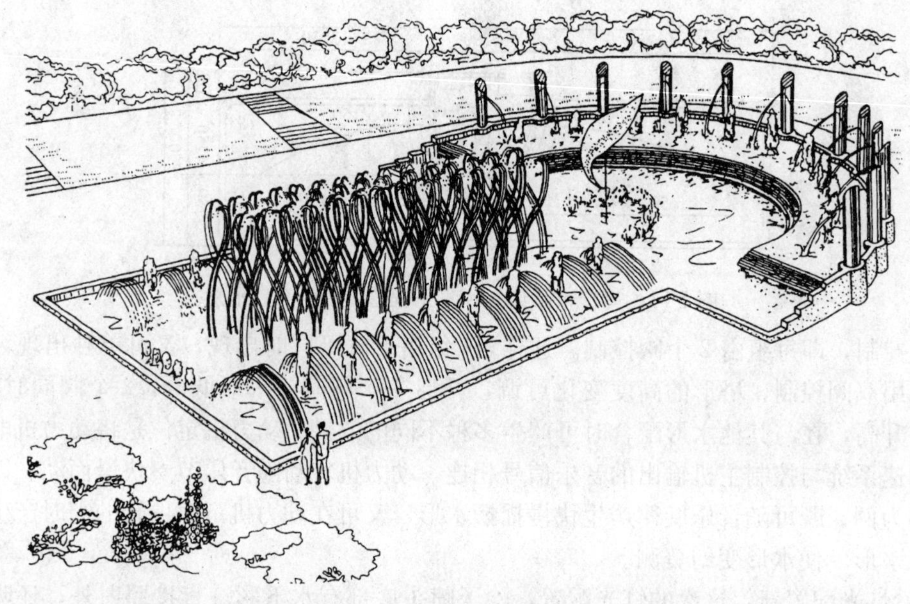

图 7-73　水景造型（一）

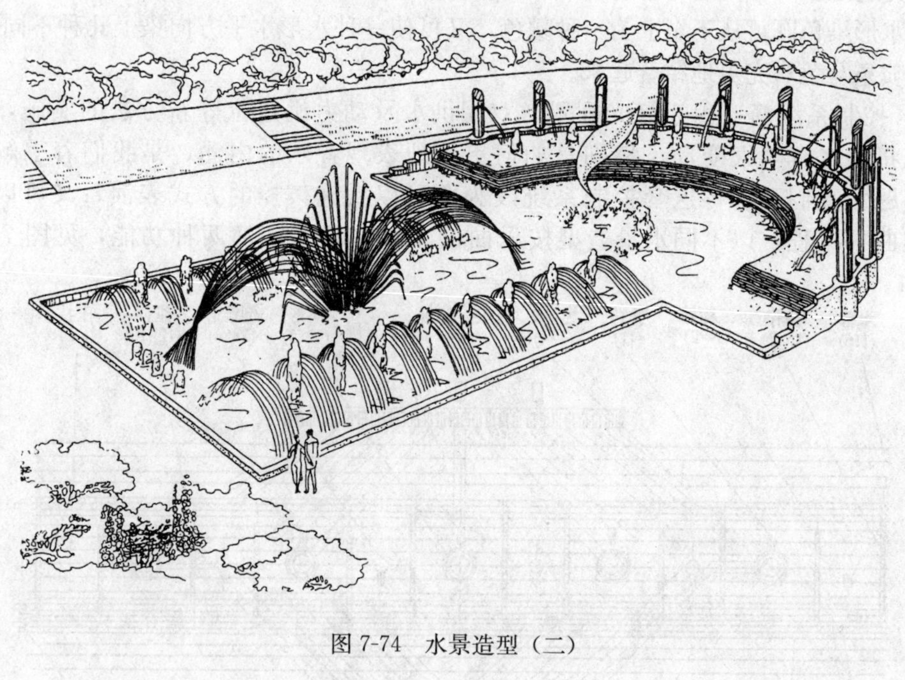

图 7-74　水景造型（二）

7.3　洗　衣　房

7.3.1　设置目的

由于宾馆、医院等公共建筑的卫生条件要求较高，一般在这些建筑中均需设置独立的洗衣房。在宾馆设洗衣房，可取得较好的经济效益。在医院设洗衣房，除可取得经济效益外，还可防止疾病的传播。

7.3.2 分类

洗衣房可分为干洗和水洗两类。干洗和水洗设备应分开设置，并有各自的独立用房；但各自均应设必要的洗衣池。干洗和水洗的衣物分类，见表 7-37。

水洗和干洗衣物分类 表 7-37

洗涤方式	织 品 名 称
水 洗	床单、被单、桌布、沙发套、浴巾、毛巾、工作服、各种衣裤、针织衫裤等棉、麻织品，以及该类的混合纺织品
干 洗	西服、中山服、大衣、毛衣和羊毛衫等毛织品和丝绸纺织品，以及该类的混合纺织品

7.3.3 组成

（1）准备工作用地：洗衣房通常设在地下室，在楼房内应设有运送脏织品的滑道、检查、分类、编号及停放运送衣物的小车等工作所需的地方。

（2）生产用房：水洗涤、干洗涤、脱水、烘干、压平、烫平及消毒等。

（3）辅助用房：脏织品存放、洁衣存放、折叠整理、洗涤剂库、给水处理、锅炉或水加热间、空压机房、配电室等。

（4）生活用房：办公、会计、更衣、淋浴及厕所等。

7.3.4 位置

宾馆、医院洗衣房的位置，应设在便于织品接收、发放和运输的地方。洗衣机械体量较大运转时会有振动并产生噪声，因此，在选择洗衣房的位置时，应远离对卫生和安静程度有严格要求的房间。由于洗衣房消耗动力较大，因此距加热间、水泵房配电间等动力设施不宜太远。

7.3.5 工艺流程

（1）织品流程：织品收送流程见图 7-75。

（2）洗衣工艺流程：洗衣用机械洗涤，一般分为水洗和干洗两种。前者是在水中使用肥皂和洗涤剂等洗衣；后者是在密闭的机器中利用挥发性溶剂的作用进行洗衣。水洗织品有床单、被单、毛巾、桌布、工作服、衬衫、衬裤、浴衣等棉、麻织品或这类的混纺织品。干洗织品有西服、大衣、毛织物、

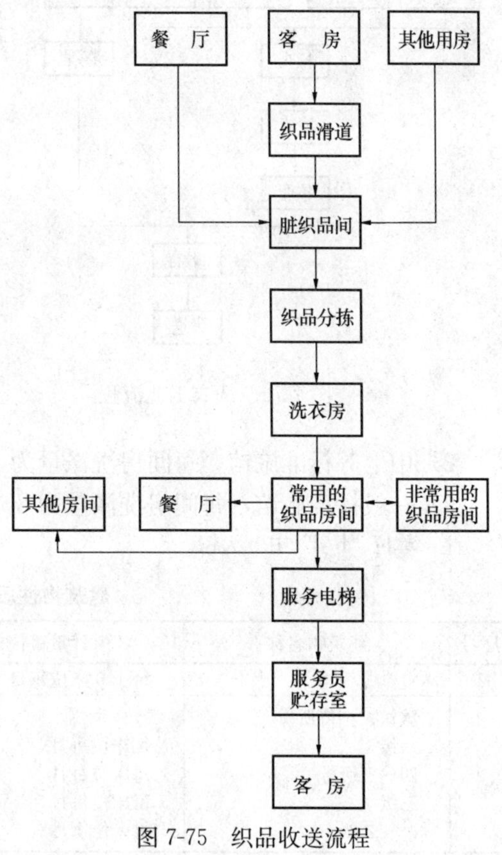

图 7-75 织品收送流程

羊毛衫、毛衣等毛、绸、化纤或这类的混纺织品。洗衣工艺流程见图 7-76。

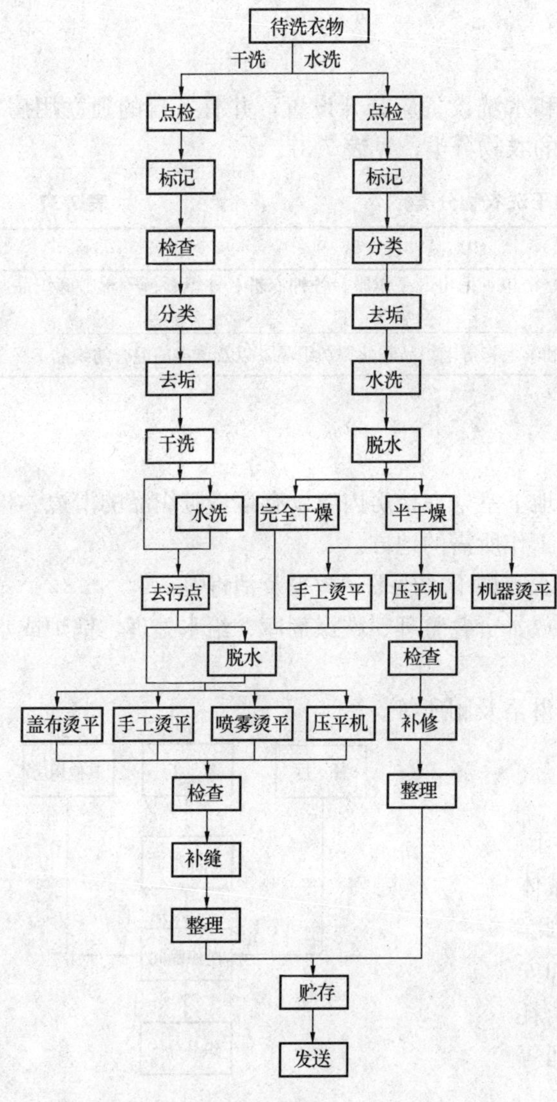

图 7-76　洗衣工艺流程

7.3.6　工艺布置

洗衣房工艺布置，应在保证洗衣质量的前提下，力求缩短流程路线，工序完善又互不干扰，尽量减少占地面积。洗衣房的设备布置，应参照下列规定：

(1) 织品的处理应按接受编号、脏衣存放、洗涤、脱水、烘干（或烫平）、整理折叠、洁衣发放的流程顺序进行。

(2) 未洗织品与已洗织品，应分开，不得混杂交叉。但应有必要的联系和运输通道。

(3) 沾有有毒物质或传染病菌的织品，应严格分开，并在洗涤前进行消毒处理。

(4) 应考虑停放运送衣物的小车位置。

7.3.7　洗衣量的确定

(1) 水洗织品的数量，可根据使用单位提供的数量为依据。若使用单位提供洗衣数量有困难时，可根据建筑物性质，参照表 7-38 确定。

(2) 旅馆、公寓等建筑的干洗织品的数量，可按 0.25kg/(d·床)计算。

(3) 国际标准旅馆洗涤量：

1) 一流高标准旅馆，每间房洗涤量为 12b/d (5.44kg/d)；

2) 中上等标准旅馆，每间房洗涤量为 10b/d (4.5kg/d)；

3) 一般标准旅馆，每间房洗涤量为 8b/d (3.6kg/d)。

注：单位“b/d”中 b 为镑。

建筑物性质确定洗衣数量　　表 7-38

序号	建筑物名称	计量单位	干织品质量（kg）	备注
1	食堂、饭馆	每 100 床位每日	15～20	
2	旅馆、招待所 六级 四～五级 三级 一～二级	 每床位每月 每床位每月 每床位每月 每床位每月	 10～15 15～30 45～75 120～180	旅馆等级见《旅馆建筑设计规范》JGJ 62—1990 (2007 版)

续表

序号	建筑物名称	计量单位	干织品质量（kg）	备注
3	集体宿舍	每床位每月	8.0	参考值
4	公共浴室	每100床位每日	7.5～15	
5	医院 内科和神经科 外科、妇科、儿科 妇产科 100床位以下的医院	 每床位每月（每日） 每床位每月（每日） 每床位每月（每日） 每床位每月	 40（1.6） 60（2.4） 80（3.2） 50	括号内为每日数量
6	疗养院	每人每月	30（1.2）	括号内为每日数量
7	休养所	每人每月	20（0.8）	括号内为每日数量
8	托儿所	每小孩每月	40	
9	幼儿园	每小孩每月	30	
10	理发室	每技师每月	40	
11	居民	每人每月	6.0	

7.3.8 干织品质量

各种织品的质量，可按表7-39采用。

干织品单件质量　　表7-39

商品名称	规格	单位	干织品质量（kg）	备　注
床单	200cm×235cm	条	0.8～1.0	
床单	167cm×200cm	条	0.75	
床单	133cm×200cm	条	0.50	
被套	200cm×235cm	件	0.9～1.2	
罩单	215cm×300cm	件	2.0～2.15	
枕套	80cm×50cm	只	0.14	
枕巾	85cm×55cm	条	0.30	
枕巾	60cm×45cm	条	0.25	
毛巾	55cm×35cm	条	0.08～0.1	
擦手巾		条	0.23	
面巾		条	0.03～0.04	
浴巾	160cm×80cm	条	0.2～0.3	
地巾		条	0.3～0.6	
毛巾被	200cm×235cm	条	1.5	
毛巾被	133cm×200cm	条	0.9～1.0	
线毯	133cm×200cm	条	0.9～1.4	
桌布	135cm×135cm	件	0.3～0.45	
桌布	165cm×165cm	件	0.5～0.65	
桌布	185cm×185cm	件	0.7～0.85	
桌布	230cm×230cm	件	0.9～1.4	
餐巾	50cm×50cm	件	0.05～0.06	
餐巾	56cm×56cm	件	0.02～0.08	
小方巾	28cm×28cm	件	0.02	
家具套		件	0.5～1.2	平均值

续表

商品名称	规格	单位	干织品质量（kg）	备　注
擦布		条	0.02～0.08	平均值
男上衣		件	0.2～0.4	
男下衣		件	0.2～0.3	
工作服		套	0.5～0.6	
女罩衣		件	0.2～0.4	
睡衣		套	0.3～0.6	
裙子		条	0.3～0.5	
汗衫		件	0.2～0.4	
衬衣		件	0.25～0.3	
衬裤		件	0.1～0.3	
绒衣、绒裤		件	0.75～0.85	
短裤		件	0.1～0.3	
围裙		条	0.1～0.2	
针织外衣裤		件	0.3～0.6	
西服上衣		件	0.8～1.0	
西服背心		件	0.3～0.4	
西服裤		条	0.5～0.7	
西服短裤		条	0.3～0.4	
西服裙		条	0.6	
中山装上衣		件	0.8～1.0	
中山装裤		件	0.7	
外衣		件	2.0	
夹大衣		件	1.5	
呢大衣		件	3.0～3.5	
雨衣		件	1.0	
毛衣、毛线衣		件	0.4	
制服上衣		件	0.25	
短上衣（女）		件	0.30	
毛针织线衣		套	0.80	
工作服		套	0.9	
围巾、头巾、手套		件	0.1	
领带		条	0.05	
帽子		顶	0.15	
小衣件		件	0.10	
毛毯		条	3.0	
毛皮大衣		件	1.5	
皮大衣		件	1.5	
毛皮		件	3.0	
窗帘		件	1.5	
床罩		件	2.0	

7.3.9 设计数据

宾馆洗衣房的设计数据：

(1) 床位数、餐厅、餐桌数应与土建设计相一致。

(2) 客房床位的出租率，按85%～90%计。

(3) 织品更换周期，按下列数据采用：

1）一、二级旅馆 1d；

2）三级旅馆 2～3d；

3）四、五级旅馆按 4～7d 计；

4）六级旅馆按 7～10d 计；

（4）宾客送洗织品数量：一、二级旅馆按总床位数的 10%～20%计；三、四、五级旅馆按总床位数的 5%～10%计。

（5）职工工作服平均 2d 换洗一次。

（6）洗衣房每天宜按一班制计算。

7.3.10 洗衣设备选择

（1）洗衣机设备的容量，应按所洗涤织品的最大量选择，一般不设备用。但设备不宜小于两台，大小容量的设备应互相搭配，以适应洗涤织品的种类、数量、颜色及急件的需要（一、二、三级旅馆应设衣物急件洗涤）。

（2）洗衣房每日洗涤织品的数量，可按式（7-47）进行计算；

$$G = \Sigma G_i N_j \frac{1}{n}(\mathrm{kg/d}) \tag{7-47}$$

式中 G——洗衣房每日洗涤织品的数量（kg/d）；

G_i——洗衣房服务对象每一单位每月洗涤干织品的数量（kg/月）；

N_j——服务对象单位数（房间、床位、席位、人数等）；

n——洗衣房每月工作天数。

再按每日工作小时数计算出小时洗涤织品量；在计算时可根据具体工程确定客房出租率、餐厅织品更换次数以及职工制服更换周期等。

（3）烫平、压平及烘干折叠等设备，与应洗衣机的产生率相协调。旅馆的洗衣房，可按下述比例分配选择：

烫平 65%。

烘干 30%。

压平 5%。

（4）辅助设备按（1）、（2）项已选择备的生产率确定。

7.3.11 洗衣设备布置

洗衣设备主要有洗涤脱水机、烘干机、烫平机、各种功能的压平机、干洗机、折叠机、干洗机、化学去污工作台、带蒸汽、电两用熨斗的熨衣台及其他辅助设备。

（1）洗涤脱水机

洗涤脱水机是洗衣设备中主要机器之一，水洗，可将织品和衣物的污渍去除干净，它是通过电器控制使滚筒时而正转，时而反转，使衣物在筒内翻动和互相摩擦，同时经肥皂水的充分浸泡，将污渍擦落达到清洁衣物的目的。漂净后放空清水，进行脱水，脱水后的含水率为 50%～55%。

一般洗涤脱水机的洗涤时间为 45min 至 1h，洗衣机内初装的是冷水，为缩短洗涤周期和提高洗涤质量，须将冷水用蒸汽或电加热。蒸汽耗量为 0.5kg/kg 干衣。

洗涤脱水机的瞬间排水量很大，因此排水管需做大于 400mm×400mm×400mm 的承水槽接纳洗衣排出的废水。

在洗衣房内宜有大小容量不同的数种洗涤脱水机，便于适应织品的不同品种和数量。

洗涤脱水机的布置一般应距织品分类台近一些以减少运输距离，其距墙一般为 800～1500mm，操作面前保持 1500～2500mm。

（2）烘干机

用来烘干经洗涤脱水后的织物。可以减少大面积晒场，不受气候的限制。烘干机主要用于烘干毛巾、浴巾、枕巾、地巾以及工作服等。床单、枕单、被单一般情况下不经烘干机烘干。

烘干机的主要工作原理是通过滚筒的正反运转，使织品在筒内不断翻动、挑松，通过散热排管所散发的热流，经滚筒由抽风机把筒内的湿气排出达到干燥的目的。

烘干机是按滚筒容量（若干公斤织品）选择设备台数与型号。不宜选择同一型号，以选择 2～3 种为宜。这也是为了适应织物的不同品种和数量，以便灵活运用。

烘干机的蒸汽耗量可参考厂家提供的数据，但一般都偏大。每千克甩干后用以烘干的衣物蒸汽耗量按 0.8～1.0kg 蒸汽/kg 衣物估算与实际耗汽量相差不大。

烘干机应靠近洗涤脱水机布置，距墙一般为 800～1000mm。

（3）烫平机

烫平机主要用于烫平洗涤脱水后的织品。可不经晾晒带有部分水分直接烫平。

烫平机占地面积较大，且两端需要一定的工作面积，往往烫平机布置在房子的中间，两侧与其他设备间距为 1500mm。烫平机后接折叠机，在烫平机两端一般设有工作台。烫平机一般选用两台，可以同容量亦可不同容量。

烫平机四周应留有足够的操作面积。机前进衣处的宽度不应小于 2.5m，以放置手推车和工作人员操作的位置。出衣的一端应有不小于 2.5～2.8m 的宽度，以放置平板车和工作人员折叠衣物的位置。烫平机的两侧应有不小于 1.0m 的宽度，以便于手推车的通过。

由于烫平机在运行过程中将衣物所含水分部分或大部分散法在房间内，因此烫平机上最好设天窗。烫平机房间的屋顶和墙面要有防止结露的措施并避免屋顶内表面产生凝结水流到烫平机和衣物上来。

一般厂家提供的烫平机的耗汽量偏大，在设计与计算管径时，烫平机每处理 100kg/h 衣物，其耗汽量为 50～60kg/kg。

（4）熨平机

又称整平机、夹熨机、压平机。主要用于熨平各类衣服，根据不同的功能其形式多种多样。一般用于水洗衣服的有万能熨平机、熨袖机、圆头熨平机（熨肩用）、裙、腰压平机等。

每台熨平机的生产能力约为干衣 20kg/h 左右，其耗热量为 14～18kg/h。

（5）全自动干洗机

主要用于洗涤棉毛、呢绒、丝绸、化纤及毛皮等高级织品，其洗涤剂多用无色、透明、易挥发、不燃烧、具有优良溶解性的“过氯乙烯”、“全氯乙烯”等。

（6）人像精整机

人像精整机最适合宾馆、洗染店用以精整干洗或水洗后各种高档上衣，精整后的服装笔挺，无反光，无压熨痕迹，可获得较好的感官效果。

通常距墙 300～500mm。另需在压平机和人像精整机旁沿墙设置自动折叠工作台、人工熨烫平台等。

7.3.12 给水排水设计

(1) 给水设计

1) 给水水质应符合生活饮用水水质要求，当硬度超过 350mg/L（以 $CaCO_3$ 计）时宜进行软化处理。

2) 洗衣房的冷热水消耗量都很大，在设计时必须详细了解洗衣房所要承担洗衣的数量，并应适当考虑发展的需要。洗衣房用水每千克干衣为 45～55L；有热水供应的场所，冷水 30L，热水为 15～25L。其他杂用水（化碱槽、喷雾器等用水）每千克干衣为 3～5L。因此每千克干衣全部用水量为 48～60L。有热水设备时，也可以按冷水为 3/5，热水为 2/5 的比例计算。

3) 洗衣房用水量可按式（7-48）计算：

$$Q_r = G \cdot q \tag{7-48}$$

式中 Q_r——洗衣房的日用水量（L/d）；

G——洗衣房每日的洗衣量（kg/d）；

q——每千克干衣的耗水量（L/kg）。

(2) 排水设计

1) 洗衣机的排水多为脚踏开关，放水阀打开洗衣机内污水在 30s 内全部泻出，约等于给水量的 2 倍，即每千克干衣排水量为 12L/min，一般在洗衣机放水阀的下端均设有带格栅铸铁盖板的排水沟，其尺寸为 600mm×400mm，排水管管径不小于 100mm。

2) 设备有蒸汽凝结水排除要求时，应在设备附近设地漏或直接排入排水沟。

3) 系统应考虑洗涤剂回收利用的可能。

4) 水温超过 40℃或排水中含有有毒或有害物质时，应按有关规范要求进行降温或无害化处理后，再排入室外排水管道。

7.3.13 蒸汽用量

(1) 蒸汽用量：蒸汽用量应按设备产品说明书要求提供。也可按 1.0kg/(h・kg 干衣)；在无热水供应时，可按 2.5～3.5kg/(h・kg 干衣)的蒸汽量估算。

医院洗衣房的蒸汽用量，可按 2.3～2.7kg/(h・kg 干衣)估算。其中：

用于煮沸消毒为 0.5～0.8kg/(h・kg 干衣)。

用于洗衣为 0.4～0.5kg/(h・kg 干衣)。

用于干燥衣物为 0.7kg/(h・kg 干衣)。

用于烫平衣物为 0.7kg/(h・kg 干衣)。

各种洗衣设备要求的蒸汽压力以产品说明书为准：在无产品资料时，也可按表 7-40 选用。

洗衣设备所需蒸汽压力参考　　表 7-40

设备名称	洗衣机	熨衣机人像机干洗机	烘干机	烫平机	煮沸消毒
蒸汽压力（MPa，表压）	0.15～0.2	0.4～0.6	0.5～0.7	0.6～0.8	0.5～0.8

（2）压缩空气：压缩空气压力、压缩空气量应按设备产品说明书要求设计。也可按 0.5～1.0MPa，用量 0.1～0.2m³/（h·kg 干衣）估算。

如设有公用的压缩空气可利用，则应选用无润滑油型的空气压缩机。为防止空压机噪声对洗衣房的影响，空压机宜设在专用房间内。

7.3.14　洗衣房设计对各专业的要求

（1）建筑专业

1）洗衣房为高温、高湿车间，机械排风量和设备振动量较大，尽量不设在主楼地下室，最好设在楼外冷冻站、锅炉房、变电所等动力区内，便于纺织品收发和运输的地方。由于洗涤设备运转时会产生较大的噪声，故洗衣房应远离对卫生和安静程度要求严格的房间。

2）洗衣房宜设在辅助用房的底层房间，建筑层高不小于 4.2m，对于散发大量热值的洗衣机和烫平机房间宜设天窗或高侧窗，生产用房应有良好的自然采光，采光面积要求大于 1/4。墙面要求光滑，应全部贴瓷砖或刷油漆，地面采用地砖或水磨石。

3）洗衣房工作间应采用 1.2m 宽自由门，办公休息间内应设开水炉。

4）洗衣房面积指标取决于机械化程度、服务对象（饭店、旅馆、医院、公共场所）等因素。机械化程度高，规模大，所需面积指标小；机械化程度不高，规模小则需要面积指标大。对于宾馆的洗衣房可按每间客房所需洗衣面积 0.5～1.0m² 估算。

（2）结构专业

1）洗涤设备型号较多，一般没有基础，仅洗涤脱水机和干洗机有设备基础，可由厂方提供资料进行施工。

2）由于洗涤设备尺寸较大，最好利用土建门窗上的过梁作为设备安装出入之用。

3）当洗涤设备布置在地下室时，则应在底层楼板面上留有设备吊装孔。

（3）采暖通风专业

1）生产用房每小时换气次数，宜采用 20 次；采暖温度宜采用 12～16℃。

2）辅助性生产用房每小时换气次数，可采用 15 次；采暖温度宜采用 16～18℃。生活用房按有关规范的规定执行。

3）洗涤间的相对湿度，不宜超过 70%；其他生产用房的相对湿度，不宜超过 60%。

4）烘干小室或称干燥室的温度，一般采用 70～90℃。烘干机、烫平机应按设备或设计要求设置局部排气或换气装置。烘干小室应单独设置排气换气装置。

5）设在地下室的大型洗衣机房，宜设空调降温设施。人工烫平间应有良好的通风条件。

6）干洗机必须设置单独排放的通气管，并高出屋面排入大气，使排气中有害成分迅速稀释扩散。

（4）电气专业

1）照明用电、洗涤、脱水及烘干等用房，其操作面的照明采用200～300lx。

烫平机、熨衣机其操作面的照明为300～400lx，手工烫平台可设局部的照明装置。

其余房间操作面的照明为100～150lx。洗衣房宜采用日光灯为光源。其中洗涤、脱水、烫平等生产用房应采用防水型日光灯。

2）动力用电：洗衣房设备动力用电位按产品说明书的要求提供。也可按每设置1kg洗衣机容量用电量0.05～0.2kW估算。但在没有蒸汽供给而用电气烘干、烫平、压平时，用电量可按0.5～1.0kW估算，干洗机每公斤干洗机容量可按0.25～0.45kW估算。

工艺设计时，还需在烫平间及熨烫缝补间的墙壁四周，适当位置设置单相二孔及三孔插座，以备人工熨烫及缝补之用。

3）人像精整机、夹烫机及熨台附近应有380V插座。

4）由于洗衣房湿度较大，电气配线宜暗配用铜线穿钢管。

5）办公休息室宜配有电话。

（5）洗衣设备与管道连接的要求：

1）洗衣房内各种管道与设备的连接，应采用软管连接。

2）洗衣设备的给水管、热水管和蒸汽管上，应装设过滤器和阀门。

3）在接入洗衣设备前的给水管和热水管上，应设置空气隔断器，以防止水质被污染。

4）各种洗衣设备上的蒸气管、压缩空气管、洗涤液管宜采用铜管。

7.3.15 示例

（1）某饭店洗衣房布置见图7-77。

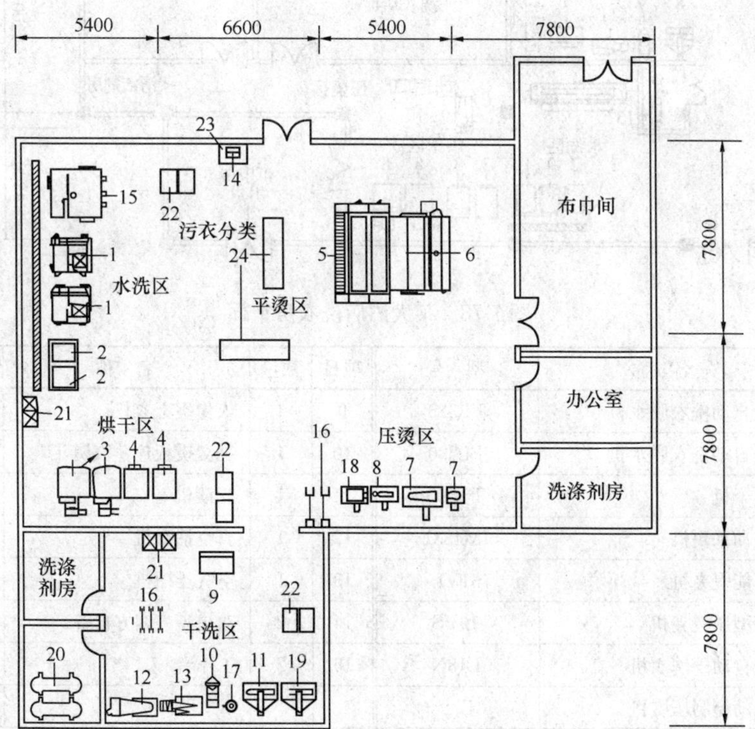

图7-77 某饭店洗衣房平面

项目	数量	名　称	型　号	项目	数量	名　称	型　号
1	2	全自动洗衣高速脱水机	42/26FLA	13	1	起渍机	JOLLY
2	2	全自动洗衣脱水机	FL230	14	1	打码机	Y-140
3	2	烘干机	TT1000	15	1	全自动洗衣高速脱水机	48/36FLA
4	2	烘干机	TT500	16	5	衣架	
5	1	自动平熨机	600/2/3000	17	1	菌型压熨夹机	19VS
6	1	折机	SYSTEM—A	18	1	衬衣衣身压熨机	32VB
7	1	万能熨夹机	51VL	19	1	气动控制压熨机连抽湿	B.P+VACUUM
8	1	衬衣及袖口压熨机	27VCY	20	2	空气压缩机（客方自备）	
9	1	全自动干洗衣机	D28N VIWA	21	2	双星盘（客方自备）	
10	1	人像熨上衣机	M.G	22	6	运输车（客方自备）	
11	1	气动控制压熨机连抽湿	B.P+VACUUM	23	1	工作台	
12	1	抽湿熨板连蒸汽熨斗	TAGFV	24	2	工作台（客方自备）	

（2）某大酒店洗衣房布置，见图7-78。

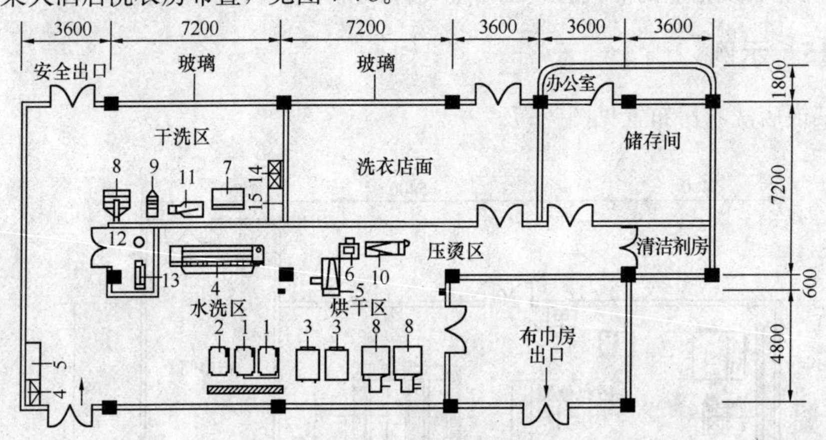

图7-78　某大酒店洗衣房平面

项目	数量	名　称	型　号	项目	数量	名　称	型　号
1	2	全自动洗衣脱水机	FL325	9	1	人像熨上衣机	M.G
2	1	全自动洗衣脱水机	FL230	10	1	抽湿熨板连蒸汽熨斗	TAGFV
3	2	烘干机	TT500	11	1	起渍机	JOLLY〈S〉
4	1	自动平熨机	IM4831	12	1	真空抽湿机	4DX3
5	1	万能熨夹机	51VL	13	1	空气压缩机	SP105—22T
6	1	菌型压熨夹机	19VS	14	2	双星盘（客方自备）	
7	1	全自动干洗衣机	D18N	15	2	工作台	
8	1	气动控制压熨机	B.P				

7.4 公 共 浴 室

7.4.1 分类及组成

（1）公共浴室的分类

公共浴室根据服务对象不同一般分为两类：

1）城镇居民区的公共浴室，一般为经常性营业，每天营业时间为8～16h。

2）单位内部公共浴室：主要为厂矿企业、机关、学校的职工、学员服务，一般为定时开放，每天开放时间为2～6h。

（2）公共浴室的组成

1）城镇公共浴室可设置浴盆、淋浴器、浴池、洗脸盆等不同组合的沐浴房间，如客盆单间、桑拿室、蒸汽浴室等，还可设置散床间、厕所、理发室、消毒间、洗衣间、开水间、脚病治疗室、热水制备间等附属房间。

传统的公共浴室男宾部一般设有公共浴池，女宾部不得设公共浴池。

2）单位内部公共浴室应设置淋浴器、浴盆、洗脸盆等不同组合的沐浴房间，还应设置更衣室、厕所、消毒间、值班室等附属房间。

3）淋浴器可单间布置、隔断布置和通间布置，也可附设在浴池间内；公共浴室内理发室可与散床间更衣室直接连通；公共浴室应有良好的通风换气设施，采暖地区的浴室应设暖气设施；浴室电器设备应有防水措施。

7.4.2 用水要求

（1）水质要求：沐浴用水水质应符合现行《生活饮用水卫生标准》GB 5749的要求。

洗浴水加热前是否需要进行软化处理，应根据水质、水量、水温等因素，经经济技术比较确定。当设计热水温度按50℃计算、小时耗水量大于15m³且原水总硬度大于300mg/L（以$CaCO_3$计）时，宜对原水进行软化或阻垢缓蚀处理，经软化后的水质总硬度宜为75～150mg/L。

（2）水温要求：洗浴用水的水温要求见表7-41。

洗浴用水的水温 表7-41

序号	设备名称		水温（℃）
1	淋浴器		37～40
2	浴盆		40
3	洗脸盆		35
4	浴池	热水池	40～42
		温水池	35～37
		烫脚地	48～52

热水供应系统配水点的水温不得高于50℃，热水锅炉或水加热器的出水温度不宜高于55℃；淋浴器的用水温度应根据当地气候条件、使用对象和使用习惯确定。对于幼儿园托儿所和体育场馆的公共浴室淋浴器用水温度可采用35℃。

冷水的计算温度应以当地最冷月平均水温资料确定，当无水温资料时，应按现行《建筑给水排水设计规范》GB 50015的规定执行。

(3) 用水标准及水压要求

1) 公共浴室卫生器具给水额定流量、当量、支管管径和流出水头，应按表7-42选取。

卫生器具给水额定流量、当量、支管管径和流出水头 表7-42

序号	给水配件名称	额定流量(L/s)	当量	支管管径(mm)	配水点前所需流出水头(MPa)
1	洗脸盆水龙头	0.20 (0.16)	1.0 (0.8)	15	0.015
2	洗手盆水龙头	(0.15) (0.10)	0.75 (0.5)	15	0.020
3	浴盆水龙头	0.30 (0.20) 0.30 (0.20)	1.5 (1.0) 1.5 (1.0)	15 20	0.020 0.015
4	淋浴器	0.15 (0.10)	0.75 (0.5)	15	0.025～0.040
5	大便器 冲洗水箱浮球阀 自闭式冲洗阀	 0.10 1.20	 0.5 6.0	 15 25	 0.020 按产品要求
6	大便槽冲洗水箱进水阀	0.10	0.5	15	0.020
7	小便器 手动冲洗阀 自闭式冲洗阀 自动冲洗水箱进水阀	 0.05 0.10 0.10	 0.25 0.5 0.5	 15 15 15	 0.015 按产品要求 0.020
8	小便槽多孔冲洗管(每1m长)	0.05	0.25	15～20	0.015

注：1. 表中括弧内的数值系在单独计算冷水或热水管道管径时采用；

2. 淋浴器所需流出水头按控制出流的启闭阀件前计算；

3. 卫生器具给水配件所需流出水头有特殊要求时，其数值应按产品要求确定。

2) 卫生器具一次和一小时热水用水量见表7-43。

卫生器具热水用水量标准 表7-43

序号	设备名称	一次用水量(L)	一小时用水量(L)	水温(C)
1	浴盆 带淋浴器 不带淋浴器	 200 125	 400 250	 40 40
2	淋浴器 单间 有隔断 通间 附设在浴池间	 100～150 80～130 70～130 45～54	 200～300 450～540 450～540 450～540	 37～40 37～40 37～40 37～40
3	洗脸盆	5	50～80	35

1）公用毛巾应采用消毒液浸泡消毒、擦脸毛巾应用蒸汽消毒、拖鞋洗净后可用消毒液浸泡或紫外线照射消毒，消毒设备的容量应根据最大洗浴人数确定；

2）浴盆、浴凳（与淋浴器配套，供不方便使用淋浴者使用）可采用消毒液浸泡或擦拭消毒；

3）由城市给水管直接向锅炉、热水机组、水加热器、贮水罐等压力容器或密闭容器注水的管道上，应设置倒流防止器或其他有效的防止倒流污染的措施；

4）利用废热（废气、烟气、高温废液等）作为热源时，应采取有效防污染、除油、消除压力波动等措施。

7.4.3 设备定额

（1）休息床（或更衣柜）数量，按式（7-49）计算

$$n = \frac{Nt}{T} \tag{7-49}$$

式中 n——休息床（或更衣柜）数量（个）；

N——每天最大洗浴人数（人）；

t——每个浴者在浴室内平均停留时间（h），根据浴室内设备完善程度和浴室类型确定，一般取 0.5～1.0h；

T——浴室每天开放时间（h）。

（2）淋浴器数量：根据淋浴器负荷能力和洗浴人数，按式（7-50）确定：

$$n = \frac{N}{cT} \tag{7-50}$$

式中 n——淋浴器数量（个）；

N——每天设计洗浴人数（人）；

T——浴室每天开放时间（h）；

c——淋浴器的负荷能力［人/（个·h）］，可按表 7-44 采用。

淋浴器负荷能力 **表 7-44**

设置位置	布置方式	淋浴器负荷能力［人/（个·h）］	备注
设在淋浴间内	单间	1～2	以淋浴为主要洗浴设施时
	隔断	2～3	
	通间	3～4	
敷设在浴盆或浴池间内	隔断	8～10	以浴盆（或浴池）为主要洗浴设备时
	通间	10～12	

（3）浴盆数量：

1）设于客盆间内，其负荷能力为 1 人/（个·h）；

2）设于散盆间内，其负荷能力为 2～3 人/（个·h）；

3）敷设于淋浴间内，供不方便使用淋浴者（老、弱、病、残者）使用时，可根据与浴室规模大小设置 1～3 个。

（4）浴池数量

男浴池（包括温水池和热水池之和）的有效浴池面积，每平方米可同时负荷 5～6 个散床或衣柜。

（5）洗脸盆数量

1）一般其负荷能力为 10～16 人/(个·h)，女浴室采用较小负荷能力。敷设在浴盆间内时，采用 2～3 人/(个·h)；

2）附设在理发室内时，采用 4～6 人/(个·h)。

（6）小便器数量

男浴室内宜分隔出一个设置有 1～2 个小便器的小间。

（7）大便器数量

为洗浴者服务的厕所大便器数量，可按表 7-45 选用。工作人员厕所一般另外设置。

浴室内厕所大便器数量　　表 7-45

床位（衣柜）数		大便器数量
男	女	
50	35	1
100	70	2
150	105	3
200	140	4
250	175	5

7.4.4　设计小时耗热量

（1）公共浴室热源

公共浴室的热源，应根据当地条件、耗热量等因素，宜按下列顺序选用：

1）工业余热、废热、地热和太阳能；

2）全年供热的城市热力管网；

3）区域性锅炉房或合用锅炉房；

4）专用锅炉房；

5）当无上述热源可利用时，可采用燃油（燃气）热水机组、热泵热水机组或电蓄热设备等供给热水系统的热源或直接供给热水。

（2）设计小时耗热量按式（7-51）计算：

$$Q = \Sigma q_h C(t_r - t_L)\rho\, n_0 b \quad (\mathrm{kJ/h}) \tag{7-51}$$

式中　Q——设计小时耗热量（kJ/h）；

q_h——卫生器具小时热水用水量，按表 7-43 选定；

C——水的比热容[kJ /(kg·℃)]，C=4.187kJ/(kg·℃)；

t_r——热水温度（℃）；

t_L——冷水温度（℃）；

n_0——同类型卫生器具数量；

b——卫生器具同时使用百分数，按表 7-46 选取；

ρ——热水密度（kg/L），取值见表 7-47。

公共浴室卫生器具同时使用百分数 表 7-46

卫生器具名称	同时给水百分数（%）	卫生器具名称	同时给水百分数（%）
洗涤盆（池）	15	淋浴器	100
洗手盆	20	大便器冲洗水箱	20
洗脸盆、盥洗槽水龙头	60～100	大便器自闭式冲洗阀	3
浴盆	50	饮水器	30

不同水温下热水密度 表 7-47

热水温度（℃）	40	42	44	46	48	50
热水密度 ρ（kg/L）	0.9922	0.9915	0.9907	0.9898	0.9881	0.9881
热水温度（℃）	52	54	56	58	60	
热水密度 ρ（kg/L）	0.9872	0.9862	0.9853	0.9843	0.9832	

7.4.5 供水系统

(1) 供水系统的形式

供水系统形式分为开式系统和闭式系统。开式、闭式供水系统的比较，见表 7-48。

供水系统比较 表 7-48

序号	系统形式	优点	缺点	备注
1	开式系统	1. 有利于配水点冷、热水压力稳定； 2. 运行安全，管理方便； 3. 节约燃料能源	1. 受冷热水箱及建筑面积布置影响大； 2. 适用于小型浴室； 3. 水质易受外界污染	
2	闭式系统	1. 适用于各类规模之浴室； 2. 出水水质有保证； 3. 可不设屋顶水箱； 4. 管路简单	1. 需设安全阀或膨胀水箱； 2. 维护管理要求高	

(2) 供水系统设计要求

1) 利用废热、废汽、烟气、高温废液等作为热源时应采取下列措施：加热设备应防腐，其构造应便于清除水垢和杂物；防止热源管道渗漏而污染水质；消除废汽压力波动；废汽应除油。

2) 利用地热水作为热源或沐浴用水时，应视地热水的水温、水质、水量和水压状况，采取相应的技术措施使处理后的地热水符合使用要求。

3) 利用太阳能作为热源时，应根据当地气候条件和使用要求配置辅助加热装置。

4) 用热水锅炉直接制备热水的供水系统，应设置贮水罐且冷水给水管应由贮水罐底部接入。

5) 采用蒸汽直接加热的加热方式，宜用于开式热水供应系统，蒸汽中应不含油质及有毒物质，并应采用消音措施，控制噪声不高于《声环境质量标准》GB 3096 的允许值。

6) 在设有高位热水箱的热水供应系统中，应设置冷水补给水箱，冷水箱有效容积应根据供水的保证程度确定，可采用 0.5～1.5h 的设计小时流量。

7）热水箱溢流管管底标高，高于冷水箱最高水位标高的高差不应小于0.1m。

8）在设有热水贮水罐或容积式水加热器的开式热水供应系统中，应设膨胀管。膨胀管引至冷水箱，且其最高点标高应高于冷水箱溢流水位0.3m。

9）膨胀管上严禁装设阀门，当膨胀管有可能冻结时应采取保温措施。膨胀管的最小管径宜按表7-49确定。

膨胀管最小管径　　**表7-49**

锅炉或水加热器的传热面积（m^2）	<10	10～15	15～20	>20
膨胀管最小管径（mm）	25	32	40	50

10）在闭式热水供应系统中，应设置安全阀或隔膜式压力膨胀罐。安全阀应装设在锅炉或加热设备的顶部；隔膜式压力膨胀罐应装设在加热设备与止回阀之间的冷水进水管或热水器回水管的分支管上，其调节容积应大于热水供应系统内水加热后的最大膨胀量。

11）公共浴室淋浴宜采用带脚踏开关的双管系统、单管热水供应系统或其他节水型热水供应系统。带脚踏开关双管淋浴系统的双管配水管网，最小管径不宜小于32mm。

单管恒温供水方式是将冷热水在混合水箱、混合罐内混合，由电接点温度计和电动调节阀调节至使用温度，以单管输送至各淋浴间。对大型浴室可设置不同温度的单管供水系统。单管恒温供水系统与脚踏淋浴器、光电淋浴器、手拉延时自闭淋浴器配合使用，做到人走水停，与一般双管系统的双阀淋浴器相比，可节水20%～25%，见图7-79、图7-80。

12）公共浴室的热水管网一般不设置循环管道，当热水干管长度大于60m时，可对热水干管设置循环管道，并应用水泵强制循环。在循环回水干管接入加热设备或贮水罐前应装设止回阀。

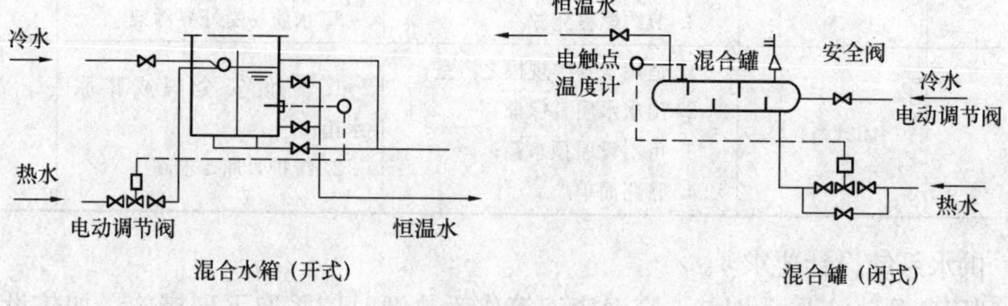

图7-79　混合水箱、混合罐

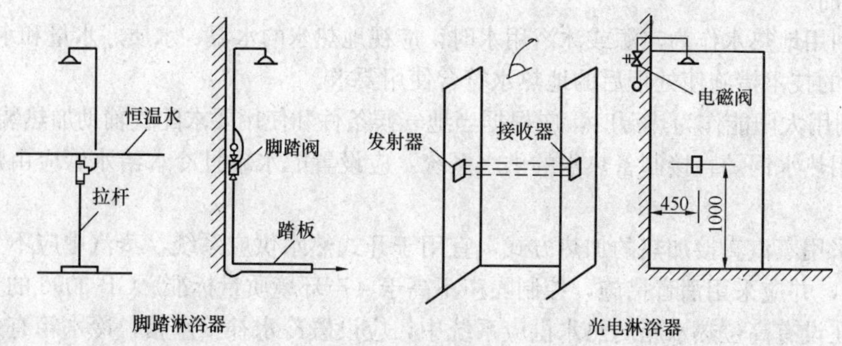

图7-80　脚踏、光电淋浴器

(3) 系统水温、水压的稳定措施

淋浴器或带淋浴器浴盆的出水水温应稳定且便于调节，宜采取下列措施：

1) 宜采用开式热水供应系统；

2) 淋浴器及带淋浴器浴盆的配水管网宜独立设置；

3) 多于3个淋浴器的配水管道，宜布置成环形；

4) 成组淋浴器配水支管的沿程水头损失：当淋浴器数量小于或等于6个时，可采用每米不大于200Pa；当淋浴器数量大于6个时，可采用每米不大于350Pa；

5) 成排（组）淋浴器配水支管的最小管径不得小于25mm；

6) 向浴池供水的给水配水口高出浴池壁顶面的空气间隙，不得小于配水出口处给水管径的2.5倍；

7) 浴池池水用蒸气直接加热时，应控制噪声不高于允许值，并应采取防止热水倒流入蒸汽管的措施，对蒸汽管道可能被浴者触及处，应采取安全防护措施。

7.4.6 加热方式及加热设备

(1) 加热方式

1) 热水锅炉加热开式系统见图7-81。其特点为：

①适用于小型浴室（小于20个淋浴器的耗热量）。

②设备简单，投资省，运行安全，管理方便，噪声小。

③给水硬度较高时，应采取防垢除垢措施。

④锅炉应有消烟除尘设施，并设有温度计及膨胀管。

⑤通常与热水贮水罐配合使用。

2) 热水锅炉加热闭式系统见图7-82。其特点：

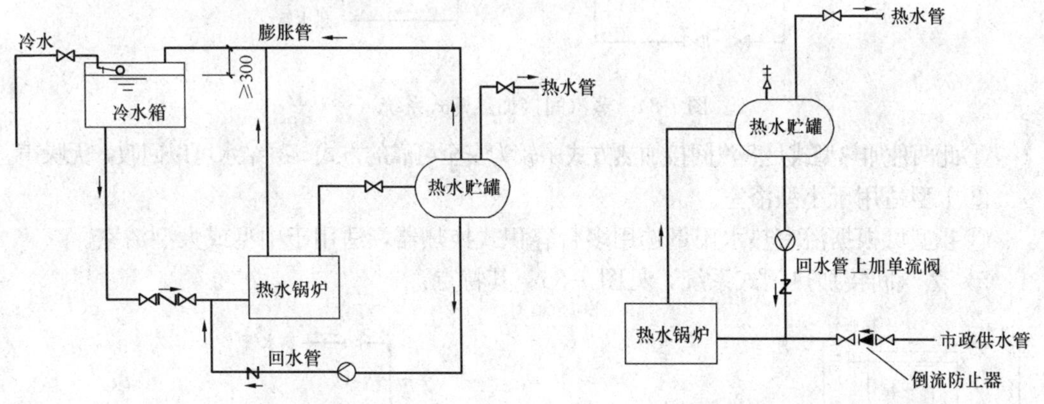

图7-81 热水锅炉加热开式系统　　图7-82 热水锅炉加热闭式系统

①适用于市政自来水水压比较稳定（一般不大于0.40MPa）或无条件设置冷水箱时，或距用水点较远和较高处，必须利用水压供水时。

②热水贮水罐及锅炉上应设安全阀、压力表、温度计。

③充分利用水压，对于中型及中型以上的多层公共浴室，采用较多，具有管理简便，设备占地少等优点。

3）蒸汽直接加热开式系统见图 7-83。其特点：

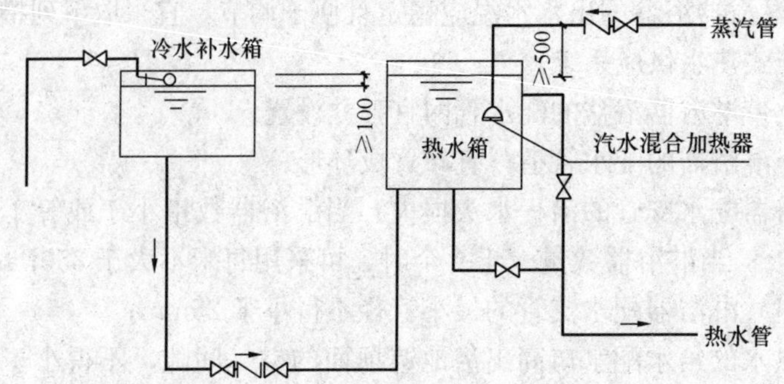

图 7-83 蒸汽直接加热开式系统

①适用于小型浴室。

②蒸汽供汽横管应高于加热水箱最高水位 0.5m 以上。

③应严格控制噪声，汽水混合采用消声混合器。

④宜设温度自动调节器，控制热水温度。

4）蒸汽间接加热开式系统，通常有两种加热型式，见图 7-84、图 7-85。其特点：

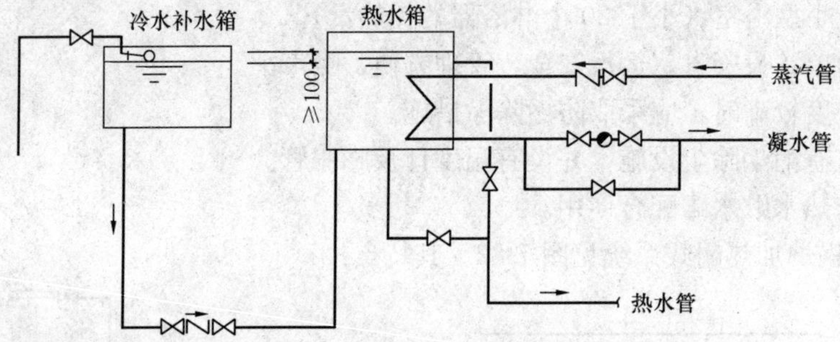

图 7-84 蒸汽间接加热开式系统（一）

①此两种加热型式是蒸汽间接加热方式中较为安全可靠的方式，凝结水可以回收，无噪声。

②Ⅰ型适用于小型浴室。

③Ⅱ型可根据浴室热水用量选用多台容积式换热器，适用于中型或大型浴室。

5）蒸汽间接加热闭式系统，见图 7-86。其特点：

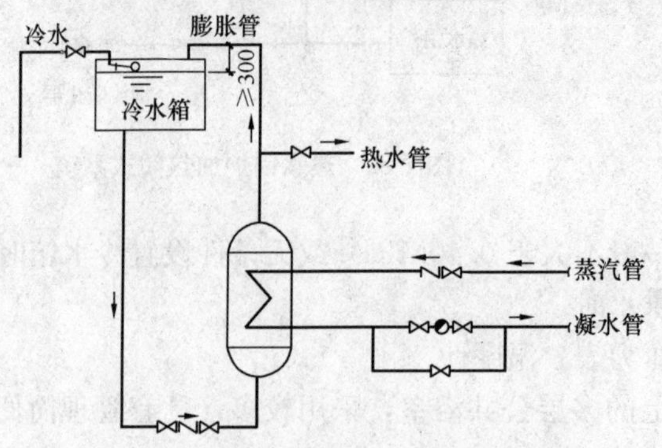

图 7-85 蒸汽间接加热开式系统（二）

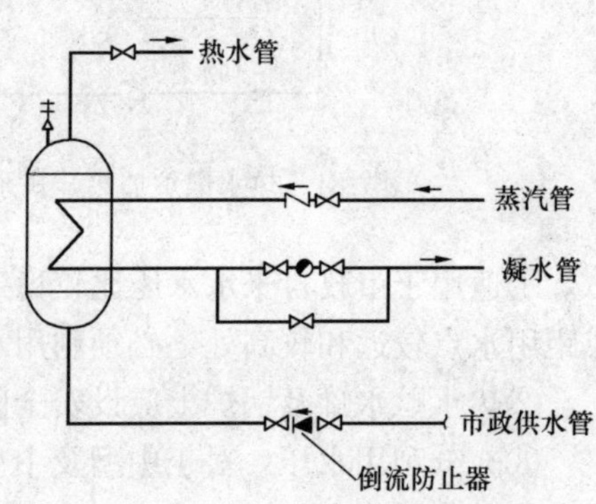

图 7-86 蒸汽间接加热闭式系统

①适用大型或多层公共浴室。

②需要设置多台时，占地较大，热效率低，需设置温度自动调节器，进行蒸汽量的分配和调节。

③对于设有循环供水系统的浴室采用较多。

④应设有安全阀及膨胀装置。

(2) 加热和贮热设备

加热设备的选择应根据使用特点、热源种类、耗热量大小等因素，按下列情况确定：

1) 当热水按50℃计算的小时热水量小于15m³时，宜选用热水锅炉直接加热系统。

2) 当用蒸汽或高温水作热源时，宜选用新型容积式水加热器、半容积式水加热器、半即热式水加热器及快速式水加热器。

3) 热水贮水器的有效贮热量，应根据公共浴室的用水工况及加热设备的供热能力、工作制度，经计算确定。当加热设备的供热能力按设计小时耗热量计算时，容积式水加热器或加热水箱、新型容积式水加热器、半容积式水加热器的有效贮热量，应分别等于或大于30min、20min、15min的设计小时耗热量。

4) 当冷水从下部进入，热水从上部送出时，容积式水加热器或加热水箱的计算容积应附加新型容积式水加热器的计算容积的20%～25%，半容积式水加热器和带有强制罐内水流循环装置的容积式水加热器，其计算容积可不附加。

5) 半即热式水加热器和快速水加热器的供热能力，当按最大小时耗热量计算，且有完善可靠的温度自动调节装置时，可不设置贮热设备。

6) 热水锅炉、水加热器或贮水器的冷水供水管上应装设止回阀。

7) 多台水加热器并联运行时，宜采用同程式。

8) 热水箱应加盖，并应设置溢流管、泄水管和引出室外的通气管。泄水管、溢流管均不得与排水管道直接连接。加热设备和贮热设备宜采用耐腐蚀材料制作或用耐腐蚀材料衬里。

7.4.7 排水设计

(1) 公共浴室的生活废水与粪便污水宜分流排出。

(2) 公共浴室淋浴间宜采用排水明沟排水，沟宽不得小于150mm，沟起点有效水深不得小于20mm，沟底坡度不得小于0.01，在有人通行处应设沟活动盖板，受水段应做箅子，排水沟末端应设集水坑和活动格网。

(3) 淋浴用水排水管道管径不得小于100mm，且应设置毛发聚集器。

(4) 淋浴排水地漏应采用网框式地漏，地漏的直径宜按表7-50采用。当采用排水沟排水时，8个淋浴器可设置一个直径为100mm的地漏。

(5) 浴池泄空时间不得大于4h，浴池排水管径不得小于100mm，在其排水管道上应设置排水栓和排水阀。

淋浴排水地漏直径表 **表7-50**

淋浴器数量（个）	地漏直径（mm）
1～2	50
3	75
4～5	100

7.5　人　防　工　程

7.5.1　总则

(1) 本章节适用于新建或改建的属于下列抗力级别范围内的甲、乙类防空地下室以及居住小区内的结合民用建筑易地修建的甲、乙类单建掘开式人防工程设计：

1) 防常规武器抗力级别5级和6级（以下分别简称为常5及和常6级）；

2) 防核武器抗力级别4级、4B级、5级、6级和6B级（以下分别简称为核4级、核4B级、核5级、核6级和核6B级）。

(2) 本章节规定的用水量标准，是指防空地下室战时使用的最低标准。平时使用要求仍按国家现行有关标准和规范执行。

(3) 防空地下室所有设备、管线，应力求简单、坚固。既要满足平时使用，又要满足战时防御使用要求。

(4) 与防空地下室无关的管道不宜穿过人防围护结构；上部建筑的生活污水、雨水、燃气管不得进入防空地下室。

(5) 穿越防空地下室顶板、临空墙和门框墙的管道，其公称直径不宜大于150mm；凡引入防空地下室的管道，均应采取密闭措施，并在管道引入地下室的内侧，设置公称压力不小于1.0MPa的防波阀门，空袭时将阀门关闭。

7.5.2　给水

(1) 水源：防空地下室宜采用城市自来水或人防工程的区域水源作为供水水源。在有条件时，可设自备内水源或自备外水源。外水源宜采用地下水。

防空地下室自备水源的取水构筑物宜用管井。自备内水源取水构筑物应设于清洁区内。在自备内水源与外部水源（如城市市政给水管网）的连接处，应设置有效的隔断措施。自备外水源取水构筑物的抗力级别应与其供水的防空地下室中抗力级别最高的一级相一致。

(2) 防空地下室平时用水量定额应符合现行国家标准《建筑给水排水设计规范》GB 50015的有关规定。战时用水量标准，见表7-51。

战时人员生活饮用水量标准　　表7-51

工程级别			用水量[L/(人·d)]	
			饮用水	生活用水
医疗救护工程	中心医院 急救医院	伤病员	4～5	60～80
		工作人员	3～6	30～40
	救护站	伤病员	4～5	30～50
		工作人员	3～6	25～35
专业队队员掩蔽部			5～6	9
人员掩蔽工程			3～6	4
配套工程			3～6	4

需供应开水的防空地下室，开水供水量标准为1～2L/(人·d)，其水量已计入在饮用水量中。设置水冲厕所的医疗救护工程，水冲测试的用水量已计入在伤病员和工作人员的生活用水量中。

（3）水质：生活饮用水的水质，应符合现行国家标准《生活饮用水卫生标准》GB 5749的要求，战时应符合表7-52的规定

战时生活饮用水水质标准　　表7-52

项目	单位	限量值
色	度	≤15
浑浊度	度	≤5
臭和味		不得有异臭、异味
总硬度（以$CaCO_3$计）	mg/L	600
硫酸盐（以SO_4^{-2}计）	mg/L	500
氯化物（以Cl^-计）	mg/L	600
细菌总数	个/mL	100
总大肠菌数	个/100mL	1
游离余氯	mg/L	与水接触30min后不应低于0.5mg/L（适用于加氯消毒）

（4）其他用水：机械、通信和空调等设备用水水质、水量水温和水压，应按其工艺要求确定。

（5）防空地下室水池（箱）的设置。

1）在防空地下室的清洁区内，每个防护单元均应设置饮用水和生活用水贮水池（箱）。贮水池（箱）的有效容积应根据防空地下室战时的掩蔽人员数量、战时用水量标准及贮水时间计算。

2）战时人员生活用水、饮用水的贮水时间，应根据防空地下室的水源情况、工程类别，按表7-53采用。

各类防空地下室贮水时间　　表7-53

<table>
<tr><th colspan="3" rowspan="2">水源情况</th><th colspan="4">工程类别</th></tr>
<tr><th>医疗救护工程</th><th>专业队队员掩蔽部</th><th>人员掩蔽工程</th><th>配套工程</th></tr>
<tr><td rowspan="2">有可靠内水源</td><td colspan="2">饮用水（d）</td><td colspan="4">2～3</td></tr>
<tr><td colspan="2">生活用水（h）</td><td>10～12</td><td>4～8</td><td colspan="2">0</td></tr>
<tr><td rowspan="3">无可靠内水源</td><td colspan="2">饮用水（d）</td><td colspan="4">15</td></tr>
<tr><td rowspan="2">生活用水（d）</td><td>有防护外水源</td><td colspan="4">3～7</td></tr>
<tr><td>无防护外水源</td><td colspan="4">7～14</td></tr>
</table>

3）贮水容积

防空地下室掩蔽人员饮用水和生活用水贮水容积可按式（7-52）计算：

$$V=\frac{q_1Lt_1+q_2Lt_2}{1000} \tag{7-52}$$

式中 V——贮存水总量（m^3）；

q_1——掩蔽人员饮用水标准[L/(d·人)]；

q_2——掩蔽人员生活用水标准[L/(d·人)]；

t_1——饮用水贮存时间（d）；

t_2——生活用水贮存时间（d）；

L——防空地下室内掩蔽人数（人）。

4）饮用水的贮水池（箱）宜单独设置。若与生活用水贮存在同一贮水池（箱）中，应有饮用水不被挪用的措施。

5）二等人员掩蔽所内的贮水池（箱）（当平时不使用时），可在临战时构筑。但必须一次完成施工图设计，且应注明在工程施工时预留孔洞或预埋的进水、出水、溢流、放空等管道，并应有明显标志。同时还应有可靠的技术措施，以满足在战前规定的时间内构筑完毕。

6）生活用水、饮用水、洗消用水的供给可采用气压给水装置、自动调速给水设备或高位水池（箱）。战时电源无保证的防空地下室，采用电动供水设备时，应设人力供水措施。

7）在内水源与外部水源（如城市自来水管网）的连接处，应设置有效的隔断措施（如设置两个阀门，并在其中设置排水口等）。

（6）给水系统

生活用水、饮用水、洗消用水的给水系统的选择，应根据防空地下室的各项用水对于水质、水量、水压和水温的要求，并根据战时的水源、电源等情况综合分析确定。在技术经济合理的条件下，设备用水宜采用循环或重复利用的给水系统，并应充分利用其余压。

1）一般人员掩蔽、指挥所用防空地下室，宜采用城市给水管网和内设贮水池（箱）的给水方式。平时由城市管网供水，战时由内部水池（箱）供给，若用水点有压力要求时，可在水池出水管上加手摇泵或小型气压供水罐联合供水。

全国重点城镇区以上的指挥所、通信工程及各级医院、救护站等，宜设贮水池、水泵加压的给水方式见图 7-87 所示。

2）设置内部地下取水构筑物的给水方式：设置内部地下取水构筑物平时由城市管网供水，战时由内部地下取水构筑物取水至贮水池，然后由加压装置向管网送水。当取水井水量充足，可采用深井泵和气压罐联合向管网供水方式。水泵启停控制可根据其管网压力或贮水池水位控制，设有取水构筑物、贮水池和水泵加压装置的给水方式，见图 7-88 所示。

3）生活用水、饮用水、洗消用水以外的给水系统的选择，应根据防空地下室的各项用水对于水质、水量、水压和水温的要求，并根据战时的水源、电源等情况综合分析确定。在技术经济合理的条件下，设备用水宜采用循环或重复利用的给水系统，并应充分利用其余压。

（7）地下取水构筑物的设置：防空地下室的地下取水构筑物，应设在防空地下室清洁区或与防空地下室防护能力相同的其他建筑物的清洁区。

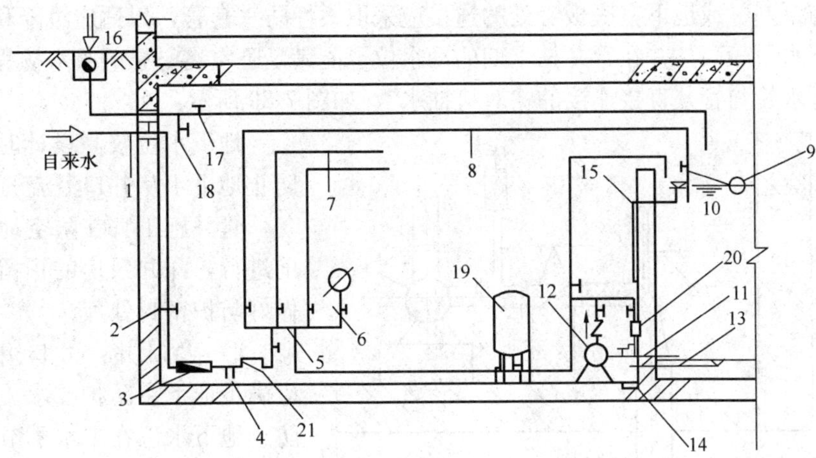

图 7-87 设管网、贮水池和加压装置的给水方式

1—给水引入管；2—总控制阀；3—水表；4—泄水阀；5—分配水管；6—压力表；7—接至各用水点；8—水池进水管；9—浮球阀；10—贮水池；11—出水管；12—水泵；13—泄水管；14—排水沟；15—溢水管；16—紧急加水口；17—控制阀（常闭）；18—泄水阀（常开）；19—气压罐；20—止回阀

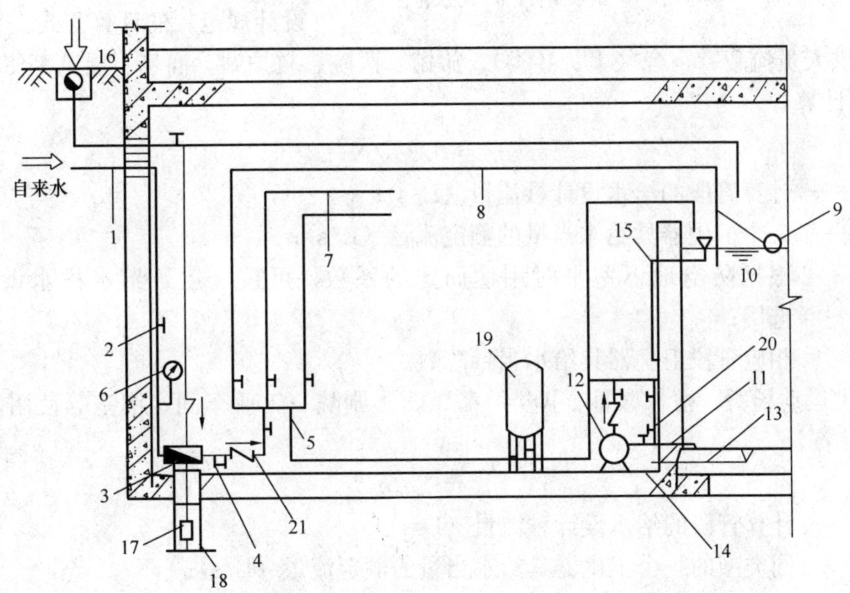

图 7-88 设取水井、贮水池和加压装置的给水方式

1—给水引入管；2—总控制阀；3—水表；4—泄水；5—分配水管；6—压力表；7—接至各用水点；8—水池进水管；9—浮球阀；10—贮水池；11—出水管；12—水泵；13—泄水管；14—排水沟；15—溢水管；16—紧急加水口；17—深井泵；18—地下水取水井；19—气压罐；20—手摇泵；21—止回阀

地下取水构筑物，应视防空地下室用水要求和当地水文地质条件选用管井、大口井、渗渠、土井、压水机井等。

1）管井：管井要求井深不宜超过 30m，井管宜采用钢管。井管管壁与水泵外壁之间的间隙应适当增大，以适应井管可能因震动发生的轻微倾斜。

井管与泵基（或地下室底板）处的连接应采取柔性防水套管，以适应沉降和止水。

若地下水位较高，并在管井枯水期的动水位也能满足卧室离心泵的吸水扬程时，也可采用水泵吸水管与管井直接连接的“对口抽水”，如图 7-89 所示：

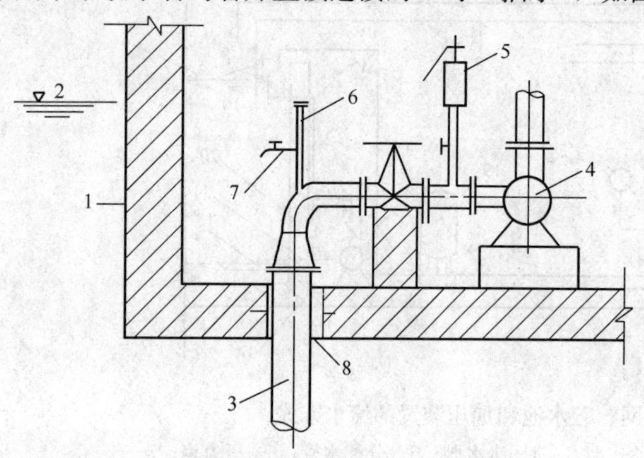

图 7-89 水泵“对口抽水”示意

1—地下室维护体；2—地下水位；3—管井；4—离心水泵；5—压水机；6—测水孔；7—试水龙头；8—防水套管

地下水位较高设计时，应考虑防止地下水从井口溢流的措施。

管井施工宜在防空地下室施工前进行，深井泵房的预留孔洞，应做好防护密封处理。

2）大口井：大口井壁强度，应满足地下室防护要求。同时应有防止地下水位在丰水季节上升时外溢措施。取水泵房应有减振、防潮措施。

（8）管道计算

防空地下室给水管道设计秒流量的计算，可采用《建筑给水排水设计规范》的计算公式：

1）供人员掩蔽、宿舍（Ⅰ、Ⅱ类）、旅馆、医院、救护站、商场、展览等使用，可按式(7-53)计算：

$$q_g = 0.2\alpha\sqrt{N_g} \tag{7-53}$$

式中 q_g——计算管段的给水设计秒流量（L/s）；

0.2——一个卫生器具给水当量的额定流量（L/s）；

α——根据防空地下室平时用途而定的系数，可按《建筑给水排水设计规范》选用；

N_g——相应管段卫生器具给水当量总数。

2）供运动场所、宿舍（Ⅲ、Ⅳ类）餐馆、影剧院、工业车间、浴室等使用，可按式(7-54) 计算：

$$q_g = \Sigma q_0 n_0 b \tag{7-54}$$

式中 q_g——计算管段的给水设计秒流量（L/s）；

q_0——同类型的一个卫生器具给水当量的额定流量（L/s）；

n_0——同类型卫生器具数；

b——卫生器具的同时给水百分数，可按《建筑给水排水设计规范》选用。

3）防空地下室给水管道的水流速度，一般采用 1.0～1.2m/s。如对通信机房或指挥所等防噪声要求高的场所，生活给水管道水流速度可采用 0.8～1.0m/s；对于物资库、车库等可采用水流速度为 1.2～1.8m/s。

（9）管道材料

穿过人防围护结构的给水管道应采用钢塑复合管或热镀锌钢管。$DN\leqslant100$mm 采用丝扣连接，$DN>100$mm 采用法兰连接或沟槽连接。室内部分如采用其他管材（如不锈钢管、铜管等金属管材）应按当地主管部门的规定执行。对于可能产生结露的贮水池（箱）

和给水管道，应根据使用要求，采取相应的防结露措施。

（10）管道敷设

1）防空地下室的给水管道，当从出入通道引入时，应在防护密闭门与密闭门之间的第一防毒通道内设置防爆波阀，工作压力不小于 1.0MPa；且人防围护结构内侧距离阀门的近端面不宜大于 200mm。阀门应有明显的启闭标志。如图 7-90、图 7-91 所示。

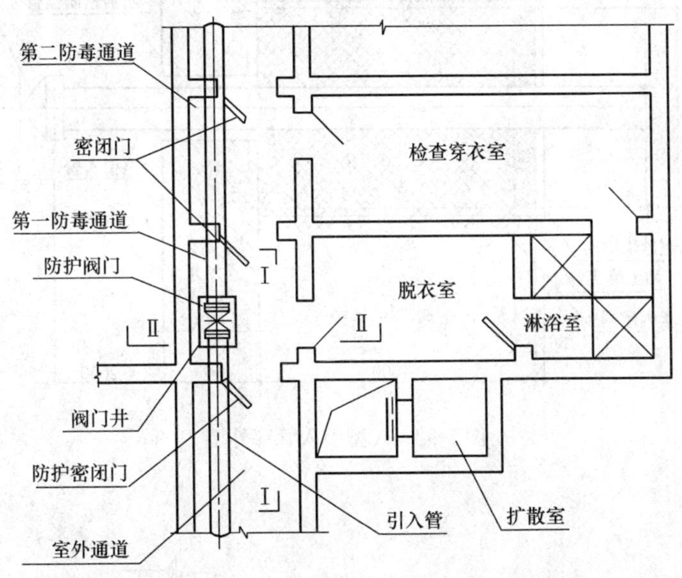

图 7-90 给水引入管在出入通道进入平面布置

2）当给水引入管在土壤中由防护外墙引入时，外墙与土壤之间可能产生位移（由上部建筑自重引起下降或由于冲击波的作用下产生变形），宜采取防震、防不均匀沉降措施。可按图 7-92～图 7-95 进行设置。

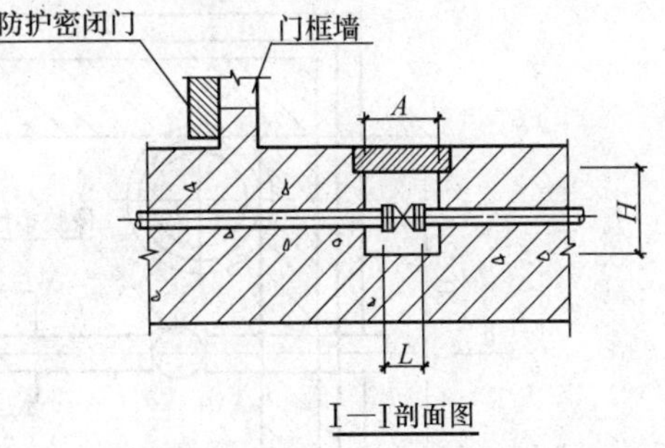

图 7-91 给水引入管在出入通道进入剖面布置

3）给水管道穿越围护结构或顶板时，应在围护结构或顶板的内侧设置防爆波阀门，该阀门的工作压力不应小于 1.0MPa，防爆波阀边缘距墙面或顶板内侧的距离不宜大于 200mm（此间距仅为紧固法兰的操作需要。）并应设在便于操作处。如图 7-96、图 7-93 所示。

4）管道穿越防护单元隔墙和上下防护单元间，应在防护单元隔墙或防护密闭楼板两侧的管道上设置防爆波阀，其工作压力不应小于 1.0MPa。因平时使用要求不允许设置阀门时，可在该位置设置法兰短管，在 15d 转换时限内转换为防爆波阀门。设置如图 7-97 所示。

5）管道穿越顶板、围护结构或临空墙时，应依照国家标准图集《防空地下室给排水设施安装》07FS02，设密闭套管。

6）管道穿越普通地下室和防空地下室时，在普通地下室一侧设波纹管防止不同沉降或变形，而在防空地下室一侧设防爆波阀，防冲击波进入防空地下室。如图 7-98 所示。

（11）防护阀门及其他

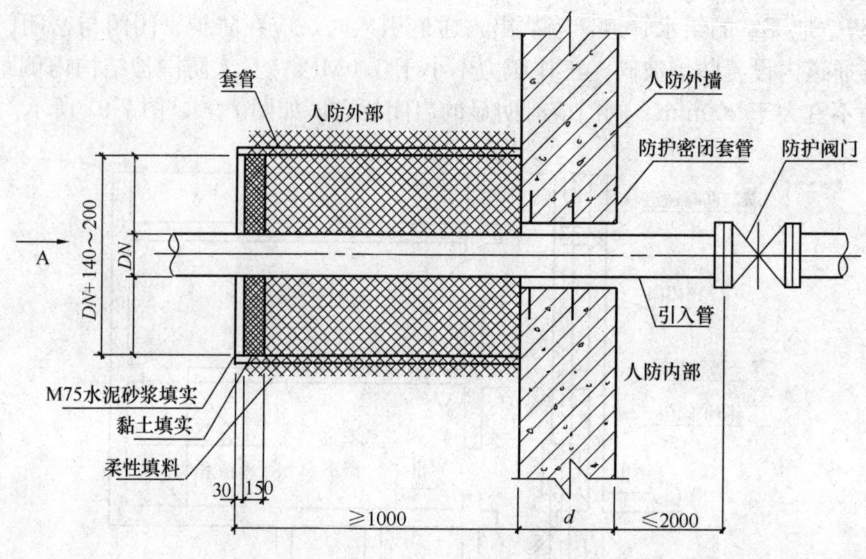

图 7-92 A型引入管穿外墙

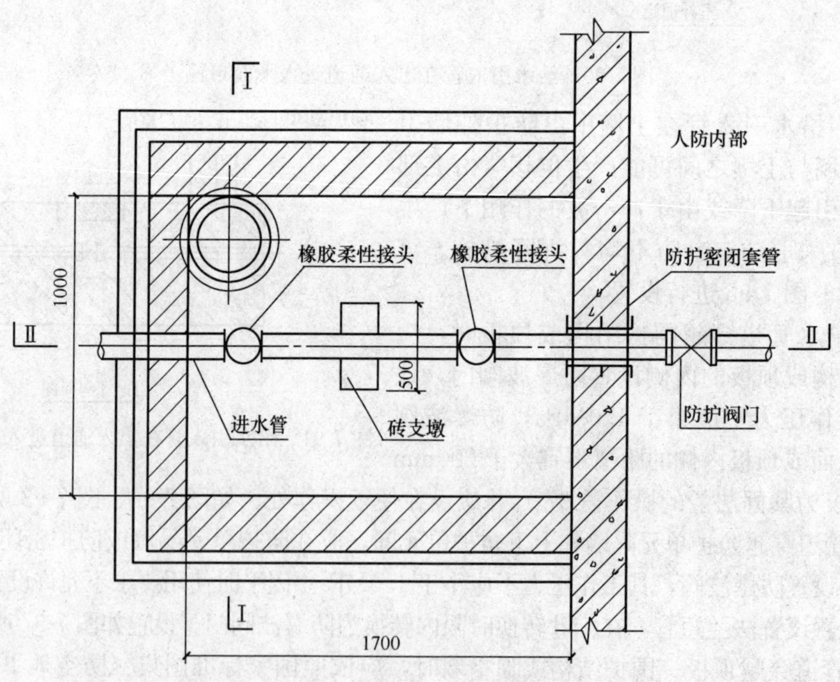

图 7-93 B型引入管穿外墙平面

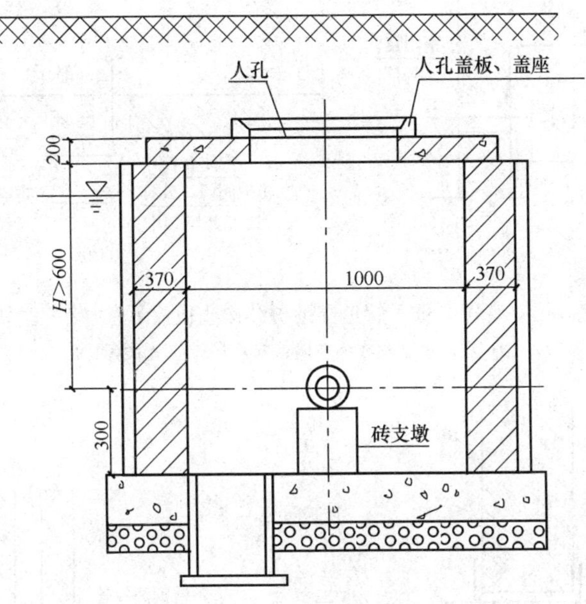

图 7-94 B型引入管穿外墙 1-1 剖面

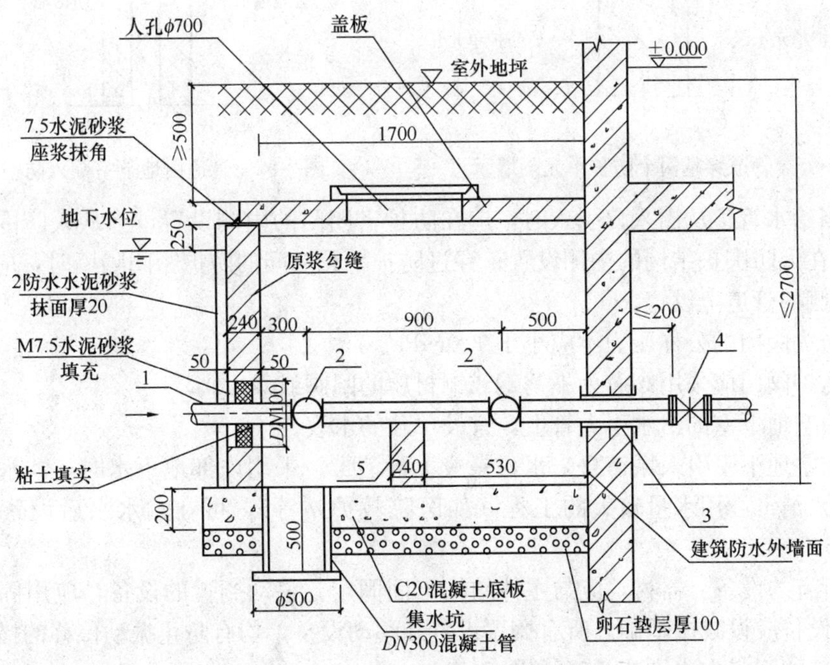

图 7-95 B型引入管穿外墙 2-2 剖面

1—引入管；2—橡胶柔性接头；3—防护密闭套管；4—防护阀门；5—砖支墩

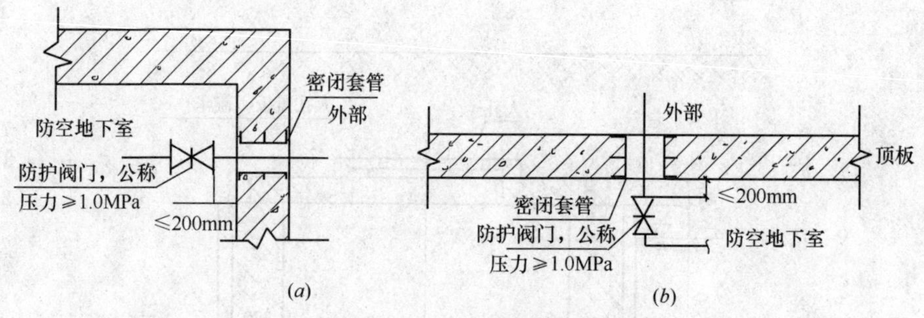

图 7-96 管道穿围护结构或顶板示意

(a) 穿围护结构或临空墙；(b) 穿防空墙下室顶板

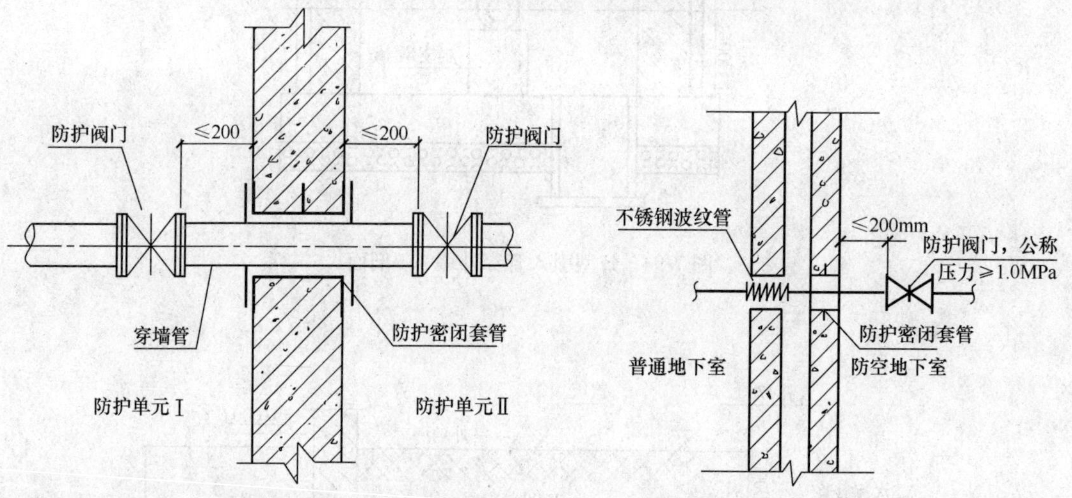

图 7-97 管道穿越两个防护单元隔墙示意

图 7-98 管道由地下室穿入防空地下室示意

1）当给水管道从出入口引入时，应在防护密闭门的内侧设置，当从人防围护结构引入时，应在人防围护结构的内侧设置；穿过防护单元之间的防护密闭隔墙时，应在防护密闭隔墙两侧的管道上设置。

2）防火阀门的公称压力不应小于 1.0MPa。

3）防护阀门应采用阀芯为不锈钢或铜材质的闸阀或截止阀。

4）防空地下室的给水引入管上，宜设单独的水表。

5）防空地下室引入城市自来水，一般不再消毒。采用内部地下水时，饮水宜采用漂白粉（精）消毒。用水量较大的工程（如医院救护站等），可在输水泵后设紫外线消毒装置。

6）所有的设备、器材，应与主体结构牢固固定。移动搁置的设备，应用固定支架固定。防振设备应设减振基础。所有搁置设置和移动设备，均有防止振动位移的措施。水箱和隔振基础的固定方法见图 7-99 和图 7-100。

7.5.3 柴油发电机房给水排水

(1) 柴油发电机的冷却方式（水冷方式或风冷方式）应根据所在地区的水源情况、气

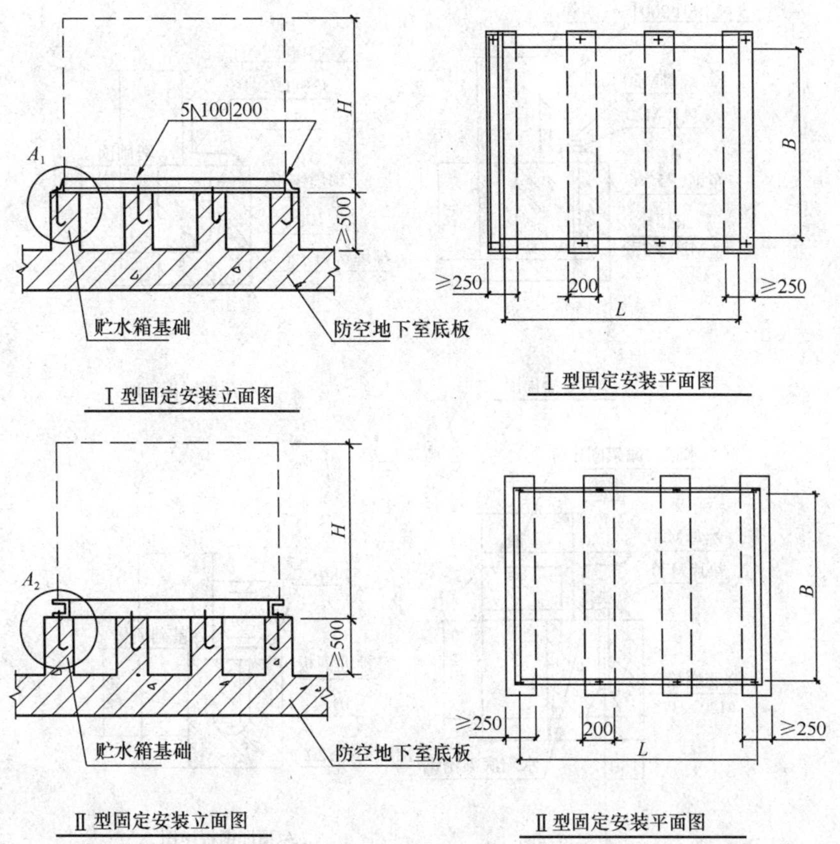

图 7-99 贮水箱固定安装（一）

候条件、空调方式及柴油发电机型号等因素确定。

1）循环式冷却水系统：冷却水可通过冷却器、冷却池等进行降温处理。冷却水的水温可采用温度调节器或混合水池来调节。当采用温度调节器由管路调节时，应利用柴油机自带的恒温器；当采用混合水池调节时，混合水池的容积，应按柴油发电机运行机组在额定功率下工作 5～15min 的冷却水量计算。

在防空地下室内部设有多格冷却水池，将冷却水的水温降低，循环使用。如水温太高时，可排掉一部分高温水，再补充部分低温的新水，这样节约原水，是经常采用的水冷方式，如图 7-101 所示。

2）重复式冷却水系统：柴油发电机房的通风冷却用水可作为柴油发电机组的冷却水而重复使用。因通风冷却用水温度偏低，而柴油发电机组冷却水要求水温偏高些，所以可以重复使用，冷却后的高温水可排掉，或采用多格冷却水池再使用。如图 7-102 所示。

3）直流式水冷却方式：由冷却水箱的冷却水作为柴油发电机组的冷却水，不再循环重复使用，而是直接冷却后排掉，这种方式系统简单，但浪费水源，只能在南方水源很充足，柴油发电机组的功率比较小的工程才采用。

(2) 冷却水贮水池的容积应根据柴油发电机运行机组在额定功率下冷却水的消耗量和要求的贮水时间确定。贮水时间可按表 7-54 采用。

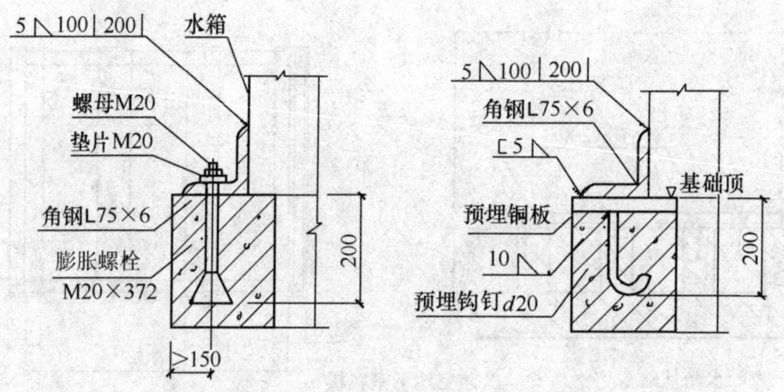

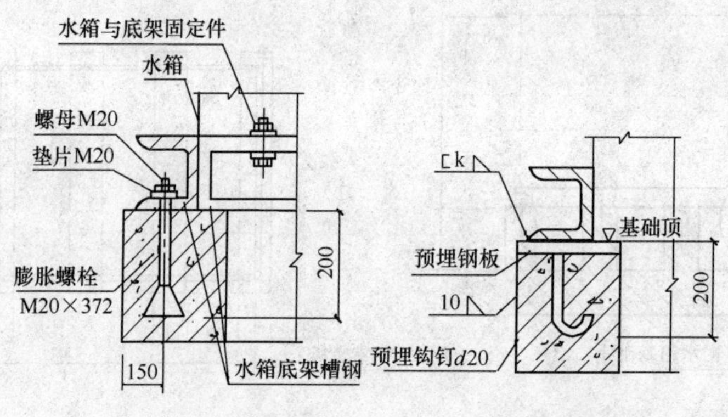

图 7-100 贮水箱固定安装（二）

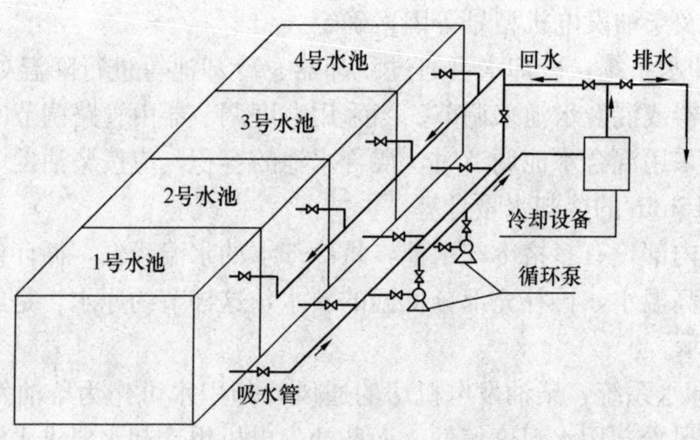

图 7-101 多格冷却水池示意

柴油发电机房贮水池贮水时间 表 7-54

水源条件	贮水时间
无可靠内、外水源	2～3d
有防护的外水源	12～24h
有可靠的内水源	4～8h

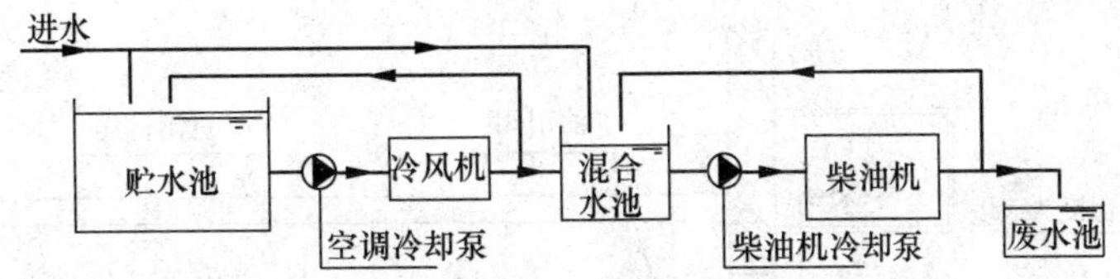

图 7-102 重复式冷却水系统示意

移动式电站或采用风冷方式的固定式电站，其贮水量应根据柴油发电机样本中的小时耗水量及要求的贮水时间计算。如无准确资料时，贮水量可按 2m^3 设计。在柴油发电机房内宜单独设置冷却水贮水箱，并设置取水龙头。

(3) 在循环给水系统中，冷却废水可用冷却器，冷却水池等进行降温处理。

(4) 柴油发电机房的供油系统，由油管接头（设于井内）、输油管、贮油池（箱）、加压泵（带过滤器）、日用油箱等组成。日用油箱（高架装置）是直接供油给柴油发电机使用。

1) 贮油池的容积可按式（7-55）计算：

$$V=\frac{24N_{n}B\cdot T\cdot M}{1000\times R} \tag{7-55}$$

式中 V——贮油池柴油贮存有效容积（m^3）；

N_n——同一型号柴油发电机的额定功率（kW）；

B——柴油发电机的燃油耗油率[kg/(kW·h)]；

T——要求的贮油时间（d），根据工程的类别来确定柴油发电机贮油的时间，

一般工程 贮油时间 7～10d

移动电站 贮油时间 3～7d

M——同一型号柴油发电机的台数；

R——柴油的密度，一般常用的柴油密度为 0.813～0.891kg/L，计算时可取 R=0.85kg/L。

2) 上述公式计算出柴油发电机房总用油量，贮存于室外地下贮油池，也可贮于室内，贮油池（罐或箱）不应少于 2 个（格）。另在室内设日用油箱，贮存每天柴油发电机组需用油量，一般可按 8～12h 用油量贮存。

3) 日用油量最好按每台工作柴油发电机设一个日用油箱，而备用柴油发电机可与工作机组共用一个日用贮油箱，油箱必须是高架设置，便于自流到柴油发电机内部，如图 7-103 所示。

4) 柴油发电机房设备及管道敷设要求

① 柴油发电机房内的用水管宜设于地面下管沟内，地面下管沟应有坡度坡向集水坑，集水坑内宜设潜污泵排出集水。

② 柴油发电机进、出水管上应设短路管。

③ 柴油发电机的进、出水管上应设控制阀门及温度计，出水管上应设看水器，有可能存气的部位应设置放气阀。

④ 在柴油发电机房内宜设有拖布池及地漏。

⑤ 可充分利用柴油发电机的废热，一般可作为间接加热淋浴洗消或其他生活热水的

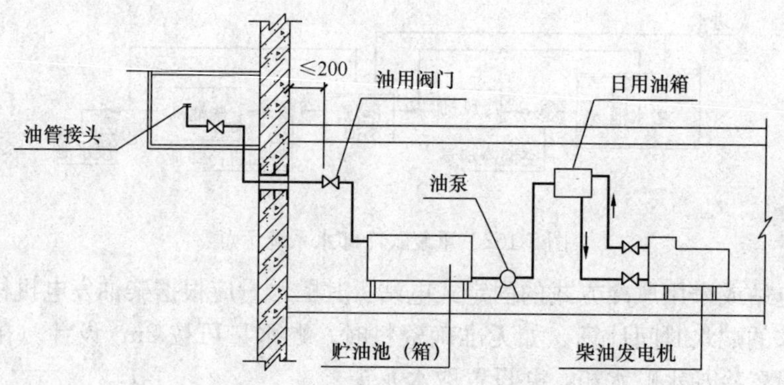

图 7-103　柴油发电机供油系统

热源。

⑥ 柴油发电机房的输油管当从出入口引入时，应在防护密闭门与密闭门之间设置防爆波阀门；当从围护结构或顶板引入时，应在围护结构墙内侧或顶板下侧设置防爆波阀门，其抗力不应小于 1.0MPa，应有明显的启闭标志，并在适当位置设置油管接头。

7.5.4　洗消

洗消是指遭空袭后，对进入防空地下室的受放射性或毒性污染的人员进行全身或局部淋浴。对主要出入口、密封门外的染毒区，墙、地和设备清洗消毒等。

对重点城镇的区以上指挥所、通信工程以及各级医院、救护站防空专业队伍的掩蔽室及一等人员掩蔽所，应设清洗间（供淋浴洗消用）。二等人员掩蔽所，可设简易洗消间（供局部洗消用）。

(1) 设计原则

洗消的目的是指消除核武器、化学武器、生物战剂等武器袭击后，对工程所产生的放射性污染、毒气、细菌的污染物。

洗消的对象和要求：

1) 对进入防空地下室的人员（抢修工程人员、抢救人员等），必须进行洗消后方能进入到防空地下室，避免再去污染清洁区的现有人员。

2) 人员携带的物品、器械等已被污染的也需要洗消。

3) 对防空地下室的口部，如密闭通道、防毒通道、进风竖井、扩散室等受污染的墙面、地面进行冲洗、消毒。

4) 防空专业队的车辆、屋子、器械或武器等的洗消。

(2) 洗消用水量标准

洗消用水量、贮水量标准和洗消间内淋浴器数量，应符合下列要求：

1) 洗消用水贮水量：人员淋浴洗消贮水量宜按一小时完成全部需洗消人员的淋浴洗消水量计算，且每个淋浴器出水量按 360～540L/h 计算确定；人员简易洗消贮水量宜按 0.2～0.3m^3 确定；口部洗消贮水量宜按 5～10L/m^2 计算确定。

2) 人员洗消用水应贮存在清洁区内或洗消间内。

(3) 洗消用水量计算

1）淋浴洗消水量

根据防空地下室的性质来确定洗消淋浴器数量，可按式（7-56）计算（当超过4个时仍按4个计）：

$$X = \frac{nC}{P} \tag{7-56}$$

式中 X——淋浴器数量；

n——工程内部人员总数；

C——洗消人数占总人数的百分比；人防重点城镇以上指挥、通信、医院、救护站等工程 $C=5\%\sim10\%$；防空专业队工程 $C=20\%$；

P——每个淋浴器1h内洗消的人数，$P=8\sim12$。

2）一次洗消总用水量

①人员洗消用水量可按式（7-57）计算：

$$Q_1 = \Sigma q_1 Nbt \tag{7-57}$$

式中 Q_1——人员洗消用水量（L/次）；

q_1——不同洗消用卫生器具小时耗水量（L/h）；

N——同类型洗消用卫生器具数（个）；

b——同类型卫生器具同时使用百分比，按100%；

t——洗消时间（h），一般取 $t=1$h。

② 墙、地在洗消用水量可按式（7-58）计算：

$$Q_2 = \Sigma F_0 q_2 \tag{7-58}$$

式中 F_0——所需冲洗场所的地面、墙的总面积（m^2）；

q_2——各种场所单位面积每次冲洗水量[L/(m^2·次]，一般按5～10L/(m^2·次)。

③ 各种物资、车辆洗消用水量可按式（7-59）计算：

$$Q_3 = \Sigma q_3 n_1 \tag{7-59}$$

式中 q_3——设备、车辆洗消用水量标准[L/(次·辆)]，一般卡车(解放牌)按600L/(次·辆)，小型吉普车、小轿车450L/（次·辆），对大卡车、集装箱的大拖车，根据体积表面积大小，相应给予提高用水量；

n_1——同类型的设备、车辆的数量。

（4）洗消热水供应

1）洗消热水供应原则

① 洗消热水主要供应人员淋浴用水、全身洗消用水。对于简易洗消，即局部洗消一般可用冷水，有条件的可采用热水。

② 战时洗消平时不使用的淋浴器可暂不安装，但应预留管道接口和固定设备用的设施，且选用的设备器材应有可靠的来源。

③ 人员淋浴洗消用热水的水温宜为37～40℃。其加热设备应能保证在使用前30min内将全部淋浴用水加热到规定的温度。

④ 洗消用淋浴器宜采用单管供水系统，脚踏开关。采用的高置混合水箱或冷热混合器，宜设置在检查穿衣室内。

⑤ 洗消用水量应按设备同时使用一小时进行计算。

⑥ 若利用柴油发电机组的冷却用水作为洗消用水，需采取冷却水不被污染的措施。

2）热水用量及耗热量计算

① 热水用量的计算

人员洗消总用水量按式（7-60）计算：

$$q = \Sigma q_1 Nbt \tag{7-60}$$

式中 q——人员洗消总用水量（L）；

q_1——每种卫生器具 1 小时耗水量（L/h），淋浴器按 540L/h，洗脸盆按 50～60L/h；

N——同一类型卫生器具数；

b——同类型卫生器具同时使用百分比，按 100%；

t——洗消时间（h），一般取 $t=1$h。

② 耗热量计算

设计小时耗热量应按公式（7-61）计算：

$$Q_h = \frac{q\rho(t_r - t_l)C}{3600 \cdot t} \tag{7-61}$$

式中 Q_h——设计小时耗热量（W）；

q——人员洗消总用水量（L）；

ρ——热水的密度（kg/L）；

C——水的比热容[kJ/(kg·℃)]，C=4187J/(kg·℃)；

t_r——热水温度（℃），按 t_r=37～40℃；

t_l——冷水温度（℃），按当地实际给水的温度；

t——洗浴时间（h），取 1h。

③ 贮水量：计算出喷头数为 1～2 个时，贮水量按 1～2m^3，喷头数为 3～4 个时，贮水量按 2～3m^3 计。

（5）洗消间、简易洗消间设置要求

1）洗消间

① 根据防空地下室的功能要求，需要对人员进行全身洗消时，应设置洗消间，它由脱衣室、淋浴室及检查穿衣室三部分组成。洗消间应设在主要出入口的防毒通道的一侧。如图 7-104 所示。

② 脱衣室：设于第一防毒通道一侧，内部设有贮存沾染衣物的衣柜或密封桶。

③ 淋浴室：按上述计算出的淋浴喷头数设置，一般掩蔽工程为 1～2 个喷头，对医院、救护站的淋浴室备有 1～2 个带软管的喷头，并在喷头下面能搁置担架的地方，适于上病人的洗消。

④ 检查穿衣室：设于第二防毒通道一侧，人员经淋浴洗消进行检查确认清洁后穿衣进入清洁区。

2）简易洗消间

① 简易洗消间设于第一防毒通道一侧的一个小房间，如图 7-105 所示，一般为 5～10m^2，或者在第一防毒通道一侧面积加大，根据工程的条件，选择设置洗脸盆、水盆、

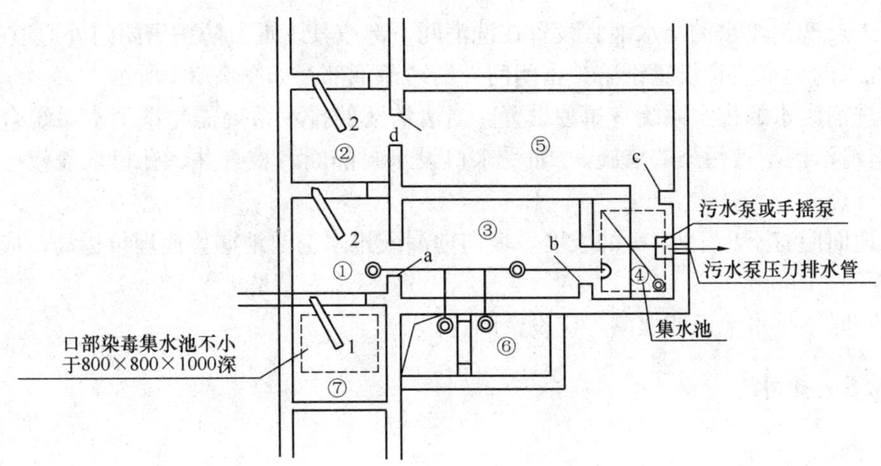

图 7-104 洗消间平面

1—防护密闭门；2—密闭门；①—第一防毒通道；②—第二防毒通道；③—脱衣室；④—淋浴室；⑤—检查穿衣室；⑥—扩散室；⑦—室外通道 a—脱衣室入口；b—淋浴室入口；c—淋浴室出口；d—检查穿衣室出口

水桶或水缸等简易洗消器具。可将盆中的洗消水用后倒入集水池。

② 简易洗消主要是指对人员的头、脸、颈及手脚裸露部位进行局部的洗消。

③ 简易洗消间应配备有两种以上的消毒剂，如小苏打（即碳酸氢钠）、福尔马林（甲醛）等，以对应于不同毒剂作用，当一种消毒剂起不到消毒作用时，可换另一种消毒剂消毒。同时可配备一些洗净剂、洗衣粉和肥皂等。

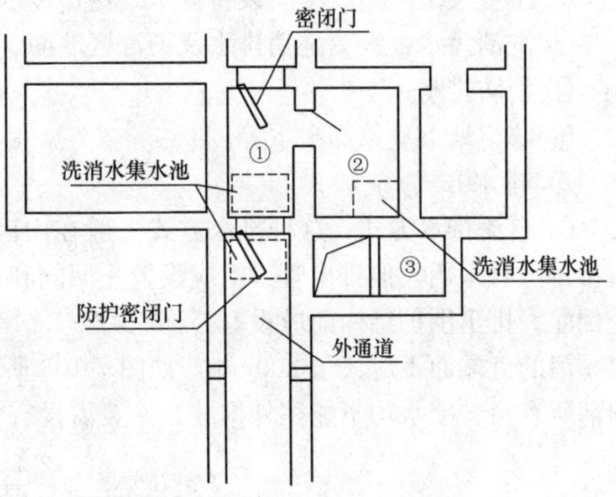

图 7-105 简易洗消间平面

①—第一防毒通道；②—第二防毒通道；③—扩散室

（6）染毒区房间及通道洗消

1）下列房间及通道需进行洗消

① 密闭通道、防毒通道、通风竖井、扩散室、除尘室、滤毒室、洗消间或简易洗消间等；

② 医疗救护工程的分类厅及其所属的急救室、厕所、染毒衣物存放间等；

③ 柴油发电机室及其进、排风室、贮油间等；

④ 汽车库和抢修工程机械库的停车部等。

2）防空地下室的主要出入口内受污染的通道和房间，宜设置冲洗龙头供冲洗墙面和地面使用，其服务半径不宜超过 25m，其工作压力不宜小于 0.2MPa。

3）需冲洗的通道和房间，应设置直径不小于 75mm 的防爆地漏，将冲洗的洗消水收集排至集水池。事后采用移动式潜污泵将集水池的污水处理后抽送到室外。

4）人员洗消废水的集水池宜设置在洗消间下部或其附近。防护密闭门外通道的墙面、地面冲洗水的集水池宜设置于防护密闭门外的通道下部。如图 7-101 所示。

5）洗消废水的排水系统宜单独设置。当清洁区的排水系统需与洗消水系统合并排出时，应有清洁区不被污染的措施。(如受水口设水封隔断、检查井、孔口、盖板等均应密闭)。

6）地面应有不小于 0.01 的坡度，坡向地漏或排水沟。地漏箅面埋设标高，应低于设置处地面 5～10mm。

7）平时不排水地面的地漏，应设密闭盖。

7.5.5 排水

(1) 排水量

1）防空地下室除生活和机械排水之外，还应考虑洗消废水和内部雨水的排除。

2）生活、机械的洗消的排水量同给水量。

(2) 排水种类和排水方式

1）排水的种类

① 生活污水：生活粪便、洗漱排水、淋浴、厨房等生活污水；

② 工业废水：生产车间设备排水（污、废水）、通信、空调等设备排出的废水；

③ 洗消污水：人员洗消排水及染毒区墙面、地面洗消污水、洗消设备排水；

④ 消防排水；

⑤ 防空地下室口部雨水等。

2）排水方式

① 自流排水方式：这种排水方式一般在山区城市，地形条件允许防空地下室的排水直接排出时采用，但排出管道上应设置止回阀和公称压力不小于 1.0MPa 的铜芯闸阀等防止倒灌。排出围护结构前应设有公称压力≥1.0MPa 的铜芯闸阀，且人防围护结构内侧距离阀门的近端面不应大于 200mm，如图 7-106 所示。在警报隔绝防护期间应将阀门关闭，内部所有污、废水均不能往外排放，一般需设有集水池，临时贮存污废水。

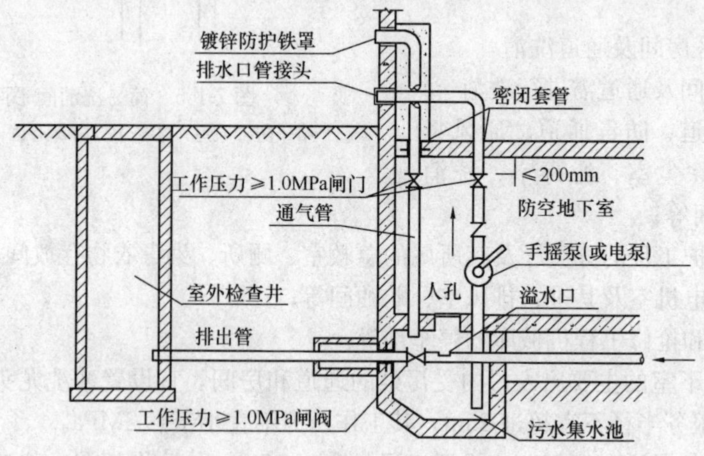

图 7-106 自流排水方式示意

② 压力排水方式：平原地区城市的防空地下室一般低于室外排水管道。一般采用由室内各种卫生器具排水管道汇集自流至污水集水池，经潜污泵或立式污水泵提升排出室外。如无可靠电源时，需增设人工手摇泵。在压力排水管上应设置阀门和止回阀，管道在穿过人防围护结构前应设铜芯闸阀，做法同自流排水方式，如图 7-107 所示。

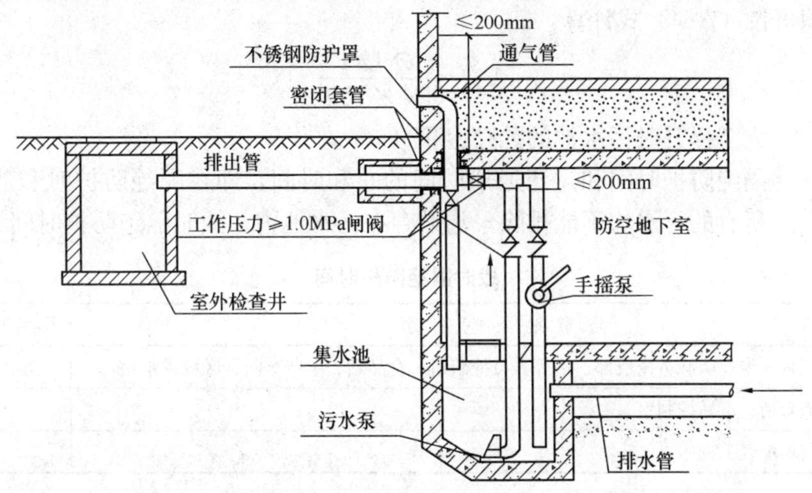

图 7-107　压力排水方式示意

③ 生活污水排入室外排水管道或市政排水管网前，应设置检查井。生活污水应按城市污水总体规划的要求进行处理。平战结合的医疗救护工程，其排水水质应符合国家标准《医院污水排放标准》等的规定。

(3) 污水贮存和提升设备

1) 污水贮存

① 污水集水池是贮存在隔绝防护时间内每个防护区单元里全部排除的总污水量，因为隔绝期间是不允许往外排水，否则会引起防护区内产生负压，所以必须先贮存在集水池里，解除警报后再排除。

② 污水集水池总容积可按式 (7-62) 计算：

$$V = V_Q + V_T \tag{7-62}$$

式中 V——污水集水池总容积 (m^3)；

V_Q——贮备容积 (m^3)；

V_T——调节容积 (m^3)。

③ 污水集水池的贮备容积可按式 (7-63) 计算：

$$V_Q = \frac{Q_1 L t' K}{24 \times 1000} + Q_2 t' \tag{7-63}$$

式中 Q_1——掩蔽人员生活用水量标准[L/(d·人)]；

L——防护单元内掩蔽人数 (人)；

t'——要求隔绝的防护时间 (h)，根据防空地下室的级别和用途来确定，一般 5、6 级人员掩蔽工程，按 3h；

Q_2——工艺设备的排水量 (m^3/h)；

K——安全系数，一般取 1.25 左右。

④ 污水集水池的调节容积的计算与地面工程相同，可按《建筑给水排水设计规范》的要求，根据水泵启动次数来确定，每小时按 4～6 次，但不得超过 6 次。不等小于最大一台水泵 5min 的出水量。

⑤ 采取人工排水时，在空袭之后采用人力把污水提升到防空地下室外面，这时所需的贮存容积可按（7-64）式计算：

$$V_{P}=\frac{Q_{1}Lt''K}{24\times1000} \tag{7-64}$$

式中　V_P——人工提升时污水池的贮存容积（m^3）；

t''——隔绝防护时间和过滤通风时间的总和时间，即在隔绝防护时和滤毒通风时所有的污水均不能排除，均贮存在污水池内。战时隔绝防护时间见表 7-55。

战时隔绝防护时间　　**表 7-55**

防空地下室用途	隔绝防护时间（h）
医疗救护工程、专业队队员掩蔽部、一等人员掩蔽所、食品站、生产车间、区域供水站	≥6
二等人员掩蔽所、电站控制室	≥3
物资库等其他配套工程	≥2

⑥ 污水集水池的一般要求：

a. 污水集水池的贮备容积应有不被它用的措施，应在临战前保证将污水抽空，不被其他用水占用。

b. 污水泵选用的是防堵塞的潜污泵或立式污水泵时，可不设格栅。

c. 污水池顶上应设有检修用的密闭型人孔、通气管、爬梯及水位器等设施。

2）污水泵房及提升设备

① 污水排水泵宜选择潜污泵、无阻塞潜污泵，若采用卧式污水泵，应选择自灌式污水泵，便于自动启动。

② 污水排水泵应有备用泵，启动方式采用自动控制，当在最低水位时停泵，当到最高水位时第一台水泵启动。如流入水量超过排水泵的排水量时，水位继续升高至超高水位时，第二台备用泵同时启动并发出报警，超高水位也应是报警水位。

③ 防空地下室战时没有可靠电源时，还应在泵房内另设有人工操作的手摇泵作为紧急排水用。电泵与手摇泵的出水管应连通排出。

④ 平时没有用水，也没有排水的工程可以将泵放在仓库不安装。

⑤ 污水泵房应设有通风排气装置，防潮、隔声设施。

⑥ 设有集水池的房间及污水泵房应设有冲洗龙头及软管，便于冲洗地面。

（4）排水管道布置和敷设的原则

1）凡卫生器具和用水设备的排水均应设有水封，起到隔臭作用。

2）排水管线尽量做到最短、避免多拐弯、水力条件最有利，采用最短距离的排出管（自流的直排水管道），或最短的排水方式，如图 7-108 所示。

重力流外排在城市的防空地下室是比较难实现的，只有在山地城市有可能。采用重力流外排时，冲击波可能沿排出管道进入防空地下室内部，故排出管在穿人防围护墙前应设有工作压力≥1.0MPa 铜芯闸阀，以便在临战关闭隔断与外界联系，在内部应设有应急的

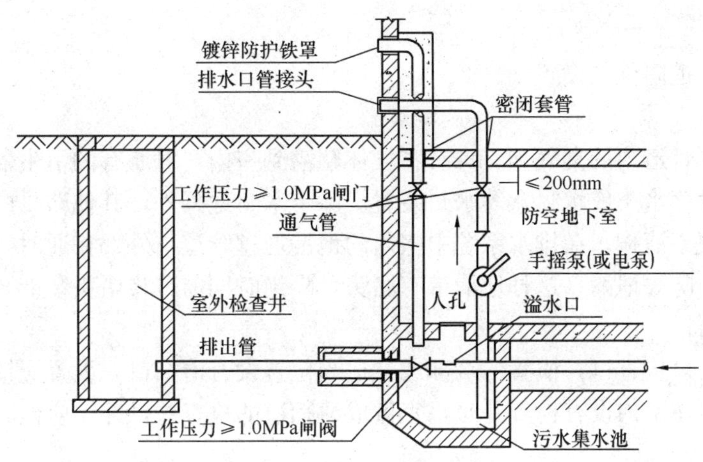

图 7-108 自流排水方式示意

溢流口和应急集水池（坑），暂时贮存排放的污水，并设有机械提升设备（即潜污泵等），或人工提升设备（即人工手摇泵等）。

3）尽量避免或减少排水管和其他管道和设备的交叉敷设，如需交叉时，一般是小管径让大管径的管道，压力管道让重力流排水管。

4）严禁排水管道穿越电气设备房间。

5）排水管道不得布置在遇水会引起燃烧或爆炸等物品的上部。避免管道漏水或结露滴水引起事故。

6）排水管道不得穿越伸缩缝、沉降缝、变形缝，以防管道损坏，若需穿越时，应采取相应的防护技术措施。

7）压力排水管道穿越人防围护结构或顶板时，应设密闭套管，并应在人防围护结构内侧或顶板下侧设有工作压力≥1.0MPa 铜芯闸阀，该阀边距墙或顶板的距离不应大于 200mm。

8）敷设在底板中的排水管，需用钢筋混凝土包裹，以加强管道强度，避免损坏，影响基础。其做法是：若排水管低于板在 500mm 之内，可与底板一起浇筑；若低于底板大于 500mm 时，可与底板分开单独敷设，如图 7-109 所示。

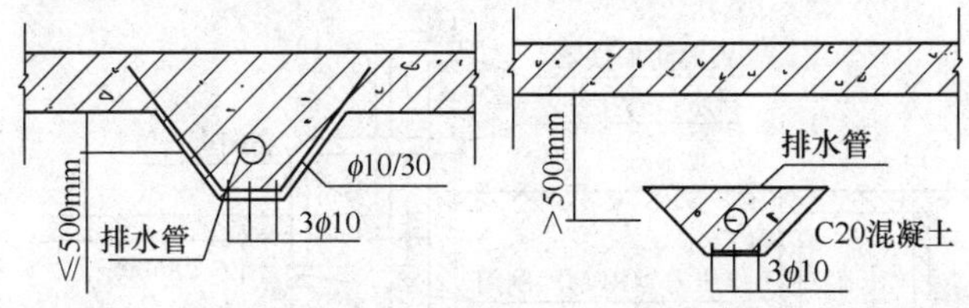

图 7-109 排水管道埋设方法示意

9）排水管道一般采用刚性连接，如排水管与有振动设备连接或管道经过振动地段时，排水管应采用柔性连接。

10）排水管排出带有腐蚀性污水时，排水管应采用防此种腐蚀的管材，且宜将排水管敷设在管沟内。

11）防空地下室上部建筑的生活污水管、雨水管、燃气管不得进入防空地下室，如图

7-110 所示。

(5) 排水管道附件的设置

1) 水封装置

为防止排水管道内的臭气和有毒有害气体飘溢到室内，对所有的卫生器具和用水设备的下部，均应设存水湾或水封盒等水封装置。除带水封地漏外，其他器具的存水湾尽量设于地面上，以便于清掏。在排水系统中室内的地漏通过管道与外部相通时，为防冲击波进入内部，应采用防爆地漏（这种地漏带有堵头，隔绝时期前可将堵头装上）。

2) 清扫设备

排水立管上设检查口，横管的端部或在适当位置设有清扫口，设置应按地面建筑有关要求相同。如需在室内设有检查井时，宜做成清扫口的检查井，井盖应做有密封盖板，如图 7-111 所示。

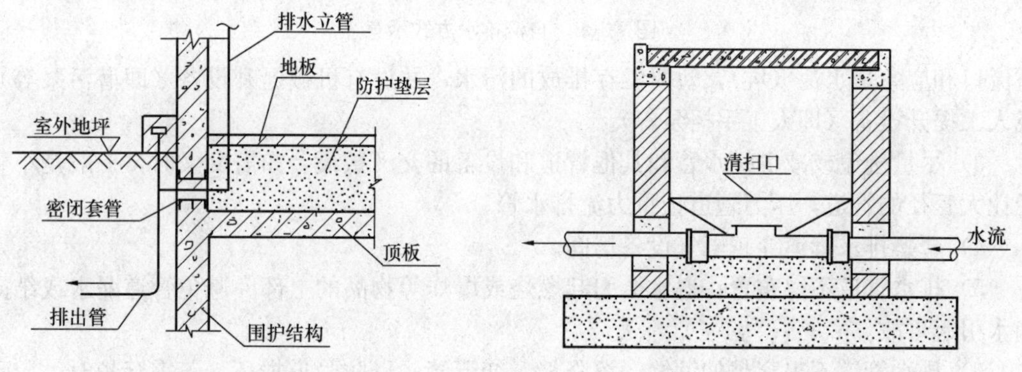

图 7-110　排水管不穿过防空地下室　　图 7-111　室内检查井设置示意

3) 通气管

为了排出管道中的气体、防止真空虹吸作用和气压作用而破坏水封，集水池的通气管做法可参照图 7-112、图 7-113 所示。

生活污水管的通气管做法可参照图 7-114、图 7-115 所示，并应在通气管穿越人防围护结构或顶板的内侧，设有工作压力≥1.0MPa 铜芯闸阀。

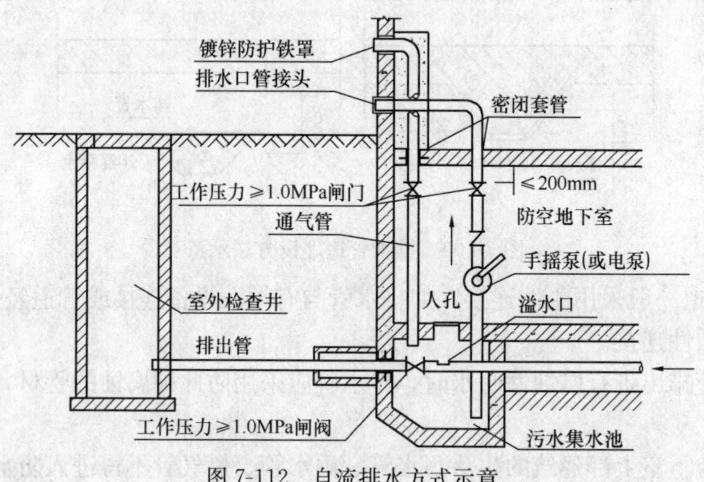

图 7-112　自流排水方式示意

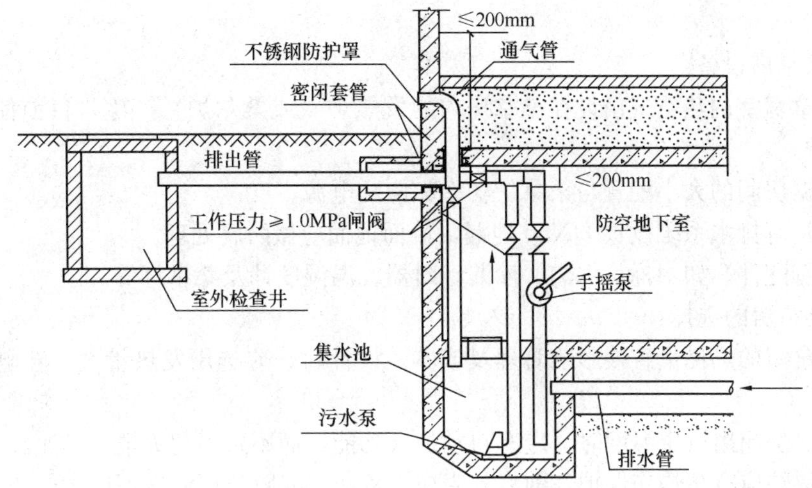

图 7-113 压力排水方式示意

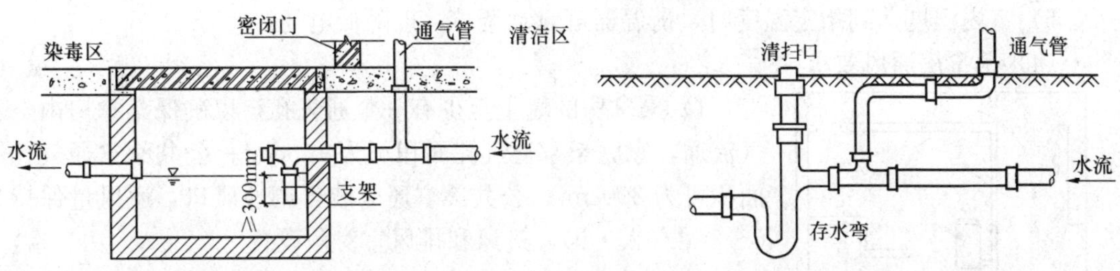

图 7-114 生活污水管通气管的做法（一）

图 7-115 生活污水管通气管的做法（二）

4）防爆地漏

使用于冲击波正向受压，反向受压时可采用铜制清扫口。

7.6 健身休闲设施

7.6.1 组成

随着人们生活水平的不断提高，人们对文化娱乐健身休闲的要求，也在向更高层次发展。目前在国内健身休闲设施也较齐全。如：保龄球馆、网球场、模拟高尔夫、桑拿、激光幻战、水上乐园、宇宙穿梭、电子游戏等。这些设施可根据建设者的不同要求，由专业设计师或设备承包商进行设计、安装及调试。本节就常用设施如桑拿浴、蒸汽浴、水力按摩浴、多功能按摩淋浴及嬉水设施进行一些描述，提供的有关技术数据和原则作为给水排水专业人员配合设计时参考。对有关设备性能等资料和数据，应以供货商提供为准。

7.6.2 桑拿浴

（1）桑拿房：桑拿房墙身系采用经高温处理过的上乘白松木制作，隔热材料藏于白松木与墙壁间，发挥保温隔热的作用。整个房间可独立放置，不需预先建筑土建墙壁与外墙装饰。可以拆装组合搬运方便。此外，桑拿房外墙亦可采用与周边环境相统一的建筑饰面材料装修。

（2）桑拿房设备：

1）桑拿房室内热空气由设在桑拿房内的发热炉（或桑拿炉）产生，目前使用较多的是电加热炉。

2）根据房间的大小配置与桑拿炉功率相应的电源。

3）应具有排水系统设置 *DN*50 地漏，墙面地面应做防腐处理。

4）另有配件。如木桶、木勺、沙漏计时器、温湿度计及桑拿灯等。

（3）桑拿房的选择：

1）桑拿浴的热耗量直接影响管理及成本。设计时，应选用发热量大、耗电量低的桑拿发热炉。

2）发热炉超出设定温度时，应有自动熄灭功能，而不致引起火情。

3）发热炉应有防灼伤保护，前后外壳应有隔热层，隔热层温度不应大于40℃。

4）炉内宜设空气加湿水槽，水注入水槽内可提高室内湿度。

5）室内温度达到指定温度时，衡温器可自动调节，以降低电耗。

（4）桑拿房通风要求：

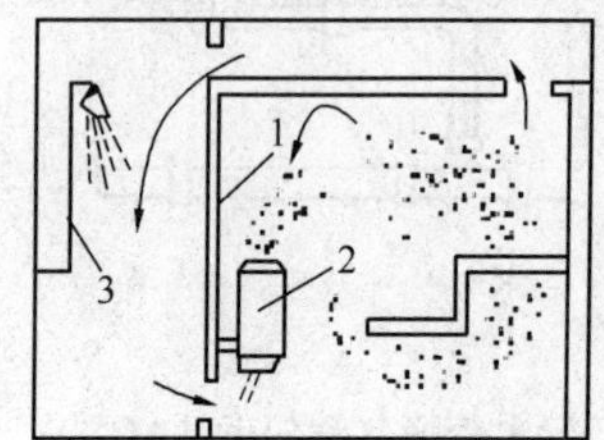

图7-116　桑拿房示意
1—墙壁；2—电加热炉；3—淋浴器

1）桑拿房的墙上至少有一个通气孔，以确保桑拿房内空气流通，家庭桑拿通气孔面积可为100cm^2；公共桑拿通气孔面积可为300cm^2；公共桑拿还应装可调通风口，通风量保持6～8m^3/(人·h)，进风和排风宜对角设置。

2）桑拿炉应设在桑拿房门边，以便空气流通循环，桑拿房外宜设淋浴喷头，见图7-116。

（5）大中型桑拿中心设有自动喷水灭火时，喷头释放温度宜为141℃。

（6）桑拿房的大小，应根据设计使用人数及建筑面积等条件确定。桑拿浴房的设计数据，可参见表7-56。

桑拿浴房设计参考参数　　**表7-56**

外形尺寸（长×宽×高）(mm)	电炉功率 (kW)	电压 (V)	使用人数 (人)
1000×900×2000	2.0	220	1～2
1200×1200×2000	3.0	380	2～4
1500×1200×2000	4.5	380	3～6
1500×1500×2000	4.5	380	5～9
2000×1500×2000	6.0	380	5～9
2000×2000×2000	8.0	380	8～12
2000×2500×2000	8.0	380	8～12
2500×2500×2000	9.0	380	9～13

续表

外形尺寸（长×宽×高）(mm)	电炉功率 (kW)	电 压 (V)	使用人数 (人)
3000×2500×2000	10.5	380	9～13
3000×3000×2000	12.0	380	10～18
3500×3000×2000	15.0	380	14～14
4000×3500×2000	18.0	380	18～30

(7) 与桑拿浴相类似的另一种浴为再生浴。再生浴房与桑拿浴房相同，其设计条件也可参照桑拿浴，所不同的是再生浴分高、低温两种，温度与湿度也区别于桑拿浴。

(8) 桑拿浴再生浴使用温度及湿度，见表7-57。

桑拿浴、再生浴使用湿度及湿度 **表7-57**

名 称		水湿（℃）	空气湿度（%）	名 称		水湿（℃）	空气湿度（%）
桑拿浴	高温	100～110	100	再生浴	高温	55～65	40～50
	低温	70～80	100		低温	29～37	40～50

7.6.3 蒸汽浴

蒸汽浴是由设在蒸汽浴房外部蒸汽发生器产生蒸汽后，通过管道送入浴房内进行蒸汽浴的方式。

(1) 蒸汽浴房尺寸确定：蒸汽浴室的大小与蒸浴人数和蒸汽发生器功率有关，参见表7-58。

蒸汽房和蒸汽发生炉关系 **表7-58**

浴缸尺寸（长×宽×高）(mm)	蒸汽炉功率 (kW)	使用人数 (人)	浴缸尺寸（长×宽×高）(mm)	蒸汽炉功率 (kW)	使用人数 (人)
1950×1200×2350	5	4	1950×3000×2350	9	10
1950×1800×2350	7	6	1950×3600×2350	10	12
1950×2400×2350	8	8	1950×4200×2350	12	14

(2) 蒸汽浴设置要求：

1) 蒸汽发生器应设置在易于检修操作方便的位置，一般要求设置在距蒸汽浴室不超过6m的地面上或架空。

2) 接至发生器的水，可为冷水（最好为热水）。在接近发生器处，应装过滤器和阀门。

3) 蒸汽发生器进出口管宜采用铜管，也可用热镀锌钢管。浴室内的蒸汽出口管一般装在距地面0.3m以上，蒸汽出口配件应由供货厂家提供。

4) 蒸汽发生器进水口处，应装水流信号阀。当断水时，可自动切断电源。

5) 蒸汽管上不允许设置阀门，供汽管道不宜过长，一般在3m以内；当温度低于4℃的地方和蒸汽管道大于6m时，应采取保温措施。蒸汽管道的安装，应避免锐角和局部下凹状形，以免产生噪声。

6) 蒸汽发生器上的安全阀和排水口，应设在安全地方，以免引起烫伤。

7）浴室内应设置排除蒸汽凝结水地漏，地漏一般为 *DN*50。

8）蒸汽浴室内应根据需要设淋浴器，淋浴器的数量应根据使用人数确定。

9）浴室外宜设排风装置和冷水喷嘴，浴房内亦可设自动清洗器，以排除浴室内多余蒸汽。

7.6.4　水力按摩浴

（1）按摩浴分类：

1）按摩浴缸：按摩浴缸又分为家庭型浴缸和公共型按摩浴缸。其水容量一般为 900～3500L。

2）按摩浴池：按摩浴池分为二温池（热、温水池）和三温池（热、温和冷水池）。二类池水容量一般为 6～10m³。

（2）按摩浴盆组成：

1）标准型水力按摩浴盆由下列部件组成，见图 7-117。

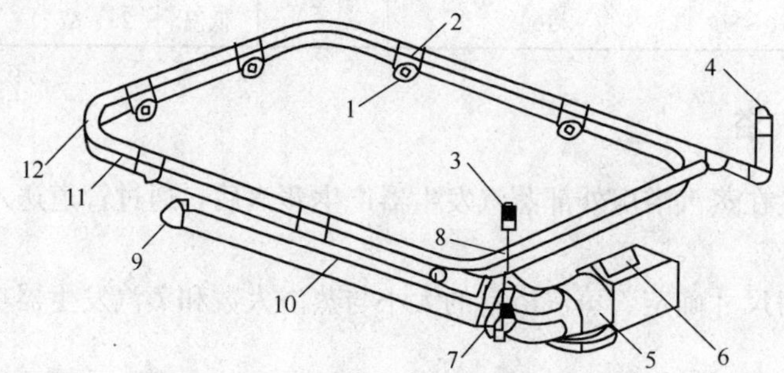

图 7-117　标准型水力按摩池管道配件

1—水力按摩喷嘴；2—水力按摩喷嘴本体；3—空气按钮；4—无声空气控制器；5—按摩水泵；6—空气开关；7—连接件；8—空气传动管；9—吸水口管件；10—吸水管 *DN*50；11—供水管 *DN*25；12—空气管 *DN*25

2）带有小型循环装置的家庭水力按摩浴缸的配套设备及性能，参见表 7-59。

家庭水力按摩浴缸配套设备性能（不连续使用）　**表 7-59**

设备性能 / 浴盆水容量（L）	过滤罐直径	过滤水泵（L/h）	按摩泵（L/h）	热交换器（kW）	气泵（m³/h）
1200	ϕ350 5.000L/h	5000	16000	6	100
2200	ϕ500 9.000L/h	9000	16000	6	100

3）带有小型水循环装置的公共水力按摩浴缸配套设备性能，参见表 7-60。

公共水力按摩浴缸配套设备性能（连续使用）　**表 7-60**

设备性能 / 浴盆水容量（L）	过滤罐直径	过滤水泵（L/h）	按摩泵（L/h）	热交换器（kW）	气泵（m³/h）
1200	ϕ450 8000L/h	8000	16000	6	100
2200	ϕ450 8000L/h	8000	16000	6	150
2500	ϕ650 13000L/h	13000	21000	6	150

浴缸的冷热水管和配管设计与普通浴缸相同。设置浴缸的房间其地面，应设置 DN50 地漏。

4）钢筋混凝土建造的水力按摩浴池，分二温池和三温池。二温池和三温池是桑拿房、蒸汽房的配套设施，每个池需单独配置管道和设备。

①设计原则：浴池宜设在建筑物的底层，池底可与地面平；若设在楼层，池底应低于所在楼面，与其配套的机房面积也相应降低，便于管道连接和水泵启动。浴池设计的最佳尺寸，见图 7-118。

② 浴池尺寸确定：浴池水容量的大小与座位数的关系一般为：

1 座位＝400～600L

2 座位＝1000～1300L

4 座位＝1400～1800L

5 座位＝1800～2200L

6 座位＝2200～2600L

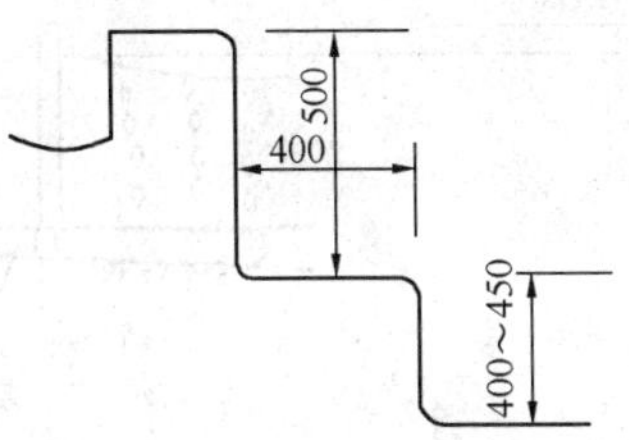

图 7-118 浴池设计尺寸示意

③浴池的水处理：水力按摩浴池的水处理量，应根据沐浴人数和池座位数确定。沐浴时间建议不超过 20min，每人的水处理量宜为 $3m^3/h$。

a. 过滤：循环水过滤器宜采用小型玻璃钢高速砂过滤器。过滤器和循环水泵的选用，应根据其循环周期确定：

a）家庭水力按摩池为 1h。

b）公共水力按摩浴池宜采用 10～20min。

b. 池水的加热：水力按摩浴池水温温差小，加热可采用电加热器或利用热水做热媒的水-水加热器。

c. 池水的消毒：池水消毒可采用溴化物、氯片或氯矾作为消毒剂，采用自动投加。投加量控制在 0.4～0.5mg/L，最大为 0.6～0.7mg/L（如必要时短时间可加至 1.2mg/L）。pH 一般控制在 6.5～7.5 范围内。

d. 为保持浴池的水量和水平面稳定，应需设平衡水箱。平衡水箱容量最少为 1600L，选用时不宜过大。

e. 水力按摩：池补水，按式（7-65）、式（7-66）计算：

$$Q_d = K_1 Q(m^3) \tag{7-65}$$

$$Q_h = K\frac{Q_D}{H}(m^3/h) \tag{7-66}$$

式中 Q_d——最高日补水量（m^3/d）；

Q——按摩池总容积（m^3）；

K_1——每日按摩池补水的百分比（%），可取 20%～25%；

Q_h——最大小时补水量（m^3/h）；

K——小时变化系数取 1.5～1.8；

Q_D——最高日用水量（m^3/d）；

H——营业时间取 10～12h。

由于按摩池补水量少，而第一次加水或换水水量较大，所以一般取冷热水管径各

为 $DN25$。

浴池补水也可按每人 75L 估算。

f. 水力按摩池水质，应符合国家饮用水水质标准。

④水力按摩所用气泵是根据按摩池的大小，池中的喷嘴数和气床所带的孔数而定。常用气泵功率和排气量如下：

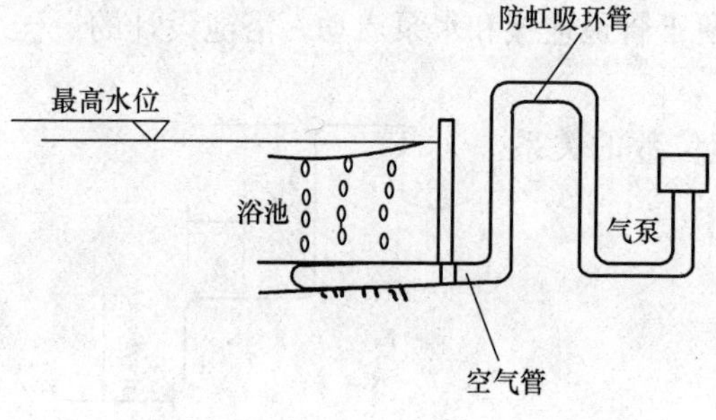

图 7-119　浴室防虹吸系统

a. 功率：1.1kW，排气量为 100～120m³/h。

b. 功率：1.47kW，排气量为 195m³/h。

c. 功率：2.2kW，排气量为 275m³/h。

气泵应设在浴池水面以上，一般应大于 450mm。如条件限制不能满足安装要求时，应在气泵和浴池的空气进口处设一防虹吸环管，以防水返流入气泵内，见图 7-119。

⑤水力按摩浴池的水力系统分为单系统、双系统两种形式。

其单系统见图 7-120；双系统见图 7-121。

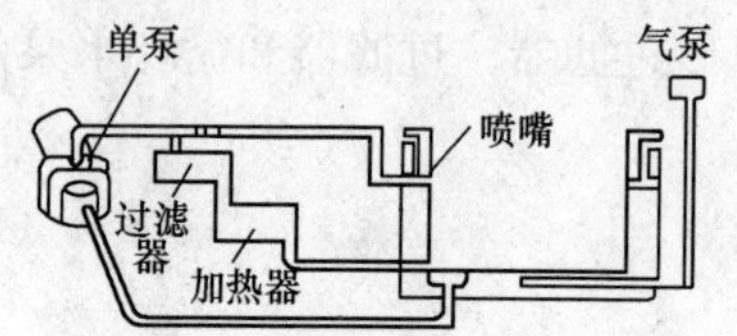

图 7-120　水力按摩浴池的水力单系统

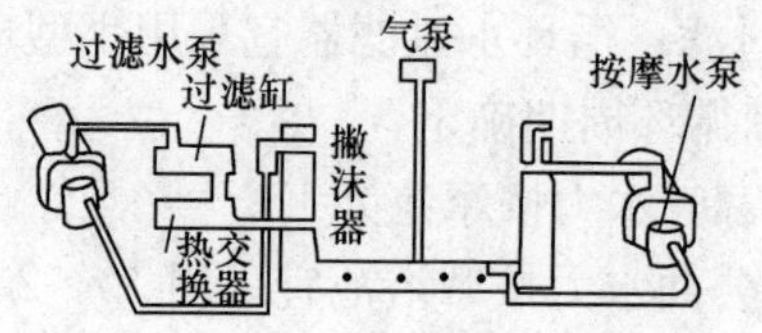

图 7-121　水力按摩浴池的水力双系统

⑥水力按摩池喷嘴：水力按摩喷头分内水型和外水型两种，常用内水型喷头较多。平均出水量为 37.85L/min（10GPM）。普通喷嘴具有 5mm 开口、缝长 15mm、1.40kPa 时，其流量为 0.75L/s。不同孔径喷嘴的出水量，见表 7-61。

不同孔径的出水量（m³/h）　　**表 7-61**

70kPa	7mm	8mm	9mm	10mm
	2.04	2.46	3.06	3.90

可调试喷嘴的流量：

喷嘴直径 $DN14$，流量 Q=3000L/h。

喷嘴直径 $DN20$，流量 Q=5000L/h。

喷嘴直径 $DN25$，流量 Q=7000L/h。

水力按摩喷嘴的最佳位置，见图 7-122。

⑦当浴池座位底部和池底同时需要空气喷射时，空气管道应分别设置，可由一台气泵供给。其空气管设置见图 7-123。

池底及第二台阶处增设喷嘴的按摩池形式，见图 7-124、图 7-125。

⑧水力按摩池可与游泳池合建，其组合形式（一）、（二）见图 7-126、图 7-127。

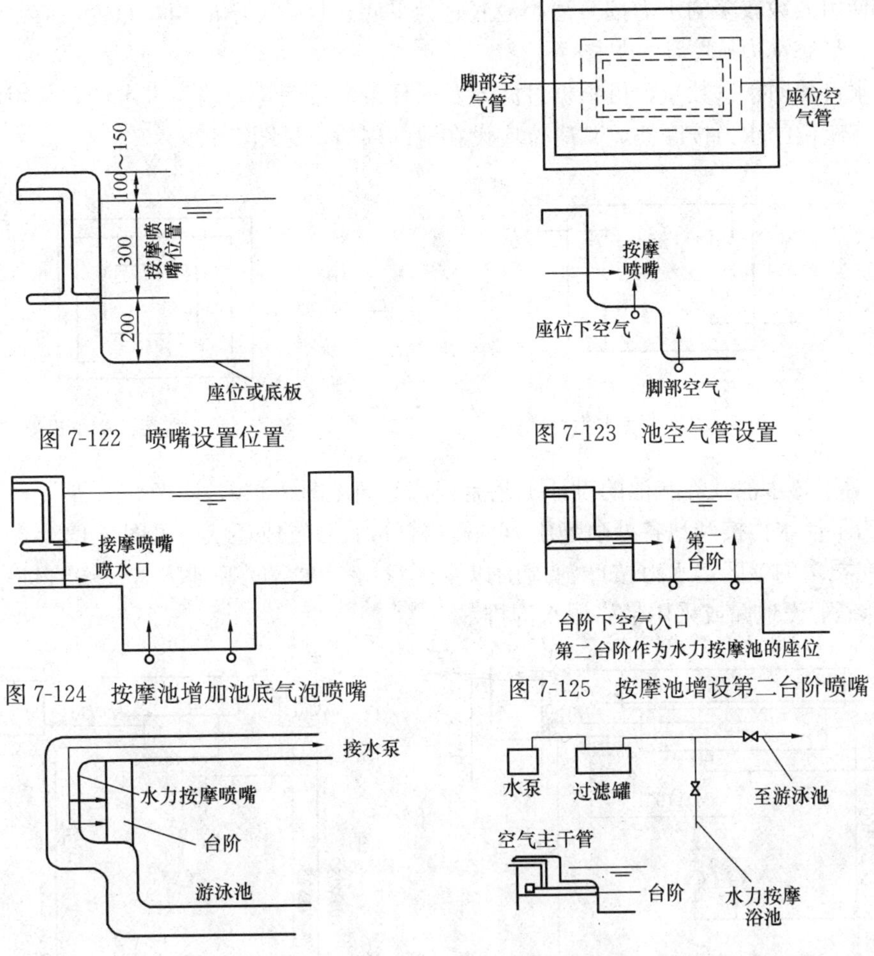

图 7-122 喷嘴设置位置

图 7-123 池空气管设置

图 7-124 按摩池增加池底气泡喷嘴

图 7-125 按摩池增设第二台阶喷嘴

图 7-126 按摩池与游泳池合建形式（一）

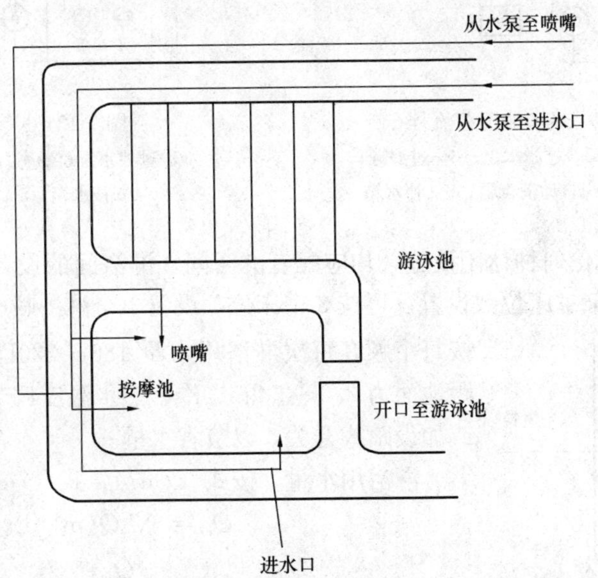

图 7-127 按摩池与游泳池合建形式（二）

⑨使用人数较多的水力按摩池，池底宜为平底、且喷嘴不应相对布置，应将喷嘴设在池角处。平底水力按摩池，见图 7-128。

进水口和回水口数量，可根据过滤器及循环泵流量确定，墙身进水口宜采用可调式。

带有座位的水力按摩池，其座位应设在池的周边，见图 7-129。

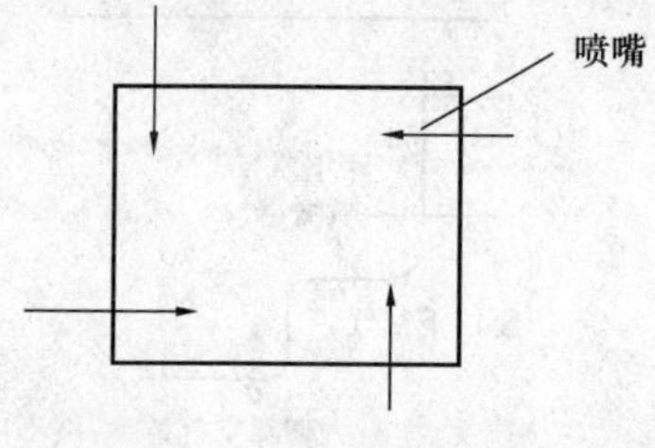

图 7-128　平底水力按摩池

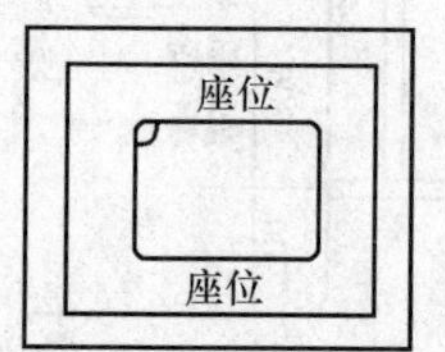

图 7-129　按摩池座位设置

⑩ 对于热水池及冷水池的设计工艺流程，分别见图 7-130、图 7-131。

⑪为了使水力按摩池各处喷嘴压力平衡，管道宜布置成环状，见图 7-132。

⑫在桑拿的湿区，水力按摩池周围以及蒸汽房、淋浴间等地方，一般宜铺一层疏水篇。疏水篇下设地漏或采用带格栅水沟排水。

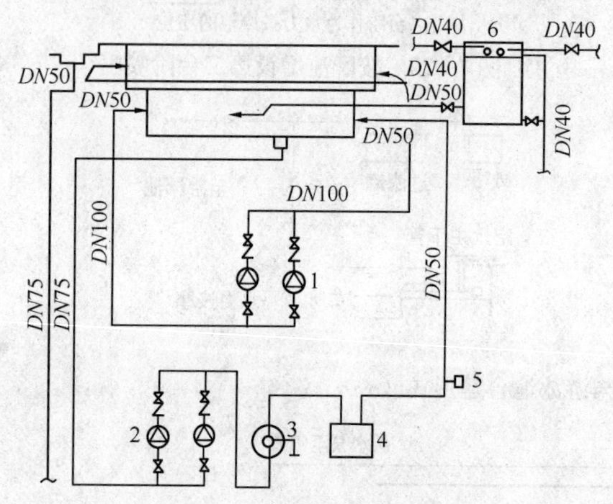

图 7-130　热水池工艺流程

1—按摩水泵；2—过滤水泵；3—过滤罐；4—加热器；5—自动消毒器；6—补水箱

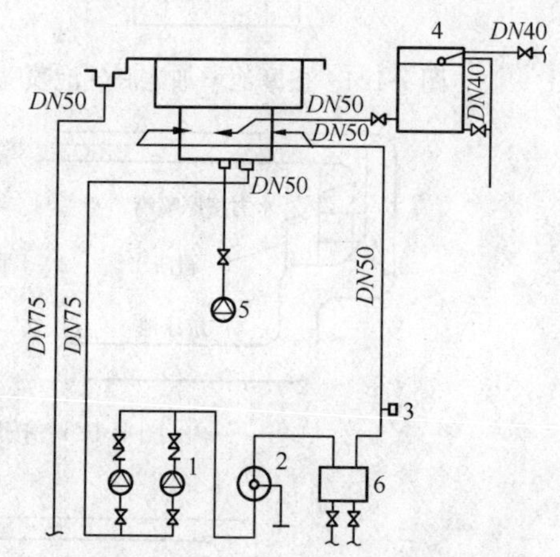

图 7-131　冷水池工艺流程

1—过滤水泵；2—过滤罐；3—自动消毒器；4—补水箱；5—气泵；6—制冷机

5）淋浴间：无论何种休闲设施，均应配有淋浴间。淋浴间的设置可根据实际使用人数而定，也可根据桑拿床位数设置。可按 3 个床位，设置 1 个淋浴喷头。淋浴用水量，可按每个顾客每次淋浴用水量 180～220L 计。淋浴龙头装在距地面为 2.0～2.2m。冷、热水温度调节，可配置调温开关或加设踏式开关，以节省水量。

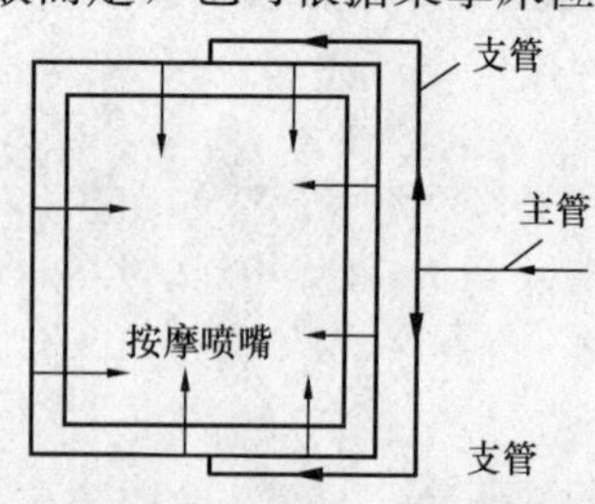

图 7-132　按摩池管道环状布置

淋浴用水量，按式（7-67）、式（7-68）计算：

$$Q_D = NLQ(m^3/d) \tag{7-67}$$

$$Q_h = K\frac{Q_D}{H}(m^3/h) \tag{7-68}$$

式中 Q_D——最高的用水量（m^3/d）；

Q_h——最大时用水量（m^3/h）；

N——按摩床位数；

Q——每个顾客每次淋浴用水量，取 180～220L；

L——每床位数每天接待顾客人数（人），取 3～4 人；

H——每天营业时间（h），取 10～12h；

K——时变化系数，取 1.5～1.8。

7.6.5 嬉水乐园

嬉水乐园设计原则：

1）嬉水乐园属于一种较大型的娱乐活动场所。其内容包括有：冲浪池（人工造浪游泳池）、50m 标准游泳池、跳水池、潜水池、水滑道、环流池（暗河）、探险池、按摩池、儿童池、瀑布、喷泉、逆流池等设施。所需的占地面积及空间距离较大。基本上是由陆地和水面两部分组成。陆地面积与水面积之比，一般为 6∶4 左右。

嬉水乐园的布局原则：

①从浅水到深水。

②从高处到低处。

③从小惊险到大惊险，池与池相连，加强水池的连贯性。

2）水专业的设计要点：

① 嬉水乐园水处理系统的水质标准应比一般游泳池高，如浊度定为 1～1.5 度。室内外大池水循环周期提高到 2～3h；水滑道为 0.5h；大小按摩池为 0.15h，以保证池水的清澈透明。

② 从目前国内水处理消毒技术的发展，考虑到造价适中、成本低、效果好，以采用次氯酸钠或二氧化氯为宜。在经济可能的条件下，亦可采用臭氧和氯协同工作的消毒设备。

③ 造浪机有机械推板式、空气压缩式和真空式三种。为了安全起见，冲浪池高度峰谷差建议在 0.3～0.6m 之间，宜采用空气压缩式造浪机。

④ 空气压缩机宜选两台，每台功率约 30kW 的鼓风机，建议设四个空气小室，交替工作。

⑤ 为了充分发挥造浪机的效果，冲浪池的平面以略带扇形为宜。如选用空气压缩式造浪机，平均池宽 10～20m 左右，池底设有直线段（约 5m），之后池底带坡 6%～8%，水深从 1.8～0.3m，总长约在 30～50m。

⑥ 滑道设施应选用表面光滑、质量好，皮肤触感良好，耐久性强、质轻、强度高的玻璃钢制品。并应设提升水泵供滑道用水。

⑦ 选择水滑道的提升水泵时，其流量不仅与滑道使用对象、用途、滑道宽度等有关，还与滑道坡度有关。一般情况下，根据滑道用途、形状、宽度、滑道的坡度（除快速滑道外的滑道坡度，一般为 10%），可参见表 7-62 估算水泵流量。

各种水滑道需水量　　表 7-62

滑道名称	最小水量（L/min）	滑道名称	最小水量（L/min）
宽 1000mm 水滑道	2000	管线滑道 $\phi1200$	2000
宽 2000mm 家庭滑道	1500	快速滑道（高度 15m，$i=90\%$）	2000
宽 4000mm 家庭滑道	2000	隧道和管状滑道	2 台 14000 或
宽 1400 浮筏滑道	4000～6000	$\phi1300$，$i=11\%$	3 台 7000
管状滑道 $\phi800$	1500	三峡滑道 2000～3000mm	20000

水泵的扬程，按实际高程和管道水阻力计算。水泵可选多台，便于流量调节。

⑧为了保证池水循环和配水均匀，标准游泳池、冲浪池和跳水池的池水循环和配水，宜采用底部布置可调式进水口的底部进水和池周边用溢水回水的方法。

⑨大、小水池水处理系统的滤罐、带毛发过滤器的循环水泵、加热装置、消毒设备（包括自动加氯设备和控制仪表）及平衡水池（补水箱）均可设在造近池周边的地下室水处理机房内。

⑩ 为了减少机房面积，选用高滤速石英沙滤料和罐体材质为轻质的缠绕式玻璃钢过滤罐。为了操作方便，减少阀门，选用多通道阀。为了确保处理后水质，管道材料宜用优质 PVC、ABS 或 PE 等塑料管。

⑪嬉水乐园不允许因设备故障而停水或中断使用，在选用设备时，建议留有备用量。多台水泵时可满足 1/3 备用。

⑫根据池体大小，水循环系统设计分大循环系统（如冲浪池、标准游泳池、跳水池）和小循环系统（如滑道、嬉水、按摩、瀑布、景观喷泉、暗河、天池等）都设有独立的小循环系统。

⑬休闲和保健的冷水池、温水池、热水池或中药水池等水力按摩池均单独设水净化系统。

⑭喷泉的选型应根据工程性质而定。

⑮健身游乐用游泳池，根据需要，池中可增设气泡系列设施（水底气泡、水中气泡躺席和坐席）、喷嘴系列设施（逆流喷嘴、池壁多孔水力按摩及扁型喷嘴和水幕等），以及儿童滑梯、儿童嬉水池中设有趣味水帘、喷水、卡通动物等项目，管道和设备应配合设计。

⑯各池水温要求，除按摩池保持 40～42℃外，其余各水池均为 26～28℃。

⑰嬉水乐园入口处，设通过式脚消毒池，宜设强制淋浴。无强制淋浴时也宜设一般淋浴。

⑱池水水质应保持水质稳定，以免池水变色和池壁结污垢。

⑲池水排水至室外下水道，应考虑有防倒流措施。

⑳水池水面的蒸发，水处理反冲洗及人体带走的水，为保持稳定的水面，须向嬉水池补充水，水池的补水量，每小时不得小于游泳池水容积的 15%。

㉑各种水池池水的平均深度见表 7-63。

各种水池平均水深　　表 7-63

水池名称	平均水深（m）	水池名称	平均水深（m）
造浪池	1.4	跳水池	3.50
儿童池	0.6	潜水池	3.50
滑道池	0.85		

注：除跳水、潜水、激流池池底齐平、水深不变外，其余各池均由浅至深。

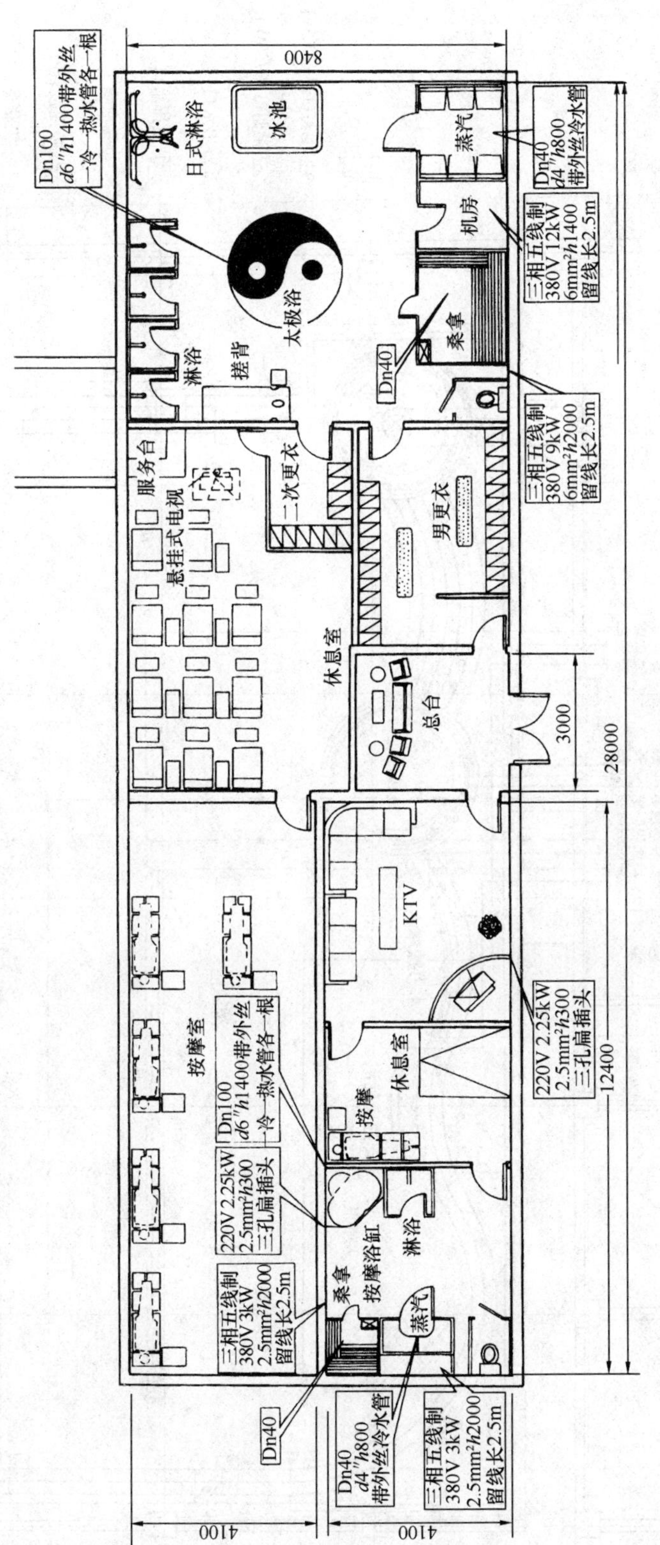

图 7-133 某饭店桑拿中心

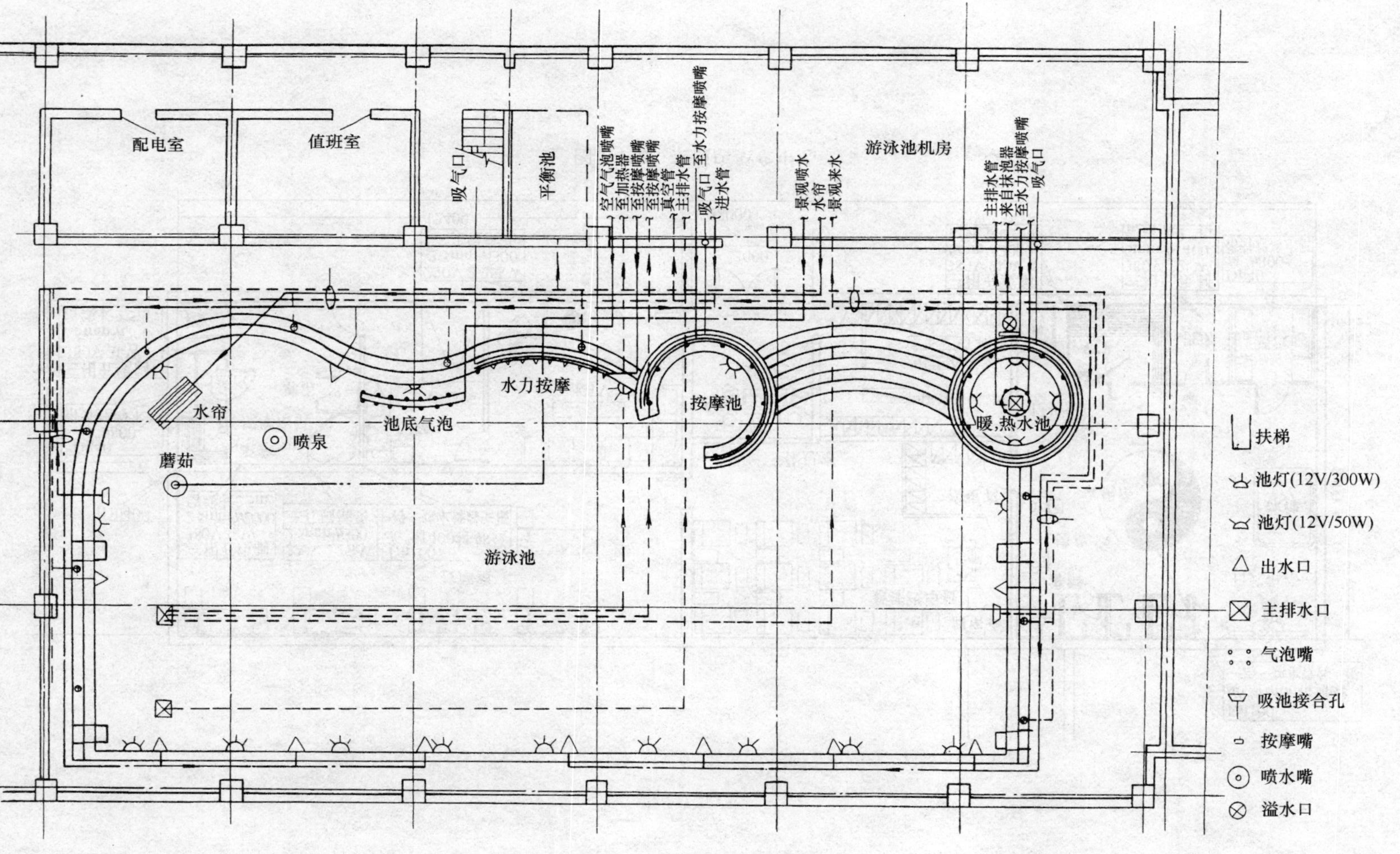

图 7-134 某俱乐部游乐中心

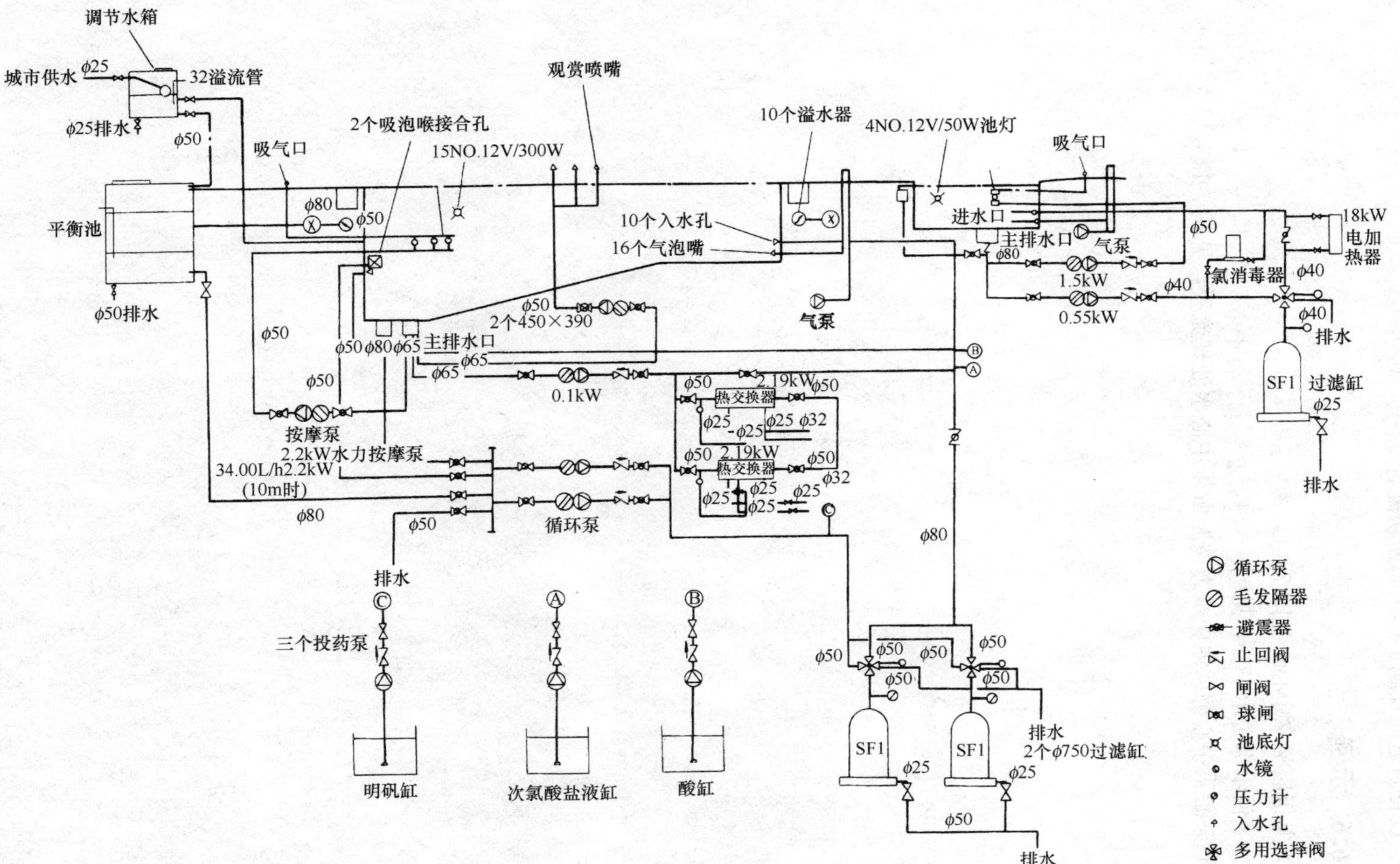

图 7-135 某游乐中心游泳池、水力按摩游乐中心水处理流程

3）休闲设施的整个项目设计中涉及许多环节。设计者与建筑师、建设单位、专业设计公司、设备制造商及施工单位需密切配合。

7.6.6 示例

(1) 某饭店桑拿中心，见图 7-133。

(2) 某俱乐部游乐中心，见图 7-134。

(3) 某游乐中心游泳池、水力按摩游乐中心水处理流程，见图 7-135。

8 循 环 水 冷 却

8.1 适用范围及设计特点

8.1.1 适用范围

本章循环水冷却的适用范围是指循环水量比较小的民用建筑和小型工业建筑。主要服务于空调系统及某些小型工业设备的冷却。设计的基本原则与大型工业循环水冷却设计的要求一致，本章只做简略介绍，有关内容可参《给水排水设计手册》第4册《工业给水处理》。

8.1.2 设计特点

(1) 选用的冷却设备类型比较单一，一般多采用敞开式机力通风冷却塔。

(2) 设备选型多采用配套的系列定型产品。冷却设备一般均不作热力、风阻和填料选型等计算。

(3) 不设专人进行维护管理。一般均从属于制冷站、空气压缩机房等管辖。

8.2 设 计 基 础 资 料

8.2.1 气象参数的选择

8.2.1.1 基本气象参数

(1) 干球温度 θ（℃）。

(2) 湿球温度 τ（℃）或相对湿度 φ。

(3) 大气压力 P（MPa 或 kPa）。

(4) 夏季主导风向、风速或风压（kPa）。

(5) 冬季最低气温。

8.2.1.2 选择

气象参数的选定：选择和设计冷却塔时，气象参数通常是按夏季不利条件下的气象资料整理而成。应根据被冷却设备对水温要求的严格程度，按规定频率来确定。具体确定方法如下：

(1) 计算气温的确定：

1) 计算冷却水温所采用的气象参数一般取最热时期（三个月左右）设定频率条件下的昼夜平均气温作为计算的气象参数。按不同行业要求，其频率值可按有关行业规范、规程选用。

2）气象参数的频率计算所依据的资料应是最近连续5a以上的数据，并且取每年最热三个月的日平均温度作为统计值。

3）日平均温度宜采用国家气象部门规定的一昼夜四次标准时间（一般为当地时间2时、8时、14时、20时）的平均值。

4）根据上述资料，对日平均干湿球温度进行统计，并以温度为纵坐标，各种温度（平均每年温度超过规定值）时频率为横坐标，绘出频率曲线，即可求出在各种设计频率下的湿球温度、干球温度。湿（干）球温度计算统计表，见表8-1。

湿（干）球温度计算统计表 **表8-1**

序号	温度区间	一年中该温度区间的天数					共出现天数	累计天数	平均每年温度超过规定值的天数	各种温度频率（%）
		2006年	2007年	2008年	2009年	2010年				

所采用的气象资料。应是冷却设备所在地的气象台（站）的资料。当缺乏当地资料时，可选用附近地区有代表性的资料。

5）设计频率的选择：设计频率应根据工艺要求确定。一般是按工艺用水性质、重要程度和经济效益综合比较确定。当缺少工艺资料时，不同类别用户的气象参数设计频率，见表8-2、表8-3。

不同类别用户的气象设计频率 **表8-2**

类别	由于冷却水超温造成的影响	设计频率（%）
Ⅰ	使整个生产工艺过程破坏而造成巨大损失，空调系统工作的破坏	1
Ⅱ	使个别设备工艺过程及空调系统暂时破坏	5
Ⅲ	使整个生产工艺过程及个别设备的经济指标暂时降低	10

部分行业气象参数的设计频率参考数据 **表8-3**

序号	行业类别	频率（%）	序号	行业类别	频率（%）
1	石油化工和机械工业	5	3	高层民用建筑和重要建筑物空调系统	5
2	电力系统	10	4	一般民用建筑空调系统	10

（2）空气风速、风向：冷却塔计算中的外界空气风速通常采用多年夏季三个月（通常为7、8、9月）平均风速值。一般取距地面2m高度处风速作为计算值。

风向取当地夏季主导风向。

（3）大气压力：由当地海拔高度确定的大气压力值。由于大气压力还受气温的影响，故一般选用夏季日平均气压值。

（4）一般民用工程设计中，很难提供完整的气象资料。多数参照国家有关部门已统计的全国大中城市温度统计表选用；或采用就近城市气象资料。现将全国主要城市年平均气温超过下列天数的气象统计资料，列于表8-4供设计选用。

主要城市气象资料统计 **表8-4**

城市名称	日平均干球温度（℃）			日平均湿球温度（℃）			第13时干球温度（℃）	第13时湿球温度（℃）	风速(m/s)	大气压力(kPa)	夏季主导风向		
	5d	10d	15d	5d	10d	15d	5d	5d			6月	7月	8月
北京	31.1	30.1	29.5	26.4	25.6	25	34.6	27.3	0.79	98.60	S	S	N
上海	32.4	31.5	31.0	28.6	28.0	27.7	36.2	29.5	1.58	99.09	ESE	SSE	ESE
天津	31.0	30.1	29.5	27.1	26.3	25.7	34.1	28.0	1.65	99.12	SE	SE	SE
重庆	34.0	33.0	32.2	27.7	27.3	27.0	37.5	28.2	0.81	96.07	N	N	NE
石家庄	31.9	31.0	30.5	26.6	25.7	25.0	35.8	27.2	0.89	98.43	SE	SE	SE
太原	29.3	28.5	27.7	23.3	22.5	22.0	33.5	24.5	1.16	90.58	NNW	NNW	NNW
呼和浩特	27.0	26.2	25.5	20.7	19.8	19.4	30.7	21.7	0.97	87.75	SSW	SSW	SSW
南京	33.6	32.6	31.8	28.6	28.2	27.7	36.7	29.6	1.55	98.63	SE	SE	SE
济南	33.8	32.8	32.0	26.7	26.2	25.6	36.8	27.7	1.86	98.43	SSW	SSW	ENE
合肥	33.0	32.2	31.5	28.5	28.0	27.6	36.5	29.2	1.74	98.92	S	S	ENE
杭州	33.2	32.5	31.8	28.7	28.3	28.0	36.9	29.8	1.10	99.09	SSW	SSW	SSW
福州	32.1	31.5	31.3	27.8	27.5	27.1	36.7	29.2	1.62	95.02	SE	SE	SE
沈阳	29.4	28.2	27.5	25.5	24.6	24.0	32.7	26.5	1.71	98.74	S	S	S
长春	28.5	27.4	26.5	24.0	23.1	22.5	31.8	25.2	1.70	96.73	SW	SSW	SSW
哈尔滨	28.8	27.7	26.8	24.1	22.9	22.0	32.5	25.1	1.67	98.58	S	S	S
汉口	34.0	33.4	32.7	28.5	28.1	27.7	36.7	28.8	1.50	98.83	SE	SSW	NNE
郑州	33.5	32.5	31.5	27.5	27.0	26.5	37.5	28.5	1.56	97.91	S	S	NE
长沙	33.7	33.1	32.6	28.0	27.5	27.3	36.7	28.4	1.41	98.43	NW	S	NW
南昌	34.0	33.4	33.0	28.4	27.6	27.0	37.0	28.5	1.88	98.57	NNE	SW	NNE
广州	31.6	31.3	31.0	27.8	27.5	27.4	34.5	28.6	1.13	99.23	SE	SE	E
南宁	31.9	31.6	31.0	27.7	27.5	27.3	35.6	28.5	1.08	98.04	SE	SE	E
成都	30.0	29.5	29.0	26.5	26.0	25.7	32.5	27.3	0.84	93.57	NNE	NNE	N
昆明	24.4	23.5	23.0	19.0	19.6	19.1	27.8	20.9	1.03	79.75	SE	SE	S
贵阳	27.5	26.5	26.5	23.0	22.7	22.5	31.0	23.8	1.11	77.21	S	S	S
拉萨	20.5	19.9	19.5	13.2	12.7	12.5	24.0	14.4	1.29	56.50	ESE	ESE	ESE
西安	33.0	32.0	31.3	25.8	25.1	24.5	37.0	26.8	1.58	94.5	NE	NE	NE
兰州	28.3	27.1	26.4	20.2	19.4	18.8	32.2	21.3	0.85	82.84	E	E	E
银川	27.9	27.2	26.5	22.0	21.1	20.5	31.0	22.5	1.13	87.25	S	S	S
西宁	22.2	31.2	20.5	16.5	15.6	15.0	26.5	17.5	1.10	69.48	SE	SE	SE
乌鲁木齐	29.6	28.5	27.6	18.1	17.6	17.3	33.4	19.0	1.78	89.72	NW	NW	NW
大连	27.8	27.0	26.5	25.7	25.0	24.3	30.4	26.5	2.52	8.37	—	—	—

8.2.2 工艺用水要求

8.2.2.1 基本数据

(1) 循环冷却水量 Q (m^3/h)。

(2) 循环冷却进水温度 t_1 (指冷却塔进水温度,℃)。

(3) 循环冷却出水温度 t_2 (指冷却塔出水温度,℃)。

(4) 工艺设备本体水头损失和工艺设备供水压力 (MPa)。

(5) 工艺设备供水温度保证率 (设计频率)。

8.2.2.2 数据选用

(1) 选用冷却设备时，循环水量是设计的主要依据之一，选塔时应使塔体的出水留有5%～10%余量。

(2) 设备的进出水温度，应根据设备样本由工艺提供，对于空调机组和空气压缩机一般选用下列数据：

1) 空气压缩机：进水温度 10～32℃，出水温度≤45℃。

2) 冷凝器：进水温度≤32℃，出水温度 35~37℃。

3) 小型空调机组：进水温度 30～32℃，出水温度 35～37℃。

(3) 工艺设备水头损失值，应按样本资料确定，一般为 0.08～0.1MPa。

8.3 系统组成和分类

8.3.1 组成

循环水冷却系统一般由冷却塔、循环水泵、过滤器、除垢器和换热设备（如冷凝器等工艺设备）组成。当冷却水量较大时还需另设集水池（一般冷却塔下部均设有集水盘），以避免集水盘容量不够使空气进入管道和水泵。对于水温、水质、运行等要求差别较大的系统，循环水冷却系统宜分开设置。

8.3.2 分类

循环冷却水系统一般分为敞开式和封闭式两大类。敞开式为循环水与空气直接接触冷却；封闭式为空气间接冷却。

(1) 敞开式循环水冷却系统布置，按水泵设置位置一般可分为三种类型，即前置水泵、后置水泵和双级水泵。

1) 前置水泵：将循环水泵设在换热设备的进水方向，见图 8-1。

图 8-1 中集水池也可与冷却塔合并。这种布置方式使用较多，其特点是冷却塔位置不受限制，可以与循环泵设在同在水平面上，即可以设在屋顶上，也可以设在地面上。如设在屋顶上则其剩余水头不能利用。图 8-1 示例适用于单层或裙房布置的冷却塔。

2) 后置水泵：将循环水泵设在换热设备的出口方向，见图 8-2。

图 8-2 中冷却塔和集水池必须设在高处，以保证集水池到换热器的静水压力能满足换热器的水压要求及其连接管路的水头损失值。这种布置方式适合于高层建筑为了立面美

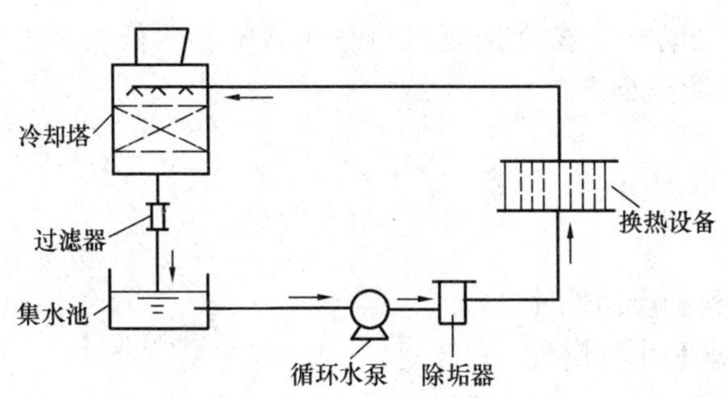

图 8-1 前置水泵循环水冷却系统

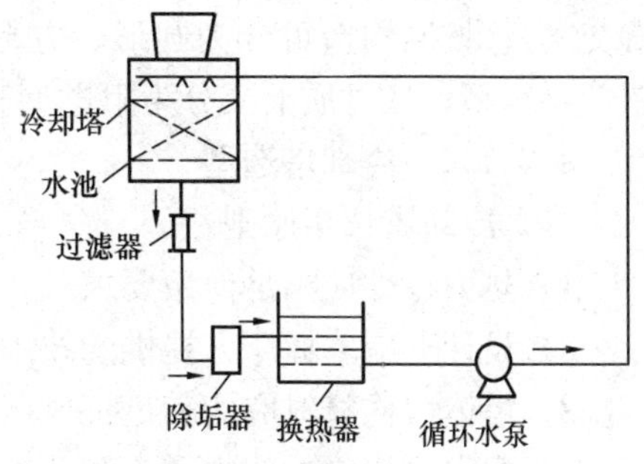

图 8-2 后置水泵循环水冷却系统

观，要求冷却塔布置在顶层或者楼上的需要。由于集水池只能设在屋顶将使屋面负荷加大。如果静水压力过高还必须设减压装置（减静压）。

3）双级水泵：即在换热器进出水侧均设置循环水泵，见图8-3。

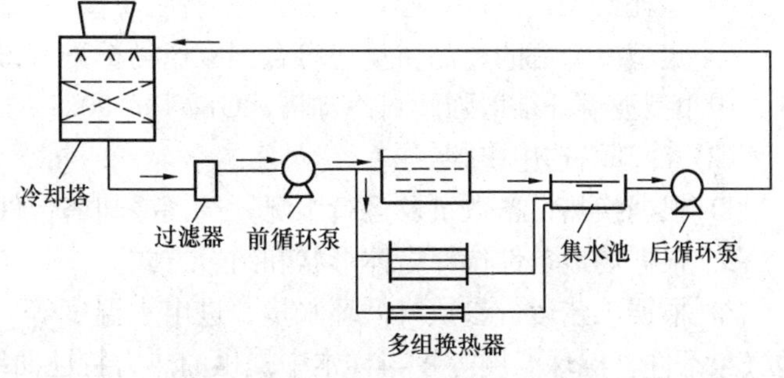

图 8-3 双级水泵循环水冷却系统

这种布置方式适用于共用冷却塔而供水压力要求不同的多组换热器循环冷却水系统。有些并联换热器水温、水质要求更高还需要进行二次降温或增加水质处理措施，从而必须设置中间集水池和增压泵，该系统的设置不受场地和高程的限制，但由于采用了两次加压，设备较多，投资较高，运行费用也较大，占有场地也较大，所以在可能的情况下尽量避免采用。

（2）封闭式循环冷却水系统是指冷却水在密闭系统中进行循环，不与空气直接接触，而是与冷媒进行间接换热的一种冷却方式。冷媒一般是冷风或低温水。这种冷却方式如采用自然风冷，则冷却水温决定于干球温度和风速，受自然条件影响较大。在年平均气温较低的地区还可以使用，或仅在寒冷季节使用。对于较大型循环冷却水系统，冷却设备比较庞大复杂。所以使用受到一定限制。在一些小型空压机组有时配有空冷装置，而在民用建筑中则很少应用。

8.4 设备选型和计算

8.4.1 冷却塔

8.4.1.1 冷却塔种类

冷却塔是循环水冷却系统的关键设备，随着使用功能的不同，冷却塔开发的类型比较多。

冷却塔分干式（风冷）、湿式（水冷）、干湿式（风、水两种冷却）三大类。湿式又分自然通风和机力通风两类。机力通风又分为鼓风式和抽风式。本节仅介绍常用的抽风式机力通风冷却塔。

抽风式机力通风冷却塔按照风和水交流方式可分为逆流（风水对流）和横流（风水垂

直交叉)。按照构造可分为圆形、方形、长方形；按使用要求可分为普通型、低噪声型、超低噪声型；从材质上又分为阻燃型和非阻燃型。

8.4.1.2 冷却塔选型

(1) 冷却塔选用原则：

1) 热力特性应满足使用要求。

2) 设计上应掌握厂方提供的技术资料和产品性能。

3) 塔体结构材料应能满足抗风压要求和水气腐蚀。

4) 配水要均匀，减少壁流和防止堵塞。

5) 应有收水措施，减少水滴损失。

6) 风机运行可靠，叶片应有足够强度并能耐水气腐蚀。

7) 运行噪声应满足《声环境质量标准》GB 3096 的要求。

8) 电耗要少，造价要低，维护管理简便。

9) 定型冷却塔的产品质量应符合国家产品标准《玻璃纤维增强塑料冷却塔 第1部分：中小型玻璃纤维增强塑料冷却塔》GB/T 7190.1 的规定。

(2) 冷却塔选用步骤：

1) 根据换热设备数量及运行工况，选择冷却塔台件数量，尽量使之相互匹配。

2) 根据场地条件选择塔体形状和组合方式。

3) 根据工艺运行参数（循环水量、进出水温度等）对照产品样本确定塔型。按照当地气象条件（湿球温度等）与样本中提供的热力特性曲线进行核算，是否能满足运行参数的要求。

4) 根据使用单位对噪声性能和阻燃性能选择冷却塔形式。

5) 进行技术经济比较确定选用厂家。

(3) 各种类型冷却塔技术性能和使用条件比较，见表 8-5。

各种类型冷却塔性能及使用条件比较 **表 8-5**

塔型		性能及使用条件
逆流式（圆形、方形）	普通型	1. 逆流式冷却效果比其他型式要好； 2. 由于噪声较高，故只适合于工矿企业及对环境噪声要求不高的场合； 3. 造价比低噪声，阻燃型塔低 5%～10%； 4. 圆形塔气流组织比方型好，不易产生死角，造型较好。适于单独布置，整体吊装，较大型冷却塔也可以现场拼装，但塔体比方形高，对建筑物外形有一定影响；其湿热空气回流影响较小； 5. 方形塔占地较少，适合于成组布置，并可以在现场组装，运输安装较为方便
	低噪声、阻燃型	1. 适于对环境噪声有一定要求的场所，其噪声值比普通型低约 5dB（A）； 2. 阻燃型可以延缓燃烧，有自熄作用，可用于较重要的建筑物上，造价约比非阻燃型增加 8%左右； 3. 其余性能比较同普通型
	超低噪声、阻燃型	1. 适于对环境噪声有严格要求的场所，如高级宾馆、高档写字楼、高级公寓、医院、疗养院等，噪声值应低于国家标准； 2. 造价比低噪声型高约 30%左右； 3. 其余性能比较同普通型

续表

塔　型		性能及使用条件
横流式	普通型、低噪声型	1. 在相同条件下，冷却效果不如逆流塔。为保证冷效相同，填料容积一般增加15%～20%； 2. 因进风口面积比逆流塔大，进风风速低，气流阻力小； 3. 由于填料上下部分不留空间，塔体高度比逆流塔小，故有利于建筑物立面布局； 4. 由于塔内有进人空间，维护检修很方便； 5. 由于外形为长方形，塔体由零部件构成，运输方便，在现场还可以多台组合安装； 6. 由于填料底部为塔底，滴水声很小，噪声值比逆流塔要低； 7. 占地面积比逆流塔大； 8. 由于塔身较低，带来的不利条件是湿热空气回流影响较大
喷射式冷却塔		1. 与常规冷却塔比较，由于没有风机和填料。故结构简单，故障少，维修方便； 2. 无振动、噪声低； 3. 因结构简单，运输安装均较为方便； 4. 造价比机力通风冷却塔低； 5. 由于该塔是喷射出流，故需循环水泵扬程较高，能耗较大。喷嘴处需要压力不小于0.2MPa； 6. 喷嘴易堵，故对循环水质要求较离。进喷嘴处需安装细过滤器。喷嘴和过滤器每半年最少清洗一次； 7. 该设备是引进的开发产品。其原理是利用高速出流的特制水嘴，使水流喷成雾状水滴与空气进行充分的热交换，其使用参数为：湿球温度为27℃，进水温度为37℃，出水温度为32℃； 该产品目前用于厂矿、学校、馆所等中小型建筑物，使用效果有待进一步实践验证
风冷封闭式冷却塔		1. 原理是利用循环水（封闭）与环境温度的温差传热进行冷却； 2. 由于是封闭循环，水量损失很少； 3. 不需要填料，如果环境温度很低，采用自然风散热； 4. 循环水质不受污染； 5. 为了防止长期运行产生水垢，对循环水质要求较高，宜采用软化水； 6. 由于循环水温受环境温度影响，风冷设备受地区限制，多用于寒冷地区

此外，目前国内已开发应用节能型多级变速风机（有二级、三级变速等）和变频调速风机。这些产品可以适应不同季节、不同时间、制冷量可以变化的场所。可以达到一塔多用、节省设备、降低能耗、减少噪声的目的，实际应用比较广泛。

8.4.1.3 冷却塔计算

(1) 由于设计选用的是冷却塔定型产品，产品样本均已给出技术特性，故冷却塔的热力计算、通风阻力计算、配水系统水力计算均无必要。设计时只要根据工艺条件、气象参数对照产品样本选用和复核即可。

(2) 冷却塔补水量计算：冷却塔的水量损失包括蒸发损失、风吹损失、排污损失和泄漏损失。冷却塔补充水量应为上述水量损失之和，按式（8-1）计算：

$$Q_m = Q_e + Q_w + Q_b \tag{8-1}$$

式中 Q_m——总补充水量（m^3/h）；

Q_e——蒸发损失水量（m^3/h）；

Q_w——风吹损失水量（m^3/h）；

Q_b——排污损失和泄漏损失（m^3/h）。

1）蒸发损失水量计算方法，可分为估算水量和精确计算水量两种。

①估算水量。可按式（8-2）计算：

$$Q_e = K\Delta tQ \tag{8-2}$$

式中 Q_e——蒸发损失水量（m^3/h）；

Δt——冷却塔进出水的温度差（℃）；

Q——循环水量（m^3/h）；

K——系数（1/℃），可按表 8-6 采用。

K值与气温关系 **表 8-6**

气温（℃）	−10	0	10	20	30	40
K（1/℃）	0.0008	0.001	0.0012	0.0014	0.0015	0.0016

注：气温中间值可用内插法计算。

②精确计算水量，按式（8-3）计算：

$$Q_e = G(x_2 - x_1) \tag{8-3}$$

式中 Q_e——蒸发损失水量（kg/h）；

G——进入冷却塔的干空气量（kg/h）；

x_2、x_1——分别为出塔和进塔的含湿量（kg/kg），与进出塔空气温度和空气相对湿度有关。可由空气含湿量曲线图（见图 8-4）查得。

2）风吹损失水量，影响因素较多，不易计算。一般机力通风冷却塔，可按下列数据选用：

①有除水器时为（0.2%～0.3%）Q（Q为循环冷却水量）。

②无除水器时为≥0.5%Q。

3）排污和泄漏损失水量与循环冷却水水质及处理方法、补充水的水质和循环水的浓缩倍数有关。此部分内容详见 8.4.4 节防垢装置。排污和泄漏水量按式（8-4）计算：

$$N = \frac{C_r}{C_m} = \frac{Q_m}{Q_m + Q_b} \tag{8-4}$$

式中 N——浓缩倍数，可按 8.4.4 节中循环冷却水控制指标和补充水水质指标比较确定；

C_r——循环冷却水的含盐（mg/L）；

C_m——补充水的含盐量（mg/L）；

Q_m、Q_b——同式（8-1），根据 N 值和已知 Q_w、Q_e，即可算出 Q_b 值。

8.4.2 循环水泵

循环水泵应根据循环水量及循环水冷却系统所需要的总扬程来选型。

循环水泵所需要的总扬程（以前置式水泵为例），按式（8-5）计算：

$$H = H_1 + h_1 + h_2 + H_2 + 0.01H_3 \tag{8-5}$$

式中 H——总扬程（MPa）；

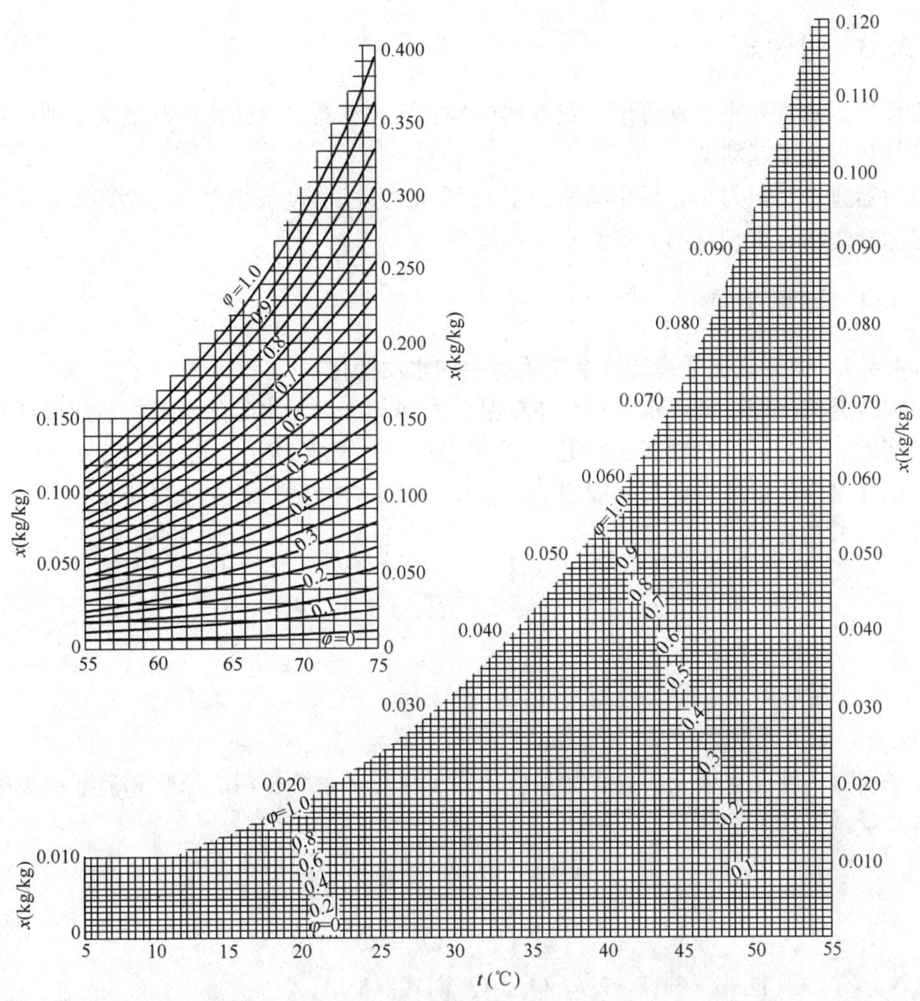

图 8-4 空气含湿量曲线图（大气压力 P＝0.098MPa）

注：图中 φ 为空气的相对湿度。

H_1——换热设备水头损失（MPa），由工艺提供；

h_1——系统沿程水头损失（MPa），计算确定；

h_2——系统局部水头损失（MPa），计算确定；

H_2——冷却塔布水管处所需自由水头（MPa），冷却塔产品样本已给定；

H_3——冷却塔布水管与冷却塔底部集水池水面的几何高差（m）。

以上总扬程计算公式是按照前置水泵不设专用集水池的类型得出，其他类型应根据设备布置情况以此类推。

计算得出水泵总扬程，在选择水泵扬程时应留有余量，余量取值在设计扬程的 10％以内，以适应长期运行后水泵效率降低和管道结垢造成水阻增加的情况。余量不宜过大，否则会使旋转布水器类型的冷却塔布水管压力过高，离心分流过量造成壁流或布水不均，影响冷却效果。

水系选型宜用立式泵或管道泵，以减少占地面积。

8.4.3 过滤器

冷却塔出水管处宜设置管道式过滤器或外滤式过滤器，以防止冷却塔集水池中杂质进水泵和换热设备引起堵塞。

过滤器宜选用阻力小，易于清通的定型产品。过滤器过水能力应与循环水量一致。

过滤器规格、类型见第 9 章给水局部处理。

8.4.4 除垢装置

8.4.4.1 敞开式循环冷却水系统运行中的水质变化

（1）盐类的浓缩：循环水的冷却主要是蒸发冷却。由于水分的蒸发将造成循环水的含盐量逐渐增加。为了控制盐类的浓度，采用排掉一部分循环水，增加一部分新鲜水的办法，使循环水含盐量维持在某一固定值。循环冷却水含盐量与补充水含盐量的比值称为浓缩倍数 N，其值按式（8-6）计算：

$$N=\frac{C_r}{C_m} \tag{8-6}$$

式中 N——浓缩倍数；

C_r——循环冷却水的含盐量（mg/L）；

C_m——补充水的含盐量（mg/L）。

在平衡时，补充水带人的总含盐量应该等于循环水系统排污、风吹和泄漏损失中所带走的含盐量，见式（8-7）、式（8-8）。

$$Q_m C_m=(Q_w+Q_b)C_r \tag{8-7}$$

$$N=\frac{C_r}{C_m}=\frac{Q_m}{Q_m+Q_b} \tag{8-8}$$

式中 N、C_r、C_m 同式（8-4），Q_m、Q_w、Q_b 同式（8-1）。

实际运行中以氯离子或钾离子浓度的比值来控制 N 值。

浓缩倍数应根据循环水水质要求和补充水水质来决定。在满足对水质要求的前提下，提高浓缩倍数可以减少补充水量。但当浓缩倍数超过 5 以后，补充水量能降低的速率会越来越小。故 N 值一般多采用 2～3，不超过 5～6。

（2）浊度和微生物的增加：在敞开式系统中，循环水与外界接触、空气中尘土、细菌被截留下来，造成浊度增加和菌藻的繁殖，需要设置过滤和杀菌除藻措施。

（3）在与空气接触和浓缩过程中还会造成游离 CO_2、溶解氧、pH 值、碱度等的增减，也会造成设备、管道的腐蚀等。

8.4.4.2 循环冷却水的水质指标

对于敞开式循环冷却水系统，当制冷机组对水质要求不明确时，可按《工业循环冷却水处理设计规范》GB 50050 的规定执行。

循环冷却水的水质指标除了与补充水水质有关以外，可用调整循环冷却水的浓缩倍数和投加阻垢剂和缓蚀剂来控制。

8.4.4.3 补充水的水质标准

补充水的水质标准，应根据循环冷却水的水质要求和浓缩倍数确定。当不满足上述要求时，应对补充水进行处理。如采用软化、除盐、过滤等，处理范围可采用局部或全部，也可以局部处理的水再与原水混合作为补充水。

8.4.4.4 防垢措施

为了防止换热设备结垢和腐蚀影响系统的正常运行，除了控制循环水的浓缩倍数增加排污量以外，还可以设置水质稳定措施。

常用的水质稳定措施有设置电子除垢器、静电除垢器、磁水器、投加水质稳定剂等。其中前三种措施设备简单，使用方便，在民用建筑和小型工业建筑中使用较多。

电子除垢器、静电除垢器、磁水器等见第 9 章给水局部处理。

上述设备除具备防垢除垢功能外，也能起到一定的杀菌、灭藻的作用。故对于中小规模的冷却系统，由于场地和维护管理的条件所限，一般只选用上述定型设备即可，不需另外再考虑水质稳定和微生物控制的措施。如果有特殊要求必须采用另外措施时，则可按照《给水排水设计手册》第 4 册《工业给水处理》中的有关内容进行设计。

8.4.5 集水池

在冷却塔与循环水泵之间，必需设置集水池，以防止循环水泵工作时，因贮水量不足而吸入空气造成水泵气蚀。

集水池有效容积，应包括循环水系统启动前自由水面以上到喷头前系统容积和填料部分附着水量之和。后者水量可按循环水量的 1.2%～1.5%确定。前一部分系统容积，可按图 8-5 计算。

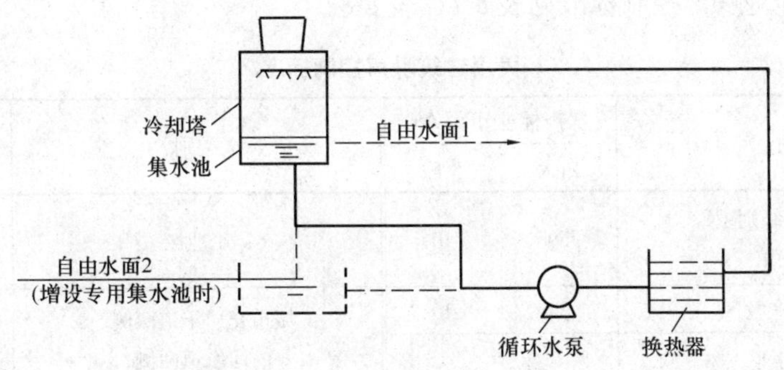

图 8-5 计算集水池容积示意

图 8-5 中自由水面 1 代表不增设专用集水池时，集水池容积应包括自由水面以上系统容积。自由水面 2 代表需增设专用集水池时，系统容积应包括自由水面 2 以上容积。

上述计算总容积如果小于同时工作的循环水泵 3min 循环水量时，则应按后一数值确定总容积。

当采用水质稳定剂时，集水池容积还应满足药剂在循环水系统内允许停留时间的要求。

集水池应设有自动补水管和应急补水管。应急补水是在循环水系统短时失水过多时紧急补水时使用。

集水池应设溢流放空措施。

自灌式吸水管口所需最小淹没深度，不能小于 0.3m。

集水池容积按式（8-9）计算。

$$V = V_1 + V_2 + V_3 \tag{8-9}$$

式中 V——集水池总容积（m^3）；

V_1——集水池保护高度所占容积（m^3），一般保护高度取0.2m；

V_2——集水池自由水面以上系统容积（m^3）；

V_3——填料附着水量（m^3），一般按循环水量的1.2%～1.5%选用。

一般机力通风冷却塔底部均设有水盘集水池。水盘集水池分为浅水盘和深水盘两种。只有当水盘容积不满足要求时，才另增设集水池。增设的集水池可设在冷却塔所在水平面上，也可设在地面上。但系统容积计算均从自由水面以上算起。增没的集水池材质，可采用钢筋混凝土、钢制或玻璃钢等。

8.5 冷却塔布置和系统设计

8.5.1 冷却塔布置

（1）除工艺有特殊要求外，冷却塔一般不设备用。

（2）冷却塔宜设在冬季主导风向的下风向，以防止飘水在建筑物外墙上结冰，并应远离热源，以减少对冷却效果的影响。

（3）民用建筑对冷却塔的防噪声要求较高，工业企业噪声控制标准较低。一般民用建筑噪声及工业企业噪声控制标准见表8-7、表8-8。

民用建筑噪声控制标准

表8-7

类别	噪声标准dB（A）		类别	噪声标准dB（A）	
	白天	夜晚		白天	夜晚
疗养院，高级别墅、高级宾馆	50	40	工业区	65	55
居住区、文教区	55	45	城市交通干道两侧、内河航道两侧、铁路两侧	70	55
居住、商业、工业混杂区	60	50			

工业企业噪声控制标准

表8-8

地点类别	噪声标准dB（A）
生产车间及作业场所	90
高噪声车间设置的值班室，观察室、休息室（无电话通信）	75
（有电话通信）	7
精密装配、加工车间的工作点、计算机房	70
车间所属办公室、实验室、设计室	70
主控室、集中控制室、通信室、电话总机室、消防值班室	60
厂部所属办公室、会议室、设计室、中心实验室	60
医务室、教室、哺乳室、托儿室、工人值班室	50

冷却塔由于风机转动、布水及滴水声产生噪声较大。为了满足民用建筑和工业企业噪声标准，在冷却塔布置及选型时应予考虑。冷却塔除了在布置时宜远离噪声标准要求高的场所外，还可以采用隔声、导向等建筑防护措施。如用隔声帘［单层玻璃 6～8mm，可隔噪声 20dB（A)］、轻质隔墙等。冷却塔还可以选用低噪声、超低噪声冷却塔，可比普通塔降低 5～10dB（A)。

冷却塔噪声的衰减量，可按式（8-10）估算：

$$\Delta S = 20\lg\frac{L_1}{L_2} \tag{8-10}$$

式中 ΔS——声源点由 L_1 延长到 L_2 时，声音的衰减量［dB（A)］；

L_1——声源点到第一测点的距离（m)；

L_2——声源点到第二测点的距离（m)，L_2 为标准点。

（4）单侧进风的冷却塔进风口，宜垂直于夏季主导风向。双向进风的冷却塔进风口，宜平行于夏季主导风向。

（5）长轴位于同一直线的相邻塔排其净距不小于 4m。不在同一直线上相互平行布置的塔排净距不小于冷却塔进风口高度的 4 倍。

（6）冷却塔进风口侧与其他建筑物的净距，不应小于塔进风口高度的 2 倍。

（7）冷却塔的布置，应考虑周围建筑物对冷却塔湿热空气回流的影响。

（8）冷却塔布置，还要考虑与所在建筑物的外观相协调。

（9）冷却塔周边，应留有检修人员通道和管道布置位置。

8.5.2 系统设计

（1）循环冷却水系统的设备配置数量宜与成组换热设备相对应，以便于冷却设备和换热设备工况保持一致。系统控制可由换热设备的值班人员共同管理。为了节省能耗，对于变负荷运行的换热设备，可选用变速风机的冷却塔。

（2）系统控制范围包括冷却塔风机、循环水泵、除垢装置等的就地操作、控制室遥控操作与楼宇自动化连锁和工况显示等。集水池必要时，也可设液位显示和报警（高、低、溢流液位等)。

（3）循环水泵

1）是否设置备用水泵取决于建筑物的性质和水泵运行的可靠程度。一般情况下宜设多台（2 台或 2 台以上）水泵并联运行。工作泵数量宜与冷却塔数量相同，以利于系统运行。

2）水泵一般设计成自灌式。当受条件限制而采用非自灌时，吸水管上应设自动引水装置。吸水高度应小于水泵样本标定的自吸允许高度。

3）水泵配水系统可采用单元制或母管制。单元制操作方便，可靠程度大。但水泵数量较多时，管路系统过于复杂，除了工艺有要求外一般很少采用。吸水管一般可设两根或两根以上，母管制的出水管可设一根母管。

4）水泵进出水管应设阀门。进水管上设温度表，出水管上设止回阀和压力表。

5）水泵房应远离有安静要求的房间。水泵应尽量选用低噪声泵，并设置减振装置（包括减振垫或减振器；进出水管设可曲挠橡胶接头和消声止回阀；管道上设弹性吊架、托架等)。

6）水泵吸水管流速，一般取 0.6～1.2m/s。自灌式可以取较大值：吸上式的可以取较小值。吸水管流速选择也与管径有关。当管径等于小于 *DN*100 时，宜选用 0.6～0.8m/s；当管径大于 *DN*100 时，自灌式可选用 0.8～1.2m/s，吸上式流速不宜大于 1.0m/s。

7）循环水泵设置类型（分有立式、卧式、管道泵等），由场地条件、工艺要求确定。

8）循环水泵宜设在换热设备机房内，以便于集中管理。

9）水泵机组布置，应符合下列要求：

①当电动机容量小于等于 20kW 时，两台机组可共用基础。电动机容量大于 20kW 时，每台机组净距不小于 0.8m；电动机容量大于 55kW 时，机组净距不小于 1.2m。

②基础端面距墙净距不小于 1.0m，侧面距墙净距不小于 0.7m。

③基础一般高出地面 0.1～0.3m，基础比机座每边宽出 0.1～0.15m；基础深度按地脚螺栓直径的 25～30 倍采取，但不小于 0.5m。

④泵房主要人行通道宽度不小于 1.2m；配电盘前通道宽度：低压不小于 1.5m，高压不小于 2.0m。

10）水泵房内应考虑采光、采暖、通风要求。采暖温度一般 16℃；非采暖地区房间温度不应低于 5℃。地下泵房换气次数为 6～8 次/h。

11）泵房地面应考虑排水措施，宜设置地面集水坑，采用由液位控制的自动排水潜污泵排水。有条件时可以自流排放。

（4）其他

1）过滤器、除垢器应设置旁通管，以便检修设备时不影响系统运行。

2）要考虑过滤器运行阻力，一般水头损失大于 1m。过滤器宜设在冷却塔与循环水泵之间，如果有条件时可设在泵房内。当冷却塔与循环水泵设在同一层，如果冷却塔底部集水池静水压力，不能满足过滤器运行阻力要求时，则过滤器只能设在循环水泵出口处。

3）除垢器宜设在换热设备进口处、并尽量靠近换热设备。

4）在寒冷地区露天布置的管道和设备，在系统停运时一定要将积水放空，以防冻裂。

9 给水局部处理

9.1 范 围

给水局部处理是指在建筑物内对城镇生活给水（自来水）水质进一步进行处理的工艺设计。给水局部处理的供水水源为城镇生活给水（自来水）。原水经过生活给水处理厂处理后，其出厂时的水质，一般均已达到生活饮用水卫生标准。给水局部处理的目的主要有两个：一种是城市给水到达用户时，由于多种原因水质已经下降，需要进一步处理以达到出厂时的水质标准；另一种是用户对水质有特殊需要，必须经进一步处理，以满足用户对水质的要求。具体分类如下。

（1）由于某些原因（如供水水质变坏，运输和贮存过程中产生了二次污染等）经过水厂处理后的水质有一部分指标不符合生活饮用水卫生标准，需再进行局部处理后才能达到标准。

（2）经处理后的水质虽然符合国内现行生活饮用水卫生标准，但用户对水质提出更高的要求（如高级宾馆、高级住宅、涉外旅游服务网点等要求直接饮用自来水和有特殊要求的场所如化验用水、锅炉用水等），也需要对用水作局部深度处理。

（3）建筑物内部的热水和开水供应要求进行的防垢、防腐蚀处理等。

9.2 内 容

给水局部处理的内容包括以下几个方面：

（1）除浊：去除水中悬浮物质，提高水的透明度。

（2）脱色：去除水中因含铁、锰等重金属和有机物所产生的色度。

（3）除臭：去除水中因含酚类、石油类、藻类、植物腐烂、水中加氯等所产生的异臭味。

（4）除有机物：去除水中天然的和人工合成的各种有机物质。为腐殖酸、蛋白质、洗涤剂、杀虫剂等。

（5）除重金属：去除水中过量的和有害的重金属物质。为铁、锰、汞、铬、镉、铅等。

（6）降低硬度和盐分：对水质要求较高的生活用水（如高质饮用水、热水等），需降低硬度和含盐量。

（7）除菌：由于二次污染使水质恶化的城市生活给水，还需进一步杀菌处理。

（8）除氧：因为含氧量过高易于引起设备和管道的腐蚀，需进行除氧处理。

（9）防垢、除垢：由于水中硬度较高，而产生设备和管道的结垢和腐蚀，影响正常供水，而需进行防垢，除垢处理。

上述处理内容中（2）、（3）、（4）、（5）、（7）项属于城镇生活给水由于二次污染等原因致使水质恶化，需再进行处理以达到饮用水的标准。其余项目是由于用户对水质有特殊要求，需要进行深度处理以满足用户的需要。

9.3 方法和特点

9.3.1 方法

给水局部处理的方法有如下几种：

（1）过滤：采用粗过滤和精细过滤的方法可去除水中悬浮物；如与加药配合，还可去除有机物、色度、重金属等。

（2）活性炭吸附：以活性炭为滤料通过吸附和过滤，可去除水中的臭味、色度、有机物、余氯、重金属等。

（3）杀菌：通过投加杀菌剂或紫外线照射等方法，可达到进一步杀菌的目的。

（4）离子交换、纳滤、电渗析、反渗透等方法，可进行水的软化。

（5）除垢、防垢：可使用除垢器、采取水质稳定措施和化学清洗的方法，可达到除垢和防垢的目的。

（6）除氧：一般多采用大气式热力除氧、化学除氧、真空除氧等设备进行除氧。

本节只重点介绍常用的活性炭过滤、精细过滤、局部消毒设施、除垢防垢等处理方法的设计。

9.3.2 特点

给水局部处理的特点有如下几点：

（1）处理规模比较小，处理设施兼容性强，并且多采用成套定型的设备。

（2）维护管理措施力求简便易行，一般不设或少设专职管理人员。

（3）对场地、环境要求不高，可不需要独立设置，多附属在主体建筑物内部，也不需要设置隔离带。

9.4 工艺流程选择

9.4.1 选择原则

给水局部处理工艺流程应根据原水水质状况、处理内容和处理要求选择处理方法。处理工艺流程和设备选型应符合技术先进、运行可靠、维护管理简单、经济合理的原则。

9.4.2 基本类型

给水局部处理工艺流程的基本类型，可选用如下几种型式：

（1）二次污染（主要是细菌超标）的处理工艺流程：

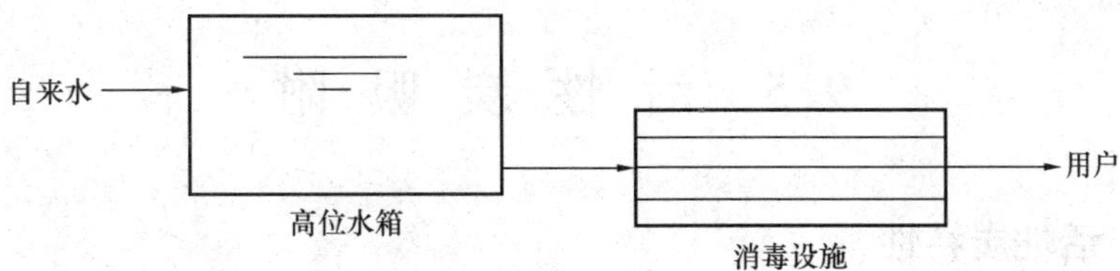

（2）高品质生活用水处理工艺流程：

1）除浊度、臭味、色、有机物的处理工艺流程：

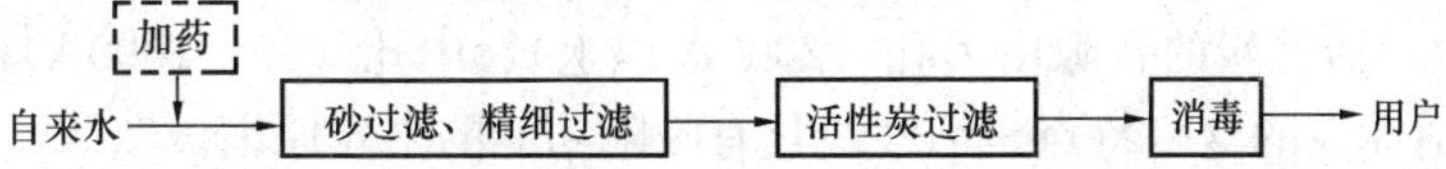

2）降低硬度、消毒的处理工艺流程：

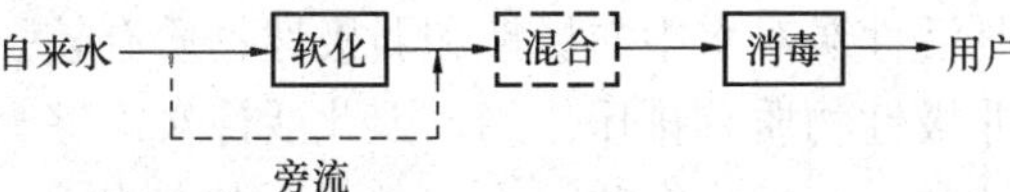

可根据用户对硬度的要求，考虑技术经济的合理性，采用全部用水和部分用水进行软化的两种方法。当采用部分用水软化方案时，须设置混合设备将软化水和原水充分混合以后，再进入下一步处理工艺流程。

3）饮用净水的处理工艺流程：为使自来水处理到饮用净水的程度，一般采用下述工艺流程：

自来水→砂过滤→活性炭过滤→细过滤→中空纤维过滤→反渗透→紫外线杀菌→饮用

该流程是选自国内一些厂家制取纯净水的常规工艺流程，适合于小型家用纯净水的制取。工业化生产则应根据原水水质状况对上述工艺流程进行调整。

（3）供锅炉和热交换器的软化水处理工艺流程：

自来水→软化→除氧→锅炉或热交换器→用户

锅炉用水一般需进行软化处理，中压锅炉还需进行除氧处理。生活热水宜进行软化处理（当用水量＜$10m^3/d$时，可不进行处理），当原水溶解氧较高时，也宜进行除氧处理。

（4）高层建筑物生活冷热水系统，为了延长设备和管网使用寿命，也采用防垢、除垢措施。其处理工艺流程有四种：

1）防垢处理工艺流程一：

自来水→电子（或静电）除垢器等→用户

2）防垢处理工艺流程二：

自来水→磁水器→用户

3）防垢处理工艺流程三：

自来水→水质稳定→用户

↑

水质稳定剂（如归丽晶）

4）除垢处理工艺流程四（设备结垢后采用定期清洗）：

热水设备和系统→化学除垢→用户

酸洗或碱洗

9.5　活性炭吸附

9.5.1　活性炭特性

活性炭是碳素物质（如木材、果壳、煤等）经过高温（一般300～900℃）活化处理制成的具有发达孔隙的极性物质。活性炭发达的孔隙，使其比表面积很大，可高达1000m^2/g以上。活性炭的孔隙由大孔（2000Å以上）、中孔（30—1000Å）和微孔（小于30Å）组成。活性炭的这一特点是活性炭具有吸附功能的主要原因。

活性炭吸附分为物理吸附和化学吸附两种作用，而主要是物理吸附。

活性炭的吸附原理是活性炭对水中非极性和弱极性物质有较强的亲和力，由于水是极性很强的溶剂，它对于非极性物质有排斥作用，因此活性炭能够吸附水中的非极性和弱极性物质（非极性物质：油类、有机化合物、余氯等；弱极性物质：某些重金属离子：铜、铁、锌、锰、汞、铬、铅等）。同时活性炭表面具有含氧官能团，使活性炭具有一定极性，使之具有一定选择性的化学吸附作用。

活性炭的大孔可以吸附大直径的颗粒，但主要是起甬道作用，中孔兼通道和吸附作用，微孔占孔隙率90%以上，绝大部分溶质被微孔吸附。

9.5.2　性能及活性炭选择

活性炭的吸附能力不完全取决于活性炭本身，还与被吸附的溶质和溶剂的物理化学性质有关。如溶质的溶解度、溶质的相互作用，溶质的分子大小、溶剂的温度及pH值等，都对吸附效果产生影响。

活性炭的吸附能力是由吸附容量和吸附速度两个指标来衡量。吸附容量是指单位重量的活性炭在给定条件下吸附过程达到动态平衡时溶质的数量，一般以mg/g表示。吸附速度是指单位时间内的吸附容量。这两项指标决定了活性炭的工作周期、活性炭用量及设备的容量。

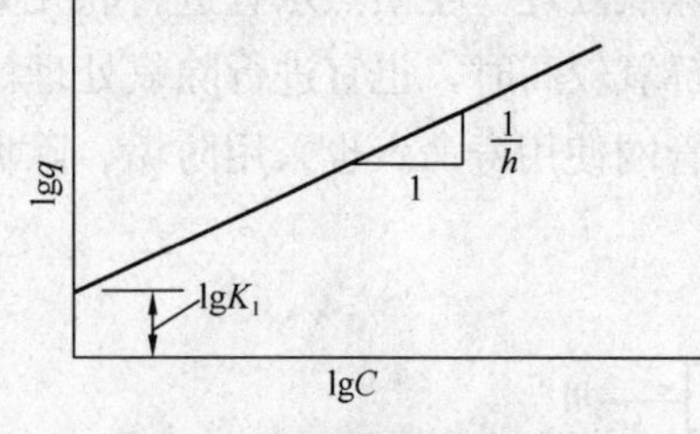

图9-1　弗里德里希公式图示

由于活性炭吸附过程的复杂性、活性炭吸附能力的两项指标不能直接确定。一般情况下应按照使用条件通过试验来绘制吸附容量q和平衡深度C的关系曲线——吸附等温线，从而确定吸附容量和吸附速度。就水处理而言，当原水为中等浓度时，其吸附能力的表述可用弗里德里希关系式来表示，见式（9-1）、图9-1。

$$\lg q=\frac{1}{n}\lg C+\lg K_1 \tag{9-1}$$

式中　q——活性炭的吸附容量，指达到平衡浓度C时，单位质量活性炭所吸附的溶质数量（mg/g）；

C——水中的溶质的平衡浓度（mg/L）；

K_1、n——常数，公式为一直线，$\lg K_1$表示截距，是浓度$C=1$时的吸附量，$\frac{1}{n}$表示直线的斜率。

上述关系式（9-1）为一经验公式，通过试验可找出公式中的常数值，绘制吸附等温线。根据得出的吸附等温线图，可比较在给定条件下的各品种活性炭的吸附性能，进而比较吸附效果，选择活性炭品种和用量。由于上述关系式（9-1）是在中等浓度条件下才适用，浓度过高、过低将产生较大的误差，实际应用时还要通过中小型试验和常规参数进行设计较多。

活性炭由于原料和制造方法的不同，其规格性能亦有所差别。用于水处理上的活性炭，宜选用微孔孔径较大，且以木材和煤为原料的活性炭。对于国产粒状活性炭，其主要综合性能指标，见表 9-1、表 9-2。

国产活性炭综合性能 **表 9-1**

项　目	粒径(mm)	长度(mm)	强度(%)	总表面积(m^2/g)	总孔容积(cm^3/g)
性　能	0.4～3	0.4～6	80～95	500～1500	0.7～1.0
项　目	真密度(g/cm^3)	堆积质量(g/cm^3)	亚甲蓝值(mg/g)	碘值(mg/g)	半脱氯值(cm)
性　能	2～2.2	0.35～0.5	100～150	700～1300	5

部分国产活性炭的主要性能 **表 9-2**

活性炭名称	原材料	粒径（mm）	比表面积（m^2/g）	其他性能
				等温线常数：
8 号炭	煤焦油	1.5～2.0	927	K_f27.8　1/n0.26
5 号炭	煤焦油	<3.0	896	K_f12.9　1/n0.41
活化无烟煤	阳泉无烟煤	1～3.5	520	K_f19.2　1/n0.34
15 号颗粒炭	木炭、煤焦油	$\phi3$～$\phi4$ $L8$～$L15$		碘值>22%，耐磨强度>95%
X 型吸附炭	杏核、桃核	6～14 目		苯吸附量～400mg/L
通化炭	山核桃皮	1～3		堆积相对密度 0.4，孔隙度 66%
转霉 A 活性炭		20～40 目，最大孔径<20 埃（Å）	300～400	苯吸附容积 0.2～3mg/L，干燥失重<30%
14 号颗粒炭	木炭粉、煤粉、煤焦油	$\phi3$～$\phi4$ $L4$～$L10$		堆积相对密度 0.48，孔隙率 60%

9.5.3 活性炭滤柱（过滤器）设计

活性炭有粒状和粉状两种。粒状一般装填于过滤器内，粉状一般作为药剂投加于待处理的水中。一般水处理多使用活性炭滤柱（又称活性炭过滤器）作为过滤设备。

活性炭滤柱分重力式、压力式、移动床、固定床等多种类型。而以固定床压力式过滤器使用较普遍。在设计压力式活性炭滤柱时，宜在吸附试验基础上，进行模型试验以确定活性炭柱的设计参数：最小接触时间、滤速、水头损失、运行周期、活性炭耗量、冲洗膨胀率等。当没有条件进行试验时，可按常规参数选用，并在实际运行中进行调整。

活性炭滤柱的设计同砂过滤器要求基本一致。现将设计要求简述如下：

(1) 活性炭滤柱可以分为单级、多级、并联、串联等多种形式，可根据需要进行各种组合。

(2) 活性炭滤柱进水浊度应小于5度。如浊度过高就会很快堵塞炭床，造成水量减少和出水水质变坏。

(3) 当无试验资料时，活性炭滤床炭层厚度取1.5～2.0m（当有石英砂滤层时）或2～3m（当无石英砂滤层时）；滤速分别取6～12m/h（有砂滤层）和3～10m/h（无砂滤层），除有机物宜选用低速，除余氯可选用高速。

(4) 活性炭滤柱应定期进行反冲洗，反冲洗周期可考虑采用72～144h，反冲洗强度一般取4～12L/(m^2·s)，反冲洗时间取4～10min，滤层反洗膨胀率宜大于30%～50%。

(5) 活性炭在使用前应进行预处理。预处理包括清水浸泡、冲洗；用5%盐酸溶液和4%氢氧化钠溶液交替动态处理1～3次，然后用清水淋洗到中性。

(6) 活性炭滤柱材质要考虑耐电化学腐蚀的问题，多采用碳钢衬里材料（如衬胶、衬塑等）。小型设备多用塑料和有机玻璃制作。

(7) 活性炭滤柱已有定型产品可以直接选用。小型设备直径有ϕ300～ϕ1000，高度为2800～3200mm，处理水量为0.7～7.5m^3/h。大型设备直径有ϕ1000～ϕ3000，高度为4800～6600mm，处理水量为7.8～70.6m^3/h。活性炭滤柱构造，见图9-2、图9-3。

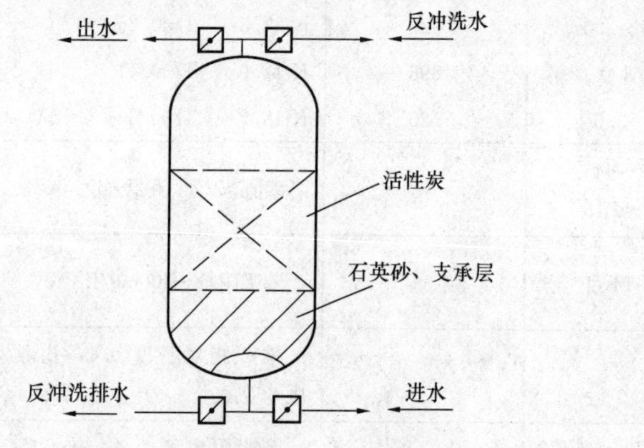

图9-2　活性炭滤柱（有砂滤层）

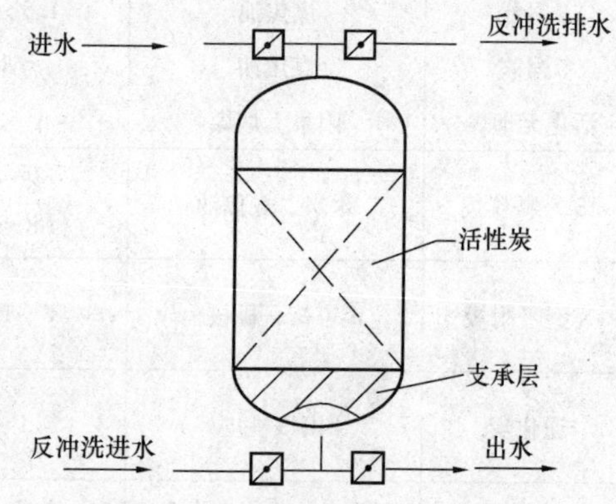

图9-3　活性炭滤柱（无砂滤层）

9.6　精　细　过　滤

9.6.1　特点

精细过滤通常称为精密过滤或微孔过滤。由于其过滤孔径远小于普通砂滤的过滤孔径，所以精细过滤是比普通砂滤更为精细的过滤。精细过滤即可去除水中悬浮物和胶体，也可去除有机物、微生物和细菌等。精细过滤包括毛细孔、筛孔和静电三种截留方式。利用滤材的微孔形成的毛细孔道、滤材的孔隙和其所带的正电荷形成的截留作用。它们是筛孔截留只能截除粒径比筛孔孔径大的杂质，而毛细孔和静电截留可利用形成的滤膜截除小于滤材孔径的杂质。

精细过滤的设备种类很多，一般可以根据水中被截留物质的性质和粒径大小进行选择。水中杂质粒径范围，见表 9-3。

水中杂质粒径范围　　表 9-3

类　　型	名　　称	粒径范围（μm）
低分子有机化合物	有机酸（碱）、氨基酸、碳水化合物、脂肪、油类等	0.0005～0.001
胶体	胶质黏土、硅石、腐殖土、重金属、轻氧化物等	0.001～0.2
悬浮物	膨润土、硅藻土、黏土、泥砂等	0.005～1000
微生物	病毒、细菌、大肠菌等菌类	0.008～50
浮游生物	植物性及动物性浮游生物	3～10000

9.6.2 设备类型

精细过滤设备一般由外壳和微孔滤元两部分组成。外壳可以分为直流式、旁流式两种类型。外壳材质一般为碳钢、塑料、不锈钢等。微孔滤元可由单个或多个并联组成。滤元材料种类很多，常见的有不锈钢丝网、金属纤维或金属粉末烧结滤材、陶瓷烧结滤芯、聚乙烯烧结滤芯、玻璃烧结滤芯、蜂房式聚丙烯烧结滤芯等。现将常用设备介绍如下：

（1）不锈钢丝网滤芯过滤器：其基本构造见图 9-4。

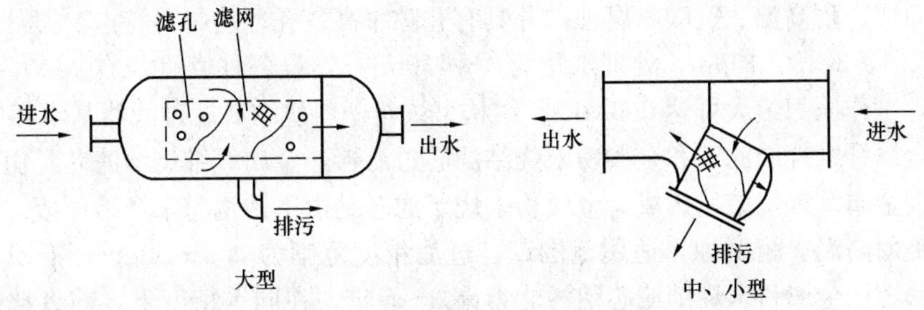

图 9-4　不锈钢丝网滤芯过滤器

该设备已有定型产品，中小型一般直接安装在管道上，其规格有 DN15～DN350，最大可达 ϕ1000。滤网规格可由设计确定，一般为 10～120 目/平方英寸，截留粒径范围可达 2032～131μm，设备工作压力一般为 PN0.6～2.5MPa，水头损失值与设备规格和介质流速有关。现将某设备厂提供的公称直径 DN 与当量直管段长度 L 的压力降关系，列于表 9-4 以供参考。

公称直径 *DN* 与当量直管段长度 *L* 的压力降关系　　表 9-4

DN（mm）	50	80	100	150	200	250
L（m）	38～45	22～35	19～27	34～46	41～55	38～64
DN（mm）	300	350	400	450	500	600
L（m）	70～89	54～98	75～105	75～108	74～110	127～160

表 9-4 中 DN 是指设备进出口管径，L 值是指计算该设备水头损失值时，采用管径为

DN管长为L计算水头损失值时一个当量长度。该值大小与滤网规格和流速有关。当网目较大时，L取大值，反之取小值。流速由设计确定。

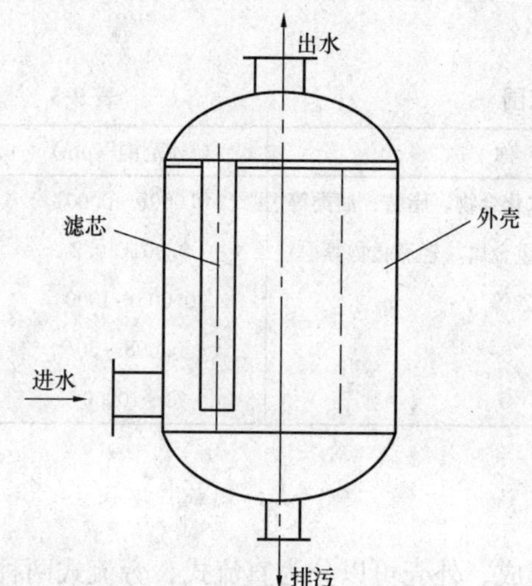

图 9-5　塑料烧结滤芯过滤器

水头损失计算方法：$\Delta h = Li$

式中　Δh——水头损失；

L——当量长度；

i——单位长度水力损失，该值可查水力计算表得出。

设备应有反冲洗和排污措施。目前国内已生产出不间断运行的手动和全自动清洗过滤器，处理水量为 5～1000m^3/h，反洗时间小于 1min。

（2）塑料烧结滤芯过滤器（PE、PA 烧结管）：其结构示意见图 9-5。

定型产品规格从$DN300$～$DN1200$，过滤水量为 0.2～8m^3/h，过滤精度为 5～120μm，设备使用温度，PE 管小于 80℃、PA 管小于 110℃。使用失效后可用压缩空气或清水反冲或用酸碱浸泡再生。

（3）陶瓷滤棒过滤器：该过滤器以刚玉砂、石英砂等为主料、配以结合剂、改性剂经高温烧结而成。耐高温、抗酸碱腐蚀，并具有孔隙率高、孔径均匀等特点。过滤精度分为5级：0.5、1、3、5、10μm，处理水量为 4～150m^3/h，设备外壳直径有$\phi 600$～$\phi 1000$等多种规格，工作压力最大可达 0.6MPa。结构型式与塑料烧结滤芯过滤器基本相同。

（4）金属纤维烧结滤芯和金属粉末烧结滤芯过滤器：金属纤维烧结滤芯是由一种可折绉的不锈钢金属纤维烧结毡构成。金属粉末烧结滤芯是由不锈钢粉末烧结而成。两种滤芯的共同点是耐高温、耐腐蚀，适用范围广，过滤精度范围为 0.3～60μm；不同点是金属纤维烧结滤芯比金属粉末烧结滤芯纳污能力高 3～6 倍，在同等精度下，前者比后者孔隙率高出 2～3 倍，透气度高出 30～1000 倍。反洗可用水、空气、化学清洗剂等清洗。

金属纤维和金属粉末烧结过滤器结构型式同塑料烧结过滤器基本一致。其处理水量和截污能力可根据设计要求选用不同型号的滤芯和外壳。目前设备最大处理水量 14m^3/h。

（5）蜂房式线绕滤芯过滤器；滤芯由聚丙烯或其他纤维按一定规律在骨架上缠绕成蜂房形状，构成一个单元。用于水处理上根据处理水量大小选择一个或多个单元组成过滤器。滤芯孔径为 1～100μm，最大工作压差可达 0.2MPa，使用温度小于或等于 60℃，每一单元处理水量约为 0.4～2.5m^3/h。处理水量大小与过滤物质粒径大小有关，当粒径较大时处理水量选用上限值，反之选用下限值。

蜂房式聚丙烯线绕滤芯构造见图9-6。该过滤器的整体构造同图 9-5。

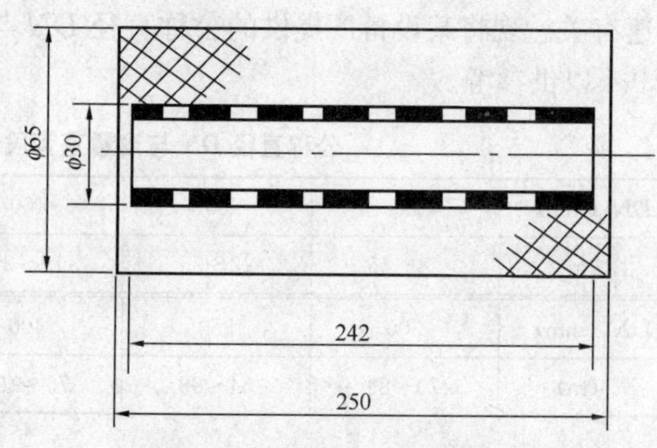

图 9-6　蜂房式聚丙烯线绕滤芯

9.6.3 使用要求

（1）精细过滤设备对进水水质有一定要求。因精细过滤滤芯孔径较小，为了防止滤芯很快堵塞使过水能力骤减，故要求进水浊度不大于5度。

（2）为了延长精细过滤器的使用周期，精细过滤滤芯应留有1.5～2倍备用量。

（3）精细过滤器长期使用后，应进行彻底清洗和消毒。设备停运时应将存水放空。正常反清洗应按规定周期和规定步骤进行。

（4）精细过滤器如用于除菌处理时，应定期对精细过滤器进行消毒处理。

9.7 局部消毒措施

局部消毒措施是指自来水消毒不够彻底或由于存水时间过长产生的二次污染以及对消毒要求更为严格的场合所采取的进一步的消毒措施。如市政管网末端、高层建筑的水箱供水和食品医药行业的用水部门，均有要求设置局部消毒。局部消毒要求设备简单、操作方便，不需专人维护管理。常用的消毒方法有紫外线消毒、二氧化氯消毒、次氯酸钠消毒、臭氧消毒等。其中次氯酸钠消毒是采用次氯酸钠发生器或直接采用成品次氯酸钠溶液进行投加。有效氯占10%～12%。消毒效果同液氯，由于其浓度低，安全性比液氯好。但由于发生器价格较高，并需定期加盐和定期清洗电极，投加量也不易自动控制，故该设备目前国内使用还不够普遍。臭氧消毒能力强，而且还可降解残余有机物、色度、臭味等，消毒水也没有氯气消毒的余氯味，并且消毒时间较短，不需要增加反应容积。但是由于臭氧发生器设备较复杂，维护管理不便，并且电耗较大，进口设备投资较高。由于以上原因，该消毒方法在使用上受到限制。

9.7.1 紫外线消毒器

9.7.1.1 紫外线消毒的特点及应用范围

紫外线消毒是利用高、低压汞灯发射的紫外线的有效波长（2000～3000nm）所具有的杀菌作用进行消毒。不同波长的紫外线的杀菌效果有所不同，其中以2537nm的杀菌能力最强。高于或低于此值均会递减。同时被紫外线照射过的空气会产生臭氧，也同样具有杀菌作用。

紫外线杀菌的原理是微生物经过紫外线照射后能引起细胞的化学变化和结构变异，使细胞功能遭到破坏直至死亡。

紫外线杀菌具有效率高（杀菌率在96%以上）、速度快（10s左右），不改变水的性质和简便易行的特点。

紫外线杀菌的缺点是灯管的有效使用寿命较短（约1500～3000h）；失效不易控制；穿透能力较低；与加氯消毒比较耗电较大，没有持久消毒作用。

紫外线杀菌适用于自来水的二次污染、饮料用水、公共场所的直接饮水消毒以及要求去除热源的医药用水消毒。

9.7.1.2 紫外线消毒设计要求

（1）紫外线光源应选择波长为2537nm的辐照能量较高的产品；其光谱能量的辐照剂

量不应低于大肠菌的杀灭剂量，当杀菌率在90%～99.99%时，杀菌剂量为3000～12000（μW·s）/cm²。

（2）辐射时间应不小于30s。

（3）被照射水质应符合下述要求：

1）色度小于5度；

2）浊度小于5度；

3）总铁小于0.3mg/L；

4）细菌总数小于2000个/mL；

5）大肠菌小于800个/L。

9.7.1.3　紫外线消毒器选用

紫外线消毒器分为表面式和浸入式两种类型。水处理上多用浸入式，并有定型产品，在国内已使用多年。单台处理水量为2～50m³/h，光源可以用低压也可用高压，紫外线灯管装在石英套管内，外壳有不锈钢和铝合金两种。灯管有效工作时间为1500～3000h。设备带有监控盘，可以与设备分体或整体组装。监控盘上设有工作信号、工作时间显示、灯灭报警装置等。消毒器的环境温度为5～40℃，相对湿度不大于80%，电压波动范围不应超过5%，否则应加稳压装置。使用工作压力小于或等于0.6MPa。

紫外线消毒器宜尽量设在用水点附近，并应避免强烈的振动，同时还应设置旁通管路，以便检修设备时不影响供水。消毒器周围应留有空地，以便于检修和更换灯管。消毒器灯管在接近有效使用寿命时，应加强取样进行水质检测，发现水质不合格时应及时更换灯管。目前国内已有安装计时器的产品，达到设计使用寿命时会自动报警。消毒器宜每月（最多不超过1a）清洗一次，以防止灯管表面积垢影响使用效果。

消毒器构造见图9-7、图9-8。

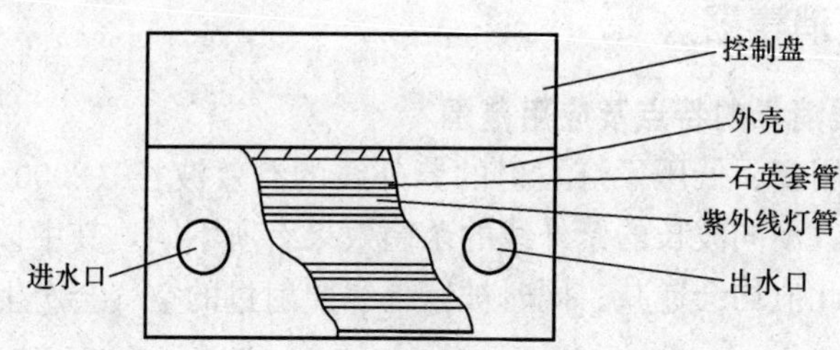

图9-7　浸入式紫外线消毒器

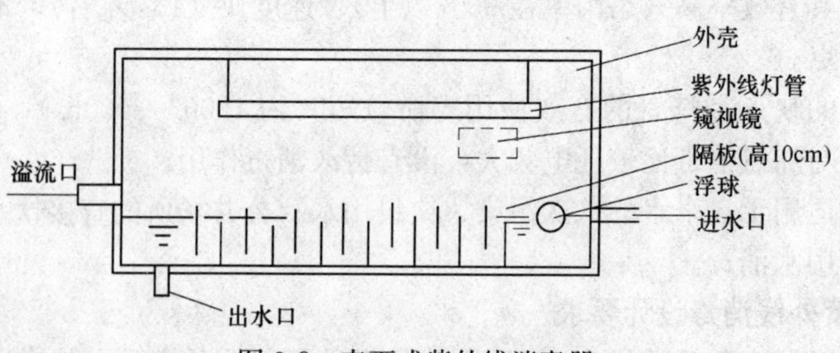

图9-8　表面式紫外线消毒器

9.7.2 二氧化氯消毒器

9.7.2.1 二氧化氯消毒的特点及应用

二氧化氯是一种强氧化剂，在制造二氧化氯过程中伴生的 Cl_2、O_3、H_2O_2 等，同二氧化氯一样都有很强的氧化消毒作用。二氧化氯可以破坏细胞的酶而导致细胞的死亡。

二氧化氯可以在广泛的 pH 值范围内具有广谱的杀菌能力，在较高的 pH 值时（pH =8.5）二氧化氯比氯的杀菌能力高 3 倍，氧化能力为自由氯的两倍。二氧化氯由于不与氨氮等化合物作用，故其余氯较高，消毒效果比氯更好。

二氧化氯易于挥发和爆炸，故二氧化氯应避免气体逸出，并控制其在空气中的浓度小于 10%和在水中的浓度小于 30%，并应密闭贮存。

二氧化氯除用于消毒外，还可用于除臭和除色等。

9.7.2.2 二氧化氯消毒的设计要求

(1) 二氧化氯投加量：投加量与原水水质和投加目的有关。一般应通过试验确定。常用投加范围大致如下：

1) 消毒：0.1～1.3mg/L。

2) 消毒兼除臭：0.6～1.3mg/L。

3) 消毒、除臭及氧化有机物、铁、锰时：1～1.5mg/L。

投加量应保证管网末端有 0.05mg/L 的余氯。

(2) 投加浓度：其水溶液应控制在 6～8mg/L。

(3) 设置二氧化氯发生装置的房间应考虑通风换气良好。换气次数为 8～10 次/h。

9.7.2.3 二氧化氯发生器的选用

ClO_2 的制备方法主要有化学法和电解法两种。

(1) 化学法

1) $NaClO_2$-HCl 法。$NaClO_2$ 在酸性条件下，ClO_2^- 以可测量的速率稳定地分解成 ClO_2、ClO_3^- 和 Cl^-，反应方程式：

$$5NaClO_2 + 4HCl \longrightarrow 4ClO_2 \uparrow + 5NaCl + 2H_2O$$

目前，主要采用盐酸或硫酸/$NaClO_2$ 体系发生 ClO_2。这种发生器技术是让酸（盐酸或硫酸）与亚氯酸钠 $NaClO_2$ 溶液在空气（或氯气）流下反应并吹出，由水射器将生成的 ClO_2 送至消毒系统。该法工艺简单，操作方便。但该法的缺点是反应速率慢，酸量大，产生的废酸多，副产一定量的 Cl_2，影响 ClO_2 的纯度，给 ClO_2 的应用带来了麻烦。

$NaClO_2$-HCl 化学法制备 ClO_2 的二氧化氯发生器由水射器、计量泵、反应柱、可编程控制器等组成。工艺流程见图 9-9；技术参数见表 9-5。

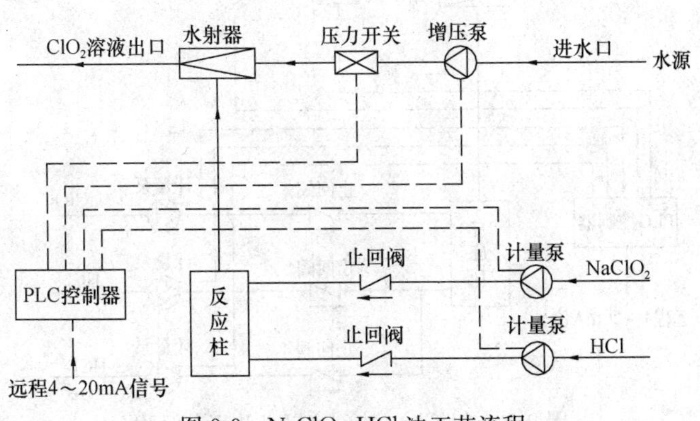

图 9-9 $NaClO_2$-HCl 法工艺流程

$NaClO_2$-HCl 法及 $NaClO_2$-NaClO-HCl 法设备技术参数 表 9-5

<table>
<tr><td colspan="2">发生器型号</td><td>RWS-P2-500-A</td><td>RWS-P2-1000-A</td><td>RWS-P2-2000-A</td><td>RWS-P2-3000-A</td><td>RWS-P2-5000-A</td><td>RWS-P2-10000-A</td><td>RWS-P3-1000-A</td><td>RWS-P3-2000-A</td><td>RWS-P3-3000-A</td><td>RWS-P3-5000-A</td><td>RWS-P3-10000-A</td><td>RWS-P3-20000-A</td></tr>
<tr><td colspan="2">二氧化氯产量（g/h）</td><td>5000</td><td>1000</td><td>2000</td><td>3000</td><td>5000</td><td>10000</td><td>1000</td><td>2000</td><td>3000</td><td>5000</td><td>10000</td><td>20000</td></tr>
<tr><td rowspan="3">原料浓度（质量百分比）</td><td>亚氯酸钠</td><td colspan="6">25%</td><td colspan="6">25%</td></tr>
<tr><td>盐酸</td><td colspan="6">31%</td><td colspan="6">15%或31%</td></tr>
<tr><td>次氯酸钠</td><td colspan="6">—</td><td colspan="6">10%</td></tr>
<tr><td colspan="2">设备外型尺寸（高×宽×厚，mm）</td><td colspan="4">1700×860×740</td><td colspan="2">1700×1600×740</td><td colspan="4">1700×860×740</td><td colspan="2">1700×1600×740</td></tr>
<tr><td colspan="2">设备总质量（kg）</td><td colspan="4">150</td><td colspan="2">200</td><td colspan="4">150</td><td colspan="2">200</td></tr>
<tr><td colspan="2">原料进口管径</td><td colspan="12">ND15</td></tr>
<tr><td colspan="2">水进口管径</td><td colspan="3">DN20</td><td colspan="2">DN25</td><td>DN32</td><td colspan="2">DN20</td><td colspan="2">DN25</td><td>DN32</td><td>DN50</td></tr>
<tr><td colspan="2">二氧化氯溶液出口管径</td><td colspan="3">DN20</td><td colspan="2">DN25</td><td>DN32</td><td colspan="2">DN20</td><td colspan="2">DN25</td><td>DN32</td><td>DN50</td></tr>
<tr><td colspan="2">二氧化氯溶液出口压力（MPa）</td><td colspan="12">0.1</td></tr>
<tr><td colspan="2">要求电源（V）</td><td colspan="12">380（三相五线制）</td></tr>
<tr><td colspan="2">额定电耗（kW）</td><td colspan="3">1.5</td><td colspan="2">2.5</td><td>4</td><td colspan="2">1.5</td><td colspan="2">2.5</td><td>4</td><td>5</td></tr>
<tr><td colspan="2">设备所需动力水压（MPa）</td><td colspan="12">0.4～0.6</td></tr>
<tr><td colspan="2">设备所需动力水量（m³/h）</td><td colspan="3">>1.2</td><td colspan="2">>2</td><td>>5</td><td colspan="2">>1.2</td><td colspan="2">>2</td><td>>5</td><td>>10</td></tr>
<tr><td colspan="2">控制方式</td><td colspan="12">PLC 控制设备的运行，接收外来的 4～20mA 信号，自动控制设备的二氧化氯发生量，也可由操作人员现场手动设定</td></tr>
</table>

2）$NaClO_2$-NaClO-HCl 法

其反应式如下：

$$NaClO + HCl \longrightarrow NaCl + HClO$$

$$HCl + HClO + 2NaClO_2 \longrightarrow 2ClO_2 + 2NaCl + H_2O$$

$NaClO_2$-NaClO-HCl 了化学法制备 ClO_2 的二氧化氯发生器由水射器、计量泵、反应柱、可编程控制器等组成。工艺流程见图 9-10；技术参数见表 9-5。

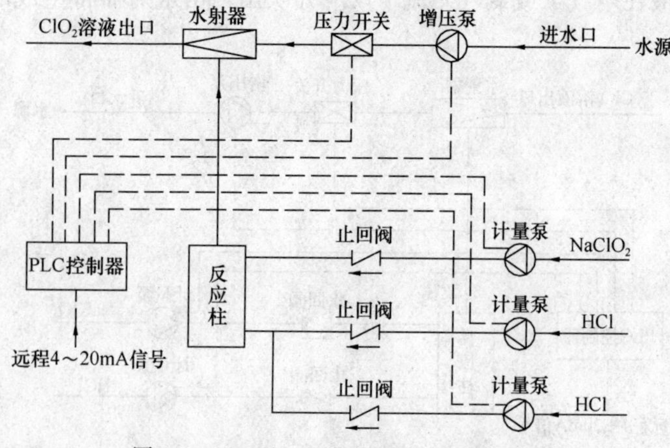

图 9-10 $NaClO_2$-NaClO-HCl 法工艺流程

（2）电解法

电解法是以氯酸钠或氯化钠为原料，采用隔膜电解技术制取 ClO_2，所用的电解液可以是食盐溶液、亚氯酸盐溶液和氯酸盐溶液。电解过程中，在阴极制得烧碱溶液和氢气，阳极获得 ClO_2、氯气、过氧化氢及臭氧的混合物。

二氧化氯发生器已有定型产品。它是由电解槽、溶盐槽、水射器等部件组成。二氧化氯是通过电解食盐水产生。二氧化氯发生器主要部件是电梯和隔膜。电极是由钛镀膜构成，一般使用寿命可达 5～10a。

二氧化氯的投加是通过水射器形成二氧化氯的水溶液加入被处理的水体中。该设备需要定期加入食盐和进行清洗。

二氧化氯发生器国内已有多家厂家生产，以下选自北京某公司的产品，其规格性能及安装尺寸，见表 9-6、图 9-11。

DWT 二氧化氯消毒器 **表 9-6**

型号	消毒气产量(g/h)	主机尺寸（mm）									质量(kg)	电源外形尺寸(mm)			电池质量(kg)	耗盐(g/h)	电解电流/电压(A/V)	电源(V)	功率(W)
		L	W	H	h_1	h_2	h_3	DN_1	DN_2	DN_3		L	W	H					
DWT-1	5	300	350	320				15	15	15	5	150	180	120	2	8	5/12	220	60
DWT-2	20	560	520	850	700	500	150	15	15	15	25	200	300	250	5	32	20/12	220	240
DWT-3	50	660	600	850	700	500	150	15	15	15	35	250	350	280	15	80	50/12	220	600
DWT-4	100	720	850	950	800	600	150	15	15	20	75	450	400	700	40	160	100/12	220	1200
DWT-5	200	800	1250	950	800	600	150	20	20	25	80	600	450	750	65	320	200/12	380	2400
DWT-6	400	1550	1250	950	800	600	150	20	20	25	120	600	500	850	80	640	400/12	380	4800
DWT-7	600	1200	1250	1200	900	650	150	25	25	25	140	600	550	1000	90	960	600/12	380	7200
DWT-8	1000	1550	1250	1450	1050	800	150	25	25	25	160	700	600	1200	120	1600	1000/12	380	12000

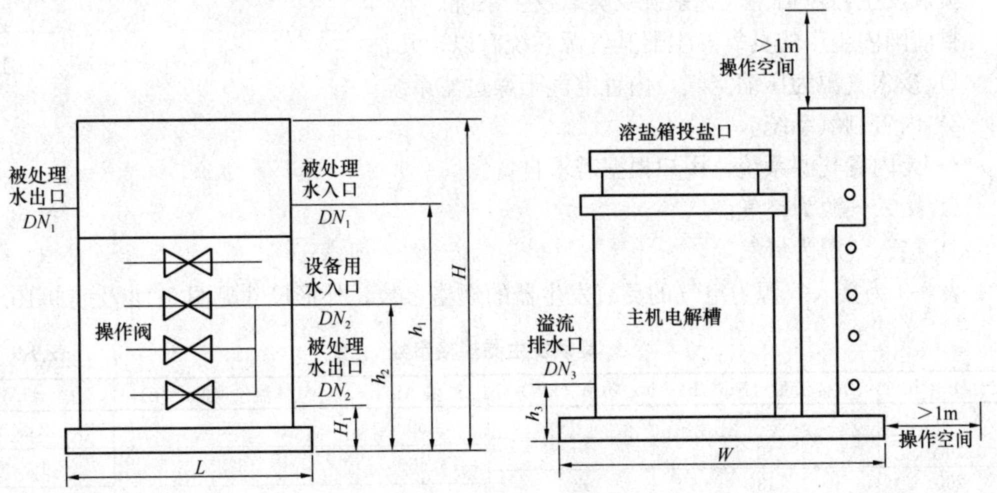

图 9-11 二氧化氯消毒器安装尺寸

9.7.3 臭氧发生器

(1) 概述

臭氧具有很强的氧化性，比氯和常用氧化剂强。臭氧的氧化还原电位 $E^{V}=-2.07V$，

氯的氧化还原电位 $E^{V}=-1.36V$。

臭氧在常温、常压下是一种不稳定的淡蓝色气体，可自行分解为氧气。其具有强烈的刺激气味，有时呈毒性，有时带新鲜气味。臭氧在空气中浓度达 0.1mg/L（体积比）时，对人有较强的刺激作用，浓度大于 4mg/L 时，且接触时间超过 2h 时，会出现胸闷，心肌受损，中枢神经遭受破坏。我国卫生部规定，臭氧的安全标准为 0.15mg/L。

臭氧在给水局部处理中，可用于生活饮用水的杀菌，灭活病毒，可去除水中可溶的铁、锰，去降水中色、臭、味、分解有机物。

臭氧在水中的溶解度见表 9-7。

臭氧在水中的溶解度 **表 9-7**

水温 t（℃）	15	19	27
溶解度（L 气/L 水）	0.45	0.381	0.27

（2）设计参数

设计参数见表 9-8。

设 计 参 数 **表 9-8**

处理要求	臭氧投加量（mgO_3/L 水）	接触时间（min）	去除效率（%）
杀菌、灭活病毒	1～3	10～15	90～99
除臭、味	1～2.5	>1	80
脱色	2.5～3.5	>5	80～90
除铁、锰	0.5～2	>1	90
除有机物等（O_3-C 工艺）	1.5～2.5	>27	60～100
除 COD	1～3	>5	40

（3）臭氧制备

臭氧发生器包括：气源系统及臭氧发生系统。

目前国内生产的臭氧发生器其气源系统有以下几种：

1）接入气源为压缩空气，内置空气干燥过滤系统。

2）内置制氧系统。

3）无内置气源系统，用户根据需求自备。

4）接入气源为空气。

5）接入气源为氧气等。

表 9-9 为接入气源为空气的臭氧发生器的规格参数，外形尺寸见图 9-12 及表 9-10。

臭氧发生器规格参数 **表 9-9**

产量（g/h）	气体流量（Nm^3/h）	功率（kW）	产量（g/h）	气体流量（Nm^3/h）	功率（kW）
130	6.5	3.5	500	25	12.5
200	10	5	650	32.5	15
260	13	6.5	800	40	17
330	16.5	8	1000	50	21
400	20	10			

注：1. 臭氧浓度：正常温度下 26mg/L，最高可达 40mg/L；
2. 接入电源：380V/50Hz；
3. 接入气源：空气；
4. 冷却方式：水冷；
5. 每 1kg 臭氧冷却水用量：≤$4m^3$/h；
6. MA 系列产量浓度在 10%～100%范围内可调。

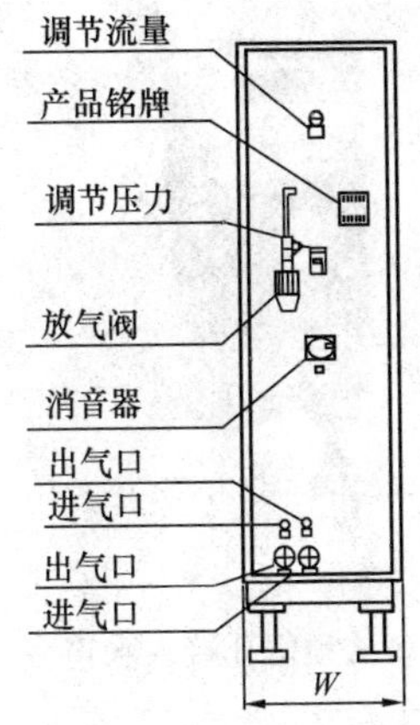

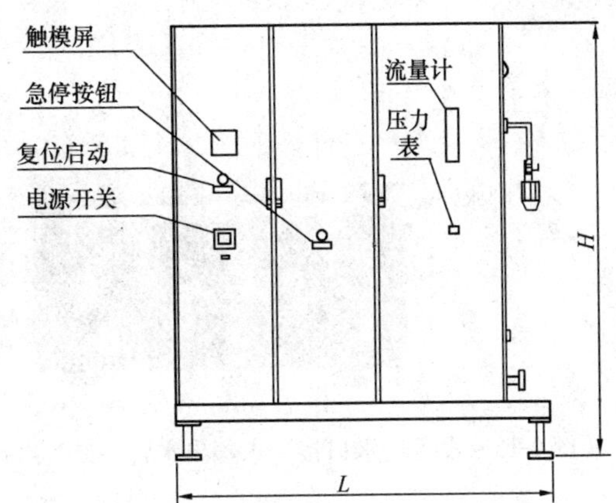

图 9-12 臭氧发生器外形

臭氧发生器尺寸 **表 9-10**

配置项目	小型产量		中型产量		大型产量
	5～30g/h	30～80g/h	100～350g/h	400～700g/h	800～2000g/h
进出气接口尺寸	G⅜″	G⅜″	C½″	G¾″	G¾″
进出水接口尺寸	G½″	G½″	*DN*15	*DN*20	*DN*25
电控柜尺寸（*L*×*W*×*H*）	600×500×1200	600×500×1200	800×600×1600	1200×600×2000	2200×800×2400

（4）设计注意事项

1）臭氧净水系统中必须设置臭氧尾气消除装置。

2）以氧气为气源的臭氧处理设施中的尾气不应采用活性炭消除方式。

3）在设有臭氧发生器的建筑内，应设必要的通风设备或空调设备、臭氧和氧气泄漏探测及报警设备；用电设备必须采用防爆型。

9.7.4 水系统自洁灭菌仪

（1）灭菌原理

水系统自洁灭菌仪采用A、B两个处理器串联工作的方式，共同完成杀菌的功能。

A处理器采用微电脑控制换能器中超低频电场的能量，水流进入A处理器后，瞬间被强力分解，水分子团被打裂、打散、变小、重新排列在极板的两侧，形成带有正、负电位的水，正电位的水是酸化电位水。同时通过电场电解氯化钠，在阳极产生高氧化还原电位，使得水流在处理器内成为一种低pH值，低浓度，高有效氯的水，达到对病菌强力杀灭的第一步作用。

B处理器产生高频脉冲电场，一方面利用高频脉冲波破坏细胞的细胞核，另一方面利用高压电场杀灭微生物，同时利用高频脉冲波的传输性，对整个水系统中附着的菌藻进行剥离和杀灭。

（2）应用范围

可用于饮用水箱、水景等的杀菌灭藻。设备为外置式（见图9-13～图9-15），规格见表9-11。

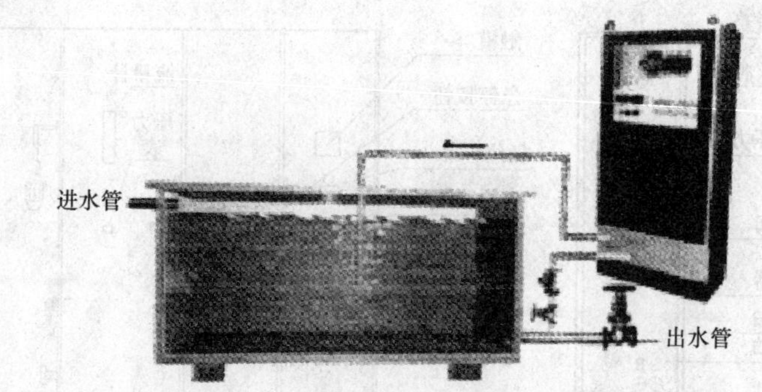

图 9-13 设备进水口接于水箱出水管。设备出水口从预留孔接入水箱

图 9-14 在水箱内置入潜水式布水器。设备进出水口与布水器进出水口相连

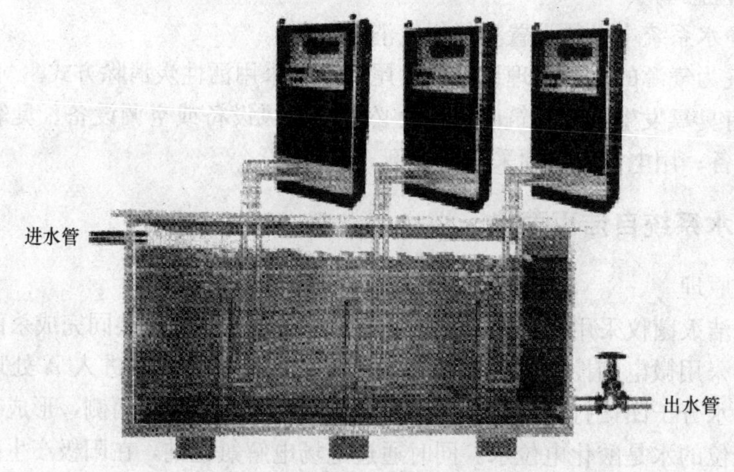

图 9-15 较大的水箱（池）可采用多台设备并联的方式

水系统自洁灭菌仪规格尺寸 **表 9-11**

处理流量 (m^3/h)	使用条件		进出水管径	外形尺寸（长×宽×高）(mm)	功率 (W)	电源	质量 (kg)
	饮用水箱 (m^3)	消防水池 (m^3)					
2	≤100	≤200	*DN*20	1400×700×350	≤300	220V 50Hz	90

9.8 防垢和除垢

由于水中硬度偏高和水中溶解氧的存在，在长期使用过程中，必然会造成管道和设备的腐蚀和结垢。垢蚀的产生对设备和管道的正常使用产生的弊端是非常明显的：首先是缩短了设备和管道的使用寿命，并且给正常维护管理增加了很大工作量，由于管道堵塞使水头损失增加，以及由于水质恶化增加了不合格水的排放，造成了能量和水量的浪费，这种后果在热水供应系统中更为突出。因此垢蚀问题越来越引起人们的重视。随着旅游和高标准建筑物的增多，高质量生活用水和安全供水的要求越来越强烈，因此解决系统和设备的防垢、除垢问题日渐重要。

对于水质较差、用水量较大、系统复杂的供水系统应以防垢为主，除垢为辅；反之以除垢为主。

9.8.1 防垢

防垢措施有软化处理、静电和电子防垢（除垢）、磁水器防垢、水质稳定等。

9.8.1.1 软化处理

(1) 软化处理的基本原理：水体中均含有一定数量的钙、镁离子，它们是构成水中硬度的主要成分。根据水中钙镁离子含量的多少，把水体分为软水和硬水（大致以8°德国度分界）。其中硬水在流通和加热过程中容易产生钙、镁的碳酸盐晶体附着在管道和设备上，称之为水垢，如果把水中的钙镁离子去除或更换为不易结垢的钠和氢离子．这个处理过程称之为软化。

(2) 软化处理的设备：软化处理设备主要有石灰软化法、离子交换法等。对于建筑给排水工程中应用最多的还是离子交换法。其他方法在《给水排水设计手册》第4册《工业给水处理》中均有详细介绍。

离子交换法是由离子交换器和再生设备构成。最常用的是钠离子交换器和食盐再生设备。钠离子交换器为钢制或其他材料制成的设备，内部装填钠离子交换树脂。离子交换过程分为运行和再生两部分。运行时水流经过离子交换树脂层时，水中的钙镁离子被树脂中的钠离子所置换形成软化水。当树脂中的钠离子大部分被置换完毕后，树脂失去交换能力运行结束转入再生过程。再生是用一定浓度的食盐水经过树脂层后将树脂层中吸附的钙镁离子被食盐水中的钠离子置换使树脂层恢复交换能力，继续投入运行。离子交换法就是在运行和再生交替进行中运作。

离子交换器设计参考数据见表9-12。

离子交换器设计参考数据 **表9-12**

床型	运行滤速 (m/h)	反洗		再生			
		流速 (m/h)	时间 (min)	药剂	耗量 (kg/m^3)	浓度 (%)	流速 (m/h)
顺流	20～30	15	15	NaCl	100～120	5～8	4～6
逆流	20～30	5～10	3～5	NaCl	80～100	5～8	≤5

续表

置换时间(h)	置换流速(m/h)	小正洗		正洗			工作交换容量(mol/m^3 树脂)
		流速(m/h)	时间(min)	水量(m^3/m^3)树脂	流速(m/h)	时间(min)	
4～6	4～6			3～6	15～20	30	900～1000
≤5	≤5	10～15	5～10		15～20	3～6	800～900

注：逆流再生时可设气顶压（P 为 29.4～49kPa）和水顶压（P 为 49kPa）。

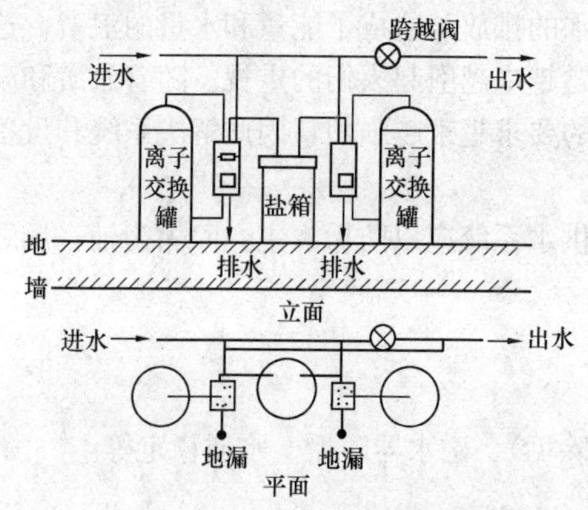

图 9-16 GWT 软化水布置示意

对于中小型离子交换器国内已有成套设备供应。运行和再生的操作可根据周期制水量、运行时间、出水水质自动进行转换，除了定期补充食盐外，无需专人管理。

目前，国内生产的全自动软水器的控制大多采用国外生产的全自动多路阀，离子交换罐采用玻璃钢罐为国内制造。全自动软水器具有占地小、自动化程度高、运行可靠的特点，其布置见图 9-16，主要品种与性能见表 9-13。

全自动软水器主要性能参数表 **表 9-13**

技术参数 \ 类型	机械旋转式多路阀	柱塞式多路阀	板式多路阀	水力驱动多路阀
处理水量（m^3/h）	1～23	1～38	0.5～60	0.2～20
原水硬度（mmol/L）	<11，选标准型	1. ≤3 时，可选时间控制型，按出水量上限选；2. ≤6 时，可按出水量上限选；3. ≤8 时，可按出水量中间量选		≤13 时，可按出水量上限选
	<28，选高硬度型	1. 8～10 时，按出水量下限选，或采用两级处理；2. ≥10 时，许选用两极中间量选		≥15 时，按出水量下限选
出水残余硬度(mmol/L)	0.03			
原水浊度要求（NTU）	≤5			
工作温度（℃）	0～50	5～50		5～50
工作压力（MPa）	0.15～0.3	0.2～0.6		0.2～0.5
自身水耗（%）	≤2			
单罐水头损失（MPa）	0.03～0.06			
盐耗（g/mol）	<100			
电源	～220V、50Hz			
功率（W）	10	10～40		不需要
采用树脂型号	001×7 强酸型钠离子交换树脂			
控制阀口径（mm）	$DN20$～$DN50$	$DN20$～$DN75$		$DN20$～$DN32$
树脂罐直径（mm）	—	$\phi200$～$\phi1500$		$\phi150$～$\phi400$
盐箱直径（mm）	—	$\phi300$～$\phi1800$		$\phi300$～$\phi1000$
处理水量范围	较小	较大	大	较小
对原水水质要求	较高	一般	适应性强	适应性强
能耗	需耗电	需耗电	需耗电	靠水压，不需耗电
故障次数	较多	少	少	少
使用寿命	短	长	长	长
大致价格排位(1低,4高)	1	2	4	3

9.8.1.2 静电、电子水处理器

(1) 原理及特点：静电和电子水处理不仅能防垢还有部分除垢作用。静电和电子防垢的原理和特点有所不同。

静电防垢（除垢）是在设备接通电源时，在设备的阴极和阳极之间形成高压静电场。当水流通过高压静电场后水分子的偶极矩增大，并按正负极极性呈链状有序排列。水中的阴阳离子被有序排列的水分子所包围，不能自由移动和靠近器壁，从而防止了水垢的生成。对于已经结垢的设备，由于已经增大了偶极矩的水分子易与垢分子水合，而使硬垢变软和疏松，直至龟裂和脱落，达到防垢除垢的目的。

电子防垢（除垢）是利用设备通电后的阴阳离子间产生了微弱电流，使通过的水分子中的电子被激励至高能位状态，引起水分子电位的下降，从而使水中的阴阳离子间静电引力减弱不能互相聚集而形不成水垢。而被激励的水分子中的电子对垢分子有破坏作用，从而使积垢逐渐溶解、剥蚀、疏松直至脱落。

静电子和电子防垢设备，由于通过的水分子的变性也具有一定的杀菌、灭藻和缓蚀功能。

静电和电子水处理器构造简单，安装方便，对环境不产生污染，基本上不需维护管理，并且其使用寿命长、节能节水。由于以上特点，该设备已在工业和民用建筑上广泛应用。

静电和电子水处理器虽然功能相近，但在使用要求上有所不同，见表 9-14。

静电、电子水处理器性能比较 **表 9-14**

类别 / 项目	静电水处理器	电子水处理器
适用水中硬度范围	＜700mg/L（以 $CaCO_3$ 计）	＜500mg/L（以 $CaCO_3$ 计）
使用温度（℃）	⩽80	5～105
使用寿命（a）	15	5
维护要求	阳极耐磨，不易粘附水中悬浮物，连续使用时可以不清洗	阳极保护膜易磨损，易粘附水中悬浮物，一般每年均要清洗

静电、电子水处理器的主要缺点是，处理后的水时效性较短。改性后的水的微观结构逐渐复原，防垢、除垢效果将逐渐消失。静电、电子水处理器属于物理处理方法。对于物理处理方法的期望值不可过高，防垢率达 70％应属正常，超过 80％是相当好的。防垢率不足 100％的部分，正是物理法与水软化法或药剂法的差距。而且，物理处理法的防垢率不能在使用前做出准确预测，需要通过试验或实际使用来确定防垢率有效范围和合适的工艺条件。另外，物理处理法对水质具有一定的杀菌、灭藻和缓蚀功能，也已为许多实际工程所证实。

(2) 应用范围：静电、电子水处理器可以应用于热交换器、热水锅炉的直流供水系统以及冷却循环水、游泳池循环水、空压机、制冷机等循环或直流供水系统。由于静电、电子水处理器的时效性问题，对于系统管线较长，停留时间较多的冷水供水系统使用还有一定限制。

(3) 设备选用：目前国内已有许多厂家生产静电和电子水处理器。设计时可以根据设

计需要按照产品样本直接选用。现将静电和电子水处理器规格性能简介如下，见表 9-15，图 9-17、图 9-18。

静电、电子水处理器规格性能　　表 9-15

项目＼类别	静电水处理器型号 SHN	电子水处理器	
		型号 EHN	型号 FWT
处理水量（m^3/h）	1～2600	1～2600	0.2～1200
进出口管径（mm）	*DN*25～*DN*600	*DN*25～*DN*600	*DN*20～*DN*450
耗电量（W）	6～25	8～80	25～1000
电　源	220V AC	220V AC	220V AC
水头损失系数 ξ	2.6～0.66	2.41～0.96	
进水总硬度（mg/L 以 $CaCO_3$ 计）	＜700	＜500	
进水温度（℃）	≤80	5～105	
进水压力（MPa）	一般＜1　特制可以＜3.0		
有效范围（m）	≤2000		
安装方式	垂直、水平均可靠近用水点	垂直，靠近用水点	

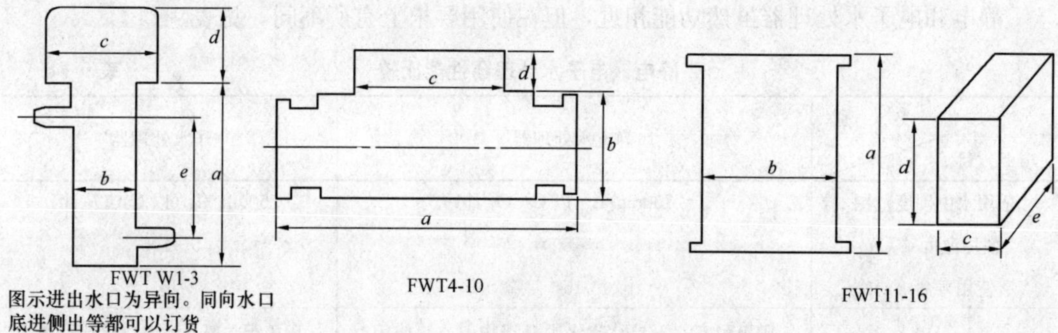

图 9-17　FWT 型静电电子水处理器

表 9-15 中水头损失，按式（9-2）计算

$$\Delta h = 10\xi v^2/2g(\text{kPa}) \tag{9-2}$$

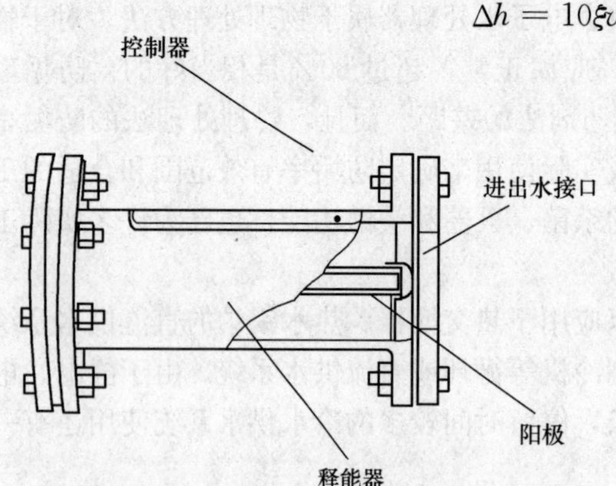

图 9-18　SHN、EHN 型静电、电子水处理设备

式中　Δh——水头损失（kPa）；

v——设备进出口处管径流速（m/s）；

g——重力加速度（9.8m/s^2）；

ξ——水头损失系数，见表 9-15。

（4）水处理器的安装使用要求：为了提高防垢、防垢效果，水处理器应尽量靠近被保护设备，并宜设旁通管，以便检修水处理器时不致断水。

水处理器应尽量垂直安装，以防止因水中悬浮物沉淀而影响使用效果。并应在供水系统中设置排污管。

开放式供水系统在水处理器前端，应设置过滤器以防止堵塞设备。

其他安装使用要求，应符合产品说明书中的规定。

水处理器在系统中安装工艺流程示例，见图 9-19～图 9-21。

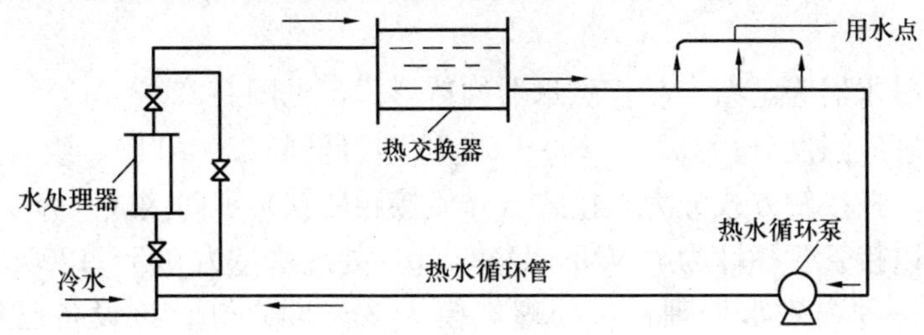

图 9-19 热水供应系统流程示例

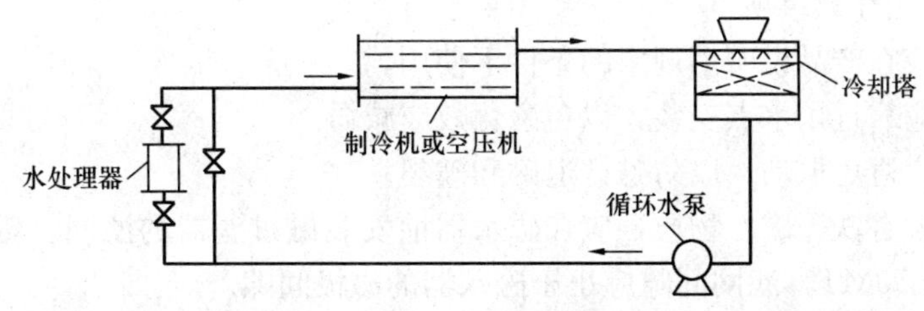

图 9-20 冷却循环水系统流程示例

9.8.1.3 磁水器

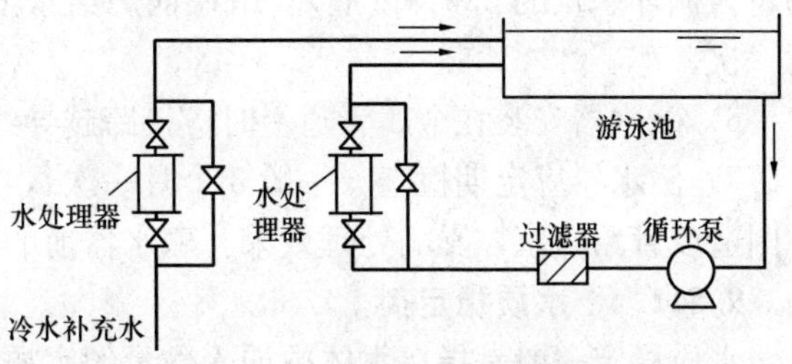

图 9-21 游泳池循环水系统流程示例

(1) 防垢原理及特点：磁水器防垢原理还不够成熟，一般认为当水流通过磁场后，水中钙、镁等水合离子之间改变了原有的作用力和电荷平衡状态，增加了结晶核心数量。在加热过程中析出的结晶细而分散，结构疏松，附着力弱，易于被水流带走，老垢也会龟裂而自行脱落。

磁水器构造主要由磁性材料和外壳组成。磁性材料主要有锶铁氧体、钡铁氧体、钕铁硼体、铝镍钴合金钢等。磁感应强度要求≥160MT。外壳材料常采用碳钢、铸铁和不锈钢等。为了提高磁感应强度，有时又设导磁体和聚磁体将磁力线集中。导磁和聚磁材料常用软铁。

磁水器与其他方法比较，其优点是：设备简单，安装方便，价格低，不耗电，维护管理简便，不产生二次污染等。其缺点是：机理尚不成熟，影响处理效果的因素不确定，使用效果不够稳定。

(2) 适用范围：磁水器多用于下列水质的防垢处理：

1) 总含盐量：＜3000mg/L（以 $CaCO_3$ 计）。

2) pH 值：7～11。

3) 不含胶体悬浮物。

4）铁、锰离子总含量：＜0.2mg/L。

5）介质温度：≤130℃。

6）介质流速：≥1～1.5m/s。

目前磁水器已用于冷却循环水系统、热交换和锅炉的给水处理、小型家用饮水处理等。

（3）选用：磁水器为定型产品。磁水器构造形式，见图9-22。

磁水器按磁感应强度分为高强（200～600MT）低强（200MT）、组合强度（两种以上强度组合）等。按接触方式分为直接式（介质接触磁铁）和间接式（介质不接触磁铁）。

磁水器规格以接管管径计为 DN15～DN6000，处理水量为 0.5～1200m^3/h。

目前国内有一种内磁水处理器，处理规模为 2～2000^3/h。该设备已颁发行业标准《内磁水处理器》CJ/T 3066。

（4）安装使用注意事项：

1）磁水器应在产品说明书规定的条件下使用。

2）磁水器应靠近用水点安装，以免磁化效应减弱。

3）磁水器应避免振动，以防磁铁退磁和破裂。

4）水中如含有铁等磁性物质，应在磁水器前安装磁过滤器的滤网。磁过滤器的磁感应强度不应小于 50MT，滤网间隙应小于磁水器的磁极间隙。

5）磁水器在使用过程中必须做好排污工作。用在循环水系统上宜进行连续排污（排污量为循环水量的 0.5%以上）。用在锅炉给水上应先清除系统积垢，然后每一周定期排污一次。

6）磁水器安装在金属管道上时应接跨越导线，以免杂散电流干扰磁场。

7）磁水器应定期检查（一般 3 个月一次），以防止磁铁碎裂、间隙不均、水垢积累等原因造成管路堵塞，影响处理效果。磁水器前的过滤器也要定期检查清理。

9.8.1.4 水质稳定剂

水质稳定一般是指在水体中加入微量的水质稳定剂（阻垢剂、缓蚀剂等），以阻止和延缓设备和管道形成水垢或腐蚀。这种处理方法在冷却循环水系统中应用较为普遍。随着高层建筑物和涉外宾馆的增多，对供水水质要求的提高，在直流生活供水系统中也开始使用。

生活供水系统（冷水和热水供水）在水质较差（如高硬度和高碱度）的地区，在使用过程中由于结垢和腐蚀的问题，常因为水质恶化，造成管道堵塞、能耗增加和系统使用寿命缩短等弊病。为此已经开始探索并在实践中，在生活供水系统中使用水质稳定的措施。这种方法国外在 20 世纪 90 年代已开始应用。我国在 1992 年以后也在高档宾馆和高级建筑物中逐步使用。

由于水质稳定剂类型很多，在水处理系统中将常用的聚磷酸盐/硅酸盐稳定剂介绍如下：

（1）水质稳定的判断：并非所有水系统都要加稳定剂，一般应根据当地水质情况、供水水质要求、供水规模及用户要求等因素确定。

水质判断是判别水质是结垢型和腐蚀性的一种方法。常用饱和指数（郎格利尔指数）和稳定指数来判别结垢倾向。

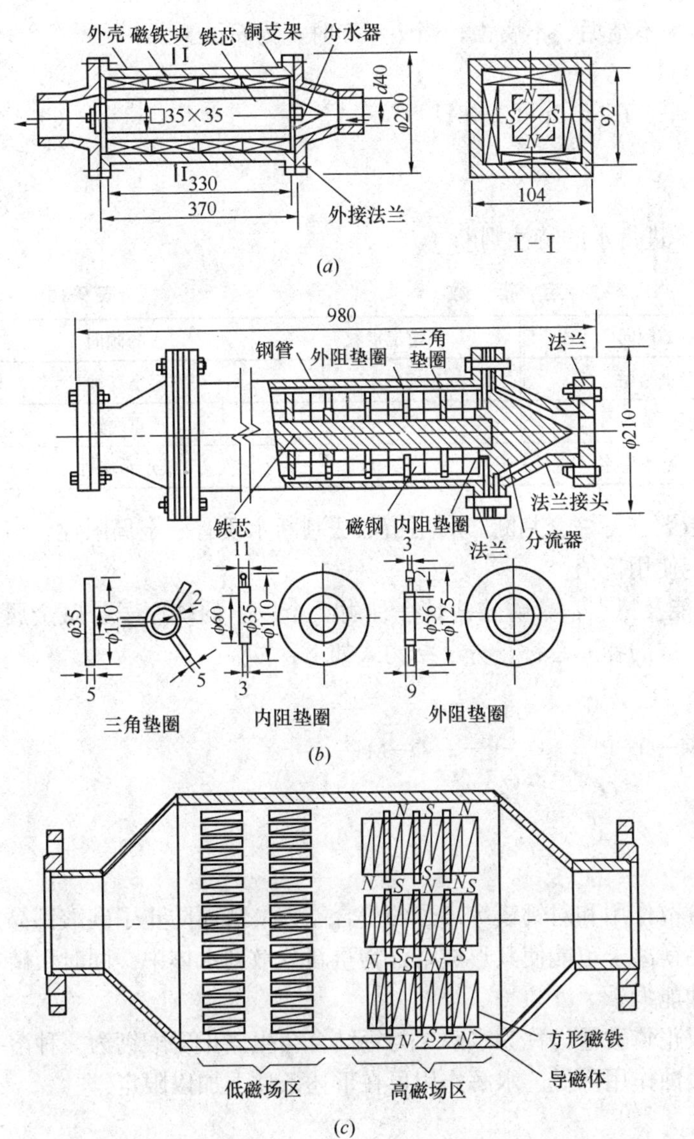

图 9-22 磁水器的构造形式

(a) 对方形磁铁多极式；(b) 为环形磁铁多极式；

(c) 为方形磁铁组合式；(d) 为方形磁铁外磁场式

1) 饱和指数法，见式 (9-3)

$$I_L = pH_0 - pH_s \tag{9-3}$$

式中 I_L——为饱和指数；

pH_0——为水的实测 pH 值；

pH_s——为水被碳酸钙饱和平衡时的 pH 值，可由下列公式求得。

$$pH_s = (9.3 + A + B) - (C + D)$$

式中 A、B、C、D——常数，与水温、总含盐量、总碱度和钙硬度有关，可查表得出，见《给水排水设计手册》第 4 册《工业给水处理》。

当 $I_L>0$、结垢 $I_L=0$ 时，为不结垢、不腐蚀；当 $I_L<0$ 时，为腐蚀。

2）稳定指数法，见式（9-4）

$$I_R = 2pH_s - pH_0 \tag{9-4}$$

式中 I_R——稳定指数；

其余符合含义同前。

利用稳定指数，根据表 9-16 进行水的特性判断：

稳 定 指 数 表 9-16

稳定指数	水的倾向	稳定指数	水的倾向
4～5	严重结垢	7～7.5	轻度腐蚀
5～6	轻度结垢	7.5～9	严重腐蚀
6～7	水质基本稳定	>9	极严重腐蚀

一般利用饱和指数和稳定指数进行综合判断。利用指数法判断水质有一定局限性，但是作为水质倾向性判断还有一定使用价值。

（2）聚磷酸盐/硅酸盐的性能及特点：聚磷酸盐是一种由 2 个以上的磷原子与碱金属或碱土金属原子和氧原子结合而成的物质总称。分子结构式如下：

$$\begin{array}{c} \quad\quad O \quad\quad\quad\quad\quad O \\ \quad\quad \| \quad\quad\quad\quad\quad \| \\ M-O-P-[-O-P-]_n-O-M \\ \quad\quad | \quad\quad\quad\quad\quad | \\ \quad\quad O \quad\quad\quad\quad\quad O \\ \quad\quad | \quad\quad\quad\quad\quad M \\ \quad\quad M \end{array}$$

式中 M 代表碱金属等，如 Na。

聚磷酸盐对胶体颗粒具有分散作用和对钙镁等离子的螯合能力，从而防止了碳酸钙晶核的形成和凝聚。对已成垢的钙镁离子也能使其形成络合物重新分散到水体中。同时聚磷酸盐和加入的硅酸盐都具有缓蚀能力。

聚磷酸盐在水中会分解生成正磷酸盐，称为水解。与钙结合会生成正磷酸钙为一种溶解度很小的成垢物质，使防垢缓蚀作用降低。水解作用可在下述条件下加以限定：

1）pH 值：6.5～7.0 之间。

2）水温：不宜大于 50℃。

（3）聚磷酸盐/硅酸盐的投加：聚磷酸盐/硅酸盐稳定剂，已形成系列产品，俗称“硅丽晶”或“归丽晶”，可根据使用条件直接选用投配，并有成套装置供应。

投加量按 1～3mg/L 计，按平均小时供水量计算。加药方式是通过特制加药罐按比例自动投加。加药罐可贮存 3～6 个月药剂量。

这种加药装置的特点是：体积小，操作简便（只需 3～6 个月装填一次药剂），不耗电不浪费药剂（按比例自动投加），加药后的水质符合生活饮用水水质标准，装用效果较好。

该方法如用在直流供水系统上，药剂随着直流水而排掉，药剂耗量较大，设备一次投资费用也较高。故在生活供水系统中使用不多，一般多用于高档建筑物。

“归丽晶”使用条件应符合下列要求：

1）水中碳酸盐硬度不大于 360mg/L（以 $CaCO_3$ 计）。

2）需要处理的水温不大于 80℃。

3）处理后的水停留时间不大于50h。

4）设备不要靠近热源，并应设旁路系统。

“归丽晶”加药装置安装示意，见图9-23。

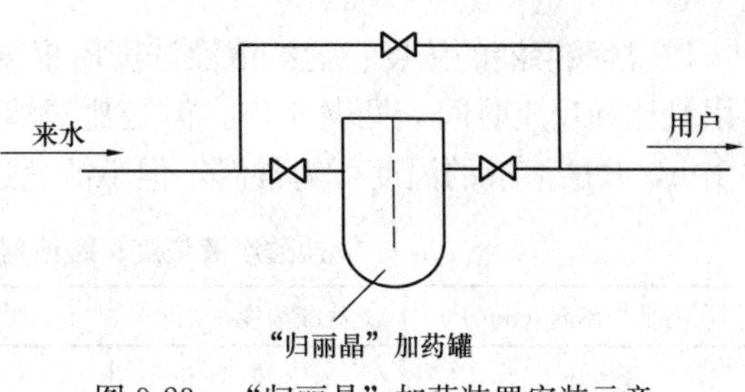

图9-23 “归丽晶”加药装置安装示意

9.8.2 除垢

除垢方法一般分为：手工除垢、机械除垢和化学除垢。手工和机械除垢劳动强度大、除垢不易彻底、并有可能损坏设备和管道，目前在大中型系统中已很少使用。化学除垢方法是按一定配比制成的除垢缓蚀剂水溶液，通入设备和管道进行浸泡或循环，使硬垢溶解或变成松垢排出，再用清水清洗而达到除垢的目的。

化学除垢剂常用药剂有盐酸、烧碱（NaOH）、纯碱（$NaCO_3$）和磷酸三钠（Na_3PO_4）。常用化学除垢方法比较，见表9-17。

常用化学除垢方法比较 表9-17

名称	适用水垢成分	优缺点
盐酸（HCl）除垢法	以碳酸钙，碳酸镁和氢氧化镁为主要成分的水垢	1. 反应速度快，除垢较彻底，费用较低； 2. 因酸的腐蚀性大，必须使用缓蚀剂，否则会严重损伤设备。缓蚀剂配制较麻烦，处理中有酸气挥发，并产生氢气，所以操作要求较严格，否则可能造成设备损伤、人体烧伤和爆炸事故
烧碱（NaOH）除垢法	以硫酸钙、硫酸镁、硅酸钙、硅酸镁为主要成分的水垢	1. 操作简便，费用较低，对设备损伤较小； 2. 作用时间较长，除垢不够彻底，需辅以手工或机械清除，对人体腐蚀较强，操作不当易造成烧伤
纯碱 Na_2CO_3）除垢法	以硫酸钙、硫酸镁、硅酸钙、硅酸镁为主要成分的水垢	1. 操作简便、安全，费用较低，对设备损伤很小； 2. 作用时间较长，除垢不够彻底，需辅以手工或机械清除
磷酸三钠（Na_3PO_4）除垢法	任意	1. 操作简便、安全，费用较低，对设备损伤很小； 2. 作用时间较长，除垢不够彻底，需要辅以手工或机械清除

9.8.2.1 盐酸除垢

（1）作用原理：盐酸除垢的基本原理是盐酸与水垢（主要是钙镁的盐类）进行化学反应，使不溶于水的钙镁盐类生成溶于水的氯化物随水流排放而达到除垢的目的。其化学反应式为

$$CaCO_3+2HCl \longrightarrow CaCl_2+CO_2\uparrow+H_2O$$
$$Ca(OH)_2+2HCl \longrightarrow CaCl_2+2H_2O$$
$$MgCO_3+2HCl \longrightarrow MgCl_2+CO_2\uparrow+H_2O$$
$$Mg(OH)_2+2HCl \longrightarrow MgCl_2+2H_2O$$

为防止盐酸对金属设备的腐蚀，必须在酸洗液中添加缓蚀剂。

（2）盐酸溶液的配制：

1）盐酸溶液的浓度：盐酸溶液浓度应根据水垢平均厚度决定。盐酸溶液浓度、缓蚀剂用量比和反应时间，见表 9-18。但是盐酸溶液浓度不能超过 10%，总反应时间不能超过 10h，盐酸溶液的温度可为常温，但不能超过 60℃。

盐酸溶液浓度、缓蚀剂用量比和反应时间　表 9-18

水垢平均厚度（mm）	盐酸浓度（%）	缓蚀剂用量比（占盐酸溶液的%）	反应时间（h）
<5	6	0.4	5～7
5～10	8	0.6	5～9
>10	10	0.8	8～10

2）盐酸溶液的配制：配制盐酸溶液的盐酸常用工业盐酸，其浓度为 25%～35%。盐酸用量可根据工业盐酸浓度、盐酸溶液浓度计算确定。

（3）缓蚀剂的配制：常用酸洗缓蚀剂分有 02 钢铁缓蚀剂，也有用乌洛托平、若丁和醛-胺缩聚物及一些新型缓蚀剂。

02 钢铁缓蚀剂是苯胺（胺尼林）和甲醛（福尔马林）在酸催化作用下缩聚反应生成的，该缓蚀剂的重量配比为：

热水∶纯盐酸∶苯胺∶甲醛＝40∶1∶2∶2

（4）酸洗溶液的配制：酸洗溶液的配制，应严格按照表 9-18 规定的配比配制，表中缓蚀剂用量比是指苯胺和甲醛的重量之和占盐酸溶液重量的百分比。

酸洗溶液的配制，应按下述步骤和要求进行：

1）根据需要除垢的设备、管道等结垢部分总容积来确定盐酸溶液的总用量。

2）按照所采用的工业盐酸浓度和水垢的平均厚度，确定盐酸溶液的浓度、工业盐酸的用量、缓蚀剂用量、催化盐酸用量和热水用量。

3）将 70℃左右的热水注入耐腐蚀、耐热的容器中。

4）加入催化用盐酸，这时溶液为浅黄色。

5）加入苯胺，使溶液呈黄色或深橘黄色，溶液表面应无浮油现象

6）加入甲醛，使溶液逐渐变成浅红色，直至成深红色，这时缓蚀剂已经配制完成。此时溶液应无浮油、无沉淀，呈透明状态。

7）根据 1）、2）所列内容，在配制缓蚀剂的同时配制好盐酸溶液。

8）将配制好的缓蚀剂迅速倒入盐酸溶液中，同时进行强烈搅拌，确保混合均匀，以防止降低药效和造成设备和管道清洗过程中产生腐蚀。

（5）酸洗方法：

1）静置浸泡法：是将配好的酸洗液注入（一般用耐酸泵压送）已经结垢的设备和管道中，静置浸泡，直至反应完毕为止。

2）循环浸洗法：将酸洗液置于容器内，用耐酸泵抽吸溶液送入待酸洗的系统中，反复循环直至反应完毕。

3）喷洒循环法：设备同 2），只是采用喷头喷入待酸洗的系统中，由于不需要将酸洗液充满系统，可节省酸洗液。此法适于酸洗大容积设备。

（6）酸洗注意事项：

1）在酸洗前，设备和管道应进行渗漏检查。如发现有渗漏，必须及时修补。对于铆

接和胀接的设备，更应注意渗漏检查。

2）待酸洗的设备和管道应严格与其他系统隔开。待酸洗的设备和管道上的铜件和其他不耐酸洗的部件，在酸洗前应予拆除。

3）酸洗时要随时化验酸洗液的酸浓度。酸洗过程中的酸浓度应不小于2%；如酸浓度很快下降到0.5%以下时，说明酸液量不够，应及时补充；如果酸浓度下降很慢或基本不变，则表示反应基本结束，可停止酸洗。

4）酸洗结束后应立即放出酸洗液，并及时用清水冲洗残液、残渣。然后再注入0.2%～0.3%的碱液，加热煮沸1～2h，控制pH值为9～10，最后用清水冲洗1～2遍即可完成。

5）酸洗后的设备管道如不马上使用，应将系统内存水放空，并将其风干，密封待用。

6）酸洗操作人员应配戴防护用品，房间要保持良好通风。

7）为防止酸洗过程中产生的氢氧而引起爆炸事故。酸洗房间严禁动用任何明火。

9.8.2.2 烧碱除垢法

(1) 原理：基本原理是利用烧碱与钙盐反应生成氢氧化钙沉淀而随水流排走。其化学反应式如下：

$$CaSO_4 + 2NaOH \longrightarrow Ca(OH)_2\downarrow + Na_2SO_4$$

$$CaSiO_3 + 2NaOH \longrightarrow Ca(OH)_2\downarrow + Na_2SiO_3$$

(2) 烧碱的浓度：一般控制烧碱的浓度为0.8%～1.0%（重量比）。

(3) 除垢方法：将配制好的烧碱溶液注入待处理的设备和管道内，采用常压或加压至0.15～0.2MPa，然后加热煮沸不少于24h，自然冷却，待温度降到50℃左右时，将碱液全部排出。立即打开设备或管道，用清水冲去残渣和沉淀物。如发现仍有未除尽的水垢，应立即进行手工或机械清除，否则会重新硬化。

9.8.2.3 纯碱除垢法

(1) 原理：纯碱除垢的基本原理是利用纯碱与钙的硫酸盐和硅酸盐反应生产的碳酸钙沉淀而随水流排走。其化学反应式如下：

$$CaSO_4 + Na_2CO_3 \longrightarrow CaCO_3\downarrow + Na_2SO_4$$

$$CaSiO_3 + Na_2CO_3 \longrightarrow CaCO_3\downarrow + Na_2SiO_3$$

(2) 纯碱的浓度：一般控制纯碱的浓度为1.0%～1.5%（重量比）。

(3) 除垢方法：同烧碱除垢法。

9.8.2.4 磷酸三钠除垢法

(1) 原理：磷酸三钠除垢的基本原理是利用磷酸三钠与水垢中不溶于水的钙镁盐类反应生成溶于水的磷酸盐；反应生成物进一步与水垢中的钙盐反应形成钙盐的沉淀物，上述生成物均随水流排走。其化学反应式如下：

第一步反应：$3CaCO_3 + 2Na_3PO_4 \longrightarrow Ca_3(PO_4)_2 + 3Na_2CO_3$

$3[MgCO_3Mg(OH)_2] + 4Na_3PO_4 \longrightarrow 2Mg_3(PO_4)_2 + 3Na_2CO_3 + 6NaOH$

$3CaSO_4 + 2Na_3PO_4 \longrightarrow Ca_3(PO_4)_2 + 3Na_2SO_4$

$3CaSiO_3 + 2Na_3PO_4 \longrightarrow Ca_3(PO_4)_2 + 3Na_2SiO_3$

进一步反应：$CaSO_4 + Na_2CO_3 \longrightarrow CaCO_3\downarrow + Na_2SO_4$

$CaSiO_3 + Na_2CO_3 \longrightarrow CaCO_3\downarrow + Na_2SiO_3$

$$CaSO_4 + 2NaOH \longrightarrow Na_2SO_4 + Ca(OH)_2 \downarrow$$

$$CaSiO_3 + 2NaOH \longrightarrow Na_2SiO_3 + Ca(OH)_2 \downarrow$$

（2）磷酸三钠的浓度：一般控制磷酸三钠的浓度为0.5%～0.6%（重量比）。有时为了加速除垢，可再加0.3%～0.5%的烧碱（重量浓度）。

（3）除垢方法：除垢方法同烧碱除垢法。

10 污水局部处理

10.1 医院污水处理

10.1.1 原则

(1) 凡新建、改建和扩建的各类医院和其他医疗卫生机构排出的被病菌、病毒所污染的污水、污泥，均应进行消毒处理。

(2) 含有放射性、重金属及其他有毒、有害物质的污水，应分别进行预处理，当达到相应的排放标准后，方可排入医院污水处理站或城市下水道。

(3) 医疗机构病区和非病区的污水，传染病区和非传染病区的污水应分流，不得将固体传染性废物、各种化学废液弃置和倾倒排入下水道。

(4) 传染病医疗机构和综合医疗机构的传染病房应设专用化粪池，收集经消毒处理后的粪便排泄物等传染性废物。不设化粪池的医院应将经过消毒的排泄物按医疗废物处理。

(5) 医院污水处理设施应力求简便有效、管理方便、占地面积小、运行安全及避免对周围环境造成污染。其设计应符合《建筑给水排水设计规范》GB 50015—2003（2009 年版）及《医院污水处理设计规范》CECS 07—2004 的要求。

(6) 医院污水处理设施必须与主体工程同时设计，同时施工，同时运行。

(7) 医院污水处理出水水质、污水处理站污泥及废气排放应符合现行《医疗机构水污染物排放标准》GB 18466 的要求，并应进行技术经济比较。

(8) 设计还应遵循《室外排水设计规范》GB 50014—2006（2011 年版）的有关规定。

10.1.2 医院污水水量和水质

10.1.2.1 医院污水水量

医院的分项生活用水定额和小时变化系数应按国家标准《建筑给水排水设计规范》GB 50015 确定，见表 10-1。排水量宜为给水量的 85%～95%。

生活用水定额及小时变化系数 **表 10-1**

	单　位	最高日生活用水定额 (L)	使用时数 (h)	小时变化系数
医院住院部				
设公用盥洗室	每床位每日	100～200	24	2.5～2.0
设公用盥洗室、淋浴室	每床位每日	150～250	24	2.5～2.0
设独立卫生间	每床位每日	250～400	24	2.5～2.0
医务人员	每人每班	150～250	8	2.0～1.5
门诊部、诊疗所	每病人每次	300～400	8～12	1.5～1.2

10.1.2.2 医院污水水质

医院每张病床每日污染物的排放量应根据实测确定，当无实测资料时，可参考以下数值，并根据耗水量通过计算取得污水污染物浓度指标。

BOD_5：60g/(床·d)

COD：100～150g/(床·d)

悬浮物：40～50g/(床·d)

10.1.3 工艺流程和主要设计参数

10.1.3.1 工艺流程

(1) 医院污水工艺流程选定原则：

1) 处理后污水排入有污水处理厂的城市下水道时，医院污水应与职工生活区污水、雨水分流，仅对医院污水进行消毒处理。采用一级处理流程。

2) 处理后污水排入无污水处理厂的下水道或地面水域时，根据需要，生活区污水可与医院污水合流进行处理，但厨房污水必须设置隔油井（池）。采用二级或深度处理流程。

3) 放射性废水、重金属废水及其他特殊废水应分别采取相应的处理工艺。如放射性废水应采用衰变贮存池处理，重金属废水可采用化学法或离子交换法处理。

4) 带传染病房的综合医疗机构，应将传染病房污水与非传染病房污水分开。传染病房的污水、粪便经过消毒后方可与其他污水合并处理。

5) 采用含氯消毒剂进行消毒的医疗机构污水，若直接排入地表水体和海域，应进行脱氯处理，使总余氯小于0.5mg/L。

(2) 医院污水处理工艺流程：

医院污水处理流程应根据污水性质、排水条件等因素确定。

1) 一级处理工艺流程：

排入终端已建有正常运行的二级污水处理厂的城市下水道时，宜采用一级处理。

医院污水处理的一级工艺处理通常包括化粪池、沉淀池或调节池等设施。化粪池出水经过格栅、计量池或调节池，通过计量装置定比投加消毒剂后进入接触池。图10-1中(*a*)、(*b*)为重力自排式，(*c*)、(*d*)为提升式。

2) 二级处理工艺流程：

直接或间接排入地表水体或海域时，应采用二级处理。通过生物处理法去除医院污水中的有机污染物，并可提高消毒效果，见图10-2。

3) 深度处理工艺流程：

医院污水经处理后，达到《医疗机构水污染物排放标准》GB 18466要求的排水，当直接排入下列水体时，还应根据受纳水体的要求进行深度处理，见图10-3。

①现行的《地表水环境质量标准》GB 3838中Ⅰ、Ⅱ类水域和Ⅲ类水域的饮用水保护区和游泳区；

②现行的《海水水质标准》GB 3097中的一、二类海域。

(3) 医院污水处理设施中应设置事故处置设备，其设计应符合下列要求：

中型以上医疗卫生机构的医院污水处理构筑物（如调节池、生物处理构筑物、沉淀池、消毒接触池等）应分两组，每组按50%的负荷计算。

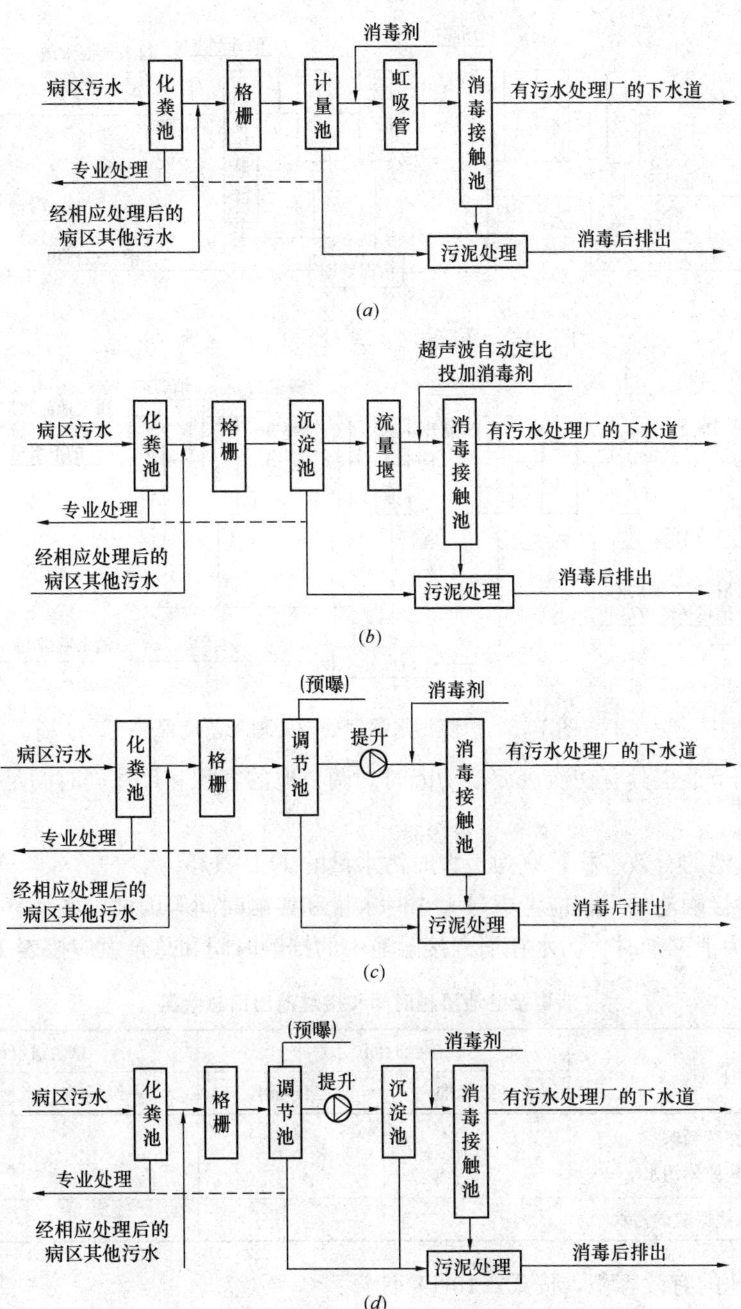

图 10-1 医院污水一级处理工艺流程

小型医疗卫生机构的医院污水处理设施，应设置事故超越管道或维修时采取的措施，且必须保证消毒效果。

10.1.3.2 主要设计参数

(1) 污水在化粪池中的停留时间不宜少于 36h。污泥清掏周期为 180～360d。

(2) 提升式污水处理设施应设调节池，其有效容积宜为 5～6h 污水平均小时流量。间歇式消毒时，有效容积应为日污水量的 1/2～1/4。

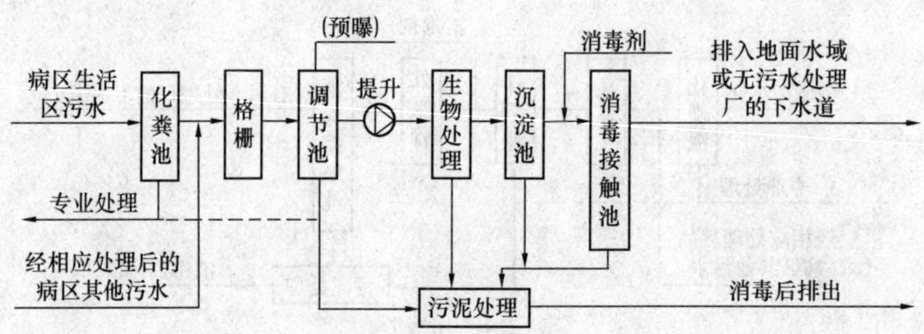

图 10-2　医院污水二级处理处理工艺流程

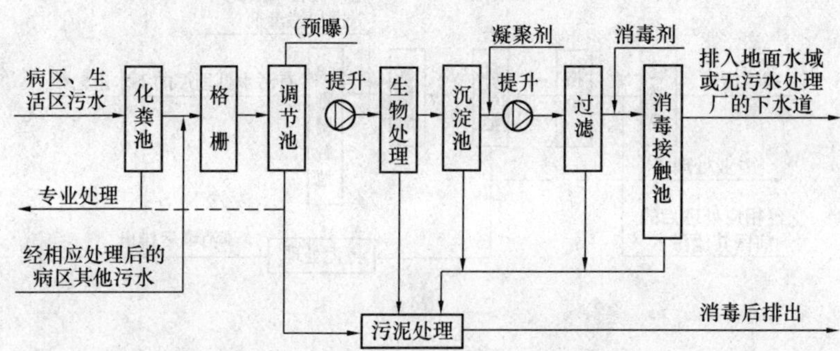

图 10-3　医院污水深度处理处理工艺流程

(3) 当调节池也具有初次沉淀池功能时，调节池的容积和尺寸同时满足调节池和沉淀池的要求。

(4) 计量池的有效容积，宜为最大时污水量的 1/4～1/5。

(5) 消毒接触池的容积应考虑最大小时水量和接触时间等因素，经计算确定。

1) 以氯为消毒剂时，污水在消毒接触池中的接触时间和总余氯应按表 10-2 确定。

消毒接触池接触时间和接触池出口总余氯　　**表 10-2**

医院类别	接触时间 (h)		总余氯 (mg/L)	
	一级标准	二级标准	一级标准	二级标准
医院、兽医院和医疗机构的含病原体污水	⩾1	⩾1	3～10	2～8
传染病、结核病医院的污水	⩾1.5		6.5～10	

2) 接触池的有效容积，按式 (10-1) 计算：

$$V_0 = V_1 + V_2 \tag{10-1}$$

式中　V_1——污水部分容积 (m^3)，按式 (10-2) 计算：

$$V_1 = tQ_1 \tag{10-2}$$

式中　Q_1——污水量 (m^3/h)，当为重力式时，为小时最大污水量；当提升式时，应按水泵每小时实际出水量计；

t——接触时间 (h)，见表 10-2；

V_2——污泥部分容积 (m^3)，计算如下：

无化粪池：$V_2 =$ (4%～6%) V_1；

有化粪池：

$$V_2=1.1\frac{Q_2NT}{1000};\tag{10-3}$$

式中 Q_2——经化粪池处理后消毒产生的污泥量[L/(人·d)]，采用液氯时为0.09L/(人·d)，采用漂白粉时为0.17 L/(人·d)；

N——消毒池的负荷病人总人数（人）；

T——污泥清掏周期（d），可按90d计算。

（6）以氯为消毒剂的消毒接触池的构造，应按下列要求设计：

1）接触池中设导流墙板，避免短流。导流墙板的净距应根据水量和维修空间要求决定。

2）消毒接触池的水流槽宽度和高度比不宜大于1∶1.2，消毒接触池长度和宽度比不宜小于20∶1。

3）消毒接触池出口处应设取样口。

10.1.4 消毒

1. 消毒剂的选择，应根据污水量、安全条件、消毒剂的供应情况、处理站与病房和居民区的距离、投资和运行费用、操作管理水平等因素，经技术经济比较后确定。宜采用液氯、商品次氯酸钠、现场制备次氯酸钠、二氧化氯、三氯异氰尿酸钠、漂粉精粉、漂粉精片、臭氧作为消毒剂，及紫外线消毒。常用消毒剂的优缺点见表10-3。

常用消毒剂优缺点 **表10-3**

方法	分子式	优 缺 点	适用条件
液氯	Cl_2	优点： 1. 余氯具有持续的消毒作用； 2. 成本低； 3. 不需要复杂的设备，操作简单，通过加氯机投配计量准确 缺点： 1. 在水源受有机物污染时，会产生有机氯化物对人体有害； 2. 消毒时产生氯酚味； 3. 氯为有毒气体泄漏时对人畜造成损害	适用于处理站与病房、居住区保持一定距离，容易购得液氯的大型医院污水消毒，处理站必须设置报警及安全防护装置。管理人员必须经过正式培训
次氯酸钠	NaOCl	优点： 1. 具有余氯的待续消毒作用； 2. 比液氯安全； 3. 使用成本较液氯高，但较漂白粉低 缺点： 1. 不能贮存，必须现场制备使用； 2. 必须定期维修并清洗电极管； 3. 必须耗用一定电能及食盐，操作繁琐，劳动强度大； 4. 注意氢气在空气中超过一定含量时，有爆炸的可能	适用于处理站与病房、居住区较近或无液氯供应的中型医院污水消毒
电解法二氧化氯	ClO_2	优点： 1. 具有余氯的持续消毒作用； 2. 比液氯安全； 3. 使用成本较液氯高，但较漂白粉、漂粉精片、三氯异氰尿酸低 缺点： 1. 不能贮存，必须现场制备使用； 2. 必须定期维修并清洗电极管； 3. 必须耗用一定电能及食盐，操作繁琐； 4. 注意氢气在空气中超过一定含量时，有爆炸的可能； 5. 由于二氧化氯的含量无法控制故其优缺点不易评价	同次氯酸钠

续表

方法	分子式	优 缺 点	适用条件
化学法 二氧化氯	ClO_2	优点： 1 不会生成有机氯化致癌物； 2. 二氧化氯纯度高； 3. 较氯的杀菌效果好，对芽孢及肝炎病毒有较强的杀灭效果，接触时间短； 4. 具有强烈的氧化作用，可除臭、脱色 缺点： 1. 必须按操作规程管理。注意气态的 ClO_2 有爆炸可能； 2. 不能贮存，必须现场随时制取使用； 3. 操作管理要求较高； 4. 对原料贮存要求高	适用于处理站与病房及居住区较近（或无液氯供应）的中型医院。尤其适用于传染病、结核病医院污水消毒
臭氧消毒	O_3	优点： 1. 具有强氧化能力，为最活泼的氧化剂之一。对微生物、病毒、芽孢等均具有较强的杀伤力，消毒效果好，接触时间短； 2. 能除臭、去色及去除氧化铁、酚、锰等物质； 3. 不会生成有机氯化物 缺点： 1. 投资大，耗电费用高； 2. O_3 在水中不稳定，易挥发，无持续消毒作用； 3. 设备复杂； 4. 运行成本高	可用于肝炎传染病医院或受纳水体要求余氯＜0.5mg/L 的一级标准水域的医院污水消毒
漂白粉、漂白粉精	$Ca(OCl_2)$	优点： 1. 具有液氯的持续消毒作用； 2. 投加设备简单； 3. 价格较高 缺点： 1. 同液氯。将产生有机氯化物和氯酚味； 2. 容易分解失效； 3. 漂白粉有效含氯量只有 20%～30%：漂白粉精有效氯含量在 65%左右，溶解及调制不便； 4. 投配计量困难	适用于 100 床以下的小型医院或门诊部污水消毒
三氯异氰尿酸	$C_3Cl_3N_3O_3$	优点： 1. 具有液氯的持续消毒作用； 2. 投加设备简单； 3. 建造费用低廉无需专人管理； 4. 有粉状、颗粒状及片状含氯最高达 90% 缺点： 1. 溶解速度慢； 2. 价格较高； 3. 容易分解失效	

2. 当污水采用氯化法消毒时，其设计加氯量可按下列数据确定：

(1) 一级处理设计加氯最宜为 30～50mg/L。

(2) 二级处理设计加氯量宜为 15～20mg/L。

(3) 传染病医院和结核病医院的污水应根据要求增加加氯量。

3. 当用液氯消毒时，必须采用真空加氯机并设置必要的安全装置。加氯机宜设置两套，其中一套备用。

4. 严禁将加氯设备设置在各类建筑物的地下室。

5. 液氯容器宜采用容积为40L的氯瓶，氯瓶一次使用周期不得大于3个月。

6. 加氯系统的管道材料应按下列规定选择：

(1) 输送氯气的管道应使用紫铜管、无缝钢管，严禁使用聚氯乙烯管。

(2) 输送氯溶液的管道宜采用硬质聚氯乙烯管、工程塑料管、聚四氟乙烯管，严禁使用铜、铁等不耐氯溶液腐蚀的金属管。

7. 加氯系统的管道宜明装。埋地管道应设在管沟内，管道应有良好的支撑和足够的坡度。

8. 当采用现场制备的次氯酸钠消毒时，应选用电能效率高，水耗、盐耗与电耗低、运行寿命长，操作方便和安全可靠的次氯酸钠发生器。

9. 采用原盐做原料时，盐溶液进入次氯酸钠发生器前，应经沉淀、过滤处理。

10. 接触次氯酸钠溶液的容器、管道、设备和配件应采用耐腐蚀的材料。

11. 当采用二氧化氯发生器时，二氧化氯含量不得低于50%，应保证运行安全、自动定比投配原料。

12. 采用紫外线消毒，污水悬浮物浓度应小于10mg/L，紫外线剂量30～40mJ/cm^3，照射接触时间应大于10s或由试验确定。

13. 采用臭氧消毒，污水悬浮物浓度应小于20mg/L，臭氧用量应大于10mg/L，接触时间应大于12min或由试验确定。

10.1.5 特殊废水处理

医疗机构的各种特殊废水应单独收集并进行处理后，再排入医院污水处理系统。特殊排水包括低放射性废水、重金属废水、含油废水、洗印废水等

10.1.5.1 放射性废水处理

放射性废水主要来自诊断、治疗过程中患者服用或注射放射性同位素后所产生的排泄物，分装同位素的容器、杯皿和实验室的清洗水，标记化合物等排放的放射性废水。

(1) 当医院总排出口污水中的放射性物质含量高于现行国家标准《电离辐射防护与辐射源安全基本标准》GB 18871规定的浓度限值时，应进行处理。

(2) 当医院的放射性废水排入江河时，应符合下列要求：

1) 经处理后的废水不得排入生活饮用水集中取水点上游1000m和下游100m范围的水体内，且取水区的放射性物质含量必须低于露天水源中的浓度限值。

2) 排放口应避开经济鱼类产卵区和水生生物养殖场。

3) 在设计和控制排放量时，应取10倍的安全系数。

(3) 放射性废水在排入总污水处理站前，必须单独收集处理。

(4) 放射性废水宜设衰变池处理。衰变处理池的设计，一般是以医院同位素室用量最多，且浓度较高的同位素（如^{131}I）为基础。并要求在池出口能满足国家排放管理的限值，以及考虑同位素室用水情况等为依据。根据放射性强度随时间的增加而减弱以及利用水力学推移流的原理，而使放射性同位素的污水在池中自然衰变、混合。

医用放射性同位素的半衰期可按表10-4确定。

医用放射性同位素的半衰期　　表 10-4

元素名称	放射性核素	半衰期
碘	^{131}I	8.04d
磷	^{32}P	14.3d
钼	^{99}Mo	2.75d
锝	$^{99}Tc^{m}$	6.02h
锡	^{113}Sn	115d
铟	$^{113}In^{m}$	1.66h
钠	^{24}Na	15.0h
金	^{198}Au	2.69d
汞	^{203}Hg	46.6d
铬	^{51}Cr	27.7d
镱	^{169}Yb	32.0d

衰变池设计应符合下列要求：

1）衰变池容积宜按该种核素10个半衰期的水量计算。

2）衰变池应进行严格防腐、防水处理，保证不渗不漏。所有管道、闸阀等均应采用耐腐蚀材料。

3）衰变池必须设计成多格推流式，以保证足够的停留时间和防止短流，见图10-4、图10-5。

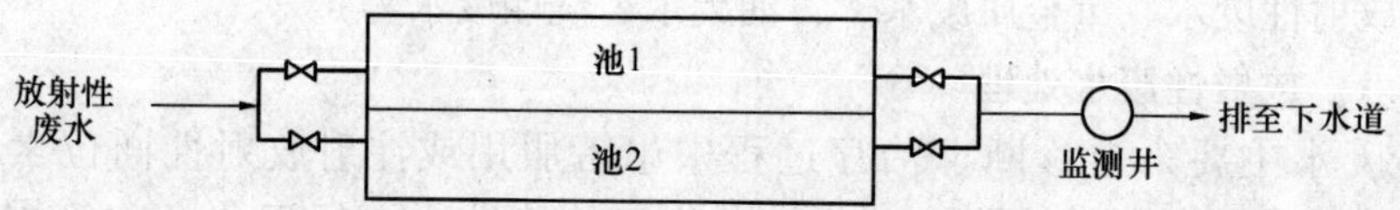

图10-4　贮存地平面

（5）当污水中含有几种不同的放射性物质时，污水在衰变池中的停留时间应取其中最大值。

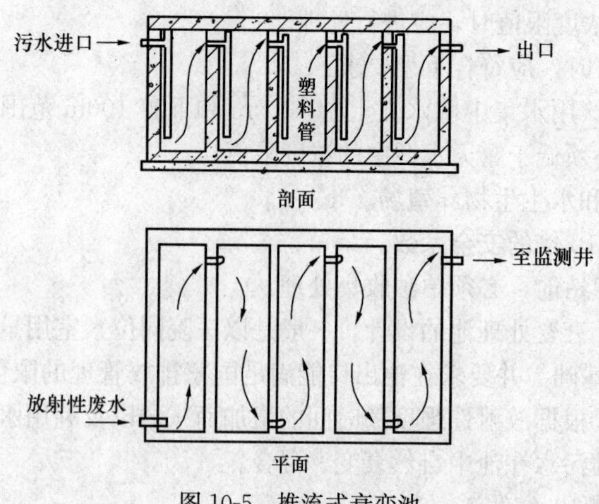

图10-5　推流式衰变池

10.1.5.2　其他特殊废水处理

（1）检验室、实验室等废水应根据使用化学品的性质单独收集，单独处理。

（2）洗相室废液应回收银，并对废液进行处理。

（3）口腔科含汞废水应进行除汞处理。

（4）含油废水应设置隔油池处理。

10.1.6 污泥处置

医院污水在栅渣、化粪池和污水处理站产生的污泥属危险废物，应按危险废物进行处理和处置。污泥清淘前应进行监测，达到《医疗机构水污染物排放标准》GB 18466 中医疗机构污泥控制标准的要求。

1. 所有污泥必须经过有效的消毒处理，在符合有关标准的规定后，方可消纳。

2. 处理放射性污水的化粪池或处理池清掏前应监测其放射性达标方可处置。

3. 污泥的处理和处置方法，应根据场地条件、投资与运行费用、操作管理和综合利用的可能性等因素综合考虑。污泥处理工艺以污泥消毒和污泥脱水为主。

4. 污泥采用氯化法消毒时，加氯量应通过试验确定。当无相关资料时，可按单位体积污泥中有效氯投加量为 2.5g/L 设计。消毒时应充分搅拌混合均匀，并保证有不少于 2h 的接触时间。

5. 当采用高温堆肥法处理污泥时。应符合下列要求：

(1) 合理配料，就地取材；

(2) 堆温保持在 60℃以上且不应少于 1d；

(3) 保证堆肥的各部分都能达到有效消毒；

(4) 采取防止污染人群的措施。

6. 当采用石灰消毒污泥时，污泥的 pH 值不得小于 12，并应存放 7d。石灰的设计投加量可采用 15g/L[以 $Ca(OH)_2$ 计]。

7. 在有废热可以利用的场合可采用加热法消毒。此时应采取防止臭气扩散污染环境的措施。

8. 脱水后的污泥应密闭封装、运输。

10.1.7 废气排放

1. 废气排放要求

(1) 污水处理站排出的废气应进行除臭除味处理，保证污水处理站周边空气中污染物达到《医疗机构水污染物排放标准》GB 18466 污水处理站周边大气污染物最高允许浓度的要求。

(2) 传染病和结核病医疗机构应对污水处理站排出的废气进行消毒处理。

2. 为防病毒从医院水处理构筑物表面挥发到大气中而造成病毒的二次传播污染，应将水池和水处理构筑物加盖板密闭起来，盖板上预留通气管，将废气收集经过除臭和消毒处理后再排入大气。

3. 废气处理可采用臭氧、过氧乙酸、含氯消毒剂、紫外线、高压电场、过滤吸附和光催化进行消毒处理。

10.1.8 污水处理站

1. 医院污水处理站位置的选择，应根据医院总体规划、污水总排出口位置、环境卫生与安全要求、工程地质状况、维护管理和运输条件等因素确定。

2. 医院污水处理站应独立设置。与病房、居民区建筑物的距离不宜小于 10m，并设置隔离带；当无法满足上述条件时，应采取有效安全隔离措施；不得将污水处理站设于门诊或病房等建筑物的地下室。

3. 医院污水处理工程的设计，应根据总体规划的要求进行，且对处理水量、构筑物容积等适当留有余地。在加氯系统中应考虑应急措施，必要时设漏氯吸收设置，并预留增加投氯量和投氯点的条件。

4. 污水处理站内应有必要的报警、中和、抢救、计量、监测等装置，并配备防毒面具等。

5. 根据医院的规模和具体条件，污水处理站宜设加氯、贮氯、化验、值班、控制、修理和浴厕等房间。

6. 加氯间和液氯贮藏室应设机械排风系统，换气次数宜为 8～12 次/h。加氯间和液氯贮藏室应与其他工作间隔开，并应有直接通向室外和向外开的门。

7. 当采用发生器制备次氯酸钠作为消毒剂时，发生器必须设排氢管，且必须在发生器间屋顶设置排气管。

8. 当采用化学法制备的二氧化氯作为消毒剂时，各种原料应分开贮备，不得与易燃、易爆物接触。

9. 污水处理站内可根据需要，在适当地点设置污泥、废渣的堆放场地，但以上垃圾必须采取严格封闭措施。

10.2 化 粪 池

10.2.1 设置条件

在下列情况下应设置化粪池：

(1) 当城镇没有污水处理厂时，生活粪便污水应设化粪池，经化粪池处理合格后的水方可排入城镇下水道或水体。

(2) 城镇虽有生活污水处理厂的规划，但其建设滞后于建成生活小区，则应在生活小区内设置化粪池。

(3) 一些大、中城市由于排水管网系统较长，为防止粪便淤积堵塞下水道，也要设化粪池。粪便污水经预处理后再排入城市管网。

(4) 城市管网为合流制排水系统时，生活粪便污水应先经化粪池处理后，再排入合流制管网。

(5) 大城市的排水管网对于排放水质有一定要求时，粪便污水也应设化粪池进行预处理。如化粪池处理后的水质仍不符合排放标准时，则需采用深化污水处理措施。

10.2.2 总容积计算

化粪池总容积，按式 (10-4) 计算：

$$V = V_1 + V_2 + V_3 \tag{10-4}$$

式中 V——化粪池总容积 (m^3)；

V_1——污水部分容积 (m^3)；

V_2——污泥部分容积（m^3）；

V_3——保护容积（m^3）。

各部分容积计算如下：

（1）污水部分容积 V_1：污水部分容积 V_1，按式（10-5）计算：

$$V_1 = \frac{Nqt}{24 \times 1000} \tag{10-5}$$

式中 N——化粪池实际使用人数，为总人数乘以系数 α（%），α 值与建筑物类型有关，见表 10-5；

实际使用人数与总人数的百分比 **表 10-5**

建 筑 物 类 型	α 值（%）
医院、疗养院、幼儿园（有住宿）	100
住宅、集体宿舍、旅馆	70
办公楼、教学楼、工业企业生活间	40
职工食堂、餐饮业、影剧院、体育场（馆），商场及其他场所（按座位）	5～10

q——每人每天的生活污水量 L/(人・d)，当生活污水与生活废水合流排出时为生活用水量的 0.85～0.95。如果粪便污水单独排出时取 15～20L/(人・d)；当不同污水量定额的建筑物共用一个化粪池时，q 值可按式(10-6)计算。

$$q = \sum (q_n N_n) / \sum N_n [\text{L/(人・d)}] \tag{10-6}$$

其中 q_n——各类建筑物污水量定额[L/(人・d)]；

N_n——相应建筑物污水量定额的实际使用人数(人)；

t——污水在化粪池中的停留时间。根据污水量大小选用 12～24h；当污水量较小或粪便污水单独排放时，选用上限值，反之可选用下限值。

（2）污泥部分容积 V_2：污泥部分容积，按式（10-7）计算：

$$V_2 = \frac{\alpha NT(1.00 - b)K \times 1.2}{(1.00 - C) \times 1000} \tag{10-7}$$

式中 α——每人每天污泥量[L/(人・d)]，详见表 10-6；

化粪池每人每日污泥量（L） **表 10-6**

建 筑 物 类 型	生活污水与生活废水合流排入	生活污水单独排入
有住宿的建筑物	0.7	0.4
人员逗留时间大于 4h 并小于等于 10h 的建筑物	0.3	0.2
人员逗留时间小于等于 4h 的建筑物	0.1	0.07

T——污泥清掏周期（d），根据污水温度和当地气候条件等因素，宜采用 3～12 个月，当污水温度和当地气温均较高时取下限值，反之取上限值；

b——进入化粪池中新鲜污泥的含水率，按 95%计；

K——污泥发酵后体积缩减系数，宜取 0.8；

C——化粪池中发酵浓缩后污泥含水率，按 90%计；

1.2——清掏污泥后按照遗留 20%熟污泥量的容积系数；

N——同式（10-5）。

（3）保护容积 V_3：根据化粪池容积大小，按照保护层高度为 250～450mm 设计。

10.2.3　单个化粪池容积确定

（1）当进入化粪池的污水量小于或等于 $10m^3/d$ 时，宜选用双格化粪池。其中第一格容积宜占总容积的 75%。

（2）当进入化粪池的污水量大于 $10m^3/d$，宜采用三格化粪他。第一格容积宜占总容积的 60%，第二、三格容积宜各占 20%。

（3）化粪池最小容积为 $2.0m^3$ 时，化粪池可选用圆形（又称化粪井）双格连通型。每格有效直径不小于 1.0m，两格容积相等。

10.2.4　尺寸规定

化粪池的长度、深度、宽度应符合下列要求：

（1）化粪池内水面到池底的深度不得小于 1.30m。

（2）池长不得小于 1.00m。

（3）宽度不得小于 0.75m。

10.2.5　选型

给水排水标准图集（《砖砌化粪池》02S701，《钢筋混凝土化粪池》03S702）已经列出各种类型和规格的化粪池定型图，其规格从 $2～100m^3$。只需按照下述步骤从中选用即可。根据目前化粪池的实用情况，玻璃钢化粪池使用越来越广泛，其规格从 $2～50m^3$。

（1）设计参数的选取

1）实际使用人数的选定：一般情况下设计总人数，应由建设单位（用户）提供，再乘以 α 值即可得出实际使用人数值。有些情况下总人数无法直接得到。此时，可根据卫生设备设置数量（其值是建筑专业设计人员按照《工业企业设计卫生标准》GBZ 1 和其他规范的要求确定的）和单个卫生器具的使用人数（由建筑排水部分给定），二者相乘即可得出设计总人数，再乘以 α 值可得出实际使用人数。

2）污水停留时间：污水停留时间的长短反映污水的硝化程度。停留时间越长，硝化效果越好。有条件时，宜选用停留时间较长的数值。但是，由于场地条件的限制、污水量较大、停留时间长时，则化粪池容积较大、占地面积也较大。故一般要求，只要条件许可尽量选用停留时间长一些。但如场地条件不够、污水量较大时，只好选用停留时间短一些。

3）污泥清掏周期：污泥清掏周期是由污泥腐化周期决定的。污泥腐化周期与环境温度有关，环境平均温度越高，污泥腐化周期越短；反之越长。为此，一般规定在我国南方地区污泥清掏周期，可以短一些，采用 90d；过渡地区长一些采用 180d；我国北方地区要求长达 360d。

此外化粪池清掏周期还与市区环境卫生要求有关。为避免清掏时造成的环境污染，宜尽量减少清掏次数，一般清掏周期选用 360d 一次较好。

4）化粪池容积：为了节省投资和减少占地，化粪池容积不宜过大。影响化粪池容积的主要因素是进入化粪池污水量的大小。有条件时应尽量采用分流制排水系统，使进入化粪池的污水量仅是生活粪便污水，可使化粪池容积缩小。同时要求不需要进入化粪池处理的其他排水，如生活废水、工业排水等，可设置跨越管排入化粪池出口后的排水系统中。

(2) 根据化粪池周围环境要求（如是否允许渗漏）和当地材料供应情况及工期要求，确定采用砖、钢筋混凝土或玻璃钢材料。

(3) 根据化粪池进水管标高确定化粪池埋置深度。

(4) 根据当地气温条件决定采用池顶覆土或不覆土。

(5) 根据当地地下水位（高于或低于化粪池池底）和池顶过车与否采用相应化粪池类型。

10.2.6 布置要求

(1) 化粪池距地下取水给水构筑物净距不得小于30m，距建筑物净距不得小于5m。

(2) 化粪池的位置应便于清掏。

(3) 未经隔油处理的油脂污水不得进入化粪池，以免影响腐化效果。

(4) 医院生活污水的化粪池应设在消毒池前，化粪池污水停留时间为36h。

10.3 隔 油 池 (器)

10.3.1 应用范围

在民用建筑和小型工业建筑中隔油池主要应用于下列范围：

(1) 公共食堂、餐厅、厨房及洗涤排水系统。

(2) 肉类、食品加工的排水系统。

(3) 含有少量汽油、煤油、柴油及其他工业用油的污水系统，如汽车库及维修车间等。

10.3.2 隔油池计算

10.3.2.1 隔油池计算

(1) 隔油池的设计流量按最大秒流量计算。

(2) 隔油池内的污水流速

1) 含食用油污水不得大于0.005m/s。

2) 含汽油、煤油、柴油及其他油类的污水为0.002～0.01m/s。

(3) 隔油池停留时间

1) 含食用油的污水在池内停留设计宜为2～10min。

2) 含汽油、煤油、柴油及其他油类污水一般为0.5～10min。

(4) 人工除油的隔油池内存油部分的容积，不得小于该池有效容积的25%。

(5) 隔油池出水管管底至池底的深度不得小于0.6m。

(6) 隔油池沉渣计算

1) 营业餐厅残渣量为15g/(人·餐)。

2）职工餐厅残渣量为10g/(人·餐)。

3）残渣量含水率为99.2%。

4）清除周期按6d计。

5）污水中挟带其他沉淀物时，在排入隔油池前，应经沉砂处理或在隔油池内附有沉淀部分容积。

(7) 隔油池污水有效容积计算：

隔油池的有效容积，按式（10-8）计算：

$$V = tQ_{max} \times 60 \tag{10-8}$$

式中　V——有效容积（m^3）；

Q_{max}——污水最大秒流量(m^3/s)，对于餐厅的污水最大秒流量，可按下述标准选用：营业餐厅20L/(人·餐)，工作时间12h/d，小时变化系数$K=2.0$；职工餐厅15L/(人·餐)，工作时间9h/d，$K=2.0$；

t——污水在池内停留时间（min）。

10.3.2.2　隔油沉淀池

汽车库冲洗废水中含有大量泥砂，为防止堵塞和淤积管道，在污废水排入城市排水管网之前应进行隔油和沉淀处理，一般宜设置小型隔油沉淀池。

小型隔油沉淀池的有效容积，应根据车库存车数、冲洗水量和设计参数确定。它包括污水和污泥两部分容积，可按式（10-9）计算：

$$V = V_1 + V_2 \tag{10-9}$$

式中　V——沉淀池有效容积（m^3）；

V_1——污水停留容积（m^3）；

V_2——污泥停留容积（m^3）。

污水停留容积V_1，按式（10-10）计算：

$$V_1 = \frac{qn_1}{t_1} \times t_2/1000 \tag{10-10}$$

式中　q——汽车冲洗设备用水量定额[L/(辆·次)]，见表1-15；

n_1——同时冲洗车数（辆），当存车数小于25辆时按1台计；当存车数大于25辆小于50辆时，设两个洗车台，同时洗车数按2台计；

t_1——冲洗一台汽车所用时间，一般取10min；

t_2——沉淀池中污水停留时间，取10min。

污泥停留容积V_2，按式（10-11）计算：

$$V_2 = qn_2t_3n_3/1000 \tag{10-11}$$

式中　n_2——每天冲洗汽车数量；

t_3——污泥清除周期（d），一般10～15d；

n_3——污泥容积系数，是指污泥体积占冲洗水量的百分数，根据车辆大小决定，一般取2%～4%。

10.3.3　构造和选型

1. 隔油池的选用：对于餐厅排水、汽车库排水已有国家标准图集《小型排水构筑物》

04S519 可供选用。可根据计算得出的有效容积参照选用。

对于其他行业，也可根据计算得出的有效容积参照选用。

2. 隔油池（器）构造见图 10-6～图 10-8。

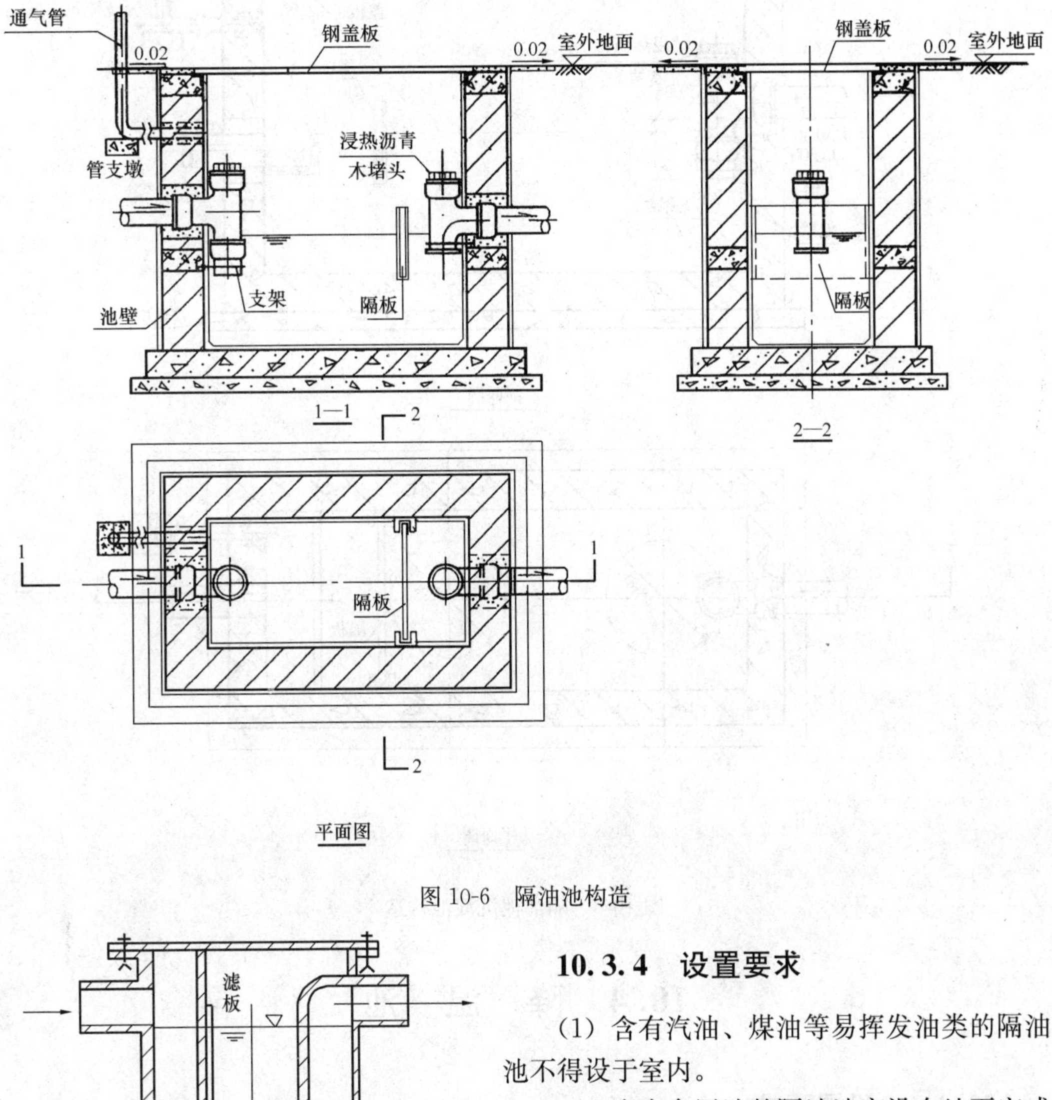

图 10-6 隔油池构造

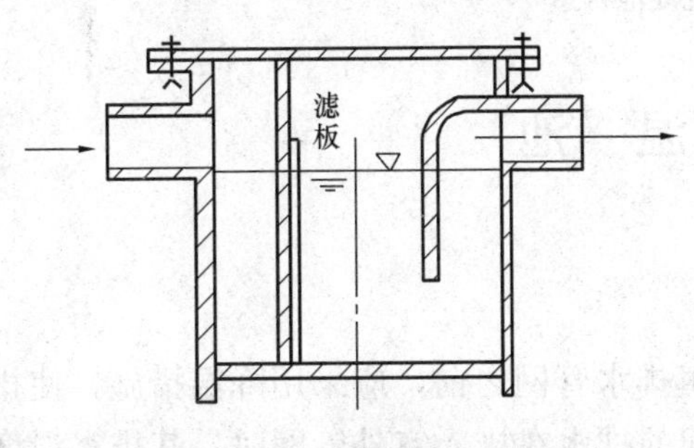

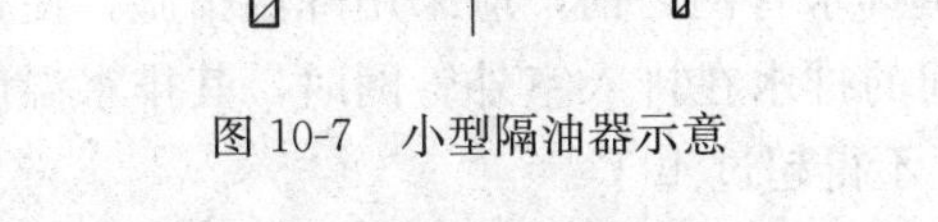

图 10-7 小型隔油器示意

10.3.4 设置要求

（1）含有汽油、煤油等易挥发油类的隔油池不得设于室内。

（2）含有食用油的隔油池宜设在地下室或室外远离人流较多的地点。人孔井盖要求密封。

（3）生活粪便污水不得排入隔油池。含有易沉淀物的污废水进入隔油池前，应先行沉淀处理或在隔油池中附加沉淀部分容积。

（4）隔油池宜设有通气管，也可与排水管的通气管连通。

（5）隔油池（器）应设有活动盖板，以便于除油和检修。

（6）隔油池的进水管上应设清扫口。

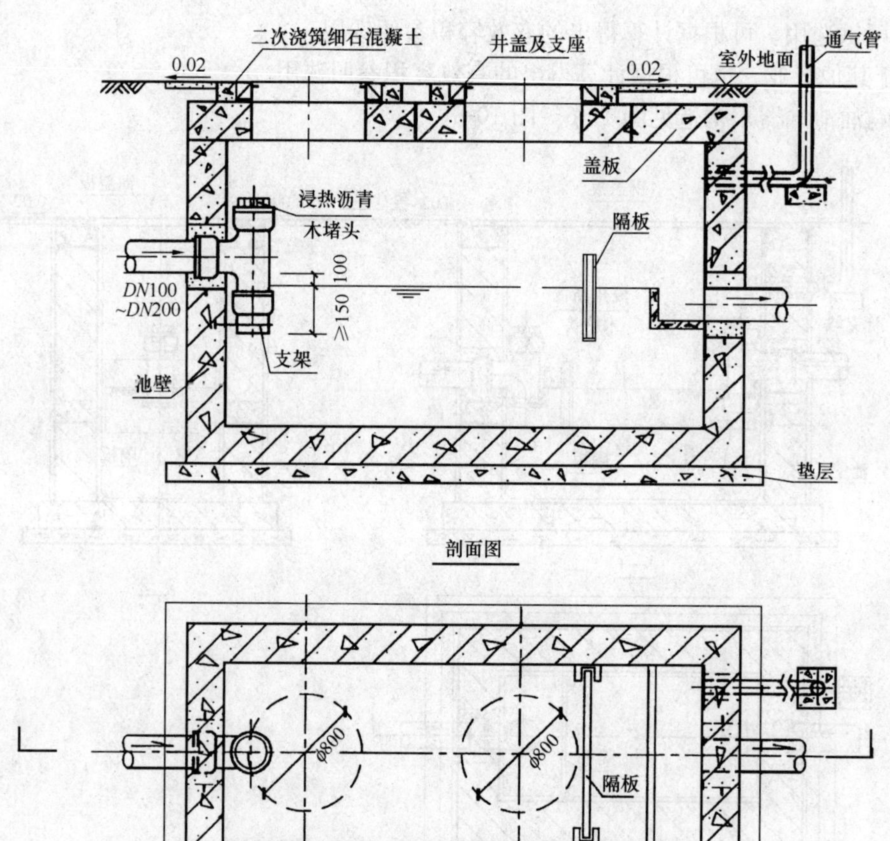

图 10-8　隔油池沉淀池构造

10.4　降　温　池

10.4.1　设置要求

排水温度高于40℃的污、废水，在排入城镇排水管网之前，应采用降温措施，使排水温度小于等于40℃。而厂区范围内，各个车间的排水在排入室外管网时，其排水温度不宜超过50℃；并应使厂区总排水口排水温度，不得超过40℃。

常用的降温措施是设置降温池。

降温池的设置要求：

(1) 对于温度较高的污、废水，首先应考虑将其所含热量充分回收利用，没有利用价值时才设降温池降温处理后排放。

(2) 为了减少冷却水量，对于超过100℃的高温水，在进入降温池时应将其二次蒸发的饱和蒸汽导出池外，而只对 100℃以下的水进行冷却降温处理。

(3) 降温池一般设于室外。如设于室内，水池应密闭，并设置密封人孔和通向室外的通气管。

(4) 间断排水的降温池，其容积应按最大一次排水量和所需冷却水量总和计算。连续排水的降温池，其容积应保证冷却水充分混合的需要。

10.4.2 容积计算

(1) 降温池容积。按式 (10-12) 计算：

$$V = V_1 + V_2 + V_3 \tag{10-12}$$

式中 V——降温池的总容积 (m^3)；

V_1——进入降温池的热水量 (m^3)；

V_2——进入降温池的冷却水量 (m^3)；

V_3——保护层容积 (m^3)，一般按保护层高度 0.3～0.5m 计算。

(2) 各部分容积计算：

1) 进入降温池的热水量 V_1，按式 (10-13) 计算：

$$V_1 = \frac{Q - Kq}{\rho} \tag{10-13}$$

式中 Q——最大一次排水量 (kg)，一般按锅炉总蒸发量的 6.5%计；

K——安全系数，取 0.8；

ρ——最高排水压力时水的密度 (kg/m^3)；

q——二次蒸发带走的水量 (kg)，按式 (10-14) 计算：

$$q = \frac{Q(i_1 - i_2)}{i - i_2} = \frac{Qc\,(t_1 - t_2)}{\gamma} \tag{10-14}$$

式中 i_1、t_1——锅炉工作压力下排污水的热焓 (kJ/kg) 和温度 (℃)；

i_2、t_2——大气压力下排污水的热焓 (kJ/kg) 和温度 (℃) (一般按 100℃采用)；

i、γ——大气压力下干饱和蒸汽的热焓和汽化热 (kJ/kg)；

c——水的比热容[kJ/(kg·℃), C=4.187kJ/(kg·℃)。

二次过热水蒸发量可从图 10-9 中查出，图中 P_1 为锅炉工作压力，P_2 为高温排水管出口压力。

2) 进入降温池的冷却水量 V_2：根据热平衡关系，按式 (10-15) 计算：

$$V_2 = \frac{t_2 - t_y}{t_y - t_e} V_1 K_1 \tag{10-15}$$

式中 t_y——允许进入排水管道的水温 (℃)，排入城市管网时按 40℃计；

t_e——冷却水温度 (℃)；

K_1——混合不均匀系数，取 1.5；

V_2、V_1、t_2 含义同前。

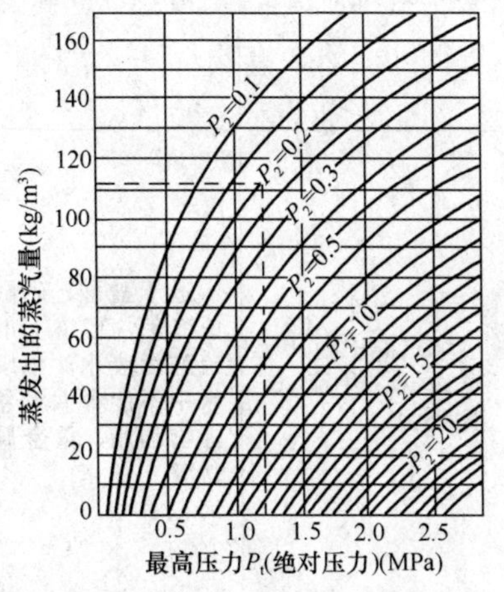

图 10-9 减压时过热水蒸发量的计算

10.4.3 选型

降温池的选型可从国家标准图集《小型排水构筑物》04S519 中选取。

10.5 小型污、废水中和处理

10.5.1 要求

(1) 小型污、废水中和处理是指污废水量较小，且污废水中的酸碱又无条件回收的中和处理。

(2) 凡是 pH 值小于 6 或大于 10 的污废水，在排入城镇排水系统前要进行中和处理，使 pH 值达到规定的排放标准。对于少量碱（酸）性污废水，在排入有稀释能力（即最终可以达标）而不会造成腐蚀的排水系统，也可不进行中和处理。

10.5.2 方法比较和选择

(1) 方法比较：小型污、废水中和处理方法的比较见表 10-7。

小型污、废水中和处理方法比较 表 10-7

处理方法	适用条件	主要优缺点	附 注
1. 酸碱污废水相互中和	污废水中酸碱当量基本平衡	优点： 1. 节省中和药剂； 2. 当酸碱当量基本平衡时，设施可以简化 缺点： 1. 当两种污水不均匀排放时，需设均化池； 2. 当酸碱当量不平衡时，需投加酸碱，增加设备	如碱性污、废水有硫化物时，需防止产生 H_2S 二次污染
2. 加药中和	适于各种水质	优点： 1. 出水效果有保证，适应性强； 2. 可以尽量利用废酸、废碱 缺点： 1. 设备多，管理复杂，费用大； 2. 用石灰等中和时，产生固体泥渣废物较多	
3. 过滤中和（分普通式、升流式，滚筒式）	适于盐酸、硝酸或浓度小于 2g/L 的硫酸污废水；污废水中不能含大量悬浮物油脂、重金属盐等	优点： 1. 设备简单，维护量小，产渣量少； 2. 升流式较普通式占地少； 3. 滚筒式硫酸浓度还可提高 缺点： 1. 污水中含大量悬浮物、油脂等易堵塞滤池，需单独处理； 2. 不适于高浓度硫酸污水； 3. 出水 pH 值偏低，重金属难于沉淀； 4. 升流式对滤料粒径要求较严格； 5. 滚筒式装置复杂，动力消耗大，噪声大； 6. 滤料需定期清除和更换	

续表

处理方法	适用条件	主要优缺点	附 注
4. 烟道气中和	中和碱性污水，烟道气气源有保证	优点： 1. 节省中和剂和烟道除尘设备； 2. pH 值可降至 6～7 缺点： 经处理后的污、废水水温、色度、耗氧量、硫化物均有所增加，必要时需进一步处理	

（2）方法的选择：

本节只介绍酸性污、废水中和处理方法的选择，见表 10-8。

酸性污、废水中和处理方法的选择 **表 10-8**

酸类名称	污水排放方式	污水含酸浓度（g/L）	中和方法					
			碱性污水或碱性水中和	加药中和		过滤中和		
				石灰	碳酸钙	石灰石	白云石	白垩滤料
硫酸	均匀派出	<1.2	+	+	0	−	+	+
		>1.2	+	+	−	−	−	−
	不均匀排出	<1.2	+	0	0	−	+	+
		>1.2	+	0	−	−	−	−
盐酸及硝酸	均匀排出	不限	+	+	+	+	+	+
	不均匀排出	≯20	+	0	0	+	+	+
弱酸	均匀排出		+	+	−	−	−	−
	不均匀排出		+	0	−	−	−	−

注：1. 表中"+"表示推荐选用"0"表示可以采用"−"表示不宜采用；

2. 对于升流式（膨胀）滤池、用于中和硫酸污、废水时，硫酸浓度不宜超过 2g/L。

10.5.3 酸碱中和当量计算

酸碱中和当量，按式（10-16）计算：

$$\sum Q_j B_j \geqslant Q_s B_s a K \tag{10-16}$$

式中 Q_j、B_j——分别表示碱性污废水（或中和剂）的流量（L/h）和浓度（mol/L）；

Q_s、B_s——分别表示酸性污废水（或中和剂）的流量（L/h）和浓度（mol/L）；

a——中和剂的比耗量，即 1kg 的酸所需碱的 kg 数，见表 10-9；

K——中和过程不完全系数，一般为 1.5～2.0；最好根据试验确定。

碱性中和剂比耗量 a　　表 10-9

酸和碱		碱性中和剂名称						
分子式	分子量	CaO 56	$Ca(OH)_2$ 74	$CaCO_3$ 100	$NaOH$ 40	Na_2CO_3 106	MgO 40,32	$CaMg(CO_3)_2$ 184,39
H_2SO_4	98	0.56	0.755	1.02	0.866	1.08	0.40	0.94
HNO_3	63	0.445	0.59	0.795	0.635	0.84	0.33	0.732
HCl	36.5	0.77	1.01	1.37	1.10	1.45	1.11	1.29
CH_3COOH	60	(0.466)	0.616	(0.83)	0.666	0.88	0.66	(0.695)
CO_2	44	(1.27)	1.68	(2.27)	1.82	—	—	(1.91)
$FeSO_4$	151.90	0.37	0.49	—	—	—	—	—
$FeCl_2$	126.75	0.45	0.58	—	—	—	—	—
$CuSO_4$	159.63	0.352	0.465	0.628	0.251	0.667	—	—

注：1. 括号内表示反应缓慢，建议不予采用；

2. 表中酸、碱、盐中和剂均按 100%纯度计算。

10.5.4　构筑物和中和设备

（1）中和池（或集水井）

1）当污废水水质变化较小、受水体缓冲能力较大、酸碱污废水同时连续排放时，可采用防腐集水井进行中和处理。

2）当污废水水质变化较大、受水体缓冲能力较小时，可设中和池进行中和处理。中和池有效容积，按式（10-17）计算：

$$V=(Q_j+Q_s)t/10^3 \tag{10-17}$$

式中　t——中和池反应停留时间（h），一般应根据中和剂种类、混合效果等进行试验确定；如果采用酸碱污、废水自行中和处理，中和池容积宜按酸碱污、废水一次排放量确定；一般情况，中和反应停留时间不大于 2h；

Q_j、Q_s 含义同前。

采用加中和剂处理时，应设置加碱设施。有条件时宜根据污、废水的 pH 值设置自动加碱装置。

（2）过滤中和

1）普通中和滤池：对于酸性污、废水多采用石灰石作为滤料，出水 pH 值在 5 左右，如再采用曝气方法脱除 CO_2，可使 pH 值达到 6。

普通中和滤池构造见图 10-10。

滤料粒径一般为 30～50mm，滤速一般不大于 5m/h，接触时间不小于 10min，滤床厚度一般为 1～1.5m。

滤料消耗量，按式（10-18）计算：

$$M=aQB \tag{10-18}$$

式中　M——滤料耗用量（kg/d）；

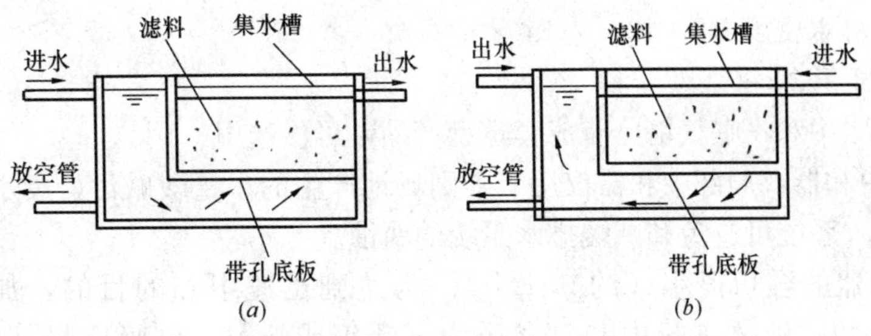

图 10-10 普通中和滤池构造
(a)、(b) 两种池型

a——中和剂比耗量（kg/kg），见表 10-9；

Q——污、废水的流量（m^3/d）；

B——污、废水中酸的浓度（kg/m^3）。

滤料理论工作周期 T（d），可按式（10-19）计算：

$$T=\frac{P}{M_x} \tag{10-19}$$

式中 P——滤料装载量（kg）；

M_x——滤料实际耗用量（kg/d），对于石灰石 $M_x=M$；对于白云石 $M_x=1.5M$。

2）升流式膨胀中和过滤—曝气塔：酸性污废水先经过滤料中和，产生的 CO_2 气体，再经曝气处理可使出水 pH 值达到 6。升流式膨胀中和—曝气塔处理工艺流程见图 10-11。

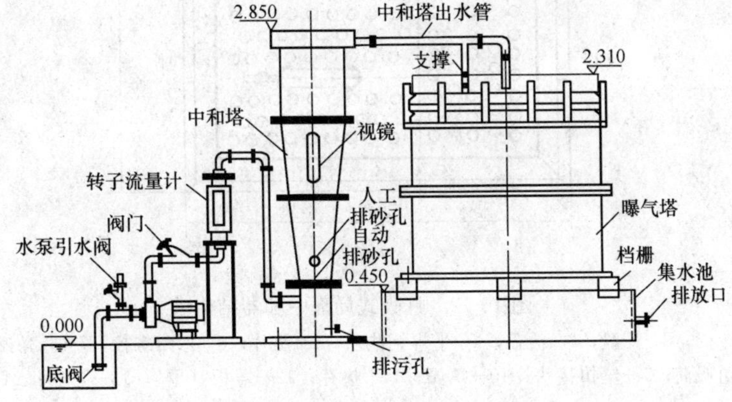

图 10-11 升流式膨胀中和—曝气塔处理工艺流程

该装置主要技术数据如下：

① 水硫酸浓度：不大于 2g/L（盐酸、硝酸等可提高浓度）；

②滤速：上部 40～60m/h，

下部 130～150m/h；

③中和反应时间：40～60s；

④滤料粒径：0.2～0.3mm；

⑤滤料层高度：0.8～1.2m；

⑥碳酸钙利用率：～90%；

⑦曝气塔淋水密度：8～12$m^3/(m^2 \cdot h)$；

⑧出水 pH 值：～6。

升流式膨胀中和—曝气塔已有成套定型产品，可供选用。

3）局部中和器：局部中和器仅用于个别场地产生的小量酸碱污、废水中和处理。处理后的水再排入系统可避免和减缓排水系统的腐蚀。

局部中和器的容积很小（约 0.1m^3）。为达到迅速中和的目的，加快反应速度，一般直接投加酸碱液体进行中和。材质为不锈钢或塑料。虹吸式局部中和器结构见图 10-12。

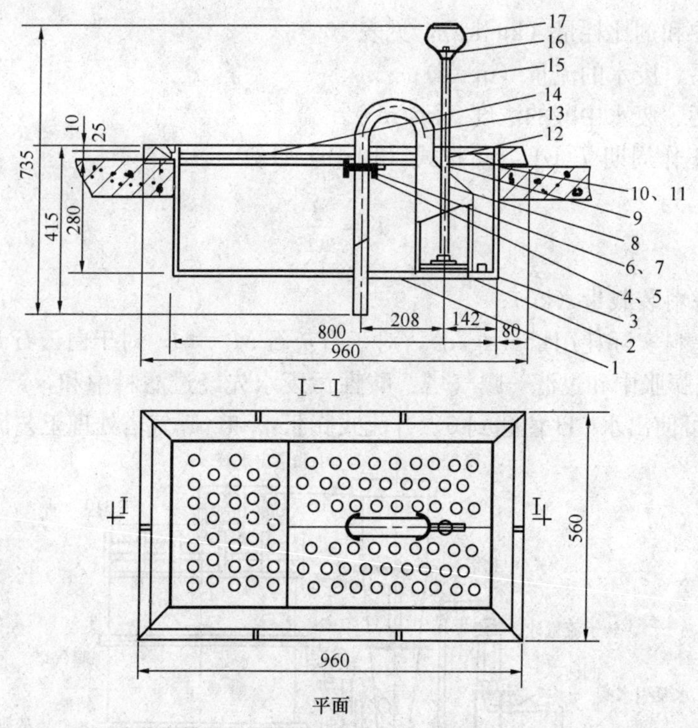

图 10-12　虹吸式局部中和器结构

1—外壳；2—托盘；3—活盖；4—平焊钢法兰；5—垫片；6—六角螺栓；7—六角螺母；8—虹吸筒；9—丝扣接头；10—螺帽；11—垫片；12—盖板（甲）；13—弯管；14—盖板；15—提杆；16—螺母；17—提梁

10.6　毛发聚集井（器）

在洗浴、理发和游泳池循环水系统中，水中含有大量毛发，如不及时处理则会堵塞下水道、水泵和增加后处理的负担。因此，在浴缸下、理发间、浴室的排水管上和游泳池循环水泵的吸水口端，一般均设毛发聚集井（器）。

毛发聚集井已有国家标准图《小型排水构筑物》04S519，可直接选用。其结构见图 10-13。毛发聚集器国内已生产定型产品，其构造示意见图 10-14。

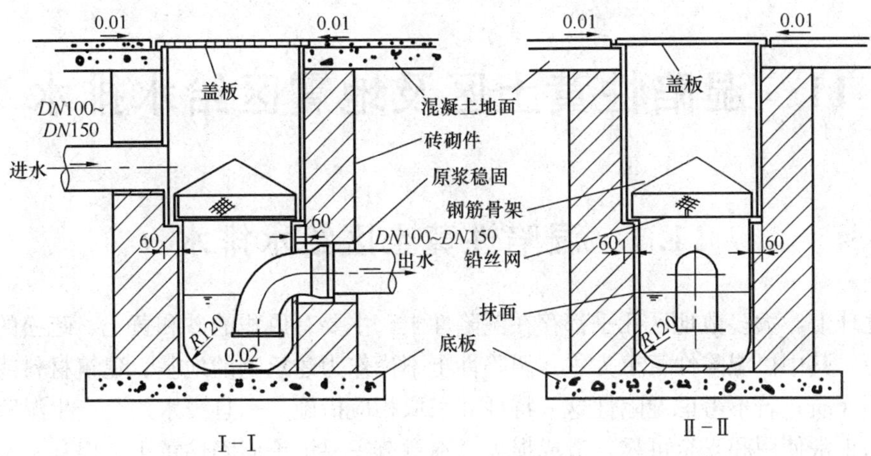

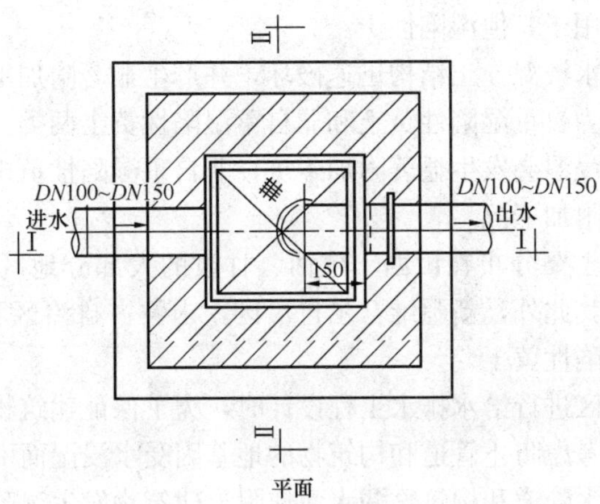

图 10-13 毛发聚集井结构

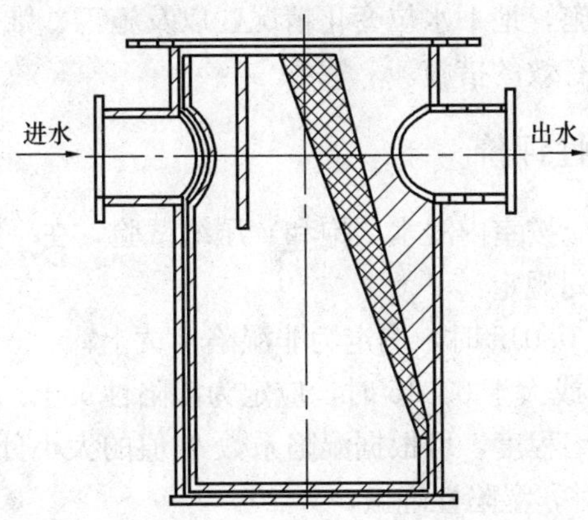

图 10-14 毛发聚集器示意

11 湿陷性黄土区及地震区给水排水

11.1 湿陷性黄土区给水排水

在地球上，大多数地区几乎都存在湿陷性土，主要有风积的砂和黄土、疏松的填土和冲积土等，其中以湿陷性黄土为主。湿陷性土不论作为建筑物的地基、建筑材料或地下结构的周围介质，若不考虑湿陷性这一特性并采取相应措施，一旦浸水均会产生湿陷，影响建筑物的正常使用和安全可靠，造成损失。本章节主要讨论湿陷性黄土，但其基本概念和设计、施工措施也适用于其他湿陷性土。

在一定压力下受水浸湿，土结构迅速破坏，并产生显著附加下沉的黄土，称为湿陷性黄土。湿陷性黄土分为自重湿陷性黄土和非自重湿陷性黄土两类。自重湿陷性黄土在上覆土的自重压力下受水浸湿会发生显著附加下沉，非自重湿陷性黄土在上覆土的自重压力下受水浸湿不发生显著附加下沉。

我国湿陷性黄土主要分布在山西、陕西、甘肃的大部分地区，河南西部和宁夏、青海、河北的部分地区，此外，新疆维吾尔自治区，内蒙古自治区和山东辽宁黑龙江等省，局部地区亦分布有湿陷性黄土。

在湿陷性黄土地区进行给水排水工程设计时，为了保证建筑物的安全和正常使用，避免发生事故，不仅要考虑防止管道和构筑物的地基因受水浸湿而引起沉降的可能性，而且要考虑防止因给水排水管道和构筑物漏水而使附近建筑物发生湿陷的可能性。设计中应按我国《湿陷性黄土地区建筑规范》GB 50025 的规定，根据湿陷性黄土地基湿陷程度，建筑物的类别，地基处理措施，地下水位变化情况，以及施工、维护、使用等条件，因地制宜，综合考虑，采取合理有效的措施。

11.1.1 黄土湿陷性评价

(1) 黄土的湿陷性，应按室内浸水（饱和）压缩试验，在一定压力下测定的湿陷系数 δ_s 进行判定，并应符合下列规定：

当湿陷系数 δ_s 值小于 0.015 时，应定为非湿陷性黄土；

当湿陷系数 δ_s 值等于或大于 0.015 时，应定为湿陷性黄土。

(2) 湿陷性黄土的湿陷程度，可根据湿陷系数 δ_s 值的大小分为下列三种：

当 $0.015 \leqslant \delta_s \leqslant 0.03$ 时，湿陷性轻微；

当 $0.03 < \delta_s \leqslant 0.07$ 时，湿陷性中等；

当 $\delta_s > 0.07$ 时，湿陷性强烈。

(3) 湿陷性黄土场地的湿陷类型，应按自重湿陷量的实测值 Δ'_{zs} 或计算值 Δ_{zs} 判定，并应符合下列规定：

1) 当自重湿陷量的实测值 Δ'_{zs} 或计算值 Δ_{zs} 小于或等于 70mm 时，应定为非自重湿陷性黄土场地；

2）当自重湿陷量的实测值 Δ'_{zs} 或计算值 Δ_{zs} 大于 70mm 时，应定为自重湿陷性黄土场地；

3）当自重湿陷量的实测值和计算值出现矛盾时，应按自重湿陷量的实测值判定。

(4) 湿陷性黄土地基的湿陷等级，应根据湿陷量的计算值 Δ_s 和自重湿陷量的计算值 Δ_{zs} 等因素，按表 11-1 判定。

湿陷性黄土地基的湿陷等级 **表 11-1**

湿陷类型 / Δ_{zs} (mm) / Δ_s (mm)	非自重湿陷性场地	自重湿陷性场地	
	$\Delta_{zs} \leqslant 70$	$70 < \Delta_{zs} \leqslant 350$	$\Delta_{zs} > 350$
$\Delta_s \leqslant 300$	Ⅰ（轻微）	Ⅱ（中等）	—
$300 < \Delta_s \leqslant 700$	Ⅱ（中等）	*Ⅱ（中等） 或Ⅲ（严重）	Ⅲ（严重）
$\Delta_s > 700$	Ⅱ（中等）	Ⅲ（严重）	Ⅳ（很严重）

* 当湿陷量的计算值 $\Delta_s > 600$mm、自重湿陷量的计算值 $\Delta_{zs} > 300$mm 时，可判为Ⅲ级，其他情况可判为Ⅱ级。

11.1.2 建筑物分类

为了确切的选择设计措施，将拟建在湿陷性黄土场地上的建筑物，根据其重要性、地基受水浸湿可能性的大小和在使用期间对不均匀沉降限制的严格程度，分为甲、乙、丙、丁四类，详见表 11-2。

建 筑 物 分 类 **表 11-2**

建筑物分类	各类建筑的划分
甲　类	高度大于 60m 和 14 层及 14 层以上体型复杂的建筑 高度大于 50m 的构筑物 高度大于 100m 的高耸结构 特别重要的建筑 地基受水浸湿可能性大的重要建筑 对不均匀沉降有严格限制的建筑
乙　类	高度为 24～60m 的建筑 高度为 30～50m 的构筑物 高度为 50～100m 的高耸结构 地基受水浸湿可能性较大的重要建筑 地基受水浸湿可能性大的一般建筑
丙　类	除乙类以外的一般建筑和构筑物
丁　类	次要建筑

当建筑物各单元的重要性不同时，可根据各单元的重要性划分为不同类别。甲、乙、

丙、丁四类建筑的划分，可结合表 11-3 的举例确定。

各类建筑的举例 表 11-3

各类建筑	举 例
甲	高度大于 60m 的建筑；14 层及 14 层以上的体型复杂的建筑；高度大于 50m 的筒仓；高度大于 100m 的电视塔；大型展览馆、博物馆；一级火车站主楼；6000 人以上的体育馆；标准游泳馆；跨度不小于 36m、吊车额定起重量不小于 100t 的机加工车间；不小于 100t 的水压机车间；大型热处理车间；大型电镀车间；大型炼钢车间；大型轧钢压延车间，大型电解车间；大型煤气发生站；大型火力发电站主体建筑；大型选矿、选煤车间；煤矿主井多绳提升井塔；大型水厂；大型污水处理厂；大型游泳池；大型漂、染车间；大型屠宰车间；10000t 以上的冷库；净化工房；有剧毒或有放射污染的建筑
乙	高度为 24～60m 的建筑；高度为 30～50m 的筒仓；高度为 50～100m 的烟囱；省（市）级影剧院、民航机场指挥及候机楼、铁路信号、通信楼、铁路机务洗修库、高校试验楼；跨度等于或大于 24m、小于 36m 和吊车额定起重量等于或大于 30t、小于 100t 的机加工车间；小于 10000t 的水压机车间；中型轧钢车间；中型选矿车间、中型火力发电厂主体建筑；中型水厂；中型污水处理厂；中型漂、染车间；大中型浴室；中型屠宰车间
丙	7 层及 7 层以下的多层建筑；高度不超过 30m 的筒仓、高度不超过 50m 的烟囱；跨度小于 24m、吊车额定起重量小于 30t 的机加工车间，单台小于 10t 的锅炉房；一般浴室、食堂、县（区）影剧院、理化试验室；一般的工具、机修、木工车间、成品库
丁	1～2 层的简易房屋、小型车间和小型库房

11.1.3 建筑物防护范围

防护距离是防止建筑物地基受管道、水池等渗漏影响的最小距离。建筑物周围防护距离以内的区域称为防护范围。

防护距离的计算，对建筑物，应自外墙轴线算起；对高耸结构，应自基础外缘算起；对水池，应自池壁边缘（喷水池等应自回水坡边缘）算起；对管道、排水沟，应自其外壁算起。

各类建筑与新建水渠之间的距离，在非自重湿陷性黄土场地不应小于 12m；在自重湿陷性黄土场地不得小于湿陷性黄土层厚度的 3 倍，并不应小于 25m。

埋地管道、排水沟、雨水明沟和水池等与建筑物之间的防护距离，不宜小于表 11-4 规定的数值。当不能满足要求时，应采取与建筑物相应的防水措施。

埋地管道、排水沟、雨水明沟和水池等与建筑物之间的防护距离（m） 表 11-4

建筑类别	地基湿陷等级			
	Ⅰ	Ⅱ	Ⅲ	Ⅳ
甲	—	—	8～9	11～12
乙	5	6～7	8～9	10～12
丙	4	5	6～7	8～9
丁	—	5	6	7

注：1. 陇西地区和陇东—陕北—晋西地区，当湿陷性黄土层的厚度大于 12m 时，压力管道与各类建筑的防护距离，不宜小于湿陷性黄土层的厚度；
2. 当湿陷性黄土层内有碎石土、砂土夹层时，防护距离可大于表中数值；
3. 采用基本防水措施的建筑，其防护距离不得小于一般地区的规定。

11.1.4 建筑工程设计措施

建筑工程设计措施，可分为下列三种：

(1) 地基处理措施

消除地基的全部或部分湿陷量，或采用桩基础穿透全部湿陷性黄土层，或将基础设置在非湿陷性黄土层上。

(2) 防水措施

1) 基本防水措施：在建筑物布置、场地排水、屋面排水、地面防水、散水、排水沟、管道敷设、管道材料和接口等方面，应采取措施防止雨水或生产、生活用水的渗漏，可不做检漏管沟。

2) 检漏防水措施：在基本防水措施的基础上，对防护范围内的地下管道，应增设检漏管沟和检漏井等检漏设施，采用B型管沟。

3) 严格防水措施：在检漏防水措施的基础上，应提高防水地面、排水沟、检漏管沟和检漏井等设施的材料标准，如增设可靠的防水层、采用钢筋混凝土排水沟等，检漏管沟采用C型管沟。

(3) 结构措施：减小或调整建筑物的不均匀沉降，或使结构适应地基的变形。

11.1.5 给水排水管道设计

(1) 管道布置

1) 室内管道宜明装。暗设管道必须设置便于检修的设施；

2) 室内给水管道应根据便于及时截断漏水管段和便于检修的原则，在干管和支管上适当增设阀门。

3) 设计时尽量要求工艺和建筑专业，充分考虑湿陷性黄土的性质和特点，将用水设施的给水排水点集中设置，缩短地下管线，避免管道过长、过深，以减少可能出现的漏水。

4) 地下室排水点宜尽量减少，一般地下室不宜设卫生间，需设置卫生间时，其粪便污水应采取隔离措施单独提升排出。其余生活生产废水可采用排水沟汇集集水坑内经提升排出。集水坑做好防水防腐蚀处理，不得漏水。

5) 室内埋地管道原则上应敷设在检漏管沟内。当室内埋地管道较多时，可视具体情况采用综合管沟的方案，并考虑防止污染的规定。若地基处理消除了地基的全部湿陷量或采用桩基础穿透全部湿陷性黄土层，或将基础设置在非湿性黄土层上，埋地管道可按一般地区设计。

6) 地下管道或管沟穿过建筑物的基础或墙时，应预留洞孔。洞顶与管道及管沟顶间的净空高度：对消除地基全部湿陷量的建筑物，不宜小于200mm；对消除地基部分湿陷量和未处理地基的建筑物，不宜小于300mm。洞边与管沟外壁必须脱离。洞边与承重外墙转角处外缘的距离不宜小于1m；当不能满足要求时，可采用钢筋混凝土框加强。洞底距基础底不应小于洞宽的1/2，并不宜小于400mm，当不能满足要求时，应局部加深基础或在洞底设置钢筋混凝土梁。

7) 单层或多层建筑物的屋面雨水宜采用外排水。屋面雨水管应尽量沿屋架或墙、柱悬吊明装。当采用有组织外排水时，宜选用耐用材料的水落管，其末端距离散水面不应大于300mm，并不应设置于沉降缝处。集水面积大的外水落管，应接入专设的雨水明沟或管道。

8）在建筑物的外墙上，不得设置洒水栓。

9）场地绿化用水点的设置，应尽量远离建筑物，在防护范围以内的应设排水措施，防止影响地基。

10）室外管道宜布置在防护范围外。布置在防护范围内的地下管道，应简捷并缩短其长度。

11）室外雨水管道、雨水明沟设计时，应充分考虑能使雨水迅速排至场地之外，防止地面积水。建筑物周围散水坡度不得小于0.05，散水外缘应略高于平整后的场地，散水的宽度应按下列规定采用：

①当屋面为无组织排水时，檐口高度在8m以内宜为1.50m；檐口高度超过8m，每增高4m宜增宽250mm，但最宽不宜大于2.50m。

②当屋面为有组织排水时，在非自重湿陷性黄土场地不得小于1m，在自重湿陷性黄土场地不得小于1.50m。

③水池的散水宽度宜为1～3m，散水外缘超出水池基底边缘不应小于200mm，喷水池等的回水坡或散水的宽度宜为3～5m。

④高耸结构的散水宜超出基础底边缘1m，并不得小于5m。

（2）管材选用

在湿陷性黄土地区，给水排水管道材料应经久耐用，管材质量应高于一般地区要求，管道接口应严密不漏水，并具有柔性。

1）压力管道

室内压力管道宜采用钢管、不锈钢管、铜管、钢衬塑管、PP-R管、铝塑复合管、PVC-U给水管等，管件应与管材相匹配，连接方法根据材料不同而异；管道用于生活热水时应注意其热膨胀而考虑设置伸缩节等措施。

室外压力管道宜选用球墨铸铁管、钢管、PVC-U给水管、PE给水管、预应力钢筋混凝土管等，除钢管、PE给水管外，管道接口均采用承插式橡胶圈接口。

2）自流管道

室内自流管可采用机制排水铸铁管，柔性连接；PVC-U排水管，粘接。

室外自流管宜采用机制排水铸铁管、PVC-U双壁波纹排水管、PE排水管、PE缠绕结构壁排水管、玻璃钢夹砂排水管、钢筋混凝土排水管等，管道接口均采用承插式橡胶圈接口。

（3）管道基础

给排水管道基础形式应根据水文、地质、地面荷载、管径及管顶覆土深度等情况选用。

1）在非自重湿陷性黄土地区，管道的附加压力一般都小于湿陷起始压力，不会引起地基湿陷，故埋地金属管道及其构筑物的地基，一般进行原土夯实即可。

2）在自重湿陷性黄土地区，埋地金属管道及其附属物的基础，应设有夯实150～300mm厚土垫层。对埋地的重要管道或大型压力管道及其附属构筑物，尚应在土垫层上设300mm厚的灰土垫层。

3）埋地非金属压力管道，在非自重湿陷性黄土地区，其基础一般为素土夯实或土垫层，接口处再设混凝土枕基。在自重湿陷性黄土地区，在土垫层上再设30cm厚灰土垫层，接口处设混凝土枕基。

4）埋地非金属自流管道，为增强管道的强度和刚度，防止发生不均匀沉陷，一般均设混凝土条形基础。

管道基础的具体做法可按照国家标准图集《湿陷性黄土地区给水排水管道基础及接口》04S531-1选用。

（4）检漏设施

检漏设施包括检漏管沟和检漏井。一旦管道漏水，水可顺管沟排入检漏井，以便及时进行检修。

1）检漏管沟：应做防水处理。其材料与做法可根据不同防水措施的要求，按下列规定采用：

①对检漏防水措施，应采用砖壁混凝土槽形底检漏管沟或砖壁钢筋混凝土槽形底检漏管沟。

②对严格防水措施，应采用钢筋混凝土检漏管沟。在非自重湿陷性黄土场地可适当降低标准；在自重湿陷性黄土场地，对地基受水浸湿可能性大的建筑，宜增设可靠的防水层。防水层应做保护层。

③对高层建筑或重要建筑，当有成熟经验时，可采用其他形式的检漏管沟或有电信检漏系统的直埋管中管设施。

对直径较小的管道，当采用检漏管沟确有困难时，可采用金属或钢筋混凝土套管。

检漏管沟型号根据防水要求分为B型和C型，其特征及型号选用见表11-5、表11-6。具体做法可按国家标准图集《湿陷性黄土地区给水排水检漏管沟》04S531-2选用。

检漏管沟型号特征表 **表11-5**

管沟种类	管沟型号	构造特征	适用范围
检漏管沟	B1型	砖壁、防水混凝土槽形底板，防水砂浆抹面	非自重湿陷Ⅰ级
	B2型	砖壁、防水钢筋混凝土槽形底板，防水砂浆抹面	非自重湿陷Ⅱ级
严格防水管沟	C型	防水钢筋混凝土，合成高分子防水涂膜	自重湿陷Ⅱ、Ⅲ、Ⅳ级

室外检漏管沟型号选用表 **表11-6**

湿陷类型 / 湿陷等级 / 建筑物类别	非自重湿陷性		自重湿陷性		
	Ⅰ级	Ⅱ级	Ⅱ级	Ⅲ级	Ⅳ级
甲　类	B2	B2	C	C	C
乙　类	B1	B2	C	C	C
丙　类	不设	B2	C	C	C
丁　类	不设	不设	C	C	C

2）构造要求

①检漏管沟的盖板不宜明设。当明设时或在人孔处，应采取防止地面水流入沟内的措施。

②检漏管沟的沟底应设坡度，并应坡向检漏井。进、出户管的检漏管沟，沟底坡度宜大于0.02。

③检漏管沟的截面，应根据管道安装与检修的要求确定。在使用和构造上需保持地面完整或当地下管道较多并需集中设置时，宜采用半通行或通行管沟。

④不得利用建筑物和设备基础作为沟壁或井壁。

⑤检漏管沟在穿过建筑物基础或墙处不得断开，并应加强其刚度。检漏管沟穿出外墙的施工缝，宜设在室外检漏井处或超出基础3m处。

3）检漏井

①检漏井应设置在管沟末端和管沟沿线的分段检漏处。

②检漏井内宜设集水坑，其深度不得小于300mm。

③当检漏井与排水系统接通时，应防止倒灌。

④不得利用检查井、消火栓井、洒水栓井和阀门井等兼作检漏井。但检漏井可与检查井或阀门井共壁合建为双联井、三联井等。

⑤检漏井应作防水处理，并应防止地面水、雨水流入检漏井内。

⑥砖砌检漏井适用于非自重湿陷性黄土区；钢筋混凝土检漏井可适用非自重及自重湿陷性黄土区。在防护范围内的检漏井宜采用与检漏管沟相应的材料。

⑦检漏井选用及施工可详见国家标准图集《湿陷性黄土地区给水排水检漏井》04S531-3。

（5）其他要求

1）阀门井和检查井等，应作防水处理，并应防止地面水、雨水流入阀门井内。在防护范围内的阀门井和检查井等，宜采用与检漏管沟相应的材料。

2）不宜采用闸阀套筒代替阀门井。

3）阀门井和检查井参照国家标准图集《湿陷性黄土地区给水阀门井》04S531-4、《湿陷性黄土地区排水检查井》04S531-5选用。

11.1.6 给水排水构筑物

（1）水池类构筑物

1）水池类构筑物一般包括蓄水池、喷水池、游泳池等，与建筑物的距离应按表11-4执行，构筑物应采用防渗现浇钢筋混凝土结构。

2）对地基应作勘探并应作相应处理。

3）管道穿过水池的池壁处，宜设柔性防水套管或在管道上加设柔性接头。水池的溢水管和泄水管，应接入排水系统。

4）预埋件和穿池壁的套管，应在浇筑混凝土前埋设，不得事后钻孔、凿洞。不宜将爬梯嵌入水位以下的池壁中。

5）水池类构筑物宜参照乙类建筑物考虑，其防护范围和设计措施按表11-4和11.1.4节中的有关规定执行。

6）水池的散水宽度宜为1～3m，散水外缘超出水池基底边缘不应小于200mm，喷水池等的回水坡或散水的宽度宜为3～5m。

（2）水塔

1）水塔的防护范围和设计措施宜参照乙类建筑物的有关规定设计。

2）水塔四周应做不透水的散水坡，其散水宽度宜超出基础底边缘1m，并不得小于5m，坡度不小于0.05。

3）水塔的进出水管、溢水管、泄水管应采用钢管或给水铸铁管，立管上应设伸缩器。

4）水塔的溢水管、泄水管应接入排水系统，不得接至散水坡上就地排放。

（3）水泵房

1）无论附属于建筑物或独立设置的各种水泵房，其防护范围和设计措施宜参照乙类建筑物的有关规定设计。

2）泵房的地坪以及四周高100～150mm的踢脚板应做防水层，即用防水砂浆抹面并磨光，或做毡油防水层，以免管道及机组的事故水渗漏入地基。

3）泵房内的管道应尽量明装。

4）泵房内的地坪应做成不小于0.01的坡度，坡向不透水的集水坑，集水坑内的积水应自流入排水管道，或采用电泵、手摇泵等提升设备及时排除。泵房地坪若低于室外地坪时，应采取防水措施，防止室外污废水倒灌入泵房内。

（4）给水排水管道附属构筑物

1）在湿陷性黄土地区，给水排水管道附属构筑物，如阀门井、检漏井、水表井、检查井、地下式消火栓井、隔油池、化粪池等，均不得漏水。

2）给水排水管道附属构筑物的布置，应尽量有利于管道的检漏、维护和检修，各类井室一律采用铸铁井盖。

3）在建筑物防护范围以内，长期存水的构筑物，如隔油池、集水池、水封井、化粪池等，应采用钢筋混凝土结构，其余构筑物应采用和室外检漏管沟相应的材料标准。

4）在建筑物防护范围以外，管道附属构筑物可采用砖砌，但内壁必须用防水砂浆抹面，保证施工质量，确保不漏水。

5）管道穿越井壁处，应在井壁处预留孔洞。管道和孔洞间的缝隙，应采用不透水的柔性材料填实。管道在穿越池壁处，应设柔性防水套管或在管道上加设柔性接头。

11.1.7 施工及维护管理

（1）管道和水池施工

1）各种管材及其配件进场时，必须按设计要求和有关现行国家标准进行检查。

2）施工管道及其附属构筑物的地基与基础时，应将基槽底夯实不少于3遍，并应采取快速分段流水作业，迅速完成各分段的全部工序。管道敷设完毕，应及时回填。检查井等的地基和基础，应在临近的管道敷设前施工完毕。

3）敷设管道时，管道应与管基（或支架）密合，管道接口应严密不漏水。新、旧管道连接时，应先做好排水设施。当昼夜温差大或在0℃以下条件施工时，管道敷设后，要及时保温。

4）施工水池、检漏管沟、检漏井和检查井等，必须确保砌体砂浆饱满、混凝土浇捣密实、防水层严密不漏水。穿过池（或井、沟）壁的管道和预埋件应预先设置，不得打洞。铺设盖板前，应将池（或井、沟）底清理干净。池（或井、沟）壁与基槽间，应用素土或灰土分层回填夯实，其压实系数不应小于0.95。

5）管道和水池等施工完毕，必须进行满水试验。不合格的应返修或加固，重作试验，直至合格为止。所有试验用水，应将其引至排水系统，不得任意排放。

6）埋地压力管道的水压试验，应符合下列规定：

①管道试压应逐段进行，每段长度在场地内不宜超过400m，在场地外空旷地区不得超过1000m。分段试压合格后，两段之间管道连接处的接口，应通水检查，不漏水后方可回填。

② 在非自重湿陷性黄土场地，管基经检查合格，沟槽间填至管顶上方0.50m后（接口处暂不回填），应进行1次强度和严密性试验。

③在自重湿陷性黄土场地，非金属管道的管基经检查合格后，应进行2次强度和严密性试验：沟槽回填前，应分段进行强度和严密性的预先试验；沟槽回填后，应进行强度和严密性的最后试验。对金属管道，应进行1次强度和严密性试验。

④对城镇和建筑群（小区）的室外埋地压力管道，试验压力应符合表11-7的规定值。

压力管道水压试验的试验压力 **表11-7**

管材种类	工作压力 P（MPa）	试验压力（MPa）
钢管	P	$P+0.5$，且不小于0.9
球墨铸铁管	≤0.5	$2P$
	＞0.5	$P+0.5$
预（自）应力钢筋混凝土管、预应力钢筒混凝土管	≤0.6	$1.5P$
	＞0.6	$P+0.3$
现浇钢筋混凝土管渠	≥0.1	$1.5P$
化学建材管	≥0.1	$1.5P$，且不小于0.8

压力管道强度和严密性试验的方法与质量标准，应符合现行国家标准《给水排水管道工程施工及验收规范》GB 50268的有关规定。

⑤建筑物内埋地压力管道的试验压力，不应小于0.60MPa；生活饮用水和生产、消防合用管道的试验压力应为工作压力的1.50倍。

强度试验，应先加压至试验压力，保持恒压10min，检查接口、管道和管道附件无破损及无漏水现象时，管道强度试验为合格。

严密性试验，应在强度试验合格后进行。对管道进行严密性试验时，宜将试验压力降至工作压力加0.10MPa，金属管道恒压2h不漏水，非金属管道恒压4h不漏水，可认为合格，并记录为保持试验压力所补充的水量。

在严密性的最后试验中，为保持试验压力所补充的水量，不应超过预先试验时各分段补充水量及阀件等渗水量的总和。

⑥工业厂房内埋地压力管道的试验压力，应按有关专门规定执行。

7）埋地无压管道（包括检查井、雨水管）的水压试验，应符合下列规定：

①水压试验采用闭水法进行；

②试验应分段进行，宜以相邻两段检查井间的管段为一分段。对每一分段，均应进行2次严密性试验：沟槽回填前进行预先试验；沟槽回填至管顶上方0.50m以后，再进行复查试验。

③室外埋地无压管道闭水试验的方法，应符合现行国家标准《给水排水管道工程施工及验收规范》GB 50268的有关规定。

④室内埋地无压管道闭水试验的水头应为一层楼的高度，并不应超过8m；对室内雨水管道闭水试验的水头，应为注满立管上部雨水斗的水位高度。

按上述试验水头进行闭水试验，经24h不漏水，可认为合格，并记录在试验时间内，为保持试验水头所补充的水量。

复查试验时，为保持试验水头所补充的水量不应超过预先试验的数值。

8）对水池应按设计水位进行满水试验。其方法与质量标准应符合现行国家标准《给水排水构筑物施工及验收规范》GB 50141的有关规定。

9）对埋地管道的沟槽，应分层回填夯实。在管道外缘的上方0.50m范围内应仔细回填，压实系数不得小于0.90，其他部位回填土的压实系数不得小于0.93。

10）对于检查井和水池，考虑浸润壁体损失的水量，在试压前可预先充水。管道试压前，可预先充水浸透。充水时间，对金属管道不应少于24h，对非金属管道不应少于48h。

（2）维护管理

建筑物产生湿陷性事故之主要原因由给水排水及暖气管道漏水，施工浸水和场地排水不良等引起，其中给水排水及暖气管道的漏水居首位。因此，在湿陷性黄土地区搞好给水排水、暖气管道的维护管理工作，是确保防水措施发挥有效作用，保证建筑物安全的重要环节之一。

1）给水排水和热力管网系统（包括一切有水或有汽的管道、检查井、检漏井、阀门井等），应保持畅通，遇有漏水或故障，应立即断绝水（汽）源，故障排除后方可使用。

每隔3～5年，宜对埋地压力管道进行工作压力下的泄压检查，对埋地自流管道进行常压泄漏检查。发现泄漏，应及时检修。

2）对检漏设施，必须定期检查。一般每半月检查一次，采用严格防水措施的，宜每周检查一次。发现有积水或堵塞物，应及时清除和修复，并作记录。

对化粪池和检查井，每半年应清理一次。

3）对防护范围内的防水地面、排水沟和雨水明沟，应经常检查，发现裂缝及时修补。每年应利用适当时机全面检修一次。

对散水的伸缩缝和散水与外墙交接处的填塞材料，应经常检查和填补。散水发生倒坡时，应及时修补，并应保持原设计坡度。

建筑场地应经常保持原设计的排水坡度，发现积水地段应及时填平。

在建筑物周围6m以内的地面，应保持排水畅通，不得堆放阻碍排水的物品和垃圾，严禁大量浇水。

4）每年雨季前和每次暴雨后，对防洪沟、缓洪调节池、排水沟、雨水明沟及雨水集水口等，应进行详细检查，清除淤积物，整理沟堤，保证排水畅通。

5）每年冻结以前，对有冻裂可能的水管，应采取保温措施；对暖气管道，在送气以前，必须进行系统检查（特别是过门管沟处）。

暖气管道和其他水管停止使用时，应将管中存水放尽。

6）当发现建筑物突然下沉，墙、柱裂缝或地面裂缝时，应立即检查附近水管和水池等。如有漏水，应迅速断绝水源，测定基土的含水量，观测建筑物的沉降和裂缝及其发展情况，记录其部位和时间，并会同相关单位研究处理。

11.2 地震区给水排水

11.2.1 设计地震烈度的确定

地震烈度共分为12度。在6度以下时，一般建筑物仅有轻微损坏，不致造成危害，可不设防。但在6度及6度以上时，一般的建筑物将遭到损坏或破坏，造成对生命财产的危害，必须设防。对于10度及10度以上的地震烈度因毁坏程度相当严重，设防费用太高或无法设防，只能结合个别情况专门研究处理。

抗震设防烈度应按国家规定的权限审批、颁发的文件（图件）确定。一般的情况下，建筑的抗震设防烈度应根据中国地震动参数区划图确定的地震基本烈度（或设计基本地震加速度对应的烈度值）进行抗震设计。对已编制抗震设防区划的地区或厂站，可按经批准的抗震设防区划确认的抗震设防烈度或抗震设计地震动参数进行抗震设防。

工程设计时应遵守下列现行抗震设计规范和标准：

(1)《中国地震动参数区划图》GB 18306

(2)《建筑工程抗震设防分类标准》GB 50223

(3)《建筑抗震设计规范》GB 50011

(4)《室外给水排水和燃气热力工程抗震设计规范》GB 50032

(5)《构筑物抗震设计规范》GB 50191

(6)《水工建筑物抗震设计规范》DL 5073

按国家规范要求抗震设防烈度为6度及高于6度地区的建筑物、构筑物和室外给水、排水工程设施，必须进行抗震设计。本节所介绍的也仅为6度至9度地震区给水排水的设防要求和做法。

设计地震共分三组。我国主要城镇抗震设防烈度、设计基本地震加速度和设计地震分组情况，请查阅《建筑抗震设计规范》GB 50011。

11.2.2 抗震设防一般规定

根据地震工作以预防为主的方针，给水排水构筑物及管网的设防要求为：当遭遇低于本地区抗震设防烈度的多遇地震影响时，一般不致损坏或不需修理可继续使用。当遭遇本地区抗震设防烈度的地震影响时，构筑物不需修理或经一般修理仍可继续使用，管网震害可控制在局部范围内，避免造成次生灾害。当遭遇高于本地区抗震设防烈度预估的罕遇地震影响时，构筑物不致严重损坏，危及生命或导致重大经济损失；管网震害不致引发严重次生灾害，并便于抢修和迅速恢复使用。

震害调查表明：无论对建筑物、构筑物或地下埋设管道，对震害影响最大的是地基状态，其次是建筑物和构筑物的用料、结构形式、管网中管材、接口、基础、管道固定情况及埋设深度等。根据我国调查情况，埋深在3m以内，并无太大影响。

对室外给水、排水工程系统中的下列建、构筑物（修复困难或导致严重次生灾害的建、构筑物），宜按本地区抗震设防烈度提高一度采取抗震措施（不做提高一度抗震计算），当抗震设防烈度为9度时，可适当加强抗震措施。

(1) 给水工程中的取水构筑物和输水管道，水质净化处理厂内的主要水处理构筑物和变电站、配水井、送水泵房、氯库等；

(2) 排水工程中道路立交处的雨水泵房、污水处理站内的主要水处理构筑物和变电站、进水泵房、沼气发电站等；

对位于设防烈度为6度地区的室外给水排水工程设施可不做抗震计算；当规范无特别规定时，抗震措施应按7度设防的要求采用。

室外给水排水工程中的房屋建筑抗震设计，应按现行的《建筑抗震设计规范》GB 50011执行；水工建筑物的抗震设计，应按现行的《水工建筑物抗震设计规范》执行；《室外给水排水和燃气热力工程抗震设计规范》GB 50032未列入的构筑物的抗震设计，应按现行的《构筑物抗震设计规范》GB 50191执行。

11.2.2.1 工程地址选择

(1) 工程地址选择：工程地址按对构筑物抗震的影响分为有利地段、一般地段、不利地段和危险地段，具体划分见表11-8。

有利、一般、不利和危险地段的划分 表11-8

地段类别	地质、地形、地貌
有利地段	稳定基岩，坚硬土，开阔、平坦、密实、均匀的中硬土等
一般地段	不属于有利、不利和危险的地段
不利地段	软弱土，液化土，条状突出的山嘴，高耸孤立的山丘，陡坡，陡坎，河岩和边坡的边缘，平面分布上成因、岩性、状态明显不均匀的土层（含故河道、疏松的断层破碎带、暗埋的塘浜沟谷和半填半挖地基），高含水量的可塑黄土，地表存在结构性裂缝等
危险地段	地震时可能发生滑坡、崩塌、地陷、地裂、泥石流等及发震断裂带上可能发生地表位错的部位

工程地址应尽量选择在对抗震有利的地段。避开不利地段，当无法避开时，应采取有效的抗震措施。不要在危险地段进行建设。

(2) 场地类别：建（构）筑物和管道的场地类别，应根据土层等效剪切波速和场地覆盖层厚度按表11-9的划分确定。

各类建筑场地的覆盖层厚度（m） 表11-9

岩石的剪切波速 v_s 或土的等效剪切波速 v_{se}（m/s）	场地类别				
	Ⅰ0	Ⅰ1	Ⅱ	Ⅲ	Ⅳ
$v_s>800$	0				
$800\geqslant v_s>500$		0			
$500\geqslant v_{se}>250$		<5	≥5		
$250\geqslant v_{se}>150$		<3	3~50	>50	
$v_{se}\leqslant150$		<3	3~15	15~80	>80

(3) 地面下存在饱和砂土和饱和粉土（不含黄土、粉质黏土）的地基，除6度设防外，应进行液化判别；存在液化土层的地基，应根据建筑的抗震设防类别、地基的液化等级，结合具体情况采取相应的措施。

11.2.2.2 抗震设计基本要求

(1) 抗震设防烈度为6度及高于6度地区的室外给水排水工程设施必须进行抗震设计。

(2) 对抗震设防烈度高于9度或有特殊抗震要求的工程抗震设计，应按专门研究的规定设计。

(3) 对位于设防烈度为6度地区的室外给水、排水工程设施，可不做抗震计算，但应按7度设防的有关要求采取抗震措施。

(4) 规划与布局要求：

1) 给水水源的设置不宜少于两个，并应在不同方位；给水干线应敷设成环状。

2) 净水厂、具有调节水池的加压泵房、水塔等应分散布置。

3) 排水系统内的干线与干线之间，宜设置连通管。

(5) 构筑物和管道的抗震结构体系

1) 抗震结构体系应根据建筑物、构筑物和管网的使用功能、材质、建设场地、地基地质、施工条件和抗震设防要求等因素，经技术经济综合比较后确定。

2) 构筑物的平面、竖向布置宜规则、对称，质量分布和刚度变化宜均匀；相邻各部分间刚度不宜突变。对体形复杂的构筑物，宜设置防震缝将结构分成规则的结构单元，或对结构进行整体抗震计算。

3) 构筑物和管道的结构体系应具有明确的计算简图和合理的地震作用传递路线；避免部分结构或构件的破坏导致整个体系丧失承载能力；同一结构单元应具有良好的整体性；对局部削弱或突变形成的薄弱部位，应采取加强措施。

4) 位于Ⅰ类场地上的构筑物，可按本地区抗震设防烈度降低一度采取抗震构造措施，但设计基本地震加速度为0.15g和0.30g地区不降；计算地震作用时不降；抗震设防烈度为6度时不降。

(6) 对于各种设备的非结构构件，其自身及其与结构主体的连接，应由相关专业人员分别负责抗震设计。

(7) 管道结构的抗震计算要求：

1) 埋地管道应计算在水平地震作用下剪切波所引起的变位或应变。

2) 架空管道可对支撑结构作为单质点体系进行抗震计算。

3) 设防烈度为6度的管道结构可不进行截面抗震验算，但应符合设防烈度的抗震措施要求。

4) 埋地管道承插式连接或预制拼装结构（如盾构、顶管等），应进行抗震变位验算。

(8) 符合下列条件的管道结构可不进行抗震验算：

1) 各种材质的埋地预制圆形管材，其连接接口均为柔性构造，且每个接口的允许轴向拉、压变位不小于10mm。

2) 设防烈度6度、7度，符合7度抗震构造要求的埋地雨、污水管道。

3) 设防烈度为6度、7度或8度Ⅰ、Ⅱ类场地的焊接钢管和自承式架空平管。

4）管道上的阀门井、检查井等附属构筑物。

11.2.2.3 埋地管道的抗震验算

埋地管道的地震作用，一般情况可仅考虑剪切波行进时对不同材质管道产生的变位或应变；可不计算地震作用引起管道内的动水压力。

（1）承插式接头的埋地圆形管道，在地震作用下应满足式（11-1）要求：

$$\gamma_{EHP}\Delta_{pl\cdot k} \leqslant \lambda_c \sum_{i=1}^{n}[u_a]_i \quad (11\text{-}1)$$

式中 $\Delta_{pl\cdot k}$——剪切波行进中引起半个视波长范围内管道沿轴向的位移量标准值（mm），可按式（11-2）计算；

γ_{EHP}——计算埋地管道的水平向地震作用分项系数，可取 1.20；

$[u_a]_i$——管道 i 种接头方式的单个接头设计允许位移量（mm），可按表 11-10 取值；

λ_c——半个视波长范围内管道接头协同工作系数，可取 0.64 计算；

n——半个视波长范围内，管道接头数。

地下直埋直线段管道沿轴向的位移量标准值 $\Delta_{pl\cdot k}$，可按公式（11-2）～式（11-4）和计算简图计算：

$$\Delta_{pl\cdot k} = \zeta_t \Delta'_{sl\cdot k} \quad (11\text{-}2)$$

$$\Delta'_{sl\cdot k} = \sqrt{2}\cdot U_{0k} \quad (11\text{-}3)$$

$$\zeta_t = \frac{1}{1+\left(\frac{2\pi}{L}\right)^2 \frac{EA}{K_1}} \quad (11\text{-}4)$$

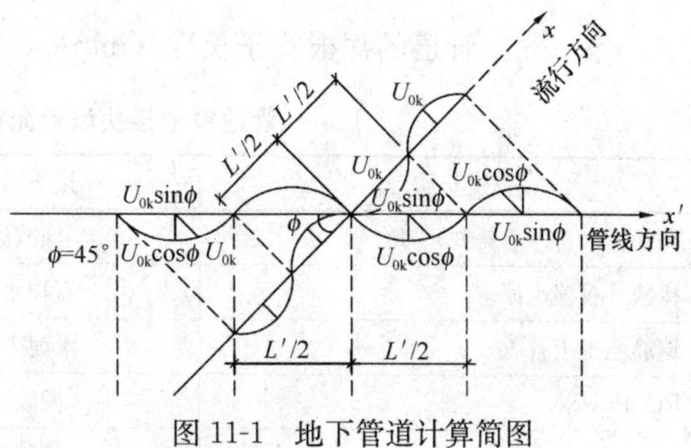

图 11-1 地下管道计算简图

式中 $\Delta'_{sl\cdot k}$——在剪切波作用下，沿管线方向半个视波长范围内自由土体的位移标准值（mm）；

ζ_t——沿管道方向的位移传递系数；

E——管道材质的弹性模量（N/mm^2），铸铁管为 $0.09\times10^6 N/mm^2$，钢管为 $0.21\times10^6 N/mm^2$，钢筋混凝土管为 $0.21\times10^5 N/mm^2$；PP-R 管为 $0.08\times10^4 N/mm^2$，以生产厂家提供的数据为准；

A——管道的横截面面积（mm^2）；

K_1——沿管道方向单位长度的土体弹性抗力（N/mm^2），可按式（11-5）确定；

L——剪切波的波长（mm），可按式（11-6）确定；

U_{0k}——剪切波行进时管道埋深处的土体最大位移标准值（mm），可按式（11-7）确定。

沿管道方向的土体弹性抗力 K_1，可按式（11-5）计算：

$$K_1 = u_p k_1 \quad (11\text{-}5)$$

u_p——管道单位长度的外缘表面积（mm^2/mm）；对无刚性管基的圆管即为 πD_1（D_1 为管外径）；当设置刚性管基时，即为包括管基在内的外缘面积；

k_1——沿管道方向土体的单位面积弹性抗力（N/mm^3），应根据管道外缘构造及相应土质试验确定，当无试验数据时，一般可采用 $0.06N/mm^3$。

剪切波的波长可按式（11-6）计算：

$$L = v_s \cdot T_g \tag{11-6}$$

v_s——管道埋设深度处土层的剪切波速（mm/s），应取实测剪切波速的2/3值采用，当无数据或实测数量不足时，可根据各层岩土名称及形状，按表11-11取值；

T_g——管道埋设场地的特征周期（s），根据设计地震分组按表11-12的规定采用。

剪切波行进时管道埋深处的土体最大水平位移标准值U_{0k}，可按式（11-7）确定：

$$U_{0k} = \frac{K_H g T_g}{4\pi^2} \tag{11-7}$$

K_H——水平地震影响系数，见表11-13。

半个剪切波视波长度范围内的管道接头数量n，可按式（11-8）确定：

$$n = \frac{v_s T_g}{\sqrt{2} \cdot l_p} \tag{11-8}$$

l_p——管道的每根管子长度（mm）。

管道单个接头设计允许位移量［u_a］　　表11-10

管道材质	接头填料	［u_a］(mm)
铸铁管（含球墨铸铁）、PC管	橡胶圈	10
铸铁、石棉水泥管	石棉水泥	0.2
钢筋混凝土管	水泥砂浆	0.4
RCCP	橡胶圈	15
PVC、FRP、PS管	橡胶圈	10

地下矩形管道变形缝的单个接缝设计允许位移量，当采用橡胶或塑料止水带时，其轴向位移可取30mm。

土的类型划分和剪切波速范围　　表11-11

土的类型	岩土名称和性状	土层剪切波速范围(m/s)
岩石	坚硬、较硬且完整的岩石	$v_s > 800$
坚硬土或软质岩石	破碎和较破碎的岩石或软和较软的岩石，密实的碎石土	$800 \geqslant v_s > 500$
中硬土	中密、稍密的碎石土，密实、中密的砾、粗、中砂，$f_{ak} > 150$的黏性土和粉土，坚硬黄土	$500 \geqslant v_s > 250$
中软土	稍密的砾、粗、中砂，除松散外的细、粉砂，$f_{ak} \leqslant 150$的黏性土和粉土，$f_{ak} > 130$的填土，可塑新黄土	$250 \geqslant v_s > 150$
软弱土	淤泥和淤泥质土，松散的砂，新近沉积的黏性土和粉土，$f_{ak} \leqslant 130$的填土，流塑黄土	$v_s \leqslant 150$

注：f_{ak}为自载荷试验等方法得到的地基承载力特征值（kPa）；v_s为岩土剪切波速。

特征周期值 T_g 表 11-12

设计地震分组＼场地类别	$Ⅰ_0$	$Ⅰ_1$	Ⅱ	Ⅲ	Ⅳ
第一组	0.20	0.25	0.35	0.45	0.65
第二组	0.25	0.30	0.40	0.55	0.75
第三组	0.30	0.35	0.45	0.65	0.90

多遇地震的水平地震影响系数 K_H 表 11-13

设计地震烈度	6度	7度	8度	9度
K_H	0.04	0.08（0.12）	0.16（0.24）	0.32

注：括号中数值分别用于设计基本地震加速度取值为 0.15g 和 0.30g 的地区。

（2）整体连接的埋地管道，其结构截面抗震验算应符合式（11-9）、式（11-10）要求：

$$S \leqslant \frac{|\varepsilon_{ak}|}{\gamma_{PRE}} \tag{11-9}$$

$$S = \gamma_G S_G + \gamma_{EHP} S_{Ek} + \psi_t \gamma_t C_t \Delta_{tk} \tag{11-10}$$

式中 S——结构构件内力组合的设计值，包括组合的弯矩（kN·m）、轴向力（kN）和剪力（kN·m）设计值计算；

$|\varepsilon_{ak}|$——不同材质管道的允许应变量标准值；

γ_{PRE}——埋地管道抗震调整系数，可取 0.90 计算；

γ_G——重力荷载分项系数，一般情况采用 1.2；

S_G——重力荷载（非地震作用）的作用标准值效应；

S_{Ek}——地震作用标准值效应；

ψ_t——温度作用组合系数，可取 0.65；

γ_t——温度作用分项系数，应取 1.4；

C_t——温度作用效应系数，可按弹性理论结构力学方法确定；

Δ_{tk}——温度作用标准值。

（3）整体焊接钢管在水平地震作用下的最大变量标准值可按式（11-11）计算：

$$\varepsilon_{sm,k} = \zeta_t U_{0k} \frac{\pi}{L} \tag{11-11}$$

式中 L——管段长度（mm）。

钢管的允许应变量标准值，可按式（11-12）、式（11-13）采用：

拉伸 $$|\varepsilon_{at,k}| = 1.0\% \tag{11-12}$$

压缩 $$|\varepsilon_{ac,k}| = 0.35 \frac{t_P}{D_1} \tag{11-13}$$

式中 $|\varepsilon_{at,k}|$——钢管的允许拉应变标准值；

$|\varepsilon_{ac,k}|$——钢管的允许压应变标准值；

t_P——管壁厚（mm）；

D_1——管外径（mm）。

11.2.3　管网设计要求

11.2.3.1　室外给水管网设计

(1) 线路选择与布置

1) 应尽量选择良好的地基，应避免敷设在高坎、深坑、崩塌、滑坡地段。

2) 应尽量避免水平向竖向的急剧转弯。

3) 有条件时宜采用埋地敷设。

4) 干线宜敷设成环状，并适当增设控制阀门，以便于分隔供水可抢修。

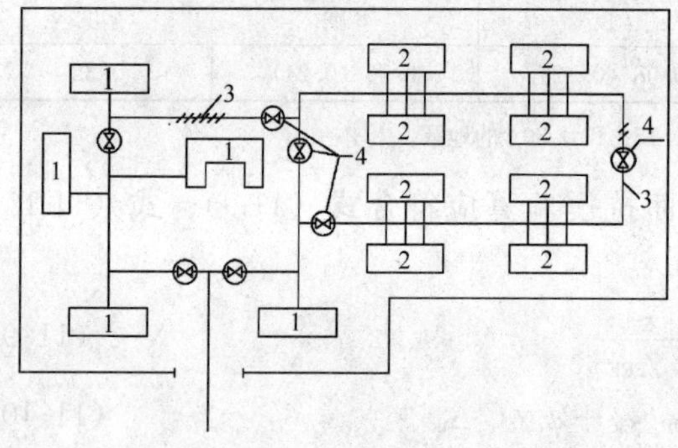

图 11-2　枝状给水干管增设连通管

1—厂房；2—住宅；3—连通管；4—控制阀门

5) 如因实际需要，干管敷设成枝状时，宜增设连通管，见图 11-2。连通管管径可根据两端管径，择其大者。

6) 当埋地输水管道不能避开活动断裂带时，应采取下列措施：

管道宜尽量与断裂带正交；管道应敷设在套筒内，周围填充砂粒料；管道及套筒应采用钢管；断裂带两侧的管道上（距断裂带有一定的距离）应设置紧急关断阀。

(2) 管材选择

应选择延性较好或具有较好柔性接口的管材。例如钢管、胶圈接口的球墨铸铁管、胶圈接口的预应力钢筋混凝土管等，抗震性能较好。

1) 地下直埋管应尽量采用承插铸铁管或预应力钢筋混凝土管。

2) 架空管道可采用钢管或柔性胶圈接口的管材。接口方式及设柔性接口的距离和位置由计算确定。

3) 过河倒虹管、架空管以及穿越铁路或其他交通干线的管道，应采用钢管，并在两端设置阀门。

4) 通过地震断裂带，或地基为可液化土地段的输水管道，或配水管网的主干管道，宜采用钢管，并在两端增设阀门，见图 11-3。

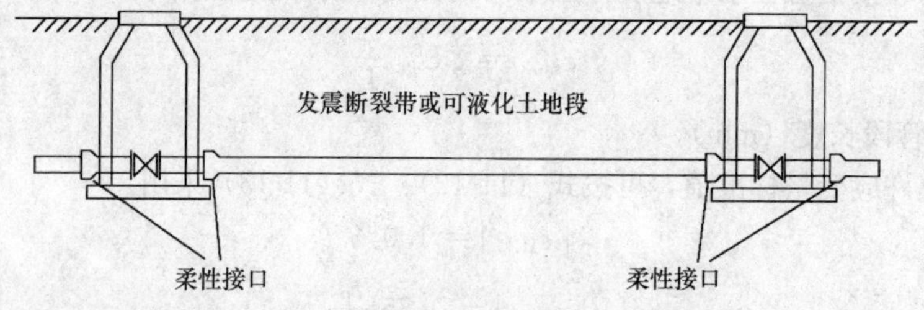

图 11-3　通过发震断裂带或可液化土地段的管道敷设

(3) 管道接口方式

管道接口的构造是管网改善抗震性能的关键，采用柔性接口是管道抗震最有效的措施。柔性接口中，胶圈接口的抗震性能较好，胶圈石棉水泥或胶圈自应力水泥接口为半柔性接口。青铅接口由于允许变形量小，不能满足抗震要求，故不作为抗震措施中的柔性接口。

对重要的埋地给水输水管及配水干线的直线管段，其接口应符合下列要求：

1）地下直埋钢管、刚性接口的管道及砌筑管渠的直线管段，须计算其在地震剪切波作用下所产生的轴向力。如符合要求，可不加柔性接口，如不符合要求，则应加设柔性接口，并计算其轴向变形，直到符合要求为止。

2）地下直埋铸铁管道或其他承插式管道直线段的接口构造及布置，应根据剪切波作用下管道所产生的轴向变形确定。

3）埋地管道穿越铁路及其他重要交通干线的两端应设柔性接口。阀门、消火栓两侧管道上应设柔性接口。

4）埋地承插式管道主要干支线的三通、四通、大于45°弯头等附件与直线管段连接处，应设柔性接口。

5）埋地承插式管道当通过地基土质突变处，应设柔性接口。

6）当设防烈度为7度且地基土为可液化地段或设防烈度为8度、9度时，泵的进出管道上宜设置柔性连接。

（4）其他要求：

1）给水管网内的干线和支线主要连接处应设阀门。

2）埋地管道上的阀门均应设置阀门井，不得采用阀门套筒。

3）消火栓及阀门，应设置便于应急使用的部位，例如道路边，开阔地带等，不得设在危险建筑附近。危险建筑指缺乏抗震能力，又无加固价值的建筑物。

11.2.3.2 室外排水管网设计

（1）线路选择和布置

1）应尽量选择良好的地基，不宜敷设在高坎、深坑、崩塌、滑坡地段。

2）宜采用分区布置，就近处理和分散出口。

3）排水管网系统间或系统内，各干管之间应尽量设有连通管。不符合要求时，可结合各排水系统的重要性，逐步增设连通管，以便下游管道震坏时，临时排水之用。见图11-4。

连通管不做坡度或稍有坡度时，以壅水或机械提升的方法，排出震坏的排水系统中的污废水。连通管的管径，可在排入管管径与排出管管径间根据情况确定。

4）污水干管应设置事故排出口。

（2）管材、接口和基础

1）排水管材可采用预应力钢筋混凝土管、球墨铸铁管或塑料类管材。塑料类管材主要有硬

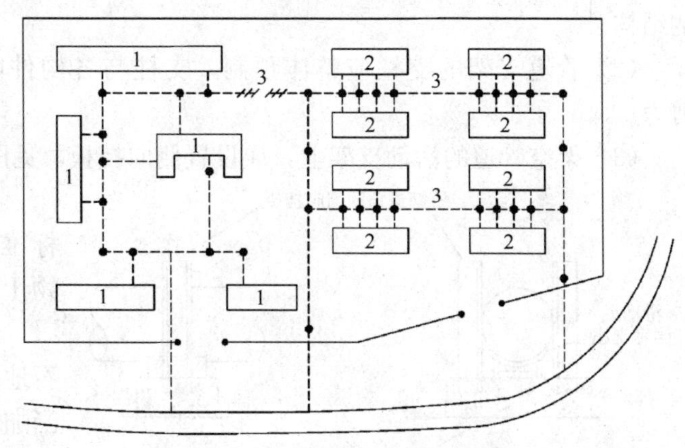

图 11-4 排水干管增设连通管

1—厂房；2—住宅；3—连通管

聚氯乙烯管（PVC-U）、聚乙烯（PE）、聚丙烯（PP）和玻璃钢加砂管（RPM）等，根据结构形式有平壁管、加筋管、双壁波纹管、缠绕结构壁及钢塑复合缠绕管等。管道接口应根据管道材质和地质条件确定，可采用刚性接口或柔性接口。

2）设计烈度在8度、9度、敷设在地下水位以下的排水管道，应采用预应力钢筋混凝土管，橡胶圈柔性接口。

3）在可液化土地段敷设的排水管道，可采用预应力钢筋混凝土管和PVC-U加筋排水塑料管等管材。并设置柔性接口。

4）地下直埋圆形混凝土排水管道，应采用承插式管，其接口处密封材料采用柔性橡胶圈接口。

5）砖石砌体的矩形、拱形地下管渠的构造，应符合下列要求：

①砌体所用砖的强度等级不应低于MU10，块石不应低于MU20，砌筑砂浆不应低于M10。

②钢筋混凝土盖板和侧墙应可靠连接。设防烈度为7度或8度，且属于Ⅲ、Ⅳ类场地土时，预制装配顶盖不得采用梁板系统结构（不含钢筋混凝土槽形板结构）。

③基础应采用整体底板。当设防烈度为8度且场地为Ⅲ、Ⅳ类时，底板应为钢筋混凝土结构。

6）当设防烈度为9度或场地土为可液化地段时，矩形管渠应采用钢筋混凝土结构，并适当加设变形缝；缝宽不宜小于20mm，缝距一般不大于15m。

7）对于下列排水管道，应进行抗震计算，计算结果若管道强度和变形不符合要求时，应增设柔性接口，计算方法同室外给水管道：

①敷设于水源防护地带的污水管道或合流管道。

②排放有毒废水的管道。

③敷设于地下水位以下的具有重要影响的排水干管。

11.2.4　给水排水构筑物、建筑物

11.2.4.1　架空管道的支架、支座、支墩

（1）架空管道的支架宜采用钢筋混凝土结构或钢结构，不宜采用各种脆性材料做支承的结构。

（2）管道支架的支柱应整体预制，支柱与各构件的连接应加强，使之能承担地震剪力。

（3）架空管道的活动支架上，应设置侧向挡板，见图11-5。

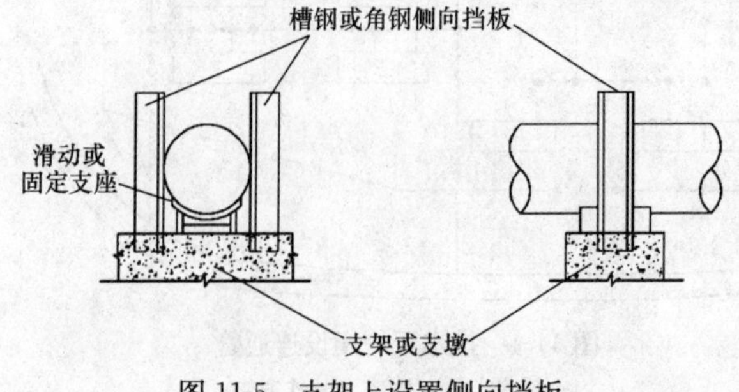

图11-5　支架上设置侧向挡板

（4）架空管道不得架设在设防标准低于其设计地震烈度的建筑物上。

（5）管道的支墩和支座位于非岩石地基上时，应埋入坚硬土层，并适当加大断面，以减少管道在地震时的附加沉陷。在支墩的应力集中处应增加钢筋。

11.2.4.2 阀门井、检查井等附属构筑物

当设计地震烈度为7度或8度，且地基土为可液化土地段，或设计地震烈度为9度，管网的阀门井、检查井等附属构筑物不宜采用砌体结构。如采用砌体结构时，砖不应低于MU10，块石不应低于MU20，砂浆不应低于M10，并应在砌体内配置水平封闭钢筋，每500mm高度内不应少于2根$\phi 6$钢筋。

11.2.4.3 泵房

(1) 给水排水工程中的泵房应尽量采用半地下式或地下式。

(2) 泵房内，出水管的竖管部分应具有牢靠的横向支撑。支撑可结合竖管安装情况设置，间距不宜大于4m。竖管底部应与支墩有铁件连接。

(3) 非自灌式水泵的吸水管宜采用钢管。若采用铸铁管时弯头处及直线管段上应设一定数量的柔性接口。吸水管穿越泵房墙壁处宜嵌固，并应在墙外侧设柔性接口，穿越吸水井墙壁处宜设置套管，吸水管与套管间应采用柔性填料。

(4) 当泵房与控制室、配电室或生活用房等毗邻时，其基础应尽量避免坐落在不同高程；当不能避免时，对埋深浅的基础下应作人工地基处理，避免导致震陷。

(5) 泵房内水泵及配管的抗震措施，见11.2.5节室内给水排水。

11.2.4.4 水池

(1) 水池应尽量采用地下式，结构的形式宜采用圆形。当抗震设防烈度为8度、9度时，水池应采用钢筋混凝土结构。

(2) 采用砖砌或石砌水池时，砖砌体强度等级不应低于MU10，块石砌体强度等级不应低于MU20，砌筑砂浆应采用水泥砂浆，其强度等级不应低于M10。

采用钢筋混凝土水池时，混凝土强度等级不应低于C25。

(3) 水池宜有单独的进水管和出水管。出水管上应设置控制阀门。

(4) 所有水池配管，在水池壁外应设置柔性接口。

11.2.4.5 水塔

水塔一般为钢筋混凝土结构。水塔的支承结构应根据水塔建设场地的抗震设防烈度、场地类别及水塔容量确定。当设计地震烈度为8度或9度时，宜利用地形，设置高位水池，尽量不建水塔。

(1) 6度、7度地区且场地为Ⅰ、Ⅱ类，水塔容积不大于20m^{3}时，可采用砖柱支承。

(2) 6度、7度或8度的Ⅰ、Ⅱ类场地，水塔容积不大于50m^{3}时，可采用砖筒支承。

(3) 8度或9度且场地为Ⅲ、Ⅳ类时，应采用钢筋混凝土结构支承。

(4) 水塔支承结构当符合下列条件时，可不进行抗震验算，但应符合构造措施要求。

1) 7度且场地为Ⅰ、Ⅱ类的钢筋混凝土支承结构；水塔容积不大于50m^{3}且高度不超过20m的砖筒支承结构；水塔容积不大于20m^{3}且高度不超过7m的砖柱支承结构。

2) 7度或8度且场地为Ⅰ、Ⅱ类，水塔的钢筋混凝土筒支承结构。

(5) 水塔的抗震验算应考虑水塔上满载和空载两种工况。

(6) 当设计地震烈度为8度或9度时，水塔的明装管道应采用钢管。埋地管道可采用铸铁管，但在弯头、三通、阀门等附件前后应设柔性接口。

11.2.5 室内给水排水

11.2.5.1 管道系统

(1) 管材和接口

1) 一般建筑物给水系统采用薄壁不锈钢管、铜管、钢塑复合管、铝塑复合管、PP-R管、PE管、PVC-U管及其他适合于给水的管材，消防系统采用热镀锌钢管或焊接钢管等，管件应与管材相匹配，连接方法根据材料不同而异。

排水系统采用柔性排水铸铁管和塑料排水管，高度超过100m的建筑中不宜采用塑料排水管作为排水立管及干管。

2) 当设计地震烈度为7度、且地基土为可液化地段，以及设计地震烈度为8度或9度，管道与设备机器连接处，应增设柔性接口，防止由于震动频率不同而造成破坏或折断。

(2) 管道布置：

1) 管道固定应尽量使用刚性托架或支架，避免使用吊架，必须采用吊架时，须在干管上每隔6m装一个横向防晃吊架，每隔12m装一个竖向防晃吊架。防晃吊架做法见图11-6。

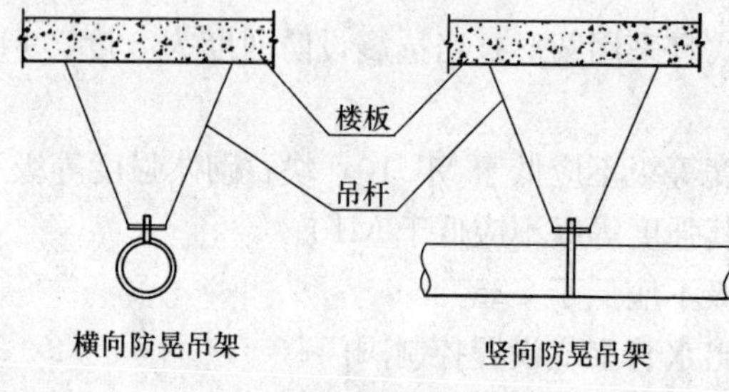

图11-6 防晃吊架

2) 各种管道一般不穿抗震缝，而在抗震缝两边各成独立系统。给水管道必须穿抗震缝时，穿过的位置越低越好，同时应在抗震缝的两边各装一个柔性管接头，或在抗震缝处装设门型伸缩器。

3) 管道穿越内墙或楼板时，应设置套管，套管和管道间的缝隙，应填塞柔性耐火材料。

4) 管道通过建筑物的基础时，基础与管道间须留适当的空隙，并填塞柔性材料。当穿越管道必须与基础嵌固时，应在穿越管道的室外端就近设置柔性连接。

11.2.5.2 机器设备

(1) 室内布置机器设备时，应考虑下列问题：

1) 尽量布置在地震力或变位量较小的低层，最好布置在地下室。

2) 尽量布置在次生灾害小的地方。

3) 须保证机器设备有足够的检查和修理空间。

(2) 不设防震基础的机器设备，如冲洗水箱、给水箱、热交换器、开水炉、冷却塔等，必须与主体结构连接牢固，以防止地震时机器设备在地面上滑动或倾覆，破坏其使用功能，或扭坏其连接管道。

图11-7～图11-10介绍几种固定方式。至于固定构件的数量、位置、规格和尺寸等，须由结构计算确定。

(3) 设防震基础的机器设备，如水泵、风机等，须设置限位器，见图11-11。以防止机器设备地震时产生过量的移动，甚至倾覆，而扭坏管道。限位器由计算确定，但每边至少一个。

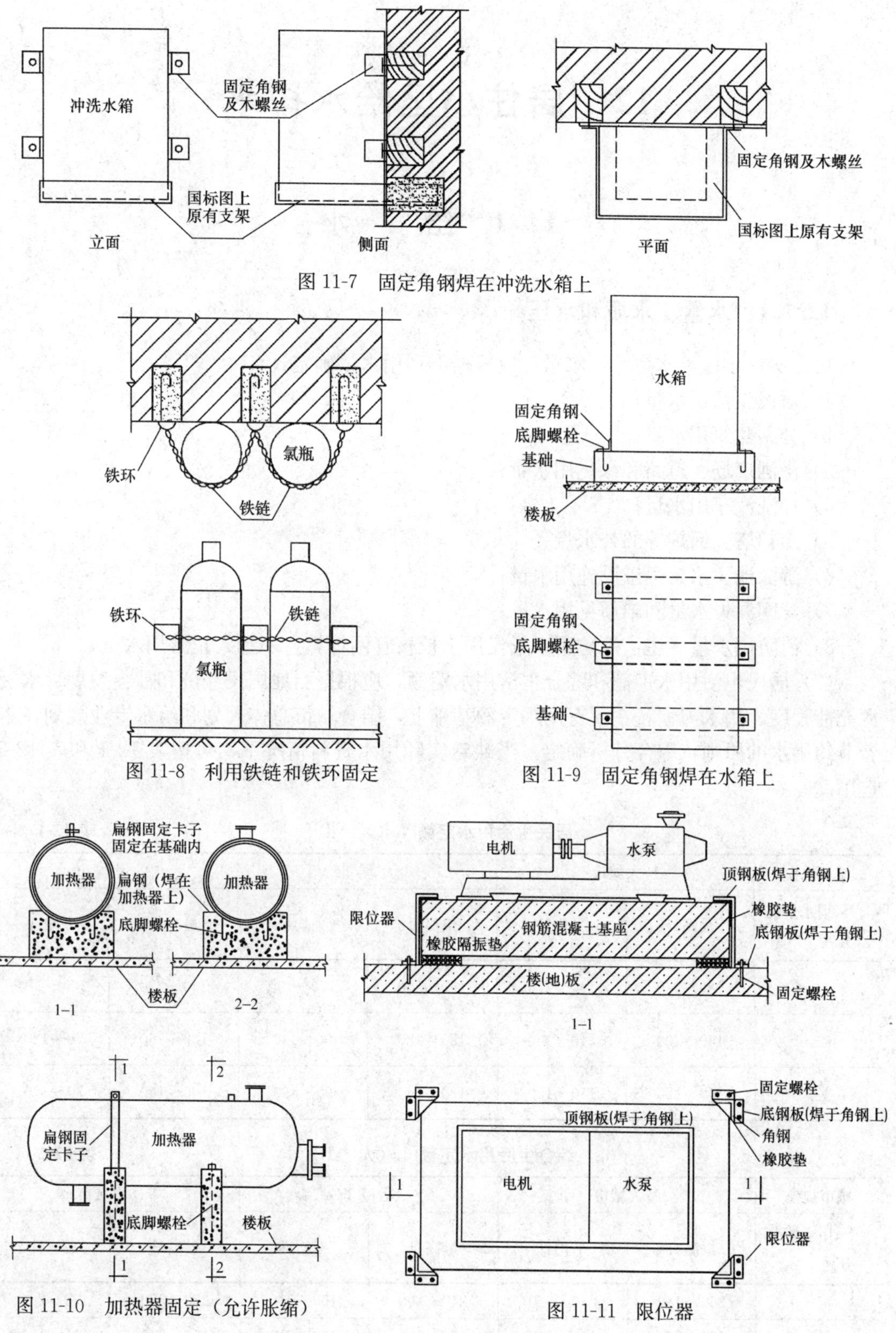

图 11-7　固定角钢焊在冲洗水箱上

图 11-8　利用铁链和铁环固定

图 11-9　固定角钢焊在水箱上

图 11-10　加热器固定（允许胀缩）

图 11-11　限位器

12 居住小区给水排水

12.1 给　　水

12.1.1 水量、水质和水压

（1）居住小区给水设计用水量，应根据下列用水量确定：

1）居民生活用水量；

2）公共建筑用水量；

3）浇洒广场、道路和绿化用水量；

4）冲洗汽车用水量；

5）冷却塔、锅炉等的补水量；

6）游泳池、水景娱乐设施用水量；

7）管网漏失水量和未预见用水量；

8）消防用水量（注：消防用水量仅用于校核管网计算，不计入正常用水量）。

（2）居民生活用水定额和综合生活用水定额，应根据当地国民经济和社会发展、水资源充沛程度、用水习惯，在现有用水定额基础上，结合城市总体规划和给水专业规划，本着节约用水的原则，综合分析确定。当缺乏实际用水资料情况下，可按表12-1和表12-2选用。

居民生活用水定额[L/(人·d)]　　**表12-1**

城市规模	特大城市		大 城 市		中、小城市	
用水情况 / 分区	最高日	平均日	最高日	平均日	最高日	平均日
一	180～270	140～210	160～250	120～190	140～230	100～170
二	140～200	110～160	120～180	90～140	100～160	70～120
三	140～180	110～150	120～160	90～130	100～140	70～110

综合生活用水定额[L/(人·d)]　　**表12-2**

城市规模	特大城市		大 城 市		中、小城市	
用水情况 / 分区	最高日	平均日	最高日	平均日	最高日	平均日
一	260～410	210～340	240～390	190～310	220～370	170～280
二	190～280	150～240	170～260	130～210	150～240	110～180

续表

城市规模 / 用水情况 / 分区	特大城市		大城市		中、小城市	
	最高日	平均日	最高日	平均日	最高日	平均日
三	170～270	140～230	150～250	120～200	130～230	100～170

注：1. 居民生活用水指：城市居民日常生活所需用的水，包括饮用、洗涤、冲厕、洗澡等；
2. 综合生活用水指：城市居民日常生活用水以及公共建筑和设施用水的总称。但不包括浇洒道路、绿地和其他市政用水；
3. 特大城市指市区和近郊区非农业人口100万及以上的城市：
大城市指市区和近郊区非农业人口50万及以上，不满100万的城市，中、小城市指市区和近郊区非农业人口不满50万的城市；
4. 一区包括：湖北、湖南、江西、浙江、福建、广东、广西、海南、上海、江苏、安徽、重庆，二区包括：四川、贵州、云南、黑龙江、吉林、辽宁、北京、天津、河北、山西、河南、山东、宁夏、陕西、内蒙古河套以东和甘肃黄河以东的地区，三区包括：新疆、青海、西藏、内蒙古河套以西和甘肃黄河以西的地区；
5. 经济开发区和特区城市，根据用水实际情况，用水定额可酌情增加；
6. 当采用海水或污水再生水等作为冲厕用水时，用水定额相应减少。

(3) 集体宿舍、旅馆和其他公共建筑的生活用水定额及小时变化系数，根据卫生器具完善程度和区域条件，可按表12-3确定。

宿舍、旅馆和其他公共建筑的生活用水定额及小时变化系数　　表12-3

序号	建筑物名称	单位	最高日生活用水定额(L)	小时变化系数 K_h	使用时间(h)	备注
1	宿舍 Ⅰ类、Ⅱ类 Ⅲ类、Ⅳ类	 每人每日 每人每日	 150～200 100～150	 3.0～2.5 3.5～3.0	 24 24	
2	招待所、培训中心、普通旅馆 设公用盥洗室 设公用盥洗室、淋浴室 设公用盥洗室、淋浴室、洗衣室 设单独卫生间、公用洗衣室	 每人每日 每人每日 每人每日 每人每日	 50～100 80～130 100～150 120～200	3.0～2.5	24	
3	酒店式公寓	每人每日	200～300	2.5～2.0	24	
4	宾馆客房 旅客 员工	 每床位每日 每人每日	 250～400 80～100	2.5～2.0	24	
5	医院住院部 设公用盥洗室 设公用盥洗室、淋浴室 设单独卫生间 医务人员 门诊部、诊疗所 疗养院、休养所住房部	 每床位每日 每床位每日 每床位每日 每人每班 每病人每次 每床位每日	 100～200 150～250 250～400 150～250 10～15 200～300	 2.5～2.0 2.5～2.0 2.5～2.0 2.0～1.5 1.5～1.2 2.0～1.5	 24 24 24 8 8～12 24	

续表

序号	建筑物名称	单位	最高日生活用水定额(L)	小时变化系数 K_h	使用时间(h)	备注
6	养老院托老所					
	全托	每人每日	100～150	2.5～2.0	24	
	日托	每人每日	50～80	2.0	10	
7	幼儿园、托儿所					
	有住宿	每儿童每日	50～100	3.0～2.5	24	
	无住宿	每儿童每日	30～50	2.0	10	
8	教学实验楼					
	中小学校	每学生每日	20～40	1.5～1.2	8～9	
	高等学校	每学生每日	40～50	1.5～1.2	8～9	
9	办公楼	每人每班	30～50	1.5～1.2	8～10	
	公寓式办公楼	每人每天	(300～350)	(2.0)	(10～16)	
10	图书馆	每一阅览者	5～10	1.2～1.5	8～10	
		员工	50	1.2～1.5	8～10	
11	科研楼					
	化学	每一工作人员每班	(460)			
	生物	每一工作人员每班	(310)	1.5～2.0	8	
	物理	每一工作人员每班	(125)			
	药剂调制	每一工作人员每班	(310)			
12	商场 员工及顾客	每 $1m^2$ 营业厅面积每日	5～8	1.5～1.2	12	
13	公共浴室					
	淋浴	每一顾客每次	100	2.0～1.5	12	
	淋浴、浴盆	每一顾客每次	120～150	2.0～1.5	12	
	桑拿浴（淋浴、按摩池）	每一顾客每次	150～200	2.0～1.5	12	
14	理发室、美容院	每一顾客每次	40～100	2.0～1.5	12	
15	洗衣房	每公斤干衣	40～80	1.5～1.2	8	
16	餐饮业					
	中餐酒楼	每一顾客每次	40～60	1.5～1.2	10～12	
	快餐店、职工及学生食堂	每一顾客每次	20～25	1.5～1.2	12～16	
	酒吧、咖啡厅、茶座、卡拉 OK 房	每一顾客每次	5～15	1.5～1.2	8～18	
17	电影院	每一观众每场	3～5	1.5～1.2	3	
18	剧院、俱乐部、礼堂					
	观众	每一观众每场	3～5	1.5～1.2	3	
	演职员	每人每场	(40)	(2.5～2.0)	(4～6)	
19	会议厅	每一座位每次	6～8	1.5～1.2	4	
20	会展中心（博物馆、展览馆）	员工每人每班	30～50	1.5～1.2	8～16	
		每 $1m^2$ 展厅每日	3～6			
21	书店	员工每人每班	30～50	1.5～1.2	8～12	
		每 $1m^2$ 营业厅	3～6	1.5～1.2	8～12	

续表

序号	建筑物名称	单位	最高日生活用水定额（L）	小时变化系数 K_h	使用时间（h）	备注
22	体育场、体育馆 运动员淋浴 观众 工作人员	每人每次 每一观众每场 每人每日	30～40（50） 3（3～5） （100）	3.0～2.0 （2.0） 1.2（2.0） （2.0）	4	2场6～7h 3场9～10h （每日3场）
23	健身中心	每人每次	30～50	1.5～1.2	8～12	
24	停车库地面冲洗用水	每 $1m^2$ 每次	2～3	1.0	6～8	
25	航站楼、客运站旅客、展览中心观众	每人次	3～6	1.5～1.2	8～16	
26	菜市场地面冲洗及保鲜用水	每 $1m^2$ 每日	10～20	2.5～2.0	8～10	

注：1. 宿舍分类：按现行的《宿舍建筑设计规范》JGJ 36—2005 进行分类：

Ⅰ类—博士研究生、教师和企业科技人员，每居室1人，有单独卫生间；

Ⅱ类—高等院校的硕士研究生，每居室2人，有单独卫生间；

Ⅲ类—高等院校的本、专科学生，每居室3～4人，有相对集中卫生间；

Ⅳ类—中等院校的学生和工厂企业的职工，每居室6～8人，集中盥洗卫生间；

2. “（）”内数字为参考数；

3. 宾馆综合用水定额可取800～1000L/(床位·d)；

4. 除养老院、托儿所、幼儿园的用水定额中含食堂用水，其他均不含食堂用水；

5. 除注明外，均不含员工生活用水，员工用水定额为每人每班40～60L；

6. 医疗建筑用水中已含医疗用水，但不含医生、护士的生活用水；

7. 表中用水量包括热水用量在内，空调用水应另计；

8. 办公室的人数一般应由甲方或建筑专业提供，当无法获得确切人数时可按5～$7m^2$（有效面积）/人计算（有效面积可按图纸算得，若资料不全，可按60%的建筑面积估算）；

9. 餐饮业的顾客人数，一般应由甲方或建筑专业提供，当无法获得确切人数时，中餐酒楼可按0.85～$1.3m^2$（餐厅有效面积）/位计算（餐厅有效面积可按图纸算得，若资料不全，可按80%的餐厅建筑面积估算）。用餐次数可按2.5～4.0次计。餐饮业服务人员按20%席位数计（其用水量应另计）。海鲜酒楼还应另加海鲜养殖水量。

（4）居住小区消防用水量、水压及延续时间，应按国家现行的《建筑设计防火规范》GB 50016、《高层民用建筑设计防火规范》GB 50045、《汽车库、修车库、停车场设计防火规范》GB 50067 执行。

（5）居住小区浇洒道路和绿地用水量应根据路面种类、气候条件、绿化情况、土壤理化性状、浇灌方式和制度等因素综合确定。小区绿化浇灌用水定额可按浇灌面积1.0～3.0L/(m^2·d)计；干旱地区可酌情增加。道路广场浇洒：2.0～3.0L/(m^2·d)，也可参照表12-4。

浇洒道路和绿化用水量表　**表 12-4**

路面性质	用水量标准[L/(m²·次)]
碎石路面	0.40～0.70
土路面	1.00～1.50
水泥或沥青路面	0.20～0.50
绿化及草地	1.50～2.00

注：1. 浇洒次数一般按每日上午、下午各一次计算；
2. 除特殊情况外，浇洒用水量不宜超过总水量的 5%；
3. 浇洒用水与消防用水及冬期采暖补充水不应同时计算。

(6) 汽车冲洗用水定额：

汽车冲洗用水定额，根据车辆用途、道路路面等级和污染程度以及采用的冲洗方式等因素确定；表 12-5 供洗车场设计选用。附设在民用建筑中停车库可按 10%～15%轿车车位计抹车用水。

汽车冲洗用水量定额[L/(辆·次)]　**表 12-5**

冲洗方式	高压水枪冲洗	循环用水冲洗	抹车、微水冲洗	蒸汽冲洗
轿　车	40～60	20～30	10～15	3～5
公共汽车 载重汽车	80～120	40～60	15～30	—

注：1. 同时冲洗汽车数量按洗车台数量确定；
2. 在水泥和沥青路面行驶的汽车，宜选用下限值；路面等级较低时，宜选用上限；
3. 冲洗一辆车时间可按 10min 考虑；
4. 汽车冲洗设备用水定额有特殊要求时，其值应按产品要求确定。

(7) 空调冷冻设备循环冷却水系统的补充水量，应根据气象条件、冷却塔形式确定。一般可按循环水量的 1.0%～2.0%计算。

(8) 锅炉房、热力站的补充水量应由相关专业提供。

(9) 公共游泳池、水上游乐池和水景用水量应根据水景、游泳池设计形式、规模及服务对象等实际情况确定。可参照水景和游泳池章节要求确定。

(10) 居住小区内的公用设施用水量，应由该设施的管理部门提供用水量计算参数；当无重大公用设施时，不另计用水量。

(11) 居住小区管网漏失水量和未预见水量之和，可按最高日用水量的 10%～15%计算。

(12) 水质标准

1) 生活给水系统的水质，应符合现行的国家标准《生活饮用水卫生标准》GB 5749 的要求。

2) 采用中水为生活杂用水时，生活杂用水系统的水质应符合现行国家标准《城市污水再生利用　城市杂用水水质》GB/T 18920 的要求。

3) 管道直饮水系统的水质标准应符合《饮用净水水质标准》CJ 94 的要求。

4) 游泳池的水质标准应符合《游泳池水质标准》CJ 244 的要求。

(13) 水压

1) 生活饮用水给水管网的供水压力，应根据建筑物层数和管网阻力损失计算确定。

居住小区生活饮用水给水管网从地面算起的最小服务水压（除卫生器具所需流出水压大于0.3MPa时，最小服务水压应按实际要求计算外），可按住宅建筑层数确定；一层为0.1MPa，二层为0.12MPa，二层以上每增高一层增加0.04MPa。

最小服务水压是指建筑物给水引入管和小区接户管连接处地面以上的供水水压。

2) 消防用水压力

居住小区室外通常采用生活—消防统一给水系统，消防给水一般采用低压消防给水系统，小区内消防用水水压可以按最不利点消火栓的水压，在生活、消防用水量达到最大时应不小于0.1MPa来设计。

如果小区内设有高压或临时高压的消防给水系统，此时，专用消防给水系统的水压应按消防最不利点建筑的消防要求经计算确定。

12.1.2 水源

(1) 居住小区给水水源应取自城镇或厂矿的生活给水管网，远离城镇的居住小区经技术经济比较合理时可自设水源。

(2) 水源选择必须考虑如下因素：

1) 生活饮用水的水质要求。

2) 水源充足。

3) 维护、管理及施工方便。

4) 水源的设计应按《室外给水设计规范》GB 50013的规定执行。

(3) 居住小区自设水源的给水管网，不得与城镇给水管网直接连接。如需要连接时，应征得当地供水部门同意。

(4) 在严重缺水地区，可采用中水作为便器的冲洗用水、浇洒道路和绿化用水、洗车用水和空调冷却补水等用水，设计中水工程时，应符合现行的《建筑中水设计规范》GB 50336的规定。

12.1.3 给水系统

12.1.3.1 给水系统确定的原则

(1) 应充分利用城镇给水管网的水压直接供水。当城镇给水管网的水量、水压不足，不能满足整个建筑或建筑小区用水要求时，则建筑物的下层或地势较低的建筑，应充分利用外部市政给水管网水压直接供水，上层或地势较高的建筑，应集中设置贮水调节设施和加压装置供水。

(2) 居住小区的室外给水系统宜为生活用水和消防用水合用系统—即生活、消防给水系统，当可利用其他水资源作为消防水源时，应分设给水系统。

(3) 居住小区的加压给水系统，应根据小区的规模、建筑物的高度和分布等因素确定加压站的数量、规模和水压。

(4) 小区内的给水系统应综合利用各种水资源，宜采用分质供水，充分利用再生水、雨水等非传统水源，优先采用循环和重复利用给水系统。分质供水可根据技术经济条件组成不同的给水系统，如生活给水系统、直饮水系统、中水系统、软化水系统等。

12.1.3.2　居住小区给水系统类型

（1）城镇给水管网的水压、水量能满足要求时，采用直接供水。

（2）设高位水箱或水塔，加压调蓄供水。

（3）水泵直接从管网吸水的叠压供水（该供水方式只有管道中流量充足，并经当地供水部门批准认可方能采用）。

（4）采用水池、水泵增压供水，该供水方式有：

1）水池→水泵→水塔（水箱）→用户。

2）水池→水泵→气压水罐→用户。

3）水池→变频调速水泵→用户。

4）水池→变频调速水泵和气压水罐组合→用户。

5）市政供水管→管网叠压（无负压）供水设备→用户。

12.1.4　给水管道布置与敷设

（1）居住小区供水管网应布置成环状或与城镇给水管道连成环状管网，只有小区规模小（属于居住组团）经有关部门批准方可采用枝状供水方案；小区支管和接户管可布置成枝状。环状给水管网与城镇给水管的连接管不宜少于两条。

（2）小区干管宜沿用水量较大的地段布置，以最短距离向大用水户供水。

（3）小区给水管道宜与道路中心线或主要建筑物平行敷设，并尽量减少与其他管道的交叉。宜尽量敷设在人行道下、慢车道或草地下，但不宜布置在底层住户的庭院内。便于检修和减少对道路交通的影响。架空管道不得影响运输、人行交通及建筑物的自然采光。

（4）给水管道与建（构）筑物、铁路以及和其他工程管道的最小水平净距，应根据建（构）筑物基础、路面种类、卫生安全、管道埋深、管径、管材、施工方法、管道设计压力、管道附属构筑物的大小等按表12-6的规定确定。

给水管与其他管线及建（构）筑物之间的最小水平净距　　表12-6

<table>
<tr><th rowspan="2">序号</th><th rowspan="2" colspan="3">建（构）筑物或管线名称</th><th colspan="2">与给水管线的最小水平净距（m）</th></tr>
<tr><th>$D\leqslant200$mm</th><th>$D>200$mm</th></tr>
<tr><td>1</td><td colspan="3">建筑物</td><td>1.0</td><td>3.0</td></tr>
<tr><td>2</td><td colspan="3">污水、雨水排水管</td><td>1.0</td><td>1.5</td></tr>
<tr><td rowspan="3">3</td><td rowspan="3">燃气管</td><td>中低压</td><td>$P\leqslant0.4$MPa</td><td colspan="2">0.5</td></tr>
<tr><td rowspan="2">高压</td><td>$0.4\text{MPa}<P\leqslant0.8$MPa</td><td colspan="2">1.0</td></tr>
<tr><td>$0.8\text{MPa}<P\leqslant1.6$MPa</td><td colspan="2">1.5</td></tr>
<tr><td>4</td><td colspan="3">热力管</td><td colspan="2">1.0</td></tr>
<tr><td>5</td><td colspan="3">电力电缆</td><td colspan="2">1.0</td></tr>
<tr><td>6</td><td colspan="3">电信电缆</td><td colspan="2">1.0</td></tr>
<tr><td>7</td><td colspan="3">乔木（中心）</td><td rowspan="2" colspan="2">1.0</td></tr>
<tr><td>8</td><td colspan="3">灌木</td></tr>
<tr><td rowspan="2">9</td><td rowspan="2" colspan="2">地上杆柱</td><td>通信照明及<10kV</td><td colspan="2">0.5</td></tr>
<tr><td>高压铁塔基础边</td><td colspan="2">3.0</td></tr>
<tr><td>10</td><td colspan="3">道路侧石边缘</td><td colspan="2">1.5</td></tr>
<tr><td>11</td><td colspan="3">铁路钢轨（或坡脚）</td><td colspan="2">5.0</td></tr>
</table>

（5）给水管与其他管线最小垂直净距，可见表12-7。

给水管与其他管线最小垂直净距　　表12-7

序号	管线名称		与给水管线的最小垂直净距（m）
1	给水管线		0.15
2	污、雨水排水管线		0.40
3	热力管线		0.15
4	燃气管线		0.15
5	电信管线	直埋	0.50
		管块	0.15
6	电力管线	直埋	0.50
		管块	0.25
7	沟渠（基础底）		0.50
8	涵洞（基础底）		0.15
9	电车（轨底）		1.00
10	铁路（轨底）		1.00

（6）室外给水管道与污水管道平行或交叉敷设时，一般可按下列规定设计。

1）平行敷设

①给水管在污水管的侧上面0.5m以内，当给水管管径≤200mm时，管外壁的水平净距不得小于1.0m；＞200mm时，管外壁的水平净距不宜小于1.5m。

②给水管在污水管的侧下面0.5m以内时，管外壁的水平净距应根据土壤的渗水性确定，一般不宜小于3.0m，在狭窄地方可减少至1.5m。

2）交叉敷设

①给水管道应敷设在上面，且不应有接口重叠。

②当给水管道敷设在下面时，应采用钢管或钢套管，钢套管伸出交叉管的长度，每端不得小于3m，钢套管的两端应采用防水材料封闭。

注：当采用硬聚氯乙烯给水管（PVC－U）输送生活饮用水时，不得敷设在排、污水管道下面。

（7）给水管道的埋设深度，应根据土壤的冰冻情况、外部荷载、管材性能、抗浮要求及与其他管道交叉等因素确定。管顶最小覆土深度不得小于土壤冰冻线以下0.15m，行车道下的管线覆土深度不宜小于0.70m。

（8）小区给水管道一般宜直接敷设在未经扰动的原状土层上。若小区地基土质较差或地基为岩石地区，管道可采用砂垫层，金属管道厚度不小于100mm，塑料管不小于150mm，并应铺平、夯实；若小区的地基土质松软，应做混凝土基础，如果有流砂或淤泥地区，则应采取相应的施工措施和基础土壤的加固措施后再做混凝土基础。

（9）居住区管道平面排列时，应按从建筑物向道路和由浅至深的顺序安排，一般常用的管道顺序如下：

1）通信电缆或电力电缆；2）煤气、天然气管道；3）污水管道；4）给水管道；5）热力管沟；6）雨水管道。

12.1.5　设计流量和管道水力计算

(1) 居住小区生活给水的最大小时流量，应按第1.5.1节和第12.1.1节确定。

(2) 居住小区的室外给水管道的设计流量根据管段服务人数、用水量定额及卫生器具设置标准等因素确定，应符合下列规定：

1) 服务人数小于等于表12-8中数值的室外给水管段，其住宅应按《建筑给水排水设计规范》GB 50015—2003（2009年版）的3.6.3条、3.6.4条计算管段流量，区内配套的文体、餐饮娱乐、商铺及市场等设施的生活用水设计流量应按《建筑给水排水设计规范》GB 50015—2003（2009年版）的3.6.5条和3.6.6条的规定计算节点流量和管段流量。

居住小区室外给水管道设计流量计算人数（人）　　表12-8

q_0k_h ＼ 每户 N_g	3	4	5	6	7	8	9	10
350	10200	9600	8900	8200	7600			
400	9100	8700	8100	7600	7100	6650		
450	8200	7900	7500	7100	6650	6250	5900	
500	7400	7200	6900	6600	6250	5900	5600	5350
550	6700	6700	6400	6200	5900	5600	5350	5100
600	6100	6100	6000	5800	5550	5300	5050	4850
650	5600	5700	5600	5400	5250	5000	4800	4650
700	5200	5300	5200	5100	4950	4800	4600	4450

注：1. q_0—住宅的最高日用水定额［L/(人·d)］，可查表确定；
2. k_h—小时变化系数；
3. N_g—每户的卫生器具给水当量数；
4. 当小区内含多种住宅类别及户内 N_g 不同时，可采用加权平均法计算；
5. 表内数据可用内插法。

2) 服务人数规模大于表12-8中数值的给水干管，住宅应按《建筑给水排水设计规范》GB 50015的规定计算最大时用水量为管段流量。小区内配套的文体、餐饮娱乐、商铺及市场等设施的生活用水设计量，应按表12-3计算最大时用水量为节点流量。

3) 小区内配套的文教、医疗保健、社区管理等设施，以及绿化和景观用水、道路及广场洒水、公共设施用水等，均以平均时用水量计算节点流量。

(3) 小区的给水引入管的设计流量，应符合下列要求：

1) 小区给水引入管的设计流量应根据本节第2条的规定计算，并应考虑未预计水量和管网漏失量。

2) 不少于两条引入管的环状布置小区室外给水管道，当其中一条发生故障时，其余的引入管应能通过不小于70%的流量。

3) 小区室外给水管网为支状布置时，小区引入管的管径不应小于室外给水干管的管径。

4) 小区环状管道宜管径相同。

(4) 居住小区的室外生活、消防合用给水管道，应按规定计算设计流量（淋浴用水量可按15%计算，绿化、道路及广场浇洒用水可不计算在内），再叠加区内一次火灾的最大消防流量（有消防贮水和专用消防管道供水的部分应扣除），对管道进行水力计算校核，管道末梢的室外消火栓从地面算起的水压，不得低于0.1MPa。

设有室外消火栓的室外给水管道，管径不得小于100mm。

(5) 采用管网叠压供水方式，叠压供水设备出水量应能满足用户用水要求。当生活、消防共用供水管网应满足最大小时生活用水量及消防用水总量。

(6) 给水管网的水头损失计算，应遵守下列规定：

1) 小区给水管网中管段的沿程水头损失应按式（12-1）计算：

$$h_i = iL \tag{12-1}$$

式中　h_i——管段的沿程水头损失（kPa）；

L——管段计算长度（m）；

i——单位长度管段的水头损失（kPa/m），按式（12-2）计算；

$$i = 105 c_h^{-1.85} d_j^{-4.87} q_g^{1.85} \tag{12-2}$$

式中　d_j——管道计算内径（m）；

q_g——给水设计流量（m^3/s）；

c_h——海澄—威廉系数。

各种塑料管、内衬（涂）塑管 c_h=140；铜管、不锈钢管 c_h=130；衬水泥、树脂的铸铁管 c_h=130；普通钢管、铸铁管 c_h=100。

2) 小区给水管网的局部水头损失，除水表、止回阀、倒流防止器等阻力较大的附件需单独计算外，可按管网沿程水头损失的15%～30%计算。

(7) 给水管道内的水流速度，一般可取1.0～1.5m/s，消防时的流速，可取1.5～2.0m/s，但最大不得超过3m/s。

(8) 居住小区从城镇给水管网直接供水的给水管道的管径，应根据管道的设计流量、城镇给水管网能保证的最低水压和最不利配水点所需水压计算确定。

12.1.6　给水管道材料及附件

(1) 给水管道材料的选择，应根据管内水质、供水水压、外部荷载、土壤性质、施工维护和材料供应等条件确定。可采用塑料给水管、有衬里的铸铁给水管、经可靠防腐处理的钢管等。管内壁的防腐材料，应符合现行的国家卫生标准的要求。

(2) 埋地金属管应根据选用管道材料、土壤性质、输送水的特性，采用相应的内外防腐措施。

(3) 居住小区给水管道在下列部位应设置阀门：

1) 居住小区给水管道从市政给水管道的引入管道上。

2) 居住小区室外环状管网的节点处，应按分隔要求设置。环状管段过长时，宜设置分段阀门。

3) 从居住小区给水干管上接出的支管起端或接户管起端。

4) 环状管网的分干管、贯通枝状管网的连接管。

(4) 阀门应设在阀门井内，在寒冷地区的阀门井应采取保温防冻措施。在人行道绿化地下，直径小于等于 300mm 的阀门可采用阀门套筒。

(5) 在城镇消火栓保护不到的建筑区域，应设室外消火栓。设置要求应符合现行的《建筑设计防火规范》GB 50016 的规定。

(6) 居住小区公共绿地和道路需要洒水时，可设洒水栓。洒水栓的间距不宜大于 80m。采用喷灌喷头，应按产品要求确定。

12.1.7 水泵房、水池和高位水箱（水塔）

(1) 泵房应根据规模、服务范围、使用要求、现场环境等确定单独设置还是与动力站等设备用房合建。是建地上式还是地下式、半地下式；独立设置的水泵房应将泵室、配电间和辅助用房（如检修间、值班室、卫生间等）建在一栋建筑内；当和水加热间、冷冻机房等设备用房合建时，辅助用房可共用。

(2) 居住小区独立设置的水泵房宜靠近用水大户：附建在建筑物内的水泵房，宜设在贮水池的侧面或下方，不得毗邻需要安静的房间（如播音室、精密仪器间、科研室、办公室、教室、病房、卧室等）。一般宜设在地面层，若设在地下层时，应有通往室外的安全通道，并有可靠的消声降噪措施。

(3) 泵房的供水流量应满足下列要求：

1) 有水塔或高位水箱（池）时，应满足给水系统的最大小时流量要求。

2) 无水塔或高位水箱（池）时，应满足给水系统管道的设计流量要求。

3) 泵房负有消防给水任务时，同时应满足生活给水流量和消防给水流量要求。

4) 气压给水系统的设计流量，按最大小时流量的 1.2 倍确定。

5) 生活、生产给水调速水泵的出水量，应按设计秒流量确定。

6) 管网叠压供水系统供水时，应保证居住小区给水设计流量要求。

(4) 水泵的杨程应满足最不利配水点所需水压。

(5) 水泵的选择、水泵机组的布置、水泵吸水管和出水管以及水泵房的设计要求，应按现行的《室外给水设计规范》GB 50013 有关规定执行。负有消防给水任务时，还应符合有关消防规范的规定。

(6) 小区生活用贮水池的有效容积，应根据生活用水量调节量和安全贮水量确定：

1) 生活用水调节量应按流入量和供出量的变化曲线经计算确定，资料不足时可按小区最高日用水量的 15%～20%确定；

2) 安全贮水量应根据城镇供水制度、供水可靠程度及小区对供水的保证要求确定；

3) 如生活贮水池贮存消防用水时，消防贮水量应按现行的国家消防规范执行。

(7) 消防水池与生产、生活贮水池，一般应分开设置。当经有关部门批准合建时，应有确保消防用水不作他用的技术措施，并应采取防止水质变坏的措施。

(8) 不允许间断供水的生活水池或有效容积超过 1000m^3 的水池，应分设两个或两格。两池（格）之间应设连通管，并按每个水池（格）单独工作要求，配置管道和阀门。消防水池有效容积超过 500m^3 时，应分设成两个能独立使用的水池。

(9) 水池的溢流管不得直接与排水道相通，应有空气隔断和防止污水倒流入池措施。

(10) 水塔和高位水箱（池）的有效容积，应根据居住小区生活用水的调蓄贮水量、安全贮水量和消防贮水量确定。其中生活用水调蓄贮水量无资料时可按表 12-9 确定。

水塔和高位水箱（池）生活用水的调蓄贮水量 表 12-9

居住小区最高日用水量（m^3）	<100	101～300	301～500	501～1000	1001～2000	2001～4000
调蓄贮水量占最高日用水量的百分数	30%～20%	20%～15%	15%～12%	12%～8%	8%～6%	6%～4%

（11）水塔和高位水箱（池）最低水位的高程，应满足最不利配水点所需水压。

（12）水塔和高位水箱（池）宜设水位控制装置，并与运行泵连锁。

12.2 排 水

12.2.1 体制

（1）居住小区排水体制（分流制或合流制）的选择，应根据城镇排水体制、环境保护要求等因素综合比较确定。

（2）新建居住小区下列情况，宜采用分流制排水系统：

1）城镇排水系统为分流制（包括远期规划改造为分流制）。

2）居住小区或小区附近有合适的雨水排放受纳水体。

3）居住小区远离城镇时，排水系统应为独立的排水体系。

（3）居住小区内的排水需进行中水回用、雨水利用时，应设分质、分流排水系统。

12.2.2 排水量

（1）居住小区生活排水系统的排水定额是其相应的生活给水系统的用水定额的 85%～95%，居住小区生活排水系统的小时变化系数与其相应的生活给水系统的小时变化系数相同。应按第 12.1.1 节确定。

（2）居住小区内的公共建筑的生活排水定额和小时变化系数与生活用水定额和小时变化系数相同，应按第 12.1.1 节确定。

（3）居住小区内生活排水的设计流量应按住宅生活排水量最大小时流量和公共建筑生活排水量最大小时流量之和确定。

（4）居住小区内的雨水设计流量，按式（12-3）计算：

$$Q = k_j \Psi q F \ (\mathrm{L/s}) \tag{12-3}$$

式中 Q——雨水设计流量（L/s）；

k_j——流量校正系数，对于坡度大于 2.5%的屋面，取 1.2～1.5，其余屋面，取 1；

q——当地的设计暴雨强度［L/(s·100m^2)］；

F——汇水面积（100m^2）；为小区内的所有硬化面面积，包括屋面、路面、广场、停车场等，景观水体面也包括在内；

Ψ——径流系数，居住小区内各种地面径流系数，可按表 12-10 采用。

室外汇水面平均径流系数应按地面的种类加权平均计算确定。如资料不足，小区综合径流系数根据建筑稠密程度在 0.5～0.8 内选用。北方干旱地区的小区径流系数一般可取

0.3～0.6。建筑密度大取高值，密度小取低值。

径　流　系　数　　表 12-10

地面种类	径流系数	地面种类	径流系数
屋面	0.9～1	级配碎石路面	0.45
绿化屋面（重现期不超过 5a）	0.5	干砌砖、石及碎石路面	0.4
混凝土和沥青路面	0.9	非铺砌的土路面	0.3
块石等铺砌路面	0.6	绿地	0.15～0.25

（5）雨水设计的暴雨强度，应按当地暴雨强度公式进行计算。如当地无暴雨强度公式，可参照附件类似情况或附近地域的城镇暴雨强度公式进行计算，详见第 5 章。

（6）雨水管渠的设计重现期，应根据地形条件和气象特点因素确定。居住小区宜选用 1～3 年。

（7）雨水管渠设计降雨历时，应按式（12-4）计算：

$$t = t_1 + mt_2 (\text{min}) \tag{12-4}$$

式中　t——设计降雨历时（min）；

t_1——地面集水时间（min），视距离长短、地形坡度和地面铺盖情况而定，一般可选用 5～10min；

m——折减系数，小区支管和接户管：取 $m=1$；小区干管：暗管取 $m=2$，明渠取 $m=1.2$；

t_2——管内雨水流行时间（min）。

（8）小区中合流制管道的设计流量为生活排水量和雨水量之和。生活排水量可取平均日排水量（L/s）；雨水量计算时设计重现期宜高于同一情况下室外的雨水管道设计重现期。

12.2.3　管道布置与敷设

（1）排水管道的布置，应根据小区总体规划、道路和建筑物的布置、地形标高、污雨水去向等因素，按管线最短、埋深最小、尽量自流排出的原则确定。当排水管道不能以重力自流排入市政排水管道时，应设置排水泵房；在特殊情况下经技术经济比较合理时，可采用真空排水系统。

（2）排水管道布置应符合下列要求：

1）排水管道宜沿道路和建筑物的周边呈平行敷设，并尽量减少相互间以及与其他管线间的交叉。污水管道与生活给水管道相交时，应敷设在给水管道下面。

2）管道与铁路、道路交叉时，应尽量垂直于路的中心线；

3）干管应靠近主要排水建筑物，并布置在连接支管较多的一侧；

4）管道应尽量布置在道路外侧的人行道或草地的下面，不允许平行布置在铁路的下面和乔木的下面；

5）应尽量远离生活饮用水给水管道；

6）排水管道敷设时，相互间以及与其他管线间的水平和垂直净距，应根据两种管道的类型、埋深、施工检修的相互影响、管道上附属构筑物的大小和当地有关规定等因素确定。一般可按表12-6、表12-7采用。

(3) 排水管道与建筑物基础的水平净距，当管道埋深浅于基础时，不宜小于2.5m；当管道埋深深于基础时，按计算确定，但不应小于3.0m。

(4) 各种不同直径的排水管道连接时，应设置检查井。除有水流跌落差外，管道在检查井内接口，宜采用管顶平接法或水面平接法。井内进水管不得大于出水管（倒虹吸井除外）。

(5) 排水管道转弯和交接处，水流转角应不小于90°。当管径小于等于300mm、且跌水水头大于0.3m时，可不受此限制。

(6) 排水管道的管顶最小覆土厚度，应根据道路行车等级、管材受压强度、地基承载力、土壤冰冻因素和建筑物排出管标高，结合当地埋管经验综合考虑确定。

1) 管道在车行道下管顶覆土不宜小于0.7m。如小于0.7m时，应采取保护管道防止受压破损的技术措施（如加设防护钢套管）。

2) 生活排水管道埋设深度不得高于土壤冰冻线以上0.15m，且覆土深度不宜小于0.3m。当采用埋地塑料管时，排出管道埋设深度可不高于土壤冰冻线以上0.5m。

3) 室外埋地排水塑料管的最大允许埋设深度应根据管道材料性质确定，有关数据可向产品生产厂家索取。

(7) 排水管道的接口，应根据管道材料、连接形式、排水性质、地下水位和地质条件等确定。见第12.2.5节第1条。

(8) 排水管道的基础，应根据地质条件、布置位置、施工条件和地下水位等因素确定。一般可按下列规定选择：

1) 干燥密实的土层、管道不在车行道下、地下水位低于管底标高且非几种管道合槽施工时，可采用素土（或灰土）基础；但接口处必须做混凝土枕基。

2) 岩石和多石地层采用砂垫层基础。砂垫层厚度不宜小于200mm，接口处应做混凝土枕基。

3) 松软土壤、各种潮湿土壤、回填土层以及在车行道下面敷设的管道，应根据具体情况采用90°～180°混凝土带状基础。

4) 如果施工超挖，地基松软或不均匀沉降地段，管道基础和地基应采取加固措施。

5) 流动土壤及沼泽土壤中敷设的管道，应根据现场情况进行特殊处理。

6) 塑料排水管基础，宜采用砂垫层，并根据土质和道路状况，在塑料管两侧设90°～120°砂层护旁。

12.2.4 管道水力计算

(1) 排水管道的水力计算，见式(12-5)、式(12-6)：

1) 流量公式按式(12-5)计算：

$$Q = A \cdot v \quad (\mathrm{m^3/s}) \tag{12-5}$$

式中 Q——流量（$\mathrm{m^3/s}$）；

A——过水断面面积（$\mathrm{m^2}$）；

v——流速（m/s）。

2) 流速公式按式(12-6)计算：

$$v = \frac{1}{n} R^{\frac{2}{3}} I^{\frac{1}{2}} \quad (m/s) \tag{12-6}$$

式中　R——水力半径（m）；

I——水力坡度，采用管道坡度；

n——粗糙系数，见表 12-11。

排水管渠粗糙系数　　**表 12-11**

管渠类别	粗糙系数 n	管渠类别	粗糙系数 n
PVC-U 管、PE 管、玻璃钢管	0.009～0.011	浆砌砖渠道	0.015
石棉水泥管、钢管	0.012	浆砌块石渠道	0.017
陶土管、铸铁管	0.013	干砌块石渠道	0.020～0.025
混凝土管、钢筋混凝土管、水泥砂浆抹面渠道	0.013～0.014	土明渠（包括带草皮）	0.025～0.030

（2）污水管道的设计流量，应按最大小时污水量进行计算。小区内居民生活污水最大小时流量和小区内公共建筑生活污水最大小时流量，应按第 12.2.2 节中 1～3 条计算确定，并按集中流量计入。

（3）雨水管道和合流管道的设计流量，应分别按第 12.2.2 节计算确定。

（4）雨水管道和合流管道，应按满流计算；污水管道应按非满流计算，最大设计充满度见表 12-12。

污水管道最大设计充满度　　**表 12-12**

管径或管渠（mm）	最大设计充满度（h/D）	管径或管渠（mm）	最大设计充满度（h/D）
200～300	0.55	500～900	0.70
350～450	0.65	≥1000	0.75

注：在计算污水管道充满度时，不包括短时突然增加的污水量，但当管径小于或等于 300mm 时，应按满流复核。

（5）排水管道（渠）的最大设计流速：

1）管道

① 金属管不得超过 10m/s。

② 非金属管不得超过 5m/s。

2）明渠

① 水流深度 h 为 0.4～1.0m 时，宜按表 12-13 选用。

明渠最大设计流速　　**表 12-13**

明渠类别	最大设计流速（m/s）	明渠类别	最大设计流速（m/s）
粗砂或低塑性粉质黏土	0.8	干砌块石	2.0
粉质黏土	1.0	浆砌块石或浆砌砖	3.0
黏土	1.2	石灰岩和中砂岩	4.0
草皮护面	1.6	混凝土	4.0

② 水流深度 h 为 0.4～1.0m 范围以外时，按表 12-12 所列流速应乘以下列系数：

a. h<0.4m 时，乘以 0.85。

b. 2.0m>h>1.0m 时，乘以 1.25。

c. h≥2.0m 时，乘以 1.40。

(6) 排水管道的最小设计流速：雨水管和合流管道在满流时为 0.75m/s；污水管道在设计充满度下为 0.60m/s；明渠为 0.4m/s。

(7) 排水管道的管径，经水力计算小于表 12-14 最小管径时，应选用最小管径。居住小区内排水管道的最小管径和最小设计坡度，宜按表 12-14 采用。

小区室外生活排水管道最小管径和最小设计坡度表　　12-14

排水管道类别		位置	管材	最小管径(mm)	最小设计坡度
污水管	接户管	建筑物周围	埋地塑料管	160	0.005
	支管	组团内道路下	埋地塑料管	160	0.005
	干管	小区道路、市政道路下	埋地塑料管	200	0.004
合流管	接户管	建筑物周围	埋地塑料管	200	0.004
	支管	组团内道路下		300	0.003
	干管	小区道路、市政道路下		300	0.003

注：1. 任何直径的排水管道，其坡度不应大于 0.15；

2. 管径超过 900mm 时，最小设计坡度不得小于 0.001；

3. 居住小区排水管道接户管最小管径 150mm，服务人口不宜超过 250 人（70 户），超过 250 人（70 户）的最小管径宜用 200mm；

4. 进化粪池前污水管最小设计坡度：管径 150mm 时，采用 0.010～0.012；管径 200mm 时，采用 0.010。

(8) 排水接户管管径不应小于建筑物的排出管管径。排水管道下游管段管径不宜小于上游管段管径。

12.2.5 管材、检查井、跌水井和雨水口

12.2.5.1 管材及接口

(1) 排水管道的管材，应根据排水性质、成分、温度、地下水侵蚀性、外部荷载、土壤情况和施工条件等因素，因地制宜就地取材，条件许可的情况下应优先采用埋地塑料排水管，并应按下列规定选用：

1) 重力流排水宜选用埋地塑料管、>500mm 的可选用混凝土管或钢筋混凝土管。

2) 排至小区污水处理装置的排水管宜采用塑料排水管。

3) 穿越管沟、河道等特殊地段或承压的管管段可采用钢管或铸铁管，若采用塑料管应外加金属套管（套管直径较塑料管外径大 200mm）。

4) 当排水温度大于 40℃时应采用金属排水管。

5) 输送腐蚀性污水的管道可采用塑料管。

6) 位于道路及车行道下塑料排水管的环向弯曲刚度不宜小于 8kN/m^2，位于小区非车行道及其他地段下塑料排水管的环向弯曲刚度不宜小于 4kN/m^2。

(2) 排水管道接口应根据管道材料、连接型式、排水性质、地下水位和地质条件等确定。一般应符合下列规定：

1) 混凝土管或钢筋混凝土管承插管的沥青油膏接口或胶圈接口为柔性接口，一般用

于污水及合流排水管道。

2）混凝土管或钢筋混凝土管承插管的水泥砂浆接口为刚性接口，一般用于雨水管道。

3）混凝土管或钢筋混凝土管的套环橡胶圈柔性接口或沥青砂浆和石棉水泥接口，一般用于地下水位以下的各类污水、雨水管道。

4）混凝土管或钢筋混凝土管的钢丝网水泥砂浆抹带接口，一般用于污水管道。

5）混凝土管或钢筋混凝土管的水泥砂浆接口或胶圈接口，一般用于雨水管道。

6）铸铁管可采用橡胶柔性接口或石棉水泥接口。

7）钢管采用焊接接口。

8）室外排水管（除出户与检查井之间管段外）应采用弹性橡胶圈密封柔性接口。

9）当管道穿过粉砂、细砂层并在最高地下水位以下，或在地震设防烈度为8度设防区时，应采用柔性接口。

(3) 金属管材均应在管道的内外壁面上涂刷防腐层。做法详见《给水排水管道工程施工及验收规范》GB 50268。

12.2.5.2 检查井、跌水井、雨水口

(1) 排水管道与室外排出管连接处、管道交汇、转弯、跌水、管径或坡度改变处以及直线管段上每隔一定距离处应设检查井。

(2) 居住小区内的直线管段上检查井的最大间距，见表12-15。

检查井的最大间距 **表12-15**

管径（mm）	最大间距（m）	
	污水管道	雨水管和合流管道
150	30	30
200～400	40	50
500～700	60	70
800～1000	80	90

(3) 塑料检查井的设置要求：

1）塑料检查井适用于埋地塑料排水管道管径不大于800mm、埋设深度不大于6m、不下井操作的情况。

2）井座规格应根据所连接排水管道的数量、管径、管底标高及在检查井交汇角度等因素确定。生活排水管道系统应采用有流槽的检查井井座。

3）井筒直径应根据井座连接井筒的外径确定。井筒采用的管材应根据井筒的直径、埋设深度、埋地排水管道的管材、井座连接井筒的承口型式等因素确定。冰冻线深度大于等于1.0m的地区，在冰冻层中井筒应采用耐低温塑料材质。

4）井盖应根据排水管道输送的介质、设置场所、井筒直径和井筒的管材等因素确定。

5）塑料检查井的井座、井筒、配件、井盖等选用，以及与排水管道的连接要求见《建筑小区塑料排水检查井应用技术规程》CECS 227和国家标准图集《建筑小区塑料排水检查井》08SS523。

(4) 混凝土（砖砌）检查井的设置要求：

1）检查井的内径尺寸和构造要求应根据管径、埋深、地面荷载、便于养护检修并结合当地实际经验确定，可用圆形或矩形，井盖宜采用圆形。检查井各部分尺寸应符合下列要求：

①井口、井筒和井室的尺寸，应便于养护检修和出入安全；

②工作室高度在管道埋设许可时，一般为1.80m。排水检查井由导流槽顶算起；合流管道检查井由管底算起；

③井深（盖板顶面至井底的深度）小于等于1.0m时，可采用井径（方形检查井的内径指内边长）不小于600mm的检查井；井深大于1.0m时，井径不宜小于700mm。

2）井底应设导流槽。污水检查井导流槽顶可与0.85倍大管管径处相平，合流检查井导流槽顶可与0.5倍大管管径处相平。井内导流槽转弯时，其导流槽中心线的转弯半径按转角大小和管径确定，但不得小于最大管的管径。

3）采用塑料管时，管道与检查井宜采用柔性接口，也可采用承插管件连接；当管道与检查井采用砖砌或混凝土直接浇制衔接时，可采用中介层做法（在管道与检查井相接部位预先用与管材相同的塑料粘结剂、粗砂做成中介层，然后用水泥砂浆砌入检查井的井壁内）。

（5）跌水井

1）生活排水管道上下游跌水水头大于0.5m、合流管道上下游跌水水头大于等于1.0m时，应设置跌水井。

2）跌水井内不得接入支管。

3）管道转弯处不得设置跌水井。

4）跌水井的跌水高度：

①进水管管径不超过200mm时，一次跌水水头高度不得大于6.0m；

②管径为300～600mm时，一次跌水水头高度不得大于4.0m；

③管径超过600mm时，其一次跌水水头高度及跌水方式按水力计算确定；

④如跌水水头高度超过上述规定时，可采用多个跌水井分级跌落。

5）跌水方式一般采用竖管、矩形竖槽、阶梯式。

（6）小区内雨水口的布置，应根据地形、建筑物和道路的布置等因素确定，在道路交汇处、建筑物单元出入口附近、建筑物雨落管附近以及建筑前后空地和绿地的低洼点等处，宜布置雨水口。

（7）雨水口的数量，应根据雨水口形式、布置位置、汇集流量和雨水口的泄水能力计算确定。

（8）雨水口的泄水流量，可按表12-16采用。

雨水口的泄水流量　　**表12-16**

雨水口形式（箅子尺寸为750mm×450mm）	泄水流量（L/s）	雨水口形式（箅子尺寸为750mm×450mm）	泄水流量（L/s）
平箅子式雨水口单箅	15～20	边沟式雨水口双箅	35
平箅子式雨水口双箅	35	联合式雨水口单箅	30
平箅子式雨水口三箅	50	联合式雨水口双箅	50
边沟式雨水口单箅	20	侧立式雨水口单箅	10～15

注：表中数值为充分排水时的泄水流量，如有杂物堵塞时，泄水流量应酌减。

(9) 如采用其他型式的雨水口时，其泄水流量按式（12-7）计算：

$$q_x = ca(2gh)^{0.5}k \ (m^3/s) \tag{12-7}$$

式中 q_x——雨水口泄水流量（m^3/s）；

c——孔口系数，圆角孔时为 0.8；方角孔时为 0.6；

a——进水孔口净孔面积（m^2）；

g——重力加速度（m/s^2），取 g=9.8m/s²；

h——进水孔口上允许积存的水头（m），一般采用 0.02～0.06m；

k——孔口阻塞系数，可采用 0.67。

(10) 雨水口的型式，一般按以下规定选用：

1) 无道牙的路面和广场、停车场，采用平箅子式雨水口。

2) 有道牙的道路，采用边沟式雨水口。

3) 有道牙的道路，如径流集中、且有杂物堵塞外，宜用联合式雨水口。

(11) 道路上的雨水口宜每隔 25～40m 设置一个。当道路纵坡大于 0.02 时，雨水口的间距可大于 50m。

(12) 雨水口设置，应符合下列要求：

1) 雨水口的深度不宜大于 1m，泥砂量大的地区可根据需要设置沉泥槽。有冰冻影响地区的雨水口深度，可根据当地经验确定。

2) 平箅雨水口长边应与道路平行，箅口宜低于路面 30～40mm，在土地面上时，宜低 50～60mm、且周围地面应坡向雨水口。

3) 雨水口箅盖一般采用铸铁箅子，也可以采用钢筋混凝土箅子。雨水口的底部和侧墙，采用砖、石或混凝土材料。

(13) 雨水口的连接，应符合下列要求：

1) 雨水口连接管最小管径为 200mm。连接管的坡度为 0.01。

2) 雨水口串联连接时，数量不得超过 3 个。

3) 连接管埋设在路面或重荷载处地面的下面时，应做通基基础；无重荷载处地面以下的连接管做枕基基础。

4) 雨水口连接管与直径超过 800mm 的雨水管和合流管的连接处，可不设检查井，但需设连接暗井。

5) 雨水口与雨水干管的检查井或连接暗井间的连接管长度，不得大于 25mm。

6) 沿道路的建筑物雨落管尽量接入雨水口。

(14) 雨水口型式，详见国家标准图集《雨水口》05S518。

12.2.6 泵房和集水池

1. 排水泵房宜建成单独建筑物。排水泵房与居住建筑和公共建筑间应有一定距离。水泵机组噪声对周围环境有影响时，应采取消声、隔振措施。泵房周围应绿化。

2. 泵房的位置宜选择在地势较低处，但不得被洪水淹没。

3. 雨水泵房机组的设计流量，应按泵房雨水进水总管的设计流量计算确定。污水泵房机组的设计流量，应按泵房进水污水总管的最高日最高时流量计算确定。

4. 泵房内水泵的选择、机组布置、水泵吸水管、压水管及阀门的设置等设计要求，应按现行《室外排水设计规范》GB 50014 有关规定执行。

5. 污水集水池：污水集水池的有效容积，应根据污水流量、水泵能力和水泵工作情况等因素进行确定，并注意满足以下要求：

(1) 水泵机组为自动控制时，有效容积不得小于泵房内最大一台水泵 5min 的出水量，且每小时开启水泵的次数不得超过 6 次。

(2) 水泵为人工开启时，集水池的容积应根据流入的污水量和水泵工作情况确定。生活污水集水池的容积，不得大于 6h 的平均小时污水量；工业废水集水池的容积，按工艺要求确定。

(3) 夜间停止工作的污水泵房，其集水池容积应按容纳该时段流入池内的全部污水量计算，并以一台污水泵 10～15min 的出水量进行校核。在这种工作方式的泵房设计以前，必须进行技术经济比较，避免池容积过大。

(4) 水泵的吸水管在吸水坑内的安装尺寸，可按下列规定确定（见图 12-1）：

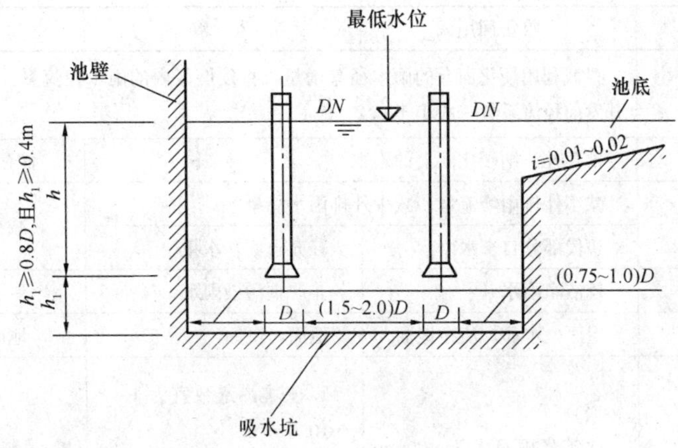

图 12-1　水泵吸水管安装尺寸

①$DN \leqslant 200$ 时，$h=0.4$m。

②$DN>200$ 时，$h=0.5\sim0.8$m。

6. 雨水集水池

(1) 池容积一般不考虑调节作用，一般按泵房中安装的最大一台雨水泵 30s 的出水量进行计算。

(2) 池的设计最高水位，一般可以采用雨水进水管道的管顶标高。

12.2.7　污水排放

1. 居住小区的污水排放，应符合现行的《污水排入城镇下水道水质标准》CJ 343 和《污水综合排放标准》GB 8978 规定的要求。

2. 居住小区污水处理设施的建设，应由城镇排水总体规划统筹确定。

3. 城镇已建成或已规划城镇污水处理厂，小区的污水能排入污水处理厂服务区内的污水管道，小区内不应再设置污水处理设施。

4. 新建居住小区若远离城镇或其他原因，污水无法排入城镇污水管道，小区内应按现行《污水综合排放标准》的要求，设污水处理设施。污水经处理后方允许排放。

5. 城镇未建污水处理厂，小区内污水是否允许采用化粪池作为分散或过渡性处理设施，应按当地有关规定执行。

6. 居住小区内设置化粪池时，采用分散还是集中布置，应根据小区建筑物布置、地形坡度、基地、投资、运行管理和用地条件等综合比较确定。

12.3 小区雨水利用

12.3.1 小区雨水利用系统设置

12.3.1.1 总体要求

小区雨水利用的目标和系统类别见表 12-17。

小区雨水利用的目标和系统类别　　表 12-17

系统种类	收集回用	入　渗	调蓄排放
目标	拦截利用硬化面上的雨水径流增量，将发展区内的雨水径流量控制在开发前的水平。开发前径流系数一般小于 0.2～0.4		
技术原理	蓄存并消纳硬化面上的雨水		储存缓排硬化面雨水
作用	减小外排雨峰流量；减少外排雨水总量		减小外排雨峰流量
	替代部分自来水	补充土壤含水量	
适用雨水	较洁净雨水	非严重污染雨水	各种雨水
雨水来源	屋面，水面，洁净地面	地面，屋面	地面，屋面，水面
技术使用条件	常年降雨量大于 400mm 的地区	1. 土壤渗透数宜为 10^{-6}～10^{-3}m/s； 2. 地下水位低于渗透面 1.0m 及以上； 3. 非湿陷性黄土地区	渗透和雨水回用难以实现的小区

12.3.1.2 雨水利用径流量

(1) 雨水控制利用径流总量按下式 (12-8) 计算：

$$W = 10\Psi_c h_y F \tag{12-8}$$

式中　W——雨水设计径流总量 (m^3)；

Ψ_c——雨量径流系数，按表 12-18 取值，按地面种类加权平均算；

h_y——设计降雨厚度 (mm)；

F——汇水面积 (hm^2)。

雨量径流系数　　表 12-18

下垫面种类	雨量径流系数 Ψ_c
硬屋面、未铺石子的平屋面、沥青屋面	0.8～0.9
铺石子的平屋面	0.6～0.7
绿化屋面	0.3～0.4

续表

下垫面种类	雨量径流系数 Ψ_c
混凝土和沥青路面	0.8～0.9
块石等铺砌路面	0.5～0.6
干砌砖、石及碎石路面	0.4
非铺砌的土路面	0.3
绿地	0.15
水面	1
地下建筑覆土绿地（覆土厚度≥500mm）	0.15
地下建筑覆土绿地（覆土厚度<500mm）	0.3～0.4

标准雨水利用示意见图 12-2。

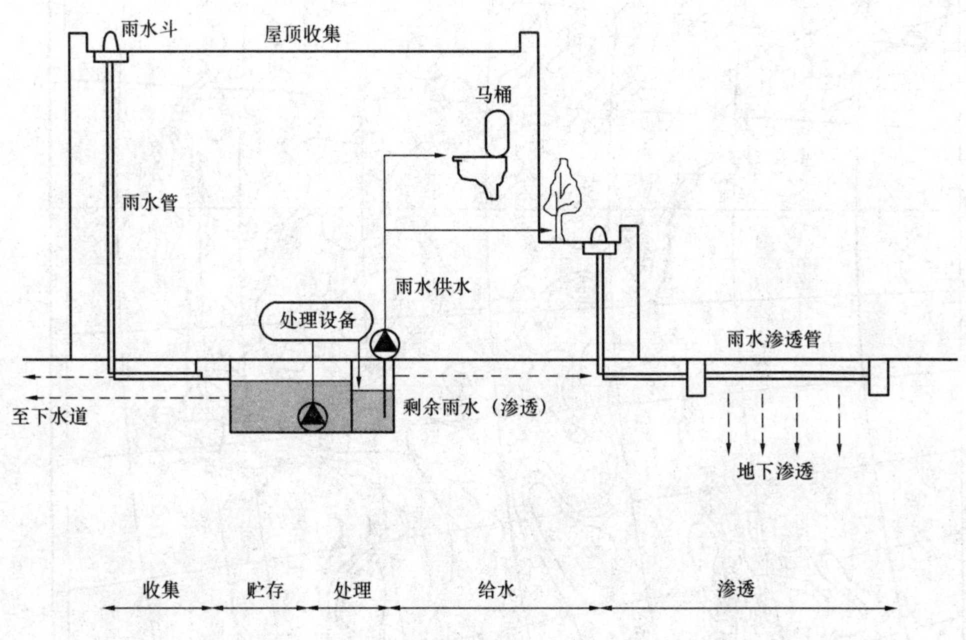

图 12-2 标准雨水利用示意

（2）设计降雨重现期

1）雨水入渗系统不宜小于 2a。

2）雨水收集回用系统宜为 1～2a。

3）雨水调蓄排放系统宜为 2a。

（3）设计降雨厚度

降雨厚度以日为单位计算。降雨厚度资料应根据当地近期 10a 以上降雨量统计确定。各地常年最大 24h 降雨厚度参见图 12-3。

（4）汇水面积

汇水面积为小区内的所有硬化面面积，包括屋面、路面、广场、停车场等，另外，景观水体面也包括在内。汇水面积按汇水面水平投影面积计算。

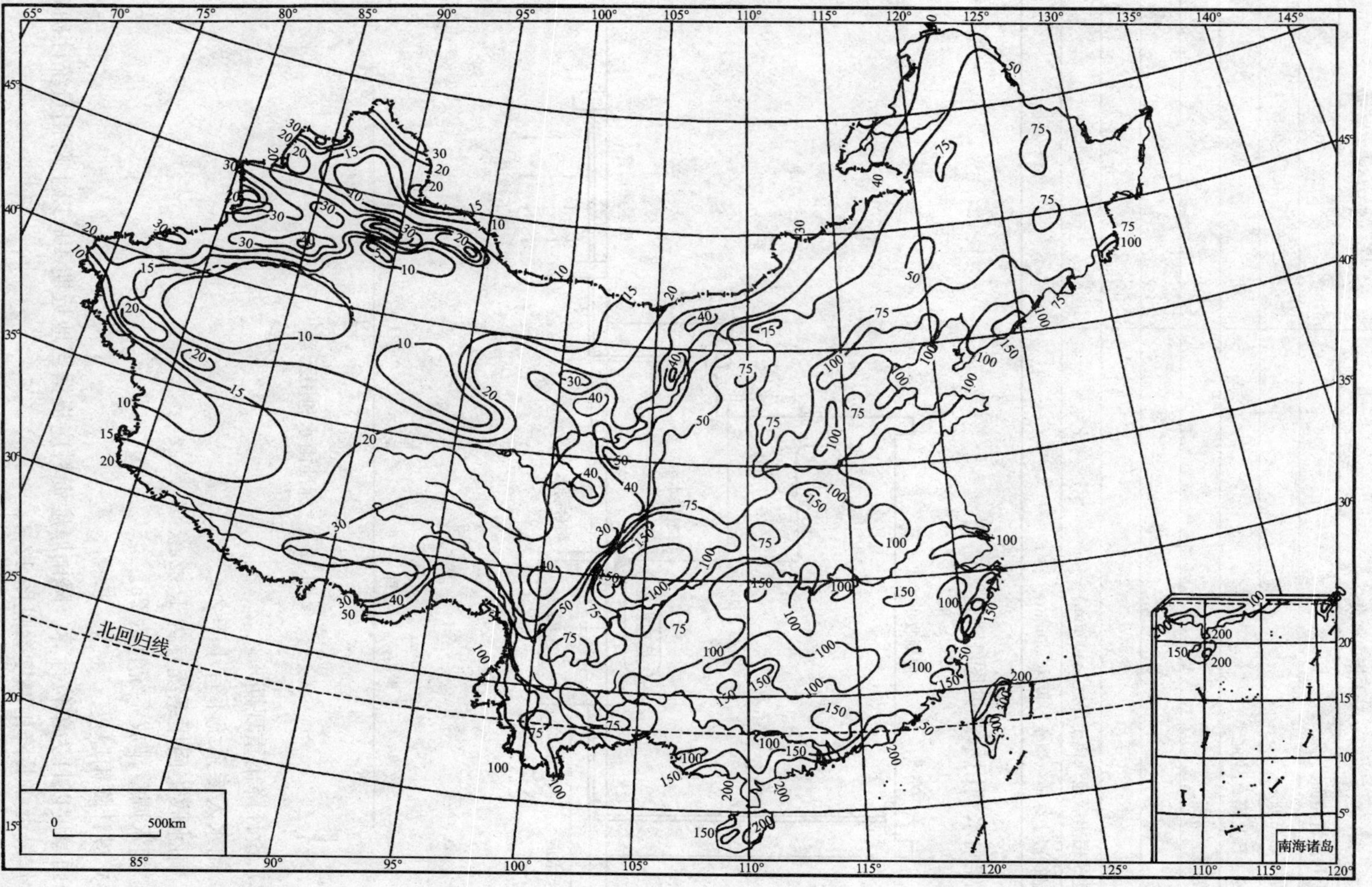

图 12-3　中国年最大 24h 降雨量均值等值线（单位：mm）

12.3.2 雨水收集回用系统

（1）雨水收集回用设施的构成与选用见表 12-19。

雨水收集回用设施的构成与选用 表 12-19

设施的组成	汇水面、收集系统、雨水弃流、雨水储存、雨水处理、清水池、雨水供水系统、雨水用户，参看图 12-2
应用要求	1. 雨量充沛、汇水面雨水收集效率高（径流系数大）； 2. 雨水用水大，管网日均用水量不宜小于蓄水池储水容积的 1/3
雨水回用用途	优先作为景观水体的补充水源，其次为绿化用水、循环冷却水、汽车冲洗用水、路面、地面冲洗用水、冲厕用水、消防用水等，不可用于生活饮水、游泳池补水等
雨水收集场所	优先收集屋面雨水，不宜收集机动车道路等污染严重的路面雨水；景观水体以雨水为主要水源时，地面雨水可排入景观水体

（2）回用雨水的水质标准

回用雨水的 COD_{Cr} 和 SS 指标应满足表 12-20 的规定，其余指标应符合国家现行相关标准的规定。

雨水处理后 COD_{Cr} 和 SS 指标 表 12-20

项目指标	循环冷却系统补水	观赏性水景	娱乐性水景	绿化	车辆冲洗	道路浇洒	冲厕
COD_{Cr}（mg/L）≤	30	30	20	30	30	30	30
SS（mg/L）≤	5	10	5	10	5	10	10

（3）雨水收集系统

1）屋面雨水收集系统的设计和计算可按雨水排除系统方法，但需注意以下不同点：

① 屋面雨水系统中没有弃流设施时，弃流设施服务的各雨水斗至该设施的管道长度宜相近。

② 当雨水蓄水池设在室内时，雨水收集管道上应设置能重力排放到室外的超越管，超越转换阀门宜能实现自动控制。

2）向室外蓄水设施输送屋面雨水的室外输水管道，可用检查口替代检查井。

3）向景观水体排水的室外雨水排水系统，管道系统的设计与计算可按室外排水系统的方法处理。

（4）初期径流雨水弃流

1）弃流设施的技术特性见表 12-21。

2）屋面雨水宜进行初期径流弃流。在屋面雨水用做景观水体补水时，若水体设有完善的水质保持措施，可不做弃流。

3）初期径流弃流量应按照下垫面实测收集雨水的 COD_{Cr}、SS、色度等污染物浓度确定。当无资料时，屋面弃流可采用 2～3mm 径流厚度，地面弃流可采用 3～5mm 径流厚度。当采用雨量计式弃流装置时，屋面弃流降雨厚度可取 4～6mm。

弃流设施技术特性　　**表 12-21**

类型	容积式	雨量计式	流量式
功能	把初期径流雨水隔离出来，一般可使后续雨水的主要污染物平均浓度不超过：COD_{Cr} 70～100mg/L；SS 20～40mg/L；色度 10～40 度		
原理	水箱（池）储存弃流雨水，用水位判别并控制弃流量	用雨量计判别并控制弃流量	用流量计判别并控制弃流量
特点	现场制作或成品装置技术简单，维护方便便于集中设置	技术较复杂	技术复杂
		成品装置，便于分散设置可以不设弃流池	
设置位置	蓄水池前端建筑雨水管道的末端	可设在雨水管道上	
应用场所	屋面雨水收集地面雨水收集系统	屋面雨水收集系统	
需要弃流的情况	雨季开始时的降雨，时间相隔 3～7d 以上的降雨		

4）初期径流弃流量按下式计算：

$$W_i = 10 \times \delta \times F \tag{12-9}$$

式中　W_i——设计初期径流弃流量（m^3）；

δ——初期径流厚度（mm）；

F——汇水面积（hm^2）。

5）弃流雨水可采用下列方式之一处置：

① 排入绿地；

② 土壤入渗；

③ 排入雨水管道；

④ 排入污水管道，并采取措施确保污水不倒灌回弃流设施内。

初期雨水弃流池如图 12-4 所示。

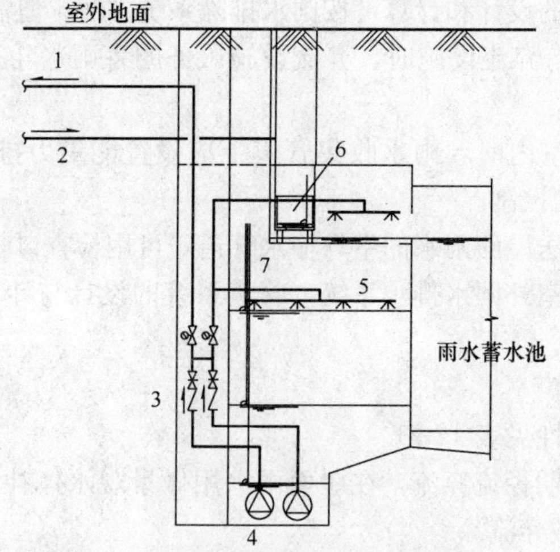

图 12-4　初期雨水弃流池

1—弃流雨水排水管；2—进水管；3—控制阀门；4—弃流雨水排水泵；5—搅拌冲洗系统；6—雨停监测装置；7—液位控制器

（5）雨水储存

1）常用的雨水贮存设施有：景观水体，钢筋混凝土水池，形状各异的成品水池水罐等。

2）景观水体宜作为雨水储存设施，水面和水体溢流水位之间的空间作为储存容积。

3）雨水蓄水池，蓄水罐宜设置在室外地下。室外地下蓄水池（罐）的人孔或检查口应设置防止人员落入水中的双层井盖。

4）蓄水池可兼作自然沉淀池。兼做沉淀池时，应满足：

① 进水端均匀布水；

② 出水端避免扰动沉积物；

③ 进、出水管的设置不使水流短路。

5）雨水蓄水池应设溢流。设在室内且溢流水位低于室外地面时，应设置自动提升设备排除溢流雨水，溢流提升设备的排水标准应按 50 年降雨重现期 5min 降雨强度设计，并不得小于集雨屋面设计重现期降雨强度，同时溢流水位应设报警。雨水蓄水池宜和中水原水调节水池分开设置。

6）蓄水池储水量根据式（12-8）计算，其中降雨厚度取设计重现期的最高日（24h）降雨厚度。

7）把式（12-8）计算的日雨水径流总量与雨水径流总量与雨水回用系统的最大日用水量进行比较，当最大日用水量不足雨水径流总量的 40%时，则雨水储存量可减少，按雨水回用系统的日用水量的 3 倍取值。

8）当蓄水池设计储水容积小于式（12-8）计算的雨水径流总量时，储水池的溢流水应进行入渗。入渗能力可按径流总量与水池容积的差值计算。当小区的外排雨水径流没有限量要求时，溢流水可不作入渗利用。

（6）雨水处理

1）屋面雨水水质处理根据原水水质可选择下列工艺流程：

① 雨水→（初期径流弃流）→景观水体；

② 雨水→初期径流弃流→雨水蓄水池沉淀→雨水清水池→过滤→植物浇灌、地面冲洗；

③ 雨水→初期径流弃流→雨水蓄水池沉淀→过滤→消毒→雨水清水池→冲厕、车辆冲洗、娱乐性水景；

当雨水用于冷却塔补水或用户对水质有较高的要求时，增加相应的深度处理措施。

2）雨水用于景观水体时，水体宜优先采用生态处理方式净化水质。

3）雨水消毒可参考中水系统。

4）雨水净化处理装置的处理水量按式（12-10）确定：

$$Q_y = \frac{W_y}{T} \tag{12-10}$$

式中 Q_y——设施处理水量（m^3/h）；

W_y——雨水供应系统的最高日用雨水量（m^3）；

T——雨水处理设施的日运行时间（h），可取 24h。

当无雨水清水池和高位水箱时，Q_y 按回用雨水管网的设计秒流量计。

5）雨水和中水原水的特征污染物有明显区别，二者宜分开储存，分开净化处理。二者的清水池可合并使用。

（7）雨水供应系统

1）管网的最高日雨水用量可参照中水章节的数据计算。

2）雨水供应系统必须设置补水，且应符合下列要求：

① 应设自动补水，补水来源可采用中水，也可采用生活饮用水（景观用水系统除外）；中水补水的水质应满足雨水供水系统的水质要求；

② 补水流量应满足雨水中断时系统的用水量要求；

③ 补水应在雨水供不应求时进行，控制方法参照中水系统补水的控制。

3）雨水管网的供应用户范围应尽量的大，以便尽快降低雨水蓄水池的水位。

4）补水管道和雨水供水管道上均应设水表计量。

5）卫生安全措施

① 雨水供水管道应与生活饮用水管道完全分开设置；

② 采用生活饮用水补水时，清水池（箱）内的自来水补水管出水口应高于清水池（箱）内溢流水位，其间距不得小于2.5倍补水管管径，严禁采用淹没式出水口补水；若向蓄水池（箱）补水，补水管口应设在池外，用喇叭口管把补水导入池中；

③ 供水管道上不得装设取水嘴，当设有取水口时，应设锁具或专门开启工具；

④ 水池（箱），阀门，水表，给水栓，取水口均应有明显的“雨水”标识；

⑤ 供水管外壁应按设计规定涂色或标识。

（8）计算例题

【例】 某小区有屋面面积3.53万m^2，其中65%的屋面做雨水收集，回用于小区的杂用水；杂用水管网系统Q_d为453.2m^3，其中冲厕210.5m^3，绿化浇洒212m^3，洗车30.7m^3。补水采用小市政中水；当地1a重现期最大日降雨量为55mm。试计算确定工程规模。

【解】

（1）日雨水径流量计算：

查表12-18屋面雨量Ψ_c取0.9，代入公式（12-8），则日雨水径流总量为：

$$W = 10\Psi_c h_y F$$
$$= 10 \times 0.9 \times 55 \times 3.53 \times 65\%$$
$$= 1135.8\text{m}^3$$

（2）初期径流弃流量计算

弃流雨量按2mm计，代入公式（12-9），计算如下：

$$W_1 = 10 \times 2 \times 3.53 \times 65\% = 45.9\text{m}^3$$

（3）蓄水池容积计算

蓄水池有效容积为：

$$1135.8 - 45.9 = 1089.9\text{m}^3$$

雨水管网：

$$Q_d = 453.2\text{m}^3$$
$$3Q_d = 3 \times 453.2 = 1359.6\text{m}^3$$

取小者 1089.9，取整 1090m³。

（4）雨水处理设备计算

雨水用途有冲厕和洗车，需过滤处理。处理规模根据日用水量确定，代入公式（12-10），计算如下：

$$Q_y = \frac{W_y}{T} = 453.2/24 = 18.9\text{m}^3/\text{h}$$

取整数 20m³/h 选择过滤设备。

12.3.3 雨水入渗

（1）雨水入渗系统的组成与技术特点，见表 12-22 和表 12-23。

地面渗透系统 表 12-22

常用系统	下凹绿地	浅沟与洼地	地面渗透池塘	透水铺装地面
特点	1. 地面渗透，蓄水空间敞开； 2. 建造费少，维护简单； 3. 接纳异（客）地硬化面上雨水入渗			1. 在面层渗透和土壤渗透面之间蓄水； 2. 雨水就地入渗
组成	汇水面、雨水收集、沉砂、渗透设施			渗透设施
渗透设施的技术要求	1. 低于周边地面 5～10cm 的绿地； 2. 绿地种植耐浸泡植物	1. 积水深度不超过 300mm 的沟或洼地； 2. 地面尽量无坡度； 3. 沟或洼地内种植耐浸泡植物	1. 栽种耐浸泡植物的开阔池塘； 2. 边坡坡度不大于 1∶3； 3. 池面宽度与池深比大于 6∶1	1. 透水面层、找平层、透（蓄）水垫层组成； 2. 面层渗透系数大于 1×10^{-4}m/s； 3. 蓄水量不小于常年 60min 降雨厚度
技术优势	1. 投资费用最省、维护方便； 2. 适用范围广		占地面积小、维护方便	1. 增加硬化面透水性； 2. 利于人行
选用	优先采用	绿地入渗面积不足或土壤入渗性较小时采用	1. 不透水面积比渗透面积大于 15 倍时可采用； 2. 土壤渗透系数 $K \geqslant 1\times10^{-5}$m/s	需硬化的地面可采用

地下渗透系统表 表 12-23

常用系统	埋地渗透管沟	埋地渗透渠	埋地渗透池
特点	土壤渗透面和蓄水空间均在地下		
组成	汇水面、雨水管道收集系统、固体分离、渗透设施		
渗透设施构成	穿孔管道，外敷砾石层蓄水，砾石层外包渗透土工布	镂空塑料模块拼接而成，外壁包单向渗透土工布	

续表

常用系统	埋地渗透管沟	埋地渗透渠	埋地渗透池
选用	1. 绿地入渗面积不足以承担硬化面上的雨水时采用		
	2. 可设于绿地或硬化地面下，不宜设于行车路面下		
	需兼做排水管道时可采用	需要较多的渗透面积时采用	无足够面积建管沟、渠时可采用
			土壤渗透系数 $K \geqslant 1 \times 10^{-5}$m/s
优缺点	造价较低，施工复杂，有排水功能，贮水量小	造价高，施工方便、快捷	造价高，施工方便、快捷，占用面积小，出水量大
与建筑物、构筑物的距离	≥3m	≥3m	≥5m

(2) 地面雨水收集

地面雨水收集管道系统的设计和计算可按雨水排除系统方法，但需注意以下不同点：

1) 雨水口应采用具有拦污截污功能的成品雨水口。

2) 雨水收集与输送管道系统的设计降雨重现期应与入渗设施的取值一致。

(3) 固体分离装置

地面或屋面雨水在进入埋地渗透设施之前，需要进行沉砂处理，去除树叶、泥沙等固体杂质。

(4) 雨水入渗设施

1) 渗透管沟

① 渗透管沟宜采用穿孔塑料管、无砂混凝土管等透水材料；塑料管的开孔率不小于15%，无砂混凝土管的孔隙率不小于20%。渗透管的管径不小于150mm，检查井之间的管道敷设坡度宜采用0.01～0.02。

② 蓄水层宜采用砾石，砾石外层应采用土工布包覆。

③ 渗透检查井的间距不应大于渗透管管径的150倍，渗透检查井的出水管标高宜高于入水管口标高，但不应高于上游相邻井的出水管口标高，渗透检查井应设0.3m沉砂室。

④ 渗透管沟不宜设在行车路面下，设在行车路面下时覆土深度不应小于0.7m。

⑤ 地面雨水进入渗透管前宜设渗透检查井或集水渗透检查井。

⑥ 地面雨水集水宜采用渗透雨水口。

⑦ 在适当的位置设置测试段，长度宜为2～3m，两端设置止水壁，测试段应设注水孔和水位观察孔。

2) 渗透渠

① 一般采用镂空塑料模块拼装，空隙率高达95%；

② 形状布置灵活，布置方法需在有品牌的供货商指导下进行；

③ 设在行车地面下时（承压 $10t/m^2$），顶面覆土深度不应小于 0.8m。

3）渗透池

① 一般采用镂空塑料模块拼装，空隙率高达 95%；

② 设在停车场下时（承压 $10t/m^2$），顶面覆土深度不应小于 0.8m；

③ 池底设置深度遵从产品要求，但距地下水位不应小于 1.0m；

④ 设在行车地面下时（承压 $10t/m^2$），顶面覆土深度不应小于 0.8m。

（5）入渗面积计算

1）入渗设施的有效渗透面积应为下列各部分有效渗透面积之和：

① 水平渗透面按实际面积计算；

② 竖直渗透面按有效水位高度的 1/2 对应的面积计算；

③ 斜渗透面按有效水位高度的 1/2 所对应的斜面实际面积计算；

④ 地下渗透设施的顶面积不计。

2）入渗设施的有效渗透面积应满足下式要求

$$A_s \geqslant W_s/(\alpha KJt_s) \tag{12-11}$$

式中 A_s——有效渗透面积（m^2）；

W_s——设计雨水入渗量（m^3）；

α——综合安全系数，一般可取 0.5～0.8；

K——土壤渗透系数（m/s）；

J——水力坡降，一般可取 $J=1.0$；

t_s——渗透时间（s）。

3）设计雨水入渗量根据式（12-8）计算，其中降雨重现期不宜小于 2 年，降雨厚度按 24h 计，汇水面积 F 为小区内的总硬化面积扣除透水铺装地面面积。当设有雨水回用系统时，还要扣除该系统的汇水面积。

4）土壤渗透系数可根据建筑区的地质勘探资料或现场实测确定，现场测定应取稳定渗透系数。当资料不具备时，可参照表 12-24 采用。

土壤渗透系数 **表 12-24**

地 层	地层粒径		渗透系数 K（m/s）
	粒径（mm）	所占比重（%）	
黏土			$<5.7\times10^{-8}$
粉质黏土			$5.7\times10^{-8}\sim1.16\times10^{-6}$
粉土			$1.16\times10^{-6}\sim5.79\times10^{-6}$
粉砂	>0.075	>50	$5.79\times10^{-6}\sim1.16\times10^{-5}$
细砂	>0.075	>85	$1.16\times10^{-5}\sim5.79\times10^{-5}$
中砂	>0.25	>50	$5.79\times10^{-5}\sim2.31\times10^{-4}$
均质中砂			$4.05\times10^{-4}\sim5.79\times10^{-4}$
粗砂	>0.50	>50	$2.31\times10^{-4}\sim5.79\times10^{-4}$
圆砾	>2.00	>50	$5.79\times10^{-4}\sim1.16\times10^{-3}$
卵石	>20.0	>50	$1.16\times10^{-3}\sim5.79\times10^{-3}$

续表

地　层	地层粒径		渗透系数 K（m/s）
	粒径（mm）	所占比重（%）	
稍有裂隙的岩石			$2.31\times10^{-4}\sim6.94\times10^{-4}$
裂隙多的岩石			$>6.94\times10^{-4}$

5）渗透时间：入渗池，入渗井可按 3d 计；其他地下渗透设施按 24h 计。

（6）储水容积计算

1）入渗池，入渗井的储水容积应不小于设计入渗雨水量。

2）其他埋地渗透设施的储水容积应满足下式要求：

$$V_s \geqslant \max(W_c - 60\alpha A_s KJ t_c) \tag{12-12}$$

$$W_c = 1.25\left[60 \times \frac{q_c}{1000} \times (F_y \Psi_m + F_0)\right] t_c \tag{12-13}$$

式中　V_s——渗透设施的有效容积（m^3）；

t_c——降雨历时（min）；

W_c——渗透设施进水量（m^3）；

F_y——渗透设施受纳的集水面积（hm^2）；

F_0——渗透设施的直接受水面积（hm^2），对于埋地渗透设施取 0；

q_c——暴雨强度［$L/(s \cdot hm^2)$］，同 5.2 节“雨量计算”。

3）降雨历时 t_c。以上两式和 q_c 中包含的降雨历时是同一参数，按 5.2 雨量计算章节计算，其中的折减系数 m 取 1。

（7）地面渗透设施的简化计算

1）硬画面上的雨水采用下凹绿地入渗时，可按照硬化面积 1∶1 配置下凹绿池，渗透面积和储水容积可不再计算，视为满足入渗要求。地下建筑顶面与覆土之间设有渗排设施时，地下建筑顶面的下凹绿地也可按上述比例入渗硬化面雨水。

2）透水铺装地面上的降雨视为能够就地入渗，可不进行计算。

3）渗透池塘可按连续 3d、7d 或月降雨量平衡，计算雨水的储存和渗透。

12.3.4　雨水调蓄排放

（1）雨水的调蓄排放系统由雨水收集管网，调蓄池，排水管道组成。调蓄池应尽量利用天然洼地、池塘、景观水体等地面设施，条件不具备时间，可采用地下调蓄池。地下调蓄池设有进水口、出水口和人孔。

（2）调蓄池的设计与计算可参照市政工程的雨水调蓄池。出水管的设计流量可按建筑区综合径流系数 0.2 左右时的雨水流量计算，降雨重现期按 2 年考虑。

12.3.5　建筑小区的雨水排除

建筑区内硬化面上的雨水采用入渗或收集回用方式利用后，仍需要设置雨水排除系统，将超量雨水排入市政雨水管网。

（1）排水系统的设置

1）当绿地标高低于道路标高时，排水雨水口宜设在道路两边的绿地内，其顶面标高应高于绿地 20～50mm，且低于路面 30～50mm。

2）雨水口宜采用平箅式，设置间距不宜大于 40mm。

3）透水铺装地面的雨水排水设施宜采用明渠。

4）渗透管兼做雨水排水管时，末端必须设置检查井和排水管，排水管连接到雨水排水管网。

（2）排水流量计算中的径流系数

1）收集回用系统和入渗系统符合下列要求时，硬化面上的排水量径流系数可按 0.25～0.4 取值。

2）埋地渗透管沟、渗透渠的日渗透能力不小于汇水面上设计重现期 1～2 年的日降雨径流量，且储水容积不小于式（12-12）的要求。

3）埋地入渗池、井的 3 日渗透能力不小于汇水面上设计重现期 2 年的日降雨径流量，储水容积不小于日降雨径流量。

4）透水铺装地面满足表 12-17 中的技术要求。

5）汇水面上的雨水采用下凹绿地、渗透池塘入渗时，满足第 12.3.3 条第 7 款的要求。

6）汇水面上的雨水采用收集回用和入渗两种方式串联时，满足第 12.3.2 条第 5 款第 8 项的要求。

12.4 热　水

小区生活集中生活热水供应系统的设计，应按现行标准《小区集中生活热水供应设计规程》CECS 222 执行；但单体建筑内的集中生活热水供应系统的设计应按现行国家标准《建筑给水排水设计规范》GB 50015—2003（2009 年版）执行；在地震、湿陷性黄土、膨胀土以及其他地质特殊地区的小区生活集中生活热水供应系统的设计应按现行的有关专门规范或规定执行。

12.4.1 热水用水定额、水温和水质

（1）小区内居住建筑和公共建筑，生活热水用水定额应根据水温、卫生设备完善程度、热水供应时间、当地气候条件、生活习惯和水资源情况确定。各类建筑物的热水定额、水温要求同第 3 章。

（2）水质标准及水质处理

1）生活热水水质标准，应符合现行的国家标准《生活饮用水卫生标准》GB 5749 的要求。

2）集中生活热水供应系统原水的水处理，应根据水质、水量、水温、水加热设备的构造、使用要求等因素，经技术经济比较按下列要求确定。

① 生活日用水量（以 60℃计）大于或等于 10m^3 且原水总硬度（以 $CaCO_3$ 计）大于 300mg/L 时，宜进行水质软化或阻垢、缓蚀处理。经软化处理后的水质总硬度宜为 75～150mg/L。

② 水质阻垢、缓蚀处理应根据水的硬度、适当流速、温度、作用时间或有效长度及

工作电压等选择合适的物理处理或化学稳定剂处理方法。

③ 加热前原水或软化处理后的水中溶解氧的含量超过 5mg/L 或二氧化碳的含量超过 20mg/L，且设计平均小时热水量（以 $CaCO_3$ 计）大于或等于 50m^3 时，宜采用除气措施。

④ 采用离子交换方法进行的软化处理，离子交换柱中的树脂、与水接触的柱体内部涂层、部件等的卫生标准应符合《生活饮用水输配水设备及防护材料的安全性评价标准》GB/T 17219 的要求。

⑤ 水质阻垢、缓蚀处理装置宜靠近水加热设备的进水端。

12.4.2 热源

（1）集中生活热水供应系统的热源，宜首先利用工业余热、废热、地热和太阳能。

（2）当没有条件利用工业余热、废热、地热或太阳能时，宜优先采用能保证全年供热的热力管网作为集中生活热水供应系统的热源。

注：1. 热网仅在采暖期间运行时，应设置备用热源；

2. 常年运行的热力管网，应根据检修期长短、使用要求等因素综合确定是否设置备用热源；

3. 热网的供、回水温度应根据当地热网运行要求确定。

（3）当区域性锅炉房或附近的锅炉房能充分供给蒸汽或高温水时，宜采用蒸汽或高温水做集中生活热水供应的热源。

（4）经技术经济比较后，在具有水资源可利用的地区可选用水源热泵、非寒冷地区可选用空气源热泵制备的热水作为热源或直接供给生活热水。

（5）当无上述热源可利用时，可采用专用的蒸汽或热水锅炉制备热源，也可采用燃油、燃气热水机组制备热源或直接供给生活热水。

（6）当地电力供应充足、能利用夜间低谷用电蓄热且供电政策支持，经技术经济比较后，可采用低谷电蓄热直接供给生活热水。

12.4.3 系统选择

（1）供水系统

1）小区集中生活热水供应系统的选择及热源站、水加热设备站室的布置，应根据小区建筑物的布置、单体建筑的类型、使用要求、耗热量，结合小区给水供水系统的形式及经济运行等因素确定，并应符合下列规定：

① 当小区建筑物布置集中，自水加热设备站室至最远建筑的服务半径不大于 1000m 时，可采用一个水加热设备站室，一个或多个供水系统的供水方式；当系统以太阳能为热源时，根据集热器面积的大小，集热器阵列总出水口至贮热水箱的距离不宜大于 300m。

② 当小区建筑物分成组团布置时，宜按相对集中的组团建筑布置水加热设备站室及供水系统。

③ 当小区建筑物布置分散，宜根据热源供应条件、给水系统供水方式等采用相对集中的水加热设备站室或单体建筑分设水加热设备站室及供水系统的方式。

④ 当小区的热源站与水加热设备站室均为一个时，两者宜合建站室或邻近布置。当小区内有多个水加热设备站室而只设一个热源站时，热源站宜居中布置。

⑤ 水加热设备站室的布置宜满足下列要求：

a. 与给水加压泵房设置一致，且两者宜邻近布置；

b. 宜靠近热水用水负荷大的建筑；

c. 宜靠近热水供应的最高建筑。

2）分区供水的热水系统，其设计应遵循下列原则：

① 分区应与小区给水系统一致，各区水加热器、贮水罐的进水均应由同区的给水系统专管供应；当不能满足时，应采取保证系统冷、热水压力平衡的措施，用水点处的冷热水压力差不宜超过 0.02MPa；

② 当高、低区热水系统共用水加热设备，采用减压阀分区时，不宜采用在热水干、立管上设减压阀分区的措施，宜在低区热水供水支管上设减压阀。

（2）循环系统

1）小区集中生活热水供应系统设热水回水总干管并设总循环泵，采用机械循环。热水回水总干管的设置应保证每栋建筑中热水干、立管中的热水循环。

2）当同一供水系统所服务单体建筑内的热水供、回水管布置相同或相似时，单体建筑的回水干管与小区热水回水干管可采用导流三通连接保证循环效果。

3）当同一供水系统所服务单体建筑内的热水供、回水管布置不同时，宜在单体建筑连接至小区热水回水总干管的回水管上设分循环泵，保证循环效果。

4）当同一供水系统所服务单体建筑为设有多卫生间的别墅或公寓时，户内热水回水支管宜接在卫生间热水供水支管的分水表前，当有困难时，可对热水供水支管采用电伴热措施，保证供水温度。

5）电伴热宜根据使用要求、管道布置分段设置，每段均应设置电源通断的自动控制装置。

6）管道电伴热应与保温一体设置，电伴热产品及配套供电线路装置应符合相应的行业产品标准。

12.4.4　耗热量、热水量计算

（1）小区集中生活热水供应系统的耗热量计算：同本册 3.4.1 节“耗热量计算”。

（2）小区集中生活热水供应系统的热水用水量计算：同本册 3.4.2 节“热水量计算”。

12.4.5　水加热系统、设备及站室

（1）太阳能热水系统

1）小区集中生活热水供应系统采用太阳能为热源时，其水加热系统应根据冷水水质硬度、气候条件，冷热水供水压力平衡要求、节能、节水、维护管理等，经技术经济比较后确定。

① 在冷水水质硬度大于 150mg/L（以 $CaCO_3$ 计）的地区，冬季寒冷地区、用户对水压稳定要求较高的小区宜采用间接水加热供水的系统。

② 在冷水水质硬度不大于 150mg/L（以 $CaCO_3$ 计）的地区、冬季非寒冷地区、用户对水压稳定要求一般的小区可采用直接加热供水的系统。

2）太阳能集热器的设置必须和建筑等专业统一规划协调，做到既满足水加热系统的要求，又不影响结构安全和建筑外观。

（2）热泵热水系统

水源热泵设计应符合下列规定：

1）当地表水、地下水、空调冷却水或废水经技术经济比较可作为热源利用时，可采用水源热泵供热水的技术；

2）水源供水量必须充足、稳定，其总水量应按供热量、水源温度、热泵机组和换热器性能综合确定；

3）水源水质应满足热泵机组或换热器的水质要求，当其不满足时，应采取有效的过滤、沉淀、灭藻、阻垢、缓蚀等处理措施，如以污废水为水源时，则应作相应的污水、废水处理，使其达到热泵机组或换热器的水质要求；

4）水源热泵机组以地下水为水源时，应采用闭式系统；采用可靠的回灌措施，确保换热后的地下水回灌到同一含水层，回灌水不得污染地下水资源，严谨将换热后的地下水直接排放；系统投入运行后，应对抽水量、回灌量及其水质进行定期检测；

5）水源热泵制备的热水可依据水质硬度、冷水和热水供水系统的型式等经技术经济比较后直接供水或作热媒水间接换热供水。

① 水质总硬度不大于 150mg/L（以 $CaCO_3$ 计），且冷、热水压力平衡要求一般的系统可采用水源热泵与贮热设备联合直接供热水的方式；

② 水质总硬度大于 150mg/L（以 $CaCO_3$ 计），冷、热水压力平衡要求较高的系统宜采用经换热设备换热间接供热水的方式；

③ 采用热泵间接换热供热水时，间接水加热设备宜根据热泵供热水的水温采用一级或两级串联加热的方式，也可采用被加热水循环加热的方式；

④ 间接加热设备的设计计算可按现行国家标准《建筑给水排水设计规范》GB 50015 中相关条款执行。

（3）燃油、燃气常压热水机组

热水机组的选择应符合下列要求：

1）机组应采用热效率高、无需消烟除尘、燃烧完全的高效燃油、燃气燃烧器；

2）机组水套与大气相通，机组本体压力（表压）应小于 0.1MPa，使用安全可靠，且应有防爆装置；

3）直接供给生活热水的直接加热热水机组，供水温度不应超过 60℃；

4）供应热媒的间接加热热水机组，供水温度不应超过 90℃；

5）机组应采用自动控制保证出水温度稳定，且应具有超压、超温、缺水等自动报警功能。

（4）蒸汽或高温水为热媒的间接水加热设备

小区集中生活热水供应系统采用以蒸汽或高温水为热媒经水加热器换热制备热水时，宜选用带贮热水容积的水加热设备。

12.4.6　管材、附件、保温及管道敷设

（1）管材、附件

1）热水系统采用的管材和管件，应符合现行产品标准标定的允许工作压力和工作温度。

2）小区集中生活热水供应系统热水供、回水干管的管材应选用耐腐蚀、连接方便可靠的管材。室外部分管材可采用氯化聚氯乙烯（CPVC），塑覆（或外加防腐层）薄壁不锈钢管、薄壁铜管，热水用钢塑复合管等。单体建筑内热水管材按现行国家标准《建筑给水排水设计规范》GB 50015 中相关规定选用。

3）防膨胀安全设施应符合下列规定：

① 小区集中热水供应系统应设膨胀管、膨胀水箱或膨胀罐等安全节水设施，承压的水加热设备应按《压力容器安全技术监察规程》及国家质量监督检验检疫总局等相关部门要求设置安全阀。膨胀管、膨胀水箱、膨胀罐的具体设计计算按现行国家标准《建筑给水排水设计规范》GB 50015 中相关规定执行。

② 太阳能集中热水供应系统，应有可靠的防止集热器和贮热水箱贮水过热的措施，在闭式系统中，应设膨胀罐、泄压阀，有冰冻可能的系统还应有可靠的集热系统防冻措施。

4）室外热水供，回水干管的下列管段上应设阀门：

① 从室外热水供，回水干管至各建筑物引入管的管段（当引入管上已设有阀门时，可不设此阀门）；

② 室外热水供，回水干管的多路管道汇合处，应在各汇合管段上设调节用阀门。

5）热水系统上的减压阀设置应符合下列规定：

① 当在水加热设备冷水给水管上设减压阀时，宜采用两个减压阀并联设置，一用一备工作，但不得设置旁通管；

② 减压阀的公称尺寸应与管道管径一致；

③ 系统分区用的减压阀应在阀前设阀门、过滤器、压力表，阀后设压力表、阀门；

④ 热水供水支管的减压阀应设在控制阀门、水表之后，水表前宜设过滤器、减压阀后宜设压力表。

6）太阳能集热系统的管道敷设除满足上述相应的要求外，还应满足下列要求：

① 太阳能集热器上、下循环横干管坡度不宜小于 0.003，并在管路最高点设自动排气阀；

② 当集热器为多排或多层排列组合时，每排或每层集热器的总进、出水管应设阀门；

③ 集热器组、循环泵、集热循环水箱之间上、下循环管路应同程布置；

④ 控制集热系统循环泵工作的温度传感器，应设于集热器上循环总管的起端和集热循环水箱（水罐）的底部。

7）水加热设备、循环泵，加压泵及管道上所需控制温度、压力、流量的阀门和仪表等应按现行国家标准《建筑给水排水设计规范》GB 50015 中相关规定执行。

（2）保温及管道敷设

1）水加热、贮热设备和室内（除埋地敷设支管外）、外热水供、回水管道、管件、附件等均应保温。保温效果应满足从加热设备至配水点的热水供水温差视系统大小不大于 6～12℃。

2）保温材料的选择，应符合下列要求：

① 导热系统小且具有一定的机械强度；

② 重量轻，无腐蚀性；

③ 燃烧性能等级不低于 B1 级；

④ 塑料管的保温层不应采用硬质绝热材料；

⑤ 施工、安装方便。

3）保温层外防潮、保护层的做法应符合下列规定：

① 室外直埋管道、敷设在地沟内和潮湿场所的管道绝热层外表面应设防潮层，室内管道的保温层外可不设防潮层；

② 防潮层材料应具有抗蒸汽渗透性能，防水和防潮性能，且吸水率不大于1%，防潮层燃烧性能应与保温层匹配，其化学性能稳定、无毒、耐腐蚀；

③ 无覆盖表面的保温层、易受损坏的防潮层应设保护层；

④ 保护层材料应选用强度高、抗老化的材料，直埋管道的保护层使用寿命应与管道一致，保护层材料应具有防火、防潮、抗腐蚀、化学性能稳定等性能，其燃烧性能等级应不小于 B1 级。

4）系统室外供、回水干管可采用直埋和管沟敷设的方式。当采用管道直埋敷设时，应选用憎水型保温材料保温，保温层外应做密封的防潮防水层，其外再作硬质防护层。管道直埋敷设还应符合《城镇直埋供热管道工程技术规程》CJJ/T 81 以及《建筑给水排水及采暖工程施工质量验收规范》GB 50242 的相关规定。

12.5　居住小区室外雨水管渠系统的设计计算

12.5.1　雨水管渠系统设计的主要内容

(1) 确定采用的当地暴雨强度公式

全国各城市的暴雨强度公式，可在《给水排水设计手册》的《城镇排水》分册中查找到。工程所在地的暴雨强度公式按当地或参考相邻地区的暴雨强度公式确定。

(2) 划分雨排水分区和雨水管渠的定线

雨水干管渠宜布置在小区地形低处或溪谷线上。当地形平坦时，雨水干管渠宜布置在排水流域的中间，以便于支管接入。根据雨水口布置的需求及最大间距 40～80m 的要求布置雨水检查井。各设计管段汇入各雨水井的汇水面积应结合地形坡度、道路的排水方向、雨水管道布置等情况而划定。地形较平坦时，可就近排入附近雨水管渠的原则划分汇水面积；地形坡度较大时，应按地面、道路雨水径流的方向划分汇水面积。房屋屋面雨水可按分水线向两侧排放。

(3) 根据当地气象与地理条件、工程要求确定径流系数、设计重现期、地面集水时间等设计参数。

(4) 计算设计流量和进行水力计算，确定每一设计管段的断面尺寸、坡度、管底标高及埋深。

(5) 绘制管渠平面图及纵剖面图。

12.5.2　室外雨水管渠设计流量计算公式

$$Q = \Psi \cdot q \cdot F \quad (\mathrm{L/s}) \tag{12-14}$$

式中 Q——室外雨水设计流量（L/s）；

Ψ——径流系数，其数值小于 1；

F——排水雨水管渠的汇水面积（10^4m^2）；

q——暴雨强度［$L/(s \cdot 10^4m^2)$］。

12.5.3 室外雨水管渠系统设计参数的确定

（1）径流系数 Ψ

径流系数的值因汇水面积的地面覆盖情况、地面坡度、地貌、建筑分布的密度、路面铺砌等情况的不同而异。各种屋面和地面种类取 Ψ 值见表 12-25。

径流系数 Ψ　　表 12-25

屋面、地面种类	Ψ值	屋面、地面种类	Ψ值
屋面	0.9	干砖及碎石路面	0.40
混凝土和沥青路面	0.9	非铺砌地面	0.30
块石路面	0.6		
级配碎石路面	0.45	公园绿地	0.15

当已知小区汇水面积内各种性质的屋面、地面的不同占地比例时，其径流系数值 Ψ 应按所占地面加权平均法计算，即：

$$\overline{\Psi} = \frac{\Sigma \Psi_i \cdot F_i}{\Sigma F_i} \tag{12-15}$$

式中 F_i——汇水面积内各类屋面、地面的面积（10^4m^2）；

Ψ_i——相应于各类屋面、地面的径流系数。

当小区缺少不同屋面、地面的占地比例时，也可采用区域综合径流系数。一般市区的综合径流系数 Ψ=0.5～0.8，郊区 Ψ=0.4～0.6。随着城市化的进程，不透水面积相应增加，设计时径流系数宜取较大值。也可结合城镇建筑的密集程度来选取径流系数 Ψ，见表 12-26。

综合径流系数 Ψ　　表 12-26

区域情况	Ψ值	区域情况	Ψ值
城镇建筑密集区	0.60～0.85	城镇建筑稀疏区	0.20～0.45
城镇建筑较密集区	0.45～0.60		

（2）设计重现期 P

雨水管渠设计重现期应根据汇水地区性质、地形特点和气候特征等因素确定。同一排水系统可采用同一重现期或不同重现期。一般的民用公共建筑、居住区和工业区室外雨水管渠的设计重现期取 0.5～3a，车站、码头、机场及重要干道、重要地区或短期积水即能引起严重后果的地区，一般采用 3～5a。下沉式广场、下沉庭院等室外下沉地面以及下沉式立交道路的雨水设计重现期不宜小于 10a。

国内一些城市采用的设计重现期（见表 12-27）可供参考。

国内一些城市雨水管渠系统的设计重现期 P　　表 12-27

城市	重现期 P（a）	城市	重现期 P（a）
北京	1～2；特别重要地区 3～10	扬州	0.5～1
上海	1～3；特别重要地区 5	宜昌	1～5
天津	1	南宁	1～2
乌兰浩特	0.5～1	柳州	0.5～1
杭州	1；重要地区 2～3；特别重要地区 3～5	深圳	一般地区 1；低洼地区 2～3；重要地区 3～5
南京	0.5～1		

（3）设计降雨历时 t

室外雨水管渠的设计降雨历时按式（12-16）计算：

$$t = t_1 + mt_2 \quad (\mathrm{min}) \tag{12-16}$$

式中，t_1——地面集水时间（min）。

地面集水时间是指雨水从汇水面积上最远点流到第 1 个雨水口 a 的时间。

以图 12-5 为例，图中→表示水流方向。雨水从汇水面积上最远点的房屋屋面分水线 A 点流到雨水口 a 的地面集水时间 t_1 通常是由下列流行路程的时间所组成：

①从屋面 A 点沿屋面坡度经屋檐下落到地面散水坡的时间，通常为 0.3～0.5min；

②从散水坡沿地面坡度流入附近道路边沟的时间；

③沿道路边沟流到雨水口 a 的时间。

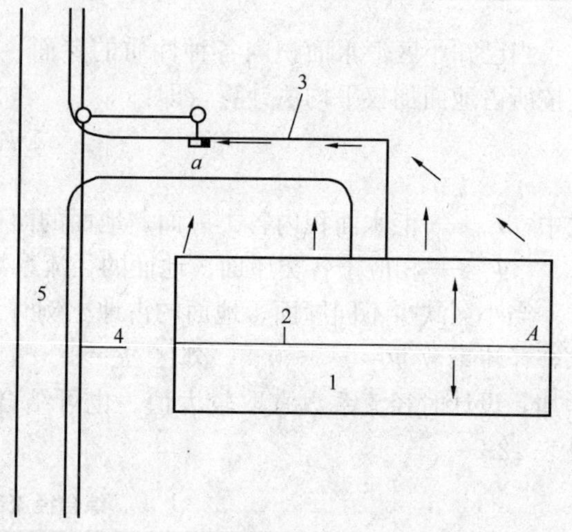

图 12-5　地面集水时间 t_1 示意

1—房屋；2—屋面分水线；3—道路边沟；4—雨水管；5—道路

地面集水时间通常是以上三部分时间之和。它视距离长短、地形坡度和地面铺盖情况而定，一般采用 5～10min。在建筑密度较大、地形较陡、雨水口分布较密地区，或在街坊内设置的雨水暗管，一般宜采用较小的 t_1 值。而在建筑密度较小、汇水面积较大、地形较平坦、雨水口布置又较稀疏的地区，宜采用较大 t_1 值。在设计中，如 t_1 选值过大，将会造成排水不畅，以致使管道上游地面经常积水；选用过小，又将使雨水管渠尺寸加大而增加工程造价。起点雨水口上游地面雨水流行距离以不超过 120～150m 为宜。

m 为折减系数，雨水暗管的折减系数 $m=2$；在陡坡地区，折减系数 $m=1.2$～2；明渠的折减系数 $m=1.2$。

t_2 为管渠内雨水流行时间，即：

$$t_2 = \Sigma \frac{L_i}{60V_i} \quad (\text{min}) \tag{12-17}$$

式中 L_i——各雨水检查井间雨水管渠的长度（m）；

V_i——各管段满流时其内雨水流行的速度（m/s）；

60——单位换算系数，1min=60s。

(4) 雨水口的设置

雨水口的设置要合理，以保证路面雨水排除通畅。雨水口布置应根据地形及汇水面积确定，一般在道路交叉口的汇水点需设置雨水口，道路交叉口设置雨水口的原则见图 12-6。另外，在低洼地段均应设置雨水口，以避免下雨时排水不畅引起积水。

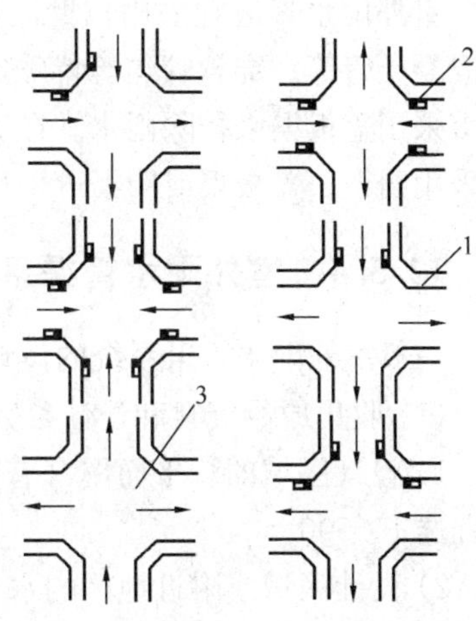

图 12-6 道路交叉口雨水口布置
1—路边石；2—雨水口；3—道路路面

雨水口的间距宜为 25～50m，当道路坡度大于 0.02 时，雨水口间距可大于 50m。连接管串联雨水口的数量不宜超过 3 个。雨水口连接管管径不宜小于 200mm，坡度不小于 0.01，雨水口连接管的长度不宜超过 25m。

在室外雨水管系统设计时，应依据各汇水面积内的雨水径流量来核算所需雨水口的形式、数量和布置。常用雨水口的泄水流量见表 12-28。

雨水口的泄水流量 **表 12-28**

雨水口形式（箅子尺寸为 750mm×450mm）	泄水流量（L/s）	雨水口形式（箅子尺寸为 750mm×450mm）	泄水流量（L/s）
平箅式雨水口单箅	15～20	边沟式雨水口双箅	35
平箅式雨水口双箅	35	联合式雨水口单箅	30
平箅式雨水口三箅	50	联合式雨水口双箅	50
边沟式雨水口单箅	20	侧立式雨水口单箅	10～15

注：表中数值为充分排水时的泄水流量，如有杂物堵塞时，泄水流量应酌减。

(5) 雨水检查井

雨水检查井通常设在雨水管道交汇、拐弯、管径或坡度改变、跌水等处，以及相隔一定距离的直线管段上。雨水检查井直线管段上的最大间距见表 12-29。

雨水检查井的最大间距 **表 12-29**

管径或暗渠净高（mm）	最大间距（m）	管径或暗渠净高（mm）	最大间距（m）
200～400	50	1100～1500	120
500～700	70		
800～1000	90	1600～2000	120

除跌水井外，雨水检查井内上、下游管均采用管内顶平接方式。检查井的形状、构造

和尺寸可按国家标准图选用。检查井在车行道上时应采用重型铸铁井盖。

当检查井内雨水管上、下游跌落差大于等于1m时，应设跌水井。在跌水井内不得有其他支管接入，且在管道转弯处不得设置跌水井。

(6) 雨水管材及埋设坡度

室外雨水管道宜采用双壁波纹塑料管（PE、PVC-U）、加筋塑料管（PVC-U）和钢筋混凝土管等。穿越管沟等特殊地段时，采用钢筋或铸铁管。为降低工程造价，国内一些城市采用盖板渠来排除雨水。在城市郊区，当建筑密度较低，交通量又小的地方，还可考虑采用明渠。盖板渠或明渠可采用砖砌或混凝土浇筑。

12.5.4　室外雨水管渠系统的设计计算步骤

一般室外雨水管渠系统的设计计算按下列步骤进行：

(1) 收集原始资料和设计参数

1) 设计区域的总平面图（有建筑物、道路、绿地等平面布置及高程和等高线等）比例宜选1∶500。

2) 设计区域或附近地区的水文、地质、气象等资料，尤其是暴雨强度公式。

3) 收集已有或规划设计该区域附近市政雨水（合流）管道资料，包括设计区域雨水计划排水口的确切位置，市政雨水管管径、管内底标高、坡度等。

(2) 根据设计区域地形、市政排入口位置等条件，确定雨水干、支管的路由和走向。

(3) 根据地形及道路交叉布置情况确定雨水口的设置位置。在雨水接入口、管道转弯处、管径或坡度改变处，及超过一定距离的直线管段上设置雨水检查井。并从管段上游往下游按顺序进行雨水检查井编号，确定检查井间各管段的管长。

(4) 划分并计算各设计管段的汇水面积F_i；各设计管段汇水面积的划分应结合地形坡度、汇水面积的大小以及雨水管道的布置等情况而划定。地形较平坦时，可按就近排入附近雨水管道（雨水口）的原则划分汇水面积；地形坡度较大时，应按地面雨水径流的水流方向划分汇水面积。遇见有坡顶的屋面，房屋两边有道路时，其雨水从屋脊线向两边排放。并将每块汇水面积进行编号，编号同排入的雨水检查井号。

(5) 确定雨水径流系数Ψ：若已知设计区域内各种屋面、道路、绿地和非铺砌地面的面积比例时，宜采用公式（12-15）计算小区的径流系数。若没有各种屋面、地面等的面积及比例时，可结合小区内建筑物的密集程度，参照表12-26确定小区雨水的综合径流系数。

(6) 确定设计重现期P、地面集水时间t_1和折减系数m。

(7) 采用填表（表头见表12-31）的方法进行室外雨水管渠的水力计算。具体步骤见图12-7。

(8) 继续填写表12-31，由水力坡度i、管渠长L_i，求得各管段的坡降，进而计算出各管段雨水管渠检查井上、下端的管内底标高，分别填入20、21、22内。

(9) 依据各管段的雨水设计流量分别核算各汇水面积内设置雨水口的数量和泄水量。

(10) 绘制室外雨水管渠纵剖面图。当雨水管渠有与其他管道交叉时，在纵剖面图上标注出交叉点的位置及标高，必要时调整标高，以满足各种管道间高程的垂直间距要求。

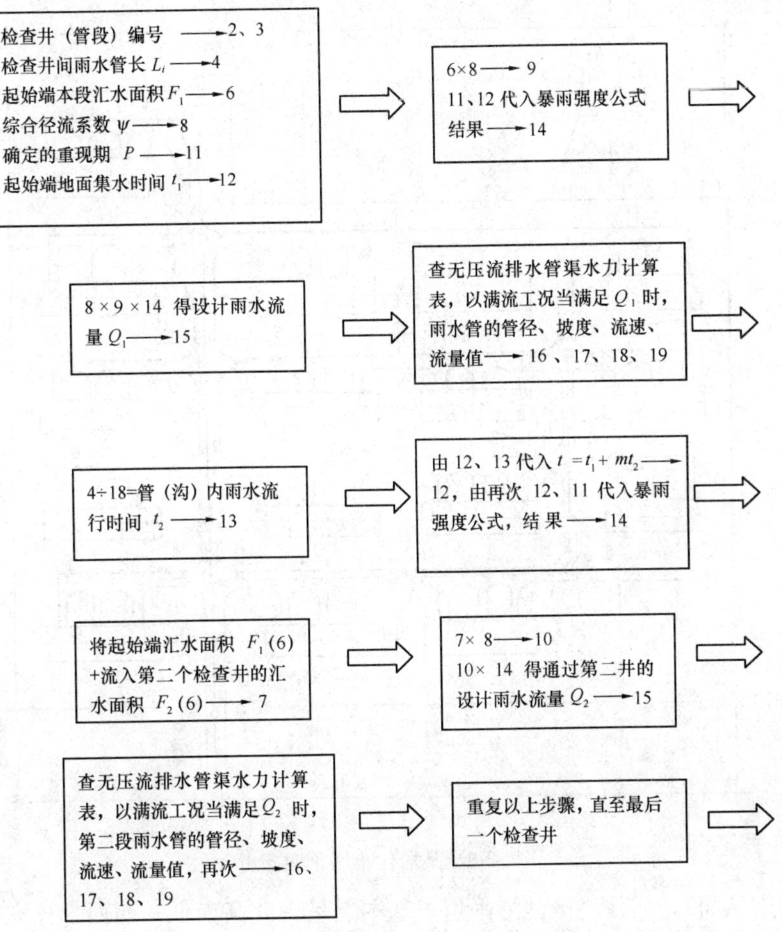

图 12-7　室外雨水管渠水力计算步骤

12.5.5　算例

【例】 北方某城市有一个居住小区，内有多层住宅 16 幢，总占地面积为 39962.4m²。某楼房布置平面和尺寸见图 12-8。已知：该城市的暴雨强度公式为 $q=\dfrac{1730.1(1+0.611\lg P)}{(t+9.6)^{0.78}}$[L/(s×10⁴m²)]。居住小区内各类屋面、道路和地面的面积见表 12-30。市政雨水管已在居住小区大门的南侧留有雨水管接管井 $Y_{市政}$，市政雨水管为管径 $D1000$ 的钢筋混凝土管，接管井地面标高为 86.9m，井内管内底标高为 84.240m。试进行居住小区内雨水管系统的设计计算。

居住小区内各类面积　　　　表 12-30

种　类	面积（m²）	种　类	面积（m²）
屋面	7753.6	绿地	11780.8
沥青路面	8412.4	停车场（块石路面）	2480.2
非铺砌地面	3535.4		

【解】 (1) 确定雨水干、支管的路由、走向

从平面图看出（平面图上应标有楼房室内、外地坪标高、小区道路的路面标高及坡度

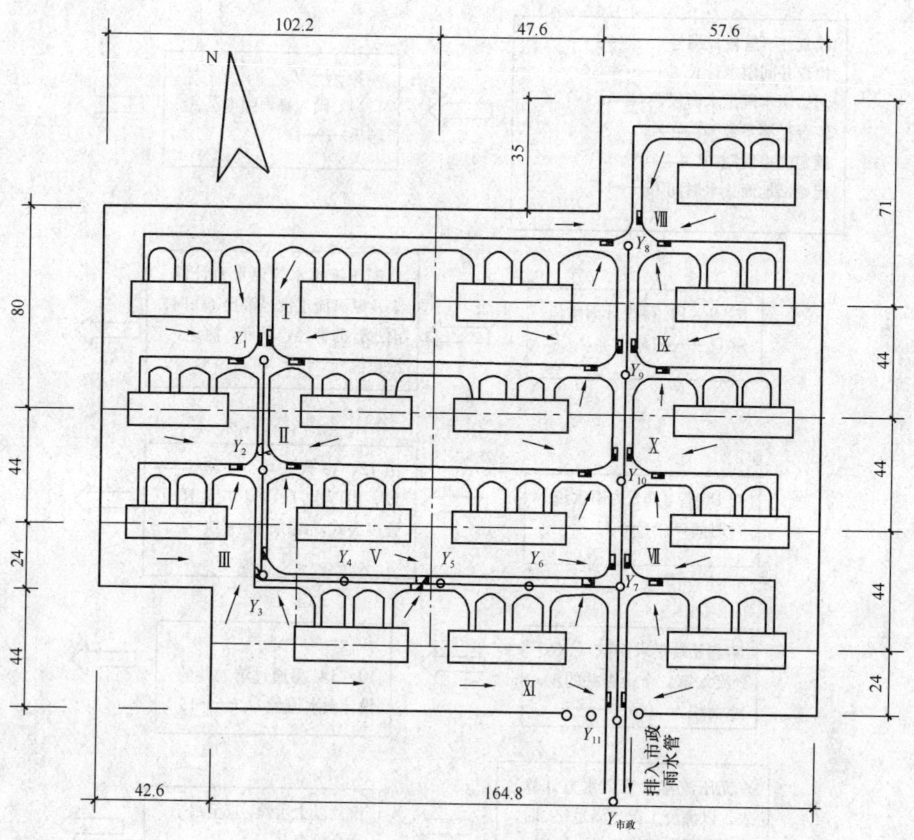

图 12-8　某居住小区平面布置

等，本例图中从简），居住小区地形平坦，基本上呈现北高南低，而西部比东部又略高的态势，道路的最低处于居住小区进门，道路坡度均小于等于 0.002。故居住小区室外雨水管路由和走向如图 12-8 所示布置较为合理，雨水管的最终排出口在居住小区的大门口，以方便与市政雨水管预留接管井 $Y_{市政}$ 的连接。

（2）依据地形和道路情况设置雨水口和雨水检查井。共设 11 座雨水检查井，检查井编号后，其间的管长填入表 12-31 的 4 栏。

（3）结合地形、道路和建筑物的雨水排除方向，划分排入各雨水检查井的汇水面积，并在平面中计算面积数，填入表 12-31 的 6 栏。

（4）确定综合径流系数 $\overline{\Psi}$

由公式（12-15），表 12-25、表 12-31 计算综合径流系数 $\overline{\Psi}$：

$$\overline{\Psi}=\frac{7753.6\times0.9+8412.4\times0.9+2480.2\times0.6+3535.40\times0.30+11780.8\times0.15}{39962.4}$$

$$=0.472$$

（5）根据居住小区的性质设计重现期取 $P=1\text{a}$；地面集水时间 $t_1=10\text{min}$；用雨水管采用圆管折减系数 $m=2$。

（6）雨水管采用钢筋混凝土排水管，承插式胶圈连接。运用前述室外雨水管渠的水力计算步骤（图 12-7），通过查钢筋混凝土排水管无压满流水力计算表确定各段雨水管的管径、坡度、流量和流速，结果填入表 12-31。

表 12-31

室外雨水管系统设计计算用表

雨 水 管 计 算 表

线路					汇水面积		径流系数	面积×径流系数		设计降雨				设计汇水流量(L/s)	设计灌渠						
线路名称或街道名称	管段编号		长度(m)	起点桩号	本段面积(hm^2)	累计面积(hm^2)		本段面积×径流系数	累计面积×径流系数	重现期(a)	历时(min)		强度[L/(s·hm^2)]		直径(mm)	坡度(‰)	流速(m/s)	流量(L/s)	坡降(m)	内底标高(m)	
	起	止									汇流时间	沟内时间								上端	下端
1	2	3	4	5	6	7	8	9	10	11	12	13	14	15	16	17	18	19	20	21	22
	Y_1	Y_2	44.5		0.8176		0.472	0.3859		1	10	0.95	169.87	65.55	*D*350	3	0.78	75.0	0.134	86.100	85.966
	Y_2	Y_3	44.5		0.4497	1.2673			0.5982		11.9	0.87	158.04	94.54	*D*400	3	0.85	107.1	0.134	85.916	85.782
	Y_3	Y_5	49.8		0.1639	1.4312			0.6755		13.64	0.91	148.73	100.47	*D*400	3	0.91	114.1	0.149	85.782	85.633
	Y_5	Y_7	49.8		0.2006	1.6318			0.7702		15.46	0.91	140.24	108.01	*D*400	3	0.91	114.1	0.149	85.633	85.484
	Y_8	Y_9	44.5		0.5803		0.472	0.2739		1	10	1.06	169.87	46.53	*D*300	3	0.70	49.8	0.134	86.700	86.566
	Y_9	Y_{10}	44.5		0.4629	1.0432			0.4924		12.12	0.93	156.79	77.20	*D*350	3.2	0.80	77.4	0.142	86.516	86.374
	Y_{10}	Y_7	44.5		0.4629	1.5061			0.7109		13.98	0.87	147.06	104.54	*D*400	3	0.85	107.1	0.134	86.324	86.190
	Y_7	Y_{11}	50.5		0.4629	3.6008	0.472		1.6996	1	17.28	0.73	132.78	225.67	*D*500	4.1	1.16	226.86	0.215	85.384	85.169
	Y_{11}	$Y_{市政}$	32		0.3955	3.9962			1.8862		18.74	0.44	127.41	240.32	*D*500	4.6	1.22	240.46	0.147	85.169	85.022

（7）平面图又提供：Y_1 井地面标高为 87.2m，故取 Y_1 井内雨水管管内底标高 86.100m；Y_8 井地面标高为 87.8m，取 Y_8 井内雨水管管内底标高 86.7m。

在计算各雨水井的标高时注意三点：

①上、下游管径改变的雨水井内雨水管应管顶平接。

②在计算交汇井 Y_7 时，降雨历时需取 Y_1～Y_7 和 Y_8～Y_7 两管段之大者，代入计算暴雨强度。

③Y_7 井的下游管内底标应取从 Y_1～Y_7 和 Y_8～Y_7 两段管的低者。

（8）核算各汇水面积区域内雨水口的设置数量

依据地面集水时间 t_1＝10min 及汇水面积计算流入各汇水区域雨水口的雨水流量，并由表 12-27 选择各汇水区域需设置的雨水口的形式和数量。结果汇总见表 12-32。

雨水口的选用与核算　　表 12-32

汇水区域号	降雨历时（min）	汇水面积（hm^2）	径流系数	暴雨强度［$L/(s\cdot10^4m^2)$］	进入雨水口流量（L/s）	雨水口	
						选型	泄水流量（L/s）
Ⅰ	10	0.8176	0.472	169.87	65.55	平箅式单箅×4	60～80
Ⅱ	10	0.4497	0.472	169.87	36.06	平箅式单箅×4	60～80
Ⅲ	10	0.1639	0.472	169.87	13.14	平箅式单箅×2	30～40
Ⅴ	10	0.2006	0.472	169.87	16.08	平箅式单箅×2	30～40
Ⅶ	10	0.4629	0.472	169.87	37.11	平箅式单箅×4	60～80
Ⅷ	10	0.5803	0.472	169.87	46.53	平箅式单箅×3	45～60
Ⅸ	10	0.4629	0.472	169.87	37.11	平箅式单箅×4	60～80
Ⅹ	10	0.4629	0.472	169.87	37.11	平箅式单箅×4	60～80
Ⅺ	10	0.3955	0.472	169.87	31.71	平箅式单箅×2	30～40

（9）雨水管设计计算结果评价

计算结果得出，小区雨水管排至市政接管点的管径为 *D*500、管内底标高为 85.022m。

市政雨水管接管点管径为 *D*1000，管内底标高为 84.240m，管顶标高为 85.240m。低于居住小区雨水管排入标高，故设计计算合理。

（10）绘制雨水管纵剖面图。此处从略。

13 仪表及设备

13.1 水表和流量计

13.1.1 水表

（1）设置条件

1）小区的引入管。

2）居住建筑和公共建筑的引入管。

3）住宅和公寓的进户管。

4）综合建筑的不同功能分区（如商场、餐饮等）或不同用户的进入管。

5）浇洒道路和绿化用水的配水管上。

6）必须计量的用水设备（如锅炉、水加热器、冷却塔、游泳池、喷水池及中水系统等）的进水管或补水管上。

7）收费标准不同的应分设水表。

（2）类型

1）我国目前生产的水表，可分为如下类型：

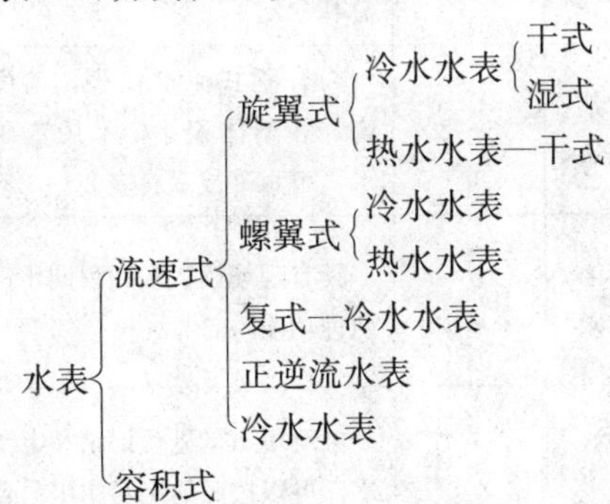

2）水表按其读数方式分，还可分为指针式和数字式。为适应新的管理方式，又研制开发了远传水表和预收费水表等多种形式。远传水表通常是以普通水表作为基表，加装了远传输出装置的水表，远传输出装置可以安置在水表本体内或指示装置内，也可以配置在外部。预付费类水表是以普通水表作为基表，加装了控制器和电控阀所组成的一种具有预置功能的水表，典型的有IC卡冷水水表、TM卡水表和代码预付费水表。

（3）技术特性和适用范围：常用水表的技术特性和适用范围见表13-1。

（4）特性参数

1）常用流量（Q_3）：额定工作条件下的最大流量。在此流量下，水表应正常工作并符合最大允许误差要求。

常用水表的技术特性和适用范围　　表 13-1

类型	介质条件			公称直径（mm）	主要技术特性	适用范围
	温度（℃）	压力（MPa）	性质			
旋翼式冷水水表	0～40	≤1.0	清洁的水	15～150	最小起步流量及计量范围较小，水流阻力较大，其中干式的计数机构不受水中杂质污染，但精度较低；湿式构造简单，精度较高	适用于用水量及其逐时变化幅度小的用户，只限于计量单向水流
旋翼式热水水表	0～90	≤0.6	清洁的水	15～150	仅有干式，其余同旋翼式冷水水表	适用于用水量及其逐时变化幅度小的用户，只限于计量单向水流
螺翼式冷水水表	0～40	≤1.0	清洁的水	80～400	最小起步流量及计量范围较大，水流阻力小	适用于用水量大的用户，只限于计量单向水流
螺翼式热水水表	0～90	≤0.6	清洁的水		最小起步流量及计量范围较大，水流阻力小	适用于用水量大的用户，只限计量单向水流
复式水表	0～40	≤1.0	清洁的水	主表：50～400 副表：15～40	水表由主表及副表组成，用水量小时，仅由副表计量，用水量大时，则由主表及副表同时计量	适用于用水量变化幅度大的用户，且只限计量单向水流
正逆流水表	0～30	≤3.2	海水	50～150	可计量管内正、逆两向流量之总和	主要用于计量海水的正逆方向流量
容积式活塞水表	0～40	≤1.0	清洁的水	15～20	为容积式流量仪表，精度较高，表型体积小，采用数码显示，可水平或垂直安装	适用于工矿企业及家庭计量水量，只限单向水流
液晶显示远传水表	0～40	≤1.0	清洁的水	15～40	具有现场读数和远程同步读数两种功能	可集中显示、储存多个用户的房号及用水量；尤其适用于多层或高层住宅
IC卡水表	冷水水表：+0.1～+35℃ 热水水表：+0.1～+90℃	≤1.0	清洁的水	15～40	可对用水量进行记录和电子显示，可以按照约定对用水量自动进行控制，并且自动完成阶梯水价的水费计算，同时可以进行用水数据存储的功能	适用于住宅用水的计量与收费工作，为预付费型水表
直饮水表			直饮水	8～40	材质为不锈钢，计量精度等级按最小流量和分界流量分为C、D两个等级，符合国家现行标准《饮用净水水表》CJ/T 241—2007。可采用普通、远传或IC卡直饮水表	适用于直饮水系统的计量

2）过载流量（Q_4）：要求水表在短时间内能符合最大允许误差要求，随后在额定工作条件下仍能保持计量特性的最大流量。

3）最小流量（Q_1）：要求水表的示值符合最大允许误差的最低流量。

4）流量范围：由最小流量和过载流量所限定的范围，在此范围内水表的示值不得产生超过最大允许误差的误差，该范围由分界流量分割成“高区”和“低区”两个区。

5）分界流量（Q_2）：出现在常用流量和最小流量之间，将流量范围划分成各有特定最大允许误差的“高区”和“低区”两个区的流量。

6）工作压力（P_w）：在水表的上、下游测得的管道中的平均水压。

7）最高允许工作压力（*MAP*）：额定工作条件下水表能够持久承受且计量特性不会劣化的最高压力。

8）压力损失$\triangle P$：在给定流量下，管道中存在水表所造成的水头损失。常用流量时的压力损失为0.025MPa，过载流量时为0.10MPa；

9）最高允许温度（*MAT*）：在给定内压条件下水表能够持久承受且计量特性不会劣化的最高温度。

10）最大允许计量误差

使用中水表的最大允许误差应为下列①、②给出的最大允许误差的两倍。

① 低区的最大允许误差：水温在额定工作条件规定范围以内时，以最小流量（Q_1）和分界流量（Q_2）（不包括Q_2）之间的流量排出的体积的最大允许误差为±5%。

② 高区的最大允许误差：

以分界流量（Q_2）（包括Q_2）与过载流量（Q_4）之间的流量排出的体积的最大允许误差：水温≤30℃时为±2%；水温>30℃时为±3%。

（5）类型的选择

1）水表类型的选择应考虑下述因素：

①用水量及其变化，包括：

a. 通过水表的常用流量及其时间；

b. 通过水表的过载流量、最小流量及其时间。

②通过水表的介质情况，包括：

a. 介质温度；

b. 工作压力；

c. 水的浊度（必须是清洁的水）。

③安装水表的管道直径。

④室外管网的压力值及允许水表水头损失值。

2）水表的选型，应符合下列要求：

① 接管公称直径不超过50mm时，应采用旋翼式水表，接管公称直径超过50mm时应采用螺翼式水表。

② 通过水表的流量变化幅度很大时应采用复式水表。

③ 推荐采用干式水表。

④ 对设在户内的水表，宜采用远传水表或IC卡水表等智能化水表。

3）水表直径的确定应符合下列规定：

① 用水量均匀的生活给水系统的水表应以给水设计流量选定水表的常用流量，如公共浴室、洗衣房、公共食堂等用水密集型的建筑，小区引入管等；

② 用水量不均匀的生活给水系统的水表应以给水设计流量选定水表的过载流量，如住宅及旅馆等公建；

③ 在消防时除生活用水外尚需通过消防流量的水表，应以生活用水的设计流量叠加消防流量进行校核，校核流量不应大于水表的过载流量；

④ 新建住宅的分户水表，其公称直径一般宜采用 20mm，当一户有多个卫生间时，应按计算的设计秒流量选择；

⑤ 水表直径的确定还应符合当地有关部门的规定（由城镇管线接入建筑红线的引入管上的水表直径，有些地区由当地有关部门确定）。

（6）安装方式

1）水表应装设在观察、安装、维护、拆卸方便，不冻结，不被任何液体及杂质所淹没和不易受损处；并应考虑：安装场所需要适当的照明，地坪应无障碍，坚硬不滑。

2）水表不应受由管子和管件引起的过度应力，需要时，水表应装在底座或托架上，以及在水表前加装柔性接头。此外，水表的上游和下游应适当地固紧，以保证在一侧拆开或卸下水表时，不至由于水的冲击使设施零件移动。

3）水表应防止由水和周围空气的极限温度引起损坏的危险。

4）水流方向应与水表的标注方向一致。

5）避免接近水表处流量截面的突然变化。

6）水表前后均应装设检修阀门，水表与表后阀门间应装设泄水装置，为减少水头损失并保证表前管内水流的直线流动，表前检修阀门宜采用闸阀，住宅中的分户水表，其表后检修阀及专用泄水装置可不设。

7）当水表可能发生反转，影响计量和损坏水表时，应在水表后设止回阀，特别是进加热设备的冷水表后应设止回阀。

8）水表前宜设置过滤器。

9）安装前，应冲洗给水管，如装有过滤器也应加以清洗。

10）水表应防止由安装场所周围产生冲击或振动引起损坏的危险。

11）水表安装位置应避免暴晒、水掩、冰冻和污染，在雨期和冬期应采取防雨防冻措施。

12）室内水表安装，可参照国家标准图集《常用小型仪表及特种阀门选用安装》01SS105。

（7）几种水表分述如下：

1）LXS 系列旋翼湿式水表：LXS 系列水表分有 C 型和 E 型两种。C 型表采用八位指针计数，E 型表采用三位指针和五位字轮计数。C、E 型水表均适用于一般居民住宅及小型企业记录自来水的用水量。

其主要技术参数：

① 水温：0～40℃

② 最大工作压力：1.0MPa

③ 示值误差：

LXS-15C～40C、15E～40E 的示值误差：从分界流量到最大流量为±2%；从最小流量到分界流量为±5%。

LXS－50C 的示值误差：最小流量至分界流量的 5%之间为±5%；常用流量的 5%～10%之间为＋8%、－2%，常用流量的 10%～100%为±2%。

④ 流量见表 13-2。

LXS 型水表流量 **表 13-2**

<table>
<tr><th rowspan="2">型号</th><th rowspan="2">口径（mm）</th><th colspan="4">常用流量（Q_n）</th><th colspan="4">分界流量（Q_t）</th><th colspan="4">最小流量（Q_{min}）</th></tr>
<tr><th colspan="4">（m^3/h）</th><th colspan="8">≤（m^3/h）</th></tr>
<tr><td>LXS-15C
LXS-15E</td><td>15</td><td colspan="4">1.5</td><td colspan="4">0.12</td><td colspan="4">0.03</td></tr>
<tr><td>LXS-20C
LXS-20E</td><td>20</td><td colspan="4">2.5</td><td colspan="4">0.20</td><td colspan="4">0.05</td></tr>
<tr><td>LXS-25C
LXS-25E</td><td>25</td><td colspan="4">3.5</td><td colspan="4">0.28</td><td colspan="4">0.07</td></tr>
<tr><td>LXS-40C
LXS-40E</td><td>40</td><td colspan="4">10</td><td colspan="4">0.80</td><td colspan="4">0.20</td></tr>
<tr><td rowspan="3">LXS-50C</td><td rowspan="3">50</td><td colspan="3">过载流量</td><td colspan="3">常用流量</td><td colspan="3">分界流量</td><td colspan="3">最小流量</td></tr>
<tr><td colspan="12">（m^3/h）</td></tr>
<tr><td colspan="3">30</td><td colspan="3">15</td><td colspan="3">10</td><td colspan="3">0.40</td></tr>
</table>

2）LCD-I 液晶显示远传水表：该水表由两部分组成：传感计量器和多户集中显示屏。传感计量器安装方法与普通水表相同，由它引出一条三芯信号导线与显示屏相连；集中显示屏安装在楼寓的管理室或公共场所的墙上，采用壁挂式或嵌墙式。

集中显示屏使用 AC220V 电源供电，停电时能够自动切换成 DC6V 后备电源供电。该显示屏能够自动巡回显示多户房号及用水量。有过压保护、低压报警及自动切断电流并可自动进行系统自检等功能。

其主要技术参数：

① 水温：≤40℃

② 公称压力：1.0MPa

③ 工作电压：AC220V；备用电源：DC6V

④ 功耗：1.2W

⑤ 断电保护时间：≤140h（72h 后报警）

⑥ 信号传输距离：≤200m（超过 200m 可扩充设计）

⑦ 示值误差限：

a. 从包括最小流量至不包括分界流量的低区：±5%

b. 从包括分界流量至包括最大流量的高区：±2%

⑧ 流量见表 13-3。

LCD-I 型水表流量　　表 13-3

公称口径（mm）	常用流量（m³/h）	分界流量 Q_t	最小流量 Q_{min}
		≤（m³/h）	
15	1.5	0.120	0.030
20	2.5	0.200	0.050
25	3.5	0.280	0.070
40	10	0.800	0.200

3）饮用水流量计

LYH/LYHY 系列饮用水流量计是用来记录流经饮用水管道饮用水总量的计量仪表。本表为容积式流量计仪表，应用实测原理，以活塞旋转来记录通过管道内饮用水的总量。计数器与水隔离，始动流量小，计量精度高，适用于水质优良，水费较高的场所，其中 YHY 系列流量计具有远传功能（通过 1L 水输出一个开关信号）。主要技术参数见表 13-4。

LYH/LYHY 系列主要技术参数　　表 13-4

型号	过载流量	常用流量	分界流量	最小流量	始动流量	最小读数	最大读数
单位			(L/h)				(L)
LYH/LYHY 系列	600	300	22.5	12.5	<2	0.005	99999

13.1.2 流量计

（1）常用流量计的类型

常用流量计的类型、特点及适用场所见表 13-5。

（2）常用流量计的选择

1）流量计类型的选择：流量计的种类很多，特征各异。选择时应综合考虑以下因素：

① 测量要求：如所需测量精度、显示方式、测量瞬时值或累计值等。

② 被测介质特征：如介质的相态、黏度、透明度、温度、压力、毒害性、腐蚀性以及流量的变化范围等。

③ 安装流量计的管段情况：如管道直径、截面形状、管道走向、可能提供的直管段长度及工艺允许的压力损失等。

2）流量计量程的选择

① 方根刻度时：最大流量值宜选为满刻度的 95%左右；正常流量值宜选为满刻度的 70%～80%左右；最小流量值宜选为满刻度的 30%左右。

② 线性刻度时：最大流量值宜选为满刻度的 90%左右；正常流量值宜选为满刻度的 50%～70%左右；最小流量值宜选为满刻度的 10%左右。

③ 面积式流量计：最大流量值宜选为满刻度的 95%左右；正常流量值宜选为满刻度的 50%～80%左右；最小流量值宜选为满刻度的 10%左右。

常用流量计的类型、特点及适用场所

表 13-5

类型		差压计	面积式流量计			流速式				
名称		差压流量计	玻璃转子流量计	金属管转子流量计	冲塞式流量计	涡轮流量计	电磁流量计	靶式流量变送器	超声流量计（传播速度法）	超声流量计（多普勒法）
工作原理		流体流经节流装置时，其前后形成的(静)压差值和流量大小有关	流体流经阻力不变的节流装置时，其流通面积大小和流量有关	同左	同左	流体流经流量计时，推动翼轮旋转，其转速与流体流速成正比	将管道置于流量计恒定磁场中，管道中导电流体流速愈大，仪表中和管道方向垂直的两端电极上产生的感应电动势也愈大	流体作用在靶头上的动水压力与流速有关	利用超声波在液体中顺流传播速度变化来测量圆管内流速而计算出瞬时流量与累积流量	利用超声波在液体中顺、逆流传播速度变化和多普勒效应来测量圆管内流速而计算出瞬时流量与累积流量
被测介质与产品参数 种类	清洁液体	✓	✓	✓	✓	✓	✓	✓	✓	×
	黏液	△	△	✓	×	△	✓	✓	×	✓
	泥浆	×	×	△	×	×	✓	△	×	✓
	气体	✓	✓	✓	✓	✓	×	✓	×	×
	蒸汽	✓	✓	✓	✓	×	×	✓	×	×
	温度(℃)		−20～+120	−30～+180	<200	−20～+120		<400	−40～+250	−40～+250
	压力(MPa)	≤40.0	0.4，0.6，1.0，1.6	1.6，6.4	1.2	2.5，6.4，16.0	0.25～4.0	16.0		
	流速(m/s)								0～12	0～16
	流量范围	相应的压差值为 $600\sim25\times10^4$Pa	气体：16～1000000L/h；液体：10～40000L/h	气体：0.4～3000m³/h；液体：12～100000L/h	4～60m³/h	液体：0.04～6000m³/h 气体：2.5～350m³/h	与流量计口径及管内液体流速有关。流速范围(m/s)：0～0.5，0～12	2～800m³/h		
仪表特点	精度	1	2.5	1.5 2.5	3～3.5	0.5～1	1.5	2	1.5	2.0
	量程比	3∶1	10∶1	10∶1 5∶1		6∶1 10∶1	10∶1	3∶1		
	刻度方式	方根	近似线性	近似线性	线性	线性	线性	方根	背光液晶字符显示器，可显示：瞬时流量、累积流量、流速、运行时间、累积运行时间等	

续表

类型		差压计	面积式流量计			流速式				
仪表特点	其他	1. 使用面广； 2. 结构简单，显示仪表系列化、通用化程度高； 3. 其中标准节流装置不经标定即可使用	1. 结构简单、维修方便、量程比大、压力损失小； 2. 精度低，受介质参数(密度、黏度)影响较大	1. 具有玻璃管转子流量计的主要优点； 2. 可远传； 3. 可带蒸汽夹套，用于易凝、易结晶的流体； 4. 可带氟塑料内衬或采用防腐材料，用于腐蚀性介质	1. 结构简单； 2. 安装使用方便； 3. 精度低，不能用于脉冲流量测量	1. 精度较高、适于计量； 2. 耐温、耐压范围较大； 3. 变送器体积小、维护简单； 4. 轴承易磨损，连续使用周期短	1. 测量精度不受介质的温度、密度、黏度及电导率的影响； 2. 可以认为无压力损失； 3. 可得到从零开始的、正比于流量的输出信号； 4. 要求的直管段较短； 5. 无可动部分，响应快，可测量脉动流量； 6. 衬里易磨损，清洗时电极易损坏，使用时要注意排除干扰信号	1. 仪表直接安装在工艺管线上，无需孔板及导压管，维护简单； 2. 结构简单，体积小，重量轻； 3. 不宜安装在振动大的场所	本仪器探头安装在管壁之外，不与液体直接接触，其测量过程对管路系统无任何影响，使用非常方便。仪表分固定式和便携式两种。本仪器配以专用微机系统参与控制、计算、显示、打印及数据处理	
安装要求	管径 D (mm)	50～1000	4～100	15～150	25～100	液体：4～500 气体：15～50	3～1600	15～300	25～6000	25～3000
适用场所		除下列情况外，原则上应选用差压式流量计： 1. 差压仪表达不到所需精度； 2. 流量变化幅度大； 3. 允许压力损失小； 4. 高黏性液体； 5. 非单相流、强腐蚀性流体； 6. 使用其他流量计具有更多优点时	空气、氮气、水及其他透明状的无毒害流体的小流量测量	1. 流量大幅度变化的场所； 2. 高黏性、易凝性液体，腐蚀性液体； 3. 微小流量； 4. 差压式导压管容易气化的场所	适用于各种无渣滓，无结焦类介质的就地指示和积算	适用于清洁流体在宽测量域内的高精度测量，介质黏度范围一般要求小于5°E	只适用于导电液体(包括含有混杂物的导电液体)的测量，但不适于测量铁磁性物质	适用于黏性、脏污及腐蚀性等介质的测量	1. 适用水，海水，污水酸、硷溶液及其他均质流体，且应保持满管； 2. 管道材质：金属、橡胶、塑料、有机玻璃等； 3. 管衬材料：砂浆、橡胶、玻璃钢	1. 适用于生活污水、工业废水浆体、原油、重油、油水混合物、高黏度、大密度的化工流体等固液、气液二相流体； 2. 管道材质：金属、橡胶、塑料、有机玻璃等； 3. 管衬材料：砂浆、橡胶、玻璃钢

注：1. 表中符号“√”表示适用，“△”表示可用，“×”表示不可用；
2. 量程比系指仪表测量范围的上限值与下限值之比；
3. 精度系指仪表测量精度的等级数，如“1”表示该仪表的精度为1级，其含义是：测量的最大误差不超过该仪表满量程读数值的百分之一，其余类推。

13.2 压力表（计）、真空表和温度计

13.2.1 压力表和真空表

（1）类型及特点：常用压力表（计）、真空表的类型、特点和适用场所见表 13-6。

常用压力表（计）、真空表类型、特点和适用场所　　表 13-6

仪表分类	类型	作用原理	特点	测量范围	精度	适用场所
1	2	3	4	5	6	7
液柱式压力计	U形压力计 杯形压力计{单管、多管} 斜管压力计 补偿式压力计	待测压力与管内液柱平衡时，产生液柱高差	结构简单，制作方便但易破损	1000～20000Pa	1.5	测量气体的压力及压差（也可用于测量对充填工作液不起化学作用的腐蚀性介质）。可与差压式流量计配套使用
				3000～15000Pa		
				400～1250Pa	0.5；1	测气体微压
				1500～2500Pa		
弹性式压力计	普通压力表、真空表	待测压力作用于表内弹性元件，使弹性元件产生与压力大小成正比的机械位移	结构简单，成本低廉，使用维护方便，产品品种多	−0.1～100MPa	1.0；1.5 2.5	测量非腐蚀性及无爆炸危险的非结晶气体、液体的压力及负压。防爆车间电接点压力表应选用防爆型
	电接点压力表、真空表{防爆、非防爆}			−0.1～160MPa	1.5； 2.5	
	双针双管压力表			0.4～0.6MPa	1.5	测量非腐蚀性介质压力，可同时测量二点表压及二点压差
	双面压力表			0～2.5MPa	1.5	多用于测量蒸汽机和锅炉之蒸汽压力
	矩形压力表			0.16～2.5MPa	2.5	供嵌入仪表盘内测量非腐蚀性介质的压力和负压
	远传压力表{电阻式、电感式}		有刻度，不防爆	0.1～60MPa	1.5	既可将测量值传至远离测量点的二次仪表，又可就地指示
	标准压力表		结构严密精密压力表弹簧管材质为Ni42Cr6Ti不锈钢	−0.1～250MPa	0.2； 0.25	用于精确测量非腐蚀性介质的压力和负压，亦可检验普通压力表。精密压力表并可用于大部分有机酸和无机酸等酸性介质的测量
	精密压力表			6.0～60.0MPa	0.4；0.25	
	耐酸压力表		以镍铬、钛铝合金和奥氏体类不锈钢为弹簧管材	4.0～60.0MPa	1.5	用于对本仪表材质不起化学作用的腐蚀性介质的压力测量
	多圈弹簧管压力表、真空表		结构较复杂，但具有指示、记录、远传、报警等多种功能	0.6～16.0MPa	1.0；1.5	用于测量非腐蚀性介质的压力。既能远传，也能就地指示，记录和调节。适用于科学研究累积数据等
	膜片式压力表、真空表（带电接点装置有耐腐蚀及不耐腐蚀两类材质）		带电接点装置中的耐腐蚀材料为1Cr18Ni9Ti及Ni36CrAl含钼不锈钢，不耐腐蚀的材料为钢保护层。带电接点装置不防爆	2.5MPa	2.5	适用于测量腐蚀性及非腐蚀性，不结晶和不凝固的黏性较大的介质压力和负压
				−0.1MPa		

(2) 选择

1) 仪表类型选择：一般应考虑下列几方面问题：

①测量要求：如测量精度，显示方式，是否要求远传、报警和自动调节等。

②测量范围：指待测压力可能出现的最大和最小值。

③被测介质的物理、化学性质：如介质的状态、温度、黏滞度，是否具有腐蚀性和脉动性等。

④仪表安装场所的特殊要求：如防震、防爆等。

⑤其他技术经济特性。

2) 仪表最大刻度的选择。

①液柱式压力计应保证管内液体不致因被测介质的压力波动而外溢，一般情况下待测压力的正常值应为仪表最大刻度的 2/3。

②弹性式压力计测量稳定压力时，待测压力的正常值应为仪表最大刻度的 2/3 或3/4；测量波动压力时，待测压力的正常值应为仪表最大刻度的 1/2，最小值应为仪表最大刻度的 1/3。

3) 仪表精度的选择。

工业用压力表、真空表，一般要求仪表精度为 1.5 级或 2.5 级；实验室或校验用压力表、真空表，一般要求仪表精度为 0.4 级或 0.25 级以上。

(3) 安装

1) 取压点位置的选择及取压部件的安装：

①在管道上取压时，取压点应选择在流速稳定的直线管段上，不应在管路分岔、弯曲、死角或其他可能形成旋涡的管段上取压。

②在容器内取压时，取压点应选择在容器内介质流动最小，最平稳的区域。

③在水平或倾斜管道上测量压力时，取压点应布置见图 13-1。

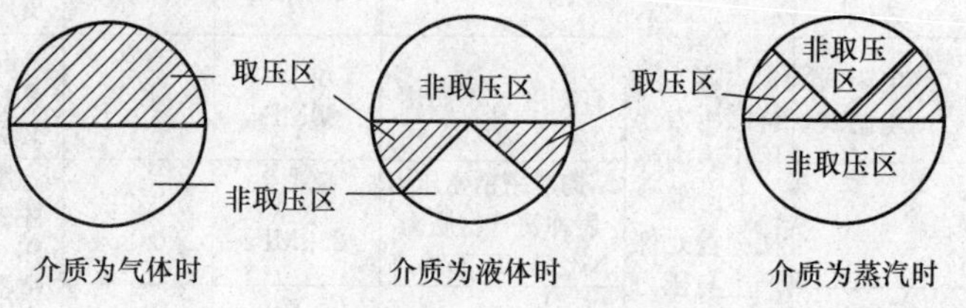

图 13-1 压力管道中取压点的布置

④取压点一般应距焊缝 100mm 以上，距法兰 300mm 以上。如在同一管段上安装两个以上压力表（或其取压点）时，其间距不应小于 150mm。

⑤取压部件一般不得伸入设备和管道内。

⑥测量带有沉淀物等污浊介质的压力或负压时，取压部件应顺流束成锐角插入。

⑦就地指示的压力表，当被测介质温度超过 60℃或低于－5℃时，测压点与压力表之间应设 U 形弯或环形弯。

2) 仪表的安装

①液柱式压力计的安装

a. 导压管的安装

测量液体时，应保证导压管内只充满液体；测量气体时，应保证导压管内只充满气体，否则，因气、液重度不同而产生附加测量误差。

测量腐蚀性介质压力时，不允件介质直接引入压力计内，必须加设隔离罐。罐内隔离液不得与介质发生化学反应，也不得与介质互溶或腐蚀仪表。

b. 差压计的安装

从取压点到差压计的距离不得小于 3m 或大于 50m。

差压计的周围环境温度不宜低于＋10℃或高于＋60℃。

差压计应安装在便于观察，无振动和机械损伤的地方。

②弹性式压力计的安装

a. 仪表应垂直安装。

b. 仪表应安装在易于观察，且无显著振动的地方。

c. 仪表安装位置高于或低于取压点所在位置时，应在仪表示数中加入有关液柱高度的修正值。

d. 被测介质压力波动较大时，压力表与取压部件之间应加阻尼管，见图 13-2。

e. 被测介质有腐蚀性或易于凝结时，压力表与取压部件之间应设隔离装置，见图 13-3。

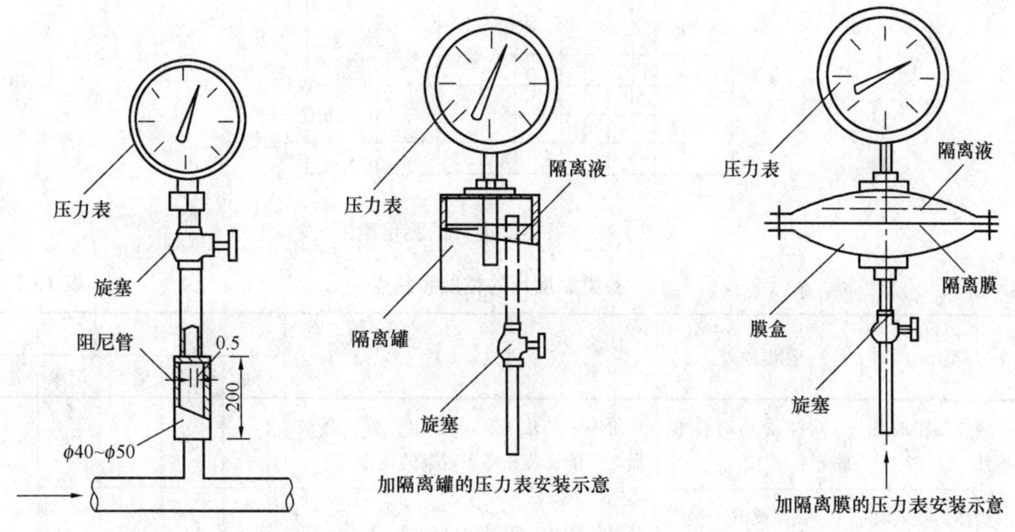

图 13-2　压力表与取压部件之间加阻尼管

图 13-3　压力表与取压部件之间设隔离装置

13.2.2　温度计

(1) 分类：温度计的种类繁多，按照测温方法的不同，可分为接触式和非接触式两大类，其中接触式温度计的主要类型如下：

1) 液体膨胀式温度计（玻璃液体温度计）。

2) 固体膨胀式温度计。

3) 气体膨胀式温度计（压力式温度计）。

4）热电阻温度计。

5）热电偶温度计。

（2）比较

1）测温范围：各类温度计的测温范围见图13-4。

2）性能和特性：各类温度计的性能和特点见表13-7。

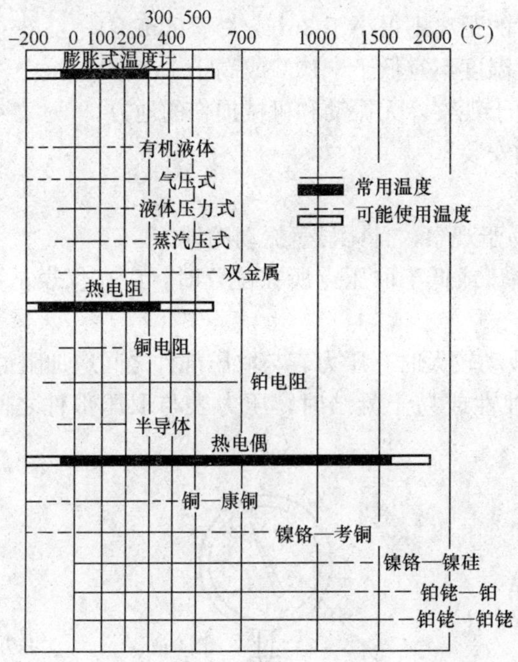

图13-4　各类温度计的测量范围

各类温度计的性能和特点　　**表13-7**

类型	测温原理	优缺点	用途				
			指示	报警	遥测	记录	遥控
液体膨胀式温度计	液体受热时体积膨胀	价廉，精度较高，稳定性好；易破损，只能安装在易于观察的地方	√	√	×	×	×
固体膨胀式温度计	金属受热时产生线性膨胀	示值清楚，机械强度较好；精度较低	√	√	×	×	√
压力式温度计	温包里的气体或液体因受热而改变压力	价廉，适于就地集中测量毛细管机械强度差，损坏后不易修复	√	√	×	√	√
热电偶温度计	两种不同金属导体的接点因受热而产生热电势	测量准确，和热电阻相比其安装维护方便，不易损坏需补偿导线，安装费用较贵	√	√	√	√	√
热电阻温度计	导体或半导体的电阻随温度变化而改变	测量准确，可用于低温或低温差测量和热电偶相比，维护工作量大，振动场合易损坏	√	√	√	√	√

注：表中符号“√”表示可用，符号“×”表示不可用。

3）测量精度

①双金属温度计：±1%～2.5%；

②压力式温度计：±1.5%～2.5%；

③热电阻温度计的测量精度见表13-8。

热电阻温度计的精度 **表13-8**

名　称	测量范围（℃）	精度
铂电阻	−200～<0	±1℃
	0～100	±0.5℃
	100～650	±0.5%t
铜电阻	−50～50	±0.5℃
	50～150	±1%t

注：t为被测温度（℃）。

（3）选择和应用

1）分类：玻璃液体温度计的分类见表13-9。

2）技术特性及应用范围：常用玻璃液体温度计的技术特性及应用范围见表13-10。

玻璃液体温度计的分类 **表13-9**

分类原则	类　别	
按用途分类	校验用标准温度计	
	科研实验用温度计	
	工业用温度计	
按性能分类	指示型	
	带电接点型	固定式
		可调式
按感温液体分类	有机液体（酒精、煤油、甲苯、乙烷、戊烷等）	
按结构形式分类	棒式	直形
		90°角形
		135°角形
	内标式（可附金属保护套）	直形
		90°角形
		135°角形

常用玻璃液体温度计的技术特性及应用范围 **表13-10**

类型	测温范围	精度	应　用　范　围
有机液玻璃温度计	−100～+100℃	±0.5～2℃	1. 均用于就地测量气体和液体的温度，其中棒式温度计常用于实验室等无振动和无机械损伤的场合：内标式温度计则多用于管道或设备上； 2. 有机液体玻璃温度计主要用于测量低温，其中以酒精作感温液的可测到−80℃，以戊烷作感温液的可测到−100℃

3）玻璃液体温度计的选择

①类型的选择：应根据安装温度计的目的、被测介质的性质、温度变幅、所要求的测量精度及测温点的具体条件（如安装部位、有无振动及机械损伤之可能），按表13-9、表13-10各项进行选择。

②尾长的确定

a. 安装在设备、容器上的温度计，应根据安装部位的具体情况确定所选温度计之尾长，以能准确地测出所需温度值为准。

b. 一般情况下，安装在管道上的温度计，应使其感温部分位于管道中心线上，其尾长（L）可按式（13-1）～式（13-3）进行计算：

$$\text{直形}:L \approx 0.5D + 60 \tag{13-1}$$

$$90^\circ \text{ 角形}:L \approx 0.5D + 80 \tag{13-2}$$

$$135^\circ \text{ 角形}:L \approx 0.7D + 70 \tag{13-3}$$

式中 L——所选温度计之尾长（mm）；

D——安装温度计之管段直径（mm）。

4）安装要求

①玻璃液体温度计应安装在便于观察、检修且不受机械损伤的地方，尽量避免周围环境对温度计标尺部分的影响。

②在直线管段上安装温度计时，其感温部分一般应位于管道中心线上，若安装温度计的管道直径太大，则温度计不宜插入管道太深，以免管内流动介质的冲击，造成温度计颤动，影响测量精度。在弯曲管段上安装温度计时，其感温部分应从逆流方向全部插入被测介质中。

③安装内标式玻璃液体温度计时，为了使金属保护套和温度计感温部分之间有良好的传热条件，应采取下列措施：

a. 当被测介质温度低于150℃时，应在金属保护套和温度计感温部分之间注入变压器油。

b. 当被测介质温度高于150℃时，应在上述空隙中充填导热性能良好的金属屑（如铜屑），充填高度以将温度计感温部分覆盖为准，不得充填过多，以免增大测温点的热容量。充填物上部应覆盖石棉，以减少热损失。

13.3 安全阀

（1）设置条件：属于下列情况之一的承压设备、容器和管道，必须装设安全阀；

1）在生产、贮存和输送过程中，有可能因加（受）热、受压、化学反应、仪表失灵和误操作等原因，使内压增加而造成破坏者。

2）盛装和输送液化气体者。

3）压力来源处无安全阀者。

4）其最高工作压力低于压力来源处之压力者。

（2）类型及特点：安全阀的类型、特点及适用场所见表13-11。

安全阀的类型、特点及适用场所　　表 13-11

分类原则	类 型	特 点	适用场所
按构造分	杠杆重锤式安全阀	重锤通过杠杆加载于阀瓣上，载荷不随开启高度而变化；对振动较敏感	适用于固定的、无振动的设备和容器
	弹簧式安全阀	弹簧力加载于阀瓣、载荷随开启高度而变化；对振动不敏感	可用于运动的，有轻微振动的设备容器和管道上
	脉冲式安全阀	由主阀和副阀组成，副阀首先动作，从而驱使主阀动作	主要用于大口径和高压场合
按开启高度分	微启式安全阀	开启高度为阀座喉径的 1/40～1/20；通常为渐开式	主要用于液体介质场合
	全启式安全阀	开启高度等于或大于阀座喉径的 1/4；通常为急开式	主要用于气体和蒸汽介质场合
按介质排放方式分	全封闭式安全阀	气体全部通过排气管排放，介质不向外泄漏	主要用于有毒、易燃气体介质场合
	半封闭式安全阀	气体的一部分通过排气管排出，一部分从阀盖与阀杆之间的间隙中漏出	主要用于不污染环境的气体介质（如水蒸气）的场合
	敞开式安全阀	介质不能引向室外，直接由阀瓣上方排入周围大气	主要用于工作介质为压缩空气的场合

（3）选择：安全阀的选择，包括对安全阀类型、数量的选择和安全阀阀孔面积的计算，设计中应综合考虑下列规定：

1）安全阀的类型，应根据介质性质、工作温度、工作压力和承压设备、容器的特征，按表 13-11 所列各类安全阀的特点选定。一般情况下，在室内热水和开水供应系统中，宜采用微启式弹簧安全阀；对于工作压力＜0.1MPa 的锅炉和密闭式水加热器，宜安装安全水封和静重式安全阀。

2）蒸发量＞500kg/h 的锅炉，至少装设两个安全阀，其中一个是控制安全阀；蒸发量≤500kg/h 的锅炉，至少装一个安全阀。

3）安全阀的总排汽能力，必须大于锅炉的最大连续蒸发量。并保证在锅筒和过热器上所有的安全阀开启后，锅炉内的蒸汽压力上升幅度不超过工作安全阀开启压力的 3%。

4）锅炉工作压力＜1.3MPa 时，控制安全阀的开启压力为工作压力加 0.02MPa，工作安全阀的开启压力为工作压力加 0.05MPa。

5）安全阀的阀孔面积，可按下式计算：

①热媒为饱和蒸汽时，按式（13-4）～式（13-6）计算：

微启式弹簧安全阀：
$$f=1.2\frac{G}{P} \tag{13-4}$$

微启式重锤安全阀：
$$f=1.0\frac{G}{P} \tag{13-5}$$

全启式安全阀：
$$f=0.37\frac{G}{P} \tag{13-6}$$

式中 f——阀孔面积（mm^2）；

G——单个安全阀的排汽能力（kg/h）；

P——工作压力（MPa）。

对于过热蒸汽，按式（13-7）修正：

$$f' = f\sqrt{\frac{U'}{U}} \tag{13-7}$$

式中　f——介质为过热蒸汽时的阀孔面积（mm^2）；

U'——过热蒸汽比容（m^3/kg）；

U——饱和蒸汽比容（m^3/kg）。

②热媒为水时，按式（13-8）、式（13-9）计算：

微启式弹簧安全阀：

$$f = 0.038\frac{G}{P} \tag{13-8}$$

微启式重锤安全阀：

$$f = 0.035\frac{G}{P} \tag{13-9}$$

式（13-8）、式（13-9）仅适用于水温 20℃，若水温为 100℃，则阀孔面积应增大 4%；若水温为 150℃，阀孔面积应增大 8.4%。

6）工作压力≤3.9MPa 的锅炉和密闭式水加热器，安全阀阀座内径应≥25mm。

（4）安装注意事项

1）安全阀应垂直安装，并尽可能装在锅炉、水加热器和管路的最高位置。

2）在安全阀与炉身、罐身之间，不得装接取水管、引汽管或阀门。

3）若几个安全阀共同装接在一根与器壁直接相连的短管上，则短管的通路面积应不小于所有安全阀阀孔截面积总和的 1.25 倍。

4）用于锅炉、水加热器和热水罐等设备、容器上的安全阀，一般均应安装排气管并通至室外，以防排气时伤人；排气管管径应不小于阀座内径。排气管上不得装设任何闭路配件，以保证排汽畅通。

5）安全阀上必须具有下列装置：

①杠杆式安全阀应有防止重锤自行移动的装置和限制杠杆脱出的导架。

②弹簧式安全阀应有提升手把和防止随意拧动调整螺丝的装置。

13.4　减压阀、调压孔板和节流塞

13.4.1　减压阀

减压阀是将介质压力减低并达到所求值的自动调节阀，其阀后压力可在一定范围内进行调整。减压阀按其结构形式可分为薄膜式、活塞式和波纹管式三类。

（1）适用范围：常用减压阀的适用范围，见表 13-12。

常用减压阀适用范围　　**表 13-12**

类　型	适用介质	调压范围	适　用　范　围
Y 系列减压阀	冷、热水	0.1～1.6MPa	1. 能减动压，也可减静压； 2. 适用于任意角度安装； 3. 阀后压力可现场调节； 4. DN15～DN150

续表

类 型	适用介质	调压范围	适 用 范 围
YD、YJ 系列减压阀	冷、热水	0.1～1.6MPa	1. 能减动压，也可减静压； 2. 适用于任意角度安装； 3. 阀后压力可现场调节； 4. 适用于大流量； 5. *DN*65～*DN*400
比例式减压阀	冷、热水	1.5∶1、2∶1、 3∶1、4∶1、5∶1	1. 可任意角度安装、宜垂直安装； 2. 能减动压、也可减静压
内弹簧薄膜式减压阀	水、空气	0.1～3.0MPa	1. 安装在水平管路上； 2. 进口与出口压力差须≥0.2MPa； 3. 只减动压
活塞式减压阀	蒸汽、空气无腐蚀性介质	0.1～3.0MPa	1. 安装在水平管路上； 2. 适用于温度≤450℃蒸汽管路上； 3. 只减动压； 4. 进口与出口压力差≥0.2MPa

(2) 外形结构、型号规格和技术特性

1) Y 系列减压阀

① 外形结构见图 13-5。

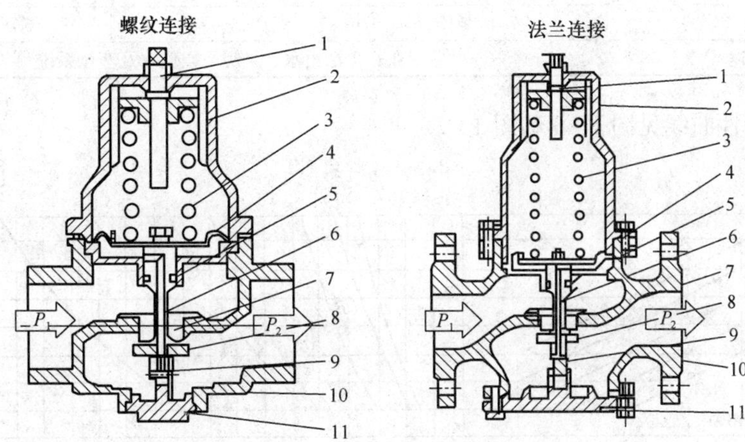

图 13-5 Y 系列减压阀外形结构

1—调节杆；2—弹簧罩；3—弹簧；4—膜片；5—O 型圈；6—阀芯；7—阀座；8—阀瓣；9—限位螺母；10—阀体；11—底盖

② 型号规格见表 13-13。

Y 系列减压阀型号规格 **表 13-13**

型 号	适用温度（℃）	公称通径（mm）										
		15	20	25	32	40	50	65	80	100	125	150
Y110	≤70	●	●	●	●	●	●					
Y210		●	●	●	●	●	●					
Y416							●	●	●	●	●	●
Y425							▲	▲	▲	▲	▲	▲

续表

型　号	适用温度（℃）	公称通径（mm）										
		15	20	25	32	40	50	65	80	100	125	150
Y110-R	≤150	▲	▲	▲	▲	▲						
Y210-R		▲	▲	▲	▲	▲						
Y416-R							▲	▲	▲	▲	▲	▲
Y425-R							▲	▲	▲	▲	▲	▲

注：1. ●表示已有规格；

2. ▲表示预定规格；

3. R 表示适用于热水介质，温度 70～150℃。

③ 技术特性

a. 技术参数见表 13-14。

Y 系列减压阀技术参数　　表 13-14

工作压力（MPa）	1.0	1.6	2.5
强度试验（MPa）	1.5	2.4	3.8
调压范围（MPa）	0.1～0.5	0.2～0.8	0.5～1.6
工作温度（℃）	≤70、≤150	≤70、≤150	≤70、≤150
用　途	工业、生活给水、采暖、空调水及蒸汽系统		

b. 流量特性曲线见图 13-6 和图 13-7。

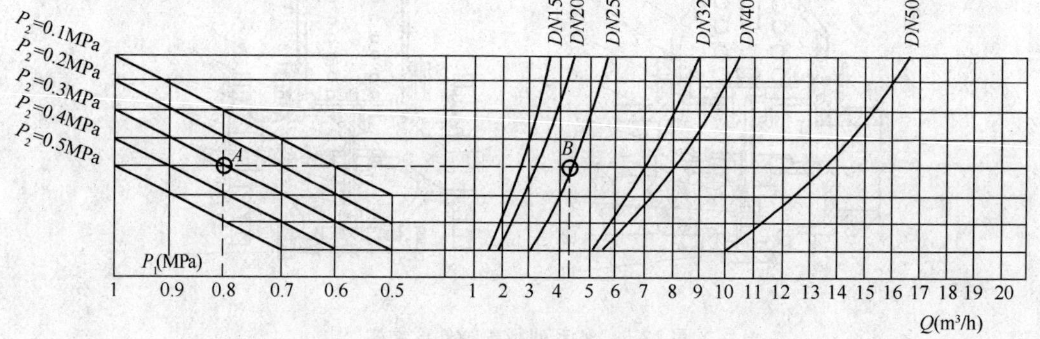

图 13-6　DN15～DN50 Y 系列减压阀流量特性曲线

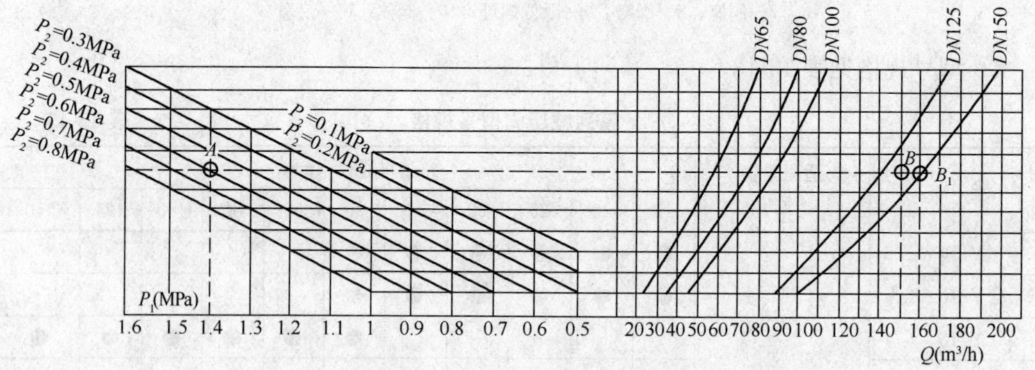

图 13-7　DN65～DN150 Y 系列减压阀流量特性曲线

说明：

(a) 图表中数据为理论计算值。

(b) 图中分为左右两区，左区：斜线表示阀后静态压力 P_2，横坐标表示阀前静态压力 P_1；右区：曲线表示阀门通径 DN，横坐标表示流量 Q。

(c) 图中流量值 Q 为动态时阀后压降 0.1MPa 时流量。

(d) 查图举例：

● 已知阀门公称通径 $DN25$，静态压力 P_1（0.8MPa）、P_2（0.3MPa），求流量 Q（见图 13-6）。从左区横坐标上找到 P_1（0.8MPa），向上引垂线与 P_2（0.3MPa）斜线相交于 A 点。过 A 点作平行于横坐标的线，与右边的曲线（$DN25$）相交于 B 点，过 B 点向横坐标作垂线即可得到流量值 Q（约为 4.3m^3/h）。

● 已知静态压力 P_1（1.4MPa），P_2（0.6MPa）和流量值 Q（150m^3/h）。求选配阀门的通径。同上一例同样的方法找到 A 点，从 A 点之水平线上找到与流量 Q（150m^3/h）的垂直对应点 B，B 点介于 $DN125$ 与 $DN150$ 之间，为保证流量，采用 $DN150$。

④Y110、Y416 型减压稳压阀：该阀采用阀后压力反馈机构，使阀后压力基本恒定。

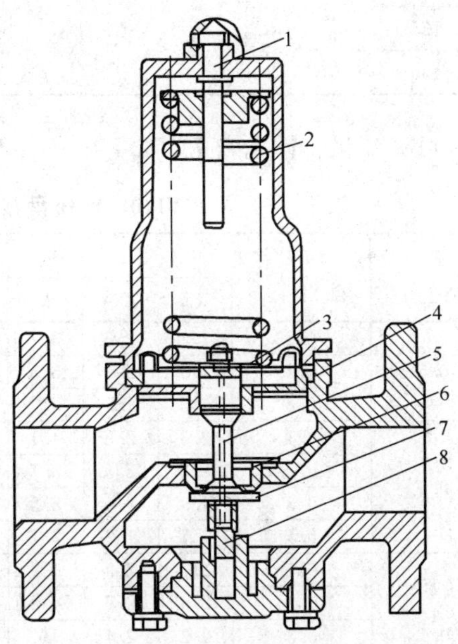

图 13-8 Y110、Y416 型减压稳压阀外形结构

1—调节螺杆；2—弹簧；3—膜片；4—阀体；5—阀芯；6—阀座；7—阀瓣；8—限位母

a. 外形结构见图 13-8。

b. 型号规格：

Y110 型：规格（mm）为 $DN15$、$DN20$、$DN25$、$DN32$、$DN40$、$DN50$。

Y416 型：规格（mm）为 $DN65$、$DN80$、$DN100$、$DN125$、$DN150$。

c. 技术特性：

(a) 技术参数见表 13-15。

Y110、Y416 型减压稳压阀技术参数 **表 13-15**

规格 DN（mm）	工作压力（MPa）	试验压力（MPa）	阀后压力调节范围（MPa）	连接形式	型 号	适用温度（℃）	动静压差（MPa）
15	1.0	1.5	0.1～0.5	内螺纹	Y110	0～80	0.1
20							
25							
32							
40							
50							

续表

规格 DN（mm）	工作压力（MPa）	试验压力（MPa）	阀后压力调节范围（MPa）	连接形式	型号	适用温度（℃）	动静压差（MPa）
65	1.6	2.4	0.2～0.8	法兰	Y416	0～80	0.1
80							
100							
125							
150							

(b) 流量特性见表 13-16。

Y110、Y416 型减压稳压阀流量特性（m^3/h）　表 13-16

P_1（MPa）	P_2（MPa）	公称通径（mm）										
		15	20	25	32	40	50	65	80	100	125	150
0.5	0.1	2.1	2.3	3.7	5.8	6	10	36	43	60	85	95
	0.2	1.9	2.1	3.5	5.5	5.7	7	34	36	50	75	87
	0.3	1.5	1.7	3	4.2	4.5	6	25	30	41	58	68
0.6	0.1	2.3	2.5	4.1	6.8	7	13.6	40	48	70	122	130
	0.2	2.1	2.3	3.7	6	6.2	9.6	38	45	62	115	125
	0.3	1.8	2.0	3.5	5.5	5.7	8.5	37	40	55	100	115
	0.4	1.7	1.9	3.1	4.1	4.3	7	35	38	48	97	107
0.7	0.1	2.7	2.9	4.5	7.2	7.5	15	42	50	76	125	137
	0.2	2.5	2.7	4.2	6.8	7	11.5	39	46	71	117	131
	0.3	2.2	2.4	4	6.5	6.8	9	36	42	65	110	124
	0.4	1.9	2.1	3.6	5.6	6	7.5	33	38	56	103	115
	0.5	1.4	1.6	3.2	4.7	5	6	30	33	45	82	94
0.8	0.1	2.9	3.1	4.8	8	8.3	16.7	48	54	84	136	150
	0.2	2.6	2.8	4.2	7.8	8.1	13	45	50	70	128	138
	0.3	2.3	2.5	4	7.2	4.8	10.5	42	46	63	120	131
	0.4	2.1	2.3	4.7	7	7.4	8.5	37	41	50	110	121
	0.5	1.8	2	3.5	6.7	7	7.5	35	38	44	92	101
	0.6							30	32	36	85	90

注：此流量是在 P_2 静压降低 0.1MPa 时的实测值。由于测试条件的限制，目前只能测到 P_1 为 0.8MPa，大于 0.8MPa 时，请按实测规律推算。

2）YD 系列大流量减压阀：

①外形结构见图 13-9。

②型号规格见表 13-17。

YD 系列大流量减压阀型号规格　表 13-17

型号	适用温度（℃）	公称通径（mm）				
		65	80	100	125	150
YD416	≤70	●	●	●	●	●
YD425		▲	▲	▲	▲	▲
YD416-R	≤150	▲	▲	▲	▲	▲
YD425-R		▲	▲	▲	▲	▲

注：●表示已有规格，▲表示预订规格。

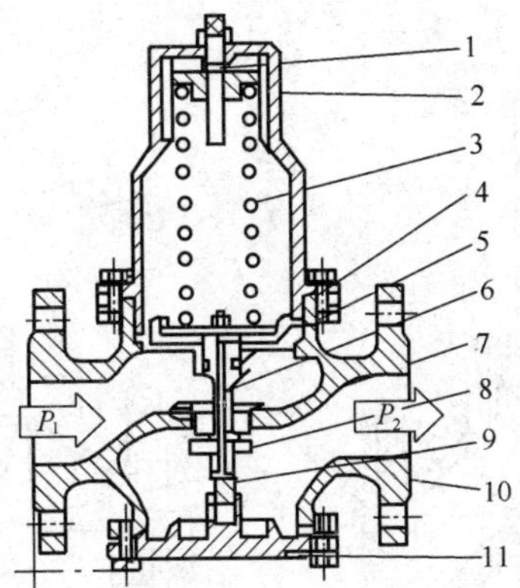

图 13-9 YD系列大流量减压阀外形结构

1—调节杆；2—弹簧罩；3—弹簧；4—膜片；5—O型密材圈；6—阀芯；7—阀座；8—阀瓣；9—限位螺母；10—阀体；11—底盖

③ 技术特性

a. 技术参数见表13-18。

YD系列大流量减压阀技术参数 **表13-18**

工作压力（MPa）	1.0	1.6	2.5
强度试验（MPa）	1.5	2.4	3.8
调压范围（MPa）	0.1～0.5	0.2～0.8	0.5～1.6
工作温度（℃）	≤70、≤150	≤70、≤150	≤70、≤150
用　途	工业、生活给水、采暖、空调水及蒸汽系统		

b. 流量特性曲线见图13-10。

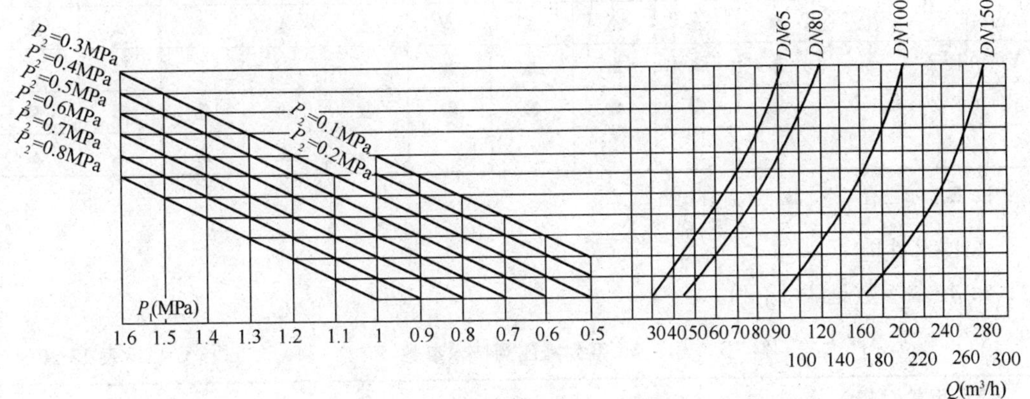

图 13-10 YD系列大流量特性曲线

注：1. 图表之数据为理论计算值；

2. 图表中流量值 Q 为动态时阀后压降 0.1MPa 时流量；

3. 查图方法同Y系列减压阀。

3）YJ系列减压阀

①外形结构见图13-11。

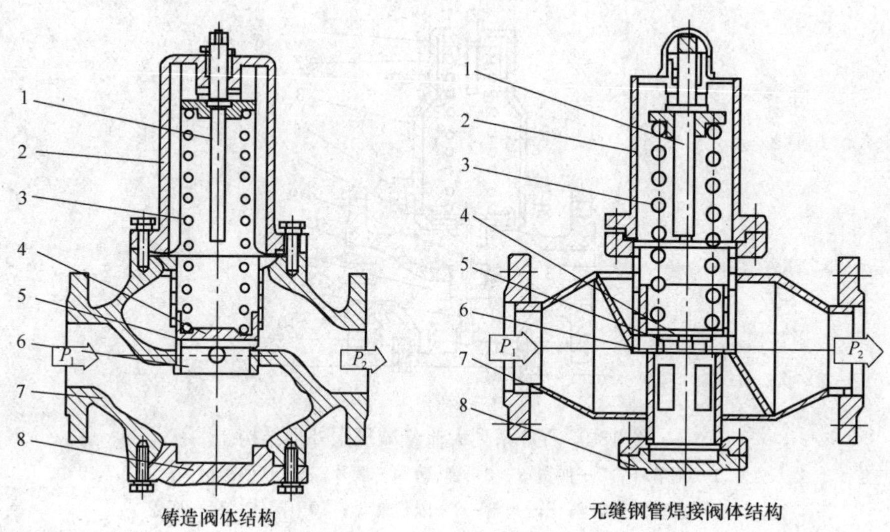

图 13-11　YJ 系列减压阀外形结构

1—调节杆；2—弹簧罩；3—弹簧；4—阀套；5—阀瓣；6—阀座；7—阀体；8—底盖

② 型号规格见表 13-19。

YJ 系列减压阀型号规格　　表 13-19

型　号	适用温度（℃）	公称通径（mm）									
		65	80	100	125	150	200	250	300	350	400
YJ410	≤70	●	●	●	●	●					
YJ416		●	●	●	●	●	●	●	●	●	●
YJ425		▲	▲	▲	▲	▲	▲	▲	▲	▲	▲
YJ410-R	≤150	▲	▲	▲	▲	▲					
YJ416-R		●	●	●	●	●	●	●	●	●	●
YJ425-R							▲	▲	▲	▲	▲

注：●表示已有规格，▲表示预订规格。

③技术性能

a. 技术参数见表 13-20。

YJ 系列减压阀技术参数　　表 13-20

工作压力（MPa）	1.0	1.6	2.5
强度试验（MPa）	1.5	2.4	3.8
调压范围（MPa）	0.1～0.5	0.2～0.8	0.5～1.6
工作温度（℃）	≤70、≤150	≤70、≤150	≤70、≤150
用　　途	工业、生活给水，采暖、空调水及蒸汽系统		

b. 流量特性曲线见图 13-12。

④YJ416、YJ425 型减压阀：YJ416、YJ425 型减压阀与 Y416 结构不同，它没有压力

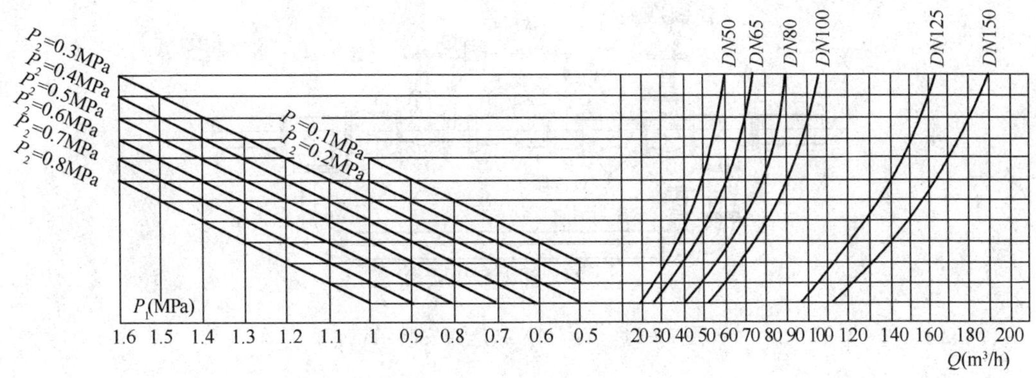

图 13-12 YJ 系列减压阀流量曲线

注：1. 图表的数据为理论计算值；

2. 图表中流量值 Q 为动态时阀后压降 0.1MPa 时流量；

3. 查图方法同 Y 系列减压阀。

反馈机构，但结构简单，流量大，阀后压力调节范围大，压紧弹簧可起到截止阀作用。其规格、技术性能见表 13-21。

YJ416、YJ425 型减压阀规格、技术性能 **表 13-21**

规格 DN (mm)	L (mm)	H (mm)	H_1 (mm)	质量 (kg)	流量 (m^3/h)	工作压力 (MPa)	阀后压力调节范围 (MPa)	动静压差 (MPa)	适用介质	适用温度 (℃)
200	990	990	260	206	300	1.6～2.5	0～1.2	0.1	冷水、热水	0～100
250	816	1070	280	220	350					
300	1420	1210	340	405	400					
350	1350	1210	340	450	420					
400	1110	1210	340	550	450					

4）Y_X741X 减压阀

①外形结构见图 13-13。

②主要技术参数

a. 公称压力：1.0MPa、1.6MPa、2.5MPa。

b. 出口压力：

PN1.0MPa 调节范围 0.1～0.8MPa

PN1.6MPa 调节范围 0.2～1.4MPa

PN2.5MPa 调节范围 0.3～2.0MPa

c. 适用介质：清水

d. 适用温度：0～80℃

e. 公称通径：DN50～DN600

③安装示意见图 13-14。

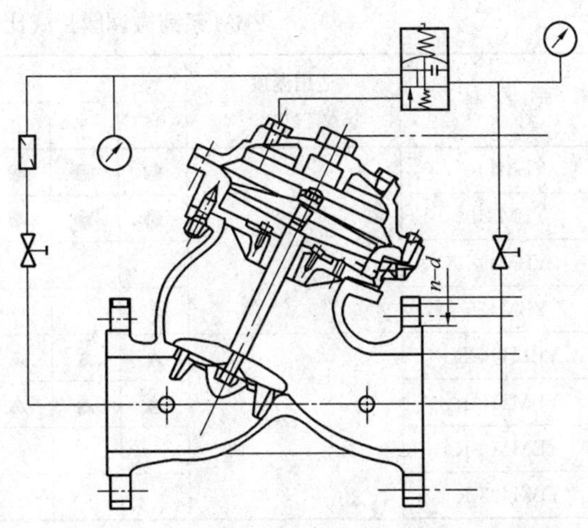

图 13-13 Y_X741X 减压阀外形结构

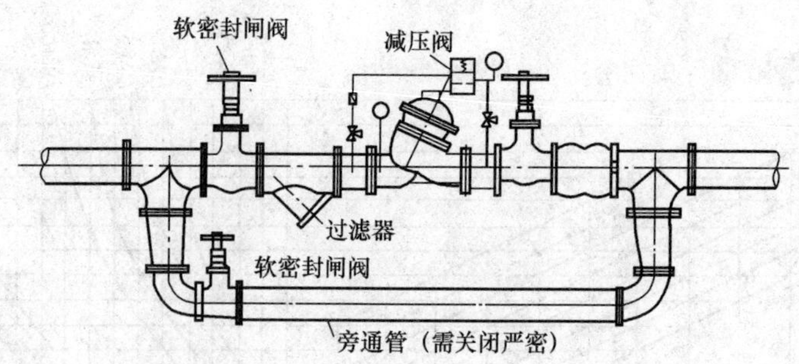

图 13-14 Y_X741X 减压阀安装示意

5）比例减压阀

①YBM 系列微调膜片式比例减压阀

a. 外形结构见图 13-15。

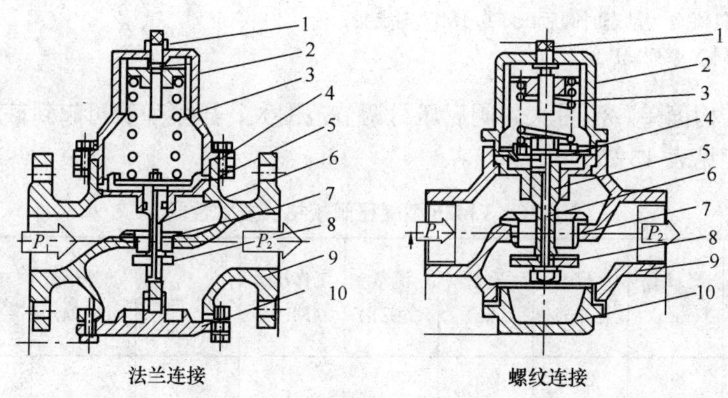

图 13-15 YBM 系列微调膜片式比例减压阀外形结构

1—调节杆；2—弹簧罩；3—弹簧；4—膜片；5—O 型密封圈；6—阀芯；7—阀座；8—阀瓣；9—阀体；10—底盖

b. 型号规格见表 13-22。

YBM 系列微调膜片式比例减压阀型号规格 **表 13-22**

型 号	适用温度（℃）	公称通径（mm）										
		15	20	25	32	40	50	65	80	100	125	150
YBM110	≤70	●	●	●	●	●	●					
YBM210		●	●	●	●	●	●					
YBM416							●	●	●	●	●	●
YBM425							▲	▲	▲	▲	▲	▲
YBM110-R	≤150	▲	▲	▲	▲	▲	▲					
YBM210-R		▲	▲	▲	▲	▲	▲					
YBM416-R							▲	▲	▲	▲	▲	▲
YBM425-R							▲	▲	▲	▲	▲	▲

注：●表示已有规格，▲表示预订规格。

c. 技术特性：

(a) 技术参数见表 13-23。

YBM 系列微调膜片式比例减压阀技术参数 表 13-23

工作压力（MPa）	1.0	1.6	2.5
强度试验（MPa）	1.5	2.4	3.8
比例范围	1.5∶1，2∶1，3∶1，4∶1	1.5∶1，2∶1，3∶1，4∶1	1.5∶1，2∶1，3∶1，4∶1
微调范围（MPa）	±0.05	±0.05	±0.05
工作温度（℃）	≤70、≤150	≤70、≤150	≤70、≤150
用　　途	工业、生活给水，采暖、空调水及消防水系统		

(b) 流量特性曲线见图 13-16～图 13-18。

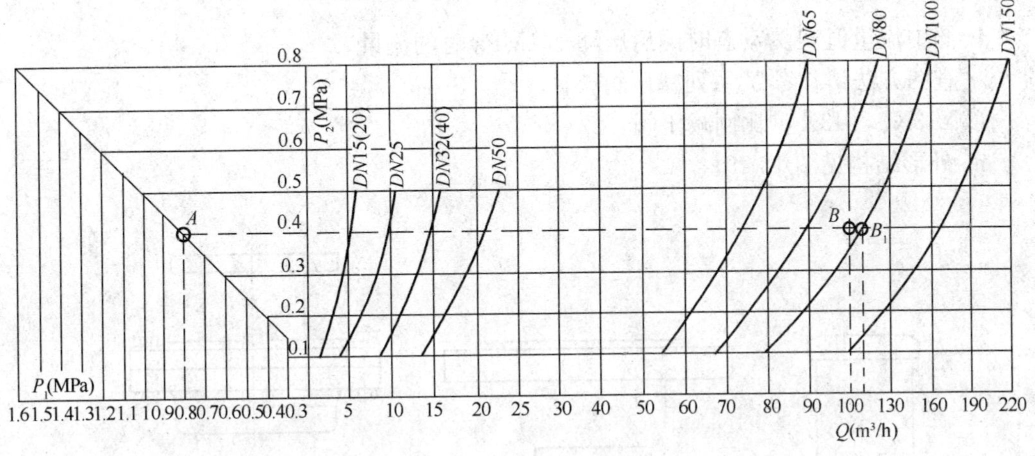

图 13-16 比例减压阀 2∶1 流量曲线

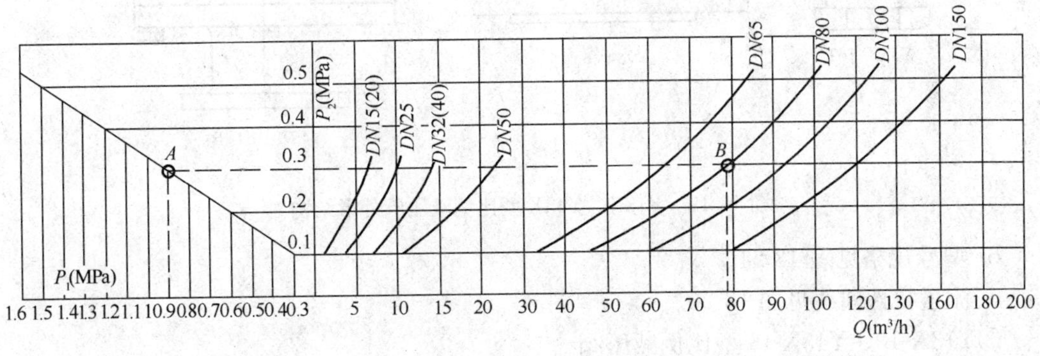

图 13-17 比例减压阀 3∶1 流量曲线

注：图中数据为理论计算值。

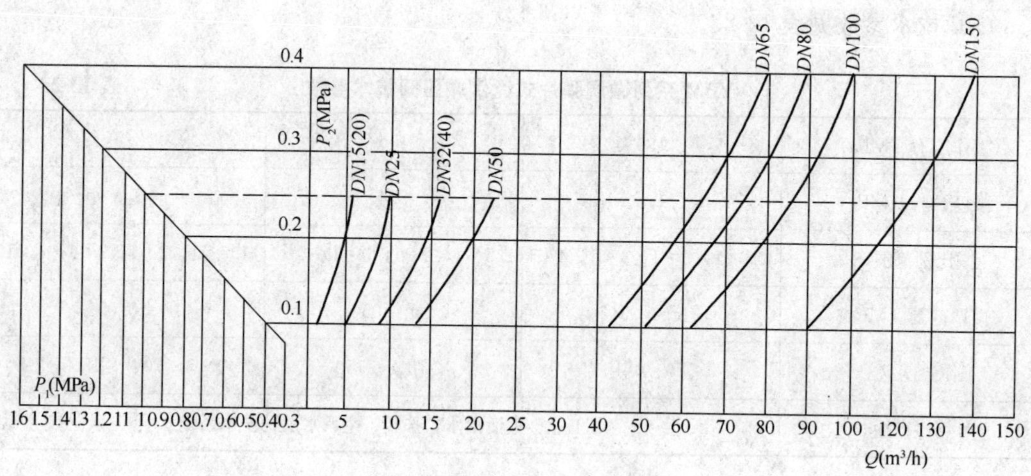

图 13-18　比例减压阀 4：1 流量曲线

·图中流量值 Q 为动态时阀后压降 0.1MPa 时的流量。

·查图方法请参考 Y 系列减压阀。

②Y13X、Y43X 型比例减压阀

a. 外形结构见图 13-19。

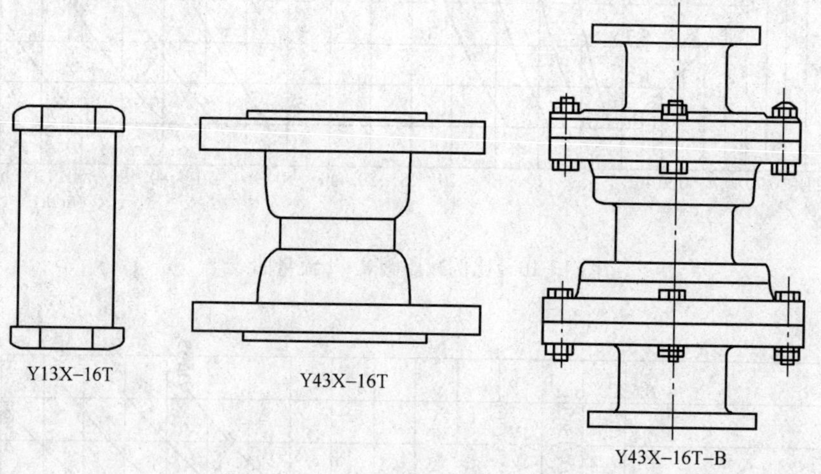

图 13-19　Y13X、Y43X 型比例减压阀外形结构

b. 型号规格见表 13-24。

c. 流量特性曲线见图 13-20。

③Y13X-10、Y43X-16 型比例减压阀

a. 外形结构见图 13-21。

Y13X、Y43X 型比例减压阀型号规格 表 13-24

型号	规格(mm)	连接形式	使用压力(MPa)	介质温度(℃)	材质
Y13X-16T 3∶1 2∶1 1.5∶1	15	管螺纹	0.2～1.6	≤80	铜
	20				
	25				
	32				
	40				
Y13X-16T-B 5∶1 4∶1	32	1.6MPa 标准法兰			
	40				
Y43X-16T 3∶1 2∶1 1.5∶1	50				
	65				
	80				
	100				
	125				
	150				
Y43X-16T-B 5∶1 4∶1	50				
	65				
	80				
	100				
	125				
	150				
Y43X-25P 3∶1 2∶1	100	2.5MPa 标准法兰	0.2～2.5		不锈钢
	150				
	200				

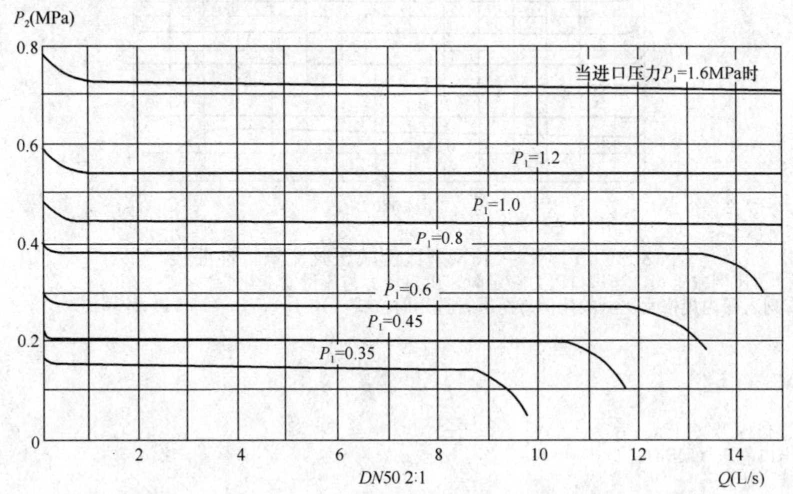

图 13-20 Y13X、Y43X 型比例减压阀流量特性曲线（一）

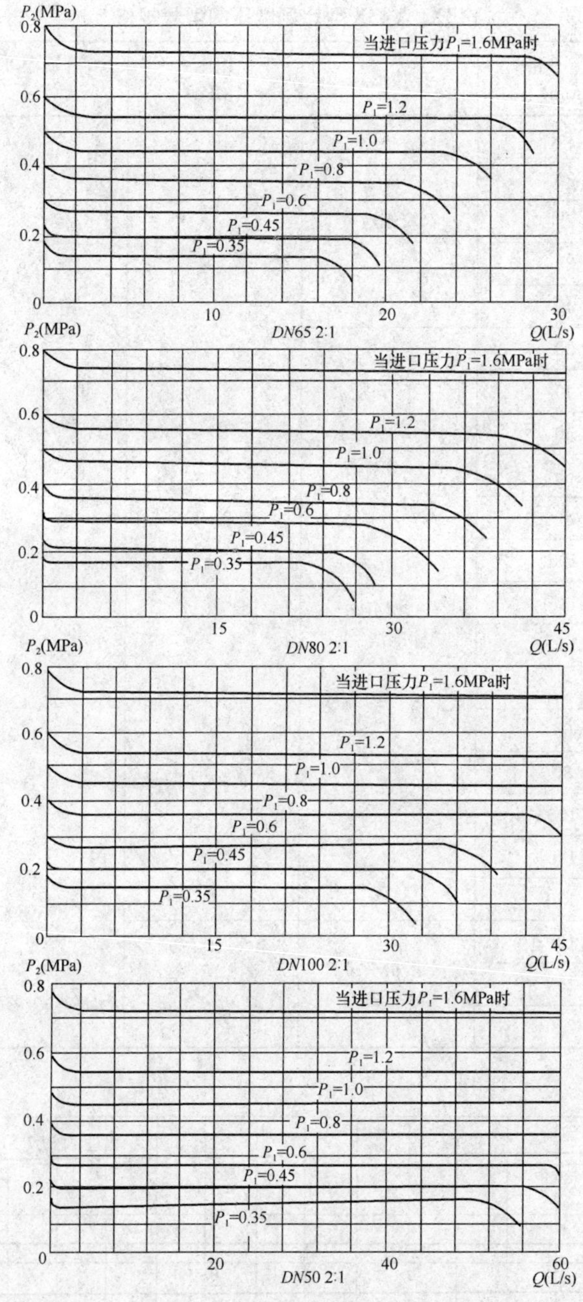

图 13-20 Y13X、Y43X型比例减压阀流量特性曲线（二）

注：1. 图示为2：1比例减压阀，当进口压力一定时，出口压力与流量的变化曲线；

2. 对于没有列入图内规格及比例的比例减压阀，选用时按式（13-10）、式（13-11）计算：

$$P_2=\frac{P_1}{\alpha} \tag{13-10}$$

$$P_2'=\frac{\beta}{\alpha}P_1 \tag{13-11}$$

式中 P_1——进口压力（MPa）；

P_2——出口静压（MPa）；

α——减压比；

P_2'——出口动压（MPa）；

β——出口动压直线部分压力和出口静压比，由实验得出（β=0.8～0.9）。

3. 对3：1、4：1、5：1的减压阀，可按2：1的曲线查找流量，动压可按式（13-11）计算。

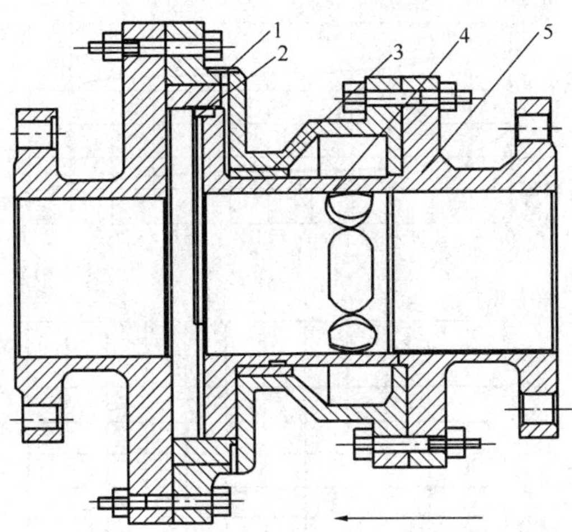

图 13-21 Y13X-10、Y43X-16 型比例减压阀外形结构

1—环套；2—密封圈；3—活塞套；4—活塞；5—阀体

b. 型号规格见表 13-25。

Y13X-10、Y43X-16 型比例减压阀型号规格

表 13-25

型 号	规格 DN（mm）
Y13X-10	15
	20
	25
	32
	40
	50
	65
Y43X-16	80
	100
	125
	150

c. 技术特性

(a) 技术参数见表 13-26。

Y13X-10、Y43X-16 型比例减压阀技术参数　　表 13-26

型 号		Y13X-10	Y43X-16
额定工作压力（MPa）		1.0	1.6
最小开启压力（MPa）	2∶1	0.2	0.2
	3∶1	0.3	0.3
压力误差（%）		≤±10	≤±10
适用介质		水	水
适用温度（℃）		≤80	≤80
连接方式		内螺纹	法 兰

(b) 流量特性见表 13-27、图 13-22。

Y13X-10、Y43X-16 型比例减压阀流量特性（m^3/h）　　**表 13-27**

P_1∶P_2 2∶1						P_1∶P_2 3∶1					
P_1 (MPa)	P_2 (MPa)	DN 25	DN 32	DN 40	DN 50	P_1 (MPa)	P_2 (MPa)	DN 25	DN 32	DN 40	DN 50
0.2	0.1	2.7	4.3	6.6	10.3	0.3	0.1	3.2	5.4	6.9	11.1
0.4	0.2	3.4	5.5	8.2	14.1	0.5	0.16	3.9	7.2	9.0	14.8
0.6	0.3	4.1	6.6	10.9	16.8	0.6	0.2	4.2	8.0	10	17.2
0.7	0.36	4.4	7.2	11.4	18.1	0.7	0.23	4.6	8.7	10.7	19.3
0.8	0.4	4.8	7.8	11.2	19.2	0.9	0.3	5.1	9.8	12.06	20.6

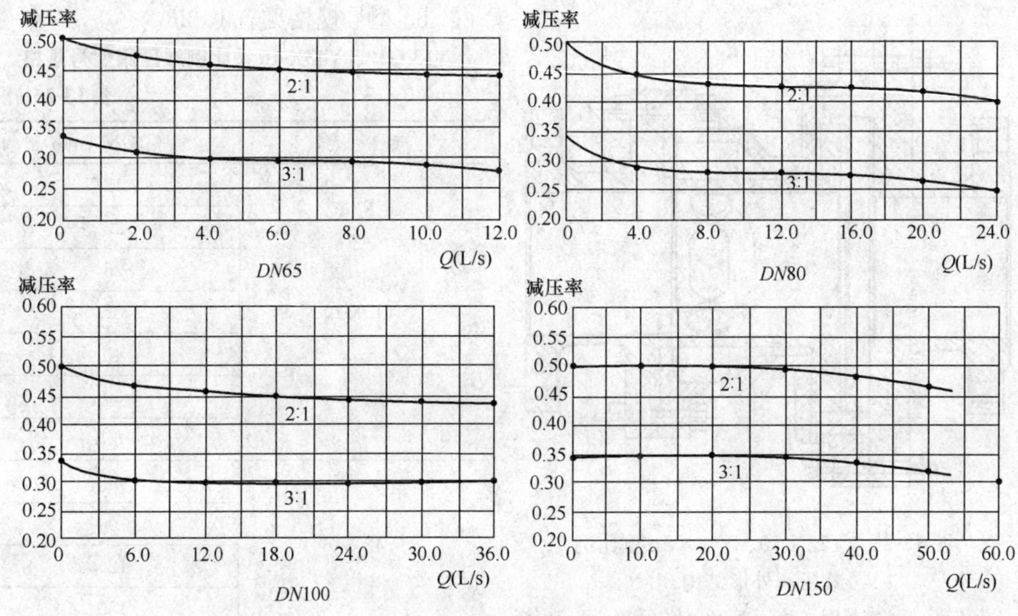

图 13-22 Y13X-10、Y43X-16 型比例减压阀流量特性曲线

注：减压率$=\frac{阀后动压}{阀前静压}$

6）内弹簧薄膜式减压阀

①Y42X-16 型减压阀：该阀适用于工作温度≤50℃的水、气介质的管路上。其主要技术特性见表 13-28。

Y42X-16 型减压阀主要技术特性 **表 13-28**

公称通径（mm）	压力调整范围（MPa）		
	阀前（进口）	阀后（出口）	
	P_1	P_2	误差
200	1.6	<0.1	0.02
		0.1～0.3	0.01
		0.3～1.0	0.008
		1.0～1.2	0.006

②Y42SD-$\frac{40}{60}$型减压阀：该阀适用于温度≤70℃的水、气介质管路上。其主要技术特性见表 13-29。

Y42SD-$\frac{40}{60}$型减压阀主要技术特性 **表 13-29**

公称通径（mm）	型 号	进口压力（MPa）	出口压力（MPa）	出口压力误差值	
				出口压力 P_2（MPa）	误差值（MPa）
25、32、40、50	Y42SD-40	≤4.0	1.0～2.5	<0.1	20%P_2
				0.1～0.3	10%P_2

续表

公称通径（mm）	型　号	进口压力（MPa）	出口压力（MPa）	出口压力误差值	
				出口压力 P_2（MPa）	误差值（MPa）
25、32、40、50	Y42SD-64	≤6.4	1.0～3.0	1.0～2.0	6%P_2
				2.0～3.0	4%P_2

7）活塞式减压阀：该阀适用于温度≤450℃的蒸汽介质管路上。其主要技术特性见表13-30。

活塞式减压阀主要技术特性　　表 13-30

公称通径 DN（mm）	型　号	进口压力（MPa）	出口压力（MPa）	出口压力误差值	
				出口压力 P_2（MPa）	误差值（MPa）
32～200	Y43H-25	≤2.5	0.05～1.6	<0.1	20%P_2
				0.1～0.3	10%P_2
25～100	Y43H-40	≤4.0	0.1～2.5	0.3～1.0	8%P_2
	Y43H-64	≤6.4	0.1～3.0	1.0～2.0	6%P_2
				2.0～3.0	4%P_2

8）稳压阀：

①Y45X-16T（Q）型先导式减压稳压阀

a. 外形结构见图 13-23。

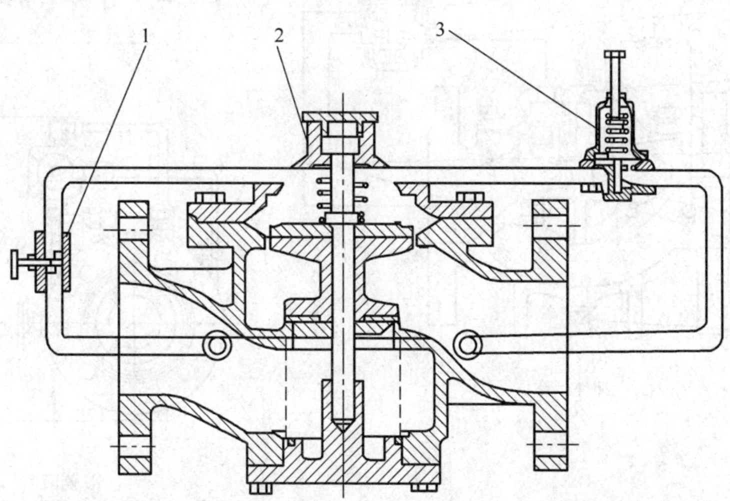

图 13-23　Y45X-16T（Q）型先导式减压稳压阀外形结构

1—针形阀；2—主阀；3—先导阀

b. 型号规格：

（a）Y45X-16T 型：规格为 DN50、DN65、DN80、DN100。

(b) Y45X-16Q 型：规格为 DN125、DN150。

c. 主要技术特性见表 13-31。

Y45X-16T (Q) 型先导式减压稳压阀主要技术参数　　表 13-31

型　号	规　格 (mm)	公称压力 (MPa)	出口调压范围 (MPa)	适用温度 (℃)	阀体材质
Y45X-16T	DN50	1.6	0.1～0.8	≤80	铜
	DN65				
	DN80				
	DN100				
Y45X-16Q	DN125	1.6	0.1～0.8	≤80	球墨铸铁
	DN150				

② YW 型减压稳压阀

a. 外形结构见图 13-24。

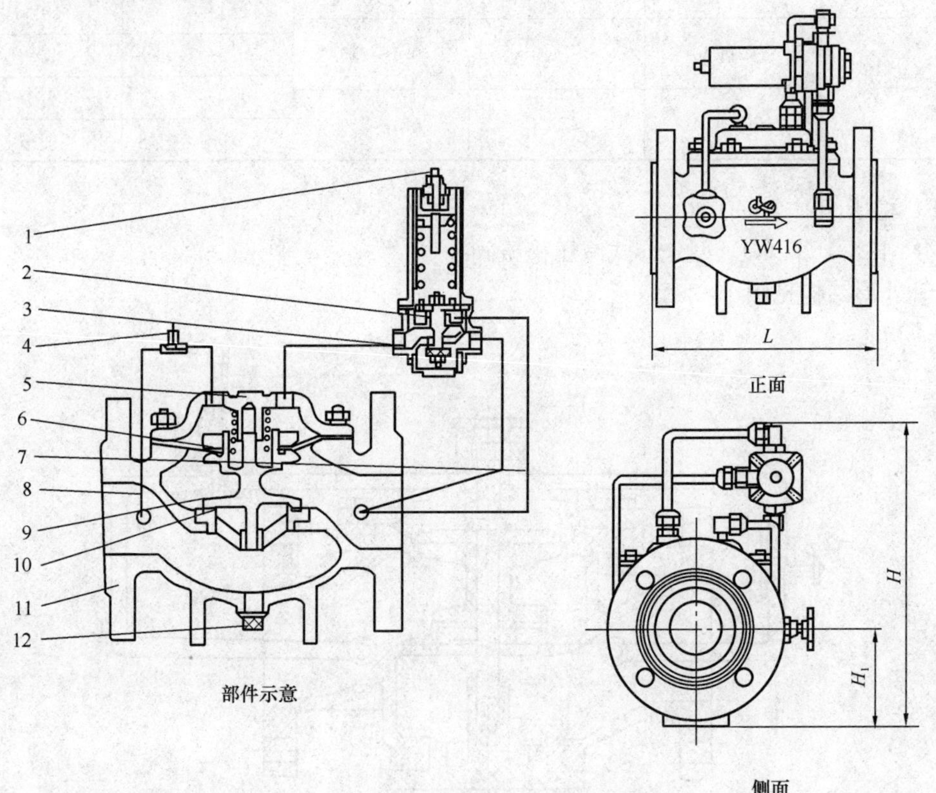

图 13-24　YW 型减压稳压阀外形结构

1—先导阀调节杆；2—先导阀；3—阀后导管；4—针形阀；5—控制室；6—主阀膜片；7—外反馈导管；8—阀前导管；9—主阀瓣；10—主阀座；11—主阀体；12—清污丝堵

b. 型号规格及技术参数见表 13-32。

YW 型减压稳压阀型号规格及技术参数　　表 13-32

规格 DN（mm）	50	65	80	100	125	150
L（mm）	205	234	300	360	430	450
H（mm）	290	320	340	360	400	450
H_1（mm）	95	105	115	125	140	160
工作压力（MPa）	1.6					
试验压力（MPa）	2.5					
适用温度（℃）	0～80					
调节范围（MPa）	0.05～0.4 或 0.1～0.8					
适用介质	冷、热水					
连接形式	法兰连接					

9）YSA416 型消防专用减压稳压阀

①外形结构见图 13-25。

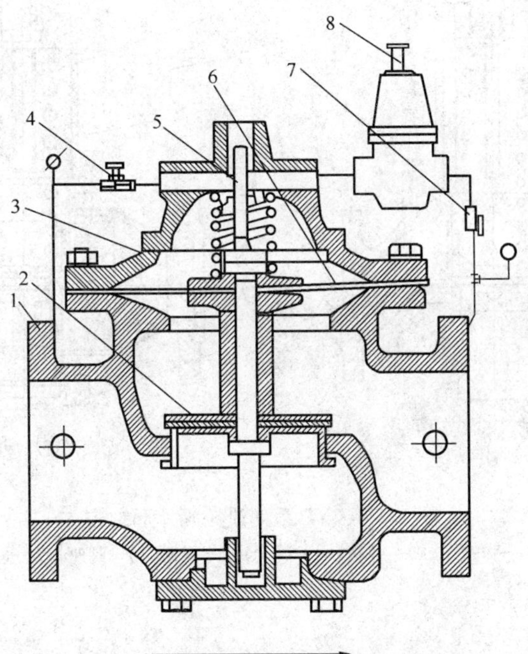

图 13-25　YSA416 型消防专用减压稳压阀外形结构

1—阀体；2—阀瓣；3—弹簧罩；4—针形阀；5—调节杆；6—隔膜；7—调节阀；8—先导阀

② 型号规格及技术参数见表 13-33。

YSA416 型消防专用减压稳压阀型号规格技术参数　　表 13-33

规格 DN (mm)	流量 (L/s)	工作压力 (MPa)	试验压力 (MPa)	适用温度 (℃)	阀后压力调节范围 (MPa)	适用介质
50	8	1.6	2.4	0～80	当 $P_1=1.0$ 可调至 $P_2=0.09\sim0.8$ 当 $P_1=1.6$ 可调至 $P_2=0.15\sim0.9$	冷水、热水
65	12					
80	18					
100	32					
125	45					
150	55					
200	62					
250	74					

10）泄压阀

①YP 系列泄压阀：

a. 外形结构见图 13-26。

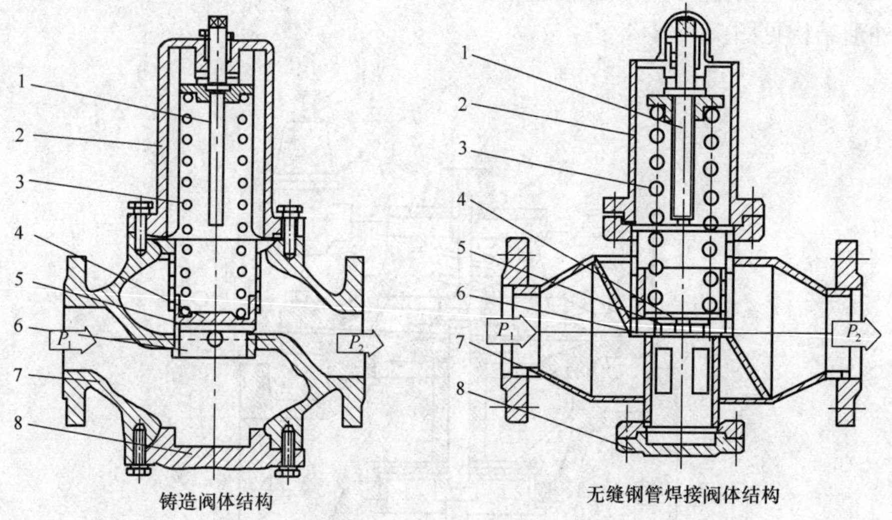

图 13-26　YP 系列泄压阀外形结构

1—调节杆；2—弹簧罩；3—弹簧；4—阀套；5—阀瓣；6—阀座；7—阀体；8—底盖

b. 技术参数见表 13-34。

YP 系列泄压阀技术参数　　表 13-34

工作压力（MPa）	1.0	1.6	2.5
强度试验（MPa）	1.5	2.4	3.8
排流压力范围（MPa）	0.1～0.5	0.2～0.8	0.5～1.6
工作温度（℃）	≤70、≤150	≤70、≤150	≤70、≤150
用　途	工业、生活给水，采暖、空调水及蒸汽系统		

c. 安装参考见图 13-27。

② A_X742X 泄压阀

a. 外形结构见图 13-28。

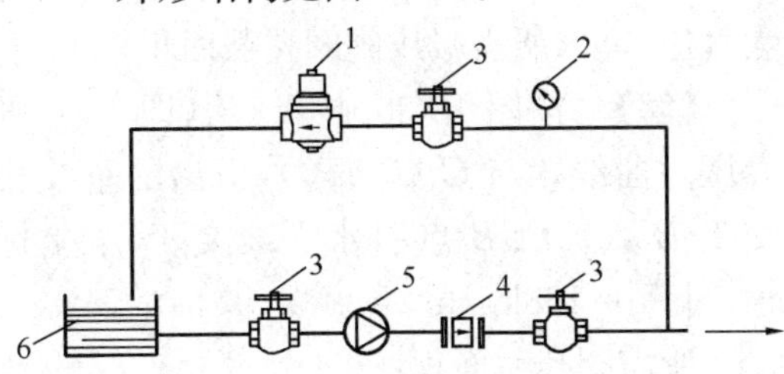

图 13-27 YP 系列泄压阀安装参考图

1—排流阀；2—压力表；3—截止阀；4—止回阀；5—水泵；6—水箱

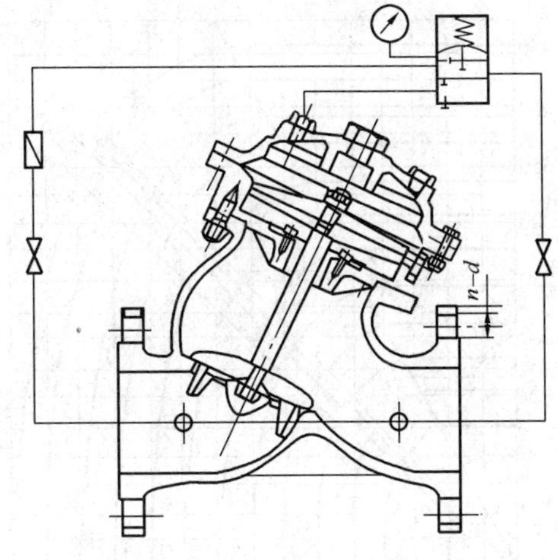

图 13-28 A_X742X 型泄压阀外形结构

b. 技术参数：

(a) 公称压力：1.0MPa、1.6MPa、2.5MPa；

(b) 调压范围：0～1.0MPa、0～1.6MPa、0～2.5MPa；

(c) 启闭动作压力：0.07MPa；

(d) 适用介质：原水、清水；

(e) 介质温度：0～80℃；

(f) 公称通径：*DN*50～*ND*600。

c. 安装示意见图 13-29。

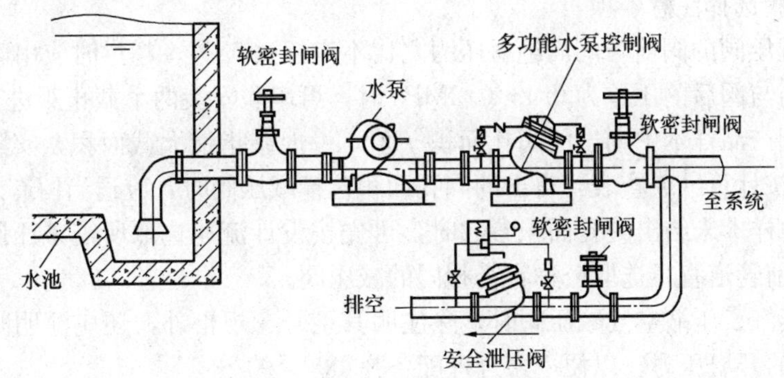

图 13-29 A_X742X 型泄压阀安装示意

(3) 蒸汽减压阀的选用与计算

蒸汽减压阀阀孔截面积，按式（13-12）计算：

$$f = \frac{167G}{q} \tag{13-12}$$

式中 f——所需阀孔截面面积（mm^2）；

G——蒸汽流量（kg/h）；

q——通过每 $1mm^2$ 阀孔截面的理论流量（kg/h），可按图 13-30 查得。

当无资料时，可按高压蒸汽管路的公称管径选用相等孔径的减压阀。

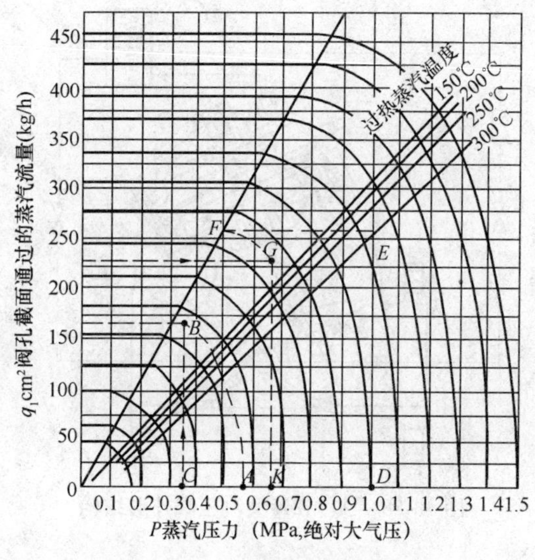

图 13-30　减压阀理论流量曲线

【例 1】 设饱和蒸汽流量为 $G=800$kg/h，阀前压力 $P_1=0.55$MPa（绝对大气压），经减压后，阀后压力 $P_2=0.35$MPa（绝对大气压），求所需减压阀阀孔截面积。

【解】 按图 13-30 中 A 点（即 P_1）画等压力曲线，与 C 点（P_2）引出的垂线相交于 B 点，由 B 点引水平线交于 q_1 坐标轴，得 $q=168$kg/h。

所需阀孔截面积：

$$f=\frac{167\times800}{168}=795\text{mm}^2$$

【例 2】 过热蒸汽温度为 300℃，$G=1000$kg/h，$P_1=1.0$MPa（绝对大气压），$P_2=0.65$MPa（绝对大气压），求减压阀阀孔截面积。

【解】 按图 13-30 中，D 点（即 P_1）引垂线与 300℃的过热蒸汽线相交于 E，自 E 引水平线与标线相交于 F，自 K 点（即 P_2）引垂线与 F 点的等压力曲线相交于 G 点，由 G 点引水平线交于 q_1 坐标轴，即得 $g=230$kg/h。

所需阀孔截面积：

$$f=\frac{167\times1000}{230}=726\text{mm}^2$$

（4）减压阀选择注意事项

1）蒸汽减压阀的阀前与阀后绝对压力之比不应超过 5～7，超过时应串联安装两个。

2）当阀前与阀后的压差为 0.1～0.2MPa 时，可串联安装两个截止阀进行减压。

3）减压阀产品样本中列出的阀孔面积 f 值，一般系指最大截面积，实际流通面积将小于此值，故按计算（或查表）得出的阀孔面积选择减压阀时，应适当留有余地。

4）当阀门样本未给出阀孔面积参数时，可先按设计流速选取所需减压阀前、后管道直径，再按阀前管道直径选取公称直径相同的减压阀。

5）选用蒸汽、压缩空气减压阀时，除注明其型号、规格外，还应注明减压阀前后压差值及安全阀的开启压力，以便厂家合理配备弹簧。

（5）减压阀的安装

1）蒸汽、压缩空气减压阀的安装

①减压阀应安装在水平管段上，阀体应保持垂直。

②阀前、后均应安装闸阀和压力表，阀后应装设安全阀，根据需要亦可设置旁路管，见图 13-31。

减压阀　压力表　安全阀

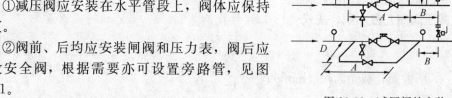

图 13-31　减压阀的安装

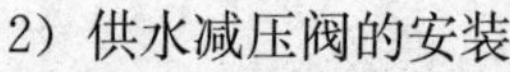

2）供水减压阀的安装

①减压阀前后均应安装检修阀门和压力表，必要时也可安装旁路设施。

②减压阀如安装在不经常使用的系统上时，在阀的出口端应装设泄水阀，每三个月放水一次，防止因长期不运行造成阀件失灵。

③安装时，阀体箭头方向应与水流方向一致。

④减压阀安装位置不得高于管道系统，以免积存气体，影响使用效果。

⑤阀前应安装过滤器：

a. GL 系列过滤器主要技术性能如下：

(a) 规格

· *DN*15～*DN*50（螺纹连接）

· *DN*65～*DN*400（法兰连接）。

(b) 工作压力：1.0MPa、1.6MPa、2.5MPa。

(c) 工作温度：≤70℃、≤150℃。

b. 外形结构见图 13-32。

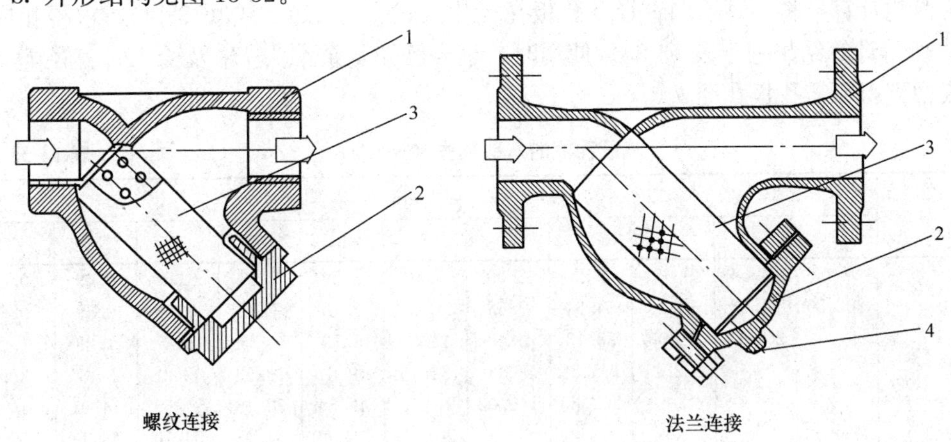

图 13-32　GL 系列过滤器外形结构

1—阀体；2—过滤器盖；3—过滤网；4—排污口

c. Y 型过滤器外形结构及技术性能如下：

(a) 外形结构见图 13-33。

(b) 规格

· *DN*15～*DN*50（螺纹连接），工作压力为 1.0MPa。

· *DN*65～*DN*500（法兰连接），工作压力为 1.6MPa。

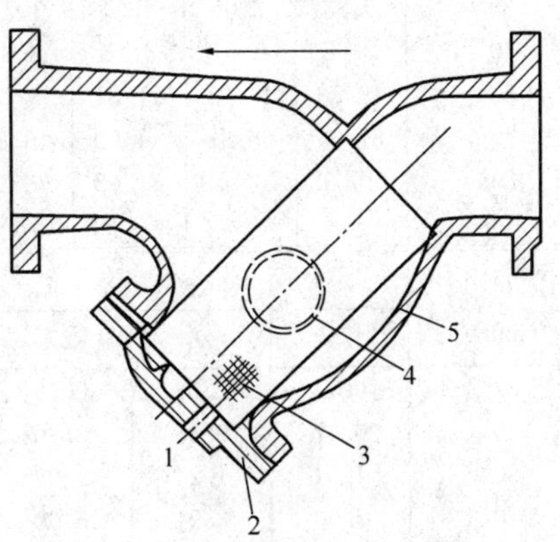

图 13-33　Y 型过滤器外形结构

1—排污孔；2—阀盖；3—过滤网；4—透镜；5—阀体

13.4.2　减压孔板

在室内给排水工程中，减压孔板可用于消除给水龙头和消火栓前的剩余水头，以保证给水系统均衡供水，达到节水、节能的目的。

(1) 减压孔板孔径的计算：水流通过孔板时的

水头损失，按式（13-13）计算：

$$H=\zeta\frac{\upsilon^2}{2g}\tag{13-13}$$

式中　H——水流通过孔板的水头损失值（10kPa）；

ζ——孔板的局部阻力系数；

υ——水流通过孔板后的流速（m/s）；

g——重力加速度（m/s^2）。

ζ值可从式（13-14）求得：

$$\zeta=\left[1.75\frac{D^2(1.1-d^2/D^2)}{d^2(1.175-d^2/D^2)}-1\right]^2\tag{13-14}$$

式中　D——给水管直径（mm）；

d——孔板的孔径（mm）。

为简化计算，将各种不同管径及孔板孔径代入式（13-13）、式（13-14），求得相应的H值，所得计算结果列于表13-35。使用时，只要已知剩余水头H_1及给水管直径D，就可从表中查得所需孔板孔径d。

减压孔板的水头损失（10kPa）　　**表 13-35**

D (mm)	d (mm)										
	3	4	5	6	7	8	9	10	11	12	13
15	81.03	24.54	9.49	4.25	2.09	1.10	0.59	0.33	0.18	0.09	0.04
20	262.30	81.03	32.16	14.91	7.68	4.25	2.48	1.51	0.94	0.59	0.38
25		201.77	81.03	38.13	19.98	11.31	6.79	4.25	2.75	1.83	1.24
32			222.21	105.59	56.00	32.16	19.61	12.53	8.30	5.67	3.96
40				262.30	140.02	81.03	49.84	32.16	21.56	14.91	10.58
50						201.77	124.80	81.03	54.70	38.13	27.30

D (mm)	d (mm)										
	14	15	16	17	18	19	20	21	22	23	24
20	0.24	0.15	0.09	0.05	0.03	0.01					
25	0.86	0.59	0.42	0.29	0.20	0.14	0.09	0.06	0.04	0.02	0.01
32	2.83	2.05	1.51	1.12	0.84	0.63	0.47	0.36	0.27	0.20	0.15
40	7.68	5.67	4.25	3.32	2.48	1.92	1.51	1.18	0.94	0.75	0.59
50	19.98	14.91	11.31	8.71	6.79	5.34	4.25	3.41	2.75	2.24	1.83
70	81.03	60.98	46.69	36.30	28.59	22.78	18.35	14.91	12.22	10.10	8.40
80	140.82	105.59	81.03	63.13	49.84	39.83	32.16	26.22	21.56	17.87	14.91
100			201.77	157.61	124.80	100.02	81.03	66.28	54.70	45.50	38.13

D (mm)	d (mm)								
	25	26	27	28	29	30	31	32	33
32	0.11	0.08	0.06	0.04	0.02	0.01			
40	0.47	0.38	0.30	0.24	0.19	0.15	0.12	0.09	0.07
50	1.51	1.24	1.03	0.85	0.71	0.59	0.50	0.42	0.35
70	7.03	5.91	5.00	4.25	3.63	3.11	2.67	2.31	1.99
80	12.53	10.58	8.99	7.60	6.58	5.67	4.90	4.25	3.70
100	32.16	27.30	23.29	19.98	17.23	14.91	12.97	11.31	9.91
125	81.04	68.99	59.07	50.74	43.89	38.14	33.28	29.10	25.59
150	170.85	145.60	124.80	107.54	93.13	81.03	70.80	62.11	54.70

续表

D (mm)	d (mm)								
	34	35	36	37	38	39	40	41	42
40	0.05	0.04	0.03	0.02	0.01				
50	0.29	0.24	0.20	0.17	0.14	0.11	0.09	0.08	0.06
70	1.73	1.51	1.31	1.15	1.00	0.88	0.77	0.68	0.59
80	3.23	2.83	2.48	2.18	1.92	1.70	1.51	1.33	1.18
100	8.71	7.68	6.79	6.01	5.34	4.76	4.25	3.80	3.41
125	22.59	20.00	17.72	15.79	14.10	12.60	11.31	10.18	9.16
150	48.34	42.87	38.13	34.02	30.43	27.30	24.54	22.12	19.90

D (mm)	d (mm)								
	43	44	45	46	47	48	49	50	51
50	0.05	0.04	0.03	0.02	0.01	0.01			
70	0.52	0.46	0.40	0.36	0.31	0.28	0.24	0.21	0.19
80	1.05	0.94	0.84	0.75	0.67	0.58	0.53	0.47	0.42
100	3.06	2.75	2.48	2.24	2.02	1.83	1.66	1.51	1.37
125	8.28	7.49	6.78	6.15	5.59	5.10	4.66	4.25	3.90
150	18.09	16.41	14.91	13.58	12.38	11.31	10.35	9.49	8.71

D (mm)	d (mm)								
	52	53	54	55	56	57	58	59	60
70	0.16	0.14	0.12	0.11	0.09	0.08	0.07	0.06	0.05
80	0.38	0.34	0.30	0.27	0.24	0.22	0.19	0.17	0.15
100	1.24	1.13	1.03	0.94	0.86	0.78	0.71	0.65	0.59
125	3.56	3.27	3.00	2.76	2.53	2.34	2.15	1.98	1.83
150	8.00	7.36	6.79	6.26	5.78	5.34	4.95	4.58	4.25

D (mm)	d (mm)								
	61	62	63	64	65	66	67	68	69
70	0.04	0.03	0.03	0.02	0.02	0.01	0.01		
80	0.14	0.12	0.11	0.09	0.08	0.07	0.06	0.05	0.05
100	0.54	0.50	0.45	0.42	0.38	0.35	0.32	0.29	0.27
125	1.69	1.56	1.45	1.34	1.24	1.15	1.07	0.99	0.92
150	3.95	3.67	3.41	3.17	2.95	2.75	2.57	2.40	2.24

D (mm)	d (mm)								
	70	71	72	73	74	75	76	77	78
80	0.04	0.03	0.03	0.02	0.02	0.01	0.01	0.01	
100	0.24	0.22	0.20	0.18	0.17	0.15	0.14	0.13	0.11
125	0.85	0.79	0.74	0.69	0.64	0.59	0.55	0.51	0.48
150	2.09	1.96	1.83	1.71	1.61	1.51	1.41	1.32	1.24

D (mm)	d (mm)								
	79	80	81	82	83	84	85	86	87
100	0.10	0.09	0.08	0.08	0.07	0.06	0.05	0.05	0.04
125	0.45	0.41	0.39	0.36	0.33	0.31	0.29	0.27	0.25
150	1.17	1.10	1.03	0.97	0.91	0.86	0.80	0.76	0.71

续表

D (mm)	d (mm)								
	88	89	90	91	92	93	94	95	96
100	0.04	0.03	0.03	0.02	0.02	0.01	0.01	0.01	0.01
125	0.23	0.22	0.20	0.19	0.17	0.16	0.15	0.14	0.13
150	0.67	0.63	0.59	0.56	0.53	0.50	0.47	0.44	0.42

D (mm)	d (mm)								
	97	98	99	100	101	102	103	104	105
125	0.12	0.11	0.10	0.09	0.09	0.08	0.07	0.07	0.06
150	0.39	0.37	0.35	0.33	0.31	0.29	0.27	0.26	0.24

D (mm)	d (mm)								
	106	107	108	109	110	111	112	113	114
125	0.05	0.05	0.04	0.04	0.04	0.03	0.03	0.02	0.02
150	0.23	0.21	0.20	0.19	0.18	0.17	0.16	0.15	0.14

D (mm)	d (mm)								
	115	116	117	118	119	120	121	122	123
125	0.02	0.01	0.01	0.01	0.01	0.01			
150	0.13	0.12	0.11	0.11	0.10	0.09	0.09	0.08	0.08

注：表中给水管计算管径均采用公称直径。

表13-35中数据是假定水流通过孔板后的流速为1m/s时计算得出的，如实际流速与此不符，则应按式（13-15）进行修正，并按修正后的剩余水头查表。

$$H_1 = \frac{H}{v^2} \times 1 \tag{13-15}$$

式中 H_1——修正后的剩余水头（10kPa）；

v——水流通过孔板后的实际流速（m/s）（如孔板前后管径无变化，则v值等于管内流速）；

H——设计剩余水头（10kPa）。

【例】 已知给水干管管径D=100mm，通过流量Q=40m^3/h，设计剩余水头H=7m，如欲采用减压孔板消除此剩余水头，试计算减压孔板之孔径d。

【解】 已知D=100mm，H=7m得，

$$v = \frac{Q}{\frac{1}{4}\pi D^2} = \frac{40}{\frac{1}{4}\pi(0.1)^2} = 1.4\text{m/s}$$

由式（13-15）得

$$H_1 = \frac{7}{1.4^2} = 3.57(10\text{kPa})$$

按D=100mm，H_1=3.57×10kPa，查表13-35得d=42mm。

(2) 减压孔板与消火栓组合的水头损失，可按式（13-16）计算：

$$H_k = 1.06\left[\frac{1.75\beta^{-2}(1.1-\beta^2)}{(1.175-\beta^2)} - 1\right]^2 \frac{v^2}{2g} \tag{13-16}$$

式中 H_k——消火栓与孔板组合水头损失（10kPa）；

β——相对孔径，$\beta=\frac{d}{D}$；

d——孔板孔径（mm）；

D——消火栓管内径(mm)（$DN50$ 管内径为 53mm，$DN65$ 管内径为 68mm）；

v——管内流速（m/s），$v=\frac{4q_X}{\pi D^2}\times 10^3$；

q_X——水流通过孔板后流量（L/s）；

g——重力加速度（$9.8m/s^2$）。

为简化计算，根据常用消火栓口径代入式（13-16），求得相应的 H_k 值，所得计算结果列于表 13-36。

栓后安装孔板组合水头损失值（10kPa） **表 13-36**

消火栓型号		SN50	SN65
流量 q_X（L/s）		2.5	5.0
孔板孔径 d（mm）	12	65.76	
	14	34.58	
	16	19.66	83.61
	18	11.85	51.13
	20	7.46	32.76
	22	4.87	21.80
	24	3.26	14.95
	26		10.50
	28		7.53
	30		5.49
	32		4.06

（3）圆缺型减压孔板，按式（13-17）计算：

$$X=\frac{G}{0.01D_0^2\sqrt{\Delta P\gamma}} \tag{13-17}$$

式中 X——函数；

G——质量流量（kg/h）；

D_0——管道内径（mm）；

ΔP——差压（mm）；

γ——操作状态下水密度（kg/m^3）。

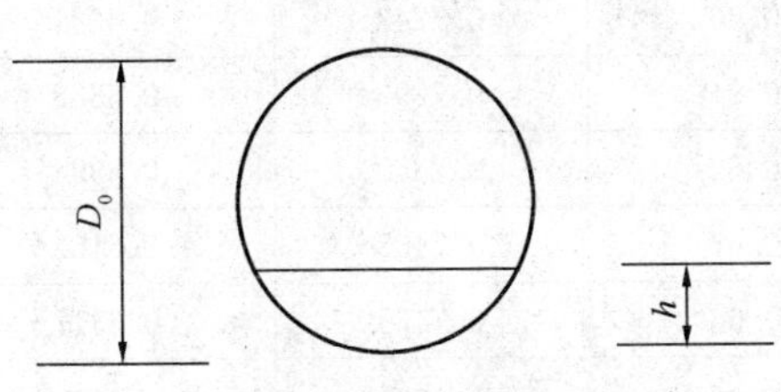

图 13-34 圆缺型减压孔板

计算步骤：

先按式（13-17）算出 X 值，由 X 值查表 13-37 得 n。

根据 $n=\frac{h}{D_0}$ 求出（圆缺高度），见图 13-34。

由 n 在表 13-37 中查出 α，在表 13-38 中查出 m，代入式（13-18）进行验算：

$$G = 0.01252\alpha\varepsilon m D_0^2\sqrt{\Delta P\gamma} \tag{13-18}$$

式中 ε——按 1 考虑。

流量系数及函数 X 与圆缺孔板相对高度的关系 表 13-37

n	α	X	n	α	X
0.00	0.6100	0.00000	0.33	0.6313	0.2275
0.01	0.6100	0.00130	0.34	0.6331	0.2377
0.02	0.6101	0.00359	0.35	0.6349	0.2480
0.03	0.6101	0.00657	0.36	0.6370	0.2585
0.04	0.6102	0.01016	0.37	0.6390	0.2671
0.05	0.6104	0.01422	0.38	0.6413	0.2800
0.06	0.6106	0.01866	0.39	0.6437	0.2911
0.07	0.6108	0.02348	0.40	0.6462	0.3023
0.08	0.6110	0.02861	0.41	0.6488	0.3136
0.09	0.6113	0.03406	0.42	0.6516	0.3552
0.10	0.6116	0.03982	0.43	0.6546	0.3369
0.11	0.6119	0.04575	0.44	0.6577	0.3496
0.12	0.6122	0.05206	0.45	0.6609	0.3613
0.13	0.6127	0.05853	0.46	0.6643	0.3737
0.14	0.6131	0.06526	0.47	0.6678	0.3863
0.15	0.6136	0.07222	0.48	0.6714	0.3990
0.16	0.6140	0.07944	0.49	0.6752	0.4120
0.17	0.6147	0.08682	0.50	0.6790	0.4251
0.18	0.6153	0.09438	0.51	0.6830	0.4385
0.19	0.6159	0.10212	0.52	0.6870	0.4520
0.20	0.6166	0.11003	0.53	0.6912	0.4651
0.21	0.6174	0.1181	0.54	0.6944	0.4789
0.22	0.6182	0.1261	0.55	0.7000	0.4939
0.23	0.6191	0.1349	0.56	0.7046	0.5084
0.24	0.6200	0.1435	0.57	0.7093	0.5231
0.25	0.6209	0.1522	0.58	0.7142	0.5379
0.26	0.6220	0.1610	0.59	0.7192	0.5529
0.27	0.6231	0.1701	0.60	0.7243	0.5681
0.28	0.6242	0.1792	0.61	0.7296	0.5838
0.29	0.6254	0.1883	0.62	0.7350	0.5994
0.30	0.6267	0.1981	0.63	0.7405	0.6153
0.31	0.6281	0.2077	0.64	0.7463	0.6317
0.32	0.6996	0.2175	0.65	0.7522	0.6481

续表

n	α	X	n	α	X
0.66	0.7583	0.6648	0.81	0.8789	0.9549
0.67	0.7645	0.6818	0.82	0.8897	0.9776
0.68	0.7709	0.6990	0.83	0.9009	1.0009
0.69	0.7774	0.7164	0.84	0.9119	1.0239
0.70	0.7841	0.7340	0.85	0.9244	1.0488
0.71	0.7905	0.7515	0.86	0.9360	1.0725
0.72	0.7977	0.7698	0.87	0.9496	1.0983
0.73	0.8052	0.7886	0.88	0.9628	1.1237
0.74	0.8131	0.8075	0.89	0.9764	1.1495
0.75	0.8214	0.8273	0.90	0.9904	1.176
0.76	0.8300	0.8473	0.91	1.0051	1.023
0.77	0.8391	0.8679	0.92	1.0198	1.299
0.78	0.8486	0.8891	0.93	1.0357	1.257
0.79	0.8584	0.9106	0.94	1.0511	1.284
0.80	0.8635	0.9325	0.95	1.0675	1.312

圆缺相对高度与圆缺截面比的关系 **表 13-38**

n	m	n	m	n	m
0.00	0.0000	0.18	0.1225	0.36	0.3241
0.01	0.0011	0.19	0.1324	0.37	0.3364
0.02	0.0047	0.20	0.1425	0.38	0.3488
0.03	0.0086	0.21	0.1528	0.39	0.3612
0.04	0.0133	0.22	0.1633	0.40	0.3736
0.05	0.0186	0.23	0.1740	0.41	0.3860
0.06	0.0244	0.24	0.1848	0.42	0.3985
0.07	0.0307	0.25	0.1957	0.43	0.4111
0.08	0.0379	0.26	0.2067	0.44	0.4238
0.09	0.0445	0.27	0.2179	0.45	0.4365
0.10	0.0520	0.28	0.2293	0.46	0.4492
0.11	0.0598	0.29	0.2408	0.47	0.4619
0.12	0.0679	0.30	0.2524	0.48	0.4746
0.13	0.0763	0.31	0.2641	0.49	0.4873
0.14	0.0850	0.32	0.2751	0.50	0.5000
0.15	0.0940	0.33	0.2818	0.51	0.5127
0.16	0.1033	0.34	0.2998	0.52	0.5254
0.17	0.1128	0.35	0.3119	0.53	0.5381

续表

n	m	n	m	n	m
0.54	0.5508	0.66	0.7002	0.78	0.8367
0.55	0.5635	0.67	0.7122	0.79	0.8472
0.56	0.5762	0.68	0.7241	0.80	0.8575
0.57	0.5889	0.69	0.7359	0.81	0.8676
0.58	0.6015	0.70	0.7476	0.82	0.8775
0.59	0.6160	0.71	0.7592	0.83	0.8872
0.60	0.6264	0.72	0.7707	0.84	0.8967
0.61	0.6388	0.73	0.7821	0.85	0.9060
0.62	0.6512	0.74	0.7933	0.86	0.9150
0.63	0.6636	0.75	0.8043	0.87	0.9237
0.64	0.6759	0.76	0.8152	0.88	0.9321
0.65	0.6881	0.77	0.8260	0.89	0.9402

（4）减压孔板的安装：减压孔板一般采用 2～6mm 厚的不锈钢板或铝板制作，孔板孔径应≥3mm，以免发生堵塞；若计算孔径＜3mm 时，可采用几个孔径≥3mm 的孔板串联使用。减压孔板的安装方式见图 13-35。

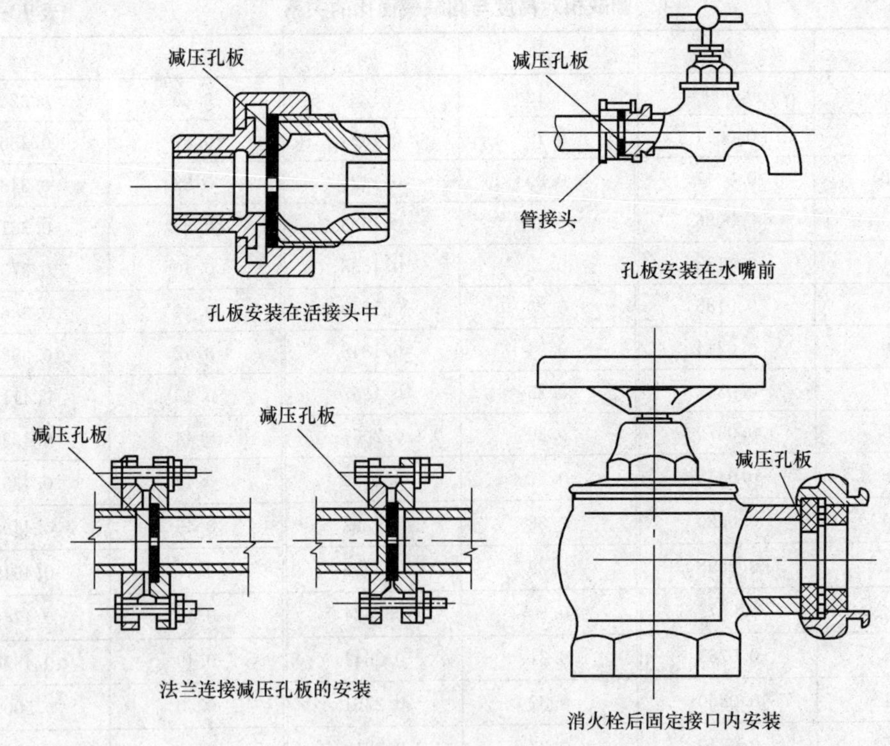

图 13-35 减压孔板安装

13.4.3 节流管

（1）采用节流管时，节流管内水的流速不应大于20m/s，长度不宜小于1.0m，其公称直径按表13-39确定。

节流管公称直径（mm） 表13-39

管 道	50	65	80	100	125	150	200	250
节流管	40	50	65	80	100	125	150	200
	32	40	50	65	80	100	125	150
	25	32	40	50	65	80	100	125

（2）节流管如图13-36所示，设置在水平管段上，节流管管径可比干管管径缩小1～3号规格，节流管两侧大小头局部水头损失，可按表13-40的当量长度进行计算。图13-36中要求$L_1=D_1$、$L_3=D_3$。

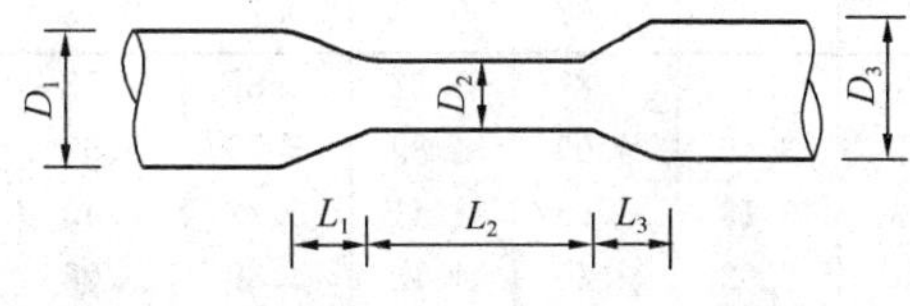

图13-36 节流管示意

节流管大小头损失当量长度 表13-40

D_1-D_3 干管（mm）	50	70	80	100	125	150	200	250
D_2 节流管（mm）	40	50	70	80	100	125	150	200
当量长度（m）	0.6	1.0	1.0	1.3	1.7	1.5	4.5	4.0
D_2 节流管（mm）	32	40	50	70	80	100	125	150
当量长度（m）	2.1	3.5	3.5	5.3	6.0	5.3	15.8	14
D_2 节流量（mm）	25	32	40	50	70	80	100	125
当量长度（m）	5.7	9.5	9.5	12.4	16.2	14.3	42.8	38

13.4.4 节流塞

节流塞的作用与减压孔板相同，可用于消除给水龙头前的剩余水头。

（1）节流塞可用硬塑料（无毒聚乙烯等）铸塑，也可用铜或不锈钢等金属材料制成，给水和热水管道均可使用。利用节流塞调压，具有简单、廉价、便于安装、不占空间等优点。节流塞可直接装在水龙头、浮球阀、管接头等配件处，见图13-37。

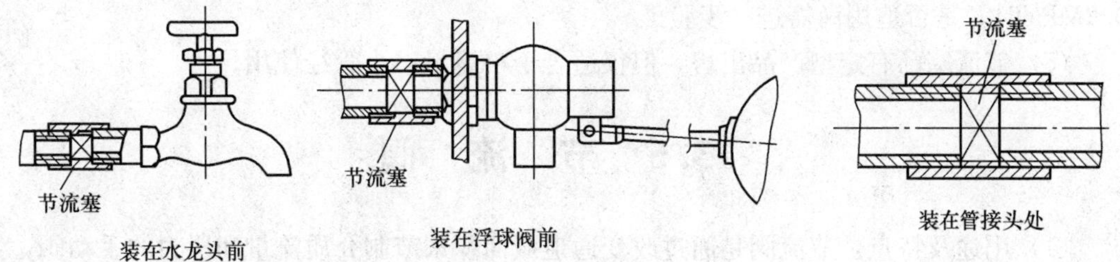

图13-37 节流塞的安装

（2）节流塞的孔径可近似按式（13-19）计算：

$$\phi = 18.41\sqrt[4]{\frac{q^2}{h}} \tag{13-19}$$

式中 ϕ——节流塞孔径（mm）；

q—通过流量（L/s）；

h——剩余水头（m）。

各种卫生器具所需节流塞孔径，可从表 13-41 直接查出。实际使用时，可近似取至小数点后一位或取作 0.5 的整倍数。

节流塞孔径（mm）　表 13-41

h (m)	下述流量（L/s）时的孔径（mm）											
	0.05	0.07	0.10	0.14	0.15	0.16	0.20	0.24	0.30	0.32	0.44	0.70
1	4.12	4.87	5.82	6.89	7.13	7.36	8.23	9.02	10.08	10.41	12.21	15.40
2	3.46	4.09	4.89	5.79	5.99	6.18	6.92	7.58	8.47	8.75	10.26	12.94
3	3.12	3.69	4.41	5.22	5.40	5.58	6.23	6.83	7.64	7.89	9.25	11.67
4	2.92	3.45	4.13	4.89	5.06	5.22	5.84	6.40	7.15	7.38	8.66	10.92
5	2.75	3.25	3.88	4.59	4.75	4.91	5.49	6.01	6.72	6.94	8.14	10.27
6	2.62	3.10	3.71	4.39	5.54	4.69	5.24	5.75	6.42	6.63	7.78	9.81
7	2.53	2.99	3.57	4.23	4.37	4.52	5.05	5.53	6.18	6.39	7.49	9.45
8	2.45	2.90	3.46	4.10	4.24	4.38	4.90	5.37	6.00	6.20	7.27	9.17
9	2.38	2.82	3.36	3.98	4.12	4.25	4.76	5.21	5.83	6.02	7.06	8.90
10	2.31	2.74	3.27	3.87	4.01	4.13	4.62	5.07	5.66	5.85	6.86	8.65
11	2.26	2.68	3.20	3.77	3.92	4.04	4.52	4.96	5.54	5.72	6.71	8.46
12	2.22	2.62	3.13	3.70	3.83	3.96	4.42	4.85	5.42	5.60	6.56	8.28
13	2.17	2.56	3.06	3.63	3.75	3.87	4.33	4.75	5.31	5.48	6.43	8.11
14	2.13	2.52	3.02	3.57	3.69	3.81	4.26	4.67	5.22	5.39	6.33	7.98
15	2.09	2.47	2.95	3.50	3.61	3.74	4.18	4.58	5.12	5.28	6.20	7.82
16	2.06	2.44	2.91	3.45	3.57	3.68	4.12	4.51	5.04	5.21	6.11	7.70
17	2.03	2.40	2.87	3.39	3.51	3.63	4.05	4.44	4.97	5.13	6.01	7.59
18	2.00	2.36	2.82	3.34	3.46	3.57	4.00	4.38	4.89	5.05	5.93	7.48
19	1.97	2.33	2.78	3.30	3.41	3.52	3.94	4.32	4.82	4.98	5.84	7.37
20	1.95	2.31	2.76	3.27	3.38	3.49	3.90	4.27	4.78	4.93	5.79	7.30

(3) 节流塞的孔径不宜小于 3.0mm，以免堵塞和产生噪声。在计算值小于 3.0mm 时，可用两个节流塞串联或将节流塞安装在流量较大的管段上。

(4) 节流塞计算式（13-19）是在压力小于 0.2MPa 的情况下试验得到的，在 $h>$ 0.2MPa 时，是否适用尚需进一步验证。

(5) 节流塞已有定型产品出售，但仅适合于小流量、小管径使用。

13.5 节流阀

(1) 用途及特点：节流阀是通过改变通道截面积来节制介质流量和压力的手动阀，主要用于要求压降较大或流量控制不十分严格的场合。

由于节流阀阀瓣形式的特点，其通道截面积和阀的开启度之间存在一定线性关系，如阀前压力不变，则介质流量与阀的开启度成正比关系。而普通截止阀则无此特性。

一般情况下，管道中的介质压力总是处于不断变化之中，故当节流阀的开启度保持不变时，介质流量仍将在一定范围内变化。因此，如阀前无稳压措施，或对流量控制要求严格，则不能采用节流阀调节流量。

由于节流阀的结构特性，其密封性能不如闸阀或截止阀，所以也不得用节流阀代替闸阀或截止阀，对管路起切断作用。

(2) 类型及常用规格型号：节流阀按其结构形式可分为直通式及直角式两种。直通式节流阀的进、出口通道成直线形式，多安装于直线管路中；直角式节流阀的进、出口通道成直角形式，多安装于垂直相交的管路中。常用节流阀的规格、型号见表 13-42。

常用节流阀的规格、型号 **表 13-42**

型号	公称通径（mm）	适用介质	公称压力（MPa）	适用温度（℃）
L91H-40	15～25	油类、蒸汽、水	4.0	≤425
L21H-40	15～25	油类、蒸汽、水	4.0	≤425
L41H-40	10～50	油类、蒸汽、水	4.0	≤425
L41H-100	10～50	油类、蒸汽、水	10.0	≤425
L21W-40P	6～25	硝酸类	4.0	≤100

(3) 安装注意事项

1) 节流阀可安装在任何方位的管道上，但必须使阀体上的箭头方向与介质流向一致。

2) 节流阀应安装在易于操纵的管段上。

3) 节流阀前后应安装检修阀门。

13.6 自动排气阀

安装在热水采暖、热水供水或其他可能产生气体的有压管路中，用于排除管内积存的气体以减少管内水流阻力，保证系统正常工作。

(1) TDP11 (41) F 型复合杠杆浮子式自动排气阀：该阀适用于公称压力 1.6MPa 的冷水、热水、污水等管路系统，以及泵、大型阀门、液压缸、贮液罐、热水锅炉、热交换器等设备上。其技术参数：

1) 不同压力下的排气量，见表 13-43。

TDP11 (41) F 型复合杠杆浮子式自动排气阀不同压力下的排气量（m^3/min）表 13-43

工作压力（MPa） \ 管径（mm）	15、20	20、25	25、32	32、40	40、50	50、65	65、80	80、100
0.1	0.03	0.12	0.30	0.53	0.84	1.19	1.63	2.13
0.2	0.04	0.18	0.42	0.78	1.26	1.78	2.43	3.17
0.3	0.06	0.24	0.60	1.08	1.60	2.38	3.24	4.24
0.4	0.08	0.33	0.78	1.20	2.10	2.98	4.06	5.30
0.5	0.10	0.40	0.90	1.62	2.52	3.58	4.87	6.36
0.6	0.11	0.47	1.08	1.86	2.94	4.17	5.69	7.43
0.8	0.14	0.51	1.32	2.34	3.60	5.17	7.05	9.20
1.0	0.18	0.72	1.62	2.88	4.44	6.37	8.68	11.33
1.6	0.25	1.02	2.29	4.08	6.42	9.17	12.50	17.36

2）主要性能

① 最高工作温度：160℃。

② 适用介质：水、空气等。

(2) ZP88-1型自动排气阀：是全铜微型立式自动排气阀。其规格及技术特性如下：

1）规格：15、20、25mm。

2）工作压力：0.8MPa。

3）工作温度：110℃。

4）工作介质：水。

(3) ARSX（H）自动排气阀：其主要部件包括浮球、杠杆、杠架、阀座均为不锈钢。ARSX为标准型适用于冷水（冷水温度小于60℃），ARSH为热水型（热水温度为60～100℃）。其规格及技术参数如下：

1）规格：15、20、25mm。

2）工作温度：标准型：≤60℃；

热水型：60～100℃。

3）工作介质：水。

(4) 安装注意事项

1）应安装在管网的最高处，以利于管内气体的汇集和排除。

2）阀体应垂直安装，不得倾斜、横置。

3）排气阀前应设检修阀门，以便于维护检修。

13.7 液压水位控制阀

液压水位控制阀是一种改进了的浮球阀，可用于各种类型贮水箱（水池）做控制水位之用。

(1) H142X-4T-A / H142X-10-A 型液压水位控制阀

1）外形结构见图13-38。

2）技术参数见表13-44。

H142X-4T-A / H142X-10-A 型液压水位控制阀技术参数 表13-44

型　号	规格 DN（mm）	使用介质	工作压力（MPa）	介质温度（℃）	阀体材料
H142X-4T-A	80、100	洁净水	0.05～0.4	≤80	铸　铜
H142X-4-A	150、200、250	洁净水	0.05～0.4	≤80	铸　铁
H142-10-A	80、100、300	洁净水	0.05～1.0	≤80	铸　铁

3）安装方式及注意事项：

① 安装示意见图13-39。将该阀垂直固定在进水管上，然后将控制管、截止阀和浮球阀连接旋紧在该阀上。

② 主进水管应与该阀公称通径相适应。

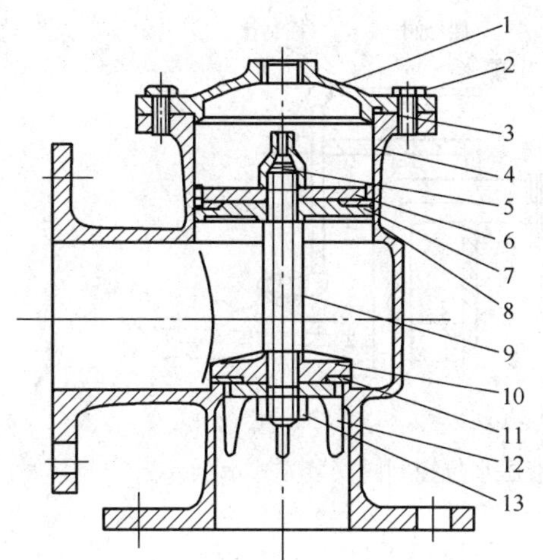

图 13-38 H142X-4T-A/H142X-10-A 型液压水位控制阀外形结构

1—阀盖；2—螺栓；3—O 型密封圈；4—阀体；5—螺母；6—压盖 1；7—密封圈；8—压盖 2；9—活塞杆；10—阀瓣；11—密封垫；12—导向压盖；13—螺母

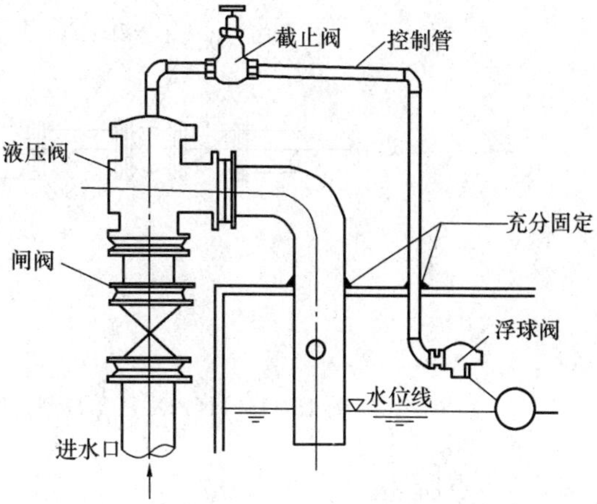

截止阀
控制管
液压阀
充分固定
闸阀
浮球阀
水位线
进水口

图 13-39 H142X-4T-A/H142X-10-A 型液压水位控制阀安装示意

③ 出水管口应低于浮球阀。

④ 为便于检修，应在该阀前安装同口径阀门。

⑤ 如果同一水池安装一只以上液压阀，液压阀和浮球阀应保持在同一水平面上。

⑥ 浮球阀安装应距进水管口 1m 以外。

⑦ 应在水箱内进水管上（高于水位线处）钻一小孔（$\phi5$～$\phi10$），以防虹吸回水。

⑧ 运行时截止阀应全开。

（2）H142X-$\frac{10T}{10P}$-B 薄膜式液压水位控制阀

1）外形结构见图 13-40。

2）规格及技术参数

① 规格

a. H142X-10T-B 型：*DN*80、*DN*100。

b. H142X-10P-B 型：*DN*150。

② 使用介质：洁净水。

③ 使用压力：0.05～1.0MPa。

④ 介质温度：≤60℃。

3）安装方式及注意事项

①安装方式示意见图 13-41。将阀水平固定在进水管上，然后将控制管、截止阀和浮球阀连接旋紧在本阀上。

② 其他注意事项见第 13.7 节（1）中第

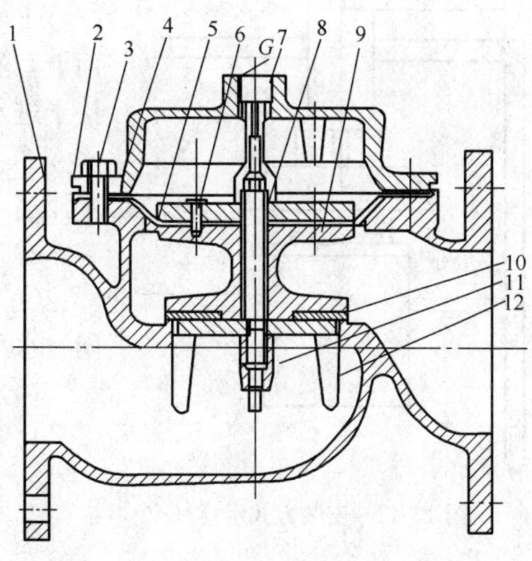

图 13-40 H142X-$\frac{10T}{10P}$-B 型薄膜式液压水位控制阀外形结构

1—阀体；2—阀盖；3—螺栓；4—膜片；5—上压盖；6—螺栓；7—节流螺母；8—阀杆；9—阀瓣；10—阀瓣垫；11—过滤器；12—导向压盖

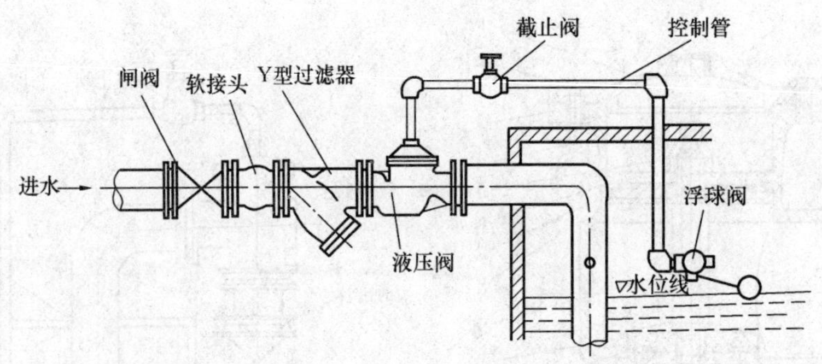

图 13-41　H142X-$\frac{10T}{10P}$-B 型薄膜式液压水位控制阀安装方式示意

3）点所述。

(3) H$\frac{712X}{742X}$-5T 液压水位控制阀

1）技术参数

① 规格

a. H712X-5T：*DN*40、*DN*50，螺纹连接。

b. H742X-5T：*DN*80、*DN*100，法兰连接。

② 使用介质：洁净水。

③ 使用压力：0.02～0.5MPa。

④ 介质温度：≤60℃。

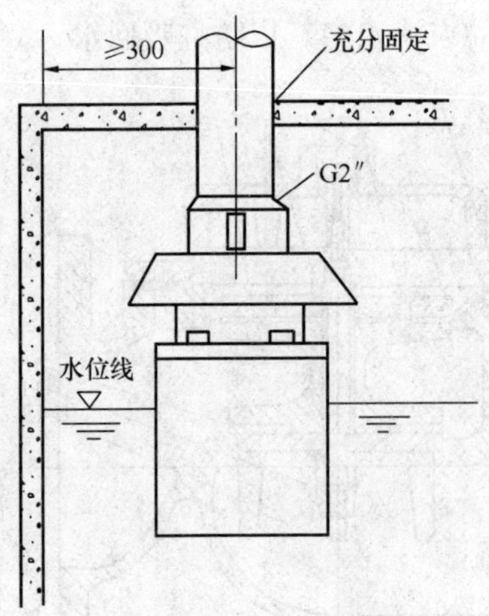

图 13-42　安装方式示意

2）安装形式及注意事项

① 安装方式示意见图 13-42。将进水管固定在水平面上，然后将该阀按其规格要求分别用法兰或螺纹连接于进水管上。

② 主进水管应与该阀公称通径相适应，且阀前进水流速不应大于 2m/s。

③ 为便于维修，应在控制阀前安装同口径阀门。

④ 如果同一水池安装一只以上阀，应保持该阀在同一水平面上。

(4) F745X-1.0 型水力（遥控）浮球阀：

1）外形结构示意见图 13-43。

2）技术参数

① 工作压力：0.07～1.0MPa。

② 适用介质：水、油。

③ 适用温度：0～80℃。

④ 公称通径：*DN*50～*DN*800。

3）安装示意见图 13-44。

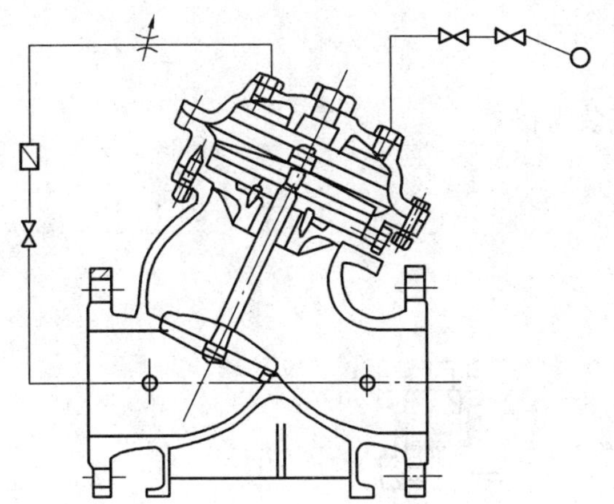

图 13-43 F745X-1.0 型水力（遥控）浮球阀外形结构示意

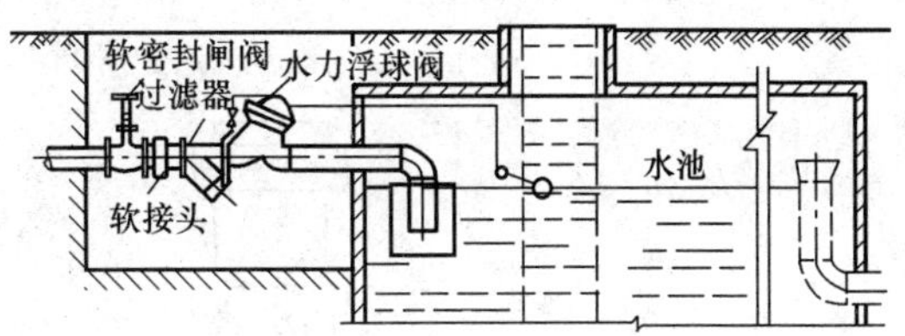

图 13-44 F745X-1.0 型水力（遥控）浮球阀安装示意

13.8 止回阀、水力控制阀及柱塞阀

13.8.1 止回阀

止回阀用于供水系统中防止管路中的介质逆向流动的一种自力阀门，它应用在不允许介质倒流的管路上。

（1）H41X-16T、16、25P 消声止回阀

1）外形结构见图 13-45。

2）规格及技术参数

① 规格

a. H41X-16T 型：*DN*50、*DN*65、*DN*80、*DN*100、*DN*125、*DN*150（阀体材料：铸铜）。

b. H41X-16 型：*DN*200、*DN*250、*DN*300、*DN*350（阀体材料：铁壳铜芯）。

c. H41X-25P 型：*DN*100、*DN*150、*DN*200（阀体材料：不锈钢）。

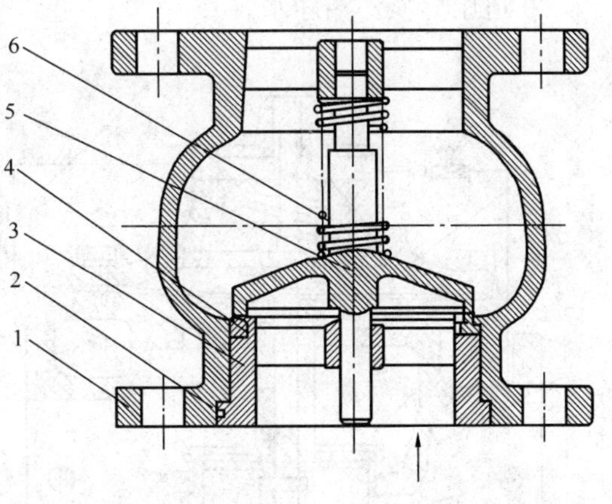

图 13-45 H41X16T、16、25P 型消声止回阀外形结构
1—阀盖；2—O 型密封圈；3—阀盖；4—密封圈；5—弹簧；6—阀瓣

② 适用介质：洁净水。

③ 公称压力

a. H11（41）X-16（16T）型：1.6MPa。

b. H41X-25P 型：2.5MPa。

④ 适用温度：≤80℃。

3）安装使用注意事项

① 该阀可以水平或垂直安装，以垂直安装为宜。

② 安装前管道应彻底冲洗。

（2）H7h46X-10 型缓闭式液动止回阀：

1）外形结构见图 13-46。

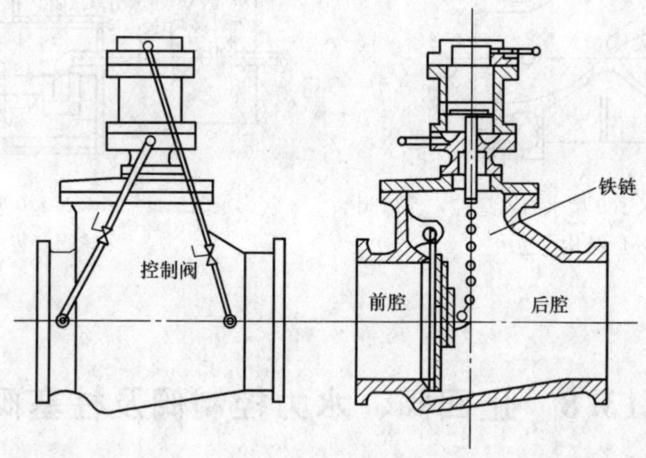

图 13-46 H7h46X-10 型缓闭式液动止回阀外形结构示意

2）规格及技术参数

① 规格：DN250、DN300、DN350、DN400、DN500。

② 适用介质：洁净水。

③ 公称压力：1.0MPa。

④ 工作温度：≤65℃。

（3）HH41X-1.6 型缓闭消声止回阀

1）外形结构见图 13-47。

2）规格及技术参数

① 规格 DN50、DN65、DN80、DN100、DN125、DN150、DN200、DN250；

② 工作压力：1.6MPa；

③ 适用介质：冷水、热水；

④ 适用温度：0～80℃；

⑤ 连接方式：法兰。

（4）HM11X-1.0、HM11X-1.6 型弹性膜消声止回阀

1）外形结构见图 13-48。

2）型号规格及技术性能见表 13-45。

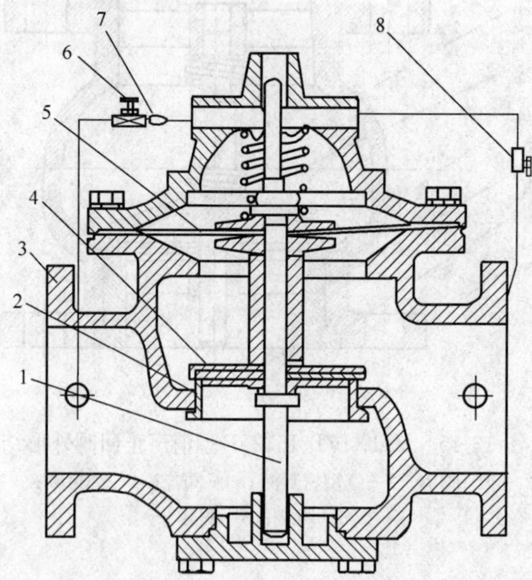

图 13-47 HH41X-1.6 型缓闭式消声止回阀外形结构

1—阀芯；2—阀座；3—阀体；4—阀瓣；5—膜片；6—针阀；7—止回阀；8—控制阀

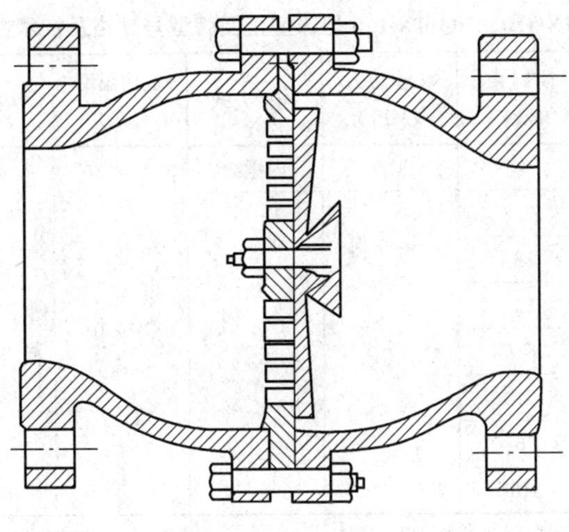

图 13-48 HM11X-1.0、HM11X-1.6 型弹性膜消声止回阀外形结构

HM11X-1.0、HM11X-1.6 型弹性膜消声止回阀型号规格及技术性能 **表 13-45**

型号	规格 DN（mm）	工作压力（MPa）	连接形式	适用温度（℃）	使用范围
HM11X-1.0	40	1.0MPa	内螺纹	0～80	高层、多层、超高层建筑
	50				
HM41X-1.6	65	1.6	法兰		
	80				
	100				
	125				
	150				
	200				

（5）HQ11X-1.0、HQ41X-1.6 型球型止回阀

1）特点和用途

该阀阀体采用全通道结构，具有流量大、阻力小之优点。采用圆球做阀瓣。适用于高黏度、有悬浮物的工业及生活污水管网中。

2）外形结构见图 13-49。

3）型号规格及技术性能见表 13-46。

（6）HT 系列止回阀

1）外形结构见图 13-50。

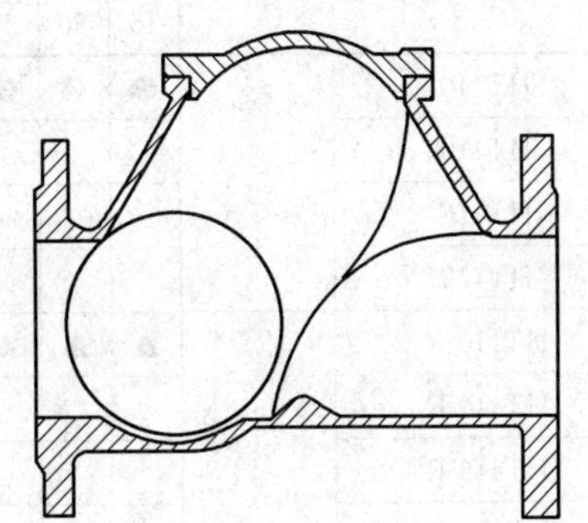

图 13-49 HQ11X-1.0、HQ11X-1.6 型球型止回阀外形结构

HQ11X-1.0、HQ11X-1.6 型球型止回牌型号规格及技术性能　　**表 13-46**

型　号	规格 *DN*（mm）	质　量（kg）	工作压力（MPa）	连接方式	适用温度（℃）	适用介质	使用范围
HQHX-1.0	50	4	1.0	内螺纹	0～80	冷水、热水、污水等高黏度、有悬浮物	给水处理、污水处理、化学工业的液体
HQ41X-1.6	65	13.8	1.6	法兰			
	80	18					
	100	25					
	125	35.5					
	150	51					
	200	86					
	300	218					

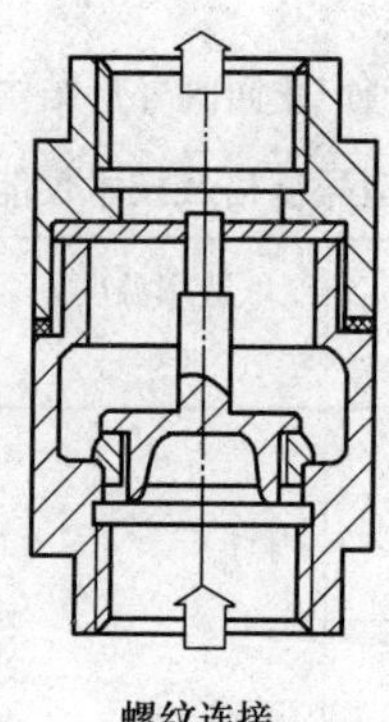

螺纹连接

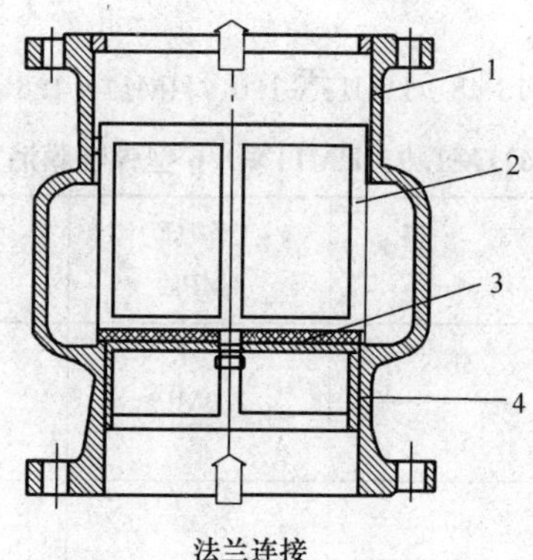

法兰连接

图 13-50　HT 系列止回阀外形结构

1—阀体；2—止回阀芯；3—密封垫；4—导向阀芯

2）型号规格见表 13-47。

HT 系列止回阀型号规格　　**表 13-47**

型　号	适用温度（℃）	公称通径（mm）															
		15	20	25	32	40	50	65	80	100	125	150	200	250	300	350	400
HT110	≤70	●	●	●	●												
HT410						●	●	●	●	●	●	●	●	●	●	●	●
HT416						●	●	●	●	●	●	●	●	●	●	●	●
HT425						▲	▲	▲	▲	▲	▲	▲	▲	▲	▲	▲	▲
HT110-R	≤150	▲	▲	▲	▲												
HT410-R						●	●	●	●	●	●	●	●	●	●	●	●
HT416-R						●	●	●	●	●	●	●	●	●	●	●	●
HT425-R						▲	▲	▲	▲	▲	▲	▲	▲	▲	▲	▲	▲

注：●表示已有规格；▲表示预订规格。

3）技术特性见表 13-48。

HT 系列止回阀技术特性　　表 13-48

工作压力（MPa）	1.0	1.6	2.5
强度试验（MPa）	1.5	2.4	3.8
垂直向上最小开启压力（MPa）	<0.02		
工作温度（℃）	≤70 ≤150	≤70 ≤150	≤70 ≤150
用　途	工业、生活给水、采暖、空调水及消防水系统		

注：表中最小开启压力值不含系统中止回阀后端水柱压力。

（7）HC41X-1.0、HC41X-1.6 型节能梭式止回阀

1）适用范围：是利用压差梭动原理研制的新型止回阀。水平、垂直安装均可。尤以垂直安装效果最佳。水平安装时，阀前压力必须大于阀后压力 0.05MPa。

2）外形结构见图 13-51。

3）型号规格及技术特性见表 13-49。

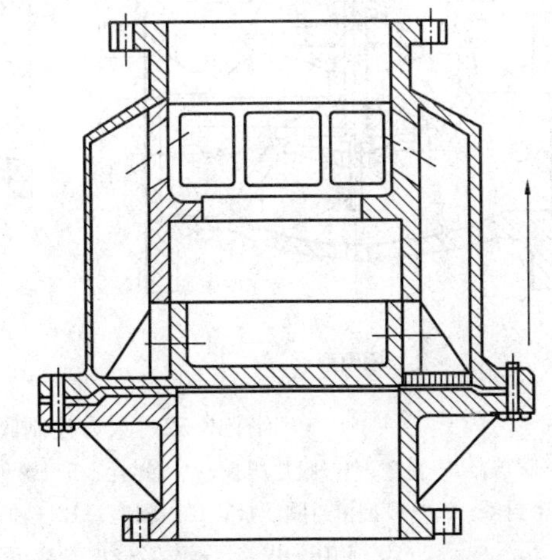

图 13-51　HC41X-$\frac{1.0}{1.6}$型节能梭式止回阀外形结构

HC41X-$\frac{1.0}{1.6}$型节能梭式止回阀性能规格　　表 13-49

型　号	规　格 DN（mm）	工作压力（MPa）	连接方式	适用温度（℃）	适用介质	使用范围
HC41X-1.0	32	1.0	法兰	0～80	冷水、热水	不大于 60m 的高层建筑
	40					
	50					
HC41X-1.6	65	1.6				
	80					
	100					
	125					
	150					
	200					
	250					
	300					
	350					
	400					

13.8.2 水力控制阀

水力控制阀一般分为隔膜型和活塞型两大类。DN300mm 以下者，采用隔膜型；DN>350mm 以上者，采用活塞型。两者动作原理相似。其外形结构见图 13-52。

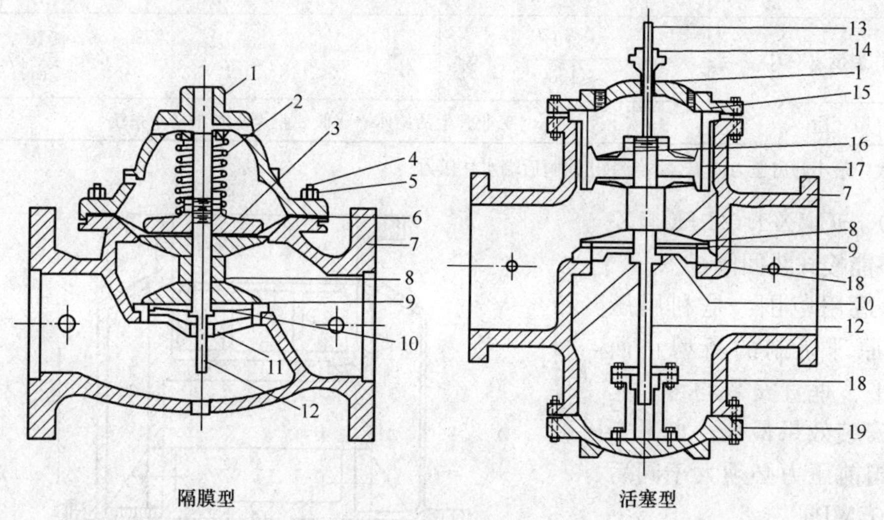

图 13-52 水力控制阀外形结构

1—阀盖；2—弹簧；3—膜片压板；4—螺栓；5—螺母；6—膜片；7—阀体；8—阀盘；9—O 型密封圈；10—O 型密封圈压板；11—阀座；12—轴；13—指示杆；14—填料盒；15—气缸；16—皮碗压板；17—皮碗；18—轴座；19—底盖

水力控制阀是由一只主阀及其外装的针形阀、先导阀等组合而成。根据使用目的、功能要求及使用场所可用作浮球控制阀、高度阀、减压阀、缓闭式止回阀、流量控制阀、泄压阀、水力、电动控制阀及泵控制阀。

(1) 动作原理见图 13-53。

(2) 各类水力控制阀的主要用途及特征

1) 浮球控制阀

① 用途：该阀适用于控制水塔或水池的水位，水位不受水压干扰，关闭紧密不漏水。

② 主要特性

a. 工作压力：1.0MPa、1.6MPa；

b. 规格

(a) 隔膜式：DN50～DN300，

(b) 活塞式：DN350～DN750。

2) 高度阀

① 动作：当水位达到所设定的水位高度时，主阀会自动关闭。当管内压力比水塔或水槽的水头压力低时，主阀会自动开启使水倒流进入配水系统。

② 主要特性：同浮球控制阀。

3) 减压阀

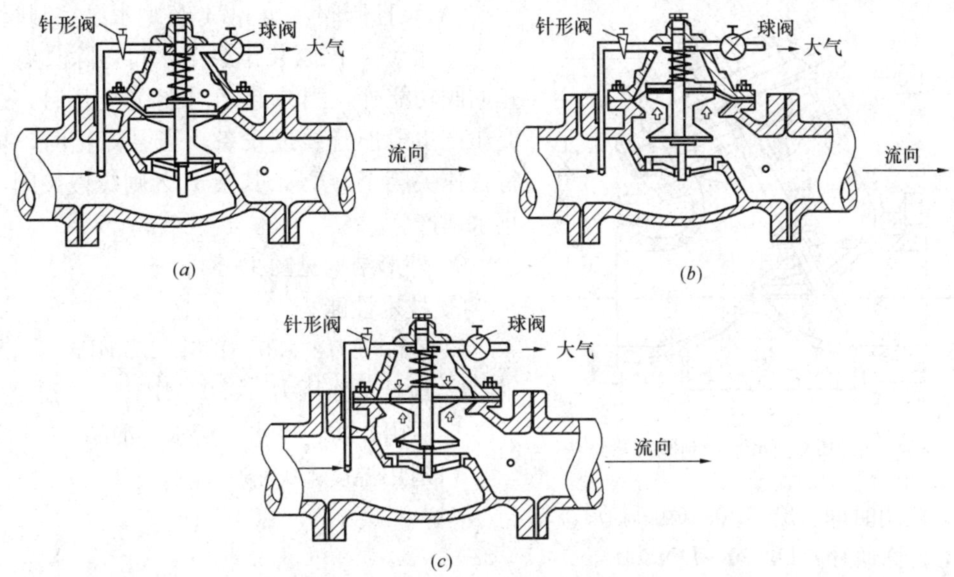

图 13-53 水力控制阀动作原理

(*a*) 全闭状态：当主阀进口端水压分别进入阀体及控制室，且主阀外部之球阀关闭，此时主阀处于全闭状态；(*b*) 全开状态：当主阀外部之球阀全开后，此时控制室内水压全部释放到大气中，所以主阀呈现全开状态；(*c*) 浮动状态：调节主阀外部之球阀开度，使流经针阀与球阀之水流达到平衡，此时主阀处于浮动状态

① 特点：控制主阀的固定出口压力，不因主阀上游进口压力变化而改变，也不因主阀下游用水量变化而改变其出口压力。

② 主要特性：同浮球控制阀。

4）缓闭式止回阀

① 特点：当突然关闭或突然停电时，可先行快速关闭主阀至 90%，再缓慢关闭最后 10%，可避免水锤发生。

② 规格性能：同浮球控制阀。

5）流量控制阀

① 特点：该阀安装于输配水管路中，可预先设定其先导阀于某一固定流量，使其主阀上游的压力变化而不会影响下游流量。

② 规格性能：同浮球控制阀。

6）泄压、持压阀

① 特点：泄压阀可将管中超过先导阀安全设定值的压力释放，并维持管中压力在一安全设定值以下，以防止管中高压毁损管线或设备。持压阀可维持主阀上游供水压力于某一设定值以上，以保障主阀上游供水区的压力。

② 规格性能：同浮球控制阀。

7）水力电动控制阀

① 特点：该阀可作为遥控开启或关闭之功能，同时可加装开、关速度调控装置。

② 规格性能：同浮球控制阀。

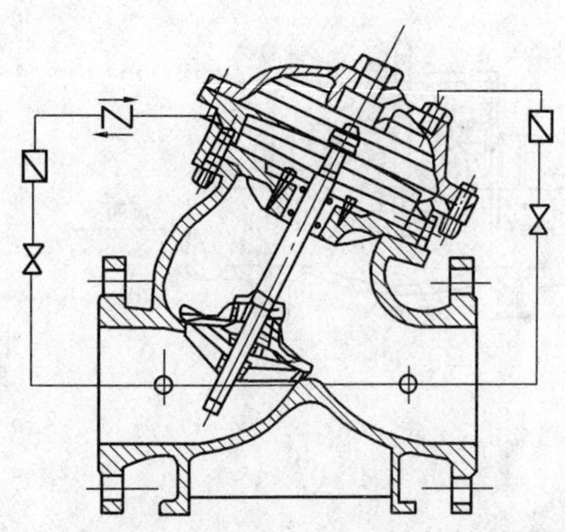

图 13-54　J_D745X 型水泵控制阀外形结构

8）泵控制阀：如 J_D745X 型水泵控制阀

① 特点：该阀装于泵出水口，除具有一般止回阀功能外，当泵起动时能缓慢开启，避免突压产生毁损管线或设备：当泵停止时，可先行快速关闭至 90%，其余 10%则缓慢关闭，防止水锤产生。

② 外形结构见图 13-54。

③ 技术性能

a. 公称压力：1.0、1.6、2.5MPa。

b. 最低动作压力：0.07MPa。

c. 适用介质：原水、清水、油品。

d. 适用温度：0～80℃。

e. 缓闭时间：3～120s（可调节）。

f. 公称通径：*DN*50～*DN*800。

④ 安装示意见图 13-55。

13.8.3　柱塞阀

（1）特点、用途：该阀结构简单、操作灵活、密封性比闸阀、截止阀均好。适用于水、蒸汽、油、空气、煤气系统，既可作切断阀，又可作调节阀。

（2）外形结构示意见图 13-56。

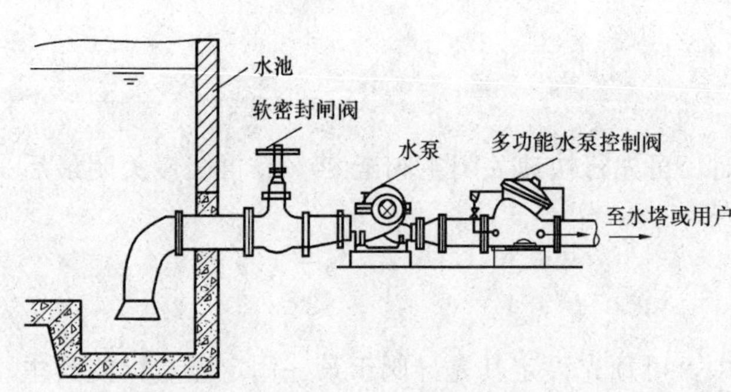

图 13-55　J_D745X 型水泵控制阀安装示意

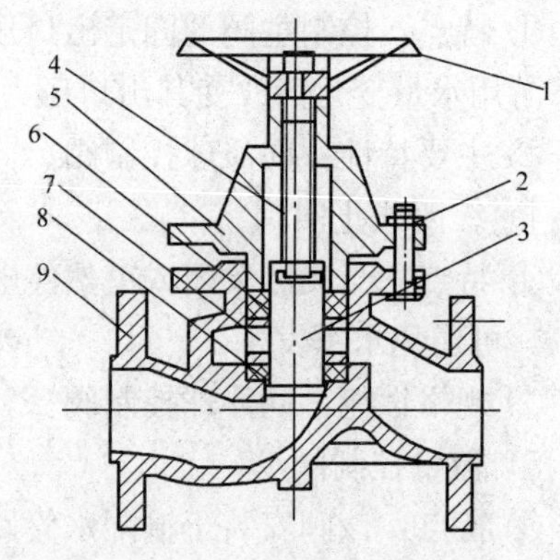

图 13-56　柱塞阀外形结构示意

1—手轮；2—螺栓；3—柱塞；4—阀杆；5—阀盖；6—上阀环；7—隔框；8—下阀环；9—阀体

（3）规格及技术参数

1）规格：*DN*15～*DN*300。

2）技术参数

① 工作压力：1.6、2.5、4.0MPa。

② 最高工作温度：200、250℃。

13.9　倒流防止器

倒流防止器是安装在建筑给水管道上的一种防止给水管道中因背压回流和虹吸回流而

造成生活饮用水回流污染的装置。它用于严格限定管道中的有压水只能单向流动，能有效防止生活给水系统被回流污染的特种水力控制装置。

(1) 设置条件：参见第 1.3.1 节中（6)、(7)。

(2) 类型及特点：倒流防止器可分为三类：双止回阀型倒流防止器、减压型倒流防止器、低阻力倒流防止器。

1）倒流防止器的类型、特点见表 13-50。

2）减压型倒流防止器 HS 型外形构造见图 13-57；水头损失曲线见图 13-58。

3）减压型倒流防止器 YQ 型外形构造见图 13-59；水头损失曲线见图 13-60。

4）低阻力倒流防止器外形构造图见图 13-61，水头损失曲线见图 13-62。

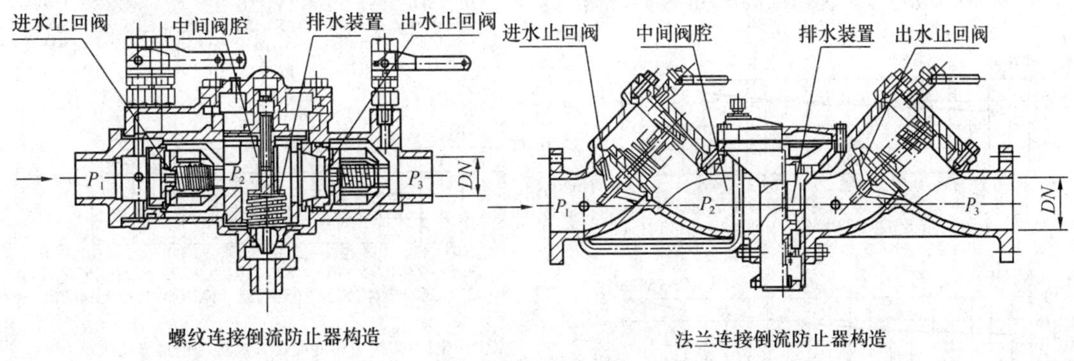

图 13-57 HS 型减压型倒流防止器外形构造

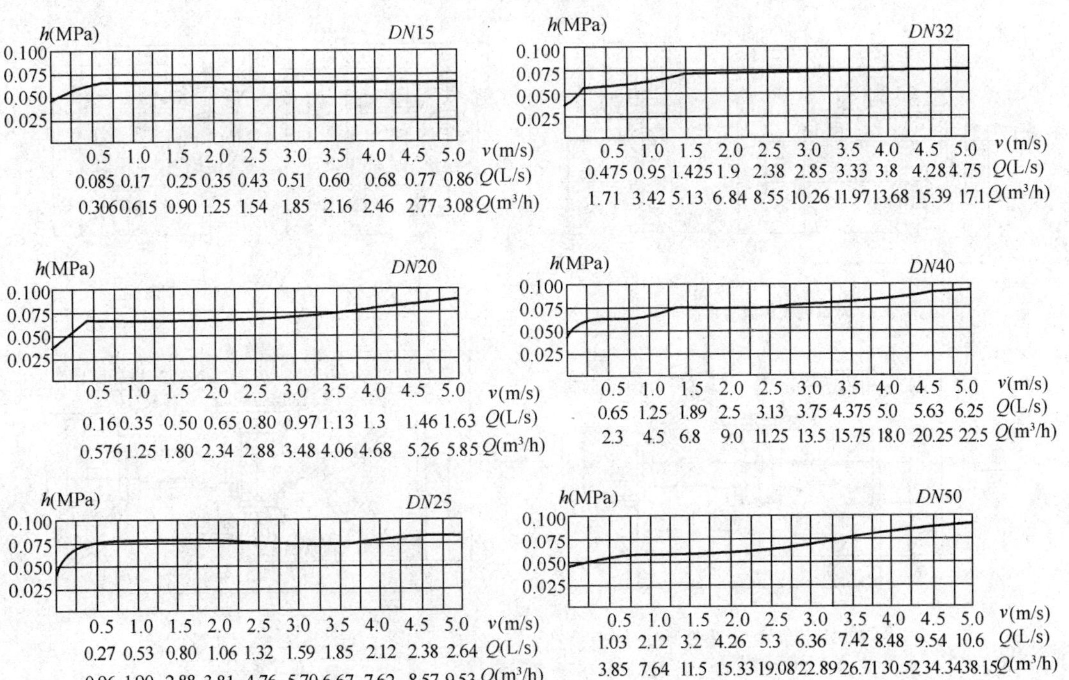

图 13-58 HS 型减压型倒流防止器水头损失曲线（一）

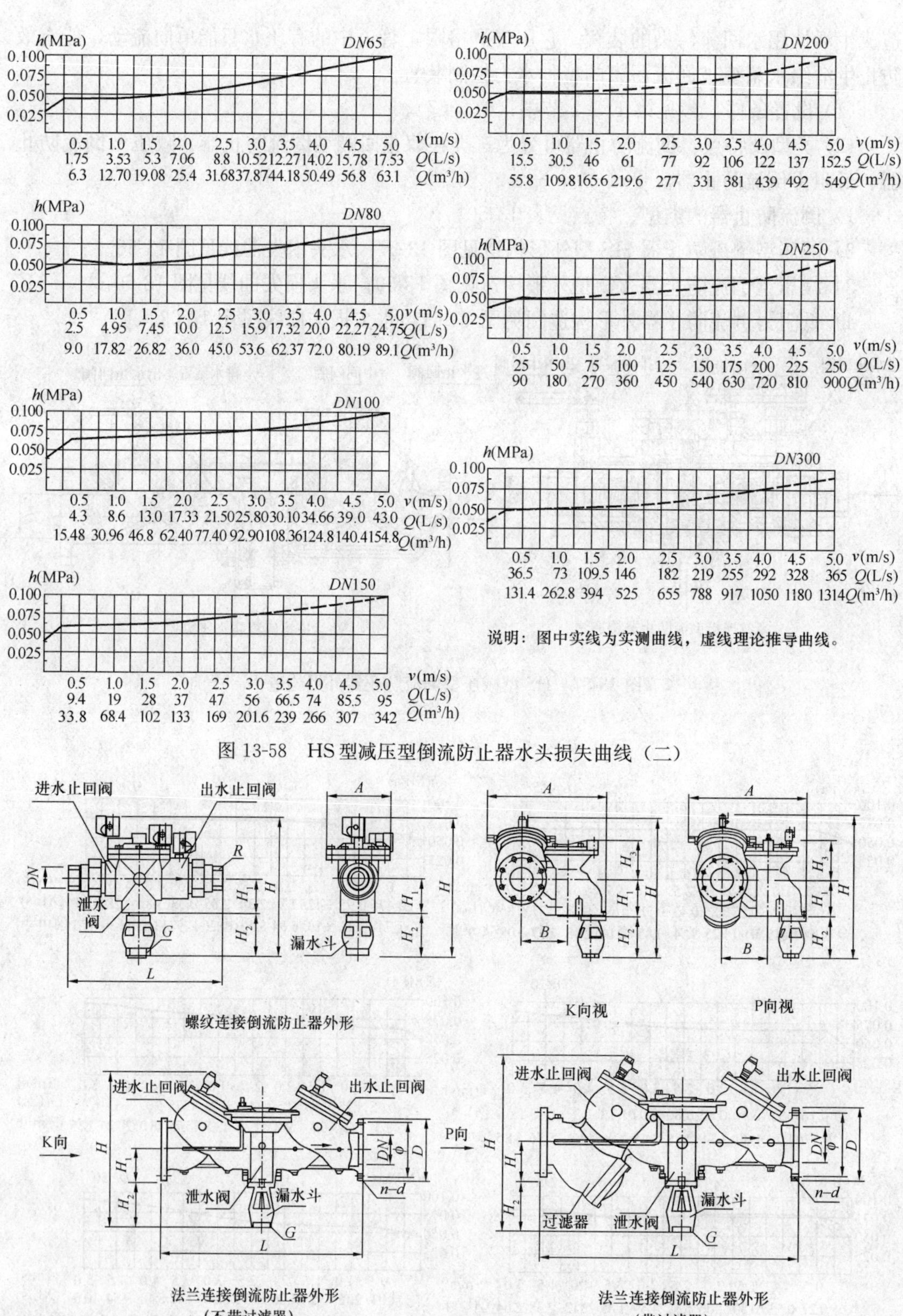

图 13-58 HS 型减压型倒流防止器水头损失曲线（二）

图 13-59 YQ 型减压型倒流防止器外形构造

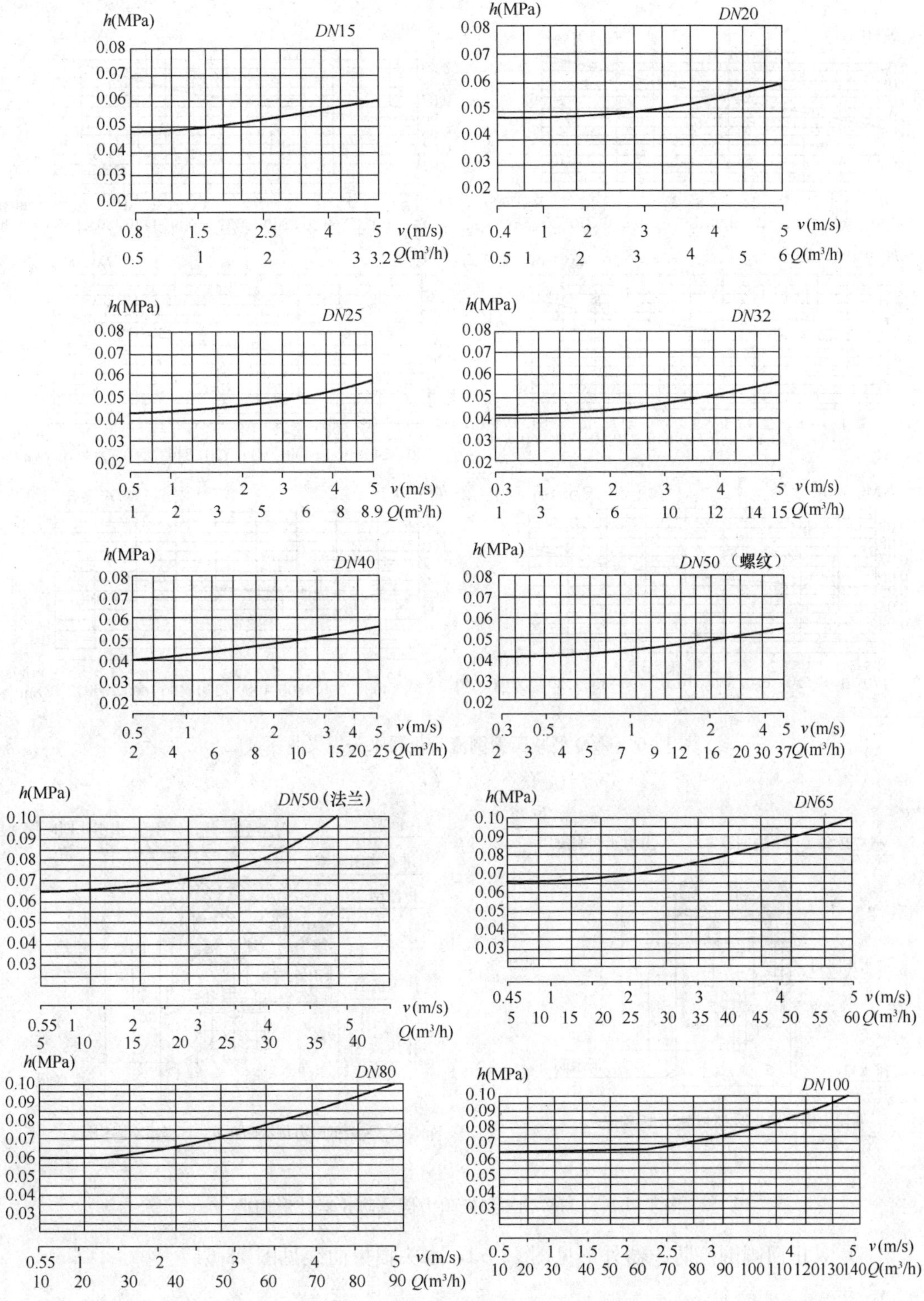

图 13-60 YQ 型减压型倒流防止器水头损失曲线（一）

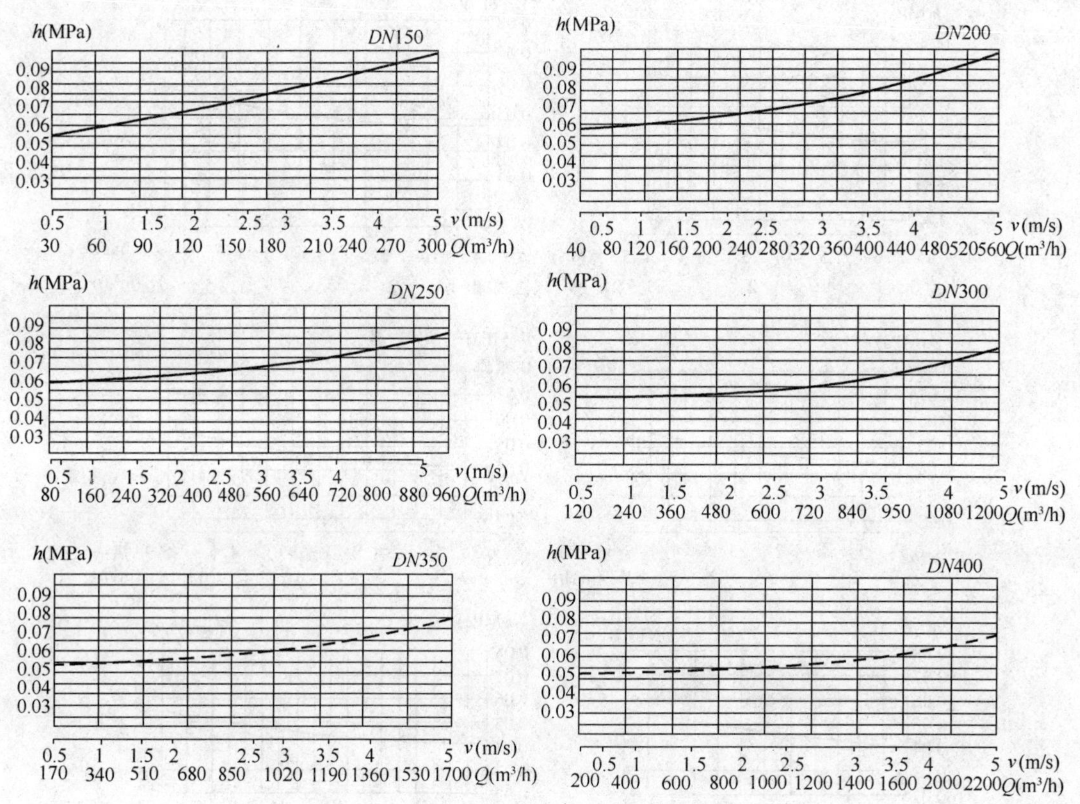

图 13-60　YQ 型减压型倒流防止器水头损失曲线（二）

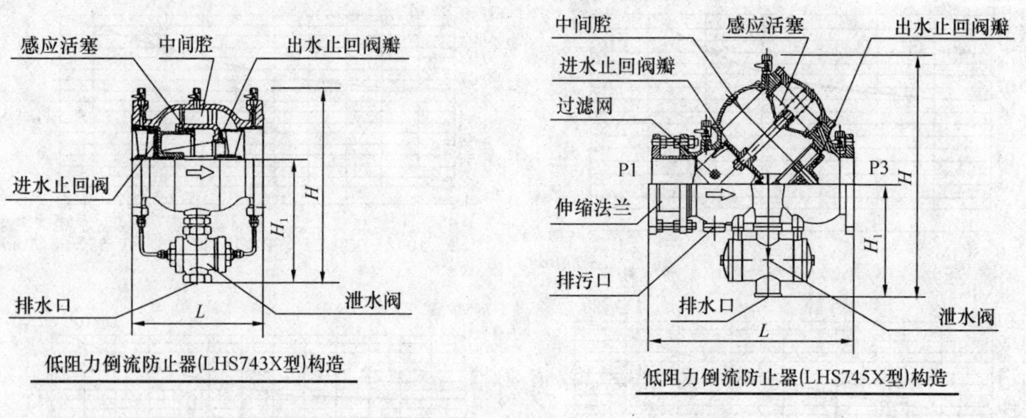

图 13-61　LHS743X 型低阻力倒流防止器外形构造

5）双止回阀倒流防止器外形见图 13-63，水头损失曲线见图 13-64。

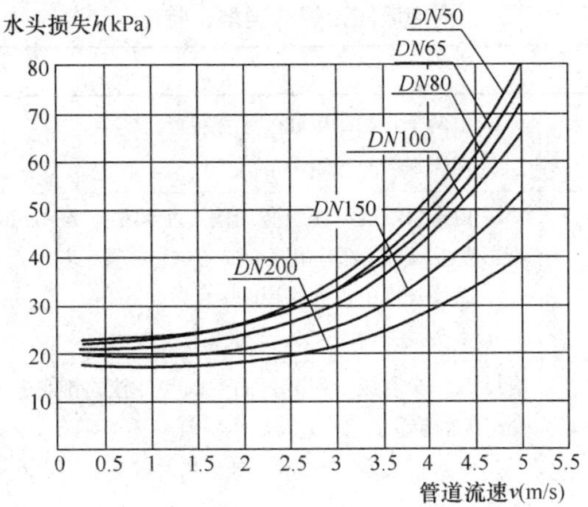

图 13-62 LHS系列低阻力倒流防止器水头损失曲线

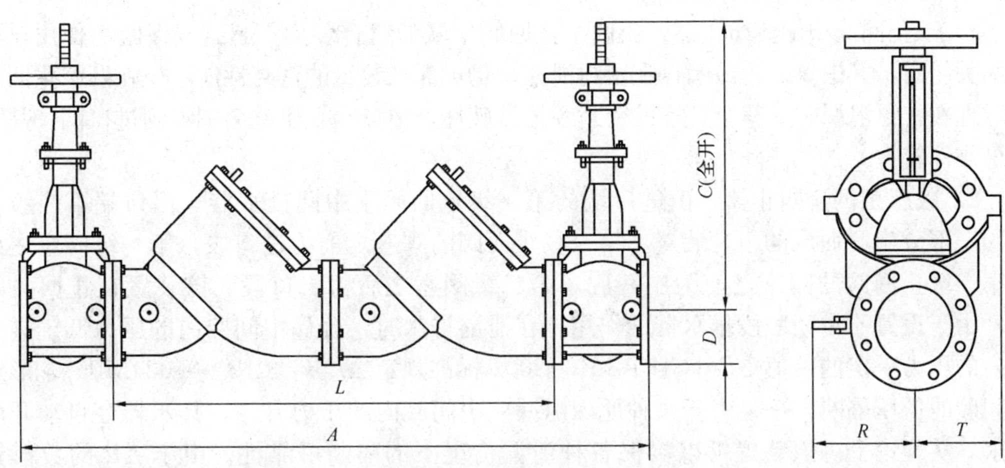

图 13-63 W-709（明杆）双止回阀倒流防止器外形

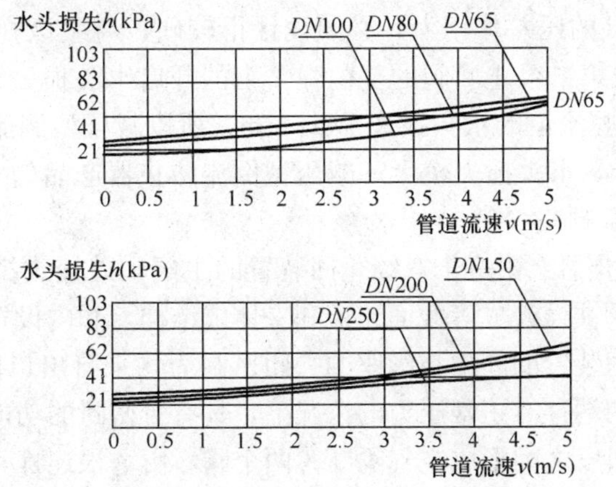

图 13-64 W-709（明杆）双止回阀倒流防止器水头损失曲线

倒流防止器的类型、特点　　表 13-50

类　型	特　点	适用范围
双止回阀型倒流防止器	1. 由两个止回阀串联的组合装置； 2. 水头损失不超过 7m	仅适用于低回流危害的背压回流
减压型倒流防止器	1. 由进口端的第一级止回阀＋中间排水器＋出口端第二级止回阀三部分串联而成的组合装置； 2. 结构长度很长，体积庞大； 3. 水头损失为 7～10m，水头损失较大	适用于所有类型的回流污染
低阻力倒流防止器	1. 由一个双级止回装置的主阀和外挂式排水器两部分组成的装置； 2. 水头损失 h=2～4m；外形尺寸较小，可以水平或垂直安装	仅适用于低、中回流危害的虹吸回流及背压回流

(3) 倒流防止器的工作原理

1) 双止回阀型倒流防止器：由两个止回阀串联的组合装置；起到双保险的作用，在止回关闭后，其中单一止回阀存在密封泄漏，仍可保证装置的密封性能，但在两个止回阀同时存在密封泄漏时，整个装置的密封性能被破坏，出口端介质就会倒流到进口端，其隔断可靠性较差。

2) 减压型倒流防止器：由进口端的第一级止回阀＋中间排水器＋出口端第二级止回阀三部分串联而成的组合装置。第一级止回阀的阀座之前为进口段，第一级阀座之后至第二级止回阀的阀座之前为中间腔，第二级阀座之后为出口段。该装置在止回关闭后，由于设置于中间腔段排水器的作用，在泄漏排水时，确保中间腔内的压力低于进口段内的压力一定的差值 ΔP（CJ/T 160—2002 标准规定 $\Delta P \geqslant 0.012 \sim 0.024$MPa)，形成中间腔的低压隔断，一旦由于某种原因泄漏使中间腔内的压力升高，排水器会自动开启排水，从理论上讲该装置可以确保各种泄漏情况下的隔断可靠性。由于 ΔP 的数值较小，为了确保隔断的可靠性，在排水器上必须设置较大面积的感应膜片和较大的排水口，整个装置结构长度很长，体积庞大。由于第一级止回阀的复位弹簧承担着阀瓣与阀座之间的密封力和 ΔP 的压差作用力，必须设计得较硬，克服该弹簧力开启的水头损失一般都大于 4m，克服第二级止回阀的复位弹簧力的开启水头损失至少 1.5m，当流速达到 1.5～2.5m/s 时阀腔流道的水头损失 1.5～3m，所以减压型倒流防止器在正常工作时的水头损失为 7～10m，水头损失较大；减压型倒流防止器产品的水头损失≤7m 时，其隔断安全性将会受到影响。

3) 低阻力倒流防止器：由一个双级止回装置的主阀和外挂式排水器两部分组成的装置；双止回装置的主阀被设计成等截面流道和一体式结构，阀内设置有进口止回装置和出口止回装置，两个止回装置的阀瓣与阀座的关闭密封力均来自出口段与进口段的压力差，在关闭后，进、出口两端存有正常压力的情况下，具有自密封的功能，都能确保中间腔内的压力为零，在进出口段之间形成空气隔断；两个阀瓣由一根连杆和辅助弹簧进行柔性连接而联动，两个阀瓣仅靠一根主推弹簧复位，该主推弹簧不需要承担阀瓣与阀座的密封力和压差力，只克服阀瓣关闭运动时的摩擦力和自重，可以设计得较软，所以该主阀一方面可以确保关闭时的空气隔断，另一方面可以有效地减少开启后的水头损失。外挂式排水器分别感应主阀的进口压力和出口压力；当主阀开启通水时，排水器自动关闭；当主阀止回关闭后，排水器自动开启，将主阀中间腔内的介质排空，形成空气隔断，排水器一直保持全开状态，并维持最大的排水排污能力，一旦发生泄漏，所渗漏的介质可以直接流出阀外，所以排水器可以设计得相对较小。低阻力倒流防止器是利用水力控制的原理，采用与减压型倒流防止器完全不同的控制方式，既可确保以空气隔断形式存在的最高等级的隔断安全性，又可有效地降低水头损失，在流速 $v=2.5$m/s 时，水头损失 $h=2\sim3$m；外形尺寸较小，可以水平或垂直安装。

(4) 倒流防止器阀组的组成：

沿水流方向依次为：1) 前控制阀；2) 水表或流量计（系统需要时设置）；3) 管道过滤器；4) 倒流防止器；5) 可挠曲橡胶接头或管道伸缩器（螺纹连接时采用活接)；6) 后控制阀。

(5) 倒流防止器的安装与调试

1) 正式安装之前，应彻底冲洗所有管道。

2) 倒流防止器应安装在水平位置（低阻力型倒流防止器也可垂直安装），这个位置应方便调试和维修，并能及时发现水的泄放或故障的产生，安装后倒流防止器的阀体不应承受管道的重量，并注意避免冻坏和人为破坏。

3) 倒流防止器两端宜安装维修闸阀，进口前宜安装过滤器，而且至少应有一端装有可挠性接头。然而，对于只在紧急情况下才使用的管路上（例如消防系统管道），应考虑过滤器的网眼被杂质堵塞而引起紧急情况下供水中断的可能性。

4) 泄水阀的排水口不应直接与排水管道固定连接，而应通过漏水斗排放到地面上的排水沟，漏水斗下端面与地面距离不应小于 300mm。

5) 安装完毕后，初次启动使用，应关闭出口闸阀，慢慢打开进口闸阀，让介质缓慢充满倒流防止器，打开各个测试球阀排除阀门空气，待阀腔充满水后，慢慢打开出口闸阀，让水充满管路。

6) 进口介质压力变化时，泄水阀出现少量漏水属正常现象。

13.10 凝结水疏水装置

13.10.1 水封管

(1) 适用范围：当蒸汽压力≤0.05MPa（表压）且压力波动范围较小时，应尽量采用水封管疏水。

(2) 选用

1) 水封管管径可根据通过最大凝结水量时，流速为 0.2～0.5m/s 的条件进行计算。

2) 水封高度，按式 (13-20) 计算：

$$H = 100(P_1 - P_2)\beta \qquad (13\text{-}20)$$

式中 H——水封高度 (m)；

β——安全系数，一般为 1.1；

P_1——水封连接点处的蒸汽压力（MPa）（表压力）；

P_2——凝结水管内压力（MPa）（表压）。

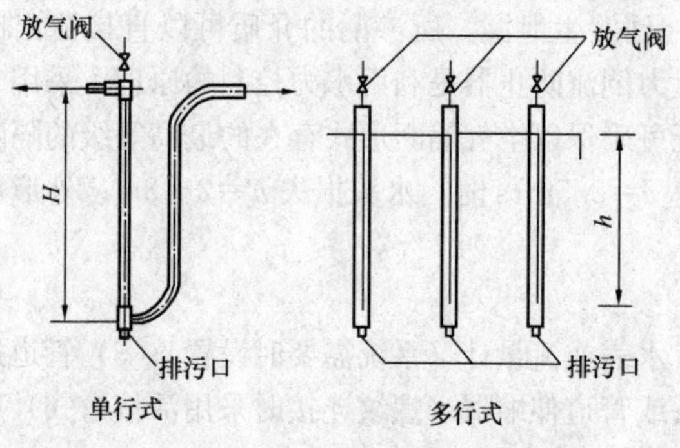

图 13-65 水封管

3）水封分为单行式与多行式，见图 13-65。多行式水封高度 h 按式（13-21）计算：

$$h = \frac{H}{n} \tag{13-21}$$

式中 n——行数。

实际使用的 h 值应乘以修正系数 1.2～1.3。

4）与水封管连接的凝结水管，一般应低于用汽设备或蒸汽管道底部 150～200mm。

13.10.2 疏水器

（1）适用范围及优缺点：常用疏水器适用范围及优缺点，见表 13-51。

常用疏水器 表 13-51

类型	适用范围	优缺点
热动力式	适用于公称压力 $PN \leqslant 1.6$MPa，工作温度 $t \leqslant 200$℃的蒸汽管路及设备	体积小，重量轻，结构简单，使用寿命长，维护检修简便，能连续排水，能自动排出空气及随蒸汽带入的渣滓，排水量大，排空气量大，漏汽量少，凝结水量少或疏水器前后压差过低时（≤0.04MPa）会产生连续漏汽现象，阀板易磨损
钟形浮子式	适用于公称压力 $PN \leqslant 1.6$MPa，工作温度 $t \leqslant 200$℃的水和蒸汽管路上	1. 易调节； 2. 活动部件较多，易磨损失灵，间断排水
脉冲式	适用于公称压力 $PN \leqslant 2.5$MPa，工作温度 $t \leqslant 225$℃的蒸汽管路及设备	1. 体积小，重量轻，结构紧凑，连接脉冲排水，排水量大； 2. 对蒸汽质量要求较高，阀瓣孔眼易堵；运行中有极少量蒸汽通过蒸汽孔眼漏泄
双金属型	适用于公称压力 $PN \leqslant 2.8$MPa，工作温度 $t \leqslant 454$℃的蒸汽管路	高效，节能，适应压力范围广泛，可兼有止回阀和排气阀作用，安装方位不受限制
浮筒式	适用于公称压力 $PN \leqslant 0.6$MPa，工作温度 $t \leqslant 200$℃的蒸汽管路	动作稳定，不易被卡住，阀孔易磨损，选用不当易造成运行失灵，间断排水
浮球式	适用于公称压力 $PN \leqslant 0.2$MPa，工作温度 $t \leqslant 170$℃的蒸汽管路	1. 易调节； 2. 因活动部件磨损，卡住或浮球漏水不能上浮而失灵，间断排水

（2）选用：疏水器的选择不能单纯按最大排水量，也不能只根据管径大小来套用疏水器的规格，而应根据以下原则并结合用户具体情况来选用：

1）疏水器前后压差：前后压差按式（13-22）计算：

$$\Delta P = P_1 - P_2 \tag{13-22}$$

式中 ΔP——疏水器前后压力差（MPa），靠疏水器余压流动的凝结水管，不论何种类型的疏水器，其值不小于0.05MPa；

P_1——疏水器前的压力（MPa）；凝结水由用汽设备排出时，$P_1=0.95P$；蒸汽管道排水时，$P_1=P$；

P——进入用汽设备及管道中的蒸汽压力（MPa）；

P_2——疏水器后的压力（MPa）。

采用式（13-22）应注意几点：

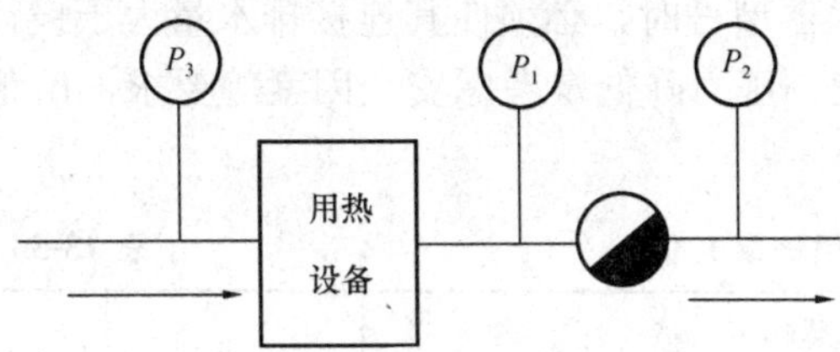

图 13-66 疏水器压力

P_1—疏水器的进口压力（MPa）；P_2—疏水器的出口压力（MPa）；P_3—用热设备前的压力（MPa）。

① P_1 不是系统的压力，也不是锅炉的压力，而是疏水器进口的压力，见图13-66。在确定 P_1 值时，必须注意系统内的压力是否变动，如有突变现象，P_1 值应取可能出现的最高压力，并应根据进、出口最大压差进行选择。

②疏水器出口压力 P_2

a. 从疏水器出来的凝结水，如果直接排入大气，则疏水器的进、出口最大压差就等于疏水器的进口压力。

b. 从疏水器出来的凝结水，如果排入回水系统，则 P_2 值应根据回水系统内的回水压力来确定。

2）疏水器的排水量：疏水器的排水量，应按产品样本选定，当缺乏这些数据时，可按式（13-23）计算：

$$G = Ad^2\sqrt{10(P_1 - P_2)} \tag{13-23}$$

式中 G——饱和凝结水的连续排水量（kg/h）；

d—疏水器的阀孔直径（mm）；

P_1——疏水器前的蒸汽压力（MPa）；

P_2——疏水器后的凝结水压力（MPa）；

A——排水系数，见表13-52。

排水系数 A 值 **表 13-52**

d (mm)	P_1-P_2 (MPa)									
	0.1	0.2	0.3	0.4	0.5	0.6	0.7	0.8	0.9	1.0
2.6	25	24	23	22	21	20.5	20.5	20	20	19.8
3	25	23.7	22.5	21	21	20.4	20	20	20	19.5
4	23.8	23.5	21.6	20.6	19.6	18.7	17.8	17.2	16.7	16
4.5	24.2	21.3	19.9	18.9	18.3	17.7	17.3	16.9	16.6	16
5	23	21	19.4	18.5	18	17.3	16.8	16.3	16	15.5
6	20.8	20.4	18.8	17.9	17.4	16.7	16	15.5	14.9	14.3
7	19.4	18	16.7	15.9	15.2	14.8	14.2	13.8	13.5	13.5
8	18	16.4	15.5	14.5	13.8	13.2	12.6	11.7	11.9	11.5

续表

d (mm)	P_1-P_2 (MPa)									
	0.1	0.2	0.3	0.4	0.5	0.6	0.7	0.8	0.9	1.0
9	16	15.3	14.2	13.6	12.9	12.5	11.9	11.5	11.1	10.6
10	14.9	13.9	13.2	12.5	12	11.4	10.9	10.4	10	10
11	13.6	12.6	11.8	11.3	10.9	10.6	10.4	10.2	10	9.7

3）疏水器排水量的修正系数：选择疏水器型号时，必须使其连接排水量大于设计排水量的 K 倍，以适应用热设备启动负荷增大、压力降低及考虑安全因素等要求，K 值的选择见表 13-53。

疏水器选用倍率 *K* 值 **表 13-53**

供热系统	使用状况	K
采暖	$P\geqslant 0.1$MPa	≥2～3
	$P<0.1$MPa	≥4
淋浴	用于单个淋浴器的热交换器	≥2
	用于多个淋浴器的热交换器	≥4
生产	一般热交换器	≥3
	大容量、间歇工作，需速热设备	≥4

（3）TDS 型疏水器

1）型号规格、特性：TDS 型疏水器型号规格及在不同压差下的最大连续排水量见表 13-54。

TDS 型疏水器型号规格及不同压差（MPa）下的最大连续排水量（kg/h） **表 13-54**

型 号	公称直径	压差（MPa）									
		0.05	0.15	0.25	0.40	0.60	0.80	1.00	1.60	2.50	4.00
TDS11H-16A	8、10、15	45	75	100	125	155	180				
		30	50	70	85	105	125	140	175		
TDS41（11）H-16B	15、20	90	160	210	265	325	375				
TDS41H-16B-C		55	95	125	155	190	220	250	315		
TDS41H-25B		45	75	100	125	155	180	200	255	320	
TDS41（11）H-16C	15、20、25	430	750	960	1200	1500					
TDS41H-16C-C		210	360	470	600	760	870	1000	1200		
TDS41H-25C		150	270	340	440	540	620	690	800	1100	
TDS41H-40C		100	180	240	300	370	430	480	600	760	960
TDS41（11）H-16D	25、32、40、50	600	1040	1350	1700	2080	2400				
TDS41H-16D-C		300	540	690	880	1080	1240	1390	1760		
TDS41H-25D		230	400	530	660	820	940	1060	1340	1670	
TDS41H-40D		140	240	320	400	490	570	640	810	1000	1280
TDS41（11）H-16E	25、32、40、50	1400	2400	3100	3700	4800					
TDS41H-16E-C		740	1260	1600	2000	2500	2900	3200	4100		
TDS41H-25E		520	920	1100	1400	1800	2100	2300	3000	3700	
TDS41H-40E		350	600	780	990	1200	1400	1570	1980	2480	3100

续表

型 号	公称直径	压差（MPa）									
		0.05	0.15	0.25	0.40	0.60	0.80	1.00	1.60	2.50	4.00
TDS41（11）H-16F	25、32、40、50	1580	2700	3500	4500	5600	6300				
TDS41H-16F-C		890	1500	2000	2500	3100	3500	3900	5000		
TDS41H-25F		620	1100	1400	1700	2100	2500	2800	3500	4400	
TDS41H-40F		430	750	980	1200	1500	1700	1900	2400	3100	3900
TDS41（11）H-16G	50、65、80、100	4400	7600	9900	12500	15300					
TDS41H-16G-C		2400	4300	5500	7000	8600	9900	11100	14100		
TDS41H-25G		1700	3000	3800	4900	6000	6900	7700	9800	12200	
TDS41H-40G		1400	2400	3100	3900	4800	5600	6200	7900	9900	12500

注：1. 1.6MPa压力等级中，带后缀“－C”者为铸钢壳体。无者为铸铁壳体。2.5MPa和4.0MPa等级只能用铸钢壳体，因此省略后缀“－C”；

2. 同一压力等级各零件耐压能力相同，但可根据安装点的实际压力配直径不同的阀座，以充分发挥排水能力的潜能。本表把1.6MPa等级分成两档：0.8MPa和1.6MPa。实际工作压力不大于0.8MPa时，二者都可选用；大于0.8MPa时，只能用1.6MPa等级。订货时应予以说明；

3. 选用倍率，取2～3，表中排量应为正常排量的2～3倍。

2）外形结构见图13-67。

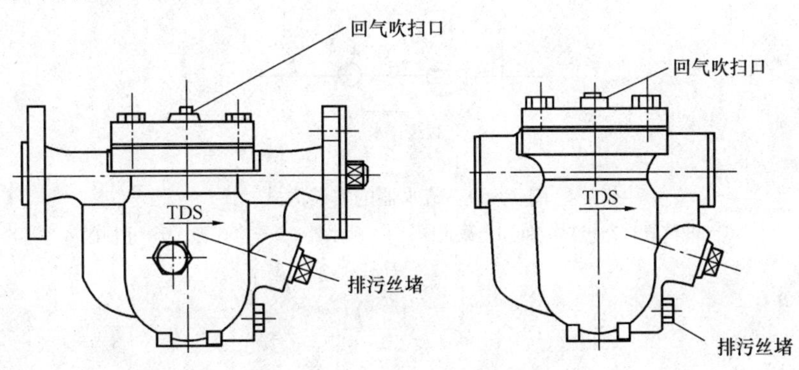

图13-67 TDS型疏水器外形结构

（4）安装注意事项

1）疏水器的安装位置应便于检修，并尽量靠近用汽设备，安装高度应低于设备或蒸汽管道底部150mm以上，以便凝结水排出。

2）浮筒式或钟形浮子式疏水器应水平安装。

3）用汽设备宜各自单独安装疏水器，以保证系统正常工作。

4）疏水器一般不装设旁通管，但对于特别重要的加热设备，如不允许短时间中断排除凝结水或生产上要求速热时，可考虑装设旁通管。旁通管应在疏水器上方或同一平面上安装，避免在疏水器下方安装。

5）当采用余压回水系统、回水管高于疏水器时，应在疏水器后装设止回阀。

6）当疏水器距用汽设备较远时，宜在疏水器与用汽设备之间安装回汽支管，见图13-68。

7）当凝结水量很大时，一个疏水器不能排除时，就需几个疏水器并联安装，才能及时排除大量凝结水，并联安装的疏水器应同型号、同规格的，一般适宜并联2个或3个疏水器，必须安装在同一平面内。

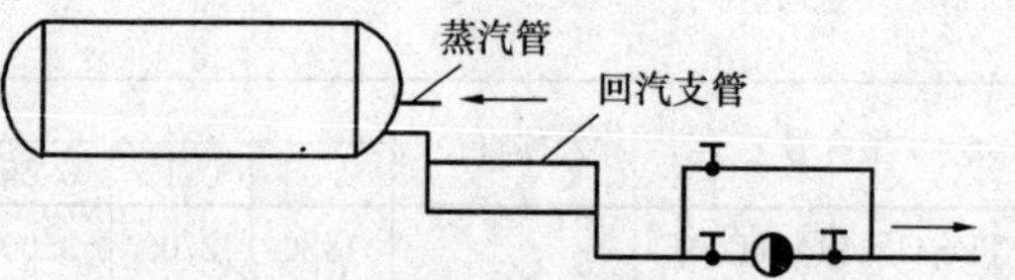

图 13-68 回汽支管的安装

8）疏水器的安装方式，见图13-69。

9）凝结水管道的安装应有一定的坡度。

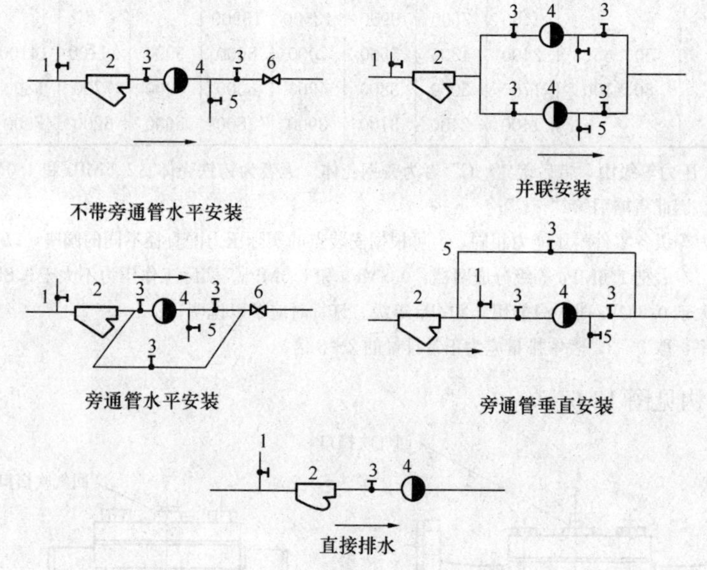

图 13-69 疏水器的安装方式

1—冲洗管；2—过滤器；3—截止阀；4—疏水器；5—检查管；6—止回阀

14 管　　道

14.1 材　　料

给排水管道材料的选择，应根据输送压力、介质温度给水排水性质，外部荷载土壤性质、施工维护和材料供应等条件确定。

各种管材的选用及主要特点，见表 14-1。国家已颁布的各种管材的产品标准及工程标准见表 14-2。

各种管材的选用及特点　　　　**表 14-1**

管　材	用　途	特　点	连接方式	产品标准及工程标准
建筑给水薄壁不锈钢管	15mm＜*DN*＜100mm 饮用净水、生活饮用水、空气、医用气体、冷水、热水等管道用		卡压式、环压式	GB/T 19228.1—2011 GB/T 19228.2—2011 GB/T 19228.3—2003 CJ/T 151—2001 CJJ/T 154—2011 CECS 153—2003
	大小管径均可		法兰、焊接	GB/T 21835—2008 GB/T 12459—2005
建筑给水铜管	15mm＜*DN*＜300mm		硬钎焊、软钎焊、卡套、卡压、法兰、螺纹及沟槽	GB/T 18033—2007 CJ/T 117—2000 CJJ/T 154—2011
建筑给水铝塑复合管	工作压力不大于 0.6MPa， 工作温度不大于 75℃ 12mm＜*De*＜75mm		卡套式连接 卡压式连接	GB/T 18997.1—2003 GB/T 18997.2—2003 CECS 105—2000
建筑给水钢塑复合管	工作压力不大于 1.0MPa	涂（衬）塑焊接钢管可锻铸铁衬塑管件	螺纹连接	CJ/T 120—2008 CJ/T 136—2007 CJ/T 137—2008 CECS 125—2001 CJJ/T 155—2011
	工作压力大于 1.0MPa 且不大于 1.6MPa	涂（衬）塑无缝钢管无缝钢管件、球墨铸铁涂（衬）塑管件	法兰、沟槽连接	
	工作压力大于 1.6MPa 且小于 2.5MPa	涂（衬）塑无缝钢管无缝钢管件、铸钢涂（衬）塑管件	法兰、沟槽连接	
建筑给水硬聚氯乙烯管（PVC-U）	给水温度不大于 45℃ 工作压力不大于 0.6MPa		粘接、弹性橡胶密封圈连接、法兰	GB/T 10002.1—2006 GB/T 10002.2—2003 CECS 237—2004
给水钢塑复合压力管（PSP）	建筑室内、外给水管 16mm＜*DN*＜400mm		扩口式、内胀式、承插式、卡槽式	CJ/T 183—2008 CJ/T 253—2007 CJJ/T 155—2011 CECS 237—2008

续表

管材	用途	特点	连接方式	产品标准及工程标准
冷热水用聚丙烯管道（PP-R）	水温不高于 70℃，dn≤110mm，室内冷热水管道		热熔连接 电熔连接	GB/T 18742.1—2002 GB/T 18742.2—2002 GB/T 18742.3—2002
给水用球墨铸铁管	用于 DN＞75mm 室外给水管道	机械性能好，强度接近钢管，抗腐蚀性能高于钢管，重量较轻，施工方便，接口水密性好，抗震效果好	推入式胶圈柔性接口	GB/T 13295—2008 CJJ/T 154—2011
埋地硬聚氯乙烯给水管（PVC-U）	用于水温不高于 45℃、dn＞75mm 给水管	耐腐蚀、水力性能好，重量轻，接口水密封性好，施工简便	弹性密封圈插入式柔性接头；插入式溶剂粘接接头、法兰接头等刚性接头	GB/T 10002.1—2006 GB/T 10002.2—2006 CECS 17：2000
埋地聚乙烯给水管 PE	用于水温 40℃，32mm＜DN＜1000mm 给水管、工作压力不大于 1.0MPa		热熔连接、电熔连接、机械连接（承插式、法兰）	GB/T 13663—2000 GB/T 13663.2—2000 CJJ 101—2004
埋地给排水玻璃纤维增强热固性树脂夹砂管钢管	用于给水排水管道	耐腐蚀，水力性能好，重量轻，接口水密封性好，施工简便	双胶圈柔性接口套筒、承插连接	CJ/T 3079 CECS 129：2001
给水钢丝网骨架聚乙烯复合管	用于 70℃以下埋地给水管道、110mm＜dn＜4500mm	耐腐蚀，水力性能好，价值便宜	电熔、电熔承插、电熔套筒、法兰	CJ/T 189—2007 CECS 181—2005
建筑排水用硬聚氯乙烯（PVC-U）	连续排放温度不大于 40℃，瞬时排放温度不大于 80℃		承插式粘结	GB/T 5836.1—2006 GB/T 5836.2—2006 CJJ/T 29—2010
埋地硬聚氯乙烯管排水管			弹性密封橡胶圈连接	CECS 122：2002
建筑排水用柔性接口铸铁管			承插式、卡箍式	GB/T 12772—2008 CJ/T 178—2003 CJ/T 177—2002 CECS 168：2004 CJJ 127—2009
埋地聚乙烯排水管			弹性密封橡胶圈、电熔连接、热熔连接、承插式电熔连接	GB/T 19472.1—2004 GB/T 19472.2—2004 CECS 164：2004

管材的产品标准和工程标准　　表 14-2

（一）产品标准

序号	标 准 号	标 准 名 称
1	CJ/T 205	建筑给水交联聚乙烯（PE-X）管材
2	CJ/T 218	给水用丙烯酸共聚聚氯乙烯管材及管件
3	GB/T 10002.1	给水用硬聚氯乙烯（PVC-U）管材
4	GB/T 10002.2	给水用硬聚氯乙烯（PVC-U）管件
5	GB/T 13663	给水用聚乙烯（PE）管材
6	GB/T 13663.2	给水用聚乙烯（PE）管道系统　第 2 部分：管件
7	CJ/T 138	建筑给水交联聚乙烯（PE-X）管用管件技术条件
8	GB/T 18742.1	冷热水用聚丙烯管道系统　第 1 部分：总则
9	GB/T 18742.2	冷热水用聚丙烯管道系统　第 2 部分：管材
10	GB/T 18742.3	冷热水用聚丙烯管道系统　第 3 部分：管件
11	GB/T 18991	冷热水系统用热塑性塑料管材和管件
12	GB/T 18992.1	冷热水用交联聚乙烯（PE-X）管道系统　第 1 部分：总则
13	GB/T 18992.2	冷热水用交联聚乙烯（PE-X）管道系统　第 2 部分：管材
14	GB/T 18993.1	冷热水用氯化聚氯乙烯（PVC-C）管道系统　第 1 部分：总则
15	GB/T 18993.2	冷热水用氯化聚氯乙烯（PVC-C）管道系统　第 2 部分：管材
16	GB/T 18993.3	冷热水用氯化聚氯乙烯（PVC-C）管道系统　第 3 部分：管件
17	GB/T 18997.1	铝塑复合压力管　铝管搭接焊式铝塑管
18	GB/T 18997.2	铝塑复合压力管　铝管搭对焊式铝塑管
19	CJ/T 108	铝塑复合压力管（搭接焊）
20	CJ/T 111	铝塑复合管用卡套式铜制管接头
21	CJ/T 159	铝塑复合压力管（对接焊）
22	CJ/T 190	铝塑复合管用卡压式管件
23	CJ/T 193	内层熔接型铝塑复合管
24	CJ/T 195	外层熔接型铝塑复合管
25	CJ/T 110	承插式管接头
26	GB/T 19473.1	冷热水用聚丁烯（PB）管道系统　第 1 部分：总则
27	GB/T 19473.2	冷热水用聚丁烯（PB）管道系统　第 2 部分：管材
28	GB/T 19473.3	冷热水用聚丁烯（PB）管道系统　第 3 部分：管件
29	GB/T 20207.1	丙烯腈—丁二烯—苯乙烯（ABS）压力管道系统　第 1 部分：管材
30	GB/T 20207.2	丙烯腈—丁二烯—苯乙烯（ABS）压力管道系统　第 2 部分：管件
31	QB/T 1916	硬聚氯乙烯（PVC-U）双壁波纹管材
32	QB/T 1929	埋地给水用聚丙烯（PP）管材
33	QB/T 1930	给水用低密度聚乙烯管材
34	CJ/T 120	给水涂塑复合钢管

续表

序号	标 准 号	标 准 名 称
35	CJ/T 123	给水用钢骨架聚乙烯塑料复合管
36	CJ/T 124	给水用钢骨架聚乙烯塑料复合管件
37	CJ/T 136	给水衬塑复合钢管
38	GB/T 12772	排水用柔性接口铸铁管、管件及附件
39	CJ/T 177	建筑排水用卡箍式铸铁管及管件
40	CJ/T 178	建筑排水用柔性接口承插式铸铁管及管件
41	GB/T 18742.1	冷热水用聚丙烯管道系统 第1部分：总则
42	GB/T 18742.2	冷热水用聚丙烯管道系统 第2部分：管材
43	CJ/T 137	给水衬塑可锻铸铁管件
44	CJ/T 183	钢塑复合压力管
45	QB/T 3802	化工用硬聚氯乙烯（PVC-U）管件
46	CJ/T 114	高密度聚乙烯外护管 聚氨酯泡沫塑料预制直埋保温管
47	CJ/T 165	高密度聚乙烯缠绕结构壁管材
48	CJ/T 175	冷热水用耐热聚乙烯（PE-RT）管道系统
49	CJ/T 181	给水用孔网钢带聚乙烯复合管
50	CJ/T 184	不锈钢塑料复合管
51	CJ/T 189	钢丝网骨架塑料（聚乙烯）复合管材及管件
52	CJ/T 117	建筑用铜管管件（承插式）
53	GB/T 18033	无缝铜水管和铜气管
54	GB/T 12771	流体输送用不锈钢焊接钢管
55	GB/T 19228.1	不锈钢卡压式管件组件 第1部分：卡压式管件
56	GB/T 19228.2	不锈钢卡压式管件组件 第2部分：连接用薄壁不锈钢管
57	GB/T 19228.3	不锈钢卡压式管件用橡胶O型密封圈
58	CJ/T 151	薄壁不锈钢水管
59	GB 13295	水及燃气管通用球墨铸铁管、管件及附件
60	GB/T 18477	埋地排水用硬聚氯乙烯（PVC-U）结构壁管道系统
61	CJ/T 231	排水用硬聚氯乙烯（PVC-U）玻璃微珠复合管材
62	GB/T 21238	玻璃纤维增强塑料夹砂管
63	CJ/T 225	埋地排水用钢带增强聚乙烯（PE）螺旋波纹管
64	GB/T 5836.1	建筑排水用硬聚氯乙烯（PVC-U）管材
65	GB/T 5836.2	建筑排水用硬聚氯乙烯（PVC-U）管件
66	GB/T 20221	无压埋地排污、排水用硬聚氯乙烯（PVC-U）管材
67	QB/T 2480	建筑用硬聚氯乙烯（PVC-U）雨落水管材及管件
68	GB/T 19472.1	埋地用聚乙烯（PE）结构壁管道系统 第1部分：聚乙烯双壁波纹管材
69	GB/T 19472.2	埋地用聚乙烯（PE）结构壁管道系统 第2部分：聚乙烯缠绕结构壁管材

续表

序号	标准号	标准名称
70	QB/T 2782	埋地用硬聚氯乙烯（PVC-U）加筋管材
71	QB/T 2783	埋地钢塑复合缠绕排水管材
72	GB 13296	锅炉、热交换器用不锈钢无缝钢管
73	GB/T 1527	铜及铜合金拉制管

（二）工程标准

序号	标准号	标准名称
1	GB/T 50349	建筑给水聚丙烯管道工程技术规范
2	CECS 237—2008	给水钢塑复合压力管管道工程技术规程
3	CJJ/T 98	建筑给水聚乙烯类管道工程技术规程
4	CJJ 101	埋地聚乙烯（PE）给水管道工程技术规程
5	GA 304	硬聚氯乙烯建筑排水管道阻火圈
6	CECS 17—2000	埋地硬聚氯乙烯给水管道工程技术规程
7	CECS 41—2004	建筑给水硬聚氯乙烯（PVC-U）管道工程技术规程
8	CECS 181—2005	给水钢丝网骨架塑料（聚乙烯）复合管管道工程技术规程
9	CECS 105—2000	建筑给水铝塑复合管管道工程技术规程
10	CECS 125—2001	建筑给水钢塑复合管管道工程技术规程
11	CECS 129—2001	埋地给水排水玻璃纤维增强热固性树脂夹砂管管道工程施工及验收规程
12	CECS 131—2002	埋地钢骨架聚乙烯复合管燃气管道工程技术规程
13	CECS 135—2002	建筑给水超薄壁不锈钢塑料复合管管道工程技术规程
14	CECS 153—2003	建筑给水薄壁不锈钢管管道工程技术规程
15	CECS 136—2002	建筑给水氯化聚氯乙烯（PVC-C）管管道工程技术规程
16	CECS 210—2006	埋地聚乙烯钢肋复合缠绕排水管管道工程技术规程
17	CECS 232—2007	AD型特殊单立管排水系统技术规程
20	CECS 247—2008	建筑同层排水系统技术规程
21	CECS 94—2002	建筑排水用硬聚氯乙烯内螺旋管管道工程技术规程
23	CECS 122—2001	埋地硬聚氯乙烯排水管道工程技术规程
24	CECS 164—2004	埋地聚乙烯排水管管道工程技术规程
25	CECS 185—2005	建筑排水中空壁消音硬聚氯乙烯管管道工程技术规程
26	CECS 168—2004	建筑排水柔性接口铸铁管管道工程技术规程
27	CJJ 127	建筑排水金属管道工程技术规程
28	CJJ/T 154	建筑给水金属管道工程技术规程
29	CJJ/T 29	建筑排水塑料管道工程技术规程
30	CJJ/T 165	建筑排水复合管道工程技术规程
31	CJJ/T 155	建筑给水复合管道工程技术规程

14.2 敷 设

14.2.1 敷设要求

(1) 生活、生产给水引入管

1) 室内给水管网宜采用枝状布置、单向供水。不允许间断供水的建筑，应从室外环状管网不同管段设两条或两条以上引入管，在室内连成环状或贯通枝状双向供水，如不可能时，应采取设贮水池（箱）或增设第二水源等保证安全供水措施。

当室外为枝状管网，但由两个水厂供水或有两条市政干管，保证双向供水时，可认为是安全供水。不同管道，包括从建筑物一侧的室外给水管网接出引入管。在两条引入管之间的室外给水管网上应设置阀门，其连接方式见图 14-1。

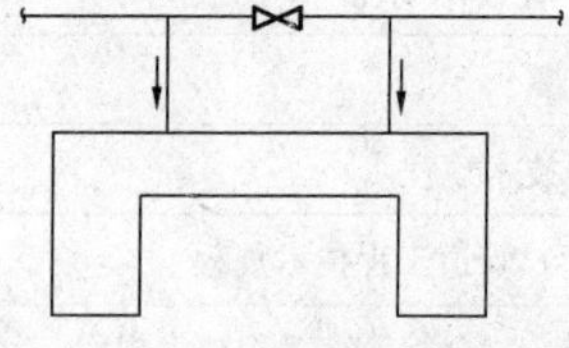

图 14-1 室外给水管网设置阀门的连接方式

2) 生活给水引入管与污水排出管外壁的水平距离，不宜小于 0.5m。

3) 每条引入管应装设阀门，必要时还应装设泄水装置，以便管网检修时泄水。

4) 引入管穿越承重墙或基础时，应预留洞口，管顶上部净空高度不得小于建筑物的沉降量，一般不宜小于 0.10m。

5) 单独计算水量的建筑物，应在引入管上装设水表。为检修水表方便，水表前应设阀门，根据供水系统设置情况决定水表后是否设阀门或止回阀。

(2) 给水管

1) 给水埋地管道应避免布置在可能受重物压坏或设备振坏处；管道不得穿越生产设备基础，在特殊情况下必须穿越时，应与有关专业协商处理。

2) 通过铁路或地下构筑物下面的给水管，为防护和检修宜敷设在套管内。在穿铁路的两端，应设检查井。

3) 给水管道布置应力求短而直，并尽量考虑沿墙、梁、柱直线明装敷设。给水干管宜靠近用水量最大处或不允许间断供水的用水处。

4) 生产厂房内，给水管道宜与其他管道共同架空安装。管道的位置不得妨碍生产操作、交通运输，不得布置在遇水能引起爆炸、燃烧或损坏的原料、产品和设备的上面。

5) 当建筑或工艺有特殊要求需要暗装时，给水干管应尽量暗设在地下室、顶棚、公共管廊管道层或公共地沟内，如不可能时方可敷设在专用地沟内。给水立管和支管宜敷设在公共管井和管槽内。管井应每层设检修门。暗设在顶棚或管槽内的管道，在阀门处应留有检修门。

6) 给水管道不得敷设在排水沟、烟道、风道内、电梯井内，不得穿过大便槽和小便槽，不宜穿过橱窗、壁柜、木装修等。

7) 给水管道不宜穿过伸缩缝、沉降缝和抗震缝，必须穿过时应采取有效措施，参见 14.2.3 节。

8) 给水管道宜敷设在不结冻的房间内，否则应采取防冻措施。给水管道敷设在不允许因结露而滴水的部位时，应采取防结露措施。

9）给水横管宜有 0.002～0.005 的坡度，坡向泄水装置。

10）暗设管道应保证安装、维修的方便和安全。

11）给水管不得穿过变配电间、电梯机房、通信机房、大中型计算机房、计算机网络中心、音像库房等遇水会损坏设备和引发事故的房间，并应避免在生产设备上方通过。

12）室外埋地金属给水管一般不做基础，但对通过回填垃圾、建筑废料、沼泽地以及不平整的岩石层等地段，应做垫层或基础。

非金属给水管一般应做垫层或基础。

13）给水管道应根据敷设情况，在最高处设置排气阀，在最低处设置泄水阀或排泥阀。

14）给水管的埋设深度，应根据土壤的冰冻深度、外部荷载、管材强度与其他管道交叉情况以及当地管道埋深的经验等因素确定。一般在冰冻线以下敷设。

15）PVC-U 给水管道的敷设还应满足以下条件：

① PVC-U 给水管道，适用于给水温度不大于 45℃。

② 水箱（池）的进水管、出水管、排污管、自水箱（池）至阀门间的管道，应采用金属管。

③ 与其他管道同沟（架）平行敷设时，宜沿沟（架）边布置；上下平行敷设时，不得敷设在热水或蒸汽管的上面，且平面位置应错开；与其他管道交叉敷设时，应用金属套管保护或采取其他保护措施。

④ 管道应远离热源，立管距灶边净距不得小于 400mm，与供暖管道的净距不得小于 200mm，且不得因热源辐射使管外壁温度高于 40℃。

⑤ 工业建筑和公共建筑中管道直线长度大于 20m 时，应采取补偿管道胀缩的措施。

⑥ 管道敷设严禁有轴向扭曲。穿墙或楼板时，不得强制校正。

⑦ 室内暗敷塑料管道的墙槽，必须采用 1∶2 水泥砂浆填补。

⑧ 在塑料管道的各配水点受力点处，必须采取可靠的固定措施。

⑨ 室内地坪±0.00 以下塑料管道敷设，宜分为两段进行。先进行地坪±0.00 以下至基础墙外壁段的敷设；待土建施工结束后，再进行户外连接管的敷设。

⑩ 室内地坪以下管道铺设应在土建工程回填土夯实以后，重新开挖进行。严禁在回填土之前或未经夯实的土层中敷设。

⑪ 敷设管道的沟底应平整，不得有突出的尖硬物体。土壤的颗粒直径不宜大于 12mm，必要时可敷 100mm 厚的砂垫层。

⑫ 埋地管道回填时，管周回填土不得夹杂尖硬物直接与塑料管壁接触。应先用砂土或颗粒直径不大于 12mm 的土壤回填至管顶上侧 300mm 处，经夯实后方可回填原土。室内埋地管道的埋置深度不宜小于 300mm。

⑬ 塑料管出地坪处应设置护管，其高度应高出地坪 100mm。

⑭ 管道穿地下室外墙处，应设金属套管。

⑮ 给水管管材应符合“给水用硬聚乙烯管材”和“给水用硬聚氯乙烯管件”的产品标准的要求。

⑯ 其他塑料管可参照以上各条款及产品样本。

(3) 排出管

1) 排出管与立管的连接宜采用二个45°弯头或用曲率半径等于或大于四倍管径的90°弯头连接。

2) 排出管穿越承重墙或基础时，应预留孔洞，其尺寸见表14-3，且管顶上部净空高度不得小于建筑物的沉降量，一般不小于0.15m。

3) 排出管自立管或清扫口至室外检查井中心的最大长度如超过表14-4规定时，应在其间设置清扫口或检查口。

排出管穿基础预留洞口尺寸（mm） 表14-3

管径 DN	50～75	100	150～200
预留洞口尺寸（宽×高）	200×250	250×350	350×450

排出管的最大长度 表14-4

排出管管径（mm）	50	75	100	>100
排出管最大长度（m）	10	12	15	20

4) 排出管与室外排水管道连接时，排出管的管顶标高不得低于室外排水管管顶标高。为保证水流畅通，其连接处的水流转角不得小于90°；当管径小于等于300mm，且跌落差大于0.3m时，可不受角度的限制。

5) 靠近排水立管底部的排水支管连接，应符合下列要求：

① 排水立管仅设置伸顶通气管时，最低排水横支管与立管连接处距排水立管管底垂直距离A，不得小于表14-5的规定、见图14-2。

最低横支管与立管连接处至立管管底的最小垂直距离 表14-5

立管连接卫生器具的层数	垂直距离（m）	
	仅设伸顶通气	设通气立管
≤4	0.45	按配件最小安装尺寸确定
5～6	0.75	
7～12	1.2	
13～19	3.0	0.75
≥20	3.0	1.2

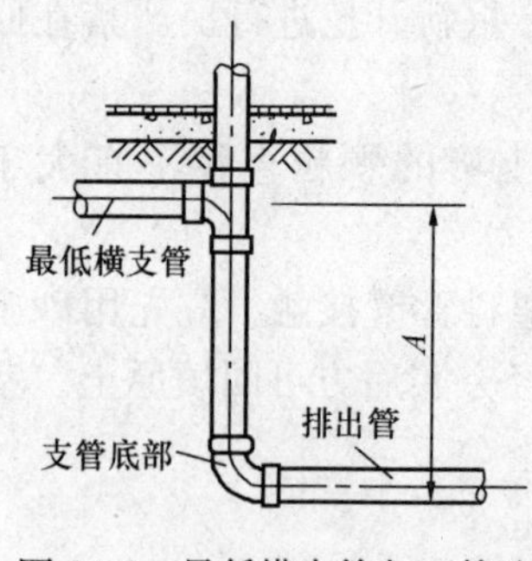

图14-2 最低横支管与立管连接处至排出管管底的垂直距离

② 排水支管连接在排出管或排水横干管上时，连接点距立管底部水平距离不宜小于1.5m。

③ 当靠近排水立管底部的排水支管的连接，不能满足本条①②款的要求时，则排水支管应单独排出室外。

6) 高层建筑物底层排水管是否需要单独排出楼层，以及排水管通气管的设置方式（设伸顶通气管，还是专设通气管）的有关规定见相关说明，只有≥13层的高层建筑物，当排水立管仅设伸顶通气管时，需要将底层生活污水管道单独排出楼外。

7) 排出管的最大坡度不宜大于15%。

8) 塑料排出管穿墙基处，在砖墙内应埋预留套管，套管可用金属、铸铁管材料；在混凝土墙内可预留洞。套管或预留洞内径不得小于穿越管外径加 100mm。

(4) 排水管道

1) 污水立管应设在靠近最脏、杂质最多的排水点处，一般设在墙角、柱角，或沿墙、柱设置，但应避免穿越卧室、办公室和其他卫生、安静要求较高的房间。

2) 排水管道不得布置在遇水能引起燃烧、爆炸或损坏的原料、产品和设置上面，以防因管道结露、漏水引起安全事故和生产质量事故。

3) 架空排水管道不得敷设在有特殊卫生要求的生产厂房内，食品和贵重物品仓库内，通风小室和变配电间内，并尽量避免布置在食堂、饮食业的主副食操作烹调间的上方，以防因管道结露、漏水，影响室内卫生和工作的正常进行。同时，架空管道的布置，应考虑建筑艺术和美观要求，尽量避免通过大厅和控制室等。

4) 排水管道不得穿过沉降缝、抗震缝、烟道和风道，并应避免穿过伸缩缝，若必须穿过时应采取相应的技术措施，参见 14.2.3 节。

5) 排水管道的横管与横管、横管与立管的连接，宜采用 45°三通、45°四通、90°斜三通或 90°斜四通管件。

6) 排水管道一般在地下埋设和在地面上或楼板下沿墙、柱明设。当建筑和工艺有特殊要求时，可在管槽、管井、管沟或吊顶内暗设，但必须考虑安装、检修的方便，在检查口处应设检修门。

7) 埋地敷设的排水管应避免布置在可能被重物压坏或设备振裂处，且不得穿越设备基础，在特殊情况下应与有关专业协商处理。一般不允许沿建筑物基础的底部布设排水管。

8) 多层建筑的底层商店、饭馆、浴室、理发室等，其生活污水应设单独管道排出。

9) 排水立管在垂直方向必须转弯时，应用乙字管或两个 45°弯头连接。

10) 排水立管用管卡定位，管卡距离不得超过 3m。承插管一般每根直管均应设管卡，多层建筑立管底部应设支座或吊卡。

11) 排水管穿过地下室外墙或地下构筑物的墙壁处，应采取防水措施，参见国家标准图《防水套管》02S404。

12) 硬聚氯乙烯排水管道的敷设，还应满足以下要求：

① 硬聚氯乙烯排水管道适用于排放温度不大于 40℃，瞬时排放温度不大于 80℃的生活污水管道；也适用于对硬聚氯乙烯管道不起侵蚀作用的工业废水排水系统。

② 管道应避免布置在热源附近。如不能避免且管道表面受热温度大于 40℃时，应采取隔热措施；立管与家用灶具边净距不得小于 0.4m。

③ 立管和横管均应按设计规定设置伸缩节及固定支架。管端插入伸缩节处预留的间隙应为：夏季 5～10mm，冬季 15～20mm。

④ 伸缩节的设置，应符合下列要求：

a. 当层高小于或等于 4m 时，立管应每层设一伸缩节；当层高大于 4m 时，应根据设计伸缩量确定。

b. 横干管设置伸缩节，应根据设计伸缩量确定。

c. 横支管上汇流配件至立管的直线管段超过 2m 时，应设伸缩节，但伸缩节之间的最大间距不得超过 4m。

d. 管道设计伸缩量，不应大于表 14-6 中伸缩节的最大允许伸缩量。

伸缩节最大允许伸缩量 表 14-6

外径（mm）	50	75	110	160
最大允许伸缩量（mm）	12	12	12	15

⑤ 伸缩节设置位里，应靠近水流汇流配件，并可按下列情况确定（见图 14-3）：

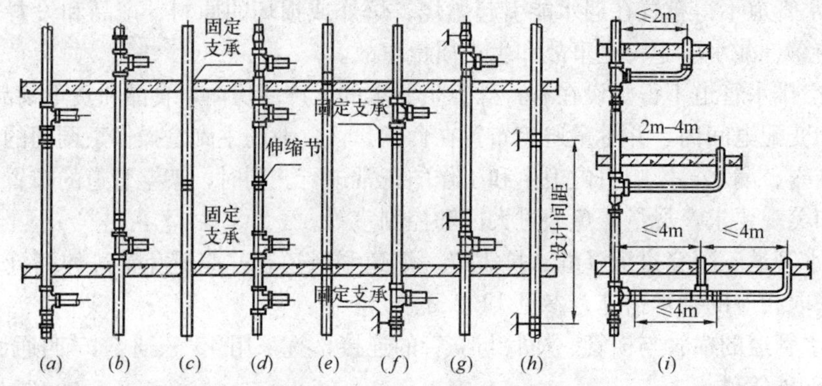

图 14-3 伸缩节设置位置简图

a. 排水支管在楼板下方接入时，伸缩节应设置于水流汇合管件之下［见图 14-3（*a*）、（*f*）］；排水支管在楼板上方接入时，伸缩节应设置于水流汇合管件之上［见图 14-3（*b*）、（*g*）］。

b. 立管上无排水支管接入时，伸缩管按设计间距宜置于楼层任何部位［见图 14-3（*c*）、（*e*）、（*h*）］。

c. 排水支管同时在楼板上、下方接入时，宜将伸缩节置于楼层中间部位［见图 14-3（*d*）］。

d. 污水横支管，器具通气管，环形通气管上合流管件至立管的直线管段超过 2m 时，应设伸缩节，但伸缩节之间最大间距不得超过 4m，横管上设置伸缩节应设于水流汇合管件上游端［见图 14-3（*i*）］。

e. 立管在穿越楼层处固定时，立管在伸缩节处不得固定，在伸缩节处固定时，立管穿越楼层处不得固定。

f. Ⅱ型伸缩节安装完毕，应将限位块拆除。

⑥埋地管道的管沟应底面平整，无突出尖硬物，一般可做 100～150mm 砂垫层。垫层宽度应不小于管径的 2.5 倍。坡度与管道坡度相同，须用细土或砂子等填至管顶以上至少 100mm 处。

（5）热水管道：热水管道的敷设要求与冷水管道基本相同，所有冷水管道敷设的基本原则也适用于热水管道。其特殊要求如下：

1）较长的直线热水管道，不能依靠自身的转角自然补偿管道的伸缩时，应设置伸缩器（见 14.2.5 节）。

2）为避免管道中集存气体，影响过水能力和增加管道腐蚀，在上行下给式配水干管的最高点应设排气装置（自动放气阀，带手动放气阀的集气罐或膨胀水箱）。

热水供应系统的最低点应设泄水装置（泄水阀或丝堵管，其口径应为 1/10～1/5 管道直径），有可能时也可利用最低配水点泄水。

3）为集存热水中所析出的气体，防止被循环水带走，下行上给管网的回水立管应在最高配水点以下约0.5m与配水立管连接。

4）热水横管应有不小于0.003的坡度，坡向应考虑便于泄水和排出管道内的气体。

5）热水立管与水平干管连接时，立管应加弯管，以免立管受干管伸缩的影响。连接方式见图14-4。

6）热水管道穿过建筑物顶棚、楼板、墙壁和基础时均应加套管，以免管道胀缩时损坏建筑结构和管道设备。在地面有积水可能时，套管应高出地面（一般高出50～100mm）。

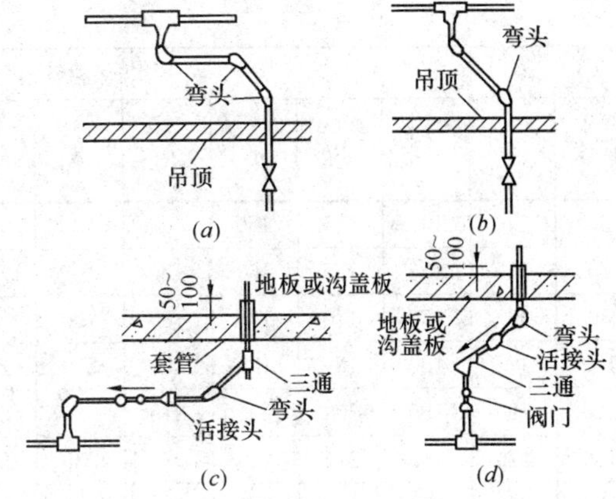

图14-4　热水立管与水平干管的连接方式
(a)、(b)、(c)、(d) 为四种不同连接方式

7）为满足运行调节和检修要求，热水管道在下列场合应装设阀门：

① 配水或回水环形管网的分干管。

② 配水立管和回水立管。

③ 居住建筑中从立管接出的支管上。

④ 水加热器、贮水器、锅炉、自动温度调节器、疏水器和其他需要考虑检修的设备的进出水口。

⑤ 室内热水管道向住户、公用卫生间等接出的配水管的起端。

⑥ 配水管阀门控制的配水点，除满足工艺要求外不得超过10个。

8）热水管网在下列管段上，应装设止回阀：

① 热水锅炉、水加热器、加热水箱或贮水器的冷水进水管上。

② 机械循环第二循环回水管上。

③ 冷热水混合器的冷、热水进水管上。

④ 循环水泵的出水管上。

9）热水管道一般水明设，如建筑或工艺有特殊要求时则可暗设，但必须考虑安装和检修的方便。

14.2.2　安装尺寸

（1）明设

1）管道平行安装时，其中心距和管中心至墙面距离，见表14-7。

管道中心距和管中心至墙面距离（mm）　表14-7

非保温管道与非保温管道													
管径	25	32	40	50	70	80	100	125	150	200	250	300	管中心至墙面
25	125												110
32	130	135											110
40	135	140	140										120

续表

非保温管道与非保温管道

管径	25	32	40	50	70	80	100	125	150	200	250	300	管中心至墙面
50	140	145	145	150									120
70	150	155	155	160	170								130
80	165	170	170	175	185	190							140
100	175	180	180	185	195	200	210						160
125	190	195	200	205	215	220	230	240					170
150	210	215	215	220	230	235	245	260	270				180
200	235	240	240	245	255	260	270	285	295	320			220
250	260	265	265	270	280	285	295	310	320	345	370		240
300	295	300	300	305	315	320	330	345	355	380	405	430	270

保温管道与保温管道

管径	保温层厚度	25	32	40	50	70	80	100	125	150	200	250	300	管中心至墙面
25	40	135												110
32	40	140	150											120
40	45	150	160	165										120
50	50	160	170	175	180									120
70	50	165	175	180	190	200								130
80	55	180	190	195	200	210	220							140
100	55	190	200	205	210	220	230	240						160
125	60	205	215	220	230	240	245	255	270					170
150	60	220	230	235	240	250	260	270	285	300				180
200	65	255	265	270	275	285	295	305	320	335	365			210
250	70	285	295	300	310	330	325	335	350	370	395	425		240
300	70	310	320	325	335	345	350	360	375	395	420	450	475	270

保温管道与保温管道

管径	保温层厚度	25	32	40	50	70	80	100	125	150	200	250	300	管中心至墙面
25	40	175												110
32	40	180	185											120
40	45	190	190	200										120
50	50	200	205	210	220									120
70	50	205	210	220	230	240								130
80	55	220	220	230	240	250	260							140
100	55	230	230	240	250	260	270	280						160
125	60	245	250	255	270	275	290	300	315					170
150	60	260	260	270	280	290	300	310	330	340				180
200	65	295	295	305	315	325	335	345	365	375	410			210
250	70	325	330	335	350	355	370	375	395	410	445	475		240
300	70	350	355	365	375	380	395	405	420	435	470	500	525	270

注：表中保温材料按厚度最大的水泥蛭石，保护层按石棉水泥（厚度 15mm）计算，在采用其他保温材料时间距可以相应减小。

2）阀门并列装设时，管道的中心距尺寸见表 14-8。

阀门并列时管道的中心距（mm）　　**表 14-8**

DN	≤25	40	50	80	100	150	200	250
≤25	250							
40	270	280						
50	280	290	300					
80	300	320	330	350				
100	320	330	340	360	375			
150	350	370	380	400	410	450		
200	400	420	430	450	460	500	550	
250	430	440	450	480	490	530	580	600

注：管道未考虑保温。

3）排水横管起始点清扫口距管道相垂直的墙面不得小于 0.15m；若用堵头代替清扫口，则与墙面的距离不得小于 0.4m。

（2）沟设、井设：

1）敷设在管沟中的管道，其安装尺寸可见表 14-9。

管沟中管道的中心距（mm）　　**表 14-9**

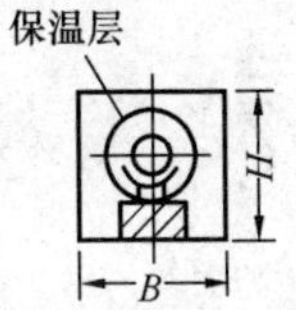

DN		25～40	50～70	80	100～125	150	200	250	300
保温	B	400	500	500	600	600	700	800	750
	H	400	450	500	550	650	700	800	800
非保温	B	300		300	400	400	500	500	600
	H	300		350	350	400	450	500	550

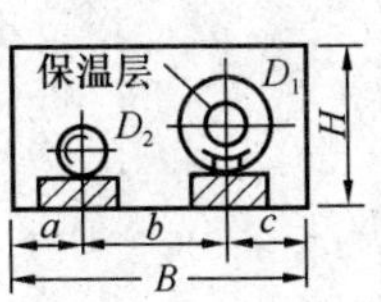

D_1	25～40	50	70	80	100～125	150	200	250	300
D_2	25～40	32～50	40～70	50～80	70～125	100～150	125～200	125～200	150～250
B	600	600	700	700	800	900	1000	1100	1200
H	400	450	450	500	550	650	700	750	800
a	140	140	150	150	160	180	220	220	250
b	250	250	310	310	360	420	430	500	550
c	210	210	240	240	270	300	350	380	400

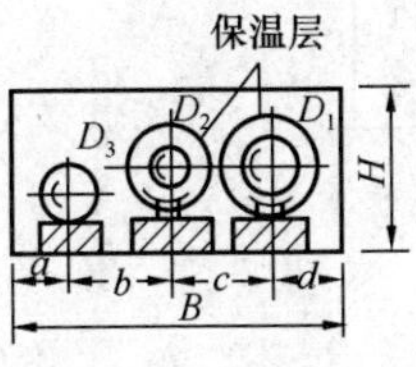

D_1	25～40	50	70	80	100	125	150	200	250	300
D_2、D_3	25～40	32～50	40～70	50～80	80～100	80～125	80～150	100～150	125～200	150～200
B	900	900	1000	1000	1100	1200	1300	1400	1700	1700
H	400	450	450	500	550	550	650	700	750	800
a	140	140	140	140	160	170	180	180	220	220
b	245	245	245	270	305	340	365	365	455	455
c	305	305	305	350	385	420	455	505	625	625
d	210	210	210	240	250	270	300	350	400	400

续表

DN	25～40	50	70	80	100	125	150	200	250
B	800	900				1000		1100	1200
H	1200	1200				1200		1200	1300
a	150	180				200		240	270
b	70	90				120		130	130
c	580	630				680		730	800
d	710	520				470		380	410
e	180	290				330		390	450
f	310	390				400		430	440

2）管沟应有与管道相同的坡度和防水排水措施，管井和管沟应通风良好。

3）为便于安装和检修，管沟内管道应尽量作单层布置。当为双层或多层布置时，一般宜将管径较小、阀门较多的管子放在上层；给水管应在排水管的上边，在热水和蒸汽管的下边。

4）管道井尺寸应根据管道数量、管径大小、排列方式、维修条件、结合建筑平面合理确定。管道井管道布置方式见图 14-5。管道井进入检修时，其通道应有保证检修的必要净距，一般不宜小于 0.6m。

管道井应每层设检修设施，每两层应有横向隔断，检修门宜开向走廊。

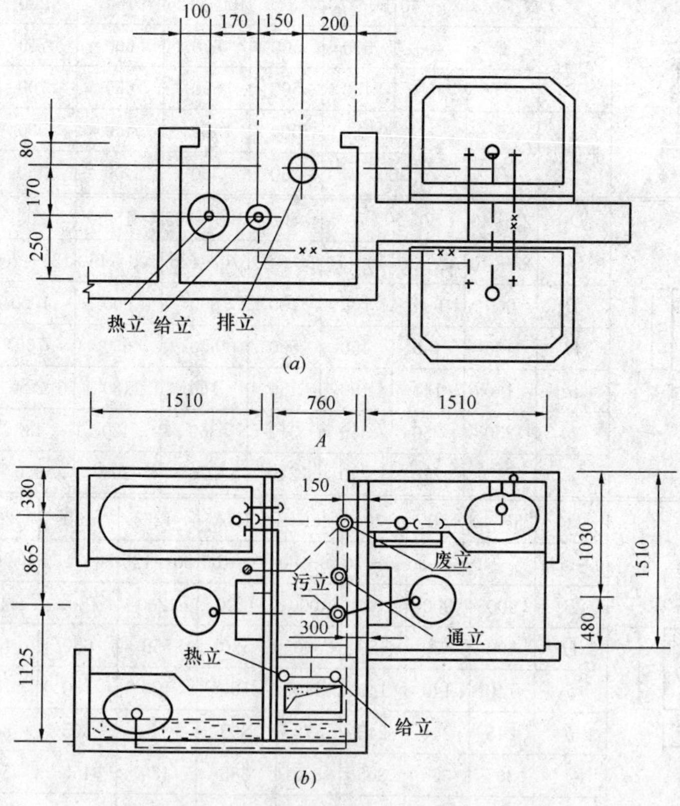

图 14-5 管道井管道布置方式（一）

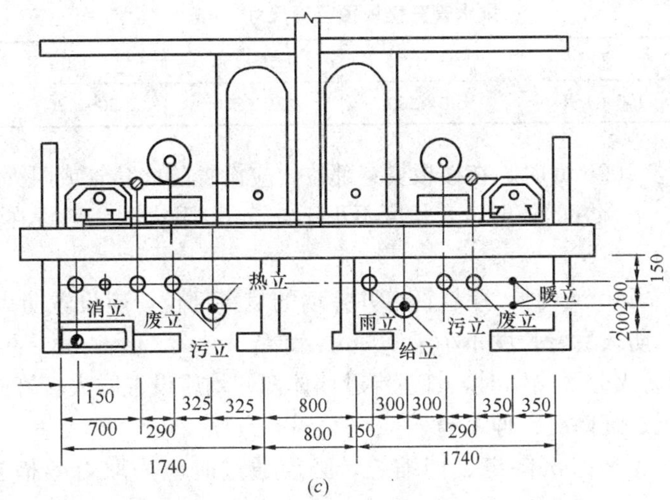

图 14-5　管道井管道布置方式（二）

（3）埋设：

1）给水管与排水管平行埋设或交叉埋设时，管外壁的最小距离应分别为 0.5m 或 0.15m。交叉埋设时，一般给水管应在上面；但当地下管道较多，敷设有困难时，可在给水管外加设套管，再从排水管下面通过。套管伸出交叉管的长度，每端都不小于 3m。

2）为防止管道受机械损坏，在一般的厂房内，排水管的最小埋设深度应按表 14-10 确定。

排水管道的最小埋设深度　　**表 14-10**

管　材	地面至管顶的距离（m）	
	素土夯实、碎石、砾石、大卵石、缸砖、木砖地面	水泥、混凝土、沥青混凝土、菱苦土地面
排水铸铁管	0.70	0.40
混凝土管	0.70	0.50
塑料管	0.70	0.60

注：1. 在铁轨下采用钢管或给水铸铁管，管道的埋设深度从轨底至管顶的距离不得小于 1.0m；
2. 在管道有防止机械损坏措施或不可能受机械损坏的情况下，其埋设深度可小于表 14-10 及注 1 所述值。

14.2.3　敷设的特殊处理

14.2.3.1　穿楼板

（1）给水管道穿楼板时宜预留孔洞，避免在施工安装时凿打楼板面。孔洞尺寸一般宜较通过管径大 50～100mm。

（2）排水立管穿过楼板时应预留孔洞，其大小按表 14-11 确定。

（3）高层建筑内明设塑料排水管道，当设计要求采取防止火灾贯穿措施时，应符合下列要求：

排水管穿楼板预留洞尺寸（mm） 表 14-11

管径 *DN*	50	75～100	125～150	200	300
留洞尺寸	150×150	200×200	250×250	300×300	400×400

1）立管管径≥100mm 时，在楼板贯穿部位，应设置防火套管或阻火圈。防火套管套在穿越楼板处上、下端管的外壁，其长度不小于 0.5m。阻火圈一般设在楼板穿越处楼板底部。

2）横管管径≥110mm 时，穿越管道井井墙的贯穿部位，应设置防火套管或阻火圈。可设在墙的外侧，防火套管长度不小于 0.3m。

3）横管穿越防火分区隔墙时，管道穿越墙体两侧均应设置防火套管或阻火圈。

14.2.3.2 通过沉降缝、伸缩缝

管道应尽量避免通过沉降缝、伸缩缝，必须通过时应采取有效措施。常采用如下措施：

(1) 软性接头法：用橡胶软管或金属波纹管连接沉降缝、伸缩缝两边的管道。这种做法适用于冷水管道或温度低于 80℃的热水管道，见图 14-6。

(2) 螺纹弯头法：建筑物的沉降可由螺纹弯头的旋转补偿。适用于小管径的管道。见图 14-7。

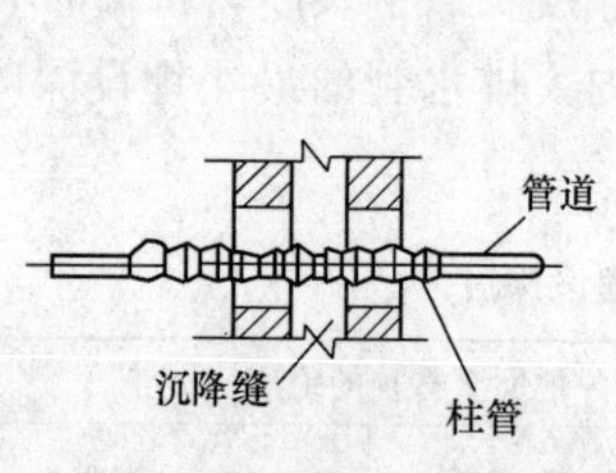

图 14-6 软性接头法

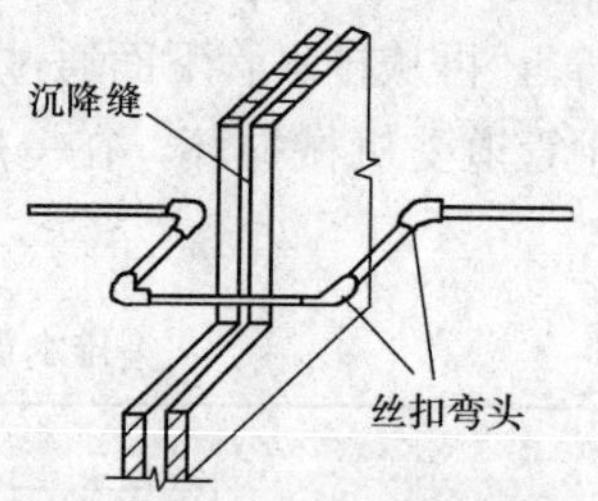

图 14-7 螺纹弯头法

(3) 活动支架法：把沉降缝、伸缩缝两侧的支架做成使管道能垂直位移而不能水平横向位移的形式，见图 14-8。

14.2.3.3 穿基础

(1) 管沟敷设：管道与室外检查井不固定连接，管道与管沟应预留一定的下沉空间，见图 14-9。

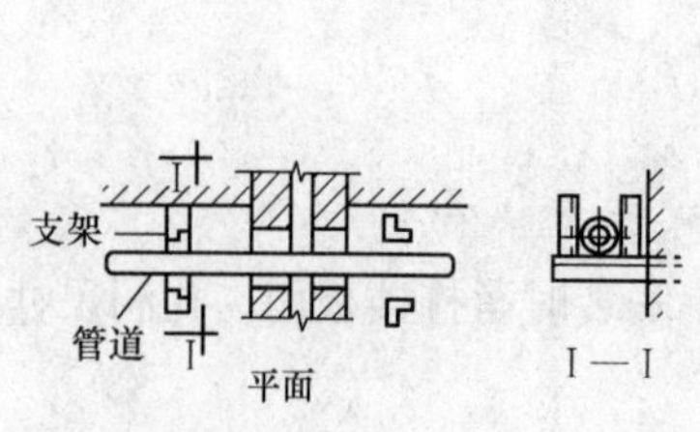

图 14-8 活动支架法

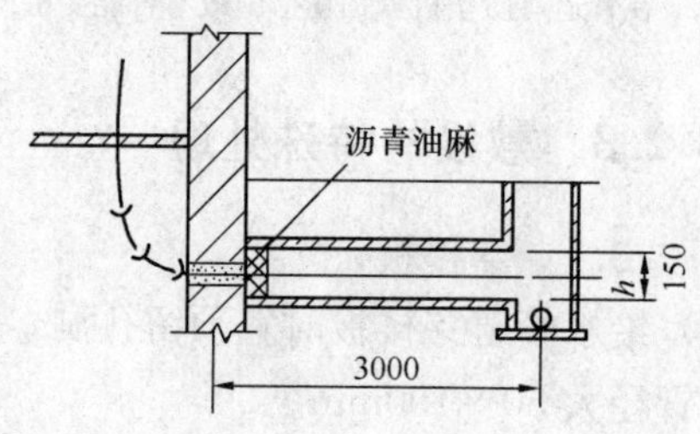

图 14-9 管沟敷设

(2) 排出管距墙大于 3m 时，可采用双井排水方案，接至第一检查井的管道下部预留下沉空间。见图 14-10。

(3) 给水引入管通过基础前，在平面上接两个 90°弯头，以适应建筑物的沉降，见图 14-11。

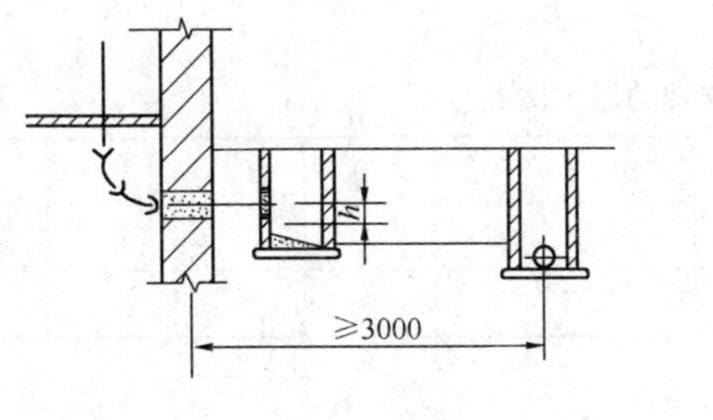

图 14-10　双井连接法

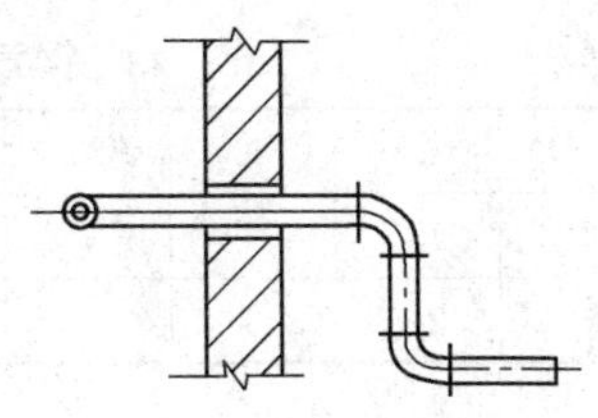

图 14-11　两个 90°弯头法

14.2.3.4　穿地下室或地下构筑物外墙

管道穿越地下室或地下构筑物外墙时应采取防水措施。对于有不均匀沉降、胀缩或受振动以及要求有严密防水的构筑物，应采用柔性防水套管；对要求一般防水的，可采用刚性防水套管。施工方法详见。国家标准图《防水套管》02S404。

14.2.4　支吊架及支座

14.2.4.1　管道支吊架

管道支吊架的正确选择和合理设置，是保证管道安全经济运行的重要一环。设计时应符合下列要求：

(1) 管道不允许有任何位移的部位，应装设固定支架，以承受管道重量、水平推力和力矩。固定支架应固定在牢固结构或专设结构物上。

(2) 管道上无垂直位移或垂直位移很小的部位，可装设活动支架或刚性吊架，以承受管道重量和增强管道的稳定性。活动支架的型式，应根据管道对摩擦作用力的不同要求选择：

1) 对因摩擦而产生的作用力无严格限制时，可采用滑动支架。

2) 当要求减小管道轴向摩擦作用力时，可用滚柱支架。

3) 当要求减小管道水平位移的摩擦作用力时，可采用滚珠支架。

滚柱和滚珠支架结构较为复杂，一般只用于高温介质和管径较大的管道上。

在架空管道上，当不便装设活动支架时可采用刚性吊架，但此时管道上不得装设套管伸缩器。

(3) 在水平管道上只允许管道单向水平位移的地方应装设导向支架，以承受管道的重量，限制位移的方向。根据管道对摩擦作用力的不同要求，可分别采用滑动导向支架、滚柱导向支架或滚珠导向支架。在铸铁阀件的两侧、Ⅱ型伸缩器两侧适当距离的地方，也应装设导向支架。

垂直管道上的导向支架，除能限制管道的位移方向外，并能防止管道振动，但不承受管道的重量。

(4) 垂直管道通过楼板或屋顶时应装设套管，但套管不应限制管道位移和承受管道荷重。穿过楼板时，如有积水可能，套管要高出地面；穿墙时套管两头与墙两侧取平即可。

(5) 支吊架间距的确定

1) 钢管水平安装时，活动支架的间距见表14-12。支吊架的详细做法，见国家标准图《室内管道支架和吊架》03S402。

钢管活动支架的最大间距（m） **表14-12**

管径（mm）*DN*	15	20	25	32	40	50	70	80	100	125	150
保温管	1.5	2	2	2.5	3	3	4	4	4.5	5	6
非保温管	2.5	3	3.5	4	4.5	5	6	6	6.5	7	8

2) 塑料管支承：

① 管道支承分滑动支承和固定支承两种。悬吊在楼板下的横支管，若连接有穿越楼板的卫生器具排水竖向支管时，可视为一个滑动支承。

② 立管应每层有一个牢固的固定支承。明装立管穿越楼板处应有严格的防漏措施，可采用细石混凝土补洞，分层填实后，形成固定支承；暗装在管井中的立管，若穿越楼板处未能形成固定支承时，应每层设置立管固定支承一个。

③ 当层高 $H \leqslant 4$m（$dn \leqslant 50$、$H \leqslant 3$m）时，层间立管上可设滑动支承一个；若层高 $H > 4$m（$dn \leqslant 50$、$H > 3$m）时，层间立管上应设滑动支承两个。

④ 立管底部宜设支墩或采取牢固的固定措施。

⑤ 水平管支承间距应较金属管少。给水排水管支承的最大间距，参见表14-13、表14-14。

塑料给水管最大支承间距（mm） **表14-13**

外 径	20	25	32	40	50	63	75	90	110
水平管	500	550	650	800	950	1100	1200	1350	1550
立 管	900	1000	1200	1400	1600	1800	2000	2200	2400

排水管最大支承间距（mm） **表14-14**

DN	立 管	悬吊横管		*DN*	立 管	悬吊横管	
		干 管	支 管			干 管	支 管
40	1500	400	800	110	2000	1100	2000
50	1500	500	1000	125	2000	1250	2200
75	2000	750	1500	160	2000	1600	2500
90	2000	900	1800				

⑥ 管道支承件的内壁应光洁，滑动支承件与管身之间应留有微隙，若内壁不够光洁，则应衬垫一层柔性材料；固定支承件的内壁和管身外壁之间应夹一层橡胶软垫，安装时应将扁钢制成的U形卡用螺栓拧紧固定。

⑦ 支吊架的型式及安装，详见厂家样本。

3) 热水管道支吊架间距

① 金属管

a. 热水管道横向直管段上的支吊架间距：热水管道横向直管段上支吊架的最大允许

间距，应满足强度和刚度要求，并从下列式（14-1）和式（14-2）计算结果中，取较小计算值作为最大允许间距，其荷载方式按横向直管段承受均布荷载计算。

按强度要求计算支吊架的最大允许间距，式（14-1）为

$$L_{\max} = 2240\sqrt{\frac{9.8}{q}w\psi\sigma_{\mathrm{ex}}^{(\mathrm{t})}} \tag{14-1}$$

按刚度要求计算支吊架的最大允许间距，式（4-2）为

$$L_{\max} = 10 \times 19^{3}\sqrt{\frac{1}{9.8q}E(t)Ji_{0}} \tag{14-2}$$

式中　$L_{\max}$——支吊架最大允许间距（m）；

q——管道的单位重量（kg/m），

按强度计算时，q=管重＋保温材料重（对于水管道还应包括水重）；

按刚度计算时，q=管重＋保温材料重（水管道也可以不考虑水重）；

w——管子截面矩（m^3），

$$w = 98200\frac{d^{4} - d_{1}^{4}}{d} \tag{14-3}$$

式中　d——管子外径（m）；

d_1——管子内径（m）；

ψ——管子横向焊缝系数，见表 14-5；

$\sigma_{\mathrm{ex}}^{(\mathrm{t})}$——计算温度时额定允许应力（MPa），见表 14-16；

$E(t)$——在计算温度下钢材的弹性模数（MPa），见表 14-17；

J——管子断面惯性矩（m^4），$J = 4.91 \times 10^{6}(d^{4} - d_{1}^{4})$；

i_0——管子坡度。按公式（14-3）计算时，管道坡度必须按≥0.003 计算。

管子横向焊缝系数　　**表 14-15**

序　号	横向焊缝系数		序　号	横向焊缝系数	
1	焊接情况		4	手工双面加强焊	0.95
2	手工有垫环对焊	0.9	5	自动双面焊	1.0
3	手工无垫环对焊	0.7	6	自动单面焊	0.8

b. 横向 90°弯管两侧支吊架间的管段展开长度，应不大于水平直管段上支吊架最大允许间距的 0.73 倍。

c. 竖向管段上支吊架的间距，可采用大于横向管段支吊架最大允许间距的数值，但支吊架所承受的荷重不应超过支吊架本体结构的允许荷重，同时还应注意支吊架间距增大后，不致降低管道的稳定性而引起管道振动。

d. 热水管道应设固定支座和活动导向支座。固定支座的间距应满足管段的热伸长量不大于伸缩器所允许的补偿量。固定支座之间设活动导向支座。

② 聚丙烯管道（PP-R）：

a. 非直埋管道应设置支、吊架，管道敷设宜利用管道折角自由臂补偿管道的伸缩；当不能利用自然补偿或补偿器时，管道支、吊架均应为固定支架。其最大间距可按表 14-18 确定。

钢 管 允 许 应 力 表 14-16

钢号	钢管标准	壁厚 (mm)	常温强度指标 (MPa)		在下列温度 (℃) 下的许用应力 (MPa)																注
			σ_b	σ_s	≤20	100	150	200	250	300	350	400	425	450	475	500	525	550	575	600	
碳素钢钢管																					
10	GB 8163	≤10	335	205	112	112	108	101	92	83	77	71	69	61	41	—	—	—	—	—	
10	GB 9948	≤16	335	205	112	112	108	101	92	83	77	71	69	61	41	—	—	—	—	—	
10	GB 6479	≤16	335	205	112	112	108	101	92	83	77	71	69	61	41	—	—	—	—	—	
		17～40	335	195	112	110	104	98	89	79	74	68	66	61	41	—	—	—	—	—	
20	GB 8163	≤10	390	245	130	130	130	123	110	101	92	86	83	61	41	—	—	—	—	—	
20	GB 9948	≤16	410	245	137	137	132	123	110	101	92	86	83	61	41	—	—	—	—	—	
20G	GB 6479	≤16	410	245	137	137	132	123	110	101	92	86	83	61	41	—	—	—	—	—	
		17～40	410	235	137	132	126	116	104	95	86	79	78	61	41	—	—	—	—	—	
低合金钢钢管																					
16Mn	GB 6479	≤16	490	320	163	163	163	159	147	135	126	119	93	66	43	—	—	—	—	—	
		17～40	490	310	163	163	163	153	111	129	119	116	93	66	43	—	—	—	—	—	
15MnV	GB 6479	≤16	510	350	170	170	170	170	166	153	141	129	—	—	—	—	—	—	—	—	
		17～40	510	340	170	170	170	170	159	147	135	126	—	—	—	—	—	—	—	—	
09MnD	—	≤16	400	240	133	133	128	119	106	97	88	—	—	—	—	—	—	—	—	—	
12CrMo	GB 9948	≤16	410	205	128	113	108	101	95	89	83	77	75	74	72	71	50	—	—	—	
12CrMo	GB 6479	≤16	410	205	128	113	108	101	95	89	83	77	75	74	72	71	50	—	—	—	
		17～40	410	195	122	110	104	98	92	86	79	74	72	71	69	68	50	—	—	—	
15CrMo	GB 9948	≤16	440	235	147	132	123	116	110	101	95	89	87	86	81	83	58	37	—	—	
15CrMo	GB 6479	≤16	440	235	147	132	123	116	110	101	95	89	87	86	81	83	58	37	—	—	

续表

钢号		钢管标准	壁厚 (mm)	常温强度指标（MPa）		在下列温度（℃）下的许用应力（MPa）																注
				σ_b	σ_s	≤20	100	150	200	250	300	350	400	425	450	475	500	525	550	575	600	
（新）牌号	（旧）钢号	低合金钢钢管																				
—	15CrMo	GB 6479	17～40	440	225	141	126	116	110	104	95	89	86	84	83	81	79	58	37	—	—	
—	12CrMoVG	GB 5310	≤16	470	255	147	144	135	126	119	110	104	98	96	95	92	89	82	57	35	—	
—	10MoWVNb	GB 6469	≤16	470	295	157	157	157	156	153	147	141	135	130	126	121	97	—	—	—	—	
			17～40	470	285	157	157	156	150	147	141	135	129	124	119	111	97	—	—	—	—	
—	12Cr2Mo	GB 6479	≤16	450	280	150	150	150	147	144	141	138	134	131	128	119	89	61	46	37	—	
			17～40	450	270	150	150	147	141	138	134	131	128	126	123	119	89	61	46	37	—	
—	1Cr5Mo	GB 6479	≤16	390	195	122	110	104	101	98	95	92	89	87	86	83	62	46	35	26	18	
			17～40	390	185	116	104	98	95	92	89	86	83	81	79	78	62	46	35	26	18	

钢号		钢管标准	壁厚 (mm)	在下列温度（℃）下的许用应力（MPa）																				注
				≤20	100	150	200	250	300	350	400	425	450	475	500	525	550	575	600	625	650	675	700	
（新）牌号	（旧）钢号	高合金钢钢管																						
12Cr13	0Cr13	GB/T 14976	≤18	137	126	123	120	119	117	112	109	105	100	89	72	53	38	26	16	—	—	—	—	
06Cr19Ni10	0Cr18Ni9	GB 13296	≤13	137	137	137	130	122	114	111	107	105	103	101	100	98	91	79	64	52	42	32	27	
		GB/T 14976	≤18	137	114	103	96	90	85	82	79	78	76	75	74	73	71	67	62	52	42	32	27	
06Cr18Ni11Ti	0Cr18Ni10Ti	GB 13296	≤13	137	137	137	130	122	114	111	108	106	105	104	103	101	83	58	44	33	25	18	13	
		GB/T 14976	≤18	137	114	103	96	90	85	82	80	79	78	77	76	75	74	58	44	33	25	18	13	
06Cr17Ni12Mo2	0Cr17Ni12Mo2	GB 13296	≤13	137	137	137	134	125	118	113	111	110	109	108	107	106	105	96	81	65	50	38	30	
		GB/T 14976	≤18	137	117	107	99	93	87	84	82	81	81	80	79	78	78	76	73	65	50	38	30	

续表

钢号		钢管标准	壁厚（mm）	在下列温度（℃）下的许用应力（MPa）																				注
				≤20	100	150	200	250	300	350	400	425	450	475	500	525	550	575	600	625	650	675	700	
（新）牌号	（旧）钢号			高合金钢钢管																				
06Cr17Ni12Mo2Ti	0Cr18Ni2Mo2Ti	GB 13296	≤13	137	137	137	134	125	118	113	111	110	109	108	107	—	—	—	—	—	—	—	—	
		GB/T 14976	≤18	137	117	107	99	93	87	84	82	81	81	80	79	—	—	—	—	—	—	—	—	
06Cr19Ni13Mo3	0Cr19Ni13Mo3	GB 13296	≤13	137	137	137	134	125	118	113	111	110	109	108	107	106	105	96	81	65	50	38	30	
		GB/T 14976	≤18	137	117	107	99	93	87	84	82	81	81	80	79	78	78	76	73	65	50	38	30	
022Cr19Ni10	00Cr19Ni10	GB 13296	≤13	118	118	118	110	103	98	94	91	89	—	—	—	—	—	—	—	—	—	—	—	
		GB/T 14976	≤18	118	97	87	81	76	73	69	67	66	—	—	—	—	—	—	—	—	—	—	—	
022Cr17Ni12Mo2	00Cr7Ni14Mo2	GB 13296	≤13	118	118	117	108	100	95	90	86	85	84	—	—	—	—	—	—	—	—	—	—	
		GB/T 14976	≤18	118	97	87	80	74	70	67	64	63	62	—	—	—	—	—	—	—	—	—	—	
022Cr19Ni13Mo3	00Cr19Ni13Mo3	GB 13296	≤13	118	118	118	118	118	118	113	111	110	109	—	—	—	—	—	—	—	—	—	—	
		GB/T 14976	≤18	118	117	107	99	93	87	84	82	81	81	—	—	—	—	—	—	—	—	—	—	

注：中间温度的许用应力，可按本表的数值用内插法求得。

钢材弹性模量

表 14-17

钢类	在下列温度（℃）下的弹性模量 10^3MPa																		
	−196	−150	−100	−20	20	100	150	200	250	300	350	400	450	475	500	550	600	650	700
碳素钢（C≤0.30%）	—	—	—	194	192	191	189	186	183	179	173	165	150	133	—	—	—	—	—
碳素钢（C>0.30%）、碳锰钢	—	—	—	208	206	203	200	196	190	186	179	170	158	151	—	—	—	—	—
锰钼钢、低铬钼钢（至 Cr3Mo）	—	—	—	208	206	203	200	198	194	190	186	180	174	170	165	153	138	—	—
中铬钼钢（Cr5Mo～Cr9Mo）	—	—	—	191	189	187	185	182	180	176	173	169	165	163	161	156	150	—	—
奥氏体钢（至 Cr25Ni20）	210	207	205	199	195	191	187	184	181	177	173	169	164	162	160	155	151	147	143
高铬钢（Cr13～Cr17）	—	—	—	203	201	198	195	191	187	181	175	165	156	153	—	—	—	—	—

热水管支、吊架最大间距（mm）　　表 14-18

公称外径 dn	20	25	32	40	50	63
横　管	500	600	700	800	900	1000
立　管	900	1000	1200	1400	1600	1700

注：冷、热水管共用支、吊架时应根据热水管支吊架间距确定，暗敷直埋管道的支架间距可采用 1000～1500mm。

b. 直接敷设于墙体或地坪面层的管道，可不考虑纵向伸缩补偿。

c. 自由管道因温差引起的轴向变形量，可按式（14-4）确定。

$$\Delta L = \Delta TL\alpha \quad (14\text{-}4)$$

$$\Delta T = 0.65\Delta t_s + 0.10\Delta t_g \quad (℃) \quad (14\text{-}5)$$

式中　ΔL——管道伸缩长度（mm）；

ΔT——计算温差（℃）；

Δt_s——管道内水的最大变化温差（℃）；

Δt_g——管道外空气的最大变化温差（℃）；

L——自由管段长度（m）；

α——线膨胀系数［mm/(m·K)］，α＝0.16mm/（m·K）。

d. 热水管道支架应复核其支承力，并应大于管道因温度变化引起的膨胀力。管道膨胀力可按式（14-6）计算确定，也可参照表 14-19 取值。

管道在不同使用温度的膨胀力　　表 14-19

公称外径 dn（mm）	膨胀力 F_p（N）			
	40℃	60℃	80℃	95℃
20	319	414	511	531
25	494	641	790	823
32	813	1054	1300	1353
40	1263	1637	2019	2103
50	1978	2564	3162	3293
63	3120	4045	4988	5195

注：表中数值按施工时环境温度 20℃考虑。

$$F_p = \sigma_R A \quad (14\text{-}6)$$

$$\sigma_R = \alpha E \Delta t \times 10^3$$

式中　F_p——膨胀力（N）；

σ_R——热应力（N/mm^2）；

A——管道截面积（mm^2）；

Δt——使用平均温度与安装温度的差值（℃）；

E——弹性模量[1]（N/mm^2）（E_{20}＝800，E_{40}＝563，E_{60}＝365，E_{80}＝300，E_{95}＝250）。

[1] 弹性模量宜取对应于设计温度的数值。

e. 不设固定支架的直线管道最大长度，不得超过 3m，其自由臂最小长度可按式 14-7 计算，也可参照表 14-20 确定。

热水管最小自由臂长度 表 14-20

公称外径 DN（mm）	20	25	32	40	50	63
热水管 L_z（mm）	778	869	984	1100	1230	1380

注：表中热水管自由臂长度计算温差为 70℃，膨胀系数取 0.16mm/(m·K)。

$$L_z = K\sqrt{\Delta LDN} \tag{14-7}$$

式中 L_z——自由臂最小长度（mm）；

K——材料比例系数，一般可取 30；

ΔL——自固定点起管道伸缩长度（mm），可按式 14-4 计算确定；

DN——公称外径（mm）。

14.2.4.2 管道支座

（1）活动支座：布置支座时应特别注意将管子重量均匀分布在所有的支座上，支座最大间距，可参照表 14-12～表 14-14 估计。

（2）固定支座：

1）固定支座间距应满足下述条件：管段的热伸长量不大于伸缩器所允许的补偿量；管段因膨胀产生的推力不大于支座所能承受的允许值，并不得使管子产生纵向弯曲。

2）一般在管道分支处、管道与水加热器的连接处均应设置。

3）五层至七层建筑物的立管，应在立管中间作固定支座，使立管能上下伸缩。八层以上建筑物的立管，两端应作固定支座，立管中间适当地方设弯管或套管伸缩器。

4）固定支座与 Π 型伸缩器间的距离不得小于 1/3 的支座间距，见图 14-12。

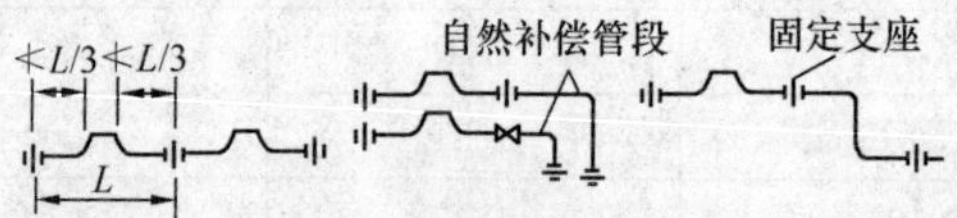

图 14-12 固定支座布置示意

5）不带支管的直管段，其固定支座最大间距可参照表 14-21 采用。

直管段固定支座最大间距（mm） 表 14-21

伸缩器形式	敷设方式	管径（mm）											
		25	32	40	50	65	80	100	125	150	200	250	300
Π 型	地沟或架空敷设	30	35	45	50	55	60	65	70	80	90	100	115
套管式	地沟或架空敷设	—	—	—	—	—	—	—	50	55	60	70	80

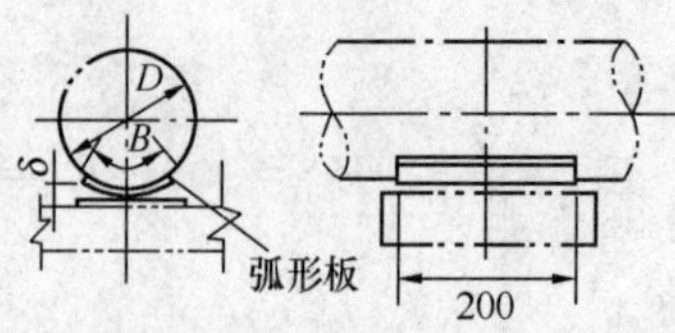

图 14-13 弧形板滑动支座

14.2.4.3 几种常用的支座

（1）DN20～DN250 弧形板滑动支座尺寸，见图 14-13、表 14-22。

（2）DN20～DN150 煨弯座板式滑动支座尺寸，见图 14-14、表 14-23。

弧形板滑动支座尺寸（mm）　　**表 14-22**

管子外径 D	25	32	38	45	57	73	89	108	133	159	219	273
B	27	33	38	43	53	65	78	93	112	140	180	200
δ	2	2	2	2	2	2	2	3	3	3	3	3

（3）$DN20 \sim DN300$ 焊接角钢固定支座尺寸，见图 14-15、表 14-24。

煨弯座板式滑动支座尺寸（mm）　　**表 14-23**

<table>
<tr><td colspan="2">管子外径 D</td><td>25</td><td>32</td><td>38</td><td>45</td><td>57</td><td>73</td><td>89</td><td>108</td><td>133</td><td>159</td></tr>
<tr><td colspan="2">B_1</td><td>30</td><td>40</td><td>40</td><td>50</td><td>50</td><td>70</td><td>80</td><td>90</td><td>100</td><td>110</td></tr>
<tr><td rowspan="2">H_1</td><td>$H=50$</td><td>55</td><td>55</td><td>60</td><td>60</td><td>60</td><td>65</td><td>65</td><td>70</td><td>75</td><td>80</td></tr>
<tr><td>$H=100$</td><td>105</td><td>105</td><td>110</td><td>110</td><td>110</td><td>115</td><td>115</td><td>120</td><td>125</td><td>130</td></tr>
<tr><td rowspan="2">H_2</td><td>$H=50$</td><td>35</td><td>35</td><td>35</td><td>35</td><td>35</td><td>35</td><td>35</td><td>35</td><td>35</td><td>35</td></tr>
<tr><td>$H=100$</td><td>85</td><td>85</td><td>85</td><td>85</td><td>85</td><td>85</td><td>85</td><td>85</td><td>85</td><td>85</td></tr>
</table>

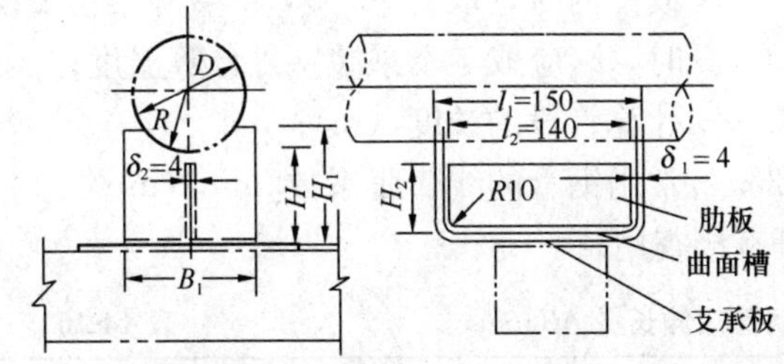

图 14-14　煨弯座板式滑动支座

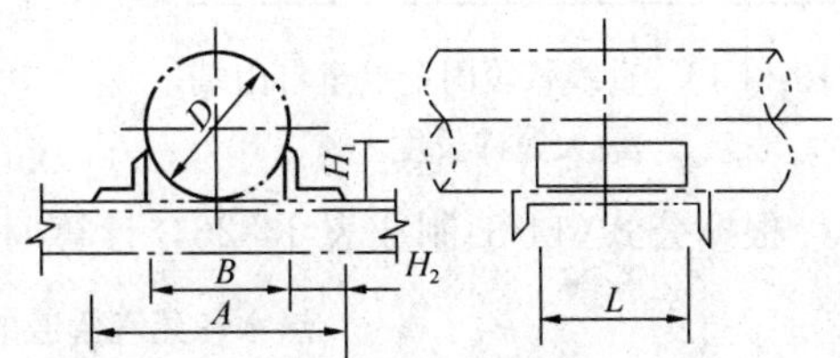

图 14-15　焊接角钢固定支座

焊接角钢固定支座尺寸（mm）　　**表 14-24**

<table>
<tr><td>管子外径 D</td><td>25</td><td>32</td><td>38</td><td>45</td><td>57</td><td>73</td><td>89</td><td>108</td><td>133</td></tr>
<tr><td>最大轴向推力（N）</td><td colspan="3">22400</td><td colspan="2">28000</td><td colspan="2">36000</td><td colspan="2">44700</td></tr>
<tr><td>L</td><td colspan="3">100</td><td colspan="2">100</td><td colspan="2">100</td><td colspan="2">100</td></tr>
<tr><td>角　钢</td><td colspan="4">∠20×20×4</td><td>∠30×
30×4</td><td colspan="4">∠36×36×4</td></tr>
<tr><td>管子外径 D</td><td colspan="2">159</td><td>219</td><td>273</td><td colspan="2">273</td><td>325</td><td colspan="2">325</td></tr>
<tr><td>最大轴向推力（N）</td><td colspan="2">50400</td><td colspan="2">56000</td><td colspan="2">112000</td><td>56000</td><td colspan="2">112000</td></tr>
<tr><td>L</td><td colspan="5">100</td><td colspan="2">200</td><td>100</td><td>200</td></tr>
<tr><td>角　钢</td><td colspan="2">∠50×32×4</td><td>∠70×
50×5</td><td colspan="6">∠100×63×6</td></tr>
</table>

14.2.5　伸缩器和自然补偿管道

为了保证管路在热力状态下的稳定性和使用安全，减轻管道受热膨胀产生的热应力，在不可能依靠管路弯曲的自然补偿作用时，管道上每隔一定距离应设置热膨胀补偿装置。常用的有Ⅱ型和波型等伸缩器，其优缺点及适用条件见表 14-25。

常用伸缩器优缺点及适用条件 **表 14-25**

伸缩器类型	优 点	缺 点	适用条件
Π 型	工作可靠，制造简易，严密性好，维护简单	安装占地大	如有足够的装置空间，各种热力管道均可适用，但安装要保持水平
波 型	占地小，安装简单，温度适应范围广	每一波可吸收 Δl 较小，给支架的推力大	适用于工作压力在 1.6MPa 以下的热力管道

管道伸缩器应力求放在两固定支座的中点位置，并应尽量采用同一型式、同一规格，以减少对固定支架的推力，简化支架构造。除自然补偿外，所有伸缩器均应按热伸长量的50％预拉伸进行计算。

（1）管道的热伸长按式（14-8）计算：

$$\Delta l = 0.012(t_2 - t_1)L \tag{14-8}$$

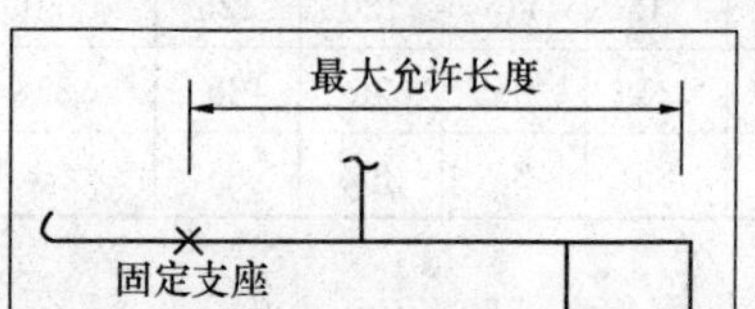

图 14-16 直线管段固定点至自由端最大允许长度

式中 Δl——管道的热伸长（膨胀）量（mm）；

t_2——载热体的最高温度（℃）；

t_1——安装管道时的温度（℃）；安装在地下或室内时，取 $t_1=-5$℃；室外架空敷设时，t_1 应取冬季采暖室外计算温度；

L——计算管段的长度（m）；

0.012——常用钢管的线膨胀系数[mm/(m·℃)]。

根据公式(14-8)制成表 14-26，计算时可直接查用。

热水和蒸汽管道的钢管热伸长量 Δl(mm) **表 14-26**

管段长 L (m)	热水温度(℃)													
	60	70	80	90	95	100	110	120	130	140	143	151	158	164
	饱和蒸汽压力(MPa)													
							0.05	0.1	0.18	0.27	0.30	0.40	0.50	0.60
1	1	1	1	1	1	1	1	2	2	2	2	2	2	2
5	4	5	5	6	6	6	7	8	8	9	9	9	10	10
10	8	9	10	11	12	13	14	15	16	17	18	19	20	20
15	12	14	15	17	18	19	21	23	24	26	27	28	29	30
20	16	18	20	23	24	25	28	30	32	35	35	37	39	41
25	20	23	26	29	30	32	35	38	41	44	44	47	49	51
30	23	27	31	34	36	38	41	45	49	52	53	56	59	61
35	27	32	35	40	42	44	48	53	57	61	62	65	69	71
40	31	36	41	46	48	50	55	60	65	70	71	75	78	81
45	35	41	46	51	54	57	62	68	73	78	80	84	88	91
50	39	45	51	57	60	63	69	75	81	87	89	94	98	102
55	43	50	56	63	66	69	76	83	89	96	97	103	108	112
60	47	54	61	68	72	76	83	90	97	104	106	112	118	122
65	51	59	66	74	78	82	90	98	105	113	115	122	127	132
70	55	63	71	80	84	88	97	105	113	122	124	131	137	142
75	59	68	77	86	90	94	104	113	122	131	133	140	147	152
80	62	72	82	91	96	101	110	120	130	139	142	150	157	164
85	66	77	87	97	102	107	117	128	138	148	151	159	166	172
90	70	81	92	103	108	113	124	135	146	157	160	167	176	183
95	74	86	97	108	114	120	131	143	154	165	169	178	186	193
100	78	90	102	114	120	126	138	150	162	174	178	187	196	203

注：管道安装时的温度按 $t_1=-5$℃。

对室内带有支管的热力干管的直线管段，允许不装伸缩器的最大长度，见图 14-16、表 14-27。

室内直线管段钢管固定点至自由端最大允许长度(m)　　表 14-27

热水温度(℃)		60	70	80	90	95	100	110	120	130	140	143	151
蒸汽(MPa)								0.05	0.10	0.18	0.27	0.30	0.40
建筑类别	民用建筑	50	44	39	35	33	32	29	27	24	22	22	22
	工业建筑	64	55	49	44	42	40	37	32	30	28	28	27

注：1. 本表是按照在固定点至自由端间，各支、立管与干管连接点的位移不超过下列数值而编制的：民用及公用建筑为 40mm，工业建筑为 50mm；

2. 各支、立管与干管的连接点要考虑有能够自由伸缩的措施。

(2)自然补偿管道：利用管路敷设时的自然弯曲(如 L 型、Z 型)来吸收热力管道的温度变形，称为自然补偿。自然补偿可以节省特制的伸缩器，故在布置管网时应尽量利用。其缺点是管道变形时要产生横向位移。

自然补偿管道(钢管 L 型和 Z 型)受热膨胀发生热伸长，管道应力的计算可查图 14-17、图 14-18。管道最大允许的弯曲应力为 8000N/cm²。

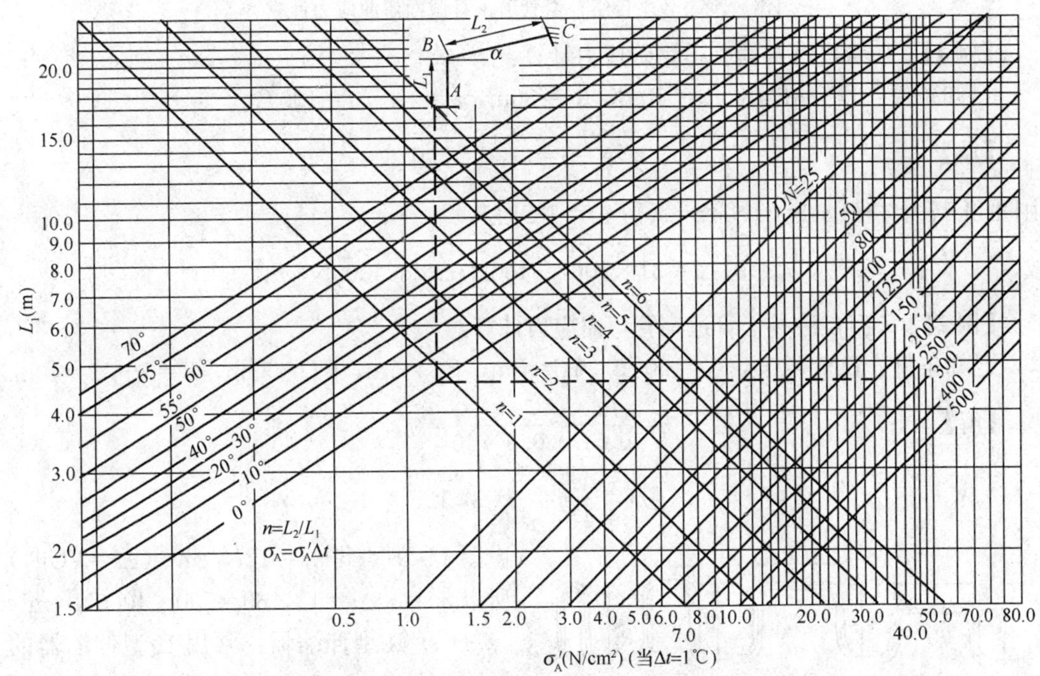

图 14-17　L 型自然补偿管道钢管截面弯曲应力计算

由于活动支座的阻力妨碍了管道伸缩时的横向位移，使管道应力增加。在实际工程中，自然补偿管道实际承受的应力，要比计算应力大得多。因此，自然补偿管道的各臂长度，不得选用过大数值。建议每段臂长不宜大于 20～25m，管道最大允许弯曲应力按 4000～5000N/cm² 核算。

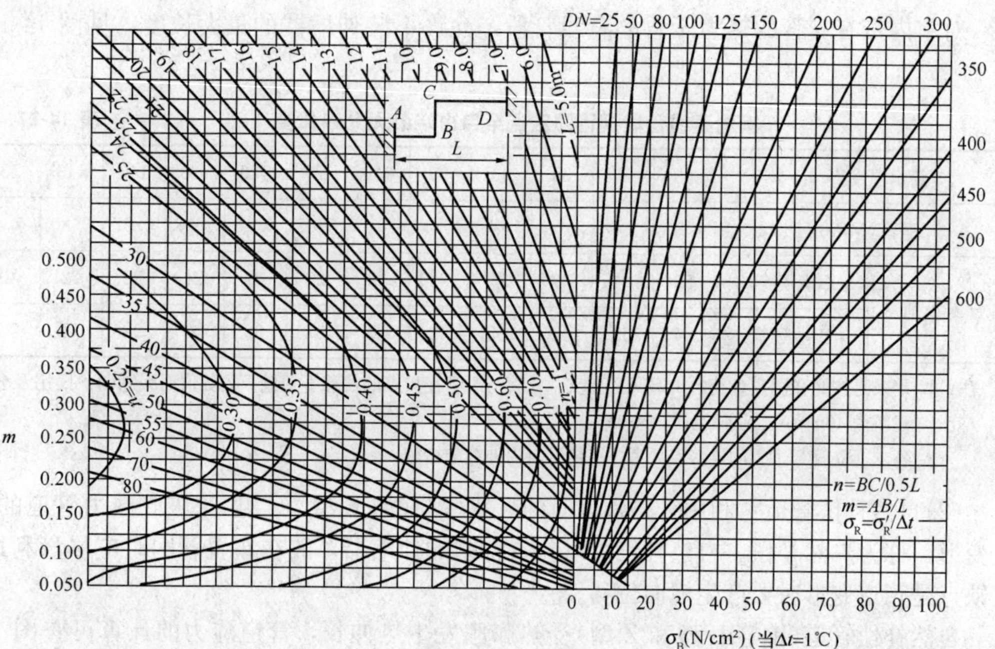

图 14-18 Z型自然补偿管道钢管截面弯曲应力计算

【例 1】 L型自然补偿管道钢管应力计算：

已知条件：$DN=200$，$L_1=10\text{m}$，$L_2=30\text{m}$，$\alpha=0°$，$\Delta t=100℃$。

【解】

$$n=\frac{L_2}{L_1}=\frac{30}{10}=3.0$$

由图 14-17 中查得 $\sigma'_A=31\text{N/cm}^2$（当 $\Delta t=1℃$时）

故

$$\sigma_A=\sigma'_A\Delta t=31\times100=3100\text{N/cm}^2<4000\text{N/cm}^2$$

【例 2】 Z型自然补偿管道钢管弯曲应力计算：

已知条件：$DN=100$，$\Delta t=60℃$，$AB=5\text{m}$，$BC=8\text{m}$，$CD=35\text{m}$，$L=5+35=40\text{m}$

【解】

$$n=\frac{BC}{0.5L}=\frac{8}{0.5\times40}=0.4$$

$$m=\frac{AB}{L}=\frac{5}{40}=0.125$$

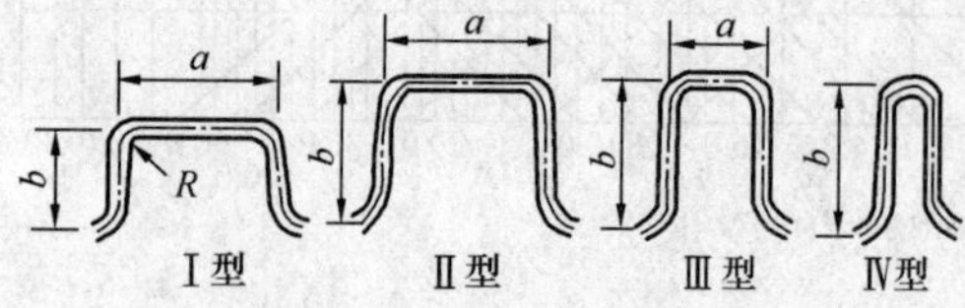

图 14-19 Ⅱ型伸缩器的各种形式

由图 14-18 查得 $\sigma'_B=12\text{N/cm}^2$（$\Delta t=1℃$时）

所以 $\sigma_B=\sigma'_B\Delta t=12\times60=720<4000\text{N/cm}^2$

（3）Ⅱ型伸缩器：常用Ⅱ型伸缩器的形式，见图 14-19，设计时可按表 14-28 选用。

（4）金属波纹补偿器具有重量轻、体积小、温度适应范围广、柔软性和密封性较好、安装方便等优点。

当接管与法兰材料为碳钢时，工作温度范围为－20～400℃；当接管与法兰材料为不锈钢时，工作温度范围为－250～600℃。

II 型钢管伸缩器尺寸（mm）　　**表 14-28**

管径		*DN*25		*DN*32		*DN*40		*DN*50		*DN*65	
弯曲半径		*R*=134		*R*=169		*R*=192		*R*=240		*R*=304	
Δ*l*	型号	*a*	*b*	*a*	*b*	*a*	*b*	*a*	*b*	*a*	*b*
25	Ⅰ	780	520	830	580	860	620	820	650	—	—
	Ⅱ	600	600	650	650	680	680	700	700	—	—
	Ⅲ	470	660	530	720	570	740	620	750	—	—
	Ⅳ	—	800	—	820	—	830	—	840	—	—
50	Ⅰ	1200	720	1300	800	1280	830	1280	880	1250	930
	Ⅱ	840	840	920	920	970	870	980	980	1000	1000
	Ⅲ	650	980	700	1000	720	1050	780	1080	860	1100
	Ⅳ	—	1250	—	1250	—	1280	—	1300	—	1120
75	Ⅰ	1500	880	1600	950	1660	1020	1720	1100	1700	1150
	Ⅱ	1050	1050	1150	1150	1200	1200	1300	1300	1300	1300
	Ⅲ	750	1250	830	1320	890	1380	970	1450	1030	1450
	Ⅳ	—	1550	—	1650	—	1700	—	1750	—	1500
100	Ⅰ	1750	1000	1900	1100	1920	1150	2020	1250	2000	1300
	Ⅱ	1200	1200	1320	1320	1400	1400	1500	1500	1500	1500
	Ⅲ	860	1400	950	1550	1010	1630	1070	1650	1180	1700
	Ⅳ	—	—	—	1950	—	2000	—	2050	—	1850

管径		*DN*80		*DN*100		*DN*125		*DN*150		*DN*200	
弯曲半径		*R*=356		*R*=432		*R*=532		*R*=636		*R*=876	
Δ*l*	型号	*a*	*b*	*a*	*b*	*a*	*b*	*a*	*b*	*a*	*b*
25	Ⅰ	—	—	—	—	—	—	—	—	—	—
	Ⅱ	—	—	—	—	—	—	—	—	—	—
	Ⅲ	—	—	—	—	—	—	—	—	—	—
	Ⅳ	—	—	—	—	—	—	—	—	—	—
50	Ⅰ	1290	1000	1400	1130	1550	1300	1550	1400	—	—
	Ⅱ	1050	1050	1200	1200	1300	1300	1400	1400	—	—
	Ⅲ	930	1150	1060	1250	1200	1300	1350	1400	—	—
	Ⅳ	—	1200	—	1300	—	1300	—	1400	—	—
75	Ⅰ	1730	1220	1800	1350	2050	1550	2080	1680	2450	2100
	Ⅱ	1350	1350	1450	1450	1600	1600	1750	1750	2100	2100
	Ⅲ	1110	1500	1260	1650	1410	1750	1550	1800	1950	2100
	Ⅳ	—	1600	—	1700	—	1800	—	1900	—	2100
100	Ⅰ	2130	1420	2350	1600	2450	1750	2650	1950	2850	2300
	Ⅱ	1600	1600	1700	1700	1900	1900	2050	2050	2380	2380
	Ⅲ	1280	1850	1460	2050	1600	2100	1750	2200	2080	2400
	Ⅳ	—	1950	—	2100	—	2150	—	2300	—	2550

各种产品的主要技术性能，见表 14-29。

金属波纹补偿器主要技术性能 表 14-29

型号名称	型 号	规格（mm）	工作压力（MPa）
轴向型内压	PZN	DN32～DN1600	1.0
		DN32～DN1500	1.6
轴向型外压	PZW	DN32～DN1200	0.6
		DN32～DN800	1.6
轴向型复式	PZF	DN32～DN700	1.0
		DN32～DN400	1.6
轴向复式拉杆	PFL	DN32～DN600	1.0
		DN32～DN600	1.6
轴向型单式	PZD	DN32～DN900	1.0
		DN32～DN400	1.6
直埋式波纹补偿器	PZM	DN32～DN400	1.6
铰链波纹补偿器	PJL	DN65～DN1200	1.0
		DN65～DN1200	1.6
大拉杆横向波纹补偿器	PDL	DN100～DN1500	1.0
		DN100～DN1200	1.6
直管压力平衡波纹补偿器	PZH	DN600～DN2000	0.6
轴向型双式带座波纹补偿器	PSZ	DN100～DN1500	1.6
小拉杆横向波纹补偿器	PXL	DN100～DN1500	1.0

轴向、横向、角向补偿量与管径有关，请查阅有关产品说明。